수매씽

MATHING

중학 수학 2·2

Dual book 구성

유형북 + 워크북

0475 $\overline{EF}$, $\overline{HG}$, $\overline{EH}$, $\overline{FG}$ 0476 5, 5, 6, 6 0477 22

0478 평행사변형 0479 (가) $\triangle$ECN (나) $\overline{EN}$ (다) $\overline{BE}$ (라) $\overline{DA}$

0480 14, 7 0481 21

0482 ② 0483 ④ 0484 ③ 0485 8 cm 0486 ⑤

0487 $\frac{36}{5}$ cm 0488 ⑤ 0489 $x=3$, $y=12$ 0490 12 cm

0491 12 cm 0492 ② 0493 3 cm 0494 ② 0495 3 cm

0496 ③ 0497 $\frac{18}{7}$ cm 0498 ⑤ 0499 ④, ⑤ 0500 30°

0501 ㄱ, ㄷ, ㅁ 0502 3 cm 0503 $\frac{80}{9}$ cm 0504 22

0505 36 cm^2 0506 ④ 0507 $\frac{18}{5}$ cm 0508 $\frac{57}{7}$ cm 0509 ②

0510 6 0511 ③ 0512 ④ 0513 ③

0514 $x=3$, $y=\frac{12}{5}$ 0515 $x=6$, $y=2$ 0516 ⑤

0517 11 cm 0518 30 0519 2 0520 ④ 0521 ③

0522 10 cm 0523 9 cm 0524 ③ 0525 12 cm 0526 5 cm

0527 18 cm 0528 $\frac{15}{2}$ cm 0529 ② 0530 60 cm^2 0531 3 cm

0532 ⑤ 0533 5 cm 0534 $\frac{12}{7}$ cm 0535 ③ 0536 ④

0537 16 cm^2 0538 15 cm 0539 55 0540 ④ 0541 ④

0542 10 cm 0543 ③ 0544 ④ 0545 11 cm 0546 5 cm

0547 ③ 0548 9 cm 0549 8 cm 0550 4 cm 0551 44 cm

0552 ④ 0553 9 cm 0554 26 cm 0555 ③, ⑤ 0556 24 cm

0557 24 cm 0558 ④ 0559 3 cm 0560 12 cm 0561 24 cm

0562 ③ 0563 ① 0564 2 cm 0565 ④ 0566 ⑤

0567 ④ 0568 9 cm 0569 5 : 2 0570 6 cm^2 0571 ⑤

0572 57 0573 $\frac{77}{10}$ 0574 $\frac{42}{5}$ cm 0575 20 cm

0576 (1) 3 : 1 (2) 2 : 3

0577 ④ 0578 20 cm 0579 62 cm 0580 a

07 닮음의 활용 105~117쪽

0581 5 cm 0582 15 cm^2 0583 $x=3$, $y=7$

0584 $x=2$, $y=2$ 0585 $x=6$, $y=20$

0586 $x=9$, $y=3$ 0587 18 cm^2 0588 12 cm^2 0589 6 cm^2

0590 3 : 5 0591 3 : 5 0592 9 : 25 0593 3 : 4 0594 9 : 16

0595 27 : 64 0596 1 : 50000 0597 4 km

0598 ② 0599 ③ 0600 36 cm^2 0601 ② 0602 ③

0603 24 cm^2 0604 18 0605 ④ 0606 6 cm 0607 2 cm

0608 ④ 0609 1 : 3 0610 2 cm 0611 45 0612 8 cm

0613 ③ 0614 ④ 0615 42 cm^2 0616 ③ 0617 ⑤

0618 ③ 0619 12 cm^2 0620 3 cm 0621 ② 0622 6 cm

0623 ③ 0624 98 cm^2 0625 10 cm^2 0626 ① 0627 4 cm

0628 4 : 1 0629 15π cm^2 0630 100 cm^2 0631 ④ 0632 72000원

0633 30000 0634 30 0635 ③ 0636 5000원 0637 54 cm^3

0638 ④ 0639 30π cm 0640 1600원 0641 27 : 98 0642 ②

0643 95 cm^3 0644 10 m 0645 ⑤ 0646 4 m 0647 ④

0648 8 m 0649 50 cm^2 0650 12 km^2

0651 9 cm 0652 $\frac{36}{5}$ cm 0653 16 cm 0654 ② 0655 16 cm^2

0656 ② 0657 ⑤ 0658 64개 0659 3시간 0660 10 cm^2

0661 ⑤ 0662 24π cm^2 0663 ①

0664 1 : 26 : 189 0665 10분 20초

0666 5 m 0667 27 : 1 0668 50 cm 0669 8분

08 피타고라스 정리 119~133쪽

0670 4 0671 13 0672 6 0673 15 0674 24

0675 20 0676 $x=6$, $y=17$ 0677 $x=12$, $y=15$

0678 100 cm^2 0679 $\overline{AB}$=6 cm, $\overline{BC}$=10 cm, $\overline{CA}$=8 cm 0680 25

0681 24 0682 36 cm^2 0683 8 cm^2 0684 ○ 0685 ○

0686 × 0687 × 0688 ㄷ, ㅂ 0689 ㄴ, ㅁ 0690 ㄱ, ㄹ

0691 $x=13$, $y=\frac{25}{13}$ 0692 $x=10$, $y=\frac{24}{5}$

0693 (가) $\overline{CP}^2$ (나) a^2+c^2 (다) b^2+c^2 (라) $\overline{DP}^2$ 0694 52 0695 41

0696 (가) $\overline{DE}^2$ (나) $\overline{BC}^2$ (다) $\overline{BE}^2$ (라) $\overline{CD}^2$ 0697 2π cm^2 0698 37 cm^2

0699 ③ 0700 24 cm 0701 54 cm^2 0702 5 0703 10

0704 ③ 0705 $\frac{135}{4}$ cm^2 0706 72 cm^2 0707 25 cm^2

0708 ③ 0709 ④ 0710 (1) 16 cm^2 (2) 11 cm^2 (3) 3 cm^2

0711 30 cm 0712 25 cm^2 0713 529 cm^2 0714 (1) 6 cm (2) 56 cm

0715 49 cm^2 0716 2 cm 0717 50 cm^2 0718 ⑤ 0719 120 cm^2

0720 ③ 0721 120 cm^2 0722 ⑤ 0723 10 0724 ⑤

0725 40 cm 0726 ① 0727 ② 0728 74 0729 36 cm^2

0730 ⑤ 0731 ㄷ, ㄹ 0732 ③ 0733 2개 0734 ③

0735 ③ 0736 ⑤ 0737 ③ 0738 ④ 0739 30

0740 $\frac{27}{5}$ cm 0741 ③ 0742 $\frac{216}{25}$ cm^2 0743 ②

0744 202 0745 109 0746 245 0747 52 0748 116

0749 9 cm 0750 ② 0751 ⑤ 0752 60 cm^2 0753 12 cm

0754 (1) 1 cm (2) $\frac{5}{3}$ cm 0755 $\frac{8}{3}$ cm 0756 ② 0757 $\frac{225}{2}$ cm^2
0758 ⑤ 0759 17 cm 0760 27 cm 0761 4 0762 $\frac{14}{5}$ cm
0763 260 0764 2 cm 0765 (1) 13 (2) $\frac{39}{5}$ 0766 $\frac{18}{7}$ cm^2
0767 $\frac{45}{2}$ cm 0768 28
0769 12π cm^3 0770 17 cm 0771 5초 0772 $\left(\frac{9}{5}, \frac{12}{5}\right)$

Ⅳ 확률

09 경우의 수 137~153쪽

0773 3 0774 3 0775 4 0776 4 0777 3
0778 7 0779 9 0780 5 0781 3 0782 2
0783 6 0784 24 0785 9 0786 15 0787 8
0788 36 0789 12 0790 24 0791 12 0792 24
0793 120 0794 2, 2, 2, 2, 4 0795 12 0796 24
0797 9 0798 18 0799 12 0800 6 0801 60
0802 10 0803 10 0804 10
0805 5 0806 6 0807 3 0808 ① 0809 5
0810 3 0811 ④ 0812 2 0813 ③ 0814 ③
0815 8 0816 3 0817 ③ 0818 3 0819 7
0820 9 0821 7 0822 8 0823 9 0824 ④
0825 12 0826 15 0827 144 0828 12 0829 6
0830 12 0831 16 0832 ⑤ 0833 18 0834 8
0835 ③ 0836 14 0837 ② 0838 8 0839 12
0840 ④ 0841 ③ 0842 30 0843 ③ 0844 24
0845 12 0846 12 0847 ② 0848 120 0849 144
0850 96 0851 9 0852 216 0853 13 0854 ①
0855 ④ 0856 30 0857 10 0858 72 0859 ④
0860 6 0861 ④ 0862 5040 0863 20 0864 ④
0865 20 0866 21 0867 ② 0868 20 0869 ②
0870 15 0871 31 0872 3 0873 28 0874 ③
0875 ④
0876 8가지 0877 ③ 0878 ④ 0879 32 0880 30
0881 24 0882 31 0883 310 0884 ⑤ 0885 52
0886 12 0887 ③ 0888 ③ 0889 63
0890 8 0891 63 0892 (1) 4 (2) 3

10 확률 155~169쪽

0893 15 0894 5 0895 $\frac{1}{3}$ 0896 $\frac{5}{36}$ 0897 $\frac{1}{6}$
0898 $\frac{2}{5}$ 0899 1 0900 0 0901 $\frac{2}{5}$ 0902 $\frac{3}{5}$
0903 $\frac{1}{3}$ 0904 $\frac{1}{2}$ 0905 $\frac{5}{6}$ 0906 $\frac{1}{2}$ 0907 $\frac{1}{2}$
0908 $\frac{1}{4}$ 0909 $\frac{5}{9}$ 0910 $\frac{5}{9}$ 0911 $\frac{25}{81}$ 0912 $\frac{5}{9}$
0913 $\frac{1}{2}$ 0914 $\frac{5}{18}$ 0915 $\frac{6}{25}$ 0916 $\frac{4}{15}$ 0917 $\frac{1}{3}$
0918 $\frac{1}{6}$ 0919 $\frac{21}{100}$ 0920 $\frac{21}{100}$ 0921 $\frac{21}{50}$ 0922 $\frac{1}{2}$
0923 $\frac{1}{4}$ 0924 $\frac{3}{4}$
0925 ② 0926 $\frac{1}{3}$ 0927 $\frac{3}{10}$ 0928 $\frac{1}{2}$ 0929 ③
0930 $\frac{1}{12}$ 0931 $\frac{5}{36}$ 0932 ⑤ 0933 ④ 0934 ③
0935 ③ 0936 ⑤ 0937 $\frac{7}{9}$ 0938 $\frac{3}{5}$ 0939 ①
0940 ⑤ 0941 $\frac{7}{10}$ 0942 $\frac{28}{33}$ 0943 $\frac{1}{6}$ 0944 $\frac{2}{3}$
0945 $\frac{3}{5}$ 0946 $\frac{1}{4}$ 0947 ② 0948 ③ 0949 ①
0950 $\frac{13}{24}$ 0951 ⑤ 0952 $\frac{11}{20}$ 0953 ② 0954 $\frac{20}{81}$
0955 ⑤ 0956 $\frac{1}{35}$ 0957 $\frac{4}{35}$ 0958 ③ 0959 ②
0960 $\frac{61}{125}$ 0961 $\frac{19}{25}$ 0962 $\frac{29}{30}$ 0963 ⑤ 0964 $\frac{1}{4}$
0965 $\frac{2}{5}$ 0966 $\frac{13}{30}$ 0967 ⑤ 0968 $\frac{124}{125}$ 0969 ③
0970 $\frac{3}{8}$ 0971 ④ 0972 ② 0973 $\frac{2}{27}$ 0974 $\frac{1}{3}$
0975 ② 0976 ② 0977 $\frac{18}{25}$ 0978 $\frac{26}{81}$ 0979 ③
0980 $\frac{1}{6}$ 0981 $\frac{2}{5}$
0982 ② 0983 $\frac{5}{8}$ 0984 ④ 0985 ⑤ 0986 $\frac{8}{15}$
0987 $\frac{5}{9}$ 0988 ③ 0989 ④ 0990 $\frac{2}{9}$ 0991 $\frac{5}{18}$
0992 ① 0993 $\frac{1}{4}$ 0994 $\frac{5}{432}$ 0995 $\frac{4}{15}$ 0996 $\frac{7}{27}$
0997 $\frac{20}{27}$ 0998 $\frac{1}{2}$ 0999 A : $\frac{3}{4}$, B : $\frac{1}{4}$
1000 기록 1 : B, 기록 2 : A, 기록 3 : C

수매씽

MATHING

유형북

중학 수학 2·2

내신과 등업을 위한 강력한 한 권! 수매씽

유형북의 구성과 특징

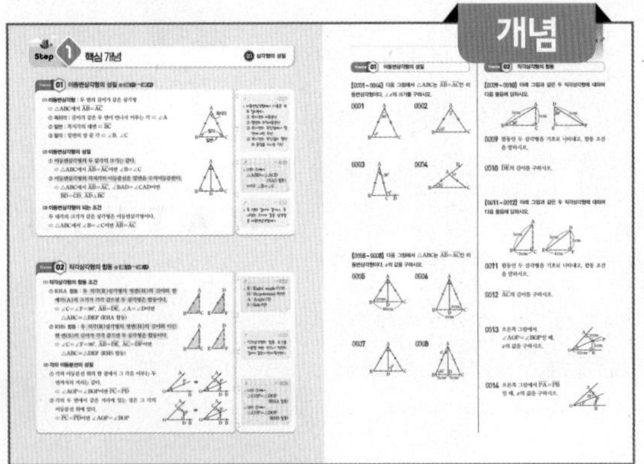

Step 1 핵심 개념

각 THEME별로 반드시 알아야 할 모든 핵심 개념과 원리를 자세한 예시와 함께 수록하였습니다. 핵심을 짚어주는 예, 참고, 〈주의〉, 비법 Note 등 차별화된 설명을 통해 정확하고 빠르게 개념을 이해할 수 있습니다. 또, THEME별로 반드시 학습해야 하는 기본 문제를 수록하여 기본기를 다질 수 있습니다.

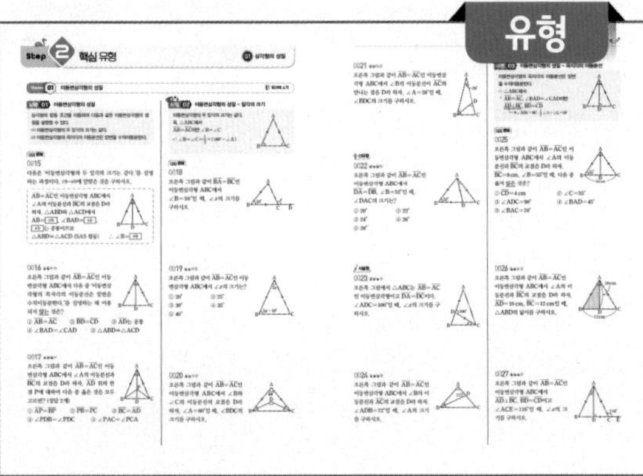

Step 2 핵심 유형

전국의 중학교 기출문제를 분석하여 THEME별 유형으로 세분화하고 각 유형의 전략과 대표 문제를 제시하였습니다. 또, 시험에 자주 등장하는 빈출 유형, 서술형, 신경향 실전 문제를 분석하여 실은 신유형 등 엄선된 문제를 통해 수학 실력이 집중적으로 향상됩니다.

워크북 3단계 반복 학습 System

한번 더 핵심 유형

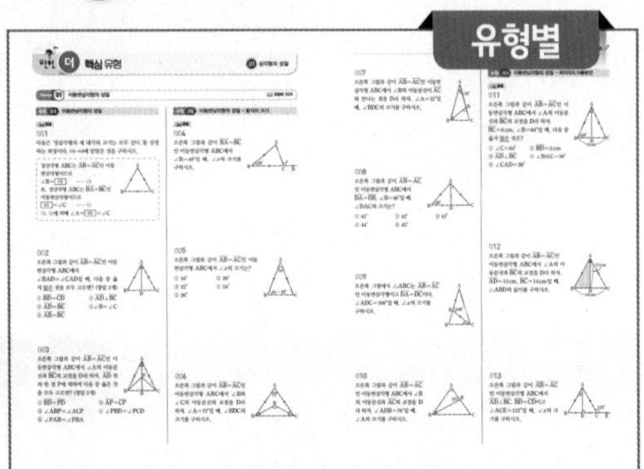

유형 모아 Theme 연습하기

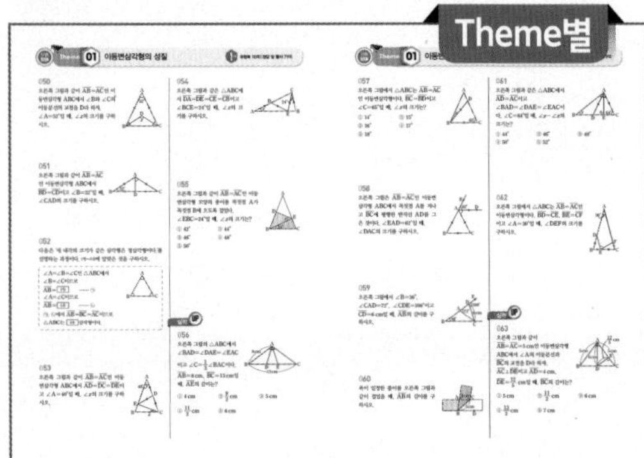

수매씽은 전국 1000개 중학교 기출문제를 체계적으로 분석하여 새로운 수학 학습의 방향을 제시합니다.
꼭 필요한 유형만 모은 유형북과 3단계 반복 학습으로 구성한 워크북의 2권으로 구성된 최고의 문제 기본서!
수매씽을 통해 꼭 필요한 유형과 반복 학습으로 수학의 자신감을 키우세요.

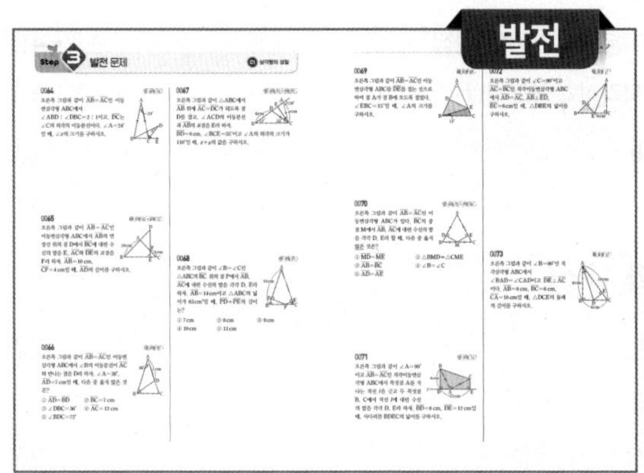

Step 3 발전 문제

학교 시험에 잘 나오는 선별된 발전 문제들을 통해 실력을 향상할 수 있습니다.

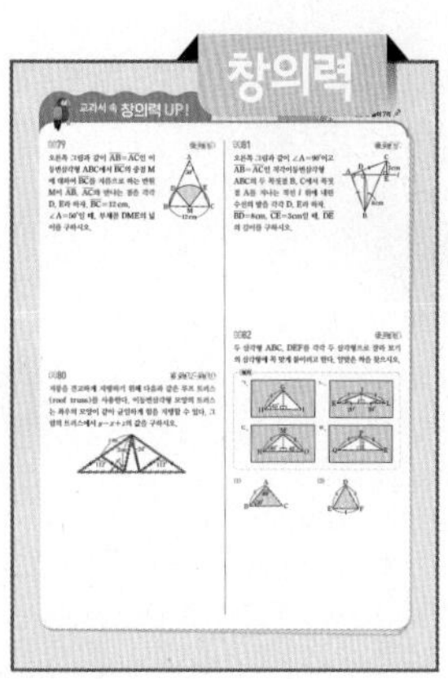

교과서 속 창의력 UP!

교과서 속 창의력 문제를 재구성한 문제로 마지막 한 문제까지 해결할 수 있는 힘을 키울 수 있습니다.

Theme 모아 중단원 마무리

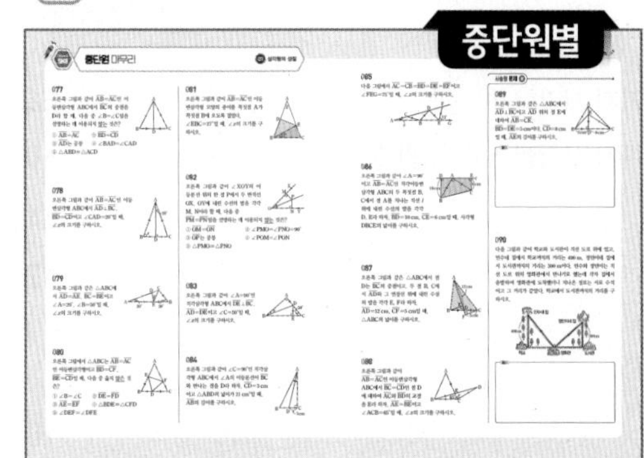

내신과 등업을 위한 강력한 한 권! **수매씽**

유형북의 차례

I

Theme 01 이등변삼각형의 성질 유형 01 ~ 유형 08

(1) 이등변삼각형 : 두 변의 길이가 같은 삼각형

⇨ △ABC에서 $\overline{AB}=\overline{AC}$

① 꼭지각 : 길이가 같은 두 변이 만나서 이루는 각 ⇨ ∠A

② 밑변 : 꼭지각의 대변 ⇨ $\overline{BC}$

③ 밑각 : 밑변의 양 끝 각 ⇨ ∠B, ∠C

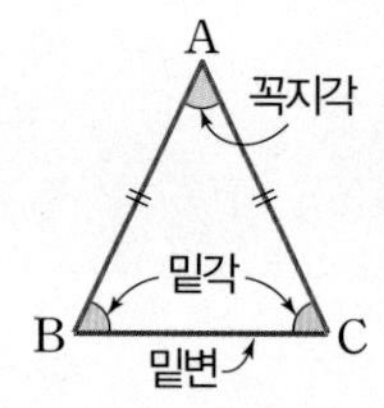

> 비법 Note
> 이등변삼각형에서 다음은 모두 일치한다.
> ① 꼭지각의 이등분선
> ② 밑변의 수직이등분선
> ③ 꼭지각의 꼭짓점에서 밑변에 내린 수선
> ④ 꼭지각의 꼭짓점과 밑변의 중점을 지나는 직선

(2) 이등변삼각형의 성질

① 이등변삼각형의 두 밑각의 크기는 같다.

⇨ △ABC에서 $\overline{AB}=\overline{AC}$이면 ∠B=∠C

② 이등변삼각형의 꼭지각의 이등분선은 밑변을 수직이등분한다.

⇨ △ABC에서 $\overline{AB}=\overline{AC}$, ∠BAD=∠CAD이면

$\overline{BD}=\overline{CD}$, $\overline{AD}\perp\overline{BC}$

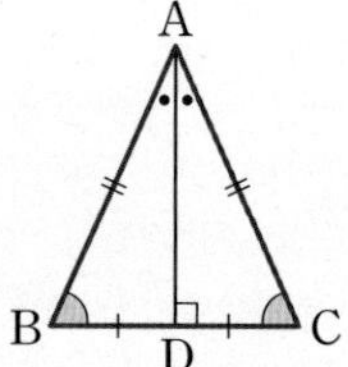

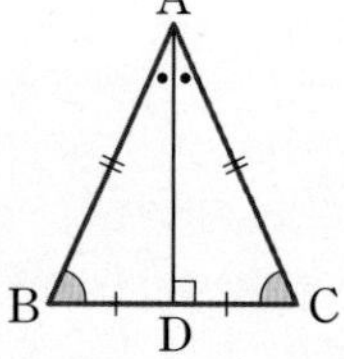

> 비법 Note
> (2)의 ①에서
> △ABD≡△ACD
> (SAS 합동)
> 이므로 ∠B=∠C

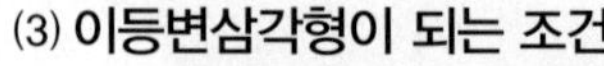

(3) 이등변삼각형이 되는 조건

두 내각의 크기가 같은 삼각형은 이등변삼각형이다.

⇨ △ABC에서 ∠B=∠C이면 $\overline{AB}=\overline{AC}$

> 비법 Note
> 두 변의 길이가 같거나, 두 내각의 크기가 같은 삼각형은 이등변삼각형이다.

Theme 02 직각삼각형의 합동 유형 09 ~ 유형 13

(1) 직각삼각형의 합동 조건

① RHA 합동 : 두 직각(R)삼각형의 빗변(H)의 길이와 한 예각(A)의 크기가 각각 같으면 두 삼각형은 합동이다.

⇨ ∠C=∠F=90°, $\overline{AB}=\overline{DE}$, ∠A=∠D이면

△ABC≡△DEF (RHA 합동)

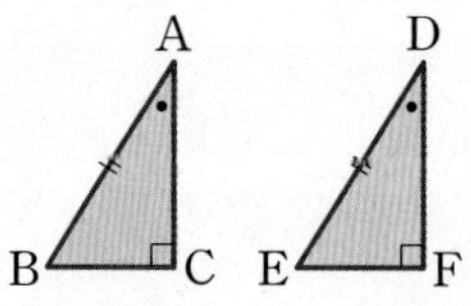

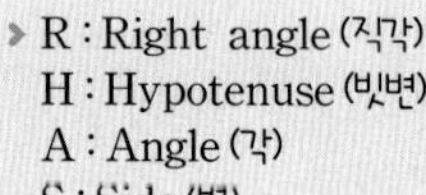

> 비법 Note
> R : Right angle (직각)
> H : Hypotenuse (빗변)
> A : Angle (각)
> S : Side (변)

② RHS 합동 : 두 직각(R)삼각형의 빗변(H)의 길이와 다른 한 변(S)의 길이가 각각 같으면 두 삼각형은 합동이다.

⇨ ∠C=∠F=90°, $\overline{AB}=\overline{DE}$, $\overline{AC}=\overline{DF}$이면

△ABC≡△DEF (RHS 합동)

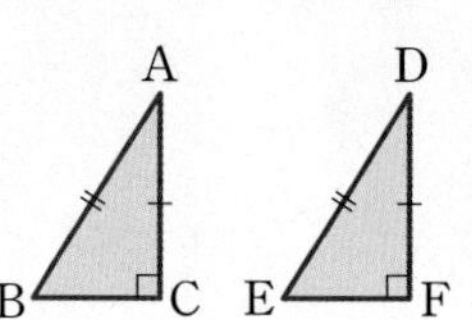

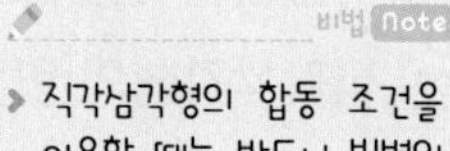

> 비법 Note
> 직각삼각형의 합동 조건을 이용할 때는 반드시 빗변의 길이가 같은지 먼저 확인한다.

(2) 각의 이등분선의 성질

① 각의 이등분선 위의 한 점에서 그 각을 이루는 두 변까지의 거리는 같다.

⇨ ∠AOP=∠BOP이면 $\overline{PC}=\overline{PD}$

② 각의 두 변에서 같은 거리에 있는 점은 그 각의 이등분선 위에 있다.

⇨ $\overline{PC}=\overline{PD}$이면 ∠AOP=∠BOP

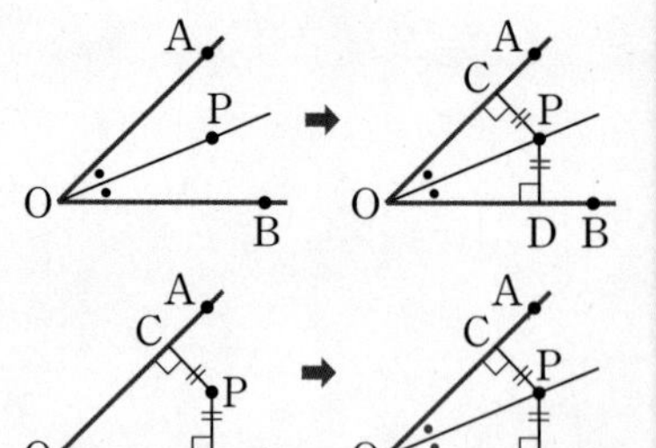

> 비법 Note
> (2)의 ①에서
> △COP≡△DOP
> (RHA 합동)
> (2)의 ②에서
> △COP≡△DOP
> (RHS 합동)

Theme 01 이등변삼각형의 성질

[0001~0004] 다음 그림에서 $\triangle ABC$는 $\overline{AB}=\overline{AC}$인 이등변삼각형이다. $\angle x$의 크기를 구하시오.

0001

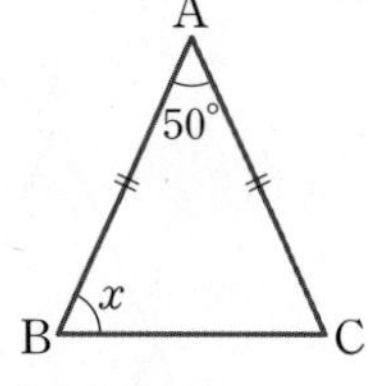

0002

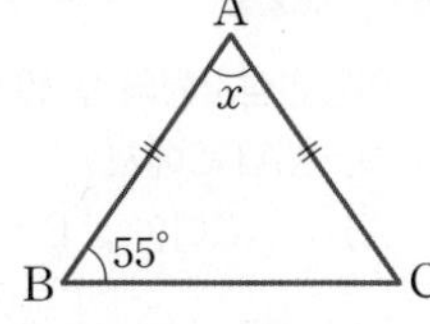

0003

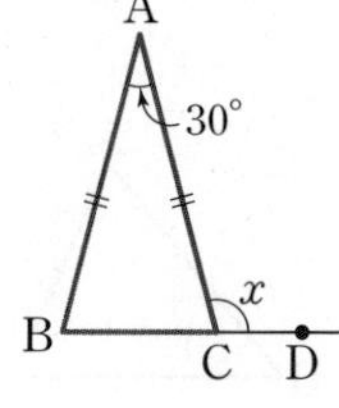

0004

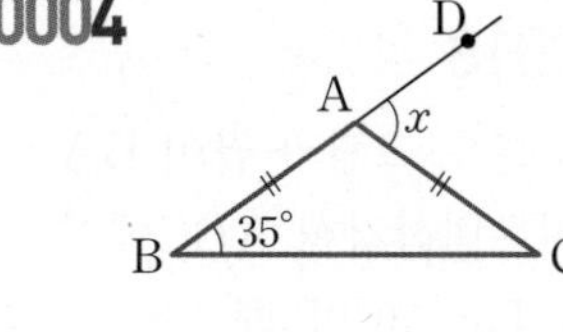

[0005~0008] 다음 그림에서 $\triangle ABC$는 $\overline{AB}=\overline{AC}$인 이등변삼각형이다. x의 값을 구하시오.

0005

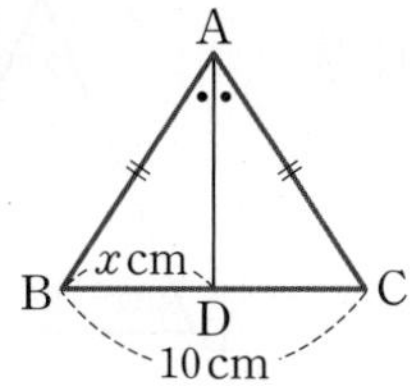

0006

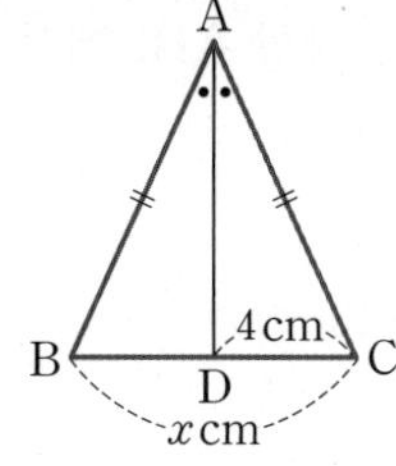

0007

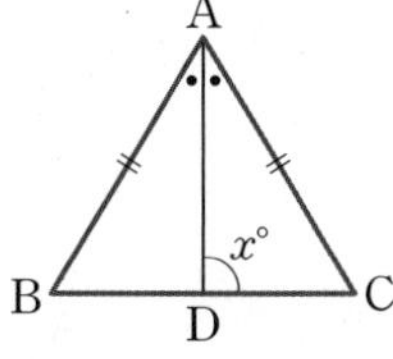

0008

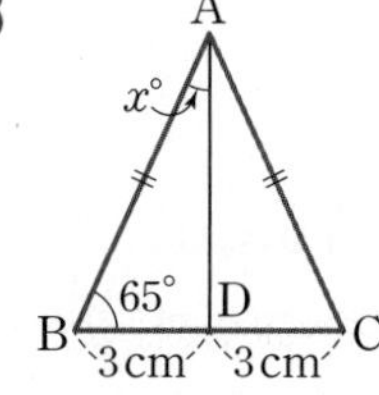

Theme 02 직각삼각형의 합동

[0009~0010] 아래 그림과 같은 두 직각삼각형에 대하여 다음 물음에 답하시오.

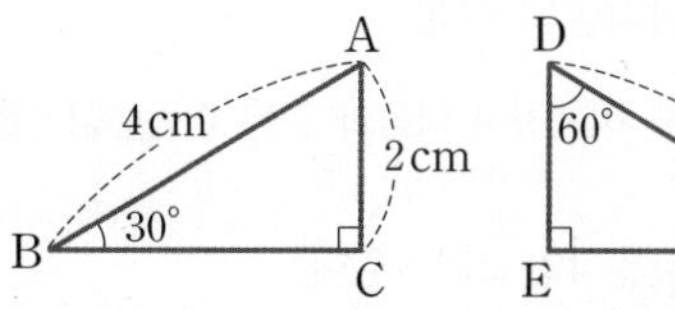

0009 합동인 두 삼각형을 기호로 나타내고, 합동 조건을 말하시오.

0010 $\overline{DE}$의 길이를 구하시오.

[0011~0012] 아래 그림과 같은 두 직각삼각형에 대하여 다음 물음에 답하시오.

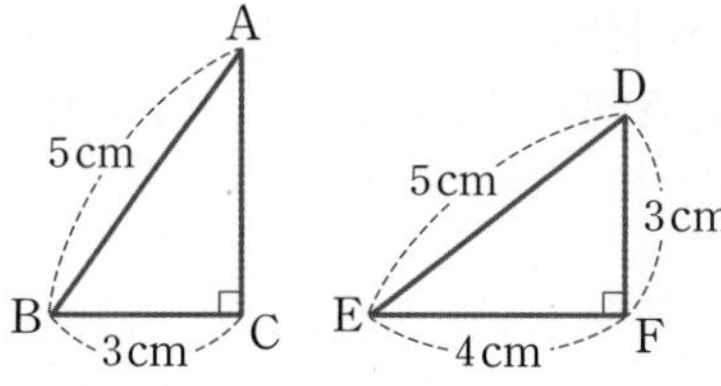

0011 합동인 두 삼각형을 기호로 나타내고, 합동 조건을 말하시오.

0012 $\overline{AC}$의 길이를 구하시오.

0013 오른쪽 그림에서 $\angle AOP=\angle BOP$일 때, x의 값을 구하시오.

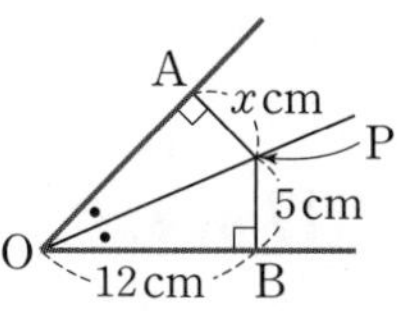

0014 오른쪽 그림에서 $\overline{PA}=\overline{PB}$일 때, x의 값을 구하시오.

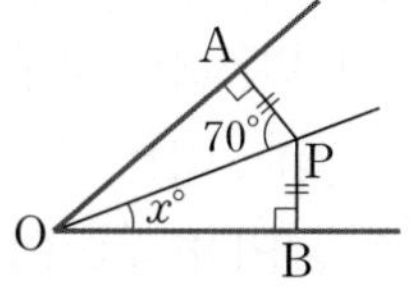

Theme 01 이등변삼각형의 성질

워크북 4쪽

유형 01 이등변삼각형의 성질

삼각형의 합동 조건을 이용하여 다음과 같은 이등변삼각형의 성질을 설명할 수 있다.

(1) 이등변삼각형의 두 밑각의 크기는 같다.

(2) 이등변삼각형의 꼭지각의 이등분선은 밑변을 수직이등분한다.

대표 문제

0015

다음은 '이등변삼각형의 두 밑각의 크기는 같다.'를 설명하는 과정이다. (가)~(라)에 알맞은 것을 구하시오.

$\overline{AB}=\overline{AC}$인 이등변삼각형 ABC에서 $\angle A$의 이등분선과 $\overline{BC}$의 교점을 D라 하자. $\triangle ABD$와 $\triangle ACD$에서

$\overline{AB}=$ (가), $\angle BAD=$ (나),

(다) 는 공통이므로

$\triangle ABD \equiv \triangle ACD$ (SAS 합동) $\therefore \angle B=$ (라)

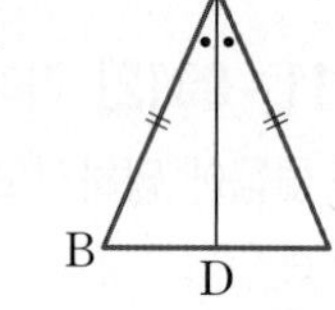

0016

오른쪽 그림과 같이 $\overline{AB}=\overline{AC}$인 이등변삼각형 ABC에서 다음 중 '이등변삼각형의 꼭지각의 이등분선은 밑변을 수직이등분한다.'를 설명하는 데 이용되지 않는 것은?

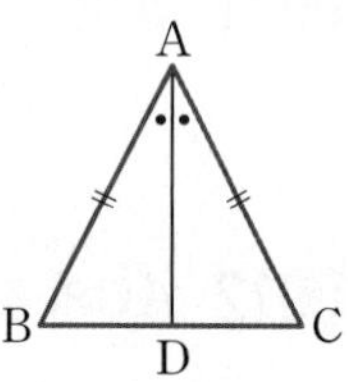

① $\overline{AB}=\overline{AC}$ ② $\overline{BD}=\overline{CD}$ ③ $\overline{AD}$는 공통

④ $\angle BAD=\angle CAD$ ⑤ $\triangle ABD \equiv \triangle ACD$

0017

오른쪽 그림과 같이 $\overline{AB}=\overline{AC}$인 이등변삼각형 ABC에서 $\angle A$의 이등분선과 $\overline{BC}$의 교점을 D라 하자. $\overline{AD}$ 위의 한 점 P에 대하여 다음 중 옳은 것을 모두 고르면? (정답 2개)

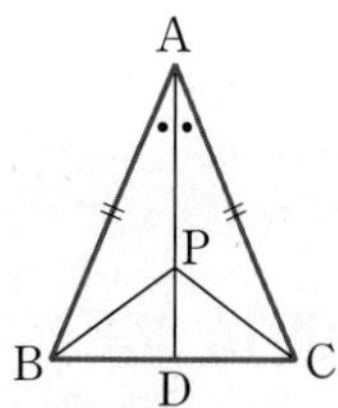

① $\overline{AP}=\overline{BP}$ ② $\overline{PB}=\overline{PC}$ ③ $\overline{BC}=\overline{AD}$

④ $\angle PDB=\angle PDC$ ⑤ $\angle PAC=\angle PCA$

빈출 유형 02 이등변삼각형의 성질 – 밑각의 크기

이등변삼각형의 두 밑각의 크기는 같다.

즉, $\triangle ABC$에서

$\overline{AB}=\overline{AC}$이면 $\angle B=\angle C$

⇨ $\angle B=\angle C=\frac{1}{2}\times(180°-\angle A)$

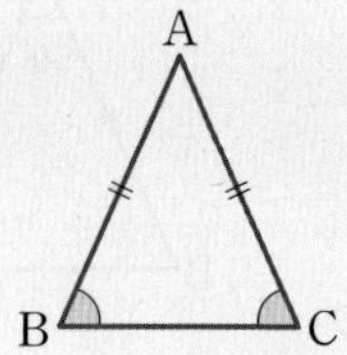

대표 문제

0018

오른쪽 그림과 같이 $\overline{BA}=\overline{BC}$인 이등변삼각형 ABC에서 $\angle B=50°$일 때, $\angle x$의 크기를 구하시오.

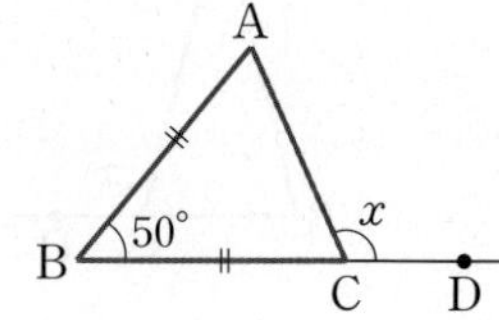

0019

오른쪽 그림과 같이 $\overline{AB}=\overline{AC}$인 이등변삼각형 ABC에서 $\angle x$의 크기는?

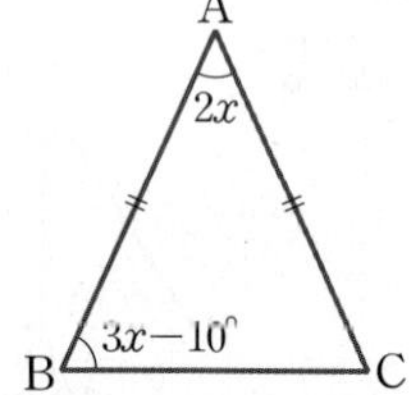

① 20° ② 25°

③ 30° ④ 35°

⑤ 40°

0020

오른쪽 그림과 같이 $\overline{AB}=\overline{AC}$인 이등변삼각형 ABC에서 $\angle B$와 $\angle C$의 이등분선의 교점을 D라 하자. $\angle A=80°$일 때, $\angle BDC$의 크기를 구하시오.

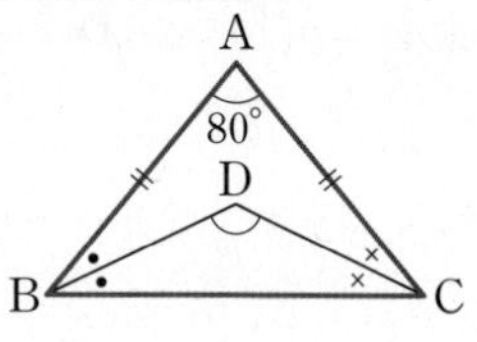

0021 ●●●●

오른쪽 그림과 같이 $\overline{AB}=\overline{AC}$인 이등변삼각형 ABC에서 ∠B의 이등분선이 $\overline{AC}$와 만나는 점을 D라 하자. ∠A=28°일 때, ∠BDC의 크기를 구하시오.

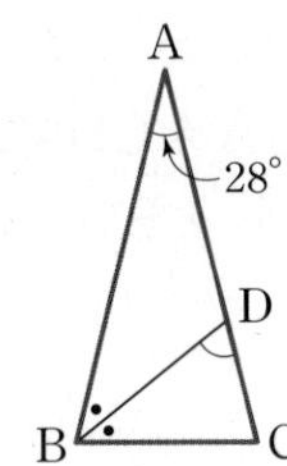

신유형

0022 ●●●●

오른쪽 그림과 같이 $\overline{AB}=\overline{AC}$인 이등변삼각형 ABC에서 $\overline{DA}=\overline{DB}$, ∠B=52°일 때, ∠DAC의 크기는?

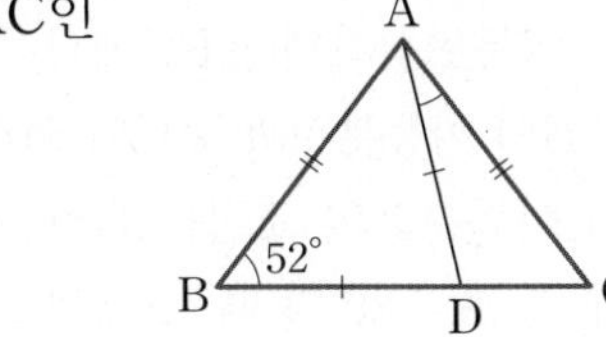

① 20° ② 22°
③ 24° ④ 26°
⑤ 28°

서술형

0023 ●●●●

오른쪽 그림에서 △ABC는 $\overline{AB}=\overline{AC}$인 이등변삼각형이고 $\overline{DA}=\overline{DC}$이다. ∠ADC=100°일 때, ∠$x$의 크기를 구하시오.

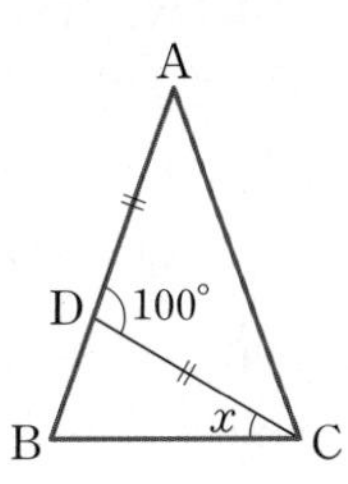

0024 ●●●●

오른쪽 그림과 같이 $\overline{AB}=\overline{AC}$인 이등변삼각형 ABC에서 ∠B의 이등분선과 $\overline{AC}$의 교점을 D라 하자. ∠ADB=72°일 때, ∠A의 크기를 구하시오.

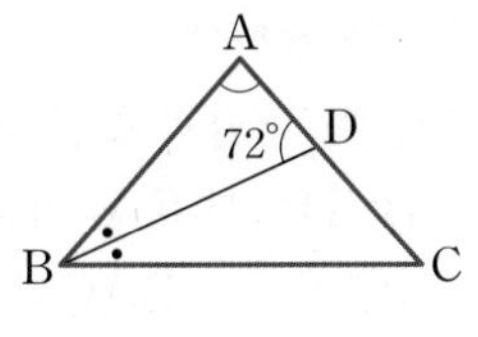

빈출 유형 03 이등변삼각형의 성질 – 꼭지각의 이등분선

이등변삼각형의 꼭지각의 이등분선은 밑변을 수직이등분한다.
⇨ △ABC에서
$\overline{AB}=\overline{AC}$, ∠BAD=∠CAD이면
$\overline{AD}\perp\overline{BC}$, $\overline{BD}=\overline{CD}$
→ ∠ADC=90°, $\frac{1}{2}$∠A+∠C=90°

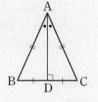

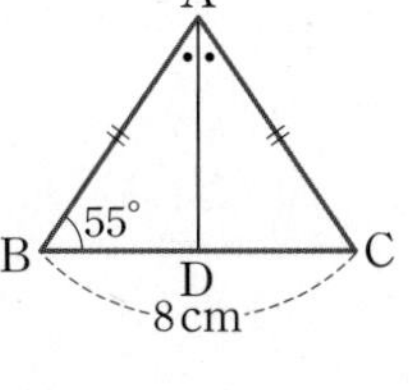

대표문제

0025

오른쪽 그림과 같이 $\overline{AB}=\overline{AC}$인 이등변삼각형 ABC에서 ∠A의 이등분선과 $\overline{BC}$의 교점을 D라 하자. $\overline{BC}$=8 cm, ∠B=55°일 때, 다음 중 옳지 않은 것은?

① $\overline{CD}$=4 cm ② ∠C=55°
③ ∠ADC=90° ④ ∠BAD=45°
⑤ ∠BAC=70°

0026 ●●●●

오른쪽 그림과 같이 $\overline{AB}=\overline{AC}$인 이등변삼각형 ABC에서 ∠A의 이등분선과 $\overline{BC}$의 교점을 D라 하자. $\overline{AD}$=10 cm, $\overline{BC}$=12 cm일 때, △ABD의 넓이를 구하시오.

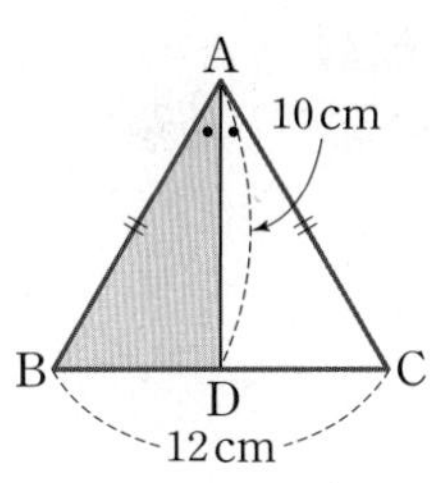

0027 ●●●●

오른쪽 그림과 같이 $\overline{AB}=\overline{AC}$인 이등변삼각형 ABC에서 $\overline{AD}\perp\overline{BC}$, $\overline{BD}=\overline{CD}$이고 ∠ACE=116°일 때, ∠$x$의 크기를 구하시오.

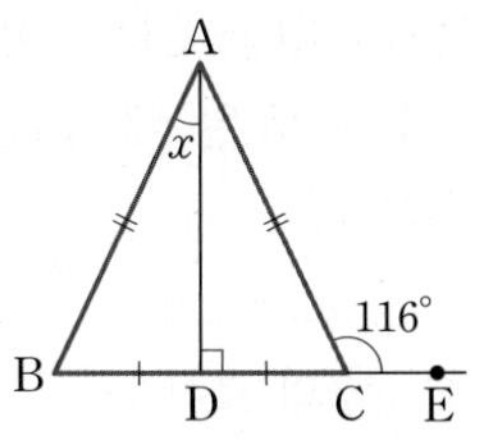

빈출★★

유형 04 이등변삼각형의 성질을 이용하여 각의 크기 구하기

(1) (삼각형의 세 내각의 크기의 합)$=180°$

(2) (삼각형의 한 외각의 크기)

$=$(그와 이웃하지 않는 두 내각의 크기의 합)

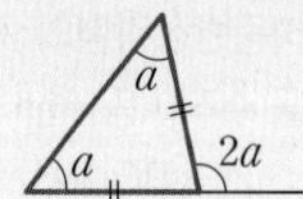

대표 문제

0028

오른쪽 그림에서 $\overline{AB}=\overline{AC}=\overline{CD}$이고 $\angle DCE=84°$일 때, $\angle x$의 크기를 구하시오.

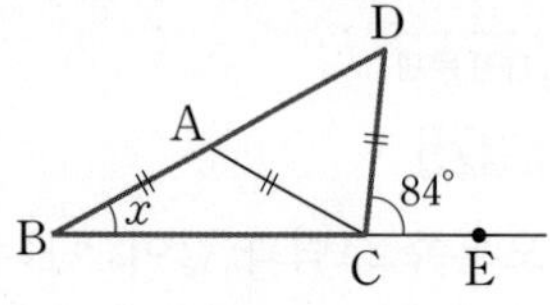

0029

오른쪽 그림과 같은 $\triangle ABC$에서 $\overline{AD}=\overline{BD}=\overline{CD}$이고 $\angle B=42°$일 때, $\angle x$의 크기는?

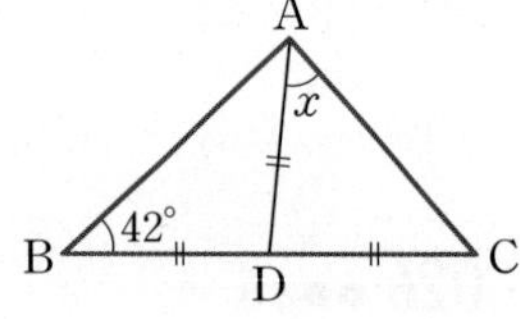

① $40°$ ② $42°$ ③ $44°$ ④ $46°$ ⑤ $48°$

서술형

0030

오른쪽 그림에서 $\overline{AB}=\overline{AC}=\overline{CD}=\overline{DE}$이고 $\angle B=25°$일 때, 다음을 구하시오.

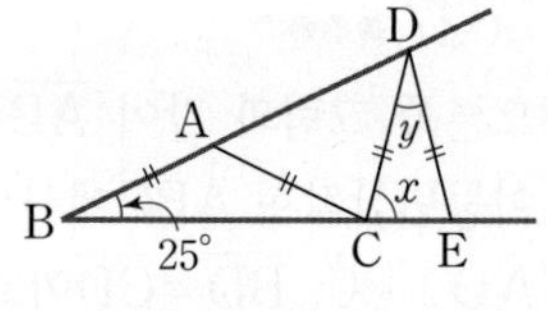

(1) $\angle x$의 크기

(2) $\angle y$의 크기

0031

오른쪽 그림에서 $\overline{BA}=\overline{BC}$, $\overline{CA}=\overline{CD}$이고 $\angle DAE=75°$일 때, $\angle B$의 크기를 구하시오.

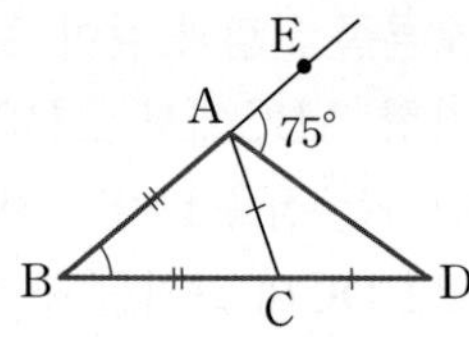

0032

오른쪽 그림과 같이 $\overline{AB}=\overline{AC}$인 이등변삼각형 ABC에서 $\angle B$의 이등분선과 $\angle C$의 외각의 이등분선의 교점을 D라 하자. $\angle A=80°$일 때, $\angle x$의 크기를 구하시오.

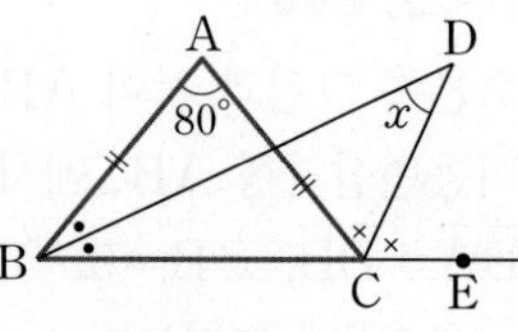

0033

오른쪽 그림에서 $\triangle ABC$와 $\triangle BCD$는 각각 $\overline{AB}=\overline{AC}$, $\overline{CB}=\overline{CD}$인 이등변삼각형이다. $\angle ACD=\angle DCE$이고 $\angle A=52°$일 때, $\angle x$의 크기는?

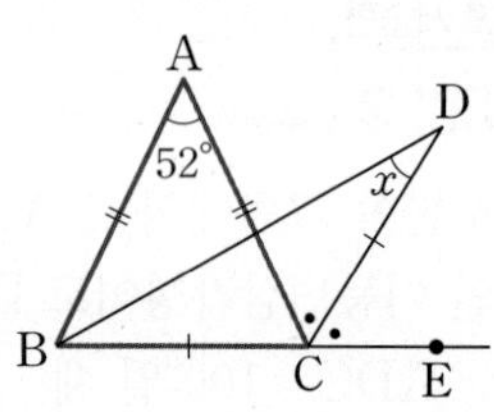

① $26°$ ② $27°$ ③ $28°$ ④ $29°$ ⑤ $30°$

0034

오른쪽 그림과 같은 직사각형 ABCD에서 $\overline{EA}=\overline{EC}$이고 $\angle BAE=\angle EAC$일 때, $\angle x$의 크기를 구하시오.

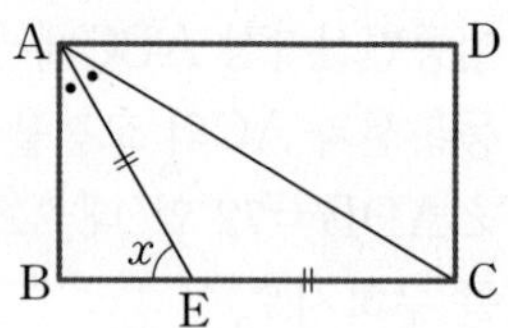

유형 05 이등변삼각형에서 합동인 삼각형 찾기

이등변삼각형의 성질과 삼각형의 합동 조건을 이용하여 이등변삼각형의 내부에서 합동인 삼각형을 찾는다.

참고 삼각형의 합동 조건
① 세 쌍의 대응변의 길이가 각각 같을 때 (SSS 합동)
② 두 쌍의 대응변의 길이가 각각 같고, 그 끼인각의 크기가 같을 때 (SAS 합동)
③ 한 쌍의 대응변의 길이가 같고, 그 양 끝 각의 크기가 각각 같을 때 (ASA 합동)

대표 문제

0035

오른쪽 그림과 같이 $\overline{AB}=\overline{AC}$인 이등변삼각형 ABC에서 $\overline{BD}=\overline{DE}=\overline{EC}$이다. $\angle DAE=28°$일 때, $\angle x$의 크기를 구하시오.

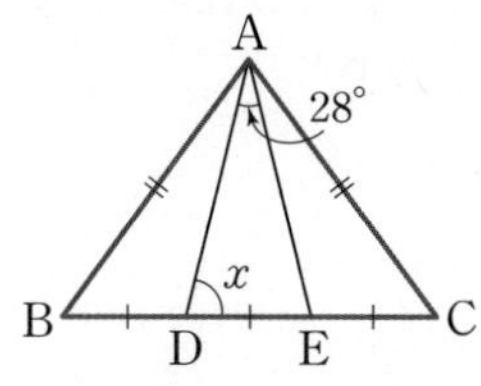

0036 ●●●●

오른쪽 그림에서 △ABC는 $\overline{AB}=\overline{AC}$인 이등변삼각형이다. $\overline{DB}=\overline{EC}$일 때, 다음 중 옳지 않은 것은?

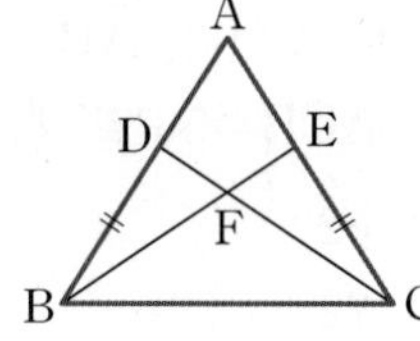

① $\angle ABC=\angle ACB$ ② $\angle ABE=\angle EBC$
③ $\triangle ABE\equiv\triangle ACD$ ④ $\angle BDC=\angle CEB$
⑤ $\overline{BE}=\overline{CD}$

신유형

0037 ●●●●

오른쪽 그림에서 △ABC는 $\overline{AB}=\overline{AC}$인 이등변삼각형이다. $\overline{BD}=\overline{CE}$, $\overline{BF}=\overline{CD}$이고 $\angle A=64°$일 때, $\angle x$의 크기를 구하시오.

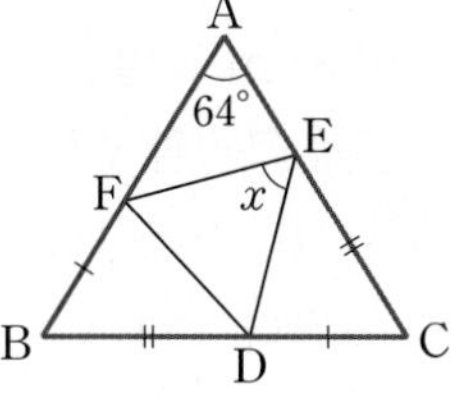

유형 06 이등변삼각형이 되는 조건

'두 내각의 크기가 같은 삼각형은 이등변삼각형이다.'를 설명할 때
⇨ 삼각형의 합동 조건을 이용한다.

대표 문제

0038

다음은 '△ABC에서 ∠B=∠C이면 $\overline{AB}=\overline{AC}$이다.'를 설명하는 과정이다. (가)~(마)에 알맞은 것으로 옳지 않은 것을 모두 고르면? (정답 2개)

> ∠B=∠C인 △ABC에서 ∠A의 이등분선과 $\overline{BC}$가 만나는 점을 D라 하자.
> △ABD와 △ACD에서
> ∠BAD= (가) …… ㉠
> (나) 는 공통 …… ㉡
> ∠B=∠C이고 △ABD와 △ACD의 내각의 크기의 합은 180°이므로
> ∠ADB= (다) …… ㉢
> ㉠, ㉡, ㉢에 의해
> △ABD≡△ACD ((라) 합동)이므로
> $\overline{AB}$= (마)

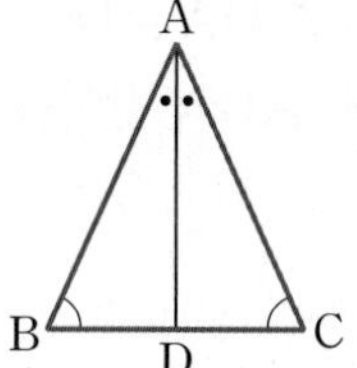

① (가) ∠CAD ② (나) $\overline{BC}$ ③ (다) ∠ADC
④ (라) SAS ⑤ (마) $\overline{AC}$

0039 ●●●●

다음은 오른쪽 그림과 같이 $\overline{AB}=\overline{AC}$인 이등변삼각형 ABC에서 ∠B와 ∠C의 이등분선의 교점을 D라 할 때, △DBC가 이등변삼각형임을 설명하는 과정이다. (가)~(라)에 알맞은 것을 구하시오.

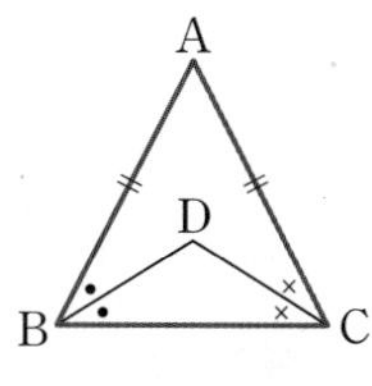

> △ABC에서 $\overline{AB}=\overline{AC}$이므로
> ∠ABC= (가)
> $\angle DBC=\frac{1}{2}\angle ABC=\frac{1}{2}$ (가) = (나)
> 따라서 △DBC에서 ∠DBC= (나) 이므로
> △DBC는 $\overline{DB}$= (다) 인 (라) 삼각형이다.

빈출

유형 07 이등변삼각형이 되는 조건의 이용

두 내각의 크기가 같은 삼각형은 이등변삼각형이다.
⇨ △ABC에서 ∠B=∠C이면 $\overline{AB}=\overline{AC}$

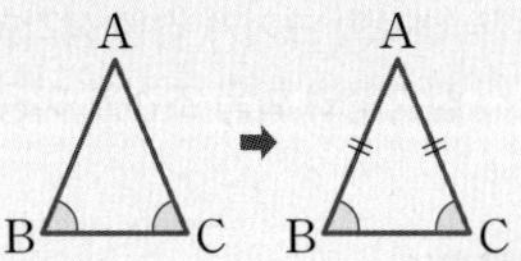

대표 문제

0040

오른쪽 그림과 같이 ∠C=90°인 직각삼각형 ABC에서 ∠B=30°이고 $\overline{DA}=\overline{DC}$, $\overline{AC}$=8 cm일 때, $\overline{AB}$의 길이를 구하시오.

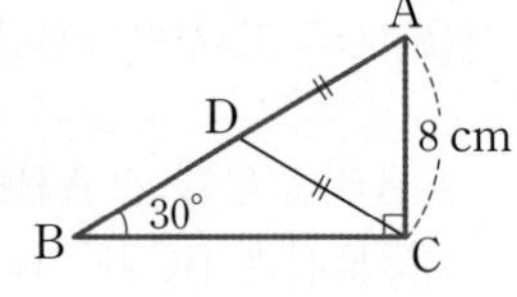

0041 ●●●●

오른쪽 그림과 같은 △ABC에서 ∠B=∠C일 때, x의 값은?

① 6 ② 7
③ 8 ④ 9
⑤ 10

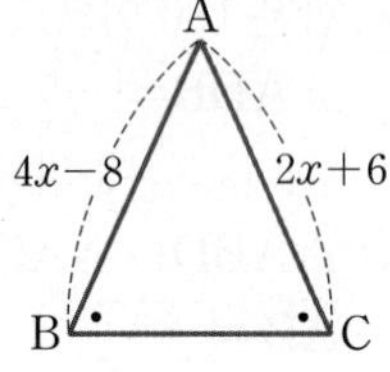

0042 ●●●●

오른쪽 그림과 같이 ∠B=∠C인 △ABC에서 ∠A의 이등분선이 $\overline{BC}$와 만나는 점을 D라 하자. $\overline{DC}$=5 cm일 때, $y-x$의 값을 구하시오.

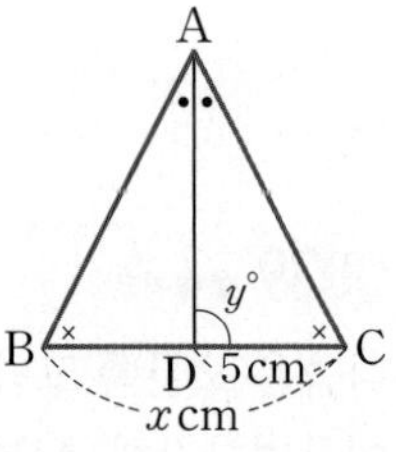

서술형

0043 ●●●●

오른쪽 그림과 같이 $\overline{AB}=\overline{AC}$인 이등변삼각형 ABC에서 ∠B의 이등분선이 $\overline{AC}$와 만나는 점을 D라 하자. ∠A=36°, $\overline{BC}$=4 cm일 때, $\overline{AD}$의 길이를 구하시오.

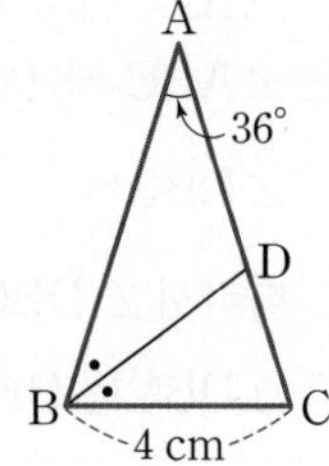

유형 08 종이접기

폭이 일정한 종이를 접을 때
∠BAC=∠DAC (접은 각)
∠DAC=∠BCA (엇각)
⇨ ∠BAC=∠BCA이므로 △ABC는 $\overline{BA}=\overline{BC}$인 이등변삼각형이다.

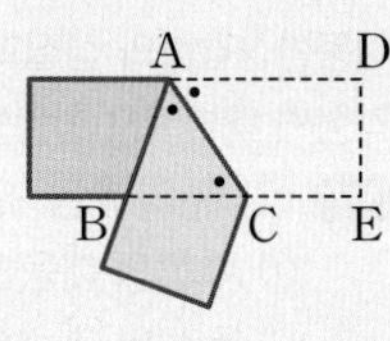

대표 문제

0044

폭이 일정한 종이를 오른쪽 그림과 같이 접었다. $\overline{AB}$=4 cm, $\overline{AC}$=5 cm일 때, △ABC의 둘레의 길이를 구하시오.

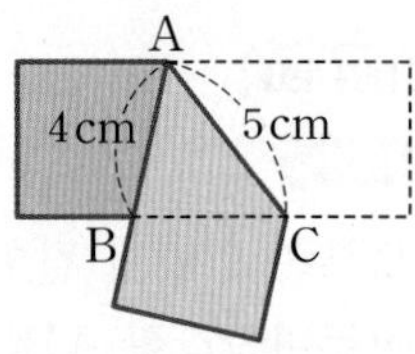

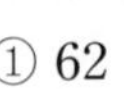

0045 ●●●●

폭이 일정한 종이를 오른쪽 그림과 같이 접었다. $\overline{AB}$=7 cm, ∠ACB=55°일 때, $x+y$의 값은?

① 62 ② 67
③ 72 ④ 77
⑤ 82

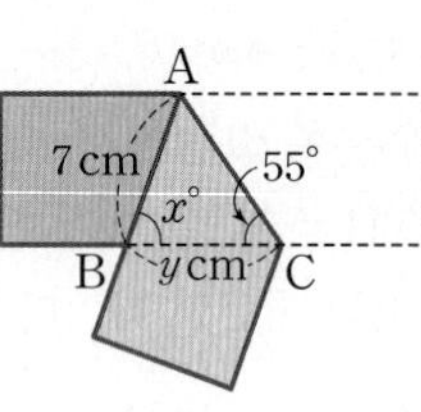

0046 ●●●●

폭이 8 cm로 일정한 종이를 오른쪽 그림과 같이 접었다. $\overline{AB}$=12 cm일 때, △ABC의 넓이를 구하시오.

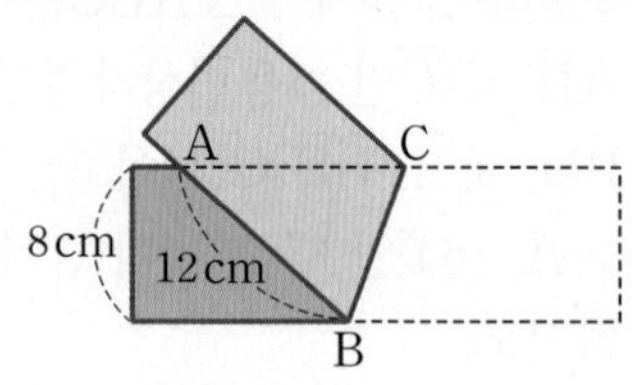

Theme 02 직각삼각형의 합동

워크북 9쪽

유형 09 직각삼각형의 합동 조건

(1) $\angle C=\angle F=90°$, $\overline{AB}=\overline{DE}$, $\angle A=\angle D$이면
⇨ $\triangle ABC \equiv \triangle DEF$ (RHA 합동)

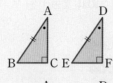

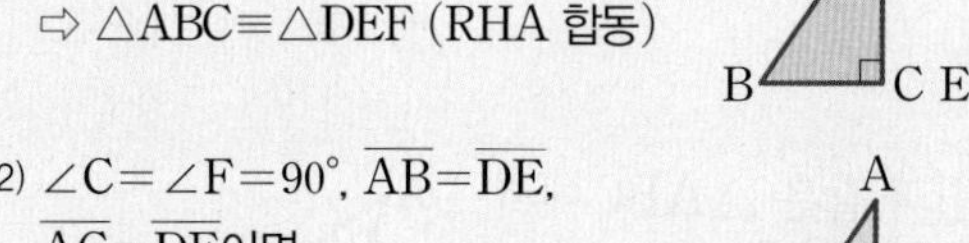

(2) $\angle C=\angle F=90°$, $\overline{AB}=\overline{DE}$, $\overline{AC}=\overline{DF}$이면
⇨ $\triangle ABC \equiv \triangle DEF$ (RHS 합동)

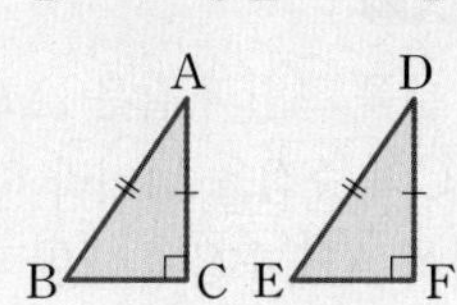

대표 문제

0047

다음 보기에서 서로 합동인 직각삼각형을 모두 찾아 짝 지으시오.

보기

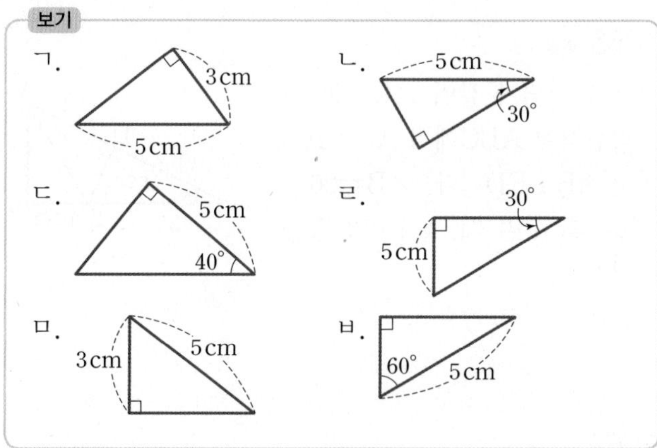

0048

다음은 오른쪽 그림과 같은 두 직각삼각형을 이용하여 '빗변의 길이와 한 예각의 크기가 각각 같은 두 직각삼각형은 합동이다.'를 설명하는 과정이다. (가)~(마)에 알맞은 것을 구하시오.

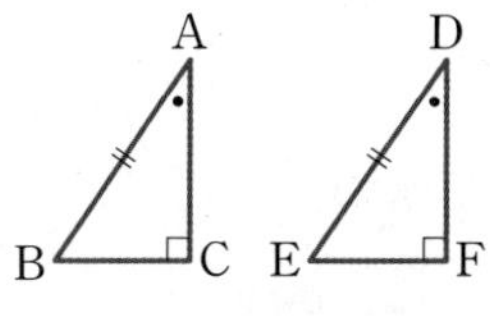

$\triangle ABC$와 $\triangle DEF$에서
$\overline{AB}=$ (가) , $\angle A=$ (나) ,
$\angle B=$ (다) $°-\angle A=$ (다) $°-\angle D=$ (라)
$\therefore \triangle ABC \equiv \triangle DEF$ ((마) 합동)

0049

아래 그림과 같이 $\angle C=90°$, $\angle F=90°$인 두 직각삼각형 ABC와 DEF가 합동이 되는 경우를 다음 보기에서 모두 고른 것은?

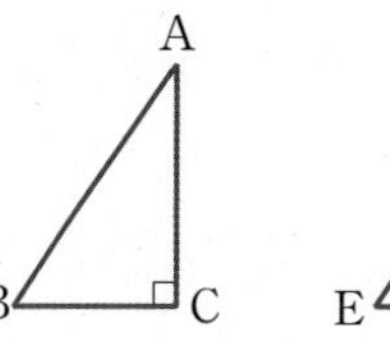

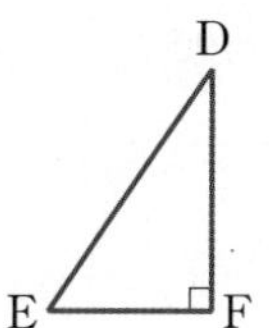

보기

ㄱ. $\overline{AB}=\overline{DE}$, $\overline{AC}=\overline{DF}$
ㄴ. $\overline{AB}=\overline{DE}$, $\angle B=\angle E$
ㄷ. $\overline{AC}=\overline{DF}$, $\overline{BC}=\overline{EF}$
ㄹ. $\overline{BC}=\overline{EF}$, $\angle A=\angle D$
ㅁ. $\angle A=\angle D$, $\angle B=\angle E$

① ㄱ, ㄴ, ㄷ ② ㄱ, ㄴ, ㄹ
③ ㄱ, ㄷ, ㄹ ④ ㄱ, ㄴ, ㄷ, ㄹ
⑤ ㄱ, ㄴ, ㄷ, ㄹ, ㅁ

신유형

0050

아래 그림과 같이 $\angle C=90°$인 직각삼각형 ABC에서 $\overline{AB}=6$ cm, $\angle B=40°$일 때, 다음 중 $\angle F=90°$인 직각삼각형 DEF가 직각삼각형 ABC와 합동이 되는 조건이 아닌 것은?

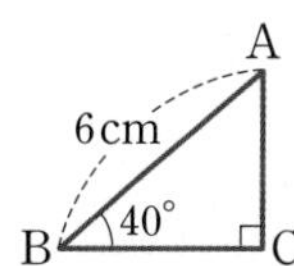

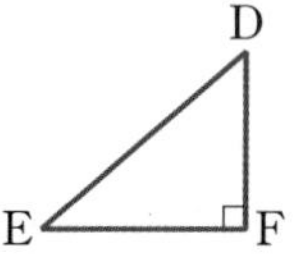

① $\overline{AC}=\overline{DF}$, $\overline{BC}=\overline{EF}$
② $\overline{DE}=6$ cm, $\overline{BC}=\overline{EF}$
③ $\overline{DE}=6$ cm, $\angle E=40°$
④ $\overline{DE}=6$ cm, $\angle D=50°$
⑤ $\overline{EF}=6$ cm, $\angle E=40°$

빈출

유형 10 직각삼각형의 합동 조건의 응용 – RHA 합동

두 직각삼각형에서 빗변의 길이와 한 예각의 크기가 각각 같을 때
⇨ RHA 합동

참고 직각삼각형에서 직각을 제외한 나머지 두 각의 크기의 합은 90°이다.
⇨ $\angle C=90°$인 직각삼각형 ABC에서
$\bullet+\times=90°$

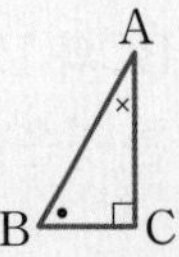

대표 문제

0051

오른쪽 그림과 같이 $\angle A=90°$이고 $\overline{AB}=\overline{AC}$인 직각이등변삼각형 ABC의 꼭짓점 A가 직선 l 위에 있다. 두 꼭짓점 C, B에서 직선 l 위에 내린 수선의 발을 각각 D, E라 하자. $\overline{CD}=4\,\text{cm}$, $\overline{BE}=3\,\text{cm}$일 때, $\overline{DE}$의 길이를 구하시오.

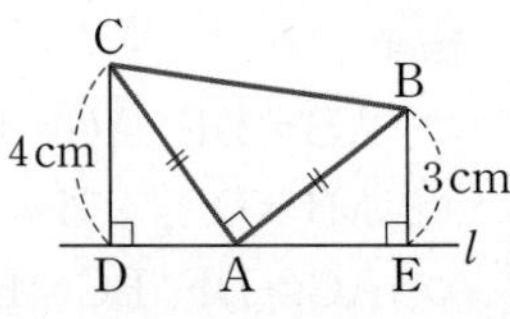

0052 ●●●●

오른쪽 그림과 같이 $\angle ACE=90°$이고 $\overline{AB}\perp\overline{BD}$, $\overline{ED}\perp\overline{BD}$이다. $\overline{AC}=\overline{CE}$, $\overline{BD}=16\,\text{cm}$이고 $\overline{AB}-\overline{ED}=4\,\text{cm}$일 때, $\overline{BC}$의 길이는?

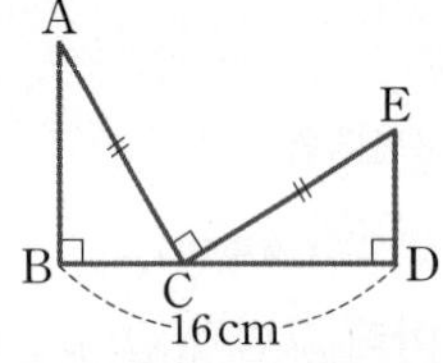

① 4 cm ② 5 cm ③ 6 cm
④ 7 cm ⑤ 8 cm

서술형

0053 ●●●●

오른쪽 그림의 △ABC에서 점 M은 $\overline{BC}$의 중점이고, 두 점 B, C에서 직선 AM에 내린 수선의 발을 각각 D, E라 하자. $\overline{AM}=9\,\text{cm}$, $\overline{CE}=5\,\text{cm}$, $\overline{EM}=3\,\text{cm}$일 때, △ABD의 넓이를 구하시오.

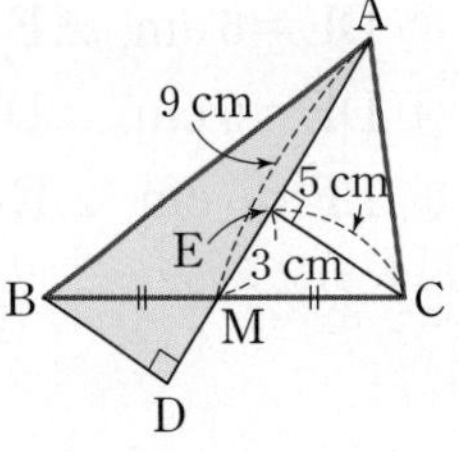

빈출

유형 11 직각삼각형의 합동 조건의 응용 – RHS 합동

두 직각삼각형에서 빗변의 길이와 다른 한 변의 길이가 각각 같을 때
⇨ RHS 합동

대표 문제

0054

오른쪽 그림과 같은 △ABC에서 $\overline{AC}$의 중점을 M이라 하고 점 M에서 $\overline{AB}$, $\overline{BC}$에 내린 수선의 발을 각각 D, E라 하자. $\angle C=35°$이고 $\overline{MD}=\overline{ME}$일 때, $\angle B$의 크기를 구하시오.

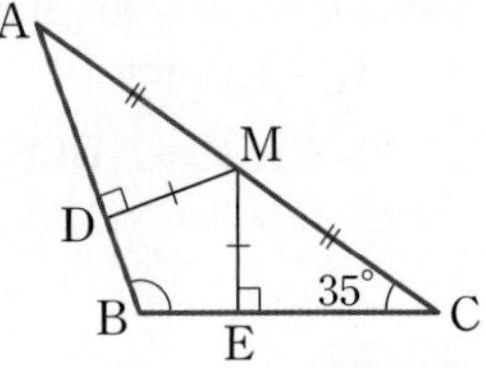

0055 ●●●●

오른쪽 그림과 같이 $\angle C=90°$인 직각삼각형 ABC에서 $\overline{AC}=\overline{AD}$이고 $\overline{AB}\perp\overline{ED}$이다. $\angle B=26°$, $\overline{CE}=4\,\text{cm}$일 때, $x+y$의 값을 구하시오.

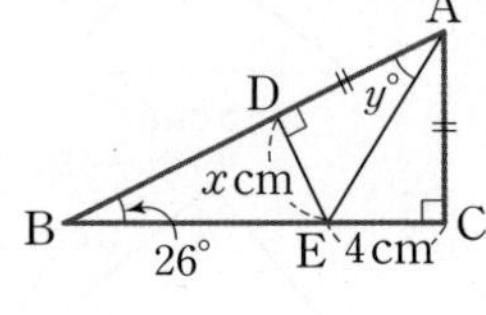

0056 ●●●●

오른쪽 그림과 같이 $\angle B=90°$인 직각삼각형 ABC에서 $\overline{AB}=\overline{AD}$이고, $\overline{AC}\perp\overline{ED}$이다. $\angle C=50°$일 때, $\angle AEB$의 크기를 구하시오.

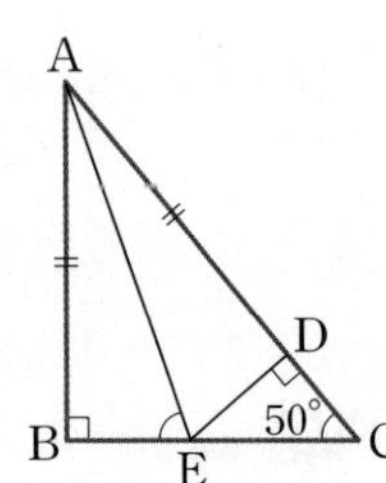

신유형

0057 ●●●●

오른쪽 그림과 같이 $\angle C=90°$인 직각삼각형 ABC에서 $\overline{AC}=\overline{AE}$, $\overline{AB}\perp\overline{DE}$이다. $\overline{AB}=10\,\text{cm}$, $\overline{BC}=8\,\text{cm}$, $\overline{AC}=6\,\text{cm}$일 때, △BDE의 둘레의 길이를 구하시오.

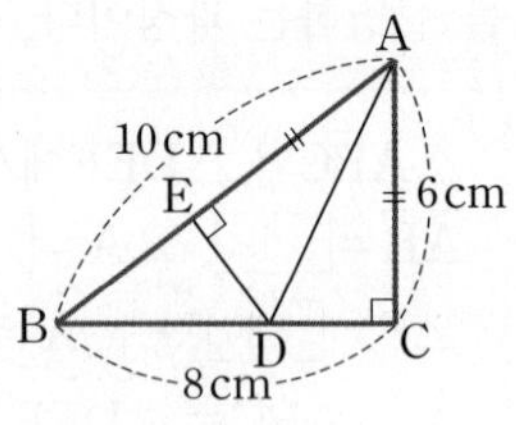

유형 12 각의 이등분선의 성질

△AOP와 △BOP에서
∠OAP=∠OBP=90°, $\overline{OP}$는 공통일 때
(1) ∠AOP=∠BOP이면
△AOP≡△BOP (RHA 합동)
⇨ $\overline{PA}=\overline{PB}$
(2) $\overline{PA}=\overline{PB}$이면
△AOP≡△BOP (RHS 합동)
⇨ ∠AOP=∠BOP

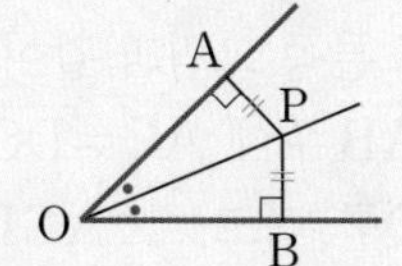

대표 문제

0058

오른쪽 그림과 같이 ∠XOY의 이등분선 위의 한 점 P에서 $\overrightarrow{OX}$, $\overrightarrow{OY}$에 내린 수선의 발을 각각 A, B라 할 때, 다음 중 옳지 않은 것은?

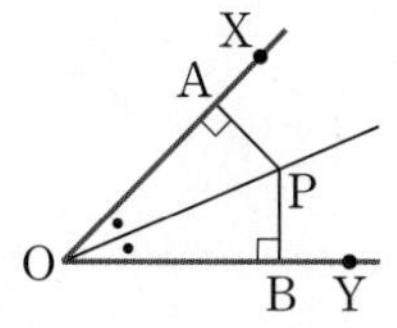

① $\overline{OA}=\overline{OB}$　② $\overline{PA}=\overline{PB}$
③ $\overline{OX}=\overline{OY}$　④ ∠APO=∠BPO
⑤ △AOP≡△BOP

0059 ●●●●

오른쪽 그림과 같이 ∠PAO=∠PBO=90°, $\overline{PA}=\overline{PB}$일 때, 다음 보기에서 옳은 것을 모두 고른 것은?

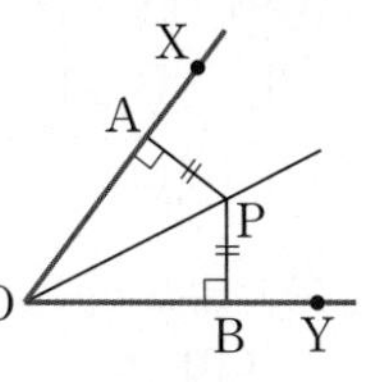

보기
ㄱ. $\overline{AO}=\overline{BO}$　ㄴ. ∠APO=∠BPO
ㄷ. $\overline{OX}=\overline{OY}$　ㄹ. ∠AOB=∠APB
ㅁ. $\angle AOP=\frac{1}{2}\angle AOB$　ㅂ. $\overline{AX}=\overline{BY}$

① ㄱ, ㄴ　② ㄱ, ㄷ
③ ㄱ, ㄴ, ㄹ　④ ㄱ, ㄴ, ㅁ
⑤ ㄴ, ㅁ, ㅂ

빈출

유형 13 각의 이등분선의 성질의 응용

(1) 각의 이등분선 위의 한 점에서 그 각을 이루는 두 변까지의 거리는 같다.
(2) 각의 두 변에서 같은 거리에 있는 점은 그 각의 이등분선 위에 있다.

대표 문제

0060

오른쪽 그림과 같이 ∠B=90°인 직각삼각형 ABC에서 ∠A의 이등분선이 $\overline{BC}$와 만나는 점을 D라 하자. $\overline{AC}$=15 cm, $\overline{BD}$=4 cm일 때, △ADC의 넓이를 구하시오.

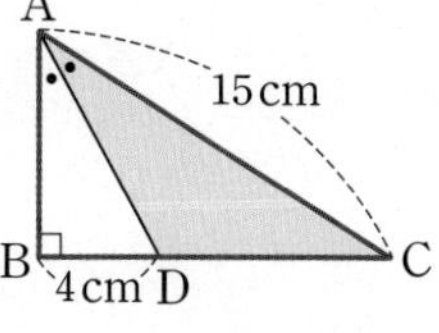

0061 ●●●●

오른쪽 그림과 같이
∠OAP=∠OBP=90°이고
$\overline{AP}=\overline{BP}$, ∠APB=110°일 때,
∠AOP의 크기를 구하시오.

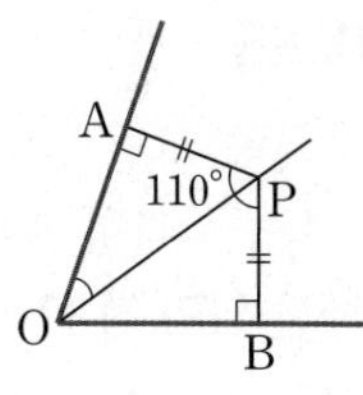

0062 ●●●●

오른쪽 그림과 같이 ∠C=90°이고 $\overline{CA}=\overline{CB}$인 직각이등변삼각형 ABC에서 ∠B의 이등분선과 $\overline{AC}$의 교점을 D, 점 D에서 $\overline{AB}$에 내린 수선의 발을 E라 하자.
$\overline{CD}$=10 cm일 때, △AED의 넓이를 구하시오.

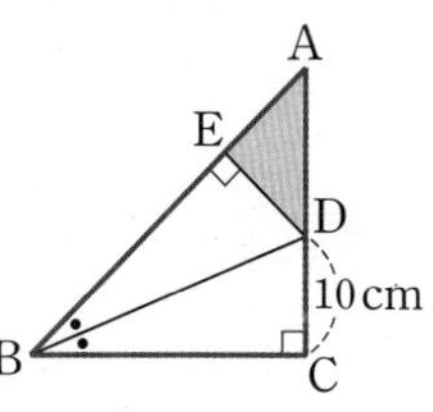

0063 ●●●●

오른쪽 그림과 같이 ∠C=90°인 직각삼각형 ABC에서 점 E는 $\overline{AB}$의 중점이고 $\overline{DC}=\overline{DE}$, $\overline{AB}\perp\overline{DE}$일 때, ∠$x$의 크기를 구하시오.

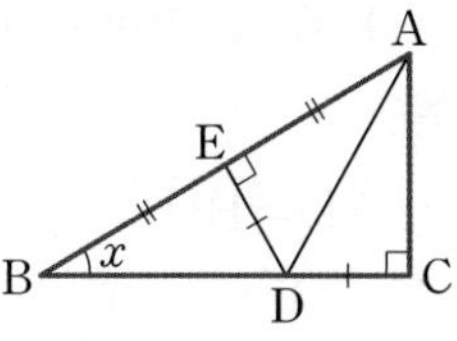

01 삼각형의 성질
Theme 01 02

0064 (유형 04)

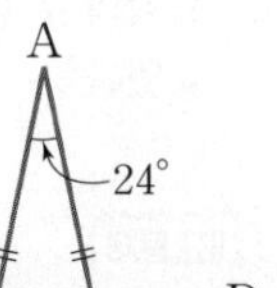

오른쪽 그림과 같이 $\overline{AB}=\overline{AC}$인 이등변삼각형 ABC에서 $\angle ABD : \angle DBC = 2 : 1$이고, $\overline{DC}$는 $\angle C$의 외각의 이등분선이다. $\angle A = 24°$일 때, $\angle x$의 크기를 구하시오.

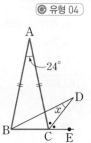

0065 (유형 02+유형 07)

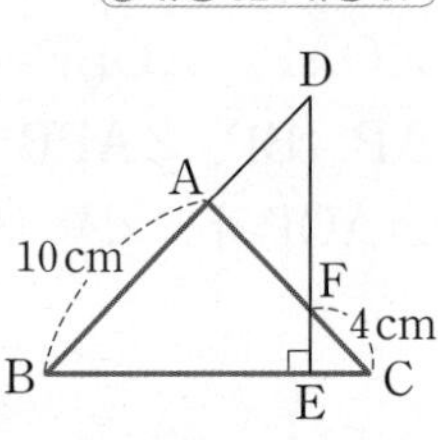

오른쪽 그림과 같이 $\overline{AB}=\overline{AC}$인 이등변삼각형 ABC에서 $\overline{AB}$의 연장선 위의 점 D에서 $\overline{BC}$에 내린 수선의 발을 E, $\overline{AC}$와 $\overline{DE}$의 교점을 F라 하자. $\overline{AB}=10\text{ cm}$, $\overline{CF}=4\text{ cm}$일 때, $\overline{AD}$의 길이를 구하시오.

0066 (유형 07)

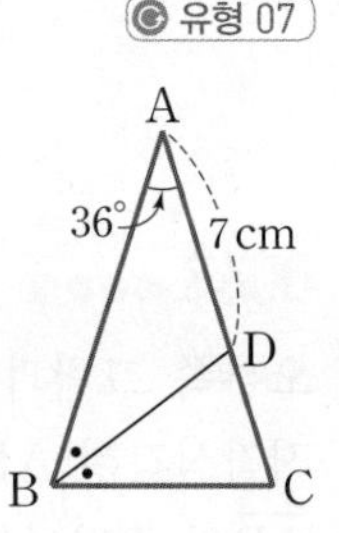

오른쪽 그림과 같이 $\overline{AB}=\overline{AC}$인 이등변삼각형 ABC에서 $\angle B$의 이등분선이 $\overline{AC}$와 만나는 점을 D라 하자. $\angle A = 36°$, $\overline{AD}=7\text{ cm}$일 때, 다음 중 옳지 않은 것은?

① $\overline{AD}=\overline{BD}$ ② $\overline{BC}=7\text{ cm}$
③ $\angle DBC = 36°$ ④ $\overline{AC}=12\text{ cm}$
⑤ $\angle BDC = 72°$

0067 (유형 02+유형 07)

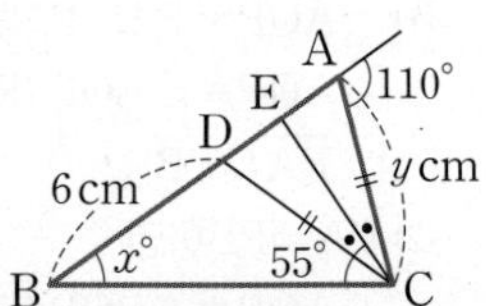

오른쪽 그림과 같이 △ABC에서 $\overline{AB}$ 위에 $\overline{AC}=\overline{DC}$가 되도록 점 D를 잡고, $\angle ACD$의 이등분선과 $\overline{AB}$의 교점을 E라 하자. $\overline{BD}=6\text{ cm}$, $\angle BCE = 55°$이고 $\angle A$의 외각의 크기가 110°일 때, $x+y$의 값을 구하시오.

0068 (유형 07)

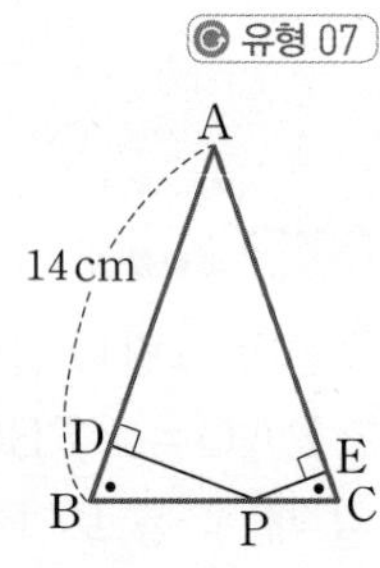

오른쪽 그림과 같이 $\angle B = \angle C$인 △ABC의 $\overline{BC}$ 위의 점 P에서 $\overline{AB}$, $\overline{AC}$에 내린 수선의 발을 각각 D, E라 하자. $\overline{AB}=14\text{ cm}$이고 △ABC의 넓이가 63 cm^2일 때, $\overline{PD}+\overline{PE}$의 길이는?

① 7 cm ② 8 cm ③ 9 cm
④ 10 cm ⑤ 11 cm

0069

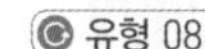

오른쪽 그림과 같이 $\overline{AB}=\overline{AC}$인 이등변삼각형 ABC를 $\overline{DE}$를 접는 선으로 하여 점 A가 점 B에 오도록 접었다. $\angle EBC=15°$일 때, $\angle A$의 크기를 구하시오.

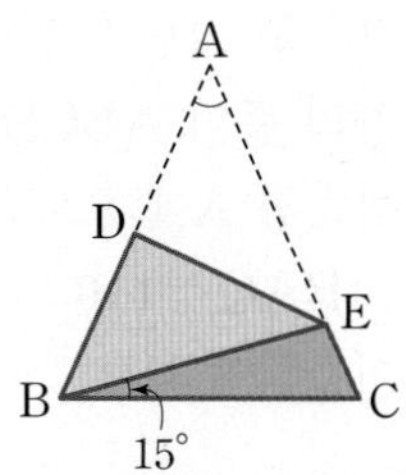

0070

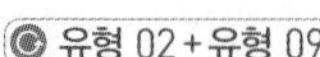

오른쪽 그림과 같이 $\overline{AB}=\overline{AC}$인 이등변삼각형 ABC가 있다. $\overline{BC}$의 중점 M에서 $\overline{AB}$, $\overline{AC}$에 내린 수선의 발을 각각 D, E라 할 때, 다음 중 옳지 않은 것은?

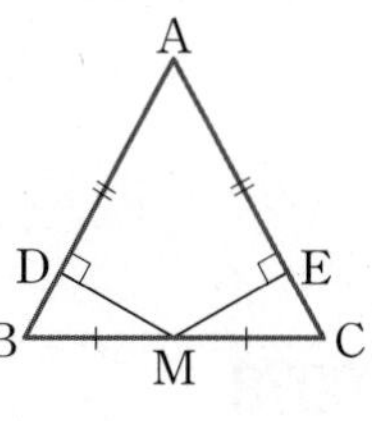

① $\overline{MD}=\overline{ME}$ ② $\triangle BMD\equiv\triangle CME$
③ $\overline{AB}=\overline{BC}$ ④ $\angle B=\angle C$
⑤ $\overline{AD}=\overline{AE}$

0071

오른쪽 그림과 같이 $\angle A=90°$이고 $\overline{AB}=\overline{AC}$인 직각이등변삼각형 ABC에서 꼭짓점 A를 지나는 직선 l을 긋고 두 꼭짓점 B, C에서 직선 l에 내린 수선의 발을 각각 D, E라 하자. $\overline{BD}=8\text{ cm}$, $\overline{DE}=12\text{ cm}$일 때, 사다리꼴 BDEC의 넓이를 구하시오.

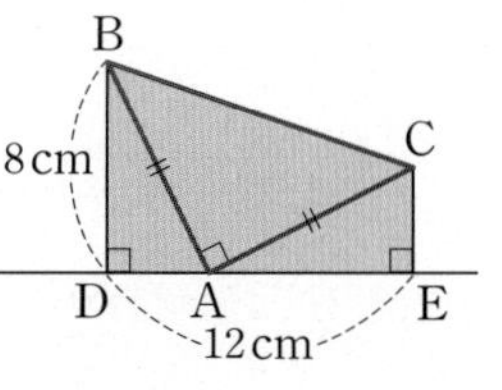

0072

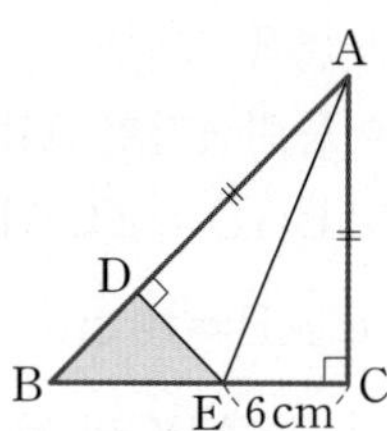

유형 11

오른쪽 그림과 같이 $\angle C=90°$이고 $\overline{AC}=\overline{BC}$인 직각이등변삼각형 ABC에서 $\overline{AD}=\overline{AC}$, $\overline{AB}\perp\overline{ED}$, $\overline{EC}=6\text{ cm}$일 때, $\triangle DBE$의 넓이를 구하시오.

0073

오른쪽 그림과 같이 $\angle B=90°$인 직각삼각형 ABC에서 $\angle BAD=\angle CAD$이고 $\overline{DE}\perp\overline{AC}$이다. $\overline{AB}=8\text{ cm}$, $\overline{BC}=6\text{ cm}$, $\overline{CA}=10\text{ cm}$일 때, $\triangle DCE$의 둘레의 길이를 구하시오.

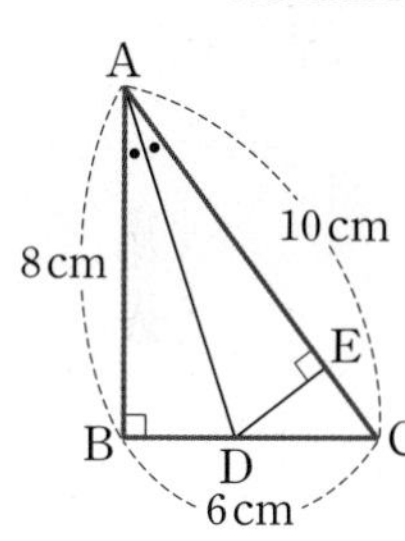

0074 유형 03

오른쪽 그림과 같이 $\overline{AB}=\overline{AC}$인 이등변삼각형 ABC에서 $\angle BAD=\angle CAD$, $\overline{AC}\perp\overline{DE}$이고 $\overline{AB}=10\,cm$, $\overline{DE}=\frac{24}{5}\,cm$이다. $\triangle ABC$의 둘레의 길이가 $32\,cm$일 때, $\overline{AD}$의 길이를 구하시오.

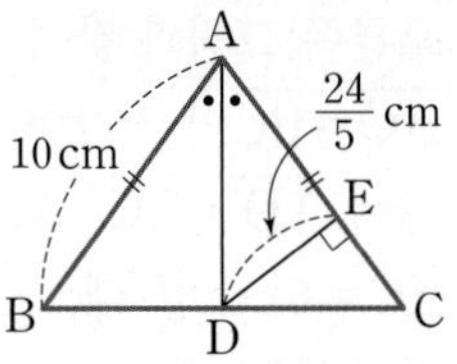

0075 유형 05

오른쪽 그림에서 $\triangle ABC$는 $\overline{AB}=\overline{AC}$인 이등변삼각형이고 $\overline{BD}=\overline{CE}$이다. $\angle A=45°$, $\angle ACD=35°$일 때, $\angle x$의 크기는?

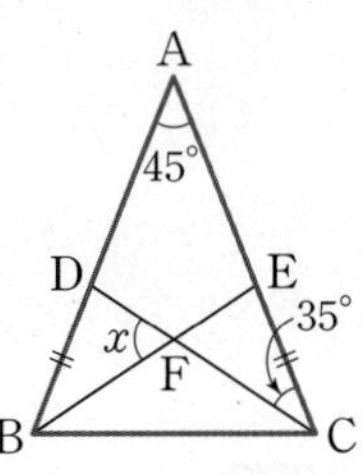

① $60°$　② $65°$　③ $70°$　④ $75°$　⑤ $80°$

0076 유형 05

오른쪽 그림에서 $\triangle ABC$는 $\overline{AB}=\overline{AC}$인 이등변삼각형이다. $\overline{BC}$ 위의 한 점 D에 대하여 $\overline{AC}$ 위에 $\overline{BD}=\overline{CE}$인 점 E를 잡고, $\overline{AB}$ 위에 $\overline{DC}=\overline{BF}$인 점 F를 잡을 때, 다음 중 옳지 않은 것은?

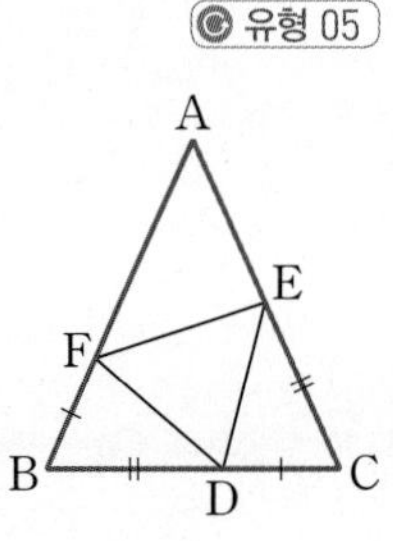

① $\angle BDF=\angle CED$　② $\angle BFD=\angle CDE$
③ $\overline{DF}=\overline{DE}$　④ $\overline{FD}=\overline{FE}$
⑤ $\angle B=\angle FDE$

0077 유형 08

오른쪽 그림과 같이 직사각형 모양의 종이 ABCD를 꼭짓점 C가 꼭짓점 A에 오도록 접었다. $\angle BAG=110°$일 때, $\angle x$의 크기를 구하시오.

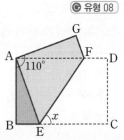

0078 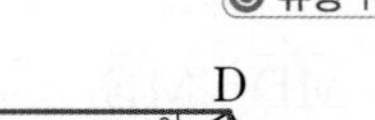 유형 11

오른쪽 그림과 같은 정사각형 ABCD에서 $\overline{DE}=\overline{DF}$가 되도록 $\overline{AB}$ 위에 점 E를 잡고, $\overline{BC}$의 연장선 위에 점 F를 잡았다. $\angle ADE=30°$일 때, $\angle x$의 크기는?

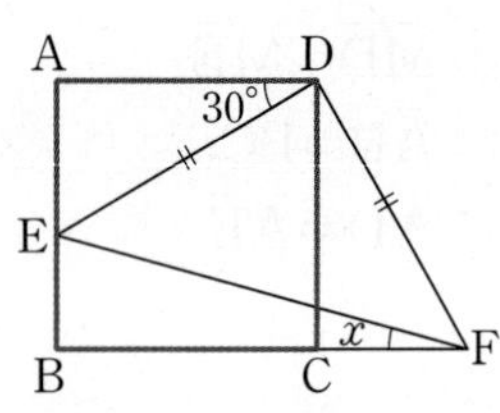

① $15°$　② $20°$　③ $25°$　④ $30°$　⑤ $35°$

정답 및 풀이 7쪽

0079 유형 02

오른쪽 그림과 같이 $\overline{AB}=\overline{AC}$인 이등변삼각형 ABC에서 $\overline{BC}$의 중점 M에 대하여 $\overline{BC}$를 지름으로 하는 반원 M이 $\overline{AB}$, $\overline{AC}$와 만나는 점을 각각 D, E라 하자. $\overline{BC}=12\,\text{cm}$, $\angle A=50°$일 때, 부채꼴 DME의 넓이를 구하시오.

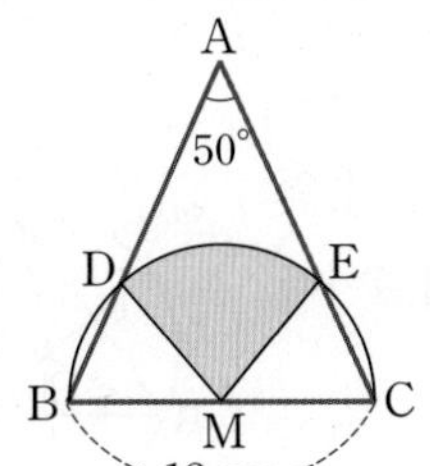

0080 유형 02+유형 07

지붕을 견고하게 지탱하기 위해 다음과 같은 루프 트러스(roof truss)를 사용한다. 이등변삼각형 모양의 트러스는 좌우의 모양이 같아 균일하게 힘을 지탱할 수 있다. 그림의 트러스에서 $y-x+z$의 값을 구하시오.

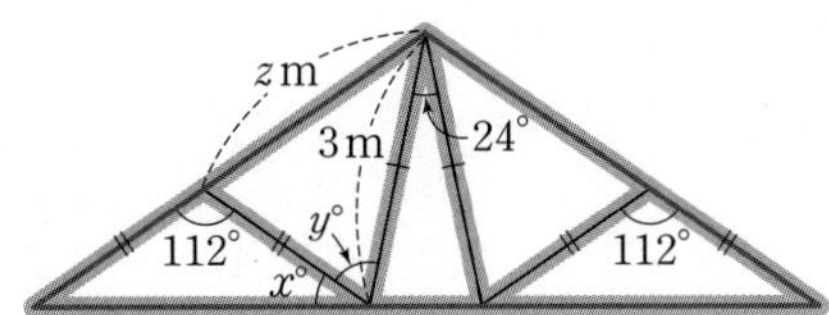

0081 유형 10

오른쪽 그림과 같이 $\angle A=90°$이고 $\overline{AB}=\overline{AC}$인 직각이등변삼각형 ABC의 두 꼭짓점 B, C에서 꼭짓점 A를 지나는 직선 l 위에 내린 수선의 발을 각각 D, E라 하자. $\overline{BD}=8\text{cm}$, $\overline{CE}=3\text{cm}$일 때, $\overline{DE}$의 길이를 구하시오.

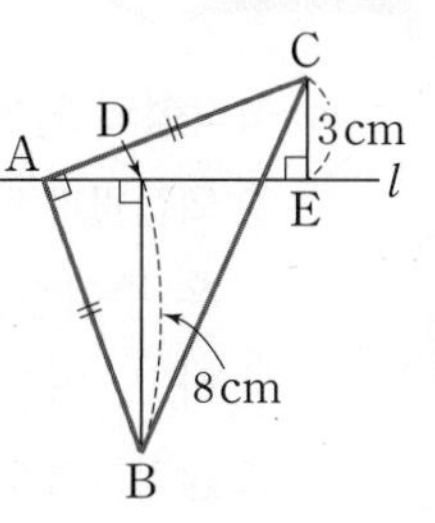

0082 유형 09

두 삼각형 ABC, DEF를 각각 두 삼각형으로 잘라 보기의 삼각형에 꼭 맞게 붙이려고 한다. 알맞은 짝을 찾으시오.

보기

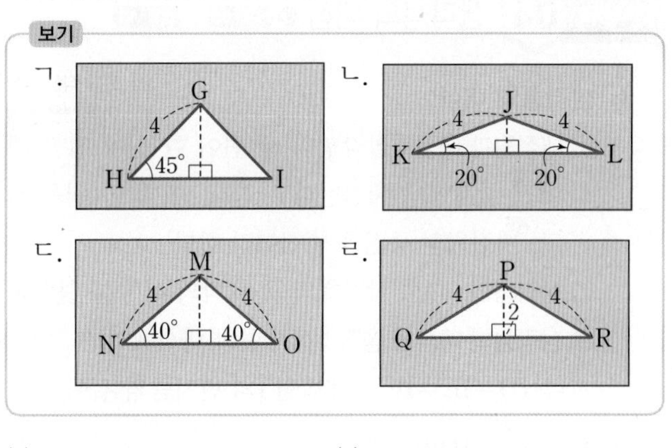

(1)

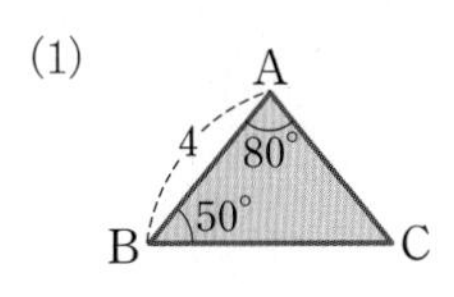

(2)

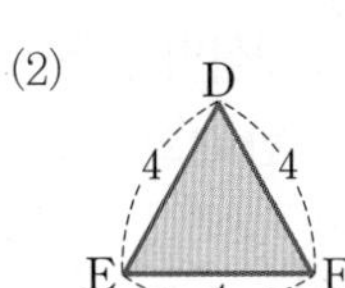

Theme 03 삼각형의 외심 (유형 01 ~ 유형 04)

(1) 삼각형의 외심

① 외접원과 외심 : 삼각형의 세 꼭짓점이 한 원 위에 있을 때, 이 원은 주어진 삼각형에 외접한다고 한다. 이때 이 원을 외접원이라 하고, 외접원의 중심을 외심이라 한다.

② 삼각형의 외심 : 삼각형의 세 변의 수직이등분선의 교점

③ 삼각형의 외심의 성질 : 삼각형의 외심에서 세 꼭짓점에 이르는 거리는 같다.

⇨ $\overline{OA}=\overline{OB}=\overline{OC}=$(외접원 O의 반지름의 길이)

(2) 삼각형의 외심의 응용

점 O가 △ABC의 외심일 때

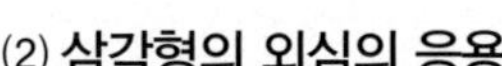

①

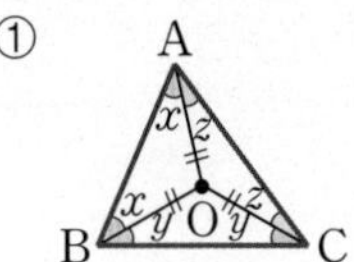

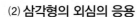

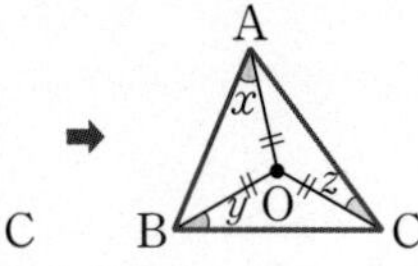

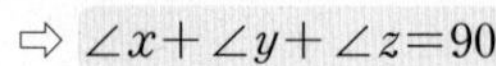

⇨ $\angle x+\angle y+\angle z=90^{\circ}$

②

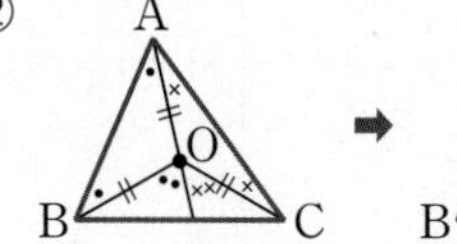

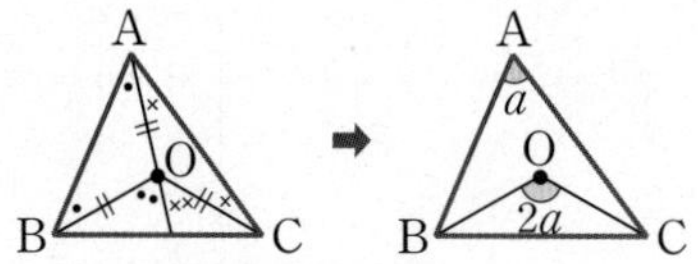

⇨ $\angle BOC=2\angle A$

> 비법 Note
> 왼쪽 그림에서 점 O가 △ABC의 외심일 때,
> △AOD≡△BOD (SAS 합동),
> △BOE≡△COE (SAS 합동),
> △AOF≡△COF (SAS 합동)
> 이므로 △OAB, △OBC, △OCA는 모두 이등변삼각형이다.

> 비법 Note
> 삼각형의 외심의 위치
> ① 예각삼각형 : 삼각형의 내부
> ② 직각삼각형 : 빗변의 중점
> ③ 둔각삼각형 : 삼각형의 외부

Theme 04 삼각형의 내심 (유형 05 ~ 유형 12)

(1) 삼각형의 내심

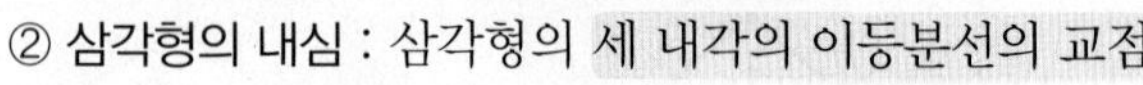

(원과 직선이 한 점에서 만날 때 이 직선은 원에 접한다고 한다.)

① 내접원과 내심 : 삼각형의 세 변이 한 원에 접할 때, 이 원은 주어진 삼각형에 내접한다고 한다. 이때 이 원을 내접원이라 하고, 내접원의 중심을 내심이라 한다.

② 삼각형의 내심 : 삼각형의 세 내각의 이등분선의 교점

③ 삼각형의 내심의 성질 : 삼각형의 내심에서 세 변에 이르는 거리는 같다.

⇨ $\overline{ID}=\overline{IE}=\overline{IF}=$(내접원 I의 반지름의 길이)

(2) 삼각형의 내심의 응용

점 I가 △ABC의 내심일 때

①

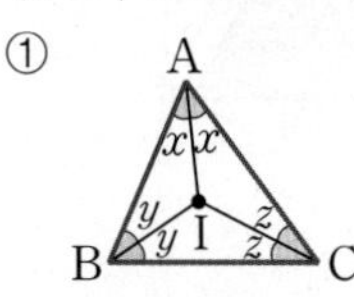

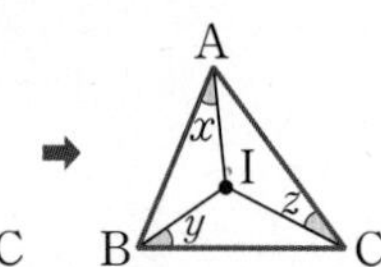

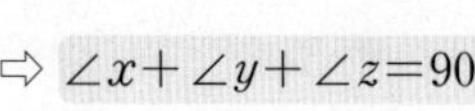

⇨ $\angle x+\angle y+\angle z=90^{\circ}$

②

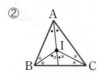

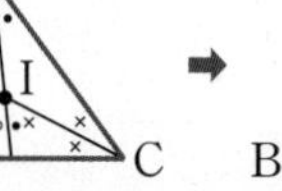

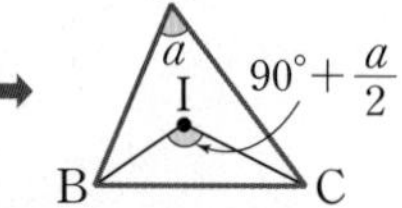

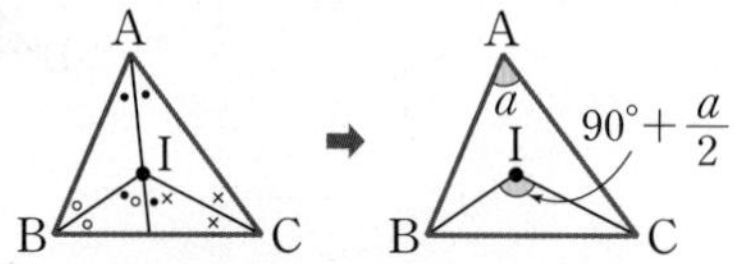

⇨ $\angle BIC=90^{\circ}+\frac{1}{2}\angle A$

(3) 삼각형의 내심과 내접원

점 I가 △ABC의 내심이고 내접원의 반지름의 길이가 r일 때

① $\triangle ABC=\frac{1}{2}r(\overline{AB}+\overline{BC}+\overline{CA})$

→ $\triangle ABC=\triangle IAB+\triangle IBC+\triangle ICA$
$=\frac{1}{2}r\overline{AB}+\frac{1}{2}r\overline{BC}+\frac{1}{2}r\overline{CA}$
$=\frac{1}{2}r(\overline{AB}+\overline{BC}+\overline{CA})$

② $\overline{AD}=\overline{AF}$, $\overline{BD}=\overline{BE}$, $\overline{CE}=\overline{CF}$

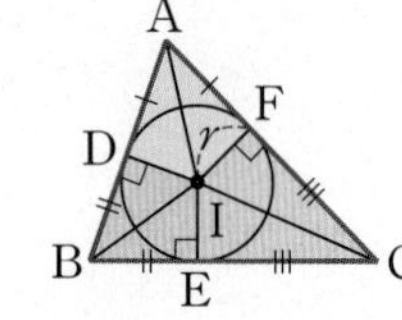

> 비법 Note
> 원의 접선은 그 접점을 지나는 반지름에 수직이다.

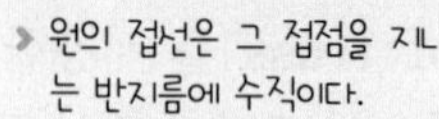

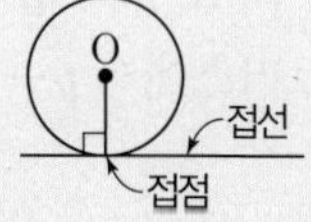

> (1)의 그림에서 점 I가 △ABC의 내심일 때,
> △AID≡△AIF (RHA 합동)
> △BID≡△BIE (RHA 합동)
> △CIE≡△CIF (RHA 합동)

> 비법 Note
> 모든 삼각형의 내심은 삼각형의 내부에 있다.
> 삼각형의 내심과 외심의 위치
> ① 이등변삼각형의 외심과 내심은 꼭지각의 이등분선 위에 있다.
> ② 정삼각형의 외심과 내심은 일치한다.

Theme 03 삼각형의 외심

[0083~0087] 오른쪽 그림에서 점 O가 △ABC의 외심일 때, 옳은 것에 ○표, 옳지 않은 것에 ×표 하시오.

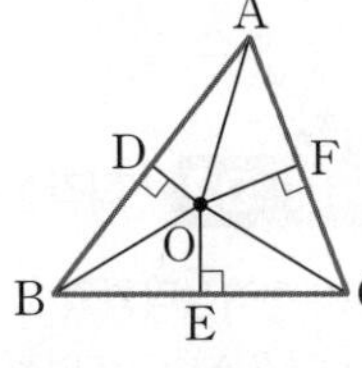

0083 $\triangle AOD \equiv \triangle BOD$ (　　)

0084 $\overline{OA}=\overline{OB}$ (　　)

0085 $\overline{BD}=\overline{BE}$ (　　)

0086 $\angle ECO=\angle FCO$ (　　)

0087 $\overline{OD}=\overline{OE}=\overline{OF}$ (　　)

[0088~0089] 다음 그림에서 점 O가 △ABC의 외심일 때, x의 값을 구하시오.

0088

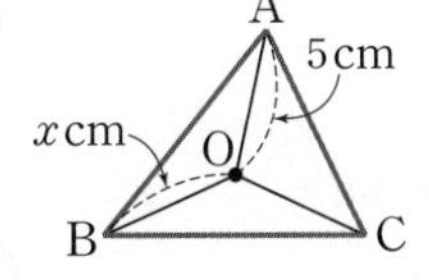

0089

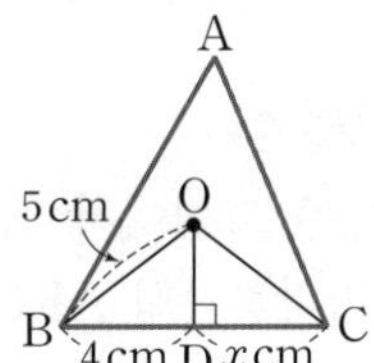

[0090~0093] 다음 그림에서 점 O가 △ABC의 외심일 때, $\angle x$의 크기를 구하시오.

0090

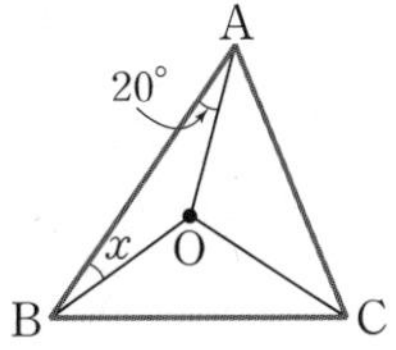

0091

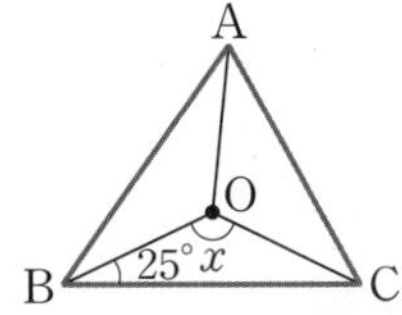

0092

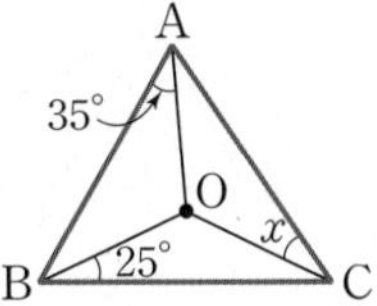

0093

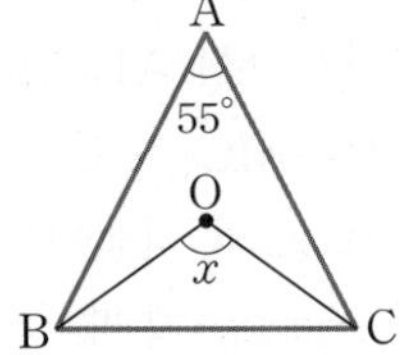

Theme 04 삼각형의 내심

[0094~0098] 오른쪽 그림에서 점 I가 △ABC의 내심일 때, 옳은 것에 ○표, 옳지 않은 것에 ×표 하시오.

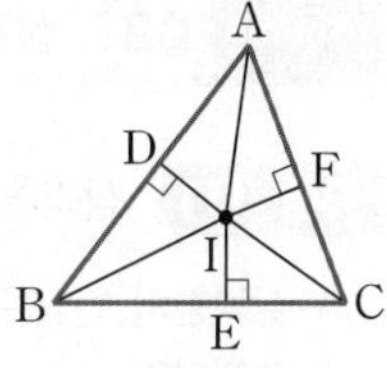

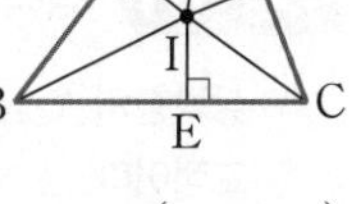

0094 $\triangle BDI \equiv \triangle BEI$ (　　)

0095 $\overline{IA}=\overline{IB}$ (　　)

0096 $\overline{BD}=\overline{BE}$ (　　)

0097 $\overline{AF}=\overline{CF}$ (　　)

0098 $\angle DAI=\angle FAI$ (　　)

[0099~0100] 다음 그림에서 점 I가 △ABC의 내심일 때, x의 값을 구하시오.

0099

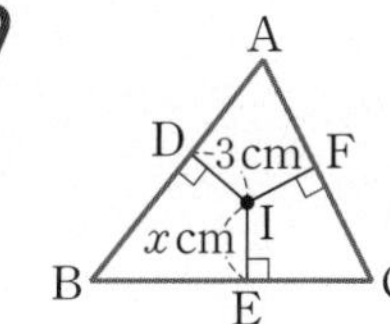

0100

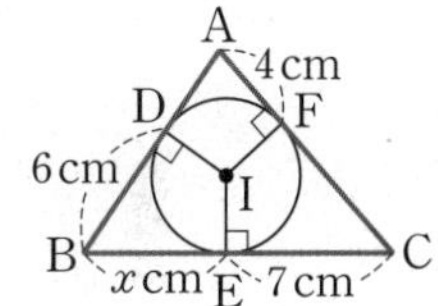

[0101~0104] 다음 그림에서 점 I가 △ABC의 내심일 때, $\angle x$의 크기를 구하시오.

0101

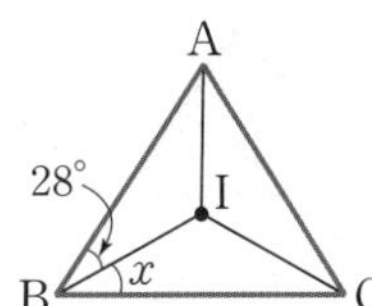

0102

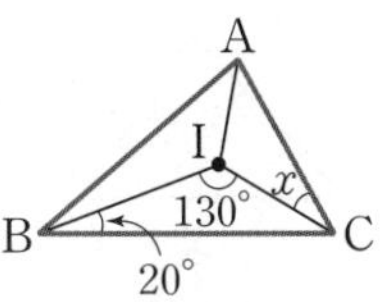

0103

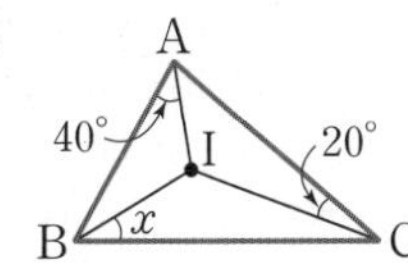

0104

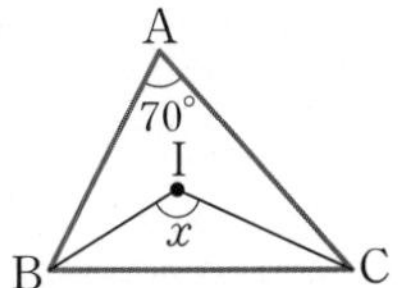

핵심 유형

Theme 03 삼각형의 외심

워크북 18쪽

유형 01 삼각형의 외심

(1) 삼각형의 외심은 세 변의 수직이등분선의 교점이다.
(2) 삼각형의 외심에서 세 꼭짓점에 이르는 거리는 같다. ⇨ $\overline{OA}=\overline{OB}=\overline{OC}$

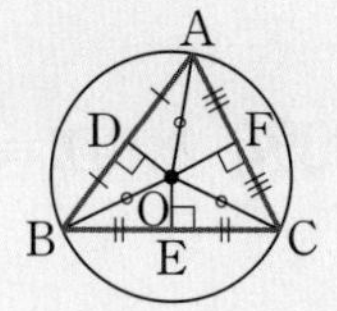

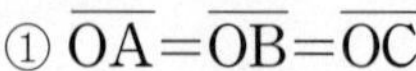

0105

오른쪽 그림에서 점 O는 △ABC의 외심일 때, 다음 중 옳지 않은 것을 모두 고르면? (정답 2개)

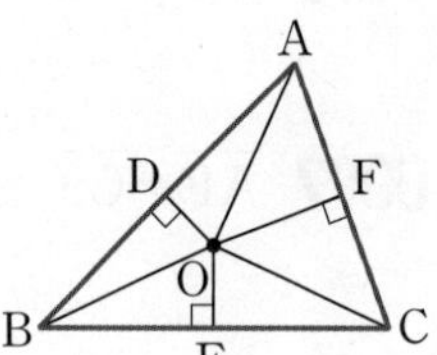

① $\overline{OA}=\overline{OB}=\overline{OC}$
② $\overline{AF}=\overline{CF}$
③ $\angle OAD=\angle OBD$
④ $\angle OCE=\angle OCF$
⑤ $\triangle BOD \equiv \triangle BOE$

0106 ●●●●

다음 중 점 O가 삼각형의 외심을 나타내는 것을 모두 고르면? (정답 2개)

① 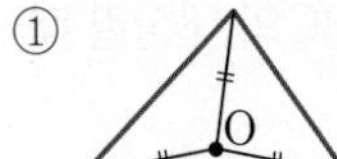

② 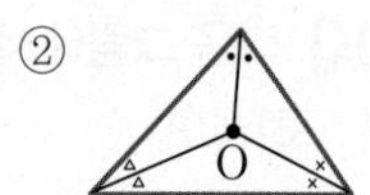

③ 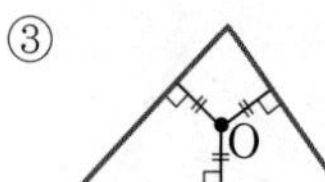

④ 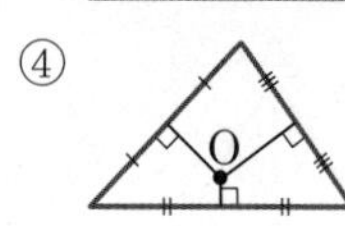

⑤ 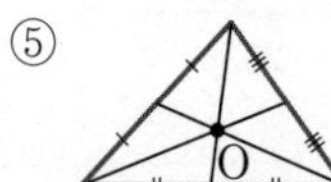

빈출 유형 02 직각삼각형의 외심

(1) 직각삼각형의 외심은 빗변의 중점이다.
(2) (△ABC의 외접원의 반지름의 길이)
$=\overline{OA}=\overline{OB}=\overline{OC}=\frac{1}{2}\overline{AB}$

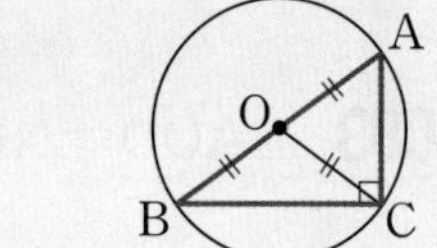

대표 문제

0107

오른쪽 그림과 같이 $\angle C=90°$인 직각삼각형 ABC에서 $\overline{AB}=5\,cm$, $\overline{BC}=4\,cm$, $\overline{CA}=3\,cm$일 때, △ABC의 외접원의 둘레의 길이를 구하시오.

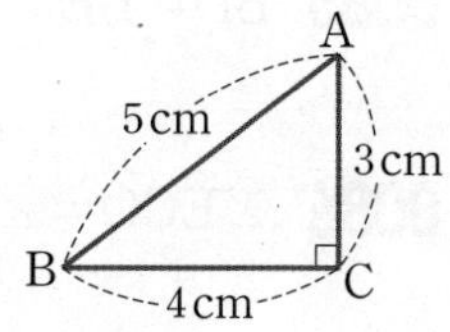

0108 ●●●●

오른쪽 그림에서 점 O는 $\angle C=90°$인 직각삼각형 ABC의 외심이다. $\overline{AC}=8\,cm$, $\overline{BC}=6\,cm$, $\overline{OC}=5\,cm$일 때, △AOC의 넓이를 구하시오.

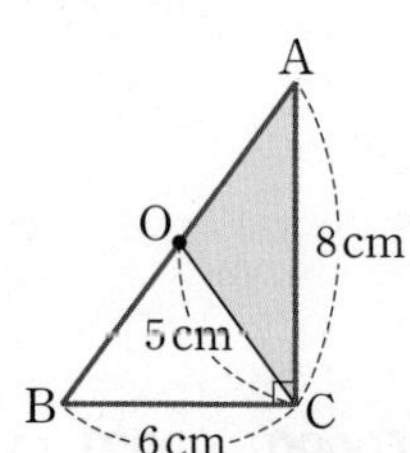

서술형

0109 ●●●●

오른쪽 그림과 같이 $\angle A=90°$인 직각삼각형 ABC에서 $\overline{MB}=\overline{MC}$, $\angle C=30°$이다. △ABC의 외접원의 둘레의 길이가 16π cm일 때, △ABM의 둘레의 길이를 구하시오.

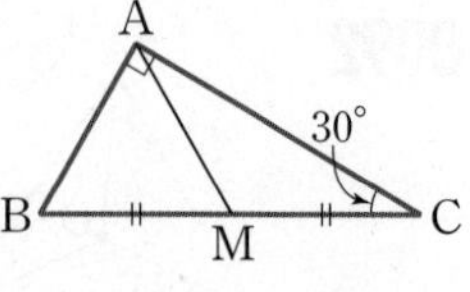

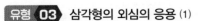

유형 03 삼각형의 외심의 응용 (1)

점 O가 △ABC의 외심일 때

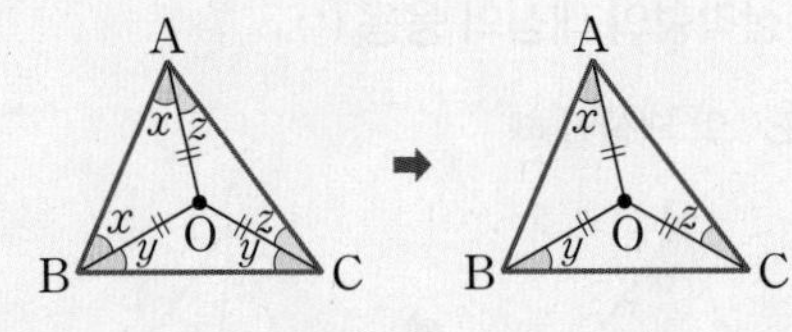

$2\angle x+2\angle y+2\angle z=180° \Rightarrow \angle x+\angle y+\angle z=90°$

대표 문제

0110

오른쪽 그림에서 점 O가 △ABC의 외심이고 $\angle OBA=33°$, $\angle OCA=27°$일 때, $\angle x$의 크기는?

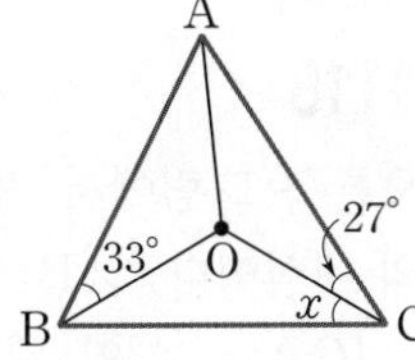

① 27° ② 29° ③ 30° ④ 33° ⑤ 35°

0111 ●●●●

오른쪽 그림에서 점 O는 △ABC의 외심이다. $\overline{OD}\perp\overline{BC}$이고 $\angle OAC=25°$, $\angle OBA=20°$일 때, $\angle BOD$의 크기를 구하시오.

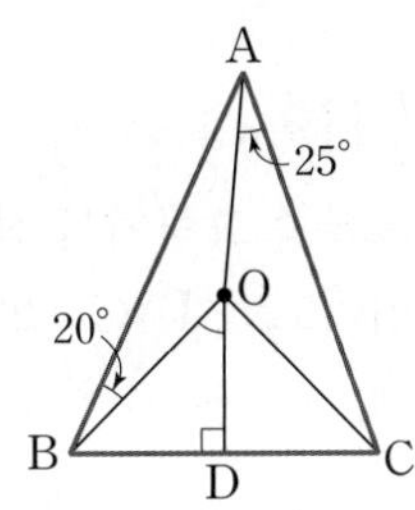

0112 ●●●●

오른쪽 그림에서 점 O는 △ABC의 외심이다. $\angle OBA : \angle OCB=2 : 3$, $\angle OCB : \angle OAC=3 : 4$일 때, $\angle AOC$의 크기는?

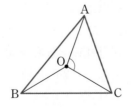

① 95° ② 96° ③ 98° ④ 100° ⑤ 104°

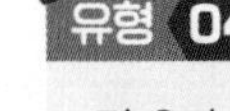

빈출 유형 04 삼각형의 외심의 응용 (2)

점 O가 △ABC의 외심일 때

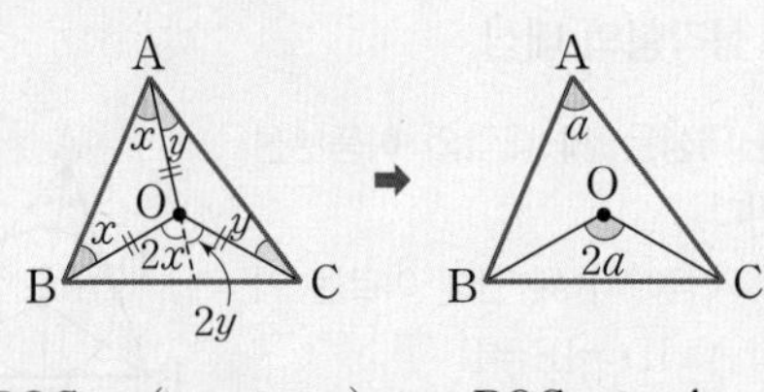

$\angle BOC=2(\angle x+\angle y) \Rightarrow \angle BOC=2\angle A$

$\angle A=\angle x+\angle y$

대표 문제

0113

오른쪽 그림에서 점 O가 △ABC의 외심이고 $\angle B=64°$일 때, $\angle x$의 크기는?

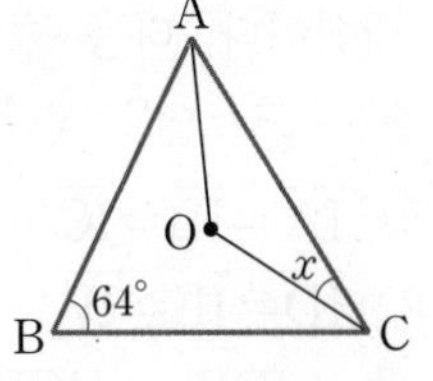

① 26° ② 28° ③ 30° ④ 32° ⑤ 34°

신유형

0114 ●●●●

오른쪽 그림에서 점 O는 △ABC의 외심이다. $\angle BOC=100°$일 때, $\angle x+\angle y$의 크기를 구하시오.

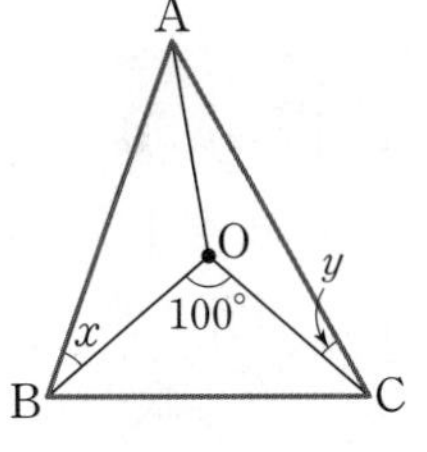

0115 ●●●●

오른쪽 그림에서 원 O는 △ABC의 외접원이다. $\angle OAB=20°$일 때, $\angle C$의 크기를 구하시오.

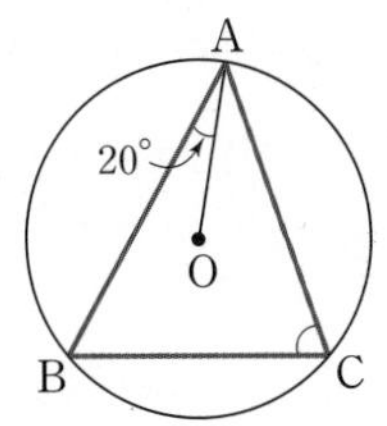

02 삼각형의 외심과 내심

Theme 03 04

Theme 04 삼각형의 내심

워크북 20쪽

유형 05 삼각형의 내심

(1) 삼각형의 내심은 세 내각의 이등분선의 교점이다.
(2) 삼각형의 내심에서 세 변에 이르는 거리는 같다. ⇨ $\overline{ID}=\overline{IE}=\overline{IF}$

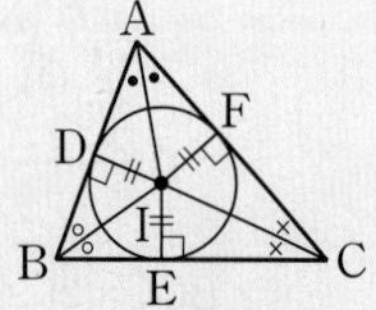

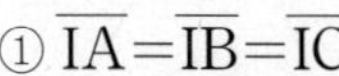

0116

오른쪽 그림에서 점 I는 △ABC의 내심이다. 다음 중 옳지 않은 것을 모두 고르면? (정답 2개)

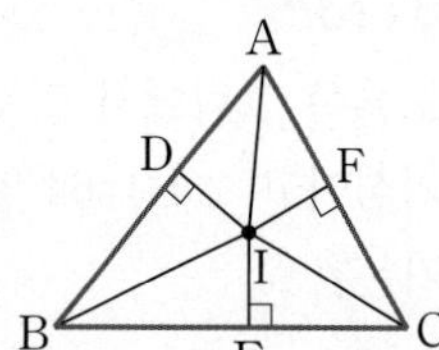

① $\overline{IA}=\overline{IB}=\overline{IC}$
② $\overline{ID}=\overline{IE}=\overline{IF}$
③ ∠IBE=∠ICE
④ ∠ECI=∠FCI
⑤ △ADI≡△AFI

0117

다음 중 점 I가 삼각형의 내심을 나타내는 것을 모두 고르면? (정답 2개)

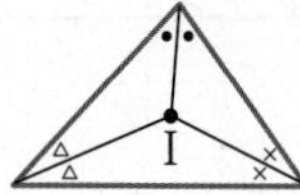

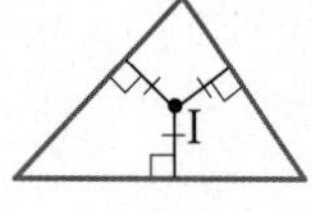

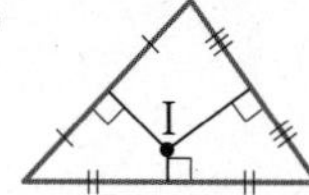

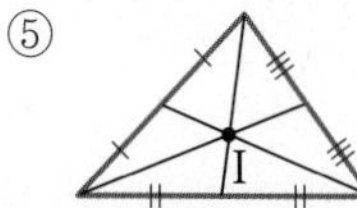

유형 06 삼각형의 내심의 응용 (1)

빈출

점 I가 △ABC의 내심일 때

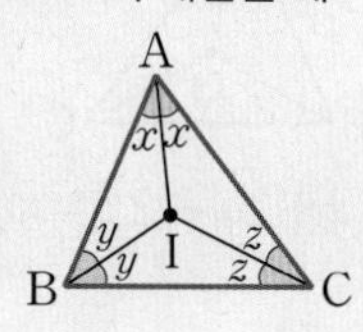

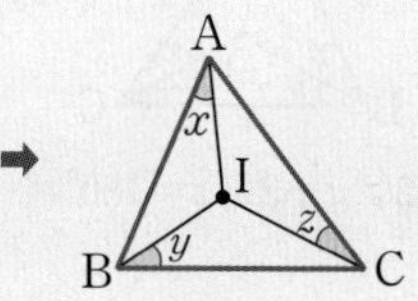

$2\angle x+2\angle y+2\angle z=180^\circ$ ⇨ $\angle x+\angle y+\angle z=90^\circ$

대표 문제

0118

오른쪽 그림에서 점 I는 △ABC의 내심이다. ∠B=48°, ∠ICA=20°일 때, ∠x의 크기는?

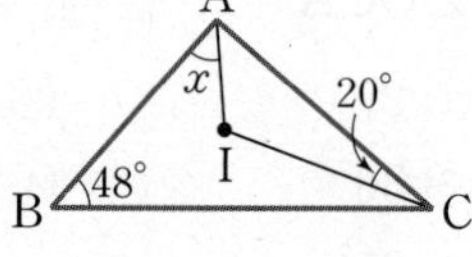

① 42° ② 44° ③ 46°
④ 48° ⑤ 50°

0119

오른쪽 그림에서 점 I가 △ABC의 내심이고 ∠IAC=25°, ∠IBA=28°일 때, ∠x+∠y의 크기를 구하시오.

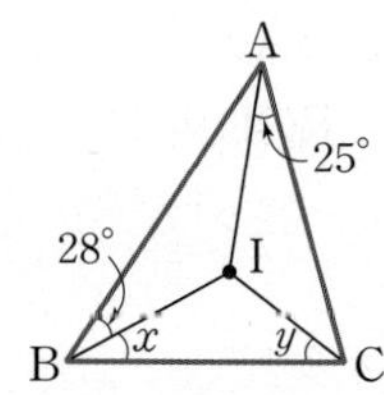

0120

오른쪽 그림에서 점 I가 △ABC의 내심이고 ∠IBC=30°, ∠ICA=20°일 때, ∠y−∠x의 크기는?

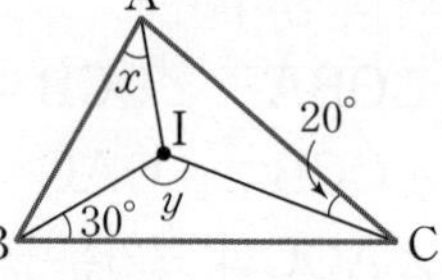

① 80° ② 85° ③ 90°
④ 95° ⑤ 100°

유형 07 삼각형의 내심의 응용 (2)

점 I가 △ABC의 내심일 때

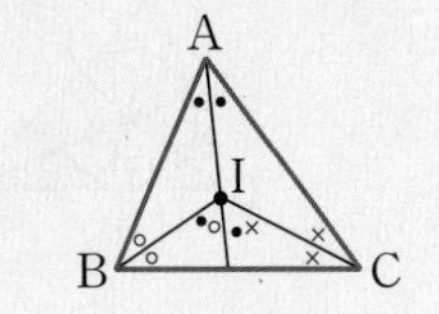

➡

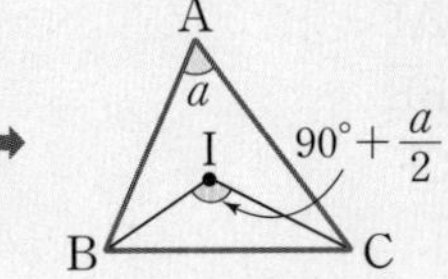

$\angle BIC=(\underbrace{\bullet+\circ+\times}_{90°})+\bullet$ ⇨ $\angle BIC=90°+\frac{1}{2}\angle A$

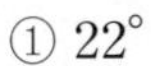

0121

오른쪽 그림에서 점 I가 △ABC의 내심이고 $\angle AIB=112°$일 때, $\angle x$의 크기는?

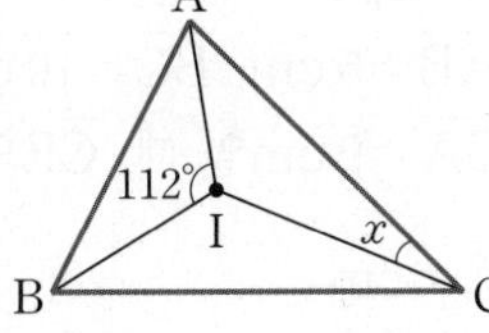

① 22° ② 23°
③ 24° ④ 25°
⑤ 26°

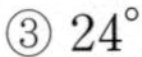

0122 ●●○○

오른쪽 그림에서 점 I가 △ABC의 내심이고 $\angle ICB=35°$일 때, $\angle AIB$의 크기를 구하시오.

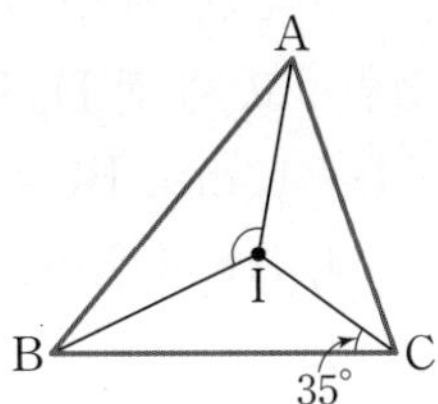

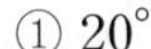

0123 ●●●○

오른쪽 그림에서 점 I는 △ABC의 내심이다. $\angle AIB : \angle BIC : \angle AIC = 5 : 7 : 6$일 때, $\angle ACB$의 크기는?

① 20° ② 25° ③ 30°
④ 35° ⑤ 40°

유형 08 삼각형의 내심과 평행선

점 I가 △ABC의 내심이고, $\overline{DE}\,/\!/\,\overline{BC}$일 때
(1) $\overline{DI}=\overline{DB}$, $\overline{EI}=\overline{EC}$
(2) (△ADE의 둘레의 길이)
$=\overline{AB}+\overline{AC}$

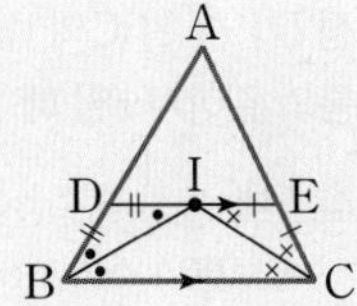

대표 문제

0124

오른쪽 그림에서 점 I가 △ABC의 내심이고 $\overline{DE}\,/\!/\,\overline{BC}$이다. $\overline{AB}=8\,cm$, $\overline{AC}=12\,cm$일 때, △ADE의 둘레의 길이를 구하시오.

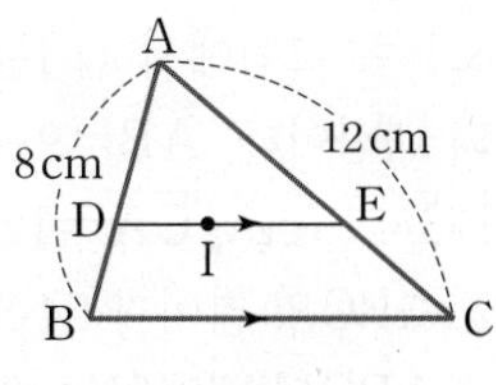

0125 ●●○○

오른쪽 그림에서 점 I가 △ABC의 내심이고 $\overline{DE}\,/\!/\,\overline{BC}$이다. $\overline{DB}=4\,cm$, $\overline{EC}=3\,cm$일 때, $\overline{DE}$의 길이를 구하시오.

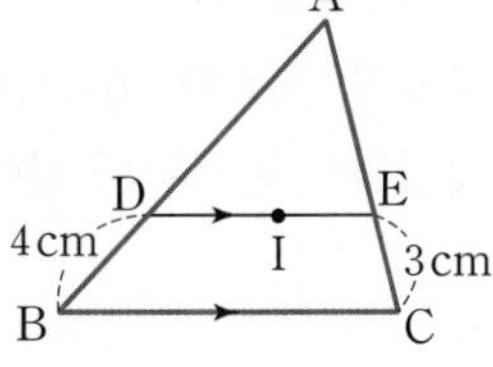

0126 ●●●○

오른쪽 그림에서 점 I가 $\overline{AB}=\overline{AC}$인 이등변삼각형 ABC의 내심이고 $\overline{DE}\,/\!/\,\overline{BC}$이다. △ADE의 둘레의 길이가 26 cm일 때, $\overline{AB}$의 길이를 구하시오.

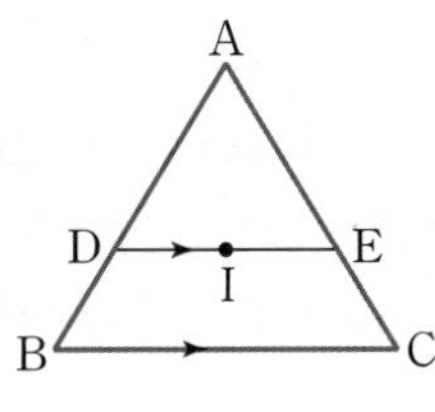

서술형

0127 ●●●○

오른쪽 그림에서 점 I가 △ABC의 내심이고 $\overline{DE}\,/\!/\,\overline{BC}$이다. $\overline{BC}=10\,cm$이고 △ADE의 둘레의 길이가 18 cm일 때, △ABC의 둘레의 길이를 구하시오.

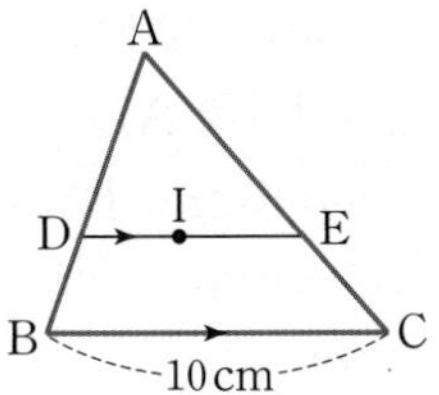

빈출 ★★
유형 09 삼각형의 내접원의 반지름의 길이

점 I가 △ABC의 내심이고 내접원의 반지름의 길이가 r일 때

$\triangle ABC=\frac{1}{2}r(a+b+c)$

↳ $\triangle IBC+\triangle ICA+\triangle IAB=\frac{1}{2}ar+\frac{1}{2}br+\frac{1}{2}cr$

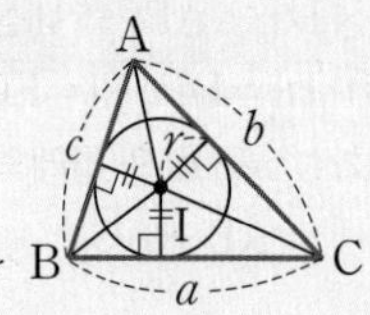

대표 문제
0128

오른쪽 그림에서 점 I는 △ABC의 내심이다. $\overline{AB}=9\,\text{cm}$, $\overline{BC}=15\,\text{cm}$, $\overline{CA}=12\,\text{cm}$이고 △ABC의 넓이가 $54\,\text{cm}^2$일 때, △ABC의 내접원의 반지름의 길이를 구하시오.

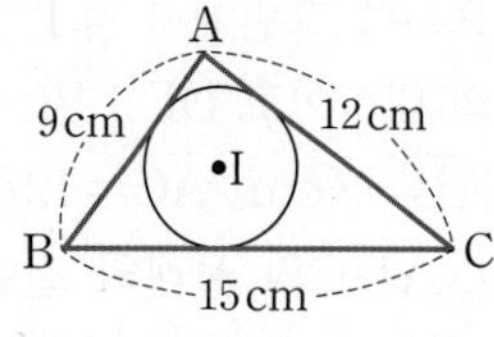

0129

둘레의 길이가 40 cm이고, 넓이가 $50\,\text{cm}^2$인 △ABC의 내접원의 반지름의 길이를 구하시오.

0130

오른쪽 그림에서 점 I는 △ABC의 내심이다. 내접원의 반지름의 길이가 4 cm이고 △ABC의 넓이가 $144\,\text{cm}^2$일 때, △ABC의 둘레의 길이를 구하시오.

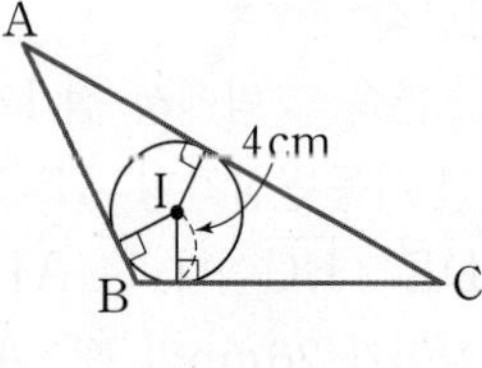

0131

오른쪽 그림에서 점 I는 ∠C=90°인 직각삼각형 ABC의 내심이다. $\overline{AB}=10\,\text{cm}$, $\overline{BC}=6\,\text{cm}$, $\overline{AC}=8\,\text{cm}$일 때, △IAB의 넓이를 구하시오.

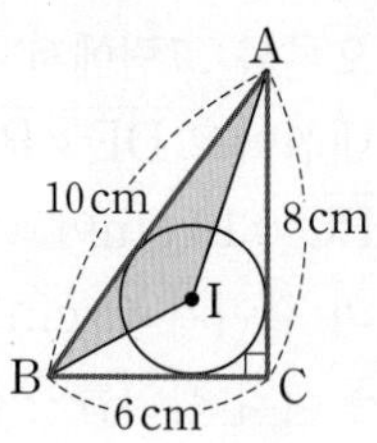

빈출 ★★
유형 10 삼각형의 내접원과 선분의 길이

점 I가 △ABC의 내심일 때

⇨ $\overline{AD}=\overline{AF}$

$\overline{BD}=\overline{BE}$

$\overline{CE}=\overline{CF}$

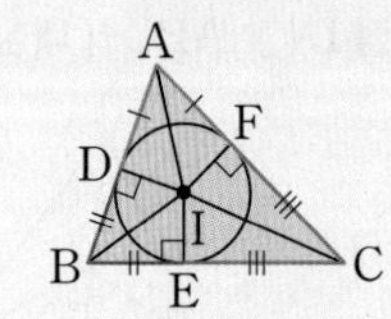

대표 문제
0132

오른쪽 그림에서 원 I는 △ABC의 내접원이고 세 점 D, E, F는 접점이다. $\overline{AB}=5\,\text{cm}$, $\overline{BC}=10\,\text{cm}$, $\overline{CA}=9\,\text{cm}$일 때, $\overline{CE}$의 길이는?

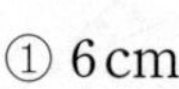

① 6 cm ② $\frac{13}{2}$ cm ③ 7 cm

④ $\frac{15}{2}$ cm ⑤ 8 cm

0133

오른쪽 그림에서 원 I는 △ABC의 내접원이고 세 점 D, E, F는 접점이다. $\overline{AB}=13\,\text{cm}$, $\overline{BC}=6\,\text{cm}$, $\overline{CF}=2\,\text{cm}$일 때, $\overline{AF}$의 길이를 구하시오.

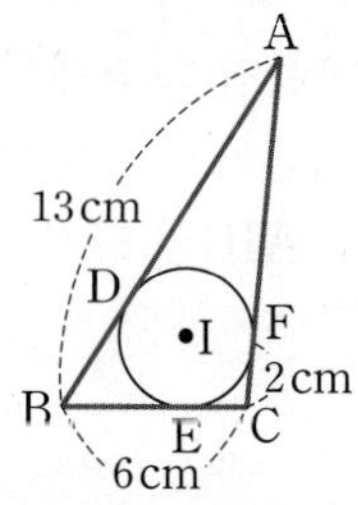

신유형
0134

오른쪽 그림에서 원 I는 ∠B=90°인 직각삼각형 ABC의 내접원이고 세 점 D, E, F는 접점이다. $\overline{AC}=15\,\text{cm}$, $\overline{AB}+\overline{BC}=21\,\text{cm}$일 때, 원 I의 넓이를 구하시오.

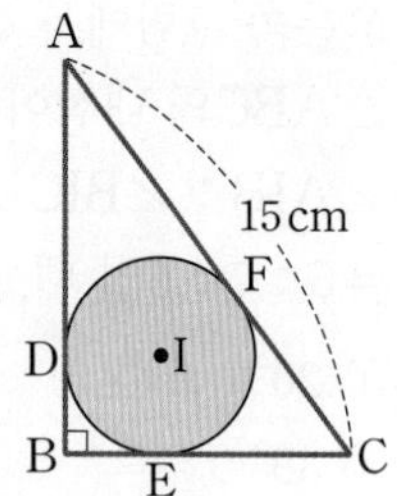

유형 11 삼각형의 외심과 내심

두 점 O, I가 각각 △ABC의 외심, 내심일 때

(1) $\angle \text{BOC}=2\angle \text{A}$, $\angle \text{BIC}=90^\circ+\frac{1}{2}\angle \text{A}$

(2) $\angle \text{OBC}=\angle \text{OCB}$, $\angle \text{IBA}=\angle \text{IBC}$

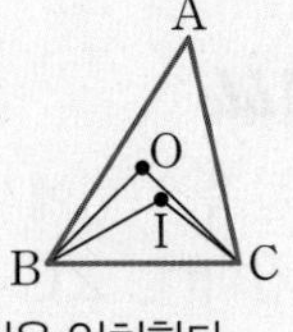

참고 이등변삼각형의 외심과 내심은 꼭지각의 이등분선 위에 있고 정삼각형의 외심과 내심은 일치한다.

대표 문제

0135

오른쪽 그림에서 두 점 O, I는 각각 △ABC의 외심과 내심이다. $\angle \text{BOC}=140^\circ$일 때, $\angle \text{BIC}$의 크기는?

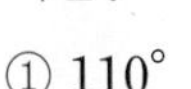

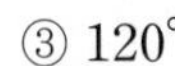
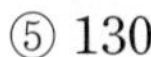

① 110° ② 115° ③ 120° ④ 125° ⑤ 130°

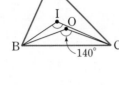

0136 ●●●●

오른쪽 그림과 같이 △ABC의 외심 O와 내심 I가 일치할 때, $\angle x$의 크기를 구하시오.

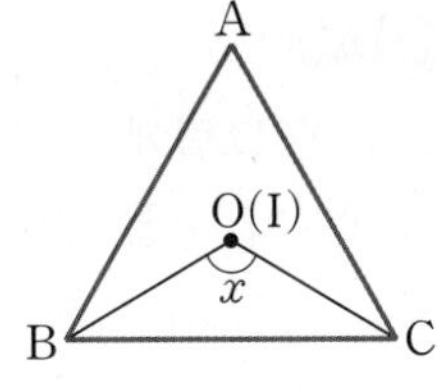

서술형

0137 ●●●●

오른쪽 그림에서 두 점 O, I는 각각 $\overline{\text{AB}}=\overline{\text{AC}}$인 이등변삼각형 ABC의 외심과 내심이다. $\angle \text{ABC}=72^\circ$일 때, $\angle x$의 크기를 구하시오.

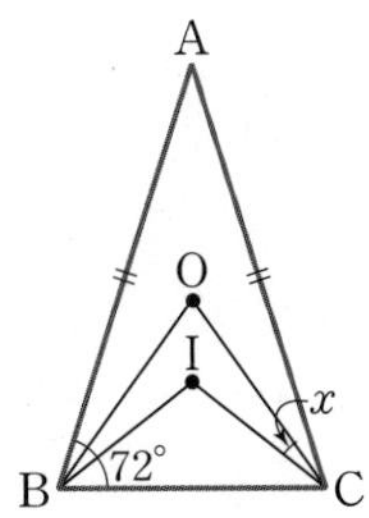

유형 12 직각삼각형의 외심과 내심

$\angle \text{C}=90^\circ$인 직각삼각형 ABC에서 두 점 O, I가 각각 △ABC의 외심, 내심일 때

(1) (외접원의 반지름의 길이)

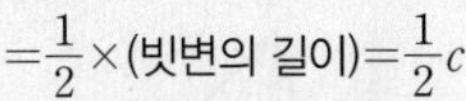

$=\frac{1}{2}\times$(빗변의 길이)$=\frac{1}{2}c$

(2) 내접원의 반지름의 길이를 r라 하면

① 길이 이용 ⇨ $c=(a-r)+(b-r)$

② 넓이 이용 ⇨ $\frac{1}{2}ab=\frac{1}{2}r(a+b+c)$

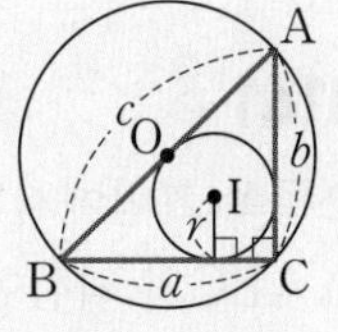

대표 문제

0138

오른쪽 그림과 같이 $\angle \text{A}=90^\circ$인 직각삼각형 ABC에서 두 점 O, I는 각각 △ABC의 외심과 내심이다. $\overline{\text{AB}}=8\,\text{cm}$, $\overline{\text{BC}}=10\,\text{cm}$, $\overline{\text{CA}}=6\,\text{cm}$일 때, △ABC의 외접원과 내접원의 넓이의 합을 구하시오.

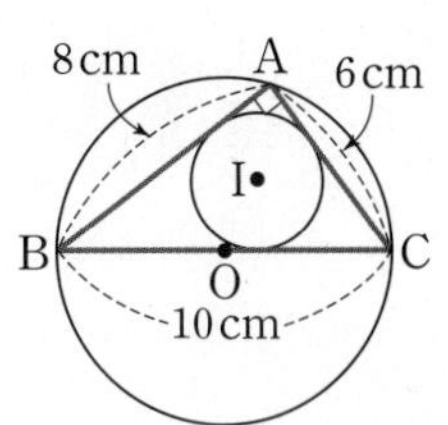

0139 ●●●●

오른쪽 그림과 같이 $\angle \text{C}=90^\circ$인 직각삼각형 ABC의 외심과 내심은 각각 O, I이고 세 점 D, E, F는 접점이다. 외접원과 내접원의 반지름의 길이가 각각 $10\,\text{cm}$, $4\,\text{cm}$일 때, △ABC의 둘레의 길이를 구하시오.

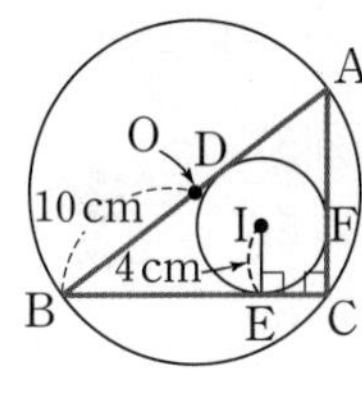

0140 ●●●●

오른쪽 그림과 같이 $\angle \text{A}=90^\circ$인 직각삼각형 ABC의 외심과 내심은 각각 O, I이고 세 점 D, E, F는 접점이다. $\overline{\text{AB}}=12\,\text{cm}$, $\overline{\text{BC}}=13\,\text{cm}$, $\overline{\text{CA}}=5\,\text{cm}$일 때, $\overline{\text{OE}}$의 길이를 구하시오.

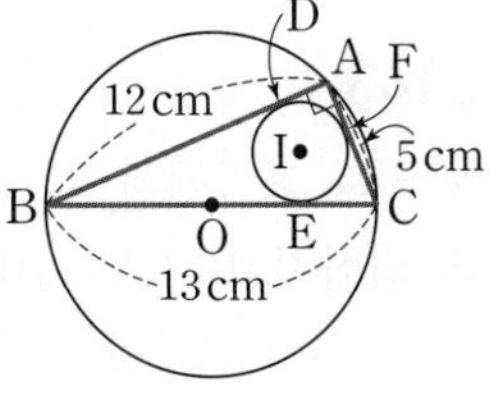

0141

유형 01

오른쪽 그림에서 점 O는 $\triangle ABC$의 외심이다. $\angle ACO=15°$, $\angle OCB=30°$, $\overline{AH}\perp\overline{BC}$일 때, $\angle x$의 크기는?

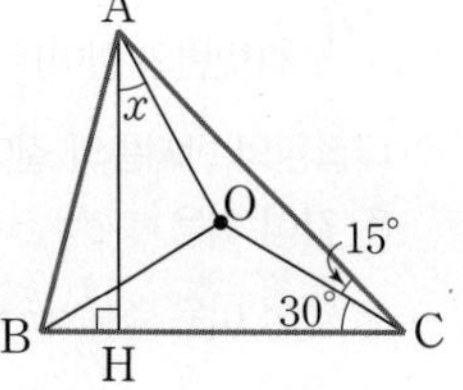

① 10° ② 15° ③ 20° ④ 25° ⑤ 30°

0142

유형 01 + 유형 03

오른쪽 그림과 같은 $\triangle ABC$에서 점 O는 두 변 AB, BC의 수직이등분선의 교점이다. $\angle OBD=32°$, $\angle OBE=28°$일 때, $\angle C$의 크기는?

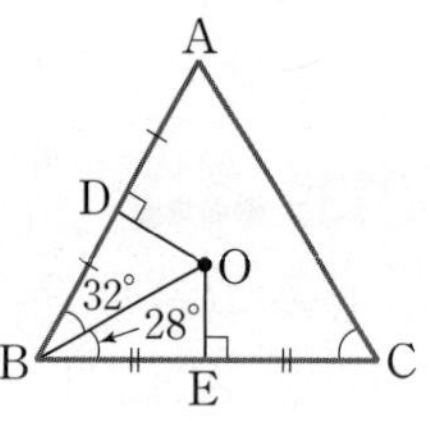

① 52° ② 54° ③ 56° ④ 58° ⑤ 60°

0143

유형 04

오른쪽 그림에서 점 O가 $\triangle ABC$의 외심이고 $\angle A=70°$일 때, $\angle OCB$의 크기를 구하시오.

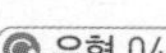

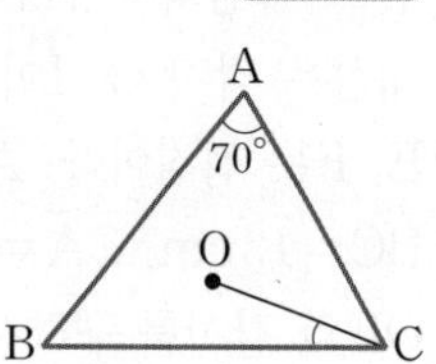

0144

유형 05

오른쪽 그림에서 점 I는 $\triangle ABC$의 내심이다. $\angle C=80°$일 때, $\angle x+\angle y$의 크기는?

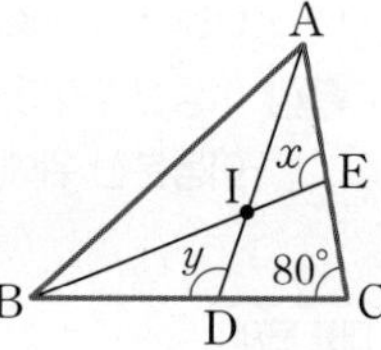

① 210° ② 215° ③ 220° ④ 225° ⑤ 230°

0145

유형 09

오른쪽 그림에서 점 I는 $\triangle ABC$의 내심이다. $\overline{AB}=9\text{cm}$, $\overline{BC}=10\text{cm}$, $\overline{CA}=8\text{cm}$이고 $\triangle ABC=k\triangle IAB$일 때, 상수 k의 값을 구하시오.

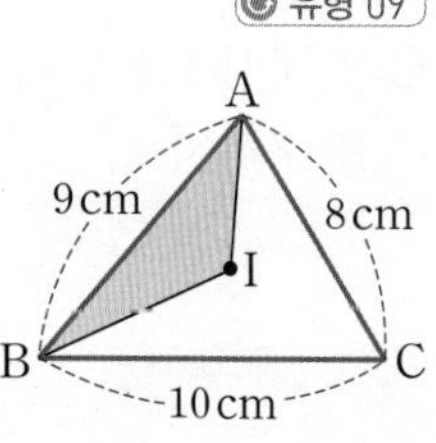

0146

유형 09

오른쪽 그림에서 점 I는 이등변삼각형 ABC의 내심이고 점 D는 $\overline{AI}$의 연장선과 $\overline{BC}$의 교점이다. $\overline{AB}=\overline{AC}=6\,cm$, $\overline{BC}=8\,cm$일 때, $\triangle ABC : \triangle ACI : \triangle CDI$를 가장 간단한 자연수의 비로 나타내시오.

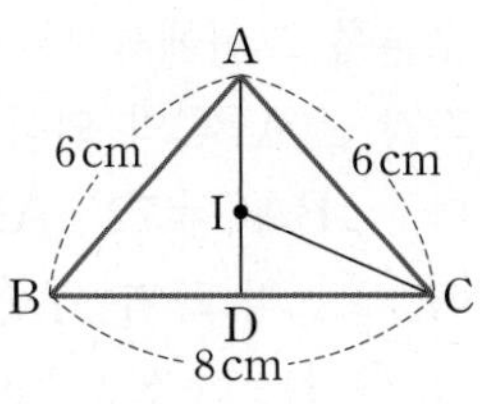

0147

유형 09 + 유형 10

오른쪽 그림에서 원 I는 $\triangle ABC$의 내접원이고 세 점 D, E, F는 접점이다. $\overline{AD}=10\,cm$, $\overline{CF}=2\,cm$이고 내접원의 반지름의 길이가 2 cm, $\triangle ABC$의 넓이가 $30\,cm^2$일 때, $\overline{BE}$의 길이를 구하시오.

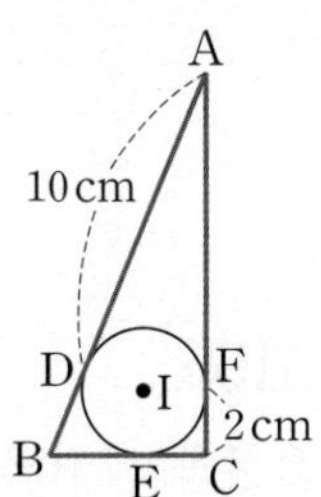

0148

유형 09 + 유형 10

오른쪽 그림에서 점 I는 $\angle C=90°$인 직각삼각형 ABC의 내심이다. $\overline{AB}=15\,cm$, $\overline{BC}=12\,cm$, $\overline{CA}=9\,cm$일 때, 사각형 BEID의 넓이를 구하시오.

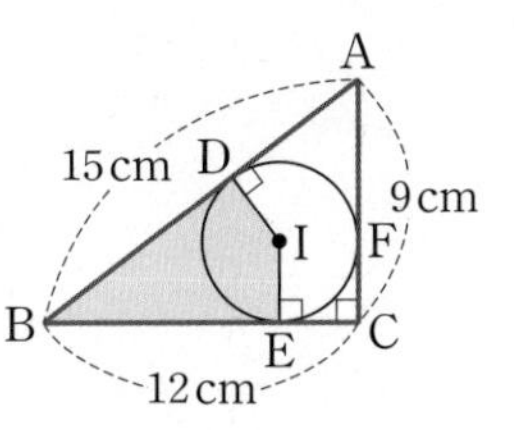

0149

유형 11

오른쪽 그림에서 두 점 O, I는 각각 $\triangle ABC$의 외심과 내심이다. $\angle B=40°$, $\angle C=60°$일 때, $\angle OAI$의 크기는?

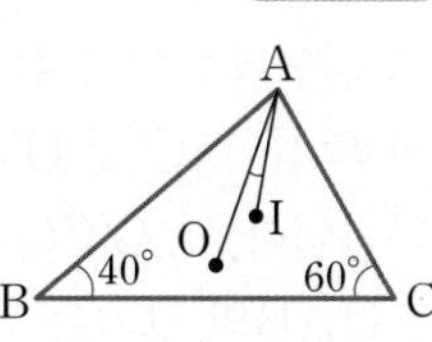

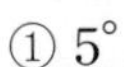

① 5°　② 10°　③ 15°　④ 20°　⑤ 25°

0150

유형 12

오른쪽 그림에서 두 점 O, I는 각각 $\angle B=90°$인 직각삼각형 ABC의 외심과 내심이다. $\angle A=60°$일 때, $\angle BPC$의 크기는?

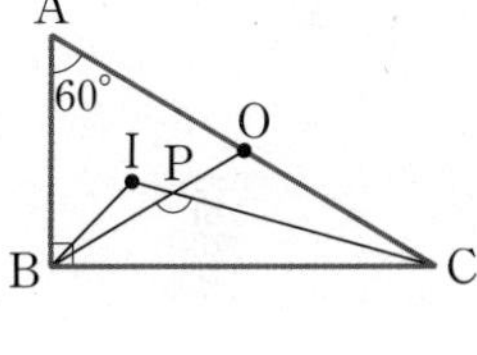

① 135°　② 140°　③ 145°　④ 150°　⑤ 155°

02 삼각형의 외심과 내심

0151

ⓒ 유형 02+유형 04

오른쪽 그림에서 점 O는 $\triangle ABC$의 외심이고, 점 O′은 $\triangle AOC$의 외심이다. $\angle O'CO=35°$일 때, $\angle OAB$의 크기는?

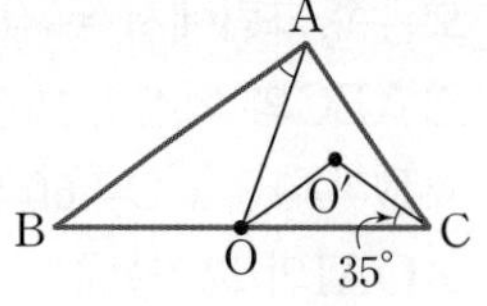

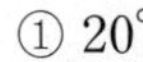

① 20° ② 25° ③ 30°
④ 35° ⑤ 40°

0152

ⓒ 유형 08

오른쪽 그림과 같이 $\triangle ABC$의 내심 I를 지나면서 $\overline{BC}$와 평행한 선분 DE를 그었더니 $\overline{DB}=5\,cm$, $\overline{EC}=5\,cm$가 되었다. $\overline{BC}=16\,cm$이고 내접원 I의 반지름의 길이가 4 cm일 때, 사각형 DBCE의 넓이를 구하시오.

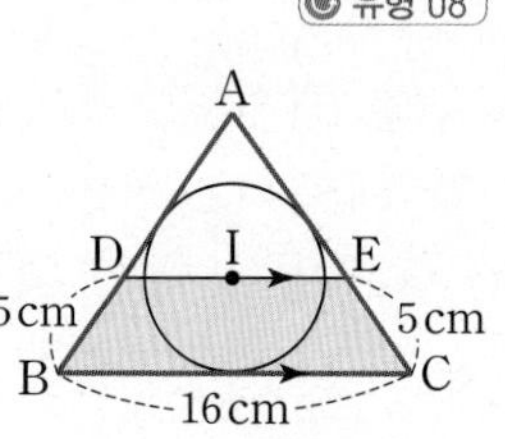

0153

ⓒ 유형 10

오른쪽 그림과 같은 직사각형 ABCD에서 대각선 AC와 $\triangle ABC$, $\triangle ACD$의 내접원 I, I′의 접점을 각각 E, F라 하자. $\overline{AB}=6\,cm$, $\overline{BC}=8\,cm$, $\overline{AC}=10\,cm$이고 $\overline{EF}$의 길이를 a cm, 내접원 I의 반지름의 길이를 b cm라 할 때, $a+b$의 값을 구하시오.

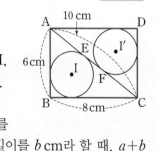

0154

ⓒ 유형 11

오른쪽 그림에서 두 점 O, I는 각각 $\triangle ABC$의 외심과 내심이다. $\angle BAC=72°$, $\overline{AD}=\overline{CD}$일 때, $\angle x$의 크기는? (단, 세 점 A, O, I는 한 선분 위에 있다.)

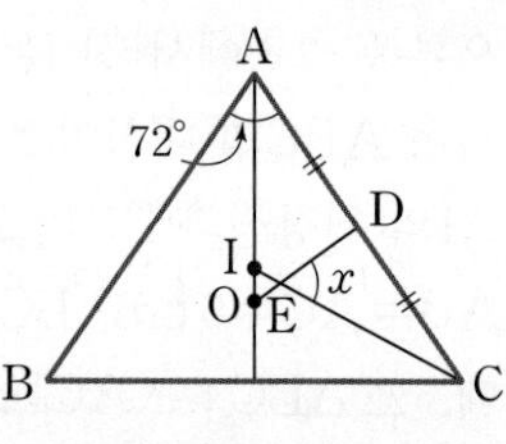

① 62° ② 63° ③ 64°
④ 65° ⑤ 66°

0155

ⓒ 유형 12

오른쪽 그림과 같이 $\angle C=90°$인 직각삼각형 ABC의 외심과 내심이 각각 O, I이다. 외접원의 반지름의 길이가 13, 내접원의 반지름의 길이가 4일 때, 색칠한 부분의 넓이를 구하시오.

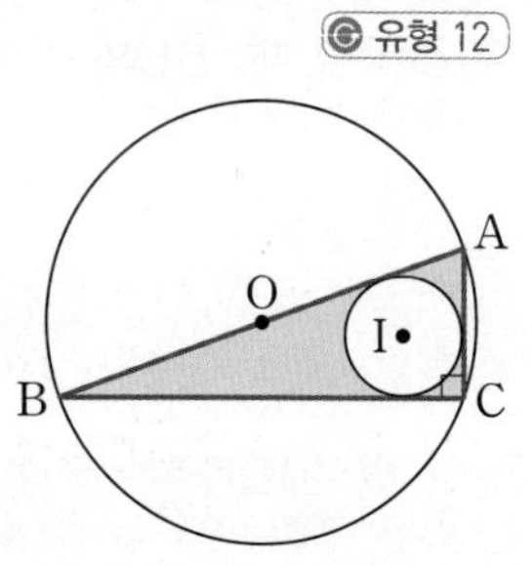

정답 및 풀이 13쪽

0156 ⓒ 유형 01

오른쪽 그림에서 점 O가 △ABC의 외심이고 ∠ABC=40°, ∠OBC=15°일 때, ∠BAC의 크기는?

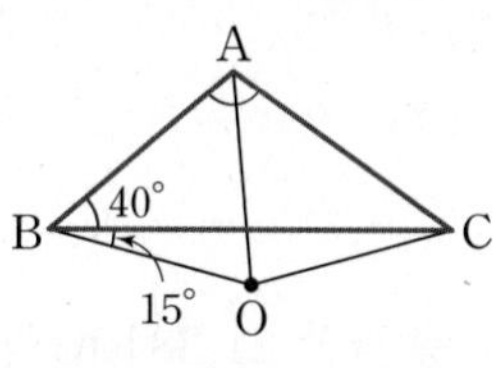

① 100° ② 105° ③ 110°
④ 115° ⑤ 120°

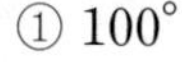

0157 ⓒ 유형 08+유형 09

오른쪽 그림에서 점 I가 △ABC의 내심이고 $\overline{DE}/\!/\overline{BC}$이다. $\overline{AB}$=9 cm, $\overline{AC}$=7 cm이고 △ADE의 내접원의 둘레의 길이가 3π cm일 때, △ADE의 넓이를 구하시오.

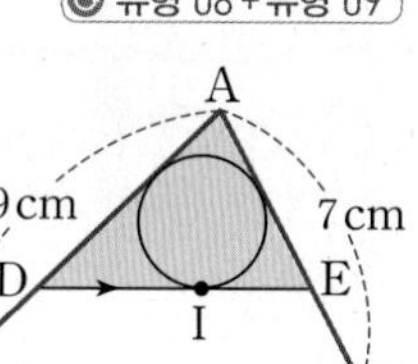

0158 ⓒ 유형 09

다음 그림과 같이 ∠A=90°이고 $\overline{AB}$=48 cm, $\overline{BC}$=52 cm, $\overline{CA}$=20 cm인 직각삼각형 모양의 시계를 만들려고 한다. 분침이 삼각형 밖으로 나가지 않도록 하면서 분침의 길이를 최대한 길게 만들 때, 최대 길이를 구하시오.

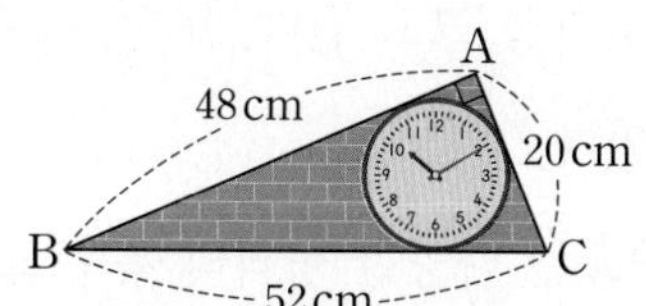

0159 ⓒ 유형 10

오른쪽 그림에서 점 I는 ∠A=90°인 직각삼각형 ABC의 내심이고 세 점 D, E, F는 접점이다. ∠B=50°일 때, ∠DFE의 크기는?

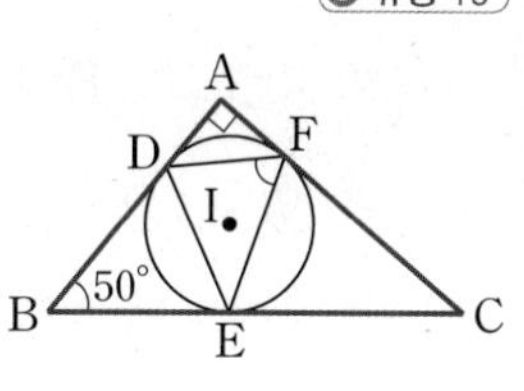

① 50° ② 55° ③ 60°
④ 65° ⑤ 70°

창의·융합

사장교 속의 수학 원리

인천대교는 인천국제공항과 송도국제도시를 연결하는 총연장 21.38 km의 다리로 우리나라에서 가장 크고 길다. 또한, 초속 72 m의 강풍과 진도 7의 지진에 견딜 수 있도록 설계되어 있다.

인천대교는 다양한 형식의 특수 교량으로 구성되어 있는데 그중 다리 한가운데 있는 사장교는 준공 시점을 기준으로 세계에서 4번째로 길다. 사장교는 커다란 주탑을 세우고 주탑에 여러 개의 케이블을 달아 다리의 상판을 지탱하는 다리이다. 사장교는 바람에 강하고, 안정성이 있어 섬과 육지를 연결하는 긴 다리를 세울 때 주로 사용된다. 우리나라의 사장교로는 올림픽대교, 서해대교, 거가대교 등이 있다.

사장교 속의 수학 원리를 알아보자.

오른쪽 그림과 같이 사장교의 주탑과 다리 상판을 잇는 줄을 연결하면 삼각형 ABC가 된다. 이때 사장교의 주탑을 중심으로 좌우가 대칭이므로 $\overline{AB}$와 $\overline{AC}$의 길이가 같고, $\angle B$와 $\angle C$의 크기가 같음을 알 수 있다. 또한, 주탑과 다리 상판이 서로 수직이므로 $\overline{AD} \perp \overline{BC}$, $\overline{BD} = \overline{CD}$임을 알 수 있다.

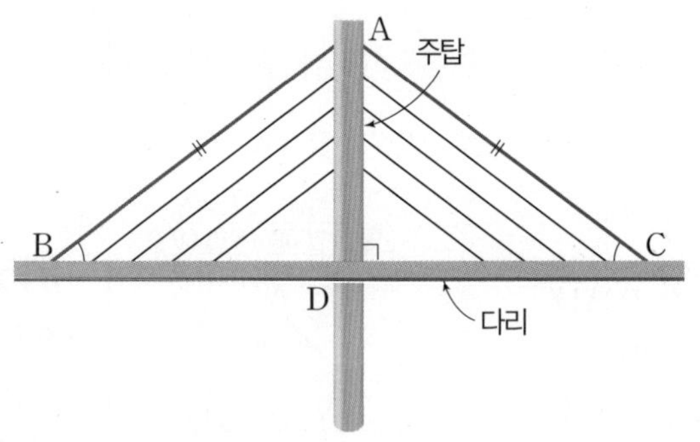

이와 같이 사장교에서 이등변삼각형을 찾아 그 성질을 생각해 볼 수 있다.

Ⅱ 사각형의 성질

03 평행사변형의 성질

Theme 05 평행사변형의 성질

Theme 06 평행사변형의 성질의 응용

04 여러 가지 사각형

Theme 07 여러 가지 사각형

Theme 08 여러 가지 사각형 사이의 관계

Step 1 핵심 개념

Theme 05 평행사변형의 성질 유형 01 ~ 유형 05

(1) 평행사변형의 뜻

두 쌍의 대변이 각각 평행한 사각형

⇨ $\overline{AB}/\!/\overline{DC}$, $\overline{AD}/\!/\overline{BC}$

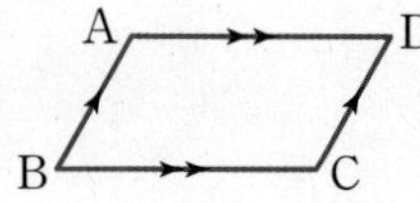

(2) 평행사변형의 성질

① 두 쌍의 대변의 길이가 각각 같다.

⇨ $\overline{AB}=\overline{DC}$, $\overline{AD}=\overline{BC}$

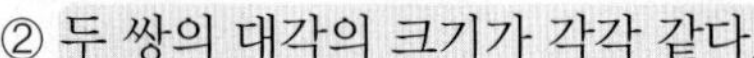

② 두 쌍의 대각의 크기가 각각 같다.

⇨ $\angle A=\angle C$, $\angle B=\angle D$

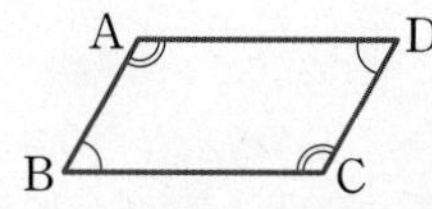

③ 두 대각선은 서로 다른 것을 이등분한다.

⇨ $\overline{AO}=\overline{CO}$, $\overline{BO}=\overline{DO}$

↳ 평행사변형의 두 대각선은 각각의 중점에서 만난다.

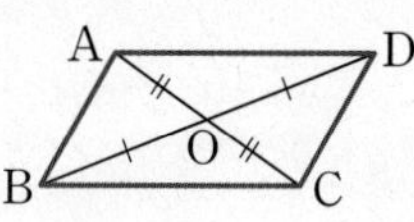

비법 Note

› 사각형 ABCD를 기호로 □ABCD와 같이 나타낸다.

› 사각형에서 서로 마주 보는 변을 대변, 서로 마주 보는 각을 대각이라 한다.

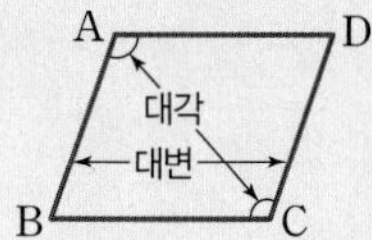

비법 Note

› 평행사변형의 이웃하는 두 각의 크기의 합은 180°이다.

Theme 06 평행사변형의 성질의 응용 유형 06 ~ 유형 12

(1) 평행사변형이 되는 조건

다음의 어느 한 조건을 만족시키는 사각형은 평행사변형이 된다.

① 두 쌍의 대변이 각각 평행하다. ⇨ $\overline{AB}/\!/\overline{DC}$, $\overline{AD}/\!/\overline{BC}$

② 두 쌍의 대변의 길이가 각각 같다. ⇨ $\overline{AB}=\overline{DC}$, $\overline{AD}=\overline{BC}$

③ 두 쌍의 대각의 크기가 각각 같다. ⇨ $\angle A=\angle C$, $\angle B=\angle D$

④ 두 대각선이 서로 다른 것을 이등분한다.

⇨ $\overline{AO}=\overline{CO}$, $\overline{BO}=\overline{DO}$ (단, 점 O는 두 대각선의 교점)

⑤ 한 쌍의 대변이 평행하고 그 길이가 같다.

⇨ $\overline{AD}/\!/\overline{BC}$, $\overline{AD}=\overline{BC}$ (또는 $\overline{AB}/\!/\overline{DC}$, $\overline{AB}=\overline{DC}$)

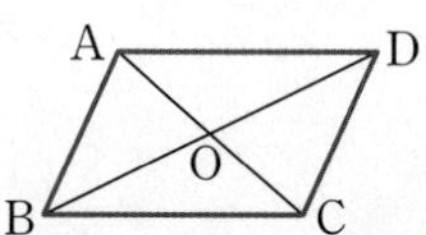

(2) 평행사변형과 넓이

평행사변형 ABCD에서 두 대각선의 교점을 O라 하면

① 평행사변형의 넓이는 한 대각선에 의해 이등분된다.

⇨ $\triangle ABC=\triangle BCD=\triangle CDA=\triangle ABD=\frac{1}{2}\square ABCD$

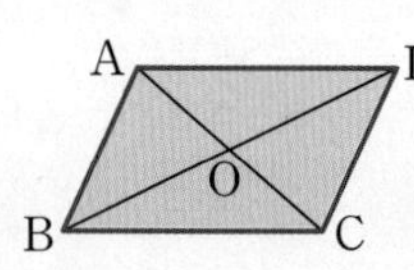

② 평행사변형의 넓이는 두 대각선에 의해 사등분된다.

⇨ $\triangle ABO=\triangle BCO=\triangle CDO=\triangle DAO=\frac{1}{4}\square ABCD$

③ 평행사변형의 내부의 임의의 한 점 P에 대하여

⇨ $\triangle PAB+\triangle PCD=\triangle PDA+\triangle PBC=\frac{1}{2}\square ABCD$

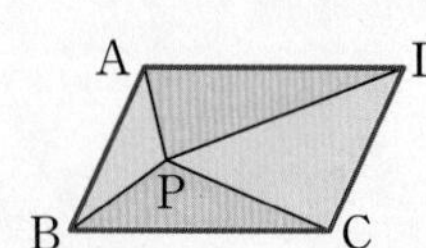

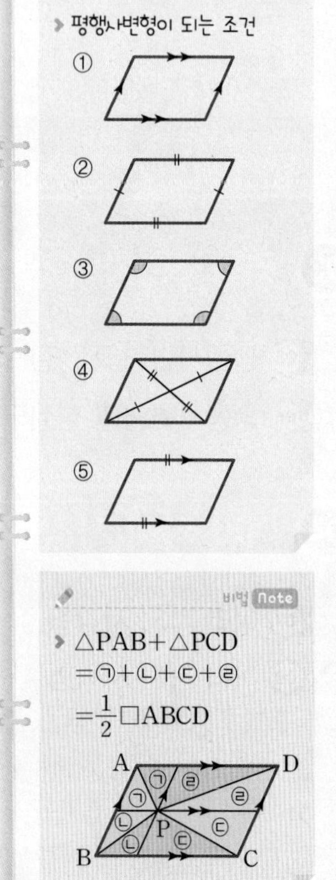

Theme 05 평행사변형의 성질

[0160~0161] 다음 그림과 같은 평행사변형 ABCD에서 $\angle x$, $\angle y$의 크기를 각각 구하시오.

0160

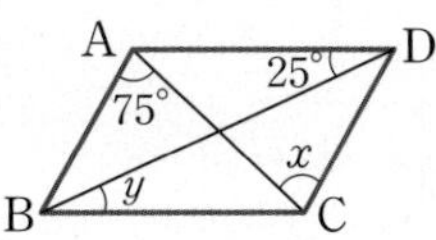

0161

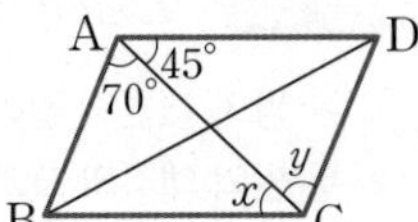

[0162~0165] 다음 그림과 같은 평행사변형 ABCD에서 x, y의 값을 각각 구하시오.

0162

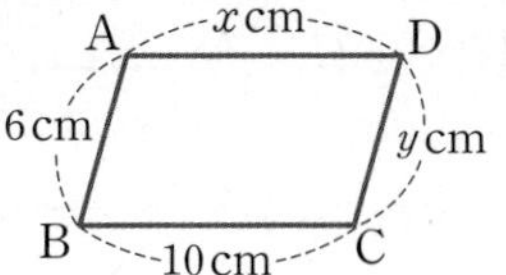

0163

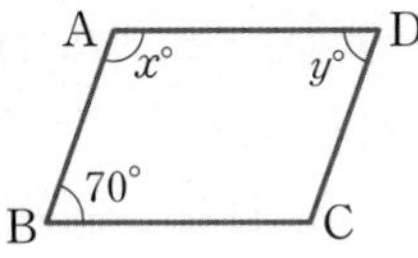

0164

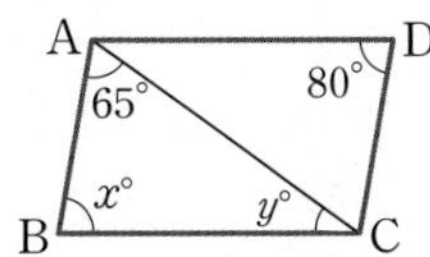

0165

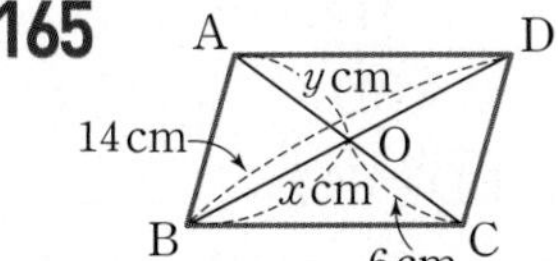

[0166~0169] 오른쪽 그림의 □ABCD는 평행사변형이고, 점 O는 두 대각선의 교점이다. 다음 중 옳은 것은 ○표, 옳지 않은 것은 ×표 하시오.

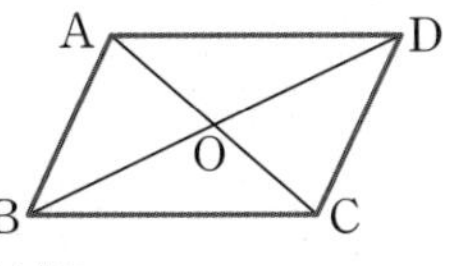

0166 $\overline{OA}=\overline{OC}$ ( )

0167 $\angle OBA=\angle ODA$ ( )

0168 $\angle ABC=\angle CDA$ ( )

0169 $\triangle OBC\equiv\triangle ODA$ ( )

Theme 06 평행사변형의 성질의 응용

[0170~0174] 다음은 오른쪽 그림과 같은 □ABCD가 평행사변형이 되기 위한 조건이다. □ 안에 알맞은 것을 써넣으시오. (단, 점 O는 두 대각선의 교점)

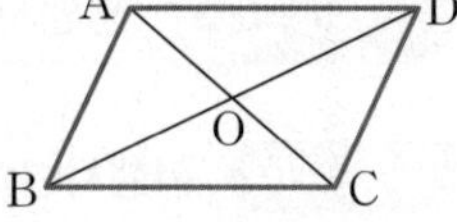

0170 □ $/\!/ \overline{DC}$, □ $/\!/ \overline{BC}$

0171 $\overline{AB}=$□, $\overline{AD}=$□

0172 $\angle ABC=$□, $\angle BAD=$□

0173 □$=\overline{CO}$, □$=\overline{DO}$

0174 $\overline{AB}/\!/$□, $\overline{AB}=$□

[0175~0177] 오른쪽 그림과 같은 평행사변형 ABCD에서 점 O는 두 대각선의 교점이고, △AOD의 넓이가 8 cm²일 때, 다음 도형의 넓이를 구하시오.

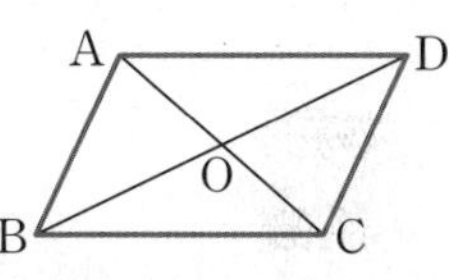

0175 △ABO

0176 △ABC

0177 □ABCD

0178 오른쪽 그림과 같은 평행사변형 ABCD의 내부의 한 점 P에 대하여 △PAB와 △PCD의 넓이의 합이 20 cm²일 때, □ABCD의 넓이를 구하시오.

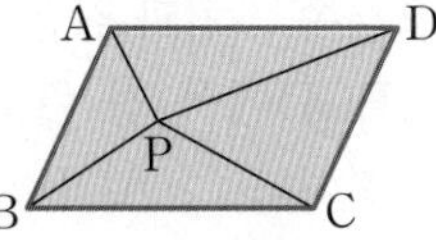

Theme 05 평행사변형의 성질

워크북 30쪽

유형 01 평행사변형의 뜻

평행사변형 : 두 쌍의 대변이 각각 평행한 사각형
⇨ $\overline{AB} /\!/ \overline{DC}$, $\overline{AD} /\!/ \overline{BC}$

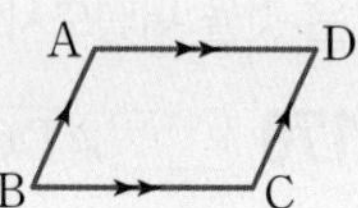

대표 문제

0179

오른쪽 그림과 같은 평행사변형 ABCD에서 $\angle ABD=45°$, $\angle ACD=70°$일 때, $\angle x+\angle y$의 크기는?

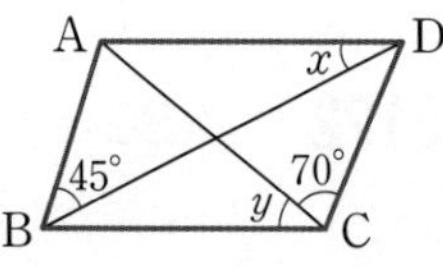

① 55° ② 60° ③ 65°
④ 70° ⑤ 75°

0180

오른쪽 그림과 같은 평행사변형 ABCD에서 $\angle x$의 크기를 구하시오.

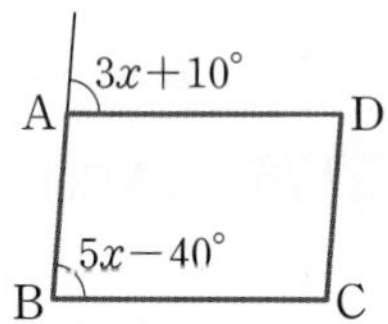

0181

오른쪽 그림과 같은 평행사변형 ABCD에서 점 O는 두 대각선의 교점이다. $\angle ACB=50°$, $\angle ADB=27°$일 때, $2\angle x+\angle y$의 크기를 구하시오.

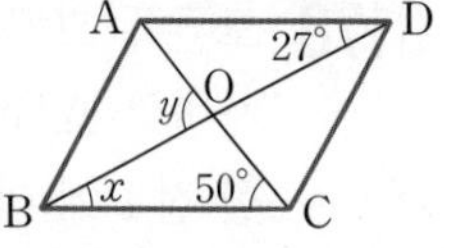

유형 02 평행사변형의 성질

(1) 두 쌍의 대변의 길이가 각각 같다.
(2) 두 쌍의 대각의 크기가 각각 같다.
(3) 두 대각선은 서로 다른 것을 이등분한다.
참고 평행사변형의 이웃하는 두 각의 크기의 합은 180°이다.

대표 문제

0182

다음은 평행사변형의 두 쌍의 대변의 길이가 각각 같음을 설명하는 과정이다. (가)~(마)에 알맞은 것으로 옳지 않은 것은?

> 평행사변형 ABCD에서 대각선 BD를 그으면
> △ABD와 △CDB에서
> $\overline{AD} /\!/ \overline{BC}$이므로
> $\angle ADB=$ (가) (엇각) …… ㉠
> $\overline{AB} /\!/ \overline{DC}$이므로
> $\angle ABD=$ (나) (엇각) …… ㉡
> $\overline{BD}$는 공통 …… ㉢
> ㉠, ㉡, ㉢에서 $\triangle ABD\equiv\triangle CDB$ ((다) 합동)이므로
> $\overline{AB}=$ (라), $\overline{AD}=$ (마)

① (가) $\angle CBD$ ② (나) $\angle CDB$ ③ (다) SAS
④ (라) $\overline{DC}$ ⑤ (마) $\overline{BC}$

0183

오른쪽 그림과 같은 평행사변형 ABCD에서 두 대각선의 교점을 O라 할 때, 다음 중 옳지 않은 것은?

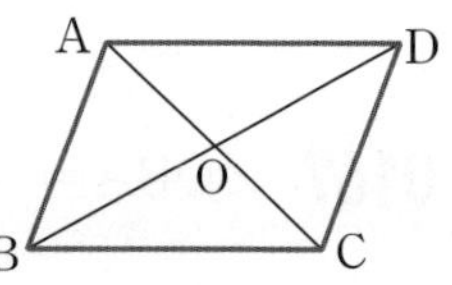

① $\overline{OA}=\overline{OC}$, $\overline{OB}=\overline{OD}$
② $\angle BAD=\angle BCD$, $\angle ABC=\angle ADC$
③ $\overline{AB}=\overline{DC}$, $\overline{AD}=\overline{BC}$
④ $\angle ABD=\angle CBD$
⑤ $\triangle ABO\equiv\triangle CDO$

0184 ●●●●

오른쪽 그림과 같은 평행사변형 ABCD에서 $x+y$의 값을 구하시오.

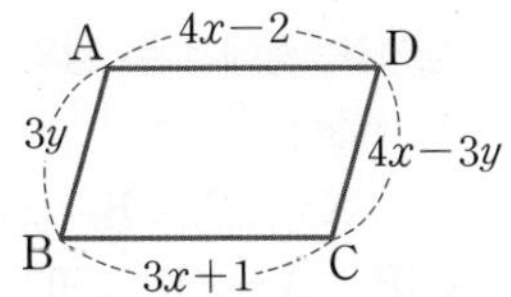

0185 ●●●●

오른쪽 그림과 같은 평행사변형 ABCD에서 $\angle ABD=45°$, $\angle ADB=35°$일 때, $\angle x$의 크기는?

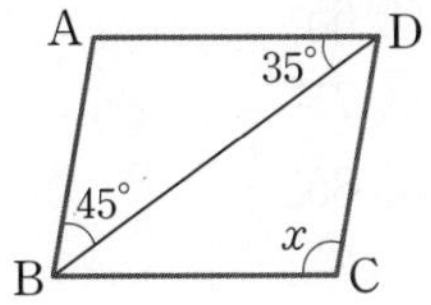

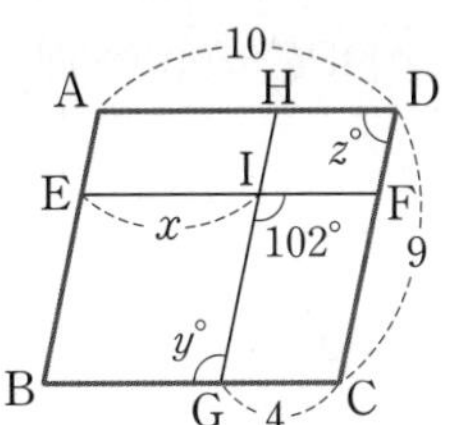

① $96°$　② $98°$　③ $100°$　④ $102°$　⑤ $104°$

신유형

0186 ●●●●

오른쪽 그림과 같은 평행사변형 ABCD에서 $\overline{AD}/\!/\overline{EF}$, $\overline{AB}/\!/\overline{HG}$일 때, $x+y-z$의 값은?

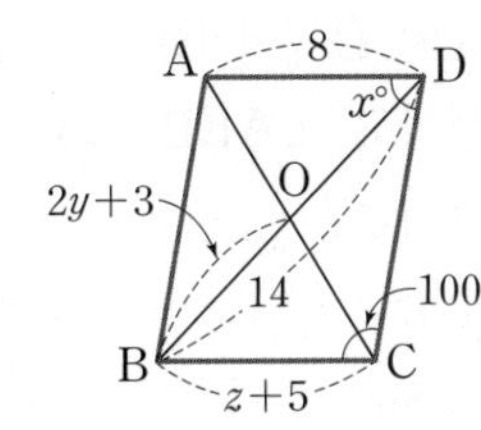

① 24　② 26　③ 28　④ 30　⑤ 32

0187 ●●●●

오른쪽 그림과 같은 평행사변형 ABCD에서 점 O는 두 대각선의 교점이다. $\overline{AD}=8$, $\overline{BD}=14$, $\angle BCD=100°$일 때, $x+y+z$의 값을 구하시오.

빈출 유형 03 평행사변형의 성질의 활용 (1) – 대변

평행사변형에서 두 쌍의 대변의 길이는 각각 같다.
⇨ $\overline{AB}=\overline{DC}$, $\overline{AD}=\overline{BC}$

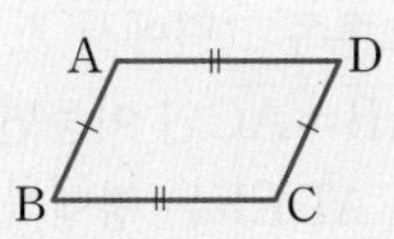

대표 문제

0188

오른쪽 그림과 같은 평행사변형 ABCD에서 $\angle C$의 이등분선이 $\overline{BA}$의 연장선과 만나는 점을 E라 하자. $\overline{BC}=13\,\text{cm}$, $\overline{CD}=8\,\text{cm}$일 때, $\overline{AE}$의 길이는?

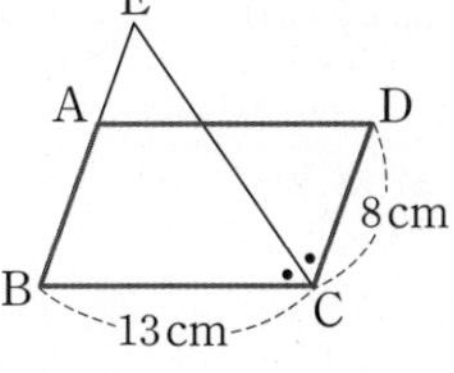

① 4 cm　② $\frac{9}{2}$ cm　③ 5 cm　④ $\frac{11}{2}$ cm　⑤ 6 cm

0189 ●●●●

오른쪽 그림과 같은 평행사변형 ABCD에서 $\angle B$의 이등분선이 $\overline{AD}$와 만나는 점을 E라 하자. $\overline{BC}=12\,\text{cm}$, $\overline{CD}=9\,\text{cm}$일 때, $\overline{ED}$의 길이는?

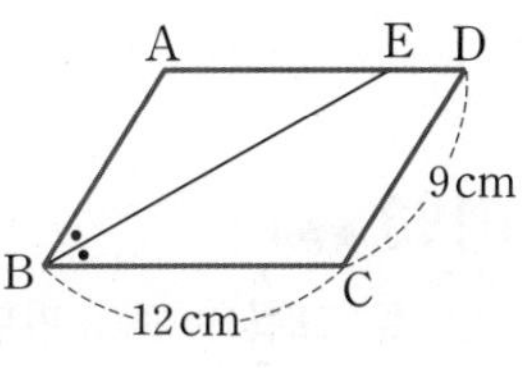

① 2 cm　② $\frac{5}{2}$ cm　③ 3 cm　④ $\frac{7}{2}$ cm　⑤ 4 cm

서술형

0190 ●●●●

오른쪽 그림과 같은 평행사변형 ABCD에서 $\angle A$의 이등분선이 $\overline{BC}$와 만나는 점을 E라 하자. $\overline{AB}=7\,\text{cm}$, $\overline{EC}=3\,\text{cm}$일 때, $\overline{AD}$의 길이를 구하시오.

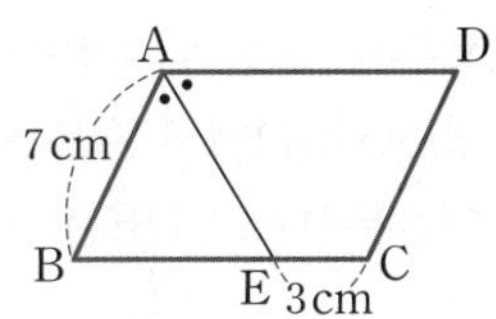

0191

오른쪽 그림에서 $\triangle ABC$는 $\overline{AB}=\overline{AC}$인 이등변삼각형이고 $\square ADEF$는 평행사변형이다. $\overline{AD}=3\text{ cm}$, $\overline{DB}=8\text{ cm}$일 때, $\square ADEF$의 둘레의 길이는?

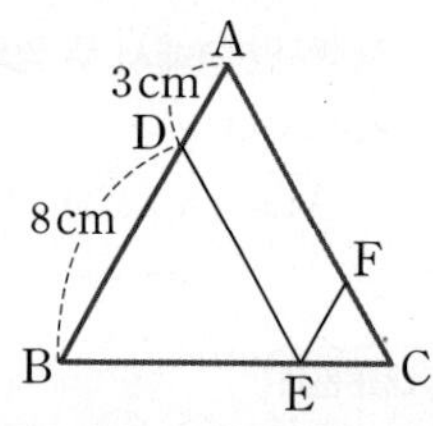

① 22 cm ② 23 cm ③ 24 cm
④ 25 cm ⑤ 26 cm

0192

오른쪽 그림과 같은 평행사변형 ABCD에서 $\overline{BC}$의 중점을 E라 하고 $\overline{AE}$의 연장선이 $\overline{DC}$의 연장선과 만나는 점을 F라 하자.

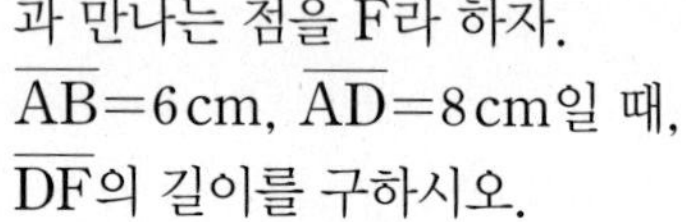

$\overline{AB}=6\text{cm}$, $\overline{AD}=8\text{cm}$일 때, $\overline{DF}$의 길이를 구하시오.

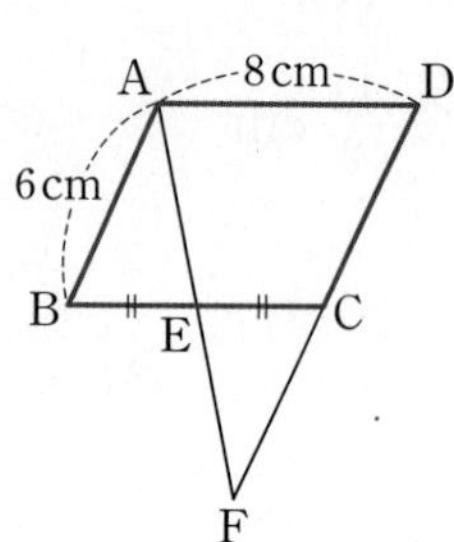

0193

오른쪽 그림의 좌표평면에서 $\square ABCD$가 평행사변형일 때, 점 D의 좌표는?

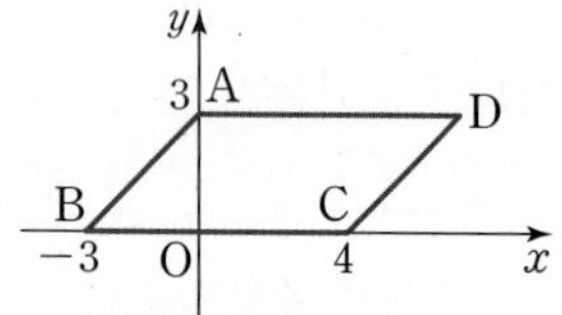

① (6, 3) ② (6, 4)
③ (6, 5) ④ (7, 3)
⑤ (7, 4)

0194

오른쪽 그림과 같은 평행사변형 ABCD에서 $\overline{AE}$는 $\angle A$의 이등분선이고 $\overline{DF}$는 $\angle D$의 이등분선이다. $\overline{AB}=6\text{ cm}$, $\overline{AD}=10\text{ cm}$일 때, $\overline{EF}$의 길이를 구하시오.

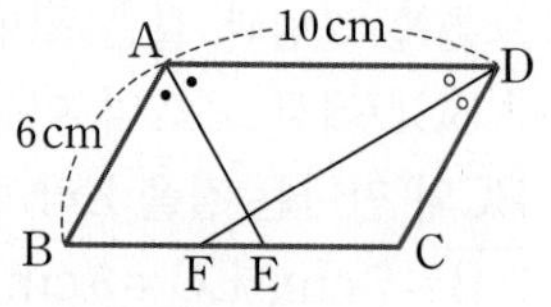

유형 04 평행사변형의 성질의 활용 (2) – 대각

평행사변형에서 두 쌍의 대각의 크기는 각각 같다.

⇨ $\angle A=\angle C$, $\angle B=\angle D$

참고 $\angle A+\angle B=180°$, $\angle B+\angle C=180°$

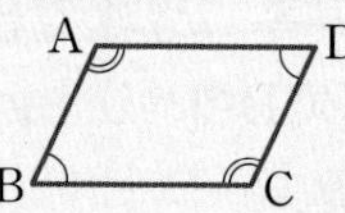

대표 문제

0195

오른쪽 그림과 같은 평행사변형 ABCD에서 $\angle A : \angle B=5 : 4$일 때, $\angle D$의 크기는?

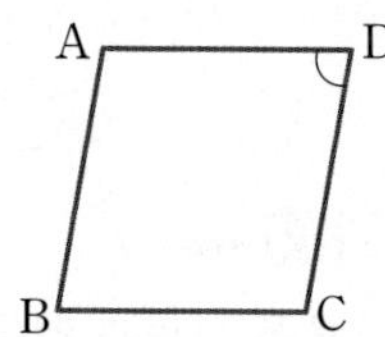

① 65° ② 70°

③ 75° ④ 80°

⑤ 85°

0196

오른쪽 그림과 같은 평행사변형 ABCD에서 $\overline{CP}$는 $\angle C$의 이등분선이고 $\angle B=50°$, $\angle DPC=90°$일 때, $\angle x$의 크기는?

① 20° ② 25° ③ 30°
④ 35° ⑤ 40°

0197

오른쪽 그림과 같은 평행사변형 ABCD에서 $\overline{BE}$는 $\angle B$의 이등분선이고 $\angle AEB=55°$일 때, $\angle C$의 크기는?

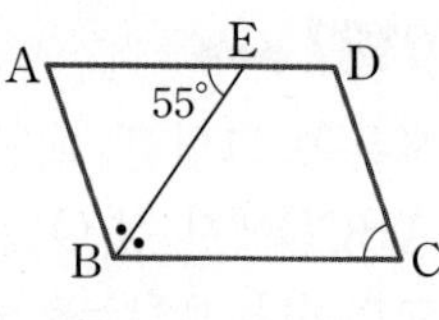

① 65° ② 70° ③ 75°
④ 80° ⑤ 85°

0198

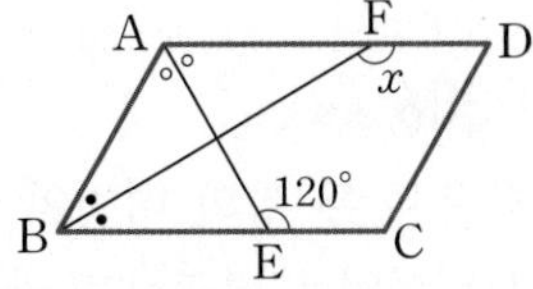

오른쪽 그림과 같은 평행사변형 ABCD에서 ∠A와 ∠B의 이등분선이 $\overline{BC}$, $\overline{AD}$와 만나는 점을 각각 E, F라 하자.
∠AEC=120°일 때, ∠x의 크기를 구하시오.

서술형

0199

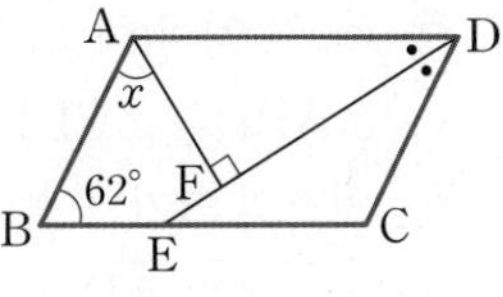

오른쪽 그림과 같은 평행사변형 ABCD에서 ∠D의 이등분선이 $\overline{BC}$와 만나는 점을 E라 하고 점 A에서 $\overline{DE}$에 내린 수선의 발을 F라 하자. ∠B=62°일 때, ∠x의 크기를 구하시오.

신유형

0200

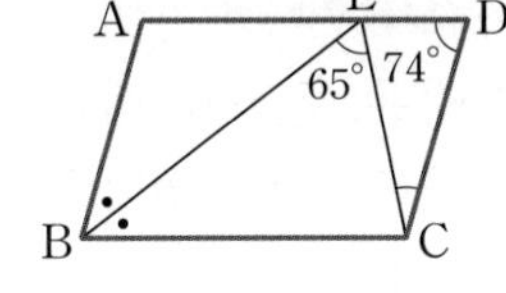

오른쪽 그림과 같은 평행사변형 ABCD에서 $\overline{BE}$는 ∠B의 이등분선이고 ∠D=74°, ∠BEC=65°일 때, ∠ECD의 크기는?

① 28° ② 29° ③ 30°
④ 31° ⑤ 32°

0201

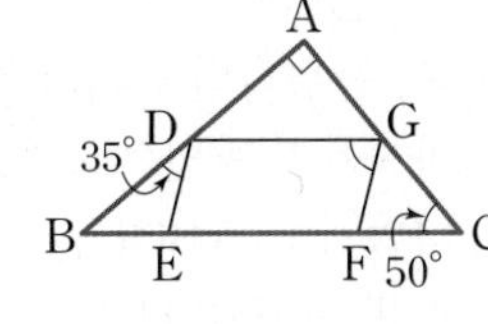

오른쪽 그림과 같이 ∠A=90°인 직각삼각형 ABC에서 □DEFG는 평행사변형이다. ∠BDE=35°, ∠C=50°일 때, ∠DGF의 크기를 구하시오.

유형 05 평행사변형의 성질의 활용 (3) – 대각선

평행사변형에서 두 대각선은 서로 다른 것을 이등분한다.
⇨ $\overline{AO}=\overline{CO}$, $\overline{BO}=\overline{DO}$

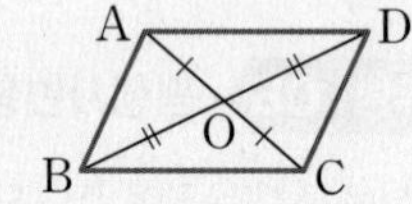

대표 문제

0202

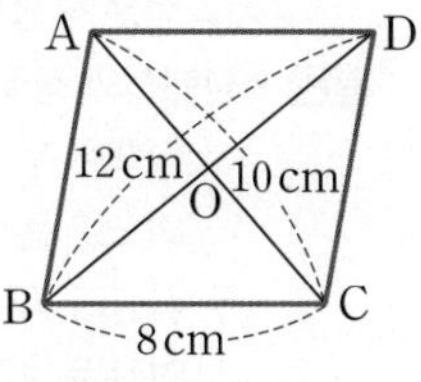

오른쪽 그림과 같은 평행사변형 ABCD에서 점 O는 두 대각선의 교점이다. $\overline{AC}$=10 cm, $\overline{BC}$=8 cm, $\overline{BD}$=12 cm일 때, △OBC의 둘레의 길이는?

① 16 cm ② 17 cm ③ 18 cm
④ 19 cm ⑤ 20 cm

0203

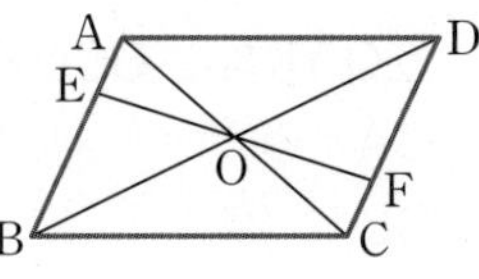

오른쪽 그림과 같은 평행사변형 ABCD에서 두 대각선의 교점 O를 지나는 직선이 $\overline{AB}$, $\overline{CD}$와 만나는 점을 각각 E, F라 할 때, 다음 중 옳지 않은 것은?

① $\overline{OA}=\overline{OC}$ ② $\overline{OE}=\overline{OF}$
③ $\overline{AE}=\overline{CF}$ ④ ∠EAO=∠EBO
⑤ △OAE≡△OCF

0204

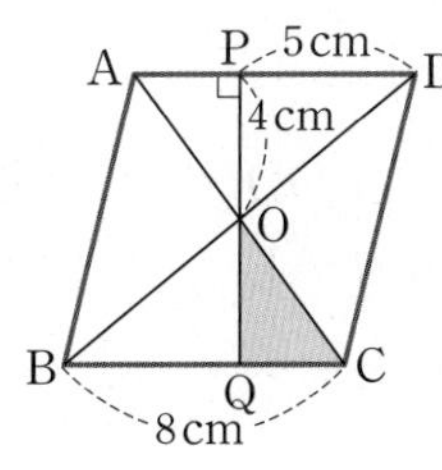

오른쪽 그림과 같은 평행사변형 ABCD에서 두 대각선의 교점 O를 지나는 직선이 $\overline{AD}$, $\overline{BC}$와 만나는 점을 각각 P, Q라 하자.
$\overline{BC}$=8 cm, $\overline{DP}$=5 cm, $\overline{PO}$=4 cm이고 ∠APO=90°일 때, △OQC의 넓이를 구하시오.

Theme 06 평행사변형의 성질의 응용

워크북 34쪽

유형 06 평행사변형이 되는 조건

다음을 이용하여 주어진 사각형이 평행사변형임을 설명한다.

(1) 엇각이나 동위각의 크기가 각각 같다.
⇨ 두 직선이 평행하다.

(2) 사각형의 두 쌍의 대변이 각각 평행하다.
⇨ 사각형은 평행사변형이다.

참고 • 평행선의 성질
⇨ 평행한 두 직선이 다른 한 직선과 만날 때, 엇각(동위각)의 크기는 같다.
• 두 직선이 평행하기 위한 조건
⇨ 엇각(동위각)의 크기가 같으면 두 직선은 평행하다.

대표 문제

0205

다음은 두 대각선이 서로 다른 것을 이등분하는 사각형은 평행사변형임을 설명하는 과정이다. (가)~(마)에 알맞은 것으로 옳지 않은 것은?

□ABCD에서 두 대각선의 교점을 O라 하면
△OAB와 △OCD에서
$\overline{OA}=\overline{OC}$
$\overline{OB}=$ (가)
∠AOB=∠COD ((나))
∴ △OAB≡△OCD ((다) 합동)
∴ ∠OAB=∠OCD
즉, 엇각의 크기가 같으므로
(라) $/\!/ \overline{DC}$ …… ㉠
마찬가지 방법으로
△OAD≡△OCB ((다) 합동)
∴ ∠OAD= (마)
즉, 엇각의 크기가 같으므로
$\overline{AD} /\!/ \overline{BC}$ …… ㉡
따라서 ㉠, ㉡에 의해 □ABCD는 두 쌍의 대변이 각각 평행하므로 평행사변형이다.

① (가) $\overline{OD}$ ② (나) 맞꼭지각 ③ (다) SAS
④ (라) $\overline{AB}$ ⑤ (마) ∠OBC

0206 ●●●●

다음은 두 쌍의 대변의 길이가 각각 같은 사각형은 평행사변형임을 설명하는 과정이다. (가)~(마)에 알맞은 것을 구하시오.

$\overline{AB}=\overline{DC}$, $\overline{AD}=\overline{BC}$인
□ABCD에서 대각선 BD를
그으면 △ABD와 △CDB에서
$\overline{AB}=\overline{CD}$ …… ㉠
$\overline{AD}=$ (가) …… ㉡
$\overline{BD}$는 공통 …… ㉢
㉠, ㉡, ㉢에 의해 △ABD≡△CDB ((나) 합동)
∴ ∠ABD=∠CDB, ∠ADB= (다)
즉, 엇각의 크기가 같으므로
$\overline{AB} /\!/$ (라), $\overline{AD} /\!/$ (마)
따라서 □ABCD는 두 쌍의 대변이 각각 평행하므로 평행사변형이다.

0207 ●●●●

다음은 두 쌍의 대각의 크기가 각각 같은 사각형은 평행사변형임을 설명하는 과정이다. (가)~(마)에 알맞은 것을 구하시오.

∠A=∠C, ∠B=∠D인
□ABCD에서
∠A+∠B+∠C+∠D
=∠A+∠B+∠A+∠B
= (가)°
이므로 ∠A+∠B= (나)° …… ㉠
$\overline{AB}$의 연장선 위에 점 E를 잡으면
∠ABC+∠EBC=180° …… ㉡
㉠, ㉡에서 ∠A= (다)
즉, 동위각의 크기가 같으므로 $\overline{AD} /\!/$ (라)
마찬가지 방법으로 $\overline{AB} /\!/ \overline{DC}$
따라서 □ABCD는 두 쌍의 대변이 각각 (마) 하므로 평행사변형이다.

유형 07 평행사변형이 되도록 하는 미지수의 값 구하기

사각형이 다음 조건 중 하나를 만족시키면 평행사변형이다.
(1) 두 쌍의 대변이 각각 평행하다.
(2) 두 쌍의 대변의 길이가 각각 같다.
(3) 두 쌍의 대각의 크기가 각각 같다.
(4) 두 대각선이 서로 다른 것을 이등분한다.
(5) 한 쌍의 대변이 평행하고 그 길이가 같다.

대표 문제

0208

오른쪽 그림과 같은 □ABCD가 평행사변형이 되도록 하는 x, y에 대하여 $x+y$의 값을 구하시오.

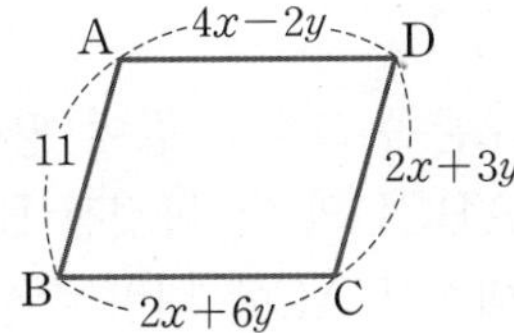

0209

오른쪽 그림과 같은 □ABCD가 평행사변형이 되도록 하는 x, y에 대하여 $x+y$의 값을 구하시오.

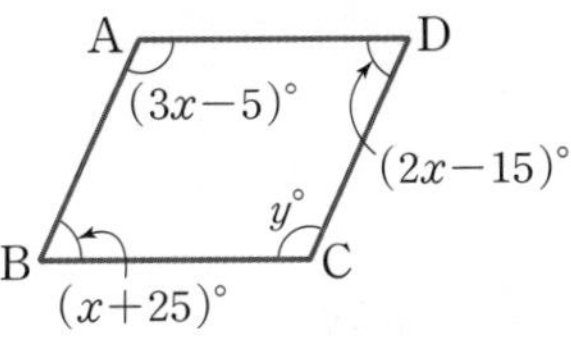

0210

오른쪽 그림과 같은 □ABCD에서 점 O는 두 대각선의 교점이다. □ABCD가 평행사변형이 되도록 하는 x, y에 대하여 xy의 값을 구하시오.

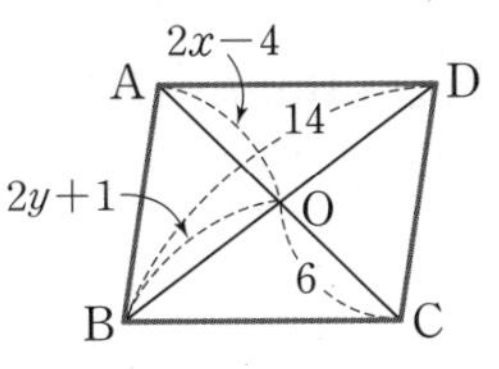

서술형

0211

오른쪽 그림과 같은 □ABCD에서 ∠B의 이등분선과 $\overline{AD}$의 교점을 E라 하자. $\overline{AD}=8\,\text{cm}$, ∠AEB$=30°$일 때, □ABCD가 평행사변형이 되도록 하는 x, y의 값을 각각 구하시오.

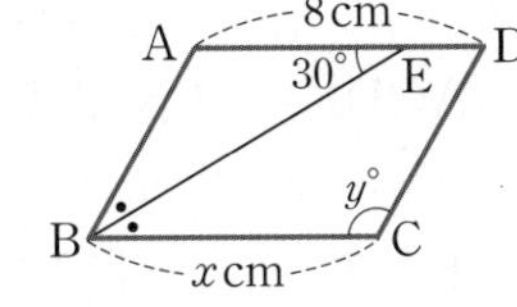

빈출

유형 08 평행사변형이 되는 조건 찾기

주어진 조건대로 사각형을 그린 후 다음 조건 중 하나를 만족시키는지 확인한다.

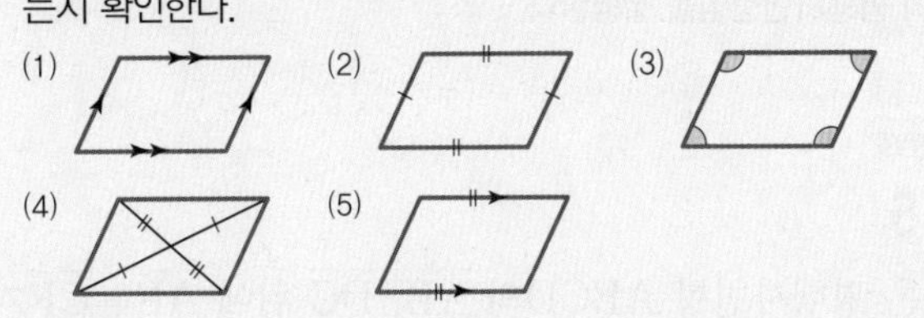

대표 문제

0212

다음 중 □ABCD가 평행사변형이 아닌 것은? (단, 점 O는 두 대각선의 교점)

① $\overline{AB}=\overline{DC}=6\,\text{cm}$, $\overline{BC}=\overline{AD}=8\,\text{cm}$
② $\angle A=\angle C=100°$, $\angle B=\angle D=80°$
③ $\overline{AO}=\overline{CO}=4\,\text{cm}$, $\overline{BO}=\overline{DO}=5\,\text{cm}$
④ $\overline{AD}/\!/\overline{BC}$, $\overline{AD}=\overline{BC}=10\,\text{cm}$
⑤ $\overline{AB}=\overline{DC}=7\,\text{cm}$, $\angle DAC=\angle BCA=50°$

0213

다음 사각형 중 평행사변형이 아닌 것은?

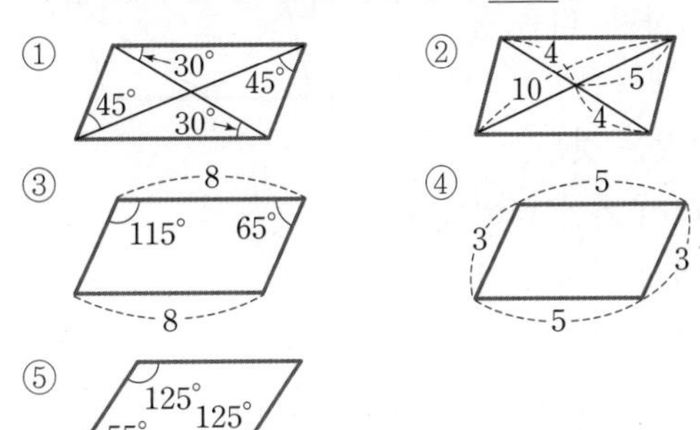

신유형

0214

오른쪽 그림과 같은 □ABCD에 대하여 다음 중 □ABCD가 평행사변형이 되는 조건은?

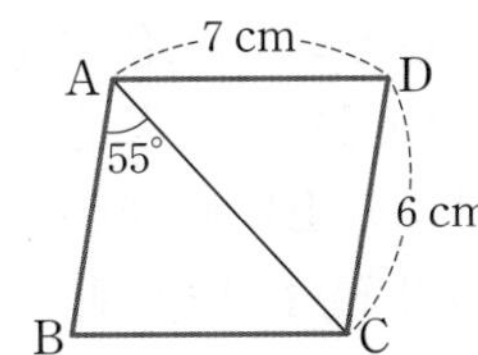

① $\overline{AB}=7\,\text{cm}$, $\overline{BC}=6\,\text{cm}$
② $\overline{BC}=7\,\text{cm}$, $\angle CAD=55°$
③ $\overline{AB}=6\,\text{cm}$, $\angle CAD=55°$
④ $\overline{BC}=7\,\text{cm}$, $\angle ACB=55°$
⑤ $\overline{AB}=6\,\text{cm}$, $\angle ACD=55°$

유형 09 새로운 사각형이 평행사변형이 되는 조건

주어진 조건과 평행사변형이 되는 조건을 이용하여 새로운 사각형이 평행사변형임을 설명한다.

대표 문제

0215

다음은 평행사변형 ABCD의 $\overline{AB}$, $\overline{DC}$ 위에 $\overline{AE}=\overline{CF}$가 되도록 두 점 E, F를 잡을 때, □EBFD는 평행사변형임을 설명하는 과정이다. (가)~(마)에 알맞은 것을 구하시오.

$\overline{AB}$ // $\overline{DC}$에서

$\overline{EB}$ // (가) …… ㉠

$\overline{AB}$= (나) , (다) $=\overline{CF}$이므로

(라) $=\overline{DF}$ …… ㉡

따라서 ㉠, ㉡에 의해 □EBFD는 한 쌍의 (마) 이 평행하고 그 길이가 같으므로 평행사변형이다.

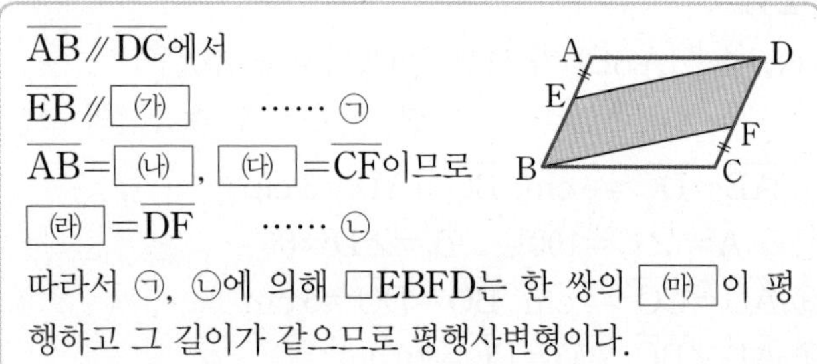

0216 ●●●○

오른쪽 그림과 같은 평행사변형 ABCD에서 네 변의 중점을 각각 E, F, G, H라 하자. 다음 중 □EFGH가 평행사변형이 되는 조건으로 가장 알맞은 것은?

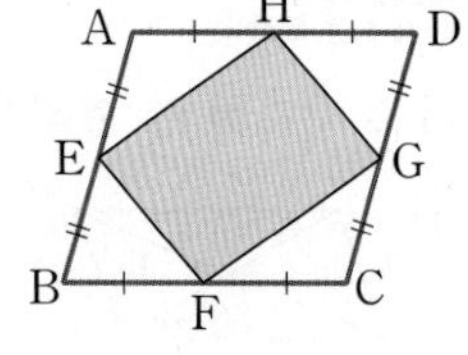

① 두 쌍의 대변이 각각 평행하다.
② 두 쌍의 대변의 길이가 각각 같다.
③ 두 쌍의 대각의 크기가 각각 같다.
④ 두 대각선이 서로 다른 것을 이등분한다.
⑤ 한 쌍의 대변이 평행하고 그 길이가 같다.

0217 ●●●○

오른쪽 그림과 같은 평행사변형 ABCD의 두 꼭짓점 A, C에서 대각선 BD에 내린 수선의 발을 각각 E, F라 할 때, 다음 중 옳지 않은 것은?

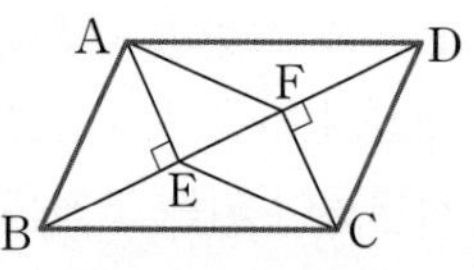

① $\overline{AE}=\overline{CF}$
② $\overline{BE}=\overline{CE}$
③ $\overline{AE}$ // $\overline{CF}$
④ △ABE≡△CDF
⑤ ∠EAF=∠FCE

빈출 유형 10 새로운 사각형이 평행사변형이 되는 조건의 응용

□ABCD가 평행사변형일 때, 다음 그림의 색칠한 사각형은 모두 평행사변형이다.

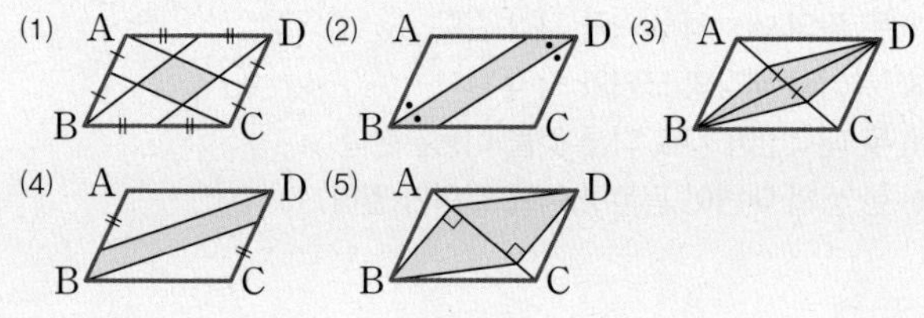

대표 문제

0218

오른쪽 그림과 같이 평행사변형 ABCD의 두 꼭짓점 B, D에서 대각선 AC에 내린 수선의 발을 각각 P, Q라 하자. ∠DPQ=55°일 때, ∠x의 크기를 구하시오.

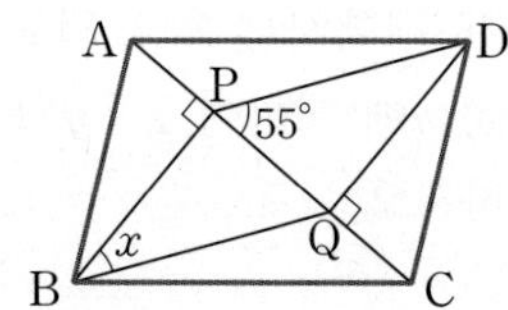

0219 ●●●○

오른쪽 그림과 같은 평행사변형 ABCD에서 ∠A, ∠C의 이등분선이 $\overline{BC}$, $\overline{AD}$와 만나는 점을 각각 E, F라 하자. $\overline{AB}$=12 cm, $\overline{BC}$=16 cm, $\overline{DH}$=10 cm일 때, □AECF의 넓이를 구하시오.

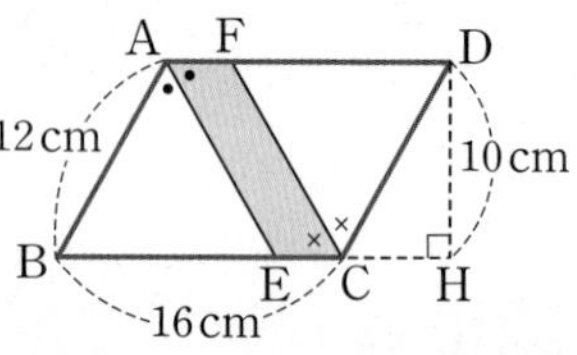

0220 ●●●○

오른쪽 그림에서 □ABCD, □AODE는 모두 평행사변형이고 두 대각선의 교점을 각각 O, F라 하자. $\overline{AD}+\overline{EO}$의 길이를 구하시오.

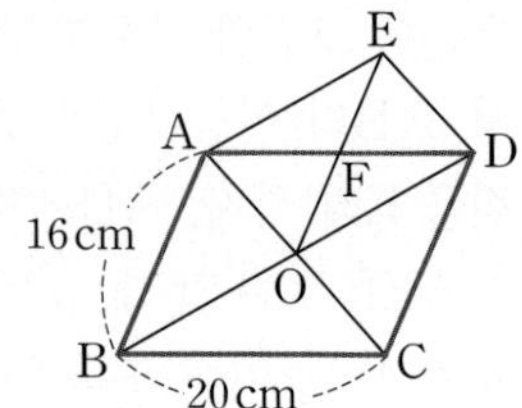

유형 11 평행사변형과 넓이 (1) – 대각선에 의해 나누어지는 경우

평행사변형 ABCD에서 두 대각선에 의해 만들어지는 네 개의 삼각형의 넓이는 모두 같다.

⇨ $S_1=S_2=S_3=S_4$

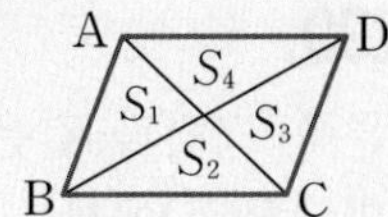

대표 문제

0221

오른쪽 그림과 같은 평행사변형 ABCD에서 $\overline{AD}$, $\overline{BC}$의 중점을 각각 E, F라 하고, □ABFE, □EFCD의 두 대각선의 교점을 각각 P, Q라 하자. □ABCD의 넓이가 $32\,cm^2$일 때, □EPFQ의 넓이는?

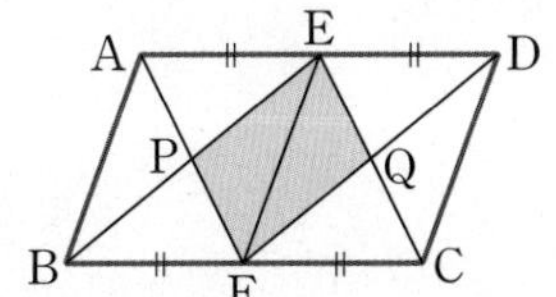

① $6\,cm^2$ ② $7\,cm^2$ ③ $8\,cm^2$
④ $9\,cm^2$ ⑤ $10\,cm^2$

신유형

0222 ●●●●

오른쪽 그림과 같은 평행사변형 ABCD에서 두 대각선의 교점 O를 지나는 직선이 $\overline{AD}$, $\overline{BC}$와 만나는 점을 각각 E, F라 하자. □ABCD의 넓이가 $60\,cm^2$일 때, 색칠한 부분의 넓이를 구하시오.

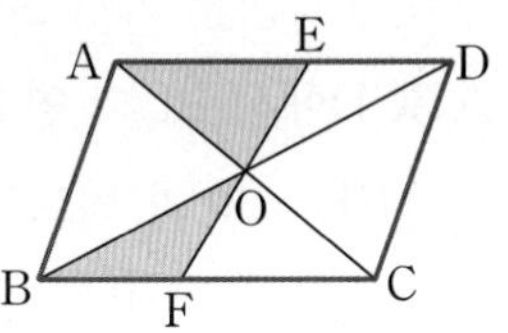

서술형

0223 ●●●●

오른쪽 그림과 같은 평행사변형 ABCD에서 점 O는 두 대각선의 교점이고 $\overline{BC}$, $\overline{DC}$의 연장선 위에 $\overline{BC}=\overline{CE}$, $\overline{DC}=\overline{CF}$가 되도록 두 점 E, F를 각각 잡았다. △ABO의 넓이가 $3\,cm^2$일 때, □BFED의 넓이를 구하시오.

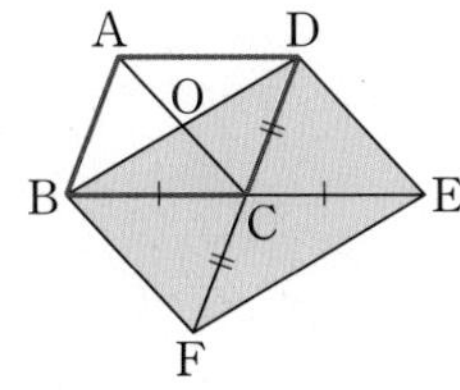

빈출

유형 12 평행사변형과 넓이 (2) – 내부의 한 점 P가 주어진 경우

평행사변형 ABCD의 내부의 한 점 P에 대하여 $\overline{AD}/\!/\overline{FH}/\!/\overline{BC}$, $\overline{AB}/\!/\overline{EG}/\!/\overline{DC}$일 때,

(1) □AFPE, □EPHD, □FBGP, □PGCH는 평행사변형이다.

(2) $\triangle PAB+\triangle PCD=\triangle PDA+\triangle PBC=\frac{1}{2}$□ABCD

(△PAB+△PCD → $S_1+S_2+S_3+S_4$, △PDA+△PBC → $S_1+S_2+S_3+S_4$)

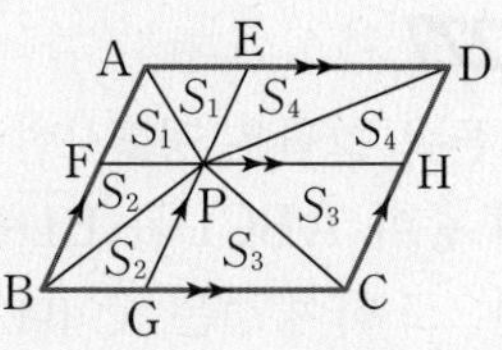

대표 문제

0224

오른쪽 그림과 같은 평행사변형 ABCD의 내부의 한 점 P에 대하여 △PAB의 넓이가 $9\,cm^2$이다. △PAB : △PCD=3 : 5일 때, □ABCD의 넓이는?

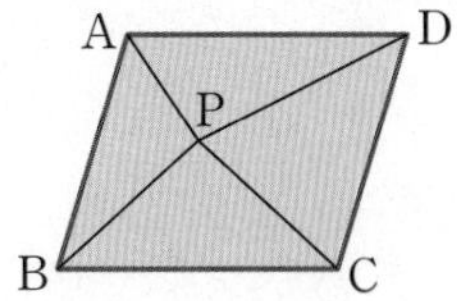

① $46\,cm^2$ ② $48\,cm^2$ ③ $50\,cm^2$
④ $52\,cm^2$ ⑤ $54\,cm^2$

0225 ●●●●

오른쪽 그림과 같은 평행사변형 ABCD의 내부의 한 점 P에 대하여 △PBC$=15\,cm^2$이고 □ABCD$=80\,cm^2$일 때, △PDA의 넓이를 구하시오.

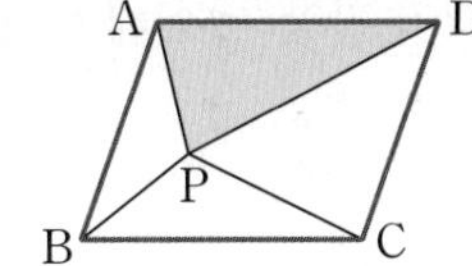

0226 ●●●●

오른쪽 그림과 같은 평행사변형 ABCD의 내부의 한 점 P에 대하여 $\overline{AD}=8\,cm$, $\overline{DH}=6\,cm$이고 △PDA의 넓이가 $13\,cm^2$일 때, △PBC의 넓이를 구하시오.

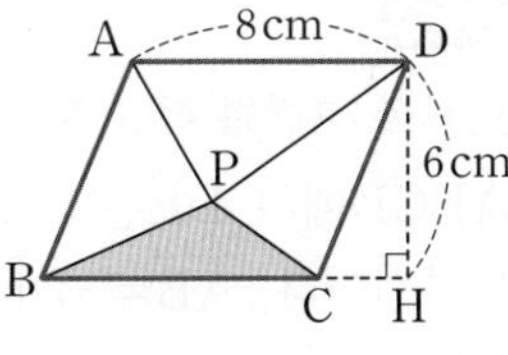

0227

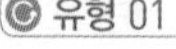

오른쪽 그림은 평행사변형 모양의 종이 ABCD를 $\overline{BD}$를 접는 선으로 하여 접은 것이다. $\overline{BA}$와 $\overline{DE}$의 연장선의 교점을 F라 하고 $\angle BDC=41°$일 때, $\angle x$의 크기를 구하시오.

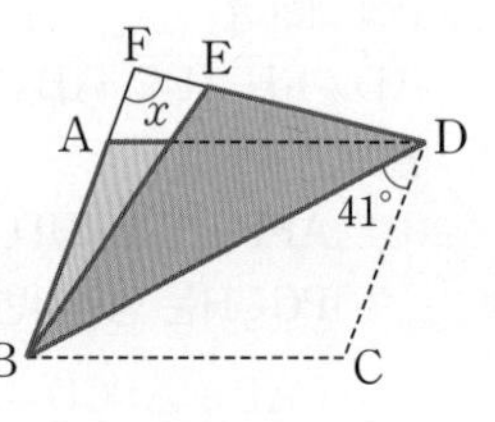

0228

유형 03

오른쪽 그림과 같이 $\overline{AB}=\overline{AC}=12\,\text{cm}$인 이등변삼각형 ABC의 $\overline{BC}$ 위에 한 점 F를 잡고, $\overline{AB}/\!/\overline{DF}$, $\overline{AC}/\!/\overline{EF}$가 되도록 $\overline{AB}$, $\overline{AC}$ 위에 두 점 E, D를 각각 잡았다. 이때 □AEFD의 둘레의 길이를 구하시오.

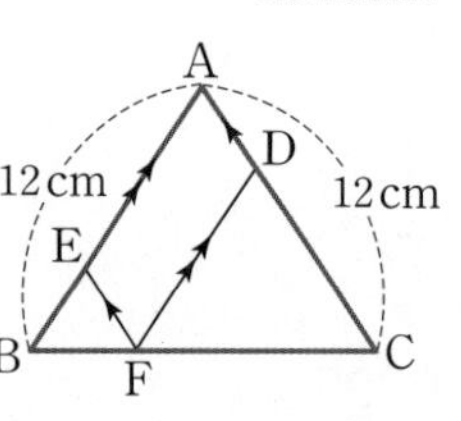

0229

유형 03

오른쪽 그림과 같은 평행사변형 ABCD에서 $\overline{DE}$는 $\angle D$의 이등분선이다. $\overline{AB}=3\overline{BE}$이고 $\overline{AD}=16\,\text{cm}$일 때, $\overline{CD}$의 길이를 구하시오.

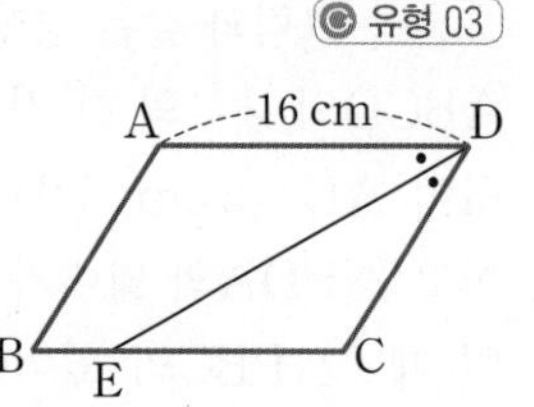

0230

오른쪽 그림과 같은 평행사변형 ABCD에서 $\overline{AB}=10\,\text{cm}$, $\overline{AD}=16\,\text{cm}$, $\overline{DF}=16\,\text{cm}$이고, $\angle B=60°$일 때, $\overline{AE}+\overline{EC}$의 길이를 구하시오.

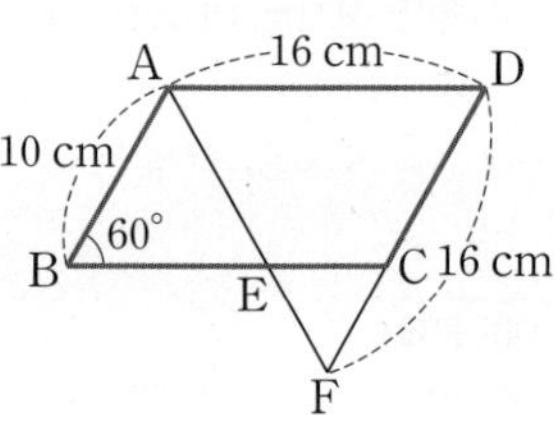

0231

유형 04

오른쪽 그림과 같은 평행사변형 ABCD에서 $\overline{BC}$의 연장선 위에 $\angle AEB=50°$가 되도록 점 E를 잡았다. $\angle B=70°$이고 $\angle DAE : \angle EAC=2 : 1$일 때, $\angle x$의 크기는?

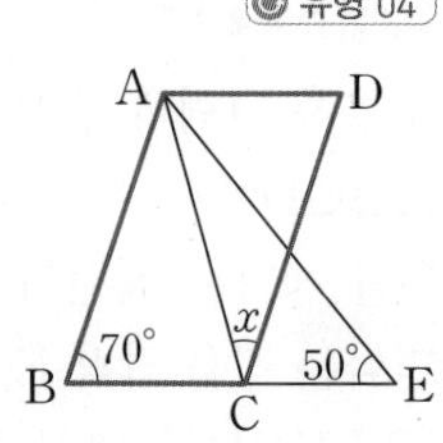

① 31° ② 32° ③ 33° ④ 34° ⑤ 35°

0232

유형 05

오른쪽 그림과 같은 평행사변형 ABCD에서 점 O는 두 대각선의 교점이다.
$\overline{AB}=(x+1)$ cm,
$\overline{AC}=(x+3)$ cm,
$\overline{BD}=(3x-3)$ cm이고 △ABO의 둘레의 길이가 16 cm일 때, $\overline{CD}$의 길이를 구하시오.

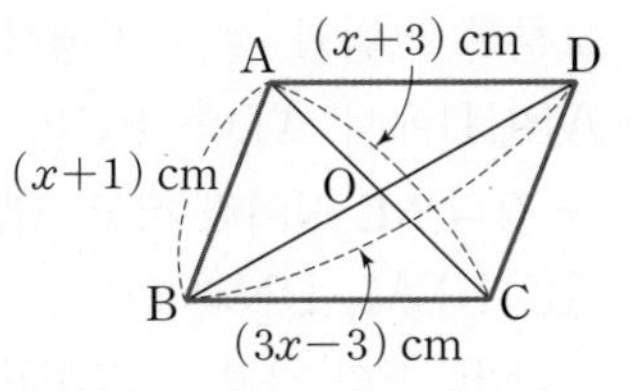

0233

유형 05

오른쪽 그림과 같은 평행사변형 ABCD에서 점 O는 두 대각선의 교점이다. △OBC의 넓이는 15 cm²이고
△OBF : △OFC=2 : 3일 때, △AOE의 넓이는?

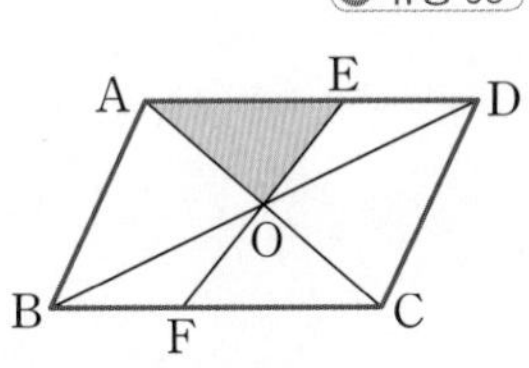

① 8 cm²　② 9 cm²　③ 10 cm²
④ 11 cm²　⑤ 12 cm²

0234

유형 08

다음 보기에서 □ABCD가 평행사변형이 되는 것을 모두 고르시오. (단, 점 O는 두 대각선의 교점)

보기

ㄱ. △AOD≡△COB
ㄴ. ∠A=∠C, ∠ADB=∠CBD
ㄷ. $\overline{AD}$ // $\overline{BC}$, $\overline{AB}=\overline{DC}$
ㄹ. $\overline{AD}$ // $\overline{BC}$, ∠B=∠D
ㅁ. $\overline{AC}=\overline{BD}$, $\overline{AC}\perp\overline{BD}$

0235

유형 10

오른쪽 그림과 같은 평행사변형 ABCD에서 네 변의 중점을 각각 E, F, G, H라 할 때, □ABCD를 제외한 평행사변형은 모두 몇 개인지 구하시오.

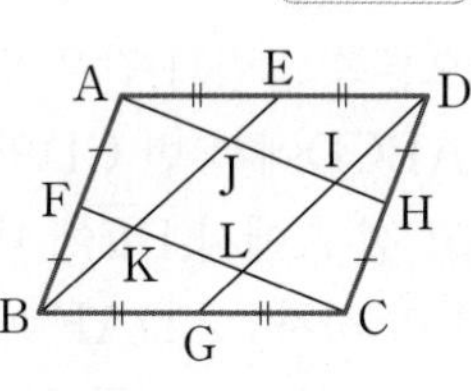

0236

유형 12

오른쪽 그림과 같은 평행사변형 ABCD의 내부의 한 점 P에 대하여 △PDA=6 cm², △PBC=10 cm²이다.
$\overline{DH}=4$ cm일 때, $\overline{BC}$의 길이는?

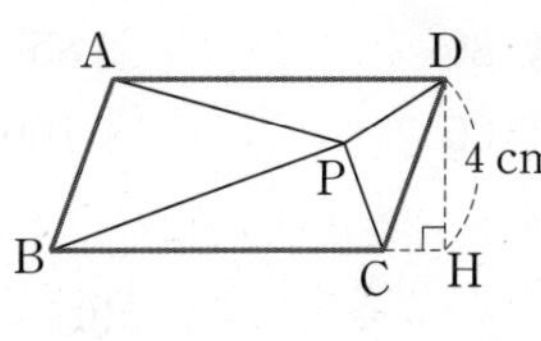

① 6 cm　② 7 cm　③ 8 cm
④ 9 cm　⑤ 10 cm

03 평행사변형의 성질

0237 유형 03

오른쪽 그림과 같은 평행사변형 ABCD에서 변 CD의 중점을 E라 하고 점 A에서 $\overline{BE}$에 내린 수선의 발을 F라 하자. $\angle DAF=60°$일 때, $\angle DFE$의 크기를 구하시오.

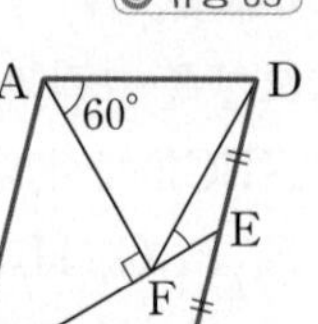

0238 유형 04

오른쪽 그림과 같은 평행사변형 ABCD에서 점 E는 $\overline{BC}$의 중점이고, $\overline{BC}=2\overline{AB}$일 때, $\angle x$의 크기는?

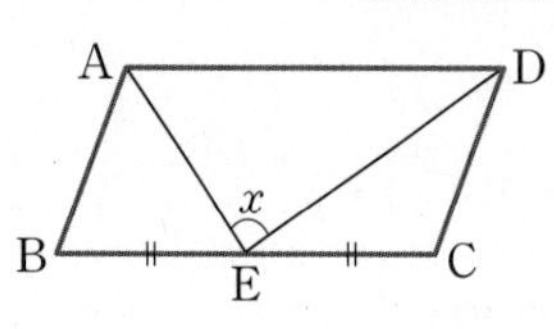

① 80° ② 85° ③ 90° ④ 95° ⑤ 100°

0239 유형 10+유형 11

오른쪽 그림과 같은 평행사변형 □ABCD에서 점 O는 두 대각선의 교점이다. □EOCD는 평행사변형이고 $\overline{AH}=8$ cm, $\overline{BC}=12$ cm일 때, △AEF의 넓이를 구하시오.

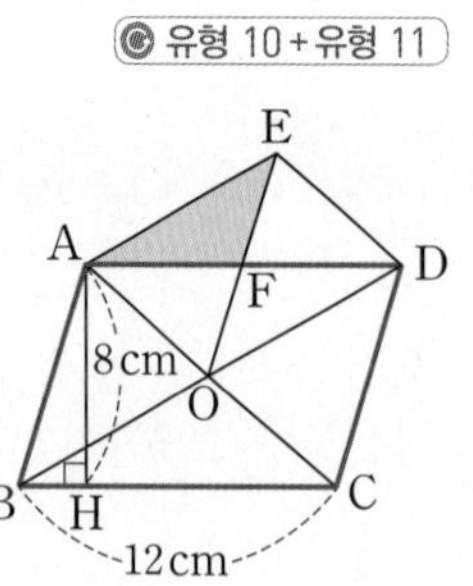

0240 유형 10+유형 11

오른쪽 그림과 같은 평행사변형 ABCD에서 $\overline{AD}$와 $\overline{BC}$의 중점을 각각 M, N이라 하고, 대각선 AC가 $\overline{BM}$, $\overline{DN}$과 만나는 점을 각각 E, F라 하자. □MEFD의 넓이가 20cm^2일 때, □ABCD의 넓이를 구하시오.

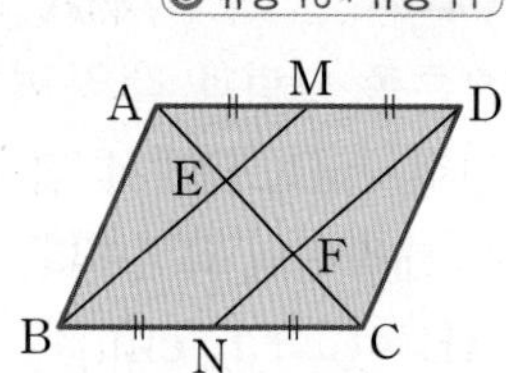

0241 유형 12

오른쪽 그림과 같이 평행사변형 ABCD의 내부의 한 점 P에 대하여
△PDA : △PCD : △PAB =1 : 2 : 3이고 □ABCD의 넓이는 70cm^2일 때, △PBC의 넓이를 구하시오.

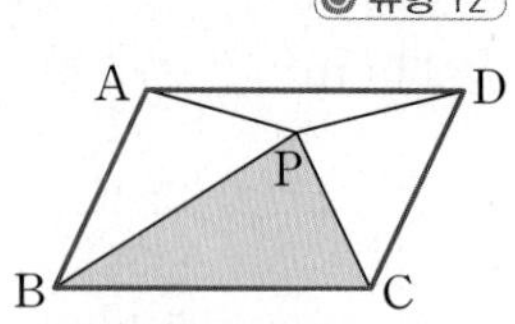

정답 및 풀이 18쪽

0242 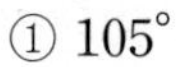 유형 04

오른쪽 그림과 같은 평행사변형 ABCD에서 $\overline{DC}$ 위의 점 P에 대하여 $\angle ABP : \angle CBP = 4 : 3$이다. $\angle APB = 53°$, $\angle DAP = 26°$일 때, $\angle x$의 크기는?

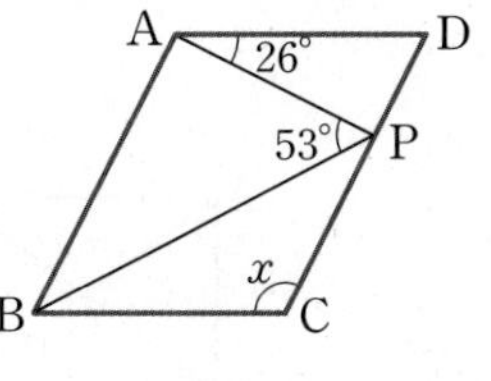

① 105° ② 110° ③ 114°
④ 117° ⑤ 120°

0243  유형 03+유형 04

오른쪽 그림과 같은 평행사변형 ABCD에서 점 E는 $\overline{AB}$의 중점이고 점 D에서 $\overline{EC}$에 내린 수선의 발을 F라 하자. $\angle B = 80°$, $\angle FDC = 10°$일 때, $\angle AFE$의 크기를 구하시오.

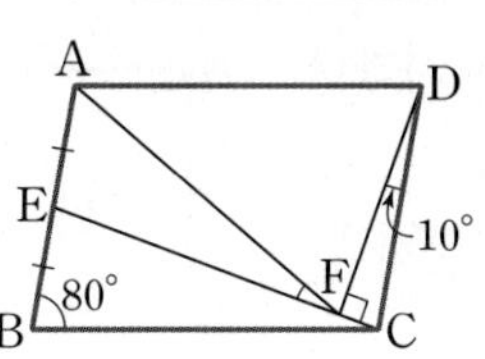

0244 유형 10

오른쪽 그림과 같은 평행사변형 ABCD에서 $\angle A : \angle B = 2 : 1$이고 $\angle A$, $\angle C$의 이등분선이 $\overline{BC}$, $\overline{AD}$와 만나는 점을 각각 E, F라 하자. $\overline{AB} = 12\text{ cm}$, $\overline{BC} = 15\text{ cm}$일 때, □AECF의 둘레의 길이를 구하시오.

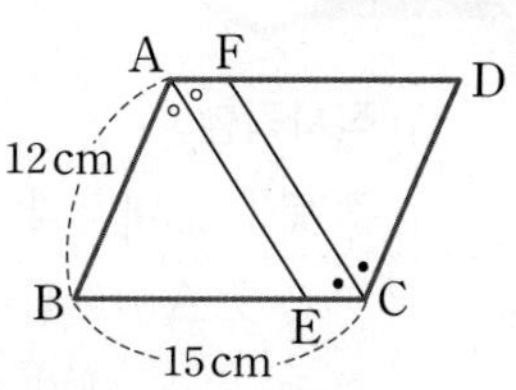

0245 유형 10

오른쪽 그림과 같이 $\overline{AB} = 60\text{ cm}$인 평행사변형 ABCD에서 점 P는 점 A에서 출발하여 초속 2 cm로 점 B를 향하여 움직이고, 점 Q는 점 P가 출발한 지 4초 후에 점 C에서 초속 3 cm로 점 D를 향하여 움직일 때, □APCQ가 평행사변형이 되는 것은 점 P가 점 A를 출발한 지 몇 초 후인가?

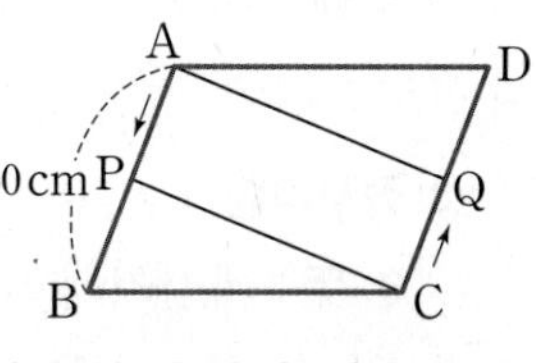

① 8초 후 ② 9초 후 ③ 10초 후
④ 11초 후 ⑤ 12초 후

Theme 07 여러 가지 사각형 유형 01 ~ 유형 08

(1) 직사각형

① 뜻 : 네 내각의 크기가 모두 같은 사각형

⇨ $\angle A=\angle B=\angle C=\angle D=90°$

② 성질 : 두 대각선은 길이가 같고, 서로 다른 것을 이등분한다.

⇨ $\overline{AC}=\overline{BD}$, $\overline{AO}=\overline{BO}=\overline{CO}=\overline{DO}$

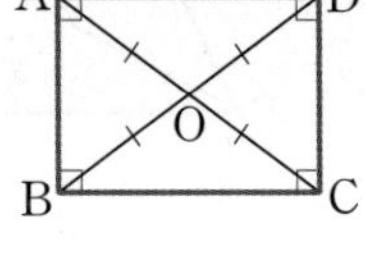

③ 평행사변형이 직사각형이 되는 조건

(i) 한 내각이 직각이다. (또는 이웃하는 두 각의 크기가 같다.)

(ii) 두 대각선의 길이가 같다. (또는 $\overline{AO}=\overline{BO}$)

→ 한 내각의 크기가 90°이면 평행사변형의 성질에 의해 나머지 세 내각의 크기도 90°이다.

> 비법 Note
> - 직사각형은 두 쌍의 대각의 크기가 각각 같으므로 평행사변형이다. 즉, 직사각형은 평행사변형의 성질을 모두 만족시킨다.

(2) 마름모

① 뜻 : 네 변의 길이가 모두 같은 사각형

⇨ $\overline{AB}=\overline{BC}=\overline{CD}=\overline{DA}$

② 성질 : 두 대각선은 서로 다른 것을 수직이등분한다.

⇨ $\overline{AC}\perp\overline{BD}$, $\overline{AO}=\overline{CO}$, $\overline{BO}=\overline{DO}$

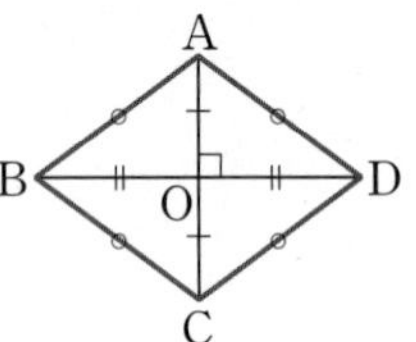

③ 평행사변형이 마름모가 되는 조건

(i) 이웃하는 두 변의 길이가 같다.

(ii) 두 대각선이 수직으로 만난다.

→ 이웃하는 두 변의 길이가 같으면 평행사변형의 성질에 의해 네 변의 길이가 모두 같다.

> 비법 Note
> - 마름모는 두 쌍의 대변의 길이가 각각 같으므로 평행사변형이다. 즉, 마름모는 평행사변형의 성질을 모두 만족시킨다.

(3) 정사각형

① 뜻 : 네 내각의 크기가 모두 같고, 네 변의 길이가 모두 같은 사각형

⇨ $\angle A=\angle B=\angle C=\angle D=90°$, $\overline{AB}=\overline{BC}=\overline{CD}=\overline{DA}$

② 성질 : 두 대각선은 길이가 같고, 서로 다른 것을 수직이등분한다.

⇨ $\overline{AC}=\overline{BD}$, $\overline{AC}\perp\overline{BD}$, $\overline{AO}=\overline{BO}=\overline{CO}=\overline{DO}$

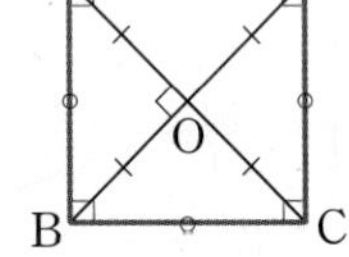
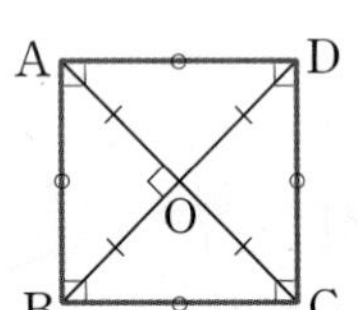
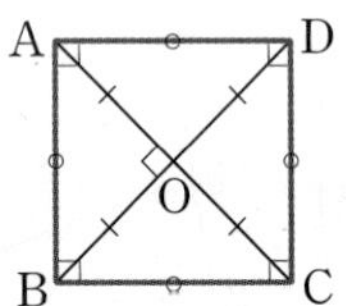

③ 직사각형이 정사각형이 되는 조건

(i) 이웃하는 두 변의 길이가 같다.

(ii) 두 대각선이 수직으로 만난다.

④ 마름모가 정사각형이 되는 조건

(i) 한 내각이 직각이다.

(ii) 두 대각선의 길이가 같다.

> 비법 Note
> - 정사각형은 직사각형과 마름모의 성질을 모두 만족시킨다.
> - 평행사변형이 직사각형이 되는 조건 중 하나와 평행사변형이 마름모가 되는 조건 중 하나를 동시에 만족시키면 평행사변형은 정사각형이 된다.

(4) 등변사다리꼴

① 뜻 : 밑변의 양 끝 각의 크기가 같은 사다리꼴

⇨ $\overline{AD}/\!/\overline{BC}$, $\angle B=\angle C$

② 성질

(i) 평행하지 않은 한 쌍의 대변의 길이가 같다. ⇨ $\overline{AB}=\overline{DC}$

(ii) 두 대각선의 길이가 같다. ⇨ $\overline{AC}=\overline{BD}$

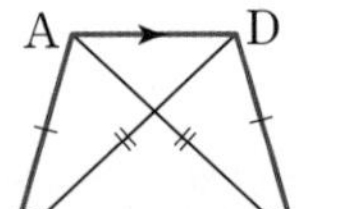

참고 대각선의 길이가 같은 사각형 ⇨ 직사각형, 정사각형, 등변사다리꼴

> 비법 Note
> - 사다리꼴 : 한 쌍의 대변이 평행한 사각형
> - 직사각형과 정사각형은 모두 등변사다리꼴이지만 마름모는 등변사다리꼴이 아니다.

Theme 07 여러 가지 사각형

[0246~0247] 다음 그림과 같은 직사각형 ABCD에서 두 대각선의 교점을 O라 할 때, x의 값을 구하시오.

0246

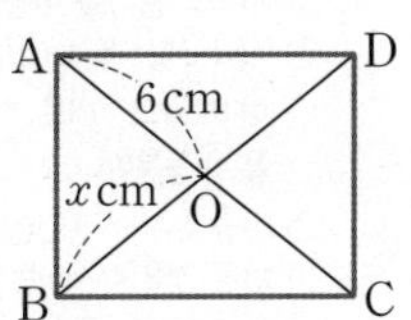

0247

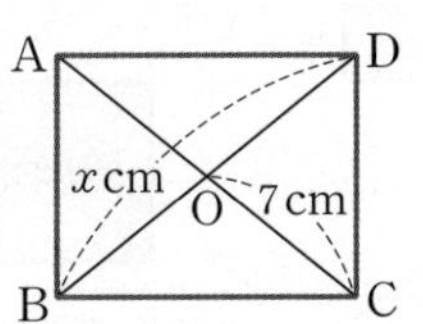

[0248~0249] 다음 그림과 같은 직사각형 ABCD에서 두 대각선의 교점을 O라 할 때, $\angle x$, $\angle y$의 크기를 각각 구하시오.

0248

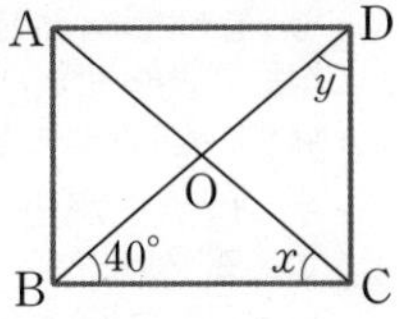

0249

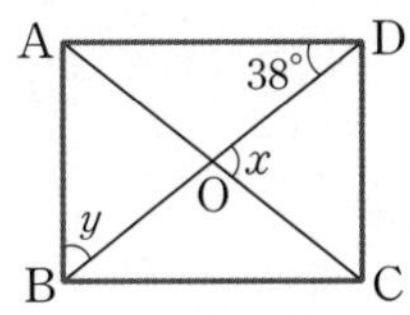

[0250~0251] 다음 그림과 같은 마름모 ABCD에서 두 대각선의 교점을 O라 할 때, x의 값을 구하시오.

0250

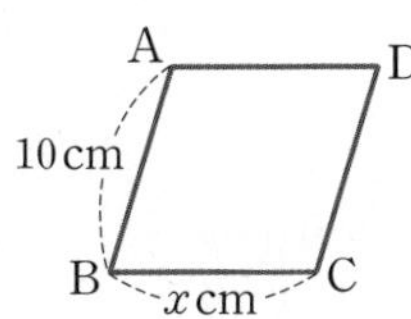

0251

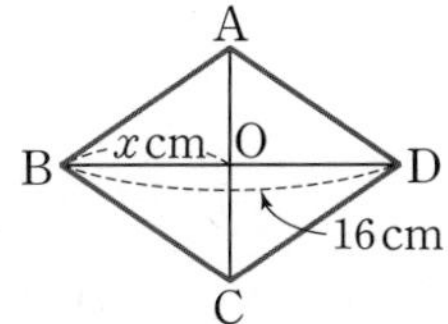

[0252~0253] 다음 그림과 같은 마름모 ABCD에서 두 대각선의 교점을 O라 할 때, $\angle x$, $\angle y$의 크기를 각각 구하시오.

0252

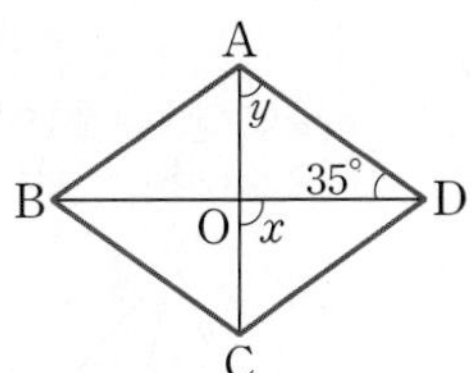

0253

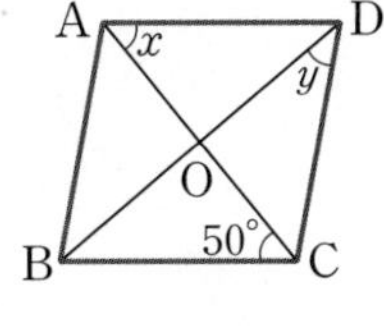

[0254~0255] 다음 그림과 같은 정사각형 ABCD에서 두 대각선의 교점을 O라 할 때, x의 값을 구하시오.

0254

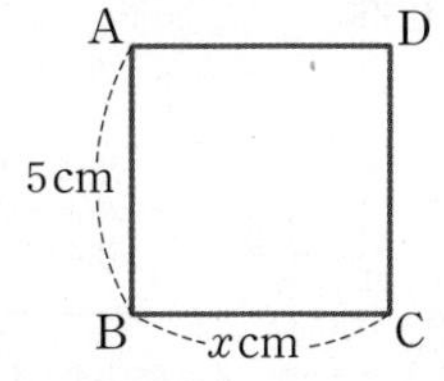

0255

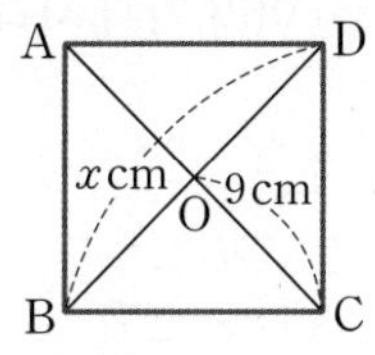

[0256~0257] 다음 그림과 같은 정사각형 ABCD에서 두 대각선의 교점을 O라 할 때, $\angle x$의 크기를 구하시오.

0256

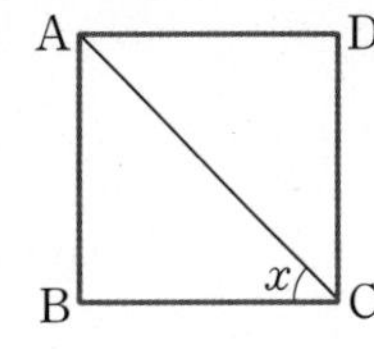

0257

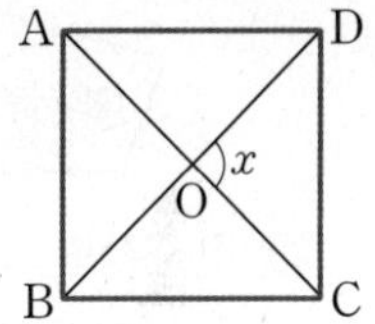

[0258~0259] 다음 그림과 같이 $\overline{AD} /\!/ \overline{BC}$인 등변사다리꼴 ABCD에서 두 대각선의 교점을 O라 할 때, x의 값을 구하시오.

0258

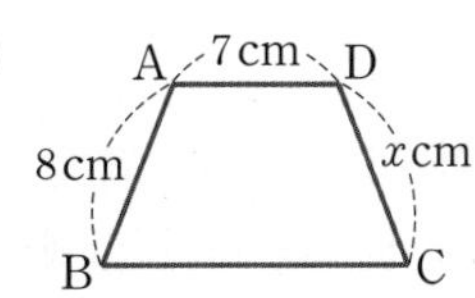

0259

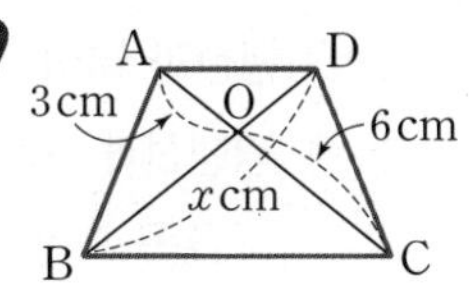

[0260~0261] 다음 그림과 같이 $\overline{AD} /\!/ \overline{BC}$인 등변사다리꼴 ABCD에서 $\angle x$, $\angle y$의 크기를 각각 구하시오.

0260

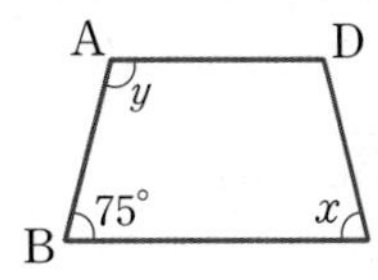

0261

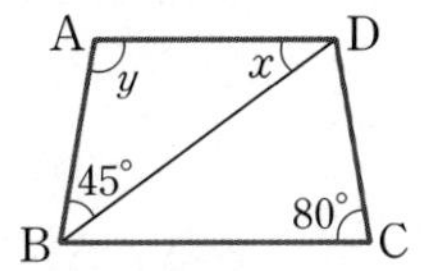

Theme 08 여러 가지 사각형 사이의 관계 유형 09 ~ 유형 16

(1) 여러 가지 사각형 사이의 관계

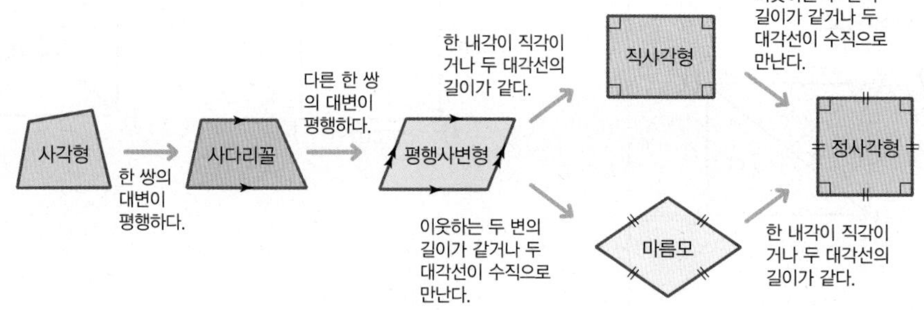

비법 Note

- 사각형의 대각선의 성질
  1. 평행사변형 : 두 대각선은 서로 다른 것을 이등분한다.
  2. 직사각형 : 두 대각선은 길이가 같고, 서로 다른 것을 이등분한다.
  3. 마름모 : 두 대각선은 서로 다른 것을 수직이등분한다.
  4. 정사각형 : 두 대각선은 길이가 같고, 서로 다른 것을 수직이등분한다.
  5. 등변사다리꼴 : 두 대각선은 길이가 같다.

(2) 사각형의 각 변의 중점을 연결하여 만든 사각형

주어진 사각형의 각 변의 중점을 연결하면 다음과 같은 사각형이 만들어진다.

① 사각형 ⇨ 평행사변형

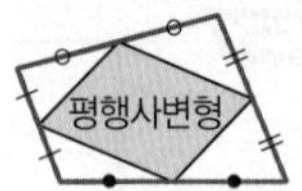

② 평행사변형 ⇨ 평행사변형

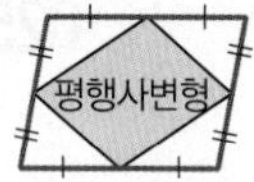

③ 직사각형 ⇨ 마름모

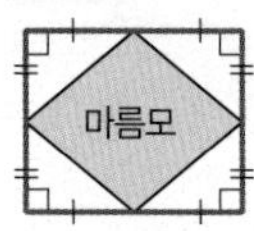

④ 마름모 ⇨ 직사각형

⑤ 정사각형 ⇨ 정사각형

⑥ 등변사다리꼴 ⇨ 마름모

비법 Note

- 두 대각선의 길이가 같은 사각형(등변사다리꼴, 직사각형, 정사각형)의 각 변의 중점을 연결하여 만든 사각형은 네 변의 길이가 모두 같다.
- 두 대각선이 수직인 사각형(마름모, 정사각형)의 각 변의 중점을 연결하여 만든 사각형은 네 각의 크기가 모두 같다.

(3) 평행선과 넓이

① 평행선과 삼각형의 넓이

오른쪽 그림에서 두 직선 l과 m이 평행할 때, $\triangle ABC$와 $\triangle DBC$는 밑변이 $\overline{BC}$로 같고, 높이가 h로 같으므로 두 삼각형의 넓이가 서로 같다.

⇨ $l \mathbin{/\mkern-6mu/} m$이면 $\triangle ABC = \triangle DBC$

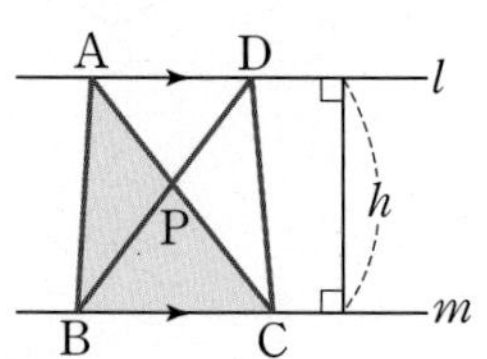

참고 오른쪽 그림에서 $\overline{AC} \mathbin{/\mkern-6mu/} \overline{DE}$이면 $\triangle ACD = \triangle ACE$이므로 $\square ABCD = \triangle ABE$이다.

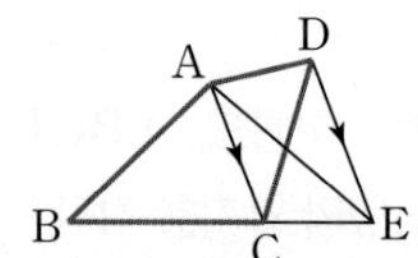

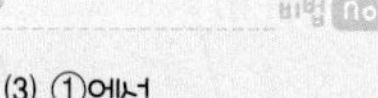

비법 Note

- (3) ①에서
$\triangle PAB$
$= \triangle ABC - \triangle PBC$
$= \triangle DBC - \triangle PBC$
$= \triangle PDC$

② 높이가 같은 삼각형의 넓이의 비

높이가 같은 삼각형의 넓이의 비는 밑변의 길이의 비와 같다.

⇨ $\triangle ABC : \triangle ACD = \overline{BC} : \overline{CD}$

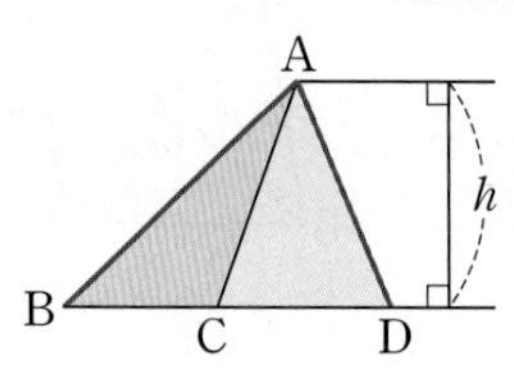

참고 $\triangle ABC : \triangle ACD$
$= \left(\frac{1}{2} \times \overline{BC} \times h\right) : \left(\frac{1}{2} \times \overline{CD} \times h\right) = \overline{BC} : \overline{CD}$

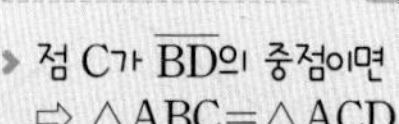

비법 Note

- 점 C가 $\overline{BD}$의 중점이면
⇨ $\triangle ABC = \triangle ACD$

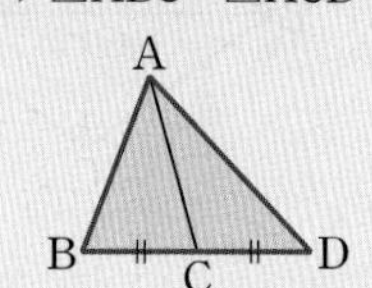

Theme 08 여러 가지 사각형 사이의 관계

[0262~0267] 오른쪽 그림과 같은 평행사변형 ABCD가 다음 조건을 만족시키면 어떤 사각형이 되는지 말하시오.
(단, 점 O는 두 대각선의 교점)

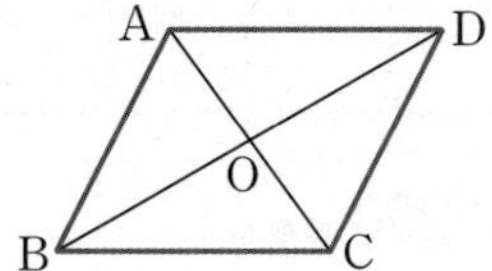

0262 $\angle A=90°$

0263 $\overline{AC}=\overline{BD}$

0264 $\overline{AB}=\overline{AD}$

0265 $\overline{AC}\perp\overline{BD}$

0266 $\overline{AB}=\overline{AD}$, $\angle B=90°$

0267 $\overline{AC}\perp\overline{BD}$, $\overline{AC}=\overline{BD}$

[0268~0270] 다음 중 옳은 것에 ○표, 옳지 않은 것에 ×표 하시오.

0268 마름모는 평행사변형이다. ( )

0269 마름모는 직사각형이다. ( )

0270 정사각형은 직사각형과 마름모의 성질을 모두 만족시킨다. ( )

[0271~0274] 다음 사각형의 대각선의 성질을 보기에서 모두 고르시오.

> 보기
> ㄱ. 두 대각선의 길이가 같다.
> ㄴ. 두 대각선이 수직으로 만난다.
> ㄷ. 두 대각선은 서로 다른 것을 이등분한다.

0271 직사각형

0272 마름모

0273 정사각형

0274 등변사다리꼴

[0275~0280] 다음 사각형의 각 변의 중점을 연결하여 만든 사각형은 어떤 사각형이 되는지 말하시오.

0275 사각형

0276 평행사변형

0277 직사각형

0278 마름모

0279 정사각형

0280 등변사다리꼴

[0281~0283] 오른쪽 그림과 같이 $\overline{AD}/\!/\overline{BC}$인 사다리꼴 ABCD에서 두 대각선의 교점을 O라 할 때, 다음 삼각형과 넓이가 같은 삼각형을 구하시오.

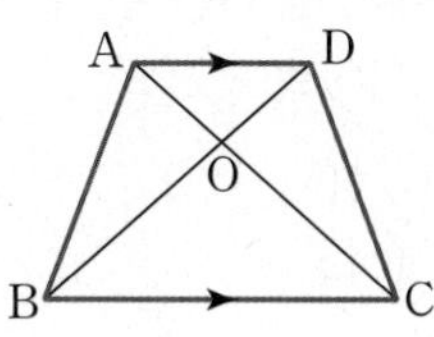

0281 $\triangle ABC$

0282 $\triangle ACD$

0283 $\triangle ABO$

[0284~0286] 오른쪽 그림에서 $\triangle ABC$의 넓이가 $18\,cm^2$이고 $\overline{BD}:\overline{CD}=1:2$일 때, 다음을 구하시오.

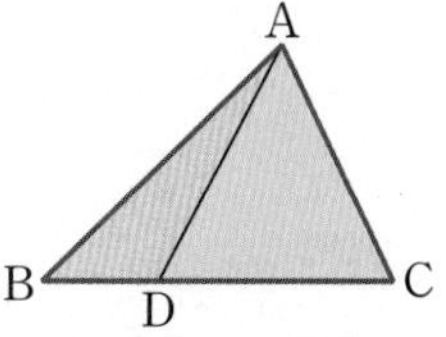

0284 $\triangle ABD$의 넓이

0285 $\triangle ADC$의 넓이

0286 $\triangle ABD$와 $\triangle ADC$의 넓이의 비

Theme 07 여러 가지 사각형

워크북 44쪽

빈출 유형 01 직사각형의 뜻과 성질

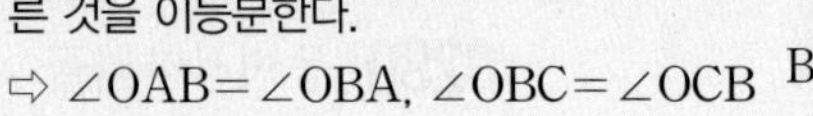

(1) 뜻 : 네 내각의 크기가 모두 같은 사각형
(2) 성질 : 두 대각선은 길이가 같고, 서로 다른 것을 이등분한다.
⇨ $\angle OAB = \angle OBA$, $\angle OBC = \angle OCB$

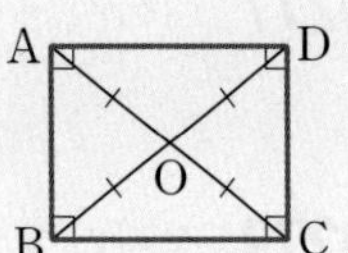

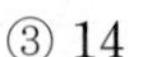

대표 문제

0287

오른쪽 그림과 같은 직사각형 ABCD에서 점 O는 두 대각선의 교점일 때, $x+y$의 값은?

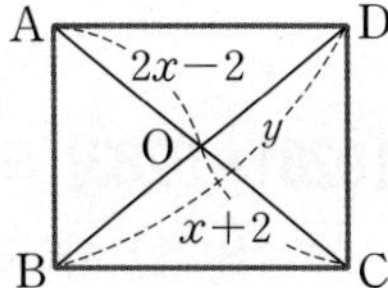

① 10 ② 12 ③ 14 ④ 16 ⑤ 18

0288 ●●●●

오른쪽 그림과 같은 직사각형 ABCD에서 점 O는 두 대각선의 교점이다. $\angle OBC=30°$일 때, $\angle x - \angle y$의 크기는?

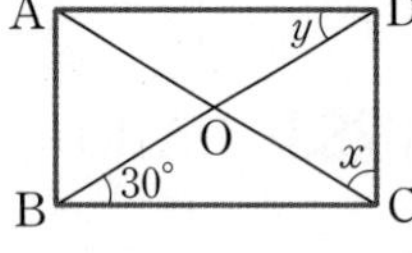

① 20° ② 30° ③ 40° ④ 50° ⑤ 60°

0289 ●●●●

오른쪽 그림과 같은 직사각형 ABCD에서 점 O는 두 대각선의 교점일 때, 다음 중 옳은 것을 모두 고르면? (정답 2개)

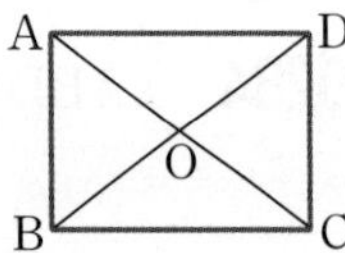

① $\overline{AC} \perp \overline{BD}$ ② $\overline{AO} = \overline{BO}$ ③ $\triangle AOD \equiv \triangle COD$ ④ $\angle ABC = 90°$ ⑤ $\angle ABO = \angle ADO$

0290 ●●●●

오른쪽 그림과 같은 직사각형 ABCD에서 $\overline{CD}$의 길이는?

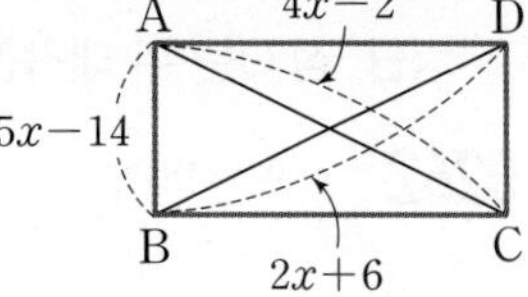

① 3 ② 4 ③ 5 ④ 6 ⑤ 7

신유형

0291 ●●●●

오른쪽 그림과 같이 반지름의 길이가 6 cm인 원 O 위의 한 점 B를 꼭짓점으로 하는 직사각형 OABC에서 $\overline{AC}$의 길이를 구하시오.

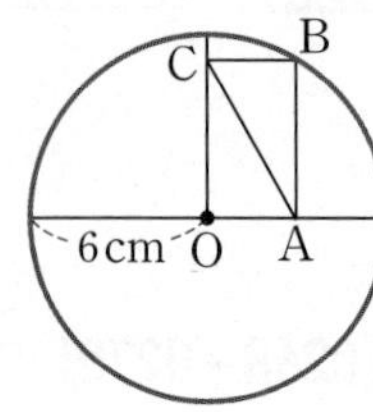

0292 ●●●●

오른쪽 그림과 같은 좌표평면에서 점 P의 좌표는 (8, 6)이다. 점 P에서 x축, y축에 내린 수선의 발을 각각 A, B라 할 때, $\overline{AB}$와 $\overline{OP}$의 교점 C의 좌표를 구하시오. (단, 점 O는 원점)

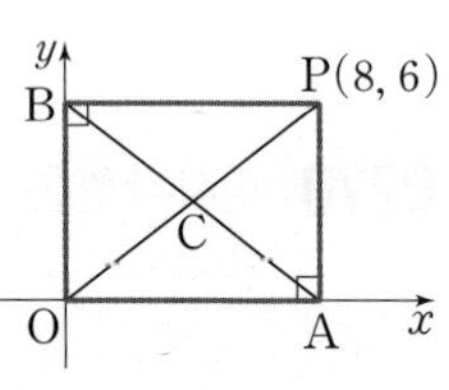

서술형

0293 ●●●●

오른쪽 그림과 같이 직사각형 모양의 종이 ABCD의 대각선 BD를 접는 선으로 하여 점 C가 점 E에 오도록 접으면 $\angle DBC=25°$이다. $\overline{AB}$의 연장선과 $\overline{DE}$의 연장선의 교점을 F라 할 때, $\angle x$의 크기를 구하시오.

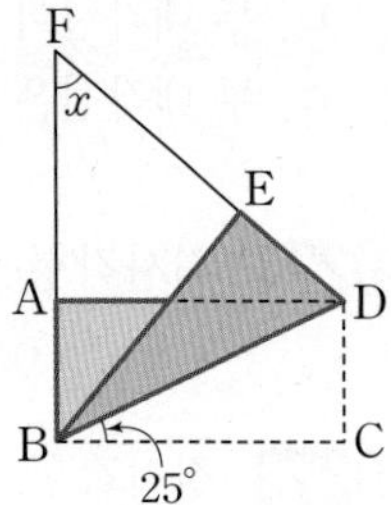

유형 02 평행사변형이 직사각형이 되는 조건

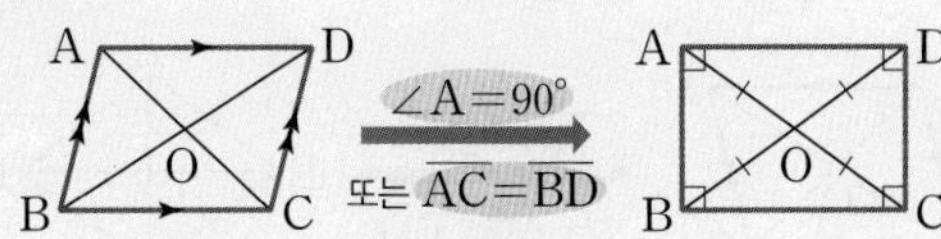

대표 문제

0294

다음 중 오른쪽 그림과 같은 평행사변형 ABCD가 직사각형이 되는 조건이 아닌 것은?
(단, 점 O는 두 대각선의 교점)

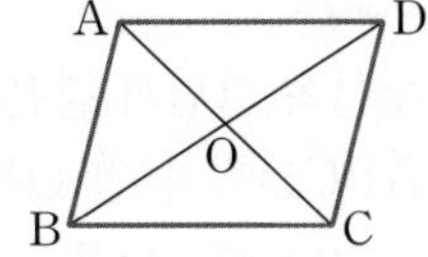

① $\overline{OA}=\overline{OB}$　② $\overline{AC}=\overline{BD}$　③ $\angle BCD=90°$
④ $\angle AOB=90°$　⑤ $\angle OCD=\angle ODC$

0295 ●●●●

다음은 두 대각선의 길이가 같은 평행사변형은 직사각형임을 설명하는 과정이다. (가)~(마)에 알맞은 것을 구하시오.

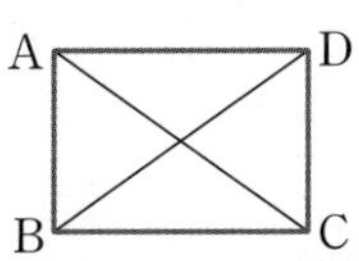

평행사변형 ABCD에서 $\overline{AC}=\overline{DB}$이면 △ABC와 △DCB에서

$\overline{AB}=\overline{DC}$, $\overline{AC}=\overline{DB}$,
(가) 는 공통이므로
△ABC≡△DCB ((나) 합동)
∴ ∠ABC= (다) …… ㉠
이때 □ABCD가 평행사변형이므로
∠ABC= (라) , ∠BCD= (마) …… ㉡
㉠, ㉡에서 ∠DAB=∠ABC=∠BCD=∠CDA=90°
따라서 □ABCD는 직사각형이다.

0296 ●●●●

오른쪽 그림과 같은 평행사변형 ABCD에 한 가지 조건을 추가하여 직사각형이 되도록 하려고 한다. 필요한 한 가지 조건을 보기에서 모두 고르시오. (단, 점 O는 두 대각선의 교점)

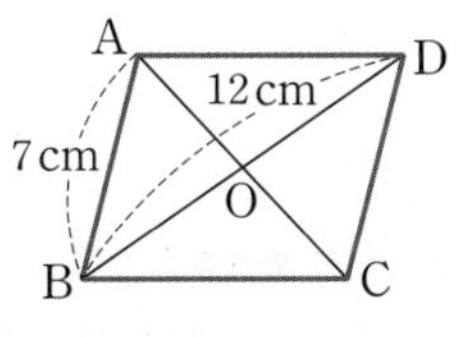

보기
ㄱ. $\overline{AD}=7$ cm　ㄴ. $\overline{AO}=6$ cm
ㄷ. $\angle ABC=90°$　ㄹ. $\angle AOD=90°$

빈출 유형 03 마름모의 뜻과 성질

(1) 뜻 : 네 변의 길이가 모두 같은 사각형
(2) 성질 : 두 대각선은 서로 다른 것을 수직이등분한다.
⇨ ∠OAB+∠OBA=90°

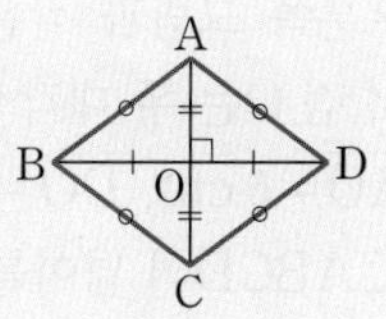

대표 문제

0297

오른쪽 그림과 같은 마름모 ABCD에서 점 O는 두 대각선의 교점이다. ∠ADO=35°일 때, ∠x−∠y의 크기는?

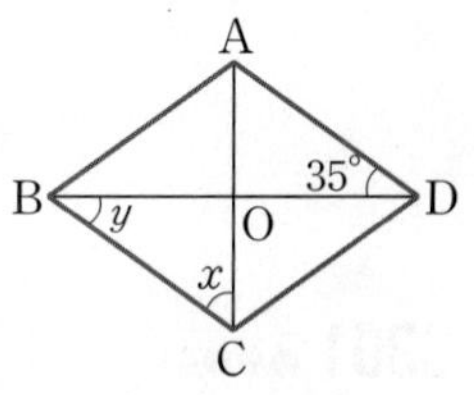

① 15°　② 20°
③ 25°　④ 30°
⑤ 35°

0298 ●●●●

오른쪽 그림과 같은 마름모 ABCD에서 $\overline{AD}=10$ cm, ∠BAC=75°일 때, $x+y$의 값은?

A 10 cm D, 75°, $x°$, $(4y-2)$ cm, B, C

① 74　② 76　③ 78
④ 80　⑤ 82

0299 ●●●●

오른쪽 그림과 같은 □ABCD가 마름모일 때, 다음 중 옳지 않은 것은? (단, 점 O는 두 대각선의 교점)

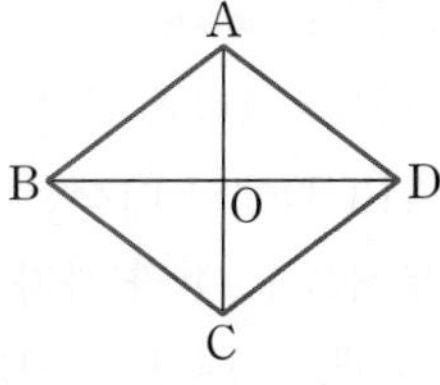
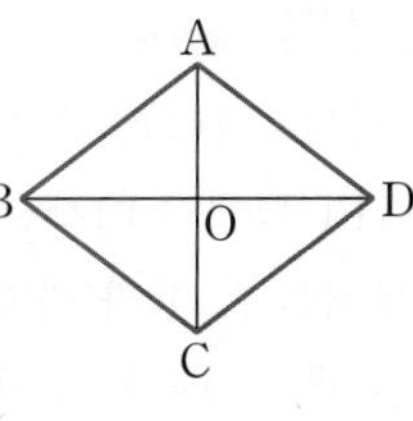

① $\overline{AC}\perp\overline{BD}$
② ∠BAO=∠BCO
③ $\overline{BO}=\overline{DO}$
④ $\overline{AC}=\overline{BD}$
⑤ △BCO≡△DCO

0300

오른쪽 그림과 같은 마름모 ABCD에서 점 O는 두 대각선의 교점이다. $\overline{AO}=6\text{ cm}$, $\overline{DO}=4\text{ cm}$일 때, □ABCD의 넓이를 구하시오.

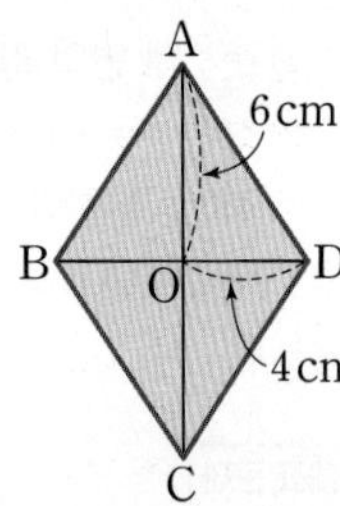

0301

오른쪽 그림과 같은 마름모 ABCD에서 점 O는 두 대각선의 교점이다. $\overline{AB}=16\text{ cm}$, $\angle OBC=30°$일 때, $x-y$의 값을 구하시오.

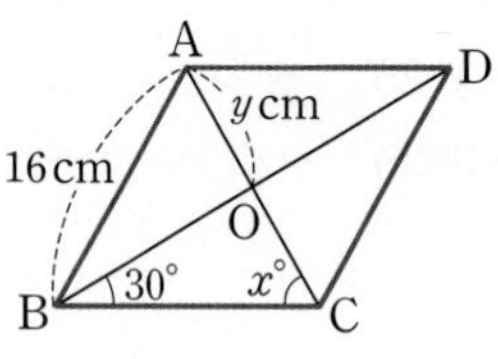

0302

오른쪽 그림과 같은 마름모 ABCD의 꼭짓점 A에서 $\overline{BC}$, $\overline{CD}$에 내린 수선의 발을 각각 E, F라 하자. $\angle B=62°$일 때, $\angle AFE$의 크기를 구하시오.

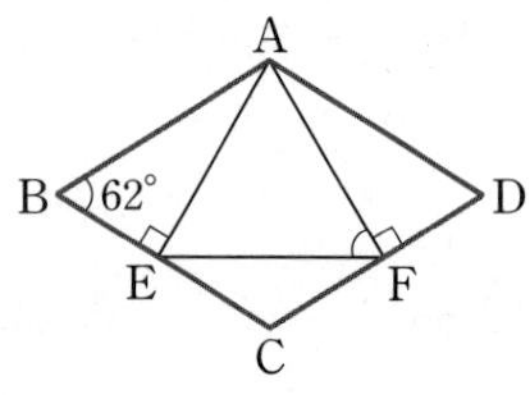

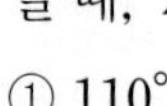
신유형

0303

오른쪽 그림과 같은 마름모 ABCD에서 대각선 BD의 삼등분점을 E, F라 하자. $\overline{AE}=\overline{BE}$일 때, $\angle BCD$의 크기는?

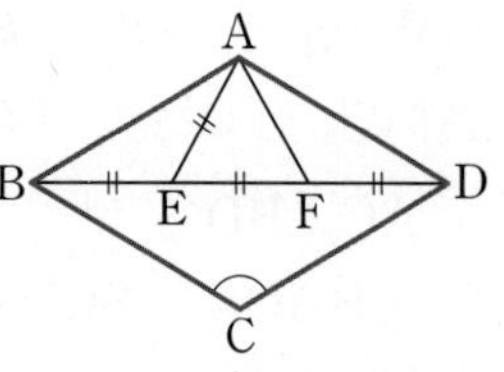

① 110° ② 115°
③ 120° ④ 125°
⑤ 130°

유형 04 평행사변형이 마름모가 되는 조건

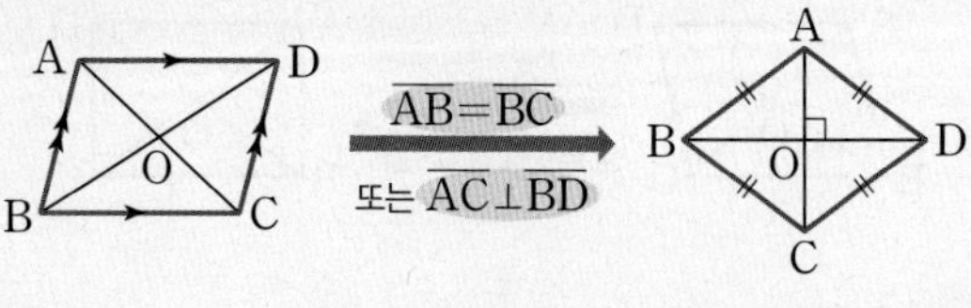

대표 문제

0304

오른쪽 그림과 같은 평행사변형 ABCD에서 점 O는 두 대각선의 교점일 때, 다음 중 □ABCD가 마름모가 되는 조건을 모두 고르면? (정답 2개)

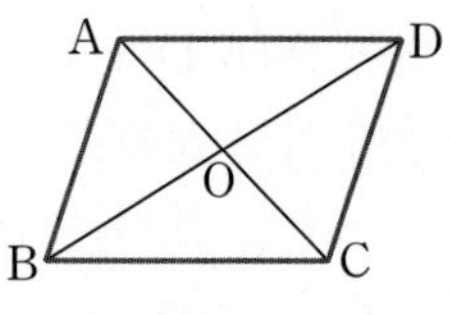

① $\overline{AC}=\overline{BD}$ ② $\angle BAD=\angle ABC$
③ $\overline{AB}=\overline{BC}$ ④ $\angle ADC=90°$
⑤ $\angle BOC=90°$

0305

오른쪽 그림과 같은 평행사변형 ABCD가 마름모가 되도록 하는 x, y에 대하여 $2x+y$의 값은?

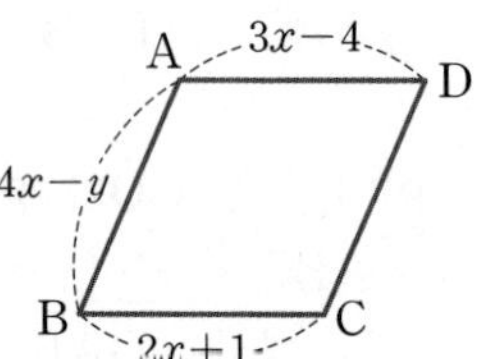

① 16 ② 17
③ 18 ④ 19
⑤ 20

0306

오른쪽 그림과 같은 평행사변형 ABCD에서 점 O는 두 대각선의 교점이다. $\overline{CD}=6\text{ cm}$, $\angle BAC=55°$, $\angle CDB=35°$일 때, $x+y$의 값을 구하시오.

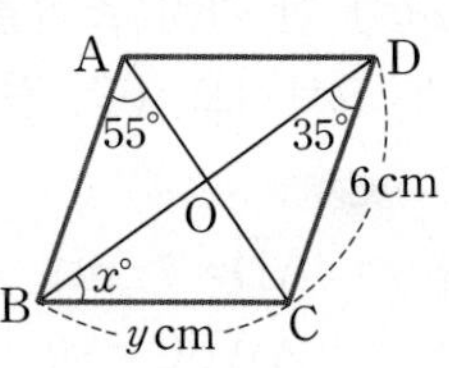

빈출 유형 05 **정사각형의 뜻과 성질**

(1) 뜻 : 네 내각의 크기가 모두 같고, 네 변의 길이가 모두 같은 사각형

(2) 성질 : 두 대각선은 길이가 같고, 서로 다른 것을 수직이등분한다.

⇨ △OAB, △OBC, △OCD, △ODA는 모두 합동인 직각이등변삼각형이다.

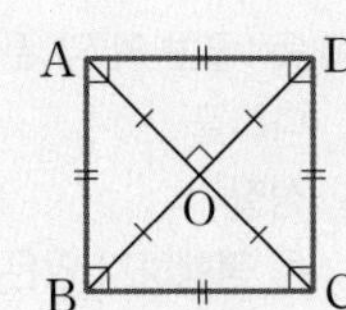

대표 문제

0307

오른쪽 그림과 같은 정사각형 ABCD에서 점 O는 두 대각선의 교점일 때, 다음 중 옳지 않은 것은?

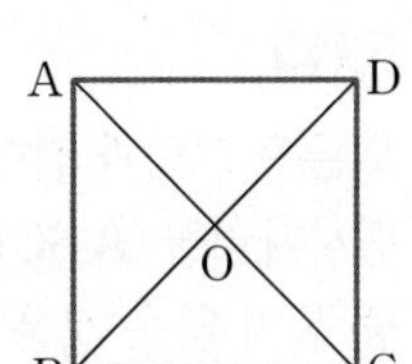

① $\overline{AB}=\overline{AD}$ ② $\overline{AO}=\overline{BO}$
③ $\angle ABO=45°$ ④ $\angle DOC=90°$
⑤ $\overline{BC}=\overline{CO}$

0308 ●●●●

오른쪽 그림과 같은 정사각형 ABCD에서 점 O는 두 대각선의 교점이다. $\overline{AC}=8\,cm$일 때, □ABCD의 넓이는?

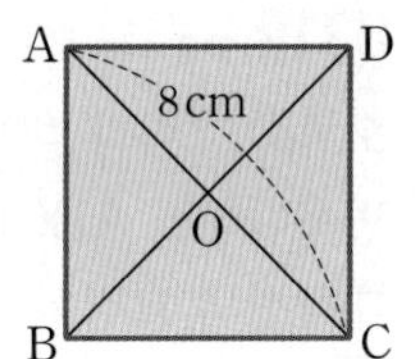

① $16\,cm^2$ ② $20\,cm^2$
③ $24\,cm^2$ ④ $32\,cm^2$
⑤ $64\,cm^2$

0309 ●●●●

오른쪽 그림과 같은 정사각형 ABCD의 대각선 AC 위에 한 점 E를 잡고 $\overline{BE}$, $\overline{DE}$를 그었다. $\angle ABE=16°$일 때, $\angle DEC$의 크기를 구하시오.

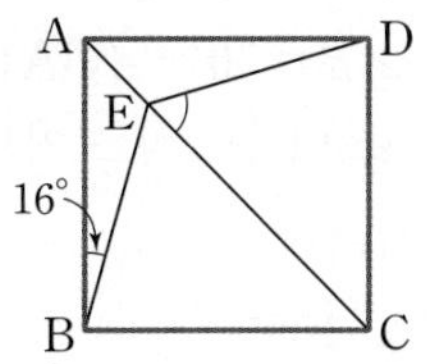

0310 ●●●●

오른쪽 그림과 같은 정사각형 ABCD에서 $\overline{BC}=\overline{CE}=\overline{EB}$일 때, $\angle x+\angle y$의 크기는?

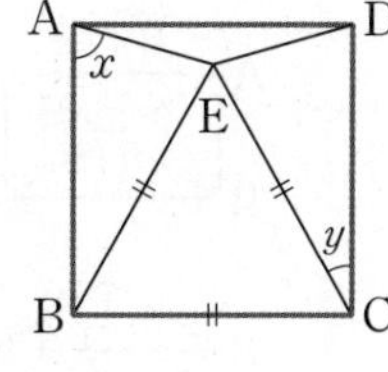

① 100° ② 105°
③ 110° ④ 115°
⑤ 120°

서술형

0311 ●●●●

오른쪽 그림에서 □ABCD는 정사각형이고 $\overline{BE}=\overline{CF}$, $\angle GEC=125°$일 때, $\angle x$의 크기를 구하시오.

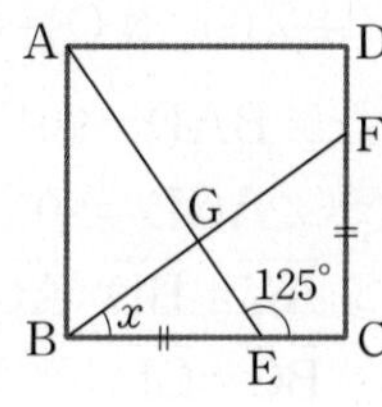

0312 ●●●●

오른쪽 그림과 같은 정사각형 ABCD에서 $\overline{DA}=\overline{DE}$이고 $\angle ECD=32°$일 때, $\angle EAD$의 크기는?

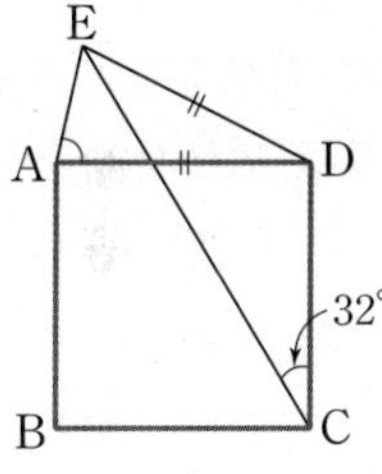

① 68° ② 70°
③ 72° ④ 75°
⑤ 77°

0313 ●●●●

오른쪽 그림은 한 변의 길이가 8 cm인 두 정사각형 ABCD와 OEFG를 겹쳐 놓은 것이다. 점 O가 □ABCD의 두 대각선의 교점일 때, □OPCQ의 넓이를 구하시오.

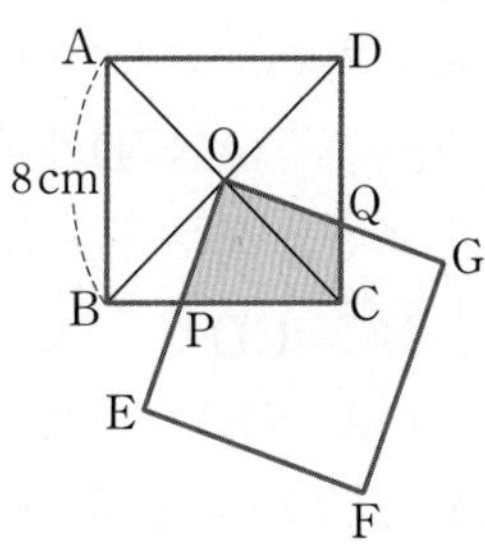

유형 06 정사각형이 되는 조건

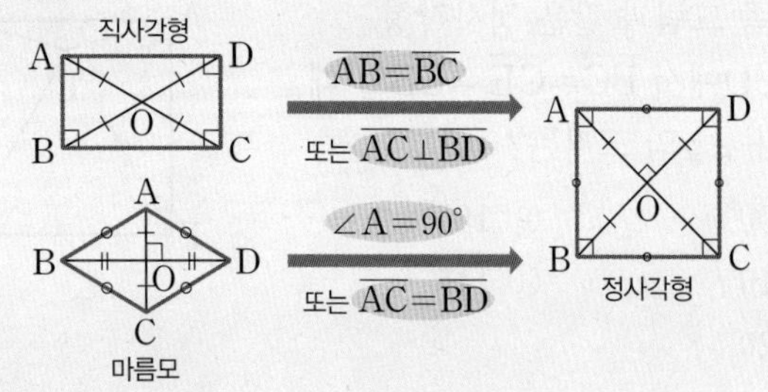

대표 문제

0314

다음 중 오른쪽 그림과 같은 평행사변형 ABCD가 정사각형이 되는 조건은? (단, 점 O는 두 대각선의 교점)

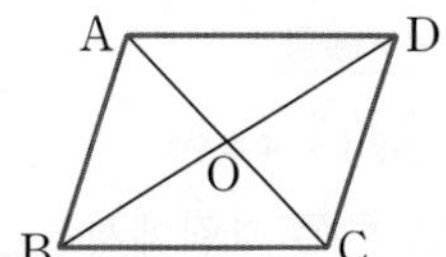

① $\angle BAD=90°$, $\overline{AC}=\overline{BD}$
② $\angle AOD=90°$, $\overline{AB}=\overline{AD}$
③ $\overline{AC}\perp\overline{BD}$, $\overline{AO}=\overline{BO}$
④ $\overline{BC}=\overline{CD}$, $\angle AOB=90°$
⑤ $\overline{AC}=\overline{BD}$, $\overline{AO}=\overline{BO}$

0315

오른쪽 그림과 같은 직사각형 ABCD가 정사각형이 되는 조건을 보기에서 모두 고르시오.
(단, 점 O는 두 대각선의 교점)

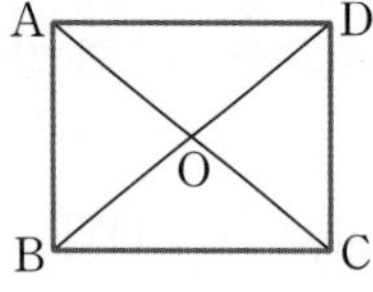

보기
ㄱ. $\overline{AC}=\overline{BD}$ ㄴ. $\overline{AB}=\overline{AD}$ ㄷ. $\overline{AC}\perp\overline{BD}$
ㄹ. $\overline{OA}=\overline{OD}$ ㅁ. $\angle BAO=45°$

0316

오른쪽 그림과 같은 마름모 ABCD에서 점 O는 두 대각선의 교점이다. 다음 중 □ABCD가 정사각형이 되는 조건을 모두 고르면? (정답 2개)

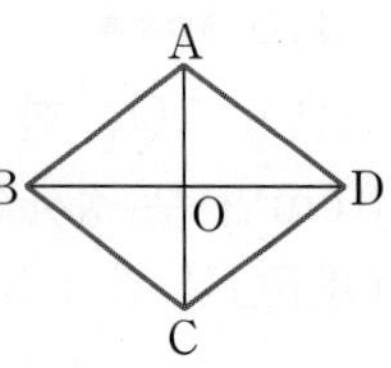

① $\overline{BC}=\overline{CD}$ ② $\overline{AC}\perp\overline{BD}$
③ $\overline{OA}=\overline{OD}$ ④ $\angle ABC=\angle BCD$
⑤ $\angle CBO=\angle CDO$

빈출

유형 07 등변사다리꼴의 뜻과 성질

(1) 뜻 : 밑변의 양 끝 각의 크기가 같은 사다리꼴
(2) 성질
① 평행하지 않은 한 쌍의 대변의 길이가 같다. ⇨ $\overline{AB}=\overline{DC}$
② 두 대각선의 길이가 같다. ⇨ $\overline{AC}=\overline{DB}$
참고 $\overline{OB}=\overline{OC}$, $\angle OBC=\angle OCB$

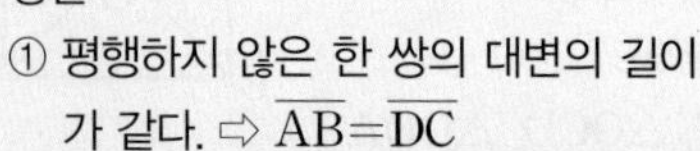

대표 문제

0317

오른쪽 그림과 같이 $\overline{AD}/\!/\overline{BC}$인 등변사다리꼴 ABCD에 대하여 다음 중 옳지 않은 것은?
(단, 점 O는 두 대각선의 교점)

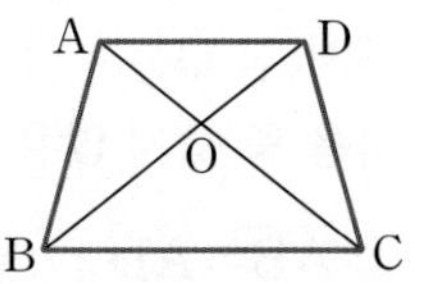

① $\angle OBC=\angle OCB$ ② $\overline{AO}=\overline{DO}$
③ $\angle BAD=\angle CDA$ ④ $\overline{AC}\perp\overline{BD}$
⑤ $\overline{AC}=\overline{DB}$

0318

오른쪽 그림과 같이 $\overline{AD}/\!/\overline{BC}$인 등변사다리꼴 ABCD에서 점 O는 두 대각선의 교점이다. $\overline{AO}=4$ cm, $\overline{BO}=6$ cm일 때, $\overline{AC}$의 길이를 구하시오.

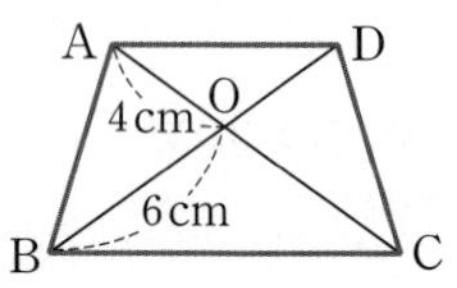

0319

오른쪽 그림과 같이 $\overline{AD}/\!/\overline{BC}$인 등변사다리꼴 ABCD에서 $\angle B=70°$, $\angle CAD=40°$일 때, $\angle x+\angle y$의 크기는?

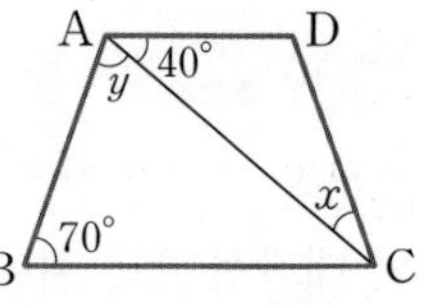

① 70° ② 80° ③ 90°
④ 100° ⑤ 110°

0320

다음은 등변사다리꼴에서 평행하지 않은 한 쌍의 대변의 길이가 같음을 설명하는 과정이다. (가)~(라)에 알맞은 것을 구하시오.

$\overline{AD} /\!/ \overline{BC}$인 등변사다리꼴 ABCD의 점 A를 지나고 $\overline{DC}$에 평행한 직선을 그어 $\overline{BC}$와 만나는 점을 E라 하면 □AECD는 평행사변형이므로

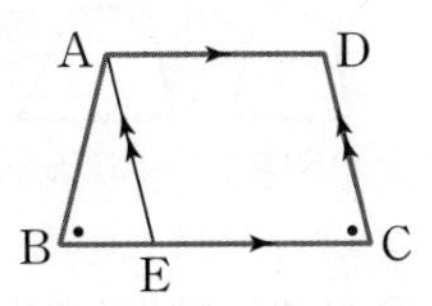

$\overline{AE}$= (가) …… ㉠

∠C= (나) (동위각), ∠B=∠C이므로 ∠B= (나)

따라서 △ABE는 이등변삼각형이므로

$\overline{AB}$= (다) …… ㉡

㉠, ㉡에서 (라) $=\overline{DC}$

따라서 등변사다리꼴에서 평행하지 않은 한 쌍의 대변의 길이는 같다.

0321

오른쪽 그림과 같이 $\overline{AD} /\!/ \overline{BC}$인 등변사다리꼴 ABCD에서 $\overline{AE} /\!/ \overline{DB}$가 되도록 $\overline{BC}$의 연장선 위에 점 E를 잡았다. ∠ACE=50°일 때, ∠x의 크기를 구하시오.

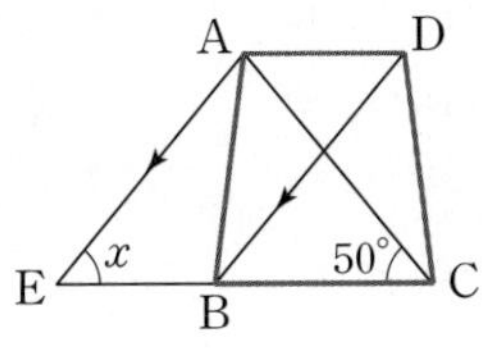

신유형

0322

오른쪽 그림과 같이 $\overline{AD} /\!/ \overline{BC}$인 등변사다리꼴 ABCD에서 두 대각선의 교점 O를 지나고 $\overline{CD}$에 수직인 직선이 $\overline{AB}$, $\overline{CD}$와 만나는 점을 각각 E, H라 하자. $\overline{AC} \perp \overline{BD}$이고 ∠ABC=68°일 때, ∠COH의 크기는?

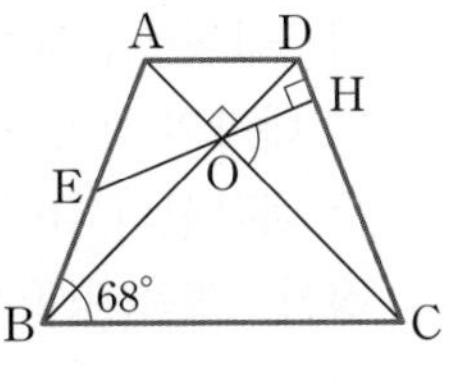

① 62° ② 65° ③ 67°
④ 70° ⑤ 72°

유형 08 등변사다리꼴의 성질의 응용

$\overline{AD} /\!/ \overline{BC}$인 등변사다리꼴 ABCD에서

(1)

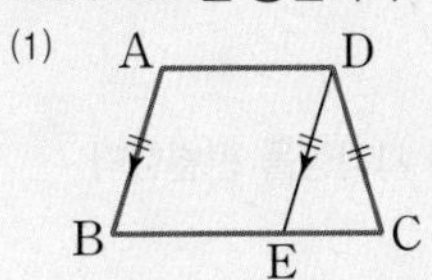

⇨ □ABED는 평행사변형
△DEC는 이등변삼각형

(2)

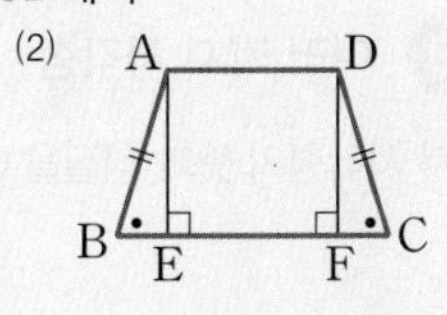

⇨ △ABE≡△DCF (RHA 합동)

대표 문제

0323

오른쪽 그림과 같이 $\overline{AD} /\!/ \overline{BC}$인 등변사다리꼴 ABCD에서 $\overline{AB}$=8 cm, $\overline{AD}$=6 cm, ∠A=120°일 때, $\overline{BC}$의 길이는?

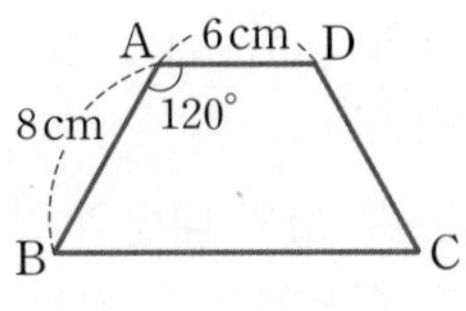

① 10 cm ② 11 cm ③ 12 cm
④ 13 cm ⑤ 14 cm

0324

오른쪽 그림과 같이 $\overline{AD} /\!/ \overline{BC}$인 등변사다리꼴 ABCD의 점 D에서 $\overline{BC}$에 내린 수선의 발을 E라 하자. $\overline{AD}$=9 cm, $\overline{EC}$=4 cm일 때, $\overline{BC}$의 길이를 구하시오.

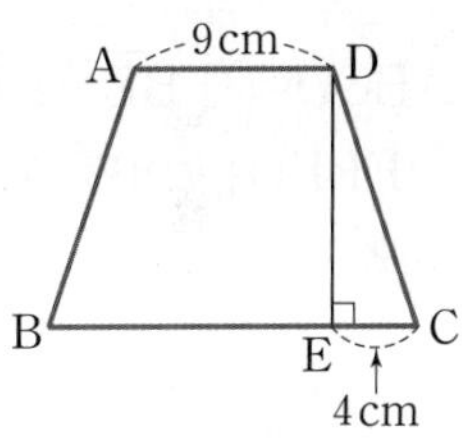

서술형

0325

오른쪽 그림과 같이 $\overline{AD} /\!/ \overline{BC}$인 등변사다리꼴 ABCD에서 $\overline{AB}=\overline{AD}$=8 cm이고, ∠B=60°일 때, □ABCD의 둘레의 길이를 구하시오.

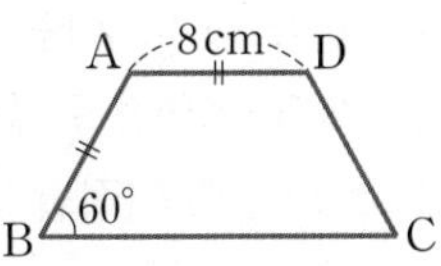

04 여러 가지 사각형
Theme 07 08

Theme 08 여러 가지 사각형 사이의 관계

워크북 50쪽

유형 09 여러 가지 사각형

여러 가지 사각형의 뜻과 성질을 이용하여 사각형을 판별한다.

대표 문제

0326

오른쪽 그림과 같이 평행사변형 ABCD의 네 내각의 이등분선에 의해 만들어진 □EFGH에 대한 다음 설명 중 옳지 않은 것은?

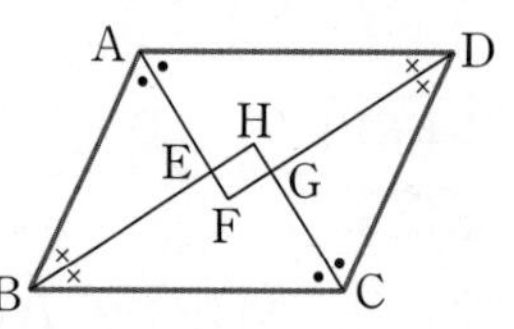

① 두 쌍의 대변의 길이가 각각 같다.
② 이웃하는 두 각의 크기가 같다.
③ 두 대각선의 길이가 같다.
④ 두 대각선이 서로 다른 것을 이등분한다.
⑤ 두 대각선이 수직으로 만난다.

서술형

0327 ●●●●

오른쪽 그림과 같은 직사각형 ABCD에서 $\overline{BE}=\overline{DF}$일 때, □EBFD는 어떤 사각형인지 구하시오.

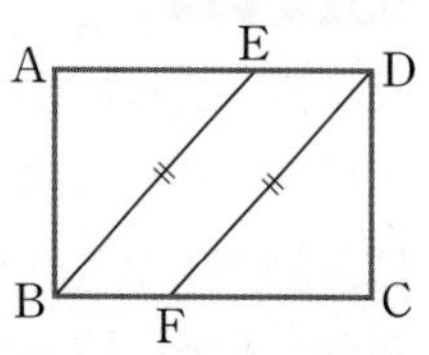

신유형

0328 ●●●●

오른쪽 그림과 같은 평행사변형 ABCD에서 ∠A, ∠B의 이등분선이 $\overline{BC}$, $\overline{AD}$와 만나는 점을 각각 E, F라 하자. 다음 중 □ABEF에 대한 설명으로 옳지 않은 것을 모두 고르면? (정답 2개)

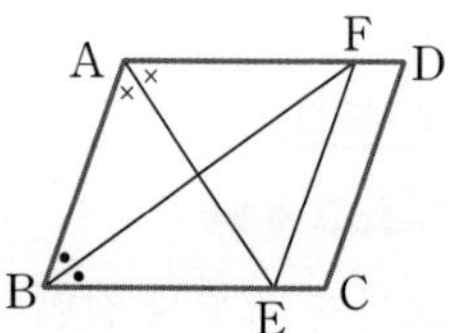

① $\overline{AB}=\overline{AF}$　② $\overline{AB}=\overline{FE}$　③ $\angle BAF=90°$
④ $\overline{AE}=\overline{BF}$　⑤ $\overline{AE}\perp\overline{BF}$

유형 10 여러 가지 사각형 사이의 관계

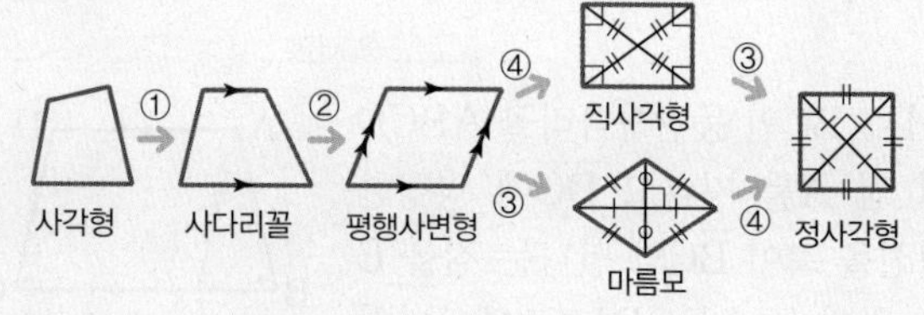

① 한 쌍의 대변이 평행하다.
② 다른 한 쌍의 대변이 평행하다.
③ 이웃하는 두 변의 길이가 같거나 두 대각선이 수직으로 만난다.
④ 한 내각이 직각이거나 두 대각선의 길이가 같다.

대표 문제

0329

다음 보기에서 옳은 것을 모두 고른 것은?

보기

ㄱ. $\angle A=90°$인 평행사변형 ABCD는 직사각형이다.
ㄴ. $\overline{AB}=\overline{AD}$인 평행사변형 ABCD는 직사각형이다.
ㄷ. $\overline{AC}\perp\overline{BD}$인 평행사변형 ABCD는 정사각형이다.
ㄹ. $\overline{AB}=\overline{BC}$인 직사각형 ABCD는 정사각형이다.
ㅁ. $\overline{AC}=\overline{BD}$인 사각형 ABCD는 직사각형이다.

① ㄱ, ㄷ　② ㄱ, ㄹ　③ ㄴ, ㅁ
④ ㄷ, ㄹ　⑤ ㄹ, ㅁ

0330 ●●●●

다음 사각형에 대한 설명 중 옳지 않은 것은?

① 두 대각선이 수직으로 만나는 직사각형은 정사각형이다.
② 직사각형이면서 마름모인 것은 정사각형이다.
③ 한 내각의 크기가 90°인 사각형은 직사각형이다.
④ 두 대각선의 길이가 같은 마름모는 정사각형이다.
⑤ 정사각형은 평행사변형이다.

유형 11 여러 가지 사각형의 대각선의 성질

(1) 평행사변형 : 두 대각선은 서로 다른 것을 이등분한다.
(2) 직사각형 : 두 대각선은 길이가 같고, 서로 다른 것을 이등분한다.
(3) 마름모 : 두 대각선은 서로 다른 것을 수직이등분한다.
(4) 정사각형 : 두 대각선은 길이가 같고, 서로 다른 것을 수직이등분한다.
(5) 등변사다리꼴 : 두 대각선은 길이가 같다.

대표 문제

0331

다음 보기에서 두 대각선의 길이가 같은 사각형을 모두 고른 것은?

보기

ㄱ. 평행사변형 ㄴ. 직사각형 ㄷ. 마름모
ㄹ. 정사각형 ㅁ. 등변사다리꼴 ㅂ. 사다리꼴

① ㄱ, ㄷ ② ㄴ, ㄹ ③ ㄴ, ㅂ
④ ㄴ, ㄷ, ㄹ ⑤ ㄴ, ㄹ, ㅁ

0332

다음 중 두 대각선이 서로 다른 것을 수직이등분하는 사각형을 모두 고르면? (정답 2개)

① 평행사변형 ② 직사각형 ③ 마름모
④ 정사각형 ⑤ 등변사다리꼴

0333

다음 여러 가지 사각형의 대각선에 대한 설명 중 옳지 않은 것은?

① 직사각형의 두 대각선의 길이는 같다.
② 등변사다리꼴의 두 대각선의 길이는 같다.
③ 정사각형의 두 대각선은 길이가 같고, 서로 수직으로 만난다.
④ 평행사변형의 두 대각선은 서로 다른 것을 이등분한다.
⑤ 마름모의 두 대각선은 길이가 같고, 서로 다른 것을 수직이등분한다.

빈출

유형 12 사각형의 각 변의 중점을 연결하여 만든 사각형

사각형의 각 변의 중점을 연결하여 만든 사각형은 다음과 같다.
(1) 사각형, 평행사변형 ⇨ 평행사변형
(2) 직사각형, 등변사다리꼴 ⇨ 마름모
(3) 마름모 ⇨ 직사각형
(4) 정사각형 ⇨ 정사각형

대표 문제

0334

오른쪽 그림과 같이 마름모 ABCD의 각 변의 중점을 E, F, G, H라 할 때, 다음 중 □EFGH에 대한 설명으로 옳은 것을 모두 고르면? (정답 2개)

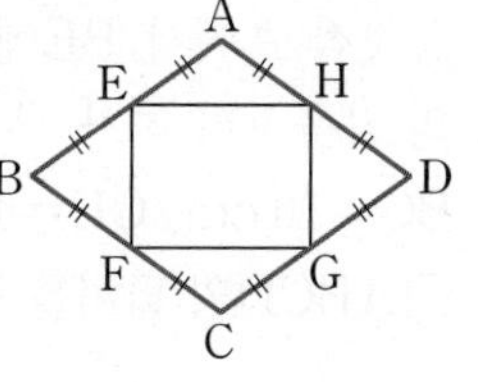

① 네 변의 길이가 같다.
② 두 대각선의 길이가 같다.
③ 네 각의 크기가 모두 같다.
④ 이웃하는 두 변의 길이가 같다.
⑤ 두 대각선이 서로 수직으로 만난다.

0335

다음 중 사각형과 그 사각형의 각 변의 중점을 연결하여 만든 사각형을 짝 지은 것으로 옳지 않은 것은?

① 사각형 – 평행사변형
② 평행사변형 – 평행사변형
③ 직사각형 – 마름모
④ 마름모 – 정사각형
⑤ 등변사다리꼴 – 마름모

0336

오른쪽 그림과 같이 $\overline{AD} /\!/ \overline{BC}$인 등변사다리꼴 ABCD의 각 변의 중점을 E, F, G, H라 하자. $\overline{EB}=5\text{ cm}$, $\overline{BF}=6\text{ cm}$, $\overline{EF}=7\text{ cm}$일 때, □EFGH의 둘레의 길이를 구하시오.

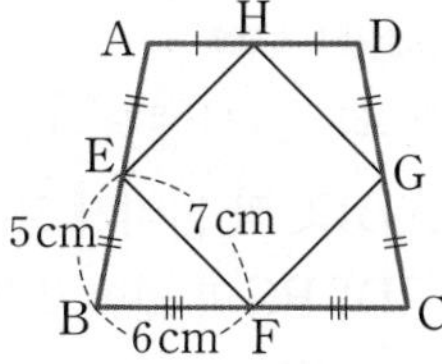

유형 13 평행선과 삼각형의 넓이

$l /\!/ m$일 때, $\overline{BC}$가 공통이고 높이가 h로 같으므로 두 삼각형의 넓이는 같다.

⇨ $\triangle ABC = \triangle DBC = \frac{1}{2} \times \overline{BC} \times h$

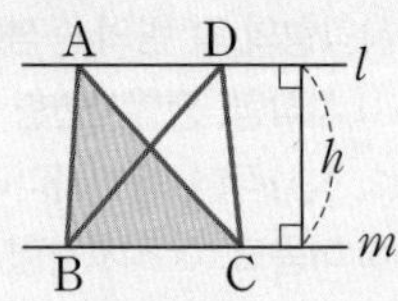

대표 문제

0337

오른쪽 그림에서 $\overline{AC} /\!/ \overline{DE}$이고 꼭짓점 A에서 $\overline{BE}$에 내린 수선의 발을 F라 하자. $\overline{AF}=7$ cm, $\overline{BC}=10$ cm, $\overline{CE}=4$ cm일 때, □ABCD의 넓이를 구하시오.

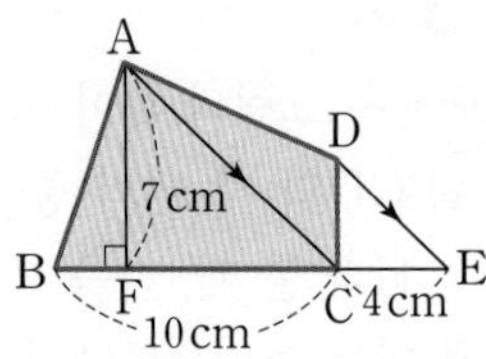

0338 ●●○○

오른쪽 그림에서 $\overline{AE} /\!/ \overline{DB}$이고, $\overline{BC}=\overline{BE}=8$ cm, $\overline{CD}=6$ cm, $\angle C=90°$일 때, □ABCD의 넓이를 구하시오.

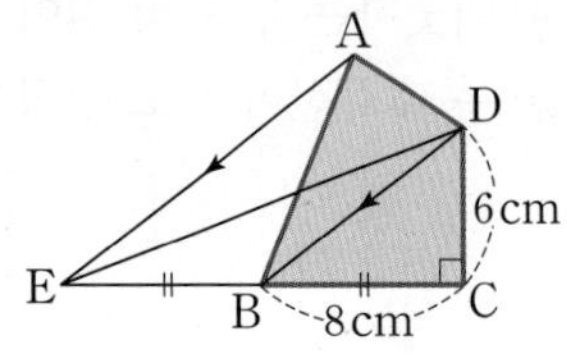

0339 ●●●○

오른쪽 그림에서 $\overline{AC} /\!/ \overline{DE}$일 때, 다음 중 옳지 않은 것은?

① △ACD=△ACE
② △AED=△DCE
③ △AFD=△FCE
④ □ABCD=△ABE
⑤ △ABC=□ACED

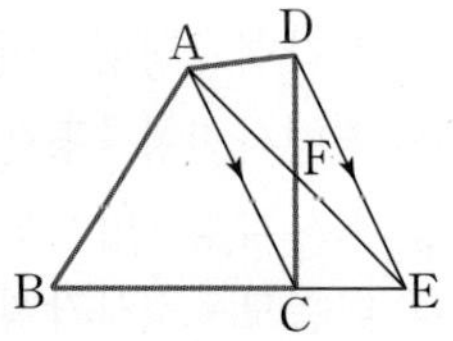

0340 ●●●○

오른쪽 그림에서 $\overline{AE} /\!/ \overline{DB}$이고 △DEC의 넓이가 53 cm^2, □DFBC의 넓이가 38 cm^2일 때, △AFD의 넓이를 구하시오.

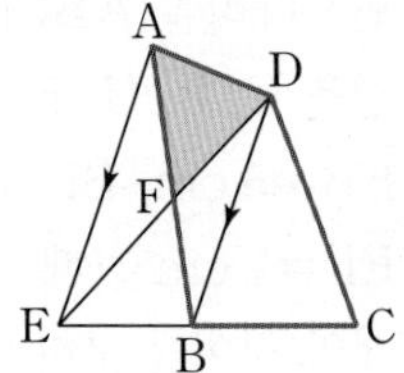

유형 14 높이가 같은 두 삼각형의 넓이

높이가 같은 두 삼각형의 넓이의 비는 밑변의 길이의 비와 같다.

⇨ $\overline{BD} : \overline{DC} = m : n$이면

$\triangle ABD : \triangle ADC = m : n$

참고 $\overline{BD}=\overline{DC}$이면 △ABD=△ADC

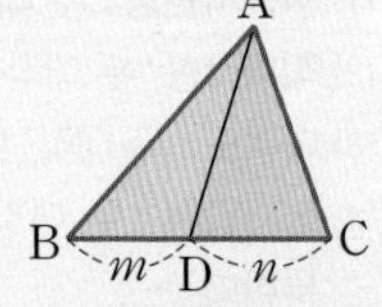

대표 문제

0341

오른쪽 그림과 같은 △ABC에서 점 M은 $\overline{BC}$의 중점이고 $\overline{AD} : \overline{DC}=1 : 2$이다. △ABC의 넓이가 36 cm^2일 때, △DMC의 넓이를 구하시오.

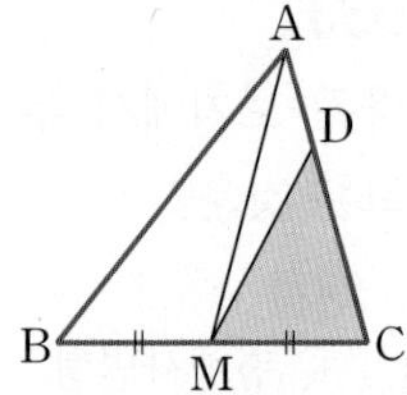

0342 ●●●○

오른쪽 그림에서 $\overline{BD} : \overline{DC}=2 : 1$, $\overline{AE} : \overline{ED}=1 : 3$이다. △ABE의 넓이가 4 cm^2일 때, △ABC의 넓이는?

① 16 cm^2 ② 18 cm^2
③ 20 cm^2 ④ 22 cm^2
⑤ 24 cm^2

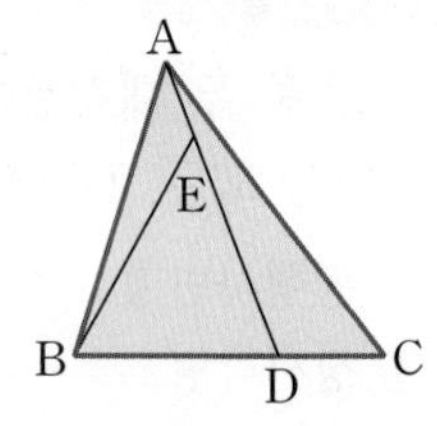

서술형

0343 ●●●○

오른쪽 그림에서 $\overline{BD} : \overline{DC}=4 : 5$, $\overline{AE} : \overline{EC}=3 : 2$이다. △ABC의 넓이가 27 cm^2일 때, △ADE의 넓이를 구하시오.

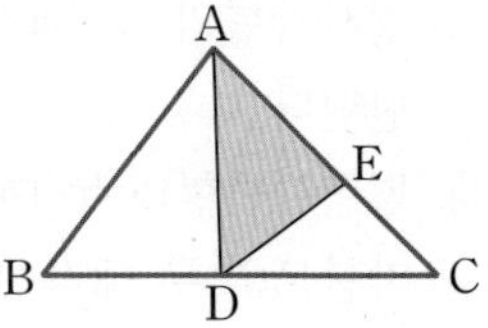

유형 15 평행사변형에서 높이가 같은 두 삼각형의 넓이

평행사변형 ABCD에서
$\triangle DAB=\triangle ABC=\triangle EBC=\triangle DBC$
$=\triangle ACD=\frac{1}{2}\square ABCD$

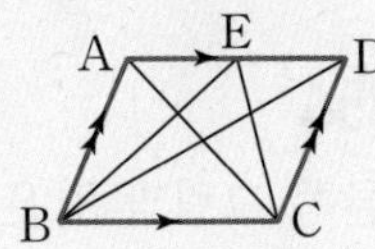

대표 문제

0344

오른쪽 그림과 같은 평행사변형 ABCD에서 $\overline{EF} /\!/ \overline{BD}$일 때, 다음 삼각형 중 넓이가 나머지 넷과 다른 하나는?

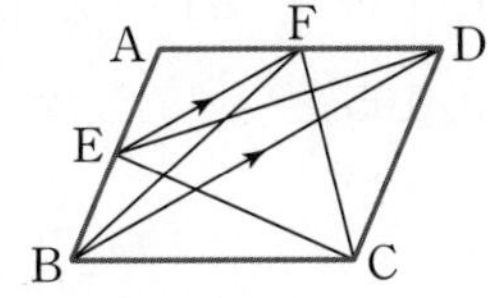

① △EBD ② △FBD ③ △FED
④ △FCD ⑤ △EBC

0345

오른쪽 그림과 같은 평행사변형 ABCD에서 $\overline{AE}:\overline{ED}=4:3$이고 □ABCD의 넓이가 $28\,cm^2$일 때, △EBD의 넓이를 구하시오.

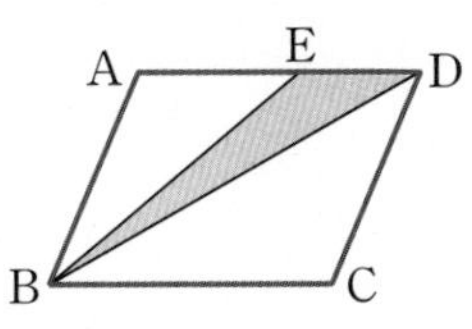

0346

오른쪽 그림과 같은 평행사변형 ABCD에서 $\overline{AC} /\!/ \overline{EF}$이고 □ABCD의 넓이가 $60\,cm^2$, △EBC의 넓이가 $10\,cm^2$일 때, △DFC의 넓이를 구하시오.

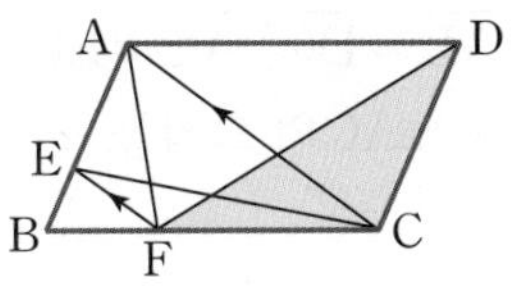

신유형

0347

오른쪽 그림과 같은 평행사변형 ABCD에서 △ABF, △BCE의 넓이가 각각 $16\,cm^2$, $13\,cm^2$일 때, △DFE의 넓이를 구하시오.

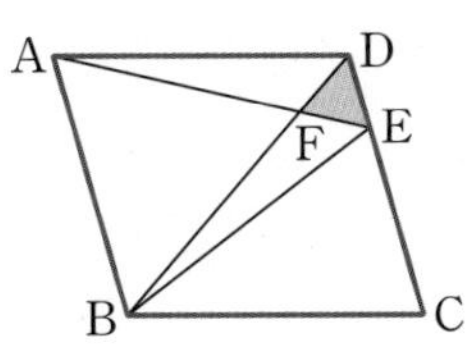

유형 16 사다리꼴에서 높이가 같은 두 삼각형의 넓이

$\overline{AD} /\!/ \overline{BC}$인 사다리꼴 ABCD에서
(1) $\triangle OAB=\triangle ODC$
(2) $\triangle OAB:\triangle OBC=\triangle ODA:\triangle OCD$
$=\overline{AO}:\overline{OC}$

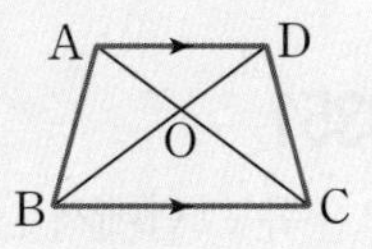

대표 문제

0348

오른쪽 그림과 같이 $\overline{AD} /\!/ \overline{BC}$인 사다리꼴 ABCD에서 점 O는 두 대각선의 교점이다. $\overline{OC}=2\overline{OA}$이고 △OCD의 넓이가 $10\,cm^2$일 때, △ABC의 넓이는?

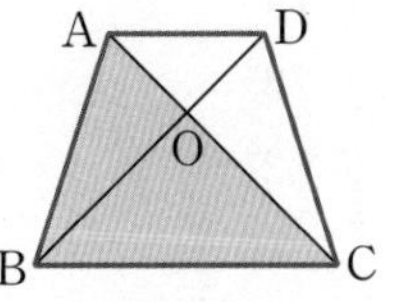

① $25\,cm^2$ ② $30\,cm^2$ ③ $35\,cm^2$
④ $40\,cm^2$ ⑤ $45\,cm^2$

0349

오른쪽 그림과 같이 $\overline{AD} /\!/ \overline{BC}$인 사다리꼴 ABCD에서 점 O는 두 대각선의 교점이다. △OAB, △OBC의 넓이가 각각 $6\,cm^2$, $9\,cm^2$일 때, △AOD의 넓이를 구하시오.

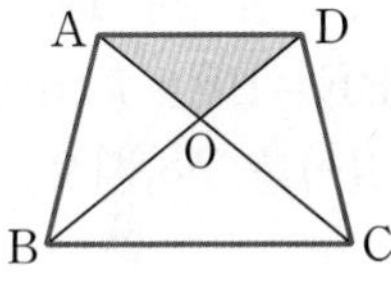

0350

오른쪽 그림과 같이 $\overline{AD} /\!/ \overline{BC}$인 사다리꼴 ABCD에서 점 O는 두 대각선의 교점이다. △AOD의 넓이가 $3\,cm^2$이고, $\overline{BO}:\overline{OD}=2:1$일 때, □ABCD의 넓이를 구하시오.

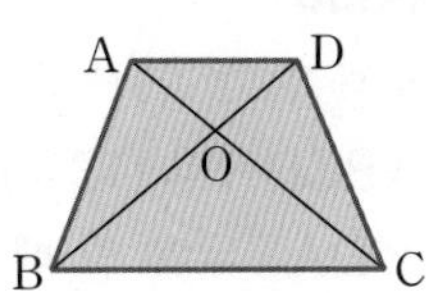

0351 유형 03

오른쪽 그림에서 □ABCD는 마름모이고 △APD는 정삼각형이다. ∠PCD=82°일 때, ∠B의 크기는?

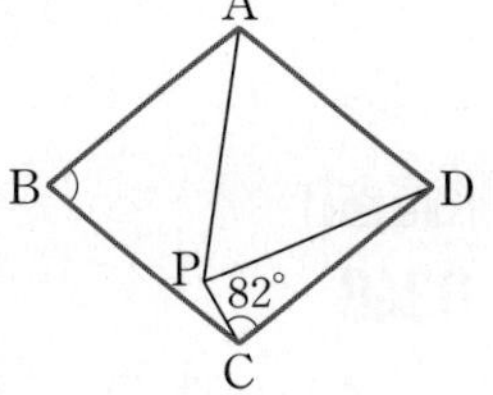

① 74°　② 76°　③ 78°　④ 80°　⑤ 82°

0352 유형 03

오른쪽 그림과 같은 마름모 ABCD에서 점 O는 두 대각선의 교점이다. $\overline{BC}$=12 cm, $\overline{BE}$=$\overline{BF}$=7 cm일 때, $\overline{BD}$의 길이를 구하시오.

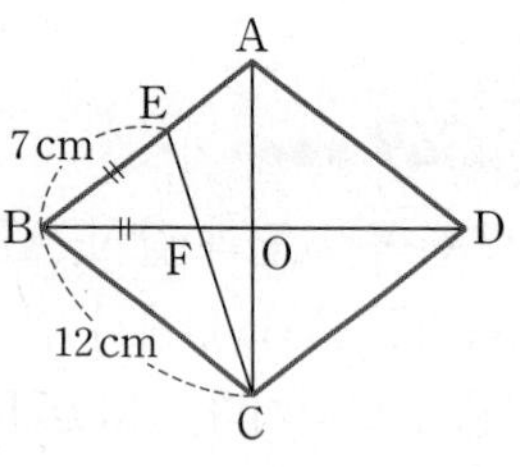

0353 유형 05

오른쪽 그림과 같은 정사각형 ABCD에서 $\overline{DC}$=$\overline{DE}$, ∠DAF=26°일 때, ∠CEF의 크기를 구하시오.

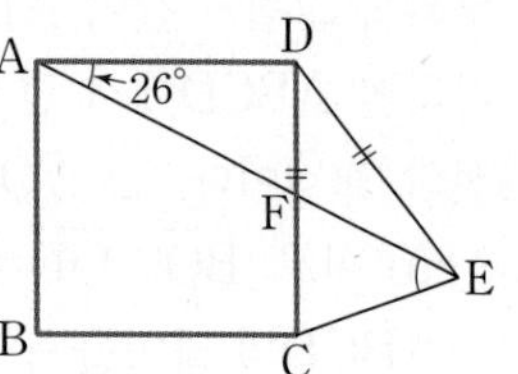

0354 유형 05

오른쪽 그림과 같은 정사각형 ABCD의 대각선 BD 위에 점 E를 잡고 $\overline{AE}$의 연장선과 $\overline{BC}$의 연장선의 교점을 F라 하자. ∠F=20°일 때, ∠x+∠y의 크기는?

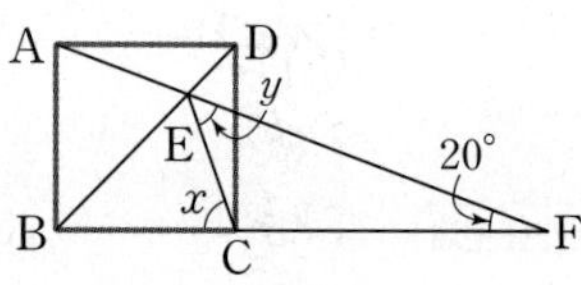

① 105°　② 110°　③ 115°　④ 120°　⑤ 125°

0355 유형 07

오른쪽 그림과 같이 $\overline{AD}$ // $\overline{BC}$인 등변사다리꼴 ABCD에서 $\overline{AD}$=$\overline{DC}$, $\overline{AC}$=$\overline{BC}$일 때, ∠DAC의 크기를 구하시오.

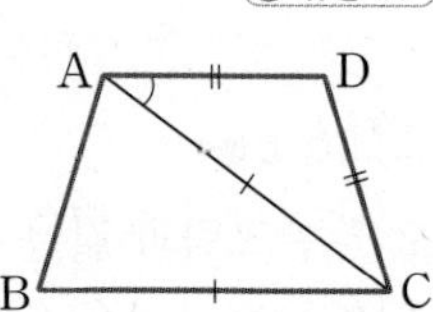

0356

유형 09

오른쪽 그림과 같이 $\overline{BC}=8\text{ cm}$, $\overline{CD}=4\text{ cm}$인 직사각형 ABCD에서 $\overline{AD}$, $\overline{BC}$의 중점을 각각 E, F라 하고, $\overline{AF}$와 $\overline{BE}$의 교점을 G, $\overline{EC}$와 $\overline{DF}$의 교점을 H라 하자. 이때 □EGFH의 넓이를 구하시오.

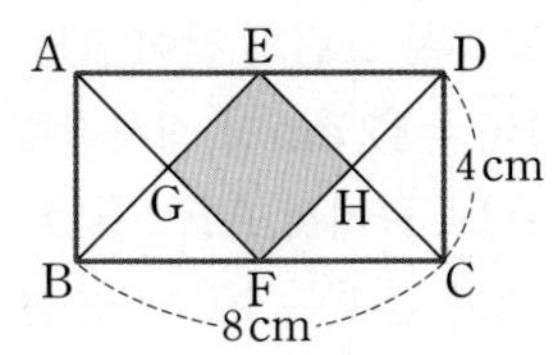

0357

유형 13

오른쪽 그림과 같이 반지름의 길이가 8 cm인 원 O에서 $\overline{CD}$는 지름이고 $\overline{AB}$ // $\overline{CD}$이다. $\widehat{AB}$의 길이가 원 O의 둘레의 길이의 $\frac{1}{8}$일 때, 색칠한 부분의 넓이는?

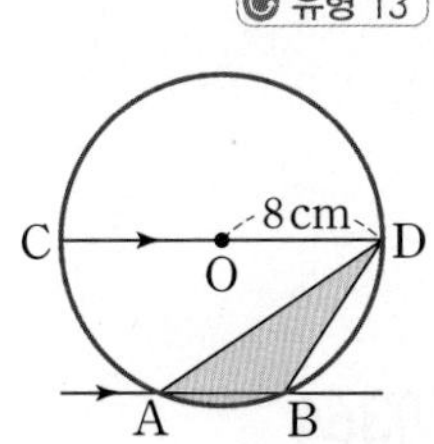

① $4\pi\text{ cm}^2$ ② $6\pi\text{ cm}^2$ ③ $8\pi\text{ cm}^2$
④ $10\pi\text{ cm}^2$ ⑤ $12\pi\text{ cm}^2$

0358

유형 15

오른쪽 그림과 같은 평행사변형 ABCD의 넓이는 150 cm^2이고, $\overline{AE}:\overline{EB}=1:2$, $\overline{BF}:\overline{FC}=2:3$일 때, △EBF의 넓이를 구하시오.

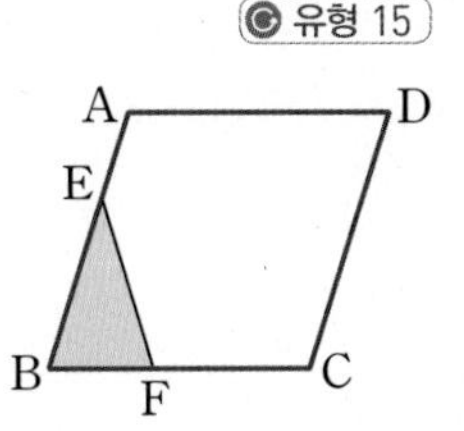

0359

유형 15

오른쪽 그림과 같은 평행사변형 ABCD에서 $\overline{AP}:\overline{PD}=3:5$이고 $\overline{AC}$ // $\overline{PQ}$이다. □ABCD의 넓이가 80 cm^2일 때, △BCQ의 넓이를 구하시오.

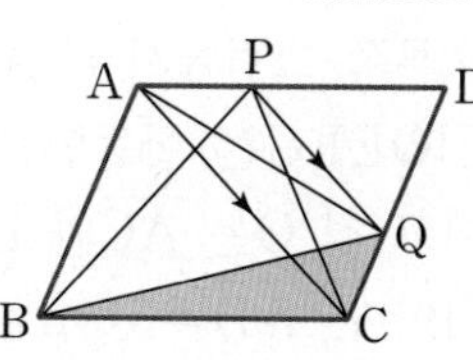

0360

유형 16

오른쪽 그림과 같이 $\overline{AD}$ // $\overline{BC}$인 사다리꼴 ABCD에서 점 O는 두 대각선의 교점이다. △OAB, △OBC의 넓이가 각각 10 cm^2, 20 cm^2일 때, □ABCD의 넓이를 구하시오.

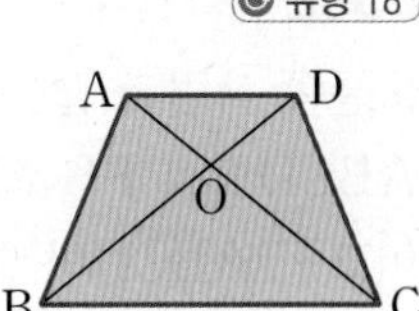

0361 유형 05

오른쪽 그림에서 □ABCD와 □OEFG는 합동인 정사각형이고 점 O는 $\overline{AC}$와 $\overline{BD}$의 교점이다. $\overline{AB}=6\,cm$일 때, 색칠한 부분의 넓이를 구하시오.

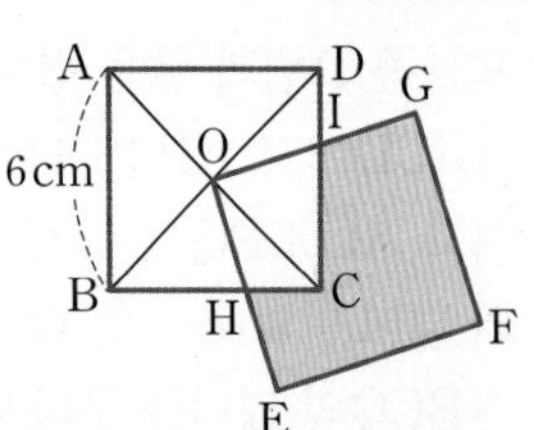

0363 유형 14

오른쪽 그림과 같이 $\overline{AB}=8\,cm$, $\overline{BC}=12\,cm$인 직사각형 ABCD에서 $\overline{AE}:\overline{ED}=1:2$이고 점 F는 $\overline{EC}$의 중점이다. $\overline{GF}$가 □ABCE의 넓이를 이등분하도록 $\overline{AB}$ 위에 점 G를 잡을 때, $\overline{GB}$의 길이는?

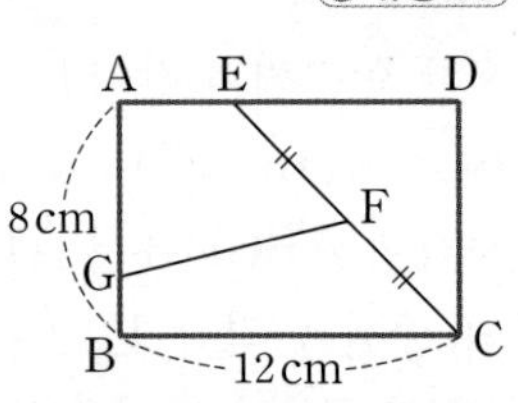

① 1 cm ② $\frac{5}{4}$ cm ③ $\frac{3}{2}$ cm

④ $\frac{7}{4}$ cm ⑤ 2 cm

0362 유형 13

오른쪽 그림과 같은 직사각형 ABCD에서 $\overline{FB}$ // $\overline{EG}$, $\overline{EH}$ // $\overline{IC}$이고 □ABCD의 넓이가 $100\,cm^2$일 때, 오각형 EFGHI의 넓이를 구하시오.

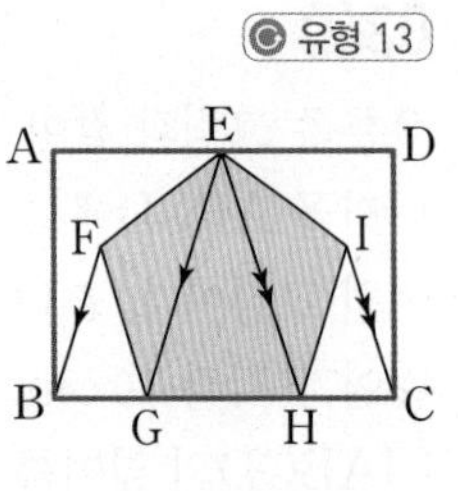

0364 유형 15

다음 그림과 같은 평행사변형 ABCD에서 ∠B의 이등분선과 $\overline{AD}$의 교점을 E라 하자. $\overline{AB}=6\,cm$, $\overline{BC}=10\,cm$, $\overline{CA}=8\,cm$이고 ∠BAC$=90°$일 때, △ABE의 넓이를 구하시오.

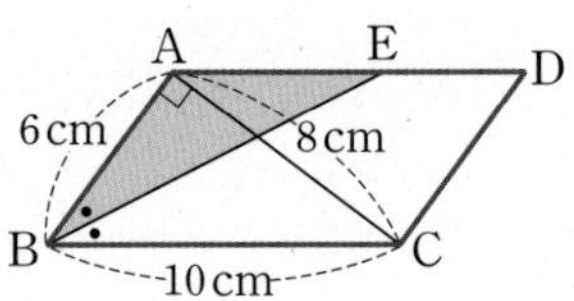

0365

유형 03

오른쪽 그림과 같이 마름모 모양의 종이 ABCD를 $\overline{EF}$를 접는 선으로 하여 접었다. $\angle B=32°$, $\angle DEF=120°$일 때, $\angle AFD$의 크기를 구하시오.

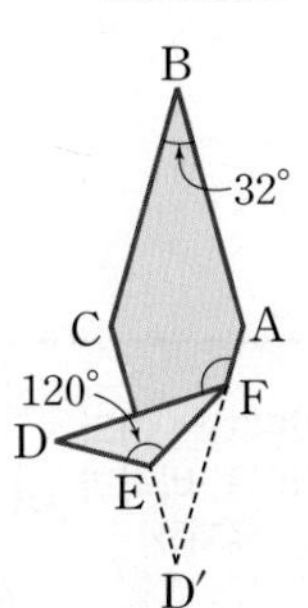

0366

유형 05

오른쪽 그림과 같은 정사각형 ABCD에서 $\overline{BC}$의 연장선 위에 $\overline{BC}=\overline{CE}$가 되도록 점 E를 잡았다. $\overline{AD}=x$, $\overline{AO}=\frac{y}{2}$일 때, △DBE의 둘레의 길이를 x, y에 대한 식으로 나타내시오. (단, 점 O는 두 대각선의 교점)

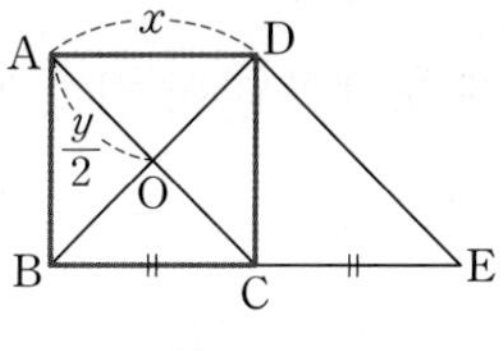

0367

유형 11

다음 중 (1)~(5)에 알맞은 사각형을 보기에서 찾아 짝 지으시오.

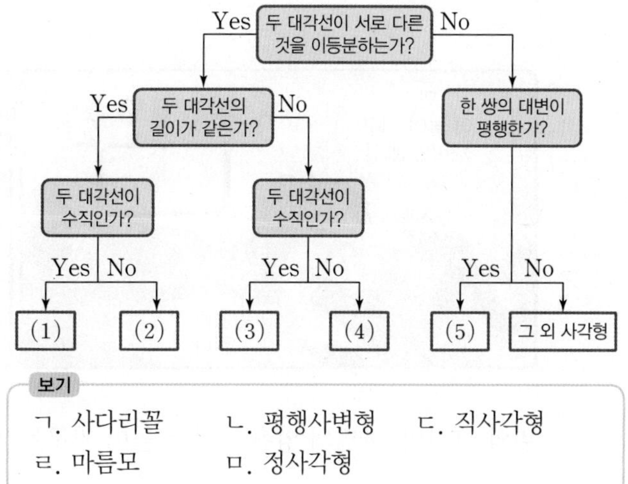

보기

ㄱ. 사다리꼴 ㄴ. 평행사변형 ㄷ. 직사각형
ㄹ. 마름모 ㅁ. 정사각형

0368

유형 13

오른쪽 그림과 같이 꺾어진 경계선을 사이에 둔 두 땅의 주인이 경계선을 일직선으로 만들려고 한다. 원래의 두 땅의 넓이가 변하지 않도록 새 경계선을 정하는 방법을 설명하시오.

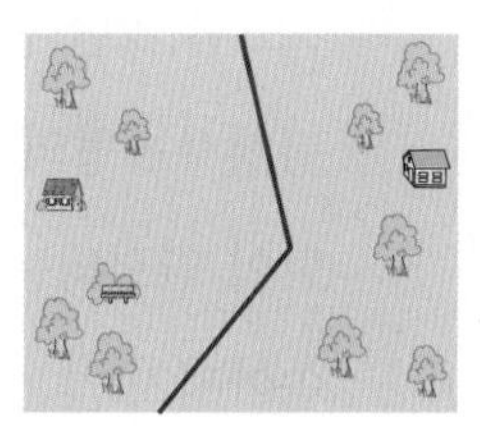

창의·융합

생활 속의 평행사변형의 성질

위의 그림의 '마법의 양탄자'라는 놀이 기구는 사람을 태운 뒤 양탄자 모양의 판을 움직여서 사람들에게 하늘을 나는 듯한 기분을 느끼게 해 준다. 이 놀이 기구를 탔을 때, 사람들은 몸이 기울어지거나 떨어지지 않고 즐길 수 있는데 이것에는 어떤 성질이 이용된 것일까?

이 놀이 기구의 양탄자 모양의 판을 지탱하고 있는 두 개의 축은 길이가 같고, 서로 평행하게 만들어져 있다. 즉, 한 쌍의 대변이 평행하고, 그 길이가 같은 사각형을 이루므로 평행사변형 모양으로 만든 놀이 기구임을 알 수 있다. 따라서 양탄자 모양의 판과 바닥면이 항상 평행하므로 놀이 기구가 이리저리 움직여도 양탄자 모양의 판이 한쪽으로 기울어지지 않고 언제나 바닥면과 평행하게 움직이게 되는 것이다.

또한, 2단이나 3단으로 접히는 약 상자나 공구 상자에도 이와 같은 평행사변형의 성질이 이용된다. 즉, 상자를 열어 물건을 꺼낼 때 단이 연결되는 부분이 평행하게 움직이므로 각 단에 담긴 물건이 쏟아지지 않는다.

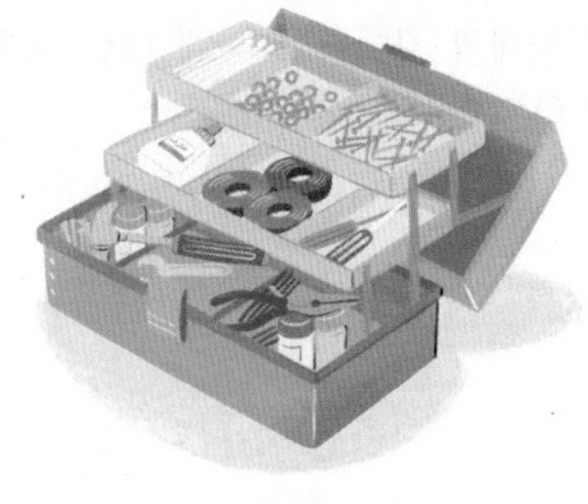

이렇게 생활 속에서는 평행사변형의 성질이 유용하게 사용되고 있다.

III

도형의 닮음과 피타고라스 정리

Theme 09 닮은 도형 유형 01 ~ 유형 05

(1) 닮은 도형

한 도형을 일정한 비율로 확대 또는 축소한 도형이 다른 도형과 합동이 될 때, 이 두 도형은 서로 닮았다 또는 서로 닮음인 관계에 있다고 한다. 이때 닮음인 관계에 있는 두 도형을 닮은 도형이라 한다.
△ABC와 △DEF가 서로 닮은 도형일 때,
△ABC∽△DEF와 같이 나타낸다.

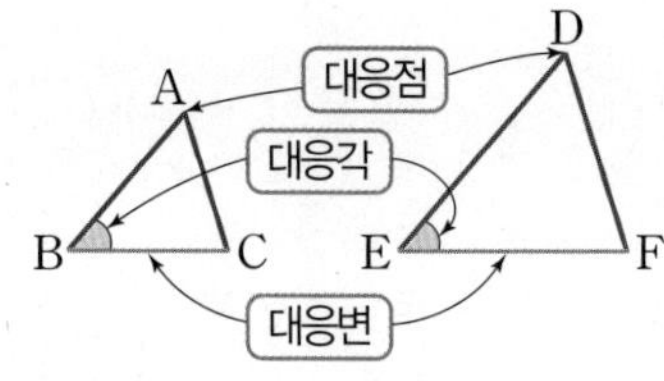

(2) 평면도형에서 닮음의 성질

닮은 두 평면도형에서
① 대응변의 길이의 비는 일정하다.
② 대응각의 크기는 각각 같다.

예 오른쪽 그림에서 △ABC∽△DEF일 때,
$\overline{AB} : \overline{DE} = \overline{BC} : \overline{EF} = \overline{AC} : \overline{DF}$
$\angle A = \angle D$, $\angle B = \angle E$, $\angle C = \angle F$

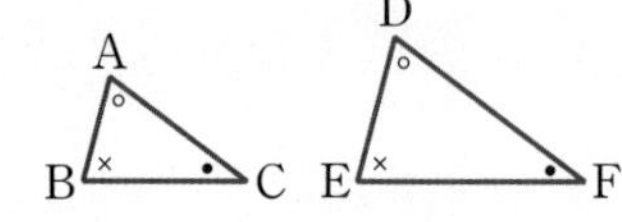

(3) 닮음비 : 서로 닮은 두 도형에서 대응변의 길이의 비

참고 두 원에서는 반지름의 길이의 비가 닮음비이다.

(4) 입체도형에서 닮음의 성질

닮은 두 입체도형에서
① 대응하는 모서리의 길이의 비는 일정하다.
② 대응하는 면은 닮은 도형이다.

예 오른쪽 그림에서 두 직육면체가 닮은 도형일 때,
$\overline{AB} : \overline{A'B'} = \overline{BC} : \overline{B'C'} = \cdots = \overline{DH} : \overline{D'H'}$
□ABCD∽□A′B′C′D′, ⋯, □EFGH∽□E′F′G′H′

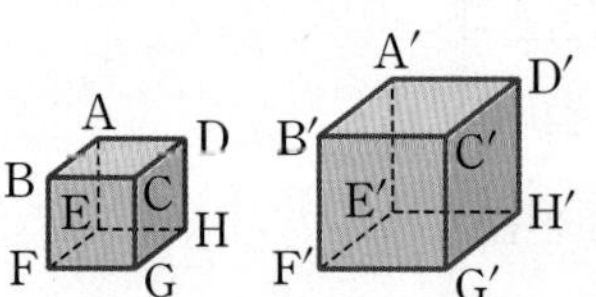

(5) 삼각형의 닮음 조건

두 삼각형이 다음 세 가지 조건 중 어느 한 조건을 만족시키면 서로 닮은 도형이다.

① 세 쌍의 대응변의 길이의 비가 같다. (SSS 닮음)
⇨ $a : a' = b : b' = c : c'$

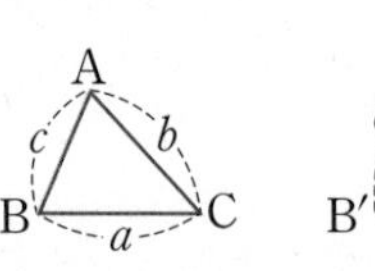
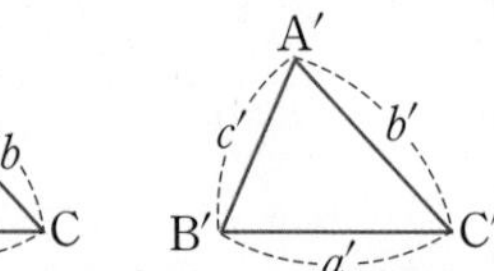

② 두 쌍의 대응변의 길이의 비가 같고, 그 끼인각의 크기가 같다. (SAS 닮음)
⇨ $a : a' = c : c'$, $\angle B = \angle B'$

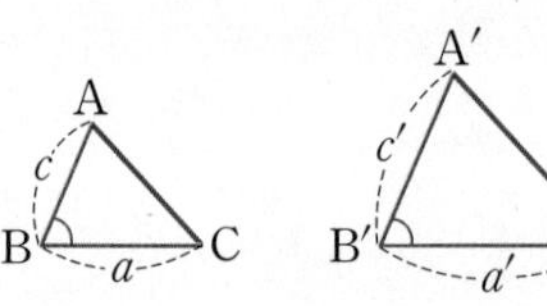

③ 두 쌍의 대응각의 크기가 각각 같다. (AA 닮음)
⇨ $\angle A = \angle A'$, $\angle B = \angle B'$

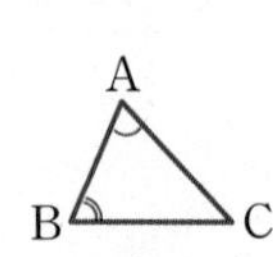
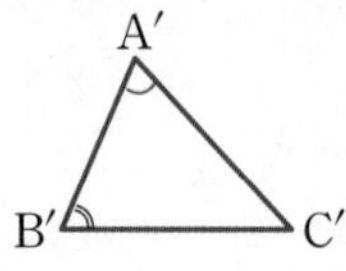

비법 Note
› 서로 합동인 두 도형은 서로 닮음이다.

비법 Note
› 닮음 기호를 쓸 때는 대응점의 순서대로 쓴다.
⇨ △ABC∽△DEF일 때, 점 A의 대응점은 점 D, 점 B의 대응점은 점 E, 점 C의 대응점은 점 F
› 항상 닮음인 평면도형 : 두 원, 두 직각이등변삼각형, 변의 개수가 같은 두 정다각형, 중심각의 크기가 같은 두 부채꼴 등
› 일반적으로 닮음비는 가장 간단한 자연수의 비로 나타낸다.

비법 Note
› 입체도형에서의 닮음비는 대응하는 모서리의 길이의 비이다.
› 두 구에서는 반지름의 길이의 비가 닮음비이다.
› 항상 닮음인 입체도형 : 두 구, 면의 개수가 같은 두 정다면체 등

비법 Note
› 삼각형의 합동 조건
① 세 쌍의 대응변의 길이가 각각 같다. (SSS 합동)
② 두 쌍의 대응변의 길이가 각각 같고, 그 끼인각의 크기가 같다. (SAS 합동)
③ 한 쌍의 대응변의 길이가 같고, 그 양 끝 각의 크기가 각각 같다. (ASA 합동)
› 닮음 조건에 쓰이는 기호 S는 변(Side), A는 각(Angle)을 뜻한다.

Theme 09 닮은 도형

[0369~0371] 아래 그림에서 □ABCD∽□EFGH일 때, 다음을 구하시오.

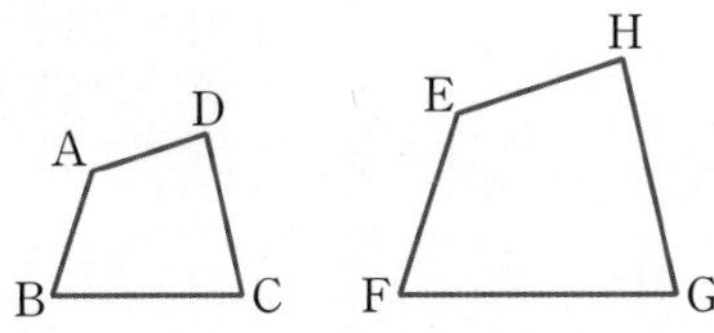

0369 점 B의 대응점

0370 $\overline{CD}$의 대응변

0371 ∠A의 대응각

[0372~0374] 아래 그림에서 △ABC∽△DEF일 때, 다음을 구하시오.

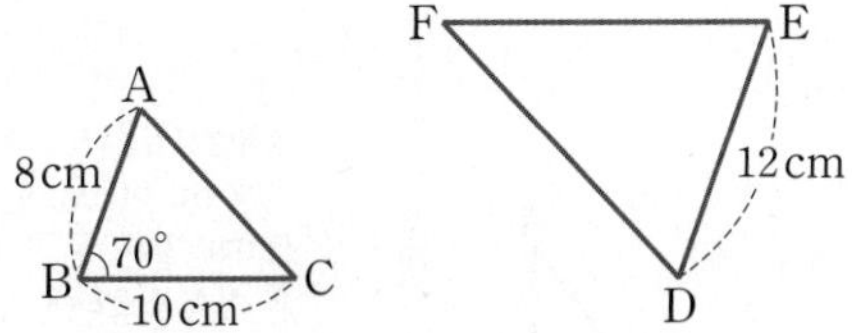

0372 △ABC와 △DEF의 닮음비

0373 ∠E의 크기

0374 $\overline{EF}$의 길이

0375 다음 그림의 두 원이 닮은 도형일 때, 닮음비를 구하시오.

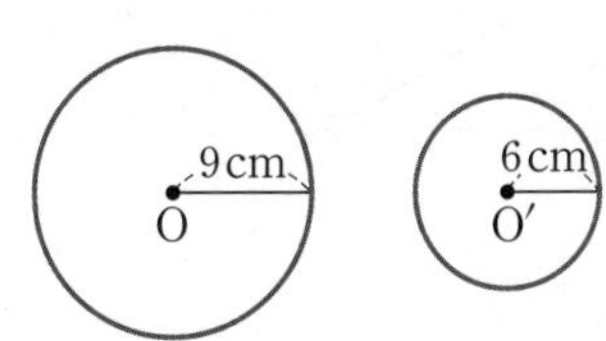

[0376~0379] 아래 그림에서 두 삼각기둥은 닮은 도형이다. $\overline{AB}$에 대응하는 모서리가 $\overline{GH}$일 때, 다음을 구하시오.

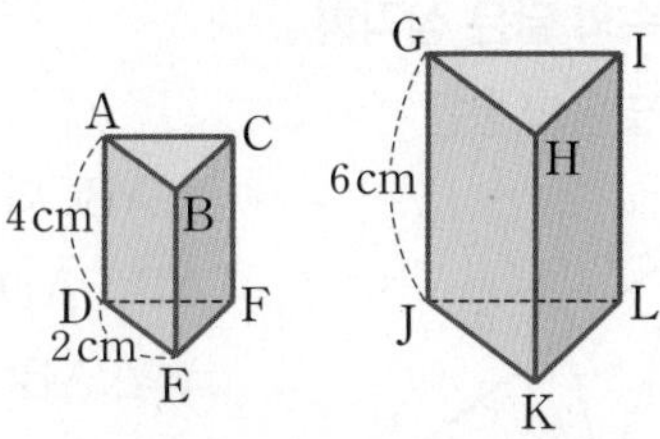

0376 $\overline{BC}$에 대응하는 모서리

0377 면 ADEB에 대응하는 면

0378 두 삼각기둥의 닮음비

0379 $\overline{JK}$의 길이

[0380~0382] 다음 그림에서 두 삼각형이 닮음일 때, □ 안에 알맞은 것을 써넣으시오.

0380

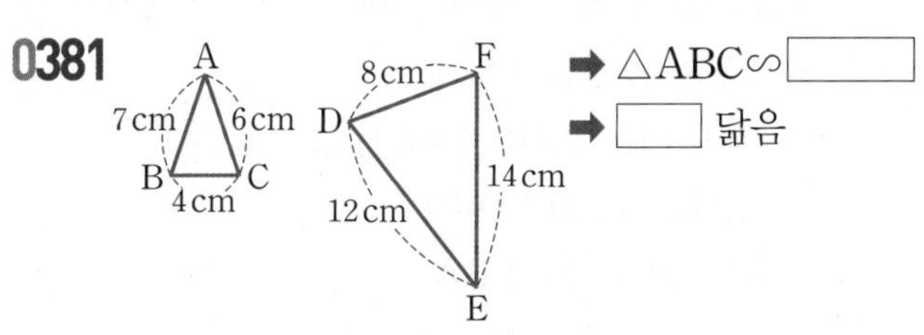

0381

0382

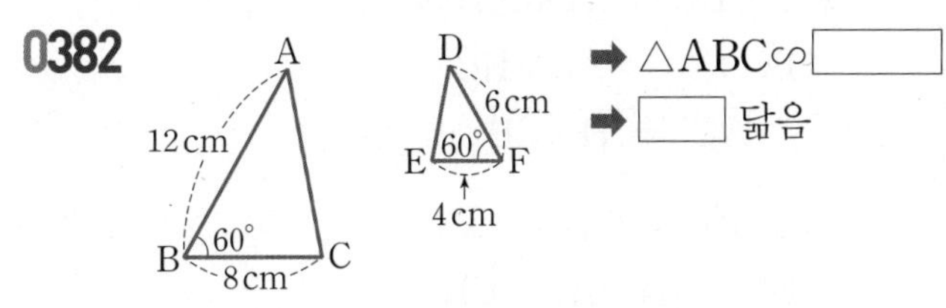

Theme 10 삼각형의 닮음 조건의 응용 유형 06 ~ 유형 11

(1) 삼각형 속의 닮은 삼각형

① SSS 닮음의 응용

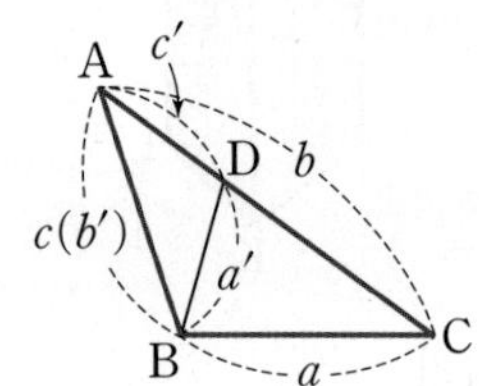

△ABC와 △ADB에서
$\overline{AB} : \overline{AD} = \overline{BC} : \overline{DB} = \overline{AC} : \overline{AB}$이면
⇨ △ABC∽△ADB

> 비법 Note
> 삼각형 속에 삼각형이 숨어 있을 때는 변의 길이의 비가 같은지 공통인 각이 있는지 주의 깊게 살핀다.

② SAS 닮음의 응용 → 공통인 각을 끼인각으로 하는 두 대응변의 길이의 비가 같으면 두 삼각형은 닮음이다.

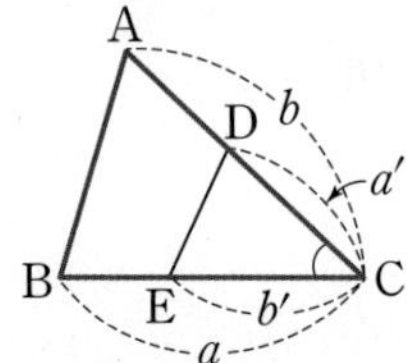

△ABC와 △EDC에서
$\overline{AC} : \overline{EC} = \overline{BC} : \overline{DC}$, ∠C는 공통이면
⇨ △ABC∽△EDC

> 비법 Note
> SAS 닮음을 이용할 때는 반드시 크기가 같은 각이 끼인각인지를 확인해야 한다.

③ AA 닮음의 응용 → 공통인 각을 갖는 두 삼각형에서 다른 한 내각의 크기가 같으면 두 삼각형은 닮음이다.

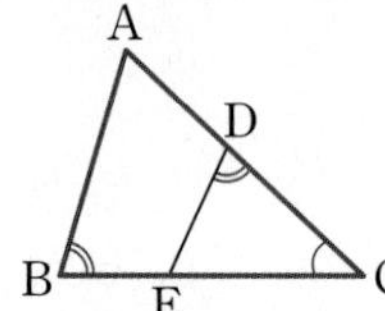

△ABC와 △EDC에서
∠ABC=∠EDC, ∠C는 공통이면
⇨ △ABC∽△EDC

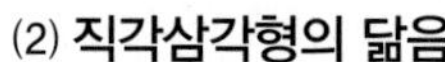

(2) 직각삼각형의 닮음

한 예각의 크기가 같은 두 직각삼각형은 서로 닮은 도형이다.

예 오른쪽 그림의 △ABC와 △AED에서
∠A는 공통,
∠ACB=∠ADE=90°
이므로 △ABC∽△AED (AA 닮음)

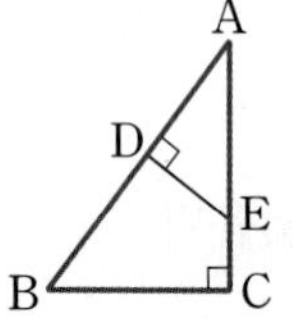

> 비법 Note
> 직각삼각형은 한 내각의 크기가 90°이므로 한 예각의 크기가 같은 두 직각삼각형은 AA 닮음이다.

(3) 직각삼각형의 닮음의 응용

∠A=90°인 직각삼각형 ABC의 꼭짓점 A에서 빗변 BC에 내린 수선의 발을 H라 할 때,

△ABC∽△HBA∽△HAC (AA 닮음)

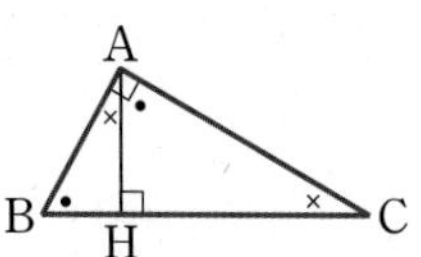

① △ABC∽△HBA이므로
$\overline{AB} : \overline{HB} = \overline{BC} : \overline{BA}$
⇨ $\overline{AB}^2 = \overline{BH} \times \overline{BC}$

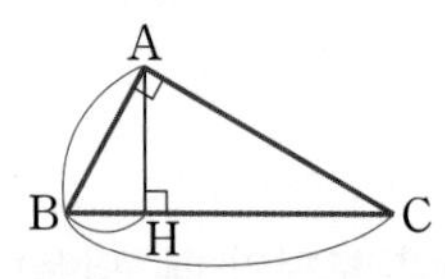

② △ABC∽△HAC이므로
$\overline{BC} : \overline{AC} = \overline{AC} : \overline{HC}$
⇨ $\overline{AC}^2 = \overline{CH} \times \overline{CB}$

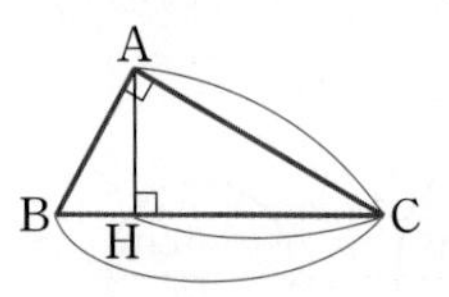

③ △HBA∽△HAC이므로
$\overline{BH} : \overline{AH} = \overline{AH} : \overline{CH}$
⇨ $\overline{AH}^2 = \overline{HB} \times \overline{HC}$

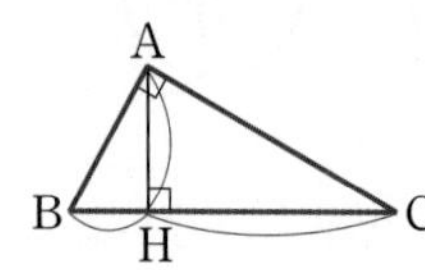

> 비법 Note
> 직각삼각형 ABC의 넓이에서
> 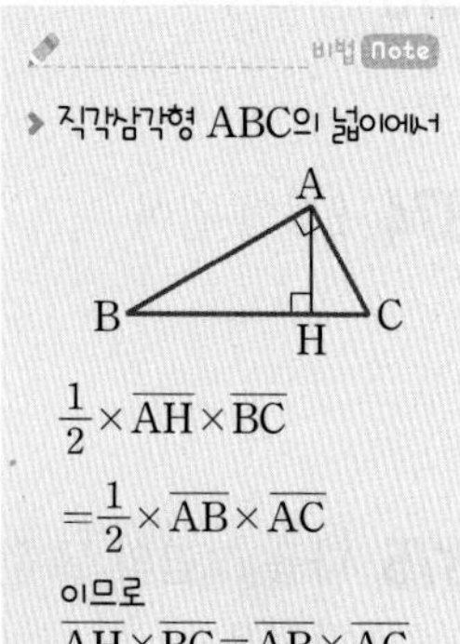
>
> $\frac{1}{2} \times \overline{AH} \times \overline{BC}$
> $= \frac{1}{2} \times \overline{AB} \times \overline{AC}$
> 이므로
> $\overline{AH} \times \overline{BC} = \overline{AB} \times \overline{AC}$

Theme 10 삼각형의 닮음 조건의 응용

0383 다음은 오른쪽 그림의 두 삼각형 ABE와 DCE가 닮음임을 설명하는 과정이다. □ 안에 알맞은 것을 써넣으시오. (단, 점 E는 $\overline{AD}$, $\overline{BC}$의 교점이다.)

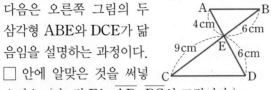

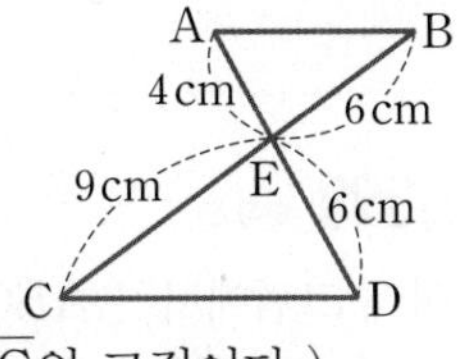

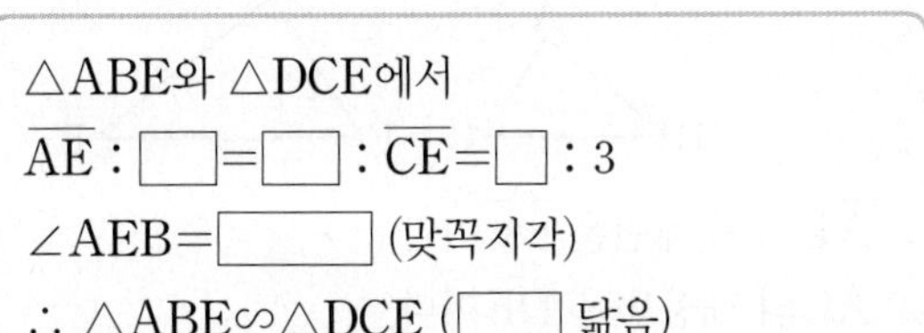

△ABE와 △DCE에서
AE : □=□ : CE=□ : 3
∠AEB=□ (맞꼭지각)
∴ △ABE∽△DCE (□ 닮음)

0384 다음은 오른쪽 그림의 두 삼각형 ABC와 ADE가 닮음임을 설명하는 과정이다. □ 안에 알맞은 것을 써넣으시오.

(단, $\overline{BC} /\!/ \overline{DE}$)

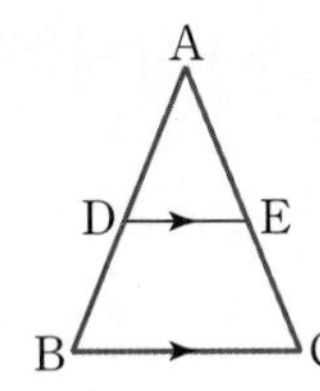

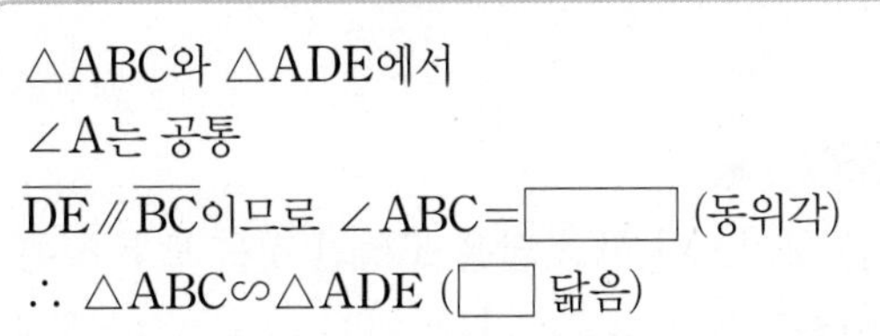

△ABC와 △ADE에서
∠A는 공통
DE // BC이므로 ∠ABC=□ (동위각)
∴ △ABC∽△ADE (□ 닮음)

[0385~0387] 다음 그림에서 닮은 삼각형을 찾아 기호로 나타내고, 닮음 조건을 말하시오.

0385

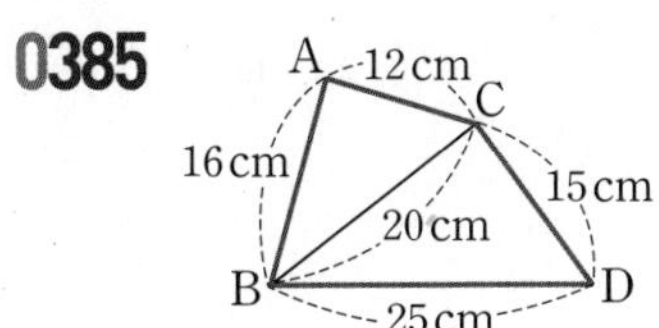

0386

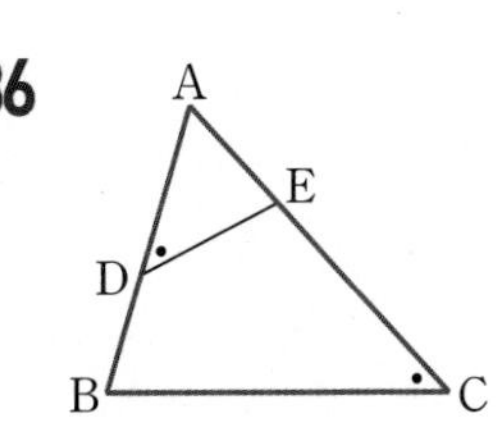

0387

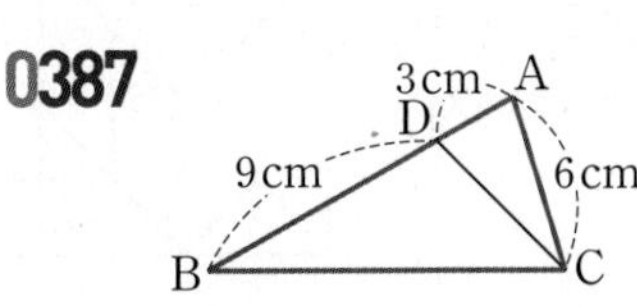

[0388~0390] 오른쪽 그림과 같이 $\angle A=90^\circ$인 직각삼각형 ABC에서 $\overline{AD}\perp\overline{BC}$일 때, 다음을 구하시오.

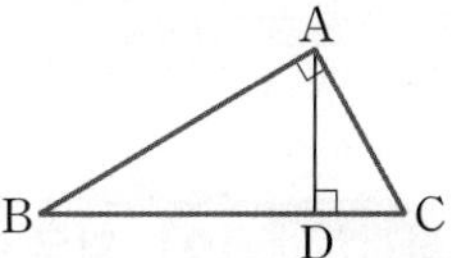

0388 ∠B와 크기가 같은 각

0389 ∠C와 크기가 같은 각

0390 △ABC와 닮은 삼각형

[0391~0394] 다음 그림과 같이 $\angle A=90^\circ$인 직각삼각형 ABC에서 $\overline{AD}\perp\overline{BC}$일 때, x의 값을 구하시오.

0391

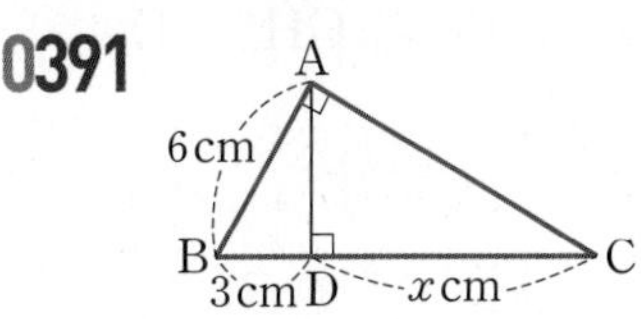

0392

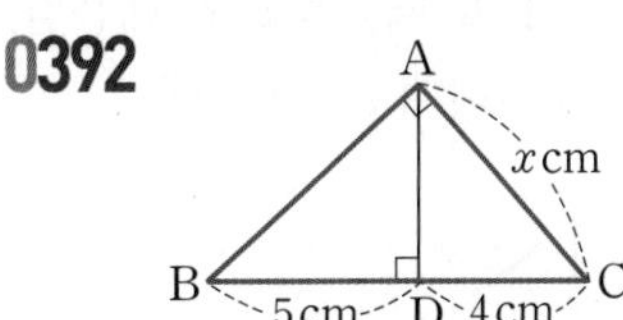

0393

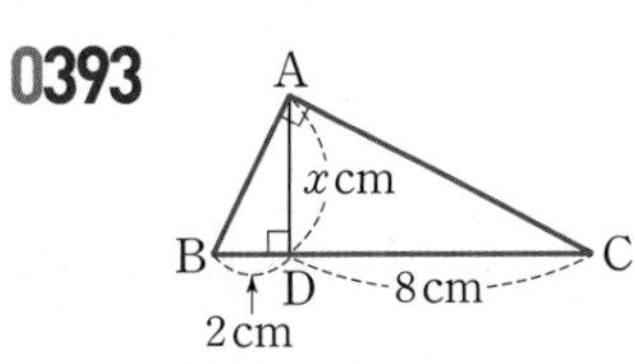

0394

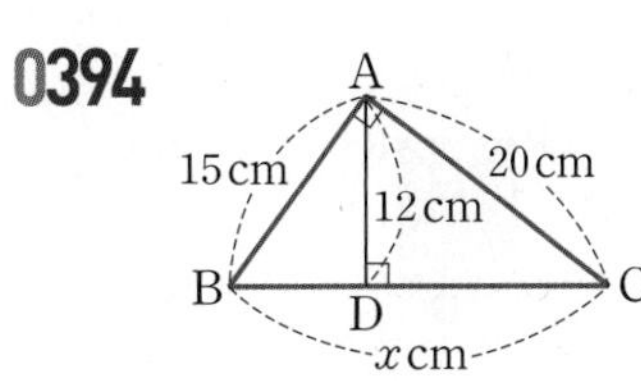

05 도형의 닮음

Theme 09 닮은 도형

워크북 60쪽

유형 01 닮은 도형

(1) △ABC와 △DEF가 닮은 도형일 때,
⇨ △ABC∽△DEF → 대응점의 순서대로 쓴다.

(2) 항상 닮음인 도형
① 평면도형 : 두 원, 두 직각이등변삼각형, 변의 개수가 같은 두 정다각형, 중심각의 크기가 같은 두 부채꼴 등
② 입체도형 : 두 구, 면의 개수가 같은 두 정다면체 등

대표 문제

0395

다음 그림에서 □ABCD∽□EFGH일 때, $\overline{CD}$의 대응변과 ∠B의 대응각을 차례대로 구하면?

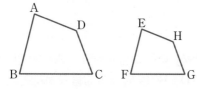

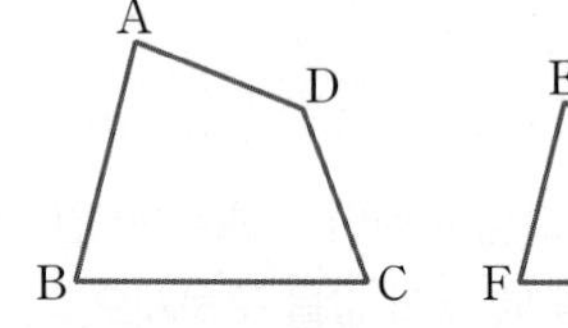

① $\overline{EF}$, ∠E ② $\overline{FG}$, ∠F ③ $\overline{GH}$, ∠E
④ $\overline{GH}$, ∠F ⑤ $\overline{EH}$, ∠F

0396 ●○○○

다음 그림에서 △ABC∽△DEF일 때, 점 C의 대응점, $\overline{AB}$의 대응변, ∠B의 대응각을 차례대로 구하시오.

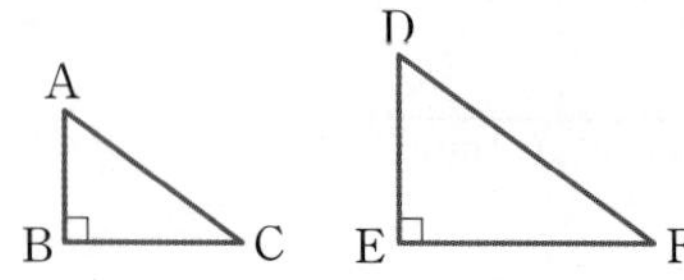

0397 ●●○○

다음 그림에서 두 삼각기둥은 닮은 도형이다. $\overline{AB}$에 대응하는 모서리가 $\overline{PQ}$일 때, $\overline{AD}$에 대응하는 모서리와 면 DEF에 대응하는 면을 차례대로 구하시오.

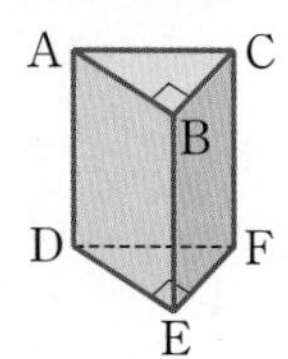

0398 ●●○○

아래 그림에서 △ABC∽△DEF일 때, 다음 중 옳은 것은?

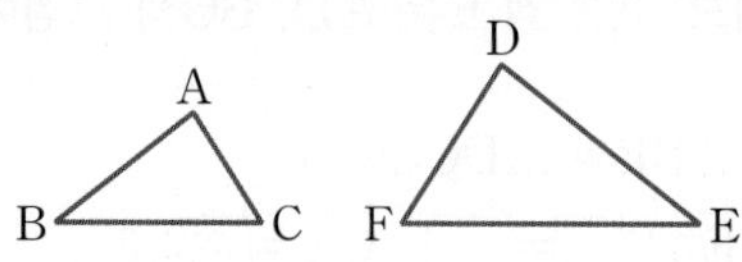

① $\overline{AB}$의 대응변은 $\overline{DF}$이다.
② $\overline{AC}$의 대응변은 $\overline{DE}$이다.
③ $\overline{BC}$의 대응변은 $\overline{EF}$이다.
④ ∠B의 대응각은 ∠F이다.
⑤ ∠C의 대응각은 ∠E이다.

0399 ●●○○

다음 보기에서 항상 닮은 도형인 것을 모두 고른 것은?

보기
ㄱ. 두 이등변삼각형　　ㄴ. 두 직각삼각형
ㄷ. 두 반원　　ㄹ. 두 원뿔
ㅁ. 두 정사면체　　ㅂ. 두 마름모

① ㄹ ② ㄱ, ㄷ ③ ㄴ, ㅁ
④ ㄷ, ㅁ ⑤ ㄷ, ㅁ, ㅂ

0400 ●●●○

오른쪽 그림과 같이 모눈종이에 그려진 정사각형을 7개의 도형으로 나눈 다음 선을 따라 잘랐을 때, 이 중에서 닮은 도형을 모두 찾으시오.

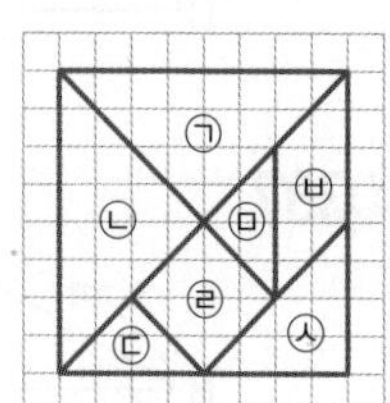

빈출 유형 02 평면도형에서 닮음의 성질

$\triangle ABC \backsim \triangle A'B'C'$일 때, (닮음비)

(1) 대응변의 길이의 비는 일정하다. ⇨ $a : a' = b : b' = c : c'$

(2) 대응각의 크기는 각각 같다.

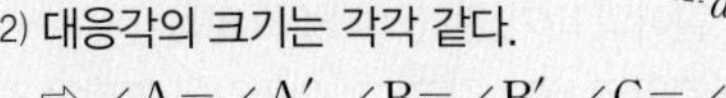
⇨ $\angle A = \angle A'$, $\angle B = \angle B'$, $\angle C = \angle C'$

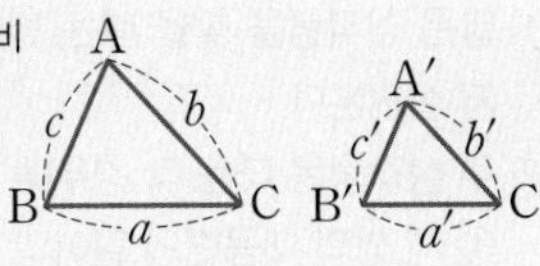

대표 문제

0401

아래 그림에서 $\triangle ABC \backsim \triangle DEF$일 때, 다음 중 옳지 않은 것은?

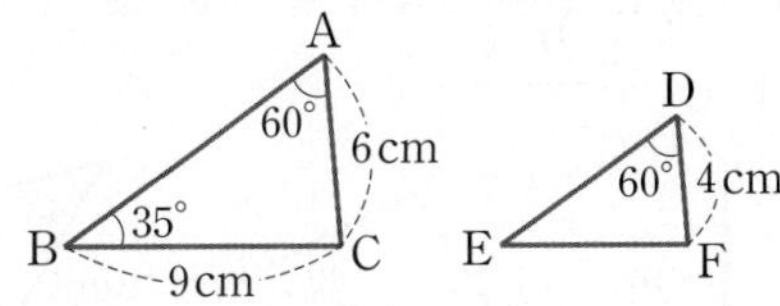

① $\overline{DE} = 5$ cm ② $\overline{EF} = 6$ cm
③ $\angle E = 35°$ ④ $\angle F = 85°$
⑤ $\triangle ABC$와 $\triangle DEF$의 닮음비는 $3 : 2$이다.

신유형

0402

다음 그림에서 두 삼각형이 닮은 도형일 때, 두 삼각형의 닮음비는?

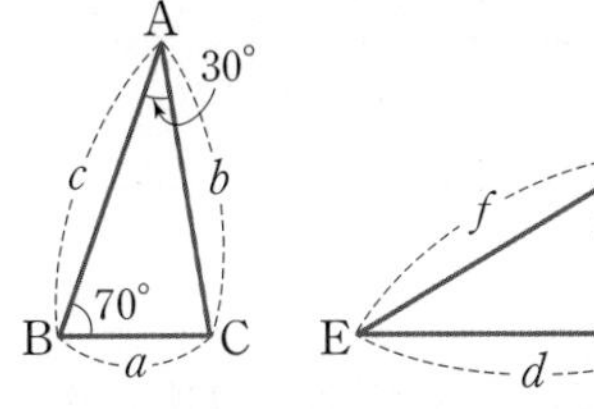

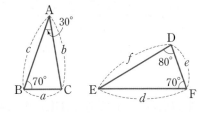

① $a : d$ ② $a : f$ ③ $b : e$
④ $b : f$ ⑤ $c : f$

서술형

0403

다음 그림에서 $\square ABCD \backsim \square EFGH$일 때, $x+y$의 값을 구하시오.

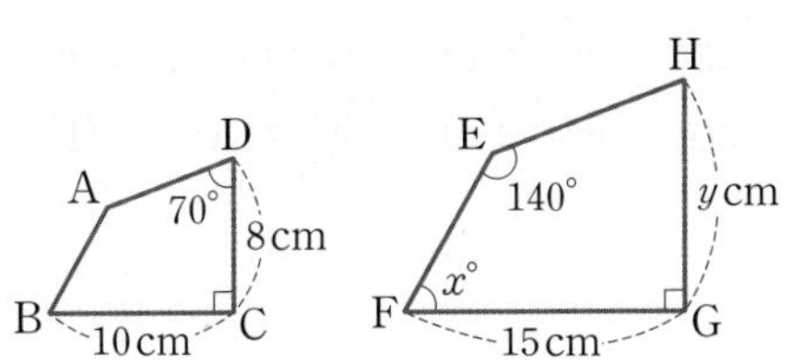

유형 03 입체도형에서 닮음의 성질

두 입체도형이 닮은 도형일 때,

(1) 대응하는 모서리의 길이의 비는 일정하다. (닮음비)

(2) 대응하는 면은 닮은 도형이다.

대표 문제

0404

아래 그림에서 두 삼각기둥은 닮은 도형이고 $\overline{AB}$에 대응하는 모서리가 $\overline{A'B'}$일 때, 다음 중 옳은 것을 모두 고르면? (정답 2개)

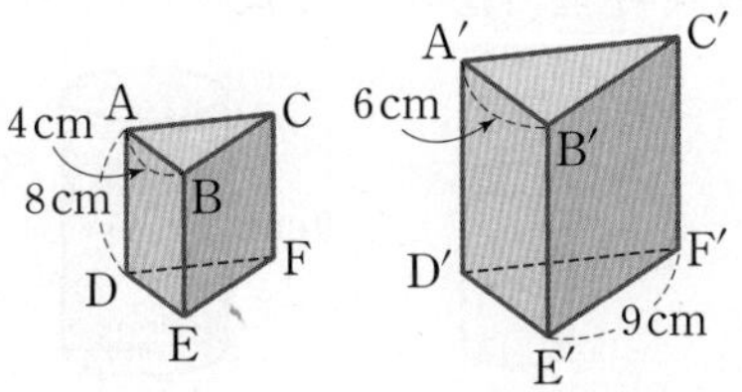

① $\overline{A'D'} = 16$ cm ② $\overline{BC} = 6$ cm
③ $\triangle ABC \backsim \triangle A'B'C'$ ④ $\square ADEB \backsim \square B'E'F'C'$
⑤ 두 삼각기둥의 닮음비는 $1 : 2$이다.

0405

다음 그림에서 밑면이 정사각형인 두 직육면체 A, B가 닮음일 때, A와 B의 닮음비를 구하시오.

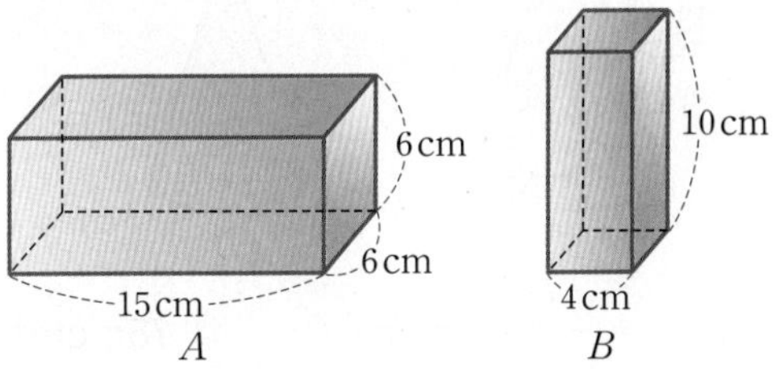

0406

다음 그림의 두 정사면체 ㈎와 ㈏의 닮음비가 $3 : 4$일 때, 정사면체 ㈏의 모든 모서리의 길이의 합을 구하시오.

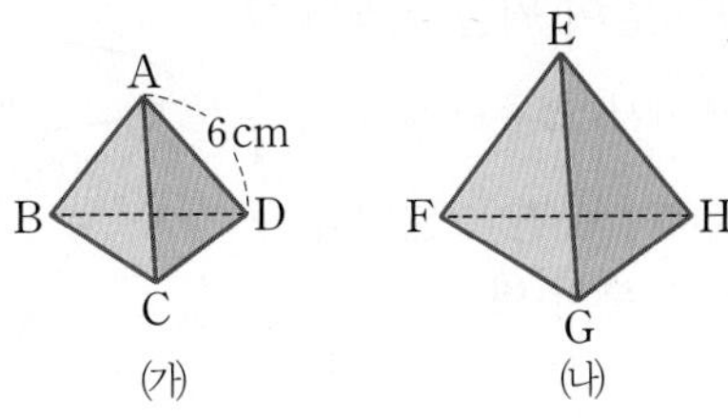

유형 04 원뿔 또는 원기둥의 닮음비

닮은 두 원뿔(또는 원기둥)에서
(닮음비)=(높이의 비)
=(밑면인 원의 반지름의 길이의 비)
=(밑면인 원의 둘레의 길이의 비)
=(모선의 길이의 비)

대표 문제

0407

다음 그림의 두 원기둥이 닮은 도형일 때, 작은 원기둥의 한 밑면의 둘레의 길이를 구하시오.

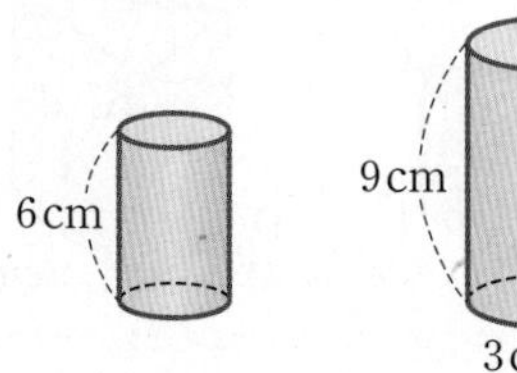

신유형

0408

다음 그림에서 두 원뿔 A, B는 닮은 도형이다. 원뿔 B를 전개하였을 때, 옆면인 부채꼴의 넓이는?

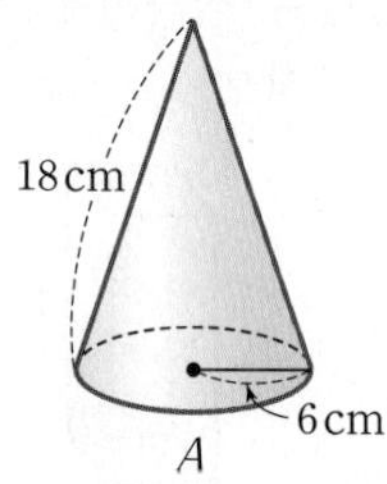

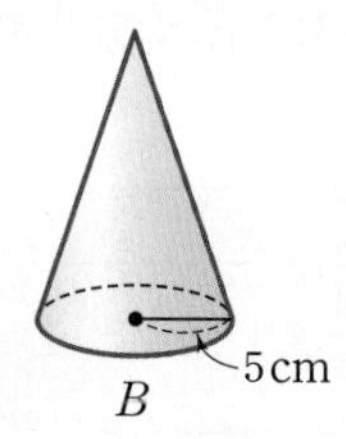

① $48\pi\ cm^2$ ② $60\pi\ cm^2$ ③ $75\pi\ cm^2$
④ $90\pi\ cm^2$ ⑤ $108\pi\ cm^2$

0409

오른쪽 그림과 같이 원뿔 모양의 그릇에 물을 부어서 그릇의 높이의 $\frac{1}{4}$ 만큼 채웠을 때, 수면의 넓이를 구하시오. (단, 그릇의 밑면과 수면은 평행하다.)

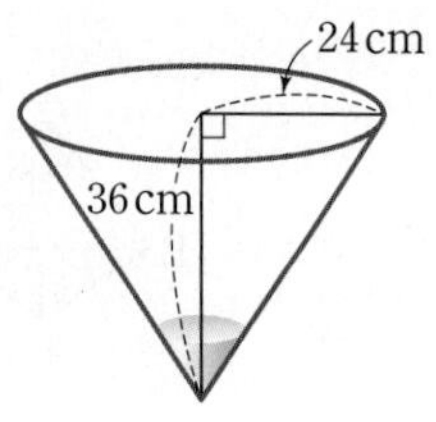

빈출 유형 05 삼각형의 닮음 조건

(1) 닮은 삼각형을 찾을 때는 변의 길이의 비 또는 각의 크기를 먼저 살펴본다.
(2) 두 삼각형은 다음 각 경우에 닮음이다.
① 세 쌍의 대응변의 길이의 비가 같다. ⇨ SSS 닮음
② 두 쌍의 대응변의 길이의 비가 같고, 그 끼인각의 크기가 같다. ⇨ SAS 닮음
③ 두 쌍의 대응각의 크기가 각각 같다. ⇨ AA 닮음

대표 문제

0410

다음 보기에서 닮은 삼각형끼리 짝 지은 것은?

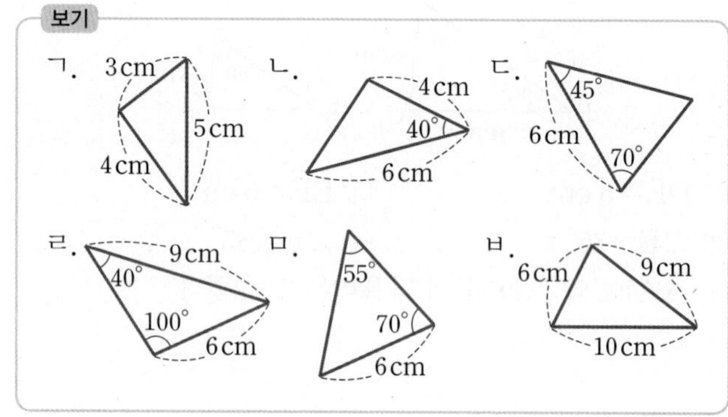

① ㄱ과 ㅂ ② ㄴ과 ㄹ ③ ㄴ과 ㅁ
④ ㄷ과 ㄹ ⑤ ㄷ과 ㅁ

0411

다음 중 아래 그림의 △ABC와 △DEF가 닮은 도형이 되게 하는 조건을 모두 고르면? (정답 2개)

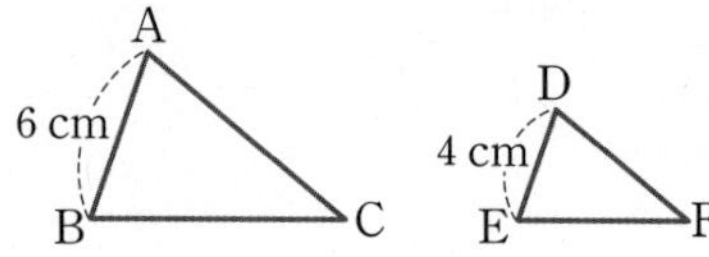

① $\angle B=\angle E$, $\angle A=\angle D$
② $\angle A=\angle D$, $\overline{BC}=9$ cm, $\overline{EF}=6$ cm
③ $\angle C=\angle F$, $\overline{BC}=9$ cm, $\overline{EF}=6$ cm
④ $\overline{AC}=9$ cm, $\overline{DF}=6$ cm, $\overline{BC}=9$ cm, $\overline{EF}=6$ cm
⑤ $\overline{AC}=6$ cm, $\overline{DF}=4$ cm, $\overline{BC}=8$ cm, $\overline{EF}=6$ cm

Theme 10 삼각형의 닮음 조건의 응용

워크북 63쪽

유형 06 삼각형의 닮음 조건의 응용 – SAS 닮음

❶ 공통인 각이나 맞꼭지각을 찾는다.
❷ 공통인 각이나 맞꼭지각을 끼인각으로 보고, 두 변의 길이의 비를 알아본다.

예 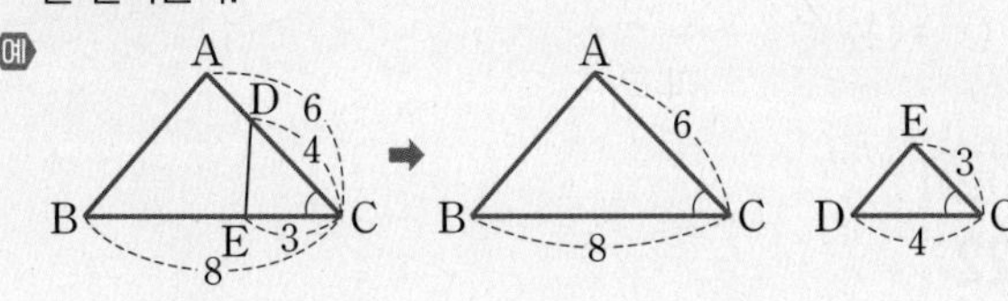

⇨ △ABC∽△EDC (SAS 닮음)

대표 문제

0412

오른쪽 그림과 같은 △ABC에서 $\overline{DE}$의 길이는?

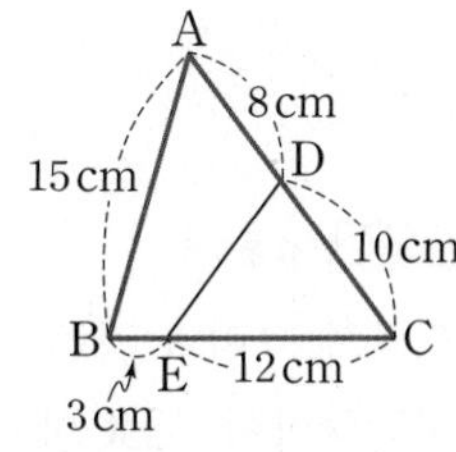

① 9 cm ② 10 cm
③ 11 cm ④ 12 cm
⑤ 13 cm

0413 ●●●●

오른쪽 그림에서 $\overline{AD}$와 $\overline{BC}$의 교점이 E일 때, $\overline{AB}$의 길이는?

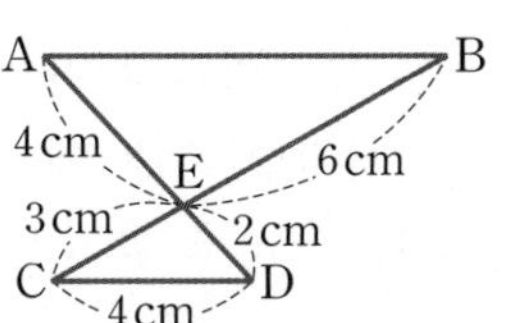

① 7 cm ② 8 cm
③ 9 cm ④ 10 cm
⑤ 11 cm

서술형

0414 ●●●●

오른쪽 그림과 같은 △ABC에서 $\overline{BC}$의 길이를 구하시오.

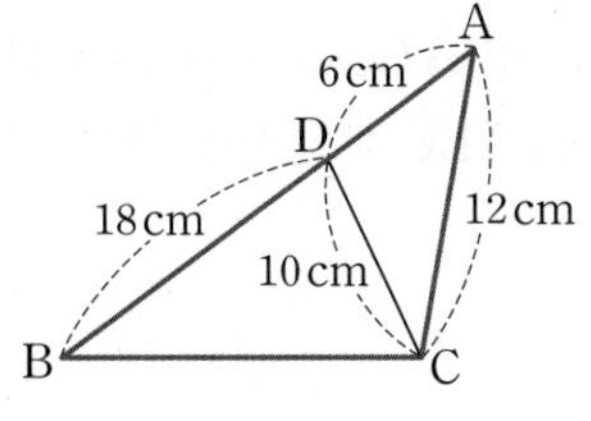

빈출 유형 07 삼각형의 닮음 조건의 응용 – AA 닮음

❶ 공통인 각이나 맞꼭지각을 찾는다.
❷ 크기가 같은 다른 한 각을 찾는다.

예 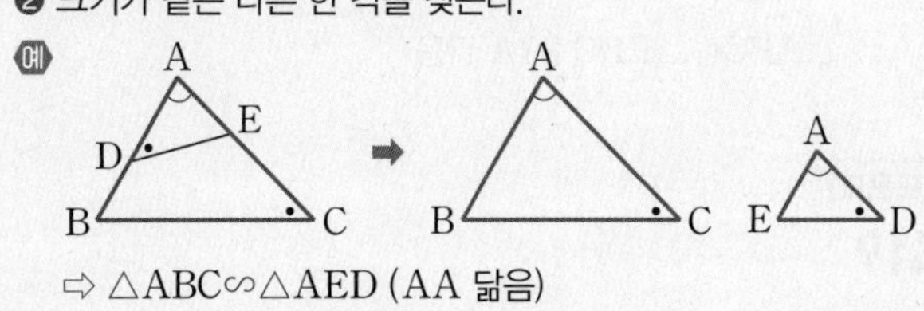

⇨ △ABC∽△AED (AA 닮음)

대표 문제

0415

오른쪽 그림과 같은 △ABC에서 ∠B=∠ADE일 때, $\overline{CD}$의 길이를 구하시오.

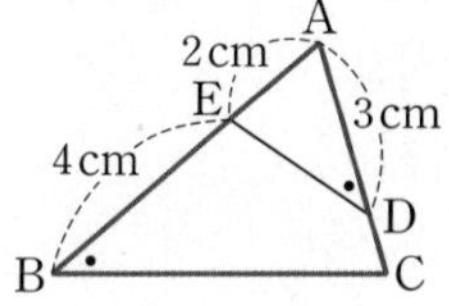

0416 ●●●●

오른쪽 그림과 같은 △ABC에서 ∠C=∠ADE일 때, $\overline{DE}$의 길이는?

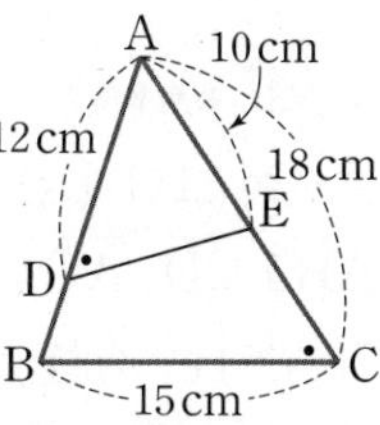

① 9 cm ② 10 cm
③ 11 cm ④ 12 cm
⑤ 13 cm

0417 ●●●●

오른쪽 그림과 같은 △ABC에서 ∠B=∠CAD이고 $\overline{AC}$=12 cm, $\overline{BC}$=18 cm일 때, $\overline{CD}$의 길이를 구하시오.

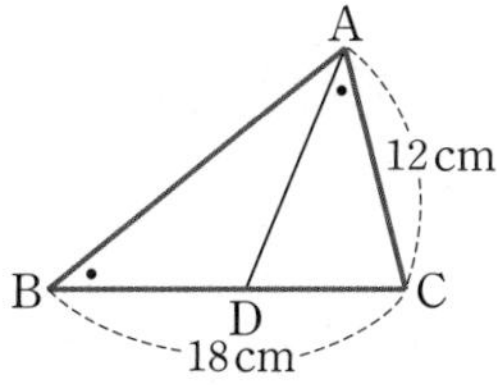

0418 ●●●●

오른쪽 그림에서 $\overline{AB}$∥$\overline{ED}$, $\overline{AC}$∥$\overline{BD}$일 때, $\overline{CE}$의 길이를 구하시오.

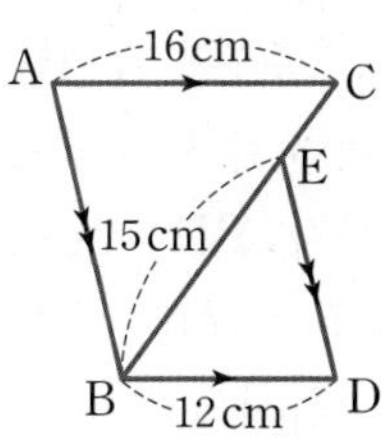

유형 08 직각삼각형의 닮음

한 예각의 크기가 같은 두 직각삼각형은 닮음이다. (AA 닮음)

예

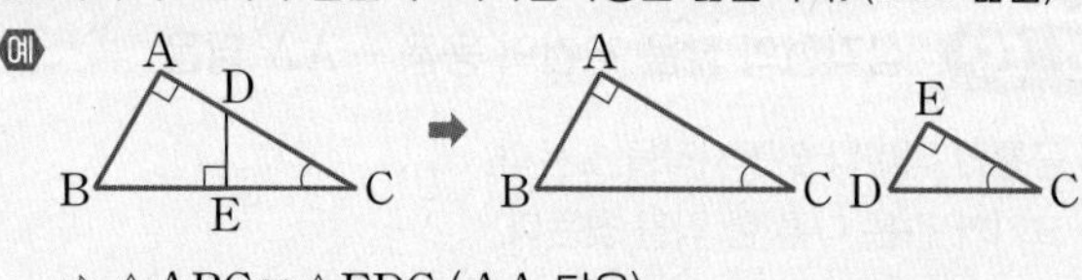

⇨ △ABC∽△EDC (AA 닮음)

대표 문제

0419

오른쪽 그림과 같은 △ABC에서 ∠B=∠DEC=90°이고 $\overline{AE}$=11 cm, $\overline{CD}$=6 cm, $\overline{CE}$=4 cm일 때, $\overline{BD}$의 길이를 구하시오.

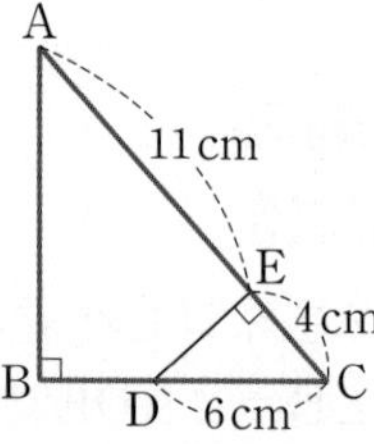

0420 ●●●●

오른쪽 그림과 같은 △ABC에서 $\overline{AB}\perp\overline{CD}$, $\overline{AC}\perp\overline{BE}$이고 $\overline{BE}$와 $\overline{CD}$가 만나는 점을 F라 할 때, 다음 중 나머지 삼각형과 닮음이 아닌 것은?

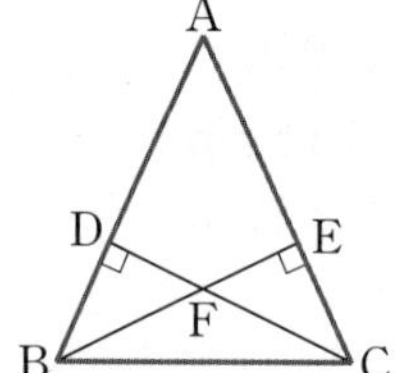

① △ABE ② △ACD
③ △CBE ④ △FBD
⑤ △FCE

0421 ●●●●

오른쪽 그림과 같이 △ABC의 두 꼭짓점 A, B에서 $\overline{BC}$, $\overline{AC}$에 내린 수선의 발을 각각 D, E라 하자. $\overline{BD}$=7 cm, $\overline{CD}$=4 cm, $\overline{CE}$=5 cm일 때, $\overline{AE}$의 길이를 구하시오.

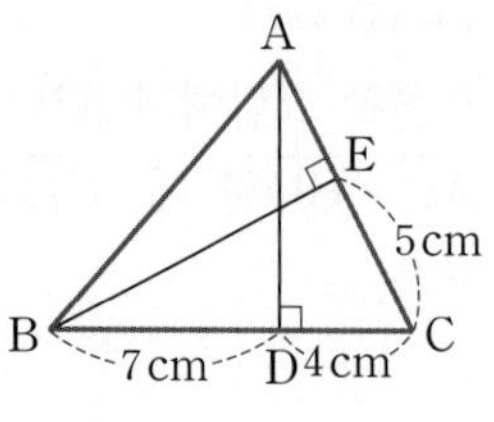

빈출

유형 09 직각삼각형의 닮음의 응용

∠A=90°인 직각삼각형 ABC에서 $\overline{AD}\perp\overline{BC}$일 때,

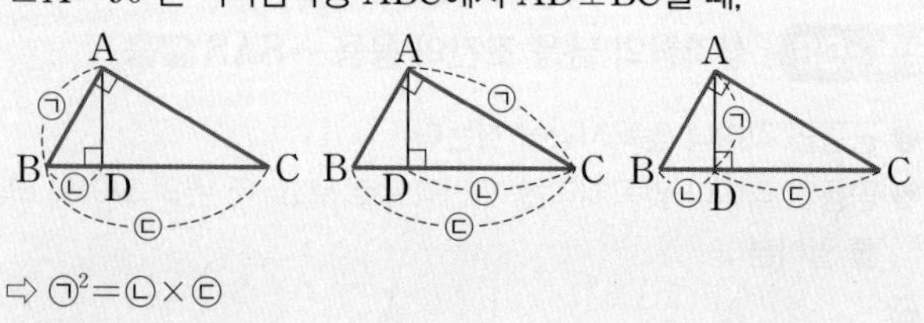

⇨ ㉠^{2}=㉡×㉢

대표 문제

0422

오른쪽 그림과 같이 ∠A=90°인 직각삼각형 ABC에서 $\overline{AD}\perp\overline{BC}$일 때, $x+y-z$의 값을 구하시오.

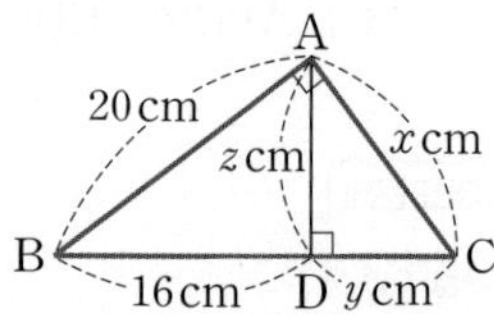

0423 ●●●●

오른쪽 그림과 같이 ∠B=90°인 직각삼각형 ABC에서 $\overline{AC}\perp\overline{BD}$일 때, $\overline{AD}$의 길이를 구하시오.

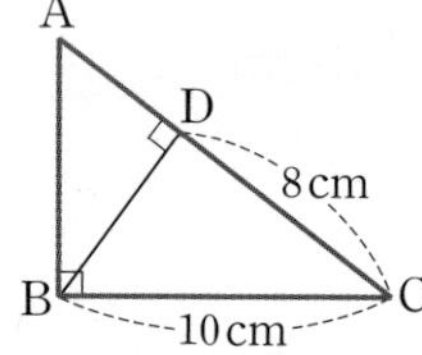

0424 ●●●●

오른쪽 그림과 같이 ∠A=90°인 직각삼각형 ABC에서 $\overline{AD}\perp\overline{BC}$일 때, 다음 중 옳지 않은 것은?

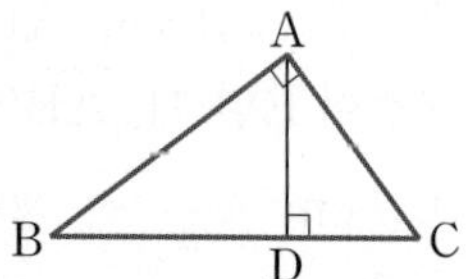

① △ABC∽△DAC ② △ABD∽△CAD
③ $\overline{AB}^2=\overline{BD}\times\overline{BC}$ ④ $\overline{AC}^2=\overline{CD}\times\overline{DB}$
⑤ $\overline{AD}^2=\overline{DB}\times\overline{DC}$

0425 ●●●●

오른쪽 그림과 같이 ∠C=90°인 직각삼각형 ABC에서 $\overline{AB}\perp\overline{CD}$일 때, △ABC의 넓이를 구하시오.

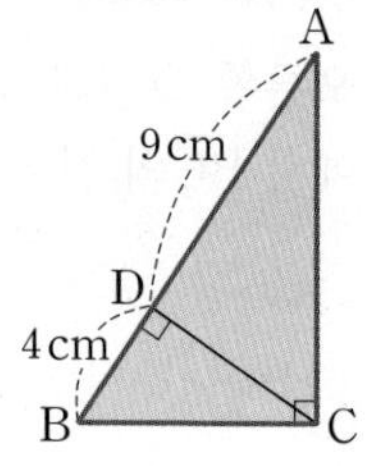

유형 10 사각형에서 닮은 삼각형 찾기

여러 가지 사각형의 성질을 이용하여 닮은 삼각형을 찾고, 닮음비를 이용하여 선분의 길이를 구한다.

대표 문제

0426

오른쪽 그림과 같은 평행사변형 ABCD에서 $\overline{AD}$ 위의 점 E에 대하여 $\overline{BD}$와 $\overline{CE}$가 만나는 점을 F라 할 때, $\overline{FC}$의 길이는?

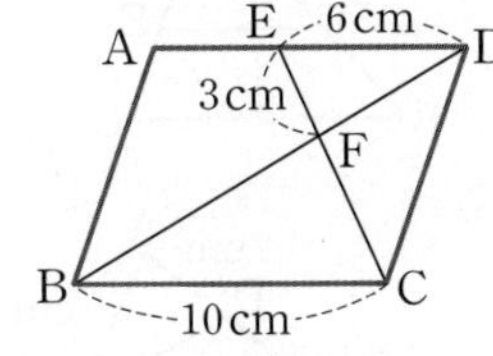

① 4 cm ② $\frac{9}{2}$ cm ③ 5 cm
④ $\frac{11}{2}$ cm ⑤ 6 cm

서술형

0427

오른쪽 그림과 같이 평행사변형 ABCD의 꼭짓점 A에서 $\overline{BC}$와 $\overline{CD}$에 내린 수선의 발을 각각 E, F라 할 때, $\overline{BE}$의 길이를 구하시오.

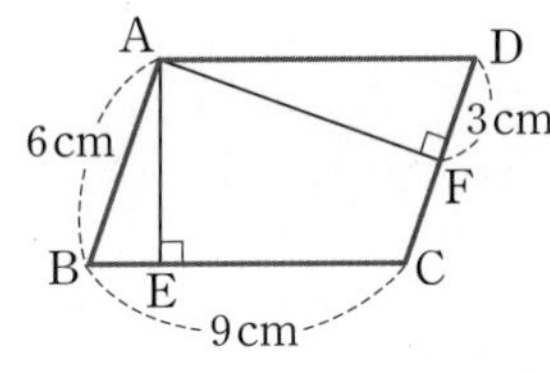

신유형

0428

오른쪽 그림과 같은 직사각형 ABCD에서 $\overline{EF}$는 대각선 AC를 수직이등분할 때, 색칠한 부분의 넓이를 구하시오.
(단, O는 $\overline{AC}$와 $\overline{EF}$의 교점이다.)

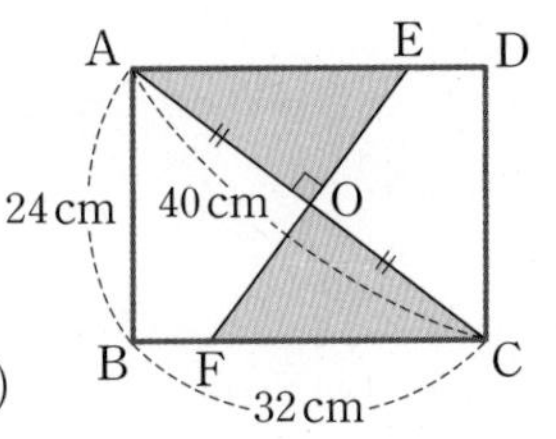

유형 11 접은 도형에서의 닮음

도형에서 접은 면은 서로 합동임을 이용하여 닮은 삼각형을 찾는다.

(1) 정삼각형 접기 (2) 직사각형 접기

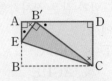

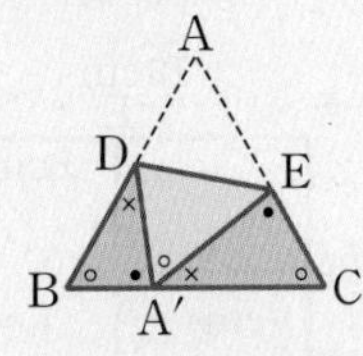

⇨ △BA′D∽△CEA′ ⇨ △AEB′∽△DB′C

대표 문제

0429

오른쪽 그림과 같이 정삼각형 모양의 종이 ABC를 $\overline{DF}$를 접는 선으로 하여 꼭짓점 A가 $\overline{BC}$ 위의 점 E에 오도록 접을 때, $\overline{CF}$의 길이를 구하시오.

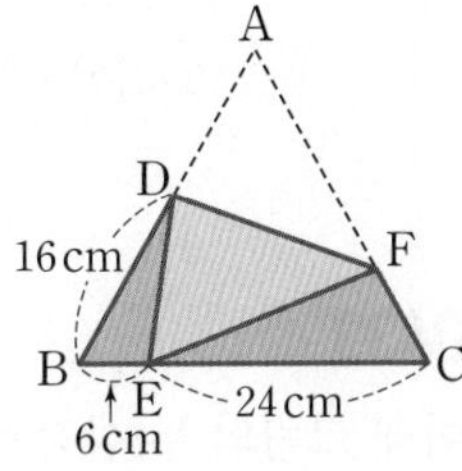

0430

오른쪽 그림과 같이 직사각형 모양의 종이 ABCD를 $\overline{BE}$를 접는 선으로 하여 꼭짓점 C가 $\overline{AD}$ 위의 점 F에 오도록 접을 때, $\overline{BF}$의 길이는?

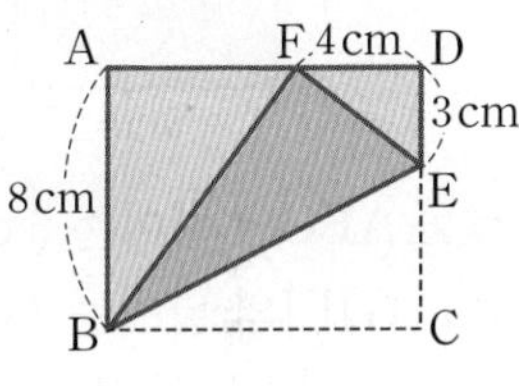

① 9 cm ② $\frac{19}{2}$ cm ③ 10 cm
④ $\frac{21}{2}$ cm ⑤ 11 cm

0431

오른쪽 그림과 같이 정사각형 모양의 종이 ABCD를 $\overline{EF}$를 접는 선으로 하여 꼭짓점 A가 $\overline{BC}$ 위의 점 G에 오도록 접을 때, $\overline{GH}$의 길이를 구하시오.

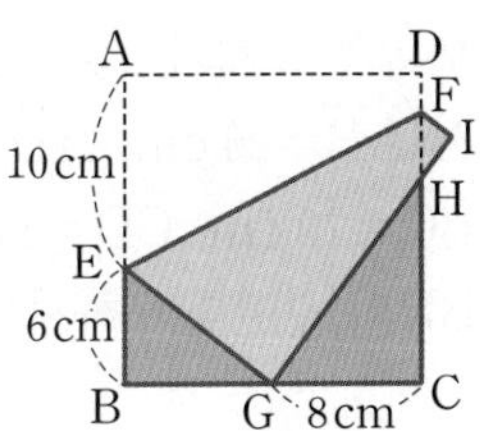

0432

ⓒ 유형 02

오른쪽 그림과 같은 직사각형 ABCD에서

$\square ABCD \backsim \square DEFC \backsim \square AGHE$

이고 $\overline{AB}=12$ cm, $\overline{AD}=18$ cm일 때, $x-y$의 값을 구하시오.

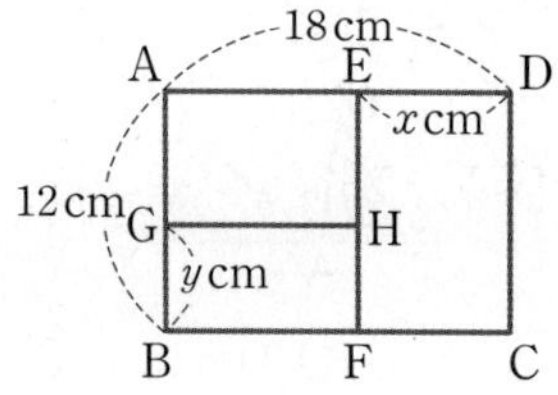

0433

ⓒ 유형 03

아래 그림의 두 삼각기둥은 닮은 도형이다. $\triangle ABC \backsim \triangle GHI$일 때, 다음 중 옳지 <u>않은</u> 것을 모두 고르면? (정답 2개)

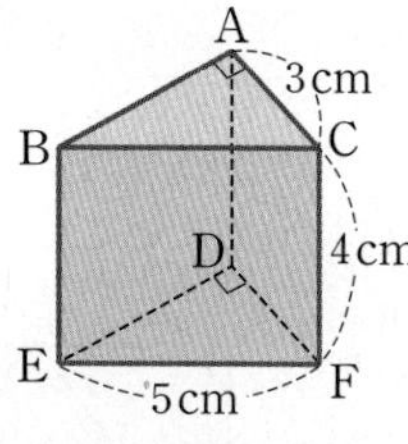

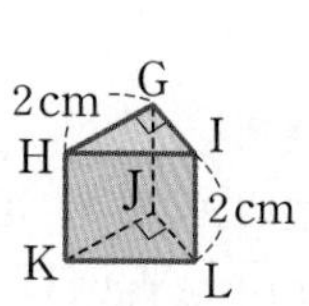

① $\triangle ABC$의 넓이는 6 cm^2이다.
② $\square GJLI$의 넓이는 3 cm^2이다.
③ 큰 삼각기둥의 부피는 24 cm^3이다.
④ 작은 삼각기둥의 부피는 6 cm^3이다.
⑤ 두 삼각기둥의 닮음비는 3 : 2이다.

0434

ⓒ 유형 06

오른쪽 그림과 같은 $\triangle ABC$에서 $\overline{AB}=26$ cm, $\overline{AD}=10$ cm, $\overline{BC}=12$ cm, $\overline{CD}=8$ cm일 때, $\overline{BD}$의 길이를 구하시오.

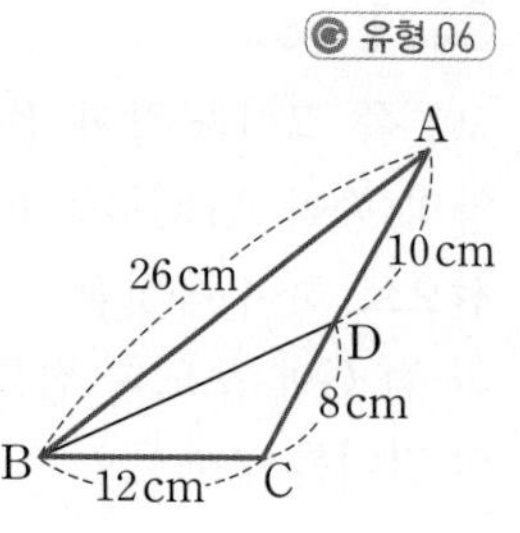

0435

ⓒ 유형 06+유형 07

다음 중 닮음인 두 삼각형이 존재하지 <u>않는</u> 것은?

①

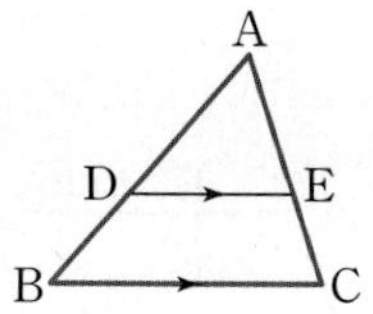

②
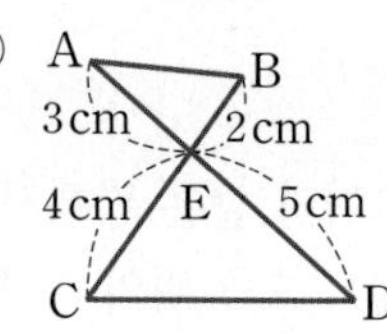

③

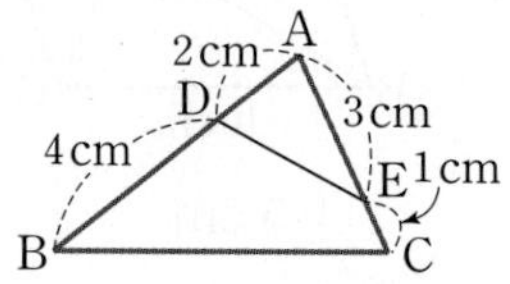

④
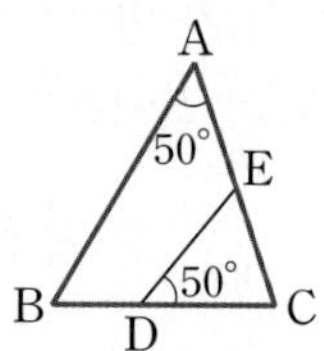

⑤
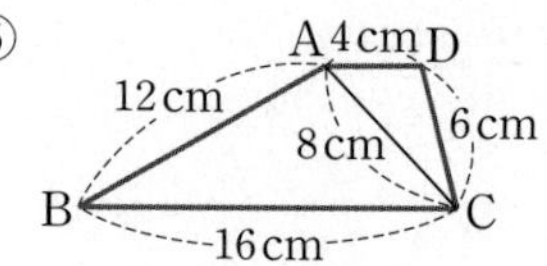

0436

ⓒ 유형 07

오른쪽 그림과 같은 $\triangle ABC$에서 $\angle BAC=\angle BCD$이고 $\overline{AC}=6$ cm, $\overline{CD}=3$ cm이다. $\overline{BC}=a$ cm일 때, $\overline{AD}$의 길이를 a에 대한 식으로 나타내시오.

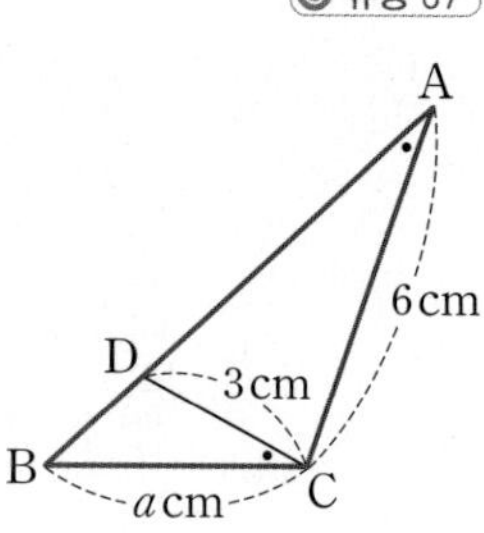

0437 유형 08

오른쪽 그림과 같이 $\overline{AC}\perp\overline{DE}$, $\overline{AB}\perp\overline{DC}$이고 점 B가 $\overline{DC}$의 중점일 때, $\overline{AE}$의 길이를 구하시오.

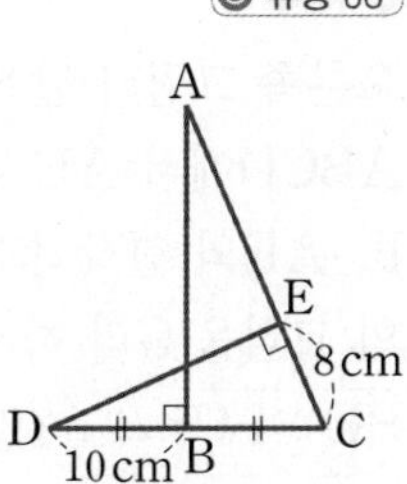

0438 유형 08

오른쪽 그림과 같이 $\angle C=90°$인 직각삼각형 ABC에서 $\overline{AC}=10$ cm, $\overline{BC}=15$ cm일 때, 정사각형 FECD의 넓이를 구하시오.

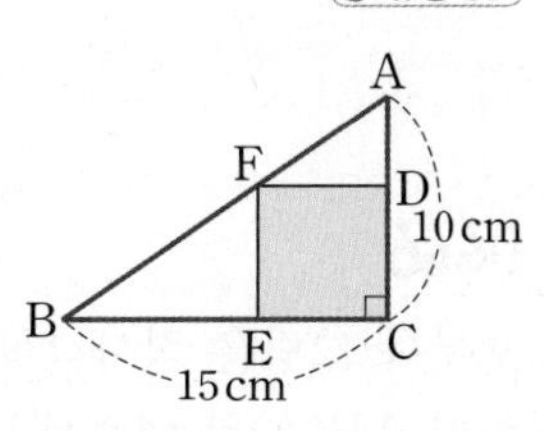

0439 유형 09

오른쪽 그림과 같이 $\angle B=90°$인 직각삼각형 ABC에서 $\overline{AC}\perp\overline{BD}$, $\overline{BC}\perp\overline{DE}$일 때, $\overline{BE}$의 길이를 구하시오.

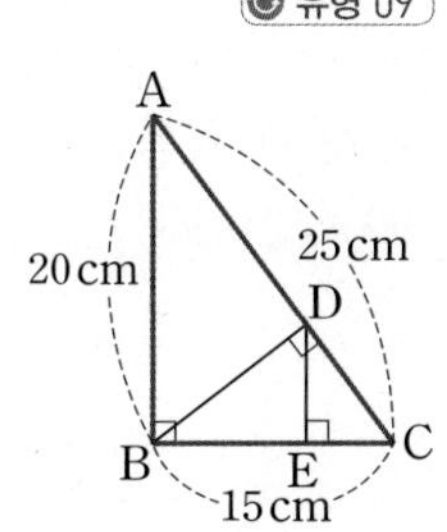

0440 유형 09

다음 그림과 같이 $\angle A=90°$인 직각삼각형 ABC에서 점 M은 $\overline{BC}$의 중점이고 $\overline{AD}\perp\overline{BC}$, $\overline{AM}\perp\overline{DH}$일 때, $\overline{DH}$의 길이를 구하시오.

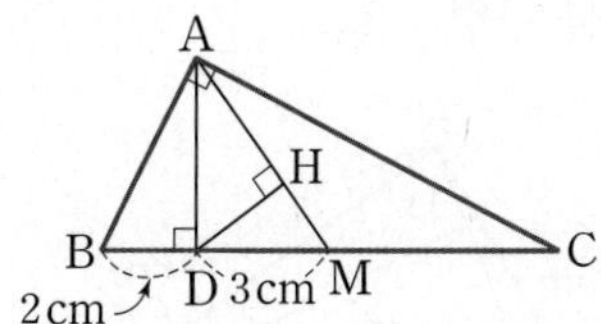

0441 유형 07

오른쪽 그림과 같은 △ABC에서 $\angle ABC=\angle ACB=\angle CDE=\angle CED$이고 $\overline{BD}=9$ cm, $\overline{DE}=3$ cm일 때, $\overline{AE}$의 길이를 구하시오.

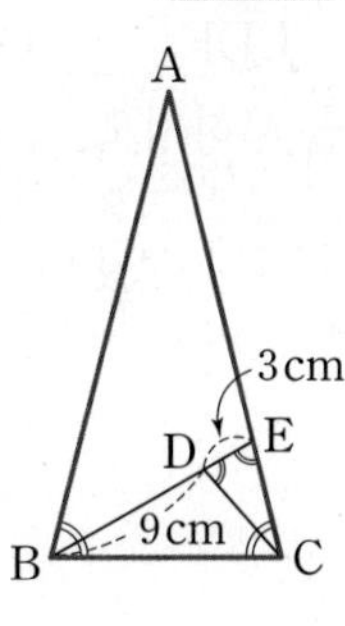

0442

유형 07

다음 그림과 같은 $\triangle ABC$에서
$\angle ACD = \angle BAE = \angle CBF$이고 $\overline{AB} = 12$ cm,
$\overline{BC} = 21$ cm, $\overline{AC} = 18$ cm, $\overline{DF} = 12$ cm일 때, $\triangle DEF$의 둘레의 길이를 구하시오.

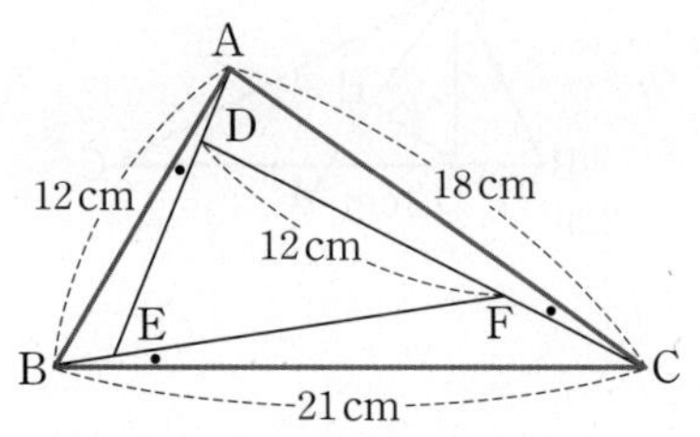

0443

유형 07

오른쪽 그림과 같이 $\overline{AB} = \overline{AC}$인 이등변삼각형 ABC에서 $\overline{BC} /\!/ \overline{DF}$이고 $\overline{AF} = 20$ cm, $\overline{FC} = 10$ cm이다.
$\angle EDF = \angle FDC$일 때, $\overline{AE}$의 길이를 구하시오.

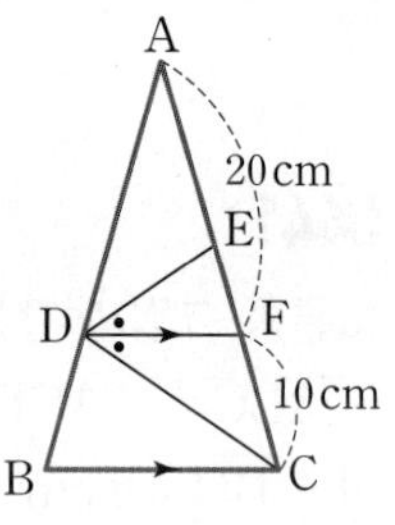

0444

유형 10

오른쪽 그림과 같은 마름모 ABCD에서 점 O는 두 대각선의 교점이고 $\overline{AE}$와 $\overline{BD}$의 교점을 F라 하자.
$\overline{BO} = 9$ cm, $\overline{DF} = \overline{DE} = 6$ cm일 때, 마름모 ABCD의 둘레의 길이를 구하시오.

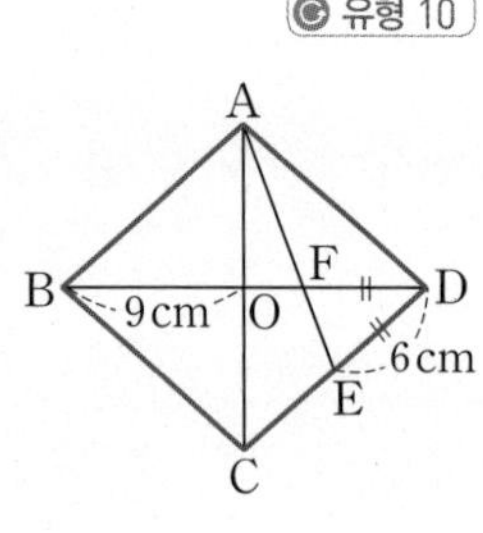

0445

유형 10

오른쪽 그림과 같은 평행사변형 ABCD에서 $\overline{AE}$와 $\overline{BD}$의 교점을 F, $\overline{AE}$의 연장선과 $\overline{DC}$의 연장선의 교점을 G라 하자.
$\overline{BE} : \overline{EC} = 4 : 3$일 때,
$\overline{AF} : \overline{FE} : \overline{EG}$를 가장 간단한 자연수의 비로 나타내시오.

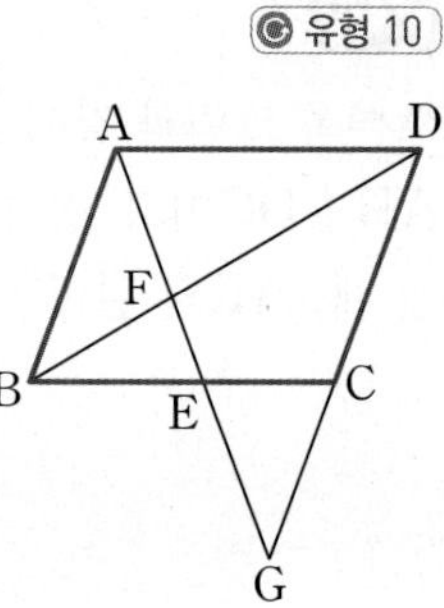

0446

유형 11

오른쪽 그림은 직사각형 모양의 종이 ABCD를 대각선 BD를 접는 선으로 하여 접은 것이다. $\overline{AD}$와 $\overline{BE}$의 교점 P에서 대각선 BD에 내린 수선의 발을 Q라 할 때, $\overline{PQ}$의 길이는?

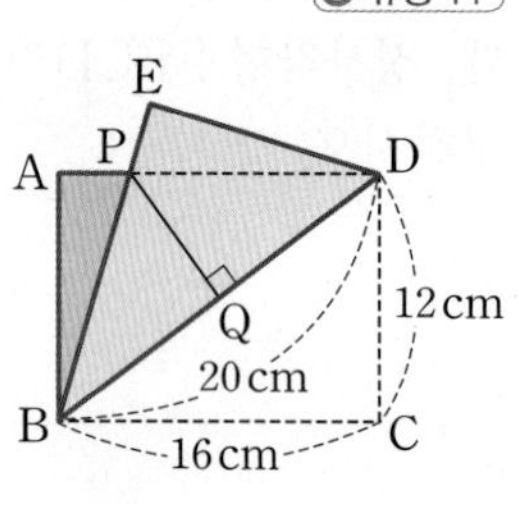

① 6 cm ② $\frac{13}{2}$ cm ③ 7 cm
④ $\frac{15}{2}$ cm ⑤ 8 cm

교과서 속 창의력 UP!

정답 및 풀이 33쪽

0447 유형 02

국제 규격의 용지인 A0 용지를 오른쪽 그림과 같이 반으로 접을 때마다 생기는 용지를 A1, A2, A3, …이라 하는데 이때 만들어지는 용지들은 모두 닮은 도형이 된다. A0 용지와 A4 용지의 닮음비는?

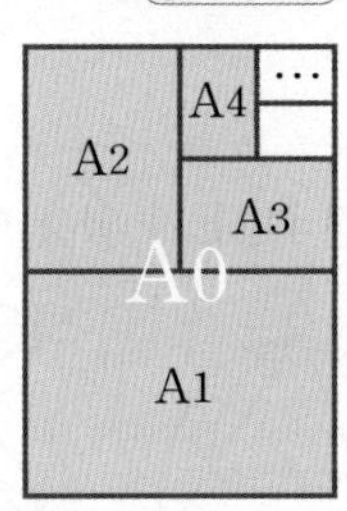

① 2 : 1 ② 4 : 1 ③ 8 : 1
④ 16 : 1 ⑤ 32 : 1

0448 유형 02

다음 그림과 같이 직선 $y=\frac{1}{4}x+2$와 x축 사이에 3개의 정사각형 A, B, C가 붙어 있다. 이때 세 정사각형 A, B, C의 닮음비를 가장 간단한 자연수의 비로 나타내시오.

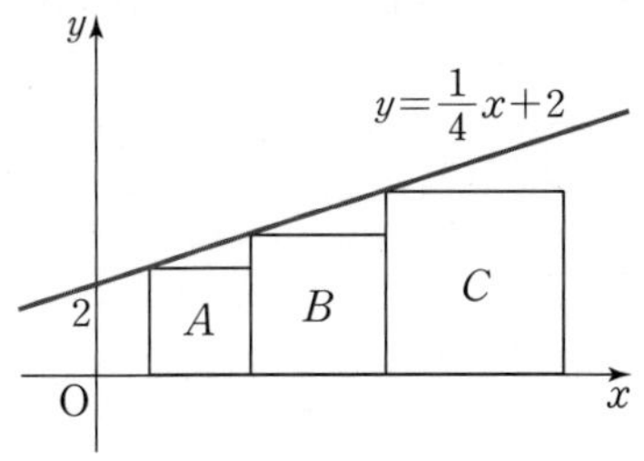

0449 유형 08

다음 그림은 볼록 렌즈의 상이 맺히는 원리를 보여 준 것이다. 점 O는 렌즈의 중심이고 점 F는 볼록 렌즈의 초점이다. $\overline{AB}=4$ cm, $\overline{BO}=6$ cm, $\overline{OF}=12$ cm일 때, $x+y$의 값을 구하시오.

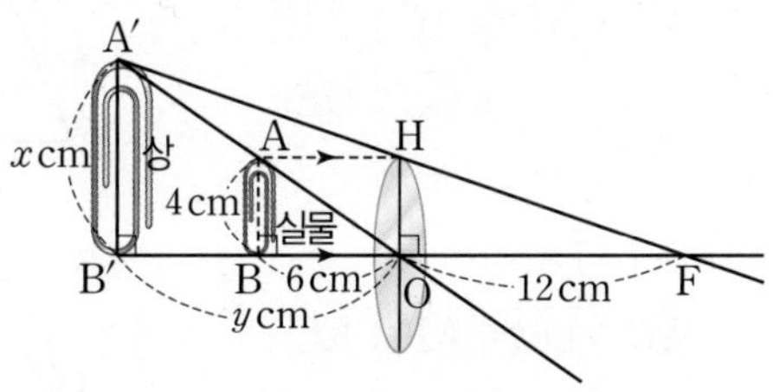

0450 유형 07

높이가 3.2 m인 가로등 바로 아래에 키가 1.7 m인 다현이와 키가 1.2 m인 동생 성민이가 서 있다가 성민이가 먼저 초속 y m의 속력으로 걸어가고, 성민이가 출발한 지 12초 후 다현이가 초속 x m의 속력으로 걸어간다. 다현이가 걷기 시작한 지 1분 후에 다현이의 그림자의 끝과 성민이의 그림자의 끝이 일치하였을 때, 다현이와 성민이의 속력의 비를 가장 간단한 자연수의 비로 나타내시오.
(단, 다현이와 성민이는 일정한 속력과 일정한 방향으로 직선을 유지하며 걷는다.)

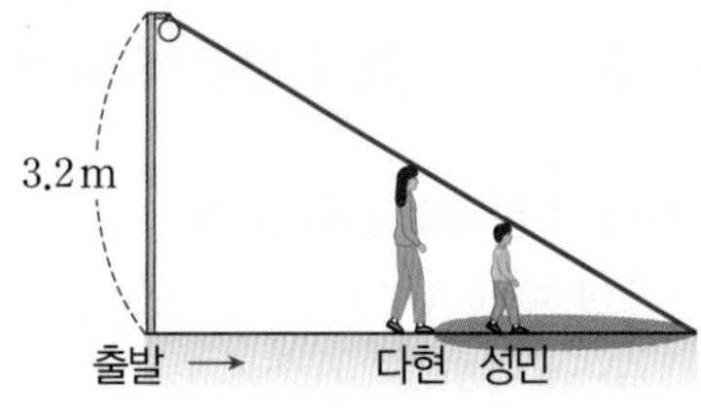

05 도형의 닮음

Theme 11 삼각형에서 평행선과 선분의 길이의 비 유형 01 ~ 유형 07

(1) 삼각형에서 평행선과 선분의 길이의 비

① △ABC에서 두 변 AB, AC 또는 그 연장선 위에 각각 점 D, E가 있을 때,

(i) $\overline{BC} /\!/ \overline{DE}$이면

$\overline{AB} : \overline{AD} = \overline{AC} : \overline{AE}$
$= \overline{BC} : \overline{DE}$

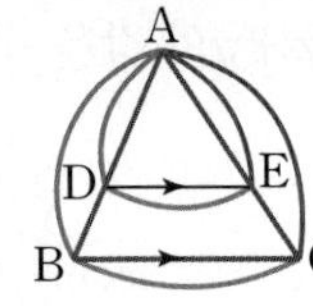
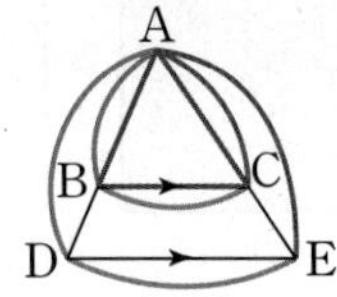
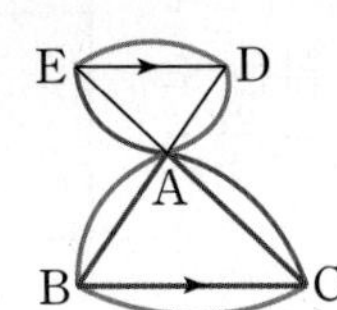

(ii) $\overline{BC} /\!/ \overline{DE}$이면

$\overline{AD} : \overline{DB} = \overline{AE} : \overline{EC}$

주의 $\overline{AD} : \overline{DB} = \overline{AE} : \overline{EC}$
$\neq \overline{DE} : \overline{BC}$

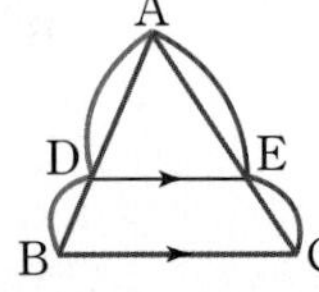
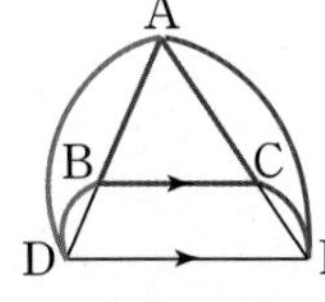
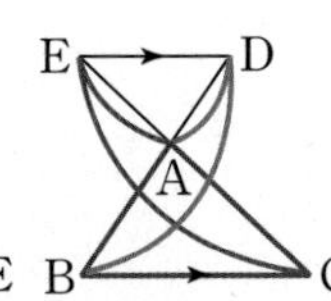

② △ABC에서 두 변 AB, AC 또는 그 연장선 위에 각각 점 D, E가 있을 때,

(i) $\overline{AB} : \overline{AD} = \overline{AC} : \overline{AE}$이면 $\overline{BC} /\!/ \overline{DE}$

(ii) $\overline{AD} : \overline{DB} = \overline{AE} : \overline{EC}$이면 $\overline{BC} /\!/ \overline{DE}$

(2) 삼각형의 각의 이등분선

① 삼각형의 내각의 이등분선의 성질

△ABC에서 ∠A의 이등분선이 변 BC와 만나는 점을 D라 하면

$\overline{AB} : \overline{AC} = \overline{BD} : \overline{CD}$

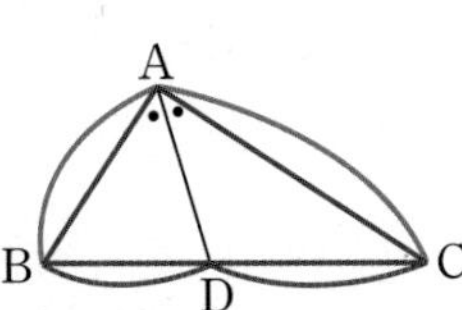

② 삼각형의 외각의 이등분선의 성질

△ABC에서 ∠A의 외각의 이등분선이 변 BC의 연장선과 만나는 점을 D라 하면

$\overline{AB} : \overline{AC} = \overline{BD} : \overline{CD}$

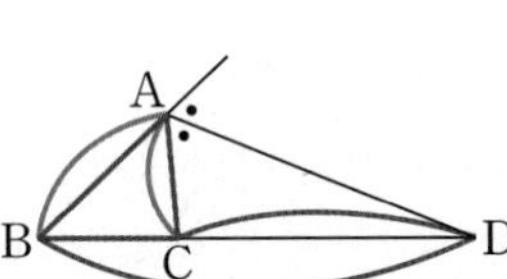

비법 Note

> △ABC∽△ADE이므로 대응변의 길이의 비가 같다.

비법 Note

> 점 C를 지나고 $\overline{AD}$에 평행한 직선이 $\overline{BA}$의 연장선과 만나는 점을 E라 하면

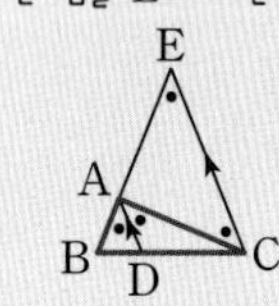

∠BAD=∠AEC (동위각)
∠DAC=∠ACE (엇각)
따라서 △ACE는 이등변삼각형이므로 $\overline{AE} = \overline{AC}$
또한, $\overline{AD} /\!/ \overline{EC}$이므로
$\overline{BA} : \overline{AE} = \overline{BD} : \overline{DC}$
⇨ $\overline{AB} : \overline{AC} = \overline{BD} : \overline{CD}$

Theme 12 평행선 사이의 선분의 길이의 비 유형 08 ~ 유형 11

(1) 평행선 사이의 선분의 길이의 비

세 개 이상의 평행선이 다른 두 직선과 만나서 생기는 선분의 길이의 비는 같다.

즉, $l /\!/ m /\!/ n$이면

$a : b = c : d$ 또는 $a : c = b : d$

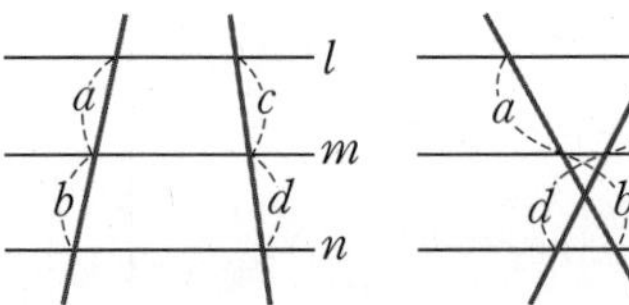

(2) 사다리꼴에서 평행선과 선분의 길이의 비

사다리꼴 ABCD에서 $\overline{AD} /\!/ \overline{EF} /\!/ \overline{BC}$이면

$\overline{EF} = \dfrac{an+bm}{m+n}$

주의 두 사다리꼴 AEFD와 ABCD를 닮음이라고 착각하지 않도록 한다.

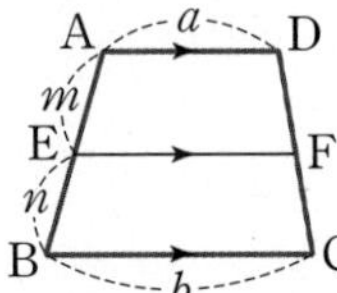

비법 Note

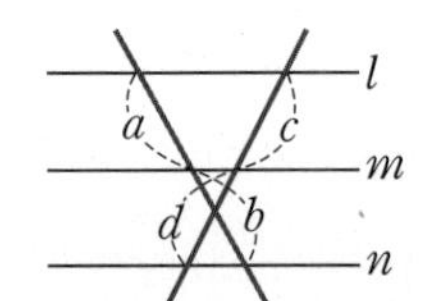

$\overline{AD} = \overline{PF} = \overline{QC} = a$
$m : (m+n)$
$= \overline{EP} : (b-a)$
$\therefore \overline{EP} = \dfrac{m(b-a)}{m+n}$
$\therefore \overline{EF} = \overline{EP} + \overline{PF}$
$= \dfrac{an+bm}{m+n}$

Theme 11 삼각형에서 평행선과 선분의 길이의 비

[0451~0454] 다음 그림에서 $\overline{BC} /\!/ \overline{DE}$일 때, x의 값을 구하시오.

0451

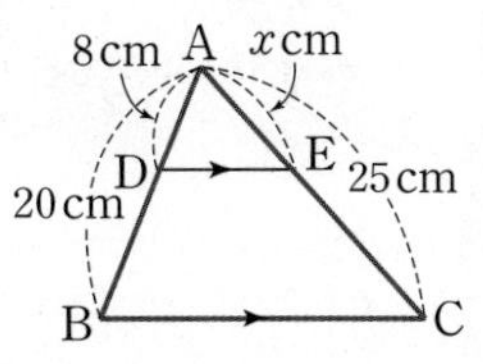

0452

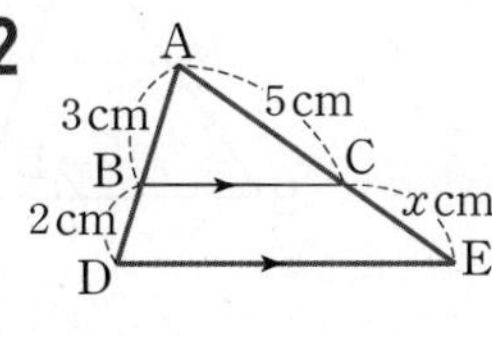

0453

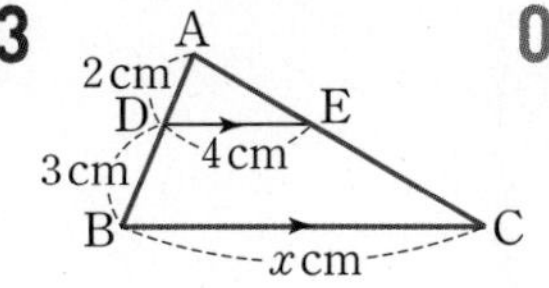

0454

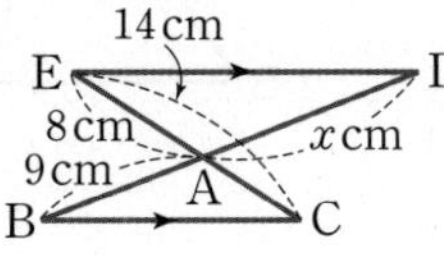

0455 다음 보기에서 $\overline{BC} /\!/ \overline{DE}$인 것을 모두 고르시오.

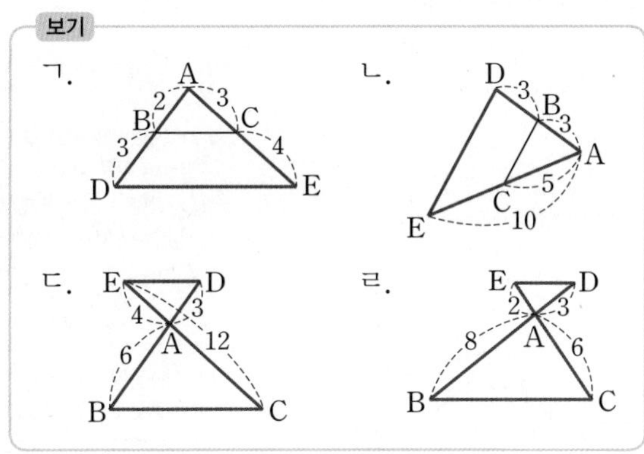

[0456~0457] 다음 그림과 같은 $\triangle ABC$에서 $\overline{AD}$가 $\angle A$의 이등분선일 때, x의 값을 구하시오.

0456

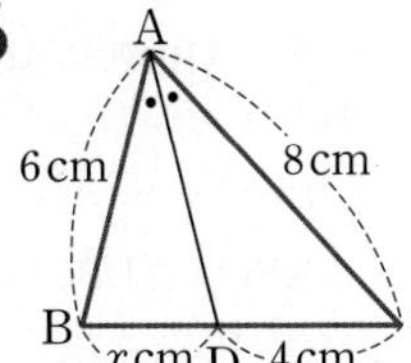

0457

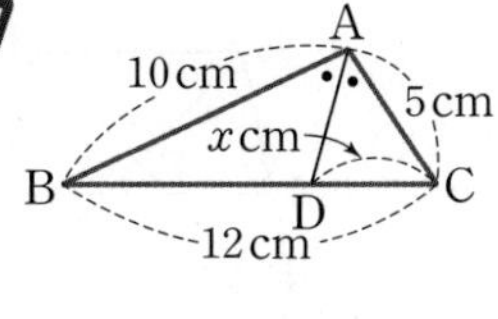

[0458~0459] 다음 그림과 같은 $\triangle ABC$에서 $\overline{AD}$가 $\angle A$의 외각의 이등분선일 때, x의 값을 구하시오.

0458

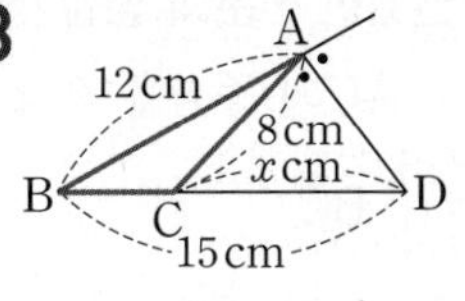

0459

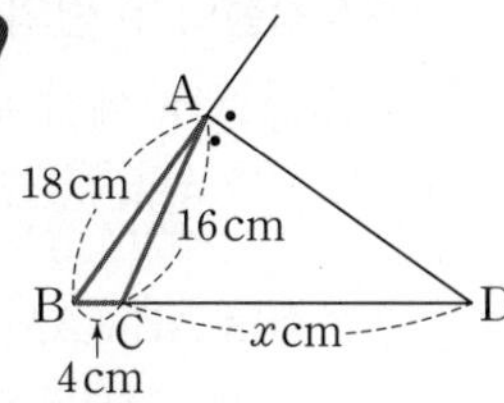

Theme 12 평행선 사이의 선분의 길이의 비

[0460~0461] 다음 그림에서 $l /\!/ m /\!/ n$일 때, x의 값을 구하시오.

0460

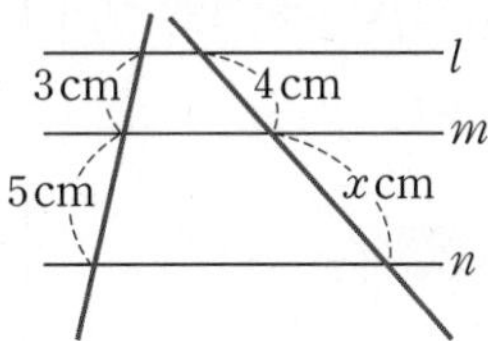

0461

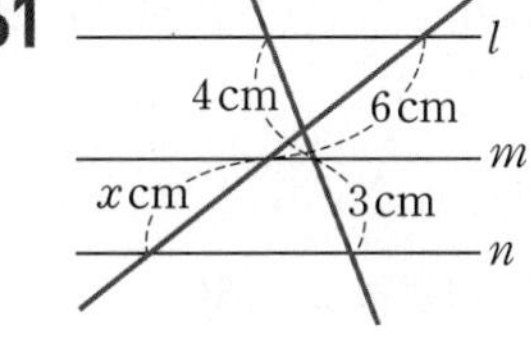

[0462~0464] 오른쪽 그림과 같은 사다리꼴 ABCD에서 $\overline{AD} /\!/ \overline{EF} /\!/ \overline{BC}$이고 $\overline{AH} /\!/ \overline{DC}$일 때, 다음을 구하시오.

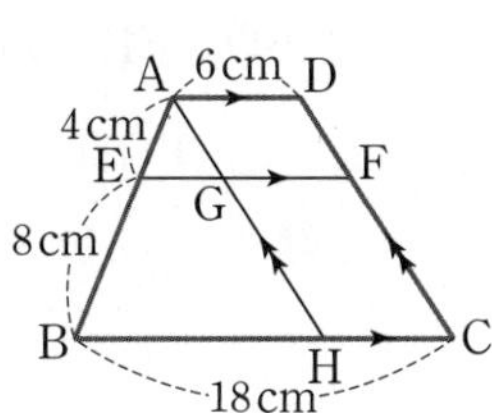

0462 $\overline{GF}$의 길이

0463 $\overline{EG}$의 길이

0464 $\overline{EF}$의 길이

Theme 13 두 변의 중점을 연결한 선분 유형 12 ~ 유형 18

(1) 삼각형의 두 변의 중점을 연결한 선분의 성질

① △ABC에서 두 변 AB, AC의 중점을 각각 M, N이라 하면

$\overline{BC} /\!/ \overline{MN}$, $\overline{MN}=\frac{1}{2}\overline{BC}$

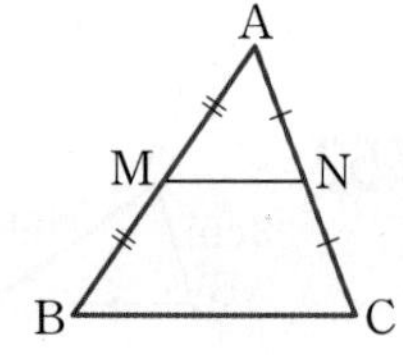

참고 $\overline{AB}:\overline{AM}=\overline{AC}:\overline{AN}$이므로 $\overline{BC} /\!/ \overline{MN}$

따라서 $\overline{BC}:\overline{MN}=\overline{AB}:\overline{AM}=2:1$이므로 $\overline{MN}=\frac{1}{2}\overline{BC}$

② △ABC에서 변 AB의 중점 M을 지나고 변 BC에 평행한 직선과 변 AC의 교점을 N이라 하면

$\overline{AN}=\overline{NC}$ → 즉, $\overline{AM}=\overline{MB}$, $\overline{MN} /\!/ \overline{BC}$이면

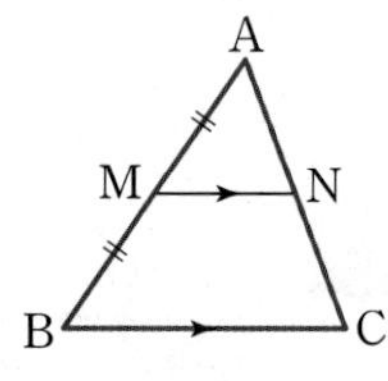

참고 $\overline{MN} /\!/ \overline{BC}$이므로

$\overline{AN}:\overline{NC}=\overline{AM}:\overline{MB}=1:1$ ∴ $\overline{AN}=\overline{NC}$

> 비법 Note
> 삼각형의 두 변의 중점을 연결한 선분은 나머지 한 변과 평행하고, 그 길이는 나머지 한 변의 길이의 $\frac{1}{2}$이다.

> 비법 Note
> 삼각형의 한 변의 중점을 지나고 다른 한 변에 평행한 직선은 나머지 한 변의 중점을 지난다.

(2) 삼각형의 세 변의 중점을 연결한 삼각형

△ABC에서 $\overline{AB}$, $\overline{BC}$, $\overline{CA}$의 중점을 각각 D, E, F라 하면

① $\overline{AB} /\!/ \overline{FE}$, $\overline{FE}=\frac{1}{2}\overline{AB}$

$\overline{BC} /\!/ \overline{DF}$, $\overline{DF}=\frac{1}{2}\overline{BC}$

$\overline{CA} /\!/ \overline{ED}$, $\overline{ED}=\frac{1}{2}\overline{CA}$

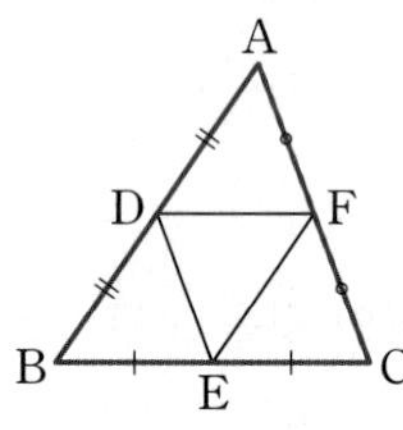

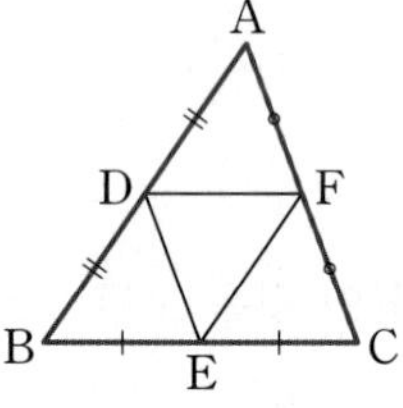

② (△DEF의 둘레의 길이)$=\frac{1}{2}\times$(△ABC의 둘레의 길이)

(3) 사각형의 네 변의 중점을 연결한 사각형

□ABCD에서 $\overline{AB}$, $\overline{BC}$, $\overline{CD}$, $\overline{DA}$의 중점을 각각 E, F, G, H라 하면

① $\overline{AC} /\!/ \overline{EF} /\!/ \overline{HG}$, $\overline{EF}=\overline{HG}=\frac{1}{2}\overline{AC}$

② $\overline{BD} /\!/ \overline{EH} /\!/ \overline{FG}$, $\overline{EH}=\overline{FG}=\frac{1}{2}\overline{BD}$

③ (□EFGH의 둘레의 길이)$=\overline{AC}+\overline{BD}$ → $\overline{EF}+\overline{FG}+\overline{GH}+\overline{HE}=\frac{1}{2}\overline{AC}+\frac{1}{2}\overline{BD}+\frac{1}{2}\overline{AC}+\frac{1}{2}\overline{BD}$

참고 □EFGH에서 두 쌍의 대변의 길이가 각각 같으므로 □EFGH는 평행사변형이다.

> 비법 Note
> 사각형의 각 변의 중점을 연결하여 만든 사각형
>
> ① 사각형 ⇨ 평행사변형 ② 평행사변형 ⇨ 평행사변형

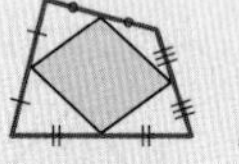

> ③ 직사각형 ⇨ 마름모 ④ 마름모 ⇨ 직사각형

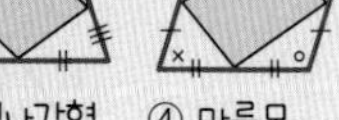
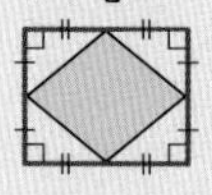

> ⑤ 정사각형 ⇨ 정사각형 ⑥ 등변사다리꼴 ⇨ 마름모

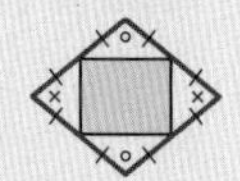
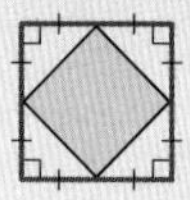
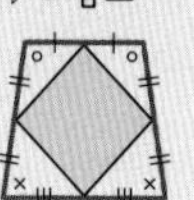

(4) 사다리꼴에서 두 변의 중점을 연결한 선분의 성질

$\overline{AD} /\!/ \overline{BC}$인 사다리꼴 ABCD에서 $\overline{AB}$, $\overline{CD}$의 중점을 각각 M, N이라 하면

① $\overline{AD} /\!/ \overline{MN} /\!/ \overline{BC}$

② $\overline{MN}=\overline{MQ}+\overline{QN}=\frac{1}{2}(\overline{BC}+\overline{AD})$

③ $\overline{PQ}=\overline{MQ}-\overline{MP}=\frac{1}{2}(\overline{BC}-\overline{AD})$ (단, $\overline{BC}>\overline{AD}$)

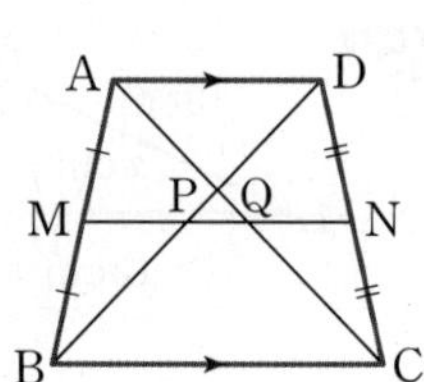

> 비법 Note
> (4)의 △ABD와 △ACD에서
> $\overline{MP}=\overline{QN}=\frac{1}{2}\overline{AD}$
> △ABC와 △DBC에서
> $\overline{MQ}=\overline{PN}=\frac{1}{2}\overline{BC}$

Theme 13 두 변의 중점을 연결한 선분

[0465~0467] 오른쪽 그림과 같은 $\triangle ABC$에서 두 점 M, N이 각각 $\overline{AB}$, $\overline{AC}$의 중점일 때, 다음을 구하시오.

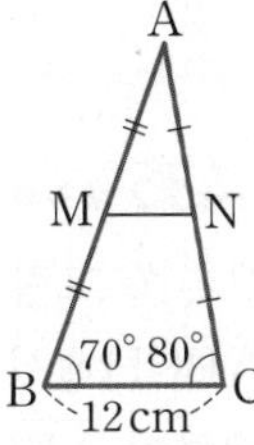

0465 $\angle AMN$의 크기

0466 $\angle ANM$의 크기

0467 $\overline{MN}$의 길이

[0468~0471] 다음 그림과 같은 $\triangle ABC$에서 x의 값을 구하시오.

0468

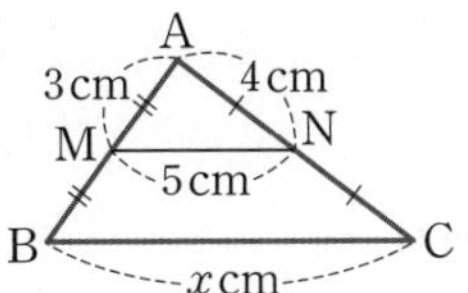

0469

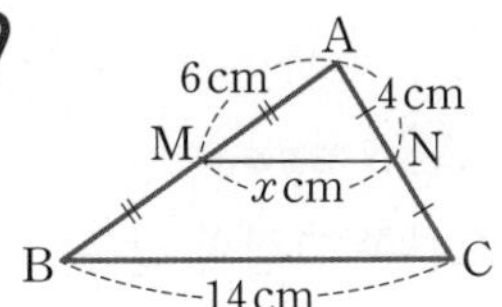

0470

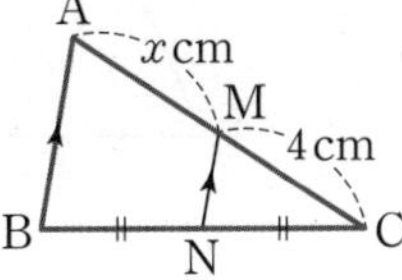

0471

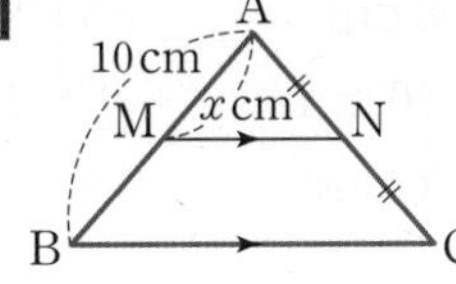

[0472~0474] 오른쪽 그림과 같은 $\triangle ABC$에서 $\overline{AB}$, $\overline{BC}$, $\overline{CA}$의 중점을 각각 D, E, F라 할 때, 다음 □ 안에 알맞은 것을 써넣으시오.

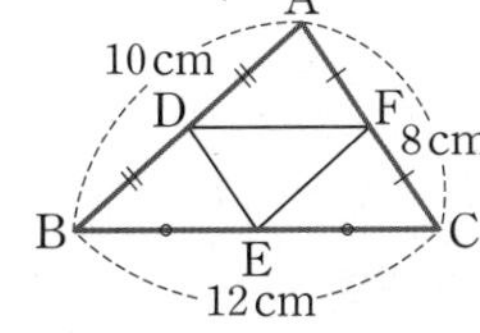

0472 $\overline{AB} /\!/ \square$, $\overline{BC} /\!/ \square$, $\overline{AC} /\!/ \square$

0473 $\overline{DF} = \square$ cm, $\overline{DE} = \square$ cm, $\overline{EF} = \square$ cm

0474 ($\triangle DEF$의 둘레의 길이)$= \square$ cm

[0475~0478] 오른쪽 그림과 같은 □ABCD에서 $\overline{AB}$, $\overline{BC}$, $\overline{CD}$, $\overline{DA}$의 중점을 각각 E, F, G, H라 할 때, 다음 □ 안에 알맞은 것을 써넣으시오.

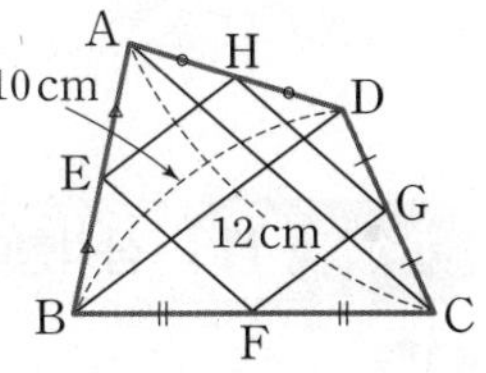

0475 $\overline{AC} /\!/ \square /\!/ \square$, $\overline{BD} /\!/ \square /\!/ \square$

0476 $\overline{EH} = \square$ cm, $\overline{FG} = \square$ cm,
$\overline{EF} = \square$ cm, $\overline{HG} = \square$ cm

0477 (□EFGH의 둘레의 길이)$= \square$ cm

0478 □EFGH는 두 쌍의 대변의 길이가 각각 같으므로 □이다.

0479 오른쪽 그림과 같이 $\overline{AD} /\!/ \overline{BC}$인 사다리꼴 ABCD에서 $\overline{AB}$, $\overline{CD}$의 중점을 각각 M, N이라 하고, $\overline{AN}$의 연장선과 $\overline{BC}$의 연장선의 교점을 E라 할 때, ㈎~㈑에 알맞은 것을 구하시오.

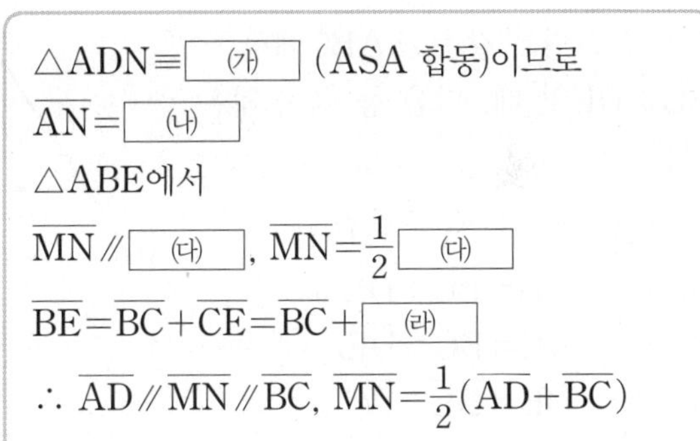

$\triangle ADN \equiv$ ㈎ (ASA 합동)이므로
$\overline{AN} =$ ㈏
$\triangle ABE$에서
$\overline{MN} /\!/$ ㈐, $\overline{MN} = \frac{1}{2}$ ㈐
$\overline{BE} = \overline{BC} + \overline{CE} = \overline{BC} +$ ㈑
$\therefore \overline{AD} /\!/ \overline{MN} /\!/ \overline{BC}$, $\overline{MN} = \frac{1}{2}(\overline{AD} + \overline{BC})$

[0480~0481] 오른쪽 그림과 같이 $\overline{AD} /\!/ \overline{BC}$인 사다리꼴 ABCD에서 두 점 M, N이 각각 $\overline{AB}$, $\overline{CD}$의 중점일 때, 다음 □ 안에 알맞은 수를 써넣으시오.

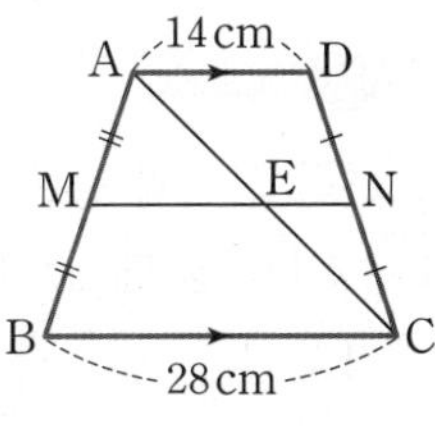

0480 $\overline{ME} = \square$ cm, $\overline{EN} = \square$ cm

0481 $\overline{MN} = \square$ cm

06 선분의 길이의 비 평행선 사이의

Theme 11 삼각형에서 평행선과 선분의 길이의 비 워크북 72쪽

빈출 유형 01 삼각형에서 평행선과 선분의 길이의 비 (1)

$\triangle ABC$에서 두 점 D, E가 각각 $\overline{AB}$, $\overline{AC}$ 또는 그 연장선 위의 점일 때, $\overline{BC} /\!/ \overline{DE}$이면

(1) $a : a' = b : b' = c : c'$ (2) $a : a' = b : b'$

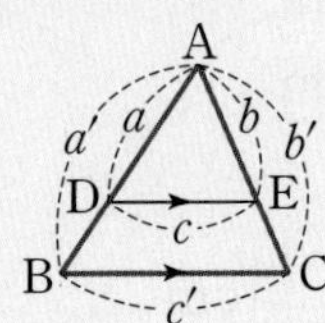

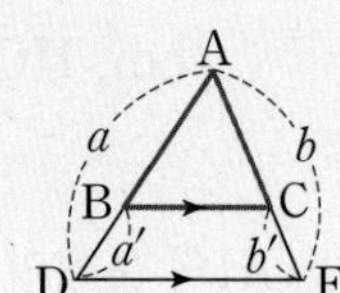

대표 문제

0482

오른쪽 그림과 같은 $\triangle ABC$에서 $\overline{BC} /\!/ \overline{DE}$일 때, $x+y$의 값은?

① 16 ② 18
③ 20 ④ 21
⑤ 22

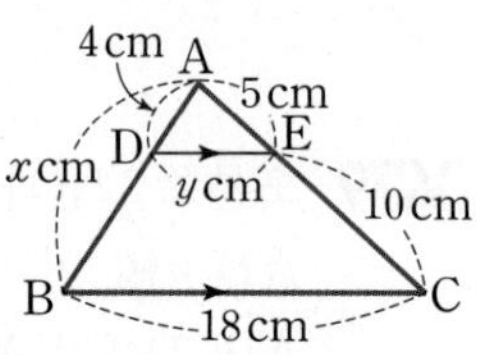

0483 ●●●●

오른쪽 그림과 같은 $\triangle ABC$에서 $\overline{BC} /\!/ \overline{DE}$일 때, 다음 중 옳지 않은 것은?

① $\overline{AB} : \overline{AD} = \overline{AC} : \overline{AE}$
② $\overline{AB} : \overline{AD} = \overline{BC} : \overline{DE}$
③ $\overline{AC} : \overline{AE} = \overline{BC} : \overline{DE}$
④ $\overline{AD} : \overline{DB} = \overline{DE} : \overline{BC}$
⑤ $\overline{AD} : \overline{DB} = \overline{AE} : \overline{EC}$

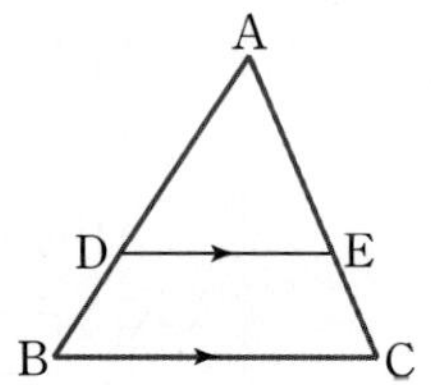

0484 ●●●●

오른쪽 그림과 같은 $\triangle ABC$에서 $\overline{BC} /\!/ \overline{DE}$일 때, x의 값은?

① $\frac{13}{2}$ ② 7
③ $\frac{15}{2}$ ④ 8
⑤ $\frac{17}{2}$

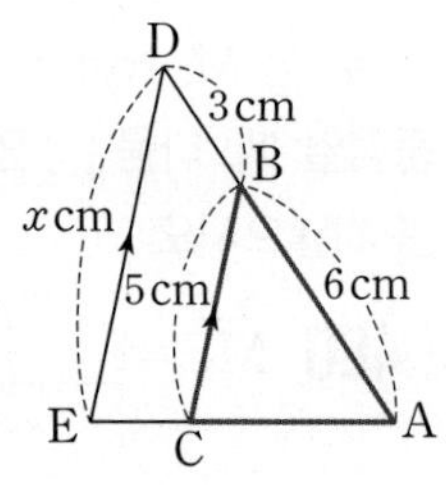

0485 ●●●●

오른쪽 그림과 같은 평행사변형 ABCD에서 변 BC 위의 점 E에 대하여 $\overline{AE}$의 연장선과 $\overline{CD}$의 연장선의 교점을 F라 할 때, $\overline{BE}$의 길이를 구하시오.

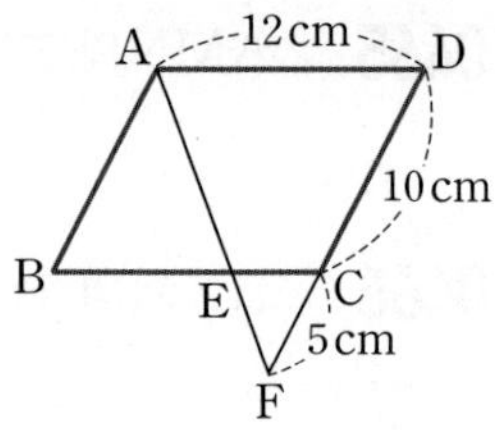

0486 ●●●●

오른쪽 그림과 같은 $\triangle ABC$에서 $\overline{AC} /\!/ \overline{DF}$, $\overline{BC} /\!/ \overline{DE}$일 때, $\overline{BF}$의 길이는?

① 8 cm ② 9 cm
③ 10 cm ④ 11 cm
⑤ 12 cm

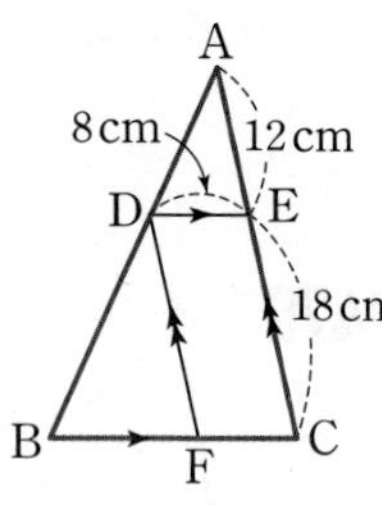

신유형

0487 ●●●●

오른쪽 그림과 같은 $\triangle ABC$에서 $\overline{BC} /\!/ \overline{DE}$이고 $\angle BCD = \angle ECD$일 때, $\overline{AE}$의 길이를 구하시오.

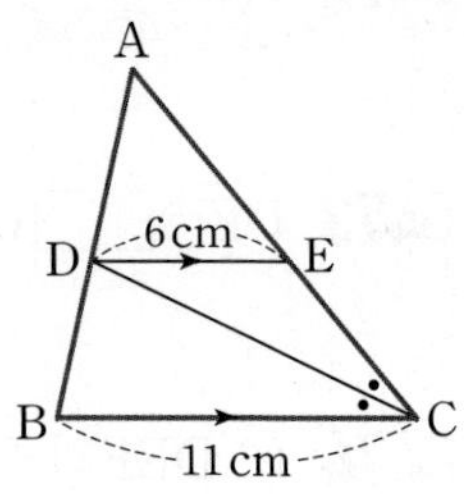

유형 02 삼각형에서 평행선과 선분의 길이의 비 (2)

△ABC에서 두 점 D, E가 각각 $\overline{AB}$, $\overline{AC}$의 연장선 위의 점일 때, $\overline{BC} /\!/ \overline{DE}$이면

(1) $a : a'=b : b'=c : c'$　　(2) $a : a'=b : b'$

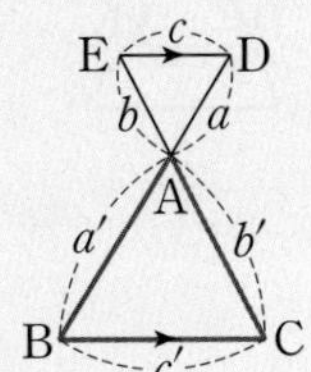
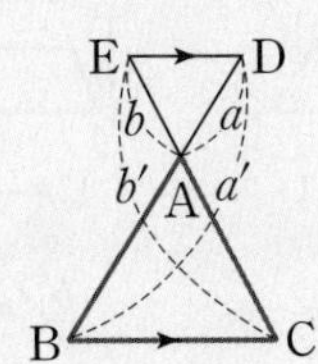

대표 문제

0488

오른쪽 그림에서 $\overline{BC} /\!/ \overline{DE}$일 때, $x+y$의 값은?

① 11　② 12　③ 13　④ 14　⑤ 15

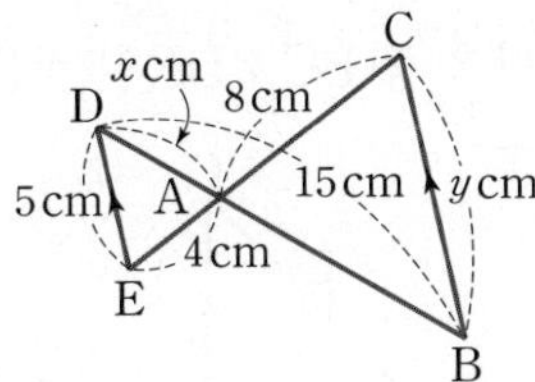

0489

오른쪽 그림에서 $\overline{BC} /\!/ \overline{DE} /\!/ \overline{FG}$일 때, x, y의 값을 각각 구하시오.

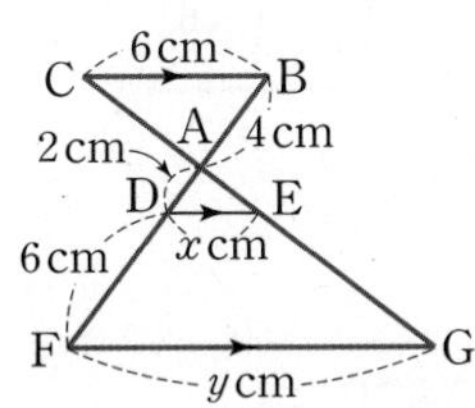

0490

오른쪽 그림에서 $\overline{BC} /\!/ \overline{DE}$이고 $\overline{AD} : \overline{DB}=1 : 5$이다. △ABC의 둘레의 길이가 48 cm일 때, △ADE의 둘레의 길이를 구하시오.

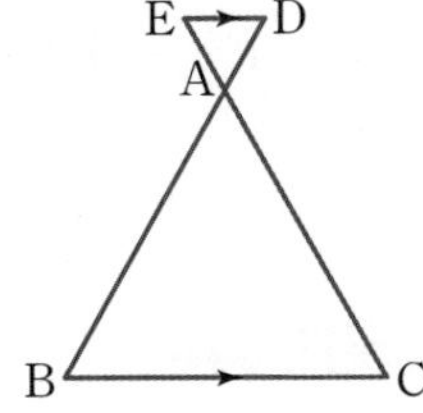

서술형

0491

오른쪽 그림에서 $\overline{AB} /\!/ \overline{DC}$, $\overline{AD} /\!/ \overline{FC}$이고 $\overline{EB}=2\overline{AE}$일 때, $\overline{FC}$의 길이를 구하시오.

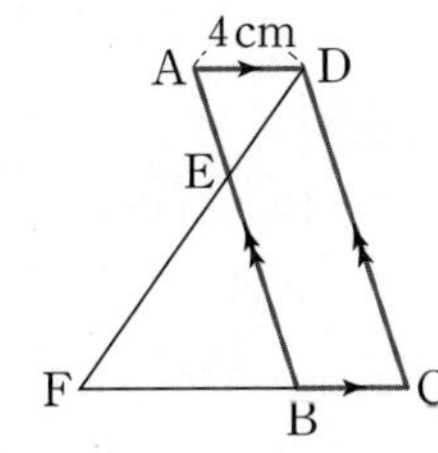

유형 03 삼각형에서 평행선과 선분의 길이의 비의 응용 (1)

△ABC에서 $\overline{BC} /\!/ \overline{DE}$이면

$a : b=c : d=e : f$

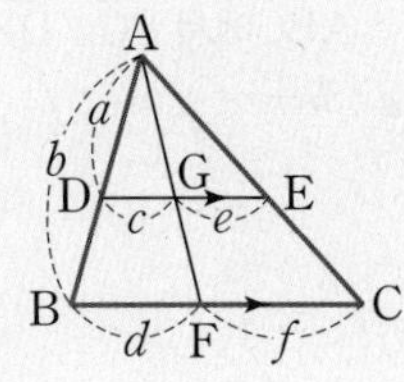

대표 문제

0492

오른쪽 그림과 같은 △ABC에서 $\overline{BC} /\!/ \overline{DE}$일 때, $x+y$의 값은?

① 6　② 7　③ 8　④ 9　⑤ 10

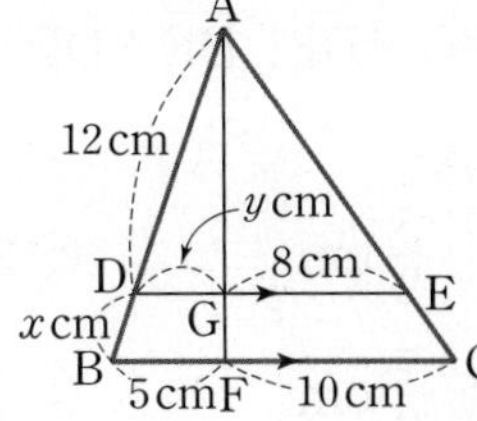

0493

오른쪽 그림과 같은 △ABC에서 $\overline{BC} /\!/ \overline{DE}$일 때, $\overline{BF}$의 길이를 구하시오.

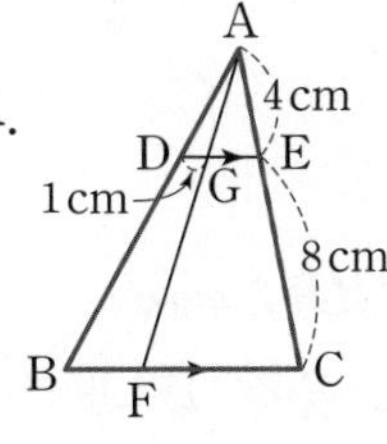

0494

오른쪽 그림과 같은 △ABC에서 $\overline{BC} /\!/ \overline{DE}$일 때, $\overline{GE}$의 길이는?

① $\frac{7}{2}$ cm　② $\frac{15}{4}$ cm　③ 4 cm　④ $\frac{14}{3}$ cm　⑤ $\frac{19}{4}$ cm

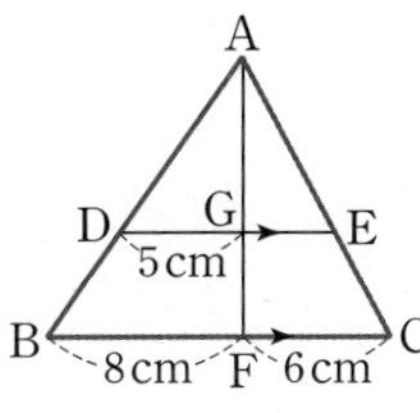

0495

오른쪽 그림과 같은 △ABC에서 $\overline{BC} /\!/ \overline{DE}$일 때, $\overline{DG}$의 길이를 구하시오.

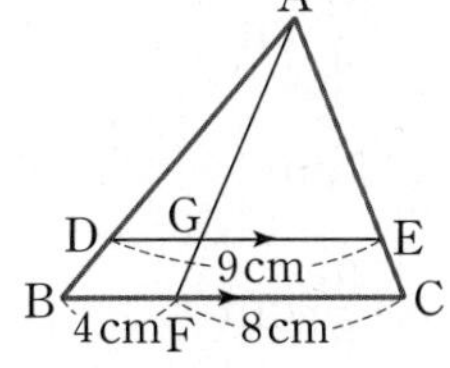

06 평행선 사이의 선분의 길이의 비

Theme 11 12 13

유형 04 삼각형에서 평행선과 선분의 길이의 비의 응용 (2)

△ABC에서 $\overline{BC}/\!/\overline{DE}$, $\overline{BE}/\!/\overline{DF}$이면
$a:b=c:d=e:f$

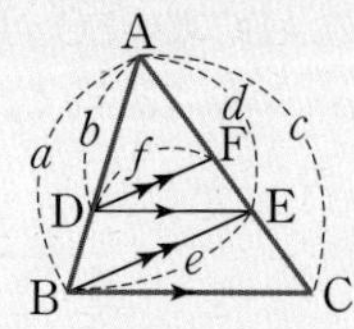

대표 문제

0496

오른쪽 그림과 같은 △ABC에서 $\overline{BC}/\!/\overline{DE}$, $\overline{BE}/\!/\overline{DF}$일 때, $\overline{DF}$의 길이는?

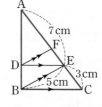

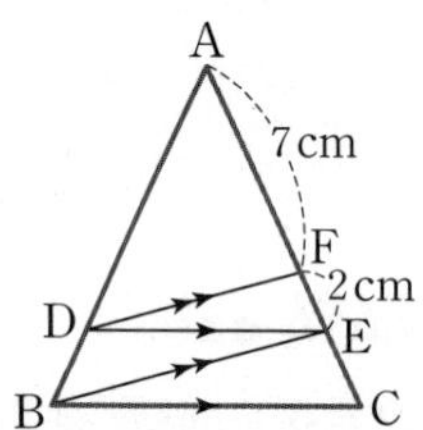

① $\frac{5}{2}$ cm ② 3 cm
③ $\frac{7}{2}$ cm ④ $\frac{37}{10}$ cm
⑤ 4 cm

0497

오른쪽 그림과 같은 △ABC에서 $\overline{BC}/\!/\overline{DE}$, $\overline{BE}/\!/\overline{DF}$일 때, $\overline{EC}$의 길이를 구하시오.

0498

오른쪽 그림과 같은 △ABC에서 $\overline{AC}/\!/\overline{DE}$, $\overline{AE}/\!/\overline{DF}$일 때, $\overline{EF}$의 길이는?

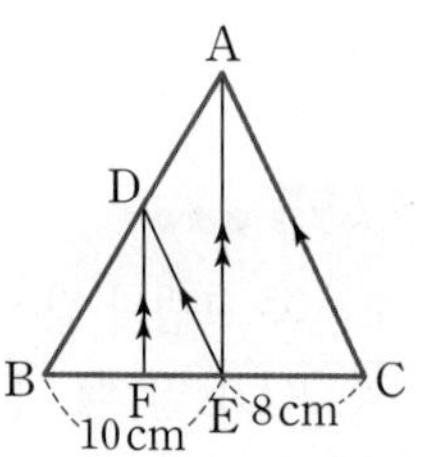

① $\frac{32}{9}$ cm ② $\frac{34}{9}$ cm
③ 4 cm ④ $\frac{38}{9}$ cm
⑤ $\frac{40}{9}$ cm

유형 05 삼각형에서 평행선 찾기

다음 그림에서 $a:b=a':b'$이면 $\overline{BC}/\!/\overline{DE}$이다.

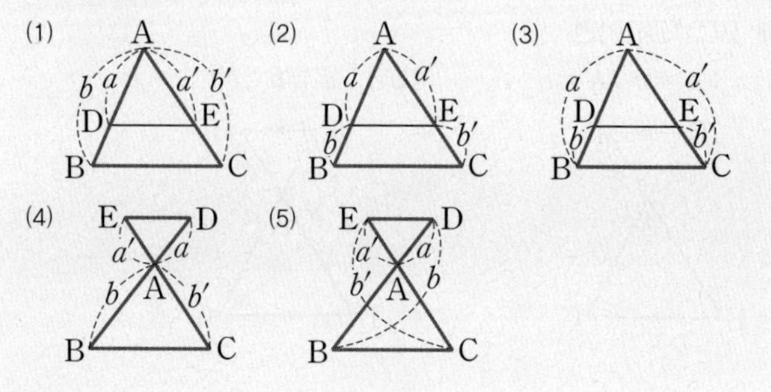

대표 문제

0499

다음 중 $\overline{BC}/\!/\overline{DE}$인 것을 모두 고르면? (정답 2개)

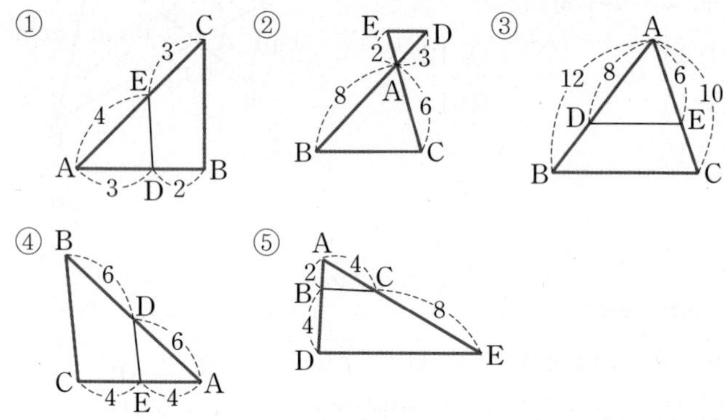

0500

오른쪽 그림에서 $\overline{AC}=3.6$, $\overline{AD}=1$, $\overline{AE}=1.2$, $\overline{BD}=4$이고 $\angle AED=30°$일 때, $\angle ACB$의 크기를 구하시오.

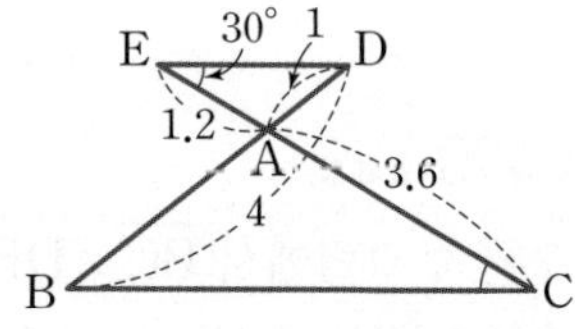

0501

오른쪽 그림과 같은 △ABC에 대한 설명으로 옳은 것을 보기에서 모두 고르시오.

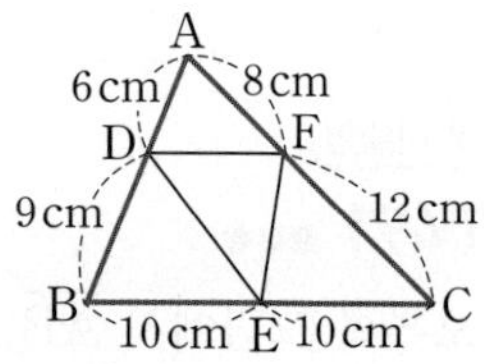

보기
ㄱ. $\overline{BC}/\!/\overline{DF}$ ㄴ. $\overline{AC}/\!/\overline{DE}$
ㄷ. $\angle B=\angle ADF$ ㄹ. △ABC∽△FEC
ㅁ. △ABC∽△ADF ㅂ. △DBE∽△FEC

빈출★

유형 06 삼각형의 내각의 이등분선

△ABC에서 ∠BAD=∠CAD이면

(1) $a : b = c : d$

(2) △ABD : △ACD $= c : d = a : b$

참고 높이가 같은 삼각형의 넓이의 비는 밑변의 길이의 비와 같다.

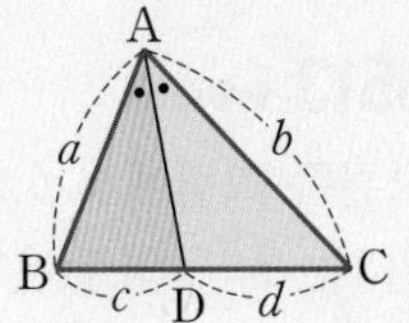

대표 문제

0502

오른쪽 그림과 같은 △ABC에서 $\overline{AD}$는 ∠A의 이등분선일 때, $\overline{BD}$의 길이를 구하시오.

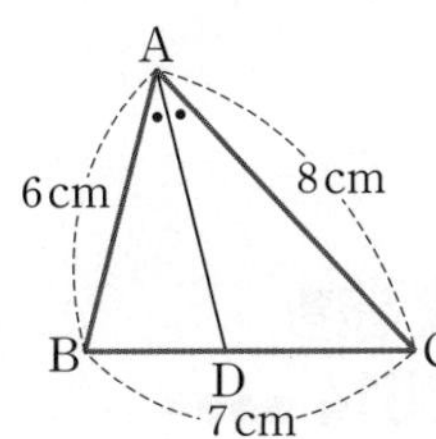

0503 ●●●●

오른쪽 그림과 같은 △ABC에서 $\overline{AE}$는 ∠A의 이등분선이고, $\overline{AC} /\!/ \overline{DE}$이다. $\overline{AB}=20$ cm, $\overline{AC}=16$ cm일 때, $\overline{DE}$의 길이를 구하시오.

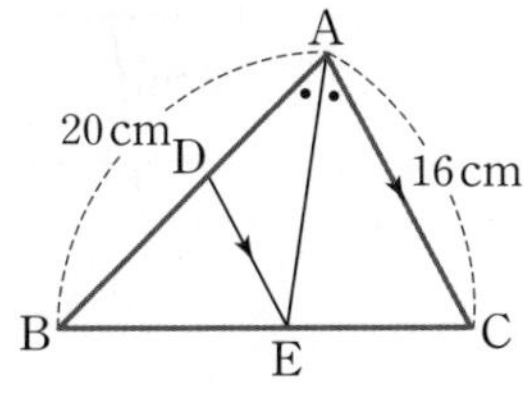

서술형

0504 ●●●●

오른쪽 그림과 같은 △ABC에서 $\overline{AD}$는 ∠A의 이등분선이다. 점 C를 지나고 $\overline{AD}$에 평행한 직선이 $\overline{BA}$의 연장선과 만나는 점을 E라 할 때, $x+y$의 값을 구하시오.

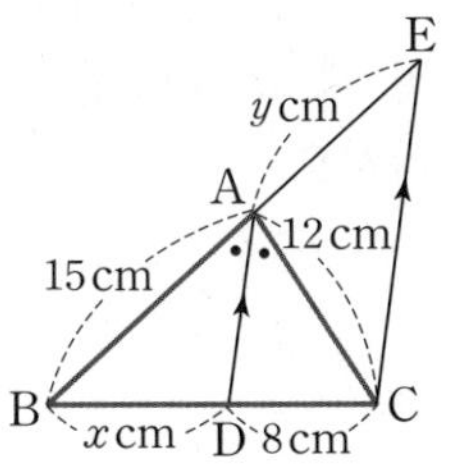

0505 ●●●●

오른쪽 그림과 같은 △ABC에서 $\overline{AD}$는 ∠A의 이등분선이다. △ABD의 넓이가 42 cm²일 때, △ADC의 넓이를 구하시오.

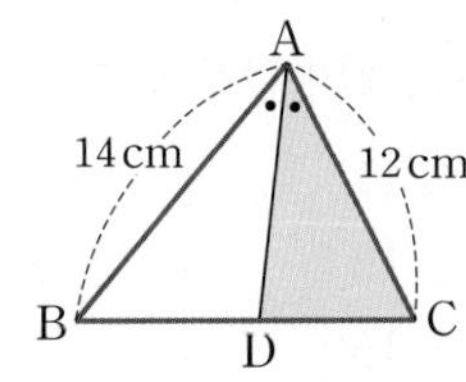

유형 07 삼각형의 외각의 이등분선

△ABC에서 $\overline{BA}$의 연장선 위의 점 E에 대하여 ∠CAD=∠EAD이면

$a : b = c : d$

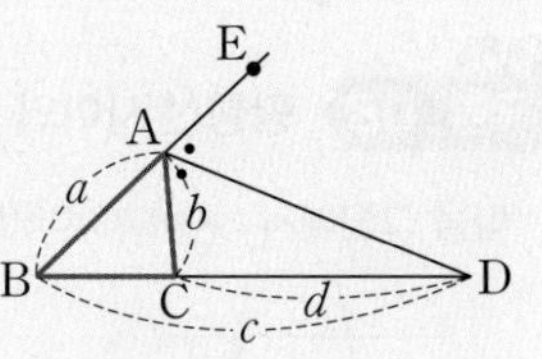

대표 문제

0506

오른쪽 그림과 같은 △ABC에서 $\overline{AD}$는 ∠A의 외각의 이등분선일 때, $\overline{CD}$의 길이는?

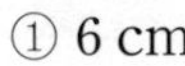
① 6 cm ② 7 cm

③ 8 cm ④ 9 cm
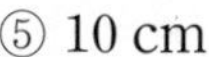
⑤ 10 cm

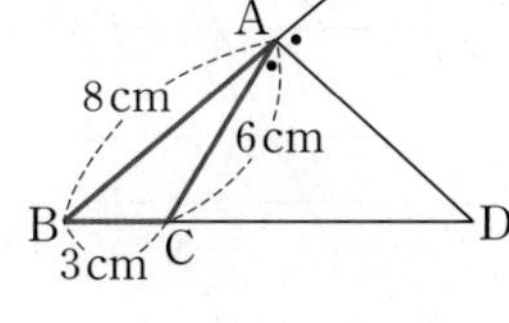

0507 ●●●●

오른쪽 그림과 같은 △ABC에서 $\overline{AD}$는 ∠A의 외각의 이등분선일 때, $\overline{AC}$의 길이를 구하시오.

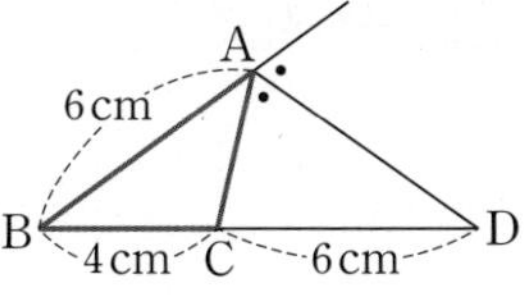

0508 ●●●●

오른쪽 그림과 같은 △ABC에서 $\overline{AD}$는 ∠A의 외각의 이등분선일 때, $\overline{AB}$의 길이를 구하시오.

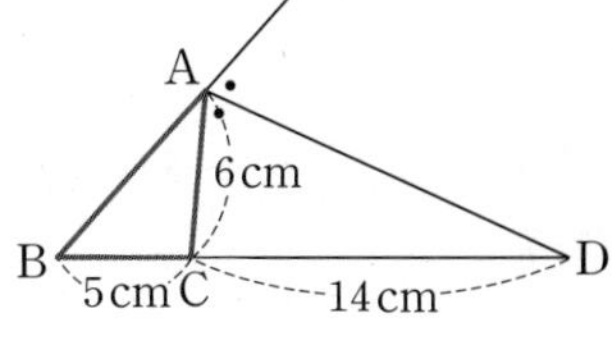

0509 ●●●●

오른쪽 그림과 같은 △ABC에서 $\overline{AD}$는 ∠A의 외각의 이등분선이다. △ADB의 넓이가 48 cm²일 때, △ABC의 넓이는?

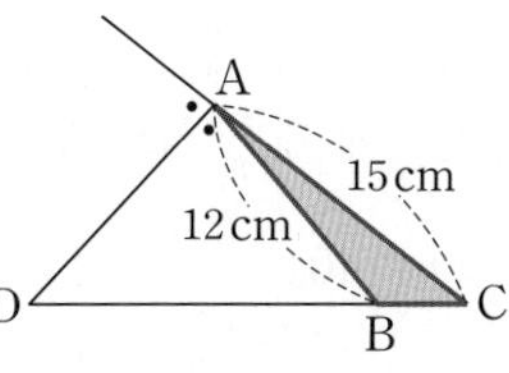

① 10 cm² ② 12 cm² ③ 15 cm²
④ 16 cm² ⑤ 20 cm²

Theme 12 평행선 사이의 선분의 길이의 비

워크북 76쪽

빈출 유형 08 평행선 사이의 선분의 길이의 비

다음 그림에서 $l /\!/ m /\!/ n$이면 $a : b = a' : b'$ 또는 $a : a' = b : b'$

(1)

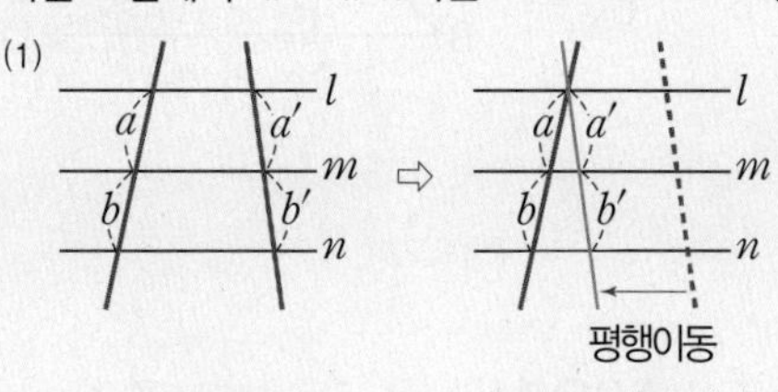

(2)

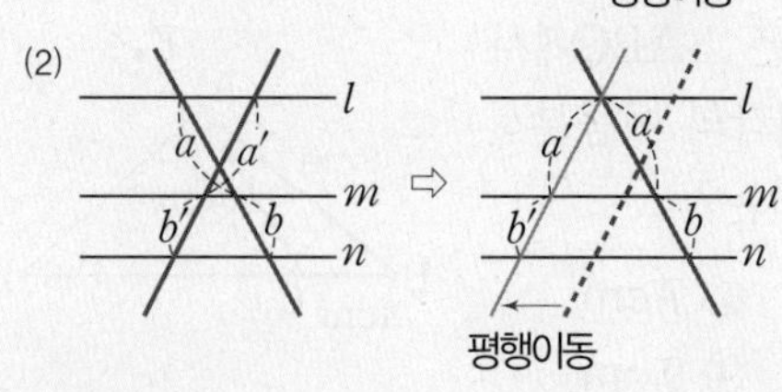

대표 문제

0510

오른쪽 그림에서 $l /\!/ m /\!/ n$일 때, $x+y$의 값을 구하시오.

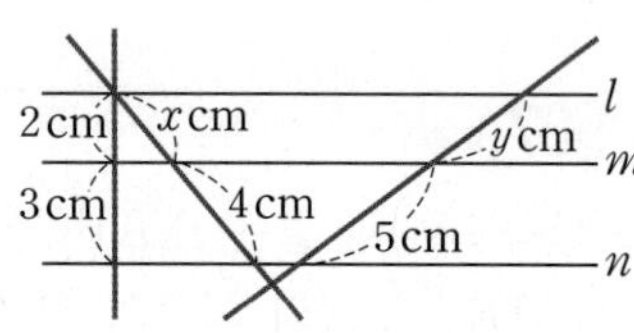

0511 ●●●●

오른쪽 그림에서 $l /\!/ m /\!/ n$일 때, x의 값은?

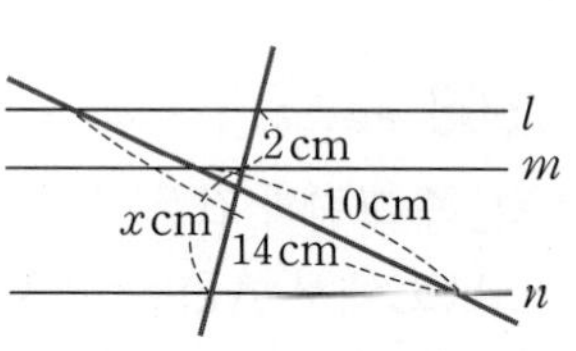

① 3 ② 4
③ 5 ④ 6
⑤ 7

0512 ●●●●

오른쪽 그림에서 $l /\!/ m /\!/ n$일 때, y를 x에 대한 식으로 나타내면?

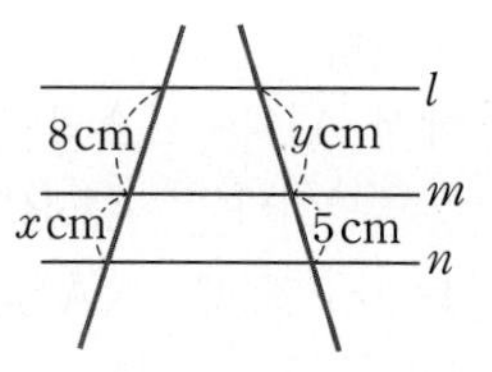

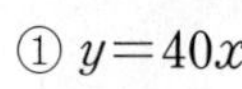 ① $y=40x$ ② $y=\frac{8}{5}x$

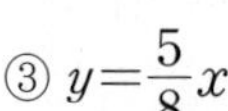 ③ $y=\frac{5}{8}x$ ④ $y=\frac{40}{x}$

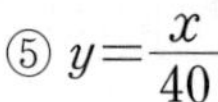 ⑤ $y=\frac{x}{40}$

0513 ●●●●

오른쪽 그림에서 $p /\!/ q /\!/ r /\!/ s$일 때, $x-y$의 값은?

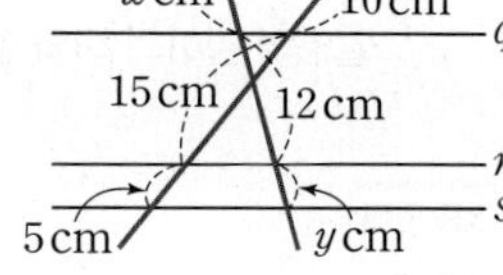

① 2 ② 3
③ 4 ④ 5
⑤ 6

신유형

0514 ●●●●

다음 그림에서 $p /\!/ q /\!/ r /\!/ s$일 때, x, y의 값을 각각 구하시오.

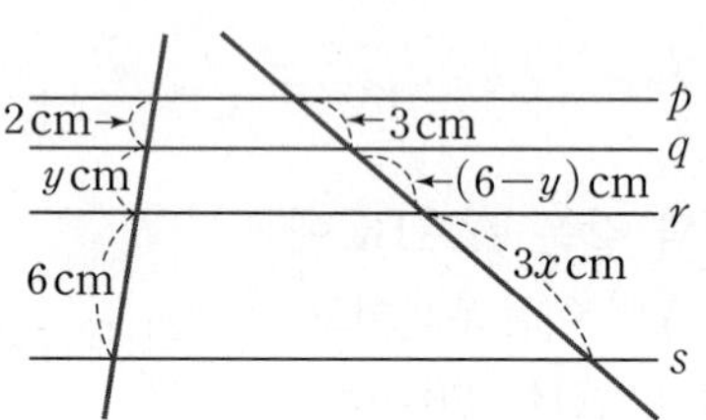

서술형

0515 ●●●●

오른쪽 그림에서 $l /\!/ m /\!/ n$일 때, x, y의 값을 각각 구하시오.

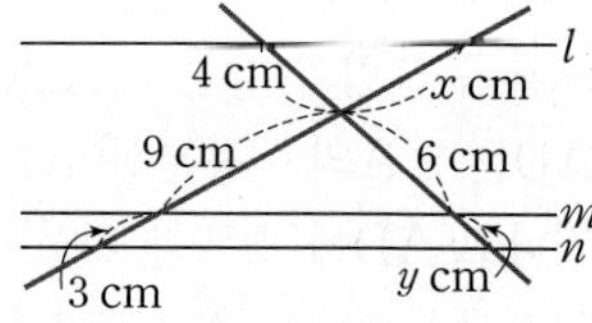

0516 ●●●●

오른쪽 그림에서 $l /\!/ m /\!/ n$일 때, x의 값은?

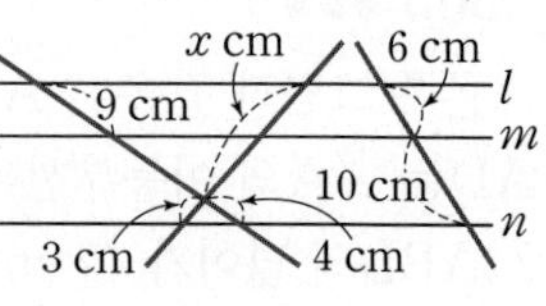

① 11 ② 12
③ 13 ④ 14
⑤ 15

유형 09 사다리꼴에서 평행선과 선분의 길이의 비

사다리꼴 ABCD에서 $\overline{AD}/\!/\overline{EF}/\!/\overline{BC}$일 때, $\overline{EF}=\overline{EG}+\overline{GF}$

[방법 1] 평행선 긋기

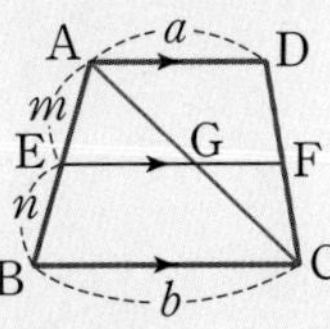

△ABH에서
$\overline{EG}:\overline{BH}=m:(m+n)$
$\overline{GF}=\overline{AD}=\overline{HC}=a$

[방법 2] 대각선 긋기

△ABC에서
$\overline{EG}:\overline{BC}=m:(m+n)$
△ACD에서
$\overline{GF}:\overline{AD}=n:(m+n)$

참고 $\overline{EF}=\dfrac{an+bm}{m+n}$

대표 문제

0517

오른쪽 그림과 같은 사다리꼴 ABCD에서 $\overline{AD}/\!/\overline{EF}/\!/\overline{BC}$일 때, $\overline{EF}$의 길이를 구하시오.

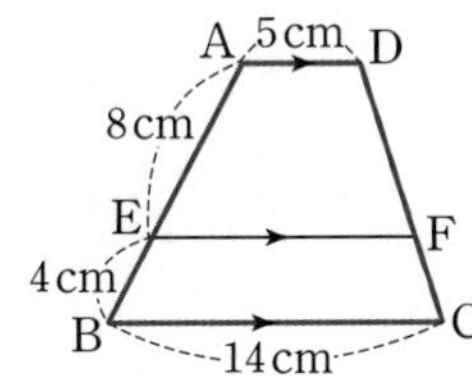

0518 ●●●●

오른쪽 그림과 같은 사다리꼴 ABCD에서 $\overline{AD}/\!/\overline{EF}/\!/\overline{BC}$일 때, $x+y$의 값을 구하시오.

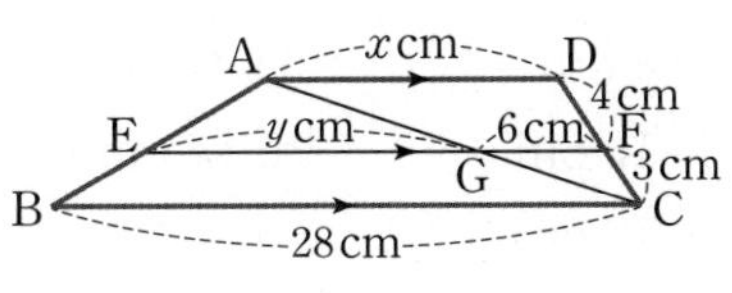

0519 ●●●●

오른쪽 그림과 같은 사다리꼴 ABCD에서 $\overline{AD}/\!/\overline{EF}/\!/\overline{BC}$일 때, x의 값을 구하시오.

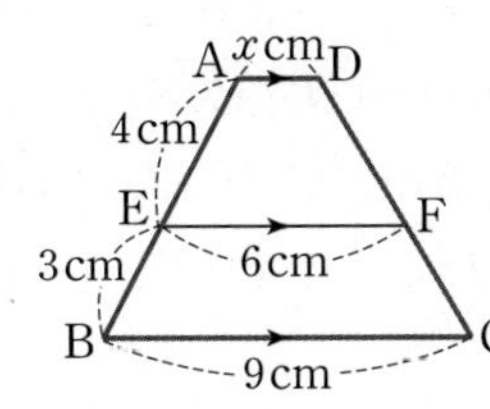

0520 ●●●●

오른쪽 그림에서 $l/\!/m/\!/n$일 때, x의 값은?

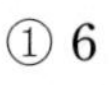
① 6 ② $\dfrac{19}{3}$ ③ $\dfrac{20}{3}$ ④ 7

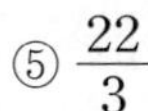
⑤ $\dfrac{22}{3}$

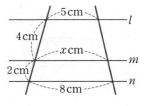

0521 ●●●●

오른쪽 그림과 같은 사다리꼴 ABCD에서 $\overline{AD}/\!/\overline{EF}/\!/\overline{BC}$이고 $\overline{AE}:\overline{EB}=3:4$일 때, $\overline{EF}$의 길이는?

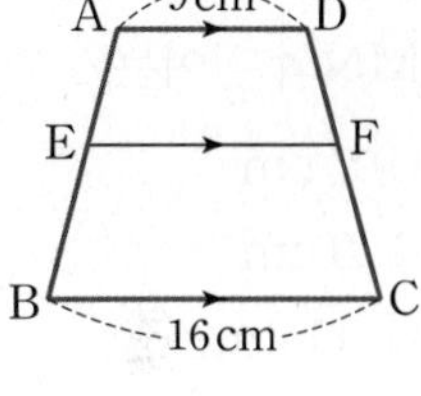

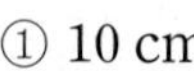
① 10 cm ② 11 cm ③ 12 cm ④ 13 cm ⑤ 14 cm

0522 ●●●●

오른쪽 그림과 같은 사다리꼴 ABCD에서 $\overline{AD}/\!/\overline{EF}/\!/\overline{BC}$이고 $\overline{AE}:\overline{EB}=2:3$일 때, $\overline{BC}$의 길이를 구하시오.

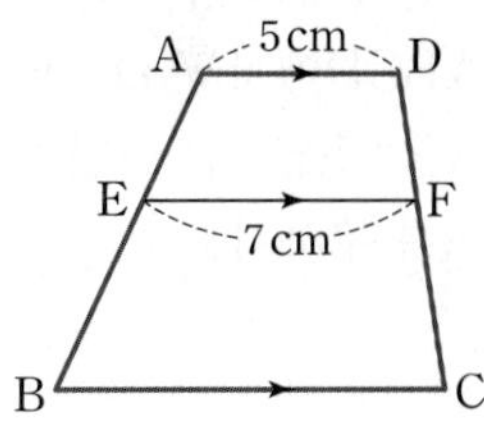

0523 ●●●●

오른쪽 그림과 같은 사다리꼴 ABCD에서 $\overline{AD}/\!/\overline{EF}/\!/\overline{GH}/\!/\overline{BC}$이고 $\overline{AE}=\overline{EG}=\overline{GB}$일 때, $\overline{GH}$의 길이를 구하시오.

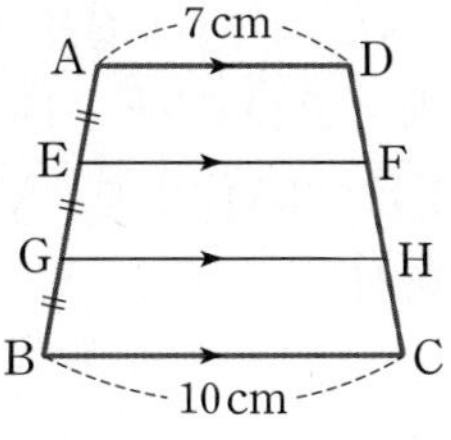

유형 10 사다리꼴에서 평행선과 선분의 길이의 비의 응용

사다리꼴 ABCD에서 $\overline{AD} /\!/ \overline{EF} /\!/ \overline{BC}$일 때,

(1) 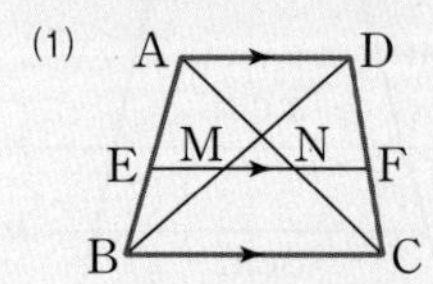

⇨ $\overline{MN}=\overline{EN}-\overline{EM}$

(2) 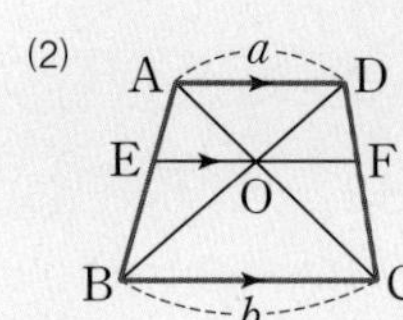

⇨ ① △AOD∽△COB이므로 $\overline{OA} : \overline{OC}=\overline{OD} : \overline{OB}=a : b$
② $\overline{AE} : \overline{BE}=\overline{DF} : \overline{CF}=a : b$
③ $\overline{EO}=\overline{FO}$

대표 문제

0524

오른쪽 그림과 같은 사다리꼴 ABCD에서 $\overline{AD} /\!/ \overline{EF} /\!/ \overline{BC}$일 때, $\overline{MN}$의 길이는?

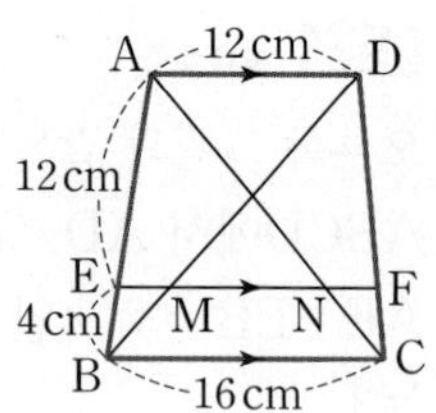

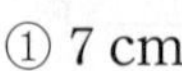
① 7 cm　② 8 cm

③ 9 cm　④ 10 cm
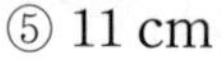
⑤ 11 cm

0525 ●●●

오른쪽 그림과 같은 사다리꼴 ABCD에서 $\overline{AD} /\!/ \overline{EF} /\!/ \overline{BC}$이고 $\overline{AE} : \overline{EB}=7 : 2$일 때, $\overline{MN}$의 길이를 구하시오.

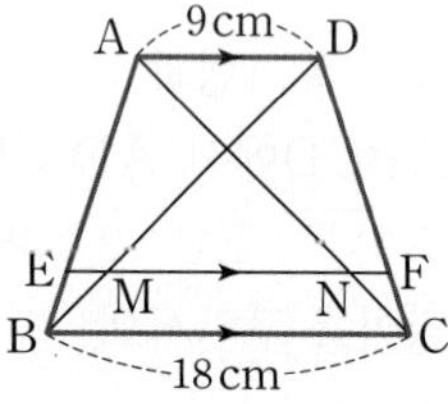

0526 ●●●

오른쪽 그림과 같은 사다리꼴 ABCD에서 $\overline{AD} /\!/ \overline{EF} /\!/ \overline{BC}$이고 $\overline{EB}=3\overline{AE}$일 때, $\overline{MN}$의 길이를 구하시오.

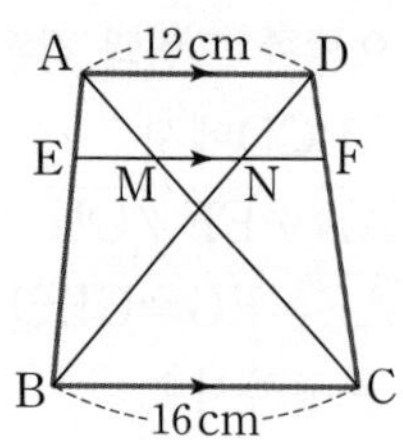

0527 ●●●

오른쪽 그림과 같은 사다리꼴 ABCD에서 $\overline{AD} /\!/ \overline{EF} /\!/ \overline{BC}$이고 $\overline{AE} : \overline{EB}=2 : 1$일 때, $\overline{BC}$의 길이를 구하시오.

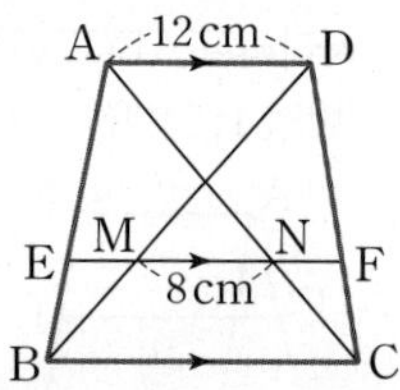

0528 ●●●

오른쪽 그림과 같은 사다리꼴 ABCD에서 $\overline{AD} /\!/ \overline{EF} /\!/ \overline{BC}$일 때, $\overline{EF}$의 길이를 구하시오.
(단, 점 O는 두 대각선의 교점)

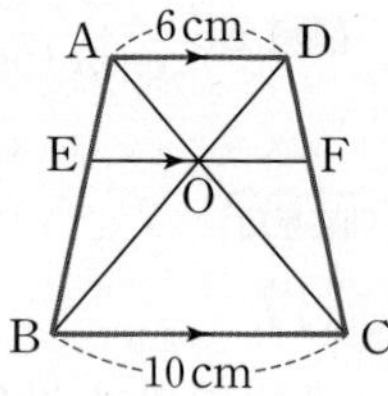

0529 ●●●

오른쪽 그림과 같은 사다리꼴 ABCD에서 $\overline{AD} /\!/ \overline{EF} /\!/ \overline{BC}$일 때, $\overline{AD}$의 길이는?
(단, 점 O는 두 대각선의 교점)

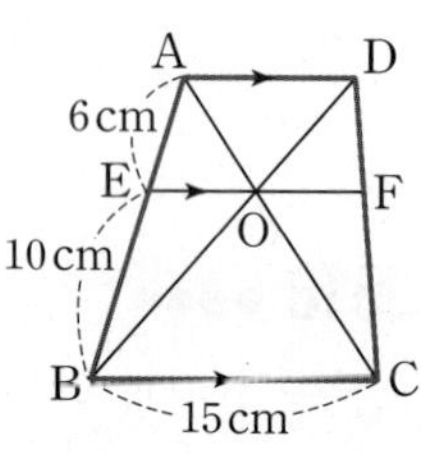

① 8 cm　② 9 cm
③ 10 cm　④ 11 cm
⑤ 12 cm

0530 ●●●

오른쪽 그림과 같은 사다리꼴 ABCD에서 $\overline{AD} /\!/ \overline{BC}$이고 △ABC의 넓이가 135 cm^2일 때, △OAB의 넓이를 구하시오. (단, 점 O는 두 대각선의 교점)

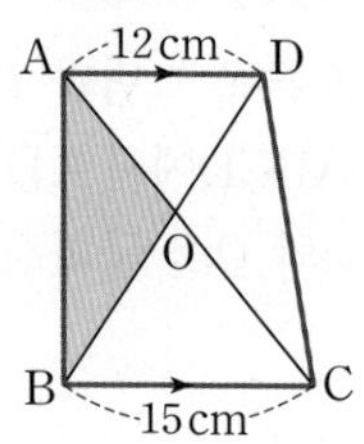

빈출 유형 11 평행선과 선분의 길이의 비의 응용

$\overline{AB} /\!/ \overline{EF} /\!/ \overline{DC}$일 때,

(1) $\triangle ABE \backsim \triangle CDE$ (AA 닮음)
닮음비는 $a : b$

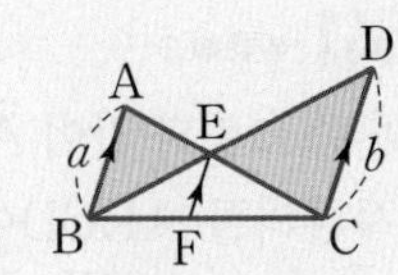

(2) $\triangle ABC \backsim \triangle EFC$ (AA 닮음)
닮음비는 $(a+b) : b$

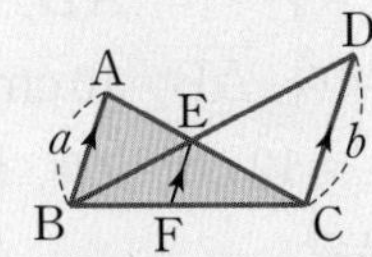

(3) $\triangle BCD \backsim \triangle BFE$ (AA 닮음)
닮음비는 $(a+b) : a$

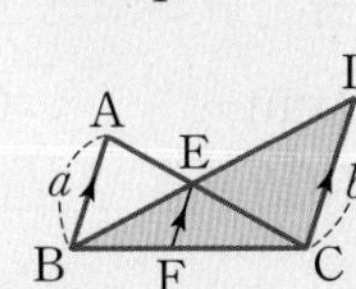

참고 $\overline{EF} = \dfrac{ab}{a+b}$

대표 문제

0531

오른쪽 그림에서 $\overline{AB} /\!/ \overline{EF} /\!/ \overline{DC}$일 때, $\overline{EF}$의 길이를 구하시오.

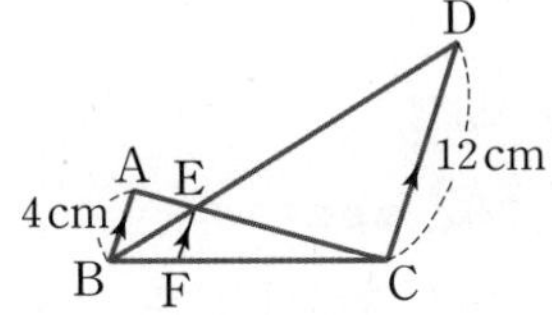

0532 ●●●●

오른쪽 그림에서 $\overline{AB} /\!/ \overline{EF} /\!/ \overline{DC}$일 때, $\overline{CD}$의 길이는?

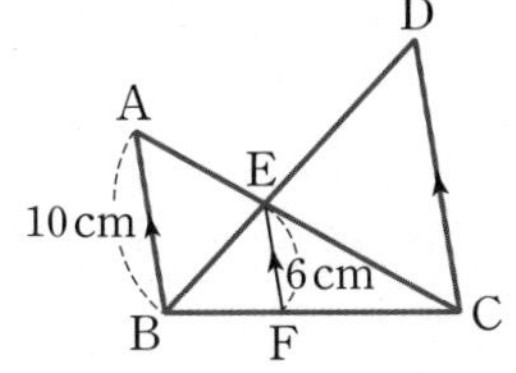

① 11 cm ② 12 cm
③ 13 cm ④ 14 cm
⑤ 15 cm

0533 ●●●●

오른쪽 그림에서 $\overline{AB} /\!/ \overline{EF} /\!/ \overline{DC}$일 때, $\overline{CF}$의 길이를 구하시오.

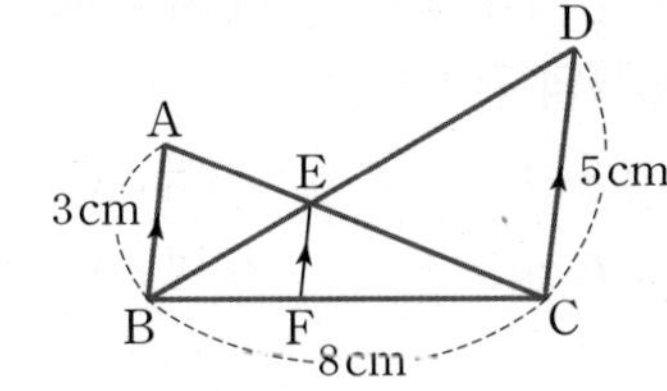

0534 ●●●●

다음 그림에서 $\overline{AB}$, $\overline{EF}$, $\overline{DC}$는 모두 $\overline{BC}$에 수직일 때, $\overline{EF}$의 길이를 구하시오.

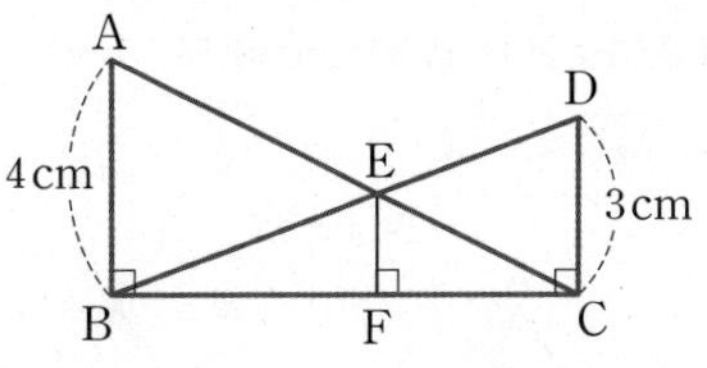

0535 ●●●●

오른쪽 그림에서 $\overline{AB} /\!/ \overline{EF} /\!/ \overline{DC}$일 때, $x+y$의 값은?

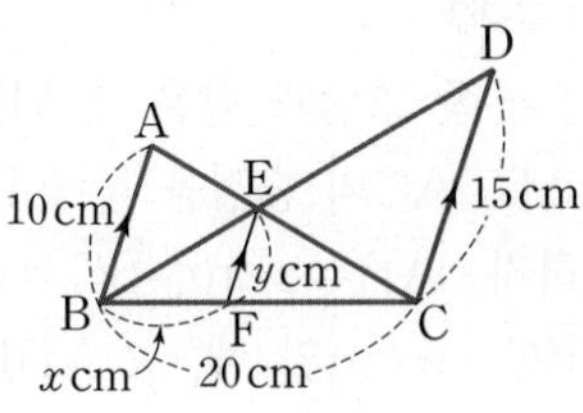

① 12 ② 13
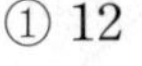
③ 14 ④ 15
⑤ 16

0536 ●●●●

오른쪽 그림에서 $\overline{AB} /\!/ \overline{EF} /\!/ \overline{DC}$일 때, 다음 중 옳지 않은 것은?

① $\triangle ABE \backsim \triangle CDE$
② $\triangle BEF \backsim \triangle BDC$
③ $\overline{BE} : \overline{ED} = 1 : 2$
④ $\overline{EF} : \overline{CD} = 1 : 2$
⑤ $\overline{BF} : \overline{FC} = 1 : 2$

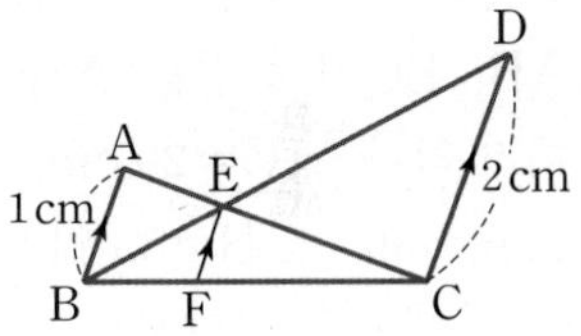

서술형

0537 ●●●●

오른쪽 그림에서 $\overline{AB}$, $\overline{DC}$가 모두 $\overline{BC}$에 수직일 때, $\triangle EBC$의 넓이를 구하시오.

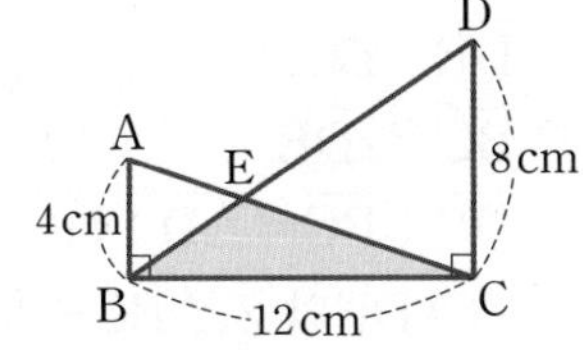

06 평행선 사이의 선분의 길이의 비
Theme 11 12 13

Theme 13 두 변의 중점을 연결한 선분

워크북 80쪽

빈출 유형 12 삼각형의 두 변의 중점을 연결한 선분의 성질 (1)

△ABC에서 $\overline{AM}=\overline{MB}$, $\overline{AN}=\overline{NC}$이면

⇨ $\overline{MN} /\!/ \overline{BC}$, $\overline{MN}=\frac{1}{2}\overline{BC}$ → $\overline{BC}=2\overline{MN}$

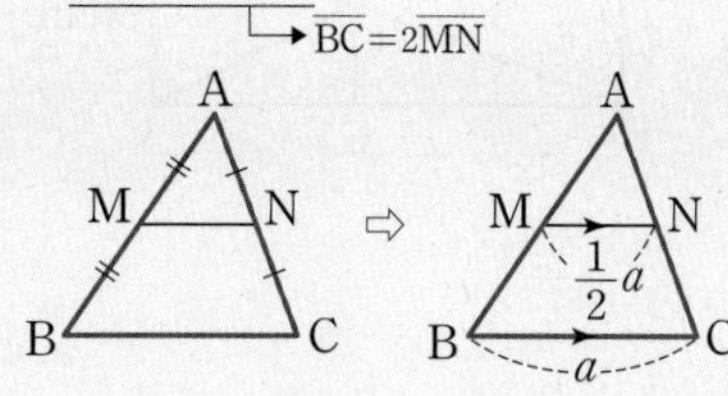

대표 문제

0538

오른쪽 그림과 같은 △ABC에서 $\overline{AB}$, $\overline{AC}$의 중점을 각각 D, E라 하자. $\overline{AB}=8$ cm, $\overline{BC}=10$ cm, $\overline{EC}=6$ cm일 때, △ADE의 둘레의 길이를 구하시오.

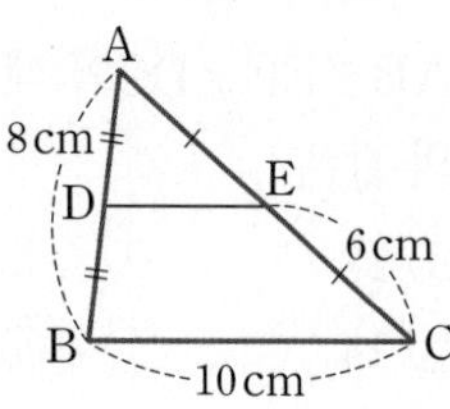

0539 ●●○○

오른쪽 그림과 같은 △ABC에서 $\overline{AB}$, $\overline{BC}$의 중점을 각각 M, N이라 하자. $\overline{AC}=20$ cm, $\angle A=80°$, $\angle B=55°$일 때, $x+y$의 값을 구하시오.

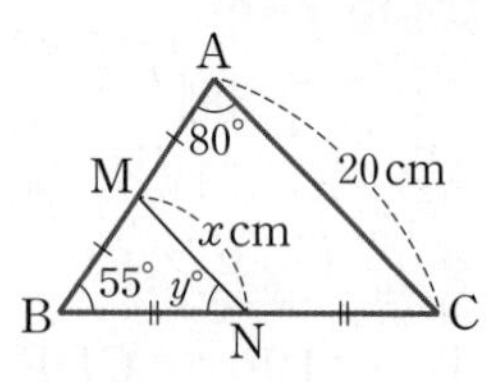

0540 ●●○○

오른쪽 그림과 같은 △ABC에서 $\overline{AB}$, $\overline{AC}$의 중점을 각각 D, E라 할 때, 다음 중 옳지 않은 것은?

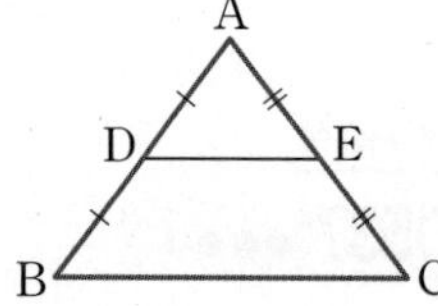

① △ABC∽△ADE
② $\overline{DE} /\!/ \overline{BC}$
③ $\overline{BC}=2\overline{DE}$
④ $\overline{DE} : \overline{BC}=\overline{AD} : \overline{DB}$
⑤ △ADE와 △ABC의 닮음비는 1 : 2이다.

0541 ●●●○

오른쪽 그림과 같이 $\overline{AD} /\!/ \overline{BC}$인 등변사다리꼴 ABCD에서 세 점 P, Q, R는 각각 $\overline{AD}$, $\overline{BD}$, $\overline{BC}$의 중점이다. $\overline{AB}=10$ cm, $\overline{AD}=6$ cm, $\overline{BC}=12$ cm일 때, $\overline{PQ}+\overline{QR}$의 길이는?

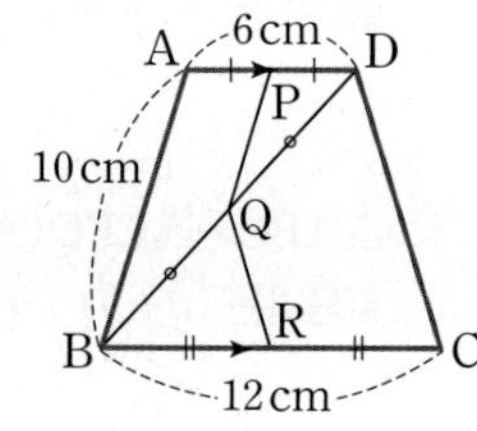

① 7 cm ② 8 cm ③ 9 cm
④ 10 cm ⑤ 11 cm

서술형

0542 ●●●○

오른쪽 그림과 같은 △ABC와 △DBC에서 $\overline{AB}$, $\overline{AC}$, $\overline{DB}$, $\overline{DC}$의 중점을 각각 M, N, E, F라 하자. $\overline{EF}=10$ cm일 때, $\overline{MN}$의 길이를 구하시오.

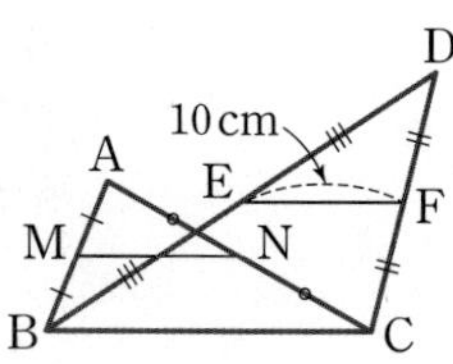

신유형

0543 ●●●○

오른쪽 그림과 같은 △ABC와 △FDE에서 네 점 D, E, G, H는 각각 $\overline{AB}$, $\overline{AC}$, $\overline{FD}$, $\overline{FE}$의 중점이다. $\overline{BC}=24$ cm일 때, $\overline{GH}$의 길이는?

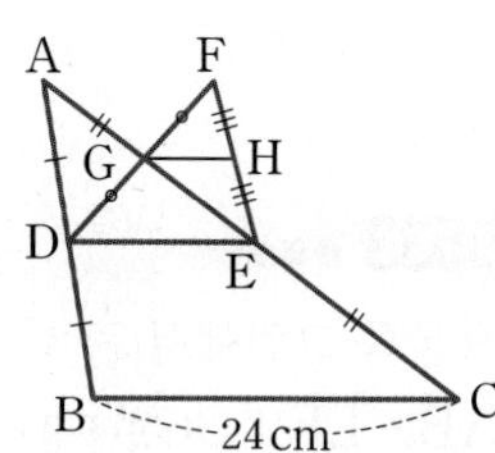

① 4 cm ② 5 cm
③ 6 cm ④ 7 cm
⑤ 8 cm

유형 13 삼각형의 두 변의 중점을 연결한 선분의 성질 (2)

△ABC에서 $\overline{AM}=\overline{MB}$, $\overline{MN} /\!/ \overline{BC}$이면
⇨ $\overline{AN}=\overline{NC}$ → $\overline{MN}=\frac{1}{2}\overline{BC}$

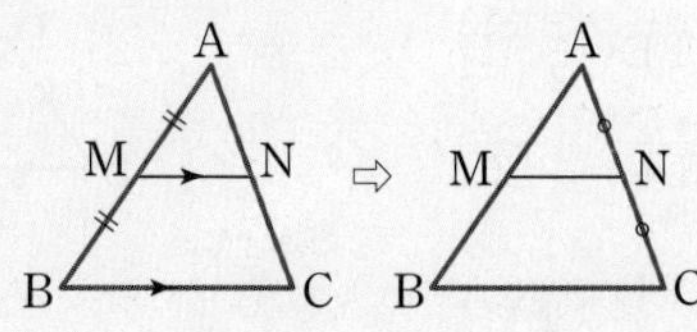

대표 문제

0544

오른쪽 그림과 같은 △ABC에서 $\overline{AD}=\overline{DB}$, $\overline{DE} /\!/ \overline{BC}$이고 $\overline{AC}=14$ cm, $\overline{DE}=9$ cm일 때, $x+y$의 값은?

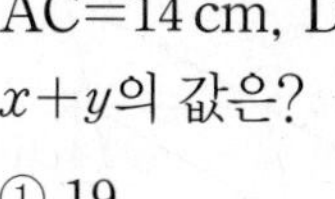
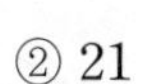

① 19 ② 21
③ 23 ④ 25
⑤ 27

0545 ●●●●

오른쪽 그림과 같은 △ABC에서 점 D는 $\overline{AB}$의 중점이고 $\overline{DE} /\!/ \overline{BC}$이다. △ABC의 둘레의 길이가 22 cm일 때, △ADE의 둘레의 길이를 구하시오.

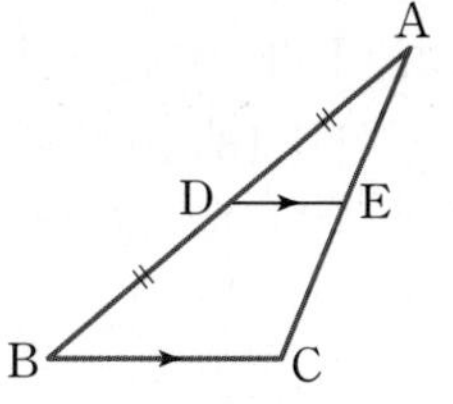

0546 ●●●●

오른쪽 그림과 같은 △ABC에서 점 D는 $\overline{AB}$의 중점이고 $\overline{AB} /\!/ \overline{EF}$, $\overline{DE} /\!/ \overline{BC}$이다. $\overline{AB}=14$ cm, $\overline{BF}=5$ cm일 때, $\overline{FC}$의 길이를 구하시오.

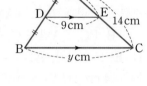

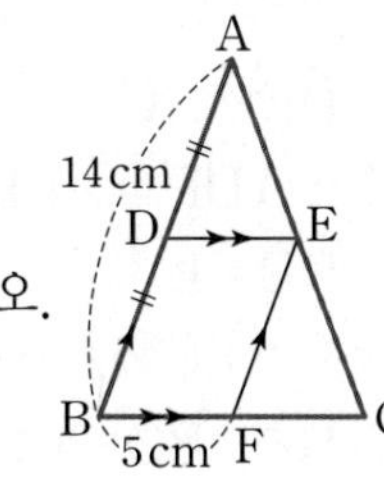

유형 14 삼각형의 두 변의 중점을 연결한 선분의 성질의 응용 (1) – 삼등분점이 주어진 경우

점 D는 $\overline{BC}$의 중점이고 두 점 E, F는 각각 $\overline{AB}$의 삼등분점일 때,
△BCE에서 $\overline{BD}=\overline{DC}$, $\overline{BF}=\overline{FE}$이므로 $\overline{FD} /\!/ \overline{EC}$ → △AFD에서 $\overline{AP}=\overline{PD}$
⇨ △AFD에서 $\overline{FD}=2\overline{EP}$
△BCE에서 $\overline{EC}=2\overline{FD}$

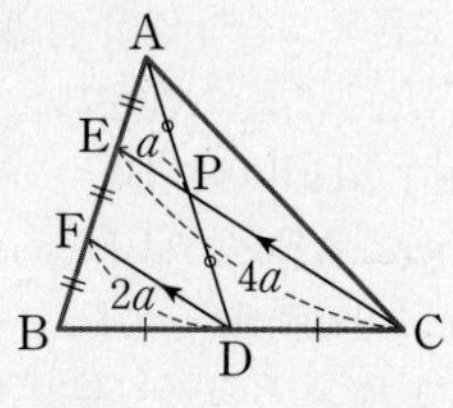

대표 문제

0547

오른쪽 그림과 같은 △ABC에서 두 점 D, E는 각각 $\overline{AB}$의 삼등분점이고 점 F는 $\overline{AC}$의 중점이다. $\overline{DF}=4$ cm일 때, $\overline{CG}$의 길이는?

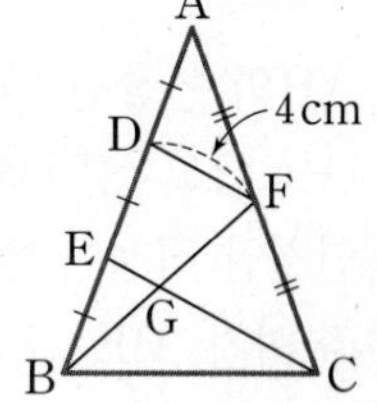

① 4 cm ② 5 cm
③ 6 cm ④ 7 cm
⑤ 8 cm

0548 ●●●●

오른쪽 그림과 같은 △ABC에서 두 점 E, F는 각각 $\overline{AB}$의 삼등분점이고 점 G는 $\overline{AD}$의 중점이다. $\overline{EG}=3$ cm일 때, $\overline{CG}$의 길이를 구하시오.

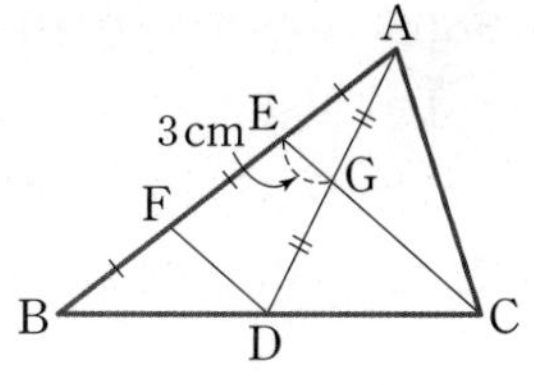

0549 ●●●●

오른쪽 그림과 같은 △ABC에서 $\overline{BC}$의 중점을 D, $\overline{AC}$의 삼등분점을 각각 E, F라 하자. $\overline{BG}=24$ cm일 때, $\overline{GE}$의 길이를 구하시오.

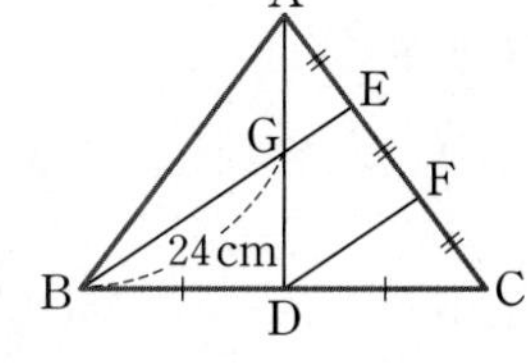

06 평행선 사이의 선분의 길이의 비

Theme 11 12 13

유형 15 삼각형의 두 변의 중점을 연결한 선분의 성질의 응용 (2) – 평행한 보조선을 이용하는 경우

오른쪽 그림과 같이 점 A에서 $\overline{BC}$에 평행한 직선 AG를 그어 문제를 해결한다.

(1) △DBF에서 $\overline{BF}=2\overline{AG}$

(2) △AEG≡△CEF (ASA 합동) 이므로 $\overline{AG}=\overline{CF}$

(3) $\overline{BC}=\overline{BF}+\overline{FC}=2\overline{AG}+\overline{AG}=3\overline{AG}$

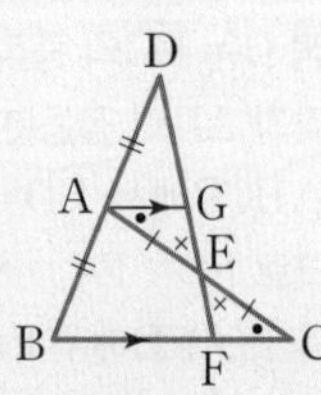

대표 문제

0550

오른쪽 그림과 같은 △ABC에서 $\overline{AB}$의 연장선 위에 $\overline{AB}=\overline{AD}$인 점 D를 잡고, 점 D와 $\overline{AC}$의 중점 M을 연결한 직선이 $\overline{BC}$와 만나는 점을 E라 하자. $\overline{BE}=8$ cm일 때, $\overline{CE}$의 길이를 구하시오.

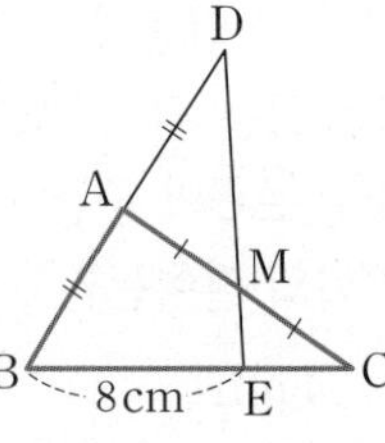

0551 ●●●

오른쪽 그림과 같은 △ABC에서 두 점 D, E는 각각 $\overline{AB}$, $\overline{DF}$의 중점이고 점 F는 $\overline{BC}$의 연장선 위의 점이다. $\overline{EC}=11$ cm일 때, $\overline{AC}$의 길이를 구하시오.

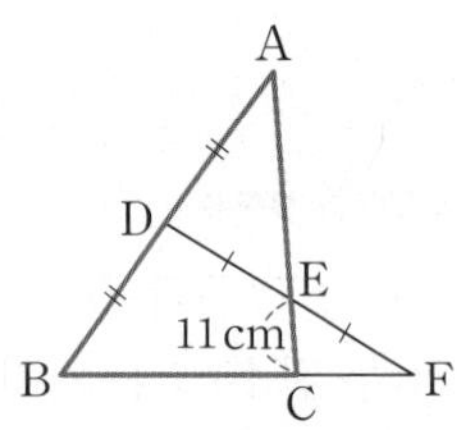

0552 ●●●

오른쪽 그림과 같은 △ABC에서 $\overline{AB}$의 연장선 위에 $\overline{AB}=\overline{AD}$인 점 D를 잡고, 점 D와 $\overline{AC}$의 중점 M을 연결한 직선이 $\overline{BC}$와 만나는 점을 E라 하자. $\overline{BC}=15$ cm일 때, x의 값은?

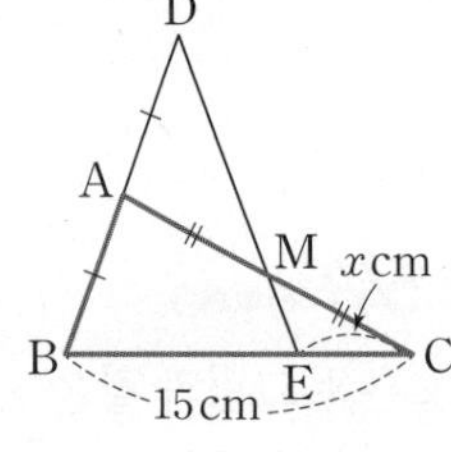

① $\frac{7}{2}$ ② 4 ③ $\frac{9}{2}$

④ 5 ⑤ $\frac{11}{2}$

빈출 유형 16 삼각형의 세 변의 중점을 연결한 삼각형

△ABC에서 $\overline{AB}$, $\overline{BC}$, $\overline{CA}$의 중점을 각각 D, E, F라 하면

(1) $\overline{AB}/\!/\overline{FE}$, $\overline{FE}=\frac{1}{2}\overline{AB}$

$\overline{BC}/\!/\overline{DF}$, $\overline{DF}=\frac{1}{2}\overline{BC}$

$\overline{CA}/\!/\overline{ED}$, $\overline{ED}=\frac{1}{2}\overline{CA}$

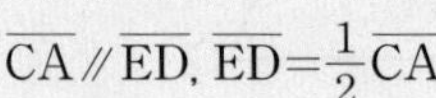

(2) (△DEF의 둘레의 길이)$=\frac{1}{2}\times$(△ABC의 둘레의 길이)

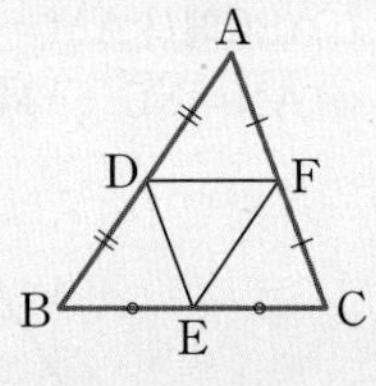

대표 문제

0553

오른쪽 그림과 같은 △ABC에서 $\overline{AB}$, $\overline{BC}$, $\overline{CA}$의 중점을 각각 D, E, F라 하자. $\overline{AB}=6$ cm, $\overline{BC}=4$ cm, $\overline{CA}=8$ cm일 때, △DEF의 둘레의 길이를 구하시오.

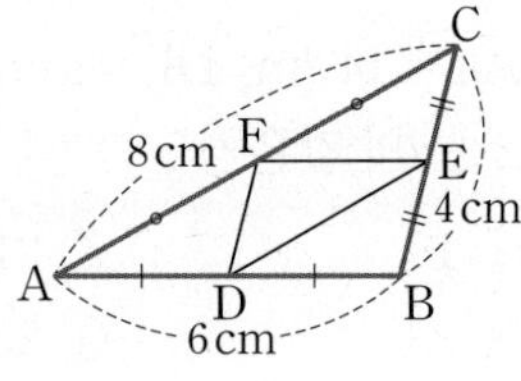

0554 ●●●

오른쪽 그림과 같은 △ABC에서 $\overline{AB}$, $\overline{BC}$, $\overline{CA}$의 중점을 각각 D, E, F라 하자. △DEF의 둘레의 길이가 13 cm일 때, △ABC의 둘레의 길이를 구하시오.

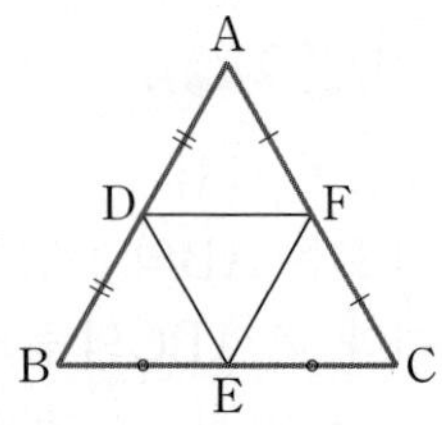

0555 ●●●

오른쪽 그림과 같은 △ABC에서 $\overline{AB}$, $\overline{BC}$, $\overline{CA}$의 중점을 각각 D, E, F라 할 때, 다음 중 옳지 않은 것을 모두 고르면? (정답 2개)

① $\overline{DE}/\!/\overline{AC}$

② ∠ADF=∠FEC

③ $\overline{DE}=\overline{EF}$

④ △ABC∽△ADF

⑤ $\overline{DF}:\overline{BC}=1:3$

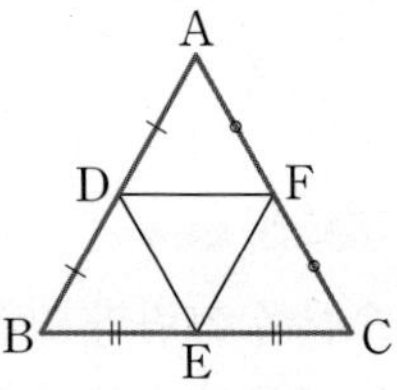

유형 17 사각형의 네 변의 중점을 연결한 사각형

□ABCD에서 $\overline{AB}$, $\overline{BC}$, $\overline{CD}$, $\overline{DA}$의 중점을 각각 E, F, G, H라 하면

(1) $\overline{AC} /\!/ \overline{EF} /\!/ \overline{HG}$, $\overline{EF}=\overline{HG}=\frac{1}{2}\overline{AC}$

(2) $\overline{BD} /\!/ \overline{EH} /\!/ \overline{FG}$, $\overline{EH}=\overline{FG}=\frac{1}{2}\overline{BD}$

(3) (□EFGH의 둘레의 길이)$=\overline{AC}+\overline{BD}$

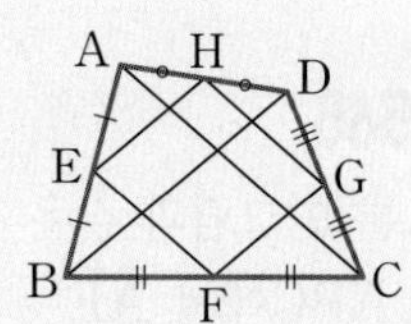

대표 문제

0556

오른쪽 그림과 같은 □ABCD에서 $\overline{AB}$, $\overline{BC}$, $\overline{CD}$, $\overline{DA}$의 중점을 각각 P, Q, R, S라 하자. $\overline{AC}=14$ cm, $\overline{BD}=10$ cm일 때, □PQRS의 둘레의 길이를 구하시오.

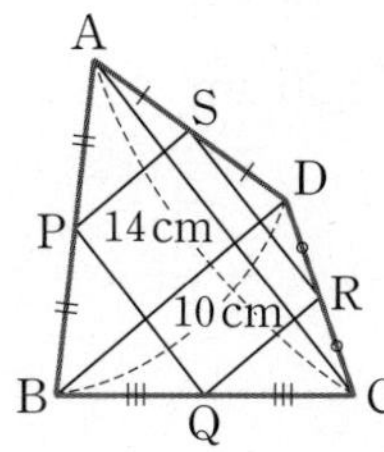

서술형

0557 ●●●

오른쪽 그림과 같이 $\overline{AD} /\!/ \overline{BC}$인 등변사다리꼴 ABCD에서 네 변의 중점을 각각 P, Q, R, S라 하자. $\overline{BD}=12$ cm일 때, □PQRS의 둘레의 길이를 구하시오.

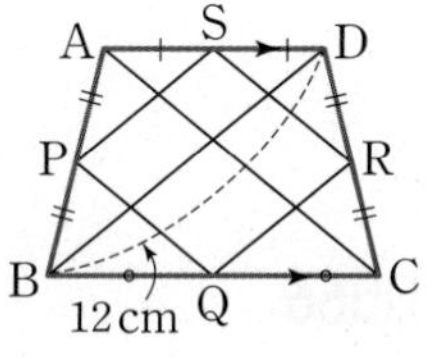

0558 ●●●

오른쪽 그림과 같은 □ABCD에서 네 변의 중점을 각각 E, F, G, H라 할 때, 다음 보기에서 옳은 것을 모두 고른 것은?

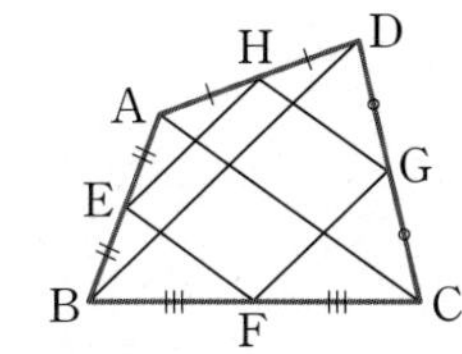

보기

ㄱ. $\overline{EF} /\!/ \overline{HG}$　　ㄴ. $\angle EHG=\angle EFG$

ㄷ. $\overline{EF}=\overline{FG}$　　ㄹ. $\overline{BD}=2\overline{FG}$

① ㄱ, ㄴ　② ㄱ, ㄷ　③ ㄱ, ㄴ, ㄷ

④ ㄱ, ㄴ, ㄹ　⑤ ㄴ, ㄷ, ㄹ

빈출

유형 18 사다리꼴에서 두 변의 중점을 연결한 선분의 성질

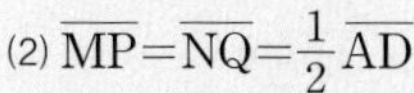

$\overline{AD} /\!/ \overline{BC}$인 사다리꼴 ABCD에서 $\overline{AB}$, $\overline{CD}$의 중점을 각각 M, N이라 하면

(1) $\overline{AD} /\!/ \overline{MN} /\!/ \overline{BC}$

(2) $\overline{MP}=\overline{NQ}=\frac{1}{2}\overline{AD}$

$\overline{MQ}=\overline{NP}=\frac{1}{2}\overline{BC}$

(3) $\overline{MN}=\frac{1}{2}(\overline{AD}+\overline{BC})$

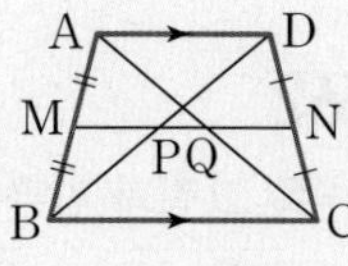

대표 문제

0559

오른쪽 그림과 같이 $\overline{AD} /\!/ \overline{BC}$인 사다리꼴 ABCD에서 $\overline{AB}$, $\overline{CD}$의 중점을 각각 M, N이라 하자. $\overline{AD}=8$ cm, $\overline{BC}=14$ cm일 때, $\overline{PQ}$의 길이를 구하시오.

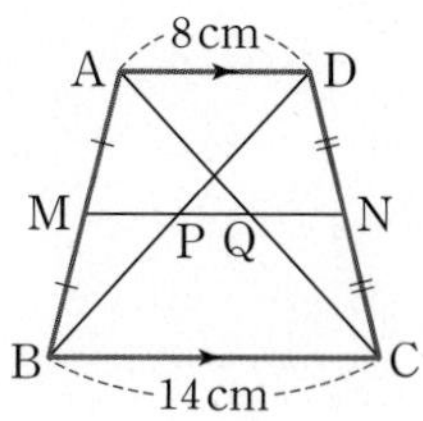

0560 ●●●

오른쪽 그림과 같이 $\overline{AD} /\!/ \overline{BC}$인 사다리꼴 ABCD에서 $\overline{AB}$, $\overline{CD}$의 중점을 각각 M, N이라 하자. $\overline{MP}=\overline{PQ}=\overline{QN}$이고 $\overline{BC}=24$ cm일 때, $\overline{AD}$의 길이를 구하시오.

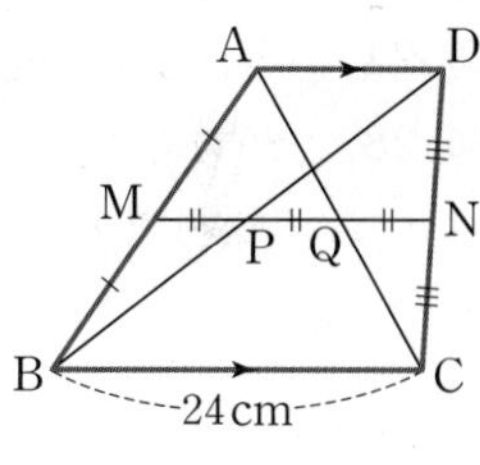

0561 ●●●

오른쪽 그림과 같이 $\overline{AD} /\!/ \overline{BC}$인 사다리꼴 ABCD에서 $\overline{AB}$, $\overline{CD}$의 중점을 각각 M, N이라 하자. $\overline{AD}=16$ cm, $\overline{MN}=20$ cm일 때, $\overline{BC}$의 길이를 구하시오.

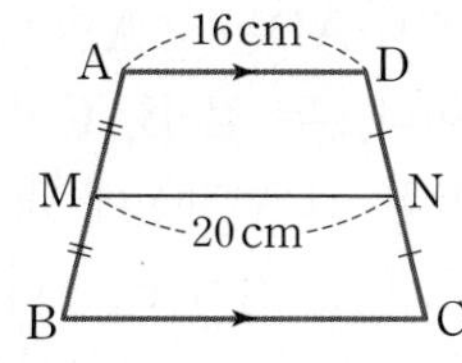

0562

ⓒ 유형 01

오른쪽 그림과 같은 $\triangle ABC$에서 $\overline{BD}=\overline{DE}$, $\overline{DC} /\!/ \overline{EF}$이다. $\overline{BC}$의 연장선과 $\overline{EF}$의 연장선이 만나는 점을 G라 할 때, x의 값은?

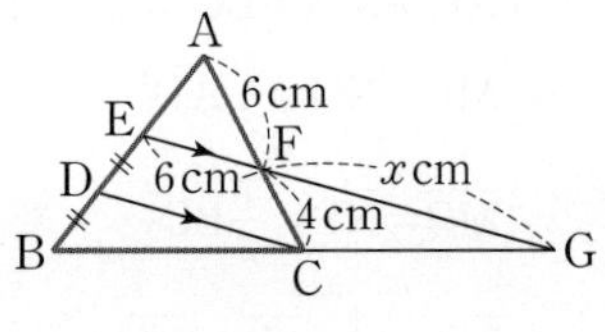

① 10 ② 12 ③ 14
④ 16 ⑤ 18

0563

ⓒ 유형 03

오른쪽 그림과 같은 $\triangle ABC$에서 $\overline{DE} /\!/ \overline{BC}$일 때, xy의 값은?

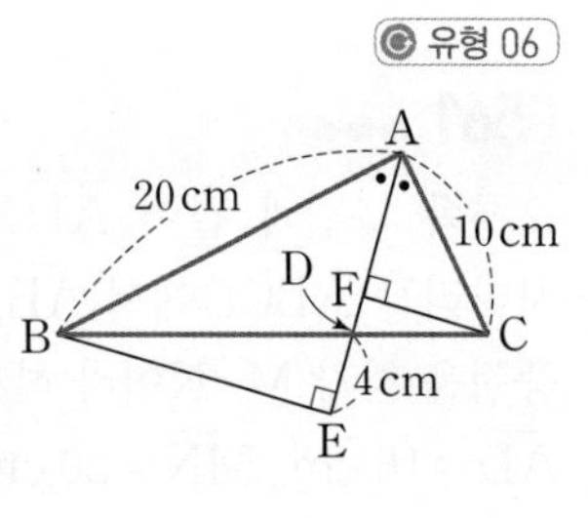

① 20 ② 22
③ 24 ④ 26
⑤ 28

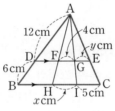

0564

ⓒ 유형 06

오른쪽 그림과 같은 $\triangle ABC$에서 $\overline{AD}$는 $\angle A$의 이등분선이다. 두 점 B, C에서 $\overline{AD}$ 또는 그 연장선에 내린 수선의 발을 각각 E, F라 할 때, $\overline{DF}$의 길이를 구하시오.

0565

ⓒ 유형 06+유형 07

오른쪽 그림과 같은 $\triangle ABC$에서 $\overline{AE}$는 $\angle A$의 이등분선이고, $\overline{AD}$는 $\angle A$의 외각의 이등분선이다. $\overline{AB} : \overline{AC}=3 : 2$이고 $\overline{CE}=4$ cm일 때, $\overline{CD}$의 길이는?

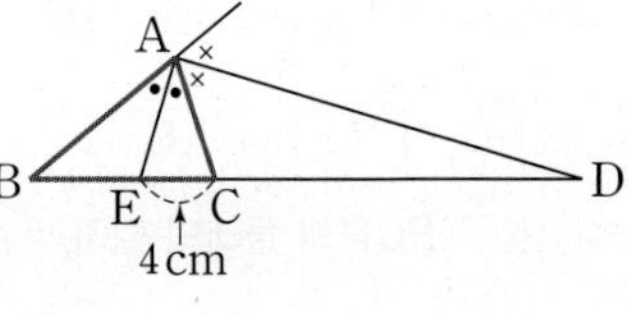

① 15 cm ② 16 cm ③ 18 cm
④ 20 cm ⑤ 24 cm

0566

ⓒ 유형 08

오른쪽 그림에서 $l /\!/ m /\!/ n$일 때, x의 값은?

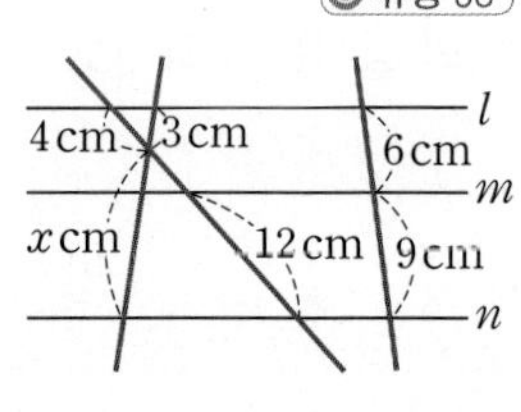

① 10 ② $\frac{21}{2}$
③ 11 ④ $\frac{23}{2}$
⑤ 12

0567

유형 10

오른쪽 그림과 같은 사다리꼴 ABCD에서 점 O는 두 대각선의 교점이고 $\overline{AD} /\!/ \overline{EF} /\!/ \overline{BC}$일 때, $\overline{OF}$의 길이를 a, b를 이용하여 나타내면?

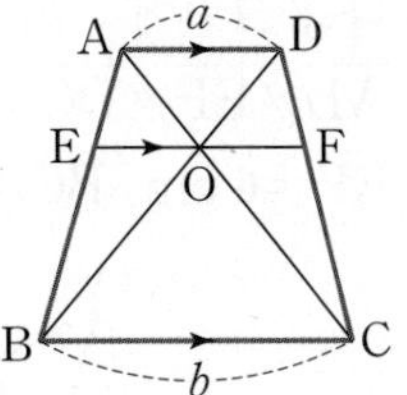

① $\dfrac{a+b}{2}$ ② $\dfrac{2}{a+b}$

③ $\dfrac{a+b}{ab}$ ④ $\dfrac{ab}{a+b}$

⑤ $ab(a+b)$

0568

유형 14

오른쪽 그림과 같은 △ABC에서 $\overline{AE}:\overline{EB}=1:2$, $\overline{BD}=\overline{DC}$이다. 점 P는 $\overline{CE}$와 $\overline{AD}$의 교점이고, $\overline{CE}=12$ cm일 때, $\overline{PC}$의 길이를 구하시오.

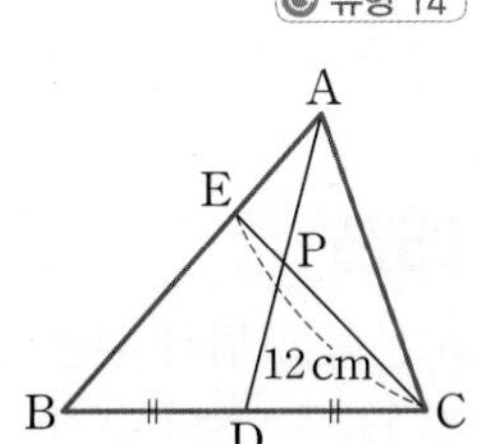

0569

유형 15

오른쪽 그림과 같은 △ABC에서 점 E는 $\overline{AC}$의 중점이고 점 F는 $\overline{AD}$와 $\overline{BE}$의 교점이다. $\overline{BD}=5$ cm, $\overline{CD}=4$ cm일 때, $\overline{BF}:\overline{FE}$를 가장 간단한 자연수의 비로 나타내시오.

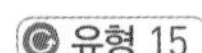
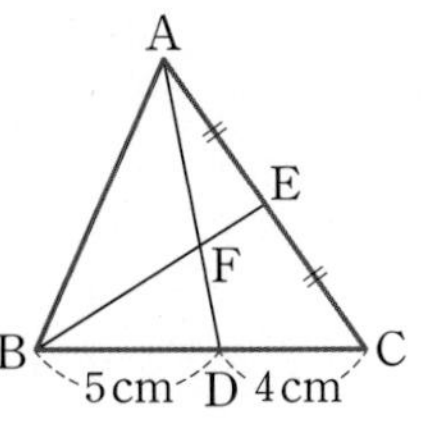

0570

유형 18

오른쪽 그림과 같이 $\overline{AD} /\!/ \overline{EF} /\!/ \overline{BC}$인 사다리꼴 ABCD에서 점 F는 $\overline{CD}$의 중점이고, ∠C=90°이다. $\overline{BC}=10$ cm, $\overline{CD}=8$ cm, $\overline{EF}=8$ cm일 때, △BPE의 넓이를 구하시오.

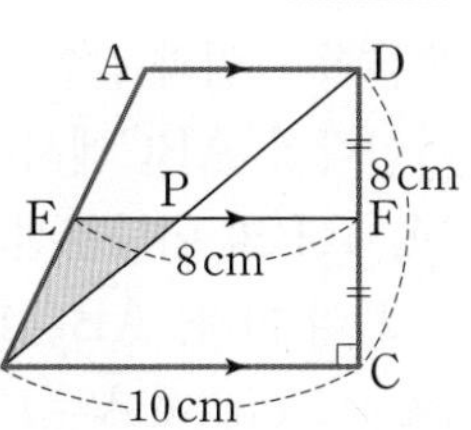

0571

유형 04

오른쪽 그림과 같은 △ABC에서 $\overline{DE} /\!/ \overline{FG} /\!/ \overline{HC}$이고 $\overline{FE} /\!/ \overline{HG} /\!/ \overline{BC}$이다. $\overline{AD}=4$ cm, $\overline{DF}=3$ cm일 때, $\overline{AD}:\overline{DF}:\overline{FH}:\overline{HB}$는?

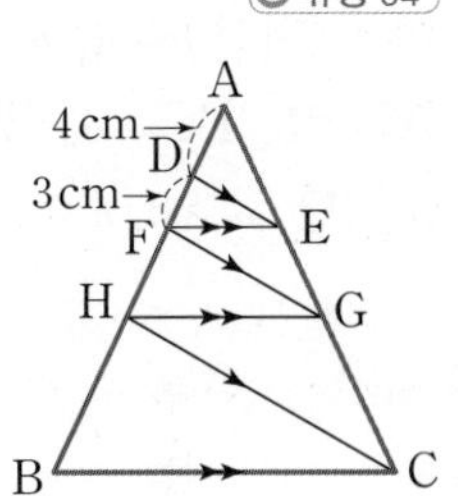

① 4 : 3 : 14 : 21

② 4 : 3 : 21 : 49

③ 16 : 12 : 21 : 49

④ 64 : 48 : 72 : 147

⑤ 64 : 48 : 84 : 147

0572

유형 06

오른쪽 그림과 같이 ∠B=90°인 직각삼각형 ABC에서 $\overline{AC}$의 중점을 M, ∠B의 이등분선과 $\overline{AC}$의 교점을 D라 하자. $\overline{AB}=12$ cm, $\overline{BC}=5$ cm, $\overline{CA}=13$ cm일 때, $\overline{DM}=\frac{q}{p}$ cm이다. $q-p$의 값을 구하시오. (단, p와 q는 서로소인 자연수이다.)

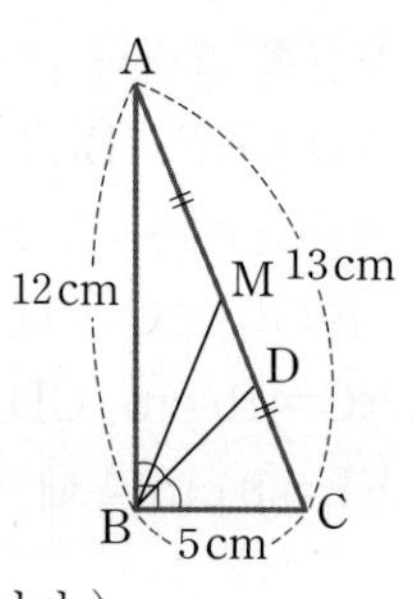

0573

유형 08

직선 $y=ax+b$가 세 직선 $y=7$, $y=4$, $y=c$와 만나는 점을 각각 A, B, C라 하고, 점 A를 지나는 직선 $x=-1$이 두 직선 $y=4$, $y=c$와 만나는 점을 각각 D, E라 하자. $\overline{AB}=5$, $\overline{BC}=8$, $\overline{BD}=4$일 때, $a+b+c$의 값을 구하시오. (단, $a>0$, $c<0$)

0574

유형 11

다음 그림에서 $\overline{AB}$, $\overline{FG}$, $\overline{DC}$는 모두 $\overline{BC}$에 수직이고, $\overline{AB}=15$ cm, $\overline{BE}=3$ cm, $\overline{CE}=42$ cm, $\overline{CD}=21$ cm일 때, $\overline{FG}$의 길이를 구하시오.

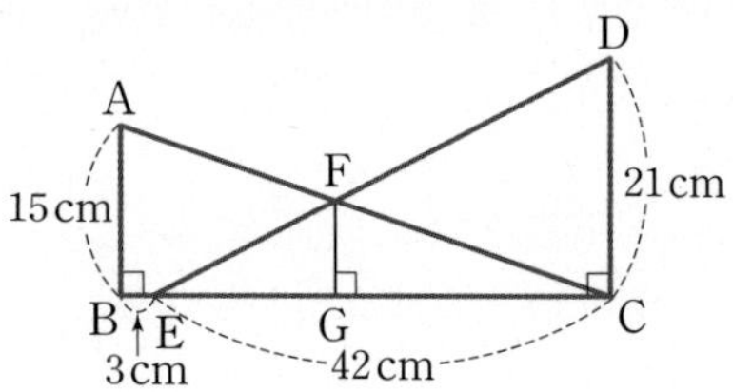

0575

유형 11

다음 그림에서 점 E는 $\overline{AH}$와 $\overline{DG}$의 교점이고 $\overline{AB}$ // $\overline{EF}$ // $\overline{DC}$이다. $\overline{AB}=21$ cm, $\overline{DC}=21$ cm, $\overline{EF}=6$ cm, $\overline{BC}=50$ cm일 때, $\overline{GH}$의 길이를 구하시오.

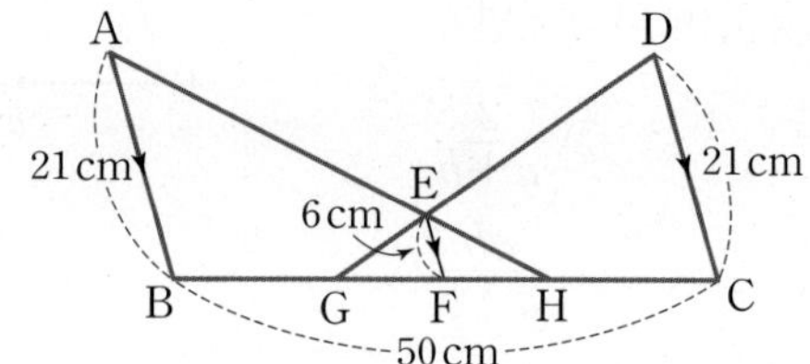

0576

유형 14

오른쪽 그림과 같은 △ABC에서 점 D는 $\overline{AB}$의 중점이고 두 점 E, F는 각각 $\overline{BC}$의 삼등분점일 때, 다음을 가장 간단한 자연수의 비로 나타내시오.

(1) $\overline{AQ}:\overline{QF}$

(2) $\overline{DP}:\overline{QP}$

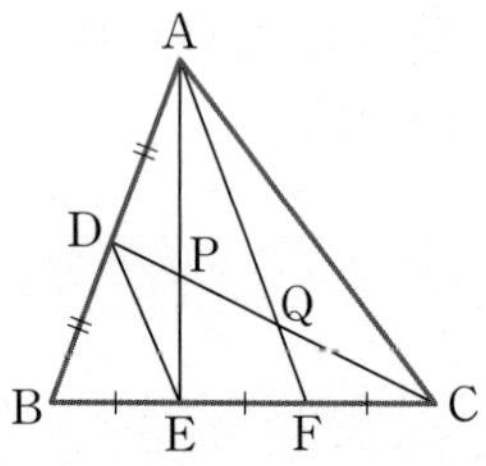

교과서 속 창의력 UP!

정답 및 풀이 43쪽

0577 유형 12

오른쪽 그림에서 $\overline{AB}$, $\overline{BC}$, $\overline{CD}$, $\overline{DA}$의 중점을 각각 E, F, G, H라 할 때, □EFGH는 어떤 사각형인가?

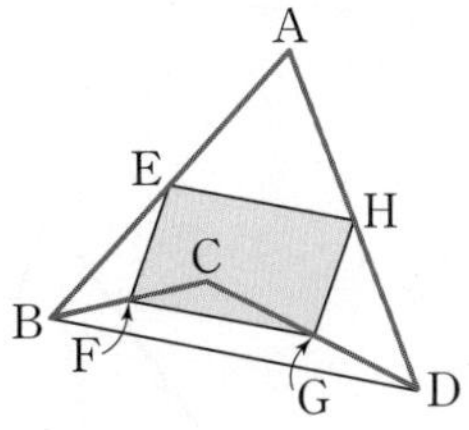

① 마름모 ② 정사각형
③ 직사각형 ④ 평행사변형
⑤ 등변사다리꼴

0578 유형 11

오른쪽 그림에서 $\overline{AB}$ // $\overline{PQ}$ // $\overline{DC}$이고 $\overline{AM}=\overline{MP}$, $\overline{BN}=\overline{NQ}$이다. $\overline{AB}=30$ cm, $\overline{DC}=15$ cm일 때, $\overline{MN}$의 길이를 구하시오.

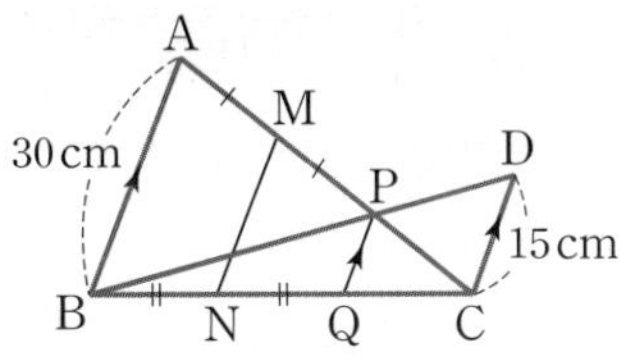

0579 유형 09

뜀틀은 사각뿔대 모양으로 생긴 틀을 포개서 전체 높이를 조절한다. 오른쪽 뜀틀에서 가장 위에 있는 1번 틀의 윗변의 길이는 35 cm이고 가장 아래에 있는 4번 틀의 아랫변의 길이는 71 cm이다. 4개의 틀의 높이는 모두 같을 때, 3번 틀의 아랫변의 길이를 구하시오.

(단, 손이 닿는 부분의 두께는 생각하지 않는다.)

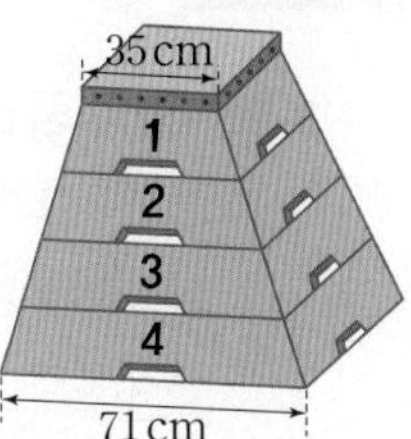

0580 유형 13

다음 그림과 같은 △ABC에서 점 D는 $\overline{BC}$의 중점이고 $\overline{AC}$ 위의 점 E에 대하여 $\overline{BE}=2\overline{AD}$이다. $\angle DAE=a$라 할 때, $\angle BEA$의 크기를 a에 대한 식으로 나타내시오.

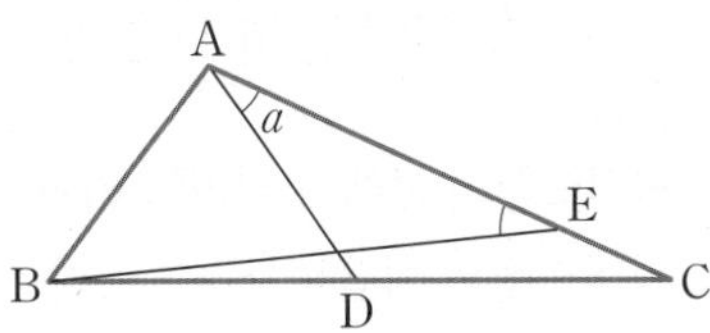

Step 1 핵심 개념

Theme 14 삼각형의 무게중심 유형 01 ~ 유형 06

(1) 삼각형의 중선의 성질

① 중선 : 삼각형에서 한 꼭짓점과 그 대변의 중점을 이은 선분

② 삼각형의 중선의 성질

삼각형의 한 중선은 그 삼각형의 넓이를 이등분한다.

즉, $\overline{AD}$가 $\triangle ABC$의 중선이면

$$\triangle ABD=\triangle ACD=\frac{1}{2}\triangle ABC$$

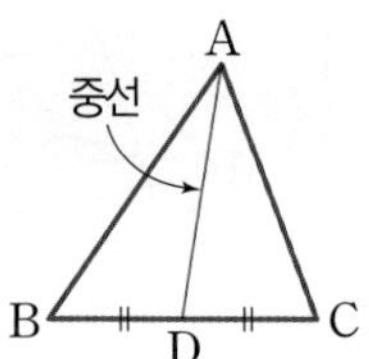

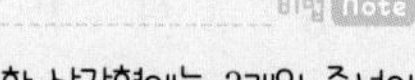

> 비법 Note
> - 한 삼각형에는 3개의 중선이 있다.
> - 정삼각형의 세 중선의 길이는 모두 같다.

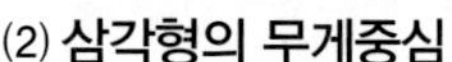

(2) 삼각형의 무게중심

① 무게중심 : 삼각형의 세 중선의 교점

② 삼각형의 무게중심의 성질

(i) 삼각형의 세 중선은 한 점(무게중심)에서 만난다.

(ii) 삼각형의 무게중심은 세 중선의 길이를 각 꼭짓점으로부터 각각 2 : 1로 나눈다.

즉, $\triangle ABC$의 무게중심을 G라 하면

$$\overline{AG}:\overline{GD}=\overline{BG}:\overline{GE}=\overline{CG}:\overline{GF}=2:1$$

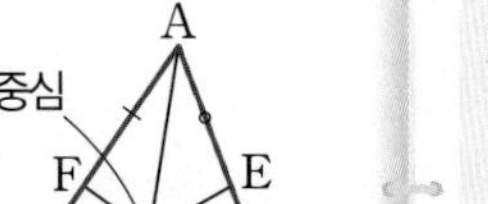

> 비법 Note
> - 이등변삼각형의 무게중심, 외심, 내심은 모두 꼭지각의 이등분선 위에 있다.
> - 정삼각형의 무게중심, 외심, 내심은 모두 일치한다.

(3) 삼각형의 무게중심과 넓이

삼각형의 세 중선에 의하여 삼각형의 넓이는 6등분된다.

즉, $\triangle ABC$의 무게중심을 G라 하면

$$\triangle GAF=\triangle GBF=\triangle GBD=\triangle GCD$$
$$=\triangle GCE=\triangle GAE=\frac{1}{6}\triangle ABC$$

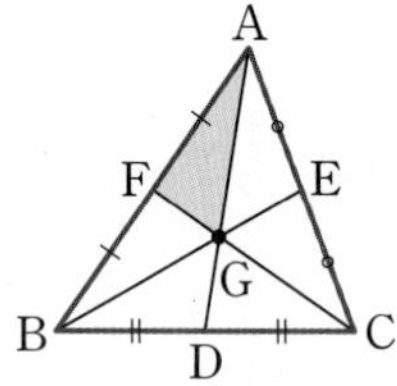

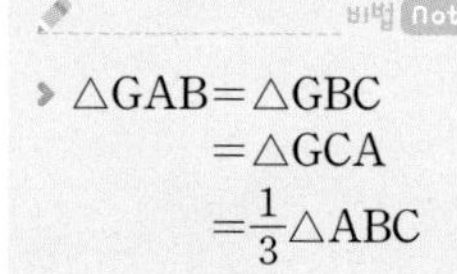

> 비법 Note
> - $\triangle GAB=\triangle GBC=\triangle GCA=\frac{1}{3}\triangle ABC$

Theme 15 닮은 도형의 성질의 활용 유형 07 ~ 유형 13

(1) 닮은 두 평면도형의 둘레의 길이의 비와 넓이의 비

닮은 두 평면도형의 닮음비가 $m:n$일 때,

① 둘레의 길이의 비 ⇨ $m:n$

② 넓이의 비 ⇨ $m^2:n^2$

> 비법 Note
> - 닮은 두 평면도형에서 (둘레의 길이의 비) =(닮음비)

(2) 닮은 두 입체도형의 겉넓이의 비와 부피의 비

닮은 두 입체도형의 닮음비가 $m:n$일 때,

① 겉넓이의 비 ⇨ $m^2:n^2$

② 부피의 비 ⇨ $m^3:n^3$

(3) 축도와 축척

직접 측정하기 어려운 거리나 높이는 닮음을 이용하여 간접적으로 측정할 수 있다.

① 축도 : 어떤 도형을 일정한 비율로 줄인 그림

② 축척 : 축도에서의 길이와 실제 길이의 비율

⇨ $(\text{축척})=\dfrac{(\text{축도에서의 길이})}{(\text{실제 길이})}$

> 비법 Note
> - 지도에서 축척은 1 : 5000 또는 $\frac{1}{5000}$과 같이 나타내는데, 이것은 지도에서의 거리와 실제 거리의 닮음비가 1 : 5000이라는 것을 의미한다.

Theme 14 삼각형의 무게중심

[0581~0582] 오른쪽 그림에서 $\overline{AD}$가 △ABC의 중선일 때, 다음을 구하시오.

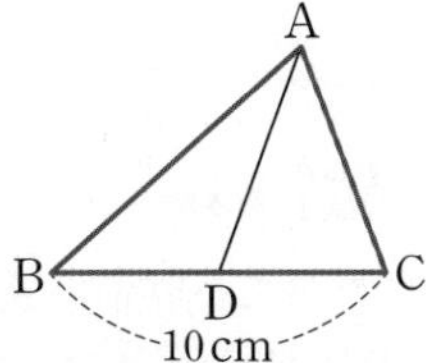

0581 $\overline{BD}$의 길이

0582 △ABC의 넓이가 30 cm^2일 때, △ABD의 넓이

[0583~0586] 다음 그림에서 점 G가 △ABC의 무게중심일 때, x, y의 값을 각각 구하시오.

0583

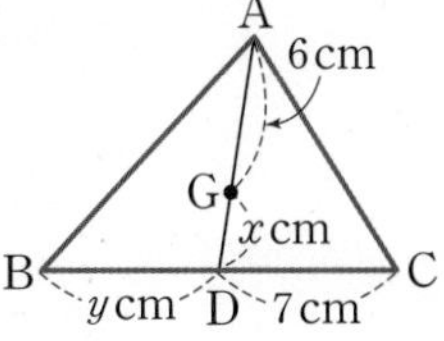

0584

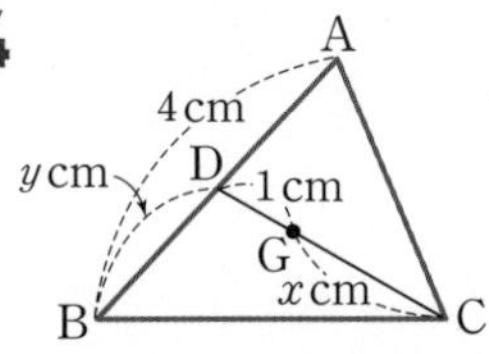

0585

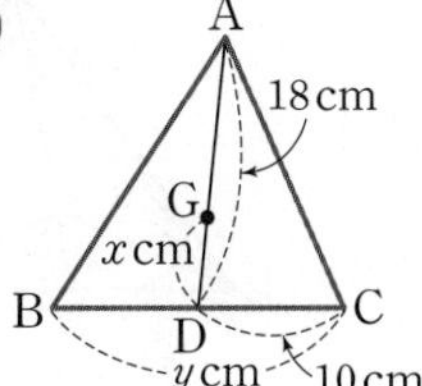

0586

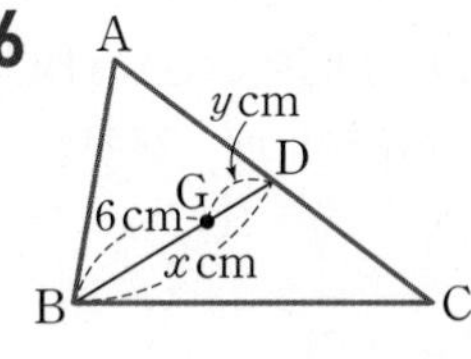

[0587~0589] 오른쪽 그림과 같은 △ABC에서 세 점 D, E, F는 각각 $\overline{AB}$, $\overline{BC}$, $\overline{CA}$의 중점이고 점 G는 △ABC의 무게중심이다. △ABC의 넓이가 36 cm^2일 때, 다음을 구하시오.

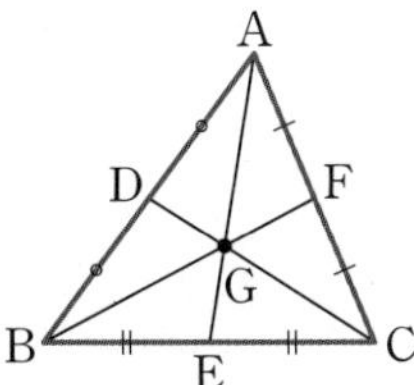

0587 △ABE의 넓이

0588 △GBC의 넓이

0589 △AGF의 넓이

Theme 15 닮은 도형의 성질의 활용

[0590~0592] 아래 그림의 두 정사각형 ABCD와 A′B′C′D′에 대하여 다음을 구하시오.

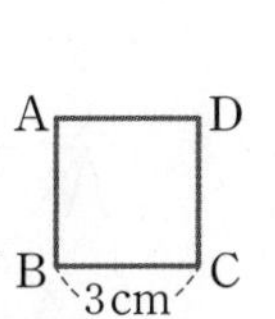

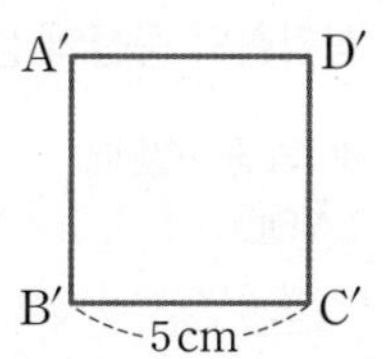

0590 닮음비

0591 둘레의 길이의 비

0592 넓이의 비

[0593~0595] 아래 그림의 두 정육면체 (가), (나)에 대하여 다음을 구하시오.

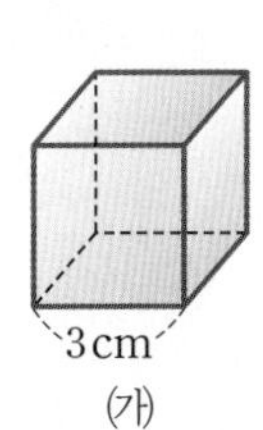

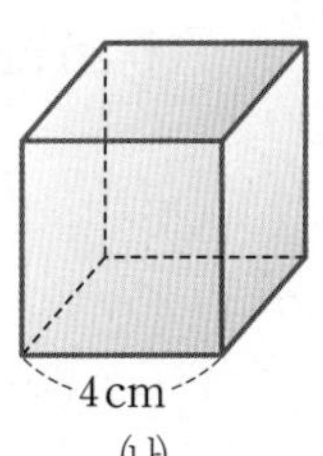

0593 닮음비

0594 겉넓이의 비

0595 부피의 비

[0596~0597] 오른쪽 그림은 축척이 $\frac{1}{50000}$인 축도이다. 다음 물음에 답하시오.

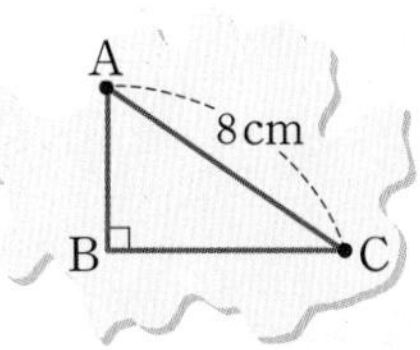

0596 지도에서의 거리와 실제 거리의 비를 구하시오.

0597 지도에서 두 지점 A, C 사이의 거리가 8 cm일 때, 두 지점 A, C 사이의 실제 거리는 몇 km인지 구하시오.

Theme 14 삼각형의 무게중심

워크북 92쪽

유형 01 삼각형의 중선의 성질

$\overline{AD}$가 △ABC의 중선일 때,
△ABD=△ADC
$\triangle ABD=\frac{1}{2}\times\frac{1}{2}a\times h=\frac{1}{2}\times\frac{1}{2}ah$
$=\frac{1}{2}\triangle ABC$

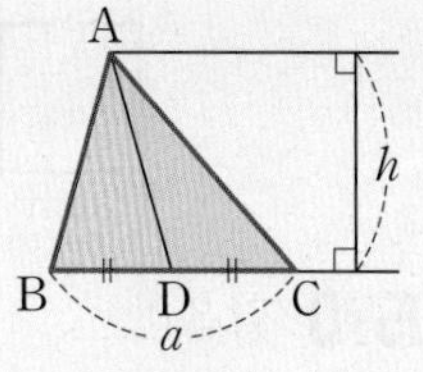

대표 문제

0598

오른쪽 그림과 같은 △ABC에서 $\overline{BM}=\overline{MC}$, $\overline{AP}=\overline{PM}$이고 △ABC의 넓이가 40 cm²일 때, △APC의 넓이는?

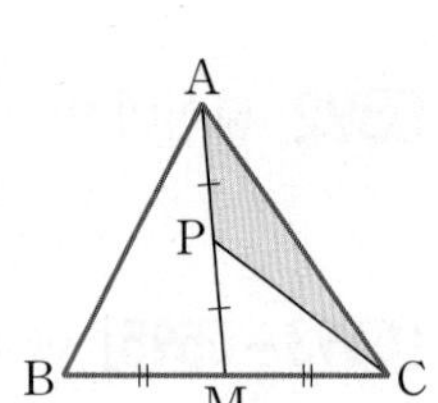

① 5 cm² ② 10 cm² ③ 15 cm² ④ 20 cm² ⑤ 25 cm²

0599

오른쪽 그림과 같은 □ABCD에서 $\overline{BM}$, $\overline{DN}$은 각각 △ABD, △BCD의 중선이다. □ABCD의 넓이가 48 cm²일 때, □BNDM의 넓이는?

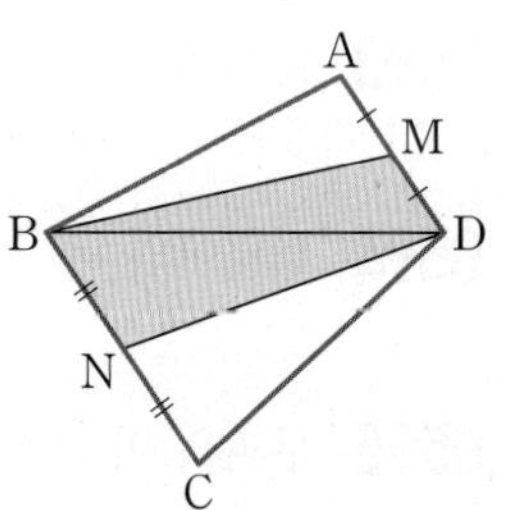

① 18 cm² ② 21 cm² ③ 24 cm² ④ 27 cm² ⑤ 30 cm²

0600

오른쪽 그림과 같은 △ABC에서 점 D는 $\overline{BC}$의 중점이고 $\overline{AE}=\overline{EF}=\overline{FD}$이다. △CEF의 넓이가 6 cm²일 때, △ABC의 넓이를 구하시오.

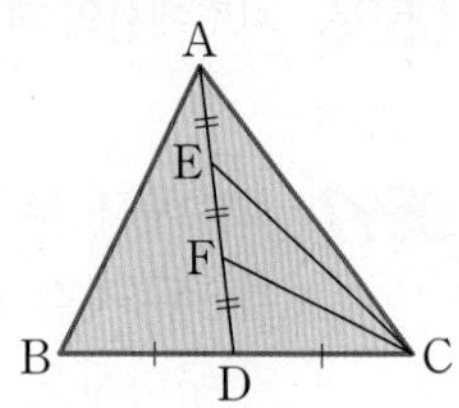

0601

오른쪽 그림에서 $\overline{AD}$는 △ABC의 중선이고 $\overline{AH}\perp\overline{BC}$이다. △ABC의 넓이가 20 cm²일 때, $\overline{DC}$의 길이는?

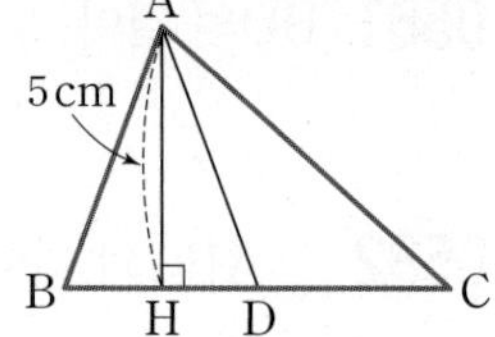

① 3 cm ② 4 cm ③ 5 cm ④ 6 cm ⑤ 7 cm

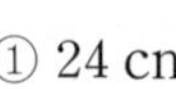

0602

오른쪽 그림과 같은 △ABC에서 $\overline{BD}=\overline{DC}$이고 △ABC의 넓이가 96 cm²일 때, 색칠한 부분의 넓이는?

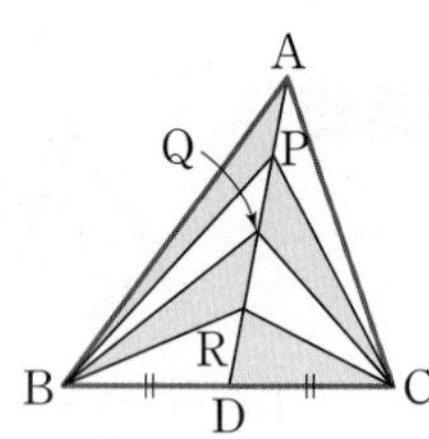

① 24 cm² ② 36 cm² ③ 48 cm² ④ 60 cm² ⑤ 72 cm²

0603

오른쪽 그림과 같은 평행사변형 ABCD에서 두 점 M, N은 각각 $\overline{BC}$, $\overline{CD}$의 중점이다. □ABCD의 넓이가 64 cm²이고 △MCN의 넓이가 8 cm²일 때, △AMN의 넓이를 구하시오.

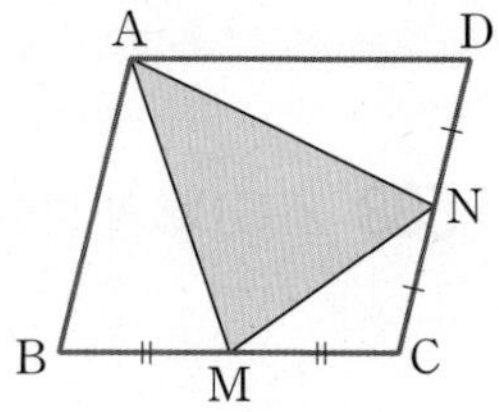

빈출 유형 02 삼각형의 무게중심의 성질

점 G가 $\triangle ABC$의 무게중심일 때,
(1) $\overline{AG}=2\overline{GD}$
(2) $\overline{AG}=\frac{2}{3}\overline{AD}$, $\overline{GD}=\frac{1}{3}\overline{AD}$
(3) $\overline{AD}=\frac{3}{2}\overline{AG}=3\overline{GD}$

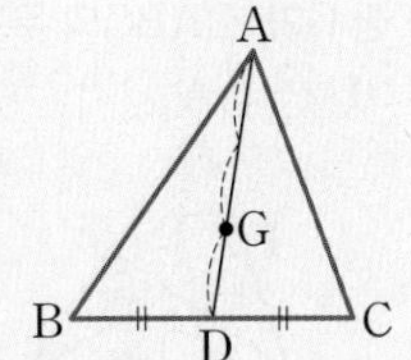

대표 문제

0604

오른쪽 그림에서 점 G는 $\triangle ABC$의 무게중심이다. $\overline{AD}=15$ cm, $\overline{DC}=8$ cm일 때, $x+y$의 값을 구하시오.

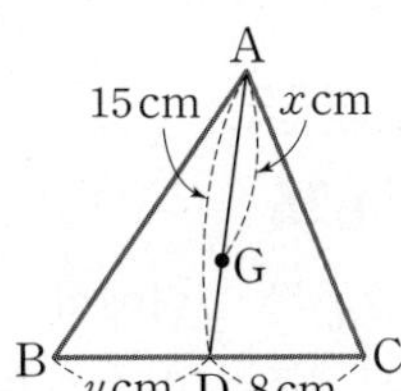

0605 ●●●●

오른쪽 그림에서 점 G는 $\triangle ABC$의 무게중심일 때, 다음 중 옳지 않은 것은?

① $\overline{AF}=\overline{FC}$ ② $\overline{GD}=\frac{1}{3}\overline{CD}$
③ $\overline{BG}=\frac{2}{3}\overline{BF}$ ④ $\overline{GD}=\overline{GE}=\overline{GF}$
⑤ $\overline{AG}:\overline{GE}=2:1$

0606 ●●●●

오른쪽 그림에서 두 점 G, G′은 각각 $\triangle ABC$, $\triangle GBC$의 무게중심이다. $\overline{AD}=27$ cm일 때, $\overline{GG'}$의 길이를 구하시오.

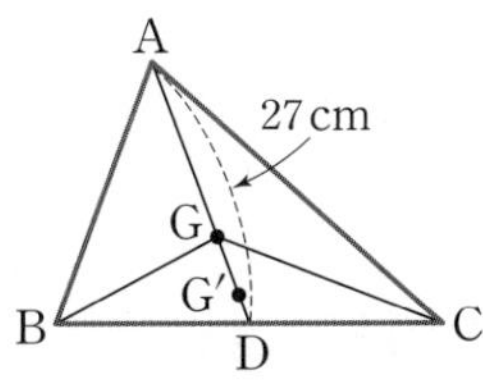

서술형

0607 ●●●●

오른쪽 그림에서 점 G는 $\angle C=90°$인 직각삼각형 ABC의 무게중심이다. $\overline{AB}=12$ cm일 때, $\overline{GD}$의 길이를 구하시오.

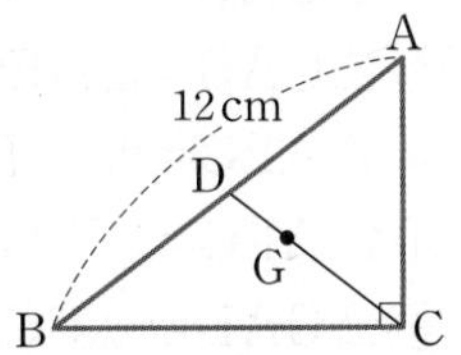

유형 03 삼각형의 무게중심의 응용 (1)

점 G가 $\triangle ABC$의 무게중심이고 $\overline{BE}\,/\!/\,\overline{DF}$, $\overline{GE}=a$일 때,
(1) $\overline{BE}=3\overline{GE}=3a$
(2) $\overline{GE}:\overline{DF}=\overline{AG}:\overline{AD}=2:3$이므로
$\overline{DF}=\frac{3}{2}\overline{GE}=\frac{3}{2}a$

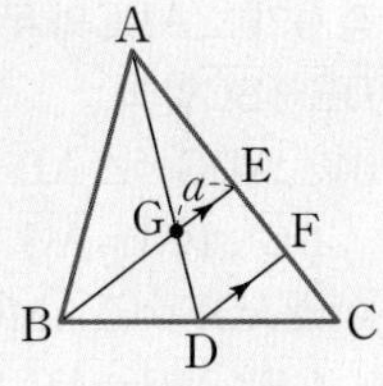

대표 문제

0608

오른쪽 그림에서 점 G는 $\triangle ABC$의 무게중심이다. $\overline{BF}\,/\!/\,\overline{DE}$이고 $\overline{DE}=9$ cm일 때, $\overline{BG}$의 길이는?

① 9 cm ② 10 cm
③ 11 cm ④ 12 cm
⑤ 13 cm

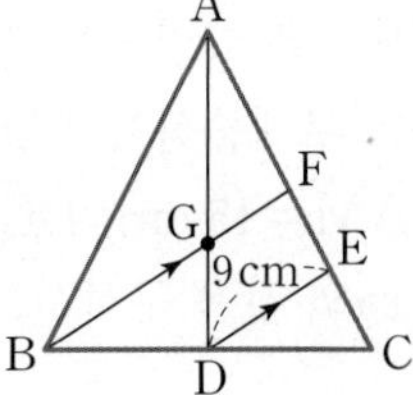

0609 ●●●●

오른쪽 그림에서 점 G는 $\triangle ABC$의 무게중심이고 $\overline{EF}\,/\!/\,\overline{AD}$이다. 이때 $\overline{BF}:\overline{FC}$를 가장 간단한 자연수의 비로 나타내시오.

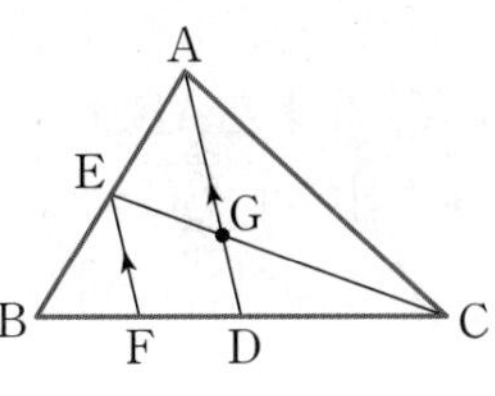

신유형

0610 ●●●●

오른쪽 그림에서 점 G는 $\triangle ABC$의 무게중심이고 $\overline{EF}\,/\!/\,\overline{AD}\,/\!/\,\overline{IH}$이다. 점 H는 $\overline{CD}$의 중점이고 $\overline{EF}=6$ cm일 때, $\overline{IH}$의 길이를 구하시오.

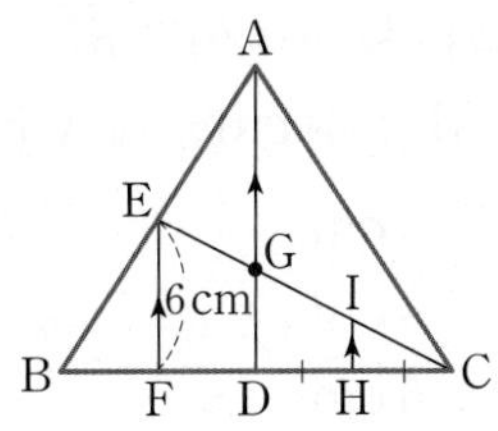

유형 04 삼각형의 무게중심의 응용 (2)

점 G가 △ABC의 무게중심이고
$\overline{DE} /\!/ \overline{BC}$일 때,
(1) △ADG∽△ABM이므로
$\overline{DG} : \overline{BM} = \overline{AG} : \overline{AM} = 2 : 3$
(2) △AGE∽△AMC이므로
$\overline{GE} : \overline{MC} = \overline{AG} : \overline{AM} = 2 : 3$

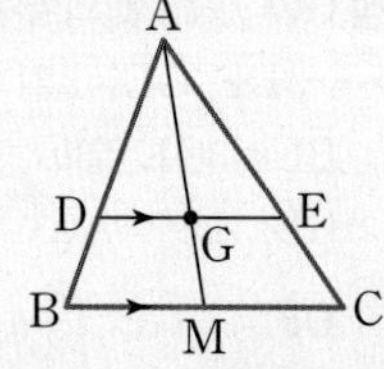

대표 문제

0611

오른쪽 그림에서 점 G는 △ABC의 무게중심이고 $\overline{DE} /\!/ \overline{BC}$이다. $\overline{AM} = 15$ cm, $\overline{DG} = 6$ cm일 때, xy의 값을 구하시오.

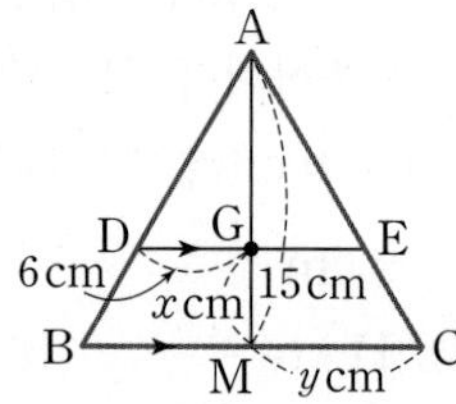

서술형

0612 ●●●●

오른쪽 그림과 같은 △ABC에서 점 D는 $\overline{BC}$의 중점이고 두 점 G, G′은 각각 △ABD, △ADC의 무게중심이다. $\overline{BC} = 24$ cm일 때, $\overline{GG'}$의 길이를 구하시오.

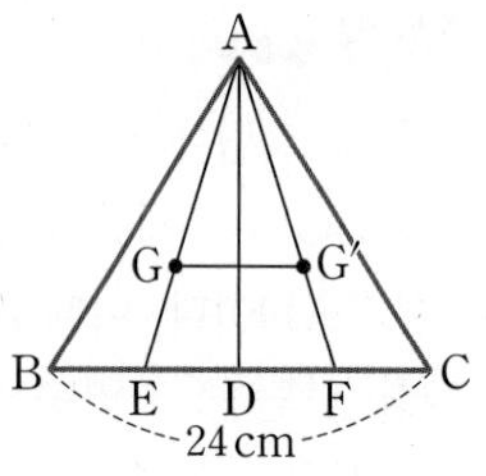

0613 ●●●●

오른쪽 그림에서 점 G는 △ABC의 무게중심이고 $\overline{EF} /\!/ \overline{BC}$이다. $\overline{AD} = 24$ cm일 때, $\overline{GF}$의 길이는?

① 2 cm ② 3 cm
③ 4 cm ④ 5 cm
⑤ 6 cm

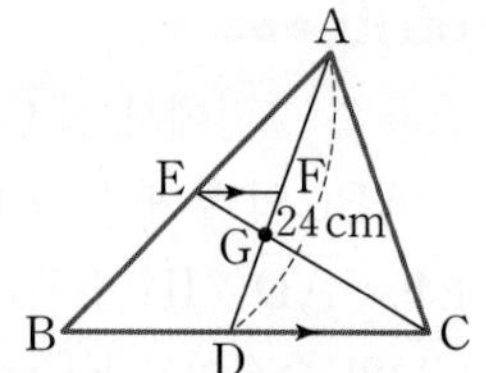

빈출 유형 05 삼각형의 무게중심과 넓이

점 G가 △ABC의 무게중심일 때,

(1)

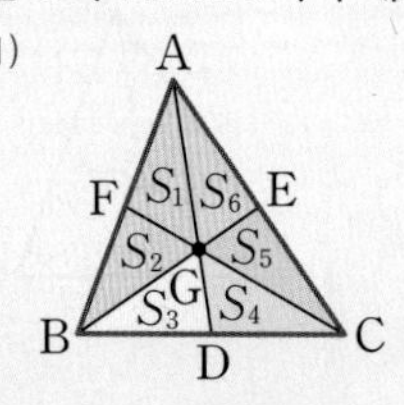

$S_1 = S_2 = S_3 = S_4 = S_5 = S_6 = \frac{1}{6}\triangle ABC$

(2)

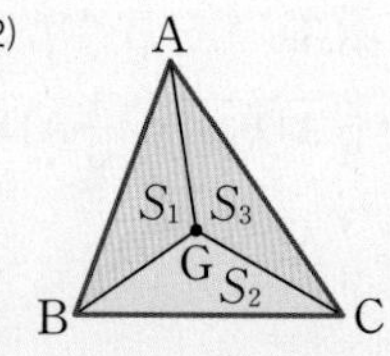

$S_1 = S_2 = S_3 = \frac{1}{3}\triangle ABC$

대표 문제

0614

오른쪽 그림에서 점 G는 △ABC의 무게중심이고 △ABC의 넓이가 42 cm^2일 때, □BDGE의 넓이는?

① 7 cm^2 ② 10 cm^2
③ 12 cm^2 ④ 14 cm^2
⑤ 16 cm^2

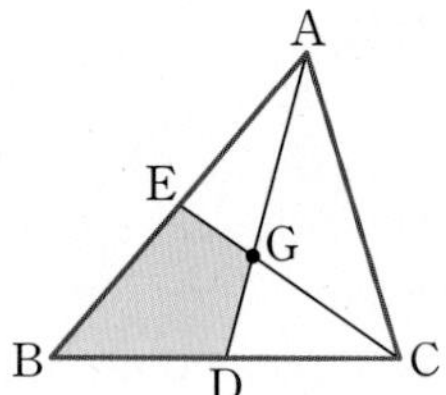

0615 ●●●●

오른쪽 그림에서 점 G는 △ABC의 무게중심이고 △ABC의 넓이가 63 cm^2일 때, 색칠한 부분의 넓이를 구하시오.

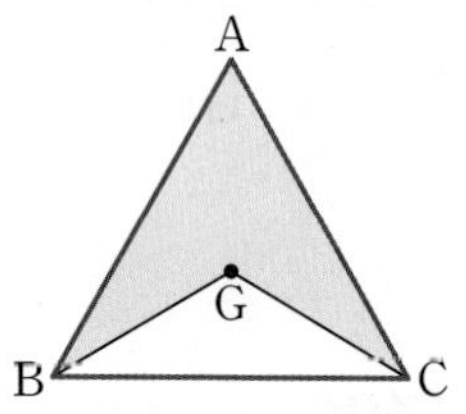

0616 ●●●●

오른쪽 그림에서 점 G가 △ABC의 무게중심일 때, 다음 중 옳지 않은 것은?

① △GAD=△GBE
② △GAB=□GECF
③ △AEC=2△GBD
④ △ABC=3□ADGF
⑤ △GAD=△GCF

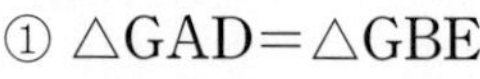

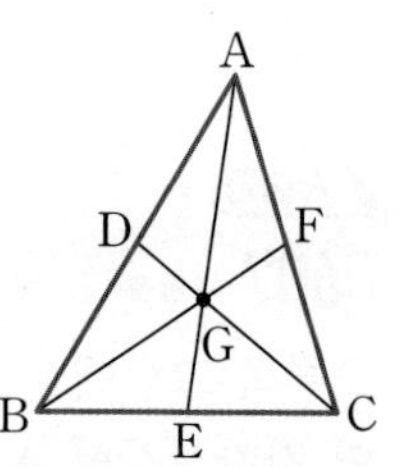

0617

오른쪽 그림과 같은 △ABC에서 두 점 D, E는 $\overline{BC}$의 삼등분점이고 점 F는 $\overline{AD}$의 중점, 점 G는 $\overline{AE}$와 $\overline{CF}$의 교점이다. △ABC의 넓이가 27 cm^2일 때, △GEC의 넓이는?

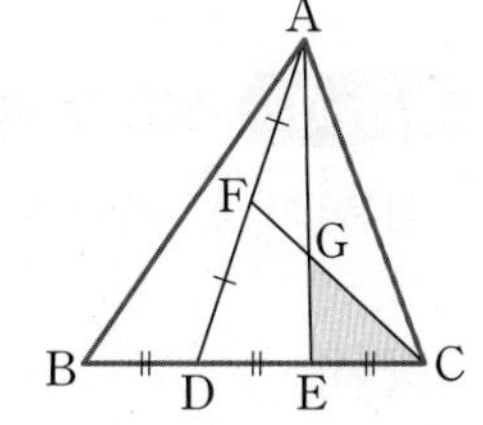

① 1 cm^2 ② $\frac{3}{2}\text{ cm}^2$ ③ 2 cm^2
④ $\frac{5}{2}\text{ cm}^2$ ⑤ 3 cm^2

0618

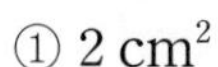

오른쪽 그림에서 두 점 G, G′은 각각 △ABC, △GBC의 무게중심이다. △ABG의 넓이가 24 cm^2일 때, △G′DC의 넓이는?

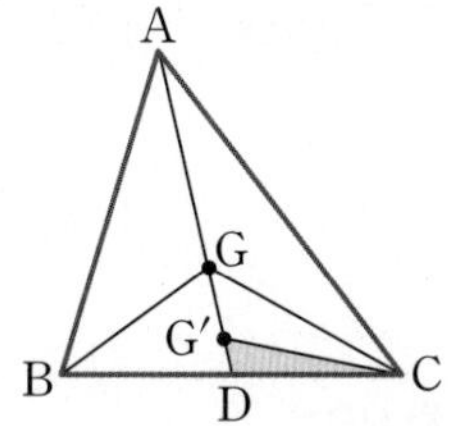

① 2 cm^2 ② 3 cm^2
③ 4 cm^2 ④ 6 cm^2
⑤ 8 cm^2

0619

오른쪽 그림에서 점 G는 △ABC의 무게중심이고 $\overline{BG}$, $\overline{CG}$의 중점을 각각 D, E라 하자. △ABC의 넓이가 36 cm^2일 때, 색칠한 부분의 넓이를 구하시오.

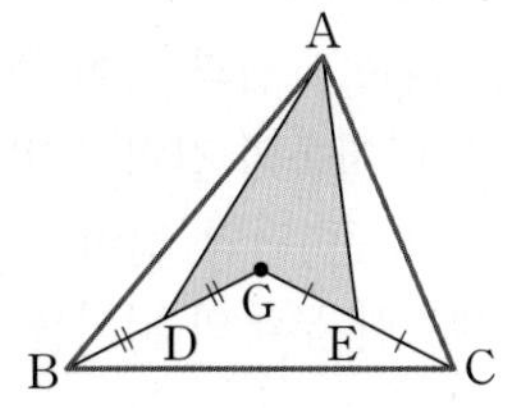

빈출 유형 06 평행사변형에서 삼각형의 무게중심의 응용

평행사변형 ABCD에서
$\overline{AO}=\overline{OC}$이므로 두 점 P, Q는 각각 △ABC, △ACD의 무게중심이다.
⇨ $\overline{BP}:\overline{PO}=\overline{DQ}:\overline{QO}=2:1$
⇨ $\overline{BP}=\overline{PQ}=\overline{QD}=\frac{1}{3}\overline{BD}$

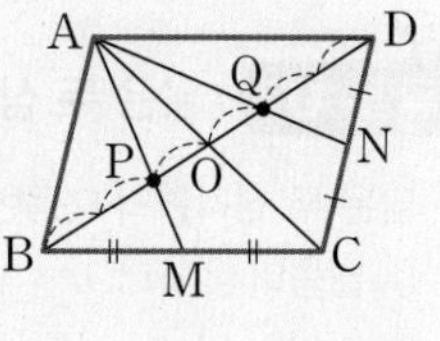

대표 문제

0620

오른쪽 그림과 같은 평행사변형 ABCD에서 $\overline{BC}$, $\overline{CD}$의 중점을 각각 M, N이라 하자. $\overline{BD}=9\text{ cm}$일 때, $\overline{EF}$의 길이를 구하시오. (단, 점 O는 두 대각선의 교점)

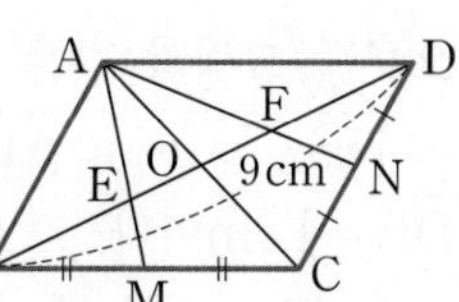

신유형

0621

오른쪽 그림과 같은 평행사변형 ABCD에서 두 점 M, N은 각각 $\overline{BC}$, $\overline{CD}$의 중점이다. △APQ의 넓이가 7 cm^2일 때, □ABCD의 넓이는?

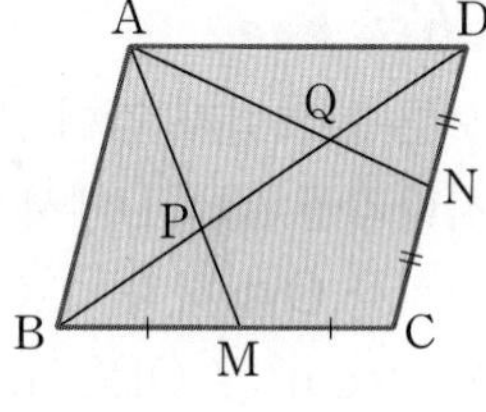

① 35 cm^2 ② 42 cm^2 ③ 49 cm^2
④ 56 cm^2 ⑤ 63 cm^2

0622

오른쪽 그림과 같은 평행사변형 ABCD에서 $\overline{BC}$, $\overline{CD}$의 중점을 각각 E, F라 하고 $\overline{PQ}=4\text{ cm}$일 때, $\overline{EF}$의 길이를 구하시오.

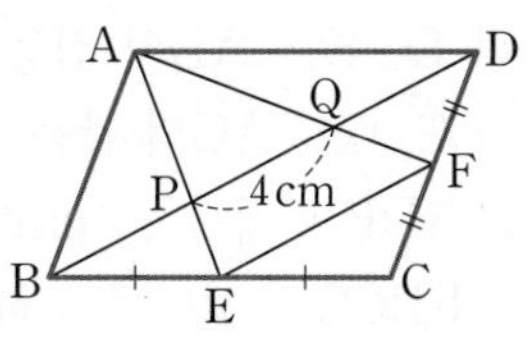

Theme 15 닮은 도형의 성질의 활용

워크북 96쪽

빈출 유형 07 닮은 두 삼각형의 넓이의 비

닮은 두 삼각형의 대응변의 길이의 비가 $m : n$이면
(1) 닮음비 ⇨ $m : n$
(2) 넓이의 비 ⇨ $m^2 : n^2$

대표 문제

0623

오른쪽 그림과 같은 △ABC에서 $\overline{DE} /\!/ \overline{BC}$이고 $\overline{AD}=6$ cm, $\overline{DB}=4$ cm이다. △ADE의 넓이가 18 cm²일 때, △ABC의 넓이는?

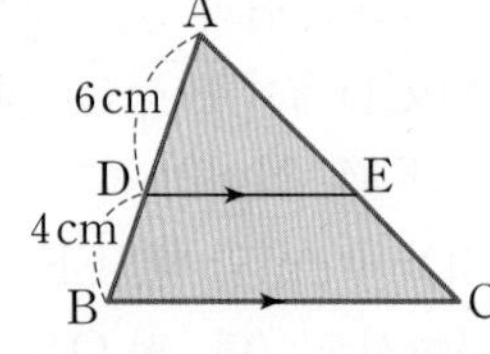

① 46 cm² ② 48 cm² ③ 50 cm²
④ 52 cm² ⑤ 54 cm²

0624 ●●●●

오른쪽 그림과 같이 $\overline{AD} /\!/ \overline{BC}$인 사다리꼴 ABCD에서 두 대각선의 교점을 O라 하자. △ODA의 넓이가 18 cm², △OBC의 넓이가 32 cm²일 때, □ABCD의 넓이를 구하시오.

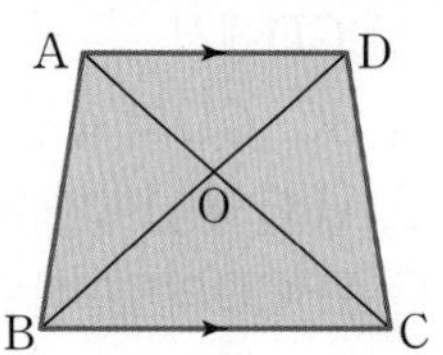

서술형

0625 ●●●●

오른쪽 그림과 같은 △ABC에서 두 점 D, F는 $\overline{AB}$의 삼등분점이고 두 점 E, G는 $\overline{AC}$의 삼등분점이다. △ADE의 넓이가 2 cm²일 때, □FBCG의 넓이를 구하시오.

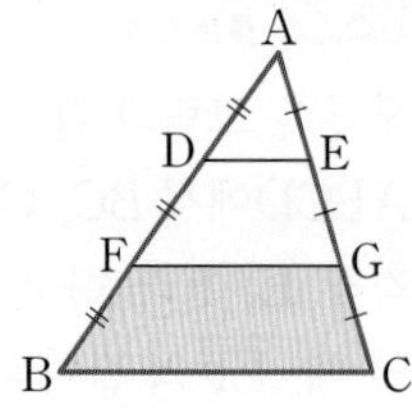

유형 08 닮은 두 평면도형의 넓이의 비

닮음비가 $m : n$인 닮은 두 평면도형의 넓이의 비 ⇨ $m^2 : n^2$

대표 문제

0626

두 원 O, O′의 닮음비는 2 : 3이고 원 O′의 둘레의 길이가 12π cm일 때, 원 O의 넓이는?

① 16π cm² ② 25π cm² ③ 36π cm²
④ 49π cm² ⑤ 64π cm²

0627 ●●●●

오른쪽 그림과 같은 두 정사각형 ABCD, EBFG의 넓이의 비가 25 : 9이고 $\overline{EB}=6$ cm일 때, $\overline{AE}$의 길이를 구하시오.

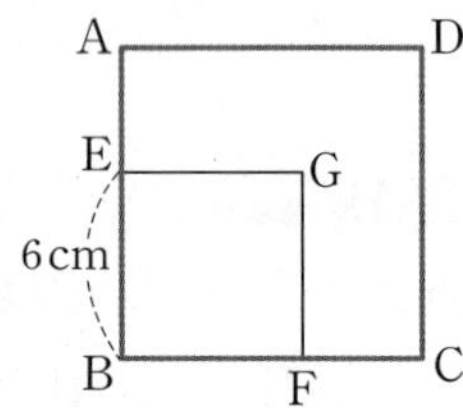

신유형

0628 ●●●●

오른쪽 그림에서 $\overline{AD}$는 △ABC의 중선이고 점 G는 △ABC의 무게중심이다. $\overline{AG}$를 지름으로 하는 원 O와 $\overline{GD}$를 지름으로 하는 원 O′의 넓이의 비를 가장 간단한 자연수의 비로 나타내시오.

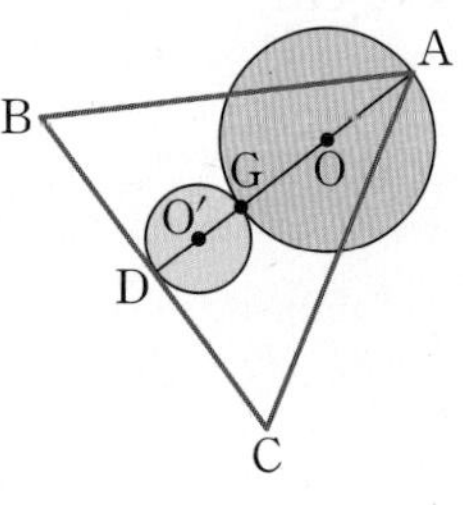

0629 ●●●●

오른쪽 그림과 같이 중심이 같은 세 원의 반지름의 길이의 비가 1 : 2 : 3이고 가장 큰 원의 넓이가 45π cm²일 때, 색칠한 부분의 넓이를 구하시오.

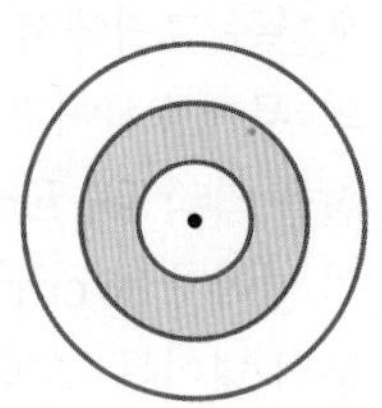

유형 09 닮은 두 평면도형의 넓이의 비의 활용

닮은 두 평면도형의 넓이의 비의 활용 문제는 다음 순서로 해결한다.
❶ 닮음비 $m : n$을 구한다.
❷ 넓이의 비 $m^2 : n^2$을 구한다.
❸ 비례식을 이용하여 넓이를 구한다.

대표 문제

0630

넓이가 16 cm^2인 그림을 복사기로 250 % 확대 복사할 때, 확대 복사된 그림의 넓이를 구하시오.

0631

어느 피자 가게에서는 지름의 길이가 25 cm인 원 모양의 피자의 가격이 15000원이다. 피자의 가격이 피자의 넓이에 정비례할 때, 지름의 길이가 30 cm인 원 모양의 피자의 가격은? (단, 피자의 두께는 생각하지 않는다.)

① 19600원 ② 20000원 ③ 20800원
④ 21600원 ⑤ 24000원

0632

가로의 길이와 세로의 길이가 각각 2 m, 0.5 m인 직사각형 모양의 벽지의 가격은 8000원이다. 이 벽지의 가격은 벽지의 넓이에 정비례하고 같은 벽지로 가로의 길이와 세로의 길이가 각각 6 m, 1.5 m인 직사각형 모양의 벽지를 살 때, 벽지의 가격을 구하시오.

0633

현미경으로 꽃가루를 확대하여 관찰하였더니 한 변의 길이가 1 mm인 정사각형 모양의 표면에 붙어 있는 꽃가루의 수가 300이었다. 꽃가루는 어디서나 비슷한 정도로 분포되어 있다고 가정할 때, 한 변의 길이가 1 cm인 정사각형 안에 붙어 있는 꽃가루의 수를 구하시오.

유형 10 닮은 두 입체도형의 겉넓이의 비

닮음비가 $m : n$인 닮은 두 입체도형에서
(1) 옆넓이의 비 ⇨ $m^2 : n^2$
(2) 밑넓이의 비 ⇨ $m^2 : n^2$
(3) 겉넓이의 비 ⇨ $m^2 : n^2$

대표 문제

0634

오른쪽 그림의 두 원기둥 (가), (나)는 닮은 도형이고 겉넓이의 비가 9 : 16이다. $r+h$의 값을 구하시오.

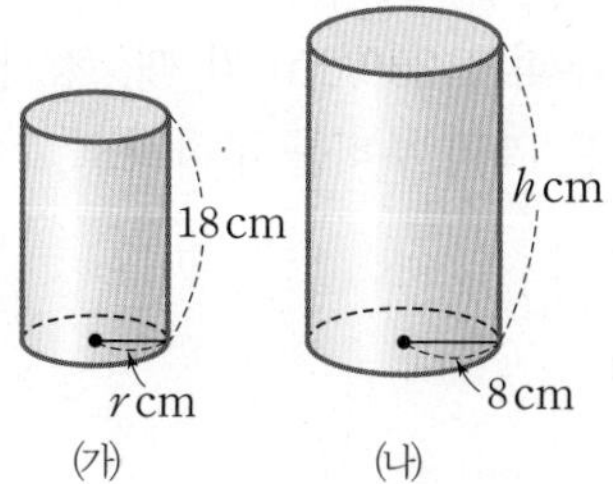

0635

오른쪽 그림과 같이 작은 정사면체의 각 모서리의 길이를 3배로 늘여서 큰 정사면체를 만들었다. 큰 정사면체의 겉넓이는 작은 정사면체의 겉넓이의 몇 배인가?

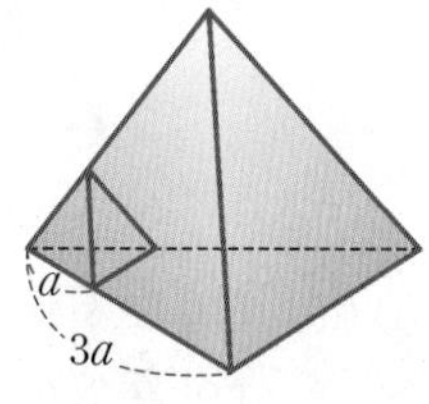
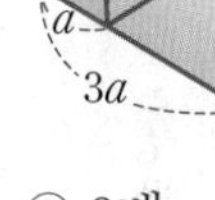

① 3배 ② 6배 ③ 9배
④ 16배 ⑤ 27배

0636

오른쪽 그림과 같은 구 모양의 두 구슬 O, O′을 각각 중심을 지나는 평면으로 자른 단면인 원의 둘레의 길이의 비는 3 : 5이다. 구슬 O의 겉면을 칠하는 데 드는 페인트의 비용이 1800원일 때, 구슬 O′의 겉면을 칠하는 데 드는 페인트의 비용을 구하시오.

(단, 페인트의 비용은 구슬의 겉넓이에 정비례한다.)

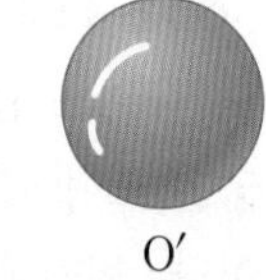

07 닮음의 활용
Theme 14 15

빈출 ★★

유형 11 닮은 두 입체도형의 부피의 비

닮음비가 $m : n$인 닮은 두 입체도형의 부피의 비 ⇨ $m^3 : n^3$

대표 문제

0637

오른쪽 그림의 두 정사각뿔 (가), (나)는 닮은 도형이고 밑넓이의 비는 9 : 25이다. 정사각뿔 (나)의 부피가 250 cm^3일 때, 정사각뿔 (가)의 부피를 구하시오.

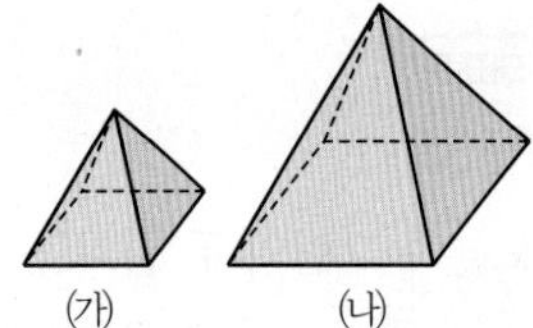

0638 ●●○○

아래 그림에서 두 원뿔 (가), (나)가 닮은 도형일 때, 다음 중 옳지 않은 것은?

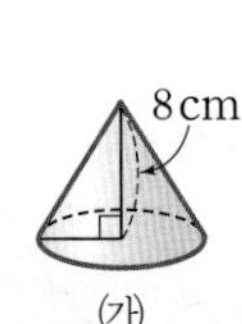

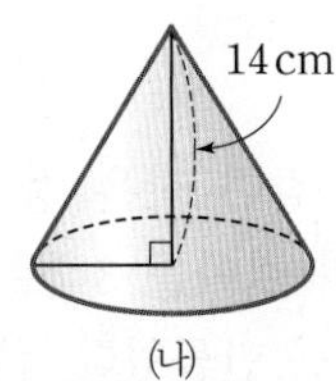

① (가), (나)의 모선의 길이의 비는 4 : 7이다.
② (가), (나)의 밑넓이의 비는 16 : 49이다.
③ (가), (나)의 옆넓이의 비는 16 : 49이다.
④ (가), (나)의 밑면의 둘레의 길이의 비는 16 : 49이다.
⑤ (가), (나)의 부피의 비는 64 : 343이다.

0639 ●●●○

오른쪽 그림의 두 원기둥 (가), (나)는 닮은 도형이고 부피의 비가 8 : 27이다. 원기둥 (가)의 밑면의 반지름의 길이가 10 cm일 때, 원기둥 (나)의 한 밑면의 둘레의 길이를 구하시오.

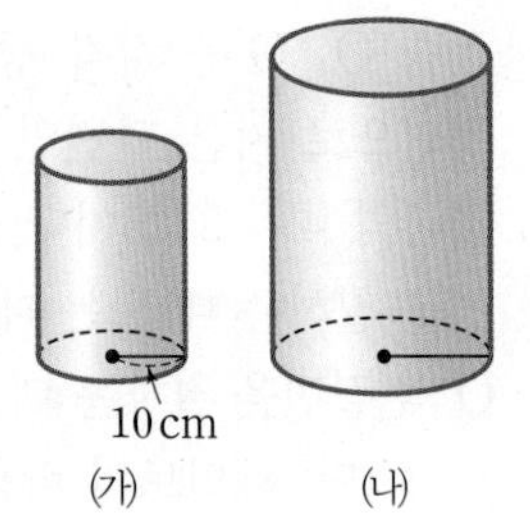

0640 ●●●○

다음 그림과 같이 밑면의 반지름의 길이가 각각 4 cm, 6 cm인 닮은 두 원기둥 모양의 통조림 (가), (나)가 있다. 통조림의 가격은 용기의 부피에 정비례하고 통조림 (나)의 가격이 5400원일 때, 통조림 (가)의 가격을 구하시오.

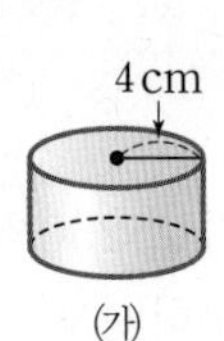

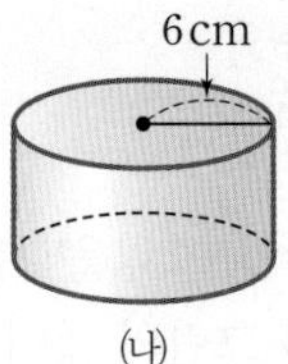

0641 ●●●○

오른쪽 그림과 같이 사각뿔을 $\overline{OP} : \overline{PQ} = 3 : 2$가 되도록 밑면에 평행한 평면으로 잘랐다. 이때 사각뿔 A와 사각뿔대 B의 부피의 비를 가장 간단한 자연수의 비로 나타내시오.

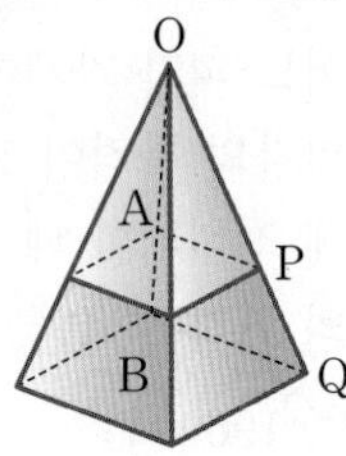

0642 ●●●○

오른쪽 그림과 같은 원뿔 모양의 그릇에 그릇 높이의 $\frac{2}{5}$만큼 물을 부었다. 그릇의 부피가 250 cm^3일 때, 그릇에 들어 있는 물의 부피는?

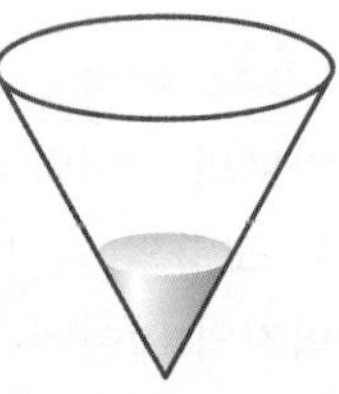

① 15 cm^3　② 16 cm^3　③ 18 cm^3　④ 20 cm^3　⑤ 24 cm^3

서술형

0643 ●●●○

오른쪽 그림과 같이 원뿔의 높이를 삼등분하여 밑면에 평행한 평면으로 잘랐을 때 생기는 세 입체도형을 차례로 A, B, C라 하자. 입체도형 A의 부피가 5 cm^3일 때, 입체도형 C의 부피를 구하시오.

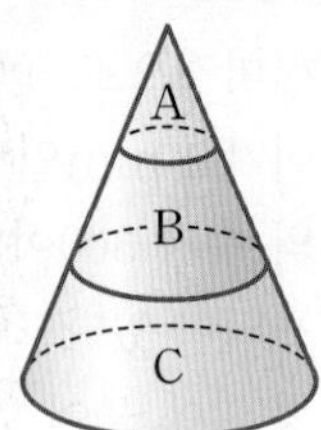

유형 12 높이의 측정

닮음을 이용하여 높이를 구하는 문제는 다음 순서로 해결한다.
❶ 닮은 두 도형을 찾는다.
❷ 닮음비를 구한다.
❸ 비례식을 이용하여 높이를 구한다.

대표 문제

0644

어떤 건물의 높이를 재기 위하여 건물의 그림자의 끝 A 지점에서 4.8 m 떨어진 B 지점에 길이가 2 m인 막대를 세웠더니 그 그림자의 끝이 건물의 그림자의 끝과 일치하였다. 막대와 건물 사이의 거리가 19.2 m일 때, 건물의 높이를 구하시오.

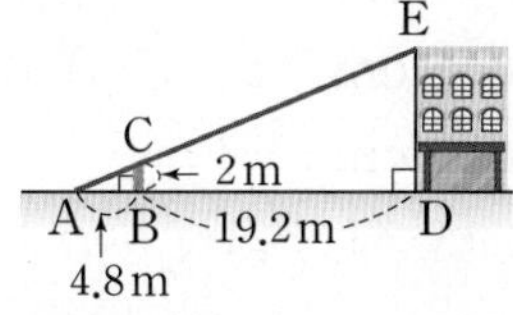

0645 ●●●●

어느 날 같은 시각에 길이가 30 cm인 막대와 시계탑의 그림자의 길이를 재었더니 각각 40 cm, 5 m이었다. 이때 시계탑의 높이는?

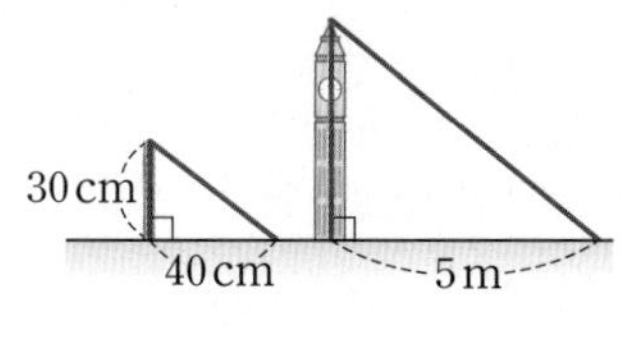

① 200 cm ② 275 cm ③ 300 cm
④ 350 cm ⑤ 375 cm

0646 ●●●●

찬솔이는 나무에서 3 m 떨어진 곳에 거울을 놓고, 거울에서 1.2 m 떨어진 곳에 섰더니 나무의 꼭대기가 거울에 비쳐 보였다. 거울에서 입사각과 반사각의 크기가 같고 찬솔이의 눈높이가 1.6 m일 때, 나무의 높이를 구하시오.

(단, 거울의 두께는 생각하지 않는다.)

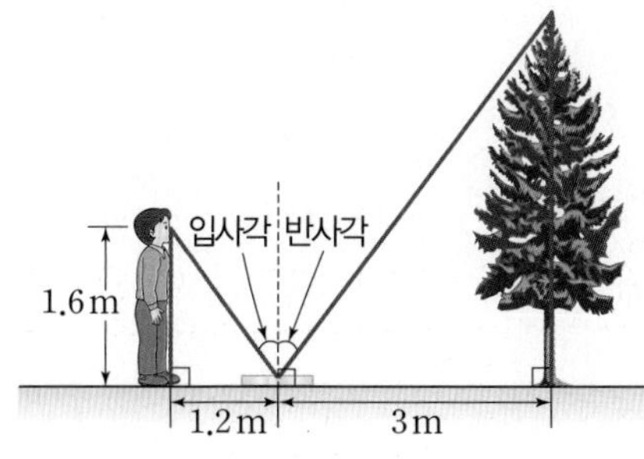

유형 13 축도와 축척

$(\text{축척})=\dfrac{(\text{축도에서의 길이})}{(\text{실제 길이})}$

즉, 축척이 $\dfrac{1}{n}$인 축도에서 두 지점 A, B 사이의 거리가 l일 때, 두 지점 사이의 실제 거리는 $l\times n$

대표 문제

0647

오른쪽 그림은 강의 폭을 구하기 위하여 축척이 $\dfrac{1}{10000}$인 축도를 그린 것이다. $\overline{BC}/\!/\overline{DE}$일 때, 강의 실제 폭은?

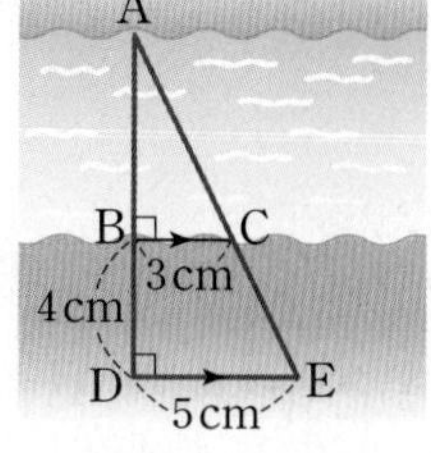

① 450 m ② 500 m
③ 550 m ④ 600 m
⑤ 650 m

0648 ●●●●

실제 거리가 10 m인 두 빌딩 사이의 거리를 20 cm로 나타내는 지도가 있다. 이 지도에서 16 cm인 두 지점 사이의 실제 거리는 몇 m인지 구하시오.

0649 ●●●●

실제 넓이가 2 km^2인 땅의 넓이는 축척이 $\dfrac{1}{20000}$인 지도에서 몇 cm^2인지 구하시오.

신유형

0650 ●●●●

축척이 $\dfrac{1}{100000}$인 지도에서 가로의 길이가 4 cm, 세로의 길이가 3 cm인 직사각형 모양의 공원이 있다. 이 공원의 실제 넓이는 몇 km^2인지 구하시오.

0651 ◉ 유형 02

오른쪽 그림에서 점 G는 △ABC의 무게중심이고 점 H는 $\overline{AD}$와 $\overline{EF}$의 교점이다. $\overline{GD}=6\,cm$일 때, $\overline{AH}$의 길이를 구하시오.

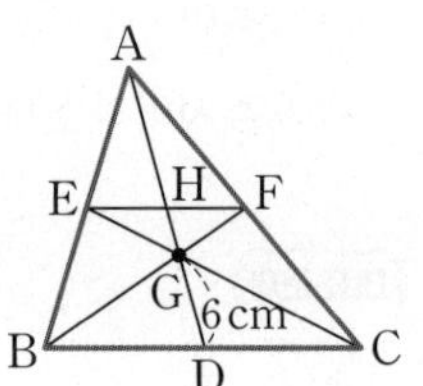

0652 ◉ 유형 02

오른쪽 그림에서 점 G는 $\angle A=90°$인 직각삼각형 ABC의 무게중심이고 $\overline{AH}\perp\overline{BC}$일 때, $\overline{AH}$의 길이를 구하시오.

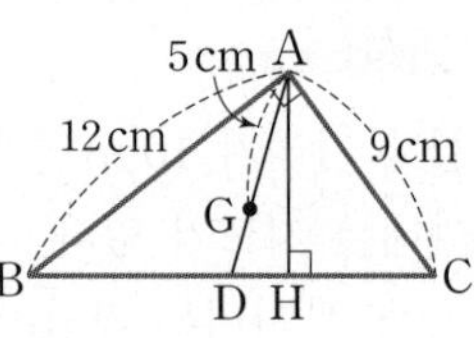

0653 ◉ 유형 03

오른쪽 그림에서 점 G는 △ABC의 무게중심이고 $\overline{BE}\,/\!/\,\overline{DF}$, $\overline{AD}\perp\overline{BC}$, $\overline{EF}=4\,cm$일 때, $\overline{AB}$의 길이를 구하시오.

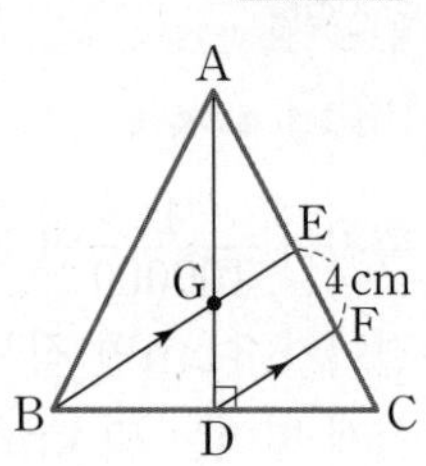

0654 ◉ 유형 04

오른쪽 그림에서 두 점 G, G′은 각각 △ABC, △DBC의 무게중심이다. $\overline{AC}=24\,cm$일 때, $\overline{GG'}$의 길이는?

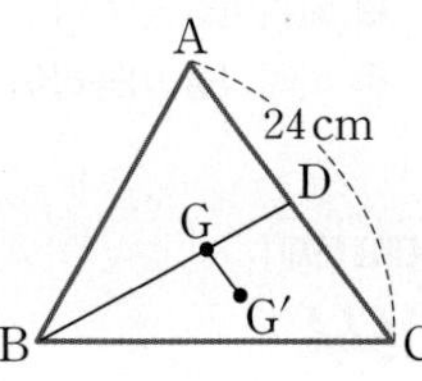

① 3 cm ② 4 cm
③ 5 cm ④ 6 cm
⑤ 7 cm

0655 ◉ 유형 05+유형 06

오른쪽 그림과 같은 평행사변형 ABCD에서 두 점 M, N은 각각 $\overline{BC}$, $\overline{CD}$의 중점이다. □ABCD의 넓이가 $48\,cm^2$일 때, 색칠한 부분의 넓이를 구하시오.

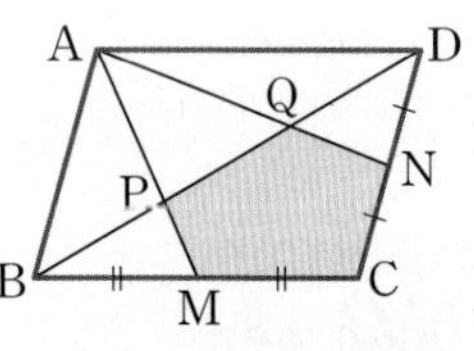

0656 ⓒ 유형 04+유형 07

오른쪽 그림과 같은 △ABC에서 두 점 G, G′은 각각 △ABD, △ADC의 무게중심이다. △ABC의 넓이가 18 cm^2일 때, △AGG′의 넓이는?

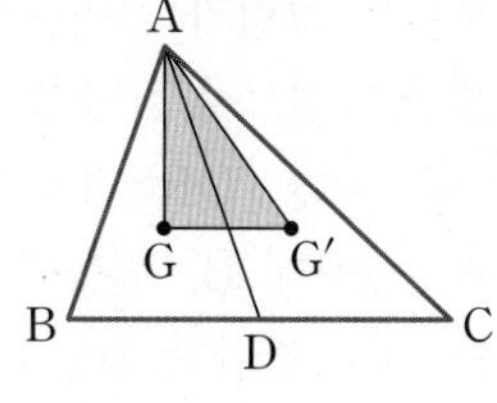

① 3 cm^2 ② 4 cm^2 ③ 6 cm^2
④ 8 cm^2 ⑤ 9 cm^2

0657 ⓒ 유형 07

오른쪽 그림과 같이 $\overline{AD} /\!/ \overline{BC}$인 사다리꼴 ABCD에서 △AOD의 넓이가 8 cm^2일 때, □ABCD의 넓이는?

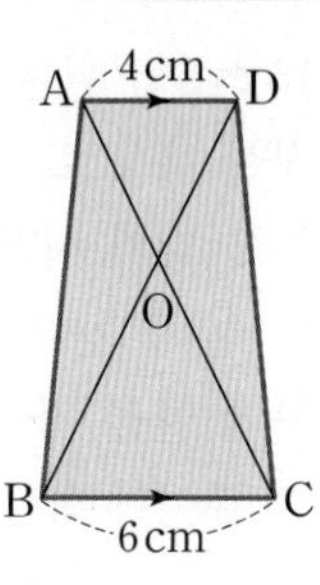

① 25 cm^2 ② 30 cm^2
③ 32 cm^2 ④ 48 cm^2
⑤ 50 cm^2

0658 ⓒ 유형 11

오른쪽 그림과 같이 지름의 길이가 8 cm, 반지름의 길이가 1 cm인 구 모양의 두 초콜릿 ㈎, ㈏가 있다. 초콜릿 ㈎를 1개 녹여 모양과 크기가 같은 초콜릿 ㈏를 몇 개 만들 수 있는지 구하시오.

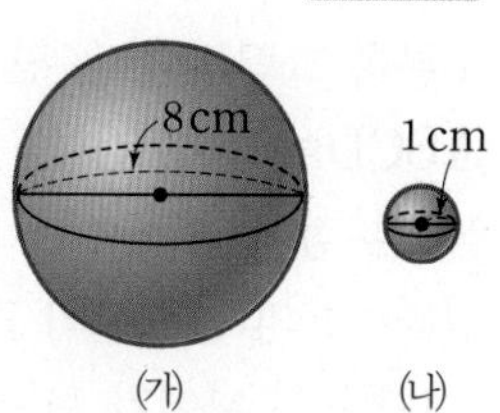

0659 ⓒ 유형 13

축척이 $\frac{1}{500000}$인 지도에서 거리가 3 cm인 두 지점 사이의 실제 거리를 자전거를 타고 시속 10 km로 왕복하는 데 걸리는 시간은 몇 시간인지 구하시오.

0660 ⓒ 유형 04+유형 05

오른쪽 그림에서 점 G는 △ABC의 무게중심이고 $\overline{EF} /\!/ \overline{BC}$이다. △ABC의 넓이가 45 cm^2일 때, △EDF의 넓이를 구하시오.

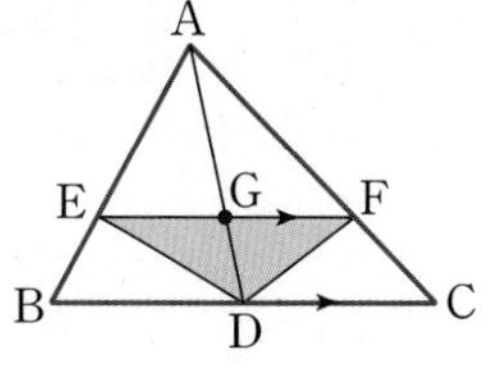

0661 유형 07

오른쪽 그림과 같은 평행사변형 ABCD에서 두 점 E, F는 $\overline{AD}$의 삼등분점이고 점 G는 $\overline{BE}$의 연장선과 $\overline{CF}$의 연장선의 교점이다.

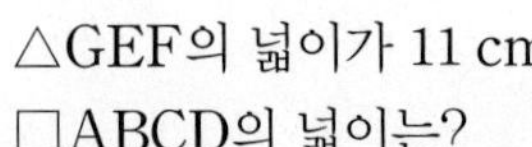

△GEF의 넓이가 11 cm^2일 때, □ABCD의 넓이는?

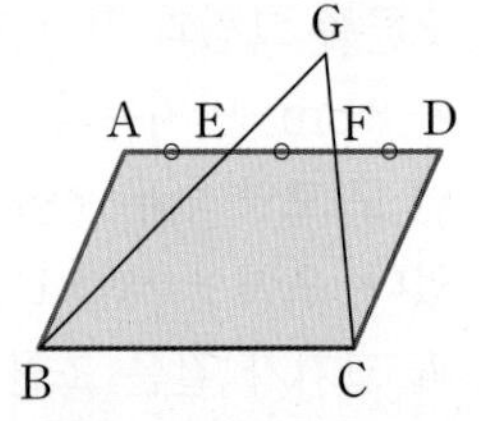

① 110 cm^2 ② 116 cm^2 ③ 120 cm^2
④ 126 cm^2 ⑤ 132 cm^2

0662  유형 08

오른쪽 그림과 같이 세 반원 O, O′, O″이 있다. B 부분의 넓이가 $6\pi\text{ cm}^2$일 때, C 부분의 넓이를 구하시오.

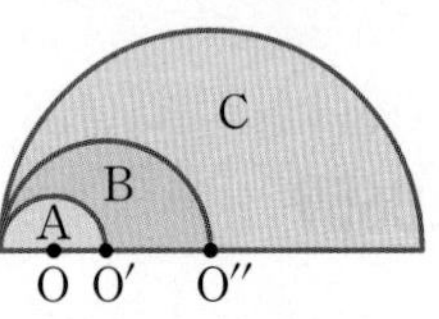

0663 유형 11

다음 그림과 같이 크기가 같은 두 정육면체 모양의 상자 ㈎, ㈏가 있다. ㈎ 상자에는 큰 구슬 1개가 꼭 맞게 들어가고, ㈏ 상자에는 크기가 같은 작은 구슬 8개가 꼭 맞게 들어간다. 두 상자 ㈎, ㈏에 들어 있는 구슬 전체의 부피의 비는?

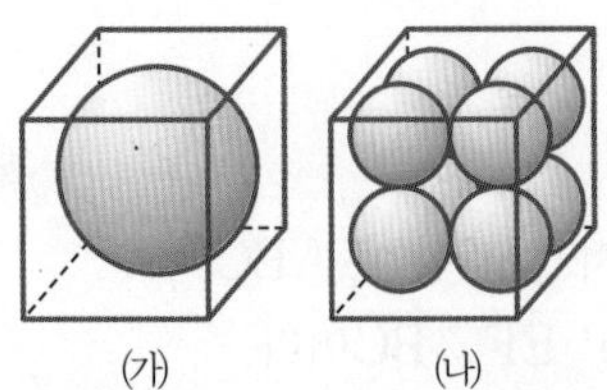

① 1 : 1 ② 1 : 2 ③ 1 : 4
④ 2 : 1 ⑤ 4 : 1

0664 유형 11

오른쪽 그림과 같이 원뿔을 밑면에 평행한 평면으로 잘랐다.
$\overline{OP} : \overline{PQ} : \overline{QR} = 1 : 2 : 3$일 때, 원뿔 A, 원뿔대 B, 원뿔대 C의 부피의 비를 가장 간단한 자연수의 비로 나타내시오.

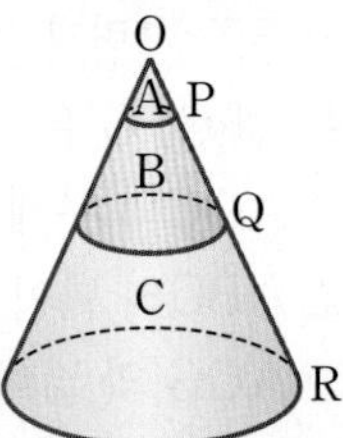

0665 유형 11

오른쪽 그림과 같이 높이가 15 cm인 원뿔 모양의 그릇에 일정한 속도로 물을 채우고 있다. 물을 넣기 시작한 지 5초인 순간의 물의 높이가 3 cm였다면 그릇에 물을 가득 채우기 위해서는 몇 분 몇 초 동안 물을 더 부어야 하는지 구하시오.

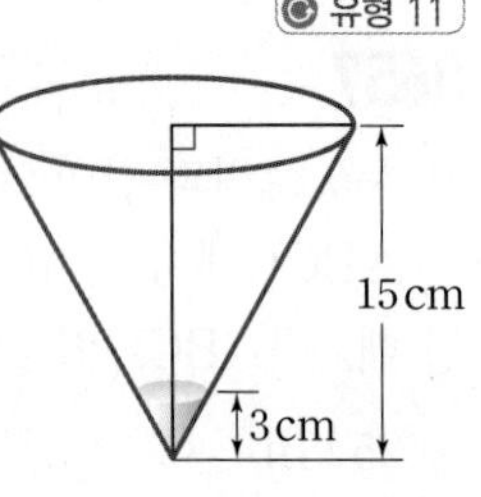

정답 및 풀이 50쪽

0666 ⓒ 유형 12

다음 그림과 같이 벽에서 4 m 떨어진 곳에 있는 나무의 그림자가 벽에 3 m 높이까지 걸쳐 있다. 같은 시각 지면에 수직으로 세워진 1 m 길이의 막대의 그림자의 길이가 2 m일 때, 나무의 높이를 구하시오.

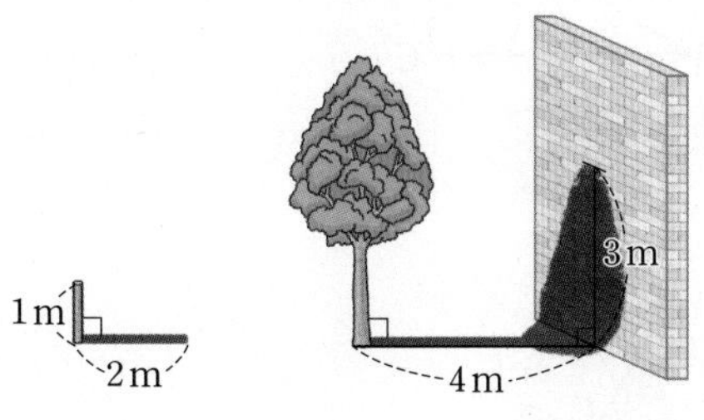

0667 ⓒ 유형 09

다음 그림과 같이 정사각형을 9등분하고 한가운데 정사각형을 지운다. 그리고 남은 8개의 정사각형을 같은 방법으로 각각 9등분하고 한가운데 정사각형을 지운다. 이와 같은 과정을 반복할 때, 처음 정사각형과 [3단계]에서 지워지는 한 정사각형의 닮음비를 가장 간단한 자연수의 비로 나타내시오.

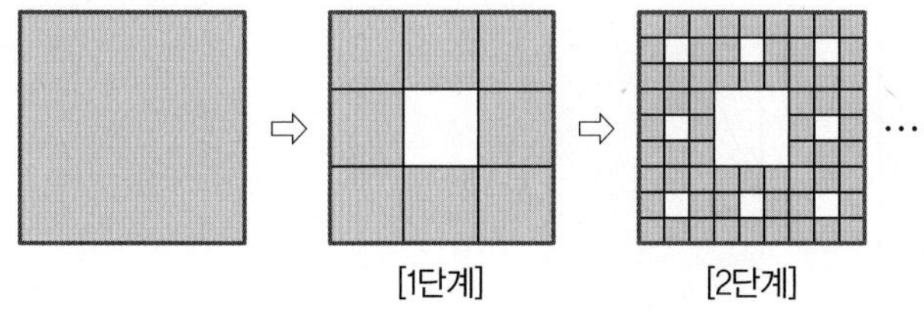

0668 ⓒ 유형 10

다음 그림과 같이 높이가 50 cm인 원기둥이 지면에 놓여 있고, 이 원기둥의 한 밑면인 원 O의 중심 위의 P 지점에서 전등이 원기둥을 비추게 하였다. 지면에 생긴 고리 모양의 그림자의 넓이가 원기둥의 밑넓이의 3배가 되었을 때, 작은 원뿔의 높이 $\overline{PO}$는 몇 cm인지 구하시오.

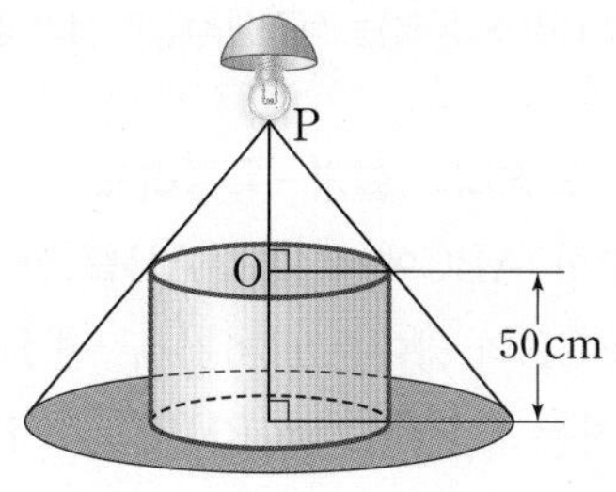

0669 ⓒ 유형 11

오른쪽 그림과 같이 높이가 24 cm이고 위쪽과 아래쪽이 원뿔 모양으로 같은 모래시계가 있다. 위쪽의 그릇에 모래를 가득 채운 후 일정한 속도로 모래가 떨어져서 높이가 4 cm 줄어드는 데 걸린 시간이 19분일 때, 남아 있는 모래가 모두 아래쪽으로 떨어지려면 몇 분이 더 걸리는지 구하시오. (단, 모래의 부피는 한쪽 그릇의 부피와 같고, 모래가 떨어지는 통로는 생각하지 않는다.)

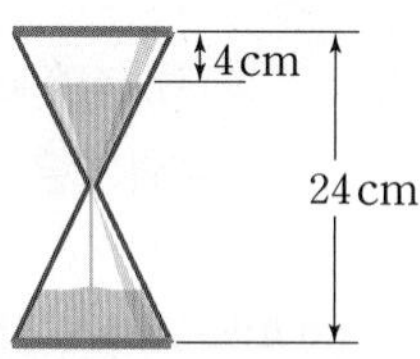

Theme 16 피타고라스 정리 유형 01 ~ 유형 08

(1) 피타고라스 정리

직각삼각형 ABC에서 직각을 끼고 있는 두 변의 길이를 각각 a, b라 하고, 빗변의 길이를 c라 하면

⇨ $a^2+b^2=c^2$ ⟵ (밑변의 길이)^2+(높이)^2=(빗변의 길이)^2

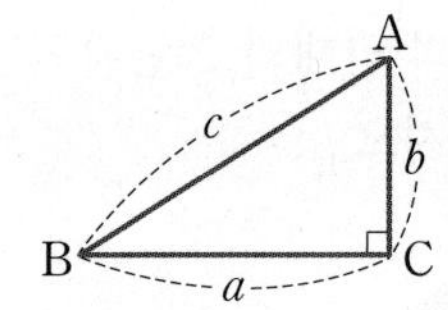

주의 피타고라스 정리는 직각삼각형에서만 성립한다.

(2) 피타고라스 정리의 설명－유클리드

직각삼각형 ABC에서 빗변 AB를 한 변으로 하는 정사각형 AFGB의 넓이는 나머지 두 변 BC, CA를 각각 한 변으로 하는 두 정사각형 BHIC, ACDE의 넓이의 합과 같다.

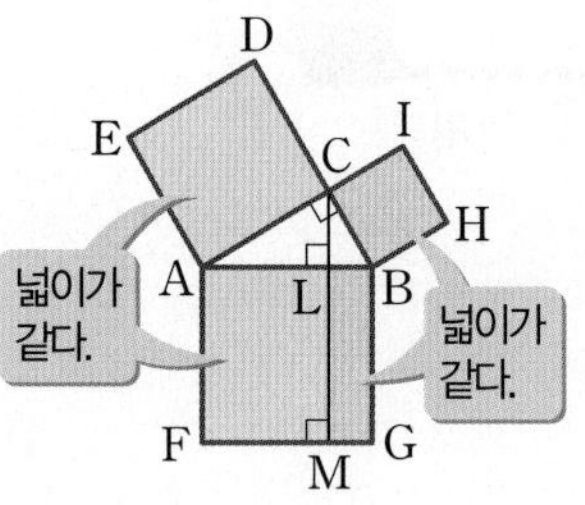

즉, □BHIC+□ACDE=□AFGB이므로

⇨ $\overline{BC}^2+\overline{CA}^2=\overline{AB}^2$

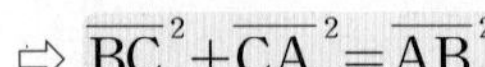

참고

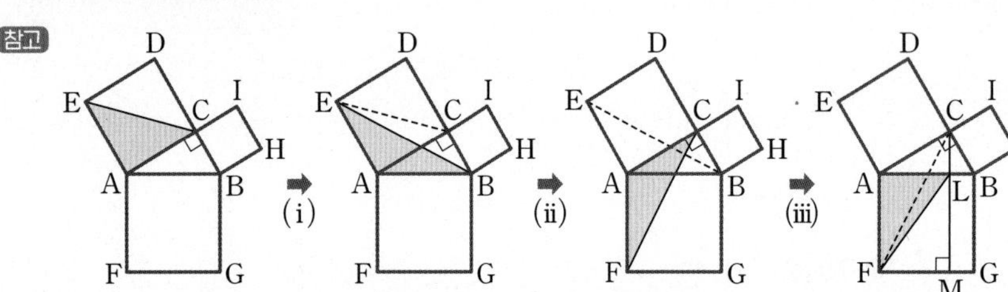

(i) △ACE=△ABE ($\overline{EA}/\!/\overline{DB}$) (ii) △ABE≡△AFC (SAS 합동) (iii) △AFC=△AFL ($\overline{AF}/\!/\overline{CM}$)

(i), (ii), (iii)에 의해 △ACE=△AFL이므로 □ACDE=□AFML

위와 같은 방법으로 △BHC=△BLG이므로 □BHIC=□LMGB

(3) 피타고라스 정리의 설명－피타고라스

[그림 1]과 [그림 2]는 모두 한 변의 길이가 $a+b$인 정사각형이므로 그 넓이가 서로 같고, 정사각형에서 합동인 직각삼각형 4개를 뺀 넓이는 서로 같다. 즉, [그림 1]에서 합동인 직각삼각형 4개를 뺀 넓이 a^2+b^2과 [그림 2]에서 합동인 직각삼각형 4개를 뺀 넓이 c^2이 서로 같으므로

⇨ $a^2+b^2=c^2$

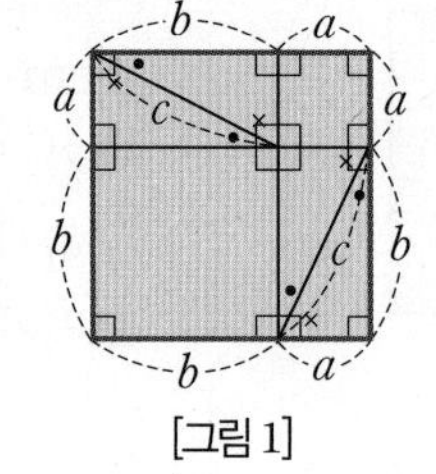
[그림 1]

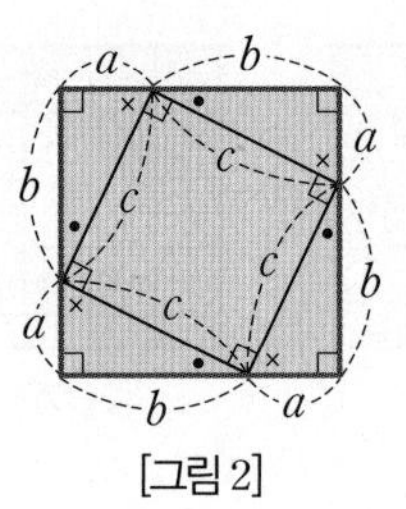
[그림 2]

(4) 직각삼각형이 되는 조건

세 변의 길이가 각각 a, b, c인 삼각형 ABC에서

$a^2+b^2=c^2$이면 이 삼각형은 빗변의 길이가 c인 직각삼각형이다.

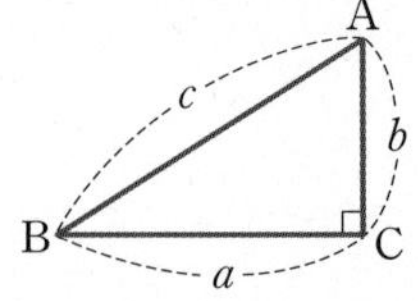

참고 세 변의 길이가 주어진 삼각형이 직각삼각형인지 알아보려면 가장 긴 변의 길이의 제곱과 나머지 두 변의 길이의 제곱의 합을 비교해 본다.

비법 Note

› 직각삼각형에서 빗변은 가장 긴 변으로 직각의 대변이다.

비법 Note

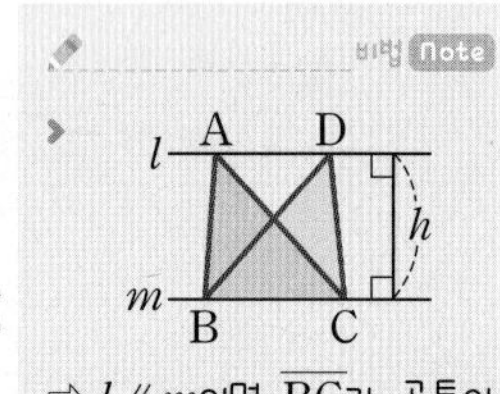

⇨ $l/\!/m$이면 $\overline{BC}$가 공통이고 높이가 h로 같으므로 △ABC=△DBC

비법 Note

› 피타고라스 수
직각삼각형의 세 변의 길이가 될 수 있는 세 자연수
⇨ (3, 4, 5), (5, 12, 13), (6, 8, 10), (8, 15, 17), …

Theme 16 피타고라스 정리

[0670~0675] 다음 그림과 같은 직각삼각형에서 x의 값을 구하시오.

0670

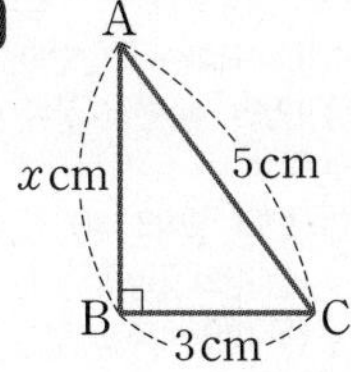

0671

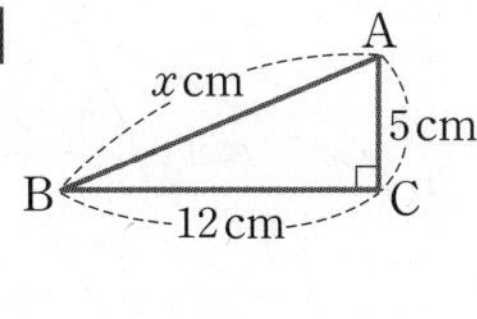

0672

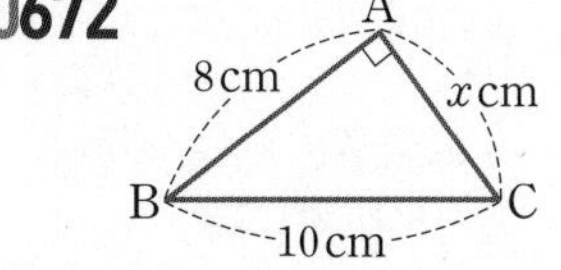

0673

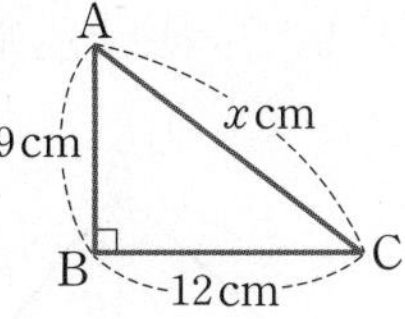

0674

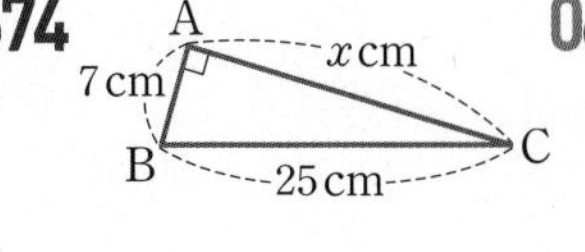

0675

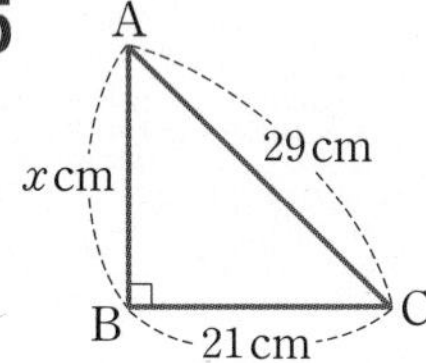

[0676~0677] 다음 그림에서 x, y의 값을 각각 구하시오.

0676

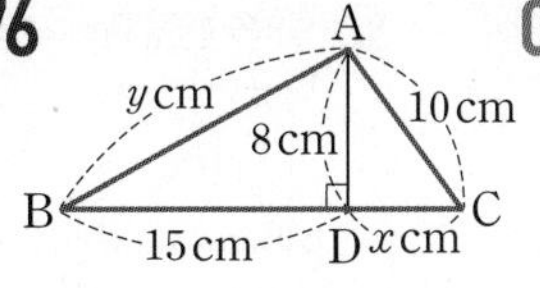

0677

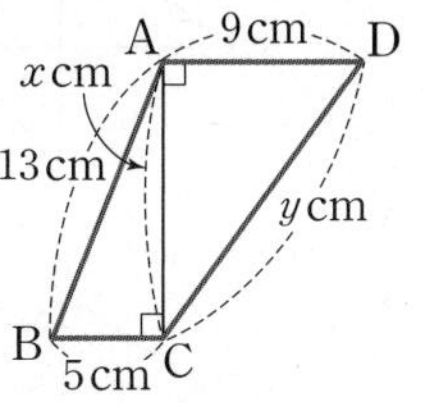

[0678~0679] 오른쪽 그림은 직각삼각형 ABC의 각 변을 한 변으로 하는 세 정사각형을 그린 것이다. □BADE=36 cm², □ACHI=64 cm²일 때, 다음을 구하시오.

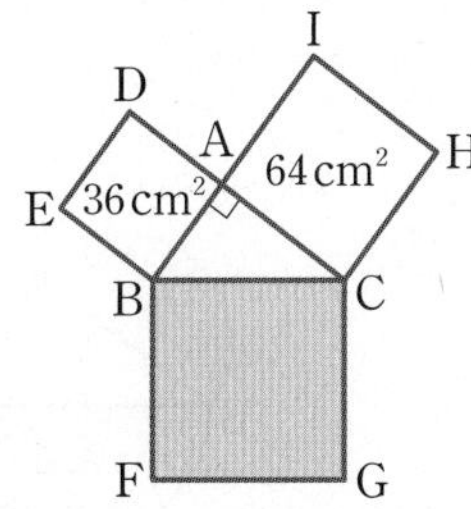

0678 □BFGC의 넓이

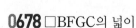

0679 $\overline{AB}$, $\overline{BC}$, $\overline{CA}$의 길이

[0680~0681] 다음 그림은 직각삼각형 ABC의 각 변을 한 변으로 하는 세 정사각형을 그린 것이다. x의 값을 구하시오.

0680

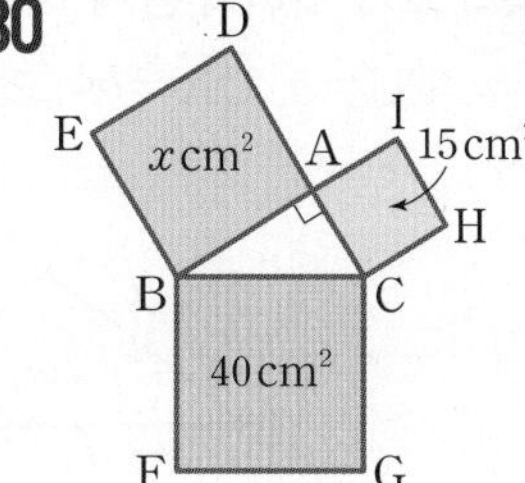

0681

6cm²
$x$cm²
18cm²

[0682~0683] 다음 그림은 직각삼각형 ABC의 각 변을 한 변으로 하는 세 정사각형을 그린 것이다. 색칠한 부분의 넓이를 구하시오.

0682

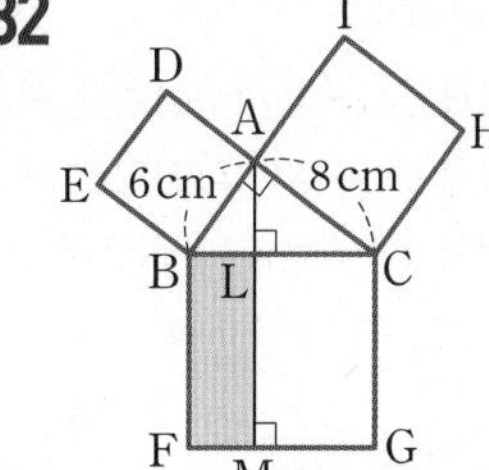

0683

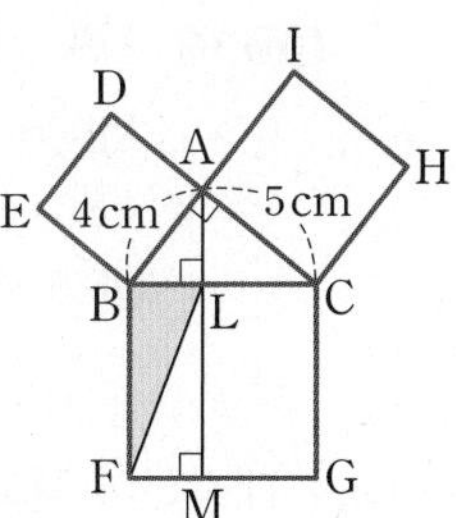

[0684~0687] 삼각형의 세 변의 길이가 각각 다음과 같을 때, 직각삼각형인 것에는 ○표, 직각삼각형이 아닌 것에는 ×표 하시오.

0684 6, 8, 10 (　　)

0685 8, 15, 17 (　　)

0686 10, 12, 15 (　　)

0687 7, 9, 11 (　　)

Theme 17 피타고라스 정리와 도형 ⊙ 유형 09 ~ 유형 13

(1) 삼각형의 변의 길이와 각의 크기 사이의 관계

삼각형 ABC에서 $\overline{AB}=c$, $\overline{BC}=a$, $\overline{CA}=b$이고, c가 가장 긴 변의 길이일 때,

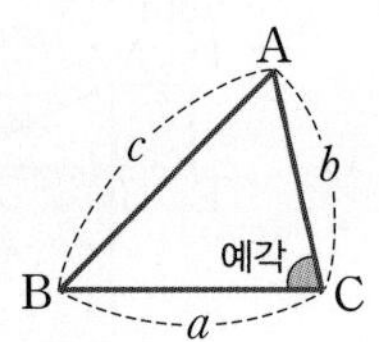

$c^2<a^2+b^2$이면 $\angle C<90°$
⇨ 예각삼각형

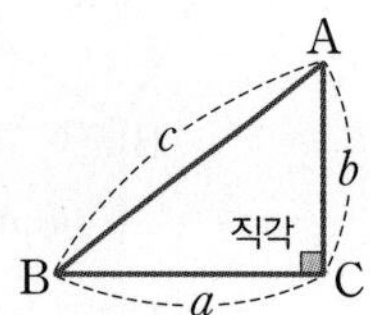

$c^2=a^2+b^2$이면 $\angle C=90°$
⇨ 직각삼각형

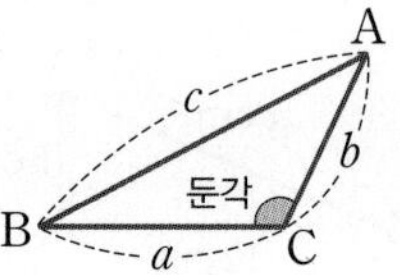

$c^2>a^2+b^2$이면 $\angle C>90°$
⇨ 둔각삼각형

> 비법 Note
> ▸ 삼각형의 모양은 가장 긴 변의 길이의 제곱과 나머지 두 변의 길이의 제곱의 합의 대소를 비교하여 판단한다.
> ▸ 삼각형의 세 변의 길이 사이의 관계
> (두 변의 길이의 차)
> <(한 변의 길이)
> <(두 변의 길이의 합)

(2) 직각삼각형의 성질

$\angle A=90°$인 직각삼각형 ABC에서 $\overline{AD}\perp\overline{BC}$일 때,

① 피타고라스 정리 ⇨ $a^2=b^2+c^2$

② 넓이를 이용한 성질 ⇨ $bc=ah$

③ 닮음을 이용한 성질 ⇨ $c^2=ax$, $b^2=ay$, $h^2=xy$

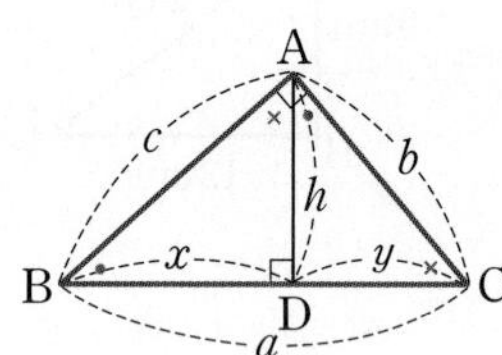

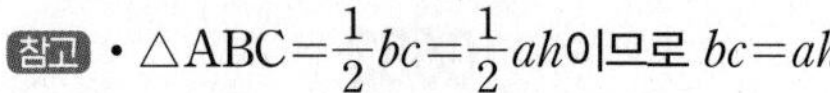

참고 • $\triangle ABC=\frac{1}{2}bc=\frac{1}{2}ah$이므로 $bc=ah$

• $\triangle ABC \backsim \triangle DBA$에서 $c:x=a:c$이므로 $c^2=ax$

$\triangle ABC \backsim \triangle DAC$에서 $a:b=b:y$이므로 $b^2=ay$

$\triangle DBA \backsim \triangle DAC$에서 $x:h=h:y$이므로 $h^2=xy$

> 비법 Note
> ▸ 피타고라스 정리를 이용한 직각삼각형의 성질
>
> 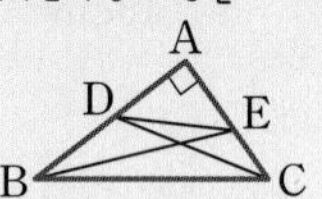
>
>
> ⇨ $\overline{DE}^2+\overline{BC}^2=\overline{BE}^2+\overline{CD}^2$

(3) 두 대각선이 직교하는 사각형의 성질

사각형 ABCD에서 두 대각선이 서로 직교할 때,

⇨ $\overline{AB}^2+\overline{CD}^2=\overline{BC}^2+\overline{DA}^2$

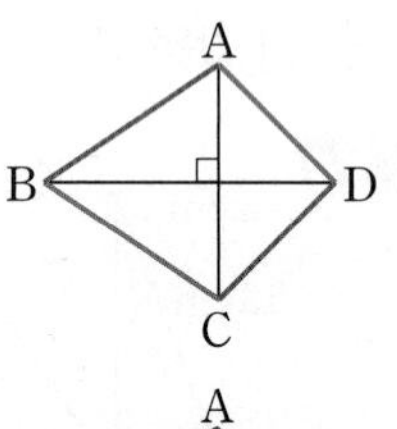

참고 피타고라스 정리에 의해

$a^2+b^2=\overline{AB}^2$ ······ ㉠ $b^2+c^2=\overline{BC}^2$ ······ ㉡

$c^2+d^2=\overline{CD}^2$ ······ ㉢ $a^2+d^2=\overline{DA}^2$ ······ ㉣

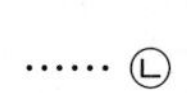

㉠+㉢에서 $a^2+b^2+c^2+d^2=\overline{AB}^2+\overline{CD}^2$

㉡+㉣에서 $b^2+c^2+a^2+d^2=\overline{BC}^2+\overline{DA}^2$

$\therefore \overline{AB}^2+\overline{CD}^2=\overline{BC}^2+\overline{DA}^2$

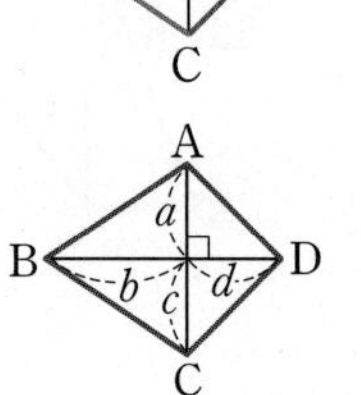

> 비법 Note
> ▸ 직사각형에서의 응용
> 직사각형 ABCD의 내부에 있는 임의의 한 점 P에 대하여
>
> 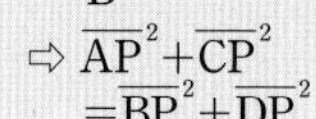
>
> ⇨ $\overline{AP}^2+\overline{CP}^2=\overline{BP}^2+\overline{DP}^2$

(4) 직각삼각형에서 세 반원 사이의 관계

$\angle A=90°$인 직각삼각형 ABC에서 세 변 AB, AC, BC를 지름으로 하는 세 반원의 넓이를 각각 S_1, S_2, S_3이라 할 때,

⇨ $S_1+S_2=S_3$

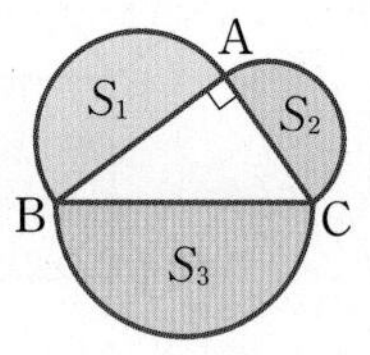

(5) 히포크라테스의 원의 넓이

$\angle A=90°$인 직각삼각형 ABC에서 세 변 AB, AC, BC를 지름으로 하는 세 반원을 그릴 때,

⇨ (색칠한 부분의 넓이)$=\triangle ABC=\frac{1}{2}bc$

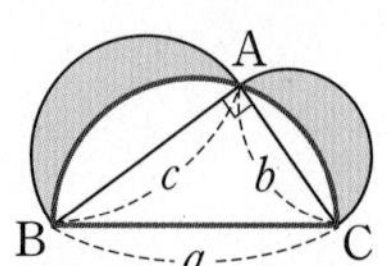

> 비법 Note
>
> 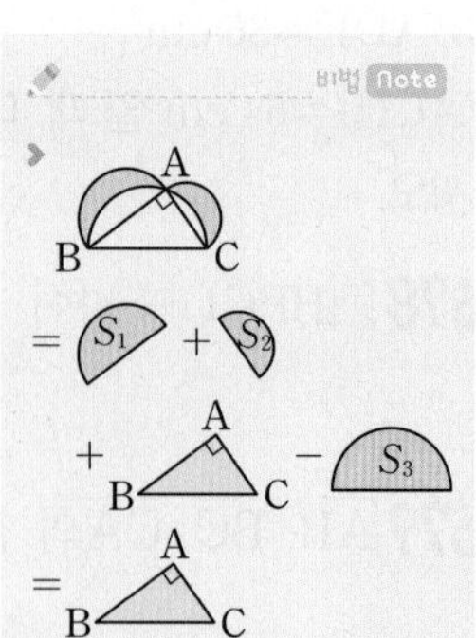
>

Theme 17 피타고라스 정리와 도형

[0688~0690] 삼각형의 세 변의 길이가 다음 보기와 같을 때, 물음에 답하시오.

보기

ㄱ. 4, 8, 10	ㄴ. 3, 4, 5
ㄷ. 6, 7, 9	ㄹ. 3, 5, 7
ㅁ. 9, 12, 15	ㅂ. 7, 8, 10

0688 예각삼각형을 모두 고르시오.

0689 직각삼각형을 모두 고르시오.

0690 둔각삼각형을 모두 고르시오.

[0691~0692] 다음 그림에서 x, y의 값을 각각 구하시오.

0691

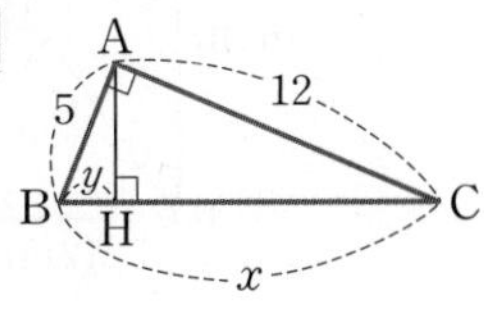

0692

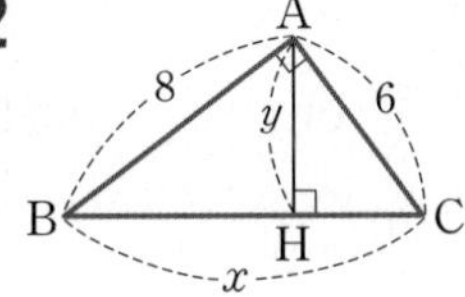

0693 다음은 오른쪽 그림과 같은 직사각형 ABCD의 내부의 임의의 점 P에 대하여 $\overline{AP}^2+\overline{CP}^2=\overline{BP}^2+\overline{DP}^2$ 이 성립함을 설명하는 과정이다. (가)~(라)에 알맞은 것을 구하시오.

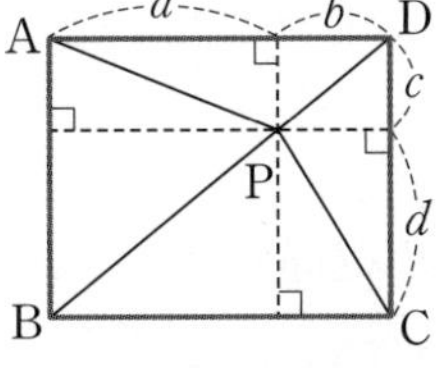

$\overline{AP}^2+$ (가) $=($ (나) $)+(b^2+d^2)$
$=(a^2+d^2)+($ (다) $)$
$=\overline{BP}^2+$ (라)

[0694~0695] 다음 그림에서 x^2+y^2의 값을 구하시오.

0694 **0695**

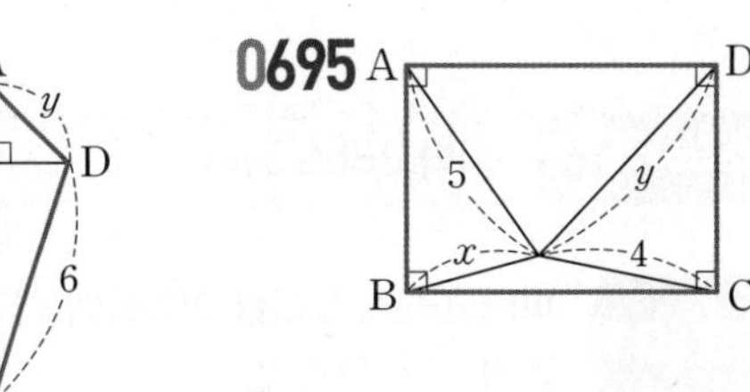

0696 다음은 오른쪽 그림과 같은 직각삼각형 ABC에서 $\overline{DE}^2+\overline{BC}^2=\overline{BE}^2+\overline{CD}^2$ 이 성립함을 설명하는 과정이다. (가)~(라)에 알맞은 것을 구하시오.

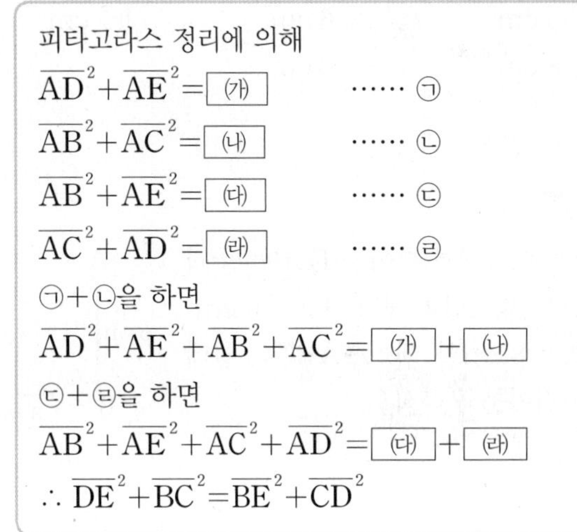

피타고라스 정리에 의해

$\overline{AD}^2+\overline{AE}^2=$ (가) …… ㉠

$\overline{AB}^2+\overline{AC}^2=$ (나) …… ㉡

$\overline{AB}^2+\overline{AE}^2=$ (다) …… ㉢

$\overline{AC}^2+\overline{AD}^2=$ (라) …… ㉣

㉠+㉡을 하면

$\overline{AD}^2+\overline{AE}^2+\overline{AB}^2+\overline{AC}^2=$ (가) $+$ (나)

㉢+㉣을 하면

$\overline{AB}^2+\overline{AE}^2+\overline{AC}^2+\overline{AD}^2=$ (다) $+$ (라)

$\therefore \overline{DE}^2+\overline{BC}^2=\overline{BE}^2+\overline{CD}^2$

[0697~0698] 다음 그림은 직각삼각형 ABC의 각 변을 지름으로 하는 세 반원을 그린 것이다. 색칠한 부분의 넓이를 구하시오.

0697

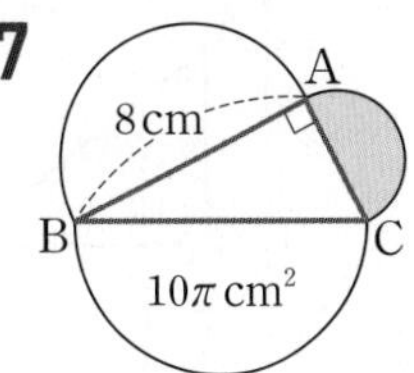

0698

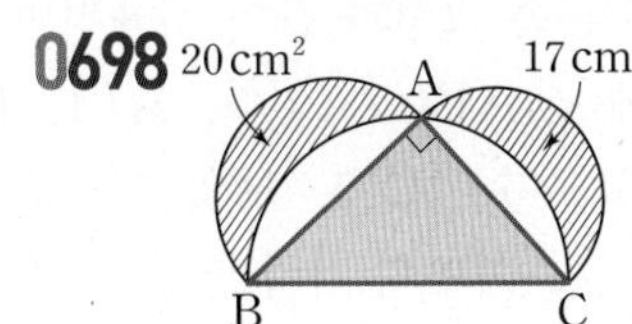

Theme 16 피타고라스 정리

워크북 106쪽

유형 01 피타고라스 정리를 이용하여 삼각형의 변의 길이 구하기

직각을 끼고 있는 두 변의 길이가 각각 a, b이고 빗변의 길이가 c인 직각삼각형 ABC에서
⇨ $a^2+b^2=c^2$

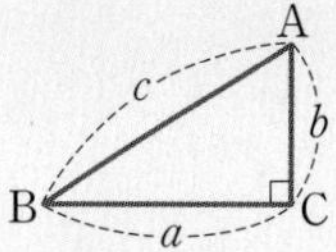

0699

오른쪽 그림과 같이 $\angle C=90°$인 직각삼각형 ABC에서 $\overline{AB}=25\text{ cm}$, $\overline{BC}=24\text{ cm}$일 때, $\overline{AC}$의 길이는?

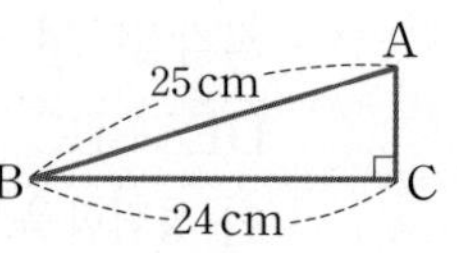

① 5 cm ② 6 cm ③ 7 cm
④ 8 cm ⑤ 9 cm

0700

오른쪽 그림과 같이 $\angle B=90°$인 직각삼각형 ABC에서 $\overline{AB}=6\text{ cm}$, $\overline{BC}=8\text{ cm}$일 때, △ABC의 둘레의 길이를 구하시오.

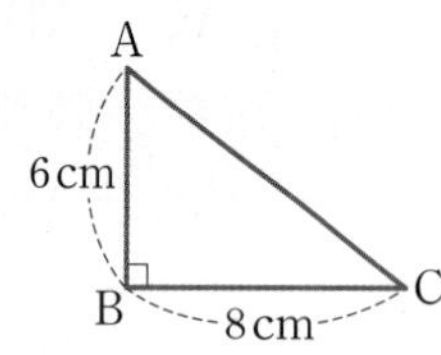

0701

오른쪽 그림과 같이 $\angle A=90°$인 직각삼각형 ABC에서 $\overline{AB}=12\text{ cm}$, $\overline{BC}=15\text{ cm}$일 때, △ABC의 넓이를 구하시오.

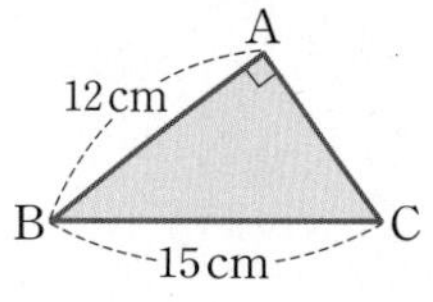

0702

오른쪽 그림과 같이 좌표평면 위에 △ABC가 있다. A(1, 4), B(1, 1), C(5, 1)일 때, 두 점 A, C 사이의 거리를 구하시오.

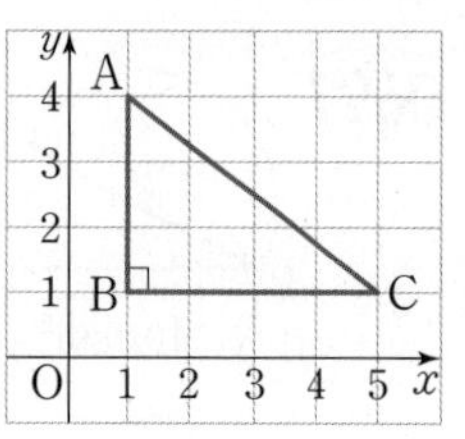

서술형

0703

오른쪽 그림은 넓이가 각각 36 cm^2, 4 cm^2인 두 정사각형 ABCD와 GCEF를 겹치지 않게 이어 붙인 것이다. x의 값을 구하시오.

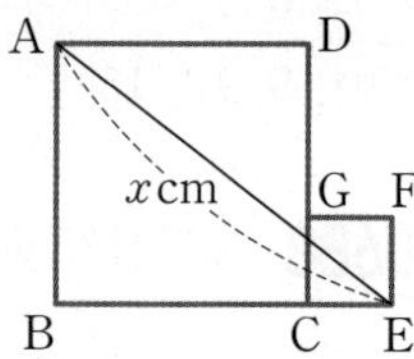

0704

오른쪽 그림에서 점 G는 직각삼각형 ABC의 무게중심이다. $\overline{BG}$의 길이는?

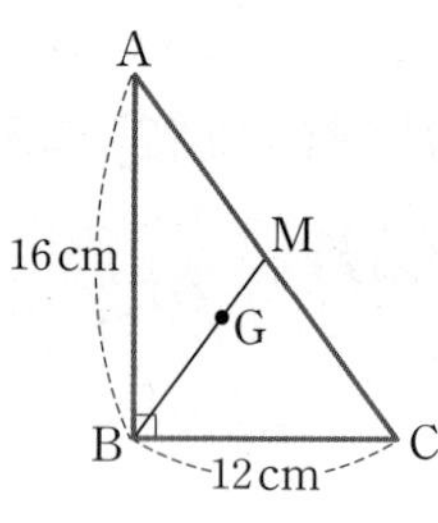

① $\dfrac{10}{3}$ cm ② 5 cm
③ $\dfrac{20}{3}$ cm ④ $\dfrac{25}{3}$ cm
⑤ 10 cm

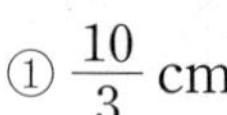

0705

오른쪽 그림과 같이 $\angle C=90°$인 직각삼각형 ABC에서 ∠A의 이등분선이 $\overline{BC}$와 만나는 점을 D라 할 때, △ABD의 넓이를 구하시오.

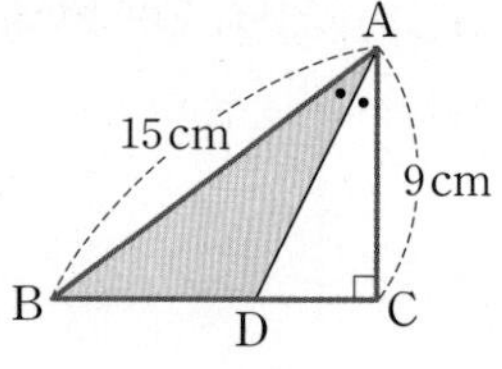

빈출 유형 02 피타고라스 정리의 설명 – 유클리드

$\angle A=90^\circ$인 직각삼각형 ABC에서 각 변을 한 변으로 하는 세 정사각형을 그리면

$S_1=\square ADEB=\square BFML$

$S_2=\square ACHI=\square LMGC$

⇨ $\square BFGC=\square ADEB+\square ACHI$

⇨ $\overline{BC}^2=\overline{AB}^2+\overline{AC}^2$

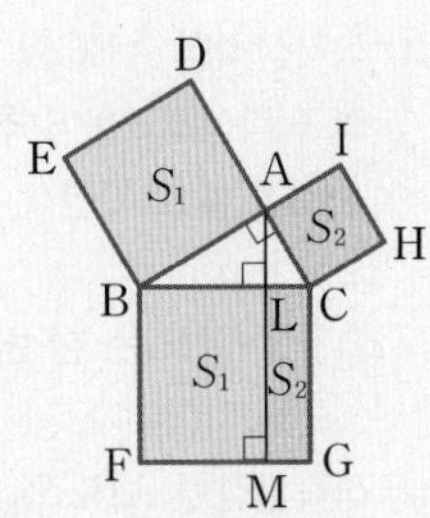

대표 문제

0706

오른쪽 그림은 $\angle A=90^\circ$인 직각삼각형 ABC의 각 변을 한 변으로 하는 세 정사각형을 그린 것이다. $\overline{BC}=15$ cm, $\overline{AC}=9$ cm일 때, △LBF의 넓이를 구하시오.

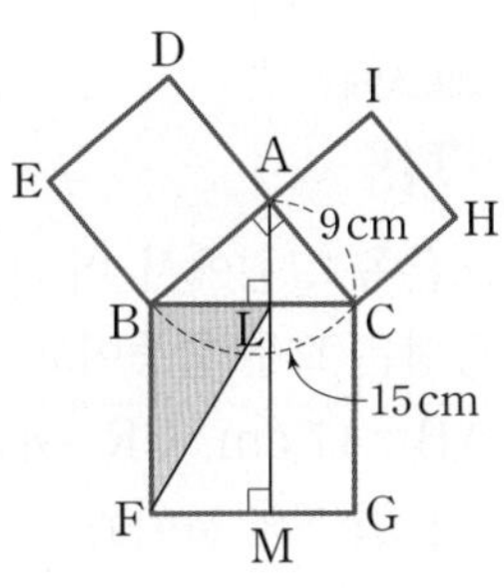

0707 ●●●●

오른쪽 그림은 $\angle C=90^\circ$인 직각삼각형 ABC의 각 변을 한 변으로 하는 세 정사각형을 그린 것이다.
$\square BFGC=9\text{ cm}^2$,
$\square ACHI=16\text{ cm}^2$일 때,
$\square ADEB$의 넓이를 구하시오.

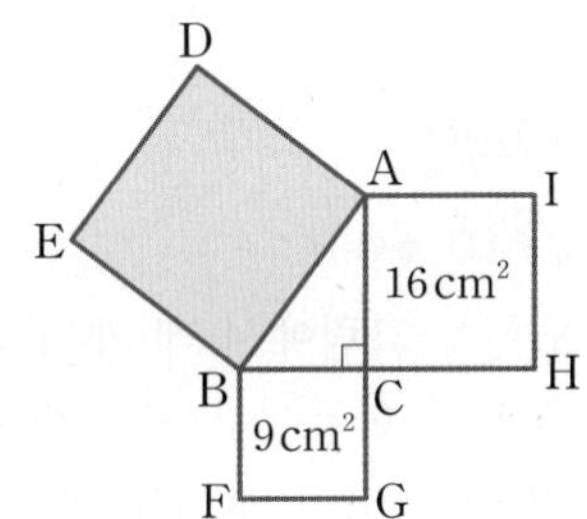

0708 ●●●●

오른쪽 그림은 $\angle A=90^\circ$인 직각삼각형 ABC의 각 변을 한 변으로 하는 세 정사각형을 그린 것이다.
$\square BFGC=169\text{ cm}^2$,
$\square ACHI=144\text{ cm}^2$일 때,
△ABC의 넓이는?

① 26 cm^2 ② 28 cm^2
③ 30 cm^2 ④ 32 cm^2
⑤ 34 cm^2

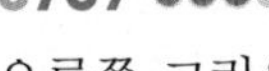

0709 ●●●●

오른쪽 그림은 $\angle A=90^\circ$인 직각삼각형 ABC의 각 변을 한 변으로 하는 세 정사각형을 그린 것이다. 다음 중 그 넓이가 나머지 넷과 다른 하나는?

① △EBC ② △ABF
③ △EBA ④ △AFL
⑤ △FML

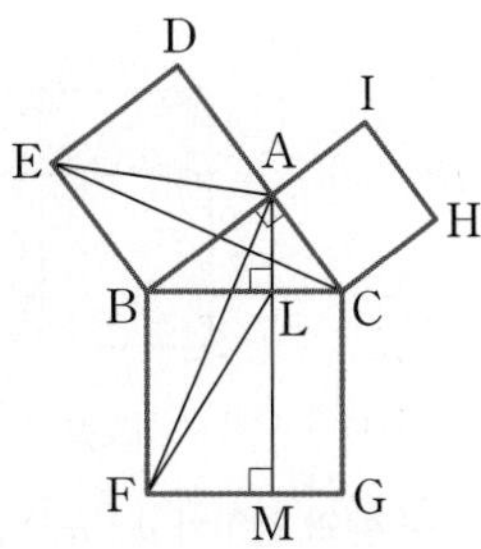

0710 ●●●●

오른쪽 그림에서 사각형은 모두 정사각형이다.
$\square ADEB=9\text{ cm}^2$,
$\square BFGC=25\text{ cm}^2$,
$\square QHOP=5\text{ cm}^2$,
$\square LMNE=6\text{ cm}^2$일 때,
다음 정사각형의 넓이를 구하시오.

(1) $\square ACHI$ (2) $\square SIQR$ (3) $\square KLDJ$

0711 ●●●●

오른쪽 그림은 $\angle A=90^\circ$인 직각삼각형 ABC의 변 BC를 한 변으로 하는 정사각형 BDEC를 그린 것이다.
$\overline{BC}=34$ cm이고 △AEC의 넓이가 128 cm^2일 때, $\overline{AB}$의 길이를 구하시오.

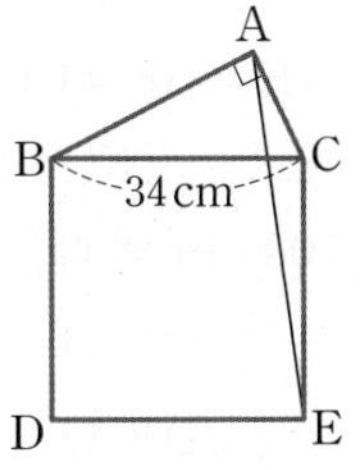

08 피타고라스 정리 Theme 16 17

유형 03 피타고라스 정리의 설명 – 피타고라스

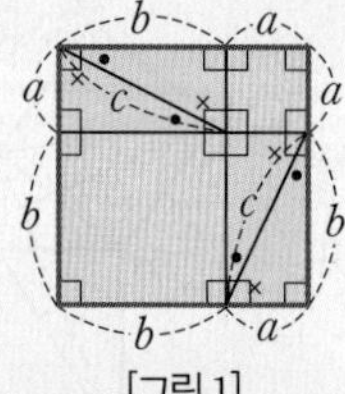
[그림 1]

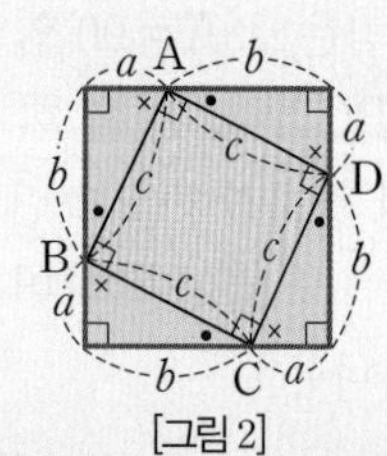
[그림 2]

한 변의 길이가 $a+b$인 정사각형에서 [그림 1]의 합동인 직각삼각형 4개를 뺀 넓이와 [그림 2]의 합동인 직각삼각형 4개를 뺀 넓이는 서로 같다. ⇨ $a^2+b^2=c^2$

참고 [그림 2]에서 □ABCD는 네 변의 길이가 모두 같고, 네 내각의 크기가 모두 같으므로 정사각형이다.

대표 문제

0712

오른쪽 그림에서 □ABCD는 한 변의 길이가 7 cm인 정사각형이다. $\overline{AE}=\overline{BF}=\overline{CG}=\overline{DH}=4$ cm일 때, □EFGH의 넓이를 구하시오.

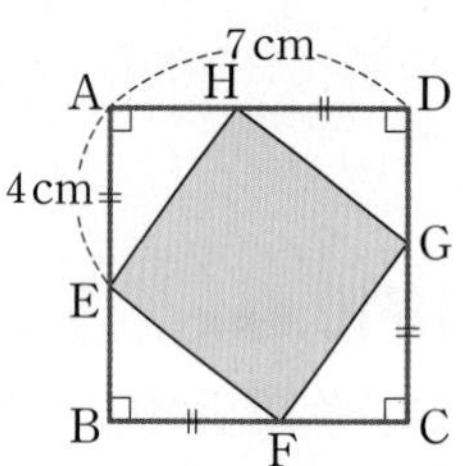

0713 ●●●●

오른쪽 그림과 같이 합동인 네 개의 직각삼각형을 모아 정사각형 ABCD를 만들었다. □EFGH의 넓이가 289 cm²이고 $\overline{AH}=15$ cm일 때, 정사각형 ABCD의 넓이를 구하시오.

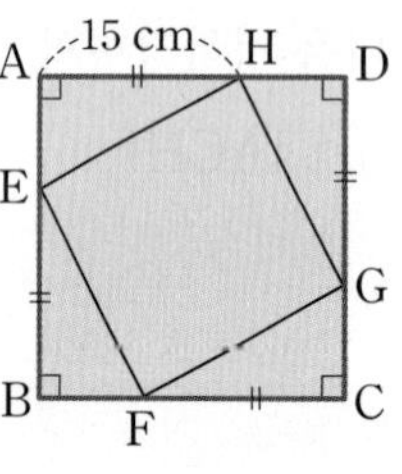

서술형

0714 ●●●●

오른쪽 그림과 같은 정사각형 ABCD에서 $\overline{AE}=\overline{BF}=\overline{CG}=\overline{DH}=8$ cm이고 □EFGH의 넓이가 100 cm²일 때, 다음을 구하시오.

(1) $\overline{AH}$의 길이

(2) □ABCD의 둘레의 길이

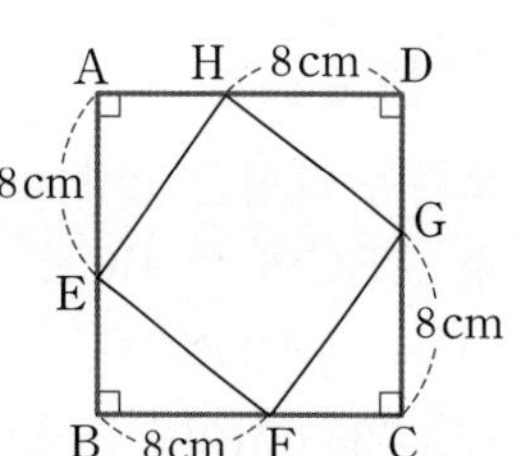

유형 04 합동인 직각삼각형을 이용한 피타고라스 정리

(1) 직각삼각형 ABC와 이와 합동인 세 개의 직각삼각형을 맞추어 정사각형 ABDE를 그리면

① $a^2+b^2=c^2$

② □FGHC는 한 변의 길이가 $a-b$인 정사각형이다.

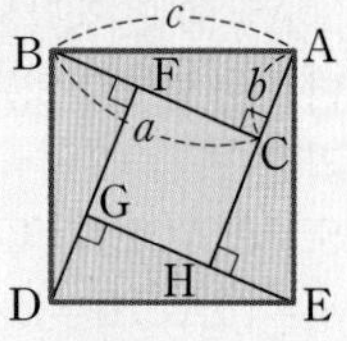

(2) 직각삼각형 ABC와 이와 합동인 한 개의 직각삼각형을 맞추어 사다리꼴 ABDE를 그리면

⇨ △ACE는 직각이등변삼각형이다.

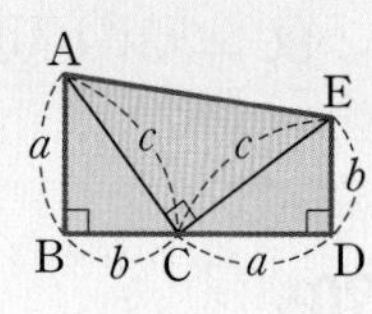

대표 문제

0715

오른쪽 그림에서 네 개의 직각삼각형은 모두 합동이고 $\overline{AB}=17$ cm, $\overline{CR}=8$ cm일 때, □PQRS의 넓이를 구하시오.

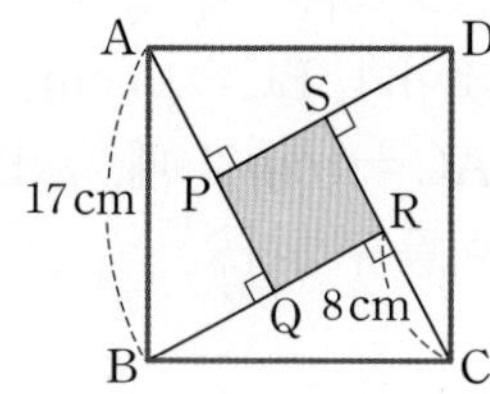

서술형

0716 ●●●●

오른쪽 그림에서 네 개의 직각삼각형은 모두 합동이다. $\overline{BC}=10$ cm, $\overline{BF}=6$ cm일 때, $\overline{EH}$의 길이를 구하시오.

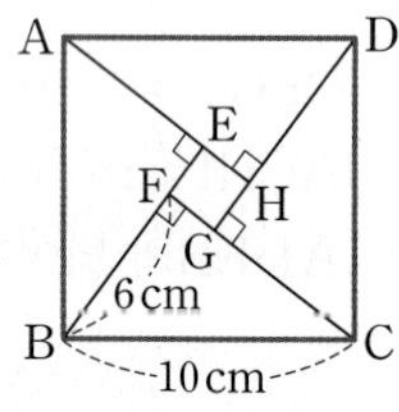

0717 ●●●●

오른쪽 그림에서 두 직각삼각형 ABE와 ECD는 합동이고, 세 점 B, E, C는 한 직선 위에 있다. $\overline{AB}=6$ cm, $\overline{CD}=8$ cm일 때, △AED의 넓이를 구하시오.

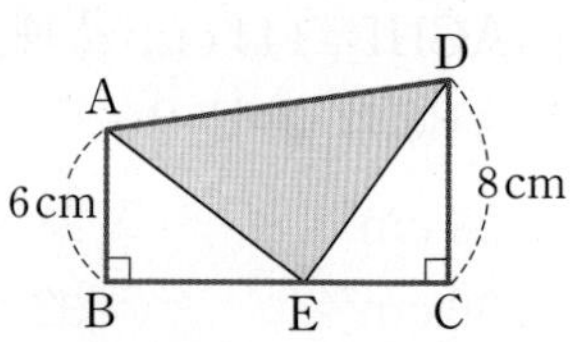

유형 05 직사각형의 대각선의 길이

가로, 세로의 길이가 각각 a, b인 직사각형의 대각선의 길이를 l이라 하면
⇨ $l^2=a^2+b^2$

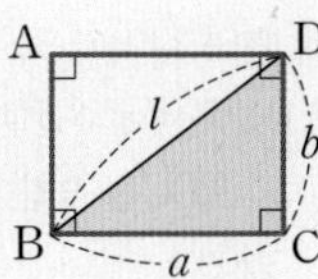

대표 문제

0718

가로의 길이와 세로의 길이의 비가 4 : 3이고, 대각선의 길이가 40 cm인 직사각형의 가로의 길이는?

① 24 cm ② 26 cm ③ 28 cm
④ 30 cm ⑤ 32 cm

0719

오른쪽 그림과 같이 가로의 길이가 15 cm이고 대각선의 길이가 17 cm인 직사각형의 넓이를 구하시오.

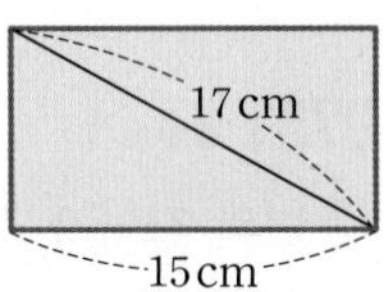

0720

오른쪽 그림과 같이 가로, 세로의 길이가 각각 8 cm, 6 cm인 직사각형이 있다. 두 대각선의 교점을 O라 할 때, $\overline{OC}$의 길이는?

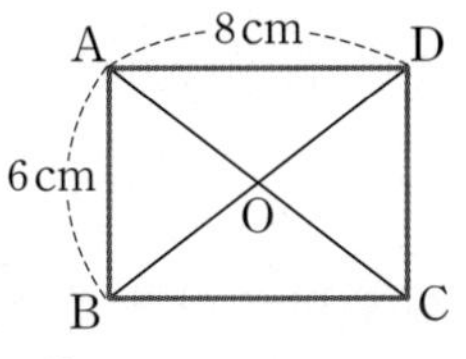

① 3 cm ② 4 cm ③ 5 cm
④ 6 cm ⑤ 7 cm

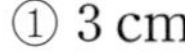
신유형

0721

오른쪽 그림과 같이 반지름의 길이가 17 cm인 사분원 위의 점 C에서 $\overline{OA}$, $\overline{OB}$에 내린 수선의 발을 각각 D, E라 하자. $\overline{CD}=15$ cm일 때, □ODCE의 넓이를 구하시오.

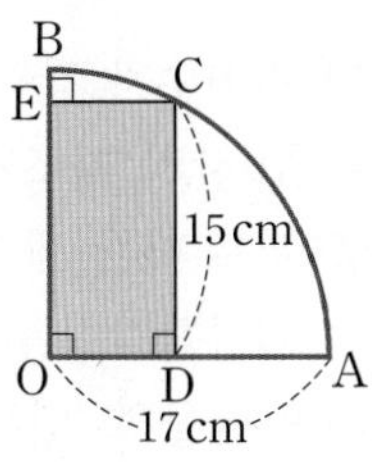

유형 06 삼각형에서 피타고라스 정리의 이용

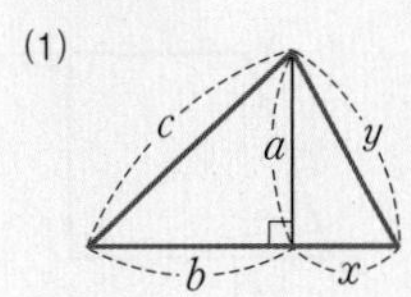

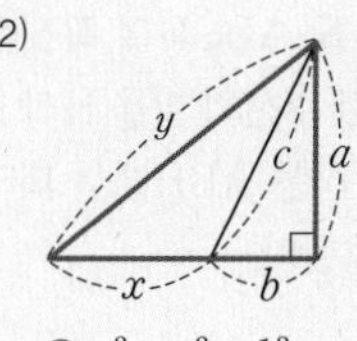

(1) ① $c^2=a^2+b^2$
② $y^2=a^2+x^2$

(2) ① $c^2=a^2+b^2$
② $y^2=a^2+(x+b)^2$

대표 문제

0722

오른쪽 그림과 같은 △ABC에서 $\overline{AD}\perp\overline{BC}$일 때, $x+y$의 값은?

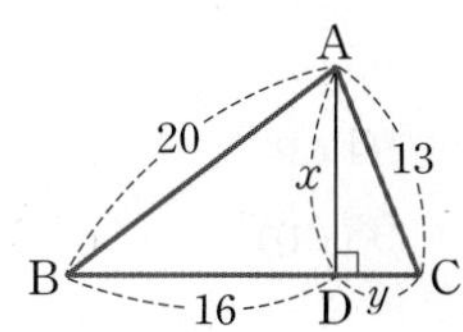

① 13 ② 14
③ 15 ④ 16
⑤ 17

0723

오른쪽 그림과 같은 △ABC에서 $\overline{AD}\perp\overline{BC}$일 때, $\overline{AB}$의 길이를 구하시오.

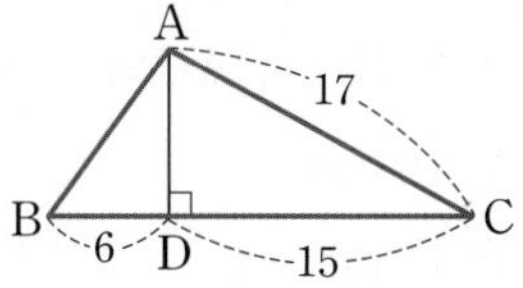

0724

오른쪽 그림과 같이 ∠B=90°인 직각삼각형 ABC에서 xy의 값은?

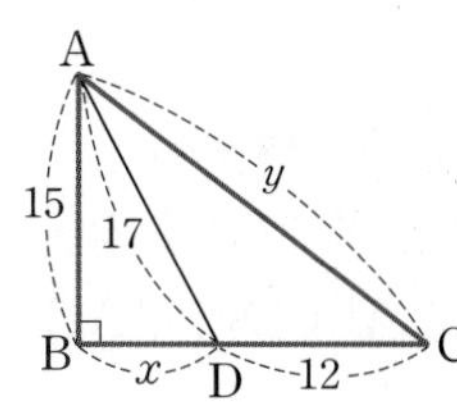

① 169 ② 180
③ 186 ④ 194
⑤ 200

0725

오른쪽 그림과 같이 ∠C=90°인 직각삼각형 ABC의 변 BC 위에 $\overline{AD}=\overline{BD}$가 되도록 점 D를 잡았다. △ADC의 넓이가 84 cm²이고 $\overline{AC}=24$ cm일 때, $\overline{AB}$의 길이를 구하시오.

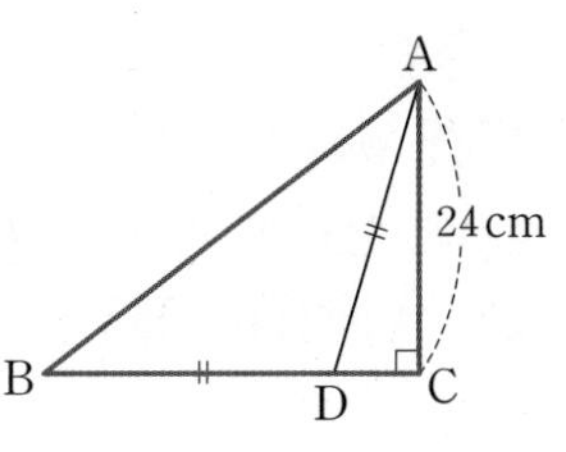

유형 07 사다리꼴에서 피타고라스 정리의 이용

❶ 사다리꼴 ABCD의 꼭짓점 A에서 $\overline{BC}$에 내린 수선의 발을 H라 한다.
❷ 직각삼각형 ABH에서 피타고라스 정리를 이용한다.

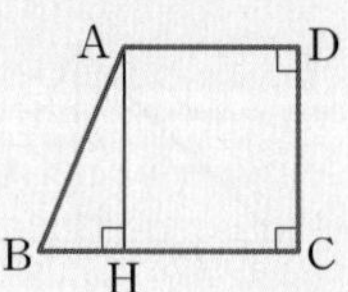

대표 문제

0726

오른쪽 그림과 같은 사다리꼴 ABCD의 넓이는?

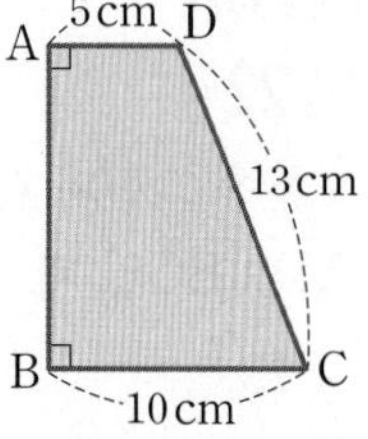

① 90 cm^2 ② 92 cm^2
③ 94 cm^2 ④ 96 cm^2
⑤ 98 cm^2

0727 ●●●●

오른쪽 그림과 같은 사다리꼴 ABCD에서 $\overline{AC}$의 길이는?

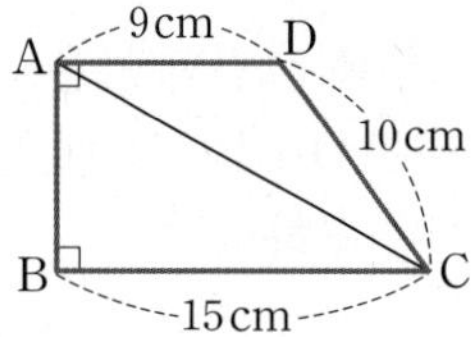

① 16 cm ② 17 cm
③ 18 cm ④ 19 cm
⑤ 20 cm

0728 ●●●●

오른쪽 그림과 같은 사다리꼴 ABCD에서 $\overline{AB}^2$의 값을 구하시오.

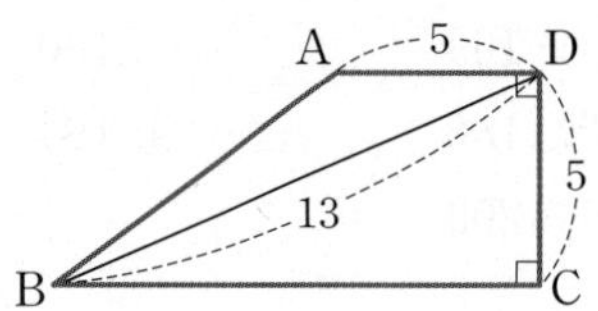

서술형

0729 ●●●●

오른쪽 그림과 같은 등변사다리꼴 ABCD의 넓이를 구하시오.

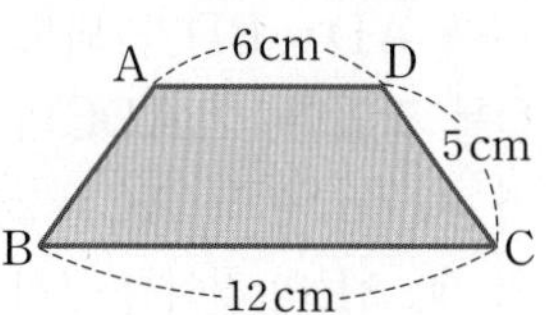

빈출

유형 08 직각삼각형이 되는 조건

세 변의 길이가 각각 a, b, c인 삼각형 ABC에서 $a^2+b^2=c^2$이면
⇨ △ABC는 빗변의 길이가 c인 직각삼각형이다.

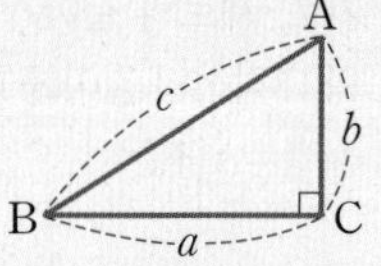

참고 (가장 긴 변의 길이)^{2}이 나머지 두 변의 길이의 제곱의 합과 같으면 직각삼각형이다.

대표 문제

0730

세 변의 길이가 각각 다음과 같은 삼각형 중에서 직각삼각형인 것은?

① 4, 4, 6 ② 6, 7, 9
③ 7, 8, 14 ④ 12, 15, 18
⑤ 7, 24, 25

0731 ●●●●

세 변의 길이가 각각 다음 보기와 같은 삼각형 중에서 직각삼각형인 것을 모두 고르시오.

보기
ㄱ. 3 cm, 6 cm, 7 cm ㄴ. 12 cm, 15 cm, 17 cm
ㄷ. 9 cm, 40 cm, 41 cm ㄹ. 8 cm, 15 cm, 17 cm

0732 ●●●●

세 변의 길이가 각각 9, 12, 15인 삼각형의 넓이는?

① 50 ② 52 ③ 54
④ 56 ⑤ 58

0733 ●●●●

오른쪽 그림과 같이 1부터 10까지의 자연수가 각각 하나씩 적혀 있는 10장의 카드가 있다. 이 카드 중 서로 다른 세 장을 뽑아서 세 자연수를 변의 길이로 하는 직각삼각형을 만들려고 할 때, 모두 몇 개의 직각삼각형을 만들 수 있는지 구하시오.

Theme 17 피타고라스 정리와 도형

워크북 111쪽

유형 09 삼각형의 변의 길이와 각의 크기 사이의 관계

세 변의 길이가 각각 a, b, c인 △ABC에서

❶ 가장 긴 변의 길이 c를 찾는다.

❷ c^2과 a^2+b^2의 대소를 비교한다.

$c^2<a^2+b^2$이면 $\angle C<90^\circ$ ⇨ 예각삼각형

$c^2=a^2+b^2$이면 $\angle C=90^\circ$ ⇨ 직각삼각형

$c^2>a^2+b^2$이면 $\angle C>90^\circ$ ⇨ 둔각삼각형

대표 문제

0734

세 변의 길이가 각각 다음 보기와 같은 삼각형 중에서 예각삼각형인 것을 모두 고른 것은?

보기

ㄱ. 2, 3, 4　　ㄴ. 4, 5, 6

ㄷ. 5, 7, 8　　ㄹ. 8, 8, 10

ㅁ. 5, 8, 10　　ㅂ. 9, 12, 15

① ㄱ, ㄴ　② ㄴ, ㄷ　③ ㄴ, ㄷ, ㄹ

④ ㄷ, ㄹ, ㅁ　⑤ ㄷ, ㄹ, ㅂ

0735 ●●●●

△ABC의 세 변의 길이가 $\overline{AB}=7$ cm, $\overline{BC}=14$ cm, $\overline{CA}=11$ cm일 때, △ABC는 어떤 삼각형인가?

① 예각삼각형

② $\angle A=90^\circ$인 직각삼각형

③ $\angle A>90^\circ$인 둔각삼각형

④ $\angle B>90^\circ$인 둔각삼각형

⑤ $\angle C>90^\circ$인 둔각삼각형

0736 ●●●●

△ABC에서 $\overline{AB}^2>\overline{BC}^2+\overline{CA}^2$일 때, 다음 중 옳은 것은?

① $\angle A>90^\circ$　② $\angle B=90^\circ$

③ $\angle C<90^\circ$　④ $\angle A>\angle C$

⑤ $\angle C>\angle A+\angle B$

0737 ●●●●

△ABC에서 $\overline{AB}=c$, $\overline{BC}=a$, $\overline{CA}=b$일 때, 다음 중 옳지 않은 것은?

① $c^2=a^2+b^2$이면 △ABC는 직각삼각형이다.

② $a^2>b^2+c^2$이면 △ABC는 둔각삼각형이다.

③ $b^2<a^2+c^2$이면 △ABC는 예각삼각형이다.

④ $a^2<b^2+c^2$이면 $\angle A<90^\circ$이다.

⑤ $b^2>a^2+c^2$이면 $\angle B>90^\circ$이다.

0738 ●●●●

오른쪽 그림과 같은 삼각형에 대하여 다음 중 옳지 않은 것은?

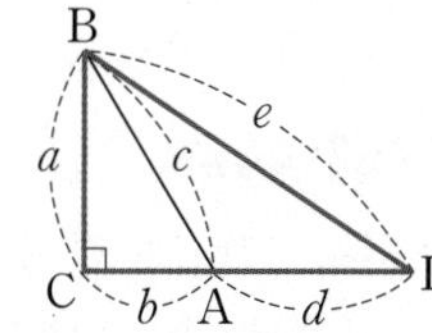

① $a^2<b^2+c^2$

② $b^2<a^2+c^2$

③ $c^2=a^2+b^2$

④ $e^2<c^2+d^2$

⑤ $e^2=a^2+(b+d)^2$

신유형

0739 ●●●●

오른쪽 그림과 같은 △ABC에서 $90^\circ<\angle B<180^\circ$일 때, x의 값이 될 수 있는 모든 자연수의 합을 구하시오.

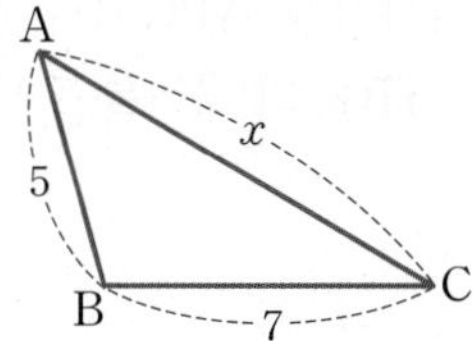

유형 10 직각삼각형의 닮음을 이용한 성질

$\angle A=90°$이고 $\overline{AD}\perp\overline{BC}$인 직각삼각형 ABC에서

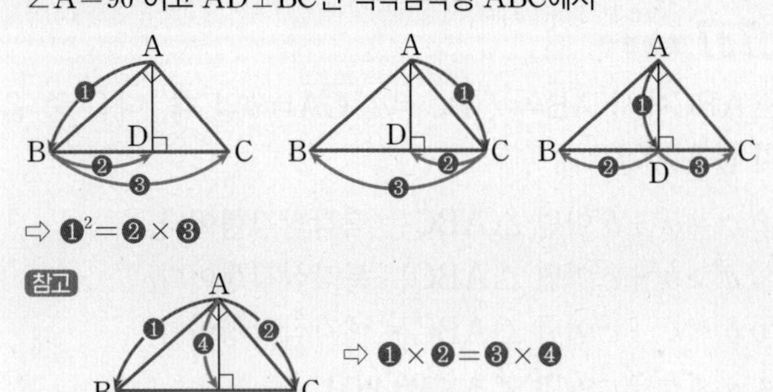

⇨ ❶^2=❷×❸

참고 ⇨ ❶×❷=❸×❹

대표 문제

0740

오른쪽 그림과 같이 $\angle A=90°$인 직각삼각형 ABC에서 $\overline{AH}\perp\overline{BC}$일 때, $\overline{CH}$의 길이를 구하시오.

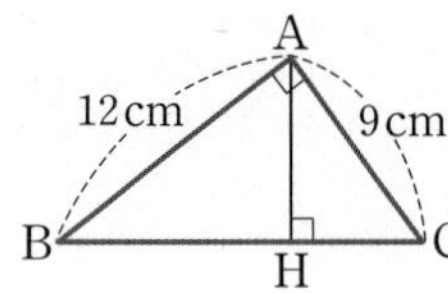

0741 ●●●○

오른쪽 그림과 같이 $\angle C=90°$인 직각삼각형 ABC에서 $\overline{AB}\perp\overline{CD}$일 때, △CAD의 둘레의 길이는?

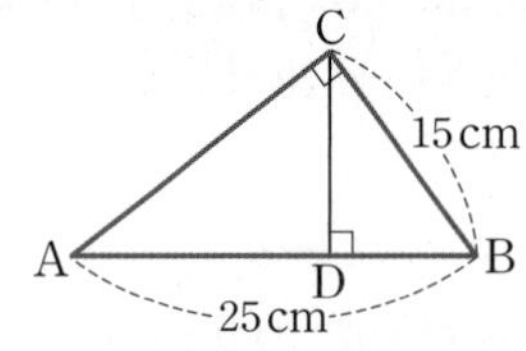

① 46 cm ② 47 cm ③ 48 cm ④ 49 cm ⑤ 50 cm

0742 ●●●○

오른쪽 그림과 같이 $\angle C=90°$인 직각삼각형 ABC에서 $\overline{AB}\perp\overline{CH}$일 때, △HBC의 넓이를 구하시오.

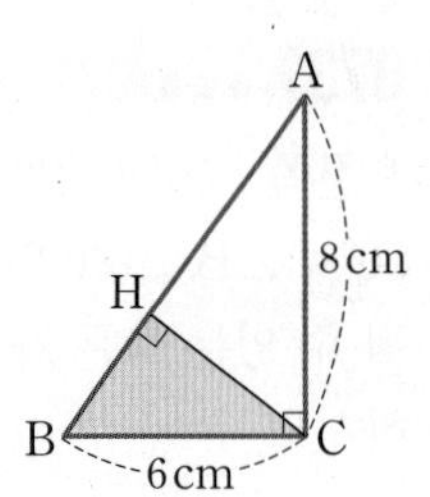

빈출 유형 11 피타고라스 정리를 이용한 직각삼각형의 성질

$\angle A=90°$인 직각삼각형 ABC에서 $\overline{AB}$, $\overline{AC}$ 위의 두 점 D, E에 대하여

⇨ $\overline{DE}^2+\overline{BC}^2=\overline{BE}^2+\overline{CD}^2$

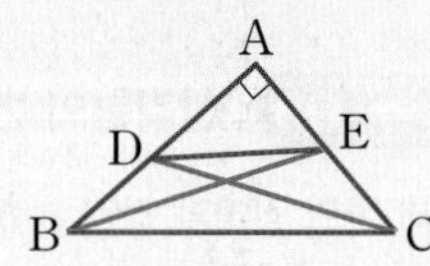

대표 문제

0743

오른쪽 그림과 같이 $\angle A=90°$인 직각삼각형 ABC에서 $\overline{BC}=9$ cm, $\overline{BE}=6$ cm, $\overline{DE}=2$ cm일 때, $\overline{CD}$의 길이는?

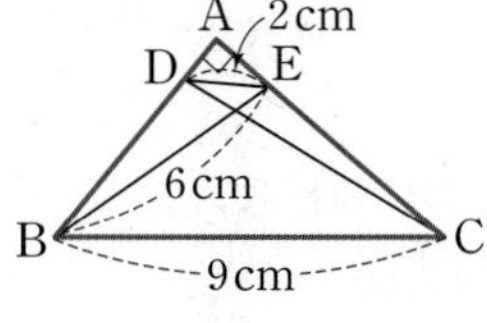

① $\frac{13}{2}$ cm ② 7 cm ③ $\frac{15}{2}$ cm ④ 8 cm ⑤ $\frac{17}{2}$ cm

0744 ●○○○

오른쪽 그림과 같이 $\angle B=90°$인 직각삼각형 ABC에서 $\overline{AE}=11$, $\overline{CD}=9$일 때, $\overline{AC}^2+\overline{DE}^2$의 값을 구하시오.

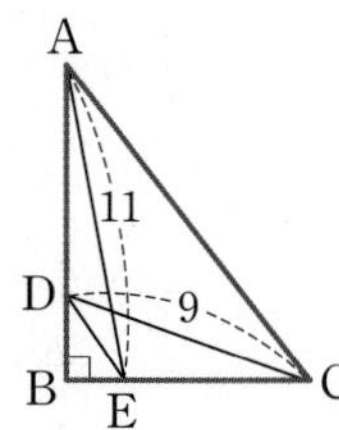

0745 ●●○○

오른쪽 그림과 같이 $\angle A=90°$인 직각삼각형 ABC에서 $\overline{AB}=6$, $\overline{AC}=8$, $\overline{DE}=3$일 때, $\overline{BE}^2+\overline{CD}^2$의 값을 구하시오.

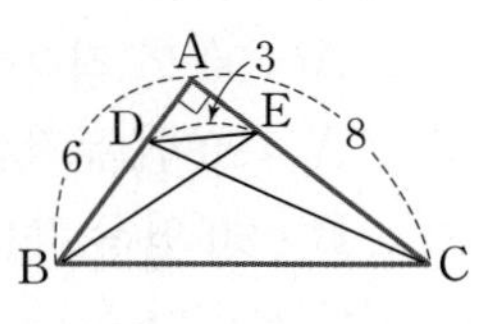

0746 ●●●○

오른쪽 그림과 같이 $\angle B=90°$인 직각삼각형 ABC에서 두 점 D, E는 각각 $\overline{AB}$, $\overline{BC}$의 중점이다. $\overline{DE}=7$일 때, $\overline{AE}^2+\overline{CD}^2$의 값을 구하시오.

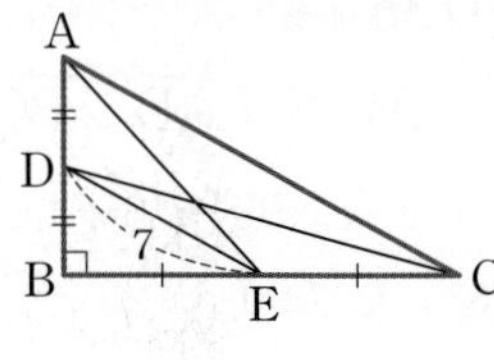

유형 12 피타고라스 정리를 이용한 사각형의 성질

(1) □ABCD의 두 대각선이 직교할 때,

⇨ $\overline{AB}^2+\overline{CD}^2=\overline{BC}^2+\overline{DA}^2$

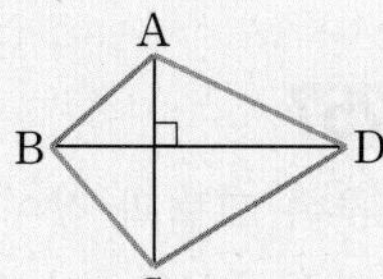

(2) 직사각형 ABCD의 내부에 있는 임의의 한 점 P에 대하여

⇨ $\overline{AP}^2+\overline{CP}^2=\overline{BP}^2+\overline{DP}^2$

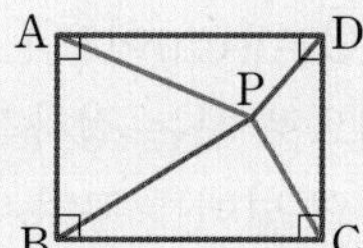

대표 문제

0747

오른쪽 그림과 같이 두 대각선이 직교하는 □ABCD에서 $\overline{AB}=4$, $\overline{CD}=6$일 때, $\overline{BC}^2+\overline{AD}^2$의 값을 구하시오.

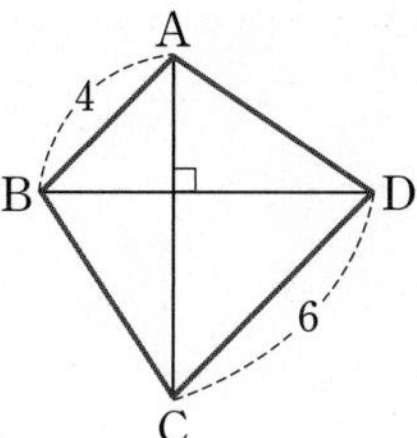

0748

오른쪽 그림과 같이 □ABCD의 두 대각선이 점 O에서 직교할 때, $\overline{AB}^2+\overline{CD}^2$의 값을 구하시오.

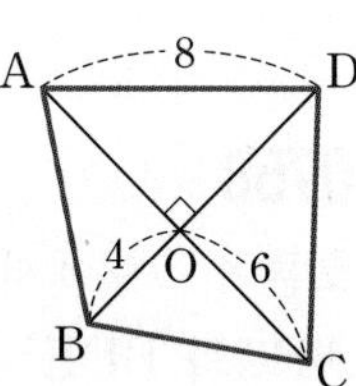

0749

오른쪽 그림과 같이 직사각형 ABCD의 내부의 한 점 P에 대하여 $\overline{AP}=2$ cm, $\overline{BP}=6$ cm, $\overline{DP}=7$ cm일 때, $\overline{CP}$의 길이를 구하시오.

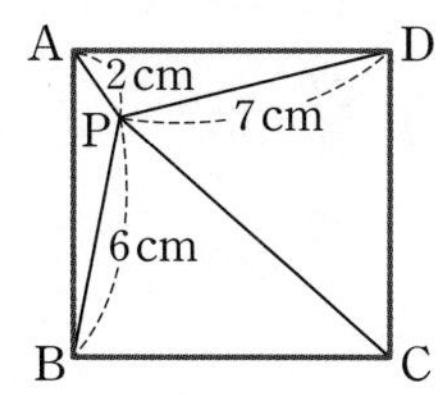

0750

오른쪽 그림과 같이 □ABCD의 두 대각선이 직교할 때, x^2+y^2의 값은?

① 16 ② 20
③ 34 ④ 45
⑤ 61

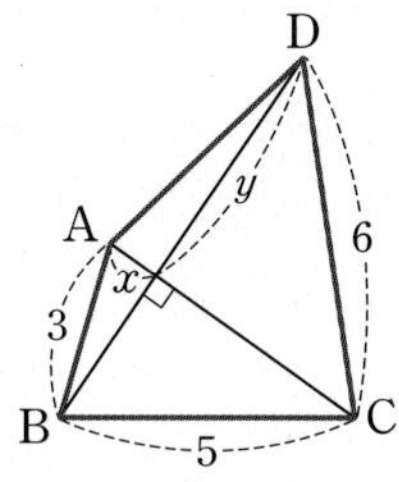

빈출 유형 13 직각삼각형의 세 반원 사이의 관계

$\angle A=90°$인 직각삼각형 ABC의 각 변을 지름으로 하는 세 반원에서

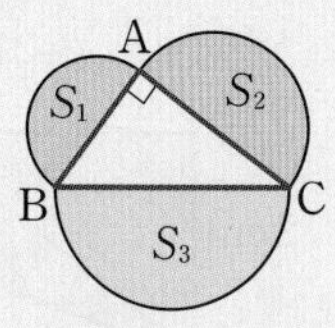

⇨ $S_3=S_1+S_2$

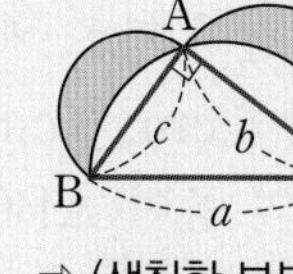

⇨ (색칠한 부분의 넓이) $=\triangle ABC=\frac{1}{2}bc$

대표 문제

0751

오른쪽 그림과 같이 $\angle C=90°$인 직각삼각형 ABC의 각 변을 지름으로 하는 세 반원을 그렸다. $\overline{AB}$를 지름으로 하는 반원의 넓이가 36π cm^{2}이고 $\overline{AC}=12$ cm일 때, $\overline{BC}$를 지름으로 하는 반원의 넓이는?

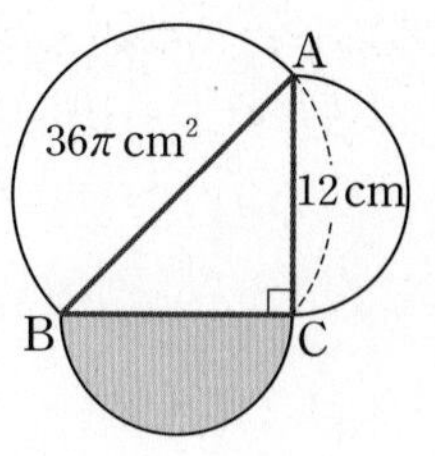

① 10π cm^2 ② 12π cm^2 ③ 14π cm^2
④ 16π cm^2 ⑤ 18π cm^2

0752

오른쪽 그림은 $\angle A=90°$인 직각삼각형 ABC의 각 변을 지름으로 하는 세 반원을 그린 것이다. $\overline{AB}=15$ cm, $\overline{AC}=8$ cm일 때, 색칠한 부분의 넓이를 구하시오.

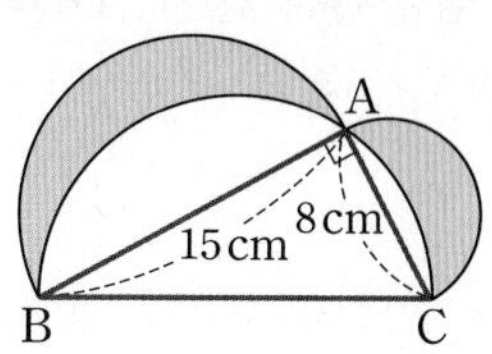

서술형

0753

오른쪽 그림과 같이 $\angle A=90°$인 직각삼각형 ABC가 있다. $\overline{AB}$와 $\overline{AC}$를 지름으로 하는 두 반원의 넓이가 각각 10π cm^2, 8π cm^{2}일 때, $\overline{BC}$의 길이를 구하시오.

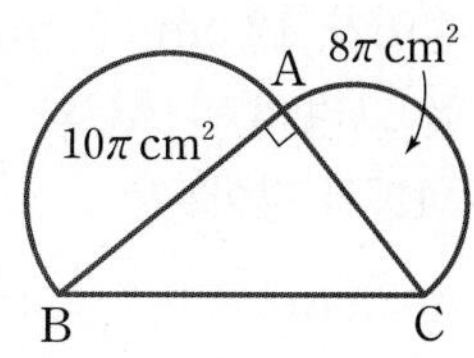

08 피타고라스 정리
Theme 16 17

0754 ⓒ 유형 01

오른쪽 그림과 같이 가로, 세로의 길이가 각각 5 cm, 3 cm인 직사각형 모양의 종이 ABCD를 접어서 점 C가 $\overline{AD}$와 만나는 점을 E라 할 때, 다음을 구하시오.

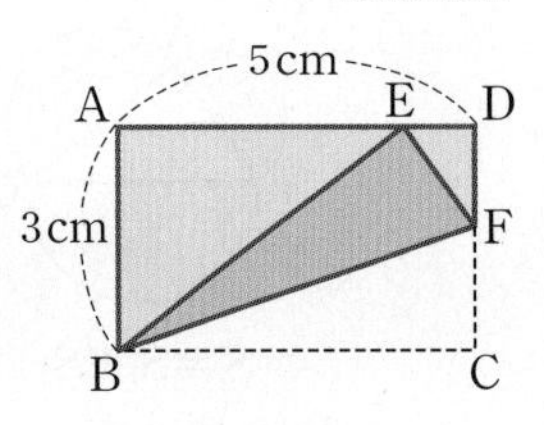

(1) $\overline{DE}$의 길이

(2) $\overline{EF}$의 길이

0755 ⓒ 유형 01

오른쪽 그림과 같이 한 변의 길이가 8 cm인 정사각형 ABCD가 있다. $\overline{BP}=10$ cm가 되도록 변 CD 위에 점 P를 잡고, $\overline{AD}$의 연장선과 $\overline{BP}$의 연장선의 교점을 Q라 할 때, $\overline{DQ}$의 길이를 구하시오.

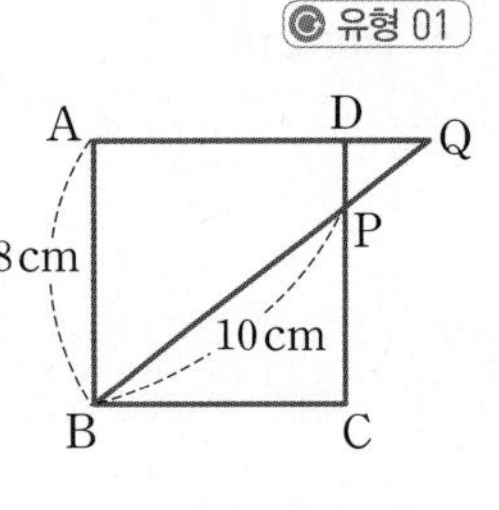

0756 ⓒ 유형 01

오른쪽 그림과 같이 $\angle B=90°$인 직각삼각형 ABC에서 중심이 두 점 A, C이고, 반지름의 길이가 12 cm, 5 cm인 두 원을 그려 빗변 AC와 만나는 점을 각각 M, N이라 할 때, $\overline{MN}$의 길이는?

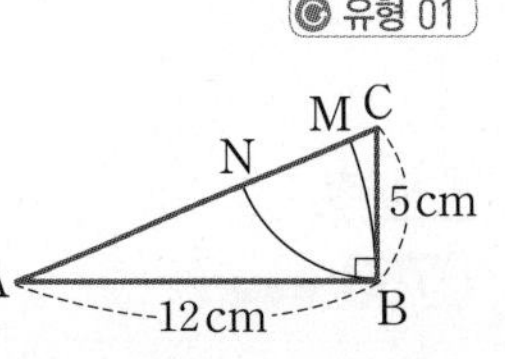

① 3 cm ② 4 cm ③ 5 cm
④ 6 cm ⑤ 7 cm

0757 ⓒ 유형 02

오른쪽 그림과 같이 $\angle A=90°$인 직각삼각형 ABC에서 $\overline{AB}=12$ cm, $\overline{AC}=9$ cm이고 □BDEC는 $\overline{BC}$를 한 변으로 하는 정사각형일 때, 색칠한 부분의 넓이를 구하시오.

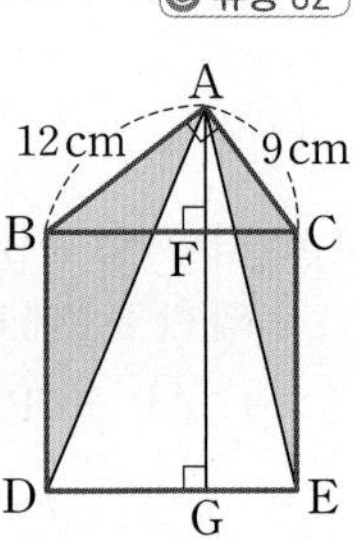

0758 ⓒ 유형 04

오른쪽 그림에서 두 직각삼각형 ABC와 BDE는 합동이고, 세 점 E, B, C는 한 직선 위에 있다. $\overline{EB}=4$ cm, $\triangle ADB=\frac{25}{2}$ cm²일 때, □ADEC의 넓이는?

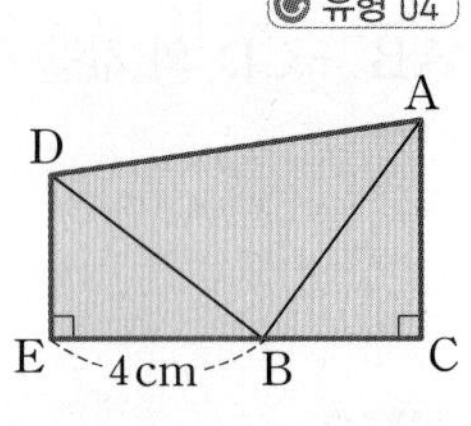

① $\frac{37}{3}$ cm² ② $\frac{49}{3}$ cm² ③ $\frac{53}{3}$ cm²
④ $\frac{37}{2}$ cm² ⑤ $\frac{49}{2}$ cm²

0759 유형 05

오른쪽 그림과 같은 직사각형 ABCD에서 $\overline{AD}$ 위의 한 점 E에 대하여 $\overline{BC}=15\text{ cm}$, $\overline{BE}=10\text{ cm}$, $\overline{ED}=9\text{ cm}$일 때, □ABCD의 대각선의 길이를 구하시오.

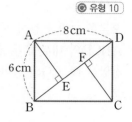

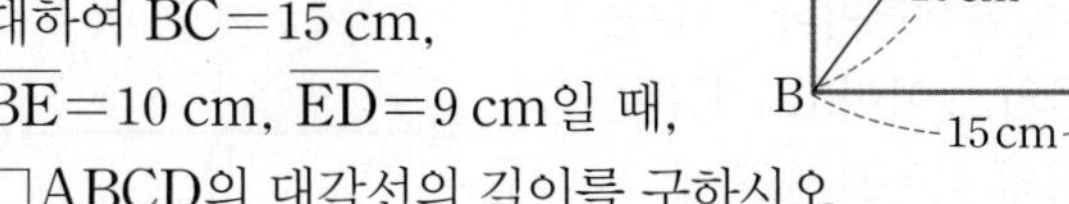

0760 유형 06

오른쪽 그림과 같이 $\angle C=90^\circ$인 직각삼각형 ABC에서 $\angle A$의 이등분선이 변 BC와 만나는 점을 D라 하자. $\overline{BD}=5\text{ cm}$, $\overline{DC}=4\text{ cm}$일 때, $\overline{AB}+\overline{AC}$의 길이를 구하시오.

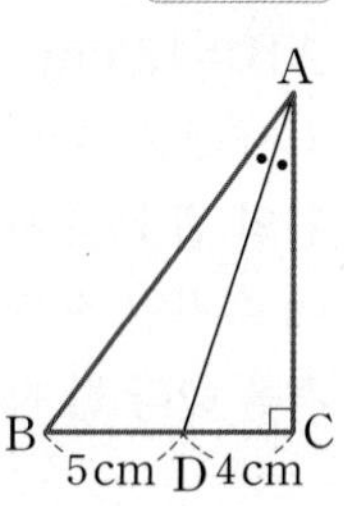

0761 유형 09

길이가 각각 4, 7, 8, 10, 12인 5개의 막대 중에서 3개를 골라 삼각형을 만들려고 한다. 만들 수 있는 둔각삼각형의 개수를 구하시오.

0762 유형 10

오른쪽 그림과 같이 직사각형 ABCD의 두 꼭짓점 A, C에서 대각선 BD에 내린 수선의 발을 각각 E, F라 할 때, $\overline{EF}$의 길이를 구하시오.

0763 유형 11

다음 그림과 같이 $\angle A=90^\circ$인 직각삼각형 ABC에서 $\overline{DE} /\!/ \overline{BC}$, $\overline{FE} /\!/ \overline{DC}$이고 $\overline{AF} : \overline{FD}=4 : 3$이다. $\overline{BC}=14$일 때, $\overline{BE}^2+\overline{CD}^2$의 값을 구하시오.

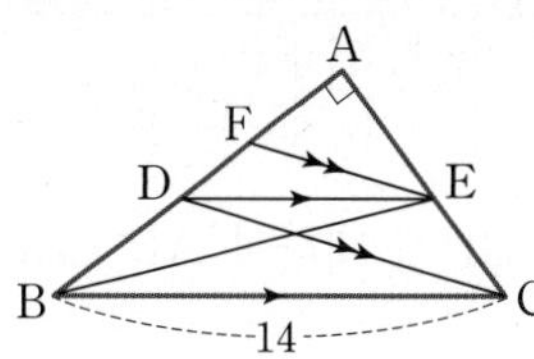

0764
유형 12

오른쪽 그림과 같이 직사각형 ABCD의 내부에 두 점 P, Q를 잡았을 때, $\overline{CQ}$의 길이를 구하시오.

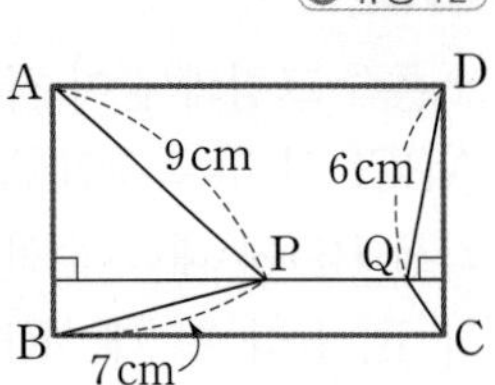

0765
유형 01

다음 그림과 같이 좌표평면 위의 두 점 A(0, 2), B(12, 3)과 x축 위를 움직이는 점 P에 대하여 다음 물음에 답하시오.

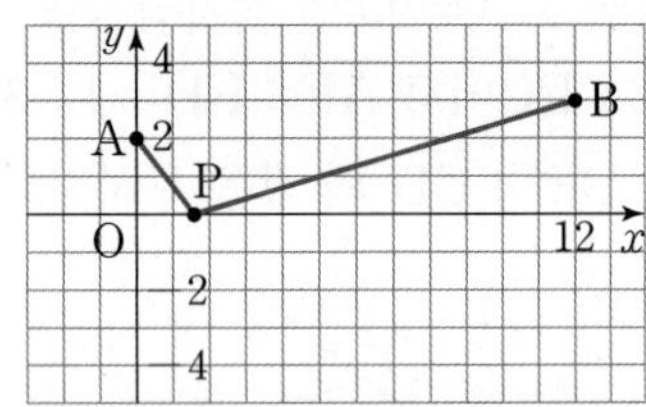

(1) 두 선분 AP, BP에 대하여 $\overline{AP}+\overline{BP}$의 최솟값을 구하시오.

(2) $\overline{AP}+\overline{BP}$의 길이가 최소일 때, $\overline{BP}$의 길이를 구하시오.

0766
유형 06

오른쪽 그림의 △ABC는 $\overline{AB}=\overline{AC}=5$ cm, $\overline{BC}=6$ cm인 이등변삼각형이다. $\overline{AD}$는 △ABC의 높이이고 $\overline{DE}$는 ∠ADB의 이등분선일 때, △EBD의 넓이를 구하시오.

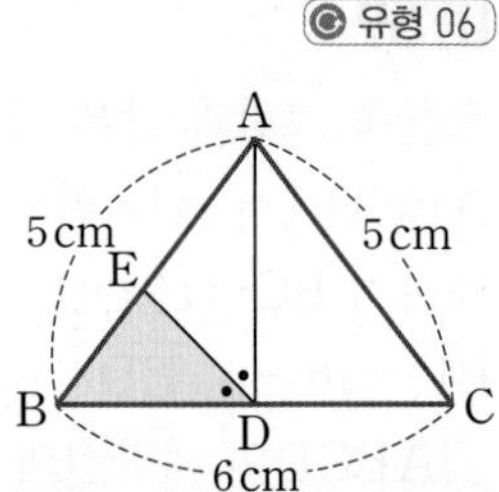

0767
유형 05+유형 10

오른쪽 그림과 같이 $\overline{AB}=18$ cm, $\overline{AD}=24$ cm인 직사각형 ABCD가 있다. $\overline{BC}$ 위의 점 P를 지나고 대각선 AC에 수직인 직선이 $\overline{AD}$와 만나는 점을 Q라 할 때, $\overline{PQ}$의 길이를 구하시오.

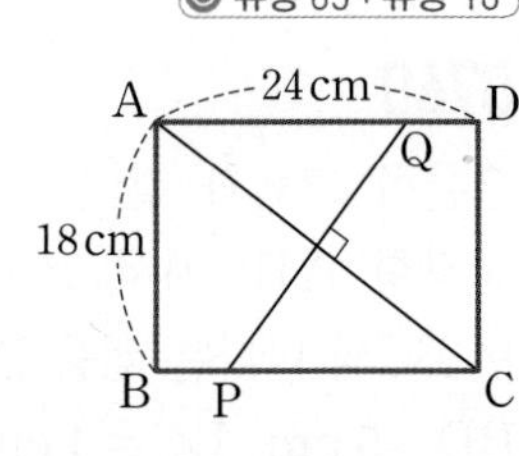

0768
유형 13

오른쪽 그림은 가로의 길이가 7, 세로의 길이가 4인 직사각형 ABCD의 각 변을 지름으로 하는 반원과 직사각형의 대각선을 지름으로 하는 원을 그린 것이다. 색칠한 부분의 넓이를 구하시오.

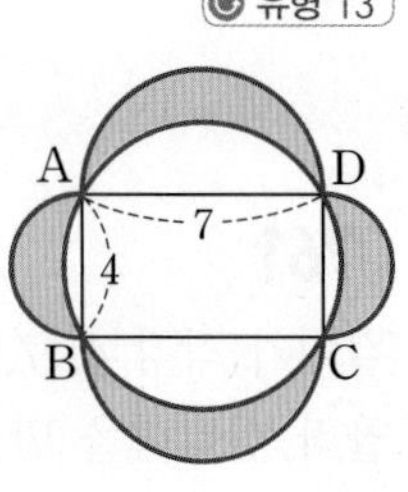

교과서 속 창의력 UP!

정답 및 풀이 58쪽

0769 유형 01

오른쪽 그림과 같이 $\angle C=90^{\circ}$인 직각삼각형 ABC를 직선 l을 축으로 하여 1회전 시킬 때 생기는 입체도형의 부피를 구하시오.

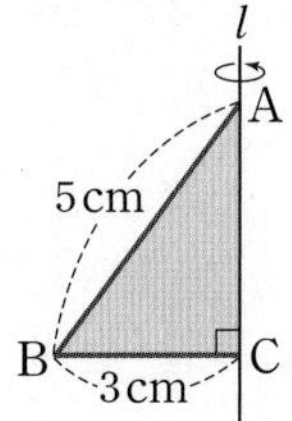

0770 유형 05

오른쪽 그림과 같은 직육면체의 꼭짓점 B에서 출발하여 겉면을 따라 $\overline{CG}$, $\overline{DH}$를 지나 점 E에 이르는 최단 거리를 구하시오.

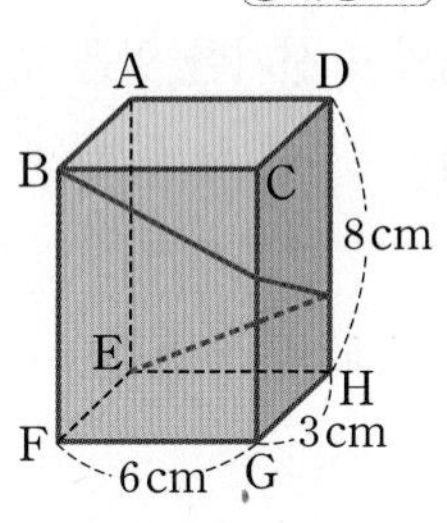

0771 유형 07

오른쪽 그림과 같이 높이가 10 m인 나무에서 50 m 떨어진 A 지점으로부터 130 m 상공에 매가 있다. 이 매가 나무 꼭대기에 있는 먹이를 발견하고 초속 26 m로 날아갈 때, 매가 나무 꼭대기에 도착할 때까지 걸리는 시간을 구하시오.
(단, 매는 최단 거리로 날아간다.)

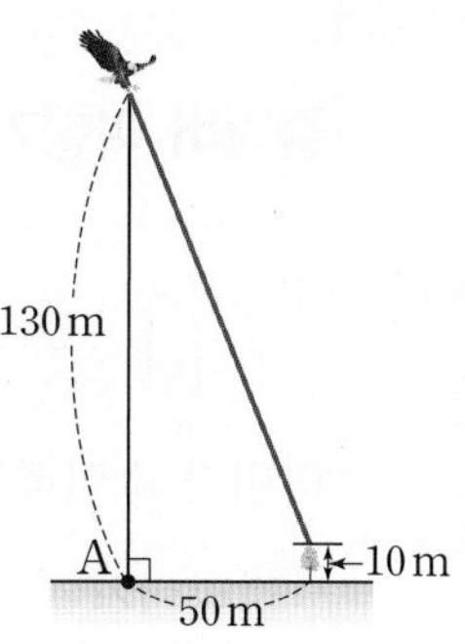

0772 유형 08+유형 10

오른쪽 그림과 같이 $\overline{OA}=3$, $\overline{AB}=4$, $\overline{OB}=5$인 $\triangle AOB$가 좌표평면 위에 있을 때, 제1사분면 위의 점 A의 좌표를 구하시오.
(단, 점 O는 원점)

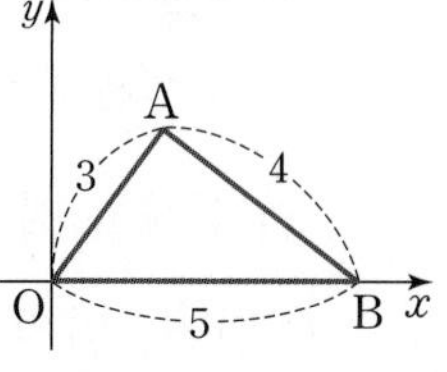

창의·융합

걸리버 여행기

조나단 스위프트(Jonathan Swift, 1667～1745)의 소설 '걸리버 여행기'는 주인공 걸리버가 소인국과 거인국에서 겪는 모험담을 그리고 있다.

걸리버가 소인국과 거인국에서 부딪히는 일상적인 생활 이야기를 닮음비를 이용하여 정확한 수치를 제시하면서 다음과 같이 전개하고 있다.

> 옛날 영국에 여행을 매우 좋아하는 걸리버라는 의사가 있었어요. 한 번은 앤털로프호의 선상 의사가 되어 항해를 하다가 폭풍우를 만나게 됩니다. 배는 난파당하고, 거친 바람과 파도에 이리저리 휩쓸리다가 다행히도 어느 조그만 섬에 도착하게 되었어요. 그런데 그 섬은 사람, 동물, 물건 등 모든 것의 크기가 우리가 살고 있는 세상보다 아주 작은 곳이었죠. 걸리버는 여행기에 이곳을 이렇게 기록하고 있답니다.
>
> "릴리푸트라고 하는 이곳 사람의 평균 신장은 14 cm 정도였고 가축과 식물의 크기도 사람의 크기와 비례하였다. 예를 들어, 덩치가 좀 더 큰 말과 소는 10~15 cm였고, 양은 대개 4 cm, 더 작은 동물들은 앞에서 말한 치수보다 더 작아서 우리 눈에는 거의 보이지 않을 지경이었다."
>
> 릴리푸트의 사람들은 걸리버에게 매일 릴리푸트 사람 1728명이 먹을 수 있는 엄청난 양의 고기와 마실 것을 제공하였답니다. 그 후 릴리푸트에서 재미있고 신기한 일을 겪은 걸리버는 우연히 발견한 보트를 타고 무사히 고향으로 돌아오게 됩니다.

이 동화에서 릴리푸트 사람들은 어떻게 해서 걸리버에게 1728명분이라는 분명한 숫자의 식량을 제공한 것일까?

먼저, 릴리푸트 사람들의 키가 14 cm이고, 18세기경 영국 사람들의 평균 키가 대략 166 cm 정도였다는 것을 생각하면, 키의 비가 대략 1 : 12가 됨을 알 수 있다.

따라서 걸리버의 몸의 부피는 릴리푸트 사람들의 $12 \times 12 \times 12 = 1728$(배)이므로 1728명분의 식사를 준비한 것으로 볼 수 있다.

IV

확률

Theme 18 경우의 수 유형 01 ~ 유형 10

(1) 사건과 경우의 수

① 사건 : 실험이나 관찰에 의하여 나타나는 결과

② 경우의 수 : 어떤 사건이 일어날 수 있는 경우의 모든 가짓수

예 한 개의 주사위를 던진다.(실험, 관찰) ⇨ 4의 약수의 눈이 나온다.(사건) ⇨ 1, 2, 4의 3가지가 있다.(3 → 경우의 수)

주의 경우의 수를 구할 때에는 모든 경우를 빠짐없이 중복되지 않게 구한다.

> 비법 Note
> 사건은 동일한 조건 아래에서 여러 번 반복할 수 있는 실험이나 관찰의 결과이다.

(2) 사건 A 또는 사건 B가 일어나는 경우의 수

두 사건 A, B가 동시에 일어나지 않을 때, 사건 A가 일어나는 경우의 수가 m, 사건 B가 일어나는 경우의 수가 n이면

(사건 A 또는 사건 B가 일어나는 경우의 수)$=m+n$

예 한 개의 주사위를 던질 때,

3 이하의 눈이 나오는 경우 : 1, 2, 3의 3가지

5 이상의 눈이 나오는 경우 : 5, 6의 2가지

⇨ 3 이하의 눈이 나오거나 5 이상의 눈이 나오는 경우의 수 : $3+2=5$

> 비법 Note
> '또는', '~이거나'라는 표현이 있으면 두 사건이 일어나는 경우의 수를 더한다.

(3) 두 사건 A, B가 동시에 일어나는 경우의 수

사건 A가 일어나는 경우의 수가 m, 그 각각에 대하여 사건 B가 일어나는 경우의 수가 n이면

(두 사건 A, B가 동시에 일어나는 경우의 수)$=m\times n$

예 동전 한 개와 주사위 한 개를 동시에 던질 때,

동전의 앞면이 나오는 경우 : 1가지

주사위의 홀수의 눈이 나오는 경우 : 1, 3, 5의 3가지

⇨ 동전은 앞면이 나오고, 주사위는 홀수의 눈이 나오는 경우의 수 : $1\times 3=3$

참고 ① 동전을 던질 때의 경우의 수

각각의 동전에 대하여 앞면과 뒷면의 2가지 경우가 일어날 수 있으므로 서로 다른 m개의 동전을 동시에 던질 때 일어날 수 있는 모든 경우의 수

⇨ $\underbrace{2\times 2\times 2\times \cdots \times 2}_{m\text{개}}=2^m$

② 주사위를 던질 때의 경우의 수

각각의 주사위에 대하여 1, 2, 3, 4, 5, 6의 눈이 적힌 면이 나올 수 있으므로 서로 다른 n개의 주사위를 동시에 던질 때 일어날 수 있는 모든 경우의 수

⇨ $\underbrace{6\times 6\times 6\times \cdots \times 6}_{n\text{개}}=6^n$

③ 동전과 주사위를 동시에 던질 때의 경우의 수

서로 다른 m개의 동전과 서로 다른 n개의 주사위를 동시에 던질 때 일어날 수 있는 모든 경우의 수

⇨ $2^m\times 6^n$

> 비법 Note
> 동시에 일어난다는 것은 같은 시간에 일어나는 것만을 뜻하는 것이 아니라 두 사건 A와 B가 모두 일어난다는 뜻이다.

> 비법 Note
> '동시에', '그리고', '~와', '~이고'라는 표현이 있으면 두 사건이 일어나는 경우의 수를 곱한다.

Theme 18 경우의 수

[0773~0775] 한 개의 주사위를 던질 때, 다음 사건이 일어나는 경우의 수를 구하시오.

0773 2의 배수의 눈이 나온다.

0774 소수의 눈이 나온다.

0775 6의 약수의 눈이 나온다.

[0776~0778] 1부터 20까지의 자연수가 각각 하나씩 적힌 20장의 카드 중에서 한 장을 뽑을 때, 다음 경우의 수를 구하시오.

0776 5의 배수가 나오는 경우의 수

0777 6의 배수가 나오는 경우의 수

0778 5의 배수 또는 6의 배수가 나오는 경우의 수

[0779~0780] 다음 경우의 수를 구하시오.

0779 서로 다른 종류의 탄산음료 5개와 서로 다른 종류의 과일주스 4개가 있을 때, 탄산음료 또는 과일주스 중에서 하나를 선택하는 경우의 수

0780 한 개의 주사위를 던질 때, 2 이하의 눈이 나오거나 4 이상의 눈이 나오는 경우의 수

[0781~0783] 아래 그림과 같은 길이 있을 때, 다음 경우의 수를 구하시오.

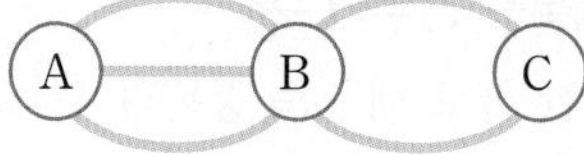

0781 A 지점에서 B 지점으로 가는 경우의 수

0782 B 지점에서 C 지점으로 가는 경우의 수

0783 A 지점에서 B 지점을 거쳐 C 지점까지 가는 경우의 수
(단, 한 번 지나간 지점은 다시 지나지 않는다.)

[0784~0786] 다음 경우의 수를 구하시오.

0784 각각 서로 다른 6종류의 과자와 4종류의 음료수 중에서 과자와 음료수를 각각 한 가지씩 선택하는 경우의 수

0785 석빈이와 은정이가 가위바위보를 한 번 할 때, 일어날 수 있는 모든 경우의 수

0786 서울과 부산 사이의 교통편으로 기차는 5가지, 비행기는 3가지가 있다. 두 도시를 왕복하는데 갈 때는 비행기를, 올 때는 기차를 이용하는 경우의 수

[0787~0789] 다음과 같이 동전, 주사위를 던질 때, 일어날 수 있는 모든 경우의 수를 구하시오.

0787 서로 다른 3개의 동전을 동시에 던질 때

0788 서로 다른 2개의 주사위를 동시에 던질 때

0789 동전 1개와 주사위 1개를 동시에 던질 때

Theme 19 경우의 수의 응용 유형 11 ~ 유형 20

(1) **한 줄로 세우는 경우의 수**

① n명을 한 줄로 세우는 경우의 수 ⇨ $n\times(n-1)\times(n-2)\times\cdots\times2\times1$

② n명 중에서 2명을 뽑아 한 줄로 세우는 경우의 수 ⇨ $n\times(n-1)$

③ n명 중에서 3명을 뽑아 한 줄로 세우는 경우의 수 ⇨ $n\times(n-1)\times(n-2)$

비법 Note
> n명 중에서 r명$(r\le n)$을 뽑아 한 줄로 세우는 경우의 수
⇨ $n\times(n-1)\times(n-2)\times\cdots\times(n-r+1)$

(2) **한 줄로 세울 때, 이웃하여 서는 경우의 수**

❶ 이웃하는 것을 하나로 묶어 한 줄로 세우는 경우의 수를 구한다.

❷ 묶음 안에서 자리를 바꾸는 경우의 수를 구한다.

❸ ❶과 ❷의 경우의 수를 곱한다.

⇨ (이웃하는 것을 하나로 묶어 한 줄로 세우는 경우의 수)
×(묶음 안에서 자리를 바꾸는 경우의 수)

예 A, B, C, D 4명을 한 줄로 세울 때, A와 B가 이웃하여 서는 경우의 수를 구해 보자.

❶ 이웃하는 A와 B를 한 명으로 생각하여 3명을 한 줄로 세우는 경우의 수는 $3\times2\times1=6$

❷ ❶의 각각에 대하여 A와 B가 자리를 바꾸는 경우의 수는 $2\times1=2$

❸ A와 B가 이웃하여 서는 경우의 수는 $6\times2=12$

비법 Note
> A, B, C, D 4명을 한 줄로 세울 때, A와 B가 이웃하여 서는 경우는
ABCD, ABDC,
CABD, DABC,
CDAB, DCAB,
BACD, BADC,
CBAD, DBAC,
CDBA, DCBA
의 12가지이다.

(3) **자연수를 만드는 경우의 수**

① 0을 포함하지 않는 경우 : 0이 아닌 서로 다른 한 자리의 숫자가 각각 적힌 n장의 카드 중에서

(i) 2장을 뽑아 만들 수 있는 두 자리 자연수의 개수 ⇨ $n\times(n-1)$

(ii) 3장을 뽑아 만들 수 있는 세 자리 자연수의 개수 ⇨ $n\times(n-1)\times(n-2)$

예 1부터 9까지의 숫자가 각각 적힌 9장의 카드 중에서 2장을 뽑아 만들 수 있는 두 자리 자연수의 개수는 $9\times8=72$

비법 Note
> 0을 포함하지 않는 경우 세 자리 자연수의 개수
⇨ $\underset{\text{백의 자리}}{n}\times\underset{\text{십의 자리}}{(n-1)}\times\underset{\text{일의 자리}}{(n-2)}$

② 0을 포함하는 경우 : 0을 포함한 서로 다른 한 자리의 숫자가 각각 적힌 n장의 카드 중에서

(i) 2장을 뽑아 만들 수 있는 두 자리 자연수의 개수 ⇨ $(n-1)\times(n-1)$

(ii) 3장을 뽑아 만들 수 있는 세 자리 자연수의 개수 ⇨ $(n-1)\times(n-1)\times(n-2)$

예 0부터 8까지의 숫자가 각각 적힌 9장의 카드 중에서 2장을 뽑아 만들 수 있는 두 자리 자연수의 개수는 $8\times8=64$

비법 Note
> 0을 포함하는 경우 세 자리 자연수의 개수
⇨ $\underset{\text{백의 자리}}{(n-1)}\times\underset{\text{십의 자리}}{(n-1)}\times\underset{\text{일의 자리}}{(n-2)}$
맨 앞자리에는 0이 올 수 없으므로 백의 자리에 올 수 있는 숫자는 0을 제외한 $(n-1)$가지이다.

(4) **대표를 뽑는 경우의 수**

① 자격이 다른 대표를 뽑는 경우

(i) n명 중에서 자격이 다른 대표 2명을 뽑는 경우의 수 ⇨ $n\times(n-1)$

(ii) n명 중에서 자격이 다른 대표 3명을 뽑는 경우의 수 ⇨ $n\times(n-1)\times(n-2)$

예 A, B, C 3명 중에서 회장 1명, 부회장 1명을 뽑는 경우의 수는 $3\times2=6$

② 자격이 같은 대표를 뽑는 경우

(i) n명 중에서 자격이 같은 대표 2명을 뽑는 경우의 수 ⇨ $\dfrac{n\times(n-1)}{2}$

(ii) n명 중에서 자격이 같은 대표 3명을 뽑는 경우의 수 ⇨ $\dfrac{n\times(n-1)\times(n-2)}{3\times2\times1}$

예 A, B, C 3명 중에서 대의원 2명을 뽑는 경우의 수는 $\dfrac{3\times2}{2}=3$

비법 Note
> 자격이 같은 대표 2명
⇨ (A, B), (B, A)가 같은 경우이므로 2로 나눈다.
> 자격이 같은 대표 3명
⇨ 중복되는 개수, 즉 3명을 한 줄로 세우는 경우의 수 $3\times2\times1$로 나눈다.

Theme 19 경우의 수의 응용

[0790~0792] A, B, C, D 4명의 학생이 있을 때, 다음 경우의 수를 구하시오.

0790 4명을 한 줄로 세우는 경우의 수

0791 4명 중에서 2명을 뽑아 한 줄로 세우는 경우의 수

0792 4명 중에서 3명을 뽑아 한 줄로 세우는 경우의 수

0793 과목이 다른 5권의 책을 책꽂이에 한 줄로 꽂는 경우의 수를 구하시오.

0794 다음은 3명의 학생 A, B, C를 한 줄로 세울 때, A와 B가 이웃하여 서는 경우의 수를 구하는 과정이다. □ 안에 알맞은 수를 써넣으시오.

> A와 B를 한 명으로 생각하여 2명을 한 줄로 세우는 경우의 수는 □이다.
> 이때 A와 B가 자리를 바꾸는 경우의 수는 □이므로 구하는 경우의 수는
> □×□=□

[0795~0796] 1, 2, 3, 4가 각각 하나씩 적힌 4장의 카드가 있을 때, 다음을 구하시오.

0795 2장을 뽑아 만들 수 있는 두 자리 자연수의 개수

0796 3장을 뽑아 만들 수 있는 세 자리 자연수의 개수

[0797~0798] 0, 1, 2, 3이 각각 하나씩 적힌 4장의 카드가 있을 때, 다음을 구하시오.

0797 2장을 뽑아 만들 수 있는 두 자리 자연수의 개수

0798 3장을 뽑아 만들 수 있는 세 자리 자연수의 개수

[0799~0800] A, B, C, D 4명의 후보 중에서 다음과 같이 뽑는 경우의 수를 구하시오.

0799 회장 1명, 부회장 1명

0800 대의원 2명

[0801~0802] A, B, C, D, E 5명의 후보 중에서 다음과 같이 뽑는 경우의 수를 구하시오.

0801 회장 1명, 부회장 1명, 총무 1명

0802 대의원 3명

[0803~0804] 오른쪽 그림과 같이 원 위에 5개의 점 A, B, C, D, E가 있을 때, 다음을 구하시오.

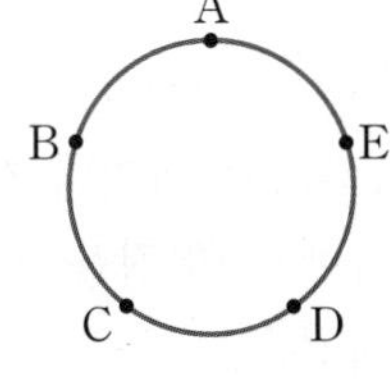

0803 두 점을 연결하여 만들 수 있는 선분의 개수

0804 세 점을 연결하여 만들 수 있는 삼각형의 개수

Theme 18 경우의 수

워크북 120쪽

유형 01 경우의 수 – 동전 또는 주사위 던지기, 수 뽑기

경우의 수는 모든 경우를 중복되지 않게, 빠짐없이 구한다.
(1) 두 개 이상의 동전이나 주사위를 던질 때 일어날 수 있는 사건의 경우의 수는 순서쌍으로 나타내어 구하는 것이 편리하다.
(2) 수를 뽑는 경우의 수는 주어진 수 중에서 조건에 맞는 수를 나열하여 개수를 센다.

대표 문제

0805

서로 다른 두 개의 주사위를 동시에 던질 때, 나오는 눈의 수의 합이 6인 경우의 수를 구하시오.

0806 ●●●●

1부터 12까지의 자연수가 각각 하나씩 적힌 공이 12개 들어 있는 주머니에서 공 한 개를 꺼낼 때, 공에 적힌 수가 12의 약수인 경우의 수를 구하시오.

0807 ●●●●

서로 다른 세 개의 동전을 동시에 던질 때, 앞면이 1개, 뒷면이 2개 나오는 경우의 수를 구하시오.

0808 ●●●●

1부터 20까지의 자연수가 각각 하나씩 적힌 20장의 카드 중에서 한 장을 뽑을 때, 다음 중 그 경우의 수가 가장 큰 사건은?

① 짝수가 나온다.
② 소수가 나온다.
③ 3의 배수가 나온다.
④ 10의 약수가 나온다.
⑤ 10 미만의 수가 나온다.

유형 02 돈을 지불하는 방법의 수

돈을 지불하는 방법의 수는 금액이 큰 동전의 개수부터 정하여 지불하는 금액에 맞게 각 동전의 개수를 표로 나타내면 편리하다.

대표 문제

0809

찬솔이가 매점에서 500원짜리 음료수 한 개를 사려고 한다. 10원짜리 동전 5개, 50원짜리 동전 4개, 100원짜리 동전 5개를 가지고 있을 때, 음료수 값을 지불하는 방법의 수를 구하시오.

0810 ●●●●

50원짜리 동전과 100원짜리 동전이 각각 5개씩 있다. 이 동전을 각각 1개 이상 사용하여 350원을 지불하는 방법의 수를 구하시오.

0811 ●●●●

50원짜리 동전 4개와 500원짜리 동전 2개가 있다. 이 동전을 각각 1개 이상 사용하여 거스름돈이 생기지 않도록 지불할 수 있는 금액은 모두 몇 가지인가?

① 5가지 ② 6가지 ③ 7가지
④ 8가지 ⑤ 9가지

유형 03 여러 가지 경우의 수

나올 수 있는 모든 경우를 나열하여 경우의 수를 구한다.
⇨ 경우의 수를 나열할 때는 순서쌍, 나뭇가지 모양의 그림 등을 이용하면 모든 경우를 중복되지 않게, 빠짐없이 구할 수 있다.

대표 문제

0812

길이가 각각 2, 3, 4, 6인 4개의 선분 중에서 서로 다른 3개를 선택하여 삼각형을 만들 때, 만들 수 있는 삼각형의 개수를 구하시오.

신유형

0813

'senior math'에 있는 알파벳 중에서 하나를 선택할 때, 자음을 선택하는 경우의 수는?

① 3 ② 4 ③ 6
④ 9 ⑤ 10

0814

세 명의 학생이 가위바위보를 한 번 할 때, 세 명 모두 서로 다른 것을 내는 경우의 수는?

① 1 ② 3 ③ 6
④ 9 ⑤ 27

서술형

0815

계단을 오르는데 한 걸음에 1개 또는 2개의 계단을 오를 수 있다고 한다. 이때 5개의 계단을 오르는 경우의 수를 구하시오.

유형 04 방정식, 부등식에서의 경우의 수

주어진 방정식 또는 부등식을 만족시키는 순서쌍 (a, b)를 찾아 경우의 수를 구한다. 이때 a, b의 값이 될 수 있는 수의 범위에 주의한다.

대표 문제

0816

한 개의 주사위를 연속하여 두 번 던져서 처음에 나온 눈의 수를 a, 나중에 나온 눈의 수를 b라 할 때, x에 대한 방정식 $ax-b=0$의 해가 $x=2$가 되는 경우의 수를 구하시오.

0817

x, y가 자연수일 때, $x+y=8$이 되는 경우의 수는?

① 5 ② 6 ③ 7
④ 8 ⑤ 9

0818

서로 다른 두 개의 주사위를 동시에 던져서 나온 눈의 수를 각각 x, y라 할 때, $x+2y=11$이 되는 경우의 수를 구하시오.

0819

서로 다른 두 개의 주사위를 동시에 던져서 나온 눈의 수를 각각 x, y라 할 때, $3x+y<9$가 되는 경우의 수를 구하시오.

빈출★★
유형 05 경우의 수의 합 – 주사위 던지기, 수 뽑기

(1) 서로 다른 두 개의 주사위를 동시에 던질 때 나오는 두 눈의 수의 합이 a 또는 b인 경우의 수
⇨ (눈의 수의 합이 a인 경우의 수)
+(눈의 수의 합이 b인 경우의 수)

(2) A의 배수 또는 B의 배수가 적힌 카드를 뽑는 경우의 수
① A, B의 공배수가 없는 경우
⇨ (A의 배수의 개수)+(B의 배수의 개수)
② A, B의 공배수가 있는 경우
⇨ (A의 배수의 개수)+(B의 배수의 개수)
−(A, B의 공배수의 개수)

대표 문제

0820

한 개의 주사위를 연속하여 두 번 던질 때, 나오는 두 눈의 수의 합이 4 또는 7인 경우의 수를 구하시오.

0821 ●●○○

1부터 12까지의 자연수가 각각 하나씩 적힌 12장의 카드 중에서 한 장의 카드를 뽑을 때, 4의 배수 또는 10의 약수가 나오는 경우의 수를 구하시오.

0822 ●●○○

서로 다른 두 개의 주사위를 동시에 던질 때, 나오는 두 눈의 수의 차가 3 또는 5인 경우의 수를 구하시오.

서술형

0823 ●●●○

1부터 20까지의 자연수가 각각 하나씩 적힌 20장의 카드가 있다. 이 중에서 한 장의 카드를 뽑을 때, 3의 배수 또는 5의 배수가 나오는 경우의 수를 구하시오.

빈출★★
유형 06 경우의 수의 합 – 교통수단, 물건 선택하기

(1) 교통수단을 한 가지만 선택하는 경우
⇨ 교통수단을 동시에 두 가지 선택할 수 없다.

(2) 물건을 한 개만 고르는 경우
⇨ 물건을 동시에 두 개 고를 수 없다.

대표 문제

0824

오른쪽 표는 A 도시에서 B 도시까지 가는 기차와 고속버스 시간표이다. 이때 A 도시에서 B 도시까지 기차 또는 고속버스를 타고 가는 경우의 수는?

기차	고속버스
오전 9시 오전 11시 오후 3시	오전 10시 오후 2시

① 2 ② 3 ③ 4
④ 5 ⑤ 6

0825 ●○○○

음식점에 후식으로 아이스크림 4종류, 음료 5종류, 케이크 3종류가 있다. 이 중에서 한 가지를 선택하여 먹는 경우의 수를 구하시오.

0826 ●●○○

다음 표는 지우네 반 전체 학생들의 혈액형을 조사하여 나타낸 것이다. 지우네 반 학생 중에서 한 명을 뽑을 때, 혈액형이 A형 또는 B형인 경우의 수를 구하시오.

혈액형	A형	AB형	B형	O형
학생 수(명)	8	6	7	5

유형 07 경우의 수의 곱 – 동전 또는 주사위 던지기

(1) 서로 다른 n개의 동전을 동시에 던질 때 일어날 수 있는 모든 경우의 수 ⇨ $\underbrace{2\times2\times\cdots\times2}_{n\text{개}}=2^n$

(2) 서로 다른 m개의 주사위를 동시에 던질 때 일어날 수 있는 모든 경우의 수 ⇨ $\underbrace{6\times6\times\cdots\times6}_{m\text{개}}=6^m$

대표 문제

0827

서로 다른 주사위 2개와 서로 다른 동전 2개를 동시에 던질 때, 일어날 수 있는 모든 경우의 수를 구하시오.

0828 ●●○○

한 개의 주사위를 연속하여 두 번 던질 때, 처음에는 2의 배수의 눈이 나오고 두 번째에는 6의 약수의 눈이 나오는 경우의 수를 구하시오.

0829 ●●●○

서로 다른 동전 2개와 주사위 1개를 동시에 던질 때, 동전은 서로 다른 면이 나오고 주사위는 소수의 눈이 나오는 경우의 수를 구하시오.

신유형

0830 ●●●○

각 면에 1부터 6까지의 자연수가 각각 하나씩 적힌 정육면체 모양의 주사위 A와 각 면에 1부터 8까지의 자연수가 각각 하나씩 적힌 정팔면체 모양의 주사위 B를 동시에 던질 때, 주사위 A는 4의 약수, 주사위 B는 홀수가 나오는 경우의 수를 구하시오.

빈출 유형 08 경우의 수의 곱 – 물건 선택하기

물건 A가 m개, 물건 B가 n개 있을 때, A와 B를 각각 한 개씩 선택하는 경우의 수 ⇨ $m\times n$

대표 문제

0831

다음 그림과 같이 자음 ㄱ, ㅂ, ㅅ, ㅎ이 각각 하나씩 적힌 카드 4장과 모음 ㅏ, ㅓ, ㅗ, ㅜ가 각각 하나씩 적힌 카드 4장이 있다. 자음이 적힌 카드와 모음이 적힌 카드 중에서 각각 한 장씩 뽑아 만들 수 있는 글자의 개수를 구하시오.

신유형

0832 ●●○○

어느 샌드위치 가게에서는 빵 3종류, 토핑 5종류, 드레싱 4종류 중에서 각각 하나씩 선택하여 샌드위치를 주문할 수 있다고 한다. 샌드위치를 주문하는 경우의 수는?

① 12 ② 15 ③ 20
④ 40 ⑤ 60

0833 ●●●○

지호네 마을 문화센터 프로그램에는 스포츠 강좌 3가지, 음악 강좌 2가지, 어학 강좌 4가지가 있다. 지호가 스포츠 강좌에서 한 가지를 선택하고, 스포츠 강좌를 제외한 나머지 강좌에서 한 가지를 선택하여 수강하는 경우의 수를 구하시오.

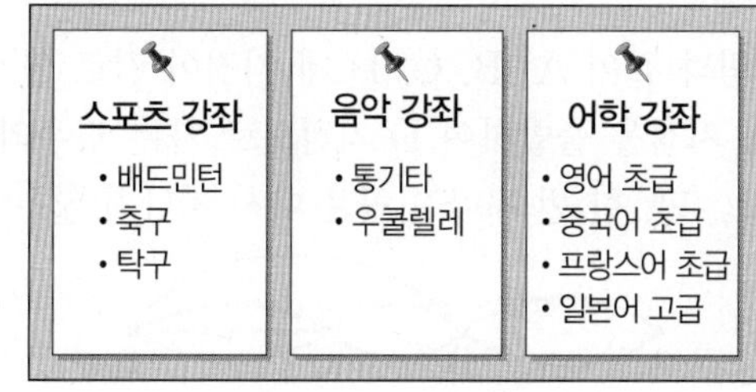

스포츠 강좌
• 배드민턴
• 축구
• 탁구
음악 강좌
• 통기타
• 우쿨렐레
어학 강좌
• 영어 초급
• 중국어 초급
• 프랑스어 초급
• 일본어 고급

빈출

유형 09 경우의 수의 곱 – 길 선택하기

A 지점에서 B 지점까지 가는 경우의 수가 m, B 지점에서 C 지점까지 가는 경우의 수가 n일 때, A 지점에서 B 지점을 거쳐 C 지점까지 가는 경우의 수 ⇨ $m\times n$

대표 문제

0834

다음은 찬영이가 집에서 박물관까지 가는 길을 나타낸 것이다. 집에서 박물관까지 가는 경우의 수를 구하시오.

(단, 한 번 지나간 곳은 다시 지나지 않는다.)

0835 ●●●●

수정이는 A, B, C, D, E, F, G 7개의 등산로가 있는 산을 등산하려고 한다. 그중 한 등산로를 따라 올라갔다가 내려올 때는 다른 등산로를 따라 내려오는 경우의 수는?

① 35 ② 40 ③ 42
④ 45 ⑤ 49

서술형

0836 ●●●●

다음 그림과 같이 A, B, C, D 네 지점이 길로 연결되어 있다. A 지점을 출발하여 D 지점으로 가는 경우의 수를 구하시오. (단, 한 번 지나간 곳은 다시 지나지 않는다.)

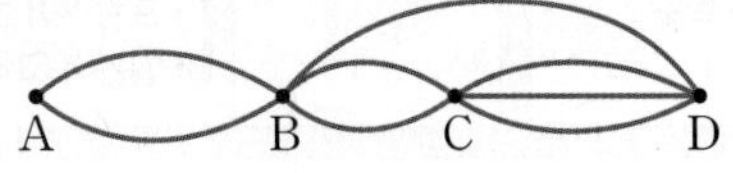

유형 10 경우의 수의 곱 – 최단 거리로 가기

A 지점에서 출발하여 P 지점을 거쳐 B 지점까지 최단 거리로 가는 경우의 수

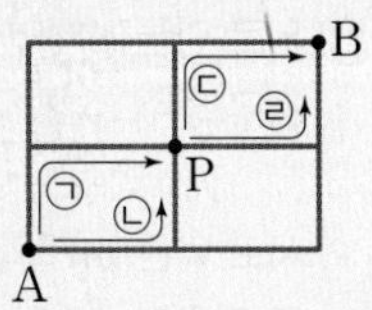

❶ A 지점에서 P 지점까지 최단 거리로 가는 경우는 ㉠, ㉡의 2가지
❷ P 지점에서 B 지점까지 최단 거리로 가는 경우는 ㉢, ㉣의 2가지
❸ ❶, ❷에서 구하는 경우의 수는 $2\times2=4$

대표 문제

0837

오른쪽 그림과 같은 모양의 도로가 있을 때, A 지점에서 출발하여 P 지점을 거쳐 B 지점까지 최단 거리로 가는 경우의 수는?

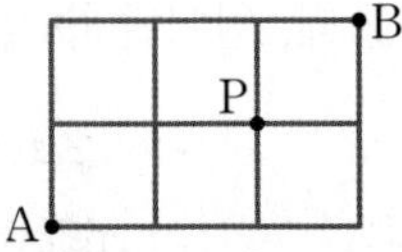

① 5 ② 6 ③ 8
④ 10 ⑤ 12

0838 ●●●●

오른쪽 그림과 같은 모양의 도로가 있을 때, A 지점에서 출발하여 P 지점을 거쳐 B 지점까지 최단 거리로 가는 경우의 수를 구하시오.

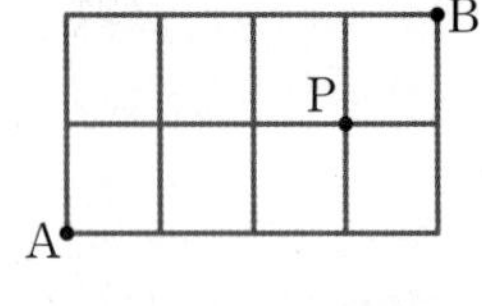

0839 ●●●●

다음 그림과 같은 모양의 도로가 있을 때, 지우가 집에서 출발하여 서점을 거쳐 도서관까지 최단 거리로 가는 경우의 수를 구하시오.

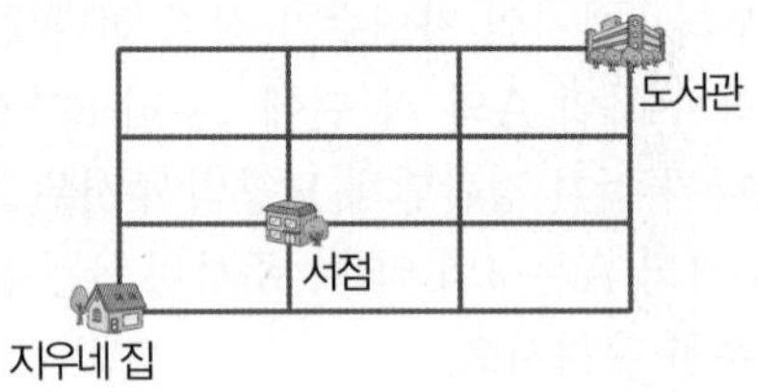

Theme 19 경우의 수의 응용

워크북 125쪽

빈출 유형 11 한 줄로 세우는 경우의 수

(1) n명을 한 줄로 세우는 경우의 수
⇨ $n\times(n-1)\times(n-2)\times\cdots\times2\times1$

(2) n명 중에서 r명을 뽑아 한 줄로 세우는 경우의 수 (단, $n\geq r$)
⇨ $\underbrace{n\times(n-1)\times(n-2)\times\cdots\times\{n-(r-1)\}}_{r\text{개}}$

대표 문제

0840
민찬, 재훈, 민주, 종석, 민경, 지후 6명은 이어달리기 후보 선수이다. 이 중에서 4명을 뽑아 이어달리기 순서를 정하는 경우의 수는?

① 24 ② 30 ③ 120
④ 360 ⑤ 720

0841 ●●●●
놀이 기구를 타기 위해 A, B, C, D, E 5명의 학생이 한 줄로 서는 경우의 수는?

① 60 ② 90 ③ 120
④ 180 ⑤ 240

0842 ●●●●
어느 수학 박물관에 1관부터 6관까지 6개의 전시실이 있다. 윤아가 이 중에서 두 개의 전시실을 골라 순서대로 관람하려고 할 때, 윤아가 관람할 수 있는 경우의 수를 구하시오.

유형 12 한 줄로 세우는 경우의 수 – 자리를 고정하는 조건이 있는 경우

n명을 한 줄로 세울 때, A를 특정한 자리에 고정하는 경우의 수
⇨ A를 특정한 자리에 고정한 후, A를 제외한 나머지 $(n-1)$명을 한 줄로 세우는 경우의 수와 같다.

대표 문제

0843
국어책, 수학책, 영어책, 과학책, 사회책이 각각 1권씩 있다. 이 5권의 책을 책꽂이에 한 줄로 꽂으려고 할 때, 국어책을 가장 왼쪽, 사회책을 가장 오른쪽에 꽂는 경우의 수는?

① 3 ② 4 ③ 6
④ 8 ⑤ 12

0844 ●●●●
긴 의자에 수안, 세윤, 종엽, 홍섭, 지호 5명이 나란히 앉을 때, 세윤이가 왼쪽에서 두 번째 자리에 앉는 경우의 수를 구하시오.

0845 ●●●●
주호, 부모님, 남동생, 여동생 5명의 가족이 함께 한 줄로 서서 사진을 찍으려고 할 때, 부모님이 양 끝에 서는 경우의 수를 구하시오.

신유형

0846 ●●●●
4명의 학생 A, B, C, D를 한 줄로 세울 때, A가 B보다 앞에 서는 경우의 수를 구하시오.

빈출

유형 13 한 줄로 세우는 경우의 수 – 이웃하는 경우

이웃하여 한 줄로 세우는 경우의 수

⇨ (이웃하는 것을 하나로 묶어 한 줄로 세우는 경우의 수) × (묶음 안에서 자리를 바꾸는 경우의 수)

대표 문제

0847

5명의 학생 A, B, C, D, E를 한 줄로 세울 때, A와 B가 이웃하여 서는 경우의 수는?

① 24 ② 48 ③ 60 ④ 120 ⑤ 240

0848 ●●○○

6명의 학생 A, B, C, D, E, F를 한 줄로 세울 때, B와 C가 이웃하고 B가 C 앞에 서는 경우의 수를 구하시오.

서술형

0849 ●●●○

성현이네 학교 문화 유적 답사반 학생들이 유적지 답사를 갔다. 답사를 위하여 남학생 3명과 여학생 3명을 한 줄로 세울 때, 여학생끼리 이웃하여 서는 경우의 수를 구하시오.

0850 ●●●○

성수는 부모님, 여동생 그리고 할아버지, 할머니와 함께 가족사진을 촬영하기로 했다. 한 줄로 서서 사진을 찍을 때, 할아버지와 할머니가 이웃하고 부모님이 이웃하여 서는 경우의 수를 구하시오.

유형 14 자연수의 개수 – 0을 포함하지 않는 경우

0이 아닌 서로 다른 한 자리의 숫자가 각각 적힌 n장의 카드에서

(1) 2장을 뽑아 만들 수 있는 두 자리 자연수의 개수
⇨ $n\times(n-1)$

(2) 3장을 뽑아 만들 수 있는 세 자리 자연수의 개수
⇨ $n\times(n-1)\times(n-2)$

대표 문제

0851

1부터 5까지의 자연수가 각각 하나씩 적힌 5장의 카드 중에서 2장을 뽑아 만들 수 있는 두 자리 자연수 중 34보다 큰 수의 개수를 구하시오.

0852 ●●○○

1부터 6까지의 자연수를 이용하여 세 자리 자연수를 만들려고 한다. 같은 숫자를 여러 번 사용해도 된다고 할 때, 만들 수 있는 세 자리 자연수의 개수를 구하시오.

0853 ●●●○

1부터 6까지의 자연수가 각각 하나씩 적힌 6장의 카드 중에서 2장을 뽑아 만들 수 있는 두 자리 자연수 중 35보다 작은 수의 개수를 구하시오.

0854 ●●●○

1부터 9까지의 자연수가 각각 하나씩 적힌 9장의 카드 중에서 2장을 뽑아 만들 수 있는 두 자리 자연수 중 짝수의 개수는?

① 32 ② 44 ③ 56 ④ 68 ⑤ 72

빈출 유형 15 자연수의 개수 – 0을 포함하는 경우

0을 포함한 서로 다른 한 자리의 숫자가 각각 적힌 n장의 카드에서

(1) 2장을 뽑아 만들 수 있는 두 자리 자연수의 개수

⇨ $(n-1)\times(n-1)$

→ 십의 자리에는 0이 올 수 없다.

(2) 3장을 뽑아 만들 수 있는 세 자리 자연수의 개수

⇨ $(n-1)\times(n-1)\times(n-2)$

→ 백의 자리에는 0이 올 수 없다.

대표 문제

0855

0, 1, 2, 3의 숫자가 각각 하나씩 적힌 4장의 카드 중에서 3장을 뽑아 만들 수 있는 세 자리 자연수의 개수는?

① 6　② 12　③ 15　④ 18　⑤ 24

0856

0부터 5까지 6개의 숫자를 이용하여 두 자리 자연수를 만들려고 한다. 같은 숫자를 여러 번 사용해도 된다고 할 때, 만들 수 있는 두 자리 자연수의 개수를 구하시오.

0857

0, 1, 2, 3, 4의 숫자가 각각 하나씩 적힌 5장의 카드 중에서 2장을 뽑아 만들 수 있는 두 자리 자연수 중 짝수의 개수를 구하시오.

유형 16 색칠하는 경우의 수

나누어진 각 부분에 색을 칠하는 경우의 수

(1) 모두 다른 색을 칠하는 경우

⇨ 한 번 칠한 색을 다시 사용할 수 없음을 이용한다.

(2) 같은 색을 여러 번 칠할 수 있으나 이웃하는 영역은 서로 다른 색을 칠하는 경우

⇨ 이웃하지 않는 영역은 칠한 색을 다시 사용할 수 있음을 이용한다.

대표 문제

0858

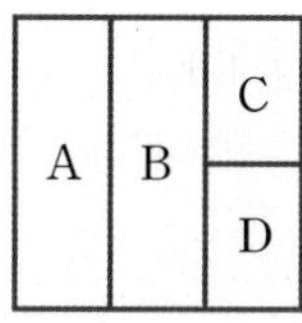

오른쪽 그림과 같은 A, B, C, D 네 부분에 노란색, 주황색, 연두색, 보라색의 4가지 색으로 칠하려고 한다. 같은 색을 여러 번 칠해도 좋으나 이웃하는 곳은 서로 다른 색으로 칠하는 경우의 수를 구하시오.

0859

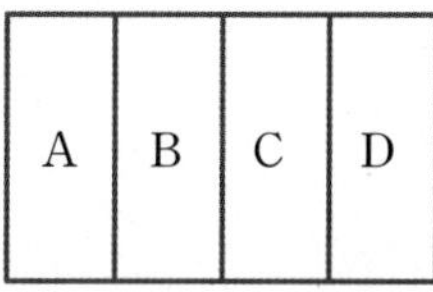

오른쪽 그림과 같은 A, B, C, D 네 부분에 빨간색, 노란색, 파란색, 초록색의 4가지 색을 모두 사용하여 각 부분을 서로 다른 색으로 칠하는 경우의 수는?

① 6　② 12　③ 18　④ 24　⑤ 48

신유형

0860

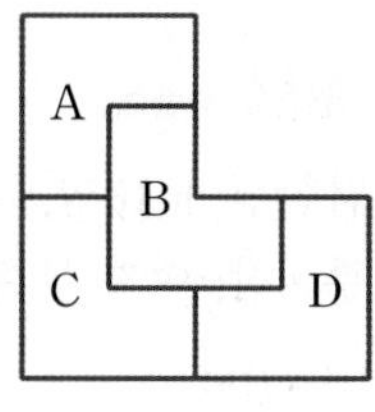

오른쪽 그림과 같이 A, B, C, D 네 부분으로 나누어진 도형을 빨간색, 파란색, 노란색의 3가지 색으로 칠하려고 한다. 같은 색을 여러 번 칠해도 좋으나 이웃하는 곳은 서로 다른 색으로 칠하는 경우의 수를 구하시오.

유형 17 대표를 뽑는 경우의 수 – 자격이 다른 경우

n명 중에서 자격이 다른 r명을 뽑는 경우의 수
→ 뽑는 순서와 관계가 있다.

⇨ n명 중에서 r명을 뽑아서 한 줄로 세우는 경우의 수와 같으므로
$n\times(n-1)\times(n-2)\times\cdots\times\{n-(r-1)\}$

대표 문제

0861

5명의 후보 중에서 반장, 부반장, 총무를 각각 1명씩 뽑는 경우의 수는?

① 24 ② 42 ③ 54
④ 60 ⑤ 120

0862 ●●○○

성준이네 반은 교내 학예회에서 연극을 공연하기로 하였다. 등장 인물은 주인공, 동생, 친구, 선생님 각각 1명씩이다. 성준이네 반에서 10명이 지원했을 때, 배역이 각각 정해지는 경우의 수를 구하시오.

0863 ●●●○

6명의 후보 A, B, C, D, E, F 중에서 의장, 부의장, 서기를 각각 1명씩 뽑을 때, C가 의장이 되는 경우의 수를 구하시오.

0864 ●●●○

남학생이 10명, 여학생이 12명인 학급에서 회장과 남자 부회장, 여자 부회장을 각각 1명씩 뽑는 경우의 수는?

① 2100 ② 2200 ③ 2300
④ 2400 ⑤ 2500

빈출★★

유형 18 대표를 뽑는 경우의 수 – 자격이 같은 경우

(1) n명 중에서 자격이 같은 2명을 뽑는 경우의 수
→ 뽑는 순서와 관계가 없다.
⇨ $\dfrac{n\times(n-1)}{2}$

(2) n명 중에서 자격이 같은 3명을 뽑는 경우의 수
⇨ $\dfrac{n\times(n-1)\times(n-2)}{3\times2\times1}$

대표 문제

0865

6명의 후보 A, B, C, D, E, F 중에서 대표 3명을 뽑는 경우의 수를 구하시오.

0866 ●●○○

일, 월, 화, 수, 목, 금, 토 7개의 요일 중에서 운동을 하기 위해 두 개의 요일을 선택하는 경우의 수를 구하시오.

0867 ●●●○

준수를 포함하여 9명으로 구성된 미술 동아리에서 미술 대회에 참가할 3명을 뽑으려고 한다. 이때 준수가 뽑히는 경우의 수는?

① 26 ② 28 ③ 30
④ 32 ⑤ 34

서술형

0868 ●●●○

어느 지역 지방 자치 선거에서 시장 후보가 2명, 시의원 후보가 5명이다. 이 중에서 시장 1명, 시의원 2명을 뽑는 경우의 수를 구하시오.

유형 19 악수 또는 경기를 하는 경우의 수

n명이 서로 빠짐없이 악수를 하는 경우의 수
→ n명 중에서 순서를 생각하지 않고 2명을 뽑는 경우의 수와 같다.

⇨ $\dfrac{n\times(n-1)}{2}$

대표 문제

0869

동호회 모임에 참석한 10명의 회원이 한 사람도 빠짐없이 서로 한 번씩 악수를 했다면 악수를 한 총 횟수는?

① 35 ② 45 ③ 60
④ 80 ⑤ 90

0870

교내 팔씨름 대회를 개최하는데 6개의 학급에서 대표 선수를 1명씩 선발하였다. 각각 다른 학급 대표와 서로 한 번씩 빠짐없이 경기를 했다면 진행된 경기의 총 횟수를 구하시오.

신유형

0871

토너먼트 방법은 두 명씩 경기를 하여 진 사람은 더 이상 경기를 하지 않고, 이긴 사람은 상위 라운드로 올라가는 경기 방법이다. 어느 볼링 대회에 참가한 32명이 토너먼트 방법으로 우승자를 가렸다면 진행된 경기의 총 횟수를 구하시오.

0872

한 팀에 4명의 선수로 구성된 두 체스팀에서 각각 한 사람씩 경기를 하는데, 이긴 사람은 계속하여 상대 팀의 다음 선수와 대결하고 진 사람은 탈락한다. 상대 팀의 선수 전원을 탈락시킨 팀이 이기는 것으로 할 때, 가능한 경기 수는 최대 a회, 최소 b회라 하자. 이때 $a-b$의 값을 구하시오. (단, 비기는 경우는 없다.)

유형 20 선분 또는 삼각형의 개수

어느 세 점도 한 직선 위에 있지 않은 $n(n\geq3)$개의 점 중에서

(1) 두 점을 연결하여 만들 수 있는 선분의 개수
→ n개의 점 중에서 순서에 관계없이 2개를 선택하는 경우의 수와 같다.

⇨ $\dfrac{n\times(n-1)}{2}$

(2) 세 점을 연결하여 만들 수 있는 삼각형의 개수
→ n개의 점 중에서 순서에 관계없이 3개를 선택하는 경우의 수와 같다.

⇨ $\dfrac{n\times(n-1)\times(n-2)}{3\times2\times1}$

대표 문제

0873

오른쪽 그림과 같이 한 원 위에 8개의 점이 있다. 이 중에서 두 점을 연결하여 만들 수 있는 선분의 개수를 구하시오.

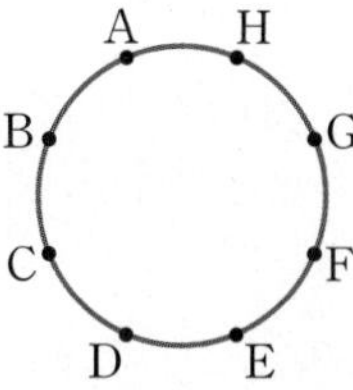

0874

오른쪽 그림과 같이 평행한 두 직선 l, m 위에 8개의 점이 있다. 직선 l 위의 한 점과 직선 m 위의 한 점을 연결하여 만들 수 있는 선분의 개수는?

l

m

① 10 ② 12 ③ 15
④ 18 ⑤ 20

0875

오른쪽 그림과 같이 한 원 위에 6개의 점이 있다. 이 중에서 세 점을 연결하여 만들 수 있는 삼각형의 개수는?

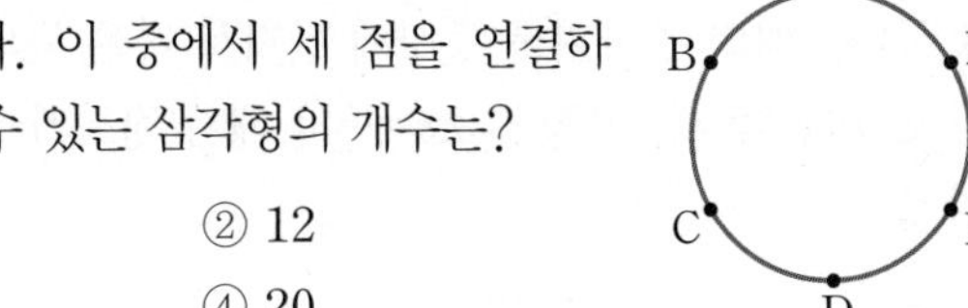

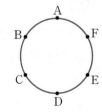

① 6 ② 12
③ 18 ④ 20
⑤ 30

09 경우의 수

Theme 18 19

0876 ⓒ 유형 02

50원짜리 동전 2개와 100원짜리 동전 3개가 있다. 이 동전을 사용하여 거스름돈이 생기지 않도록 지불할 수 있는 금액은 모두 몇 가지인지 구하시오.

(단, 0원을 지불하는 경우는 제외한다.)

0877 ⓒ 유형 03

세 명이 가위바위보를 한 번 할 때, 승부가 나지 않는 경우의 수는? (단, 승자는 여러 명일 수 있다.)

① 3　　② 6　　③ 9
④ 12　　⑤ 15

0878 ⓒ 유형 04

A, B 두 개의 주사위를 동시에 던져서 나온 눈의 수를 각각 a, b라 할 때, 방정식 $ax=b$의 해가 정수가 되는 경우의 수는?

① 8　　② 10　　③ 12
④ 14　　⑤ 16

0879 ⓒ 유형 07

다음 그림과 같이 5개의 전구가 있다. 전구를 켜거나 꺼서 신호를 만들려고 할 때, 만들 수 있는 신호의 개수를 구하시오. (단, 모두 꺼진 경우도 신호로 생각한다.)

0880 ⓒ 유형 10

다음 그림과 같은 모양의 도로가 장마철에 일부 침수되어 침수된 지점은 지날 수 없다고 한다. A 지점에서 출발하여 P 지점을 거쳐 B 지점까지 최단 거리로 가는 경우의 수를 구하시오.

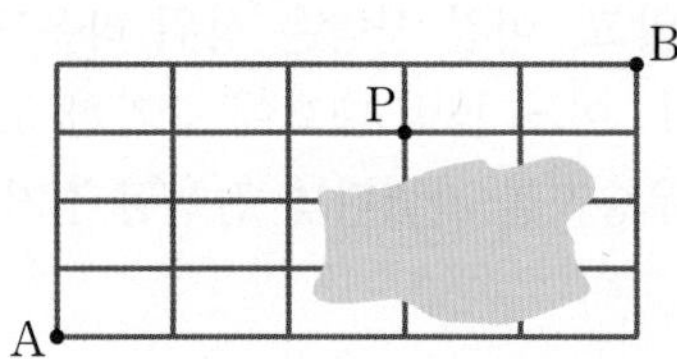

0881 ⓒ 유형 13

부모와 자녀 3명의 총 5명이 공원 의자에 한 줄로 앉아 사진을 찍으려고 한다. 이때 부모는 부모끼리, 자녀는 자녀끼리 이웃하여 앉는 경우의 수를 구하시오.

0882 ⓒ 유형 14

1부터 5까지의 자연수가 각각 하나씩 적힌 5장의 카드 중에서 2장의 카드를 한 장씩 차례대로 뽑아 만들 수 있는 두 자리 자연수 중 12번째로 큰 수를 구하시오.

0883 ⓒ 유형 15

0, 1, 2, 3의 숫자가 각각 하나씩 적힌 4장의 카드 중에서 3장을 뽑아 세 자리 자연수를 만들어 작은 수부터 차례대로 나열할 때, 15번째에 오는 수를 구하시오.

0884 ⓒ 유형 18

남학생 6명과 여학생 4명 중에서 3명의 위원을 뽑는 경우의 수를 a, 2명의 남자 위원과 1명의 여자 위원을 뽑는 경우의 수를 b라 할 때, $a+b$의 값은?

① 140 ② 150 ③ 160
④ 170 ⑤ 180

0885 ⓒ 유형 20

오른쪽 그림과 같은 반원 위에 8개의 점을 찍고, 이 중에서 3개의 점을 연결하여 삼각형을 만들려고 한다. 만들 수 있는 삼각형의 개수를 구하시오.

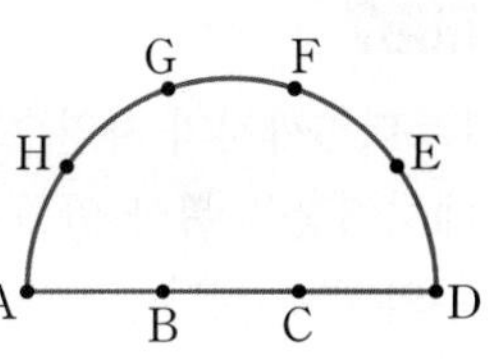

09 경우의 수

0886

유형 13

오른쪽 그림과 같이 5개의 도시 A, B, C, D, E가 있다. 어떤 도시에 서든지 다른 도시로 직접 통하는 길이 있으나 C 도시와 E 도시 사이에는 직접 통하는 길이 없을 때, A 도시에서 출발하여 나머지 네 도시를 꼭 한 번씩 방문하는 경우의 수를 구하시오.

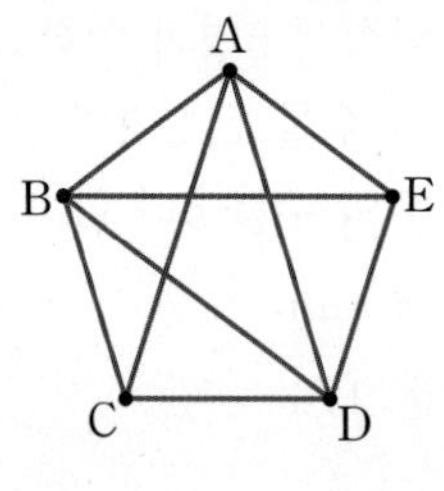

0887

유형 14

1부터 5까지의 자연수가 각각 하나씩 적힌 5장의 카드 중에서 3장을 뽑아 만들 수 있는 세 자리 자연수 중 3의 배수의 개수는?

① 12 ② 18 ③ 24
④ 30 ⑤ 36

0888

유형 19

A, B 두 팀이 탁구 경기를 하는데 5세트 중 3세트를 먼저 이기는 팀이 승리한다. B팀이 1세트를 이겼을 때, 승부가 나는 모든 경우의 수는?

(단, 각 세트마다 비기는 경우는 없다.)

① 8 ② 9 ③ 10
④ 11 ⑤ 12

0889

유형 19

32명이 4명씩 8개 조로 나누어 모든 조원끼리 한 번씩 빠짐없이 예선 경기를 하고, 그 결과 각 조에서 심사 위원의 판정에 의해 상위 2명이 16강에 올라간다. 16강부터 결승전까지는 토너먼트 방법으로 진 사람은 더 이상 경기를 하지 않고, 이긴 사람은 상위 라운드로 올라가 우승자를 가렸다면 진행된 총 경기 수를 구하시오.

교과서 속 창의력 UP!

정답 및 풀이 65쪽

0890 유형 01

목제 주령구는 통일 신라 시대에 만들어진 것으로 1975년에 경주에서 출토되었다. 목제 주령구는 14면체 모양으로 각 면의 모양이 모두 같지 않음에도 불구하고 육각형 모양의 면과 정사각형 모양의 면의 넓이를 비교적 같게 하여 각 면이 고르게 나오도록 만든 주사위이다. 다음과 같은 전개도를 접어 주령구를 만들어 주사위를 던질 때, 육각형 모양의 면이 나오는 경우의 수를 구하시오.

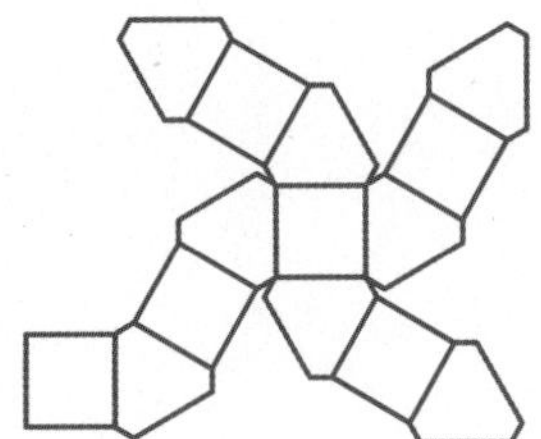

0891 유형 07

시각 장애인들이 사용하는 점자는 지면에 볼록 튀어나오게 점을 찍어 손가락 끝의 촉각으로 읽을 수 있도록 만든 문자이다. 예를 들어 '훈맹정음'이라 불리는 한글 점자에서는 아래 그림과 같이 6개의 점이 직사각형 모양으로 나열되어 초성을 나타낸다.

○● ○○ ○○	●● ○○ ○○	○● ●○ ○○	○○ ○● ○○	●○ ○● ○○	○● ○● ○○	○○ ○○ ○●	●● ●● ○○	○● ○○ ○●	○○ ○● ○●	●● ●○ ○○	●○ ●● ○○	●● ○● ○○	○● ●● ○○
ㄱ	ㄴ	ㄷ	ㄹ	ㅁ	ㅂ	ㅅ	ㅇ	ㅈ	ㅊ	ㅋ	ㅌ	ㅍ	ㅎ

(●은 튀어나온 부분을 나타낸다.)

이와 같이 6개의 점으로 나타낼 수 있는 문자의 개수를 구하시오. (단, 점이 모두 튀어나오지 않은 것은 문자로 생각하지 않는다.)

0892 유형 03

다음과 같이 정사각형 3개로 이루어진 도형 2개, 정사각형 4개로 이루어진 도형 5개가 있다.

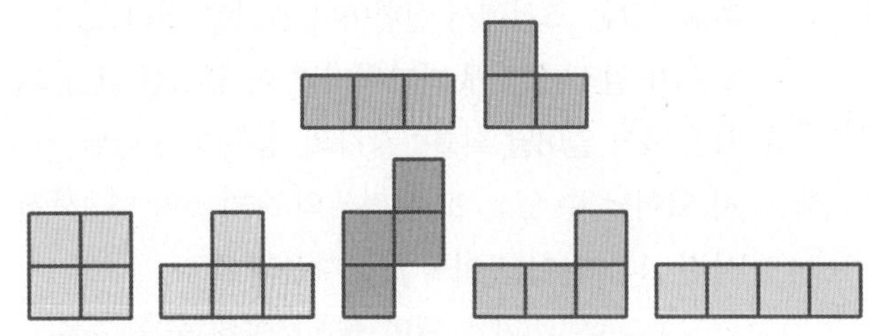

위의 도형을 좌우로 이동하거나 90°씩 회전하여 차례대로 쌓아 가로 한 줄을 모두 채우면 그 줄이 사라진다. 위의 도형 중 1개를 이용하여 다음 가로줄이 전부 사라지도록 도형을 선택하는 경우의 수를 구하시오.

(단, 도형을 90°씩 여러 번 회전할 수 있다.)

(1)
(2)

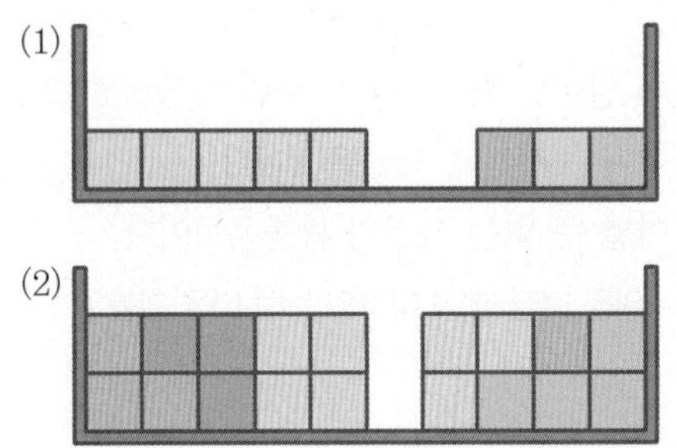

Theme 20 확률의 계산 유형 01 ~ 유형 08

(1) 확률의 뜻

① 확률 : 같은 조건에서 실험이나 관찰을 여러 번 반복할 때, 어떤 사건이 일어나는 상대도수가 일정한 값에 가까워지면 이 일정한 값을 그 사건이 일어날 확률이라 한다.

② 사건 A가 일어날 확률 : 각각의 경우가 일어날 가능성이 같은 어떤 실험이나 관찰에서 일어날 수 있는 모든 경우의 수가 n일 때, 사건 A가 일어나는 경우의 수가 a이면 사건 A가 일어날 확률 p는 다음과 같다.

$$p=\frac{(\text{사건 } A\text{가 일어나는 경우의 수})}{(\text{모든 경우의 수})}=\frac{a}{n}$$

예 한 개의 주사위를 던질 때, 짝수의 눈이 나올 확률은

$\frac{(\text{짝수의 눈이 나오는 경우의 수})}{(\text{모든 경우의 수})}=\frac{3}{6}=\frac{1}{2}$

> 비법 Note
> 확률은 어떤 사건이 일어날 가능성을 수로 나타낸 것이다. 경우의 수를 이용하여 확률을 구할 때에는 각 사건이 일어날 가능성이 모두 같다고 생각한다.

(2) 확률의 성질

① 어떤 사건이 일어날 확률을 p라 하면 $0\le p\le 1$이다.

② 반드시 일어나는 사건의 확률은 1이다.

③ 절대로 일어날 수 없는 사건의 확률은 0이다.

예 한 개의 주사위를 던질 때, 6 이하의 눈이 나올 확률은 1이고 7 이상의 눈이 나올 확률은 0이다.

> 비법 Note
> 모든 경우의 수가 n, 사건 A가 일어나는 경우의 수가 a이면 $0\le a\le n$이므로 $0\le\frac{a}{n}\le 1$이다.

(3) 어떤 사건이 일어나지 않을 확률

사건 A가 일어날 확률을 p라 할 때,

(사건 A가 일어나지 않을 확률)$=1-p$

예 내일 비가 올 확률이 $\frac{3}{10}$이면 내일 비가 오지 않을 확률은 $1-\frac{3}{10}=\frac{7}{10}$

참고 사건 A가 일어날 확률을 p, 사건 A가 일어나지 않을 확률을 q라 하면 $p+q=1$

> 비법 Note
> '~가 아닐 확률', '적어도 ~일 확률', '~을 못할 확률'이라는 표현이 있으면 '어떤 사건이 일어나지 않을 확률'을 이용한다.

(4) 사건 A 또는 사건 B가 일어날 확률

두 사건 A, B가 동시에 일어나지 않을 때, 사건 A가 일어날 확률을 p, 사건 B가 일어날 확률을 q라 하면

(→ 한 사건이 일어나면 다른 사건은 절대로 일어나지 않는다.)

(사건 A 또는 사건 B가 일어날 확률)$=p+q$ → 확률의 덧셈

예 한 개의 주사위를 던질 때, 3 이하 또는 6 이상의 눈이 나올 확률은 $\frac{3}{6}+\frac{1}{6}=\frac{4}{6}=\frac{2}{3}$

> 비법 Note
> '또는', '~이거나'라는 표현이 있으면 확률의 덧셈을 이용한다.

(5) 두 사건 A와 B가 동시에 일어날 확률

두 사건 A, B가 서로 영향을 끼치지 않을 때, 사건 A가 일어날 확률을 p, 사건 B가 일어날 확률을 q라 하면

(두 사건 A와 B가 동시에 일어날 확률)$=p\times q$ → 확률의 곱셈

예 서로 다른 두 개의 주사위 A, B를 동시에 던질 때, 주사위 A는 3 이하의 눈이 나오고, 주사위 B는 6 이상의 눈이 나올 확률은 $\frac{3}{6}\times\frac{1}{6}=\frac{1}{12}$

> 비법 Note
> 두 사건 A와 B가 동시에 일어난다는 것은 사건 A가 일어나는 각 경우마다 사건 B가 일어난다는 것을 의미한다.
> '동시에', '그리고'라는 표현이 있으면 확률의 곱셈을 이용한다.

Theme 20 확률의 계산

[0893~0895] 1부터 15까지의 자연수가 각각 하나씩 적힌 15장의 카드에서 한 장의 카드를 뽑을 때, 다음을 구하시오.

0893 일어나는 모든 경우의 수

0894 카드에 적힌 수가 3의 배수인 경우의 수

0895 카드에 적힌 수가 3의 배수일 확률

[0896~0897] 서로 다른 두 개의 주사위를 동시에 던질 때, 다음을 구하시오.

0896 두 눈의 수의 합이 6일 확률

0897 두 눈의 수의 차가 3일 확률

[0898~0900] 상자 안에 1부터 5까지의 자연수가 각각 하나씩 적힌 5개의 공이 들어 있다. 이 상자에서 한 개의 공을 꺼낼 때, 다음을 구하시오.

0898 공에 적힌 수가 짝수일 확률

0899 공에 적힌 수가 5 이하일 확률

0900 공에 적힌 수가 9일 확률

[0901~0902] 주머니 속에 1부터 10까지의 자연수가 각각 하나씩 적힌 10개의 구슬이 들어 있다. 이 주머니에서 한 개의 구슬을 꺼낼 때, 다음을 구하시오.

0901 구슬에 적힌 수가 소수일 확률

0902 구슬에 적힌 수가 소수가 아닐 확률

[0903~0905] 한 개의 주사위를 던질 때, 다음을 구하시오.

0903 3의 배수의 눈이 나올 확률

0904 4의 약수의 눈이 나올 확률

0905 3의 배수 또는 4의 약수의 눈이 나올 확률

[0906~0908] 동전 한 개와 주사위 한 개를 동시에 던질 때, 다음을 구하시오.

0906 동전의 앞면이 나올 확률

0907 주사위가 2의 배수의 눈이 나올 확률

0908 동전은 앞면이 나오고, 주사위는 2의 배수의 눈이 나올 확률

Theme 21 여러 가지 확률 유형 09 ~ 유형 16

(1) 연속하여 뽑는 경우의 확률

① 꺼낸 것을 다시 넣고 연속하여 뽑는 경우

(i) 처음 사건이 나중의 사건에 영향을 주지 않는다.

(ii) 처음 뽑을 때와 나중에 뽑을 때의 조건이 같다.

(iii) 처음에 n개가 들어 있었다면 나중에 뽑을 때도 n개가 들어 있다.

⇨ (처음에 사건 A가 일어날 확률)=(나중에 사건 A가 일어날 확률)

예 모양과 크기가 같은 파란 공 3개와 흰 공 4개가 들어 있는 주머니에서 연속하여 2개의 공을 꺼낼 때, 꺼낸 공을 다시 넣는다면 2개의 공이 모두 파란 공일 확률은

(첫 번째에 파란 공을 꺼낼 확률)

×(두 번째에 파란 공을 꺼낼 확률)

$=\frac{3}{7}\times\frac{3}{7}=\frac{9}{49}$

첫 번째

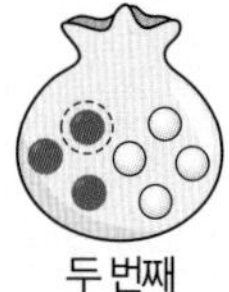
두 번째

> 비법 Note
> 꺼낸 것을 다시 넣으면 처음 사건의 결과가 나중 사건의 결과에 영향을 주지 않는다. 즉, (처음에 꺼낼 때 전체 개수) =(나중에 꺼낼 때 전체 개수)

② 꺼낸 것을 다시 넣지 않고 연속하여 뽑는 경우

(i) 처음 사건이 나중의 사건에 영향을 준다.

(ii) 처음 뽑을 때와 나중에 뽑을 때의 조건이 다르다.

(iii) 처음에 n개가 들어 있었다면 나중에 뽑을 때는 $(n-1)$개가 들어 있다.

⇨ (처음에 사건 A가 일어날 확률)≠(나중에 사건 A가 일어날 확률)

예 모양과 크기가 같은 파란 공 3개와 흰 공 4개가 들어 있는 주머니에서 연속하여 2개의 공을 꺼낼 때, 꺼낸 공을 다시 넣지 않는다면 2개의 공이 모두 파란 공일 확률은

(첫 번째에 파란 공을 꺼낼 확률)

×(두 번째에 파란 공을 꺼낼 확률)

$=\frac{3}{7}\times\frac{2}{6}=\frac{1}{7}$

첫 번째

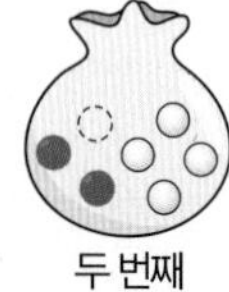
두 번째

> 비법 Note
> 꺼낸 것을 다시 넣지 않으면 처음 사건의 결과가 나중 사건의 결과에 영향을 준다. 즉, (처음에 꺼낼 때 전체 개수) ≠(나중에 꺼낼 때 전체 개수)

(2) 도형에서의 확률

일어날 수 있는 모든 경우의 수는 도형의 전체 넓이로, 어떤 사건이 일어나는 경우의 수는 도형에서 해당하는 부분의 넓이로 생각하여 도형에서의 확률을 구할 수 있다.

$$(\text{도형에서의 확률})=\frac{(\text{사건에 해당하는 부분의 넓이})}{(\text{도형 전체의 넓이})}$$

예 오른쪽 그림과 같이 3등분된 원판에 각각 1, 2, 3이 적혀 있을 때, 이 원판을 한 번 돌려서 멈춘 후 바늘이 가리키는 수를 읽는다고 하자. 이때 홀수가 나올 확률은

$\frac{(\text{1 또는 3에 해당하는 부분의 넓이})}{(\text{도형 전체의 넓이})}=\frac{2}{3}$

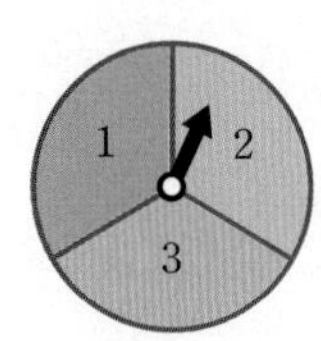

> 비법 Note
> '등분'은 똑같은 넓이로 나누었다는 뜻이므로 n등분한 도형에서 확률을 구할 때에는 도형 전체의 넓이인 분모를 n으로 한다.

Theme 21 여러 가지 확률

[0909~0911] 모양과 크기가 같은 흰 공 5개, 검은 공 4개가 들어 있는 주머니에서 한 개의 공을 뽑아 확인하고 다시 넣은 후 다시 한 개의 공을 뽑을 때, 다음을 구하시오.

0909 첫 번째에 흰 공이 나올 확률

0910 두 번째에 흰 공이 나올 확률

0911 두 번 모두 흰 공이 나올 확률

[0912~0914] 모양과 크기가 같은 흰 공 5개, 검은 공 4개가 들어 있는 주머니에서 공을 한 개씩 연속하여 두 번 꺼낼 때, 다음을 구하시오. (단, 꺼낸 공은 다시 넣지 않는다.)

0912 첫 번째에 흰 공이 나올 확률

0913 첫 번째에 흰 공이 나왔을 때, 두 번째에 흰 공이 나올 확률

0914 두 번 모두 흰 공이 나올 확률

[0915~0916] 10개의 제비 중 당첨 제비가 4개 들어 있다. A, B 두 사람이 이 순서대로 한 개씩 제비를 뽑을 때, A만 당첨 제비를 뽑을 확률을 다음 각 경우에 대하여 구하시오.

0915 뽑은 제비를 다시 넣는 경우

0916 뽑은 제비를 다시 넣지 않는 경우

[0917~0918] A, B 두 사람의 사격 명중률이 각각 $\frac{1}{2}$, $\frac{2}{3}$일 때, 다음을 구하시오.

0917 A, B가 모두 명중시킬 확률

0918 A, B가 모두 명중시키지 못할 확률

[0919~0921] 10발을 쏘아 평균 7발을 명중시키는 사수가 2발을 쏘았을 때, 다음을 구하시오.

0919 첫 번째는 명중시키고 두 번째는 명중시키지 못할 확률

0920 첫 번째는 명중시키지 못하고 두 번째는 명중시킬 확률

0921 두 발 중 한 발만 명중시킬 확률

[0922~0924] 오른쪽 그림과 같이 8등분된 원판에 각각 1부터 8까지의 자연수가 적혀 있다. 이 원판을 돌려서 멈춘 후 바늘이 가리키는 수를 읽을 때, 다음을 구하시오. (단, 바늘이 경계선을 가리키는 경우는 없다.)

0922 홀수일 확률

0923 4의 배수일 확률

0924 홀수 또는 4의 배수일 확률

Theme 20 확률의 계산

워크북 136쪽

유형 01 확률의 뜻

사건 A가 일어날 확률 p는

$$p=\frac{(\text{사건 } A\text{가 일어나는 경우의 수})}{(\text{모든 경우의 수})}$$

대표 문제

0925

서로 다른 두 개의 주사위를 동시에 던질 때, 나온 두 눈의 수의 합이 7일 확률은?

① $\frac{5}{36}$ ② $\frac{1}{6}$ ③ $\frac{7}{36}$
④ $\frac{2}{9}$ ⑤ $\frac{1}{4}$

0926

상자 속에 모양과 크기가 같은 빨간 공 5개, 파란 공 4개, 노란 공 3개가 들어 있다. 이 상자에서 한 개의 공을 꺼낼 때, 파란 공이 나올 확률을 구하시오.

0927

1부터 20까지의 자연수가 각각 하나씩 적힌 20장의 카드 중에서 한 장을 뽑을 때, 카드에 적힌 수가 20의 약수일 확률을 구하시오.

0928

4명의 학생 A, B, C, D가 한 줄로 설 때, A와 C가 이웃하여 설 확률을 구하시오.

유형 02 방정식, 부등식에서의 확률

❶ 모든 경우의 수를 구한다.
❷ 방정식 또는 부등식을 만족시키는 경우의 수를 구한다.
❸ $\frac{❷}{❶}$를 구한다.

대표 문제

0929

두 개의 주사위 A, B를 동시에 던져서 A 주사위에서 나온 눈의 수를 x, B 주사위에서 나온 눈의 수를 y라 할 때, $y=-2x+7$일 확률은?

① $\frac{1}{36}$ ② $\frac{1}{18}$ ③ $\frac{1}{12}$
④ $\frac{1}{9}$ ⑤ $\frac{5}{36}$

신유형

0930

두 개의 주사위 A, B를 동시에 던져서 나온 두 눈의 수를 각각 a, b라 할 때, 일차방정식 $ax-b=0$의 해가 $x=2$일 확률을 구하시오.

0931

한 개의 주사위를 연속하여 두 번 던져서 처음에 나온 눈의 수를 x, 나중에 나온 눈의 수를 y라 할 때, $3x+y<8$일 확률을 구하시오.

빈출 유형 03 확률의 성질

어떤 사건이 일어날 확률을 p라 하면
⇨ $0 \le p \le 1$
→ 반드시 일어나는 사건의 확률은 1이다.
→ 절대로 일어날 수 없는 사건의 확률은 0이다.

대표 문제

0932

한 개의 주사위를 던질 때, 다음 중 옳지 않은 것은?

① 홀수의 눈이 나올 확률은 $\frac{1}{2}$이다.
② 1 이상의 눈이 나올 확률은 1이다.
③ 8의 눈이 나올 확률은 0이다.
④ 2의 눈이 나올 확률은 $\frac{1}{6}$이다.
⑤ 3의 배수의 눈이 나올 확률은 $\frac{1}{2}$이다.

0933

사건 A가 일어날 확률을 p라 할 때, 다음 보기에서 옳은 것을 모두 고른 것은?

보기

ㄱ. p의 값의 범위는 $0 < p \le 1$이다.
ㄴ. $p=1$이면 사건 A는 반드시 일어난다.
ㄷ. $p=\frac{(\text{모든 경우의 수})}{(\text{사건 } A\text{가 일어나는 경우의 수})}$이다.
ㄹ. $p=0$이면 사건 A는 절대로 일어나지 않는다.

① ㄱ, ㄴ ② ㄱ, ㄷ ③ ㄴ, ㄷ
④ ㄴ, ㄹ ⑤ ㄷ, ㄹ

0934

다음 중 확률이 나머지 넷과 다른 하나는?

① 한 개의 주사위를 던질 때, 6 이하의 눈이 나올 확률
② 한 개의 주사위를 던질 때, 한 자리 자연수의 눈이 나올 확률
③ 서로 다른 두 개의 주사위를 동시에 던질 때, 나온 두 눈의 수의 곱이 36보다 작을 확률
④ 한 개의 동전을 던질 때, 앞면 또는 뒷면이 나올 확률
⑤ 딸기 맛 사탕이 10개 들어 있는 상자에서 한 개의 사탕을 꺼낼 때, 그 사탕이 딸기 맛 사탕일 확률

유형 04 어떤 사건이 일어나지 않을 확률

사건 A가 일어날 확률을 p라 하면
⇨ (사건 A가 일어나지 않을 확률)$=1-p$

대표 문제

0935

A를 포함한 5명의 후보 중에서 대표 2명을 뽑을 때, A가 뽑히지 않을 확률은?

① $\frac{1}{4}$ ② $\frac{2}{5}$ ③ $\frac{3}{5}$
④ $\frac{7}{10}$ ⑤ $\frac{3}{4}$

0936

일기예보에서 내일 비가 올 확률이 30 %라 할 때, 내일 비가 오지 않을 확률은?

① $\frac{3}{10}$ ② $\frac{2}{5}$ ③ $\frac{1}{2}$
④ $\frac{3}{5}$ ⑤ $\frac{7}{10}$

0937

서로 다른 두 개의 주사위를 동시에 던질 때, 나온 두 눈의 수의 차가 2가 아닐 확률을 구하시오.

서술형

0938

남학생 3명과 여학생 2명을 한 줄로 세울 때, 여학생 2명이 이웃하여 서지 않을 확률을 구하시오.

10 확률 Theme 20 21

유형 05 '적어도 ~'일 확률

(1) (적어도 한 개는 뒷면일 확률)=1−(모두 앞면일 확률)
(2) (적어도 한 개는 맞힐 확률)=1−(모두 틀릴 확률)

대표 문제

0939

10원짜리, 100원짜리, 500원짜리 동전을 한 개씩 동시에 던질 때, 적어도 한 개는 앞면이 나올 확률은?

① $\frac{7}{8}$ ② $\frac{3}{4}$ ③ $\frac{5}{8}$
④ $\frac{1}{2}$ ⑤ $\frac{3}{8}$

0940 ●●●●

시험에 출제된 5개의 ○, × 문제에 임의로 답할 때, 적어도 한 문제는 맞힐 확률은?

① $\frac{27}{32}$ ② $\frac{7}{8}$ ③ $\frac{29}{32}$
④ $\frac{15}{16}$ ⑤ $\frac{31}{32}$

0941 ●●●●

남학생 2명, 여학생 3명 중에서 대표 2명을 뽑을 때, 적어도 한 명은 남학생이 뽑힐 확률을 구하시오.

0942 ●●●●

모양과 크기가 같은 흰 공 5개, 검은 공 7개가 들어 있는 주머니에서 임의로 두 개의 공을 꺼낼 때, 적어도 한 개는 검은 공일 확률을 구하시오.

유형 06 사건 A 또는 사건 B가 일어날 확률

두 사건 A, B가 동시에 일어나지 않을 때,
사건 A가 일어날 확률을 p, 사건 B가 일어날 확률을 q라 하면
⇨ (사건 A 또는 사건 B가 일어날 확률)$=p+q$

대표 문제

0943

서로 다른 두 개의 주사위를 동시에 던질 때, 나온 두 눈의 수의 합이 3 또는 5일 확률을 구하시오.

0944 ●●●●

모양과 크기가 같은 빨간 공 5개, 노란 공 6개, 파란 공 7개가 들어 있는 주머니에서 임의로 한 개의 공을 꺼낼 때, 빨간 공 또는 파란 공이 나올 확률을 구하시오.

0945 ●●●●

다음 표는 어느 학교 학생 200명의 혈액형을 조사하여 나타낸 것이다. 이 학교 학생 중 한 명을 임의로 선택할 때, 그 학생의 혈액형이 A형 또는 O형일 확률을 구하시오.

혈액형	A	B	AB	O	합계
학생 수(명)	68	51	29	52	200

0946 ●●●●

어느 놀이 공원에서 다음과 같은 방법으로 인형 경품 행사를 실시하였다.

• 각 면에 1부터 4까지의 숫자가 각각 하나씩 적힌 정사면체 모양의 주사위 한 개와 각 면에 1부터 6까지의 숫자가 각각 하나씩 적힌 정육면체 모양의 주사위 한 개를 동시에 던지세요.
• 주사위 바닥 면에 있는 두 수의 합이 자신의 나이 이상이면 인형을 드립니다.

이 경품 행사에 참여한 8살 어린이가 인형을 받을 확률을 구하시오.

빈출 유형 07 두 사건 A와 B가 동시에 일어날 확률

두 사건 A, B가 서로 영향을 끼치지 않을 때,
사건 A가 일어날 확률을 p, 사건 B가 일어날 확률을 q라 하면
⇨ (두 사건 A와 B가 동시에 일어날 확률)$=p\times q$

대표 문제

0947

동전 한 개와 주사위 한 개를 동시에 던질 때, 동전은 뒷면이 나오고 주사위는 소수의 눈이 나올 확률은?

① 0 ② $\frac{1}{4}$ ③ $\frac{1}{2}$
④ $\frac{3}{4}$ ⑤ 1

0948 ●●○○

지현이네 반에서 봉선화 씨앗과 사루비아 씨앗을 화단에 심었다. 두 종류의 씨앗에서 싹이 날 확률이 각각 80 %, 90 %일 때, 두 씨앗이 모두 싹이 날 확률은?

① 60 % ② 64 % ③ 72 %
④ 80 % ⑤ 83 %

신유형

0949 ●●○○

어느 배드민턴 동아리에서 혼합복식 배드민턴 경기에 참가할 남학생 선수 1명과 여학생 선수 1명을 뽑으려고 한다. 후보로 남학생은 서진, 지호, 동연, 태호 4명과 여학생은 민주, 주은, 은혜 3명이 있을 때, 동연이와 주은이가 뽑힐 확률은?

① $\frac{1}{12}$ ② $\frac{1}{6}$ ③ $\frac{1}{4}$
④ $\frac{1}{3}$ ⑤ $\frac{1}{2}$

빈출 유형 08 확률의 덧셈과 곱셈

❶ 조건을 만족시키는 각 경우의 확률을 확률의 곱셈을 이용하여 구한다.
❷ ❶에서 구한 확률을 모두 더한다.

대표 문제

0950

A 상자에는 흰 바둑돌이 4개, 검은 바둑돌이 2개 들어 있고, B 상자에는 흰 바둑돌이 3개, 검은 바둑돌이 5개 들어 있다. 두 상자에서 각각 바둑돌을 한 개씩 꺼낼 때, 서로 다른 색이 나올 확률을 구하시오.

0951 ●●●○

A 주머니에는 모양과 크기가 같은 파란 공 3개, 빨간 공 5개가 들어 있고, B 주머니에는 모양과 크기가 같은 파란 공 6개, 빨간 공 2개가 들어 있다. 임의로 한 개의 주머니를 선택하여 공을 꺼낼 때, 그 공이 파란 공일 확률은?
(단, A, B 주머니를 선택할 확률은 같다.)

① $\frac{1}{4}$ ② $\frac{3}{8}$ ③ $\frac{7}{16}$
④ $\frac{1}{2}$ ⑤ $\frac{9}{16}$

서술형

0952 ●●●○

주원이가 A 문제를 맞힐 확률은 $\frac{3}{4}$, B 문제를 맞힐 확률은 $\frac{2}{5}$일 때, A, B 두 문제 중에서 한 문제만 맞힐 확률을 구하시오.

Theme 21 여러 가지 확률

워크북 140쪽

유형 09 연속하여 꺼낼 확률 – 꺼낸 것을 다시 넣는 경우

(처음 꺼낼 때의 조건)=(나중에 꺼낼 때의 조건)

대표 문제

0953

10개의 제비 중 3개의 당첨 제비가 들어 있는 상자가 있다. 이 상자에서 세정이가 한 개를 뽑아 확인하고 다시 넣은 후 민경이가 한 개를 뽑을 때, 두 사람 모두 당첨될 확률은?

① $\frac{2}{25}$ ② $\frac{9}{100}$ ③ $\frac{1}{10}$
④ $\frac{11}{100}$ ⑤ $\frac{3}{25}$

0954 ●●●●

1부터 9까지의 자연수가 각각 하나씩 적힌 9개의 공이 들어 있는 상자가 있다. 이 상자에서 승연이가 한 개의 공을 꺼내 숫자를 확인하고 다시 상자에 넣은 후 민찬이가 한 개의 공을 꺼낼 때, 승연이는 짝수가 적힌 공을 뽑고 민찬이는 홀수가 적힌 공을 뽑을 확률을 구하시오.

0955 ●●●●

1부터 12까지의 자연수가 각각 하나씩 적힌 12장의 카드가 들어 있는 상자에서 한 장의 카드를 뽑아 숫자를 확인하고 다시 넣은 후 한 장의 카드를 더 뽑았다. 이때 첫 번째에는 소수가 적힌 카드가 나오고 두 번째에는 3의 배수가 적힌 카드가 나올 확률은?

① $\frac{1}{36}$ ② $\frac{1}{18}$ ③ $\frac{1}{12}$
④ $\frac{1}{9}$ ⑤ $\frac{5}{36}$

유형 10 연속하여 꺼낼 확률 – 꺼낸 것을 다시 넣지 않는 경우

(처음 꺼낼 때의 조건)≠(나중에 꺼낼 때의 조건)

대표 문제

0956

15개의 제품 중 3개의 불량품이 섞여 있다. 두 개의 제품을 연속하여 검사할 때, 두 개 모두 불량품일 확률을 구하시오.
(단, 검사한 제품은 다시 검사하지 않는다.)

0957 ●●●●

15개의 제비 중 2개의 당첨 제비가 들어 있는 주머니가 있다. 이 주머니에서 첫 번째에 A가 한 개를 뽑고, 두 번째에 B가 한 개를 뽑고, 마지막으로 C가 한 개를 뽑을 때, C만 당첨될 확률을 구하시오. (단, 뽑은 제비는 다시 넣지 않는다.)

0958 ●●●●

모양과 크기가 같은 흰 공 5개와 검은 공 4개가 들어 있는 주머니에서 임의로 공을 한 개씩 두 번 꺼낼 때, 두 개 모두 같은 색의 공이 나올 확률은?
(단, 꺼낸 공은 다시 넣지 않는다.)

① $\frac{2}{9}$ ② $\frac{1}{3}$ ③ $\frac{4}{9}$
④ $\frac{5}{9}$ ⑤ $\frac{2}{3}$

0959 ●●●●

8개의 제비 중 3개의 당첨 제비가 들어 있는 상자에서 민주가 먼저 1개를 뽑고 수안이가 나중에 1개를 뽑을 때, 수안이가 당첨 제비를 뽑을 확률은?
(단, 뽑은 제비는 다시 넣지 않는다.)

① $\frac{1}{4}$ ② $\frac{3}{8}$ ③ $\frac{1}{2}$
④ $\frac{5}{8}$ ⑤ $\frac{2}{3}$

유형 11 어떤 사건이 일어나지 않을 확률 – 확률의 곱셈 이용

두 사건 A, B가 서로 영향을 끼치지 않을 때, 사건 A, B가 일어날 확률을 각각 p, q라 하면

(1) 두 사건 A, B가 모두 일어나지 않을 확률
⇨ $(1-p)\times(1-q)$

(2) 두 사건 A, B 중 적어도 하나는 일어날 확률
⇨ $1-(1-p)\times(1-q)$

대표 문제

0960

동욱이는 시험에서 객관식 세 문제를 풀지 못하여 임의로 답을 표시하여 답안지를 제출하였다. 임의로 답을 표시한 세 문제 중 적어도 한 문제는 맞힐 확률을 구하시오.
(단, 객관식 문제는 5개의 보기 중에서 한 개의 정답만 고르는 것이다.)

0961 ●●●●

다음 그림과 같은 전기 회로에서 스위치 A, B가 닫힐 확률이 각각 $\frac{2}{5}$, $\frac{3}{5}$일 때, 전구에 불이 들어올 확률을 구하시오.

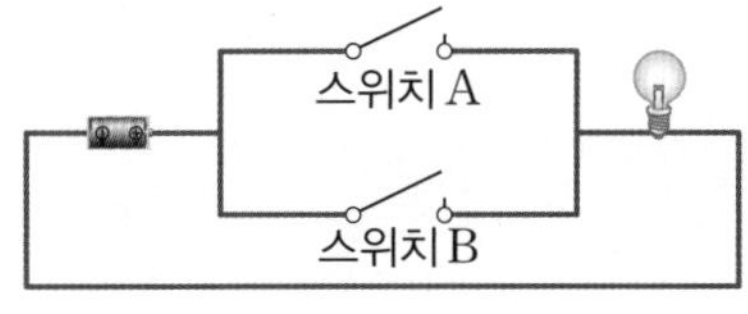

0962 ●●●●

세 사람 A, B, C가 토요일에 학교에서 만나기로 하였다. 그날 세 사람 A, B, C가 약속 장소에 나갈 확률이 각각 $\frac{3}{5}$, $\frac{2}{3}$, $\frac{3}{4}$일 때, 세 사람 중 적어도 한 사람은 나올 확률을 구하시오.

빈출 유형 12 여러 가지 확률 – 합격할 확률

(1) 시험에 합격할 확률이 p이면
⇨ 시험에 불합격할 확률은 $1-p$

(2) (적어도 한 명이 합격할 확률)$=1-$(모두 불합격할 확률)

대표 문제

0963

태우와 건우가 시험에 합격할 확률이 각각 80 %, 70 %일 때, 두 사람 중 적어도 한 사람은 합격할 확률은?

① 78 % ② 82 % ③ 86 %
④ 90 % ⑤ 94 %

0964 ●●●●

A가 시험에 합격할 확률은 $\frac{3}{4}$이고 B가 시험에 합격할 확률은 $\frac{2}{3}$일 때, A만 시험에 합격할 확률을 구하시오.

0965 ●●●●

은수가 A, B 두 오디션에 응시하였는데 A 오디션에 합격할 확률이 $\frac{1}{5}$, B 오디션에 합격할 확률이 $\frac{1}{4}$이다. 은수가 A, B 두 오디션 중 적어도 한 오디션에 합격할 확률을 구하시오.

서술형

0966 ●●●●

어느 고등학교 입학 시험에 A, B, C 세 사람이 합격할 확률이 각각 $\frac{1}{2}$, $\frac{2}{3}$, $\frac{3}{5}$일 때, A, B, C 중 2명만 합격할 확률을 구하시오.

빈출★★

유형 13 여러 가지 확률 – 명중시킬 확률

A, B 두 사람 중 적어도 한 사람은 명중시킬 확률
⇨ 1−(두 사람 모두 명중시키지 못할 확률)

대표 문제

0967

공을 던져 인형을 맞힐 확률이 각각 $\frac{4}{5}$, $\frac{2}{3}$인 A, B 두 사람이 하나의 인형을 향해 동시에 공을 한 개씩 던질 때, 이 인형이 공에 맞을 확률은?

① $\frac{1}{15}$ ② $\frac{4}{15}$ ③ $\frac{8}{15}$
④ $\frac{11}{15}$ ⑤ $\frac{14}{15}$

0968 ●●○○

재현이는 사격을 할 때 평균 5발 중에서 4발을 명중시킨다. 재현이가 3발을 쏘아 적어도 한 발은 명중시킬 확률을 구하시오.

0969 ●●●○

어떤 야구 선수가 안타를 칠 확률이 0.3일 때, 이 야구 선수가 두 번의 타석에서 적어도 한 번은 안타를 칠 확률은?

① $\frac{21}{50}$ ② $\frac{49}{100}$ ③ $\frac{51}{100}$
④ $\frac{3}{5}$ ⑤ $\frac{7}{10}$

0970 ●●●○

어떤 농구 선수의 자유투 성공률이 $\frac{3}{4}$이다. 이 농구 선수가 두 번 연속하여 자유투를 할 때, 한 번만 성공할 확률을 구하시오.

유형 14 여러 가지 확률 – 가위바위보에서의 확률

	두 사람	세 사람
모든 경우의 수	$3\times3=9$	$3\times3\times3=27$
비기는 경우의 수	모두 같은 것을 내는 경우 ⇨ 3	① 모두 같은 것을 내는 경우 ② 모두 다른 것을 내는 경우 ⇨ 3+6=9
비길 확률	$\frac{3}{9}=\frac{1}{3}$	$\frac{9}{27}=\frac{1}{3}$

대표 문제

0971

신영이와 단주가 가위바위보를 한 번 할 때, 승부가 결정될 확률은?

① $\frac{5}{18}$ ② $\frac{1}{3}$ ③ $\frac{1}{2}$
④ $\frac{2}{3}$ ⑤ $\frac{5}{6}$

0972 ●●●○

남학생 2명과 여학생 1명이 가위바위보를 한 번 할 때, 여학생만 이길 확률은?

① $\frac{1}{18}$ ② $\frac{1}{9}$ ③ $\frac{1}{6}$
④ $\frac{1}{3}$ ⑤ $\frac{1}{2}$

0973 ●●●○

승미와 대성이가 가위바위보를 세 번 할 때, 첫 번째와 두 번째에는 승부가 나지 않고 세 번째에는 승부가 날 확률을 구하시오.

0974 ●●●●

대한, 민국, 만세 3명이 가위바위보를 한 번 할 때, 대한이가 이길 확률을 구하시오.

유형 15 여러 가지 확률 – 날씨에 대한 확률, 이길 확률

(1) 비가 올 확률이 p이면 비가 오지 않을 확률은 $1-p$
(2) 이길 확률이 p이면 이기지 못할 확률은 $1-p$

대표 문제

0975

일기예보에 따르면 내일 비가 올 확률은 80 %, 황사가 올 확률은 40 %라 한다. 내일 비가 오지 않고 황사가 올 확률은?

① 4 % ② 8 % ③ 10 %
④ 15 % ⑤ 20 %

0976

어느 해 일기예보에 의하면 9월에 태풍이 올 확률은 70 %, 10월에 태풍이 올 확률은 30 %라 한다. 그 해 9월과 10월에 모두 태풍이 올 확률은?

① 20 % ② 21 % ③ 24 %
④ 30 % ⑤ 35 %

0977

기상청에서 수요일에 비가 올 확률은 $\frac{3}{5}$, 목요일에 비가 올 확률은 $\frac{3}{10}$으로 예보했다. 이때 수요일과 목요일 중 적어도 하루는 비가 올 확률을 구하시오.

서술형

0978

A, B 두 사람이 1회에는 A, 2회에는 B, 3회에는 A, 4회에는 B, …의 순서로 번갈아 가며 주사위를 한 번씩 던져서 3의 배수의 눈이 먼저 나오는 사람이 이기는 놀이를 하려고 한다. 4회 이내에 B가 이길 확률을 구하시오.

유형 16 여러 가지 확률 – 도형에서의 확률

$$(\text{도형에서의 확률})=\frac{(\text{사건에 해당하는 부분의 넓이})}{(\text{도형 전체의 넓이})}$$

대표 문제

0979

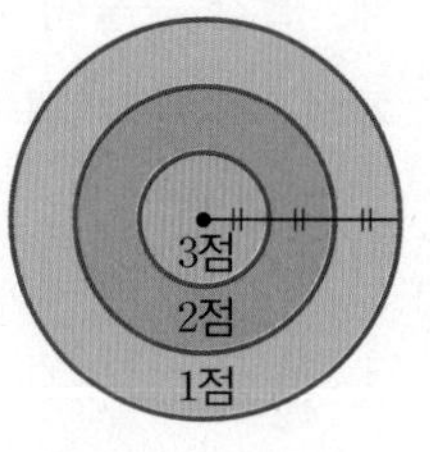

오른쪽 그림과 같은 모양의 과녁에 화살을 쏘아서 화살이 맞은 부분에 적힌 점수를 얻는 게임을 하려고 한다. 화살을 한 번 쏠 때, 2점을 얻을 확률은? (단, 화살이 과녁을 벗어나거나 경계선에 맞는 경우는 없다.)

① $\frac{1}{5}$ ② $\frac{1}{4}$ ③ $\frac{1}{3}$
④ $\frac{2}{5}$ ⑤ $\frac{3}{5}$

0980

다음 그림의 원판 A는 4등분, 원판 B는 6등분되어 있다. 두 원판에 화살을 각각 하나씩 쏠 때, 맞힌 부분에 적힌 숫자가 모두 1일 확률을 구하시오. (단, 화살이 원판을 벗어나거나 경계선에 맞는 경우는 없다.)

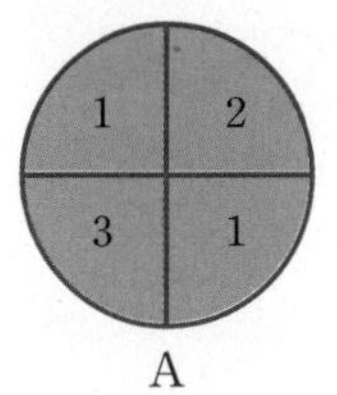

A

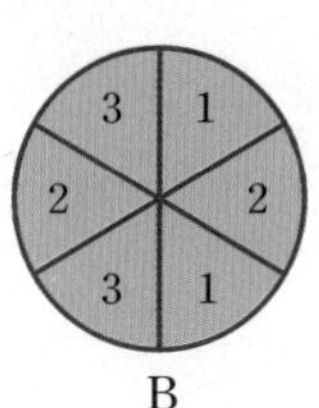

B

신유형

0981

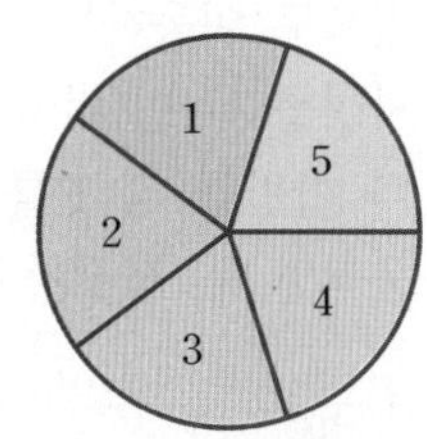

오른쪽 그림과 같이 5등분한 원판에 1부터 5까지의 자연수가 각각 하나씩 적혀 있다. 화살을 두 번 쏠 때, 첫 번째 화살이 맞힌 부분에 적힌 수와 두 번째 화살이 맞힌 부분에 적힌 수의 합이 7 이상일 확률을 구하시오. (단, 화살이 원판을 벗어나거나 경계선에 맞는 경우는 없다.)

0982 유형 01

모양과 크기가 같은 빨간 구슬 4개, 파란 구슬 5개, 노란 구슬 x개가 들어 있는 주머니에서 한 개의 구슬을 꺼낼 때, 빨간 구슬이 나올 확률은 $\frac{1}{3}$이다. 이 주머니에서 한 개의 구슬을 꺼낼 때, 노란 구슬이 나올 확률은?

① $\frac{1}{6}$ ② $\frac{1}{4}$ ③ $\frac{1}{3}$
④ $\frac{5}{12}$ ⑤ $\frac{1}{2}$

0983 유형 05

다음 그림과 같이 네 장의 문자 카드를 한 줄로 배열하였다. 이들을 잘 섞은 후 임의로 다시 한 줄로 배열할 때, 적어도 한 문자는 원래의 위치에 있을 확률을 구하시오.

M A T H

0984 유형 06

오른쪽 그림과 같이 한 변의 길이가 1인 정오각형 ABCDE의 꼭짓점 A를 출발하여 변을 따라 다른 꼭짓점으로 이동하는 점 P가 있다. 주사위를 두 번 던져서 나온 눈의 수의 합만큼 점 P를 시계 방향으로 움직일 때, 점 P가 꼭짓점 D까지 이동할 확률은?

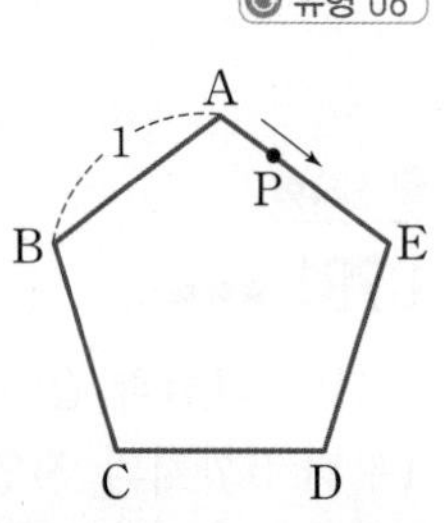

① $\frac{5}{36}$ ② $\frac{1}{6}$ ③ $\frac{7}{36}$
④ $\frac{2}{9}$ ⑤ $\frac{1}{4}$

0985 유형 08

각 면에 0, 1, 1, -1, -1, -1이 각각 하나씩 적힌 정육면체 모양의 주사위를 연속하여 두 번 던져서 나온 눈의 수의 합이 0이 될 확률은?

① $\frac{1}{36}$ ② $\frac{5}{36}$ ③ $\frac{1}{6}$
④ $\frac{1}{3}$ ⑤ $\frac{13}{36}$

0986 유형 08

A는 1, 3이 각각 하나씩 적혀 있는 카드 두 장을, B는 4, 5, 6이 각각 하나씩 적혀 있는 카드 세 장을, C는 5, 6, 7, 8, 9가 각각 하나씩 적혀 있는 카드 다섯 장을 가지고 있다. A, B, C 세 명이 가지고 있는 카드에서 각각 한 장씩 꺼낼 때, 세 수의 합이 짝수일 확률을 구하시오.

0987

유형 08

흰 공 4개, 검은 공 5개가 들어 있는 주머니 A와 흰 공 4개, 검은 공 2개가 들어 있는 주머니 B가 있다. 동전을 던져 앞면이 나오면 주머니 A를, 뒷면이 나오면 주머니 B를 선택하여 임의로 한 개의 공을 꺼낼 때, 꺼낸 공이 흰 공일 확률을 구하시오.

0988

유형 10

A 주머니에는 모양과 크기가 같은 흰 구슬 4개, 빨간 구슬 2개가 들어 있고, B 주머니에는 모양과 크기가 같은 흰 구슬 3개, 빨간 구슬 1개가 들어 있다. A 주머니에서 구슬 1개를 꺼내어 B 주머니에 넣은 후 B 주머니에서 구슬 1개를 꺼낼 때, 빨간 구슬일 확률은?

① $\frac{1}{5}$ ② $\frac{7}{30}$ ③ $\frac{4}{15}$
④ $\frac{3}{10}$ ⑤ $\frac{1}{3}$

0989

유형 13

세 축구 선수 A, B, C가 페널티 킥에서 성공할 확률이 각각 80 %, 70 %, 60 %라 한다. 이 세 선수가 페널티 킥을 한 번씩 찰 때, 두 선수만 성공할 확률은?

① 0.422 ② 0.432 ③ 0.442
④ 0.452 ⑤ 0.462

0990

유형 14

세 사람이 가위바위보를 두 번 할 때, 첫 번째에서 승부가 나지 않고 두 번째에서 승부가 날 확률을 구하시오.
(단, 승자는 여러 명일 수 있다.)

0991

유형 15

어느 도시에 비가 온 다음 날 비가 올 확률은 $\frac{1}{3}$이고, 비가 오지 않은 다음 날 비가 올 확률은 $\frac{1}{4}$이라 한다. 월요일에 비가 왔을 때, 수요일에도 비가 올 확률을 구하시오.

0992

유형 01

1번부터 5번까지 등 번호를 가진 농구 선수 5명이 1번부터 5번까지 번호가 적힌 의자 5개에 앉으려고 한다. 이때 2명만 자기 번호가 적힌 의자에 앉고, 나머지 3명은 다른 선수의 번호가 적힌 의자에 앉을 확률은?

① $\frac{1}{6}$ ② $\frac{1}{5}$ ③ $\frac{1}{4}$
④ $\frac{1}{3}$ ⑤ $\frac{1}{2}$

0993

유형 01+유형 02

오른쪽 그림과 같이 좌표평면 위에 두 점 P(1, 1), Q(4, 3)을 양 끝점으로 하는 선분 PQ가 있다. 서로 다른 두 개의 주사위 A, B를 동시에 던져서 나온 두 눈의 수를 각각 a, b라 할 때, 직선 $y=\frac{b}{a}x$가 $\overline{PQ}$와 만날 확률을 구하시오.

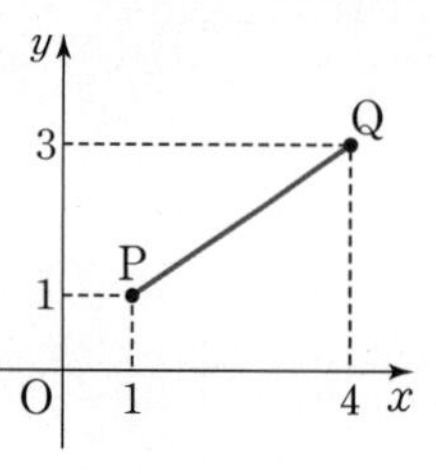

0994

유형 07

민준이와 서연이는 각각 주사위를 던져서 나온 두 눈의 수가 같으면 주사위를 다시 던지고, 나온 두 눈의 수가 다르면 눈의 수가 큰 사람이 이기고 주사위 던지기를 멈춘다. 주사위 던지기를 하여 세 번째에 서연이가 이길 확률을 구하시오.

0995

유형 12

상희와 원빈이가 컴퓨터 자격증을 따기 위해 시험에 함께 응시하였다. 상희가 합격할 확률은 $\frac{3}{5}$이고, 상희와 원빈이가 모두 합격할 확률은 $\frac{2}{5}$이다. 이때 상희는 불합격하고 원빈이는 합격할 확률을 구하시오.

0996

유형 15

동희와 민상이가 3번 경기를 하여 2번을 먼저 이기면 승리하는 시합을 하고 있다. 한 경기에서 동희가 이길 확률이 $\frac{1}{3}$일 때, 동희가 이 시합에서 승리할 확률을 구하시오.

(단, 비기는 경우는 없다.)

교과서 속 창의력 UP!

정답 및 풀이 74쪽

0997 유형 01

오른쪽 그림과 같이 정육면체 모양의 쌓기나무 27개를 쌓아서 큰 정육면체를 만들고, 이 큰 정육면체의 겉면에 색칠을 하였다. 큰 정육면체를 흐트러뜨린 다음 27개의 쌓기나무 중 한 개를 집었을 때, 2개 이상의 면에 색칠된 것을 고를 확률을 구하시오.

0998 유형 08

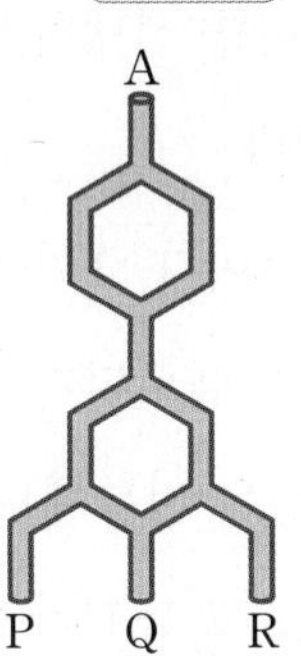

오른쪽 그림과 같은 장치에서 A에 공을 넣으면 P, Q, R 중 어느 한 곳으로 공이 나온다고 한다. 입구에 공 한 개를 넣을 때, 그 공이 Q로 나올 확률을 구하시오.
(단, 갈림길에서 양쪽 방향으로 공이 들어갈 확률은 서로 같다.)

0999 유형 15

한 번의 시합에서 이길 확률이 같은 A, B 두 사람이 먼저 3승을 하면 우승하는 시합을 하고 있다. A가 2승, B가 1승을 한 상태에서 시합을 계속 진행한다고 할 때, A와 B가 우승할 확률을 각각 구하시오.

(단, 비기는 경우는 없다.)

1000 유형 16

민서는 다음 그림과 같이 각각 3등분, 4등분, 6등분한 세 원판 A, B, C를 30회씩 돌려서 원판이 멈춘 후 바늘이 가리키는 숫자를 모두 기록하였다. 민서는 깜빡 잊고 어느 기록이 어느 원판을 돌린 결과인지 적어 놓지 않았다. 각각의 기록이 나올 가능성이 가장 큰 원판을 고르시오.

(단, 바늘이 경계선을 가리키는 경우는 없다.)

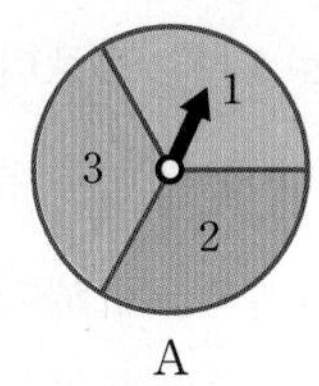

A

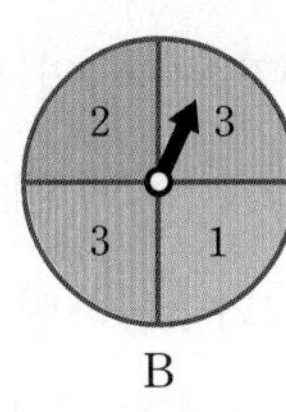

B

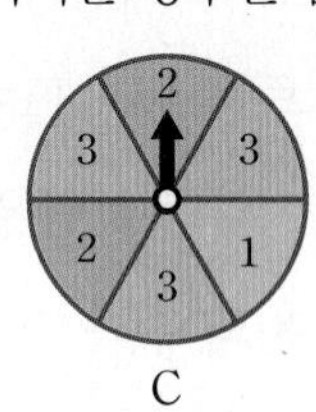

C

기록 1	1, 3, 3, 2, 3, 3, 2, 3, 3, 2, 3, 3, 3, 3, 3, 3, 2, 2, 3, 1, 1, 1, 3, 2, 1, 2, 1, 1, 3, 1
기록 2	3, 1, 3, 1, 3, 2, 2, 1, 2, 1, 1, 3, 2, 2, 1, 2, 1, 3, 3, 2, 1, 3, 2, 1, 3, 1, 3, 1, 3, 2
기록 3	3, 3, 3, 3, 2, 3, 3, 3, 3, 3, 2, 3, 2, 1, 3, 2, 2, 3, 1, 1, 2, 3, 1, 3, 3, 2, 1, 2, 2, 2

모차르트의 주사위 게임

모차르트(Mozart, W. A., 1756~1791)는 주사위를 던져서 곡을 만드는 게임을 생각했다. 그는 미뉴에트의 16개의 각 마디마다 11개씩 멜로디를 미리 만들어 놓고 주사위 두 개를 던져서 나온 눈의 수의 합으로 각 마디의 멜로디를 정하였다.

	A	B	C	D	E	F	G	H
2	96	22	141	41	105	122	11	30
3	32	6	128	63	146	46	134	81
4	66	95	158	13	153	55	110	24
5	40	17	113	85	161	2	159	100
6	148	72	163	45	80	97	36	107
7	104	157	27	167	154	68	118	91
8	151	60	171	53	89	133	21	127
9	119	84	114	50	140	86	169	94
10	98	142	42	156	75	129	62	123
11	3	87	165	61	135	47	147	33
12	54	130	10	103	28	37	106	5

	I	J	K	L	M	N	O	P
2	70	121	26	9	112	49	109	14
3	117	39	126	56	174	18	116	83
4	69	139	74	132	73	58	145	79
5	90	176	7	34	67	160	52	170
6	25	143	64	125	76	136	1	93
7	138	71	150	29	101	162	15	152
8	16	155	57	175	43	168	23	172
9	120	88	48	166	51	115	99	111
10	65	77	19	82	137	38	149	8
11	102	4	31	164	144	59	173	78
12	35	20	108	92	12	124	44	131

주사위 두 개를 던져서 나온 눈의 수의 합은 2부터 12까지 11가지가 있다. 따라서 주사위 두 개를 동시에 한 번 던질 때, 11가지 멜로디 중 하나를 선택하게 된다. 그래서 모차르트는 $16\times11=176$(가지)의 서로 다른 멜로디를 작곡했다.

위의 그림은 176가지의 멜로디에 번호를 붙여 놓은 것이다. 1회에 던진 주사위 두 개의 눈의 수가 각각 2와 5였다면 $2+5=7$에 해당하는 104번 멜로디가 미뉴에트의 첫 번째 마디가 된다. 이런 방법으로 멜로디를 정하면 작곡할 수 있는 미뉴에트의 종류는

$$11\times11\times11\times\cdots\times11=11^{16}=45,949,729,863,572,161\text{(가지)}$$

나 된다. 즉, 미뉴에트를 일 분에 한 곡씩 연주한다면 모든 미뉴에트를 연주하는 데 약 870억 년이 걸리는 셈이다.

MEMO

MEMO

수매씽 MATHING 중학 수학 2·2

내신과 등업을 위한 강력한 한 권!

수매씽 시리즈

중등 1~3학년 1·2학기

고등 수학(상), 수학(하), 수학Ⅰ, 수학Ⅱ, 확률과 통계, 미적분

동아출판

Telephone 1644-0600
Homepage www.bookdonga.com
Address 서울시 영등포구 은행로 30 (우 07242)

- 정답 및 풀이는 동아출판 홈페이지 내 학습자료실에서 내려받을 수 있습니다.
- 교재에서 발견된 오류는 동아출판 홈페이지 내 정오표에서 확인 가능하며, 잘못 만들어진 책은 구입처에서 교환해 드립니다.
- 학습 상담, 제안 사항, 오류 신고 등 어떠한 이야기라도 들려주세요.

내신을 위한 강력한 한 권!

144유형 1977문항

3단계 반복 학습 System

한번 더 핵심 유형 〉 유형 모아 Theme 연습 〉 Theme 모아 중단원 마무리

수매씽

MATHING

워크북

중학 수학 2-2

동아출판

수매씽 중학 수학 2·2

발행일 2022년 12월 10일
인쇄일 2022년 11월 30일
펴낸곳 동아출판㈜
펴낸이 이욱상
등록번호 제300-1951-4호(1951. 9. 19.)
개발총괄 김영지
개발책임 이상민
개발 김기철, 김성일, 장희정, 김성희
디자인책임 목진성
표지 디자인 이소연, 문조현
표지 일러스트 여는
내지 디자인 에딩크
대표번호 1644-0600
주소 서울시 영등포구 은행로 30 (우 07242)

498 $x=18$, $y=45$	499 ㄱ, ㄹ, ㅁ	500 ④	501 11 cm	
502 ①	503 ④	504 ④	505 7 cm	506 ③
507 6 cm	508 ③	509 5 cm	510 28 cm	511 ③
512 14 cm	513 20 cm	514 ③, ④	515 18 cm	516 32 cm
517 ⑤	518 3 cm	519 15 cm	520 24 cm	
521 8 cm	522 12 cm	523 ①	524 ④	525 ②
526 4 cm	527 ④	528 20	529 12	530 10
531 ④	532 ②	533 9 cm	534 ①	535 ④
536 ③	537 2	538 6 cm	539 $\frac{36}{5}$ cm	540 ④
541 10 cm	542 ④	543 ②	544 ②	545 ③
546 ③	547 11 cm	548 ④	549 3 cm	550 6 cm
551 84 cm	552 ④	553 ③	554 3 cm	555 12 cm
556 ⑤	557 3 cm	558 ①	559 14 cm	560 21 cm
561 ②	562 9 cm			
563 ②	**564** 22	**565** ⑤	**566** 6 cm	**567** 12 cm
568 ②	**569** ④	**570** $\frac{20}{3}$	**571** 12 cm	**572** ②
573 4 cm	**574** 3 cm^2	**575** 6		

07 닮음의 활용 92~105쪽

576 ②	577 ④	578 42 cm^2	579 ①	580 ④
581 30 cm^2	582 21	583 ①, ⑤	584 8 cm	585 6 cm
586 ⑤	587 1 : 4	588 3 cm	589 ④	590 10 cm
591 ③	592 ④	593 40 cm^2	594 ①, ④	595 ③
596 ④	597 14 cm^2	598 4 cm	599 66 cm^2	600 ②
601 ⑤	602 25 cm^2	603 21 cm^2	604 100π cm^2	
605 6 cm	606 9 : 4	607 27π cm^2	608 ①	609 13720원
610 175000원	611 100000	612 40	613 ③	614 900원
615 125 cm^3	616 ④	617 225π cm^2	618 2700원	619 ④
620 54 cm^3	621 114 cm^3	622 6 m	623 ③	624 3.4 m
625 ④	626 ④	627 750 cm^2	628 54 km^2	
629 18 cm^2	630 $x=12$, $y=10$		631 12 cm	632 22
633 ①	634 ②	635 4 cm^2	636 10 cm^2	637 ①
638 ③, ⑤	639 ②	640 ③	641 ②	642 ③

643 60 cm^2	644 ④	645 ⑤	646 ②	647 1 : 3 : 5
648 500통	649 6.4 m	650 21 cm^2	651 108 cm^2	652 30 cm^2
653 ④	654 125개	655 ③	656 11.5 m	
657 ②	**658** ②	**659** 12 cm^2	**660** 10 cm^2	**661** 5 cm^2
662 9 cm^2	**663** ⑤	**664** ④	**665** 16 cm^2	**666** 15π cm^2
667 9 : 6 : 10	**668** ⑤	**669** (1) 10 cm	(2) 15 cm	**670** 1024배

08 피타고라스 정리 106~119쪽

671 ①	672 40 cm	673 96 cm^2	674 13	675 15
676 ①	677 $\frac{204}{5}$ cm^2	678 32 cm^2	679 ④	680 54 cm^2
681 ④	682 100 cm^2	683 24 cm	684 ②	685 289 cm^2
686 164 cm	687 529 cm^2	688 3 cm	689 ④	690 ⑤
691 108 cm^2	692 $\frac{5}{2}$ cm	693 360 cm^2	694 5	695 20
696 72	697 20 cm	698 ③	699 ④	700 338
701 228 cm^2	702 ②	703 ㄴ	704 120	705 4개
706 ②, ④	707 ③	708 ①	709 ①, ④	710 ③, ⑤
711 39	712 ①	713 ④	714 $\frac{96}{25}$ cm^2	715 13 cm
716 ④	717 90	718 605	719 ③	720 174
721 15 cm	722 48	723 ③	724 54 cm^2	725 8 cm
726 144 cm^2	727 20 cm	728 ③	729 ⑤	730 ③
731 6	732 92 cm	733 3 cm	734 ③	735 9 cm^2
736 24	737 ②	738 98 cm^2	739 25π cm	740 ③
741 $\frac{25}{13}$ cm	742 ⑤	743 36π cm^2	744 $\frac{119}{13}$ cm	745 ④
746 $\frac{12}{5}$	747 ④	748 4개	749 109	750 85
751 16π cm^2	752 ②	753 $\frac{1348}{25}$		
754 ④	**755** 2개	**756** ②	**757** 6 cm^2	**758** 17 cm
759 ③	**760** ③	**761** 180	**762** ②	**763** ②
764 20 cm^2	**765** 49 cm^2	**766** 36π cm^2	**767** $18\pi+96$	

확률

09 경우의 수 120~135쪽

768 6	769 8	770 6	771 ④	772 4
773 4	774 ⑤	775 9	776 ②	777 ①
778 13	779 2	780 ①	781 2	782 ②
783 ④	784 8	785 12	786 15	787 ②
788 15	789 16	790 ④	791 9	792 8
793 12	794 30	795 ⑤	796 35	797 ③
798 30	799 18	800 ②	801 18	802 ②
803 ③	804 ②	805 56	806 ⑤	807 24
808 48	809 60	810 ②	811 24	812 720
813 24	814 9	815 625	816 ④	817 24
818 ③	819 ④	820 36	821 ⑤	822 120
823 72	824 ③	825 6720	826 12	827 ④
828 56	829 20	830 ③	831 63	832 ①
833 28	834 15	835 4	836 ④	837 8
838 ⑤				
839 ④	840 ②	841 9	842 ③	843 ④
844 24	845 4	846 ⑤	847 ④	848 72
849 6	850 ①	851 7	852 12	853 ④
854 ①	855 24	856 ③	857 16	858 ②
859 30	860 ①	861 48	862 ①	863 ③
864 35	865 324	866 ④		
867 ⑤	**868** ③	**869** 3	**870** ①	**871** ①
872 8	**873** ③	**874** ②	**875** ④	**876** ⑤
877 4	**878** ⑤	**879** 15	**880** (1) 10 (2) 6	

10 확률 136~149쪽

881 ②	882 $\frac{2}{5}$	883 ⑤	884 ④	885 ③
886 $\frac{1}{6}$	887 ③	888 ③	889 ②	890 ⑤
891 ⑤	892 ②	893 $\frac{5}{6}$	894 $\frac{4}{5}$	895 ⑤
896 ④	897 $\frac{5}{7}$	898 ③	899 ①	900 $\frac{3}{5}$
901 $\frac{9}{16}$	902 $\frac{1}{8}$	903 ③	904 ②	905 $\frac{1}{20}$
906 $\frac{19}{40}$	907 ④	908 $\frac{2}{5}$	909 $\frac{1}{16}$	910 ④
911 ①	912 $\frac{1}{50}$	913 $\frac{3}{22}$	914 ③	915 ②
916 ⑤	917 $\frac{13}{15}$	918 $\frac{79}{80}$	919 ④	920 ②
921 $\frac{11}{15}$	922 $\frac{13}{30}$	923 ⑤	924 $\frac{609}{625}$	925 ②
926 $\frac{8}{25}$	927 ④	928 ①	929 $\frac{4}{27}$	930 $\frac{1}{3}$
931 ②	932 ③	933 ⑤	934 $\frac{133}{243}$	935 ③
936 $\frac{6}{35}$	937 $\frac{15}{64}$			
938 ②	939 $\frac{3}{5}$	940 ②	941 $\frac{3}{14}$	942 $\frac{11}{24}$
943 ⑤	944 $\frac{7}{18}$	945 ③	946 $\frac{1}{9}$	947 $\frac{5}{6}$
948 $\frac{25}{36}$	949 $\frac{5}{12}$	950 $\frac{17}{48}$	951 ②	952 ⑤
953 $\frac{4}{21}$	954 ⑤	955 ①	956 $\frac{1}{2}$	957 7
958 ③	959 ②	960 ②	961 $\frac{4}{9}$	962 $\frac{2}{5}$
963 ⑤	964 $\frac{1}{5}$	965 ①		
966 ③	**967** ④	**968** ③	**969** ②	**970** ⑤
971 $\frac{3}{4}$	**972** ⑤	**973** $\frac{1}{4}$	**974** ④	**975** ③
976 $\frac{2}{3}$	**977** $\frac{9}{10}$			

수매씽

MATHING

워크북

중학 수학 2·2

워크북의 구성과 특징

수매씽은 전국 1000개 중학교 기출문제를 체계적으로 분석하여 새로운 수학 학습의 방향을 제시합니다.
꼭 필요한 유형만 모은 유형북과 3단계 반복 학습으로 구성한 워크북의 2권으로 구성된 최고의 문제 기본서!
수매씽을 통해 꼭 필요한 유형과 반복 학습으로 수학의 자신감을 키우세요.

워크북 3단계 반복 학습 System

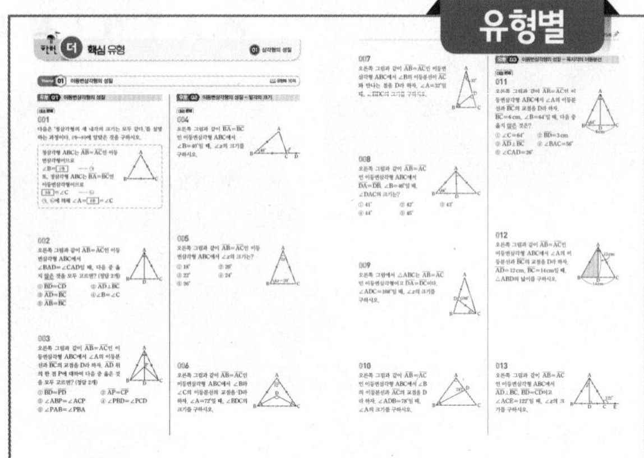

유형별

한번 더 핵심 유형

유형북 Step 2 핵심 유형 쌍둥이 문제로 구성하였습니다. 숫자 및 표현을 바꾼 쌍둥이 문제로 유형별 반복 학습을 통해 수학 실력을 향상할 수 있습니다.

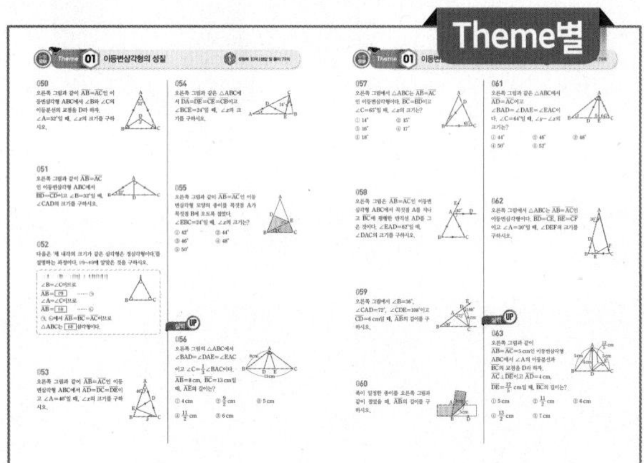

Theme별

유형 모아 Theme 연습하기

Theme별 연습 문제를 2회씩 구성하였습니다. 유형을 모아 Theme별로 기본 문제부터 실력 UP 문제까지 풀면서 자신감을 향상하고, 실전 감각을 완성할 수 있습니다.

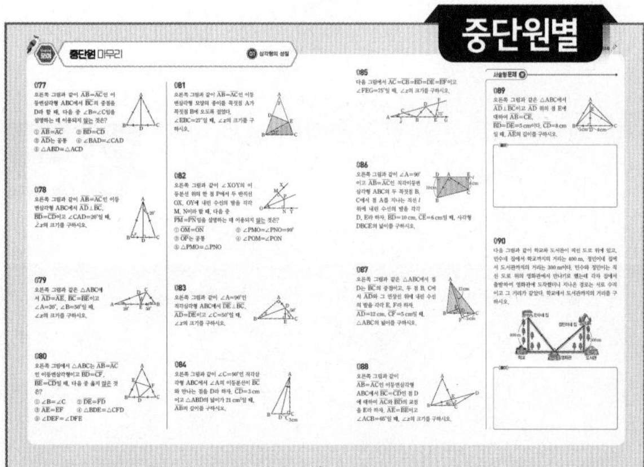

중단원별

Theme 모아 중단원 마무리

실전에 나오는 문제만을 선별하여 구성하였습니다. Theme를 모아 중단원별로 실제 시험에 출제되는 다양한 문제를 연습하고, 서술형 코너를 통해 보다 집중적으로 학교 시험에 대비할 수 있습니다.

내신과 등업을 위한 강력한 한 권! 수매씽

워크북의 차례

Theme 01 이등변삼각형의 성질

유형북 10쪽

유형 01 이등변삼각형의 성질

대표 문제

001

다음은 '정삼각형의 세 내각의 크기는 모두 같다.'를 설명하는 과정이다. (가)~(다)에 알맞은 것을 구하시오.

> 정삼각형 ABC는 $\overline{AB}=\overline{AC}$인 이등변삼각형이므로
> $\angle B=$ (가) …… ㉠
> 또, 정삼각형 ABC는 $\overline{BA}=\overline{BC}$인 이등변삼각형이므로
> (나) $=\angle C$ …… ㉡
> ㉠, ㉡에 의해 $\angle A=$ (다) $=\angle C$

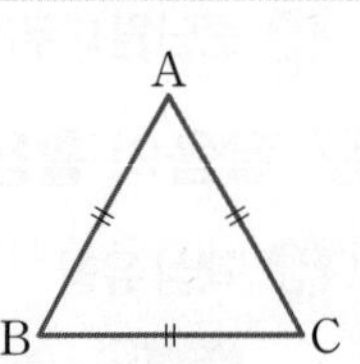

002

오른쪽 그림과 같이 $\overline{AB}=\overline{AC}$인 이등변삼각형 ABC에서 $\angle BAD=\angle CAD$일 때, 다음 중 옳지 않은 것을 모두 고르면? (정답 2개)

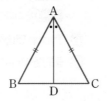

① $\overline{BD}=\overline{CD}$ ② $\overline{AD}\perp\overline{BC}$
③ $\overline{AD}=\overline{BC}$ ④ $\angle B=\angle C$
⑤ $\overline{AB}=\overline{BC}$

003

오른쪽 그림과 같이 $\overline{AB}=\overline{AC}$인 이등변삼각형 ABC에서 $\angle A$의 이등분선과 $\overline{BC}$의 교점을 D라 하자. $\overline{AD}$ 위의 한 점 P에 대하여 다음 중 옳은 것을 모두 고르면? (정답 2개)

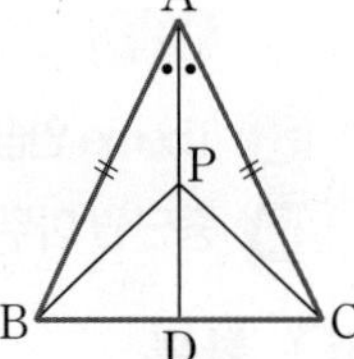

① $\overline{BD}=\overline{PD}$ ② $\overline{AP}=\overline{CP}$
③ $\angle ABP=\angle ACP$ ④ $\angle PBD=\angle PCD$
⑤ $\angle PAB=\angle PBA$

유형 02 이등변삼각형의 성질 – 밑각의 크기

대표 문제

004

오른쪽 그림과 같이 $\overline{BA}=\overline{BC}$인 이등변삼각형 ABC에서 $\angle B=40°$일 때, $\angle x$의 크기를 구하시오.

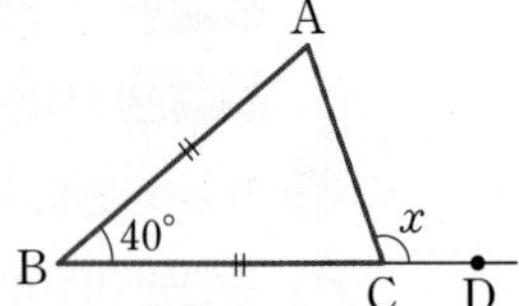

005

오른쪽 그림과 같이 $\overline{AB}=\overline{AC}$인 이등변삼각형 ABC에서 $\angle x$의 크기는?

① 18° ② 20°
③ 22° ④ 24°
⑤ 26°

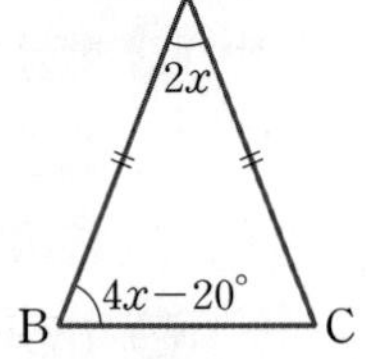

006

오른쪽 그림과 같이 $\overline{AB}=\overline{AC}$인 이등변삼각형 ABC에서 $\angle B$와 $\angle C$의 이등분선의 교점을 D라 하자. $\angle A=72°$일 때, $\angle BDC$의 크기를 구하시오.

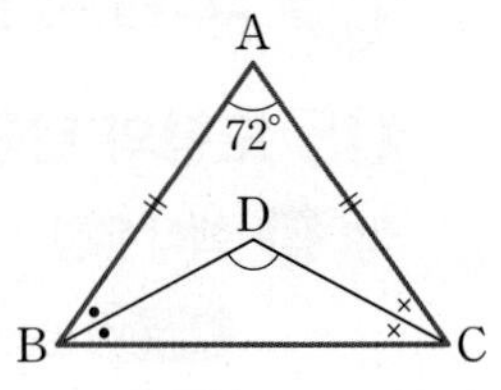

007

오른쪽 그림과 같이 $\overline{AB}=\overline{AC}$인 이등변삼각형 ABC에서 $\angle B$의 이등분선이 $\overline{AC}$와 만나는 점을 D라 하자. $\angle A=32^\circ$일 때, $\angle BDC$의 크기를 구하시오.

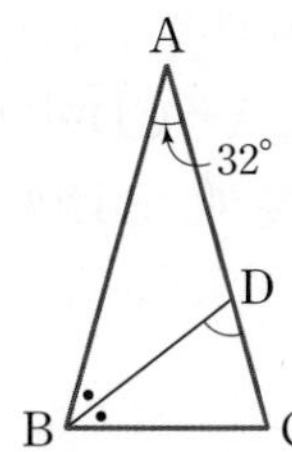

008

오른쪽 그림과 같이 $\overline{AB}=\overline{AC}$인 이등변삼각형 ABC에서 $\overline{DA}=\overline{DB}$, $\angle B=46^\circ$일 때, $\angle DAC$의 크기는?

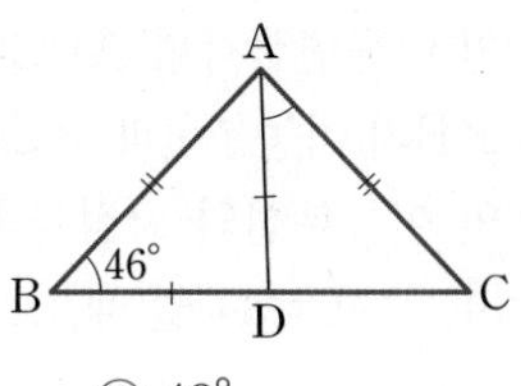

① 41° ② 42° ③ 43°
④ 44° ⑤ 45°

009

오른쪽 그림에서 △ABC는 $\overline{AB}=\overline{AC}$인 이등변삼각형이고 $\overline{DA}=\overline{DC}$이다. $\angle ADC=108^\circ$일 때, $\angle x$의 크기를 구하시오.

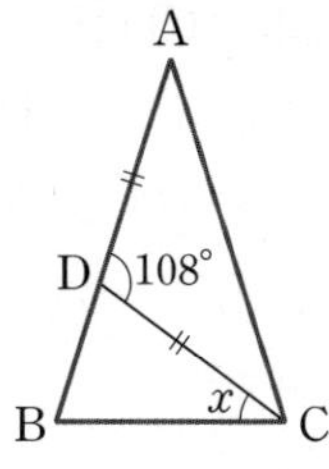

010

오른쪽 그림과 같이 $\overline{AB}=\overline{AC}$인 이등변삼각형 ABC에서 $\angle B$의 이등분선과 $\overline{AC}$의 교점을 D라 하자. $\angle ADB=78^\circ$일 때, $\angle A$의 크기를 구하시오.

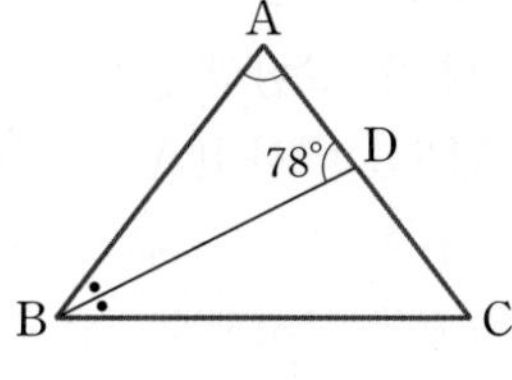

유형 03 이등변삼각형의 성질 – 꼭지각의 이등분선

대표 문제

011

오른쪽 그림과 같이 $\overline{AB}=\overline{AC}$인 이등변삼각형 ABC에서 $\angle A$의 이등분선과 $\overline{BC}$의 교점을 D라 하자. $\overline{BC}=6\text{ cm}$, $\angle B=64^\circ$일 때, 다음 중 옳지 않은 것은?

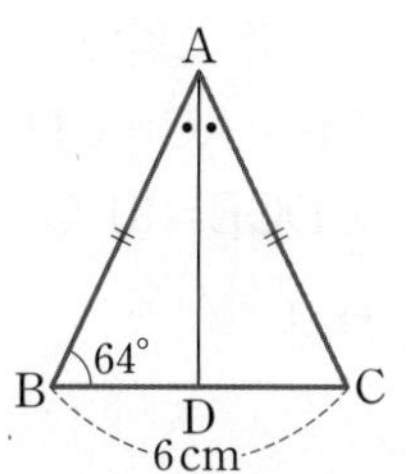

① $\angle C=64^\circ$ ② $\overline{BD}=3\text{ cm}$
③ $\overline{AD}\perp\overline{BC}$ ④ $\angle BAC=56^\circ$
⑤ $\angle CAD=26^\circ$

012

오른쪽 그림과 같이 $\overline{AB}=\overline{AC}$인 이등변삼각형 ABC에서 $\angle A$의 이등분선과 $\overline{BC}$의 교점을 D라 하자. $\overline{AD}=12\text{ cm}$, $\overline{BC}=14\text{ cm}$일 때, △ABD의 넓이를 구하시오.

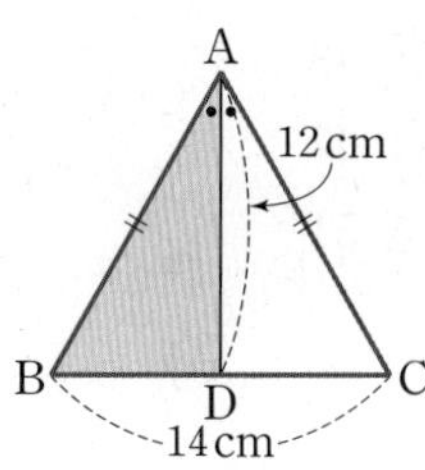

013

오른쪽 그림과 같이 $\overline{AB}=\overline{AC}$인 이등변삼각형 ABC에서 $\overline{AD}\perp\overline{BC}$, $\overline{BD}=\overline{CD}$이고 $\angle ACE=122^\circ$일 때, $\angle x$의 크기를 구하시오.

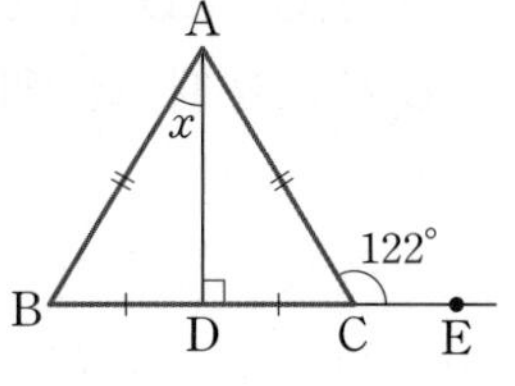

유형 04 이등변삼각형의 성질을 이용하여 각의 크기 구하기

대표 문제

014

오른쪽 그림에서 $\overline{AB}=\overline{AC}=\overline{CD}$이고 $\angle DCE=81°$일 때, $\angle x$의 크기를 구하시오.

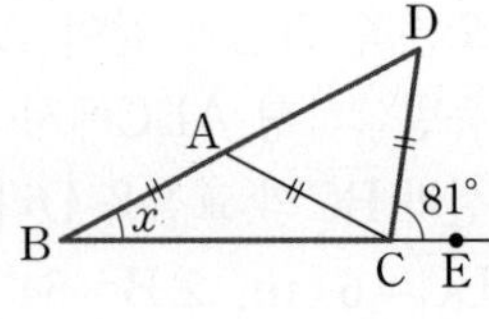

015

오른쪽 그림과 같은 $\triangle ABC$에서 $\overline{AD}=\overline{BD}=\overline{CD}$이고 $\angle B=43°$일 때, $\angle x$의 크기는?

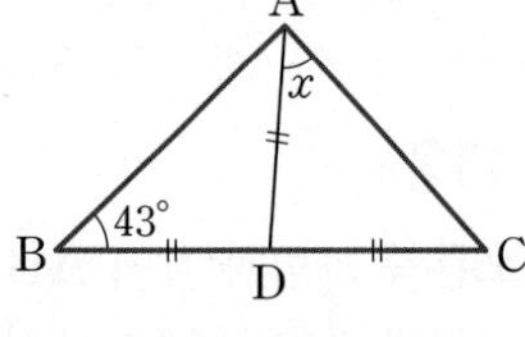

① 43° ② 45° ③ 47° ④ 49° ⑤ 51°

016

오른쪽 그림에서 $\overline{AB}=\overline{AC}=\overline{CD}=\overline{DE}$이고 $\angle B=26°$일 때, $\angle x$의 크기는?

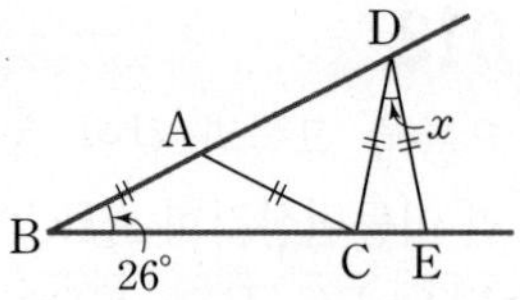

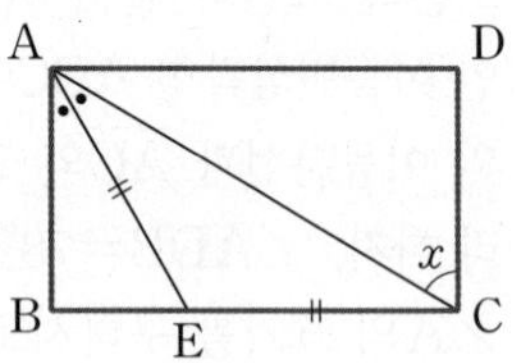

① 21° ② 22° ③ 23° ④ 24° ⑤ 25°

017

오른쪽 그림에서 $\overline{BA}=\overline{BC}$, $\overline{CA}=\overline{CD}$이고 $\angle DAE=78°$일 때, $\angle B$의 크기를 구하시오.

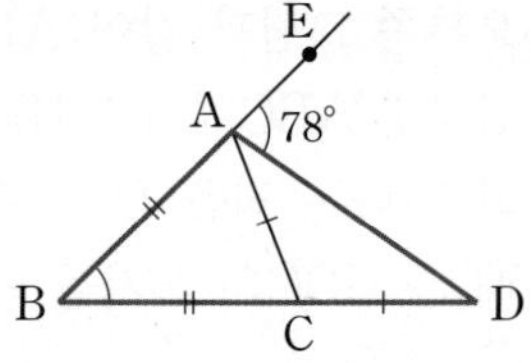

018

오른쪽 그림과 같이 $\overline{AB}=\overline{AC}$인 이등변삼각형 ABC에서 $\angle B$의 이등분선과 $\angle C$의 외각의 이등분선의 교점을 D라 하자. $\angle A=84°$일 때, $\angle x$의 크기를 구하시오.

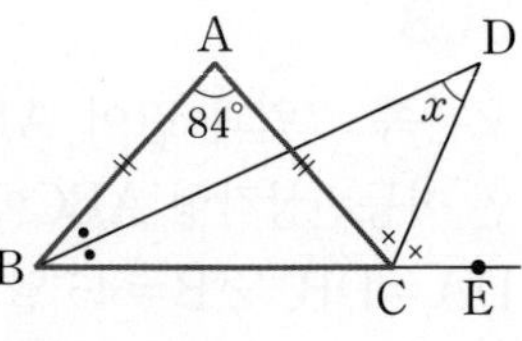

019

오른쪽 그림에서 $\triangle ABC$와 $\triangle BCD$는 각각 $\overline{AB}=\overline{AC}$, $\overline{CB}=\overline{CD}$인 이등변삼각형이다. $\angle ACD=\angle DCE$이고 $\angle A=44°$일 때, $\angle x$의 크기는?

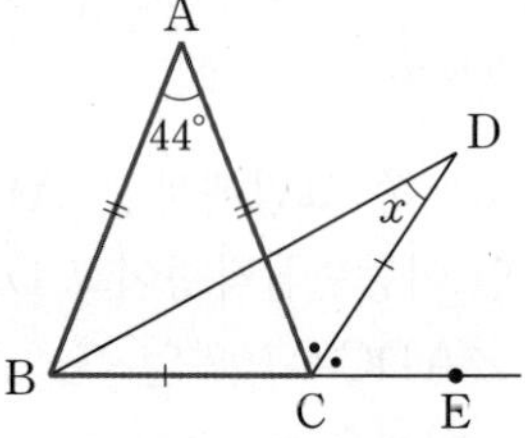

① 27° ② 28° ③ 29° ④ 30° ⑤ 31°

020

오른쪽 그림과 같은 직사각형 ABCD에서 $\overline{EA}=\overline{EC}$이고 $\angle BAE=\angle EAC$일 때, $\angle x$의 크기를 구하시오.

유형 05 이등변삼각형에서 합동인 삼각형 찾기

대표 문제

021

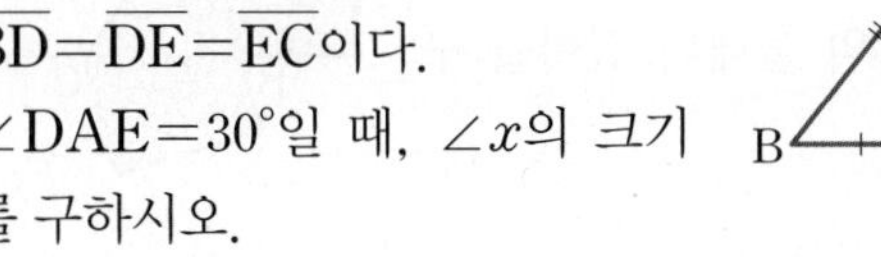

오른쪽 그림과 같이 $\overline{AB}=\overline{AC}$인 이등변삼각형 ABC에서 $\overline{BD}=\overline{DE}=\overline{EC}$이다. $\angle DAE=30°$일 때, $\angle x$의 크기를 구하시오.

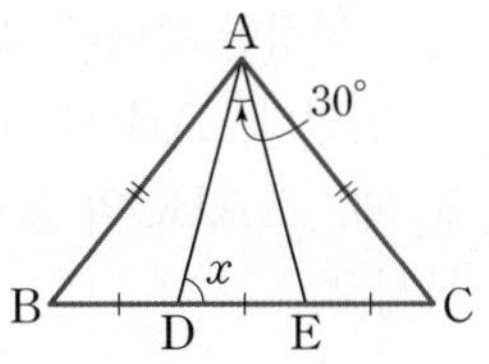

022

오른쪽 그림에서 $\triangle ABC$는 $\overline{AB}=\overline{AC}$인 이등변삼각형이다. $\overline{DB}=\overline{EC}$일 때, 다음 중 옳지 않은 것을 모두 고르면? (정답 2개)

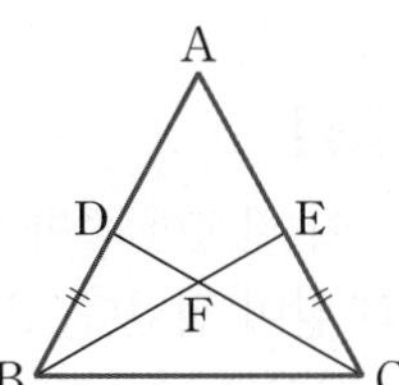

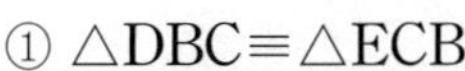

① $\triangle DBC\equiv\triangle ECB$
② $\angle ABE=\angle ACD$
③ $\angle EBC=\angle DCB$
④ $\overline{BC}=\overline{CA}$
⑤ $\angle BDC=\angle CEB=90°$

023

오른쪽 그림에서 $\triangle ABC$는 $\overline{AB}=\overline{AC}$인 이등변삼각형이다. $\overline{BD}=\overline{CE}$, $\overline{BF}=\overline{CD}$이고 $\angle A=56°$일 때, $\angle x$의 크기는?

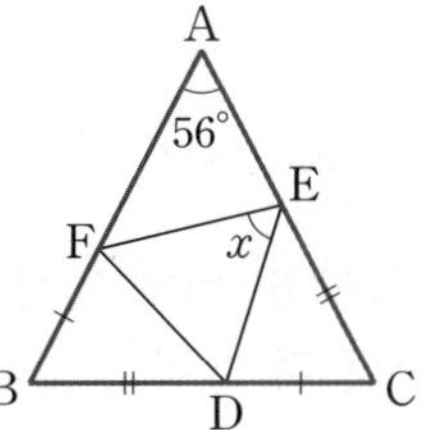

① 58°　② 59°
③ 60°　④ 61°
⑤ 62°

유형 06 이등변삼각형이 되는 조건

대표 문제

024

다음은 '두 내각의 크기가 같은 삼각형은 이등변삼각형이다.'를 설명하는 과정이다. (가)~(마)에 알맞은 것으로 옳지 않은 것을 모두 고르면? (정답 2개)

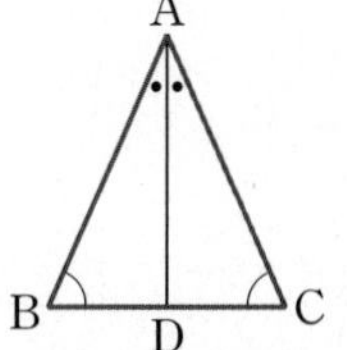

$\angle B=\angle C$인 $\triangle ABC$에서 $\angle A$의 이등분선과 $\overline{BC}$가 만나는 점을 D라 하자.
$\triangle ABD$와 $\triangle ACD$에서
(가) $=\angle CAD$ …… ㉠
$\overline{AD}$는 공통 …… ㉡
$\angle B=$ (나) 이고
삼각형의 내각의 크기의 합은 180°이므로
(다) $=\angle ADC$ …… ㉢
㉠, ㉡, ㉢에 의해
$\triangle ABD\equiv$ (라) (ASA 합동)　∴ (마) $=\overline{AC}$

① (가) $\angle BAD$　② (나) $\angle A$　③ (다) $\angle ADB$
④ (라) $\triangle ACD$　⑤ (마) $\overline{BC}$

025

다음은 오른쪽 그림과 같이 $\overline{AB}=\overline{AC}$인 이등변삼각형 ABC에서 $\overline{AE}=\overline{AD}$이고 $\overline{CE}$와 $\overline{BD}$의 교점을 P라 할 때, $\triangle PBC$가 이등변삼각형임을 설명하는 과정이다. (가)~(마)에 알맞은 것을 구하시오.

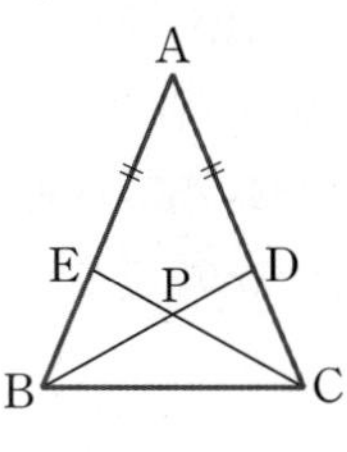

$\triangle EBC$와 $\triangle DCB$에서
$\angle EBC=$ (가)
$\overline{AE}=\overline{AD}$이므로
$\overline{EB}=\overline{AB}-\overline{AE}$
$=\overline{AC}-\overline{AD}=$ (나)
$\overline{BC}$는 공통이므로
$\triangle EBC\equiv\triangle DCB$ ((다) 합동)
∴ $\angle DBC=\angle$ (라)
따라서 $\triangle PBC$는 $\overline{PB}=$ (마) 인 이등변삼각형이다.

유형 07 이등변삼각형이 되는 조건의 이용

대표 문제

026

오른쪽 그림과 같이 $\angle C=90°$인 직각삼각형 ABC에서 $\angle B=25°$이고 $\overline{DA}=\overline{DC}=6\,cm$일 때, $\overline{AB}$의 길이를 구하시오.

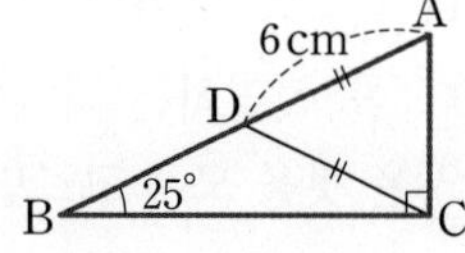

027

오른쪽 그림과 같은 $\triangle ABC$에서 $\angle B=\angle C$일 때, x의 값은?

① 3 ② 4
③ 5 ④ 6
⑤ 7

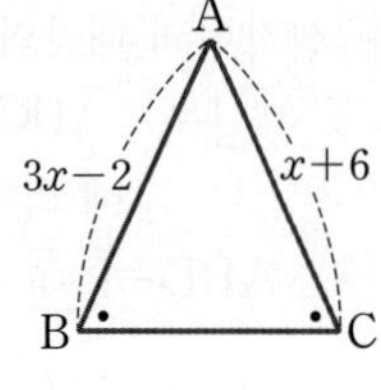

028

오른쪽 그림과 같이 $\angle B=\angle C$인 $\triangle ABC$에서 $\angle A$의 이등분선이 $\overline{BC}$와 만나는 점을 D라 하자. $\angle B=55°$, $DC=4\,cm$일 때, $y-x$의 값을 구하시오.

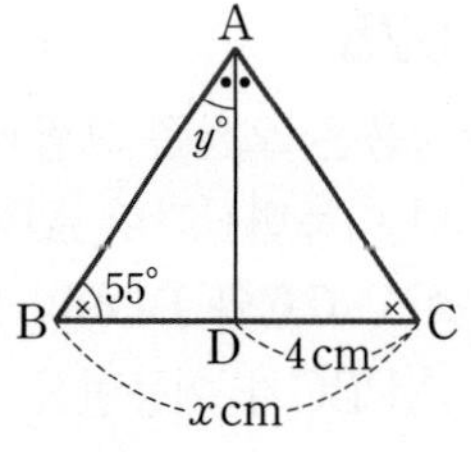

029

오른쪽 그림과 같이 $\overline{AB}=\overline{AC}$인 이등변삼각형 ABC에서 $\angle B$의 이등분선이 $\overline{AC}$와 만나는 점을 D라 하자. $\angle A=36°$, $\overline{AD}=7\,cm$일 때, $\overline{BC}+\overline{BD}$의 길이를 구하시오.

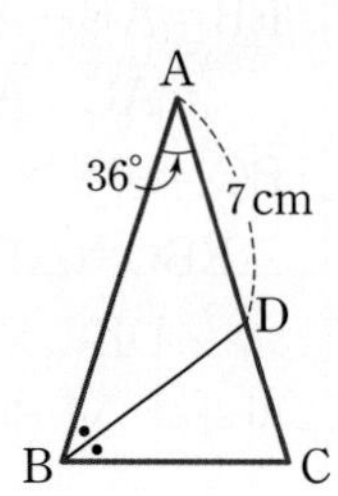

유형 08 종이접기

대표 문제

030

폭이 일정한 종이를 오른쪽 그림과 같이 접었다. $\overline{AB}=5\,cm$, $\overline{AC}=6\,cm$일 때, $\triangle ABC$의 둘레의 길이를 구하시오.

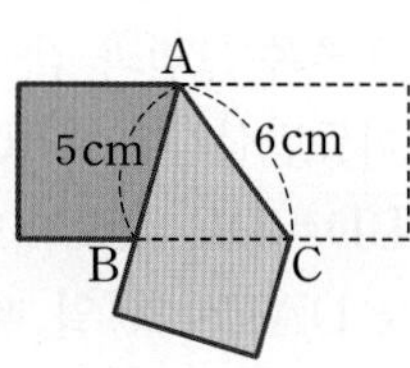

031

폭이 일정한 종이를 오른쪽 그림과 같이 접었다. $\overline{BC}=4\,cm$, $\angle ABC=72°$일 때, $x+y$의 값은?

① 54 ② 56
③ 58 ④ 60
⑤ 62

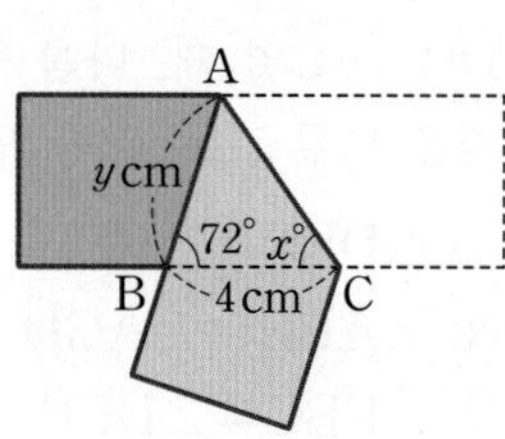

032

폭이 6 cm로 일정한 종이를 오른쪽 그림과 같이 접었다. $\overline{AB}=10\,cm$일 때, $\triangle ABC$의 넓이를 구하시오.

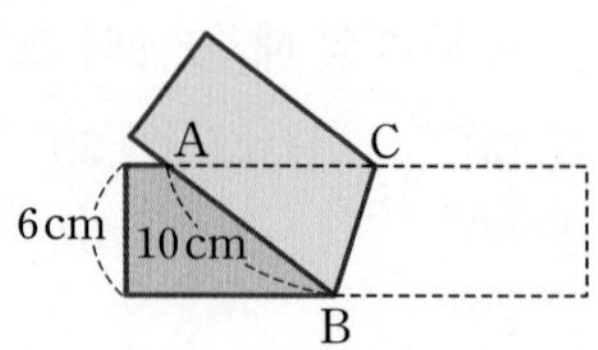

Theme 02 직각삼각형의 합동 📖 유형북 15쪽

유형 09 직각삼각형의 합동 조건

대표 문제

033

다음 보기에서 서로 합동인 직각삼각형을 모두 찾아 짝 지으시오.

보기

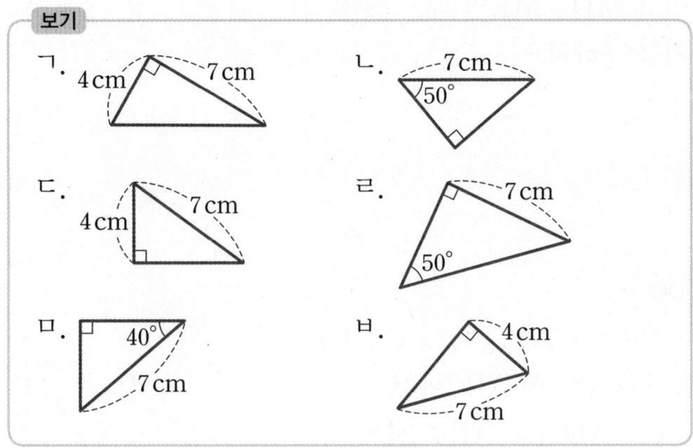

034

다음은 오른쪽 그림과 같은 두 직각삼각형을 이용하여 '빗변의 길이와 다른 한 변의 길이가 각각 같은 두 직각삼각형은 합동이다.'를 설명하는 과정이다. (가)~(마)에 알맞은 것을 구하시오.

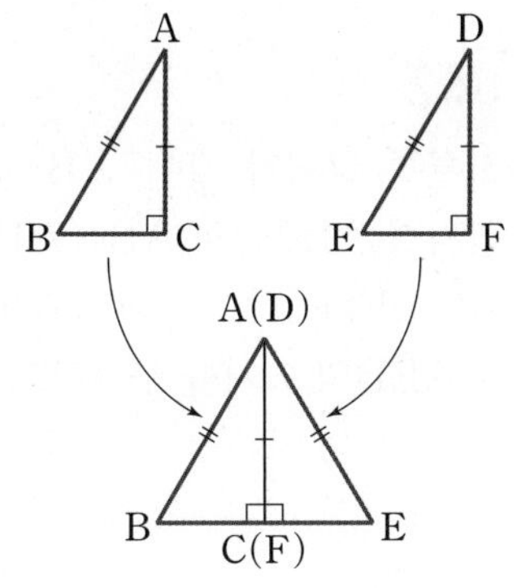

△ABC와 △DEF에서
∠C=∠F=90°
$\overline{AB}$= (가) ⋯⋯ ㉠
$\overline{AC}=\overline{DF}$일 때, 두 직각삼각형의 변 AC와 변 DF를 맞붙이면 ∠ACB+ (나) =180°이므로 세 점 B, C(F), E는 한 직선 위에 있다.
이때 △ABE는 $\overline{AB}=\overline{AE}$인 이등변삼각형이므로
∠B= (다) ⋯⋯ ㉡
∴ ∠BAC= (라) ⋯⋯ ㉢
㉠, ㉡, ㉢에 의하여 △ABC≡△DEF ((마) 합동)

035

아래 그림과 같이 ∠C=90°, ∠F=90°인 두 직각삼각형 ABC와 DEF가 합동이 되는 경우를 다음 보기에서 모두 찾고 그때의 합동 조건을 각각 쓰시오.

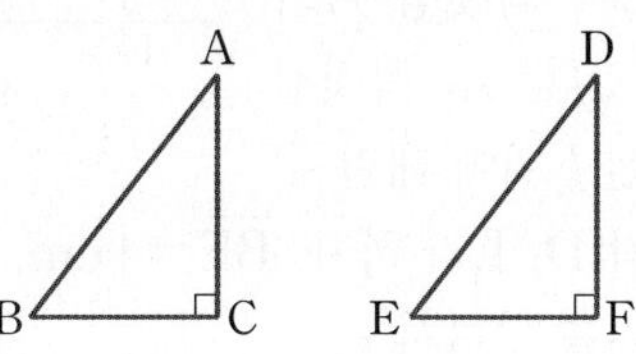

보기

ㄱ. $\overline{AC}=\overline{DF}$, $\overline{BC}=\overline{EF}$
ㄴ. $\overline{AB}=\overline{DE}$, $\overline{BC}=\overline{EF}$
ㄷ. ∠A=∠D, ∠B=∠E
ㄹ. $\overline{AB}=\overline{DE}$, ∠A=∠D
ㅁ. $\overline{AC}=\overline{EF}$, ∠B=∠E

036

아래 그림과 같이 ∠C=90°인 직각삼각형 ABC에서 $\overline{AB}$=5 cm, ∠B=25°일 때, 다음 중 ∠F=90°인 직각삼각형 DEF가 직각삼각형 ABC와 합동이 되는 조건이 아닌 것은?

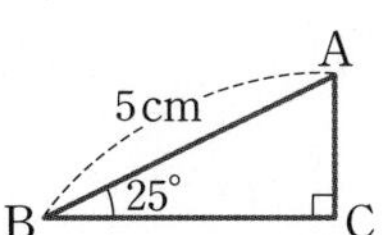

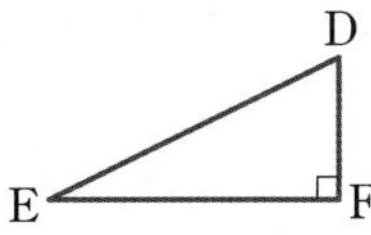

① $\overline{AC}=\overline{DF}$, $\overline{BC}=\overline{EF}$
② $\overline{DE}$=5 cm, $\overline{BC}=\overline{EF}$
③ $\overline{BC}=\overline{EF}$, ∠E=25°
④ $\overline{DE}$=5 cm, ∠D=65°
⑤ $\overline{EF}$=5 cm, ∠D=65°

유형 10 직각삼각형의 합동 조건의 응용 – RHA 합동

대표 문제

037

오른쪽 그림과 같이 $\angle A=90°$이고 $\overline{AB}=\overline{AC}$인 직각이등변 삼각형 ABC의 꼭짓점 A가 직선 l 위에 있다. 두 꼭짓점 C, B에서 직선 l 위에 내린 수선의 발을 각각 D, E라 하자. $\overline{BE}=4\,\text{cm}$, $\overline{DE}=9\,\text{cm}$일 때, $\overline{CD}$의 길이를 구하시오.

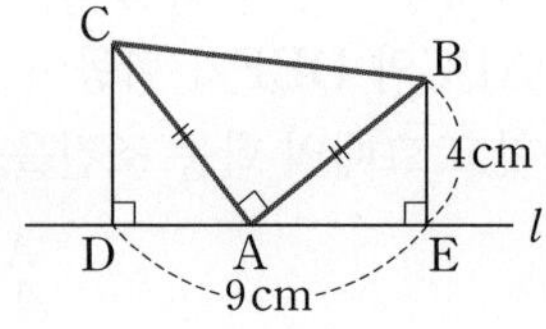

038

오른쪽 그림과 같이 $\angle ACE=90°$이고 $\overline{AB}\perp\overline{BD}$, $\overline{ED}\perp\overline{BD}$이다. $\overline{AC}=\overline{CE}$, $\overline{BD}=20\,\text{cm}$이고 $\overline{AB}-\overline{ED}=6\,\text{cm}$일 때, $\overline{CD}$의 길이는?

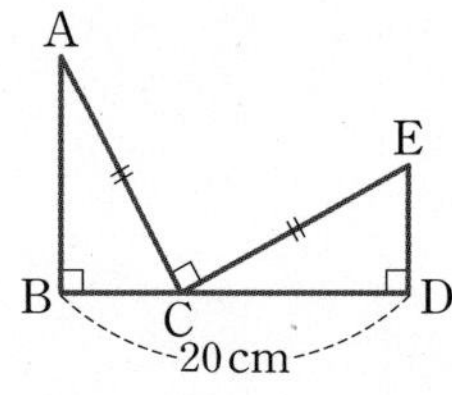

① 12 cm ② $\frac{25}{2}$ cm ③ 13 cm

④ $\frac{27}{2}$ cm ⑤ 14 cm

039

오른쪽 그림의 △ABC에서 점 M은 $\overline{BC}$의 중점이고, 두 점 B, C에서 직선 AM에 내린 수선의 발을 각각 D, E라 하자. $\overline{AM}=12\,\text{cm}$, $\overline{CE}=6\,\text{cm}$, $\overline{EM}=4\,\text{cm}$일 때, △ABD의 넓이를 구하시오.

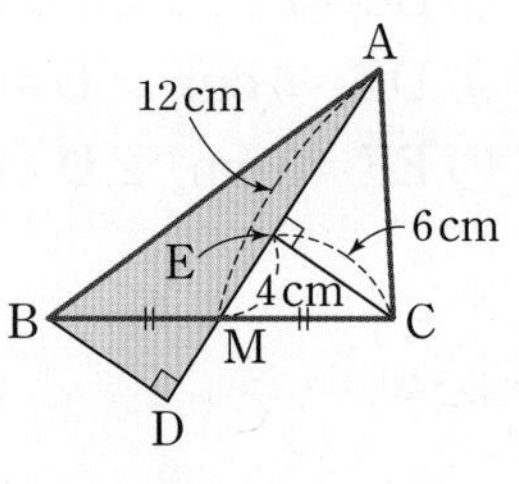

유형 11 직각삼각형의 합동 조건의 응용 – RHS 합동

대표 문제

040

오른쪽 그림과 같은 △ABC에서 $\overline{AC}$의 중점을 M이라 하고 점 M에서 $\overline{AB}$, $\overline{BC}$에 내린 수선의 발을 각각 D, E라 하자. $\angle A=36°$이고 $\overline{MD}=\overline{ME}$일 때, $\angle B$의 크기를 구하시오.

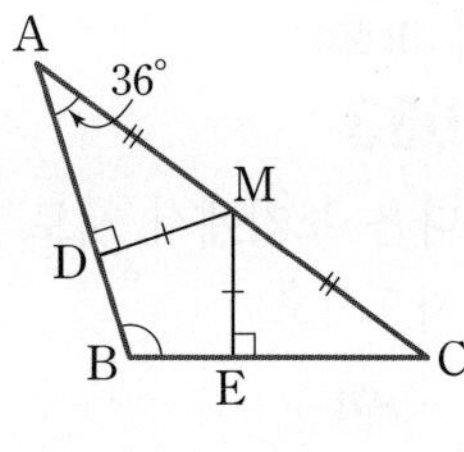

041

오른쪽 그림과 같이 $\angle C=90°$인 직각삼각형 ABC에서 $\overline{AC}=\overline{AD}$이고 $\overline{AB}\perp\overline{ED}$이다. $\angle B=24°$, $\overline{DE}=6\,\text{cm}$일 때, $x+y$의 값을 구하시오.

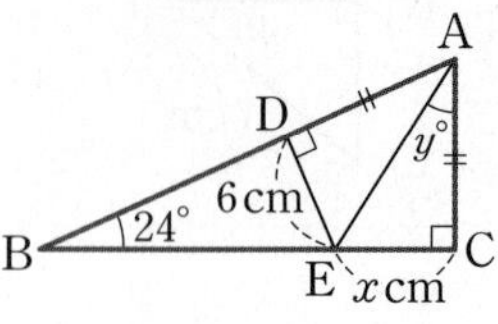

042

오른쪽 그림과 같이 $\angle B=90°$인 직각삼각형 ABC에서 $\overline{AB}=\overline{AD}$이고, $\overline{AC}\perp\overline{ED}$이다. $\angle C=56°$일 때, $\angle AED$의 크기를 구하시오.

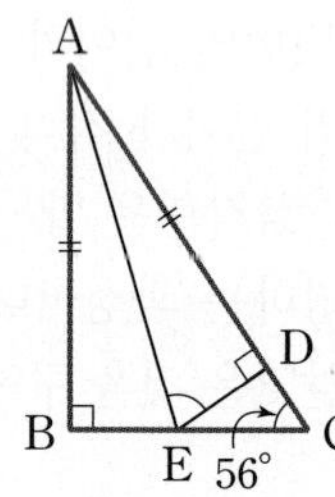

043

오른쪽 그림과 같이 $\angle C=90°$인 직각삼각형 ABC에서 $\overline{AC}=\overline{AE}$, $\overline{AB}\perp\overline{DE}$이다. $\overline{AB}=15\,\text{cm}$, $\overline{BC}=12\,\text{cm}$, $\overline{AC}=9\,\text{cm}$일 때, △BDE의 둘레의 길이를 구하시오.

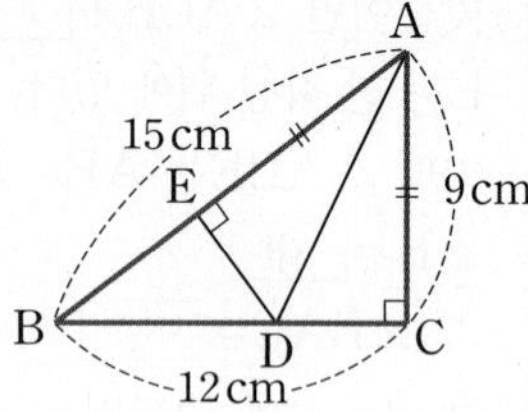

유형 12 각의 이등분선의 성질

대표 문제

044

다음은 '각의 이등분선 위의 한 점은 그 각의 두 변에서 같은 거리에 있다.'를 설명하는 과정이다. (가)~(마)에 알맞은 것으로 옳지 않은 것은?

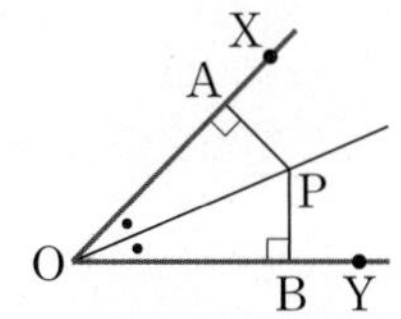

$\angle XOY$의 이등분선 위의 한 점 P에서 $\overrightarrow{OX}$, $\overrightarrow{OY}$에 내린 수선의 발을 각각 A, B라 하면
$\triangle AOP$와 $\triangle BOP$에서
$\angle PAO=$ (가) $=$ (나) °,
(다) 는 공통,
$\angle POA=$ (라) 이므로
$\triangle AOP \equiv \triangle BOP$ ((마) 합동)
$\therefore \overline{PA}=\overline{PB}$

① (가) $\angle PBO$ ② (나) 90 ③ (다) $\overline{OP}$
④ (라) $\angle OPB$ ⑤ (마) RHA

045

오른쪽 그림과 같이 $\angle PAO=\angle PBO=90°$, $\overline{PA}=\overline{PB}$일 때, 다음 보기에서 옳지 않은 것을 모두 고른 것은?

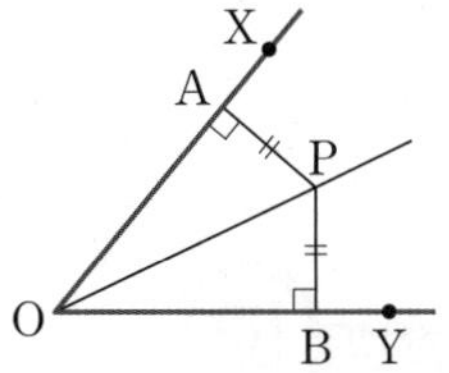

보기

ㄱ. $\overline{AO}=\overline{BO}$ ㄴ. $\angle AOP=\angle BOP$
ㄷ. $2\angle AOB=\angle APB$ ㄹ. $\angle BPO=\frac{1}{2}\angle APB$
ㅁ. $\overline{OX}=\overline{OY}$

① ㄱ, ㄹ ② ㄴ, ㅁ ③ ㄷ, ㄹ
④ ㄷ, ㅁ ⑤ ㄹ, ㅁ

유형 13 각의 이등분선의 성질의 응용

대표 문제

046

오른쪽 그림과 같이 $\angle B=90°$인 직각삼각형 ABC에서 $\angle A$의 이등분선이 $\overline{BC}$와 만나는 점을 D라 하자. $\overline{AC}=12$ cm, $\overline{BD}=3$ cm일 때, $\triangle ADC$의 넓이를 구하시오.

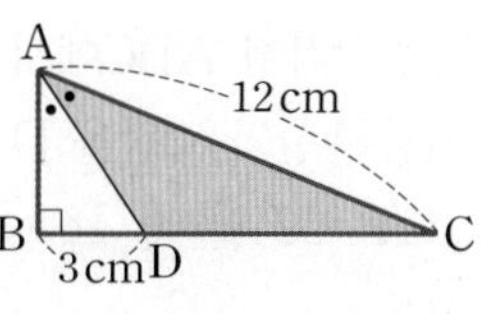

047

오른쪽 그림과 같이 $\angle OAP=\angle OBP=90°$이고 $\overline{AP}=\overline{BP}$, $\angle AOB=80°$일 때, $\angle BPO$의 크기를 구하시오.

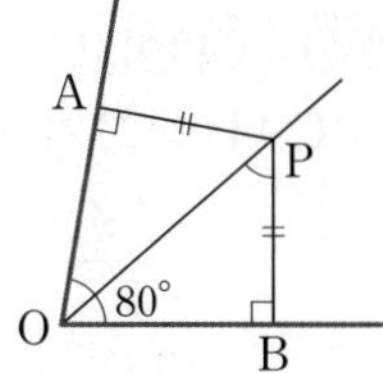

048

오른쪽 그림과 같이 $\angle C=90°$이고 $\overline{CA}=\overline{CB}$인 직각이등변삼각형 ABC에서 $\angle B$의 이등분선과 $\overline{AC}$의 교점을 D, 점 D에서 $\overline{AB}$에 내린 수선의 발을 E라 하자. $\overline{CD}=8$ cm일 때, $\triangle AED$의 넓이를 구하시오.

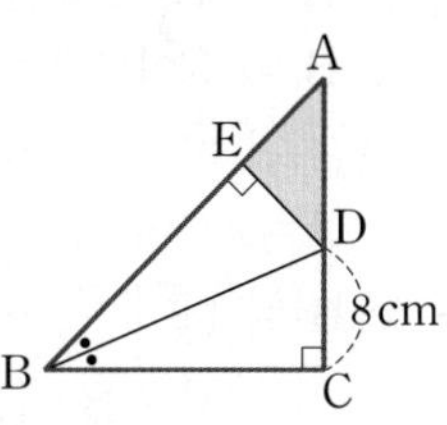

049

오른쪽 그림과 같이 $\angle C=90°$인 직각삼각형 ABC에서 점 E는 $\overline{AB}$의 중점이고 $\overline{DC}=\overline{DE}$, $\overline{AB}\perp\overline{DE}$일 때, $\angle x$의 크기를 구하시오.

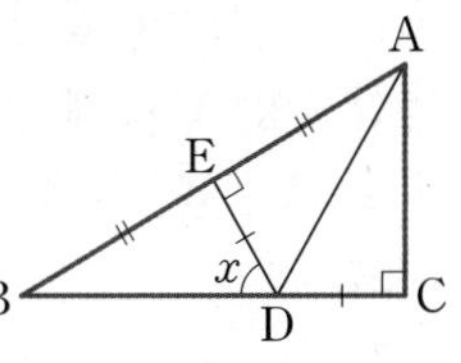

050

오른쪽 그림과 같이 $\overline{AB}=\overline{AC}$인 이등변삼각형 ABC에서 $\angle B$와 $\angle C$의 이등분선의 교점을 D라 하자. $\angle A=52°$일 때, $\angle x$의 크기를 구하시오.

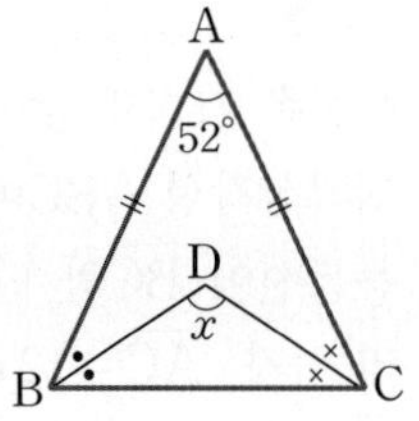

051

오른쪽 그림과 같이 $\overline{AB}=\overline{AC}$인 이등변삼각형 ABC에서 $\overline{BD}=\overline{CD}$이고 $\angle B=32°$일 때, $\angle CAD$의 크기를 구하시오.

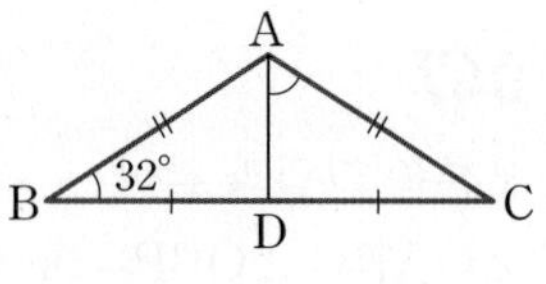

052

다음은 '세 내각의 크기가 같은 삼각형은 정삼각형이다.'를 설명하는 과정이다. (가)~(다)에 알맞은 것을 구하시오.

> $\angle A=\angle B=\angle C$인 $\triangle ABC$에서
> $\angle B=\angle C$이므로
> $\overline{AB}=$ (가) ...... ㉠
> $\angle A=\angle C$이므로
> $\overline{AB}=$ (나) ...... ㉡
> ㉠, ㉡에서 $\overline{AB}=\overline{BC}=\overline{AC}$이므로
> $\triangle ABC$는 (다) 삼각형이다.

053

오른쪽 그림과 같이 $\overline{AB}=\overline{AC}$인 이등변삼각형 ABC에서 $\overline{AD}=\overline{DC}=\overline{DE}$이고 $\angle A=40°$일 때, $\angle x$의 크기를 구하시오.

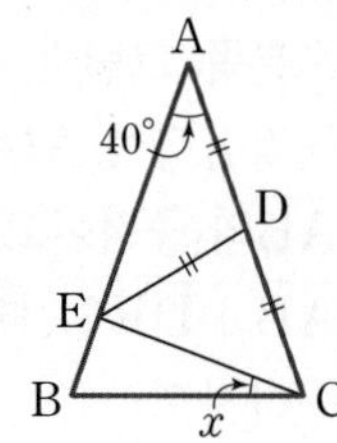

054

오른쪽 그림과 같은 $\triangle ABC$에서 $\overline{DA}=\overline{DE}=\overline{CE}=\overline{CB}$이고 $\angle BCE=24°$일 때, $\angle x$의 크기를 구하시오.

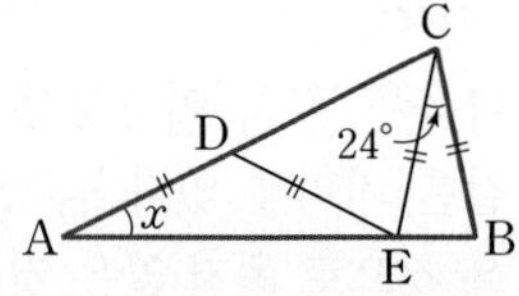

055

오른쪽 그림과 같이 $\overline{AB}=\overline{AC}$인 이등변삼각형 모양의 종이를 꼭짓점 A가 꼭짓점 B에 오도록 접었다. $\angle EBC=24°$일 때, $\angle x$의 크기는?

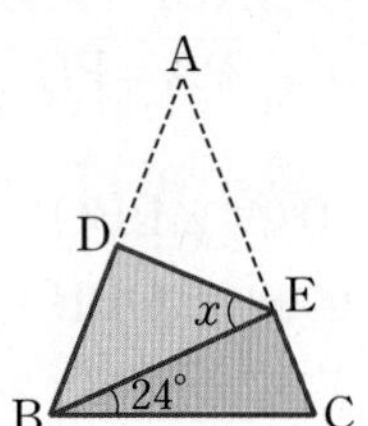

① 42° ② 44°
③ 46° ④ 48°
⑤ 50°

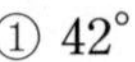

실력 UP

056

오른쪽 그림의 $\triangle ABC$에서 $\angle BAD=\angle DAE=\angle EAC$이고 $\angle C=\frac{1}{3}\angle BAC$이다. $\overline{AB}=8\text{ cm}$, $\overline{BC}=13\text{ cm}$일 때, $\overline{AE}$의 길이는?

① 4 cm ② $\frac{9}{2}$ cm ③ 5 cm
④ $\frac{11}{2}$ cm ⑤ 6 cm

057

오른쪽 그림에서 $\triangle ABC$는 $\overline{AB}=\overline{AC}$인 이등변삼각형이다. $\overline{BC}=\overline{BD}$이고 $\angle C=65°$일 때, $\angle x$의 크기는?

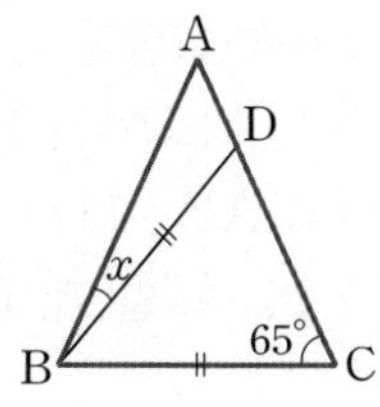

① 14°　② 15°　③ 16°　④ 17°　⑤ 18°

058

오른쪽 그림은 $\overline{AB}=\overline{AC}$인 이등변삼각형 ABC에서 꼭짓점 A를 지나고 $\overline{BC}$에 평행한 반직선 AD를 그은 것이다. $\angle EAD=62°$일 때, $\angle DAC$의 크기를 구하시오.

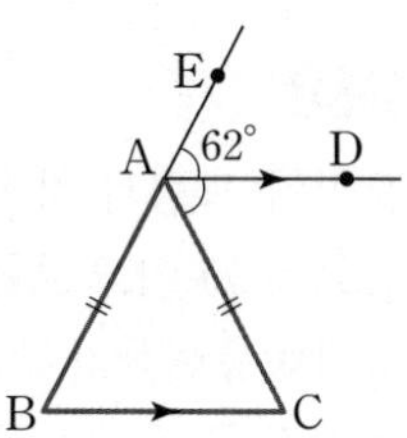

059

오른쪽 그림에서 $\angle B=36°$, $\angle CAD=72°$, $\angle CDE=108°$이고 $\overline{CD}=6$ cm일 때, $\overline{AB}$의 길이를 구하시오.

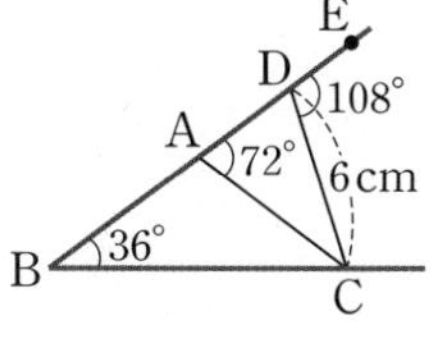

060

폭이 일정한 종이를 오른쪽 그림과 같이 접었을 때, $\overline{AB}$의 길이를 구하시오.

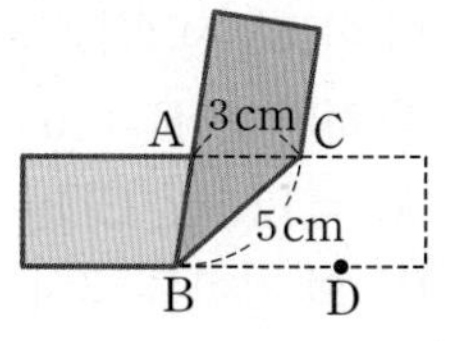

061

오른쪽 그림과 같은 $\triangle ABC$에서 $\overline{AD}=\overline{AC}$이고 $\angle BAD=\angle DAE=\angle EAC$이다. $\angle C=64°$일 때, $\angle y-\angle x$의 크기는?

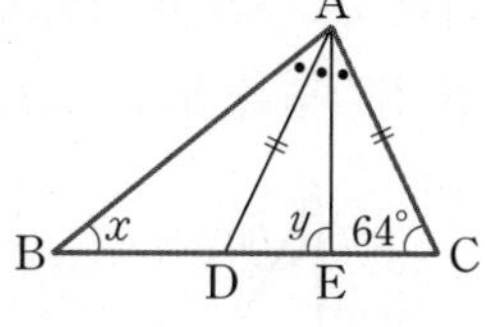

① 44°　② 46°　③ 48°　④ 50°　⑤ 52°

062

오른쪽 그림에서 $\triangle ABC$는 $\overline{AB}=\overline{AC}$인 이등변삼각형이다. $\overline{BD}=\overline{CE}$, $\overline{BE}=\overline{CF}$이고 $\angle A=30°$일 때, $\angle DEF$의 크기를 구하시오.

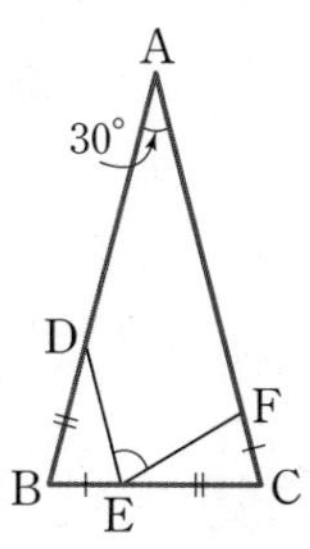

실력 UP

063

오른쪽 그림과 같이 $\overline{AB}=\overline{AC}=5$ cm인 이등변삼각형 ABC에서 $\angle A$의 이등분선과 $\overline{BC}$의 교점을 D라 하자. $\overline{AC}\perp\overline{DE}$이고 $\overline{AD}=4$ cm, $\overline{DE}=\dfrac{12}{5}$ cm일 때, $\overline{BC}$의 길이는?

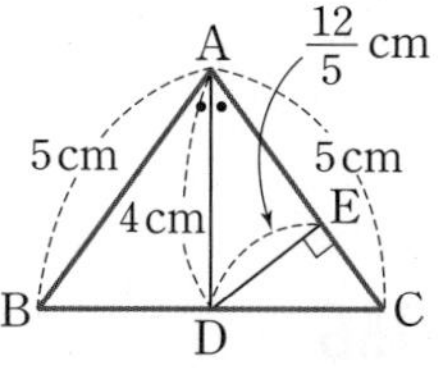

① 5 cm　② $\dfrac{11}{2}$ cm　③ 6 cm　④ $\dfrac{13}{2}$ cm　⑤ 7 cm

064

다음 중 오른쪽 그림의 삼각형과 합동인 삼각형을 모두 고르면? (정답 2개)

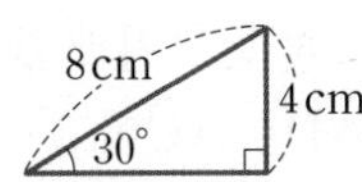

①
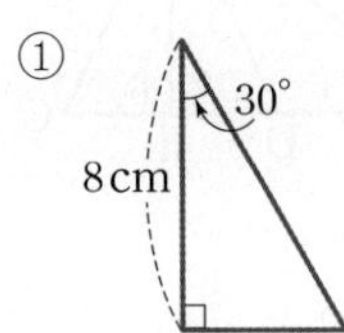

②
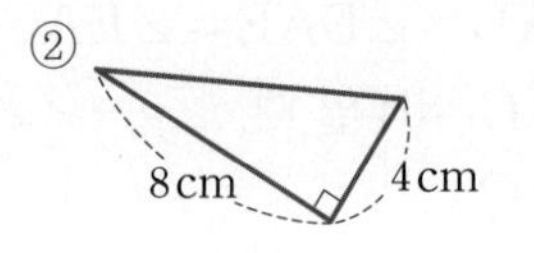

③
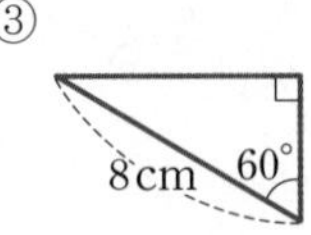

④
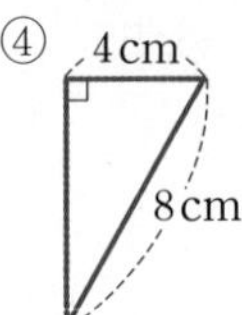

⑤
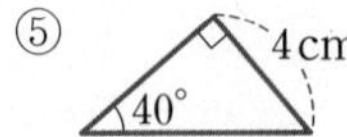

065

오른쪽 그림과 같이 $\angle B=90°$인 직각삼각형 ABC에서 $\overline{AB}=\overline{AD}$이고, $\overline{AC}\perp\overline{ED}$이다. $\angle C=36°$일 때, $\angle AEB$의 크기를 구하시오.

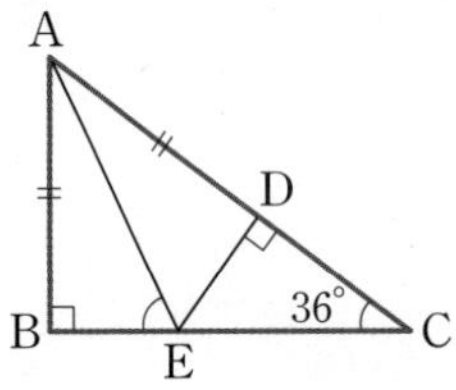

066

오른쪽 그림에서 $\triangle ABC$는 $\overline{AB}=\overline{AC}$인 이등변삼각형이다. $\overline{AB}\perp\overline{DE}$, $\overline{AC}\perp\overline{DF}$, $\overline{DE}=\overline{DF}$이고 $\angle ADF=65°$일 때, $\angle B$의 크기를 구하시오.

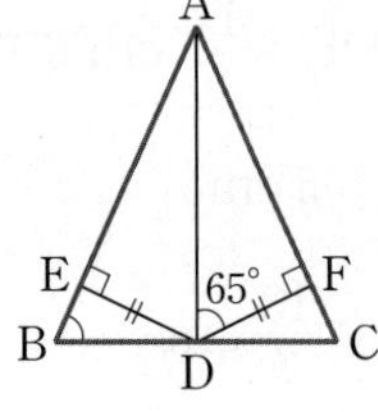

067

오른쪽 그림과 같이 $\angle C=90°$인 직각삼각형 ABC에서 $\overline{BD}$는 $\angle B$의 이등분선이고 $\overline{AB}=14$ cm이다. $\triangle ABD$의 넓이가 28 cm²일 때, $\overline{DC}$의 길이를 구하시오.

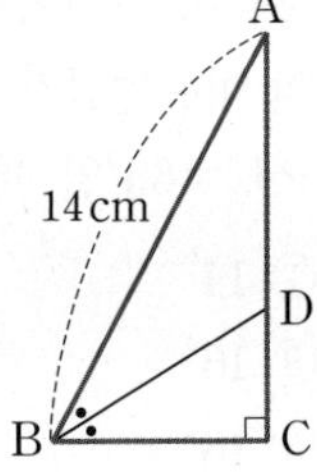

068

오른쪽 그림과 같이 $\angle A=90°$이고 $\overline{AB}=\overline{AC}$인 직각이등변삼각형 ABC의 두 꼭짓점 B, C에서 꼭짓점 A를 지나는 직선 l 위에 내린 수선의 발을 각각 D, E라 할 때, $\triangle ABC$의 넓이는?

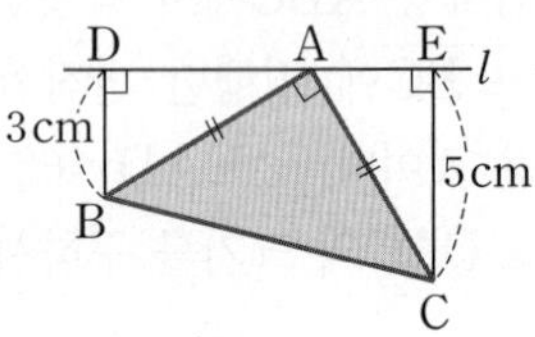

① 11 cm²　② 13 cm²　③ 15 cm²
④ 17 cm²　⑤ 19 cm²

실력 UP

069

오른쪽 그림과 같이 $\angle C=90°$인 직각삼각형 ABC에서 $\angle A$의 이등분선과 $\overline{BC}$의 교점을 D라 하자. $\overline{AB}=20$ cm, $\overline{AC}=12$ cm, $\overline{CD}=6$ cm일 때, $\overline{BD}$의 길이를 구하시오.

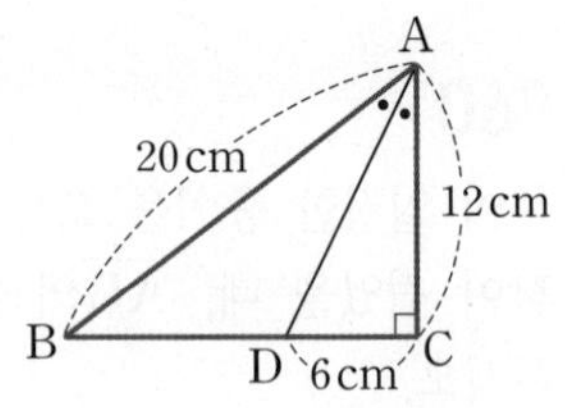

070

다음 중 오른쪽 그림과 같이 $\angle C=\angle F=90°$인 두 직각삼각형 ABC와 DEF가 합동이 되기 위한 조건은?

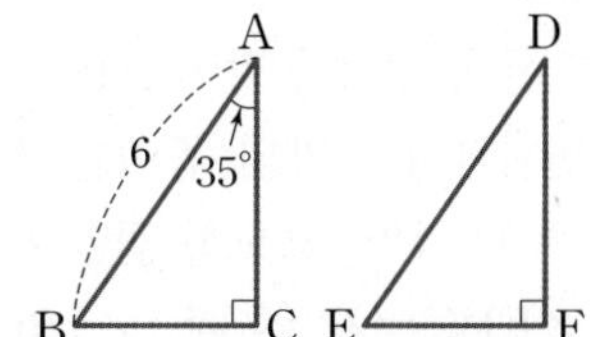

① $\overline{EF}=3$, $\overline{DE}=6$
② $\overline{DF}=6$, $\angle D=35°$
③ $\overline{DF}=6$, $\angle E=55°$
④ $\overline{DE}=6$, $\angle E=55°$
⑤ $\angle D=35°$, $\angle E=55°$

071

오른쪽 그림과 같이 △ABC의 한 변 BC의 중점 D에서 $\overline{AB}$, $\overline{AC}$에 내린 수선의 발을 각각 E, F라 하자. $\angle A=50°$이고 $\overline{DE}=\overline{DF}$일 때, ∠B의 크기를 구하시오.

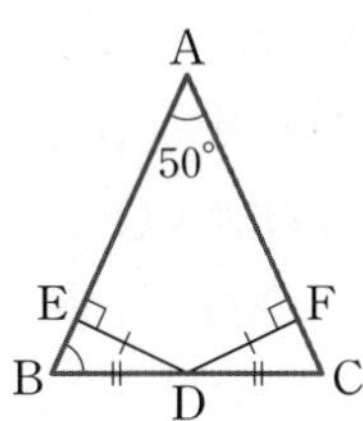

072

오른쪽 그림과 같이 $\angle C=90°$인 직각삼각형 ABC에서 $\overline{DE}\perp\overline{AB}$, $\overline{DC}=\overline{DE}$이고 $\angle A=60°$일 때, $\angle x$의 크기를 구하시오.

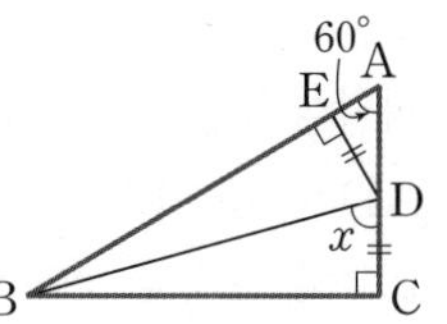

073

오른쪽 그림과 같이 $\angle C=90°$인 직각삼각형 ABC에서 ∠A의 이등분선이 $\overline{BC}$와 만나는 점을 D, 점 D에서 $\overline{AB}$에 내린 수선의 발을 E라 하자. $\overline{AB}=20$ cm, $\overline{DC}=6$ cm일 때, △ABD의 넓이를 구하시오.

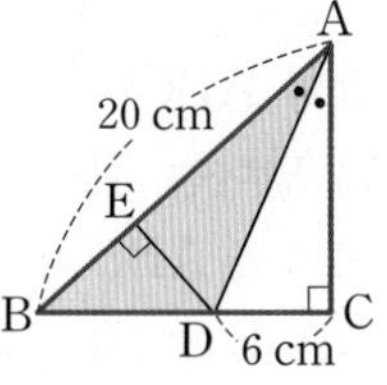

074

오른쪽 그림과 같이 $\overline{AB}=\overline{AC}=12$ cm인 이등변삼각형 ABC에서 점 D는 $\overline{BC}$의 중점이고, 점 D에서 $\overline{AB}$, $\overline{AC}$에 내린 수선의 발을 각각 E, F라 하자. △ABC의 넓이가 60 cm^2일 때, $\overline{DF}$의 길이를 구하시오.

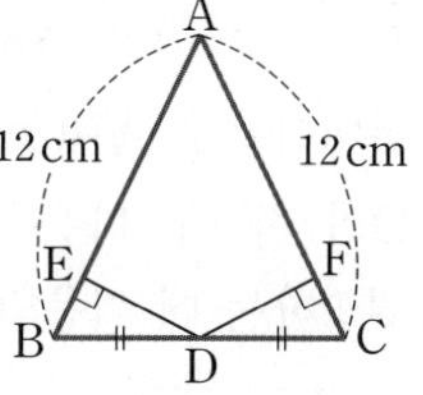

075

오른쪽 그림과 같이 $\angle C=90°$인 직각삼각형 ABC에서 $\overline{AE}=\overline{AC}$, $\overline{AB}\perp\overline{DE}$이다. $\overline{AB}=5$ cm, $\overline{BC}=4$ cm, $\overline{AC}=3$ cm일 때, △BDE의 둘레의 길이는?

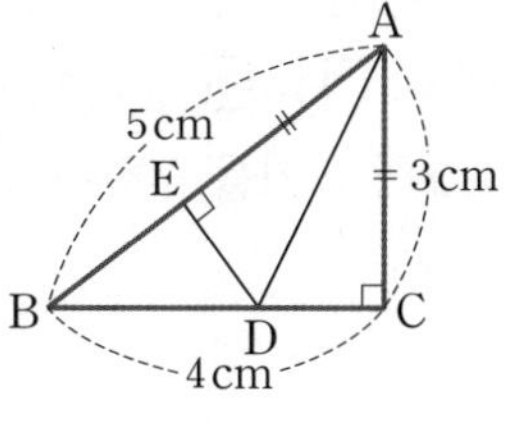

① 4 cm ② 5 cm ③ 6 cm
④ 7 cm ⑤ 8 cm

실력 UP

076

오른쪽 그림의 △ABC에서 점 M은 $\overline{BC}$의 중점이고 두 점 D, E는 각각 두 꼭짓점 B, C에서 직선 AM에 내린 수선의 발이다. $\overline{AD}=10$ cm, $\overline{CE}=4$ cm, $\overline{EM}=2$ cm일 때, 삼각형 ABM의 넓이를 구하시오.

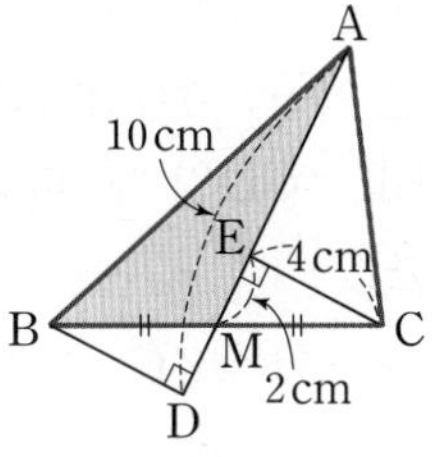

077

오른쪽 그림과 같이 $\overline{AB}=\overline{AC}$인 이등변삼각형 ABC에서 $\overline{BC}$의 중점을 D라 할 때, 다음 중 $\angle B=\angle C$임을 설명하는 데 이용되지 않는 것은?

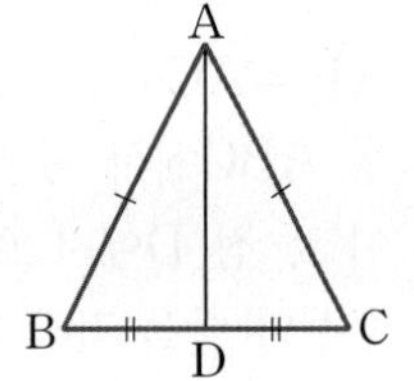

① $\overline{AB}=\overline{AC}$ ② $\overline{BD}=\overline{CD}$
③ $\overline{AD}$는 공통 ④ $\angle BAD=\angle CAD$
⑤ $\triangle ABD \equiv \triangle ACD$

078

오른쪽 그림과 같이 $\overline{AB}=\overline{AC}$인 이등변삼각형 ABC에서 $\overline{AD}\perp\overline{BC}$, $\overline{BD}=\overline{CD}$이고 $\angle CAD=20°$일 때, $\angle x$의 크기를 구하시오.

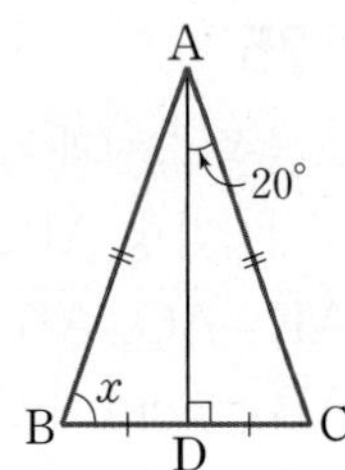

079

오른쪽 그림과 같은 $\triangle ABC$에서 $\overline{AD}=\overline{AE}$, $\overline{BC}=\overline{BE}$이고 $\angle A=20°$, $\angle B=50°$일 때, $\angle x$의 크기를 구하시오.

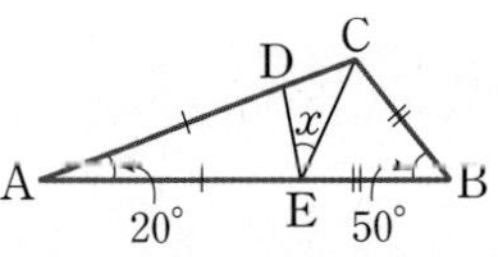

080

오른쪽 그림에서 $\triangle ABC$는 $\overline{AB}=\overline{AC}$인 이등변삼각형이고 $\overline{BD}=\overline{CF}$, $\overline{BE}=\overline{CD}$일 때, 다음 중 옳지 않은 것은?

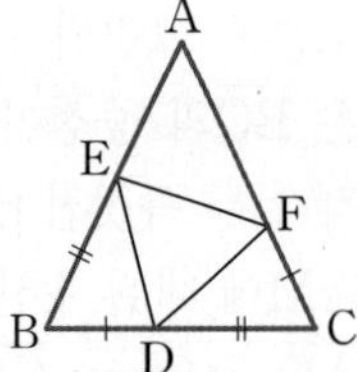

① $\angle B=\angle C$ ② $\overline{DE}=\overline{FD}$
③ $\overline{AE}=\overline{EF}$ ④ $\triangle BDE \equiv \triangle CFD$
⑤ $\angle DEF=\angle DFE$

081

오른쪽 그림과 같이 $\overline{AB}=\overline{AC}$인 이등변삼각형 모양의 종이를 꼭짓점 A가 꼭짓점 B에 오도록 접었다. $\angle EBC=27°$일 때, $\angle x$의 크기를 구하시오.

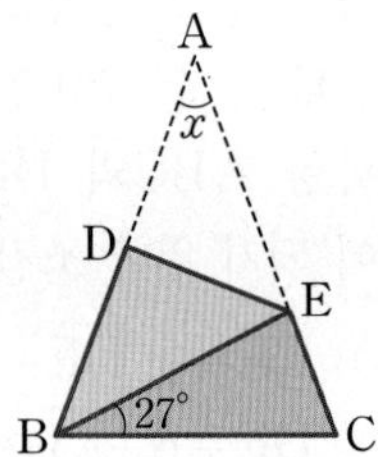

082

오른쪽 그림과 같이 $\angle XOY$의 이등분선 위의 한 점 P에서 두 반직선 OX, OY에 내린 수선의 발을 각각 M, N이라 할 때, 다음 중 $\overline{PM}=\overline{PN}$임을 설명하는 데 이용되지 않는 것은?

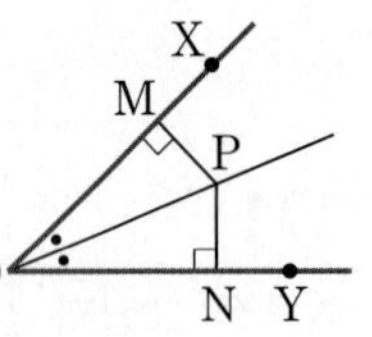

① $\overline{OM}=\overline{ON}$ ② $\angle PMO=\angle PNO=90°$
③ $\overline{OP}$는 공통 ④ $\angle POM=\angle PON$
⑤ $\triangle PMO \equiv \triangle PNO$

083

오른쪽 그림과 같이 $\angle A=90°$인 직각삼각형 ABC에서 $\overline{DE}\perp\overline{BC}$, $\overline{AD}=\overline{DE}$이고 $\angle C=50°$일 때, $\angle x$의 크기를 구하시오.

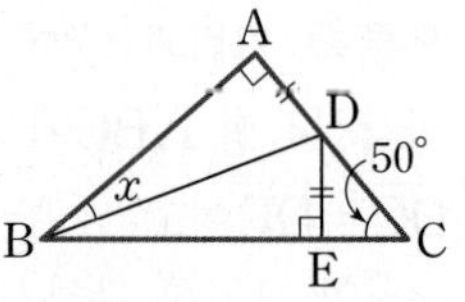

084

오른쪽 그림과 같이 $\angle C=90°$인 직각삼각형 ABC에서 $\angle A$의 이등분선이 $\overline{BC}$와 만나는 점을 D라 하자. $\overline{CD}=3$ cm이고 $\triangle ABD$의 넓이가 21 cm^2일 때, $\overline{AB}$의 길이를 구하시오.

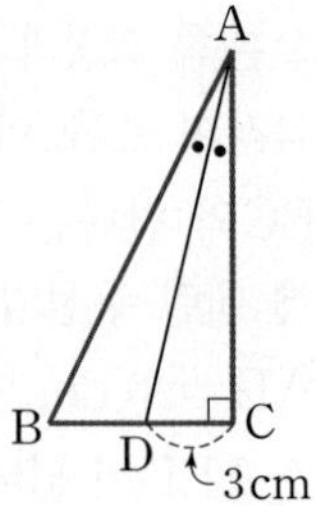

085

다음 그림에서 $\overline{AC}=\overline{CB}=\overline{BD}=\overline{DE}=\overline{EF}$이고 $\angle FEG=75°$일 때, $\angle x$의 크기를 구하시오.

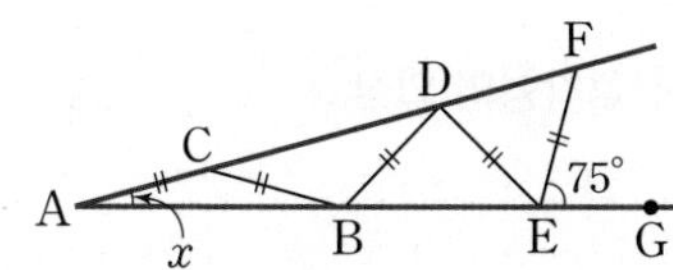

086

오른쪽 그림과 같이 $\angle A=90°$이고 $\overline{AB}=\overline{AC}$인 직각이등변삼각형 ABC의 두 꼭짓점 B, C에서 점 A를 지나는 직선 l 위에 내린 수선의 발을 각각 D, E라 하자. $\overline{BD}=10$ cm, $\overline{CE}=6$ cm일 때, 사각형 DBCE의 넓이를 구하시오.

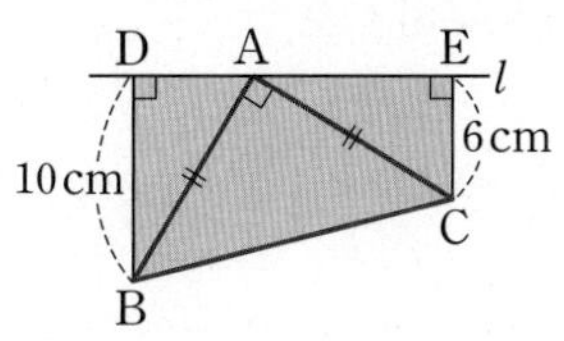

087

오른쪽 그림과 같은 △ABC에서 점 D는 $\overline{BC}$의 중점이고, 두 점 B, C에서 $\overline{AD}$와 그 연장선 위에 내린 수선의 발을 각각 E, F라 하자. $\overline{AD}=12$ cm, $\overline{CF}=5$ cm일 때, △ABC의 넓이를 구하시오.

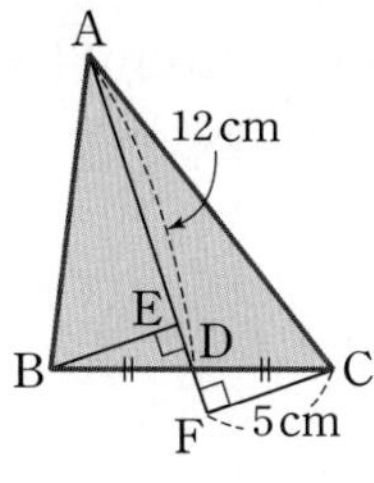

088

오른쪽 그림과 같이 $\overline{AB}=\overline{AC}$인 이등변삼각형 ABC에서 $\overline{BC}=\overline{CD}$인 점 D에 대하여 $\overline{AC}$와 $\overline{BD}$의 교점을 E라 하자. $\overline{AE}=\overline{BE}$이고 $\angle ACB=65°$일 때, $\angle x$의 크기를 구하시오.

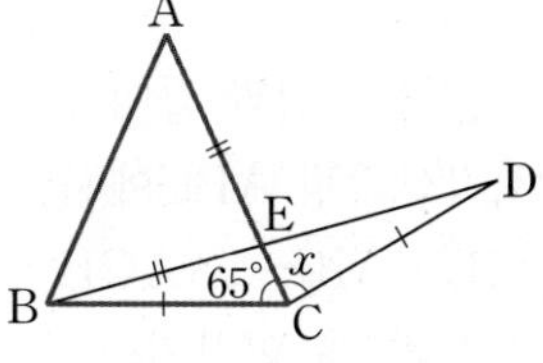

서술형 문제

089

오른쪽 그림과 같은 △ABC에서 $\overline{AD}\perp\overline{BC}$이고 $\overline{AD}$ 위의 점 E에 대하여 $\overline{AB}=\overline{CE}$, $\overline{BD}=\overline{DE}=5$ cm이다. $\overline{CD}=8$ cm일 때, $\overline{AE}$의 길이를 구하시오.

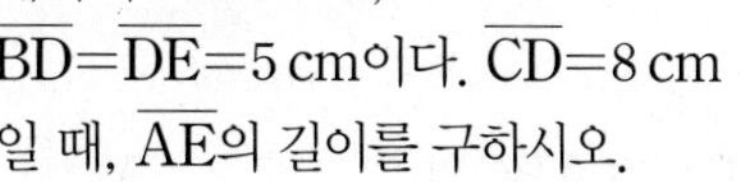

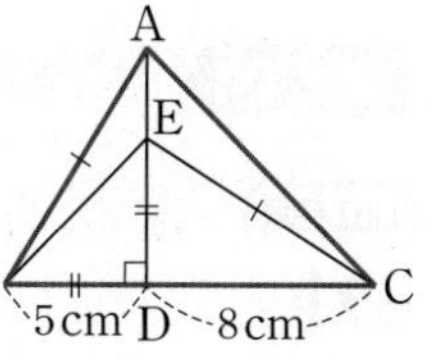

090

다음 그림과 같이 학교와 도서관이 직선 도로 위에 있고, 민수네 집에서 학교까지의 거리는 400 m, 정민이네 집에서 도서관까지의 거리는 300 m이다. 민수와 정민이는 직선 도로 위의 영화관에서 만나기로 했는데 각자 집에서 출발하여 영화관에 도착했더니 지나온 경로는 서로 수직이고 그 거리가 같았다. 학교에서 도서관까지의 거리를 구하시오.

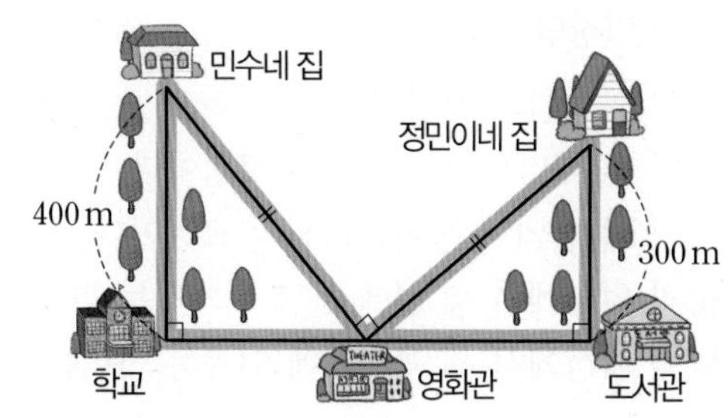

Theme 03 삼각형의 외심

유형북 24쪽

유형 01 삼각형의 외심

대표 문제

091

오른쪽 그림에서 점 O는 $\triangle ABC$의 외심일 때, 다음 중 옳지 않은 것을 모두 고르면? (정답 2개)

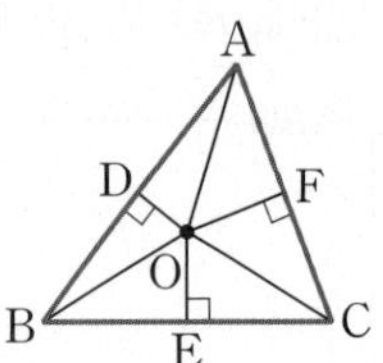

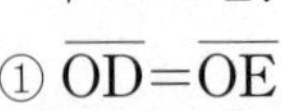

① $\overline{OD}=\overline{OE}$

② $\overline{BE}=\overline{CE}$

③ $\angle BOE=\angle BOD$

④ $\angle OCF=\angle OAF$

⑤ $\triangle AOD\equiv\triangle BOD$

092

다음 중 삼각형의 외심에 대한 설명으로 옳지 않은 것을 모두 고르면? (정답 2개)

① 삼각형의 외접원의 중심이다.

② 삼각형의 세 내각의 이등분선의 교점이다.

③ 삼각형의 세 변의 수직이등분선의 교점이다.

④ 삼각형의 외심에서 세 변에 이르는 거리는 같다.

⑤ 삼각형의 외심에서 세 꼭짓점에 이르는 거리는 같다.

유형 02 직각삼각형의 외심

대표 문제

093

오른쪽 그림과 같이 $\angle C=90°$인 직각삼각형 ABC에서 $\overline{AB}=10\text{ cm}$, $\overline{BC}=8\text{ cm}$, $\overline{CA}=6\text{ cm}$일 때, $\triangle ABC$의 외접원의 둘레의 길이를 구하시오.

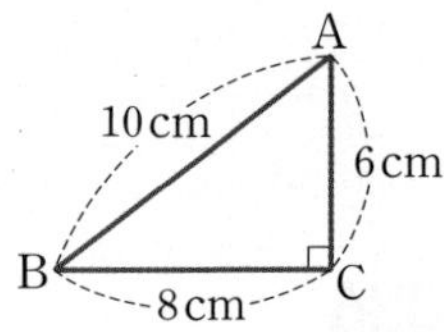

094

오른쪽 그림에서 점 O는 $\angle C=90°$인 직각삼각형 ABC의 외심이다. $\overline{AC}=24\text{ cm}$, $\overline{BC}=10\text{ cm}$, $\overline{OC}=13\text{ cm}$일 때, $\triangle AOC$의 넓이를 구하시오.

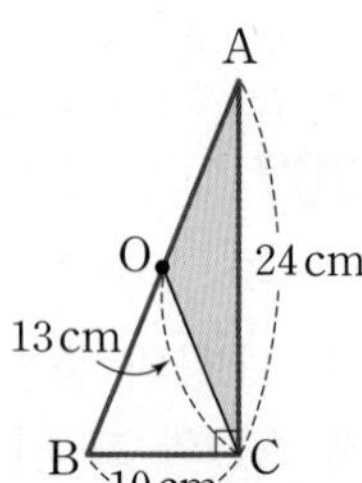

095

오른쪽 그림과 같이 $\angle A=90°$인 직각삼각형 ABC에서 $\overline{MB}=\overline{MC}$, $\angle ACB=30°$이다. $\triangle ABC$의 외접원의 둘레의 길이가 $8\pi\text{ cm}$일 때, $\triangle ABM$의 둘레의 길이를 구하시오.

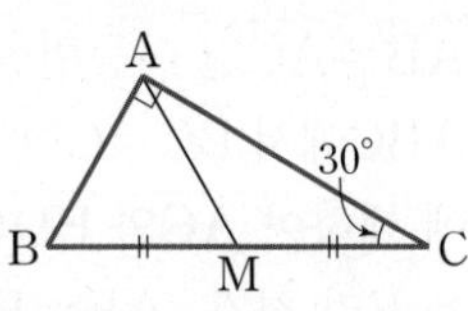

유형 03 삼각형의 외심의 응용 (1)

대표 문제

096

오른쪽 그림에서 점 O가 △ABC의 외심이고 ∠OBA=32°, ∠OCA=28°일 때, ∠x의 크기는?

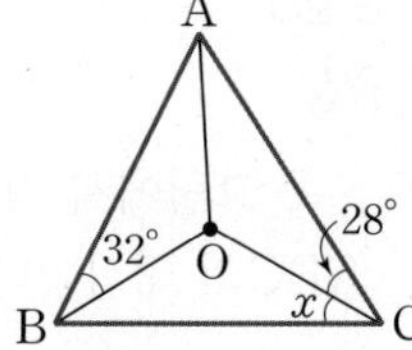

① 28° ② 29° ③ 30° ④ 31° ⑤ 32°

097

오른쪽 그림에서 점 O는 △ABC의 외심이다. $\overline{OD}\perp\overline{BC}$이고 ∠OAC=30°, ∠OBA=20°일 때, ∠BOD의 크기를 구하시오.

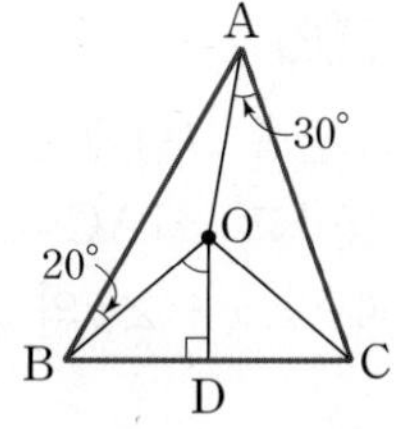

098

오른쪽 그림에서 점 O는 △ABC의 외심이다.
∠OBA : ∠OCB=3 : 4,
∠OCB : ∠OAC=4 : 5일 때,
∠BOC의 크기는?

① 100° ② 110° ③ 120° ④ 130° ⑤ 140°

유형 04 삼각형의 외심의 응용 (2)

대표 문제

099

오른쪽 그림에서 점 O가 △ABC의 외심이고 ∠B=62°일 때, ∠x의 크기는?

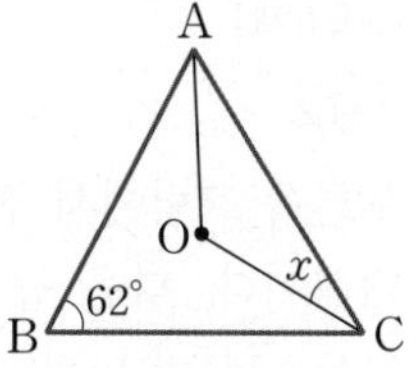

① 26° ② 28° ③ 30° ④ 32° ⑤ 34°

100

오른쪽 그림에서 점 O는 △ABC의 외심이다. ∠BOC=110°일 때, ∠x+∠y의 크기를 구하시오.

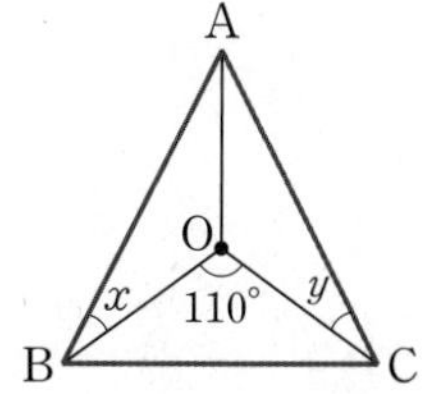

101

오른쪽 그림에서 원 O는 △ABC의 외접원이다. ∠OAB=22°일 때, ∠C의 크기를 구하시오.

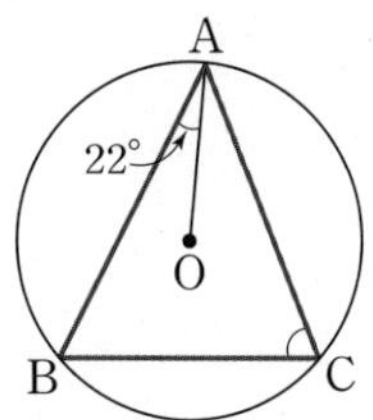

02 삼각형의 외심과 내심

Theme 04 삼각형의 내심

유형북 26쪽

유형 05 삼각형의 내심

대표 문제

102

오른쪽 그림에서 점 I는 △ABC의 내심이다. 다음 중 옳지 않은 것을 모두 고르면? (정답 2개)

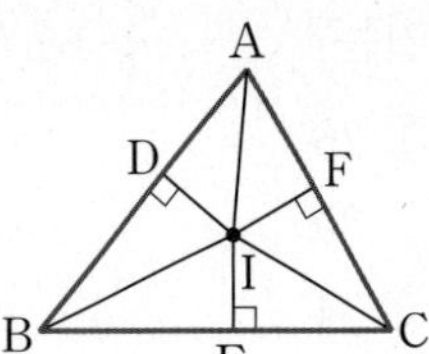

① ∠IAD=∠IAF

② $\overline{ID}=\overline{IE}=\overline{IF}$

③ △IBE≡△ICE

④ $\overline{CE}=\overline{CF}$

⑤ $\overline{IA}=\overline{IB}=\overline{IC}$

103

다음 중 삼각형의 내심에 대한 설명으로 옳지 않은 것을 모두 고르면? (정답 2개)

① 삼각형의 내접원의 중심이다.

② 삼각형의 세 내각의 이등분선의 교점이다.

③ 삼각형의 세 변의 수직이등분선의 교점이다.

④ 삼각형의 내심에서 세 변에 이르는 거리는 같다.

⑤ 삼각형의 내심에서 세 꼭짓점에 이르는 거리는 같다.

유형 06 삼각형의 내심의 응용 (1)

대표 문제

104

오른쪽 그림에서 점 I는 △ABC의 내심이다.
∠B=46°, ∠ICA=22°일 때, ∠x의 크기는?

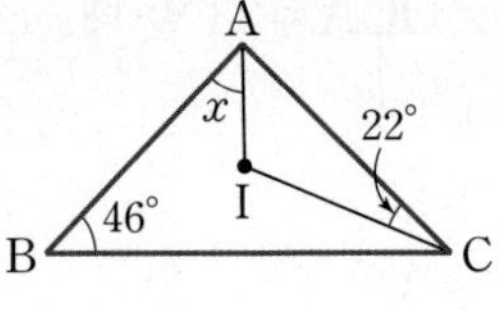

① 43° ② 44° ③ 45° ④ 46° ⑤ 47°

105

오른쪽 그림에서 점 I가 △ABC의 내심이고 ∠IAC=26°, ∠IBA=27°일 때, ∠x+∠y의 크기를 구하시오.

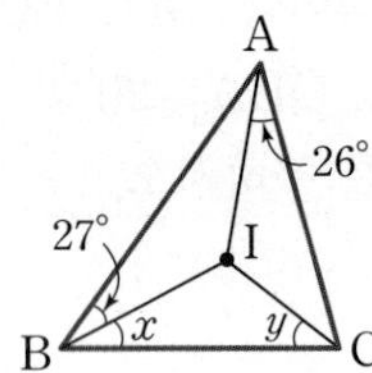

106

오른쪽 그림에서 점 I가 △ABC의 내심이고 ∠IBC=35°, ∠ICA=25°일 때, ∠y−∠x의 크기는?

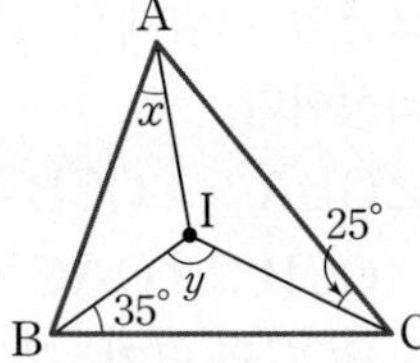

① 80° ② 85° ③ 90° ④ 95° ⑤ 100°

유형 07 삼각형의 내심의 응용 (2)

대표 문제

107

오른쪽 그림에서 점 I가 △ABC의 내심이고 ∠AIB=110°일 때, ∠x의 크기는?

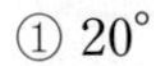
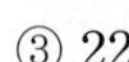

① 20° ② 21° ③ 22° ④ 23° ⑤ 24°

108

오른쪽 그림에서 점 I가 △ABC의 내심이고 ∠ICB=34°일 때, ∠AIB의 크기를 구하시오.

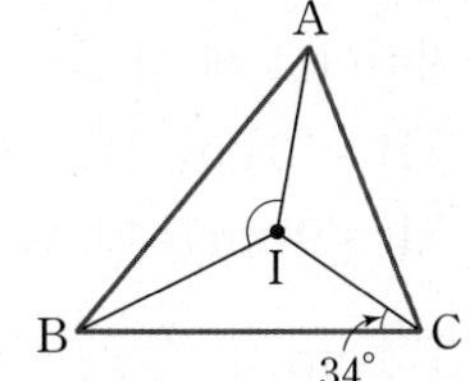

109

다음 그림에서 점 I는 △ABC의 내심이다.
∠AIB : ∠BIC : ∠AIC=4 : 6 : 5일 때, ∠ACB의 크기는?

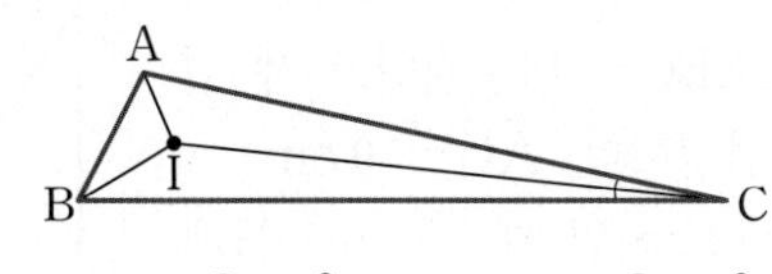

① 10° ② 12° ③ 14° ④ 16° ⑤ 18°

유형 08 삼각형의 내심과 평행선

대표 문제

110

오른쪽 그림에서 점 I가 △ABC의 내심이고 $\overline{DE}$ // $\overline{BC}$이다. $\overline{AB}$=10 cm, $\overline{AC}$=13 cm일 때, △ADE의 둘레의 길이를 구하시오.

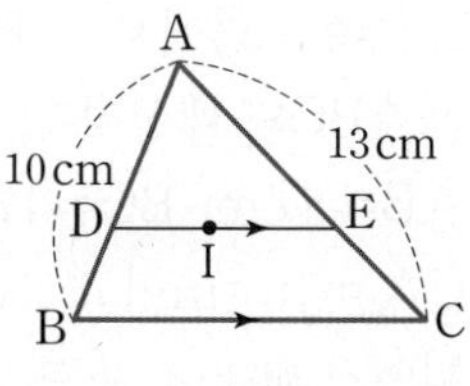

111

오른쪽 그림에서 점 I가 △ABC의 내심이고 $\overline{DE}$ // $\overline{BC}$이다. $\overline{DB}$=6 cm, $\overline{EC}$=5 cm일 때, $\overline{DE}$의 길이를 구하시오.

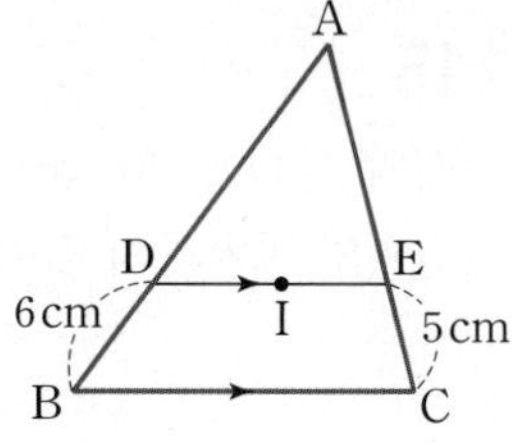

112

오른쪽 그림에서 점 I가 $\overline{AB}$=$\overline{AC}$인 이등변삼각형 ABC의 내심이고 $\overline{DE}$ // $\overline{BC}$이다. △ADE의 둘레의 길이가 30 cm일 때, $\overline{AB}$의 길이를 구하시오.

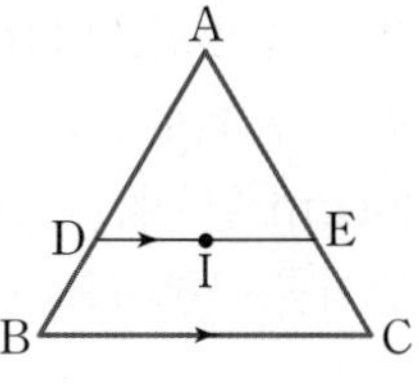

113

오른쪽 그림에서 점 I가 △ABC의 내심이고 $\overline{DE}$ // $\overline{BC}$이다. $\overline{BC}$=9 cm이고 △ADE의 둘레의 길이가 15 cm일 때, △ABC의 둘레의 길이를 구하시오.

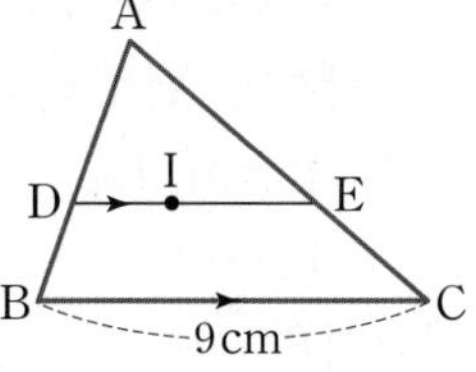

유형 09 삼각형의 내접원의 반지름의 길이

대표 문제

114

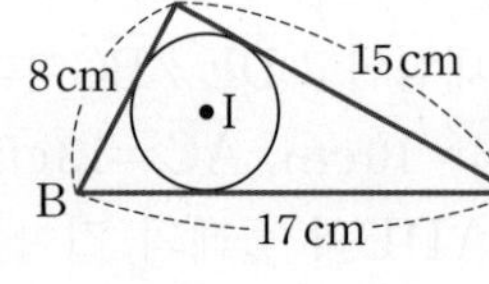

오른쪽 그림에서 점 I는 $\triangle ABC$의 내심이다. $\overline{AB}=8$ cm, $\overline{BC}=17$ cm, $\overline{CA}=15$ cm이고 $\triangle ABC$의 넓이가 60 cm^{2}일 때, $\triangle ABC$의 내접원의 반지름의 길이를 구하시오.

115

둘레의 길이가 30 cm이고, 넓이가 40 cm^{2}인 $\triangle ABC$의 내접원의 반지름의 길이를 구하시오.

116

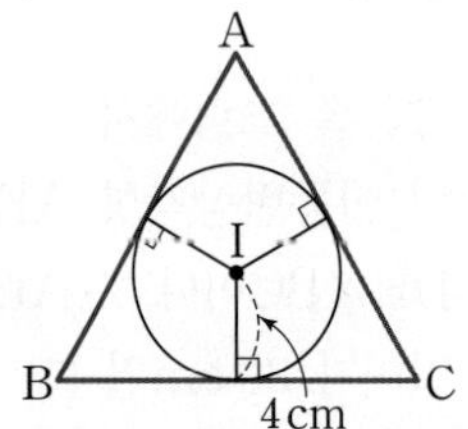

오른쪽 그림에서 점 I는 $\triangle ABC$의 내심이다. 내접원의 반지름의 길이가 4 cm, $\triangle ABC$의 넓이가 84 cm^{2}일 때, $\triangle ABC$의 둘레의 길이를 구하시오.

117

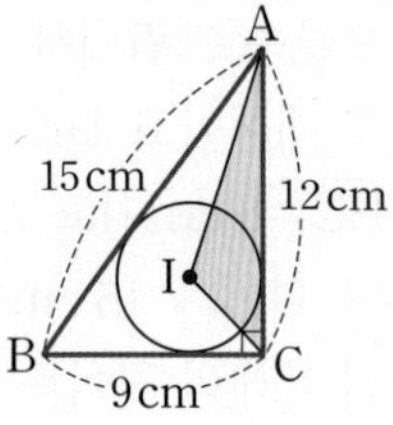

오른쪽 그림에서 점 I는 $\angle C=90°$인 직각삼각형 ABC의 내심이다. $\overline{AB}=15$ cm, $\overline{BC}=9$ cm, $\overline{AC}=12$ cm일 때, $\triangle ICA$의 넓이를 구하시오.

유형 10 삼각형의 내접원과 선분의 길이

대표 문제

118

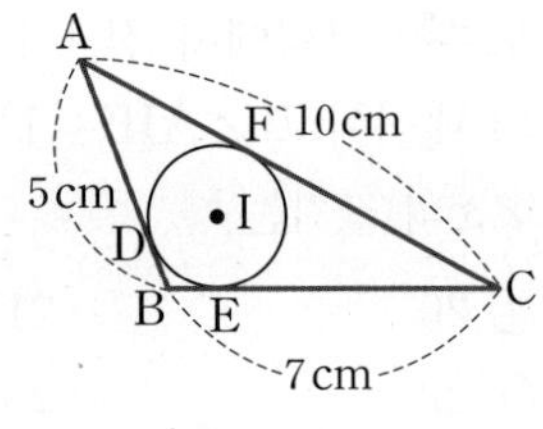

오른쪽 그림에서 원 I는 $\triangle ABC$의 내접원이고 세 점 D, E, F는 접점이다. $\overline{AB}=5$ cm, $\overline{BC}=7$ cm, $\overline{CA}=10$ cm일 때, $\overline{AD}$의 길이를 구하시오.

119

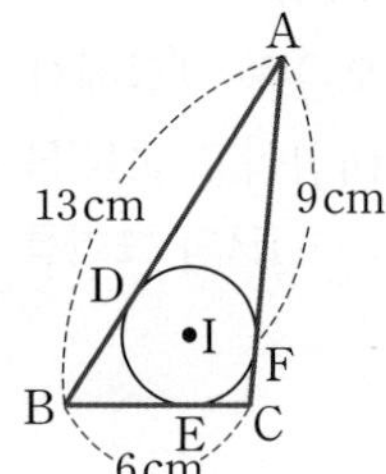
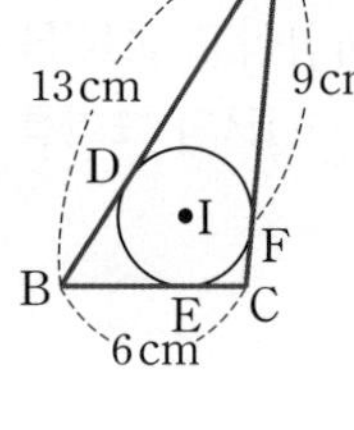

오른쪽 그림에서 원 I는 $\triangle ABC$의 내접원이고 세 점 D, E, F는 접점이다. $\overline{AB}=13$ cm, $\overline{BC}=6$ cm, $\overline{AF}=9$ cm일 때, $\overline{CF}$의 길이는?

① 1 cm ② $\frac{3}{2}$ cm
③ 2 cm ④ $\frac{5}{2}$ cm
⑤ 3 cm

120

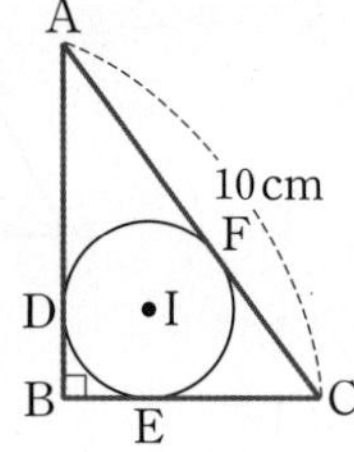

오른쪽 그림에서 원 I는 $\angle B=90°$인 직각삼각형 ABC의 내접원이고 세 점 D, E, F는 접점이다. $\overline{AC}=10$ cm, $\overline{AB}+\overline{BC}=14$ cm일 때, 원 I의 둘레의 길이를 구하시오.

유형 11 삼각형의 외심과 내심

대표 문제

121

오른쪽 그림에서 두 점 O, I는 각각 △ABC의 외심과 내심이다. ∠BOC=144°일 때, ∠BIC의 크기는?

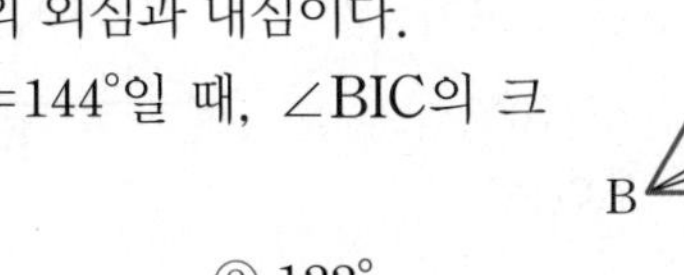

① 120° ② 122° ③ 124° ④ 126° ⑤ 128°

122

오른쪽 그림과 같이 △ABC의 외심 O와 내심 I가 일치할 때, ∠OBC의 크기를 구하시오.

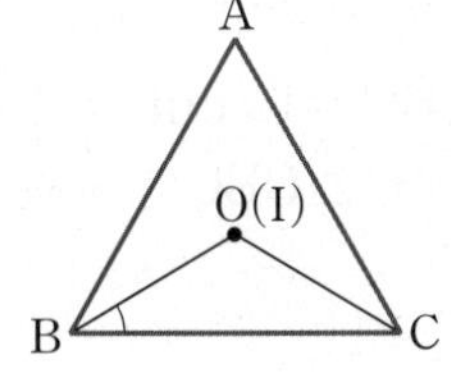

123

오른쪽 그림에서 두 점 O, I는 각각 $\overline{AB}=\overline{AC}$인 이등변삼각형 ABC의 외심과 내심이다. ∠ABC=78°일 때, ∠x의 크기를 구하시오.

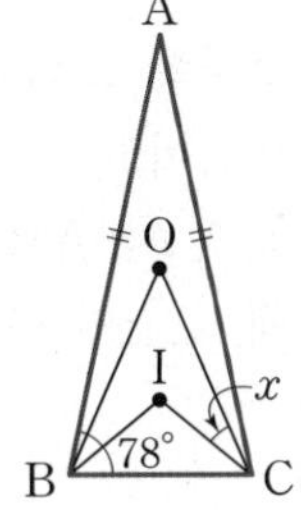

유형 12 직각삼각형의 외심과 내심

대표 문제

124

오른쪽 그림과 같이 ∠A=90°인 직각삼각형 ABC에서 두 점 O, I는 각각 △ABC의 외심과 내심이다. $\overline{AB}$=12 cm, $\overline{BC}$=13 cm, $\overline{CA}$=5 cm일 때, △ABC의 외접원과 내접원의 넓이의 합을 구하시오.

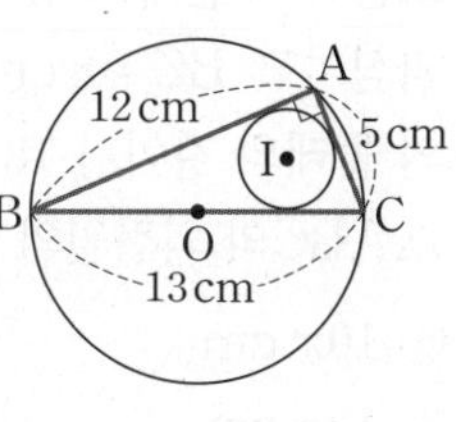

125

오른쪽 그림과 같이 ∠C=90°인 직각삼각형 ABC의 외심과 내심은 각각 O, I이고 세 점 D, E, F는 접점이다. 외접원과 내접원의 반지름의 길이가 각각 15 cm, 6 cm일 때, △ABC의 둘레의 길이를 구하시오.

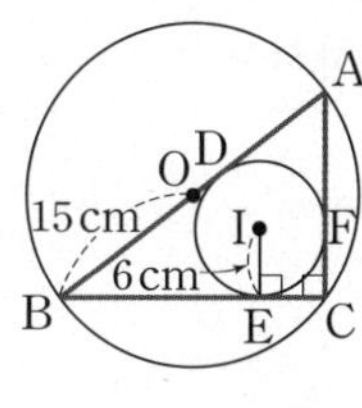

126

오른쪽 그림과 같이 ∠A=90°인 직각삼각형 ABC의 외심과 내심은 각각 O, I이고 세 점 D, E, F는 접점이다. $\overline{AB}$=15 cm, $\overline{BC}$=17 cm, $\overline{CA}$=8 cm일 때, $\overline{OE}$의 길이를 구하시오.

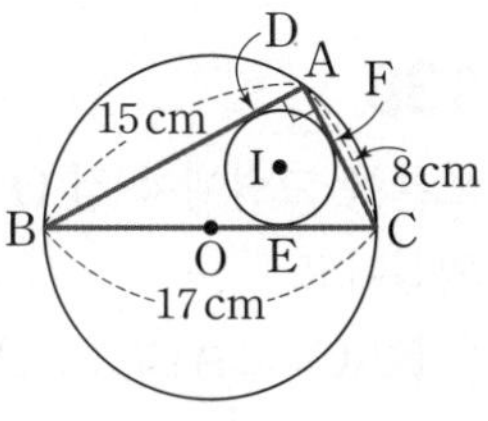

1회 유형북 24쪽 | 정답 및 풀이 85쪽

127

오른쪽 그림에서 점 O가 △ABC의 외심이고 $\overline{BC}=8$ cm이다. △OBC의 둘레의 길이가 18 cm일 때, △ABC의 외접원의 둘레의 길이는?

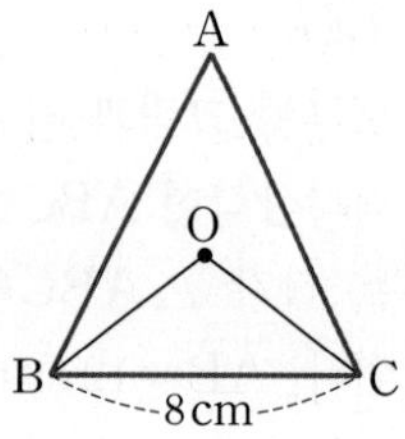

① 10π cm ② 11π cm

③ 12π cm ④ 13π cm

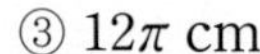

⑤ 14π cm

128

오른쪽 그림과 같이 ∠A=90°인 직각삼각형 ABC에서 $\overline{OB}=\overline{OC}$이고 ∠B=30°, $\overline{BC}=12$ cm일 때, △AOC의 둘레의 길이를 구하시오.

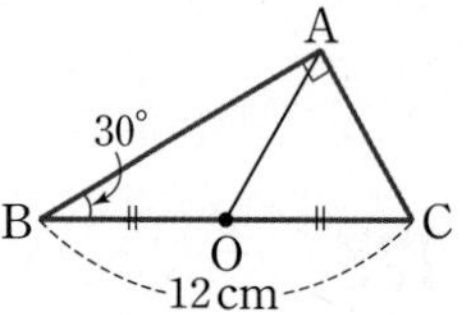

129

오른쪽 그림에서 점 O가 △ABC의 외심이고 ∠OAC=27°, ∠OBA=35°일 때, ∠ACB의 크기를 구하시오.

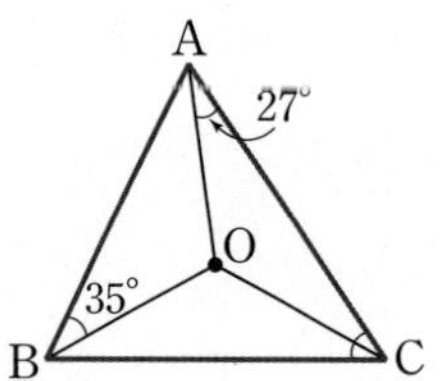

130

오른쪽 그림에서 점 O가 △ABC의 외심이고
∠BAC : ∠ABC : ∠ACB=3 : 2 : 4일 때, ∠x의 크기를 구하시오.

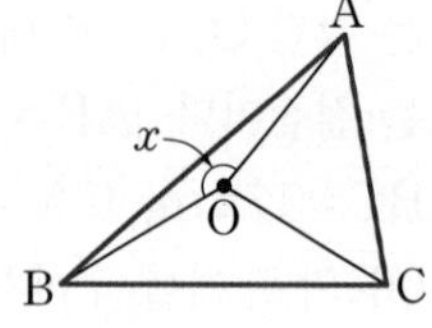

131

오른쪽 그림에서 점 O가 △ABC의 외심이고 $\overline{OD}=\overline{OE}$, ∠B=40°일 때, ∠A의 크기는?

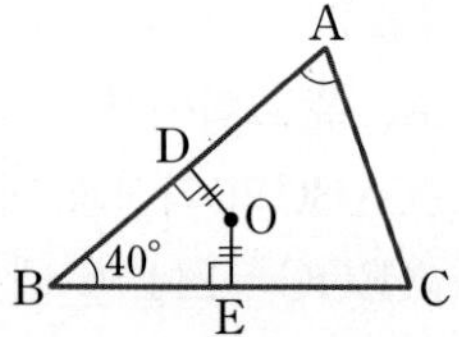

① 65° ② 70°

③ 75° ④ 80°

⑤ 85°

132

오른쪽 그림에서 점 O는 ∠B=90°인 직각삼각형 ABC의 외심이다. $\overline{AB}=5$ cm, $\overline{BC}=12$ cm, $\overline{CA}=13$ cm일 때, △OBC의 둘레의 길이를 구하시오.

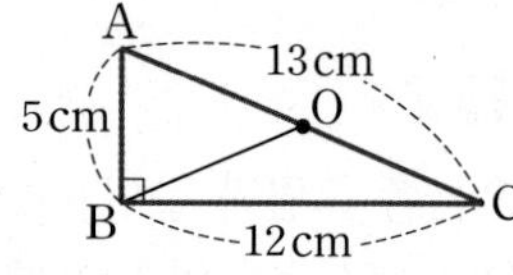

실력 UP

133

오른쪽 그림에서 점 O는 △ABC의 외심이고
∠A : ∠ABC : ∠ACB=2 : 3 : 4일 때, ∠x의 크기를 구하시오.

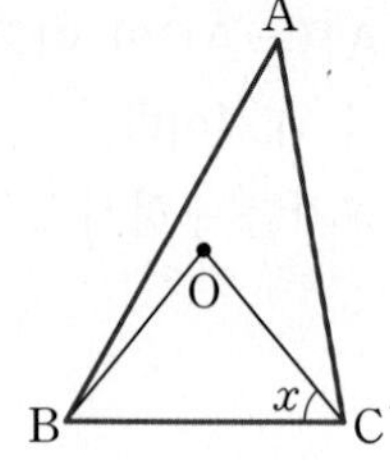

134

오른쪽 그림에서 점 O가 $\triangle ABC$의 외심이고 $\overline{OD}\perp\overline{AB}$, $\overline{OE}\perp\overline{BC}$, $\overline{OF}\perp\overline{AC}$이다. $\overline{AD}=5\,cm$, $\overline{BE}=6\,cm$, $\overline{AF}=4\,cm$일 때, $\triangle ABC$의 둘레의 길이는?

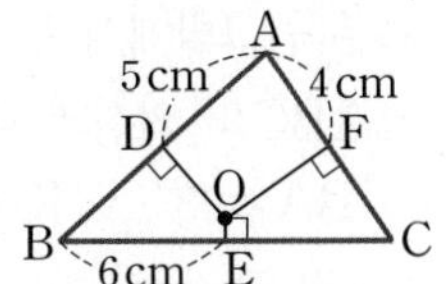

① 25 cm ② 26 cm ③ 28 cm ④ 30 cm ⑤ 32 cm

135

오른쪽 그림에서 점 O가 $\triangle ABC$의 외심이고 $\overline{OD}\perp\overline{BC}$이다. $\angle COD=70°$일 때, $\angle x$의 크기를 구하시오.

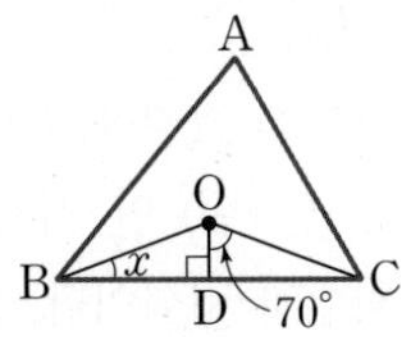

136

오른쪽 그림에서 점 O가 $\triangle ABC$의 외심이고 $\angle OAC=30°$, $\angle BOC=116°$일 때, $\angle x$의 크기는?

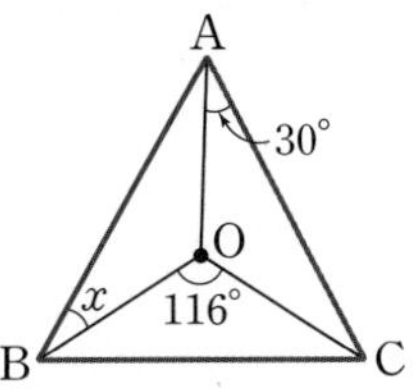

① 26° ② 28° ③ 30° ④ 31° ⑤ 32°

137

오른쪽 그림에서 점 O가 $\triangle ABC$의 외심이고 $\angle B=70°$일 때, $\angle x$의 크기를 구하시오.

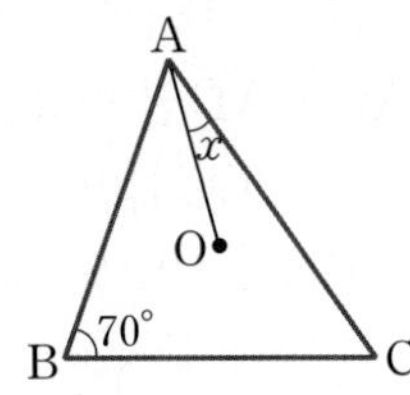

138

오른쪽 그림에서 점 O는 $\triangle ABC$의 외심이고, 점 O에서 $\overline{AB}$, $\overline{BC}$, $\overline{CA}$에 내린 수선의 발을 각각 D, E, F라 하자. $\overline{BE}=4\,cm$, $\overline{OE}=3\,cm$이고 $\triangle ABC$의 넓이가 $34\,cm^2$일 때, 사각형 ADOF의 넓이는?

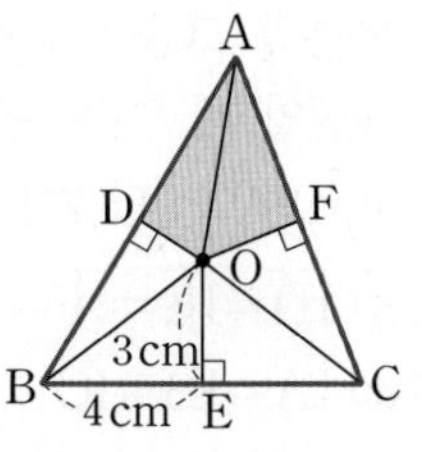

① $11\,cm^2$ ② $12\,cm^2$ ③ $13\,cm^2$ ④ $14\,cm^2$ ⑤ $15\,cm^2$

139

오른쪽 그림과 같이 $\angle A=90°$인 직각삼각형 ABC에서 점 D는 $\overline{BC}$의 중점이다. $\overline{AE}\perp\overline{BC}$이고 $\angle B=60°$일 때, $\angle x$의 크기는?

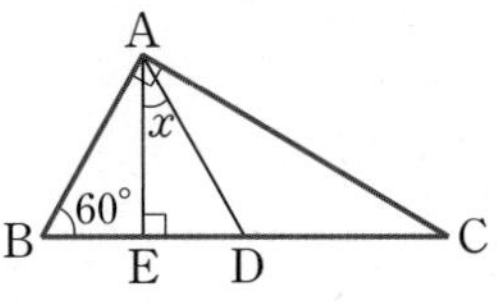

① 25° ② 30° ③ 32° ④ 35° ⑤ 38°

실력 UP

140

오른쪽 그림에서 $\triangle ABC$는 $\overline{AC}=\overline{BC}$인 이등변삼각형이고 점 O는 $\triangle ABC$의 외심, 점 D는 $\overline{BO}$의 연장선과 $\overline{AC}$의 교점이다. $\angle ABD=40°$일 때, $\angle BDC$의 크기를 구하시오.

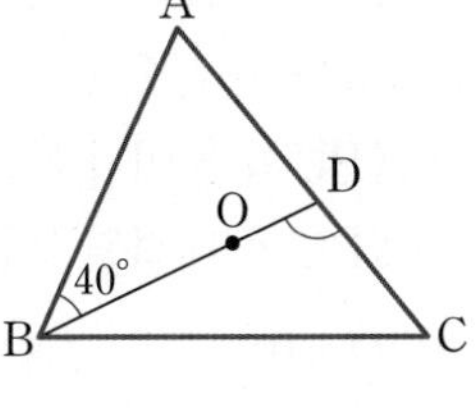

141

오른쪽 그림에서 점 I가 △ABC의 내심일 때, 다음 중 옳은 것을 모두 고르면? (정답 2개)

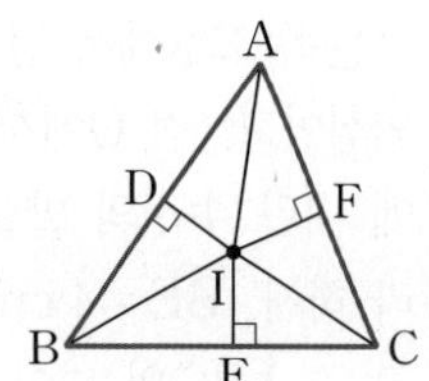

① $\overline{ID}=\overline{IE}=\overline{IF}$
② $\overline{IA}=\overline{IB}=\overline{IC}$
③ $\angle IAD=\angle IAF$
④ $\angle IBE=\angle ICE$
⑤ $\triangle IAF\equiv\triangle ICF$

142

오른쪽 그림에서 점 I가 △ABC의 내심이고 $\angle IAC=30°$, $\angle AIB=130°$일 때, $\angle x$의 크기를 구하시오.

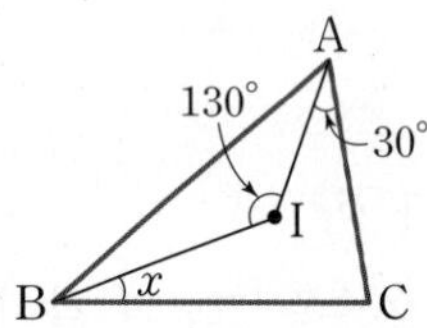

143

오른쪽 그림에서 점 I는 $\overline{AB}=\overline{AC}$인 이등변삼각형 ABC의 내심이다. $\angle BAC=36°$일 때, $\angle x-\angle y$의 크기는?

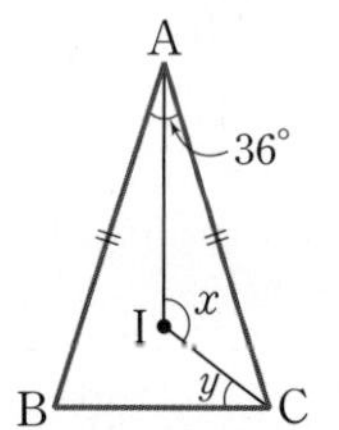

① 90°　② 95°
③ 100°　④ 105°
⑤ 110°

144

오른쪽 그림에서 점 I는 △ABC의 내심이다. $\overline{AB}=13$ cm, $\overline{BC}=15$ cm, $\overline{CA}=14$ cm이고 △ABC의 넓이가 84 cm^2일 때, △ABC의 내접원 I의 넓이는?

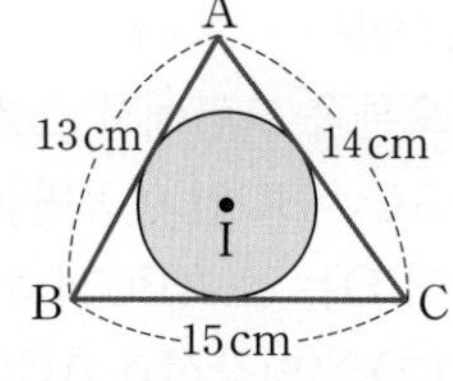

① 9π cm^2　② 10π cm^2　③ 12π cm^2
④ 14π cm^2　⑤ 16π cm^2

145

오른쪽 그림에서 두 점 O, I는 각각 △ABC의 외심과 내심이다. $\angle IBA=23°$, $\angle ICA=32°$일 때, $\angle x$의 크기는?

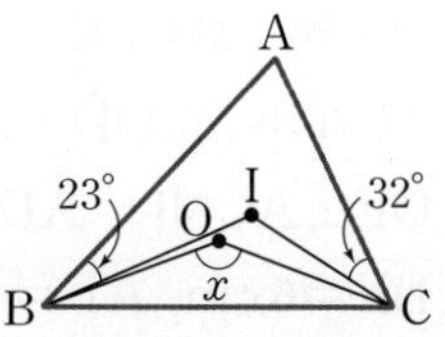

① 135°　② 140°　③ 145°
④ 150°　⑤ 155°

146

오른쪽 그림에서 두 점 O, I는 각각 $\angle B=90°$인 직각삼각형 ABC의 외심과 내심이다. $\overline{AB}=3$ cm, $\overline{BC}=4$ cm, $\overline{AC}=5$ cm일 때, △ABC의 외접원과 내접원의 둘레의 길이의 합은?

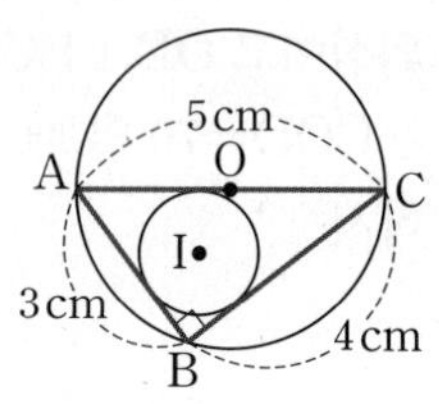

① 6π cm　② 7π cm　③ 8π cm
④ 9π cm　⑤ 10π cm

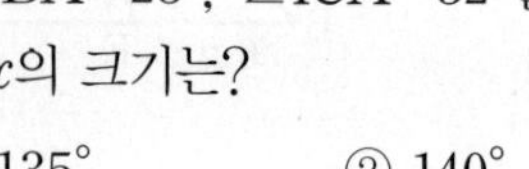

147

오른쪽 그림에서 점 I는 $\overline{AC}=\overline{BC}$인 이등변삼각형 ABC의 내심이고, 점 I′은 $\overline{AC}=\overline{AD}$인 이등변삼각형 ACD의 내심이다. $\angle BIC=107°$일 때, $\angle CI'D$의 크기를 구하시오.

(단, 점 C는 $\overline{BD}$ 위의 점이다.)

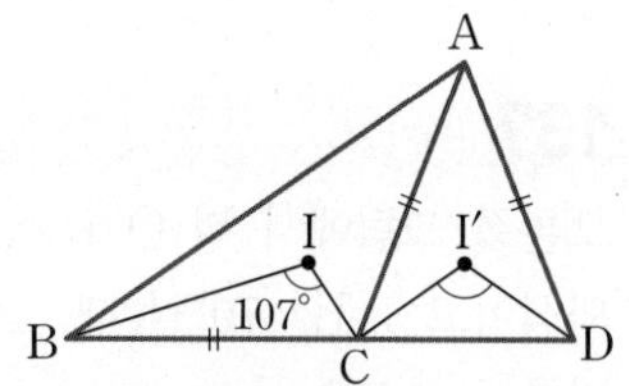

148

오른쪽 그림에서 점 I는 △ABC의 내심이다. ∠IBA=26°, ∠ICA=32°일 때, ∠A의 크기를 구하시오.

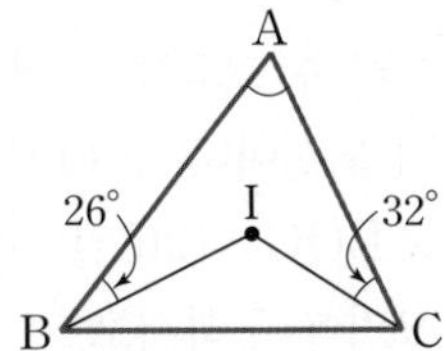

149

오른쪽 그림에서 점 I는 △ABC의 내심이다. ∠A=64°일 때, $\angle x+\angle y$의 크기는?

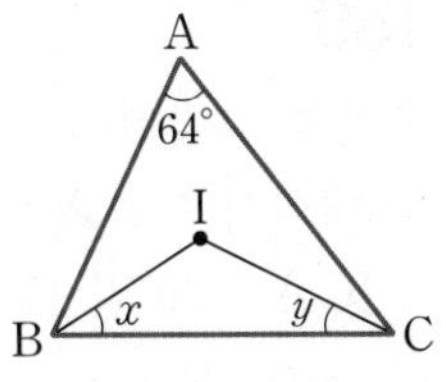

① 45° ② 50° ③ 53° ④ 55° ⑤ 58°

150

오른쪽 그림에서 점 I가 △ABC의 내심이고 $\overline{DE}/\!/\overline{BC}$이다. $\overline{AD}$=12 cm, $\overline{AE}$=8 cm, $\overline{DE}$=10 cm, $\overline{BC}$=15 cm일 때, △ABC의 둘레의 길이는?

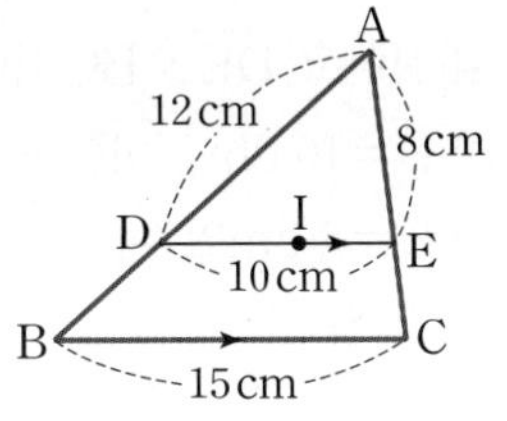

① 40 cm ② 41 cm ③ 43 cm ④ 45 cm ⑤ 46 cm

151

오른쪽 그림에서 점 I는 ∠A=90°인 직각삼각형 ABC의 내심이고 세 점 D, E, F는 접점이다. $\overline{AC}$=5 cm, $\overline{BC}$=13 cm이고 $\overline{ID}$=2 cm일 때, $\overline{AB}$의 길이를 구하시오.

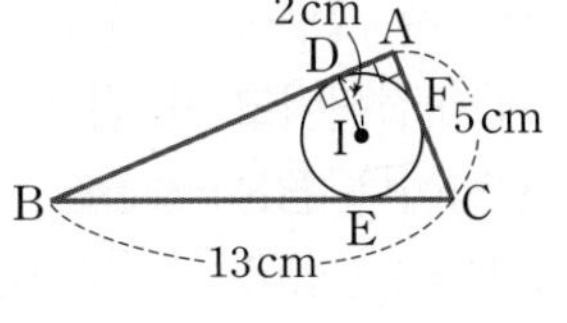

152

오른쪽 그림에서 두 점 O, I는 각각 △ABC의 외심과 내심이다. ∠A=68°일 때, $\angle x$의 크기를 구하시오.

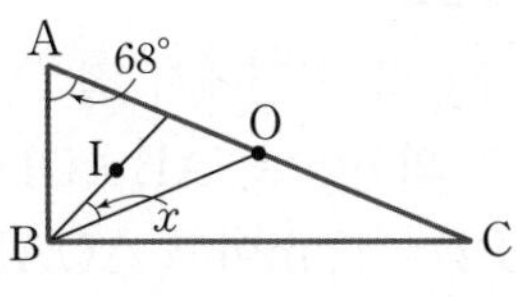

153

오른쪽 그림에서 점 I는 ∠B=90°인 직각삼각형 ABC의 내심이고 세 점 D, E, F는 접점이다. $\overline{AB}$=5 cm, $\overline{BC}$=12 cm, $\overline{CA}$=13 cm일 때, 색칠한 부분의 넓이는?

① $\left(4-\frac{\pi}{2}\right)$ cm² ② $(4-\pi)$ cm² ③ $(4+\pi)$ cm² ④ $(9-2\pi)$ cm² ⑤ $(9-\pi)$ cm²

실력 UP

154

오른쪽 그림과 같이 $\overline{AB}=\overline{AC}$=17 cm, $\overline{BC}$=16 cm인 이등변삼각형 ABC의 내심 I에 대하여 꼭짓점 A와 내심 I를 지나는 선과 내접원의 교점을 E, H라 하자. $\overline{AH}$=15 cm일 때, $\overline{AE}$의 길이를 구하시오.

(단, 점 H는 접점이다.)

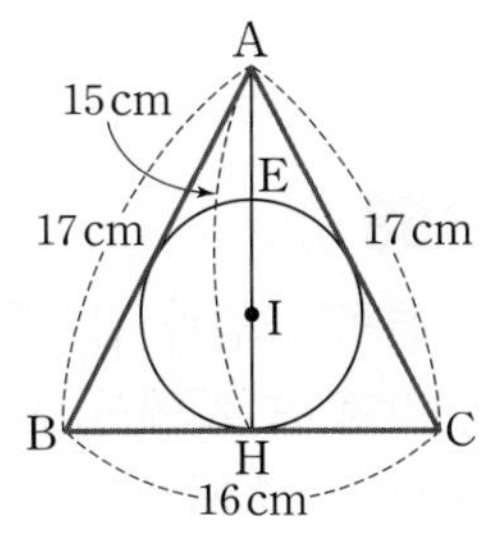

155

오른쪽 그림에서 점 O는 $\triangle ABC$의 외심이다. $\overline{AB}\perp\overline{OD}$, $\overline{BD}=4$ cm이고 $\triangle OAB$의 둘레의 길이가 18 cm일 때, $\triangle ABC$의 외접원의 반지름의 길이를 구하시오.

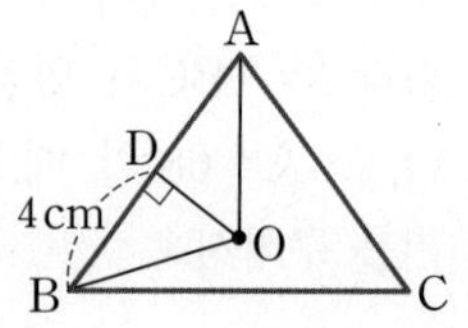

156

오른쪽 그림에서 점 O가 $\triangle ABC$의 외심이고 $\angle AOB=40°$, $\angle BOC=70°$일 때, $\angle ABC$의 크기는?

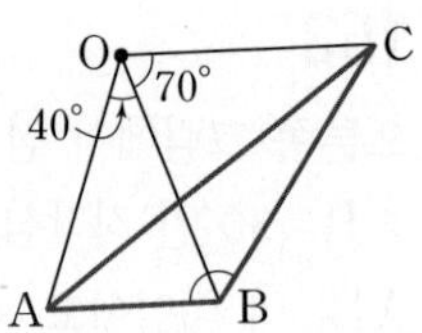

① 120° ② 125° ③ 130°
④ 135° ⑤ 140°

157

오른쪽 그림에서 점 O가 $\triangle ABC$의 외심일 때, 다음 중 옳지 않은 것은?

① $\overline{AF}=\overline{CF}$
② $\overline{OA}=\overline{OB}=\overline{OC}$
③ $\angle OBE=\angle OCE$
④ $\angle OAD=\angle OAF$
⑤ $\triangle OAD\equiv\triangle OBD$

158

오른쪽 그림과 같이 $\angle B=90°$인 직각삼각형 ABC에서 점 M은 $\overline{AC}$의 중점이다. $\angle AMB:\angle BMC=3:2$일 때, $\angle C$의 크기를 구하시오.

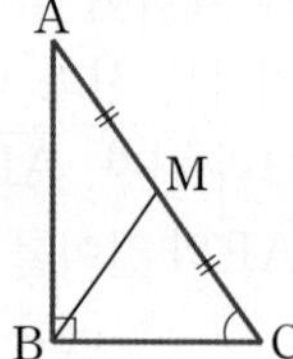

159

오른쪽 그림에서 점 O는 $\triangle ABC$의 외심이다. $\angle OAC=30°$, $\angle BOC=130°$일 때, $\angle y-\angle x$의 크기를 구하시오.

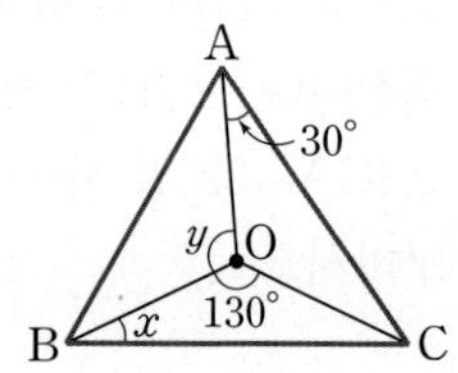

160

오른쪽 그림에서 점 I가 $\triangle ABC$의 내심이고 $\angle A=84°$, $\angle ICA=20°$일 때, $\angle x$의 크기를 구하시오.

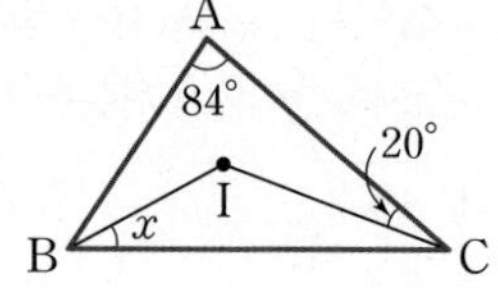

161

오른쪽 그림에서 점 I는 $\triangle ABC$의 내심이고 $\overline{DE}\,/\!/\,\overline{BC}$이다. $\overline{AD}=10$ cm, $\overline{DE}=9$ cm, $\overline{AE}=8$ cm일 때, $\overline{AB}$와 $\overline{AC}$의 길이의 합은?

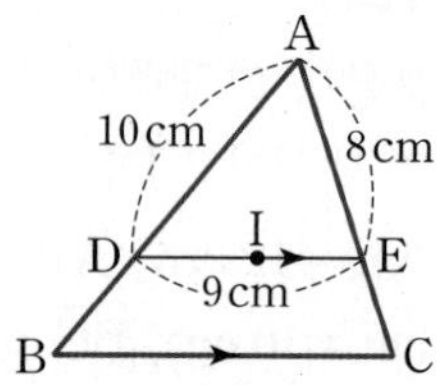

① 26 cm ② 27 cm ③ 28 cm
④ 29 cm ⑤ 30 cm

162

오른쪽 그림에서 원 I는 $\triangle ABC$의 내접원이고 세 점 D, E, F는 접점이다. $\overline{BE}=6$ cm, $\overline{CE}=8$ cm이고 $\triangle ABC$의 둘레의 길이가 38 cm일 때, $\overline{AD}$의 길이를 구하시오.

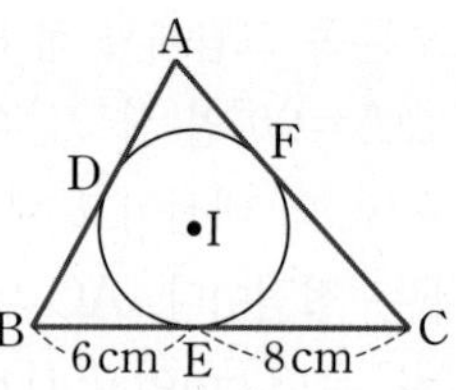

163

오른쪽 그림에서 점 O는 $\overline{AB}=\overline{AC}$인 이등변삼각형 ABC의 외심이다. $\angle A=40°$일 때, $\angle x$의 크기를 구하시오.

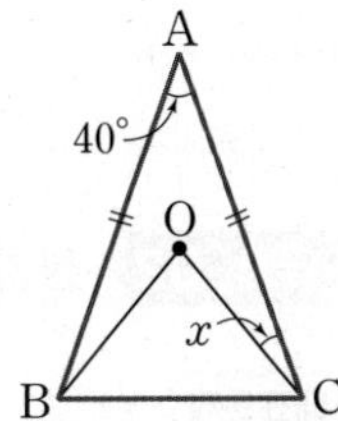

164

오른쪽 그림에서 점 I는 △ABC의 내심이다. $\angle ADB=85°$, $\angle AEB=80°$일 때, $\angle C$의 크기를 구하시오.

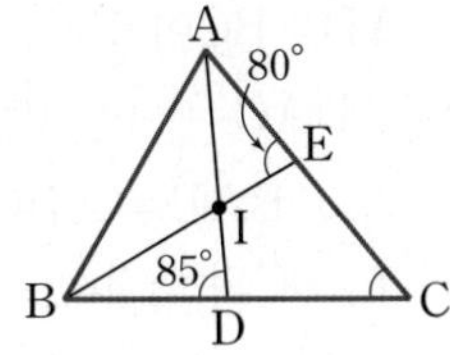

165

오른쪽 그림에서 점 I는 $\angle C=90°$인 직각삼각형 ABC의 내심이다. $\overline{AB}=20$ cm, $\overline{BC}=16$ cm, $\overline{AC}=12$ cm일 때, △IBC의 넓이를 구하시오.

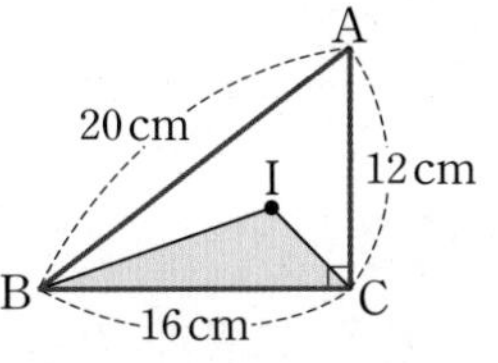

166

오른쪽 그림에서 두 점 O, I는 각각 △ABC의 외심과 내심이다. $\angle ABC=50°$, $\angle C=70°$일 때, $\angle x$의 크기를 구하시오.

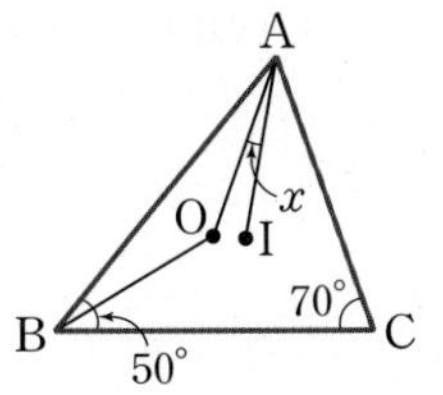

서술형 문제

167

오른쪽 그림에서 점 O는 △ABC의 외심이다. $\angle A=60°$, $\angle ABC=70°$일 때, $\angle x$의 크기를 구하시오.

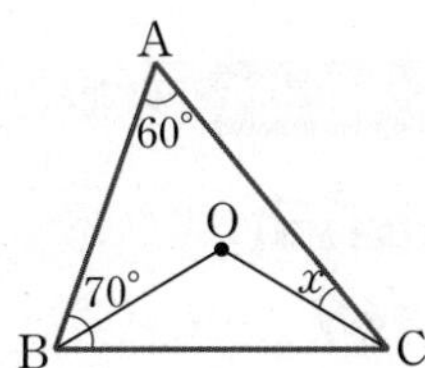

〈풀이〉

168

오른쪽 그림에서 점 I는 △ABC의 내심이다. $\overline{BI}$의 연장선과 $\angle C$의 외각의 이등분선의 교점을 D라 하자. $\angle A=68°$일 때, $\angle x$의 크기를 구하시오.

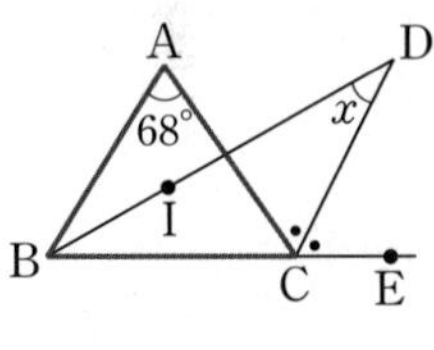

〈풀이〉

Theme 05 평행사변형의 성질

유형북 38쪽

유형 01 평행사변형의 뜻

대표 문제

169

오른쪽 그림과 같은 평행사변형 ABCD에서 $\angle ABD=40°$, $\angle ACD=65°$일 때, $\angle x+\angle y$의 크기는?

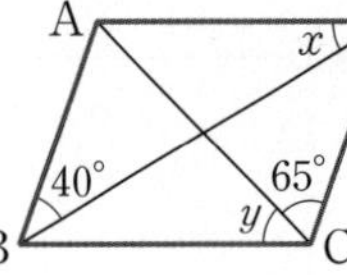

① 66° ② 69° ③ 72°
④ 75° ⑤ 78°

170

오른쪽 그림과 같은 평행사변형 ABCD에서 $\angle x$의 크기를 구하시오.

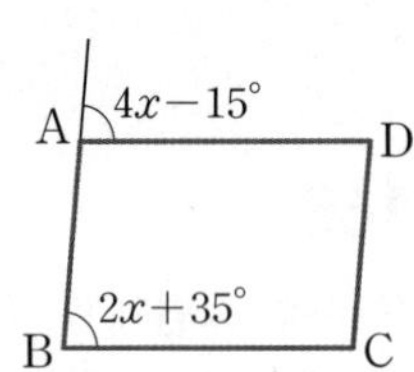

171

오른쪽 그림과 같은 평행사변형 ABCD에서 점 O는 두 대각선의 교점이다. $\angle BAC=70°$, $\angle BDC=35°$일 때, $\angle BOC$의 크기는?

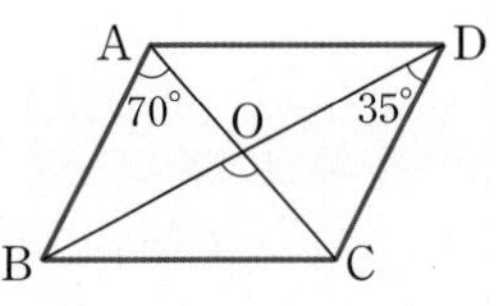

① 95° ② 100° ③ 105°
④ 110° ⑤ 115°

유형 02 평행사변형의 성질

대표 문제

172

다음은 평행사변형에서 두 쌍의 대각의 크기가 각각 같음을 설명하는 과정이다. (가)~(라)에 알맞은 것을 구하시오.

> 평행사변형 ABCD에서
> $\overline{AB}/\!/\overline{DC}$이므로
> $\angle BAC=$ (가) (엇각)
> $\overline{AD}/\!/\overline{BC}$이므로
> $\angle DAC=$ (나) (엇각)
> $\therefore \angle BAD=\angle BCD$
> 또, $\overline{BC}$의 연장선 위에 한 점 E를 잡으면
> $\angle ABC=$ (다) (동위각),
> (라) $=\angle DCE$ (엇각)
> $\therefore \angle ABC=\angle ADC$

173

오른쪽 그림과 같은 평행사변형 ABCD에서 두 대각선의 교점을 O라 할 때, 다음 중 옳지 않은 것을 모두 고르면? (정답 2개)

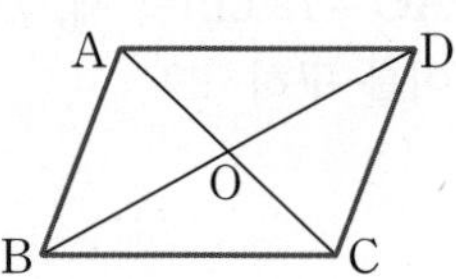

① $\overline{AC}=\overline{BC}$
② $\overline{OA}=\overline{OC}$, $\overline{OB}=\overline{OD}$
③ $\angle BAD+\angle ADC=180°$
④ $\angle ABC+\angle ADC=180°$
⑤ $\triangle AOD\equiv\triangle COB$

174

오른쪽 그림과 같은 평행사변형 ABCD에서 $x+y$의 값을 구하시오.

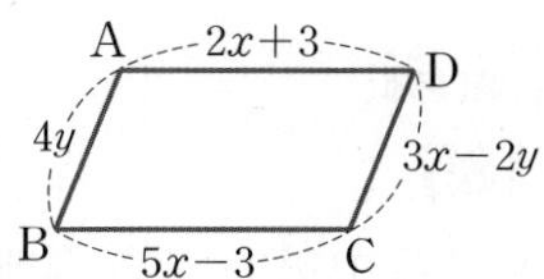

175

오른쪽 그림과 같은 평행사변형 ABCD에서 $\angle ABD=46°$, $\angle ADB=36°$일 때, $\angle x$의 크기는?

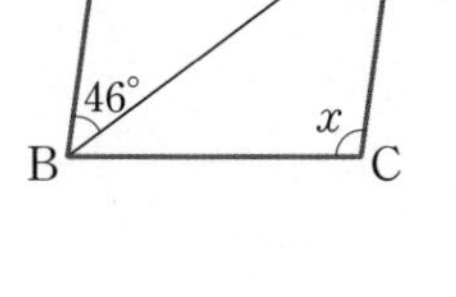

① 94°　② 96°
③ 98°　④ 100°
⑤ 102°

176

오른쪽 그림과 같은 평행사변형 ABCD에서 $\overline{AD}\,/\!/\,\overline{EF}$, $\overline{AB}\,/\!/\,\overline{HG}$일 때, $x+y+z$의 값은?

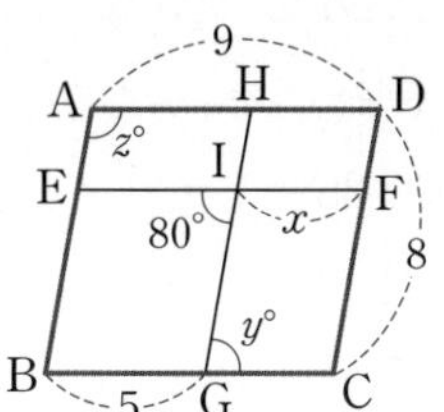

① 164　② 175
③ 180　④ 184
⑤ 194

177

오른쪽 그림과 같은 평행사변형 ABCD에서 점 O는 두 대각선의 교점이다. $\overline{AD}=9$, $\overline{BD}=16$, $\angle BCD=98°$일 때, $x-y+z$의 값을 구하시오.

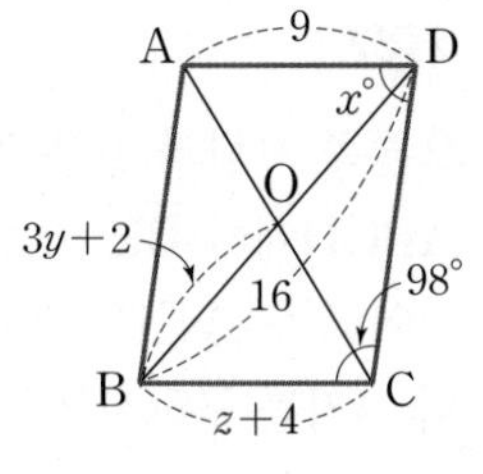

유형 03 평행사변형의 성질의 활용 (1) – 대변

대표 문제

178

오른쪽 그림과 같은 평행사변형 ABCD에서 $\angle C$의 이등분선이 $\overline{BA}$의 연장선과 만나는 점을 E라 하자. $\overline{BC}=13\,\text{cm}$, $\overline{CD}=7\,\text{cm}$일 때, $\overline{AE}$의 길이는?

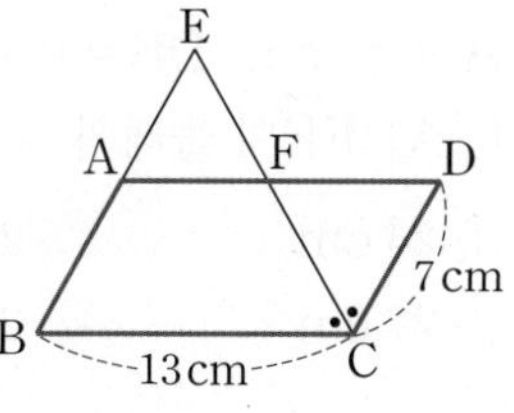

① 5 cm　② $\frac{11}{2}$ cm　③ 6 cm
④ $\frac{13}{2}$ cm　⑤ 7 cm

179

오른쪽 그림과 같은 평행사변형 ABCD에서 $\angle B$의 이등분선이 $\overline{AD}$와 만나는 점을 E라 하자. $\overline{BC}=10\,\text{cm}$, $\overline{CD}=8\,\text{cm}$일 때, $\overline{ED}$의 길이는?

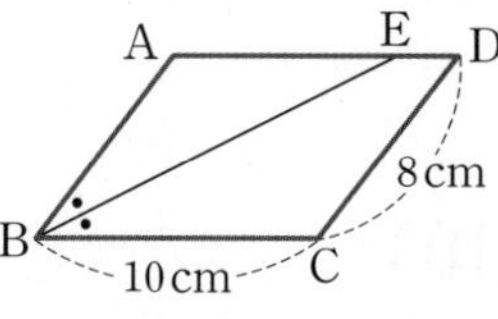

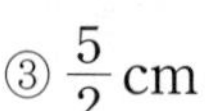
① $\frac{3}{2}$ cm　② 2 cm　③ $\frac{5}{2}$ cm
④ 3 cm　⑤ $\frac{7}{2}$ cm

180

오른쪽 그림과 같은 평행사변형 ABCD에서 $\angle A$의 이등분선이 $\overline{BC}$와 만나는 점을 E라 하자. $\overline{AB}=9\,\text{cm}$, $\overline{EC}=4\,\text{cm}$일 때, $\overline{AD}$의 길이를 구하시오.

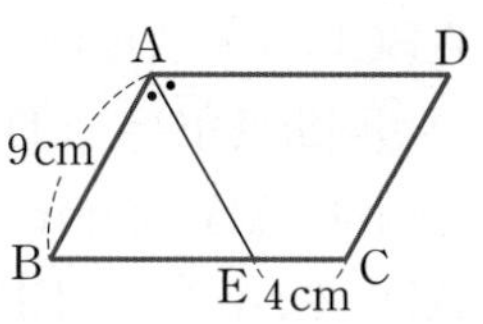

181

오른쪽 그림에서 $\triangle ABC$는 $\overline{AB}=\overline{AC}$인 이등변삼각형이고 $\square ADEF$는 평행사변형이다. $\overline{AD}=4\text{ cm}$, $\overline{DB}=10\text{ cm}$일 때, $\square ADEF$의 둘레의 길이는?

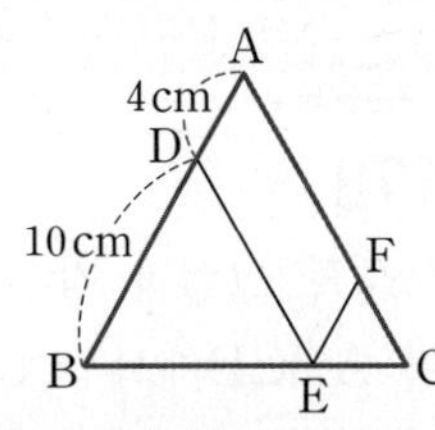

① 24 cm ② 25 cm ③ 26 cm
④ 27 cm ⑤ 28 cm

182

오른쪽 그림과 같은 평행사변형 ABCD에서 $\overline{BC}$의 중점을 E라 하고 $\overline{AE}$의 연장선이 $\overline{DC}$의 연장선과 만나는 점을 F라 하자. $\overline{AB}=5\text{ cm}$, $\overline{AD}=7\text{ cm}$일 때, $\overline{DF}$의 길이를 구하시오.

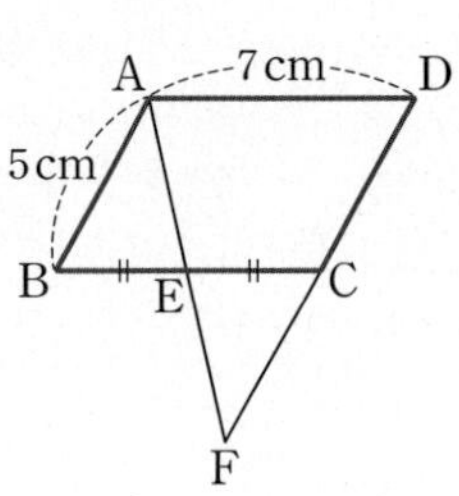

183

오른쪽 그림의 좌표평면에서 $\square ABCD$가 평행사변형일 때, 점 A의 좌표는?

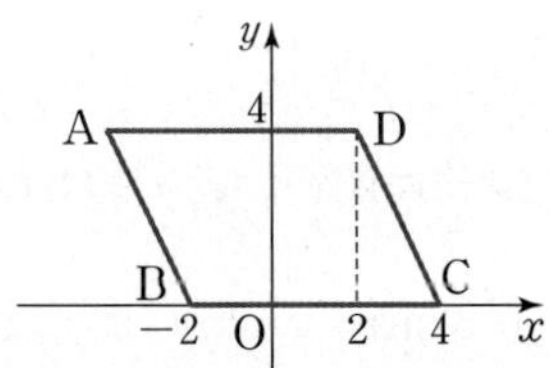

① $(-5,\ 3)$ ② $(-5,\ 4)$
③ $(-4,\ 3)$ ④ $(-4,\ 4)$
⑤ $(-3,\ 4)$

184

오른쪽 그림과 같은 평행사변형 ABCD에서 $\overline{AE}$는 $\angle A$의 이등분선이고 $\overline{DF}$는 $\angle D$의 이등분선이다. $\overline{AB}=6\text{ cm}$, $\overline{AD}=9\text{ cm}$일 때, $\overline{EF}$의 길이를 구하시오.

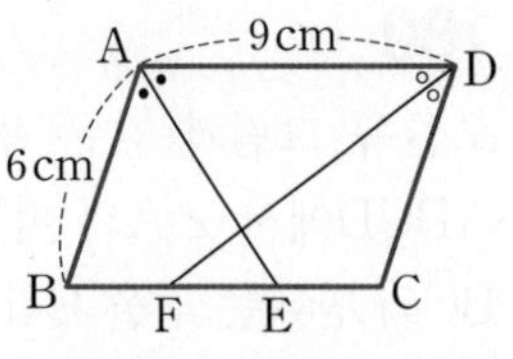

유형 04 평행사변형의 성질의 활용 (2) – 대각

대표 문제

185

오른쪽 그림과 같은 평행사변형 ABCD에서 $\angle A : \angle B = 3 : 1$일 때, $\angle D$의 크기는?

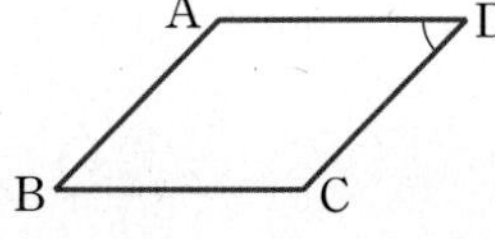

① $40°$ ② $45°$
③ $50°$ ④ $55°$
⑤ $60°$

186

오른쪽 그림과 같은 평행사변형 ABCD에서 $\overline{CP}$는 $\angle C$의 이등분선이고 $\angle B=60°$, $\angle DPC=90°$일 때, $\angle x$의 크기는?

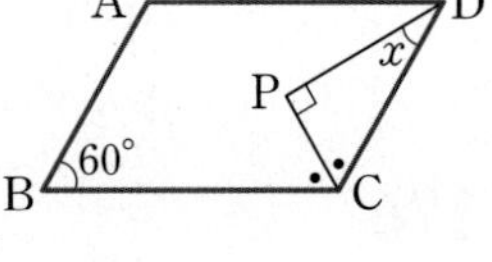

① $25°$ ② $30°$ ③ $35°$
④ $40°$ ⑤ $45°$

187

오른쪽 그림과 같은 평행사변형 ABCD에서 $\overline{BE}$는 $\angle B$의 이등분선이고 $\angle AEB=50°$일 때, $\angle C$의 크기를 구하시오.

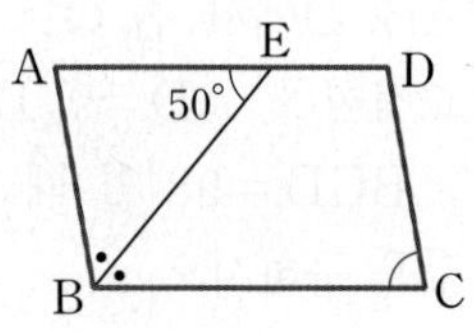

188

오른쪽 그림과 같은 평행사변형 ABCD에서 ∠A와 ∠B의 이등분선이 $\overline{BC}$, $\overline{AD}$와 만나는 점을 각각 E, F라 하자.
∠BFD=150°일 때, ∠x의 크기를 구하시오.

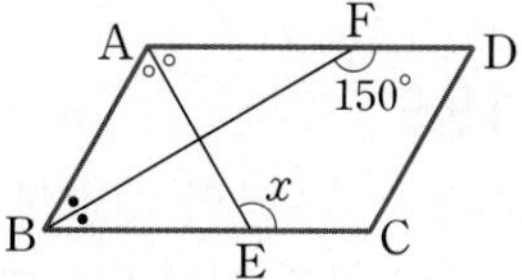

189

오른쪽 그림과 같은 평행사변형 ABCD에서 ∠D의 이등분선이 $\overline{BC}$와 만나는 점을 E라 하고 점 A에서 $\overline{DE}$에 내린 수선의 발을 F라 하자. ∠B=58°일 때, ∠x의 크기를 구하시오.

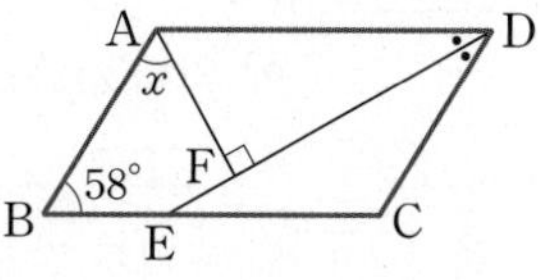

190

오른쪽 그림과 같은 평행사변형 ABCD에서 $\overline{BE}$는 ∠B의 이등분선이고 ∠D=78°, ∠BEC=61°일 때, ∠ECD의 크기는?

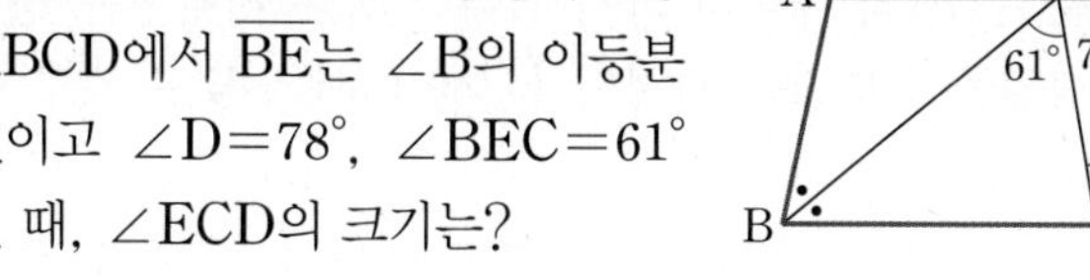

① 20° ② 22° ③ 24°
④ 26° ⑤ 28°

191

오른쪽 그림과 같이 ∠A=90°인 직각삼각형 ABC에서 □DEFG는 평행사변형이다. ∠BDE=34°, ∠C=52°일 때, ∠DGF의 크기를 구하시오.

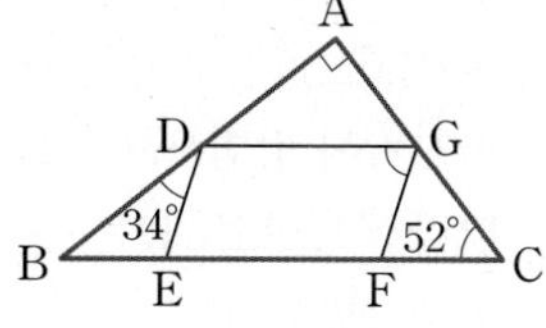

유형 05 평행사변형의 성질의 활용 (3) – 대각선

대표 문제

192

오른쪽 그림과 같은 평행사변형 ABCD에서 점 O는 두 대각선의 교점이다. $\overline{AC}$=12 cm, $\overline{BC}$=10 cm, $\overline{BD}$=14 cm일 때, △OBC의 둘레의 길이는?

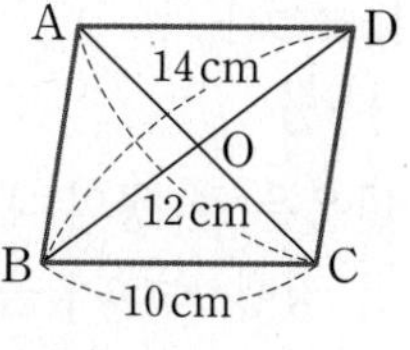

① 17 cm ② 19 cm ③ 21 cm
④ 23 cm ⑤ 25 cm

193

오른쪽 그림과 같은 평행사변형 ABCD에서 두 대각선의 교점 O를 지나는 직선이 $\overline{AD}$, $\overline{BC}$와 만나는 점을 각각 E, F라 할 때, 다음 중 옳지 않은 것은?

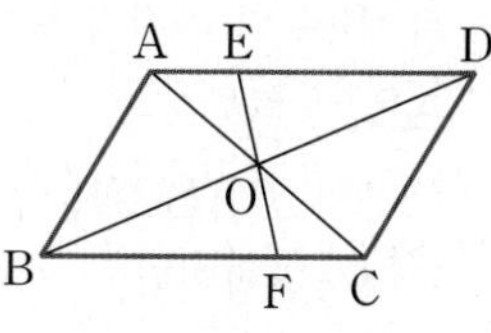

① $\overline{OE}$=$\overline{OF}$ ② $\overline{DE}$=$\overline{BF}$
③ $\overline{OB}$=$\overline{OD}$ ④ ∠OBF=∠OCF
⑤ ∠OED=∠OFB

194

오른쪽 그림과 같은 평행사변형 ABCD에서 두 대각선의 교점 O를 지나는 직선이 $\overline{AD}$, $\overline{BC}$와 만나는 점을 각각 P, Q라 하자. $\overline{BC}$=10 cm, $\overline{DP}$=6 cm, $\overline{PO}$=5 cm이고 ∠APO=90°일 때, △OQC의 넓이를 구하시오.

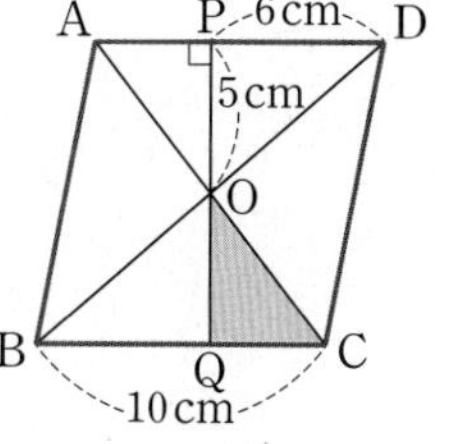

Theme 06 평행사변형의 성질의 응용

유형북 42쪽

유형 06 평행사변형이 되는 조건

대표 문제

195

다음은 한 쌍의 대변이 평행하고 그 길이가 같은 사각형은 평행사변형임을 설명하는 과정이다. (가)~(마)에 알맞은 것으로 옳지 않은 것은?

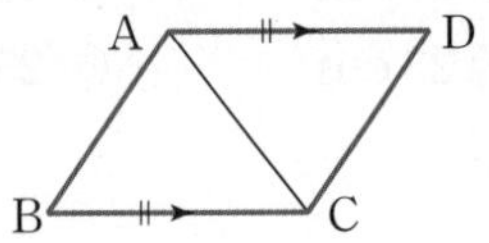

> $\overline{AD} /\!/ \overline{BC}$이고 $\overline{AD}=\overline{BC}$인 □ABCD에서 대각선 AC를 그으면
> △ABC와 △CDA에서
> $\overline{AC}$는 공통,
> $\overline{BC}=\overline{DA}$,
> ∠ACB= (가) (엇각)이므로
> △ABC≡△CDA ((나) 합동)
> ∴ (다) =∠DCA
> 즉, 엇각의 크기가 같으므로
> $\overline{AB} /\!/$ (라)
> 따라서 □ABCD는 두 쌍의 (마) 이 각각 평행하므로 평행사변형이다.

① (가) ∠CAD ② (나) SAS
③ (다) ∠ABC ④ (라) $\overline{DC}$
⑤ (마) 대변

196

다음은 두 쌍의 대변의 길이가 각각 같은 사각형은 평행사변형임을 설명하는 과정이다. (가)~(마)에 알맞은 것을 구하시오.

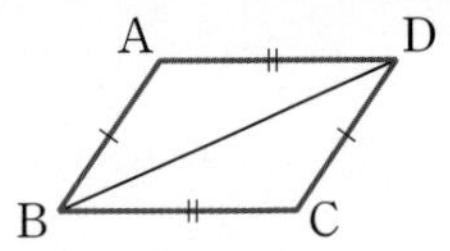

> $\overline{AB}=\overline{DC}$, $\overline{AD}=\overline{BC}$인 □ABCD에서 대각선 BD를 그으면 △ABD와 △CDB에서
> $\overline{AB}=\overline{CD}$ …… ㉠
> $\overline{AD}=\overline{CB}$ …… ㉡
> (가) 는 공통 …… ㉢
> ㉠, ㉡, ㉢에 의해 △ABD≡ (나) (SSS 합동)
> ∴ (다) =∠CDB, ∠ADB=∠CBD
> 즉, (라) 의 크기가 같으므로
> $\overline{AB} /\!/ \overline{DC}$, $\overline{AD} /\!/ \overline{BC}$
> 따라서 □ABCD는 두 쌍의 (마) 이 각각 평행하므로 평행사변형이다.

197

다음은 두 쌍의 대각의 크기가 각각 같은 사각형은 평행사변형임을 설명하는 과정이다. (가)~(마)에 알맞은 것을 구하시오.

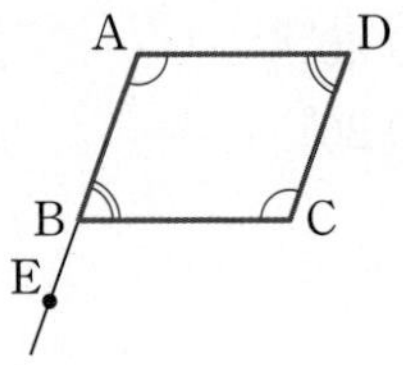

> ∠A=∠C, ∠B=∠D인 □ABCD에서
> ∠A+∠B+∠C+∠D
> =∠A+∠B+∠A+ (가)
> =360°
> 이므로 ∠A+∠B= (나) ° …… ㉠
> $\overline{AB}$의 연장선 위에 점 E를 잡으면
> ∠ABC+∠EBC= (다) ° …… ㉡
> ㉠, ㉡에서 ∠A=∠EBC
> 즉, (라) 의 크기가 같으므로 $\overline{AD} /\!/ \overline{BC}$
> 마찬가지 방법으로 $\overline{AB} /\!/$ (마)
> 따라서 □ABCD는 두 쌍의 대변이 각각 평행하므로 평행사변형이다.

유형 07 평행사변형이 되도록 하는 미지수의 값 구하기

대표 문제

198

오른쪽 그림과 같은 □ABCD가 평행사변형이 되도록 하는 x, y에 대하여 $x+y$의 값을 구하시오.

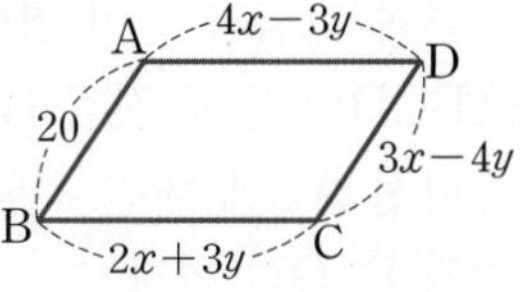

199

오른쪽 그림과 같은 □ABCD가 평행사변형이 되도록 하는 x, y에 대하여 $y-x$의 값을 구하시오.

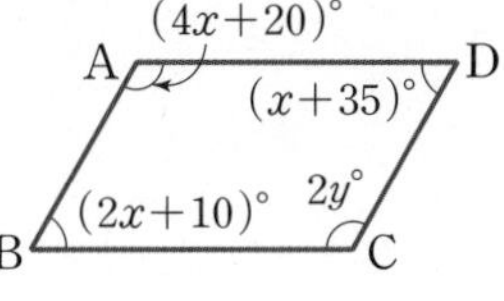

200

오른쪽 그림과 같은 □ABCD에서 점 O는 두 대각선의 교점이다. □ABCD가 평행사변형이 되도록 하는 x, y에 대하여 xy의 값을 구하시오.

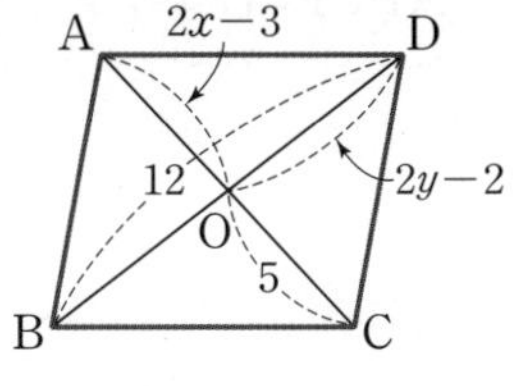

201

오른쪽 그림과 같은 □ABCD에서 ∠B의 이등분선과 $\overline{AD}$의 교점을 E라 하자. $\overline{AD}=6\,cm$, ∠AEB$=28°$일 때, □ABCD가 평행사변형이 되도록 하는 x, y의 값을 각각 구하시오.

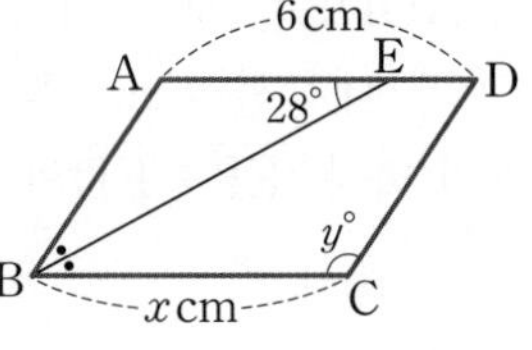

유형 08 평행사변형이 되는 조건 찾기

대표 문제

202

다음 중 □ABCD가 평행사변형이 아닌 것은?

(단, 점 O는 두 대각선의 교점)

① $\angle A+\angle B=180°$, $\angle B+\angle C=180°$
② $\overline{OA}=\overline{OC}=6\,cm$, $\overline{OB}=\overline{OD}=5\,cm$
③ $\overline{AB}=\overline{DC}=5\,cm$, $\overline{AB}\,/\!/\,\overline{DC}$
④ $\angle A=110°$, $\angle B=70°$, $\angle C=110°$
⑤ $\overline{AB}=\overline{BC}=8\,cm$, $\overline{AD}=\overline{DC}=7\,cm$

203

다음 사각형 중 평행사변형이 아닌 것은?

①
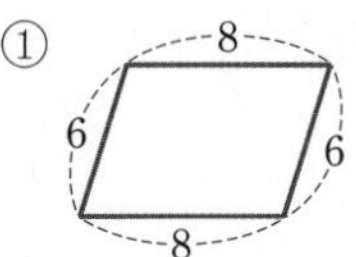

②
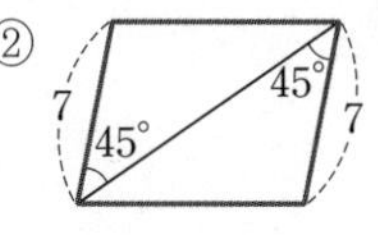

③
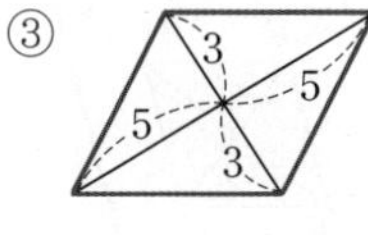

④
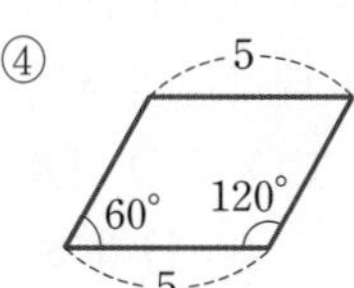

⑤
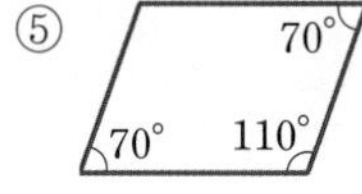

204

오른쪽 그림과 같은 □ABCD에서 $\overline{AB}=8\,cm$, $\overline{AD}=12\,cm$, ∠DAC$=40°$일 때, 다음 중 □ABCD가 평행사변형이 되는 조건은?

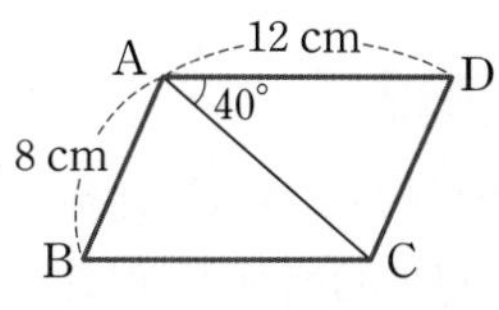

① $\overline{BC}=8\,cm$, $\overline{DC}=12\,cm$
② $\overline{BC}=12\,cm$, ∠ACD$=40°$
③ $\overline{DC}=8\,cm$, ∠BAC$=40°$
④ $\overline{BC}=12\,cm$, ∠ACB$=40°$
⑤ $\overline{DC}=8\,cm$, ∠ACB$=40°$

유형 09 새로운 사각형이 평행사변형이 되는 조건

대표 문제

205

다음은 평행사변형 ABCD의 $\overline{AB}$, $\overline{DC}$ 위에 $\overline{AE}=\overline{CF}$가 되도록 두 점 E, F를 잡을 때, □EBFD는 평행사변형임을 설명하는 과정이다. (가)~(마)에 알맞은 것으로 옳지 않은 것은?

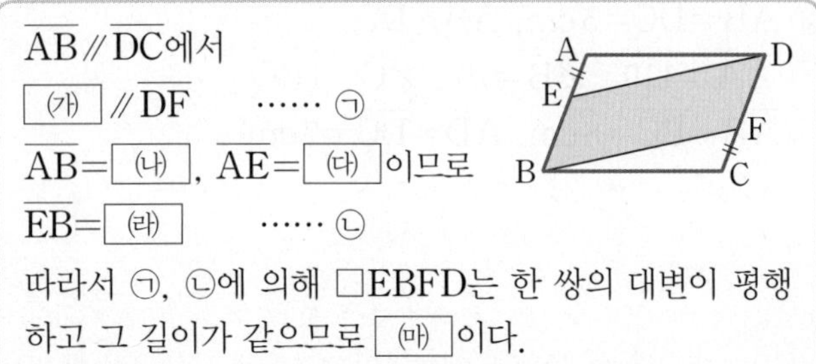

$\overline{AB}$ // $\overline{DC}$에서

(가) // $\overline{DF}$ …… ㉠

$\overline{AB}=$ (나), $\overline{AE}=$ (다)이므로

$\overline{EB}=$ (라) …… ㉡

따라서 ㉠, ㉡에 의해 □EBFD는 한 쌍의 대변이 평행하고 그 길이가 같으므로 (마)이다.

① (가) $\overline{EB}$　② (나) $\overline{AD}$　③ (다) $\overline{CF}$
④ (라) $\overline{DF}$　⑤ (마) 평행사변형

206

오른쪽 그림과 같은 평행사변형 ABCD에서 두 대각선의 교점을 O라 하고 $\overline{AO}$, $\overline{BO}$, $\overline{CO}$, $\overline{DO}$의 중점을 각각 E, F, G, H라 하자. 다음 중 □EFGH가 평행사변형이 되는 조건으로 가장 알맞은 것은?

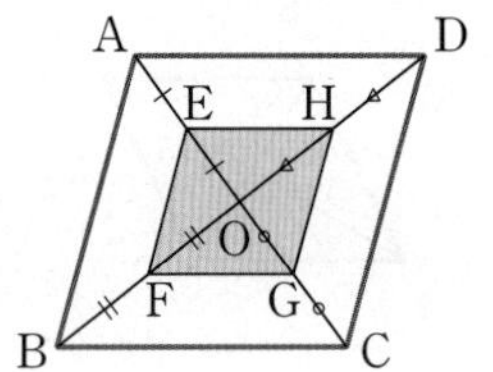

① 두 쌍의 대변이 각각 평행하다.
② 두 쌍의 대변의 길이가 각각 같다.
③ 두 쌍의 대각의 크기가 각각 같다.
④ 두 대각선이 서로 다른 것을 이등분한다.
⑤ 한 쌍의 대변이 평행하고 그 길이가 같다.

207

오른쪽 그림과 같은 평행사변형 ABCD에서 두 대각선의 교점을 O라 하고 $\overline{BO}$, $\overline{DO}$의 중점을 각각 E, F라 할 때, 다음 중 옳지 않은 것은?

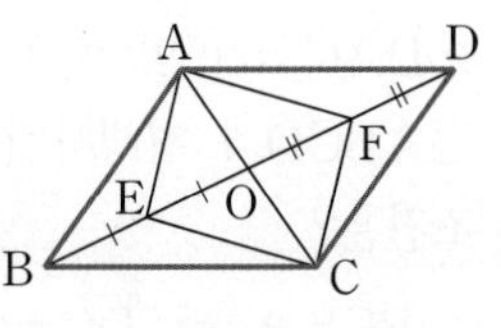

① $\overline{EO}=\overline{FO}$　② $\overline{AF}=\overline{EC}$
③ $\overline{CE}=\overline{CF}$　④ $\angle AEC=\angle CFA$
⑤ $\angle EAO=\angle FCO$

유형 10 새로운 사각형이 평행사변형이 되는 조건의 응용

대표 문제

208

오른쪽 그림과 같이 평행사변형 ABCD의 두 꼭짓점 B, D에서 대각선 AC에 내린 수선의 발을 각각 P, Q라 하자.
$\angle DPQ=58°$일 때, $\angle x$의 크기를 구하시오.

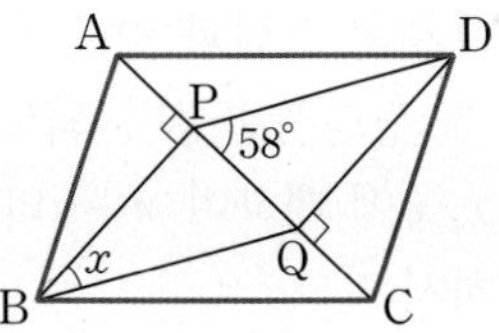

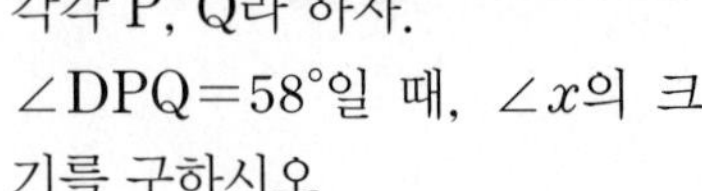

209

오른쪽 그림과 같은 평행사변형 ABCD에서 ∠A, ∠C의 이등분선이 $\overline{BC}$, $\overline{AD}$와 만나는 점을 각각 E, F라 하자. $\overline{AB}=10$ cm, $\overline{BC}=14$ cm, $\overline{DH}=8$ cm일 때, □AECF의 넓이를 구하시오.

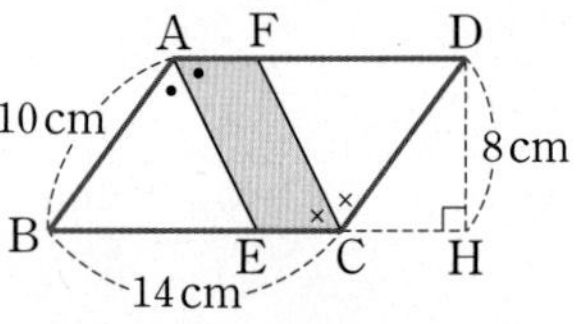

210

오른쪽 그림에서 □ABCD, □AODE는 모두 평행사변형이고 두 대각선의 교점을 각각 O, F라 하자. $\overline{EF}+\overline{FD}$의 길이는?

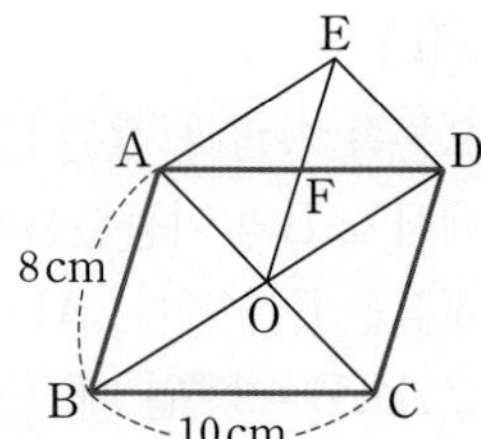

① 7 cm　② 8 cm
③ 9 cm　④ 10 cm
⑤ 11 cm

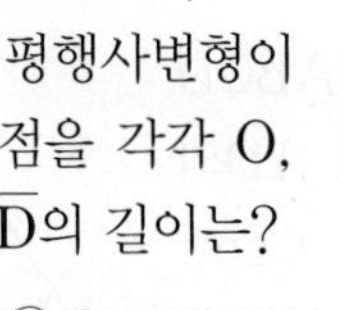

유형 11 평행사변형과 넓이 (1) – 대각선에 의해 나누어지는 경우

대표 문제

211

오른쪽 그림과 같은 평행사변형 ABCD에서 $\overline{AD}$, $\overline{BC}$의 중점을 각각 E, F라 하고, □ABFE, □EFCD의 두 대각선의 교점을 각각 P, Q라 하자. □EPFQ의 넓이가 6 cm²일 때, □ABCD의 넓이를 구하시오.

212

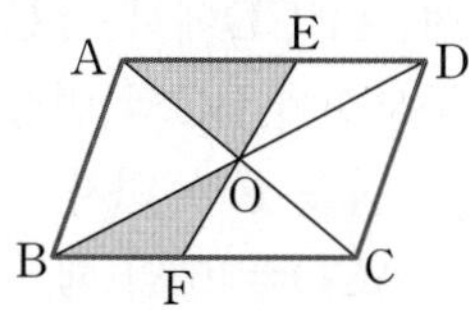

오른쪽 그림과 같은 평행사변형 ABCD에서 두 대각선의 교점 O를 지나는 직선이 $\overline{AD}$, $\overline{BC}$와 만나는 점을 각각 E, F라 하자. □ABCD의 넓이가 40 cm²일 때, 색칠한 부분의 넓이를 구하시오.

213

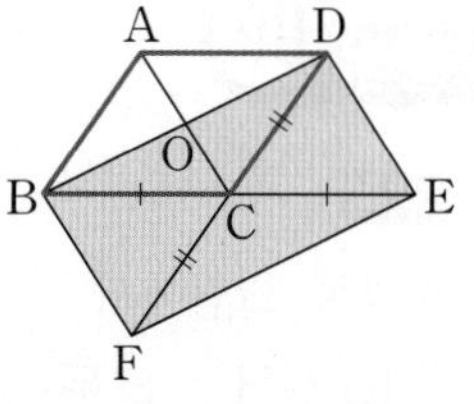

오른쪽 그림과 같은 평행사변형 ABCD에서 점 O는 두 대각선의 교점이고 $\overline{BC}$, $\overline{DC}$의 연장선 위에 $\overline{BC}=\overline{CE}$, $\overline{DC}=\overline{CF}$가 되도록 두 점 E, F를 각각 잡았다. △ABO의 넓이가 4 cm²일 때, □BFED의 넓이는?

① 24 cm²　② 26 cm²　③ 28 cm²　④ 30 cm²　⑤ 32 cm²

유형 12 평행사변형과 넓이 (2) – 내부의 한 점 P가 주어진 경우

대표 문제

214

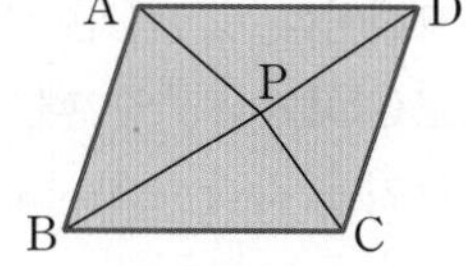

오른쪽 그림과 같은 평행사변형 ABCD의 내부의 한 점 P에 대하여 △PAB의 넓이가 8 cm²이다. △PAB : △PCD=4 : 3일 때, □ABCD의 넓이는?

① 26 cm²　② 28 cm²　③ 30 cm²　④ 32 cm²　⑤ 34 cm²

215

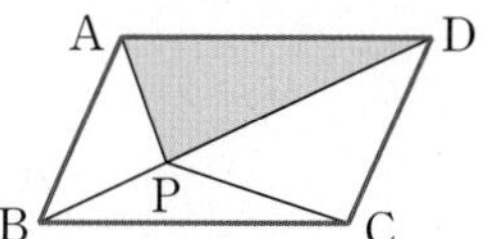

오른쪽 그림과 같은 평행사변형 ABCD의 내부의 한 점 P에 대하여 △PBC=18 cm²이고 □ABCD=96 cm²일 때, △PDA의 넓이를 구하시오.

216

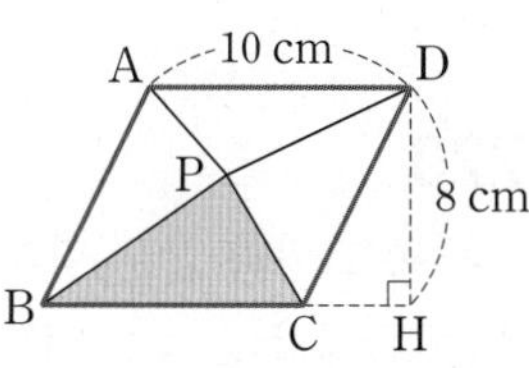

오른쪽 그림과 같은 평행사변형 ABCD의 내부의 한 점 P에 대하여 $\overline{AD}$=10 cm, $\overline{DH}$=8 cm이고 △PDA의 넓이가 16 cm²일 때, △PBC의 넓이를 구하시오.

03 평행사변형의 성질

217

오른쪽 그림과 같은 평행사변형 ABCD에서 점 O는 두 대각선의 교점이다. $\angle ADB=30°$, $\angle COD=75°$일 때, $\angle x$, $\angle y$의 크기를 각각 구하시오.

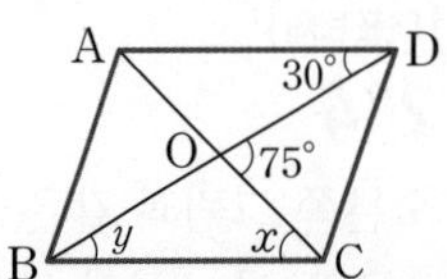

218

오른쪽 그림과 같은 평행사변형 ABCD에서 점 O는 두 대각선의 교점일 때, 다음 중 옳지 않은 것은?

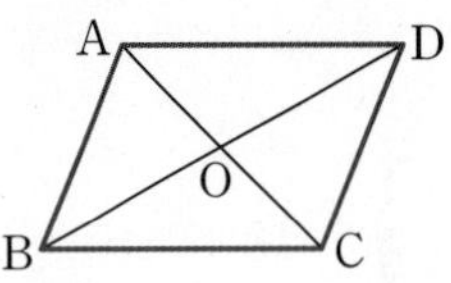

① $\overline{AB}=\overline{DC}$
② $\overline{AO}=\overline{CO}$
③ $\angle ABC=\angle ADC$
④ $\overline{AC}=\overline{BC}$
⑤ $\triangle AOD\equiv\triangle COB$

219

오른쪽 그림과 같은 평행사변형 ABCD에서 $\angle A$의 이등분선이 $\overline{BC}$와 만나는 점을 E라 하자. $\overline{AB}=11$ cm, $\overline{AD}=14$ cm일 때, $\overline{EC}$의 길이를 구하시오.

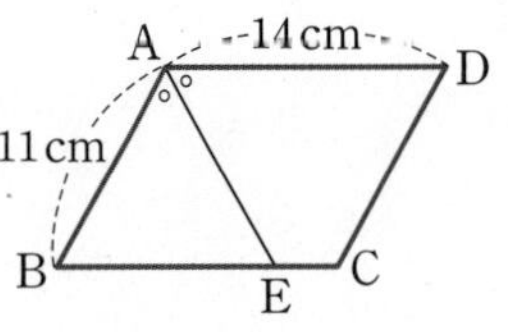

220

오른쪽 그림과 같은 평행사변형 ABCD에서 $\angle A:\angle B=3:2$일 때, $\angle D$의 크기를 구하시오.

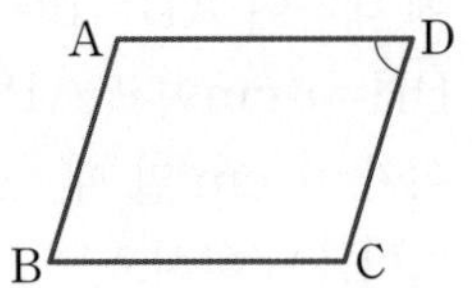

221

오른쪽 그림과 같은 평행사변형 ABCD에서 점 O는 두 대각선의 교점이다. $\overline{AB}=10$ cm, $\overline{BD}=14$ cm, $\overline{OC}=4$ cm일 때, $\triangle OCD$의 둘레의 길이를 구하시오.

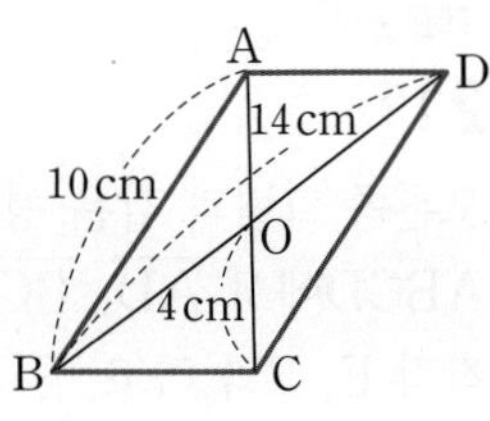

222

오른쪽 그림과 같은 평행사변형 ABCD에서 $\angle CAD$의 이등분선이 $\overline{BC}$의 연장선과 만나는 점을 E라 하자. $\angle B=65°$, $\angle ACD=45°$일 때, $\angle x$의 크기는?

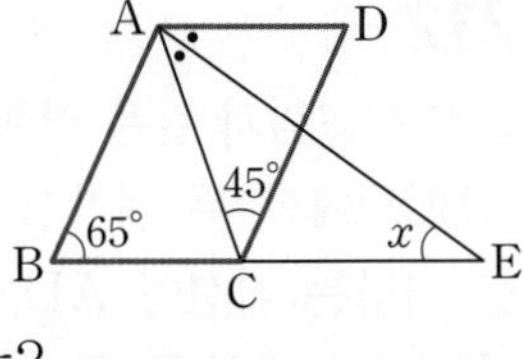

① 25°
② 30°
③ 35°
④ 40°
⑤ 45°

실력 UP

223

오른쪽 그림에서 □ABCD와 □EFGH는 모두 평행사변형이다. $\angle AEF=15°$, $\angle FGH=120°$일 때, $\angle x$의 크기를 구하시오.

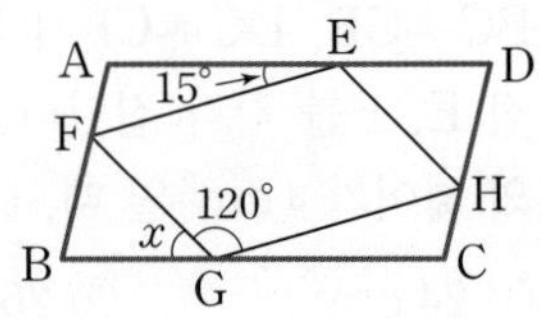

224

오른쪽 그림과 같은 평행사변형 ABCD에서 $\angle ACB=50°$, $\angle ADB=27°$일 때, $\angle x+\angle y$의 크기는?

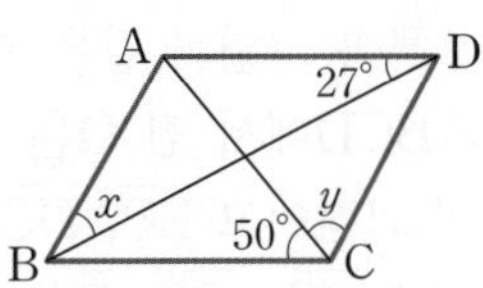

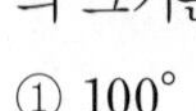 ① 100° ② 101° ③ 102°

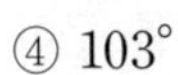 ④ 103° 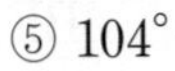 ⑤ 104°

225

오른쪽 그림과 같은 평행사변형 ABCD에서 $\overline{AB}=y$, $\overline{BC}=9$, $\overline{CD}=3x-3$, $\overline{AD}=3x$일 때, $2x+y$의 값을 구하시오.

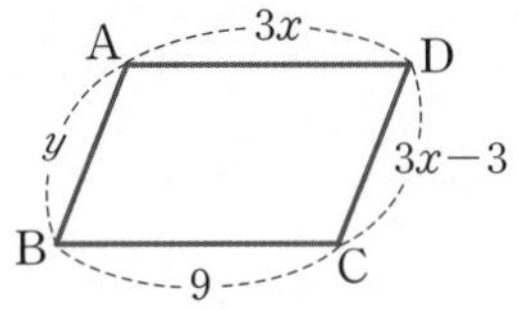

226

오른쪽 그림과 같은 평행사변형 ABCD에서 $\overline{AB} /\!/ \overline{GH}$, $\overline{AD} /\!/ \overline{EF}$일 때, $x+y$의 값을 구하시오.

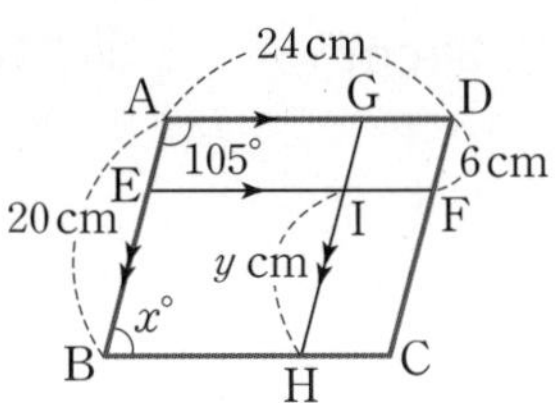

227

오른쪽 그림과 같이 평행사변형 ABCD의 두 대각선의 교점 O를 지나는 직선이 $\overline{AD}$, $\overline{BC}$와 만나는 점을 각각 P, Q라 할 때, 다음 중 옳지 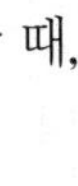 않은 것은?

① $\overline{AP}=\overline{CQ}$ ② $\overline{OP}=\overline{OQ}$

③ $\overline{DO}=\overline{DC}$ ④ $\angle DPO=\angle BQO$

⑤ $\triangle OAP \equiv \triangle OCQ$

228

오른쪽 그림과 같은 평행사변형 ABCD에서 $\angle A$의 이등분선이 $\overline{BC}$와 만나는 점을 E라 하자. $\overline{AB}=10$ cm, $\overline{AD}=13$ cm, $\angle C=120°$일 때, □AECD의 둘레의 길이는?

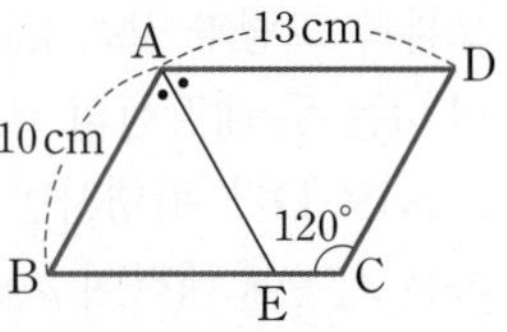

① 36 cm ② 38 cm ③ 41 cm

④ 43 cm ⑤ 44 cm

229

오른쪽 그림과 같은 평행사변형 ABCD에서 $\angle A$, $\angle B$의 이등분선이 $\overline{BC}$, $\overline{AD}$와 만나는 점을 각각 E, F라 하자. $\angle BFD=152°$일 때, $\angle x$의 크기를 구하시오.

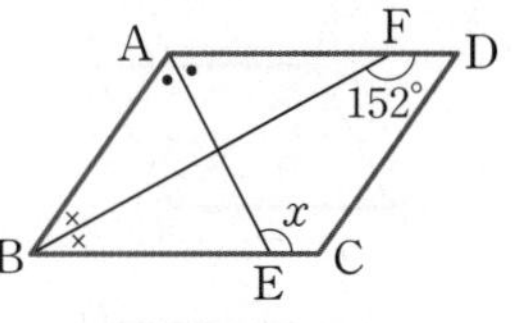

실력 UP

230

오른쪽 그림과 같이 평행사변형 ABCD에서 $\angle A$, $\angle B$의 이등분선이 $\overline{CD}$의 연장선과 만나는 점을 각각 E, F라 하자. $\overline{AB}=9$ cm, $\overline{AD}=11$ cm일 때, $\overline{EF}$의 길이를 구하시오.

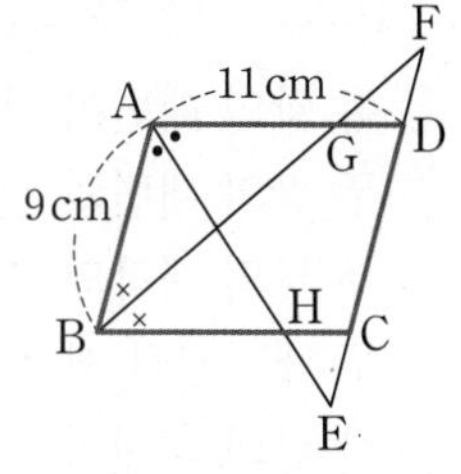

231

오른쪽 그림과 같은 □ABCD에서 점 O는 두 대각선의 교점이다. □ABCD가 평행사변형이 되도록 하는 x, y에 대하여 $y-x$의 값은?

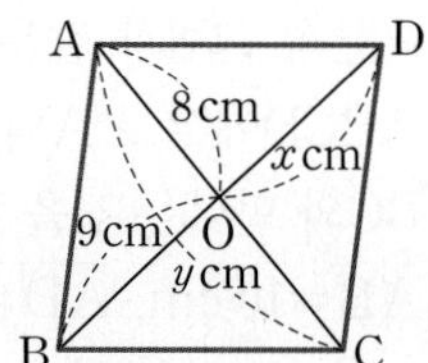

① 6 ② 7 ③ 8 ④ 9 ⑤ 10

232

다음 중 □ABCD가 평행사변형이 아닌 것은?

①
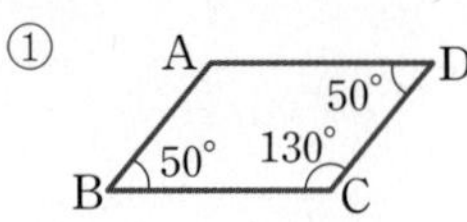

②
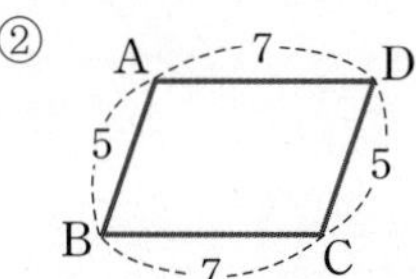

③
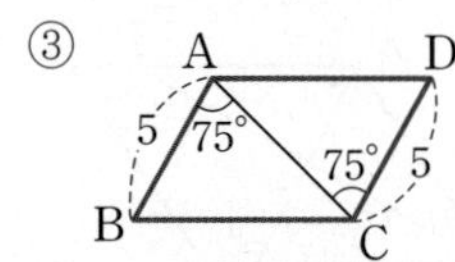

④
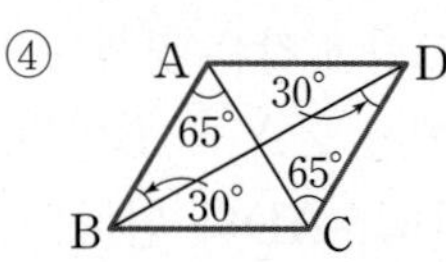

⑤
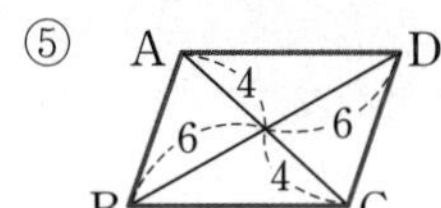

233

오른쪽 그림과 같은 평행사변형 ABCD에서 네 변의 중점을 각각 E, F, G, H라 하자. 다음 중 □IJKL이 평행사변형이 되는 조건으로 가장 알맞은 것은?

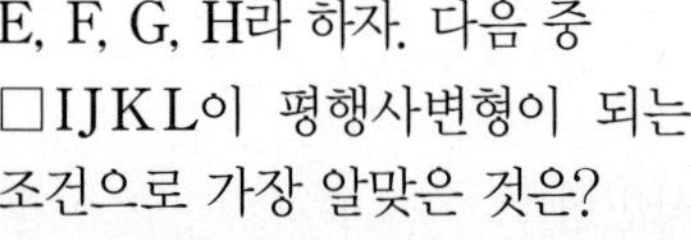

① 두 쌍의 대변이 각각 평행하다.
② 두 쌍의 대변의 길이가 각각 같다.
③ 두 쌍의 대각의 크기가 각각 같다.
④ 두 대각선이 서로 다른 것을 이등분한다.
⑤ 한 쌍의 대변이 평행하고 그 길이가 같다.

234

오른쪽 그림과 같은 평행사변형 ABCD에서 점 O는 두 대각선의 교점이고 $\overline{BC}$, $\overline{DC}$의 연장선 위에 $\overline{BC}=\overline{CE}$, $\overline{DC}=\overline{CF}$가 되도록 두 점 E, F를 각각 잡았다. △ABO의 넓이가 $5\,cm^2$일 때, □BFED의 넓이를 구하시오.

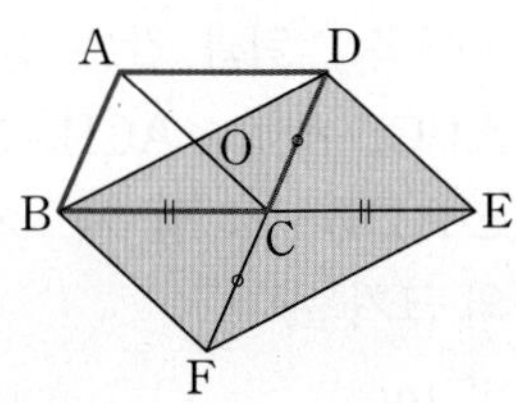

235

오른쪽 그림과 같은 평행사변형 ABCD의 내부의 한 점 P에 대하여 $\triangle PDA=15\,cm^2$, $\triangle PAB=30\,cm^2$, $\triangle PCD=10\,cm^2$일 때, △PBC의 넓이는?

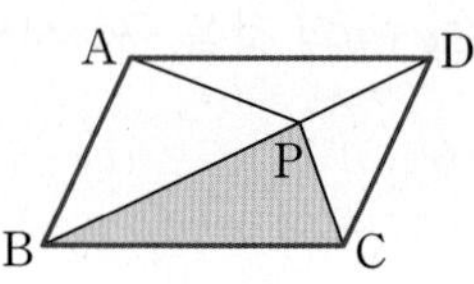

① $15\,cm^2$ ② $20\,cm^2$ ③ $25\,cm^2$ ④ $30\,cm^2$ ⑤ $35\,cm^2$

실력 UP

236

오른쪽 그림과 같은 평행사변형 ABCD에서 두 점 E, F는 각각 $\overline{AD}$, $\overline{BC}$의 중점이고 $\angle EAF=62°$, $\angle DFC=43°$일 때, $\angle x$의 크기는?

① 95° ② 98° ③ 100° ④ 105° ⑤ 108°

237

다음 중 □ABCD가 평행사변형인 것은?
(단, 점 O는 두 대각선의 교점)

① $\overline{AO}=\overline{BO}=5\text{ cm}$, $\overline{CO}=\overline{DO}=6\text{ cm}$
② $\overline{AB}=\overline{BC}=7\text{ cm}$, $\overline{AD}=\overline{CD}=9\text{ cm}$
③ $\angle A=70°$, $\angle B=70°$, $\angle C=110°$
④ $\overline{AB}/\!/\overline{DC}$, $\overline{AB}=\overline{DC}=7\text{ cm}$
⑤ $\angle B=\angle C=80°$, $\overline{AB}=\overline{DC}=5\text{ cm}$

238

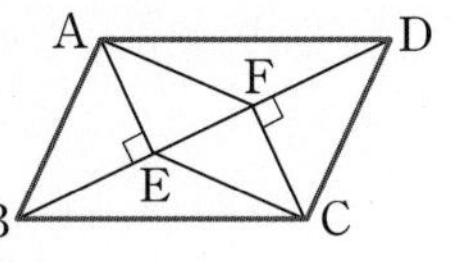

오른쪽 그림과 같은 평행사변형 ABCD의 두 꼭짓점 A, C에서 대각선 BD에 내린 수선의 발을 각각 E, F라 할 때, 다음 중 옳지 않은 것은?

① $\overline{AE}=\overline{CF}$　② $\overline{AF}=\overline{FC}$
③ $\overline{AF}/\!/\overline{EC}$　④ $\angle EAF=\angle FCE$
⑤ $\triangle ABE\equiv\triangle CDF$

239

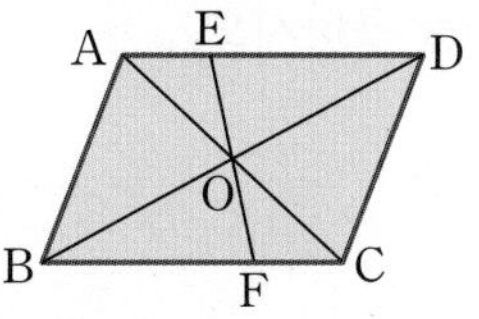

오른쪽 그림과 같은 평행사변형 ABCD에서 두 대각선의 교점 O를 지나는 직선이 $\overline{AD}$, $\overline{BC}$와 만나는 점을 각각 E, F라 하자.
△COF와 △EOD의 넓이의 합이 9 cm^2일 때, □ABCD의 넓이를 구하시오.

240

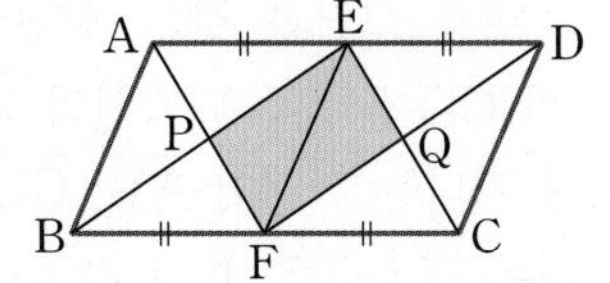

오른쪽 그림과 같은 평행사변형 ABCD에서 $\overline{AD}$, $\overline{BC}$의 중점을 각각 E, F라 하고, □ABFE, □EFCD의 두 대각선의 교점을 각각 P, Q라 하자. □ABCD의 넓이가 84 cm^2일 때, □EPFQ의 넓이를 구하시오.

241

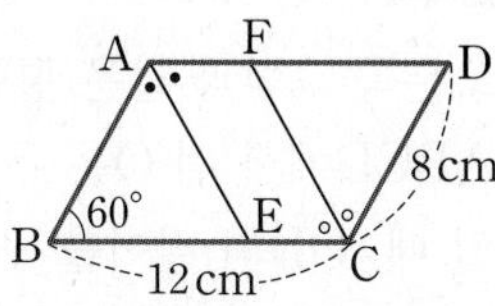

오른쪽 그림과 같은 평행사변형 ABCD에서 ∠A, ∠C의 이등분선이 $\overline{BC}$, $\overline{AD}$와 만나는 점을 각각 E, F라 하자. $\overline{BC}=12\text{ cm}$, $\overline{CD}=8\text{ cm}$, $\angle B=60°$일 때, □AECF의 둘레의 길이는?

① 21 cm　② 22 cm　③ 23 cm
④ 24 cm　⑤ 25 cm

242

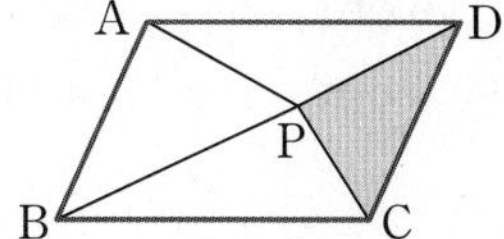

오른쪽 그림과 같은 평행사변형 ABCD의 내부의 한 점 P에 대하여 $\square ABCD=100\text{ cm}^2$, $\triangle ABP=30\text{ cm}^2$일 때, △PCD의 넓이를 구하시오.

243

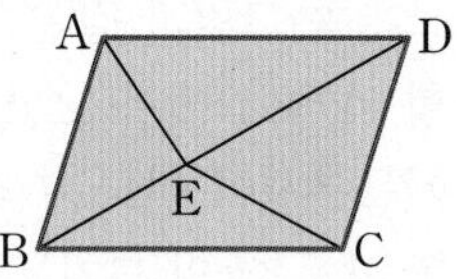

오른쪽 그림과 같은 평행사변형 ABCD에서 대각선 BD 위의 한 점 E에 대하여 △ABE와 △AED의 넓이의 비가 2 : 3일 때, □ABCD의 넓이는 △ABE의 넓이의 몇 배인지 구하시오.

244

오른쪽 그림과 같은 평행사변형 ABCD에서 점 O는 두 대각선의 교점일 때, $\overline{OD}$의 길이를 구하시오.

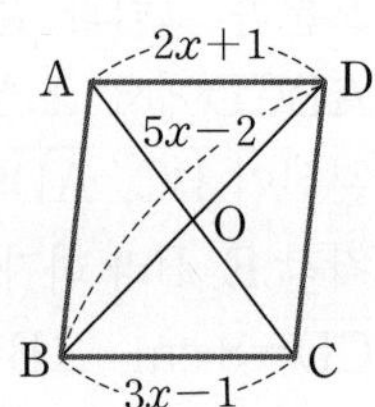

245

오른쪽 그림과 같은 평행사변형 ABCD에서 $\overline{CD}$의 중점을 E라 하고 $\overline{AE}$의 연장선이 $\overline{BC}$의 연장선과 만나는 점을 F라 하자. $\overline{AB}$=6 cm, $\overline{BF}$=16 cm일 때, $\overline{AD}$의 길이는?

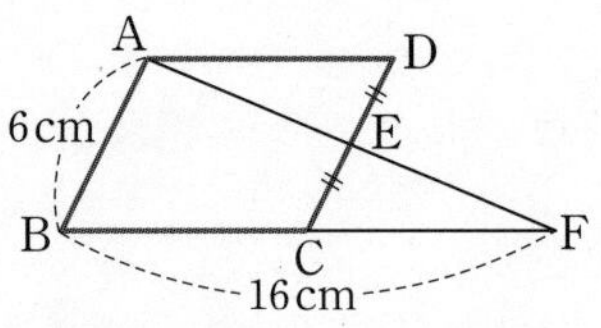

① 6 cm ② 7 cm ③ 8 cm
④ 9 cm ⑤ 10 cm

246

오른쪽 그림과 같은 평행사변형 ABCD에서
∠ADE : ∠CDE=2 : 1,
∠B=72°, ∠AEB=76°일 때,
∠x의 크기를 구하시오.

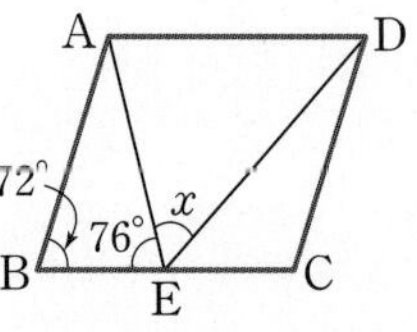

247

오른쪽 그림과 같은 평행사변형 ABCD에서 ∠A, ∠B의 이등분선이 만나는 점을 E라 할 때, ∠x의 크기는?

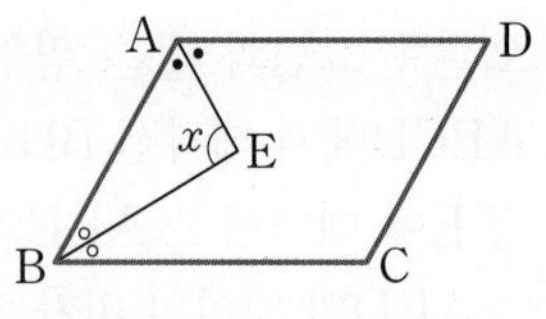

 ① 85° ② 86°  ③ 88°
④ 89° ⑤ 90°

248

오른쪽 그림과 같은 평행사변형 ABCD에서 점 O는 두 대각선의 교점이고 대각선 BD 위에 $\overline{BE}=\overline{DF}$가 되도록 두 점 E, F를 잡을 때, 다음 중 옳지 <u>않은</u> 것은?

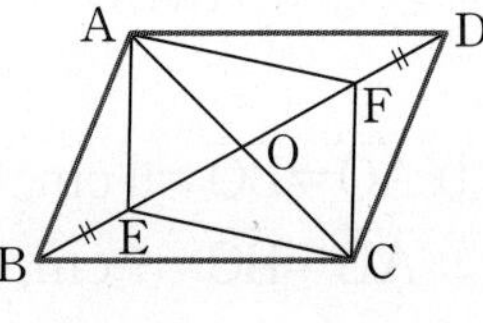

① $\overline{AF}=\overline{EC}$ ② $\overline{OE}=\overline{OF}$
③ △OAE≡△OCF ④ ∠AEO=∠AFO
⑤ ∠AEC=∠CFA

249

오른쪽 그림에서 □ABCD, □AODE는 모두 평행사변형이고 두 대각선의 교점을 각각 O, F라 하자. $\overline{AB}$=18 cm, $\overline{BC}$=22 cm일 때, $\overline{EF}$의 길이를 구하시오.

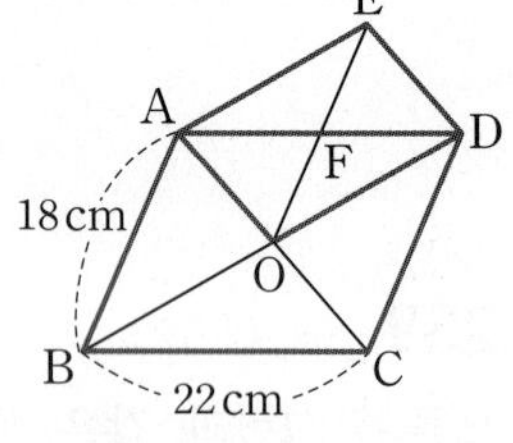

250

오른쪽 그림과 같은 평행사변형 ABCD에서 두 대각선의 교점 O를 지나는 직선이 $\overline{AB}$, $\overline{CD}$와 만나는 점을 각각 E, F라 하자.
□ABCD의 넓이가 72 cm^2일 때, 색칠한 부분의 넓이를 구하시오.

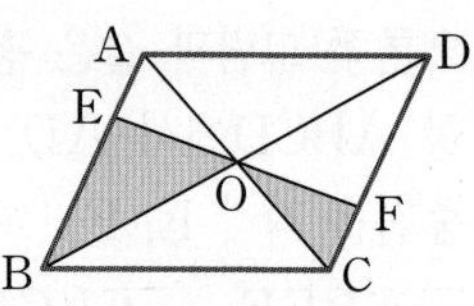

251

오른쪽 그림과 같은 평행사변형 ABCD의 내부의 한 점 P에 대하여 $\triangle PDA=13\,cm^2$, $\triangle PAB=18\,cm^2$, $\triangle PBC=25\,cm^2$일 때, $\triangle PCD$의 넓이를 구하시오.

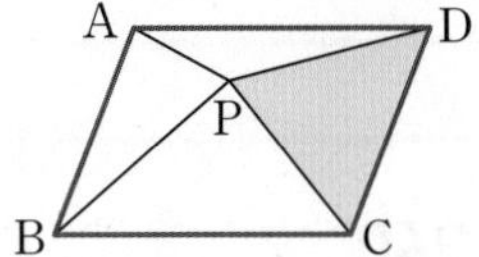

252

오른쪽 그림과 같은 평행사변형 ABCD에서 $\angle A$의 이등분선이 $\overline{BC}$와 만나는 점을 E라 하자. $\overline{AB}=9\,cm$, $\overline{EC}=3\,cm$, $\angle C=120°$일 때, □AECD의 둘레의 길이를 구하시오.

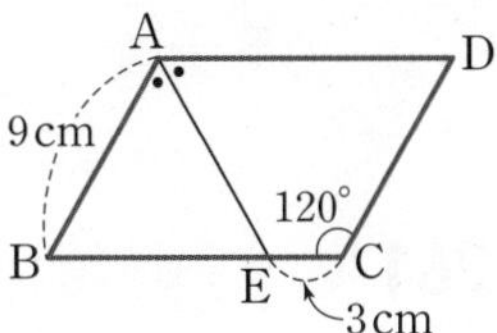

253

오른쪽 그림과 같은 평행사변형 ABCD의 두 꼭짓점 B, D에서 대각선 AC에 내린 수선의 발을 각각 E, F라 하자. $\angle DEF=65°$일 때, $\angle x$의 크기는?

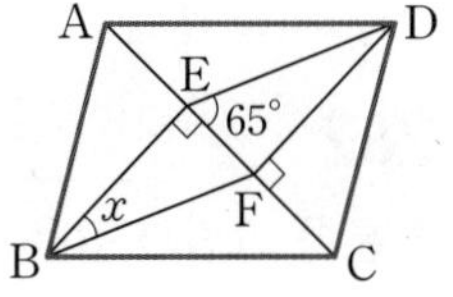

① 20° ② 22° ③ 25°
④ 27° ⑤ 30°

254

오른쪽 그림과 같은 평행사변형 ABCD에서 $\overline{AD}$, $\overline{BC}$의 중점을 각각 E, F라 하자. $\triangle AFD$의 넓이가 $44\,cm^2$일 때, □GFHE의 넓이는?

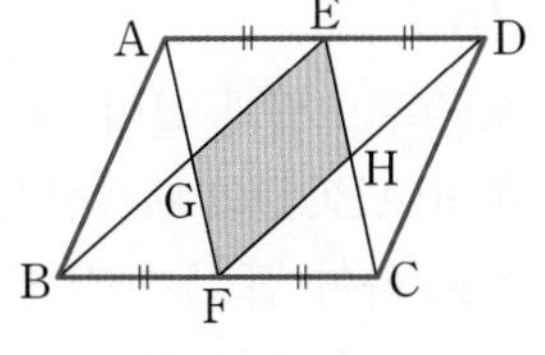

① $11\,cm^2$ ② $15\,cm^2$ ③ $21\,cm^2$
④ $22\,cm^2$ ⑤ $24\,cm^2$

서술형 문제

255

오른쪽 그림은 $\triangle ABC$의 세 변을 각각 한 변으로 하는 세 정삼각형 FBA, EBC, DAC를 그린 것이다. □EFAD는 어떤 사각형인지 말하시오.

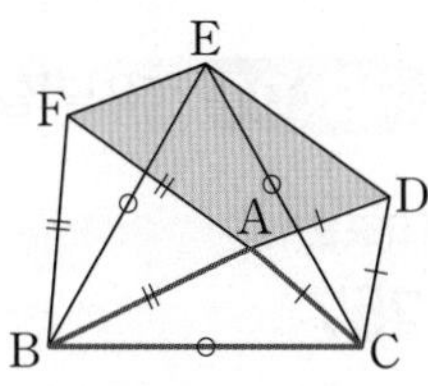

〈풀이〉

256

[그림 1]과 같이 두 사람이 상자를 들고 갈 때 두 사람이 상자에 작용하는 힘 F_1, F_2는 한 사람이 들고 갈 때의 힘 F와 같은 효과를 낸다. 이 두 힘 F_1과 F_2를 합한 힘 F는 F_1과 F_2를 나타내는 화살표를 이웃한 두 변으로 하는 평행사변형의 대각선의 길이와 같다.

[그림 1]

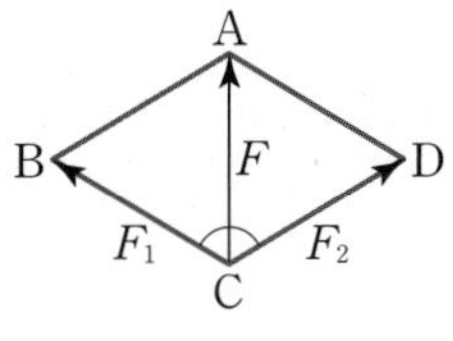

[그림 2]

[그림 2]에서 $\overline{BC}=\overline{AC}=\overline{DC}$일 때, $\angle BCD$의 크기를 구하시오.

〈풀이〉

Theme 07 여러 가지 사각형

유형북 54쪽

유형 01 직사각형의 뜻과 성질

대표 문제

257

오른쪽 그림과 같은 직사각형 ABCD에서 점 O는 두 대각선의 교점일 때, $x+y$의 값은?

A, D, $3x-8$, O, y, $x+4$, B, C

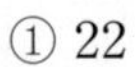

① 22 ② 24 ③ 26 ④ 28 ⑤ 30

258

오른쪽 그림과 같은 직사각형 ABCD에서 점 O는 두 대각선의 교점이다. $\angle OBC=35°$일 때, $\angle x-\angle y$의 크기는?

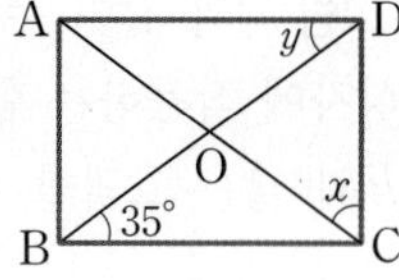

① 12° ② 14° ③ 16° ④ 18° ⑤ 20°

259

오른쪽 그림과 같은 직사각형 ABCD에서 점 O는 두 대각선의 교점일 때, 다음 중 옳지 않은 것을 모두 고르면? (정답 2개)

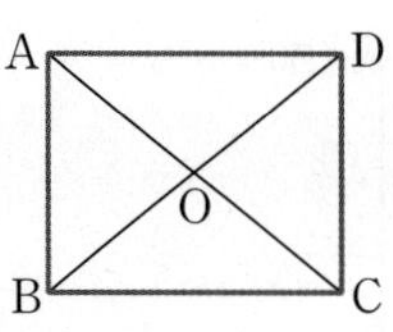

① $\overline{BO}=\overline{CO}$ ② $\angle DCB=90°$ ③ $\overline{DO}=\overline{DC}$ ④ $\overline{AC}\perp\overline{BD}$ ⑤ $\angle ABC=\angle ADC$

260

오른쪽 그림과 같은 직사각형 ABCD에서 $\overline{CD}$의 길이는?

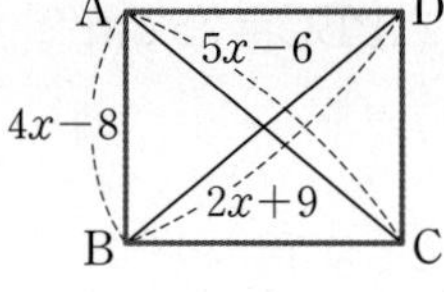

① 6 ② 8 ③ 10 ④ 12 ⑤ 14

261

오른쪽 그림과 같이 반지름의 길이가 8 cm인 원 O 위의 한 점 B를 꼭짓점으로 하는 직사각형 AOCB에서 $\overline{AC}$의 길이를 구하시오.

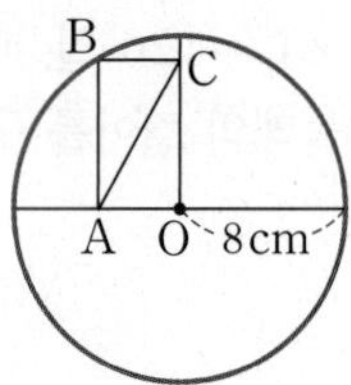

262

오른쪽 그림과 같은 좌표평면에서 점 P의 좌표는 (10, 8)이다. 점 P에서 x축, y축에 내린 수선의 발을 각각 A, B라 할 때, $\overline{AB}$와 $\overline{OP}$의 교점 C의 좌표를 구하시오. (단, 점 O는 원점)

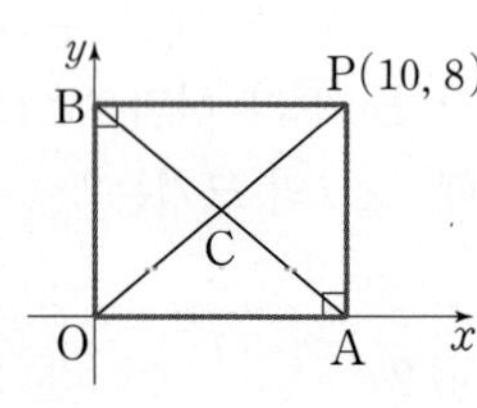

263

오른쪽 그림과 같이 직사각형 모양의 종이 ABCD의 대각선 BD를 접는 선으로 하여 점 C가 점 E에 오도록 접으면 $\angle DBC=28°$이다. $\overline{AB}$의 연장선과 $\overline{DE}$의 연장선의 교점을 F라 할 때, $\angle x$의 크기를 구하시오.

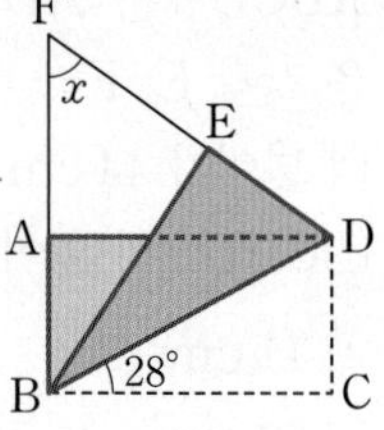

유형 02 평행사변형이 직사각형이 되는 조건

대표 문제

264

다음 중 오른쪽 그림과 같은 평행사변형 ABCD가 직사각형이 되는 조건을 모두 고르면? (단, 점 O는 두 대각선의 교점) (정답 2개)

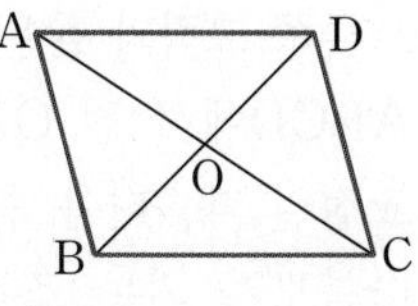

① $\overline{AB}=\overline{AD}$ ② $\angle A=90^\circ$

③ $\overline{OB}=\overline{OC}$ ④ $\angle AOD=90^\circ$

⑤ $\angle DAO=\angle DCO$

265

다음은 두 대각선의 길이가 같은 평행사변형은 직사각형임을 설명하는 과정이다. (가)~(마)에 알맞은 것을 구하시오.

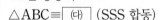

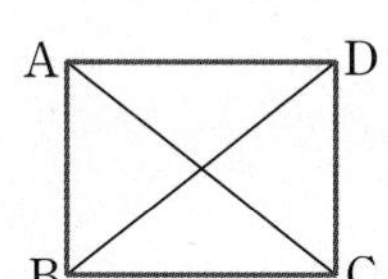

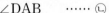

평행사변형 ABCD에서 $\overline{AC}=\overline{DB}$이면 △ABC와 △DCB에서
$\overline{AB}=$ (가) , $\overline{AC}=$ (나) ,
$\overline{BC}$는 공통이므로
△ABC≡ (다) (SSS 합동)
∴ $\angle ABC=\angle DCB$ …… ㉠
이때 □ABCD가 평행사변형이므로
$\angle ABC=$ (라) , $\angle BCD=\angle DAB$ …… ㉡
㉠, ㉡에서 $\angle DAB=\angle ABC=\angle BCD=$ (마) $=90^\circ$
따라서 □ABCD는 직사각형이다.

266

오른쪽 그림과 같은 평행사변형 ABCD에 한 가지 조건을 추가하여 직사각형이 되도록 하려고 한다. 필요한 한 가지 조건을 보기에서 모두 고른 것은? (단, 점 O는 두 대각선의 교점)

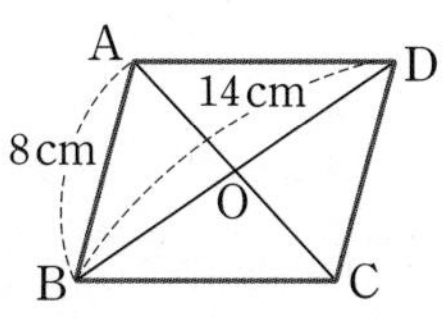

보기

ㄱ. $\angle BCD=90^\circ$ ㄴ. $\overline{BC}=8\text{ cm}$

ㄷ. $\angle BOC=90^\circ$ ㄹ. $\overline{AO}=7\text{ cm}$

① ㄱ, ㄴ ② ㄱ, ㄷ ③ ㄱ, ㄹ

④ ㄴ, ㄷ ⑤ ㄴ, ㄹ

유형 03 마름모의 뜻과 성질

대표 문제

267

오른쪽 그림과 같은 마름모 ABCD에서 점 O는 두 대각선의 교점이다. $\angle DAC=54^\circ$일 때, $\angle x-\angle y$의 크기는?

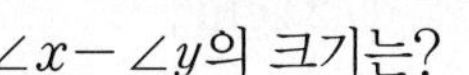

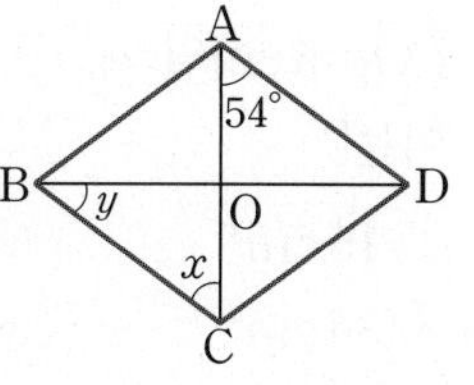

① 14° ② 16°

③ 18° ④ 20°

⑤ 22°

268

오른쪽 그림과 같은 마름모 ABCD에서 $\overline{AD}=12\text{ cm}$, $\angle BAC=70^\circ$일 때, $x+y$의 값은?

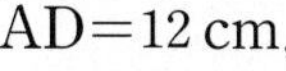

① 68 ② 70 ③ 72

④ 74 ⑤ 76

269

오른쪽 그림과 같은 □ABCD가 마름모일 때, 다음 보기에서 옳지 않은 것을 모두 고른 것은?
(단, 점 O는 두 대각선의 교점)

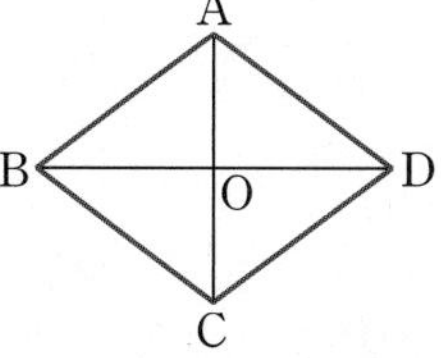

보기

ㄱ. $\angle AOD=90^\circ$ ㄴ. $\angle ABO=\angle BAO$

ㄷ. $\overline{AC}=\overline{BD}$ ㄹ. $\angle CBO=\angle CDO$

① ㄱ, ㄴ ② ㄱ, ㄷ ③ ㄱ, ㄹ

④ ㄴ, ㄷ ⑤ ㄷ, ㄹ

270

오른쪽 그림과 같은 마름모 ABCD에서 점 O는 두 대각선의 교점이다. $\overline{AO}=3\text{ cm}$, $\overline{BO}=5\text{ cm}$일 때, □ABCD의 넓이는?

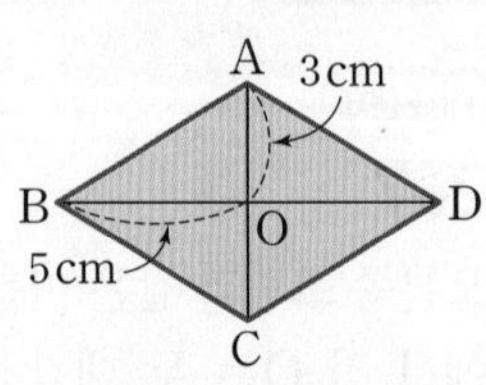

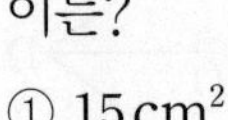

① 15 cm^2 ② 18 cm^2 ③ 24 cm^2
④ 30 cm^2 ⑤ 36 cm^2

271

오른쪽 그림과 같은 마름모 ABCD에서 점 O는 두 대각선의 교점이다. $\overline{OC}=6\text{ cm}$, $\angle OBC=30°$일 때, $x-y$의 값을 구하시오.

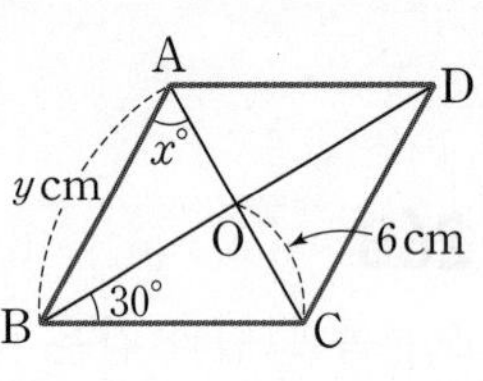

272

오른쪽 그림과 같은 마름모 ABCD의 꼭짓점 A에서 $\overline{BC}$, $\overline{CD}$에 내린 수선의 발을 각각 E, F라 하자. $\angle D=64°$일 때, $\angle AEF$의 크기를 구하시오.

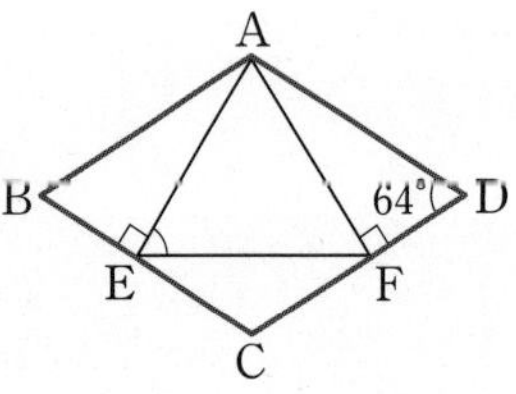

273

오른쪽 그림과 같은 마름모 ABCD에서 대각선 BD의 삼등분점을 E, F라 하자. $\overline{AE}=\overline{BE}$일 때, $\angle BAE$의 크기를 구하시오.

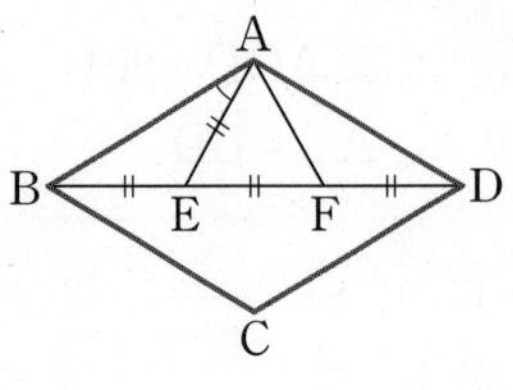

유형 04 평행사변형이 마름모가 되는 조건

대표 문제

274

오른쪽 그림과 같은 평행사변형 ABCD에서 점 O는 두 대각선의 교점일 때, 다음 중 □ABCD가 마름모가 되는 조건이 아닌 것을 모두 고르면? (정답 2개)

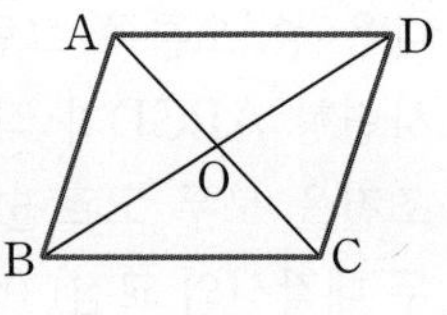

① $\overline{AB}=\overline{AD}$ ② $\overline{AC}=\overline{BD}$
③ $\overline{AC}\perp\overline{BD}$ ④ $\angle ABC=\angle BCD$
⑤ $\angle BAO=\angle DAO$

275

오른쪽 그림과 같은 평행사변형 ABCD가 마름모가 되도록 하는 x, y에 대하여 $x+y$의 값을 구하시오.

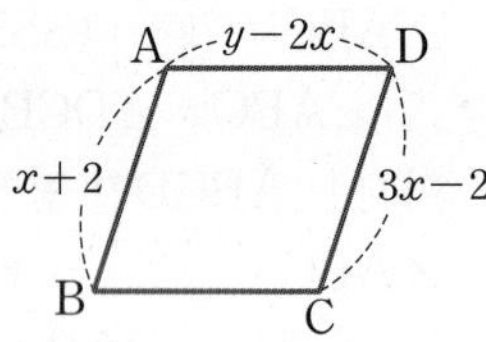

276

오른쪽 그림과 같은 평행사변형 ABCD에서 점 O는 두 대각선의 교점이다. $\overline{CD}=7\text{ cm}$, $\angle BAC=57°$, $\angle BDC=33°$일 때, $x+y$의 값은?

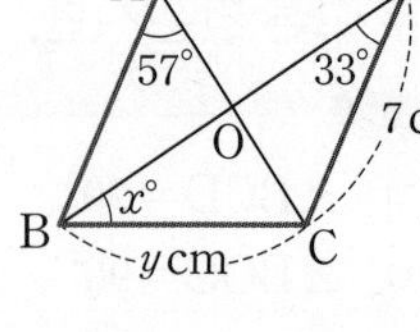

① 26 ② 35 ③ 37
④ 40 ⑤ 43

유형 05 정사각형의 뜻과 성질

대표 문제

277

오른쪽 그림과 같은 정사각형 ABCD에서 점 O는 두 대각선의 교점일 때, 다음 중 옳지 않은 것은?

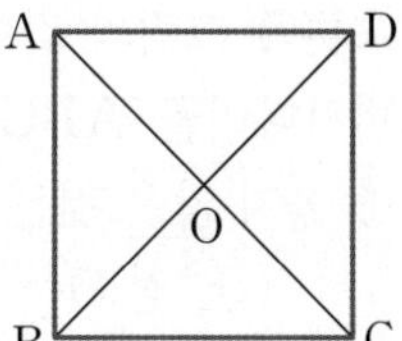

① $\overline{BC}=\overline{CD}$ ② $\overline{AC}\perp\overline{BD}$
③ $\overline{CO}=\overline{DO}$ ④ $\overline{AC}=\overline{AB}$
⑤ $\angle ABO=\angle BAO$

278

오른쪽 그림과 같은 정사각형 ABCD에서 점 O는 두 대각선의 교점이다. $\overline{AO}=3\,cm$일 때, □ABCD의 넓이는?

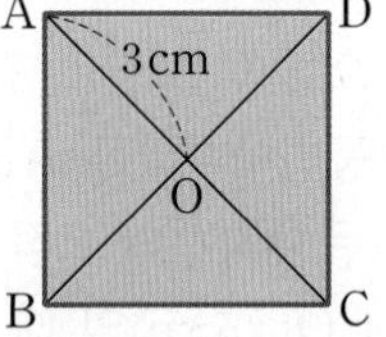

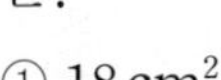

① $18\,cm^2$ ② $24\,cm^2$
③ $28\,cm^2$ ④ $32\,cm^2$
⑤ $36\,cm^2$

279

오른쪽 그림과 같은 정사각형 ABCD의 대각선 AC 위에 한 점 E를 잡고 $\overline{BE}$, $\overline{DE}$를 그었다. $\angle ADE=18°$일 때, $\angle BEC$의 크기를 구하시오.

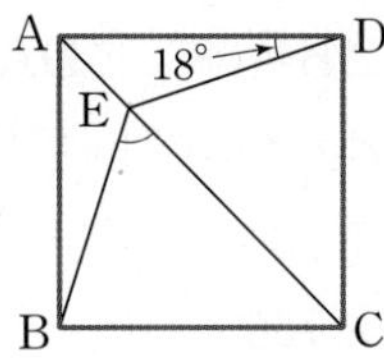

280

오른쪽 그림과 같은 정사각형 ABCD에서 $\overline{BC}=\overline{CE}=\overline{EB}$일 때, $\angle x-\angle y$의 크기는?

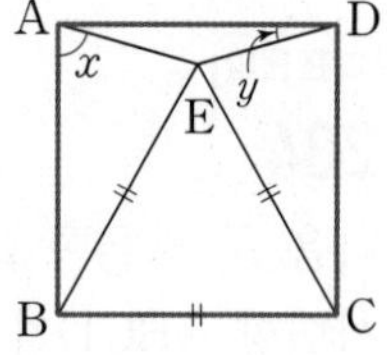

① 45° ② 50°
③ 55° ④ 60°
⑤ 65°

281

오른쪽 그림에서 □ABCD는 정사각형이고 $\overline{BE}=\overline{CF}$, $\angle GEC=130°$일 때, $\angle x$의 크기를 구하시오.

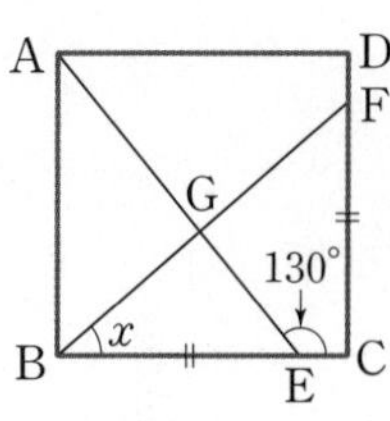

282

오른쪽 그림과 같은 정사각형 ABCD에서 $\overline{DA}=\overline{DE}$이고 $\angle ECD=28°$일 때, $\angle EAD$의 크기는?

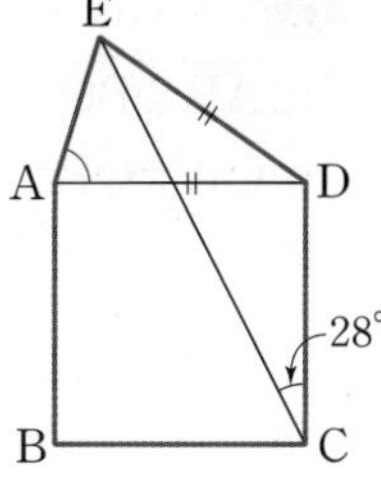

① 67° ② 69°
③ 71° ④ 73°
⑤ 75°

283

오른쪽 그림은 한 변의 길이가 6 cm인 두 정사각형 ABCD와 OEFG를 겹쳐 놓은 것이다. 점 O가 □ABCD의 두 대각선의 교점일 때, □OPCQ의 넓이를 구하시오.

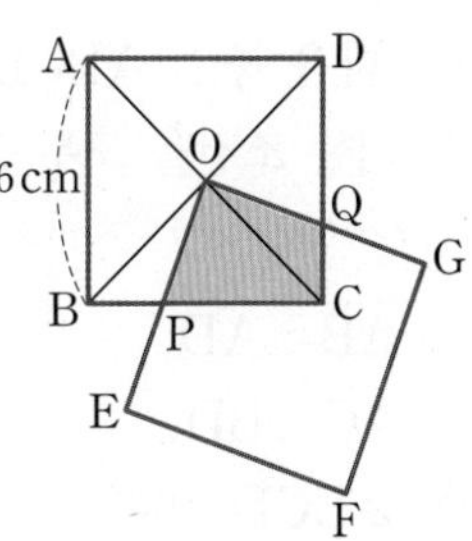

유형 06 정사각형이 되는 조건

대표 문제

284

다음 중 오른쪽 그림과 같은 평행사변형 ABCD가 정사각형이 되는 조건이 아닌 것은?

(단, 점 O는 두 대각선의 교점)

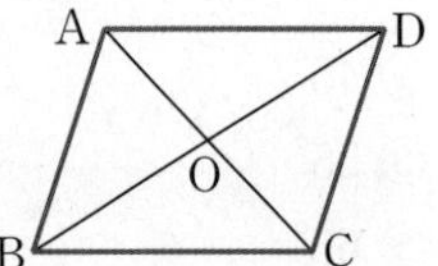

① $\angle BAD=90°$, $\overline{AC}\perp\overline{BD}$
② $\overline{AB}=\overline{AD}$, $\overline{AO}=\overline{BO}$
③ $\angle AOD=90°$, $\overline{AC}=\overline{BD}$
④ $\overline{BC}=\overline{CD}$, $\angle BAO=\angle BCO$
⑤ $\overline{AC}\perp\overline{BD}$, $\overline{BO}=\overline{CO}$

285

오른쪽 그림과 같은 직사각형 ABCD가 정사각형이 되는 조건이 아닌 것을 보기에서 모두 고르시오.

(단, 점 O는 두 대각선의 교점)

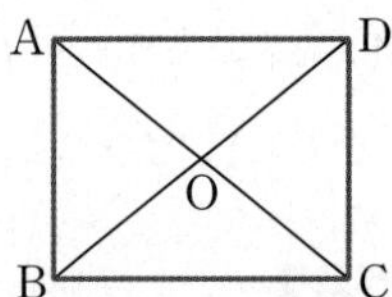

보기

ㄱ. $\overline{AB}=\overline{BC}$ ㄴ. $\overline{AC}=\overline{BD}$ ㄷ. $\angle DOC=90°$
ㄹ. $\overline{OA}=\overline{OB}$ ㅁ. $\angle DAO=45°$

286

오른쪽 그림과 같은 마름모 ABCD에서 점 O는 두 대각선의 교점이다. 다음 중 □ABCD가 정사각형이 되는 조건을 모두 고르면? (정답 2개)

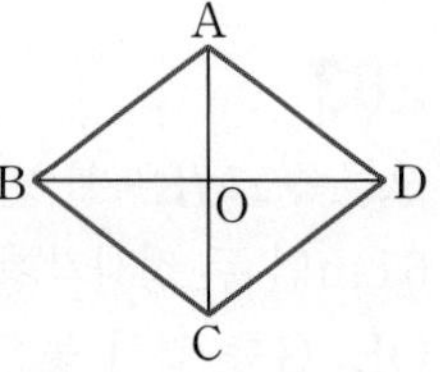

① $\overline{AB}=\overline{AD}$ ② $\overline{OB}=\overline{OC}$
③ $\overline{AC}\perp\overline{BD}$ ④ $\angle ABD=\angle ADB$
⑤ $\angle BCD=90°$

유형 07 등변사다리꼴의 뜻과 성질

대표 문제

287

오른쪽 그림과 같이 $\overline{AD}/\!/\overline{BC}$인 등변사다리꼴 ABCD에 대하여 다음 중 옳지 않은 것은?

(단, 점 O는 두 대각선의 교점)

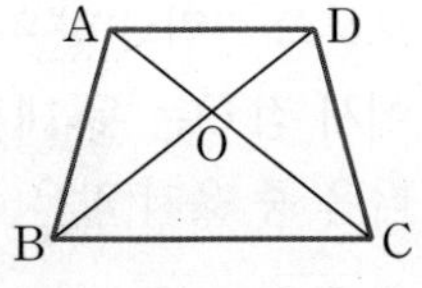

① $\angle BAC=\angle CDB$ ② $\overline{BO}=\overline{CO}$
③ $\angle ABO=\angle DCO$ ④ $\overline{AC}=\overline{DB}$
⑤ $\overline{AB}=\overline{AD}$

288

오른쪽 그림과 같이 $\overline{AD}/\!/\overline{BC}$인 등변사다리꼴 ABCD에서 점 O는 두 대각선의 교점이다. $\overline{DO}=3\,cm$, $\overline{CO}=5\,cm$일 때, $\overline{BD}$의 길이를 구하시오.

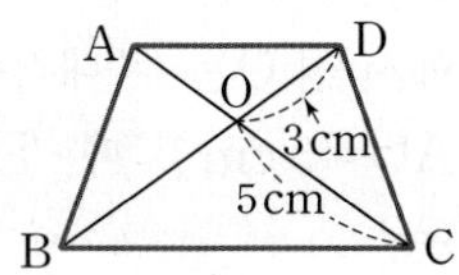

289

오른쪽 그림과 같이 $\overline{AD}/\!/\overline{BC}$인 등변사다리꼴 ABCD에서 $\angle B=68°$, $\angle DAC=42°$일 때, $\angle x+\angle y$의 크기는?

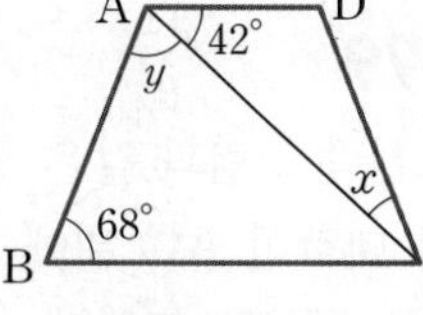

① 76° ② 89° ③ 96°
④ 106° ⑤ 110°

290

다음은 등변사다리꼴에서 평행하지 않은 한 쌍의 대변의 길이가 같음을 설명하는 과정이다. (가)~(마)에 알맞은 것을 구하시오.

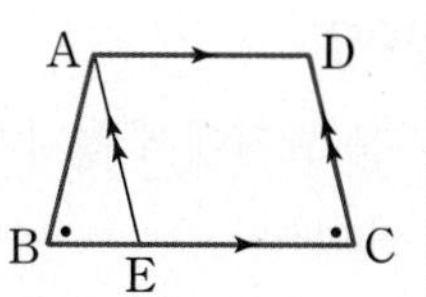

$\overline{AD}/\!/\overline{BC}$인 등변사다리꼴 ABCD의 점 A를 지나고 $\overline{DC}$에 평행한 직선을 그어 $\overline{BC}$와 만나는 점을 E라 하면 □AECD는 (가) 이므로

(나) $=\overline{DC}$ …… ㉠

$\angle C=$ (다) (동위각), $\angle B=\angle C$이므로 $\angle B=$ (다)

따라서 △ABE는 이등변삼각형이므로

(라) $=\overline{AE}$ …… ㉡

㉠, ㉡에서 $\overline{AB}=$ (마)

따라서 등변사다리꼴에서 평행하지 않은 한 쌍의 대변의 길이는 같다.

291

오른쪽 그림과 같이 $\overline{AD}/\!/\overline{BC}$인 등변사다리꼴 ABCD에서 $\overline{AE}/\!/\overline{DB}$가 되도록 $\overline{BC}$의 연장선 위에 점 E를 잡았다. $\angle E=46°$일 때, $\angle x$의 크기를 구하시오.

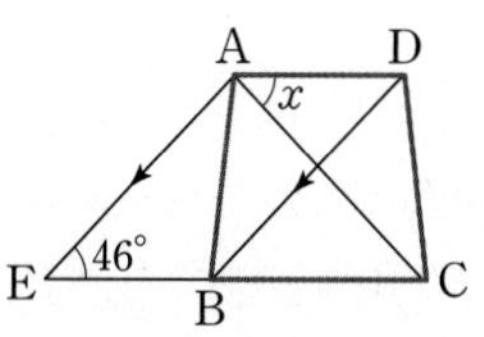

292

오른쪽 그림과 같이 $\overline{AD}/\!/\overline{BC}$인 등변사다리꼴 ABCD에서 두 대각선의 교점 O를 지나고 $\overline{CD}$에 수직인 직선이 $\overline{AB}$, $\overline{CD}$와 만나는 점을 각각 E, H라 하자. $\overline{AC}\perp\overline{BD}$이고 $\angle COH=64°$일 때, $\angle ABC$의 크기는?

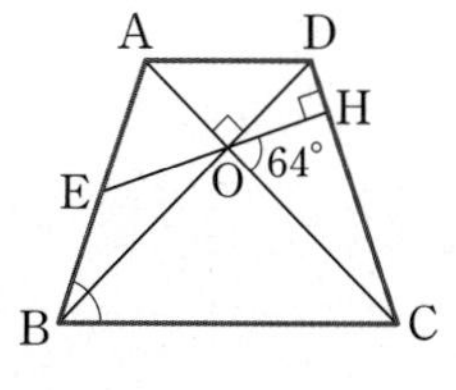

① 68° ② 69° ③ 70° ④ 71° ⑤ 72°

유형 08 등변사다리꼴의 성질의 응용

대표 문제

293

오른쪽 그림과 같이 $\overline{AD}/\!/\overline{BC}$인 등변사다리꼴 ABCD에서 $\overline{AB}=7\,cm$, $\overline{AD}=5\,cm$, $\angle A=120°$일 때, $\overline{BC}$의 길이는?

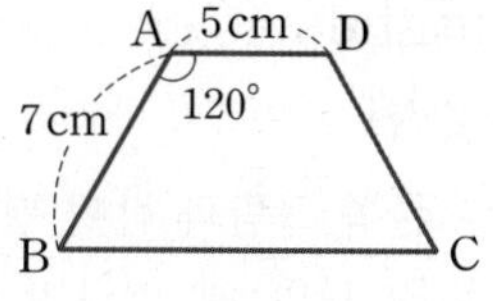

① 10 cm ② 11 cm ③ 12 cm ④ 13 cm ⑤ 14 cm

294

오른쪽 그림과 같이 $\overline{AD}/\!/\overline{BC}$인 등변사다리꼴 ABCD의 점 D에서 $\overline{BC}$에 내린 수선의 발을 E라 하자. $\overline{AD}=8\,cm$, $\overline{EC}=3\,cm$일 때, $\overline{BC}$의 길이는?

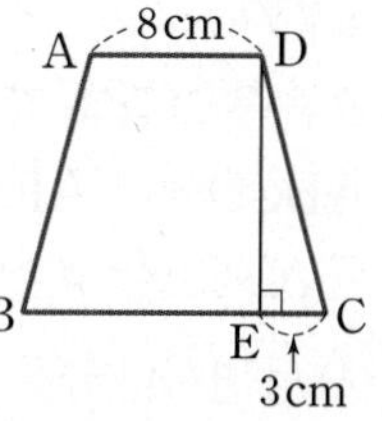

① 11 cm ② 12 cm ③ 13 cm ④ 14 cm ⑤ 15 cm

295

오른쪽 그림과 같이 $\overline{AD}/\!/\overline{BC}$인 등변사다리꼴 ABCD에서 $\overline{AB}=\overline{AD}=6\,cm$이고, $\angle B=60°$일 때, □ABCD의 둘레의 길이를 구하시오.

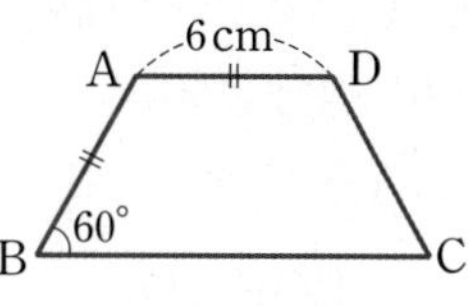

Theme 08 여러 가지 사각형 사이의 관계

유형북 60쪽

유형 09 여러 가지 사각형

대표 문제

296

오른쪽 그림과 같이 평행사변형 ABCD의 네 내각의 이등분선에 의해 만들어진 □EFGH에 대한 다음 설명 중 옳지 않은 것을 모두 고르면? (정답 2개)

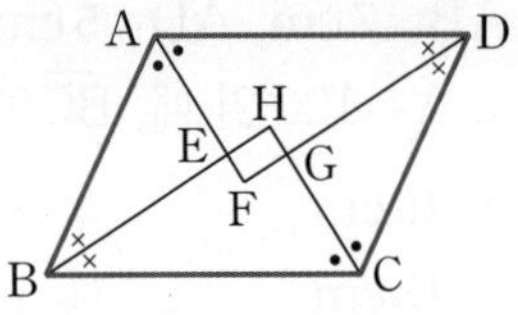

① 네 변의 길이가 모두 같다.
② 네 각의 크기가 모두 같다.
③ 두 대각선의 길이가 같다.
④ 두 대각선이 서로 다른 것을 수직이등분한다.
⑤ 이웃하는 두 내각의 크기의 합이 180°이다.

297

오른쪽 그림과 같은 직사각형 ABCD에서 $\overline{AF}=\overline{EC}$일 때, □AFCE는 어떤 사각형인가?

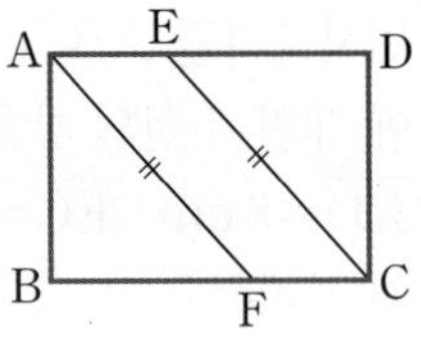

① 등변사다리꼴 ② 평행사변형
③ 직사각형 ④ 마름모
⑤ 정사각형

298

오른쪽 그림과 같은 평행사변형 ABCD에서 ∠A, ∠B의 이등분선이 $\overline{BC}$, $\overline{AD}$와 만나는 점을 각각 E, F라 하자. □ABEF의 두 대각선의 교점을 O라 할 때, 다음 중 □ABEF에 대한 설명으로 옳지 않은 것을 모두 고르면? (정답 2개)

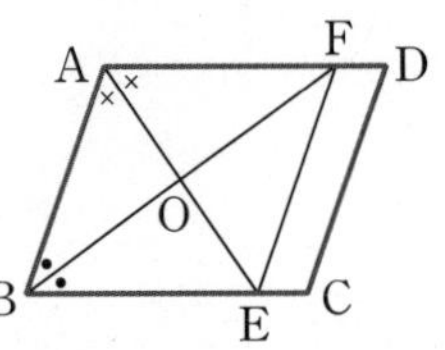

① $\overline{AF}=\overline{FE}$ ② ∠BAF=∠AFE
③ ∠BOE=90° ④ $\overline{AO}=\overline{BO}$
⑤ ∠ABF=∠AFB

유형 10 여러 가지 사각형 사이의 관계

대표 문제

299

다음 보기에서 옳지 않은 것을 모두 고른 것은?

보기
ㄱ. $\overline{AC}\perp\overline{BD}$인 직사각형 ABCD는 정사각형이다.
ㄴ. $\overline{AB}=\overline{AD}$인 평행사변형 ABCD는 마름모이다.
ㄷ. $\overline{AC}=\overline{BD}$인 직사각형 ABCD는 정사각형이다.
ㄹ. ∠A=∠B인 평행사변형 ABCD는 직사각형이다.
ㅁ. $\overline{AB}\perp\overline{BC}$인 평행사변형 ABCD는 마름모이다.

① ㄱ, ㄷ ② ㄴ, ㅁ ③ ㄷ, ㅁ
④ ㄱ, ㄷ, ㄹ ⑤ ㄴ, ㄷ, ㅁ

300

다음 사각형에 대한 설명 중 옳은 것은?

① 두 대각선이 수직으로 만나는 평행사변형은 정사각형이다.
② 대각의 크기의 합이 180°인 평행사변형은 직사각형이다.
③ 직사각형은 정사각형이다.
④ 두 대각선의 길이가 같은 평행사변형은 마름모이다.
⑤ 등변사다리꼴은 평행사변형이다.

유형 11 여러 가지 사각형의 대각선의 성질

대표 문제

301

다음 보기에서 두 대각선이 서로 다른 것을 이등분하는 사각형을 모두 고른 것은?

보기

ㄱ. 사다리꼴　ㄴ. 등변사다리꼴　ㄷ. 평행사변형
ㄹ. 직사각형　ㅁ. 마름모　ㅂ. 정사각형

① ㄴ, ㄹ　② ㄴ, ㅂ　③ ㄱ, ㅁ, ㅂ
④ ㄴ, ㄹ, ㅂ　⑤ ㄷ, ㄹ, ㅁ, ㅂ

302

다음 중 두 대각선의 길이가 같은 사각형이 아닌 것을 모두 고르면? (정답 2개)

① 평행사변형　② 직사각형　③ 마름모
④ 정사각형　⑤ 등변사다리꼴

303

다음 여러 가지 사각형의 대각선에 대한 설명 중 옳은 것은?

① 마름모의 두 대각선의 길이는 같다.
② 평행사변형의 두 대각선은 수직으로 만난다.
③ 직사각형의 두 대각선은 서로 다른 것을 수직이등분한다.
④ 정사각형의 두 대각선은 길이가 같고, 서로 수직으로 만난다.
⑤ 등변사다리꼴의 두 대각선은 서로 다른 것을 이등분한다.

유형 12 사각형의 각 변의 중점을 연결하여 만든 사각형

대표 문제

304

오른쪽 그림과 같이 직사각형 ABCD의 각 변의 중점을 E, F, G, H라 할 때, 다음 중 □EFGH에 대한 설명으로 옳지 않은 것을 모두 고르면? (정답 2개)

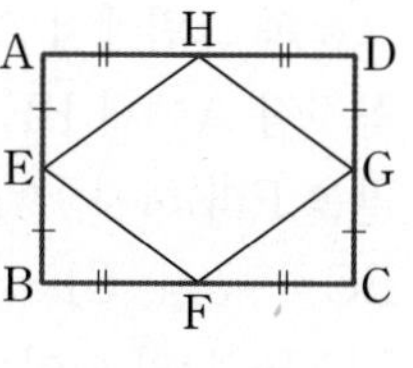

① 네 각의 크기가 모두 같다.
② 대변의 길이가 같고 평행하다.
③ 두 대각선의 길이가 같다.
④ 두 대각선이 서로 다른 것을 수직이등분한다.
⑤ 네 변의 길이가 같다.

305

다음 중 사각형과 그 사각형의 각 변의 중점을 연결하여 만든 사각형을 바르게 짝 지은 것은?

① 사각형 – 직사각형
② 평행사변형 – 마름모
③ 마름모 – 정사각형
④ 정사각형 – 정사각형
⑤ 등변사다리꼴 – 직사각형

306

오른쪽 그림과 같이 $\overline{AD}/\!/\overline{BC}$인 등변사다리꼴 ABCD의 각 변의 중점을 E, F, G, H라 하자. $\overline{AE}=5\,cm$, $\overline{AH}=7\,cm$, $\overline{EH}=9\,cm$일 때, □EFGH의 둘레의 길이는?

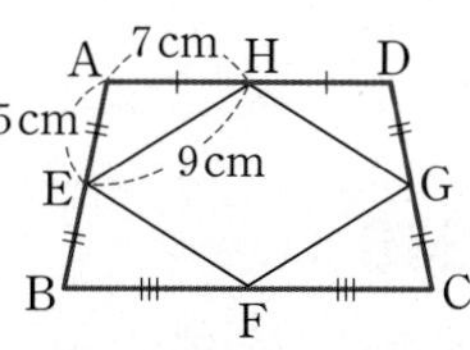

① 24 cm　② 28 cm　③ 32 cm
④ 34 cm　⑤ 36 cm

유형 13 평행선과 삼각형의 넓이

대표 문제

307

오른쪽 그림에서 $\overline{AC} /\!/ \overline{DE}$이고 꼭짓점 A에서 $\overline{BE}$에 내린 수선의 발을 F라 하자. $\overline{AF}=6\,cm$, $\overline{BC}=9\,cm$, $\overline{CE}=3\,cm$일 때, □ABCD의 넓이를 구하시오.

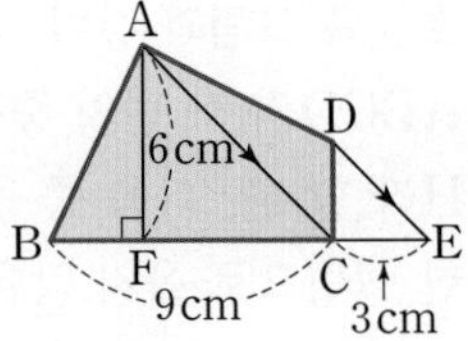

308

오른쪽 그림에서 $\overline{AE} /\!/ \overline{DB}$이고 $\overline{BC}=\overline{BE}=7\,cm$, $\overline{CD}=5\,cm$, $\angle C=90°$일 때, □ABCD의 넓이를 구하시오.

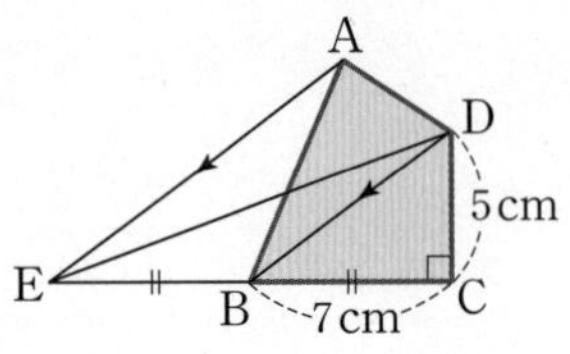

309

오른쪽 그림에서 $\overline{AE} /\!/ \overline{DB}$일 때, 다음 중 옳지 않은 것은?

① △ABD=△EBD
② △AED=△AEB
③ △AEF=△DBF
④ △AFD=△EFB
⑤ △DEC=□ABCD

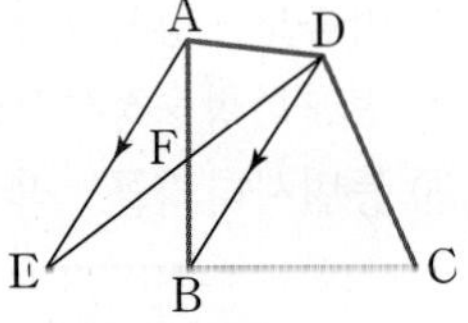

310

오른쪽 그림에서 $\overline{AC} /\!/ \overline{DE}$이고 △ABE의 넓이가 $54\,cm^2$, □ABCF의 넓이가 $38\,cm^2$일 때, △AFD의 넓이를 구하시오.

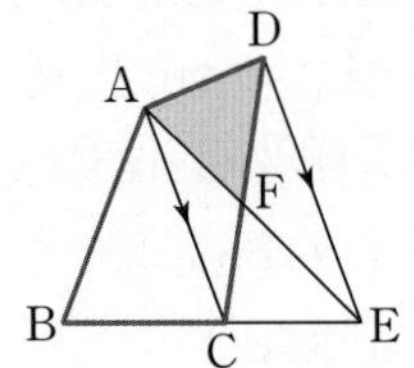

유형 14 높이가 같은 두 삼각형의 넓이

대표 문제

311

오른쪽 그림과 같은 △ABC에서 점 M은 $\overline{BC}$의 중점이고 $\overline{AD} : \overline{DM}=2 : 5$이다. △ABC의 넓이가 $84\,cm^2$일 때, △DBM의 넓이는?

① $30\,cm^2$
② $32\,cm^2$
③ $36\,cm^2$
④ $40\,cm^2$
⑤ $42\,cm^2$

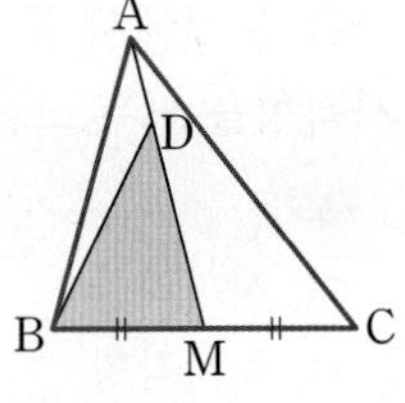

312

오른쪽 그림에서 $\overline{BD} : \overline{DC}=5 : 2$, $\overline{AE} : \overline{ED}=1 : 4$이다. △ABE의 넓이가 $3\,cm^2$일 때, △ABC의 넓이는?

① $15\,cm^2$
② $18\,cm^2$
③ $21\,cm^2$
④ $24\,cm^2$
⑤ $27\,cm^2$

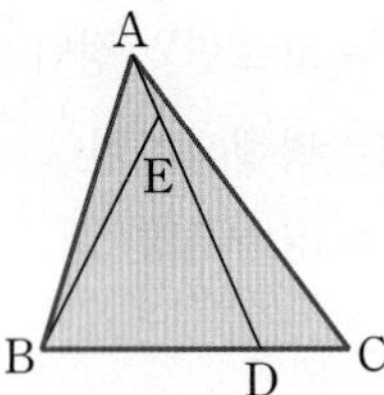

313

오른쪽 그림에서 $\overline{BD} : \overline{DC}=3 : 4$, $\overline{AE} : \overline{EC}=5 : 3$이다. △ABC의 넓이가 $42\,cm^2$일 때, △EDC의 넓이를 구하시오.

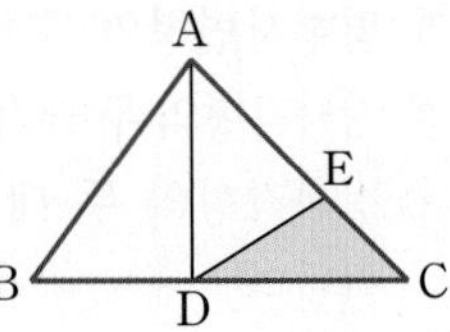

유형 15 평행사변형에서 높이가 같은 두 삼각형의 넓이

대표 문제

314

오른쪽 그림과 같은 평행사변형 ABCD에서 $\overline{AC} /\!/ \overline{EF}$일 때, 다음 삼각형 중 넓이가 나머지 넷과 다른 하나는?

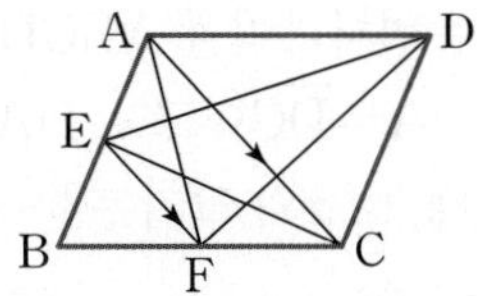

① △AFC ② △CDF ③ △AEC
④ △BCE ⑤ △AED

315

오른쪽 그림과 같은 평행사변형 ABCD에서 $\overline{BE} : \overline{EC} = 3 : 2$이고 □ABCD의 넓이가 $50\,cm^2$일 때, △AEC의 넓이를 구하시오.

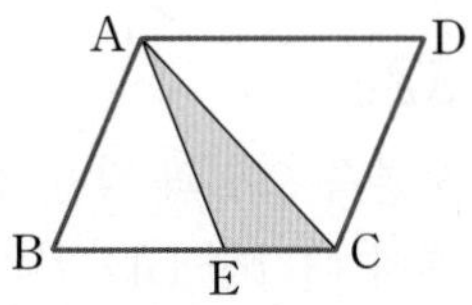

316

오른쪽 그림과 같은 평행사변형 ABCD에서 $\overline{AC} /\!/ \overline{EF}$이고 □ABCD의 넓이가 $80\,cm^2$, △EBC의 넓이가 $15\,cm^2$일 때, △DFC의 넓이를 구하시오.

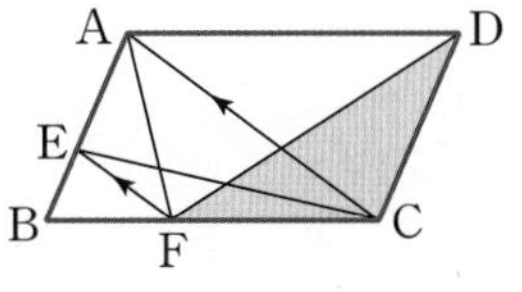

317

오른쪽 그림과 같은 평행사변형 ABCD에서 △ABF, △DFE의 넓이가 각각 $18\,cm^2$, $4\,cm^2$일 때, △BCE의 넓이를 구하시오.

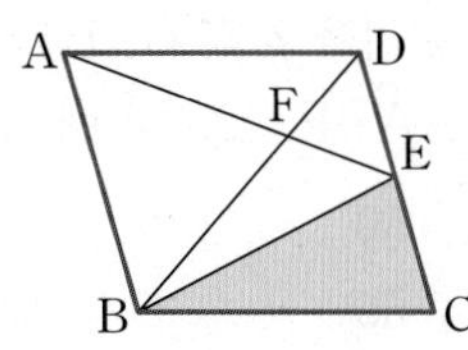

유형 16 사다리꼴에서 높이가 같은 두 삼각형의 넓이

대표 문제

318

오른쪽 그림과 같이 $\overline{AD} /\!/ \overline{BC}$인 사다리꼴 ABCD에서 점 O는 두 대각선의 교점이다. $\overline{OB} = 2\overline{OD}$이고 △OAB의 넓이가 $15\,cm^2$일 때, △DBC의 넓이는?

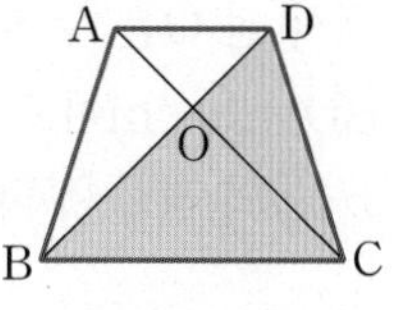

① $30\,cm^2$ ② $35\,cm^2$ ③ $40\,cm^2$
④ $45\,cm^2$ ⑤ $50\,cm^2$

319

오른쪽 그림과 같이 $\overline{AD} /\!/ \overline{BC}$인 사다리꼴 ABCD에서 점 O는 두 대각선의 교점이다. △AOD, △ABO의 넓이가 각각 $9\,cm^2$, $12\,cm^2$일 때, △OBC의 넓이는?

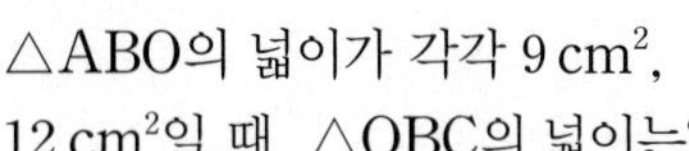

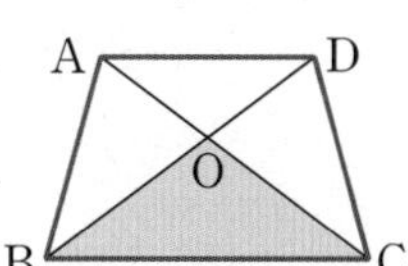

① $14\,cm^2$ ② $15\,cm^2$ ③ $16\,cm^2$
④ $17\,cm^2$ ⑤ $18\,cm^2$

320

오른쪽 그림과 같이 $\overline{AD} /\!/ \overline{BC}$인 사다리꼴 ABCD에서 점 O는 두 대각선의 교점이다. △AOD의 넓이가 $4\,cm^2$이고 $\overline{BO} : \overline{OD} = 5 : 2$일 때, □ABCD의 넓이를 구하시오.

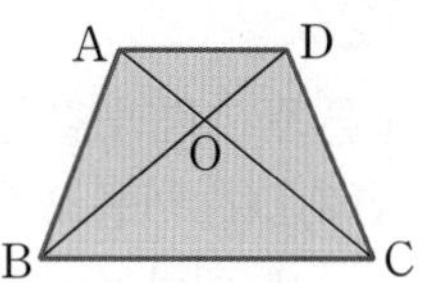

321

오른쪽 그림과 같은 직사각형 ABCD에서 점 O는 두 대각선의 교점이다. $\overline{BD}=20$ cm이고 $\angle OBC=42°$일 때, $x+y$의 값을 구하시오.

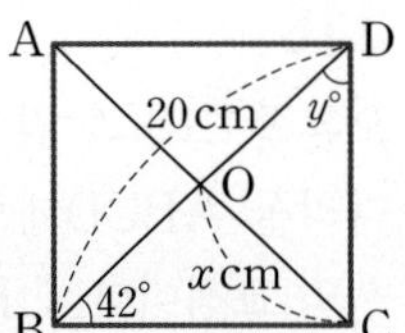

322

다음 중 평행사변형이 직사각형이 되는 조건을 모두 고르면? (정답 2개)

① 두 대각선의 길이가 같다.
② 두 대각선이 수직으로 만난다.
③ 이웃하는 두 변의 길이가 같다.
④ 이웃하는 두 내각의 크기의 합이 180°이다.
⑤ 한 내각의 크기가 90°이다.

323

오른쪽 그림과 같은 마름모 ABCD에서 $\overline{AE}\perp\overline{BC}$이고 $\angle C=110°$일 때, $\angle x$의 크기는?

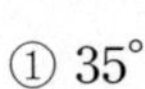

① 35° ② 40°
③ 45° ④ 50°
⑤ 55°

324

오른쪽 그림과 같은 평행사변형 ABCD가 마름모가 되도록 하는 x, y에 대하여 $y-x$의 값을 구하시오.

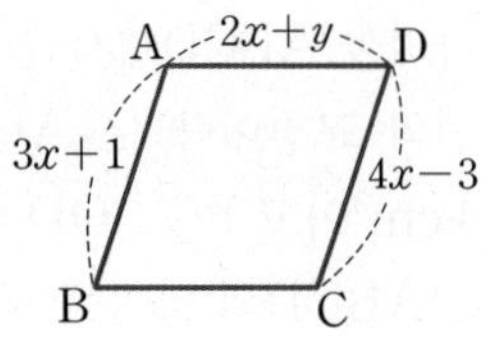

325

오른쪽 그림과 같이 $\overline{AD}/\!/\overline{BC}$인 등변사다리꼴 ABCD에서 $\overline{DA}=\overline{DC}$이고 $\angle DAC=34°$일 때, $\angle x$의 크기는?

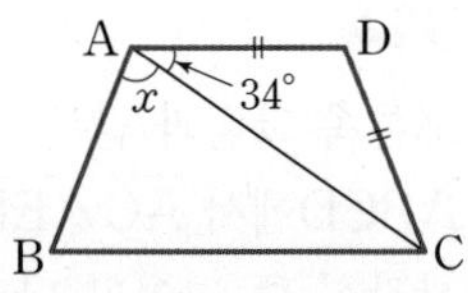

① 76° ② 78° ③ 80°
④ 82° ⑤ 84°

326

오른쪽 그림과 같은 정사각형 ABCD에서 대각선 BD 위의 점 P에 대하여 $\angle BPC=68°$일 때, $\angle PAD$의 크기를 구하시오.

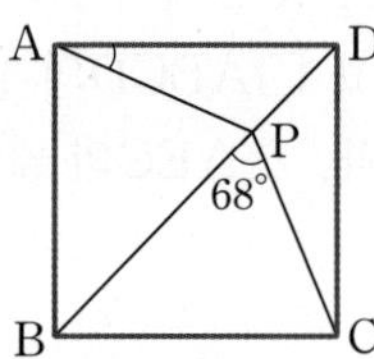

실력 UP

327

오른쪽 그림과 같은 정사각형 ABCD에서 $\overline{AD}$, $\overline{BC}$ 위에 $\overline{AE}=\overline{CF}$가 되도록 각각 점 E, F를 잡았다. $\overline{AC}$가 $\overline{BE}$, $\overline{DF}$와 만나는 점을 각각 G, H라 하자. $\angle ABE=25°$일 때, $\angle x$의 크기는?

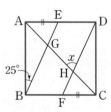

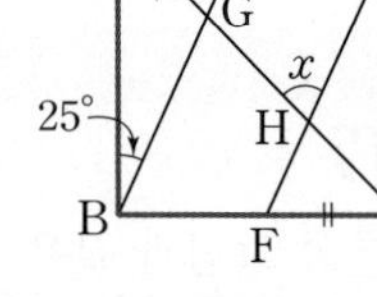

① 50° ② 55° ③ 60°
④ 65° ⑤ 70°

328

오른쪽 그림과 같은 평행사변형 ABCD에서 $\overline{AD}$의 중점을 M이라 하자. $\overline{BM}=\overline{CM}$일 때, □ABCD는 어떤 사각형이 되는지 말하고, ∠BCD의 크기를 구하시오.

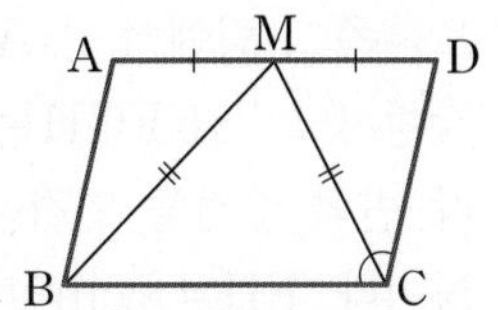

329

다음 보기에서 평행사변형이 마름모가 되는 조건을 모두 고르시오.

보기

ㄱ. 한 내각이 직각이다.
ㄴ. 이웃하는 두 변의 길이가 같다.
ㄷ. 두 대각선이 수직으로 만난다.
ㄹ. 두 대각선의 길이가 같다.

330

오른쪽 그림과 같은 마름모 ABCD에서 점 O는 두 대각선의 교점이다. $\overline{AB}=6\text{cm}$, $\angle OBC=30°$일 때, △ACD의 둘레의 길이를 구하시오.

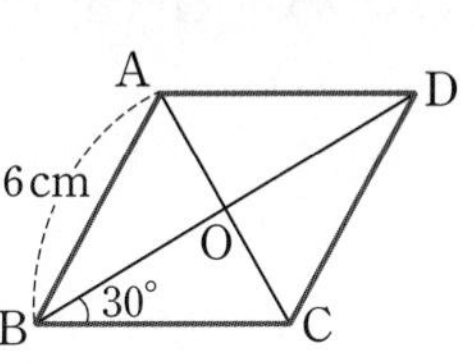

331

오른쪽 그림의 직사각형 ABCD가 정사각형이 되는 조건을 보기에서 모두 고르시오.

(단, 점 O는 두 대각선의 교점)

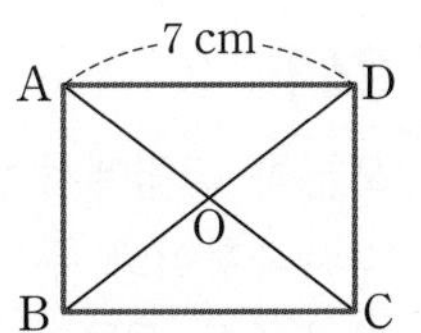

보기

ㄱ. $\overline{AB}=7\text{ cm}$ ㄴ. $\angle AOD=90°$
ㄷ. $\angle BAC=\angle DCA$ ㄹ. $\overline{BD}=7\text{ cm}$

332

오른쪽 그림에서 □ABCD는 정사각형이고 $\overline{AD}=\overline{AE}$, $\angle ADE=75°$일 때, ∠ABE의 크기는?

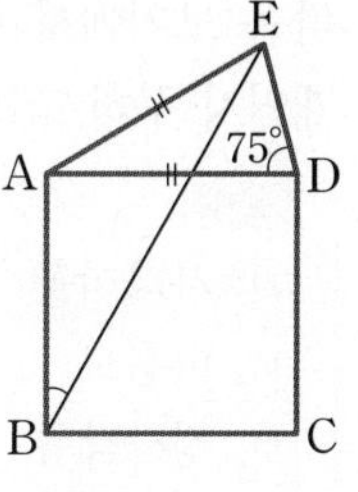

① 20° ② 25°
③ 30° ④ 35°
⑤ 40°

333

오른쪽 그림과 같이 $\overline{AD}/\!/\overline{BC}$인 등변사다리꼴 ABCD에서 $\overline{AB}=\overline{AD}$이고 $\overline{AD}=\frac{1}{2}\overline{BC}$일 때, ∠B의 크기를 구하시오.

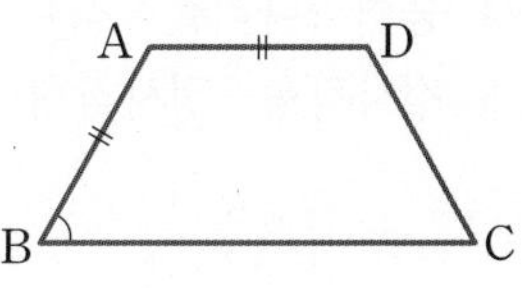

실력 UP

334

오른쪽 그림에서 □ABCD는 정사각형이고 △APD는 정삼각형일 때, $\angle x+\angle y+\angle z$의 크기를 구하시오.

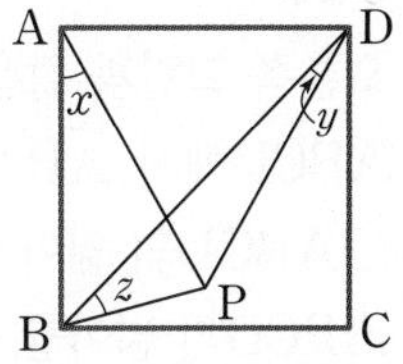

335

다음 보기에서 두 대각선의 길이가 같은 사각형은 모두 몇 개인지 구하시오.

보기

ㄱ. 사다리꼴	ㄴ. 직사각형
ㄷ. 마름모	ㄹ. 등변사다리꼴
ㅁ. 정사각형	ㅂ. 평행사변형

336

다음 중 사각형과 그 사각형의 각 변의 중점을 연결하여 만든 사각형을 짝 지은 것으로 옳지 <u>않은</u> 것은?

① 평행사변형 – 평행사변형
② 마름모 – 직사각형
③ 직사각형 – 마름모
④ 등변사다리꼴 – 직사각형
⑤ 정사각형 – 정사각형

337

오른쪽 그림에서 $\overline{AE} /\!/ \overline{DC}$이고 △ABE의 넓이가 13 cm^2, △AEC의 넓이가 14 cm^2일 때, □ABED의 넓이는?

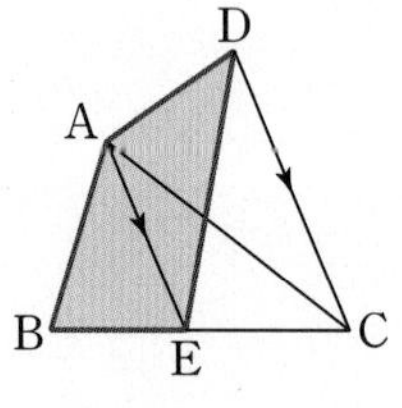

① 25 cm^2　② 26 cm^2
③ 27 cm^2　④ 28 cm^2
⑤ 29 cm^2

338

오른쪽 그림과 같은 평행사변형 ABCD에서 $\overline{AP} : \overline{PC} = 3 : 2$이고 □ABCD의 넓이가 40 cm^2일 때, △PCD의 넓이를 구하시오.

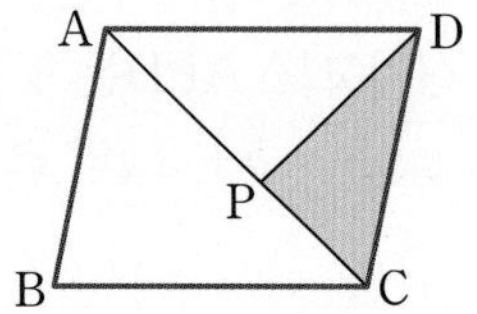

339

오른쪽 그림에서 □ABCD는 정사각형이고 □EFGH는 □ABCD의 각 변의 중점을 연결하여 만든 사각형이다. $\overline{EH} = 8\text{ cm}$일 때, □ABCD의 넓이는?

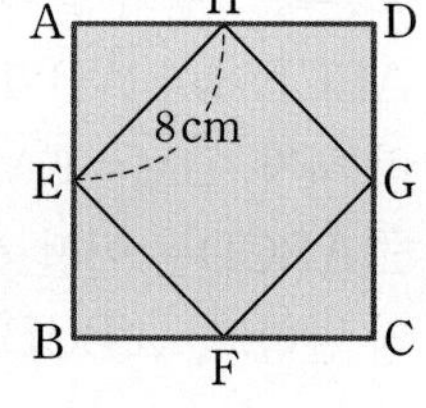

① 64 cm^2　② 80 cm^2
③ 96 cm^2　④ 112 cm^2
⑤ 128 cm^2

340

오른쪽 그림과 같이 $\overline{AD} /\!/ \overline{BC}$인 사다리꼴 ABCD에서 점 O는 두 대각선의 교점이다. △DBC, △ABO의 넓이가 각각 30 cm^2, 12 cm^2일 때, △ODA의 넓이를 구하시오.

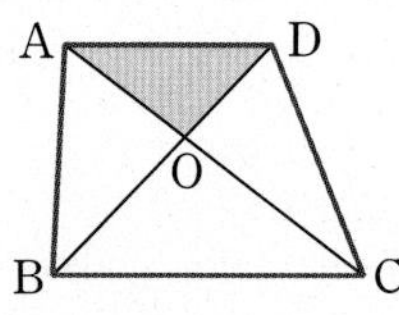

실력 UP

341

오른쪽 그림에서 □ABCD는 직사각형이고 두 점 M, N은 각각 $\overline{AB}$, $\overline{CD}$의 중점이다. $\overline{AB} = 10\text{ cm}$, $\overline{AD} = 12\text{ cm}$일 때, □AMEF의 넓이를 구하시오.

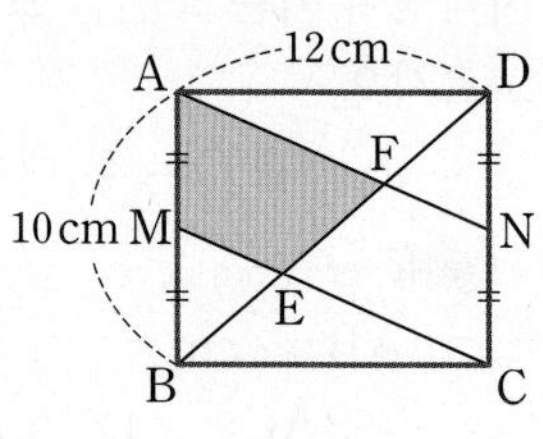

342

오른쪽 그림과 같은 직사각형 ABCD의 대각선 AC의 수직이등분선과 $\overline{AD}$, $\overline{BC}$의 교점을 각각 E, F라 하자. 다음 중 □AFCE에 대한 설명으로 옳지 않은 것은?

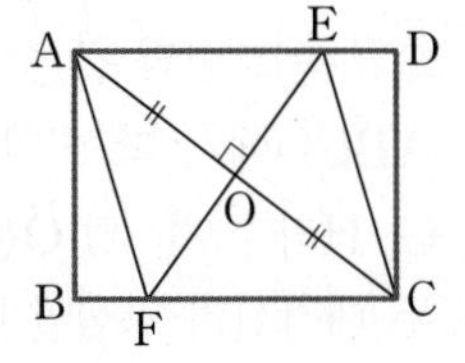

① $\overline{AF}=\overline{FC}$　② $\overline{OF}=\overline{OC}$
③ $\overline{EO}=\overline{FO}$　④ $\angle AEO=\angle CFO$
⑤ $\angle EAO=\angle ECO$

343

다음 사각형에 대한 설명 중 옳은 것은?

① 두 대각선의 길이가 같은 평행사변형은 마름모이다.
② 평행한 두 변의 길이가 같은 사다리꼴은 등변사다리꼴이다.
③ 두 대각선이 수직으로 만나는 평행사변형은 직사각형이다.
④ 한 내각의 크기가 90°인 마름모는 정사각형이다.
⑤ 두 대각선의 길이가 같은 평행사변형은 마름모이다.

344

다음 중 두 대각선이 서로 다른 것을 수직이등분하는 사각형은?

① 평행사변형　② 사다리꼴　③ 등변사다리꼴
④ 직사각형　⑤ 정사각형

345

오른쪽 그림에서 $\overline{AC}$ // $\overline{DE}$이고 $\overline{BC}:\overline{CE}=2:1$이다. □ABCD의 넓이가 27 cm²일 때, △ACD의 넓이를 구하시오.

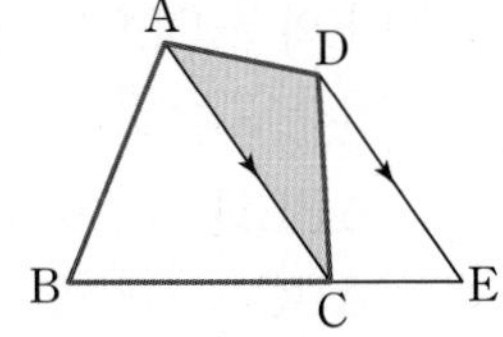

346

오른쪽 그림과 같은 정사각형 ABCD에서 $\overline{CD}$ 위의 한 점 F에 대하여 $\overline{AD}$와 $\overline{BF}$의 연장선의 교점을 E라 하자. $\overline{AD}=9$ cm, $\overline{CF}=7$ cm일 때, △EFC의 넓이를 구하시오.

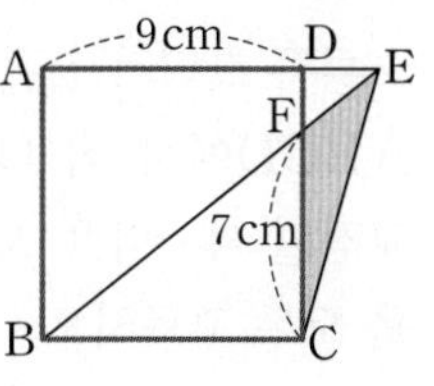

347

오른쪽 그림과 같이 $\overline{AD}$ // $\overline{BC}$인 사다리꼴 ABCD에서 점 O는 두 대각선의 교점이다. △ODA=4 cm², $\overline{BO}:\overline{OD}=3:2$일 때, □ABCD의 넓이는?

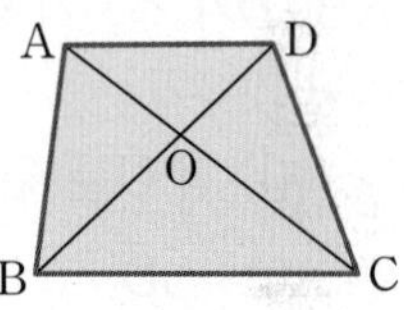

① 19 cm²　② 21 cm²　③ 25 cm²
④ 29 cm²　⑤ 31 cm²

348

오른쪽 그림과 같은 평행사변형 ABCD에서 점 O는 두 대각선의 교점이고, 점 M은 $\overline{CD}$의 중점이다. $\overline{AN}:\overline{NM}=2:1$이고 □ABCD의 넓이가 36 cm²일 때, △AON의 넓이는?

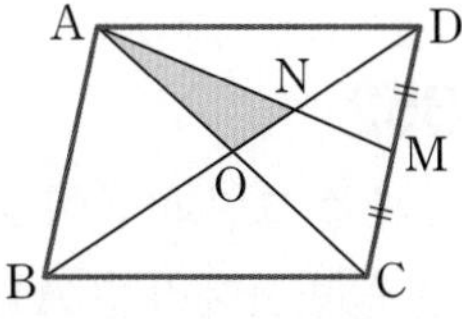

① 2 cm²　② 3 cm²　③ 4 cm²
④ 5 cm²　⑤ 6 cm²

349

오른쪽 그림과 같은 직사각형 ABCD에서 점 O는 두 대각선의 교점일 때, 다음 보기에서 옳은 것을 모두 고르시오.

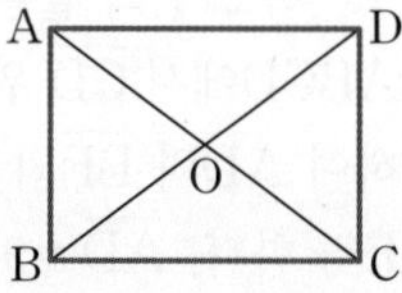

보기

ㄱ. $\overline{AO}=\overline{CO}$ ㄴ. $\angle BAD=90°$

ㄷ. $\angle AOB=\angle AOD$ ㄹ. $\triangle OAB\equiv\triangle OAD$

350

오른쪽 그림과 같은 평행사변형 ABCD가 직사각형이 되는 조건이 아닌 것은?

(단, 점 O는 두 대각선의 교점)

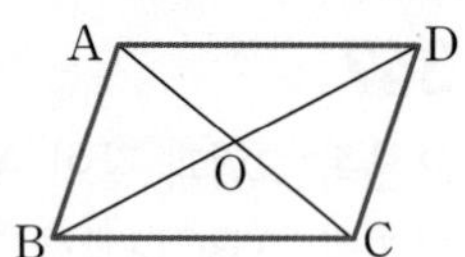

① $\overline{AC}=\overline{BD}$ ② $\overline{AO}=\overline{DO}$

③ $\angle A=90°$ ④ $\angle A+\angle C=180°$

⑤ $\overline{AC}\perp\overline{BD}$

351

오른쪽 그림과 같은 평행사변형 ABCD의 점 A에서 $\overline{BC}$, $\overline{CD}$에 내린 수선의 발을 각각 E, F라 하자. $\overline{AB}=10$ cm, $\overline{BE}=6$ cm, $\overline{AE}=8$ cm일 때, □ABCD의 둘레의 길이를 구하시오.

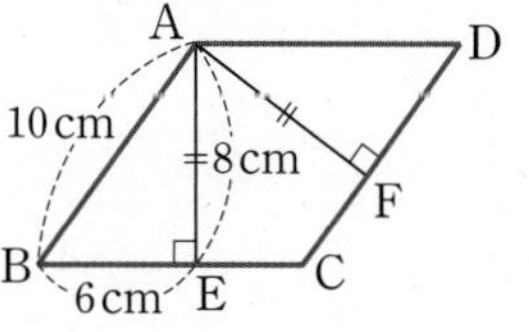

352

오른쪽 그림과 같이 $\overline{AD}/\!/\overline{BC}$인 등변사다리꼴 ABCD에서 $\overline{CB}$의 연장선 위에 $\overline{AE}/\!/\overline{DB}$가 되도록 점 E를 잡았다. $\angle ACB=42°$일 때, $\angle x$의 크기를 구하시오.

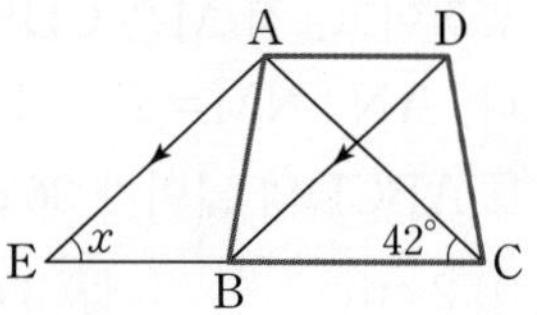

353

오른쪽 그림과 같은 직사각형 ABCD에서 각 변의 중점을 E, F, G, H라 하자. 점 O는 □EFGH의 두 대각선의 교점일 때, 다음 중 옳지 않은 것을 모두 고르면? (정답 2개)

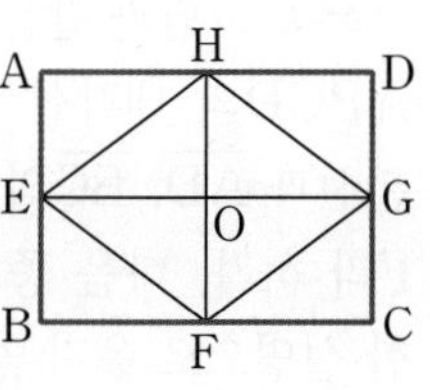

① $\overline{EH}=\overline{EF}$ ② $\overline{EG}\perp\overline{HF}$

③ $\overline{HO}=\overline{FO}$ ④ $\overline{EG}=\overline{HF}$

⑤ $\angle HEF=\angle EFG$

354

오른쪽 그림과 같은 정사각형 ABCD에서 $\angle DAE=30°$이고 $\overline{AE}$와 $\overline{BD}$의 교점을 P라 할 때, $\angle BPC$의 크기를 구하시오.

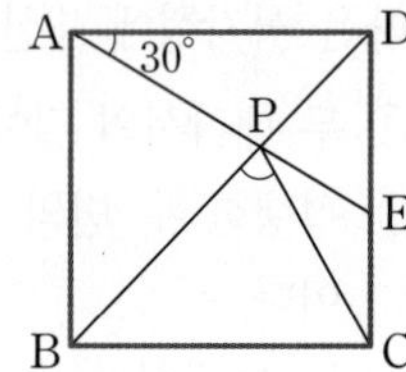

355

평행사변형 ABCD의 두 대각선의 길이가 같을 때, □ABCD의 각 변의 중점을 연결하여 만든 사각형의 성질이 아닌 것을 모두 고르면? (정답 2개)

① 두 대각선의 길이가 같다.

② 두 대각선이 서로 수직으로 만난다.

③ 네 각이 모두 직각이다.

④ 네 변의 길이가 모두 같다.

⑤ 두 쌍의 대변이 각각 평행하다.

356

오른쪽 그림과 같은 □ABCD에서 $\overline{AD}/\!/\overline{BC}$일 때, 다음 중 △ABE와 △DEC의 넓이의 합과 그 넓이가 같은 것은?

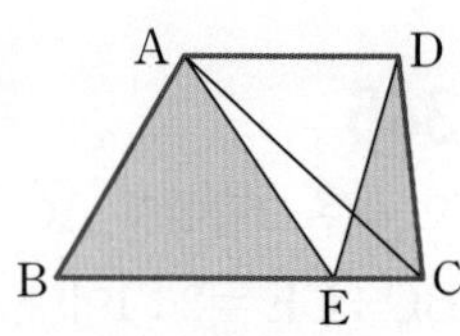

① □ABED ② □AECD ③ △ACD

④ △ABC ⑤ △AED

357

오른쪽 그림과 같은 마름모 ABCD의 꼭짓점 A에서 $\overline{BC}$, $\overline{CD}$에 내린 수선의 발을 각각 P, Q라 하자. $\angle B=72°$일 때, $\angle x$의 크기를 구하시오.

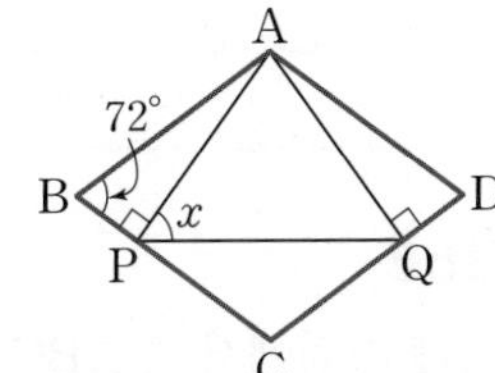

358

오른쪽 그림에서 $\overline{BP}:\overline{PC}=2:3$, $\overline{CQ}:\overline{QA}=1:2$이다. △ABC의 넓이가 30 cm^2일 때, △PCQ의 넓이를 구하시오.

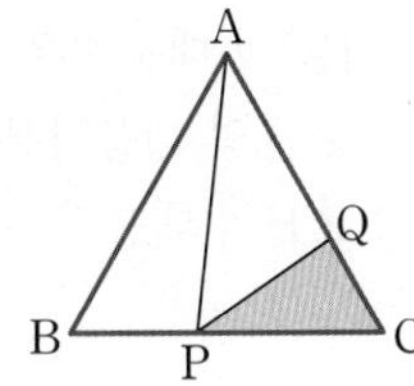

359

오른쪽 그림과 같은 평행사변형 ABCD에서 $\overline{AC}\,/\!/\,\overline{PQ}$이고, $\overline{AP}:\overline{PD}=1:2$이다. □ABCD의 넓이가 60 cm^2일 때, △BCQ의 넓이는?

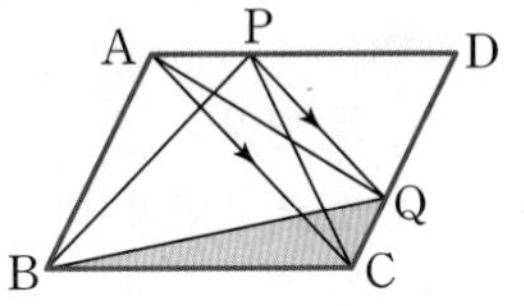

① 9 cm^2 ② 10 cm^2 ③ 11 cm^2
④ 12 cm^2 ⑤ 13 cm^2

360

오른쪽 그림과 같이 $\overline{AD}\,/\!/\,\overline{BC}$인 사다리꼴 ABCD에서 $\overline{OA}:\overline{OC}=1:2$이고 □ABCD의 넓이가 36 cm^2일 때, △OCD의 넓이를 구하시오.

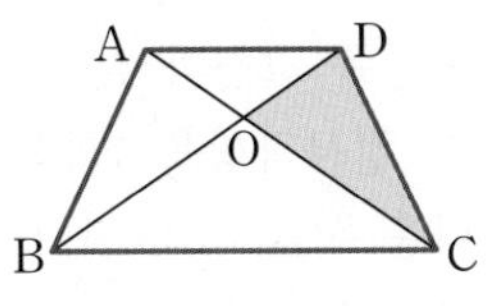

서술형 문제

361

오른쪽 그림과 같은 사분원 모양의 땅에 꼭 맞는 직사각형 모양의 꽃밭을 만들었다. 꽃밭의 대각선을 따라 산책길을 만들었더니 산책길의 길이가 10 m가 되었다. 꽃밭을 제외한 땅의 넓이를 구하시오.

(단, 산책길의 폭은 생각하지 않는다.)

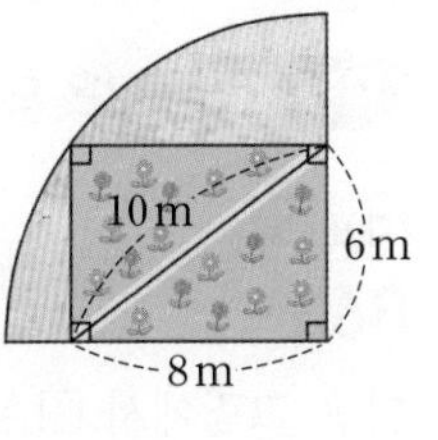

풀이

362

오른쪽 그림과 같이 $\overline{AD}\,/\!/\,\overline{BC}$인 사다리꼴 ABCD에서 △ODA의 넓이가 2 cm^2이고 $\overline{OA}:\overline{OC}=1:3$일 때, □ABCD의 넓이를 구하시오.

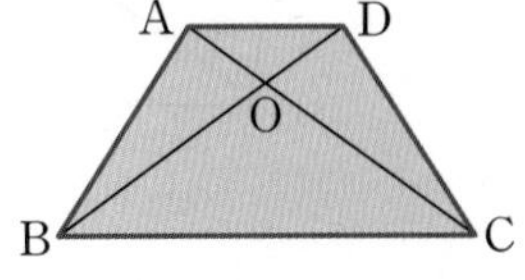

풀이

Theme 09 닮은 도형

유형북 74쪽

유형 01 닮은 도형

대표 문제

363

다음 그림에서 □ABCD∽□EFGH일 때, $\overline{EH}$의 대응변과 ∠G의 대응각을 차례대로 구하면?

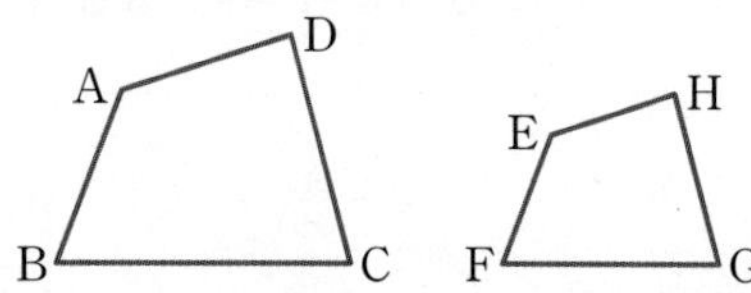

① $\overline{AB}$, ∠D　② $\overline{AD}$, ∠B　③ $\overline{AD}$, ∠C
④ $\overline{BC}$, ∠C　⑤ $\overline{CD}$, ∠B

364

다음 그림에서 △ABC∽△DEF일 때, 점 A의 대응점, $\overline{AC}$의 대응변, ∠C의 대응각을 차례대로 구하시오.

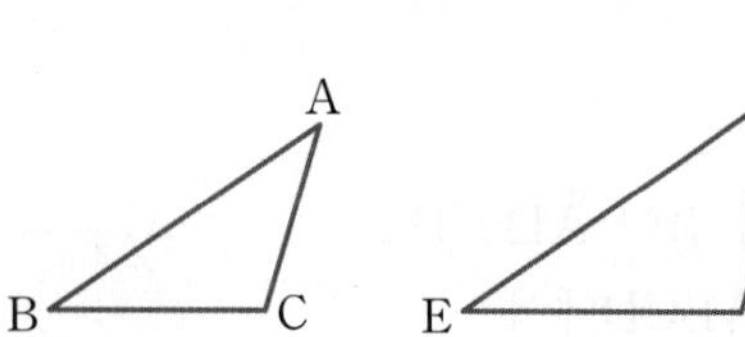

365

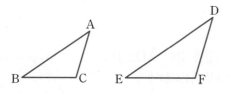

다음 그림에서 두 삼각기둥은 닮은 도형이다. $\overline{AB}$에 대응하는 모서리가 $\overline{PQ}$일 때, $\overline{CF}$에 대응하는 모서리와 면 BEFC에 대응하는 면을 차례대로 구하시오.

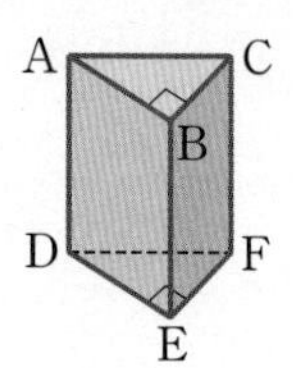

366

아래 그림에서 △ABC∽△DEF일 때, 다음 중 옳지 않은 것은?

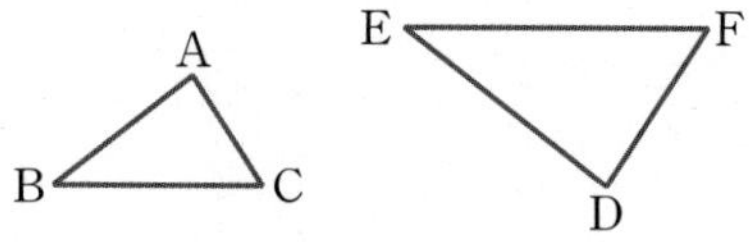

① $\overline{AB}$의 대응변은 $\overline{DE}$이다.
② $\overline{AC}$의 대응변은 $\overline{DF}$이다.
③ $\overline{BC}$의 대응변은 $\overline{EF}$이다.
④ ∠A의 대응각은 ∠D이다.
⑤ ∠B의 대응각은 ∠F이다.

367

다음 보기에서 항상 닮은 도형인 것을 모두 고른 것은?

보기
ㄱ. 두 반구　ㄴ. 두 정삼각형
ㄷ. 두 이등변삼각형　ㄹ. 두 사각뿔
ㅁ. 두 정육면체　ㅂ. 두 직사각형

① ㄴ　② ㄱ, ㅂ　③ ㄹ, ㅁ
④ ㄱ, ㄴ, ㄷ　⑤ ㄱ, ㄴ, ㅁ

368

오른쪽 그림과 같이 모눈종이에 그려진 정사각형을 7개의 도형으로 나눈 다음 선을 따라 잘랐을 때, ㉠과 닮은 도형은 모두 몇 개인지 구하시오.

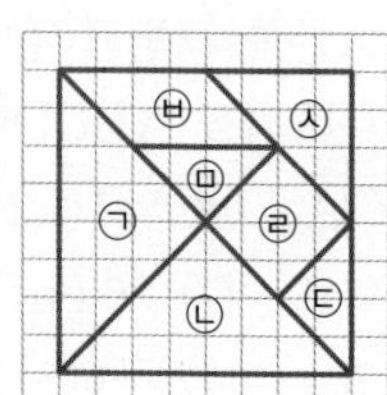

유형 02 평면도형에서 닮음의 성질

대표 문제

369

아래 그림에서 $\triangle ABC \backsim \triangle DEF$일 때, 다음 중 옳지 <u>않은</u> 것은?

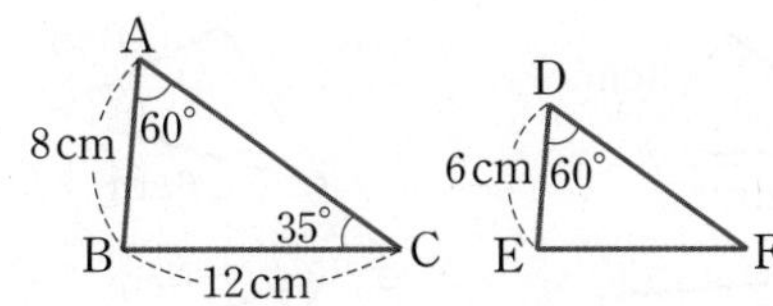

① $\overline{EF}=9$ cm
② $\angle E=85°$
③ $\angle F=35°$
④ $\overline{DF}=10$ cm
⑤ $\triangle ABC$와 $\triangle DEF$의 닮음비는 $4:3$이다.

370

다음 그림에서 두 삼각형이 닮은 도형일 때, 두 삼각형의 닮음비는?

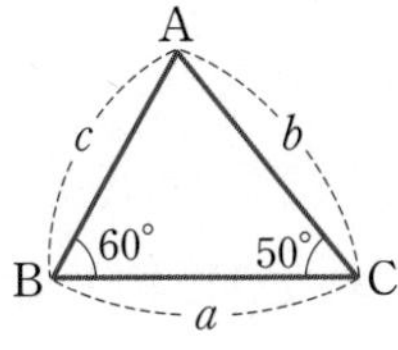

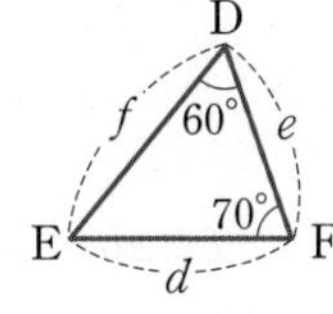

① $a:e$　② $a:f$　③ $b:e$
④ $c:d$　⑤ $c:f$

371

다음 그림에서 $\square ABCD \backsim \square EFGH$일 때, $x+y$의 값을 구하시오.

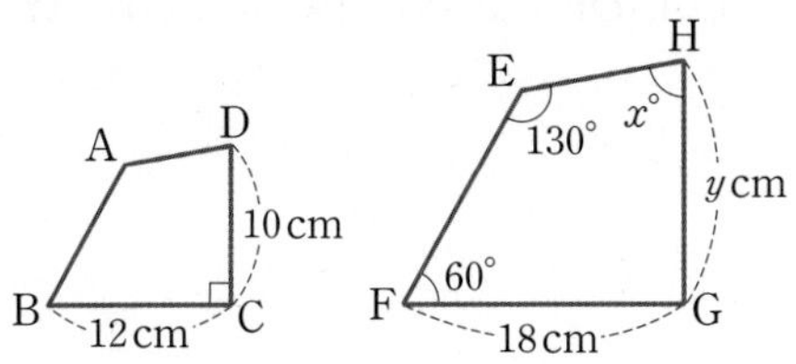

유형 03 입체도형에서 닮음의 성질

대표 문제

372

아래 그림에서 두 삼각기둥은 닮은 도형이고 $\overline{AB}$에 대응하는 모서리가 $\overline{A'B'}$일 때, 다음 중 옳지 <u>않은</u> 것은?

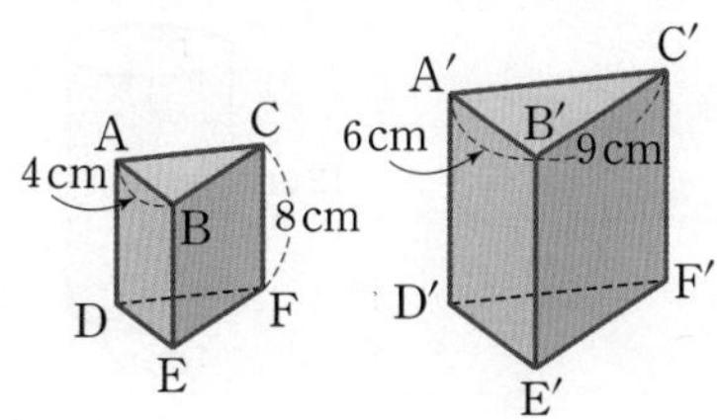

① $\overline{C'F'}=12$ cm　② $\overline{EF}=6$ cm
③ $\triangle DEF \backsim \triangle D'E'F'$　④ $\square ADEB \backsim \square B'E'F'C'$
⑤ 두 삼각기둥의 닮음비는 $2:3$이다.

373

다음 그림에서 밑면이 정삼각형인 두 삼각기둥 A, B가 닮음일 때, A와 B의 닮음비를 구하시오.

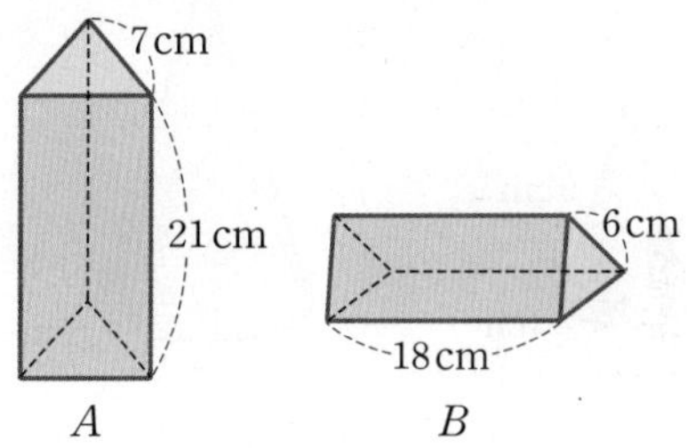

374

다음 그림의 두 정사면체 (가)와 (나)의 닮음비가 $2:3$일 때, 정사면체 (나)의 모든 모서리의 길이의 합을 구하시오.

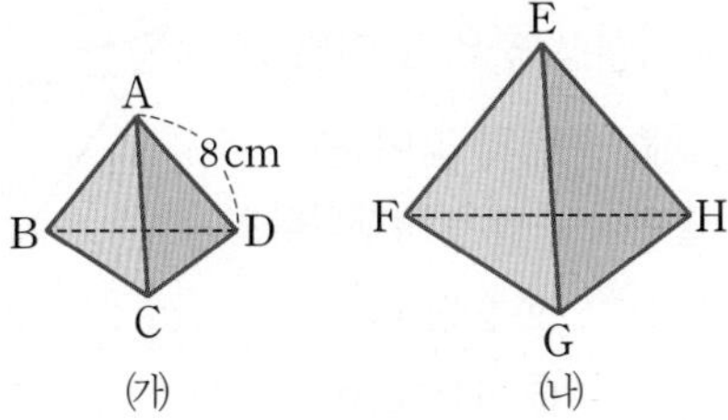

유형 04 원뿔 또는 원기둥의 닮음비

대표 문제

375

다음 그림의 두 원기둥이 닮은 도형일 때, 작은 원기둥의 한 밑면의 둘레의 길이는?

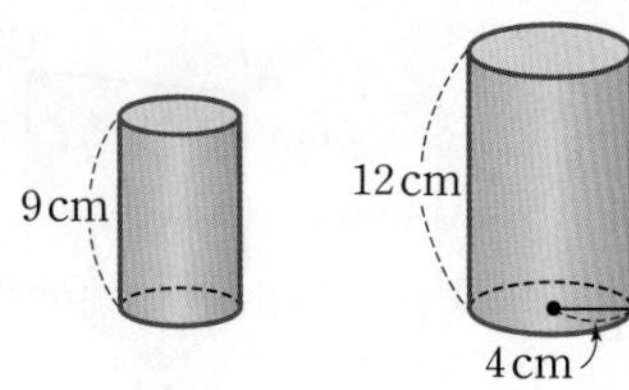

① 4π cm ② 6π cm ③ 8π cm
④ 10π cm ⑤ 12π cm

376

다음 그림에서 두 원뿔 A, B는 닮은 도형이다. 원뿔 B를 전개하였을 때, 옆면인 부채꼴의 넓이를 구하시오.

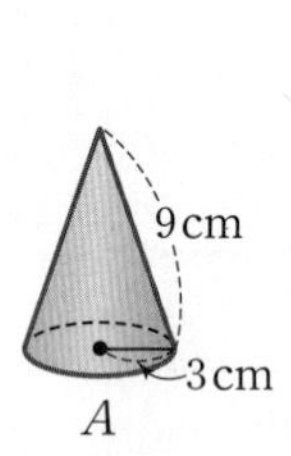

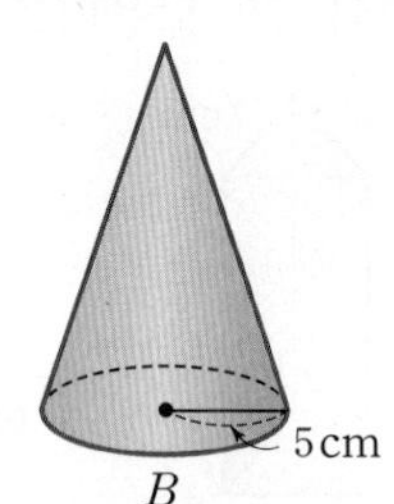

377

오른쪽 그림과 같이 원뿔 모양의 그릇에 물을 부어서 그릇의 높이의 $\frac{1}{5}$ 만큼 채웠을 때, 수면의 넓이는? (단, 그릇의 밑면과 수면은 평행하다.)

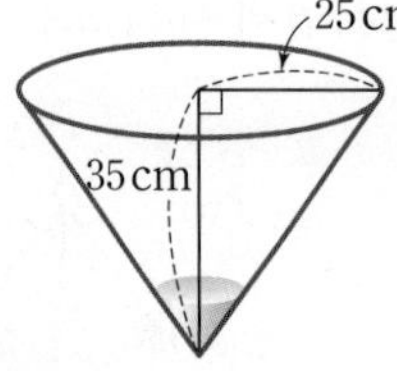

① 16π cm^2 ② 25π cm^2 ③ 36π cm^2
④ 49π cm^2 ⑤ 64π cm^2

유형 05 삼각형의 닮음 조건

대표 문제

378

다음 보기에서 닮은 삼각형끼리 짝 지은 것은?

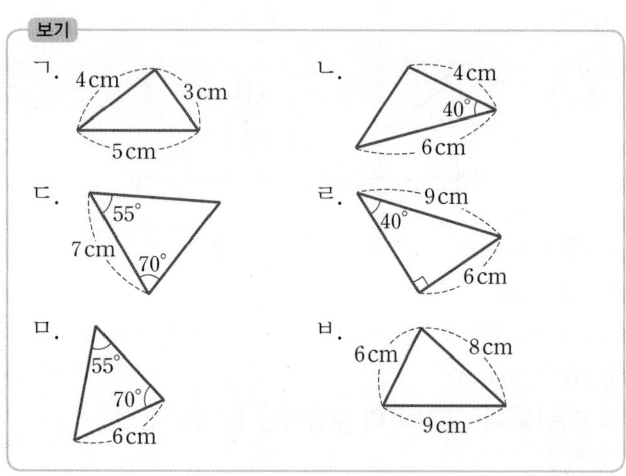

① ㄱ과 ㅂ ② ㄴ과 ㄹ ③ ㄴ과 ㅁ
④ ㄷ과 ㄹ ⑤ ㄷ과 ㅁ

379

다음 중 아래 그림의 △ABC와 △DEF가 닮은 도형이 되게 하는 조건이 아닌 것은?

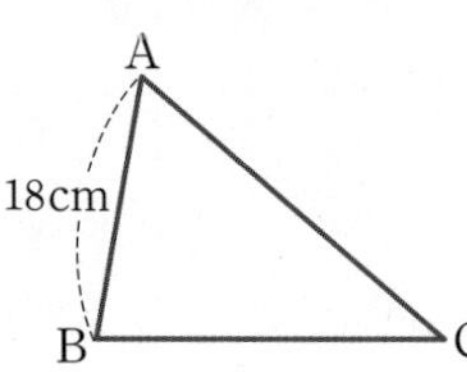

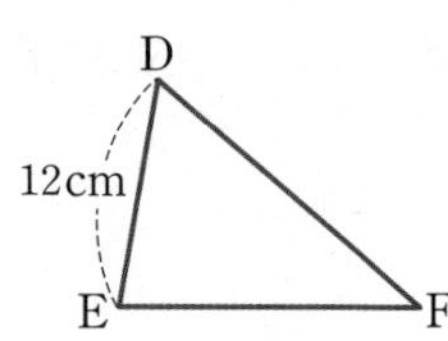

① $\angle A=\angle D$, $\angle B=\angle E$
② $\angle B=\angle E$, $\overline{BC}=24$ cm, $\overline{EF}=16$ cm
③ $\angle C=\angle F$, $\angle A=\angle D$
④ $\overline{AC}=27$ cm, $\overline{DF}=18$ cm, $\overline{BC}=24$ cm, $\overline{EF}=15$ cm
⑤ $\overline{AC}=24$ cm, $\overline{DF}=16$ cm, $\overline{BC}=21$ cm, $\overline{EF}=14$ cm

Theme 10 삼각형의 닮음 조건의 응용

유형북 77쪽

유형 06 삼각형의 닮음 조건의 응용 – SAS 닮음

대표 문제

380

오른쪽 그림과 같은 △ABC에서 $\overline{DE}$의 길이는?

① 11 cm ② 12 cm
③ 13 cm ④ 14 cm
⑤ 15 cm

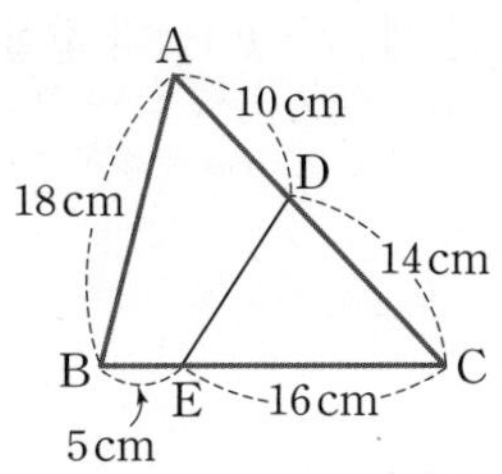

381

오른쪽 그림에서 $\overline{AC}$와 $\overline{BD}$의 교점이 E일 때, $\overline{AB}$의 길이는?

① 10 cm ② 11 cm
③ 12 cm ④ 13 cm
⑤ 14 cm

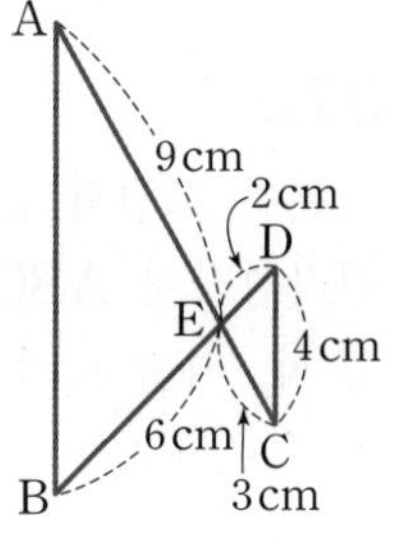

382

오른쪽 그림과 같은 △ABC에서 $\overline{BC}$의 길이를 구하시오.

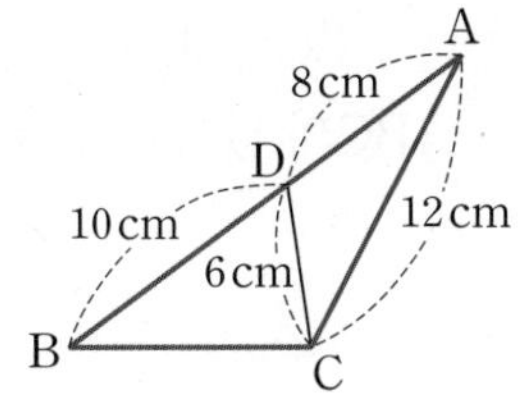

유형 07 삼각형의 닮음 조건의 응용 – AA 닮음

대표 문제

383

오른쪽 그림과 같은 △ABC에서 ∠B=∠ADE일 때, $\overline{CD}$의 길이를 구하시오.

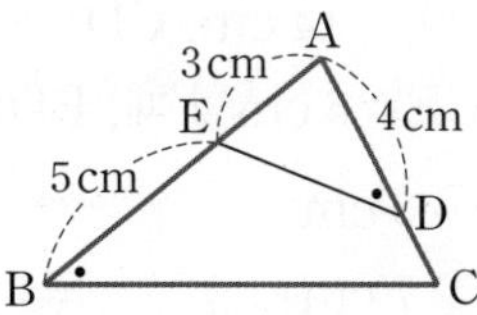

384

오른쪽 그림과 같은 △ABC에서 ∠C=∠ADE일 때, $\overline{DE}$의 길이를 구하시오.

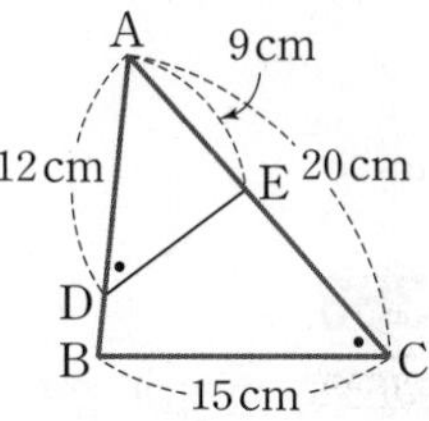

385

오른쪽 그림과 같은 △ABC에서 ∠B=∠CAD이고 $\overline{AC}$=18 cm, $\overline{BC}$=24 cm일 때, $\overline{CD}$의 길이를 구하시오.

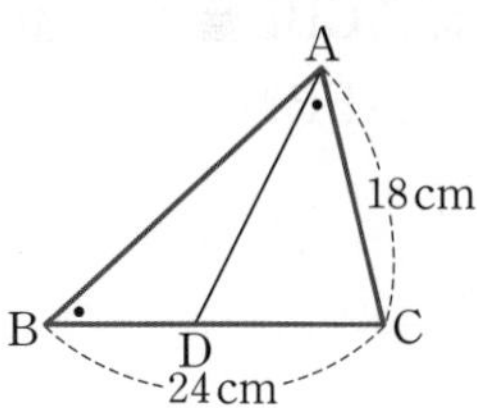

386

오른쪽 그림에서 $\overline{AB}$∥$\overline{ED}$, $\overline{AC}$∥$\overline{BD}$일 때, $\overline{CE}$의 길이는?

① 10 cm ② 11 cm
③ 12 cm ④ 13 cm
⑤ 14 cm

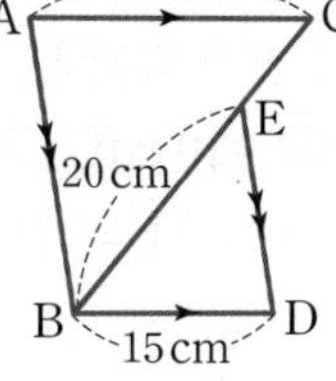

05 도형의 닮음

유형 08 직각삼각형의 닮음

대표 문제

387

오른쪽 그림과 같은 $\triangle ABC$에서 $\angle B=\angle DEC=90°$이고 $\overline{AE}=14\text{ cm}$, $\overline{CD}=8\text{ cm}$, $\overline{CE}=6\text{ cm}$일 때, $\overline{BD}$의 길이는?

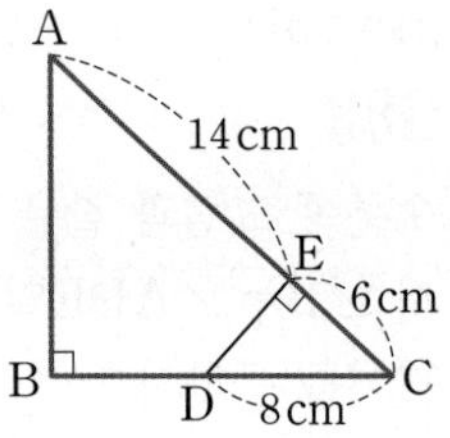

① 5 cm ② 6 cm
③ 7 cm ④ 8 cm
⑤ 9 cm

388

오른쪽 그림과 같은 $\triangle ABC$에서 $\overline{AB}\perp\overline{CD}$, $\overline{AC}\perp\overline{BE}$이고 $\overline{BE}$와 $\overline{CD}$가 만나는 점을 F라 할 때, 다음 중 $\triangle FCE$와 닮음인 삼각형을 모두 고르면? (정답 2개)

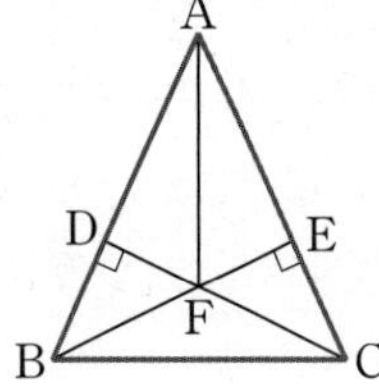

① $\triangle ABF$ ② $\triangle ACD$
③ $\triangle CBE$ ④ $\triangle FBC$
⑤ $\triangle FBD$

389

오른쪽 그림과 같이 $\triangle ABC$의 두 꼭짓점 A, B에서 $\overline{BC}$, $\overline{AC}$에 내린 수선의 발을 각각 D, E라 하자. $\overline{BD}=10\text{ cm}$, $\overline{CD}=6\text{ cm}$, $\overline{CE}=4\text{ cm}$일 때, $\overline{AE}$의 길이를 구하시오.

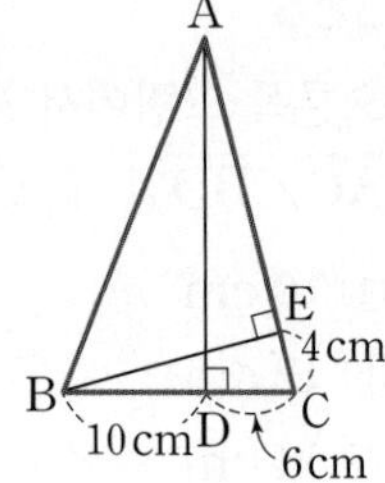

유형 09 직각삼각형의 닮음의 응용

대표 문제

390

오른쪽 그림과 같이 $\angle A=90°$인 직각삼각형 ABC에서 $\overline{AD}\perp\overline{BC}$일 때, $x-y+z$의 값을 구하시오.

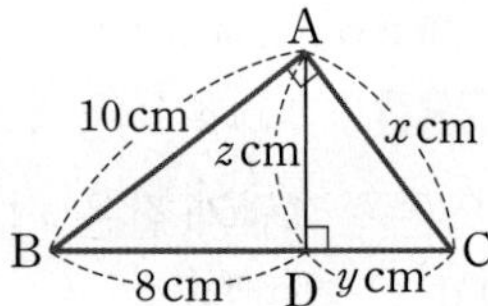

391

오른쪽 그림과 같이 $\angle B=90°$인 직각삼각형 ABC에서 $\overline{AC}\perp\overline{BD}$일 때, $\overline{AD}$의 길이는?

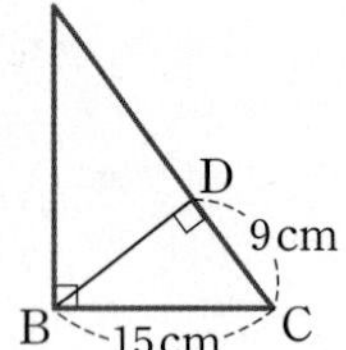

① 15 cm ② 16 cm
③ 18 cm ④ 19 cm
⑤ 20 cm

392

오른쪽 그림과 같이 $\angle A=90°$인 직각삼각형 ABC에서 $\overline{AD}\perp\overline{BC}$일 때, 다음 보기 중 옳은 것을 모두 고르시오.

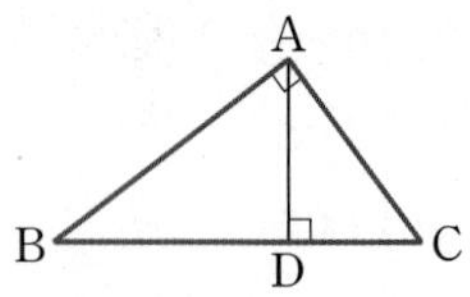

보기

ㄱ. $\triangle ABC \backsim \triangle DBA$ ㄴ. $\triangle DAB \backsim \triangle DCA$
ㄷ. $\overline{AB}^2=\overline{BD}\times\overline{BC}$ ㄹ. $\overline{AC}^2=\overline{CD}\times\overline{DB}$
ㅁ. $\overline{AD}^2=\overline{BD}\times\overline{BC}$

393

오른쪽 그림과 같이 $\angle C=90°$인 직각삼각형 ABC에서 $\overline{AB}\perp\overline{CD}$일 때, $\triangle ABC$의 넓이를 구하시오.

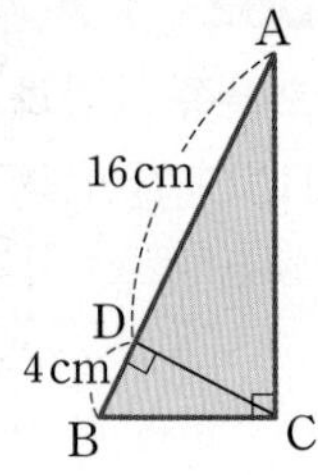

유형 10 사각형에서 닮은 삼각형 찾기

대표 문제

394

오른쪽 그림과 같은 평행사변형 ABCD에서 $\overline{AD}$ 위의 점 E에 대하여 $\overline{BD}$와 $\overline{CE}$가 만나는 점을 F라 할 때, $\overline{FC}$의 길이는?

① 5 cm ② $\frac{11}{2}$ cm

③ 6 cm ④ $\frac{13}{2}$ cm

⑤ 7 cm

395

오른쪽 그림과 같이 평행사변형 ABCD의 꼭짓점 A에서 $\overline{BC}$와 $\overline{CD}$에 내린 수선의 발을 각각 E, F라 할 때, $\overline{BE}$의 길이를 구하시오.

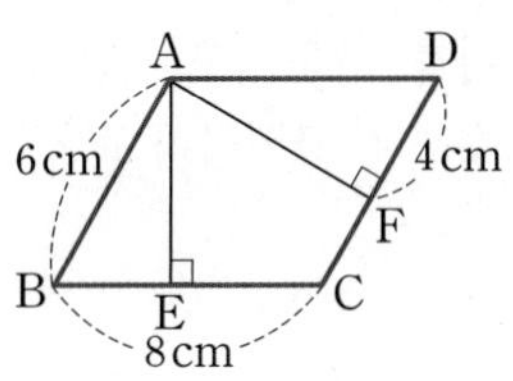

396

오른쪽 그림과 같은 직사각형 ABCD에서 $\overline{EF}$는 대각선 AC를 수직이등분할 때, 색칠한 부분의 넓이를 구하시오.
(단, 점 O는 $\overline{AC}$와 $\overline{EF}$의 교점)

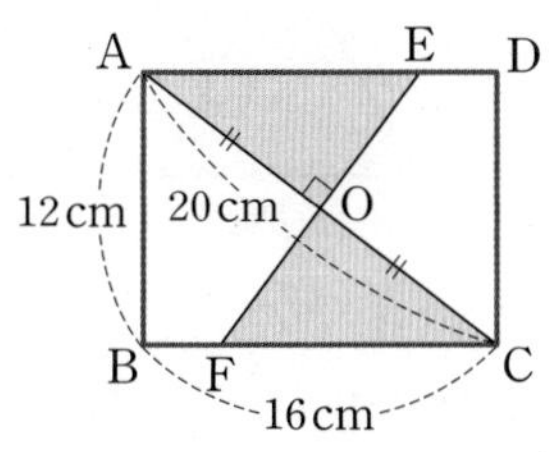

유형 11 접은 도형에서의 닮음

대표 문제

397

오른쪽 그림과 같이 정삼각형 모양의 종이 ABC를 $\overline{DF}$를 접는 선으로 하여 꼭짓점 A가 $\overline{BC}$ 위의 점 E에 오도록 접을 때, $\overline{CF}$의 길이를 구하시오.

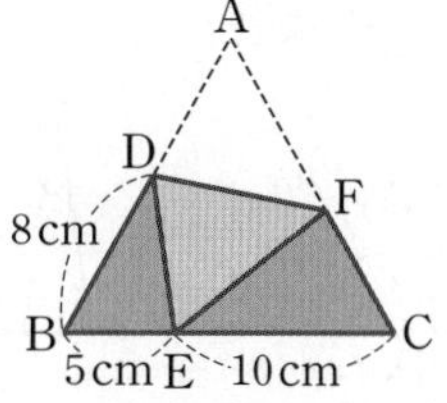

398

오른쪽 그림과 같이 직사각형 모양의 종이 ABCD를 $\overline{BE}$를 접는 선으로 하여 꼭짓점 C가 $\overline{AD}$ 위의 점 F에 오도록 접을 때, $\overline{BF}$의 길이는?

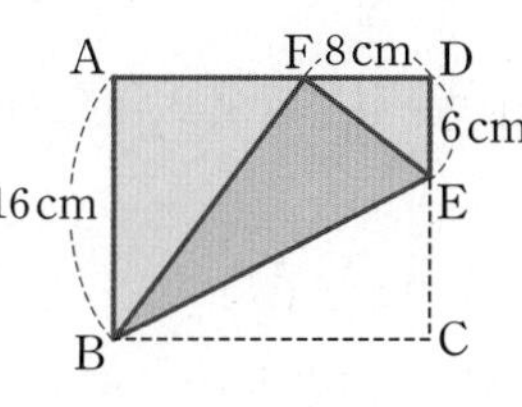

① 16 cm ② 18 cm ③ 20 cm
④ 22 cm ⑤ 24 cm

399

오른쪽 그림과 같이 정사각형 모양의 종이 ABCD를 $\overline{EF}$를 접는 선으로 하여 꼭짓점 A가 $\overline{BC}$ 위의 점 G에 오도록 접을 때, $\overline{HI}$의 길이를 구하시오.

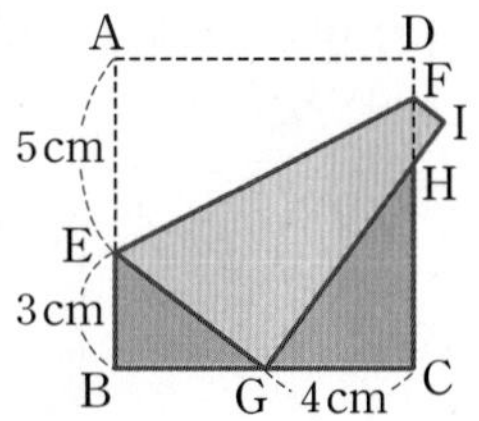

400

아래 그림에서 □ABCD∽□EFGH일 때, 다음 중 옳지 않은 것은?

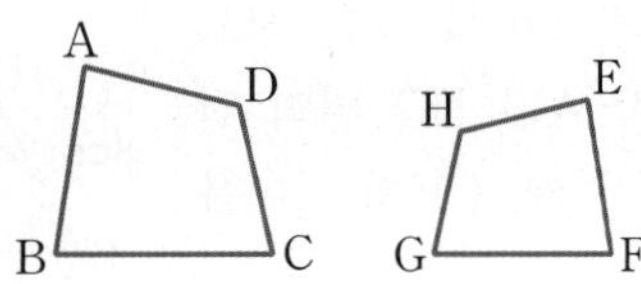

① 점 A의 대응점은 점 E이다.
② $\overline{BC}$의 대응변은 $\overline{FG}$이다.
③ ∠B의 대응각은 ∠G이다.
④ $\overline{AB}$의 대응변은 $\overline{EF}$이다.
⑤ ∠A의 크기와 ∠E의 크기는 같다.

401

다음 중 항상 닮은 도형이라 할 수 없는 것은?

① 두 원 ② 두 구 ③ 두 정사면체
④ 두 정육각형 ⑤ 두 원기둥

402

다음 그림에서 두 삼각기둥은 닮은 도형이고 △ABC에 대응하는 면이 △A′B′C′일 때, $x+y$의 값을 구하시오.

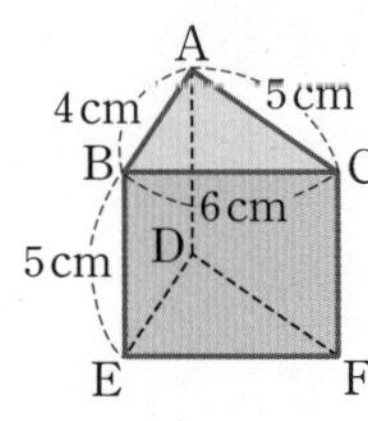

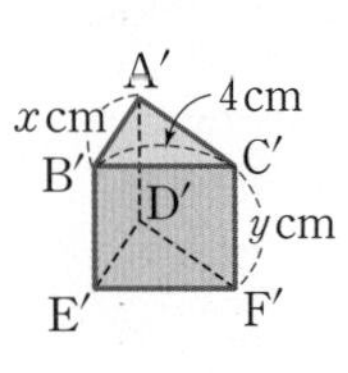

403

다음 그림에서 두 원기둥은 닮은 도형이다. 큰 원기둥의 한 밑면의 둘레의 길이를 구하시오.

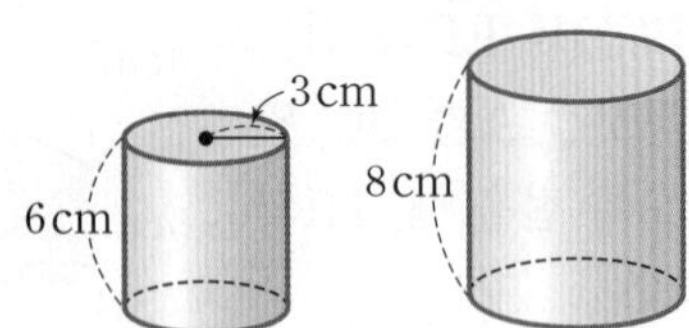

404

다음 중 오른쪽 그림의 △ABC와 닮은 도형을 모두 고르면? (정답 2개)

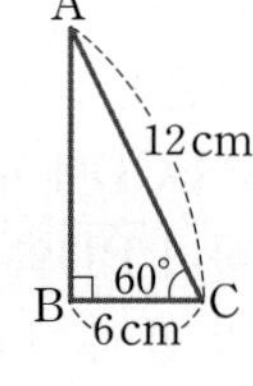

①
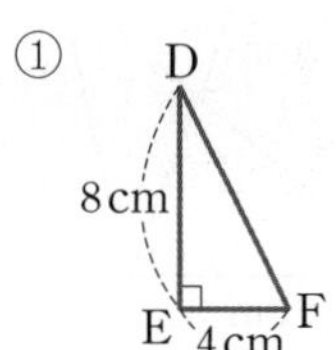

②
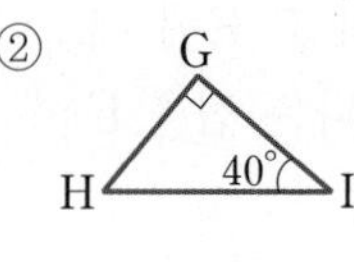

③
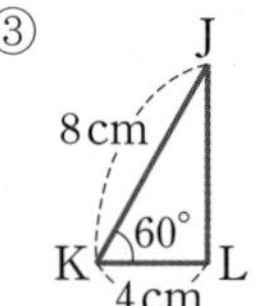

④
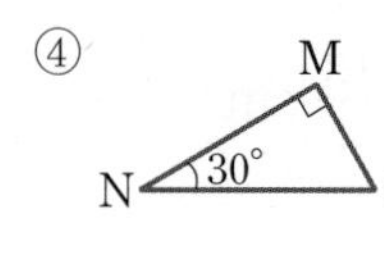

⑤
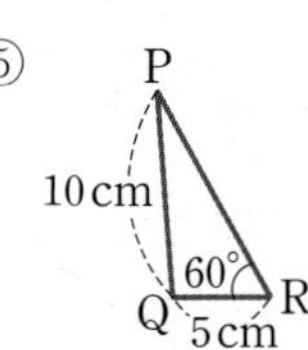

405

오른쪽 그림과 같이 원뿔 모양의 그릇에 물을 부어서 그릇의 높이의 $\frac{3}{5}$만큼 채웠을 때, 수면의 반지름의 길이를 구하시오. (단, 그릇의 밑면과 수면은 평행하다.)

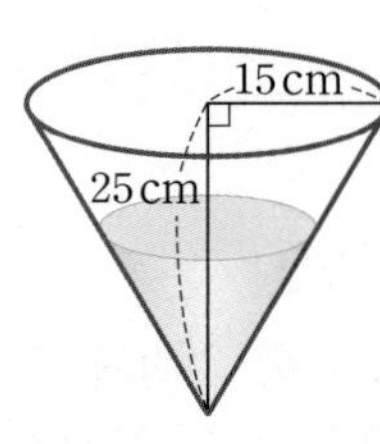

실력 UP

406

다음 그림과 같이 정삼각형의 각 변의 중점을 연결하여 정삼각형의 넓이를 4등분한 후 가운데 하나의 정삼각형만 남기고 지우는 과정을 반복할 때, [1단계]의 정삼각형과 [5단계]의 정삼각형의 닮음비는?

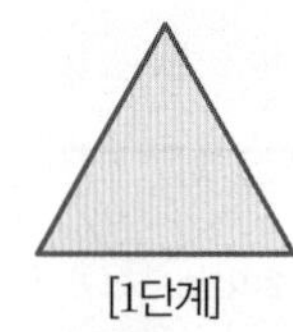

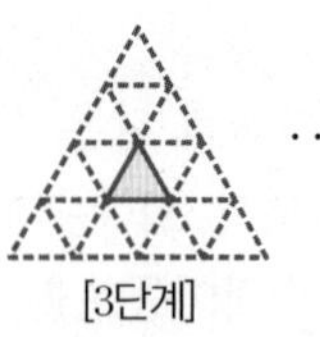

① 4 : 1 ② 5 : 1 ③ 8 : 1
④ 10 : 1 ⑤ 16 : 1

407

다음 보기에서 옳은 것을 모두 고르시오.

보기
ㄱ. 닮음인 두 도형은 합동이다.
ㄴ. 합동인 두 도형은 닮음이다.
ㄷ. 닮음인 두 도형의 넓이는 같다.
ㄹ. 닮음인 두 도형의 대응각의 크기는 같다.

408

아래 그림에서 □ABCD∽□EFGH일 때, 다음 중 옳지 않은 것은?

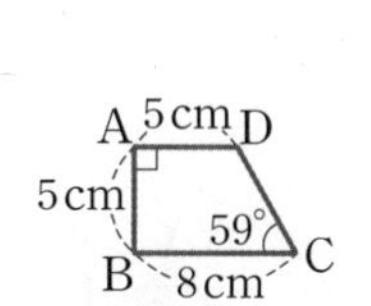

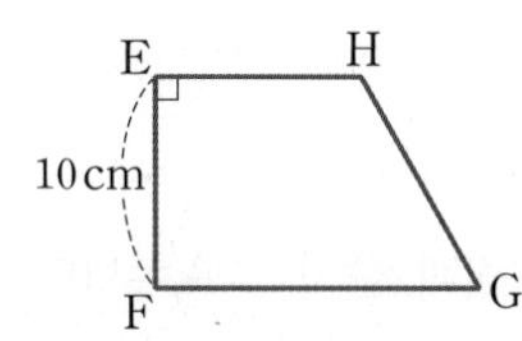

① $\overline{EH}=10$ cm ② $\overline{FG}=16$ cm
③ $\angle F=90^\circ$ ④ $\angle G=59^\circ$
⑤ □ABCD와 □EFGH의 닮음비는 1 : 2이다.

409

다음 그림에서 △ABC∽△DEF이고 닮음비가 2 : 3일 때, △ABC의 둘레의 길이를 구하시오.

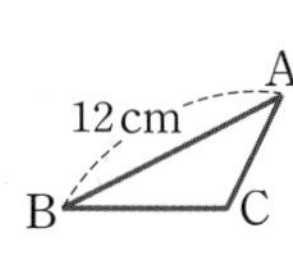

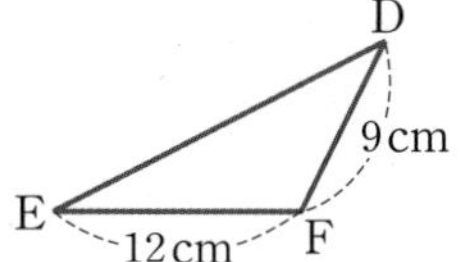

410

오른쪽 그림과 같이 원뿔을 밑면에 평행한 평면으로 자를 때 생기는 단면이 반지름의 길이가 4 cm인 원일 때, 처음 원뿔의 밑면의 반지름의 길이를 구하시오.

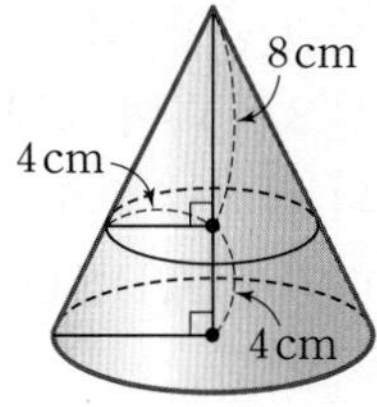

411

아래 그림에서 두 사면체는 닮은 도형이고 △ABC에 대응하는 면이 △A′B′C′일 때, 다음 중 옳지 않은 것은?

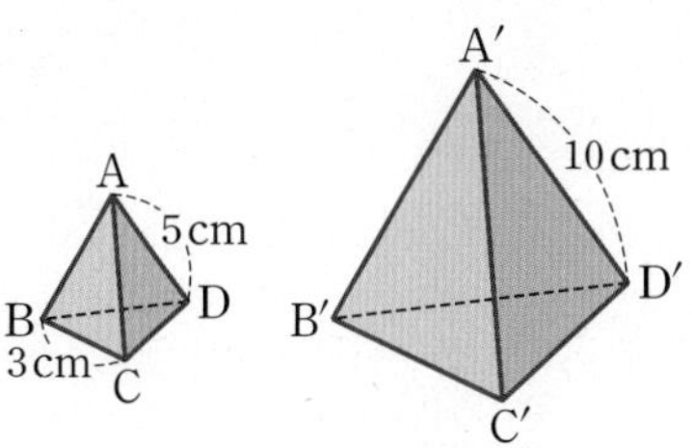

① $\overline{C'D'}=2\overline{CD}$ ② $\overline{B'C'}=6$ cm
③ $\angle ACD=\angle A'C'D'$ ④ $\overline{BD}:\overline{B'D'}=2:1$
⑤ $\triangle A'B'C' \backsim \triangle ABC$

412

다음 중 아래 그림의 △ABC와 △DEF가 닮은 도형이라 할 수 없는 것은?

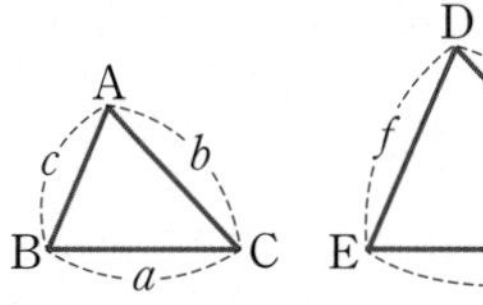

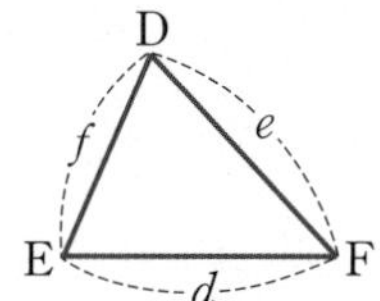

① $a:d=b:e=c:f$
② $a:d=b:e$, $\angle A=\angle D$
③ $a:d=c:f$, $\angle B=\angle E$
④ $\angle A=\angle D$, $\angle B=\angle E$
⑤ $\angle A=\angle D$, $\angle C=\angle F$

실력 UP

413

다음 그림에서 두 원뿔이 닮은 도형일 때, 원뿔 (나)의 부피는?

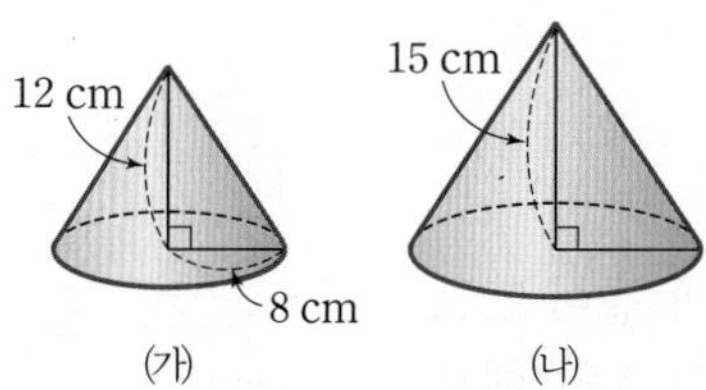

① 320π cm³ ② 360π cm³ ③ 405π cm³
④ 480π cm³ ⑤ 500π cm³

삼각형의 닮음 조건의 응용

414

오른쪽 그림과 같은 △ABC에서 $\overline{AD}$의 길이를 구하시오.

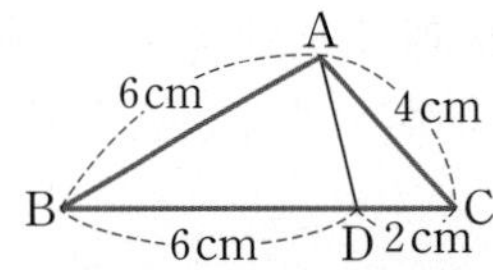

415

오른쪽 그림과 같은 △ABC에서 $\angle A=\angle CED$이고 $\overline{AD}=2\text{ cm}$, $\overline{CD}=6\text{ cm}$, $\overline{CE}=4\text{ cm}$일 때, $\overline{BE}$의 길이는?

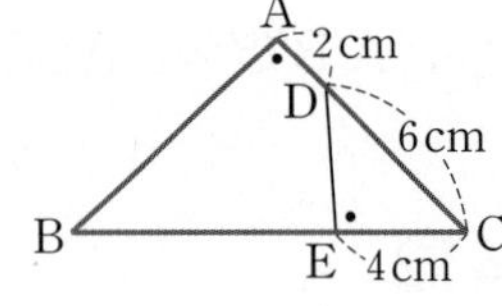

① 5 cm ② 6 cm ③ 7 cm
④ 8 cm ⑤ 9 cm

416

오른쪽 그림에서 $\overline{AC}\perp\overline{BD}$, $\overline{AD}\perp\overline{BE}$이고 점 F는 $\overline{AC}$와 $\overline{BE}$의 교점이다. 점 C가 $\overline{BD}$의 중점일 때, $\overline{AF}$의 길이는?

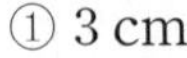

① 3 cm ② 4 cm
③ 5 cm ④ 6 cm
⑤ 7 cm

417

오른쪽 그림과 같이 $\angle A=90°$인 직각삼각형 ABC에서 $\overline{AD}\perp\overline{BC}$일 때, △ABD의 넓이를 구하시오.

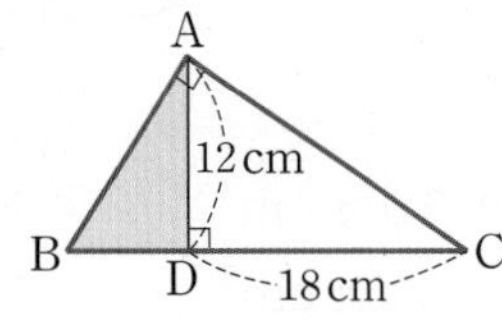

418

오른쪽 그림과 같은 평행사변형 ABCD에서 $\overline{BC}$ 위의 점 E에 대하여 $\overline{AE}$의 연장선과 $\overline{DC}$의 연장선의 교점을 F라 할 때, $\overline{BE}$의 길이를 구하시오.

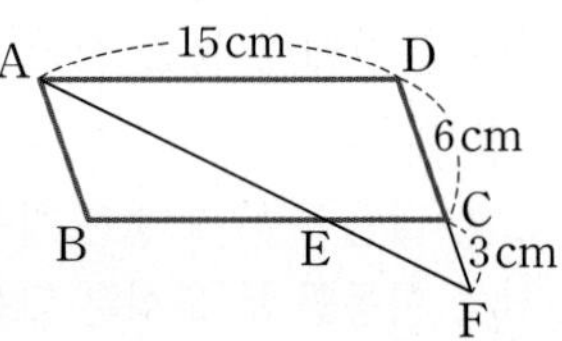

419

오른쪽 그림과 같이 $\angle A=90°$인 직각삼각형 모양의 종이 ABC를 $\overline{DM}$을 접는 선으로 하여 꼭짓점 C가 꼭짓점 B에 오도록 접었다. $\overline{BC}=20\text{ cm}$, $\overline{CD}=12\text{ cm}$일 때, $\overline{AD}$의 길이를 구하시오.

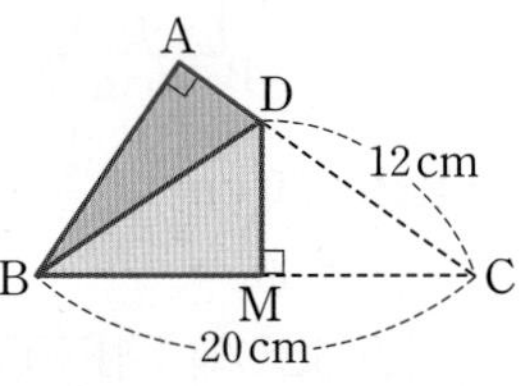

420

오른쪽 그림과 같이 직사각형 모양의 종이 ABCD를 $\overline{BE}$를 접는 선으로 하여 꼭짓점 C가 $\overline{AD}$ 위의 점 F에 오도록 접었을 때, 사다리꼴 ABED의 넓이를 구하시오.

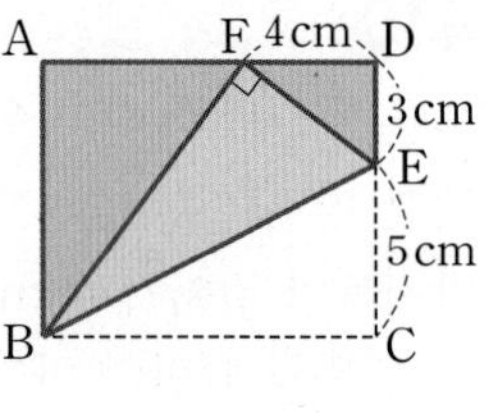

421

오른쪽 그림과 같은 △ABC에서 $\overline{DE}$의 길이는?

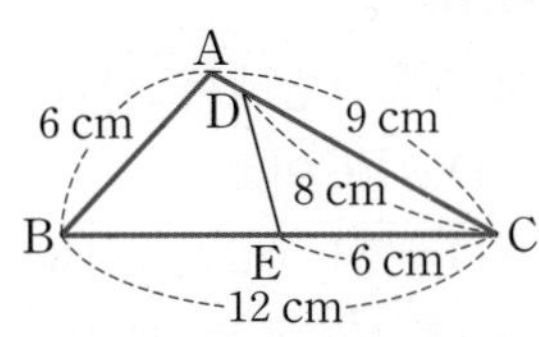

① 3 cm ② $\frac{7}{2}$ cm ③ 4 cm ④ $\frac{9}{2}$ cm ⑤ 5 cm

422

오른쪽 그림과 같은 △ABC에서 ∠C=∠BAD이고 $\overline{AB}$=12 cm, $\overline{BC}$=16 cm일 때, $\overline{BD}$의 길이를 구하시오.

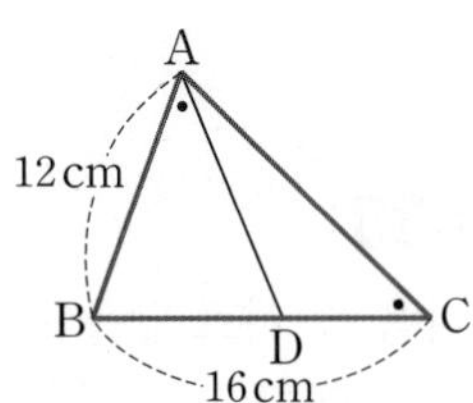

423

오른쪽 그림에서 $\overline{AB}\perp\overline{CD}$, $\overline{AE}\perp\overline{BC}$이고, 점 F는 $\overline{AE}$와 $\overline{CD}$의 교점일 때, 다음 중 옳지 않은 것은?

① △ADF∽△AEB
② △CDB∽△CEF
③ $\overline{AF}:\overline{CF}=\overline{DF}:\overline{EC}$
④ $\overline{CD}:\overline{CE}=\overline{DB}:\overline{EF}$
⑤ ∠A=∠C

424

오른쪽 그림과 같이 ∠A=90°인 직각삼각형 ABC에서 $\overline{AD}\perp\overline{BC}$일 때, $\overline{AB}$의 길이는?

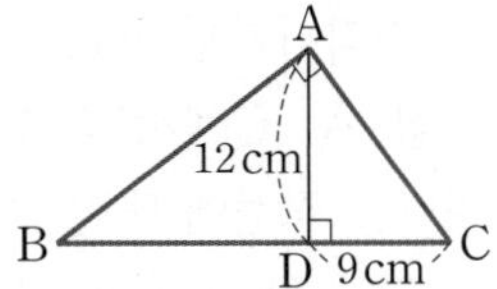

① 15 cm ② 16 cm ③ 18 cm ④ 20 cm ⑤ 24 cm

425

오른쪽 그림과 같은 정사각형 ABCD에서 $\overline{AB}$=12 cm, $\overline{CF}$=8 cm이고 $\overline{BF}$의 연장선과 $\overline{AD}$의 연장선의 교점을 E라 할 때, △ABE의 넓이를 구하시오.

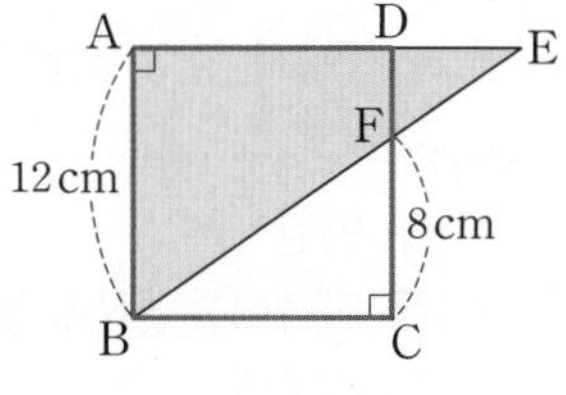

426

오른쪽 그림과 같은 평행사변형 ABCD에서 대각선 AC 위의 점 P에 대하여 $\overline{AP}:\overline{CP}=3:4$이다. $\overline{BP}$의 연장선이 $\overline{AD}$와 만나는 점을 Q라 할 때, $\overline{AQ}=k\overline{QD}$를 만족시키는 상수 k의 값을 구하시오.

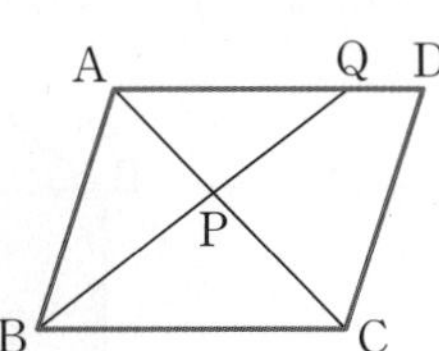

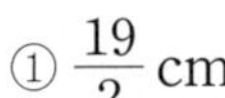

427

오른쪽 그림과 같이 정삼각형 모양의 종이 ABC를 $\overline{EF}$를 접는 선으로 하여 꼭짓점 A가 $\overline{BC}$ 위의 점 D에 오도록 접었다. 이때 $\overline{DF}$의 길이는?

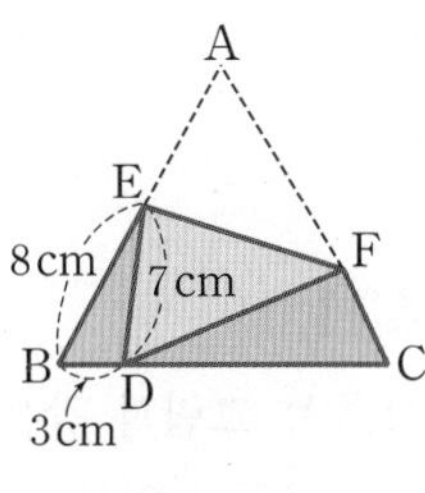

① $\frac{19}{2}$ cm ② 10 cm ③ $\frac{21}{2}$ cm ④ 11 cm ⑤ $\frac{23}{2}$ cm

428

다음 보기에서 항상 닮은 도형인 것은 모두 몇 개인가?

보기

ㄱ. 두 반원 ㄴ. 두 원기둥
ㄷ. 두 직각이등변삼각형 ㄹ. 두 정사면체
ㅁ. 두 원뿔대 ㅂ. 두 마름모
ㅅ. 중심각의 크기가 같은 두 부채꼴

① 1개 ② 2개 ③ 3개
④ 4개 ⑤ 5개

429

다음 그림의 두 삼각기둥은 닮은 도형이다. $\overline{AB}$와 $\overline{A'B'}$이 서로 대응하는 모서리일 때, $x+y+z$의 값을 구하시오.

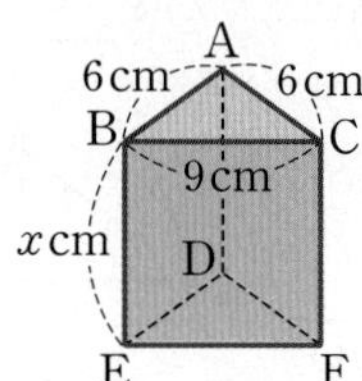

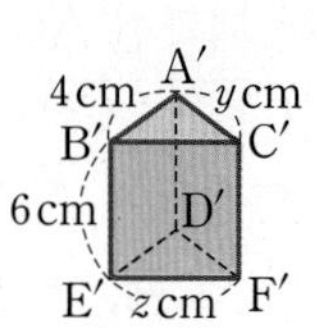

430

아래 그림의 △ABC와 △DEF가 닮은 도형이 되도록 할 때, 다음 중 추가해야 하는 조건은?

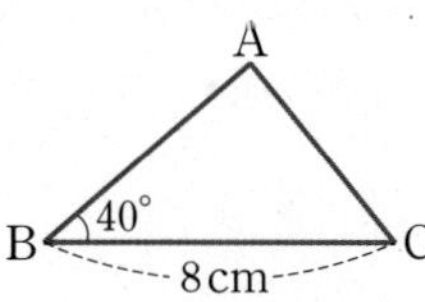

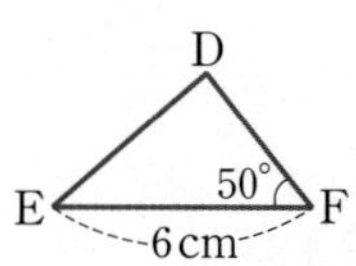

① $\overline{AB}=8$ cm, $\overline{DE}=6$ cm ② $\angle C=\angle E=50°$
③ $\overline{AB}=6$ cm, $\overline{DE}=8$ cm ④ $\angle C=\angle E=40°$
⑤ $\angle C=50°$, $\angle D=90°$

431

오른쪽 그림과 같은 △ABC에서 $\overline{BD}$의 길이를 구하시오.

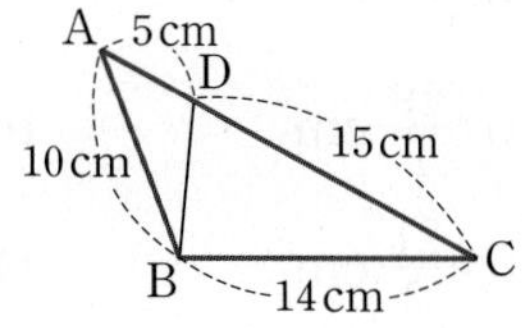

432

오른쪽 그림에서 $\overline{AB}/\!/\overline{DE}$, $\overline{AD}/\!/\overline{BC}$이고 $\overline{AD}=\overline{AE}=6$ cm, $\overline{BC}=9$ cm 일 때, $\overline{EC}$의 길이는?

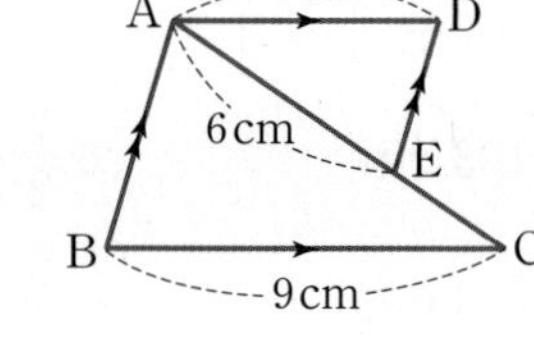

① 2 cm ② $\frac{5}{2}$ cm
③ 3 cm ④ $\frac{7}{2}$ cm ⑤ 4 cm

433

다음 중 서로 닮음인 삼각형이 존재하지 않는 것은?

①
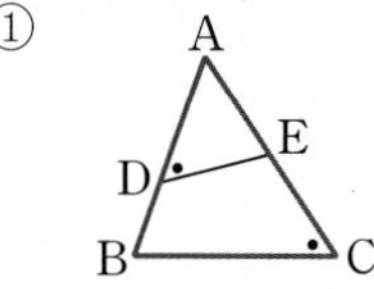

②
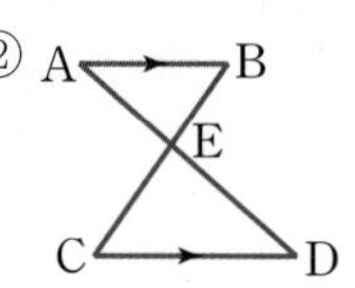

③
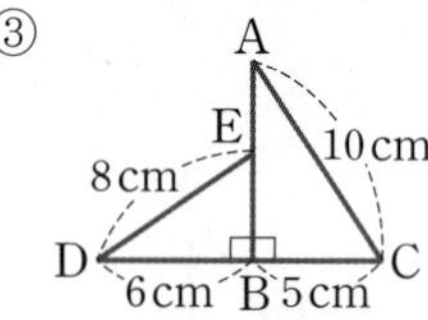

④
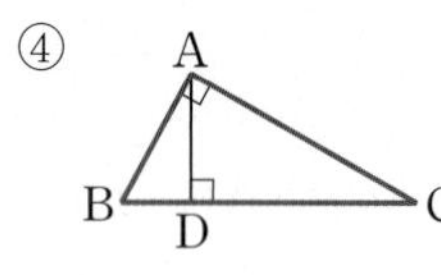

⑤
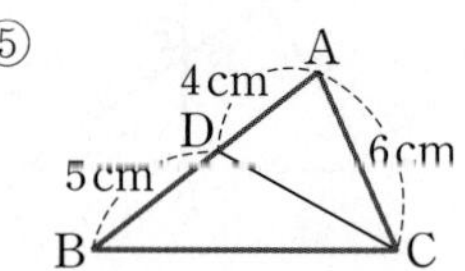

434

오른쪽 그림과 같이 $\angle B=90°$인 직각삼각형 ABC의 두 꼭짓점 A, C에서 꼭짓점 B를 지나는 직선에 내린 수선의 발을 각각 D, E라 할 때, $\overline{BE}$의 길이를 구하시오.

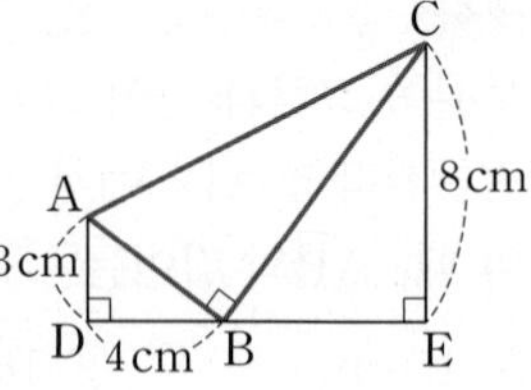

435

오른쪽 그림과 같이 원 A의 지름의 길이만큼 반지름의 길이가 길어지는 두 원 B, C를 만들 때, 세 원 A, B, C의 닮음비를 가장 간단한 자연수의 비로 나타내시오.

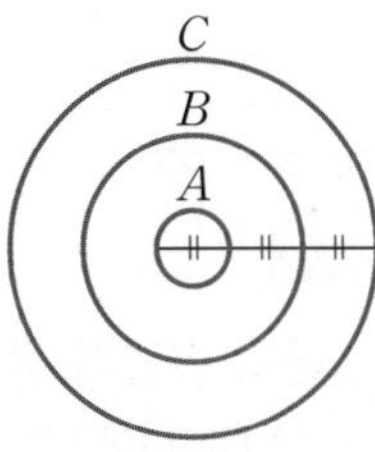

436

오른쪽 그림과 같은 정삼각형 ABC에서 $\angle \mathrm{ADE}=60^\circ$일 때, $\overline{\mathrm{BE}}$의 길이를 구하시오.

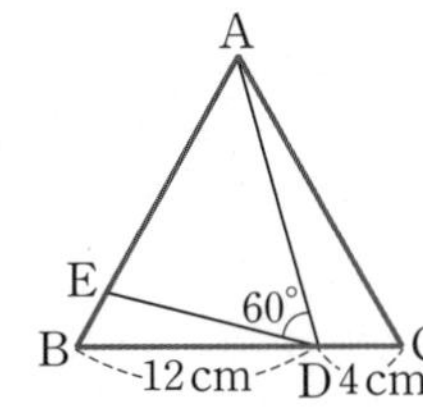

437

오른쪽 그림과 같이 $\angle \mathrm{A}=90^\circ$인 직각삼각형 ABC에서 점 E는 $\overline{\mathrm{BC}}$의 중점이고, $\overline{\mathrm{AD}}\perp\overline{\mathrm{BC}}$, $\overline{\mathrm{AE}}\perp\overline{\mathrm{DF}}$일 때, $\overline{\mathrm{DF}}$의 길이를 구하시오.

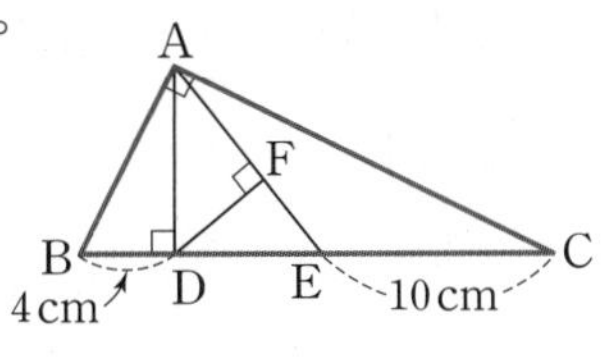

438

오른쪽 그림과 같이 직사각형 모양의 종이 ABCD를 대각선 BD를 접는 선으로 하여 접었다. 점 F는 $\overline{\mathrm{BD}}$의 중점이고 $\overline{\mathrm{BD}}\perp\overline{\mathrm{EF}}$일 때, $\triangle\mathrm{EBD}$의 넓이를 구하시오.

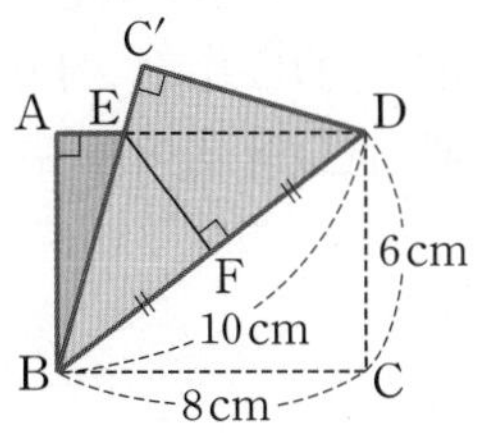

서술형 문제

439

아래 [그림 1]은 가로의 길이가 17 cm, 세로의 길이가 12 cm인 직사각형 모양의 사진이다. 이 사진을 [그림 2]와 같이 가로의 길이가 43 cm, 세로의 길이가 30 cm인 용지에 확대하여 복사하려고 한다. 다음 물음에 답하시오.

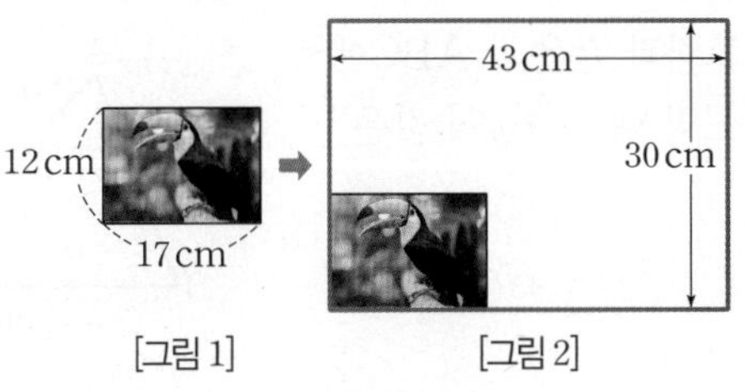

[그림 1] [그림 2]

(1) [그림 1]의 사진과 [그림 2]의 용지가 닮은 도형인지 아닌지 말하고, 그 이유를 설명하시오.

(2) [그림 1]의 사진을 같은 모양으로 최대한 확대하여 [그림 2]의 용지에 들어가도록 복사할 때, 원래 사진과 복사한 사진의 닮음비를 구하시오.

440

오른쪽 그림에서 □ABCD는 직사각형이고 □ECFG는 정사각형이다. 대각선 BD의 연장선이 $\overline{\mathrm{EG}}$와 만나는 점을 H라 할 때, $\triangle\mathrm{EDH}$의 넓이를 구하시오.

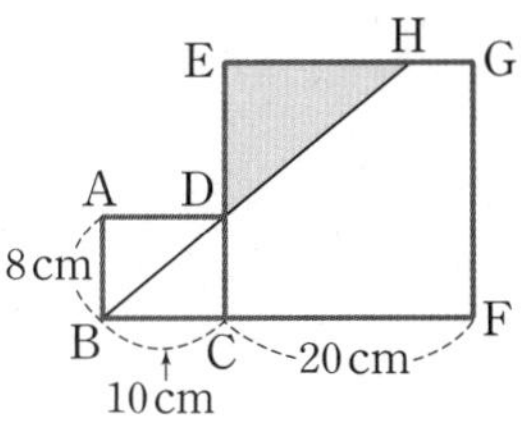

Theme 11 삼각형에서 평행선과 선분의 길이의 비

유형북 88쪽

유형 01 삼각형에서 평행선과 선분의 길이의 비 (1)

대표 문제

441

오른쪽 그림과 같은 $\triangle ABC$에서 $\overline{BC} /\!/ \overline{DE}$일 때, $x+y$의 값은?

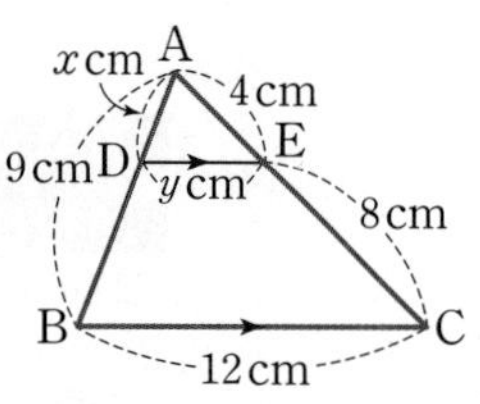

① 7　② 8　③ 9　④ 10　⑤ 11

442

오른쪽 그림과 같은 $\triangle ABC$에서 $\overline{BC} /\!/ \overline{DE}$일 때, 다음 중 옳은 것을 모두 고르면? (정답 2개)

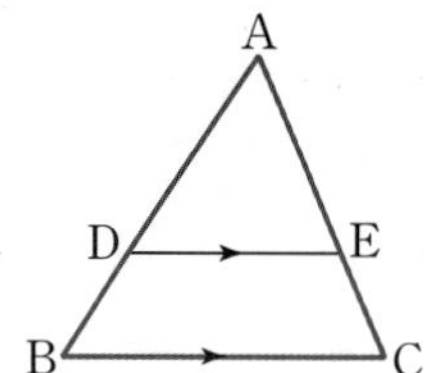

① $\overline{AB} : \overline{AD} = \overline{AC} : \overline{AE}$
② $\overline{AB} : \overline{AD} = \overline{AE} : \overline{AC}$
③ $\overline{AD} : \overline{DB} = \overline{AE} : \overline{EC}$
④ $\overline{DE} : \overline{BC} - \overline{AD} : \overline{AE}$
⑤ $\overline{AD} : \overline{DB} = \overline{DE} : \overline{BC}$

443

오른쪽 그림과 같은 $\triangle ABC$에서 $\overline{BC} /\!/ \overline{DE}$일 때, x의 값을 구하시오.

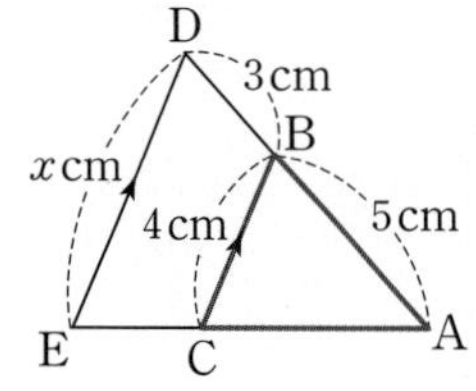

444

오른쪽 그림과 같은 평행사변형 ABCD에서 변 BC 위의 점 E에 대하여 $\overline{AE}$의 연장선과 $\overline{CD}$의 연장선의 교점을 F라 할 때, $\overline{BE}$의 길이를 구하시오.

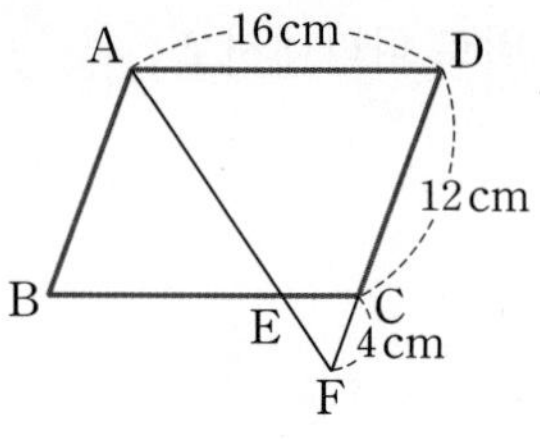

445

오른쪽 그림과 같은 $\triangle ABC$에서 $\overline{AC} /\!/ \overline{DF}$, $\overline{BC} /\!/ \overline{DE}$일 때, $\overline{BF}$의 길이는?

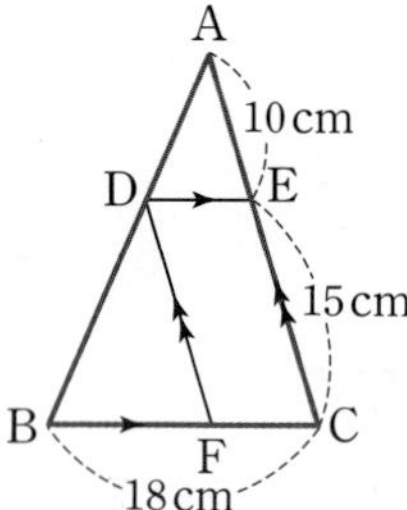

① 6 cm　② $\frac{36}{5}$ cm　③ $\frac{42}{5}$ cm　④ $\frac{48}{5}$ cm　⑤ $\frac{54}{5}$ cm

446

오른쪽 그림과 같은 $\triangle ABC$에서 $\overline{BC} /\!/ \overline{DE}$이고 $\angle DBE = \angle EBC$일 때, $\overline{AD}$의 길이를 구하시오.

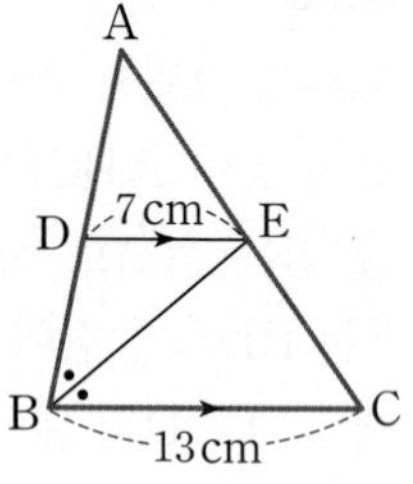

유형 02 삼각형에서 평행선과 선분의 길이의 비 (2)

대표 문제

447

오른쪽 그림에서 $\overline{BC} /\!/ \overline{DE}$일 때, $x+y$의 값은?

① 15 ② 16 ③ 17 ④ 18 ⑤ 19

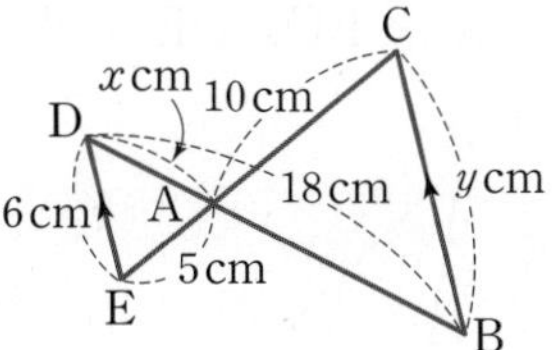

448

오른쪽 그림에서 $\overline{BC} /\!/ \overline{DE} /\!/ \overline{FG}$일 때, xy의 값을 구하시오.

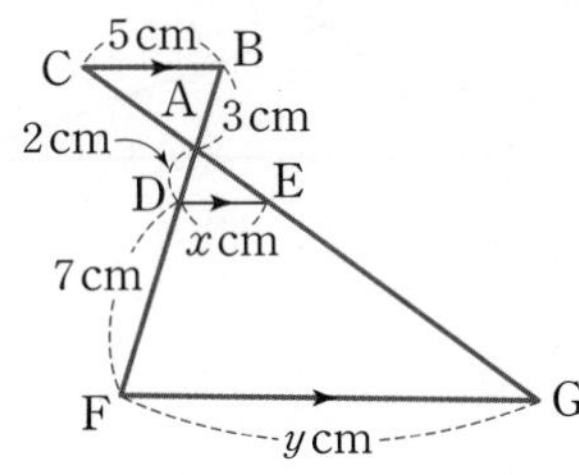

449

오른쪽 그림에서 $\overline{BC} /\!/ \overline{DE}$이고 $\overline{AD} : \overline{DB} = 1 : 4$이다.
△ABC의 둘레의 길이가 39 cm일 때, △ADE의 둘레의 길이를 구하시오.

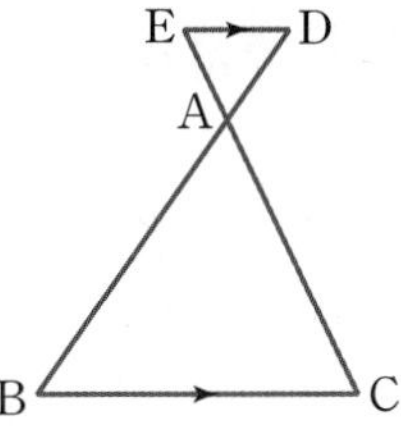

450

오른쪽 그림에서 $\overline{AB} /\!/ \overline{DC}$, $\overline{AD} /\!/ \overline{FC}$이고 $4\overline{EB} = 7\overline{AE}$일 때, $\overline{FC}$의 길이를 구하시오.

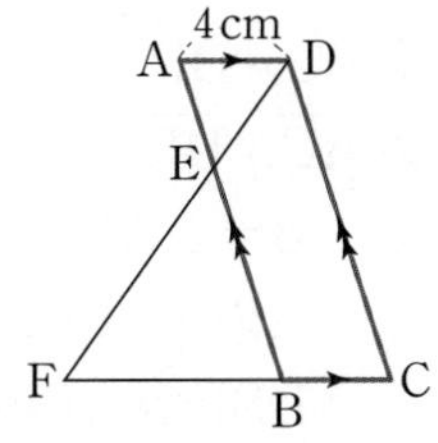

유형 03 삼각형에서 평행선과 선분의 길이의 비의 응용 (1)

대표 문제

451

오른쪽 그림과 같은 △ABC에서 $\overline{BC} /\!/ \overline{DE}$일 때, xy의 값은?

① 6 ② 8 ③ 10 ④ 12 ⑤ 14

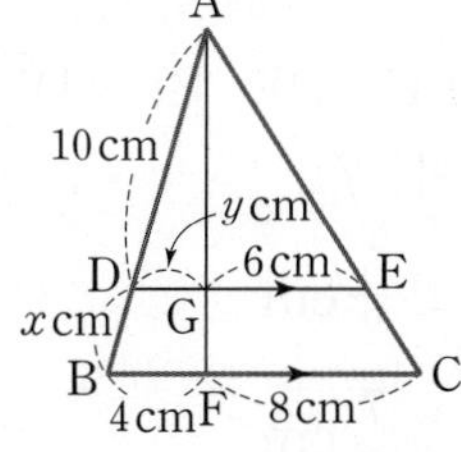

452

오른쪽 그림과 같은 △ABC에서 $\overline{BC} /\!/ \overline{DE}$일 때, $\overline{BF}$의 길이를 구하시오.

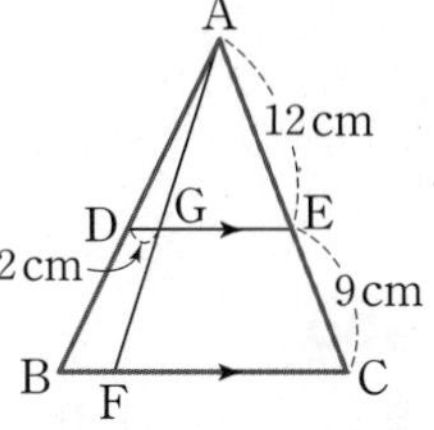

453

오른쪽 그림과 같은 △ABC에서 $\overline{BC} /\!/ \overline{DE}$일 때, $\overline{GE}$의 길이는?

① 3 cm ② $\frac{7}{2}$ cm ③ 4 cm ④ $\frac{9}{2}$ cm ⑤ 5 cm

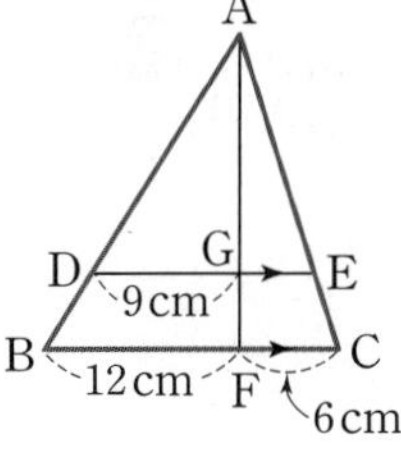

454

오른쪽 그림과 같은 △ABC에서 $\overline{BC} /\!/ \overline{DE}$일 때, $\overline{DG}$의 길이를 구하시오.

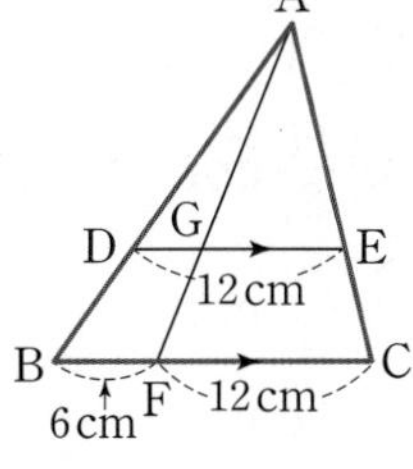

유형 04 삼각형에서 평행선과 선분의 길이의 비의 응용 (2)

대표 문제

455

오른쪽 그림과 같은 △ABC에서 $\overline{BC} /\!/ \overline{DE}$, $\overline{BE} /\!/ \overline{DF}$일 때, $\overline{DF}$의 길이는?

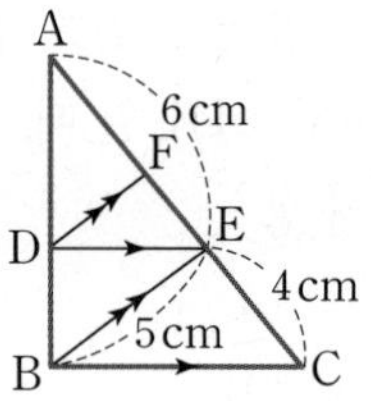

① $\frac{5}{2}$ cm ② 3 cm

③ $\frac{7}{2}$ cm ④ 4 cm

⑤ $\frac{9}{2}$ cm

456

오른쪽 그림과 같은 △ABC에서 $\overline{BC} /\!/ \overline{DE}$, $\overline{BE} /\!/ \overline{DF}$일 때, $\overline{EC}$의 길이는?

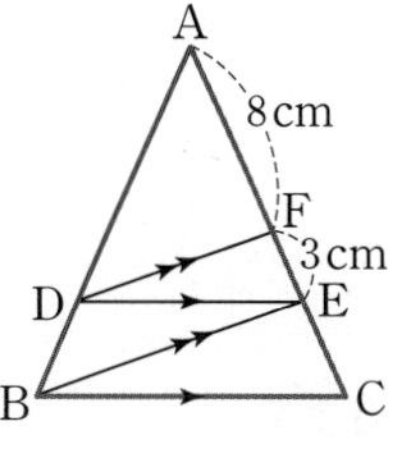

① 4 cm ② $\frac{33}{8}$ cm

③ $\frac{17}{4}$ cm ④ $\frac{35}{8}$ cm

⑤ $\frac{9}{2}$ cm

457

오른쪽 그림과 같은 △ABC에서 $\overline{AC} /\!/ \overline{DE}$, $\overline{AE} /\!/ \overline{DF}$일 때, $\overline{EF}$의 길이는?

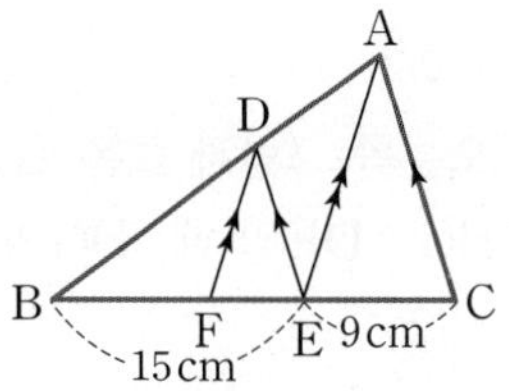

① $\frac{11}{2}$ cm ② $\frac{45}{8}$ cm

③ $\frac{23}{4}$ cm ④ $\frac{47}{8}$ cm

⑤ 6 cm

유형 05 삼각형에서 평행선 찾기

대표 문제

458

다음 중 $\overline{BC} /\!/ \overline{DE}$가 아닌 것은?

①
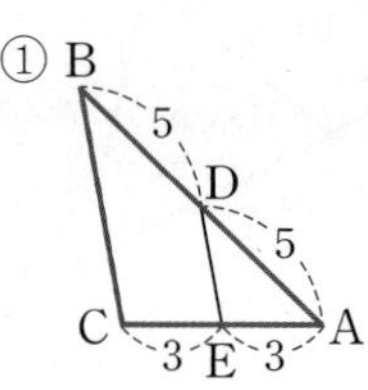

②
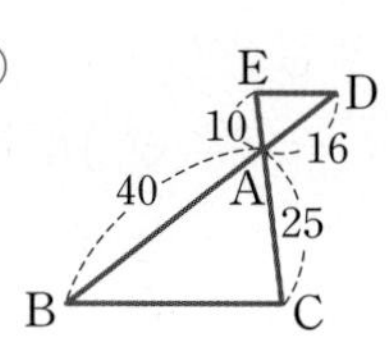

③
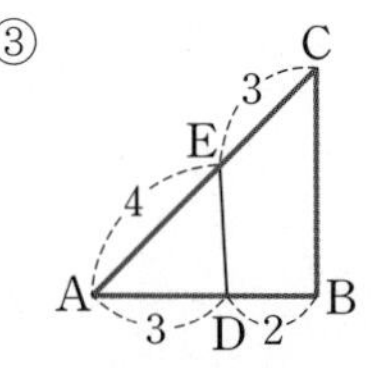

④
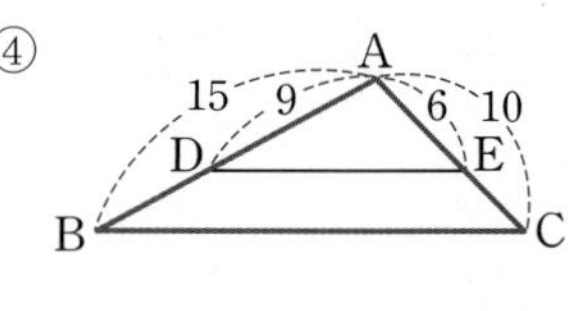

⑤
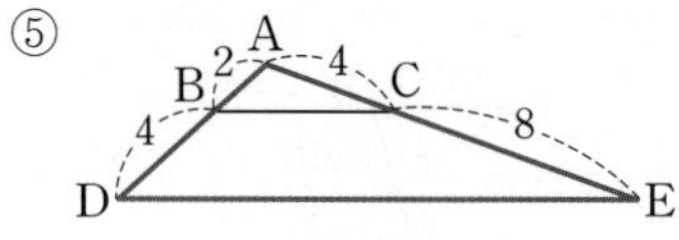

459

오른쪽 그림에서 $\overline{AC}=4.6$, $\overline{AD}=2$, $\overline{AE}=2.3$, $\overline{BD}=6$이고 $\angle D=40°$일 때, $\angle B$의 크기를 구하시오.

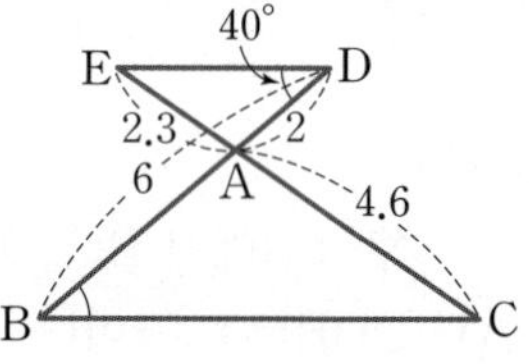

460

오른쪽 그림과 같은 △ABC에 대한 설명으로 옳은 것을 모두 고르면? (정답 2개)

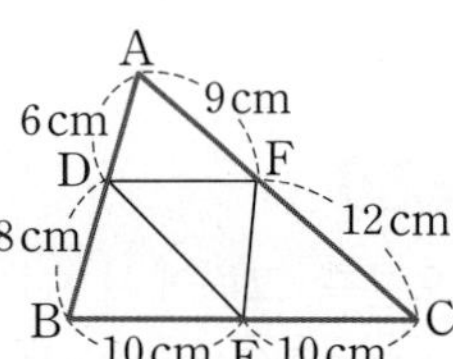

① $\overline{BC} /\!/ \overline{DF}$

② $\overline{AC} /\!/ \overline{DE}$

③ $\angle B=\angle ADF$

④ △ABC∽△FEC

⑤ △DBE∽△FEC

유형 06 삼각형의 내각의 이등분선

대표 문제

461

오른쪽 그림과 같은 △ABC에서 $\overline{AD}$는 ∠A의 이등분선일 때, $\overline{BD}$의 길이를 구하시오.

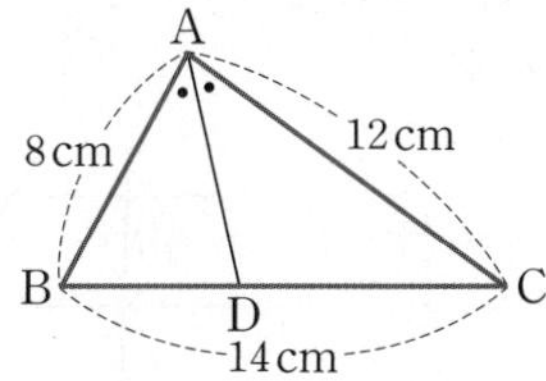

462

오른쪽 그림과 같은 △ABC에서 $\overline{AE}$는 ∠A의 이등분선이고, $\overline{AC}$ // $\overline{DE}$이다. $\overline{AB}$=16 cm, $\overline{AC}$=12 cm일 때, $\overline{DE}$의 길이를 구하시오.

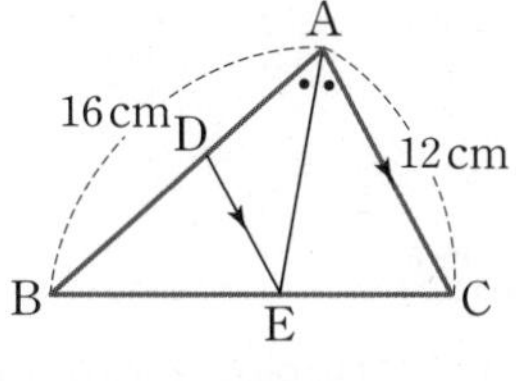

463

다음 그림과 같은 △ABC에서 $\overline{AD}$는 ∠A의 이등분선이다. 점 C를 지나고 $\overline{AD}$에 평행한 직선이 $\overline{BA}$의 연장선과 만나는 점을 E라 할 때, xy의 값을 구하시오.

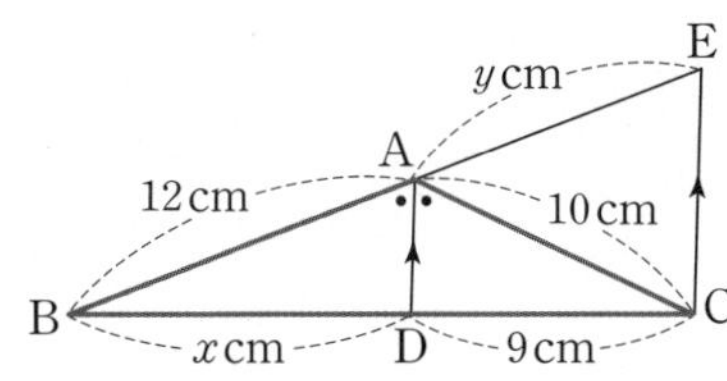

464

오른쪽 그림과 같은 △ABC에서 $\overline{AD}$는 ∠A의 이등분선이다. △ABD의 넓이가 39 cm²일 때, △ADC의 넓이를 구하시오.

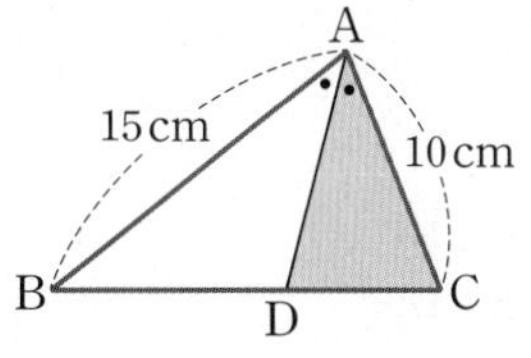

유형 07 삼각형의 외각의 이등분선

대표 문제

465

오른쪽 그림과 같은 △ABC에서 $\overline{AD}$는 ∠A의 외각의 이등분선일 때, $\overline{CD}$의 길이는?

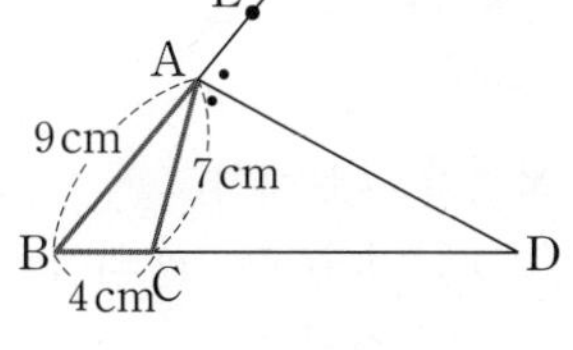

① 10 cm ② 11 cm
③ 12 cm ④ 13 cm
⑤ 14 cm

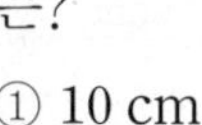

466

오른쪽 그림과 같은 △ABC에서 $\overline{AD}$는 ∠A의 외각의 이등분선일 때, $\overline{AC}$의 길이를 구하시오.

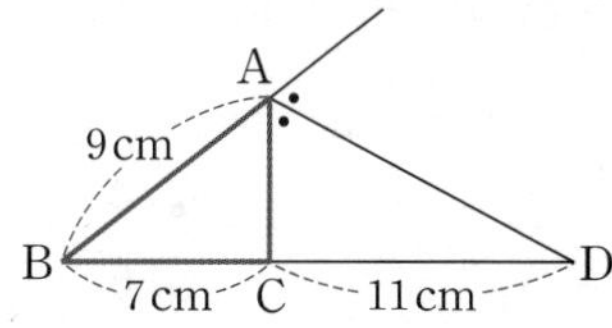

467

오른쪽 그림과 같은 △ABC에서 $\overline{AD}$는 ∠A의 외각의 이등분선일 때, $\overline{AB}$의 길이를 구하시오.

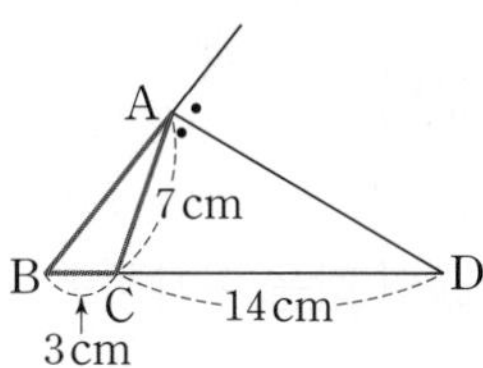

468

오른쪽 그림과 같은 △ABC에서 $\overline{AD}$는 ∠A의 외각의 이등분선이다. △ADB의 넓이가 90 cm²일 때, △ABC의 넓이는?

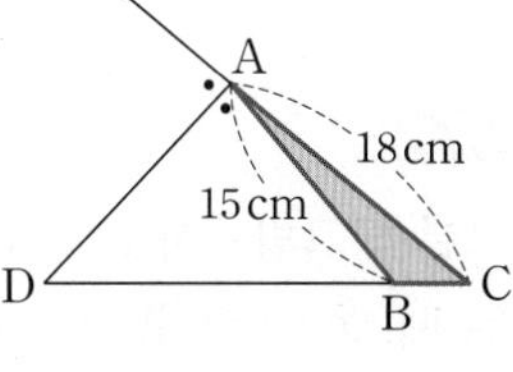

① 16 cm² ② 18 cm² ③ 20 cm²
④ 22 cm² ⑤ 24 cm²

Theme 12 평행선 사이의 선분의 길이의 비

유형북 92쪽

유형 08 평행선 사이의 선분의 길이의 비

대표 문제

469

오른쪽 그림에서 $l /\!/ m /\!/ n$일 때, xy의 값을 구하시오.

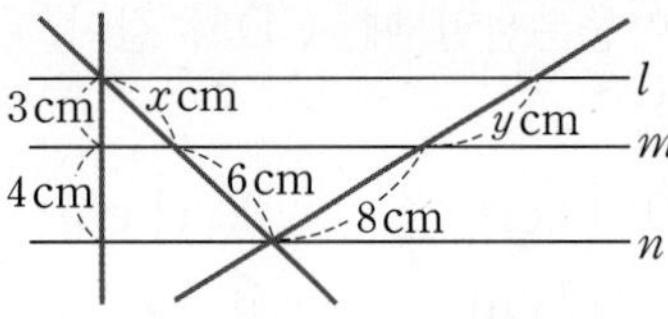

470

오른쪽 그림에서 $l /\!/ m /\!/ n$일 때, x의 값은?

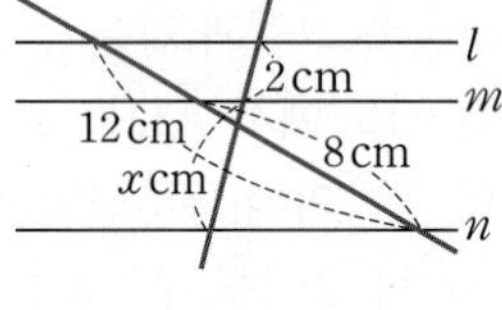

① 3 ② 4
③ 5 ④ 6
⑤ 7

471

오른쪽 그림에서 $l /\!/ m /\!/ n$일 때, xy의 값을 구하시오.

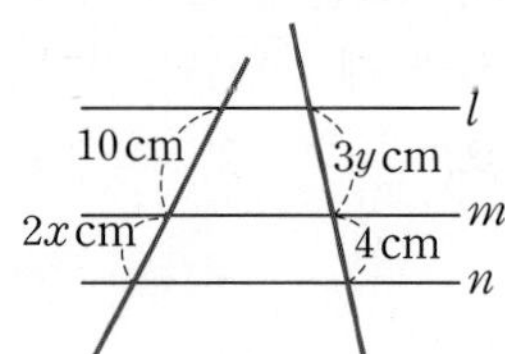

472

오른쪽 그림에서 $p /\!/ q /\!/ r /\!/ s$일 때, $x-y$의 값을 구하시오.

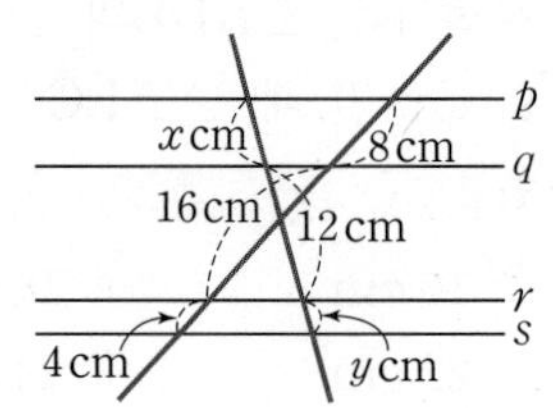

473

다음 그림에서 $p /\!/ q /\!/ r /\!/ s$일 때, x, y의 값을 각각 구하시오.

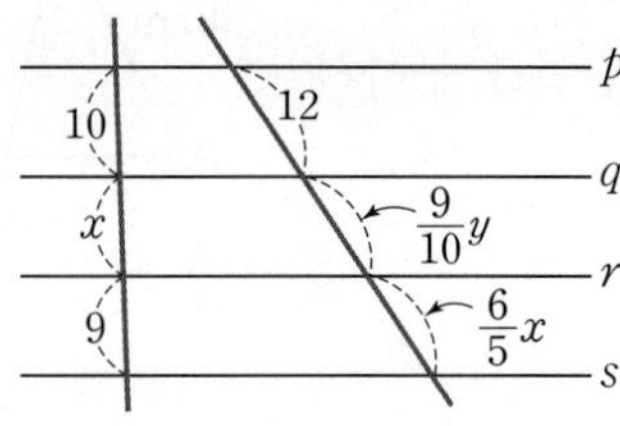

474

다음 그림에서 $l /\!/ m /\!/ n$일 때, xy의 값은?

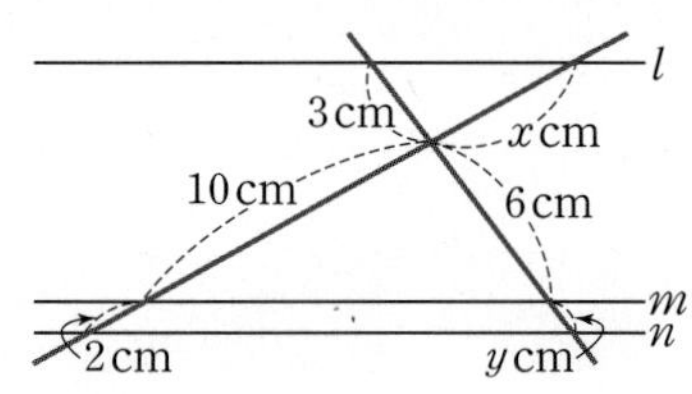

① 5 ② $\frac{11}{2}$ ③ 6
④ $\frac{13}{2}$ ⑤ 7

475

다음 그림에서 $l /\!/ m /\!/ n$일 때, x의 값은?

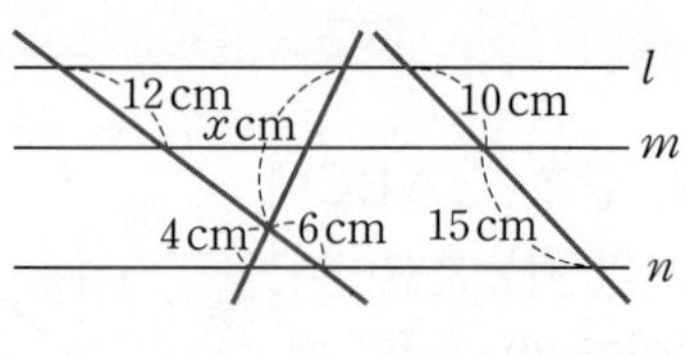

① 13 ② 14 ③ 15
④ 16 ⑤ 17

유형 09 사다리꼴에서 평행선과 선분의 길이의 비

대표 문제

476

오른쪽 그림과 같은 사다리꼴 ABCD에서 $\overline{AD} /\!/ \overline{EF} /\!/ \overline{BC}$일 때, $\overline{EF}$의 길이를 구하시오.

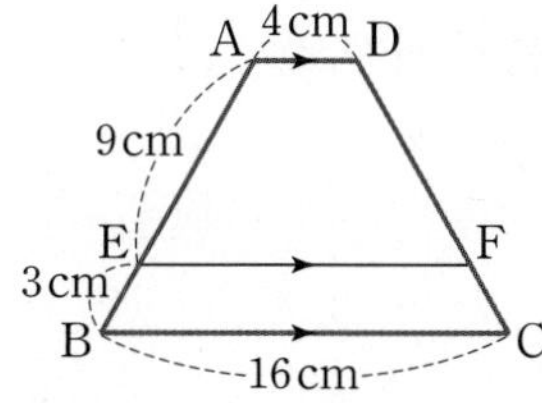

477

오른쪽 그림과 같은 사다리꼴 ABCD에서 $\overline{AD} /\!/ \overline{EF} /\!/ \overline{BC}$일 때, $x+y$의 값을 구하시오.

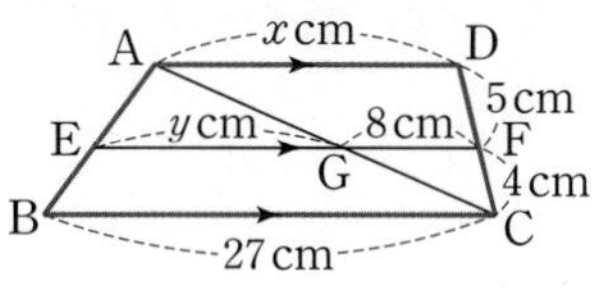

478

오른쪽 그림과 같은 사다리꼴 ABCD에서 $\overline{AD} /\!/ \overline{EF} /\!/ \overline{BC}$일 때, x의 값을 구하시오.

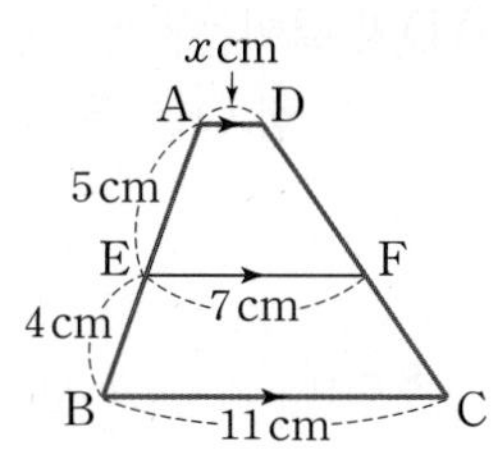

479

오른쪽 그림에서 $l /\!/ m /\!/ n$일 때, x의 값은?

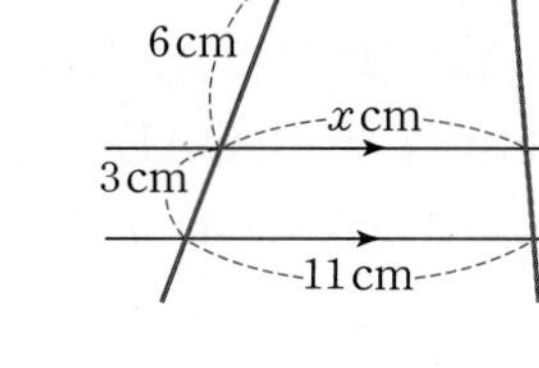

① $\frac{86}{9}$ 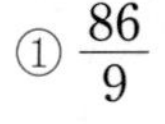　② $\frac{29}{3}$

③ $\frac{88}{9}$ 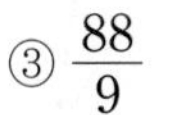　④ $\frac{89}{9}$

⑤ 10

480

오른쪽 그림과 같은 사다리꼴 ABCD에서 $\overline{AD} /\!/ \overline{EF} /\!/ \overline{BC}$이고 $\overline{AE} : \overline{EB} = 5 : 7$일 때, $\overline{EF}$의 길이는?

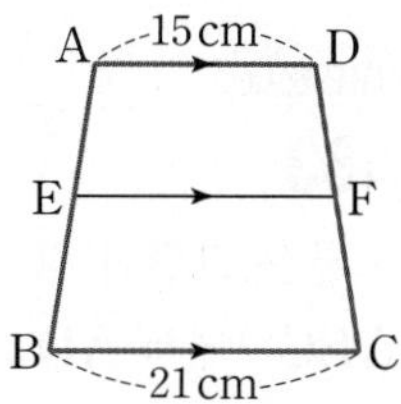

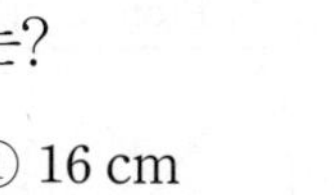

① 16 cm　② $\frac{33}{2}$ cm

③ 17 cm　④ $\frac{35}{2}$ cm

⑤ 18 cm

481

오른쪽 그림과 같은 사다리꼴 ABCD에서 $\overline{AD} /\!/ \overline{EF} /\!/ \overline{BC}$이고 $\overline{AE} : \overline{EB} = 3 : 5$일 때, $\overline{BC}$의 길이를 구하시오.

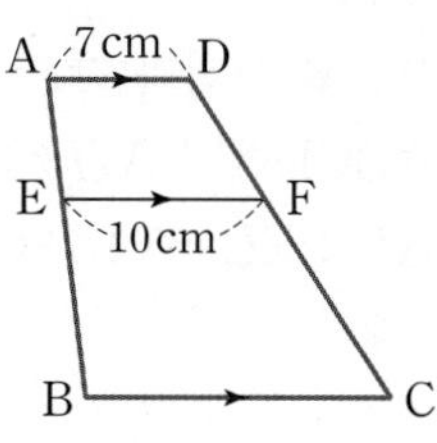

482

오른쪽 그림과 같은 사다리꼴 ABCD에서 $\overline{AD} /\!/ \overline{EF} /\!/ \overline{GH} /\!/ \overline{BC}$이고 $\overline{AE} = \overline{EG} = \overline{GB}$일 때, $\overline{GH}$의 길이는?

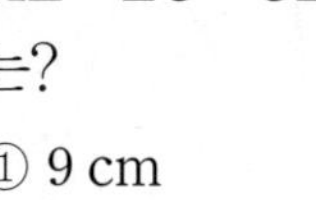

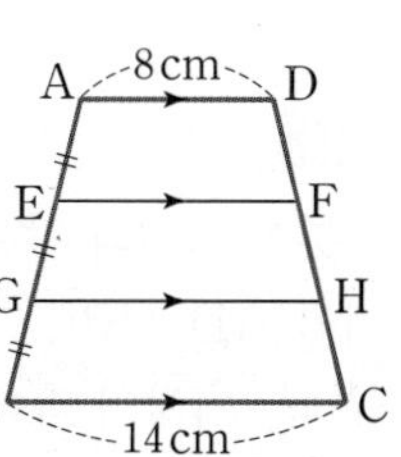

① 9 cm　② 10 cm

③ 11 cm　④ 12 cm

⑤ 13 cm

06 선분의 길이의 비 평행선 사이의

유형 10 사다리꼴에서 평행선과 선분의 길이의 비의 응용

대표 문제

483

오른쪽 그림과 같은 사다리꼴 ABCD에서 $\overline{AD}/\!/\overline{EF}/\!/\overline{BC}$일 때, $\overline{MN}$의 길이는?

① 7 cm ② $\frac{22}{3}$ cm ③ $\frac{23}{3}$ cm ④ 8 cm ⑤ $\frac{25}{3}$ cm

484

오른쪽 그림과 같은 사다리꼴 ABCD에서 $\overline{AD}/\!/\overline{EF}/\!/\overline{BC}$이고 $\overline{AE}:\overline{EB}=3:7$일 때, $\overline{MN}$의 길이는?

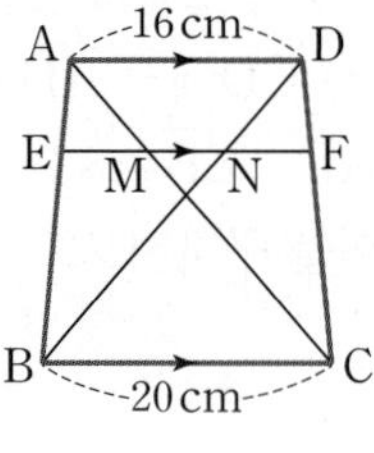

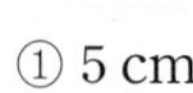

① 5 cm ② $\frac{26}{5}$ cm ③ $\frac{27}{5}$ cm ④ $\frac{28}{5}$ cm ⑤ $\frac{29}{5}$ cm

485

오른쪽 그림과 같은 사다리꼴 ABCD에서 $\overline{AD}/\!/\overline{EF}/\!/\overline{BC}$이고 $\overline{AE}=4\overline{EB}$일 때, $\overline{MN}$의 길이는?

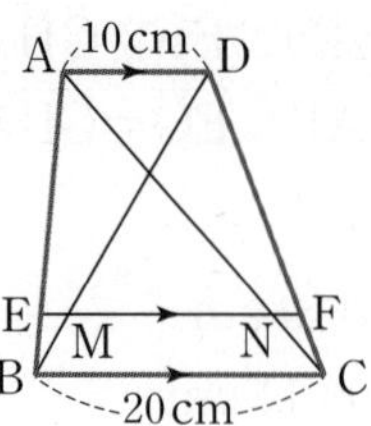

① 12 cm ② 13 cm ③ 14 cm ④ 15 cm ⑤ 16 cm

486

오른쪽 그림과 같은 사다리꼴 ABCD에서 $\overline{AD}/\!/\overline{EF}/\!/\overline{BC}$이고 $\overline{AE}:\overline{EB}=9:5$일 때, $\overline{BC}$의 길이를 구하시오.

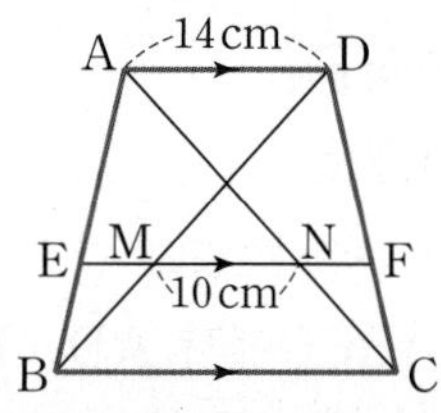

487

오른쪽 그림과 같은 사다리꼴 ABCD에서 $\overline{AD}/\!/\overline{EF}/\!/\overline{BC}$일 때, $\overline{EF}$의 길이를 구하시오.

(단, 점 O는 두 대각선의 교점)

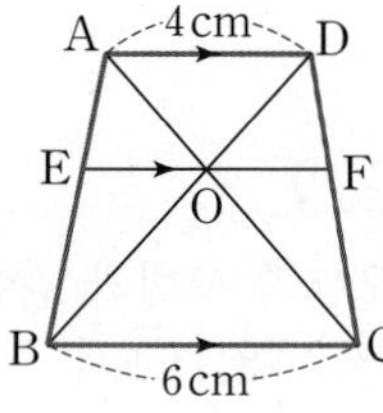

488

오른쪽 그림과 같은 사다리꼴 ABCD에서 $\overline{AD}/\!/\overline{EF}/\!/\overline{BC}$일 때, $\overline{AD}$의 길이는?

(단, 점 O는 두 대각선의 교점)

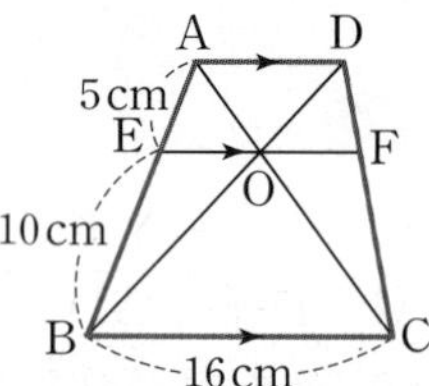

① 7 cm ② $\frac{15}{2}$ cm ③ 8 cm ④ $\frac{17}{2}$ cm ⑤ 9 cm

489

오른쪽 그림과 같은 사다리꼴 ABCD에서 $\overline{AD}/\!/\overline{BC}$이고 △ABC의 넓이가 112 cm^2일 때, △OAB의 넓이를 구하시오. (단, 점 O는 두 대각선의 교점)

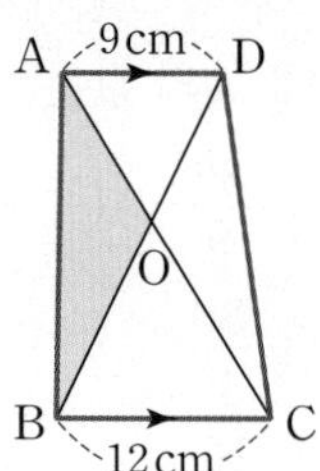

유형 11 평행선과 선분의 길이의 비의 응용

대표 문제

490

오른쪽 그림에서 $\overline{AB} /\!/ \overline{EF} /\!/ \overline{DC}$일 때, $\overline{EF}$의 길이를 구하시오.

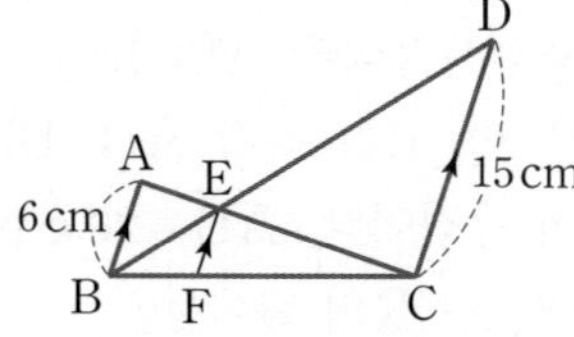

491

오른쪽 그림에서 $\overline{AB} /\!/ \overline{EF} /\!/ \overline{DC}$일 때, $\overline{CD}$의 길이는?

① 4 cm ② 5 cm
③ 6 cm ④ 7 cm
⑤ 8 cm

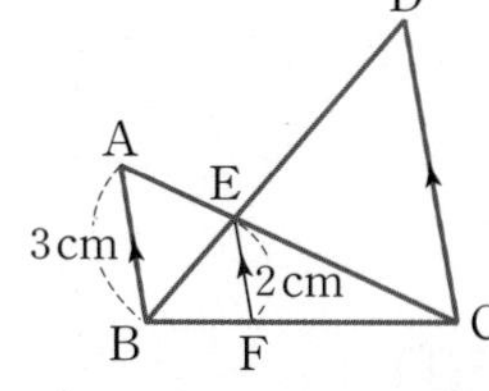

492

오른쪽 그림에서 $\overline{AB} /\!/ \overline{EF} /\!/ \overline{DC}$일 때, $\overline{CF}$의 길이를 구하시오.

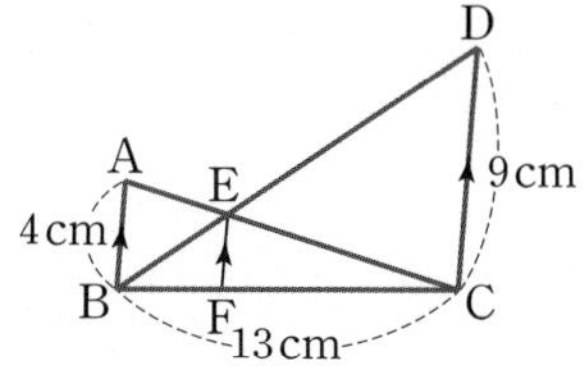

493

다음 그림에서 $\overline{AB}$, $\overline{EF}$, $\overline{DC}$는 모두 $\overline{BC}$에 수직일 때, $\overline{EF}$의 길이를 구하시오.

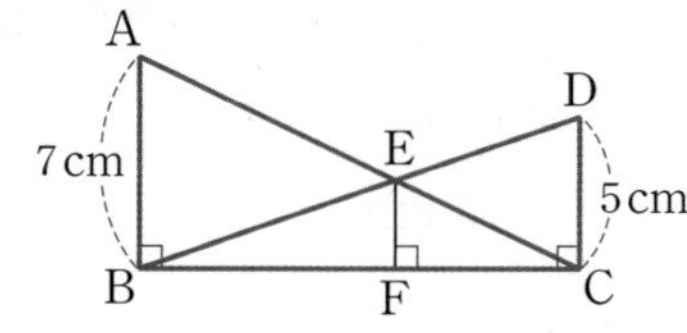

494

오른쪽 그림에서 $\overline{AB} /\!/ \overline{EF} /\!/ \overline{DC}$일 때, x, y의 값을 각각 구하시오.

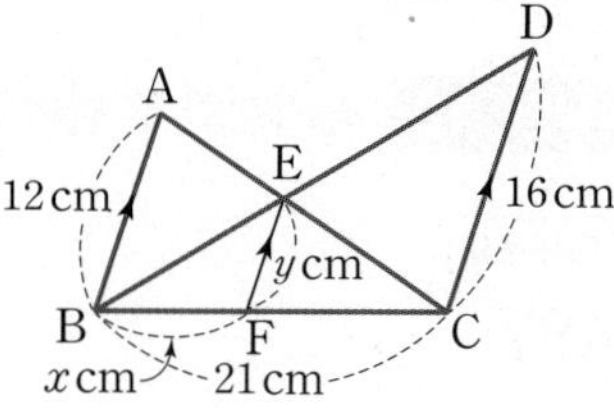

495

오른쪽 그림에서 $\overline{AB} /\!/ \overline{EF} /\!/ \overline{DC}$일 때, 다음 중 옳은 것을 모두 고르면? (정답 2개)

① $\triangle ABE \backsim \triangle BDC$
② $\triangle BEF \backsim \triangle BDC$
③ $\overline{BF} : \overline{BC} = 3 : 7$
④ $\overline{BF} : \overline{FC} = 3 : 7$
⑤ $\overline{EF} : \overline{DC} = 3 : 7$

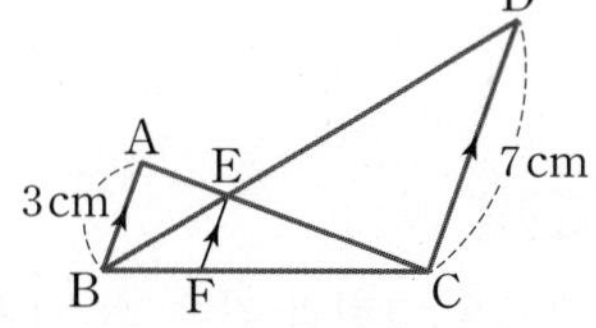

496

오른쪽 그림에서 $\overline{AB}$, $\overline{DC}$가 모두 $\overline{BC}$에 수직일 때, $\triangle EBC$의 넓이는?

① 10 cm^2 ② 11 cm^2
③ 12 cm^2 ④ 13 cm^2
⑤ 14 cm^2

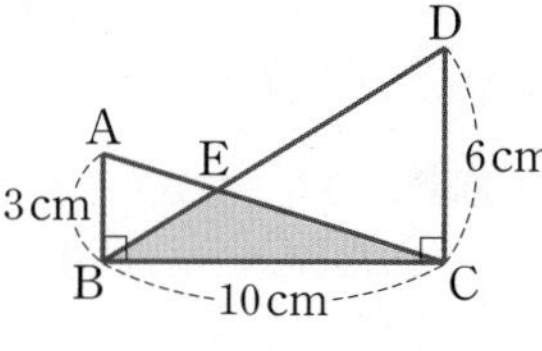

Theme 13 두 변의 중점을 연결한 선분

유형북 96쪽

유형 12 삼각형의 두 변의 중점을 연결한 선분의 성질 (1)

대표 문제

497

오른쪽 그림과 같은 △ABC에서 $\overline{AB}$, $\overline{AC}$의 중점을 각각 D, E라 하자. $\overline{AB}=12$ cm, $\overline{BC}=16$ cm, $\overline{EC}=7$ cm일 때, △ADE의 둘레의 길이를 구하시오.

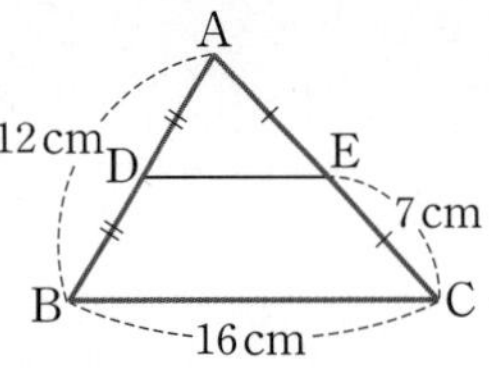

498

오른쪽 그림과 같은 △ABC에서 $\overline{AB}$, $\overline{BC}$의 중점을 각각 M, N이라 하자. $\overline{MN}=9$ cm, $\angle A=75°$, $\angle B=60°$일 때, x, y의 값을 각각 구하시오.

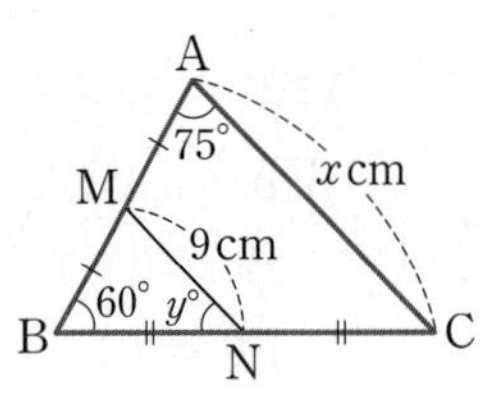

499

오른쪽 그림과 같은 △ABC에서 $\overline{AB}$, $\overline{AC}$의 중점을 각각 D, E라 할 때, 다음 보기에서 옳은 것을 모두 고르시오.

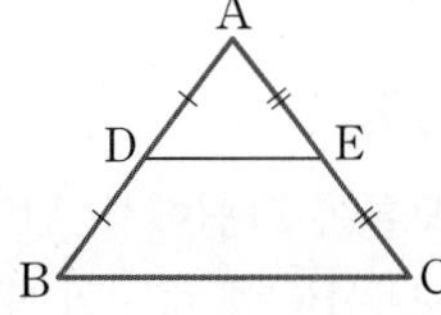

보기

ㄱ. △ABC∽△ADE　　ㄴ. $\overline{DE}:\overline{BC}=\overline{AD}:\overline{DB}$
ㄷ. $\overline{BC}=3\overline{DE}$　　ㄹ. $\overline{DE}\,/\!/\,\overline{BC}$
ㅁ. △ADE와 △ABC의 닮음비는 1 : 2이다.

500

오른쪽 그림과 같이 $\overline{AD}\,/\!/\,\overline{BC}$인 등변사다리꼴 ABCD에서 세 점 P, Q, R는 각각 $\overline{AD}$, $\overline{BD}$, $\overline{BC}$의 중점이다. $\overline{AB}=20$ cm일 때, $\overline{PQ}+\overline{QR}$의 길이는?

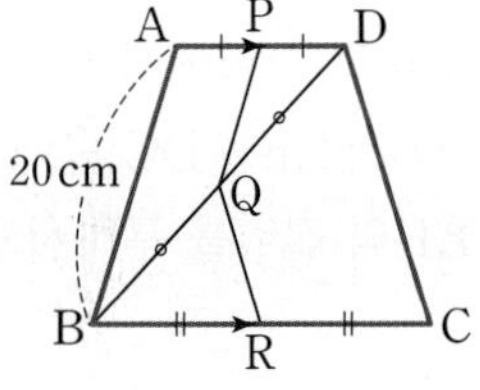

① 14 cm　② 16 cm　③ 18 cm
④ 20 cm　⑤ 22 cm

501

오른쪽 그림과 같은 △ABC와 △DBC에서 $\overline{AB}$, $\overline{AC}$, $\overline{DB}$, $\overline{DC}$의 중점을 각각 M, N, E, F라 하자. $\overline{EF}=11$ cm일 때, $\overline{MN}$의 길이를 구하시오.

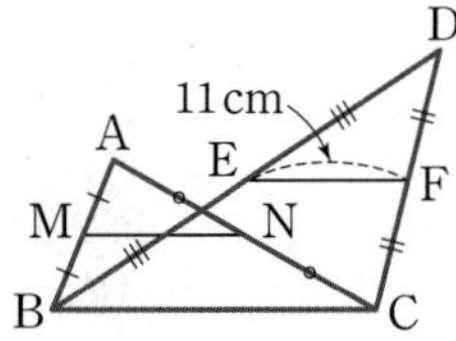

502

오른쪽 그림과 같은 △ABC와 △FDE에서 네 점 D, E, G, H는 각각 $\overline{AB}$, $\overline{AC}$, $\overline{FD}$, $\overline{FE}$의 중점이다. $\overline{BC}=28$ cm일 때, $\overline{GH}$의 길이는?

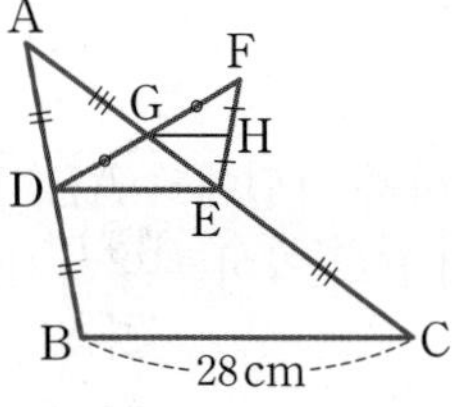

① 7 cm　② 8 cm
③ 9 cm　④ 10 cm
⑤ 11 cm

유형 13 삼각형의 두 변의 중점을 연결한 선분의 성질 (2)

대표 문제

503

오른쪽 그림과 같은 $\triangle ABC$에서 $\overline{AD}=\overline{DB}$, $\overline{DE}/\!/\overline{BC}$이고 $\overline{AC}=16\text{ cm}$, $\overline{DE}=10\text{ cm}$일 때, $x+y$의 값은?

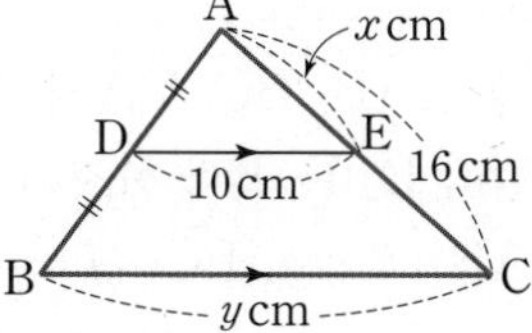

① 16　② 20　③ 24　④ 28　⑤ 32

504

오른쪽 그림과 같은 $\triangle ABC$에서 점 D는 $\overline{AB}$의 중점이고 $\overline{DE}/\!/\overline{BC}$이다. $\triangle ABC$의 둘레의 길이가 30 cm일 때, $\triangle ADE$의 둘레의 길이는?

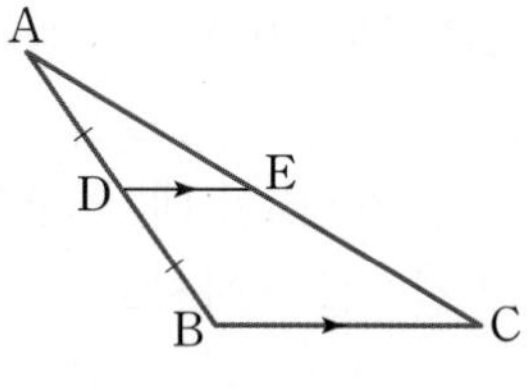

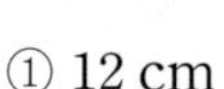

① 12 cm　② 13 cm　③ 14 cm　④ 15 cm　⑤ 16 cm

505

오른쪽 그림과 같은 $\triangle ABC$에서 점 D는 $\overline{AB}$의 중점이고 $\overline{AB}/\!/\overline{EF}$, $\overline{DE}/\!/\overline{BC}$이다. $\overline{AB}=22\text{ cm}$, $\overline{BF}=7\text{ cm}$일 때, $\overline{FC}$의 길이를 구하시오.

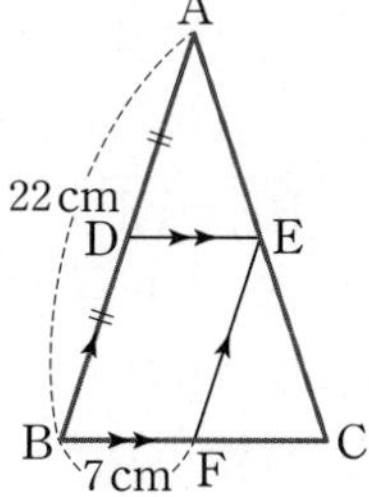

유형 14 삼각형의 두 변의 중점을 연결한 선분의 성질의 응용 (1) – 삼등분점이 주어진 경우

대표 문제

506

오른쪽 그림과 같은 $\triangle ABC$에서 두 점 D, E는 각각 $\overline{AB}$의 삼등분점이고 점 F는 $\overline{AC}$의 중점이다. $\overline{DF}=6\text{ cm}$일 때, $\overline{CG}$의 길이는?

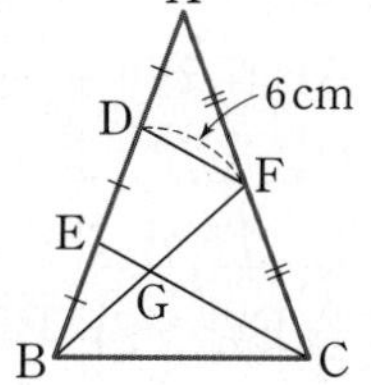

① 7 cm　② 8 cm　③ 9 cm　④ 10 cm　⑤ 11 cm

507

오른쪽 그림과 같은 $\triangle ABC$에서 두 점 E, F는 각각 $\overline{AB}$의 삼등분점이고 점 G는 $\overline{AD}$의 중점이다. $\overline{EG}=2\text{ cm}$일 때, $\overline{CG}$의 길이를 구하시오.

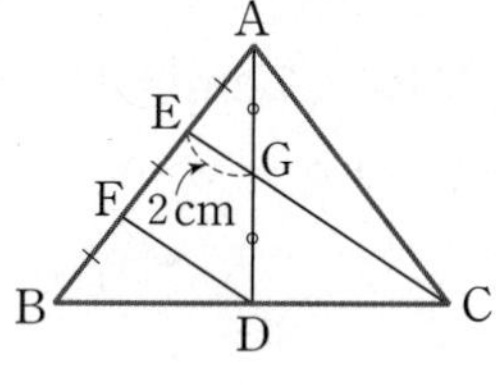

508

오른쪽 그림과 같은 $\triangle ABC$에서 $\overline{BC}$의 중점을 D, $\overline{AC}$의 삼등분점을 각각 E, F라 하자. $\overline{BG}=33\text{ cm}$일 때, $\overline{GE}$의 길이는?

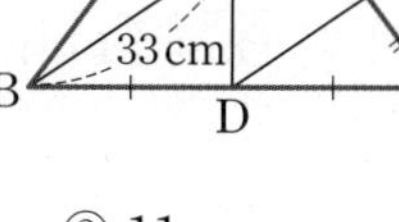

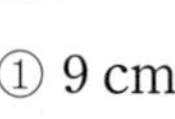

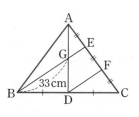

① 9 cm　② 10 cm　③ 11 cm　④ 12 cm　⑤ 13 cm

06 선분의 길이의 비 평행선 사이의

유형 15 삼각형의 두 변의 중점을 연결한 선분의 성질의 응용 (2) – 평행한 보조선을 이용하는 경우

대표 문제

509

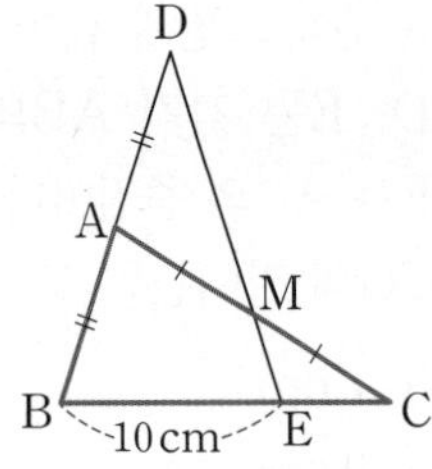

오른쪽 그림과 같은 △ABC에서 $\overline{AB}$의 연장선 위에 $\overline{AB}=\overline{AD}$인 점 D를 잡고, 점 D와 $\overline{AC}$의 중점 M을 연결한 직선이 $\overline{BC}$와 만나는 점을 E라 하자. $\overline{BE}=10$ cm일 때, $\overline{CE}$의 길이를 구하시오.

510

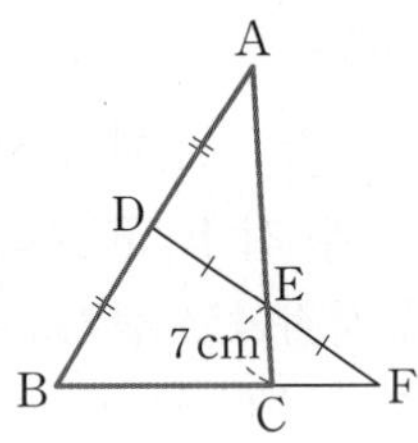

오른쪽 그림과 같은 △ABC에서 두 점 D, E는 각각 $\overline{AB}$, $\overline{DF}$의 중점이고 $\overline{EC}=7$ cm일 때, $\overline{AC}$의 길이를 구하시오.

511

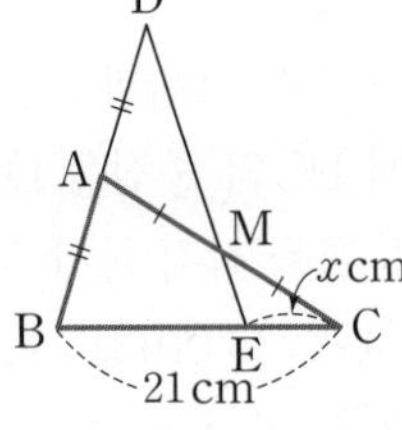

오른쪽 그림과 같은 △ABC에서 $\overline{AB}$의 연장선 위에 $\overline{AB}=\overline{AD}$인 점 D를 잡고, 점 D와 $\overline{AC}$의 중점 M을 연결한 직선이 $\overline{BC}$와 만나는 점을 E라 하자. $\overline{BC}=21$ cm일 때, x의 값은?

① 5 ② 6 ③ 7
④ 8 ⑤ 9

유형 16 삼각형의 세 변의 중점을 연결한 삼각형

대표 문제

512

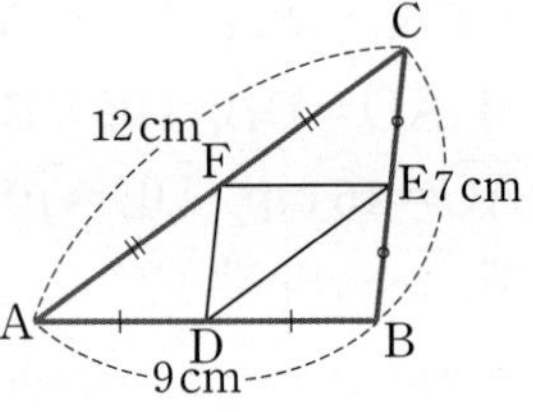

오른쪽 그림과 같은 △ABC에서 $\overline{AB}$, $\overline{BC}$, $\overline{CA}$의 중점을 각각 D, E, F라 하자. $\overline{AB}=9$ cm, $\overline{BC}=7$ cm, $\overline{CA}=12$ cm일 때, △DEF의 둘레의 길이를 구하시오.

513

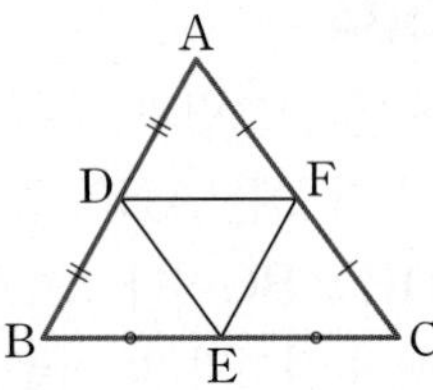

오른쪽 그림과 같은 △ABC에서 $\overline{AB}$, $\overline{BC}$, $\overline{CA}$의 중점을 각각 D, E, F라 하자. △DEF의 둘레의 길이가 10 cm일 때, △ABC의 둘레의 길이를 구하시오.

514

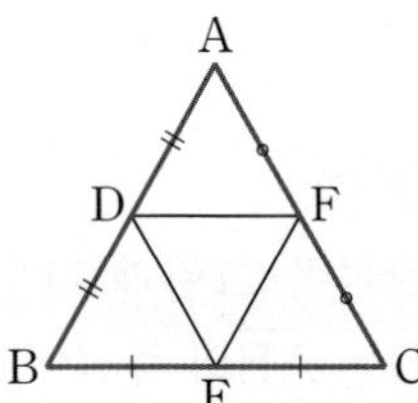

오른쪽 그림과 같은 △ABC에서 $\overline{AB}$, $\overline{BC}$, $\overline{CA}$의 중점을 각각 D, E, F라 할 때, 다음 중 옳은 것을 모두 고르면? (정답 2개)

① △ABC≡△ADF
② $\overline{BE}=\overline{EF}$
③ △ADF≡△FEC
④ ∠AFD=∠FCE
⑤ $3\overline{DF}=\overline{BC}$

유형 17 사각형의 네 변의 중점을 연결한 사각형

대표 문제

515

오른쪽 그림과 같은 □ABCD에서 $\overline{AB}$, $\overline{BC}$, $\overline{CD}$, $\overline{DA}$의 중점을 각각 P, Q, R, S라 하자. $\overline{AC}=10$ cm, $\overline{BD}=8$ cm일 때, □PQRS의 둘레의 길이를 구하시오.

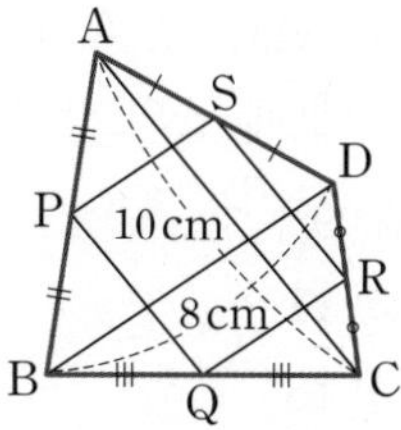

516

오른쪽 그림과 같이 $\overline{AD}/\!/\overline{BC}$인 등변사다리꼴 ABCD에서 네 변의 중점을 각각 P, Q, R, S라 하자. $\overline{BD}=16$ cm일 때, □PQRS의 둘레의 길이를 구하시오.

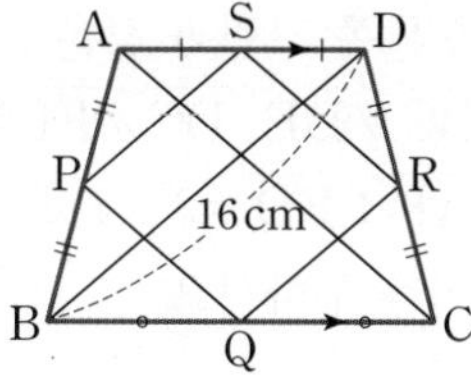

517

오른쪽 그림과 같은 □ABCD에서 네 변의 중점을 각각 E, F, G, H라 할 때, 다음 중 옳지 않은 것은?

① $\overline{EF}/\!/\overline{HG}$
② $\angle EHG=\angle EFG$
③ $\overline{EF}=\overline{HG}$
④ $\overline{BD}=2\overline{FG}$
⑤ $\overline{EF}=\overline{EH}$

유형 18 사다리꼴에서 두 변의 중점을 연결한 선분의 성질

대표 문제

518

오른쪽 그림과 같이 $\overline{AD}/\!/\overline{BC}$인 사다리꼴 ABCD에서 $\overline{AB}$, $\overline{CD}$의 중점을 각각 M, N이라 하자. $\overline{AD}=10$ cm, $\overline{BC}=16$ cm일 때, $\overline{PQ}$의 길이를 구하시오.

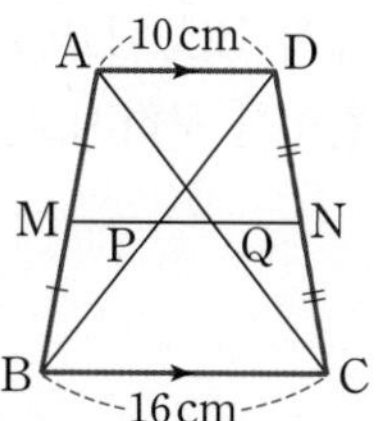

519

오른쪽 그림과 같이 $\overline{AD}/\!/\overline{BC}$인 사다리꼴 ABCD에서 $\overline{AB}$, $\overline{CD}$의 중점을 각각 M, N이라 하자. $\overline{MP}=\overline{PQ}=\overline{QN}$이고 $\overline{BC}=30$ cm일 때, $\overline{AD}$의 길이를 구하시오.

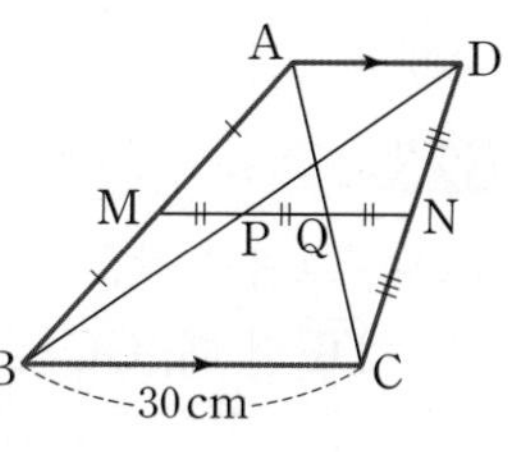

520

오른쪽 그림과 같이 $\overline{AD}/\!/\overline{BC}$인 사다리꼴 ABCD에서 $\overline{AB}$, $\overline{CD}$의 중점을 각각 M, N이라 하자. $\overline{AD}=14$ cm, $\overline{MN}=19$ cm일 때, $\overline{BC}$의 길이를 구하시오.

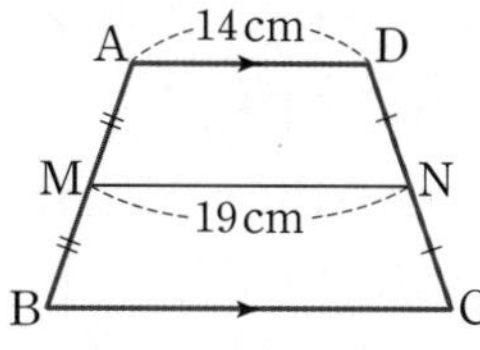

521

오른쪽 그림과 같은 △ABC에서 $\overline{BC} /\!/ \overline{DE}$일 때, $\overline{BC}$의 길이를 구하시오.

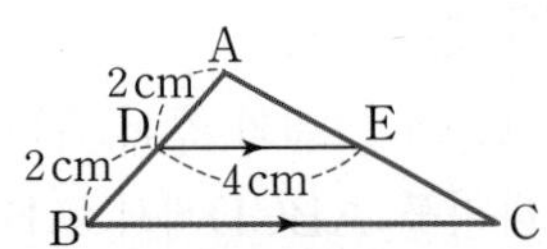

522

오른쪽 그림에서 $\overline{BC} /\!/ \overline{DE}$일 때, $\overline{AB}$의 길이를 구하시오.

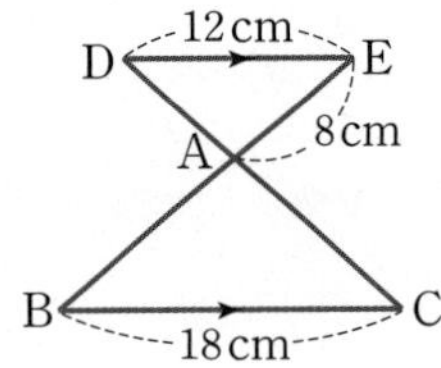

523

오른쪽 그림과 같은 △ABC에서 $\overline{BC} /\!/ \overline{DE}$일 때, $\overline{GC}$의 길이는?

① 15 cm ② 16 cm
③ 17 cm ④ 18 cm
⑤ 19 cm

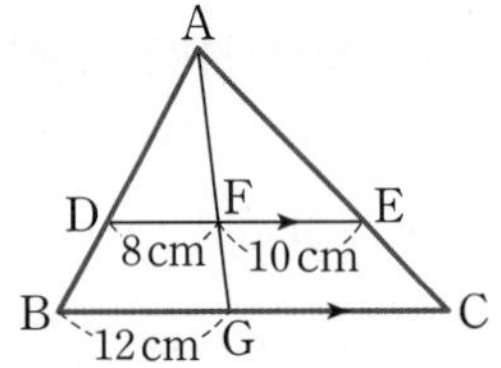

524

오른쪽 그림과 같은 △ABC에서 $\overline{AB} : \overline{AD} = \overline{AC} : \overline{AE}$일 때, 다음 중 옳지 않은 것은?

① △ABC∽△ADE
② $\overline{BC} /\!/ \overline{DE}$
③ ∠ABC=∠ADE
④ $\overline{BC} : \overline{DE} = 2 : 1$
⑤ $\overline{AC} : \overline{AE} = \overline{BC} : \overline{DE}$

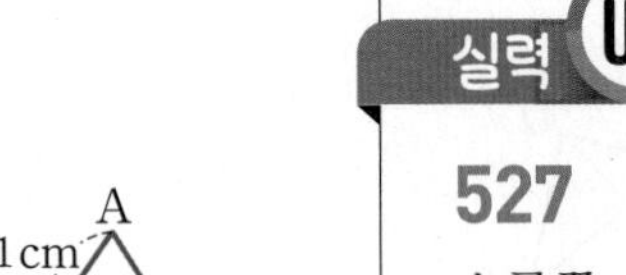

525

오른쪽 그림과 같은 △ABC에서 $\overline{AD}$는 ∠A의 외각의 이등분선일 때, x의 값은?

① 9 ② 10
③ 11 ④ 12
⑤ 13

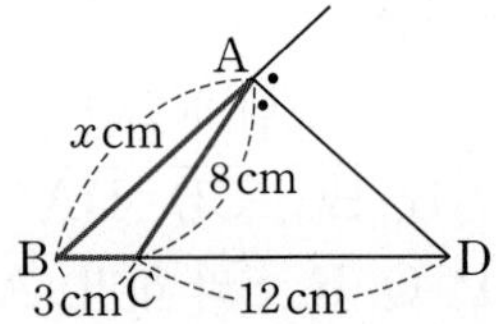

526

오른쪽 그림과 같은 △ABC에서 $\overline{BC} /\!/ \overline{DE}$, $\overline{DC} /\!/ \overline{FE}$이고 $\overline{AF} : \overline{FD} = 3 : 1$일 때, $\overline{DB}$의 길이를 구하시오.

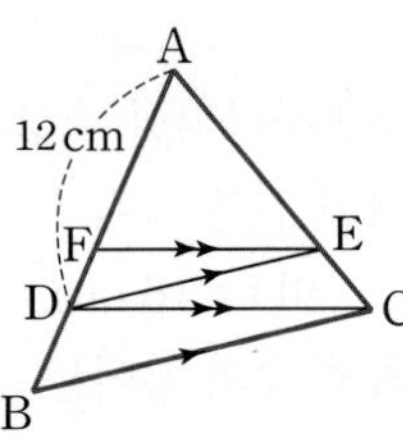

실력 UP

527

오른쪽 그림과 같은 △ABC에서 $\overline{AD}$는 ∠A의 이등분선이다. △ABC의 넓이가 36 cm^2일 때, △ABD의 넓이는?

① 13 cm^2 ② 14 cm^2
③ 15 cm^2 ④ 16 cm^2
⑤ 17 cm^2

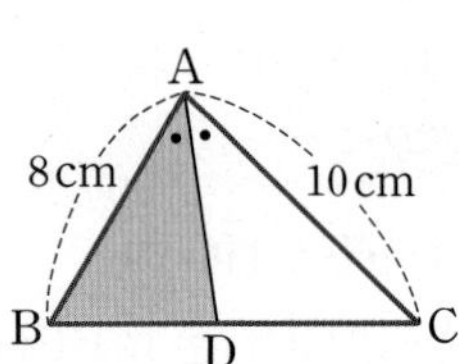

528

오른쪽 그림과 같은 △ABC에서 $\overline{BC} /\!/ \overline{DE}$일 때, xy의 값을 구하시오.

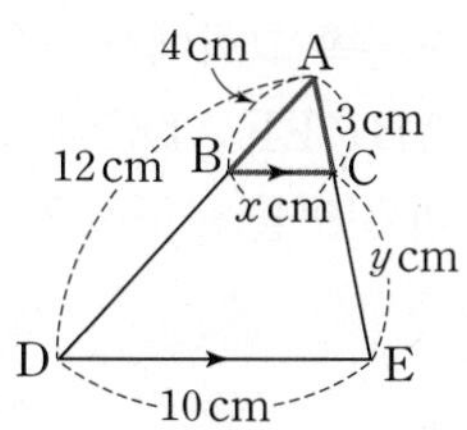

529

오른쪽 그림에서 $\overline{BC} /\!/ \overline{DE} /\!/ \overline{FG}$일 때, xy의 값을 구하시오.

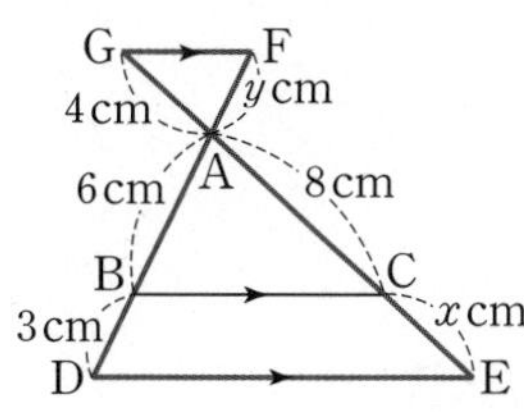

530

오른쪽 그림과 같은 △ABC에서 $\overline{BC} /\!/ \overline{DE}$일 때, $x+y$의 값을 구하시오.

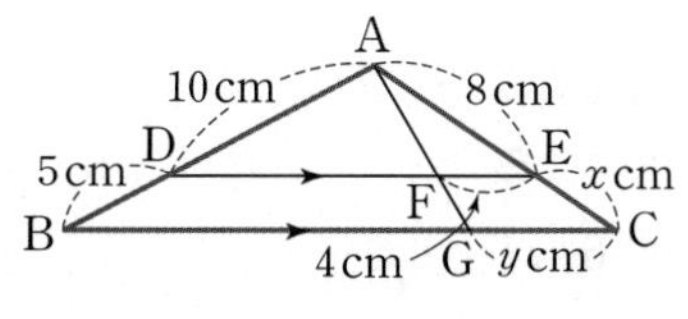

531

다음 중 $\overline{BC} /\!/ \overline{DE}$인 것은?

①
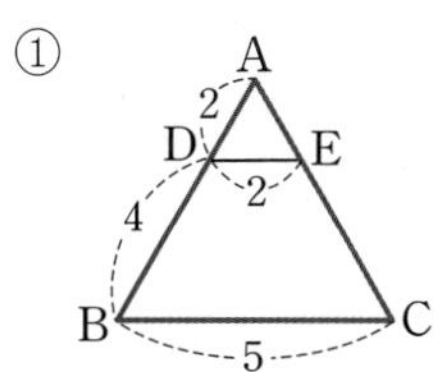

②
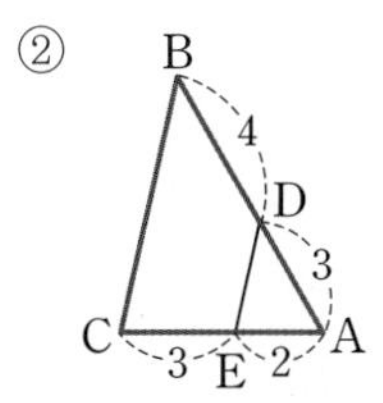

③
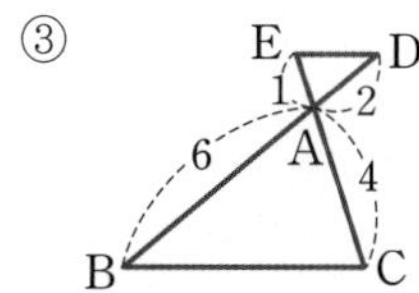

④
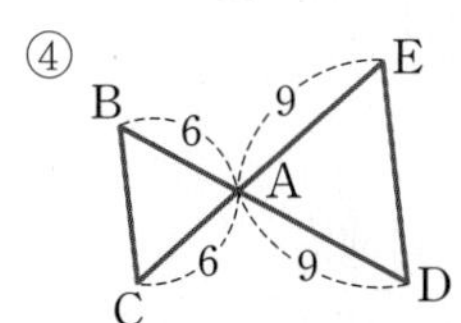

⑤
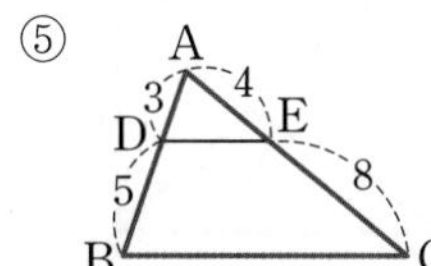

532

오른쪽 그림과 같은 △ABC에서 $\overline{AD}$는 ∠A의 이등분선일 때, $\overline{BC}$의 길이는?

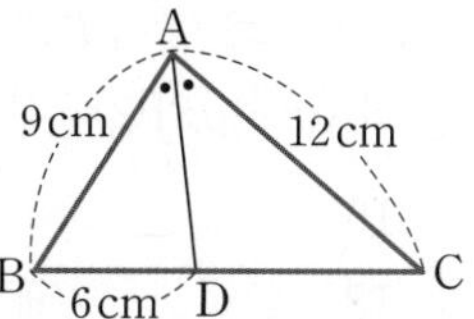

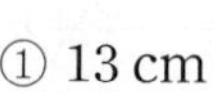

① 13 cm ② 14 cm
③ 15 cm ④ 16 cm
⑤ 17 cm

533

오른쪽 그림과 같은 △ABC에서 $\overline{BC} /\!/ \overline{DE}$, $\overline{DC} /\!/ \overline{FE}$일 때, $\overline{AF}$의 길이를 구하시오.

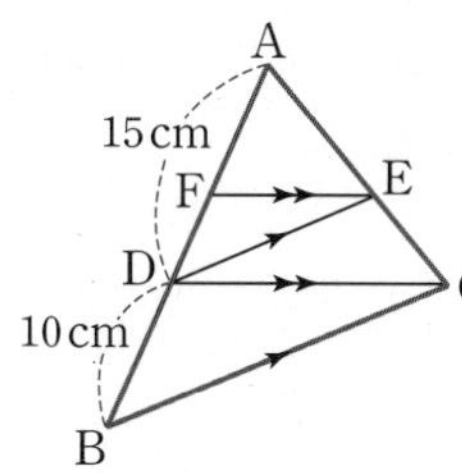

실력 UP

534

오른쪽 그림과 같은 △ABC에서 $\overline{BD} : \overline{CD} = 4 : 3$일 때, $\overline{AD}$의 길이는?

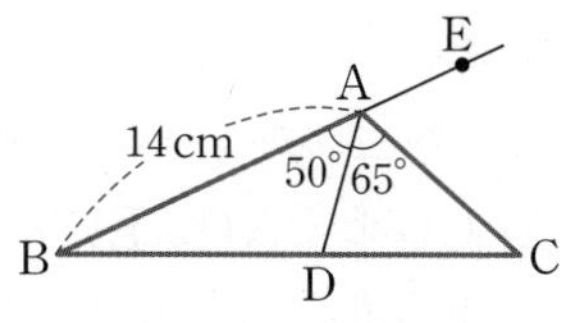

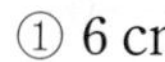

① 6 cm ② 7 cm
③ 8 cm ④ 9 cm
⑤ 10 cm

535

오른쪽 그림에서 $l /\!/ m /\!/ n$일 때, $x+y$의 값은?

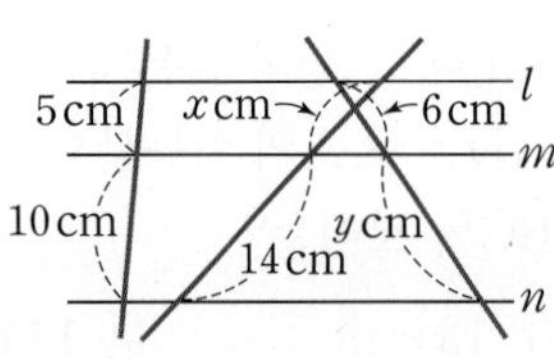

① 16 ② 17
③ 18 ④ 19
⑤ 20

536

오른쪽 그림과 같은 사다리꼴 ABCD에서 $\overline{AD} /\!/ \overline{EF} /\!/ \overline{BC}$일 때, $\frac{x}{y}$의 값은?

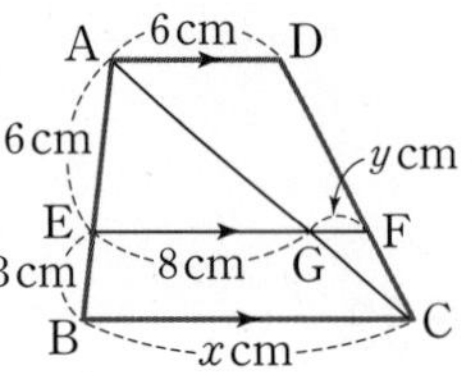

① 2 ② 4
③ 6 ④ 8
⑤ 10

537

오른쪽 그림과 같은 사다리꼴 ABCD에서 $\overline{AD} /\!/ \overline{EF} /\!/ \overline{GH} /\!/ \overline{BC}$일 때, $3x-5y$의 값을 구하시오.

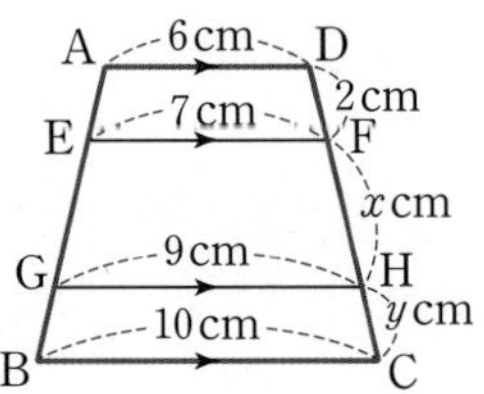

538

오른쪽 그림과 같은 사다리꼴 ABCD에서 $\overline{AD} /\!/ \overline{EF} /\!/ \overline{BC}$일 때, $\overline{EO}$의 길이를 구하시오.
(단, 점 O는 두 대각선의 교점)

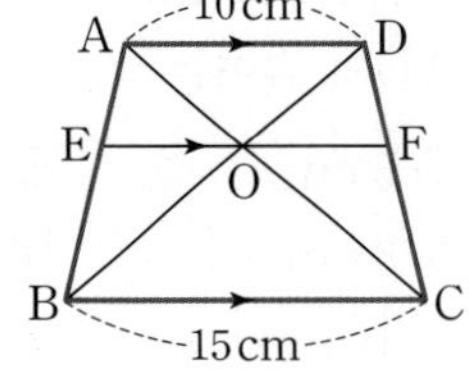

539

오른쪽 그림에서 $\overline{AB} /\!/ \overline{EF} /\!/ \overline{DC}$일 때, $\overline{BF}$의 길이를 구하시오.

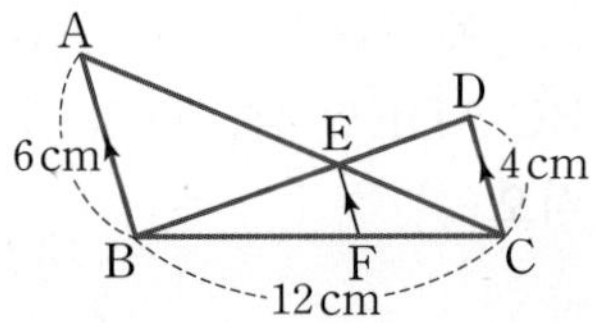

540

오른쪽 그림과 같은 사다리꼴 ABCD에서 $\overline{AD} /\!/ \overline{EF} /\!/ \overline{BC}$이고 $\overline{AE} : \overline{EB} = 4 : 5$일 때, $\overline{EG} : \overline{GF}$는?

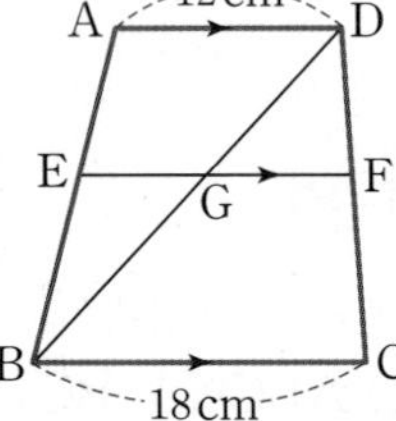

① 2 : 3 ② 3 : 4
③ 4 : 5 ④ 5 : 6
⑤ 6 : 7

실력 UP

541

오른쪽 그림에서 $\angle ABC = \angle BCD = 90°$이고, $\overline{AB} = 9$ cm, $\overline{CD} = 6$ cm이다. $\triangle EBC$의 넓이가 18 cm^{2}일 때, $\overline{BC}$의 길이를 구하시오.

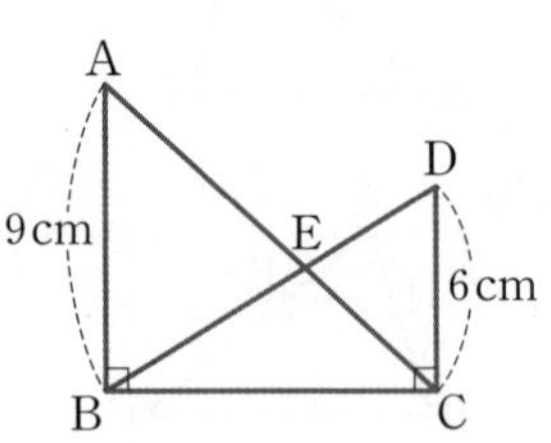

542

오른쪽 그림에서 $l /\!/ m /\!/ n$일 때, x의 값은?

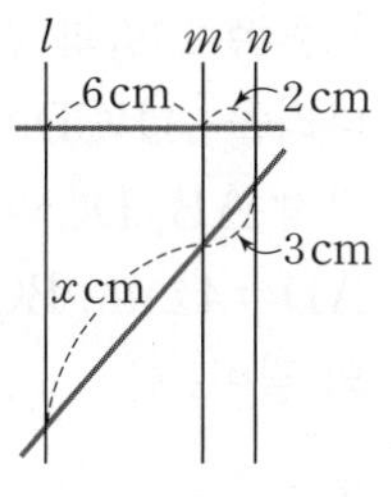

① 6 ② 7
③ 8 ④ 9
⑤ 10

543

오른쪽 그림에서 $l /\!/ m /\!/ n$일 때, x의 값은?

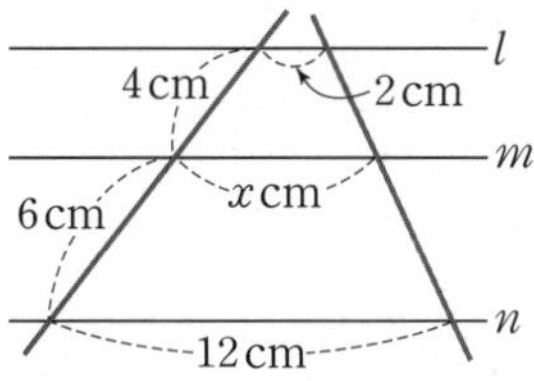

① 5 ② 6
③ 7 ④ 8
⑤ 9

544

오른쪽 그림과 같은 사다리꼴 ABCD에서 $\overline{AD} /\!/ \overline{EF} /\!/ \overline{BC}$이고 $\overline{AE} : \overline{EB} = 3 : 2$일 때, $\overline{GH}$의 길이는?

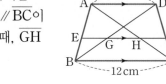

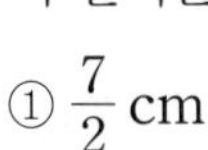

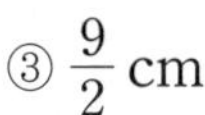

① $\frac{7}{2}$ cm ② 4 cm
③ $\frac{9}{2}$ cm ④ 5 cm ⑤ $\frac{11}{2}$ cm

545

오른쪽 그림에서 $\overline{AB} /\!/ \overline{EF} /\!/ \overline{DC}$일 때, $\overline{CD}$의 길이는?

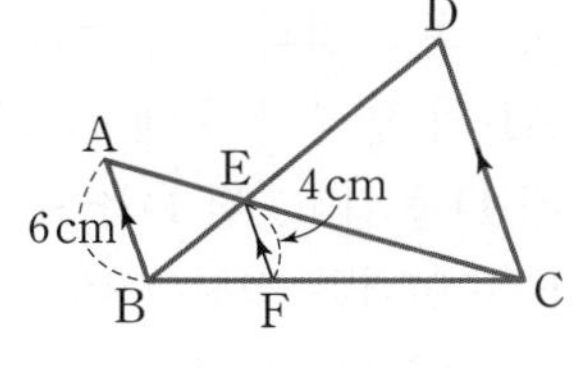

① 10 cm ② 11 cm
③ 12 cm ④ 13 cm
⑤ 14 cm

546

오른쪽 그림에서 $\overline{AB}$, $\overline{EF}$, $\overline{DC}$는 모두 $\overline{BC}$에 수직일 때, 다음 중 옳지 않은 것은?

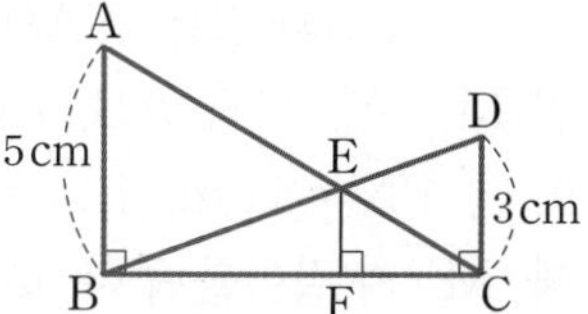

① △ABE∽△CDE
② △BEF∽△BDC
③ △ABC∽△DCB
④ $\overline{BF} : \overline{FC} = 5 : 3$
⑤ $\overline{BE} : \overline{BD} = 5 : 8$

547

오른쪽 그림과 같은 사다리꼴 ABCD에서 $\overline{AD} /\!/ \overline{EF} /\!/ \overline{GH} /\!/ \overline{BC}$이고 $\overline{AE} = \overline{EG} = \overline{GB}$일 때, $\overline{GH}$의 길이를 구하시오.

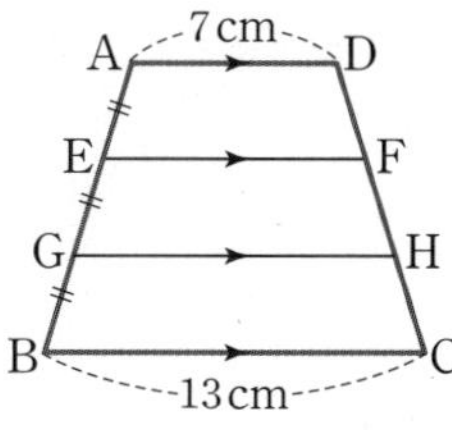

548

오른쪽 그림에서 $\overline{AB} /\!/ \overline{EF} /\!/ \overline{DC}$이고 $\overline{AB} = a$, $\overline{DC} = b$일 때, 다음 중 옳지 않은 것은?

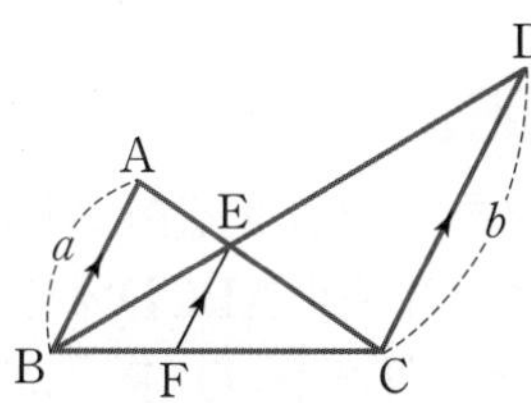

① $\overline{AE} : \overline{CE} = a : b$
② $\overline{BE} : \overline{BD} = a : (a+b)$
③ $\overline{BF} : \overline{FC} = a : b$
④ $\overline{EF} : \overline{DC} = a : b$
⑤ $\overline{BC} : \overline{FC} = (a+b) : b$

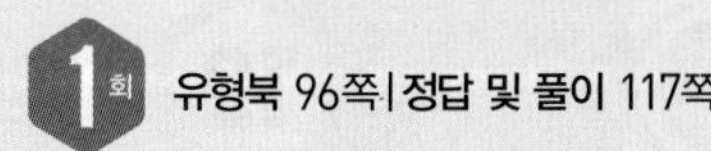

549

오른쪽 그림과 같은 △ABC에서 두 점 M, N은 각각 $\overline{AB}$, $\overline{AC}$의 중점이다. $\overline{PN}=5$ cm, $\overline{BC}=16$ cm일 때, $\overline{MP}$의 길이를 구하시오.

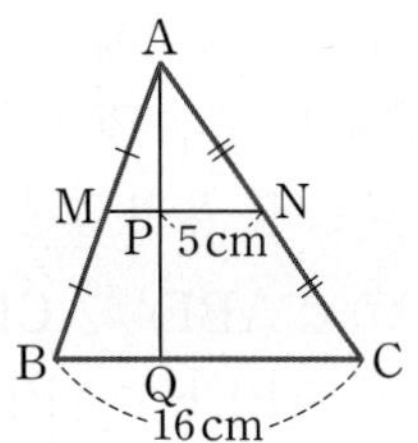

550

오른쪽 그림과 같은 △ABC에서 두 점 E, F는 $\overline{AB}$의 삼등분점이고, 점 P는 $\overline{AD}$의 중점이다. $\overline{EP}=2$ cm일 때, $\overline{PC}$의 길이를 구하시오.

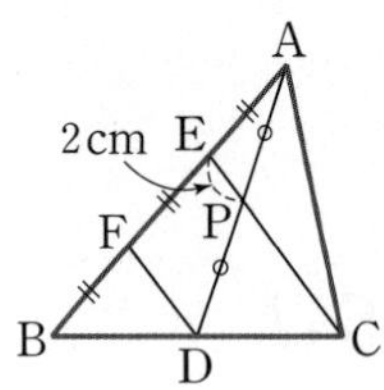

551

오른쪽 그림과 같은 △ABC에서 $\overline{BC}$, $\overline{CA}$, $\overline{AB}$의 중점을 각각 D, E, F라 하자. △DEF의 둘레의 길이가 42 cm일 때, △ABC의 둘레의 길이를 구하시오.

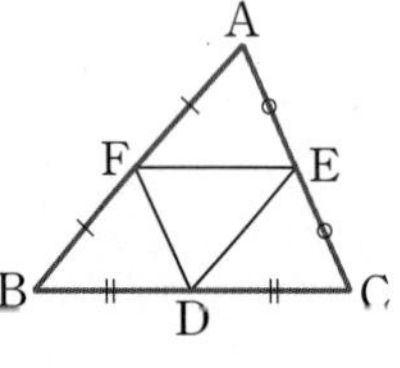

552

오른쪽 그림과 같이 $\overline{AD}/\!/\overline{BC}$인 등변사다리꼴 ABCD에서 네 변의 중점을 각각 P, Q, R, S라 할 때, 다음 중 옳지 않은 것은?

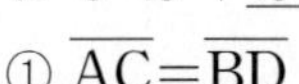

① $\overline{AC}=\overline{BD}$　② $\overline{PS}/\!/\overline{QR}$
③ $\overline{AP}=\overline{RC}$　④ $\overline{PR}=\overline{SQ}$
⑤ $\overline{PQ}=\overline{QR}=\overline{RS}=\overline{SP}$

553

오른쪽 그림과 같이 $\overline{AD}/\!/\overline{BC}$인 사다리꼴 ABCD에서 두 점 M, N은 각각 $\overline{AB}$, $\overline{DC}$의 중점이고, $\overline{AD}=4$ cm, $\overline{BC}=8$ cm일 때, $\overline{EF}$의 길이는?

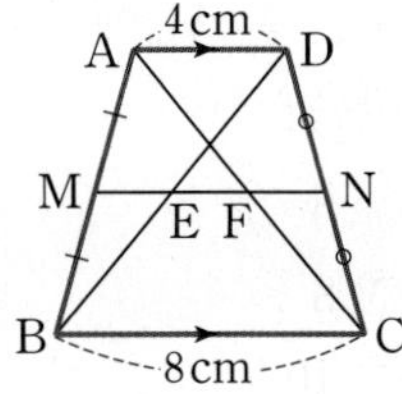

① 1 cm　② $\frac{3}{2}$ cm　③ 2 cm
④ $\frac{5}{2}$ cm　⑤ 3 cm

554

오른쪽 그림의 △ACD와 △DBC에서 $\overline{AD}/\!/\overline{BC}$이고 $\overline{AC}$, $\overline{DC}$의 중점을 각각 M, N이라 하자. $\overline{AD}=11$ cm, $\overline{BC}=5$ cm일 때, $\overline{MP}$의 길이를 구하시오.

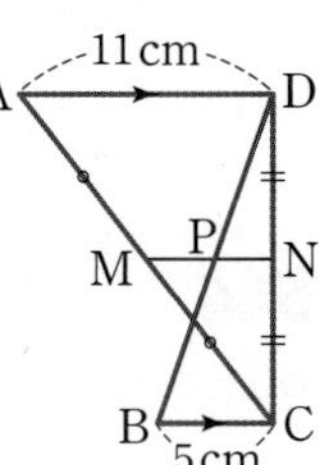

555

오른쪽 그림과 같은 △ABC에서 $\overline{AB}$의 연장선 위에 $\overline{AB}=\overline{AD}$인 점 D를 잡고, 점 D와 $\overline{AC}$의 중점 F를 연결한 직선이 $\overline{BC}$와 만나는 점을 E라 하자. $\overline{EC}=4$ cm일 때, $\overline{BC}$의 길이를 구하시오.

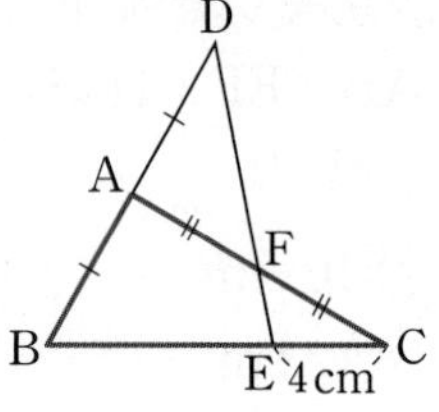

556

오른쪽 그림과 같은 △ABC에서 두 점 D, E는 각각 $\overline{AB}$, $\overline{AC}$의 중점이다. 다음 중 옳지 않은 것은?

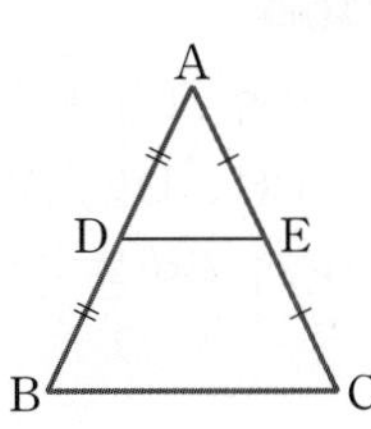

① $\overline{DE} /\!/ \overline{BC}$
② $\overline{AD} : \overline{AB} = 1 : 2$
③ $\overline{DE} = \frac{1}{2}\overline{BC}$
④ $\overline{AC} = 2\overline{EC}$
⑤ $\overline{AD} : \overline{DB} = \overline{DE} : \overline{BC}$

557

오른쪽 그림의 △ABC와 △DBC에서 $\overline{AM} = \overline{MB}$, $\overline{DQ} = \overline{QC}$이고, $\overline{MN} /\!/ \overline{PQ} /\!/ \overline{BC}$이다. $\overline{MN} = 8$ cm, $\overline{RQ} = 5$ cm일 때, $\overline{PR}$의 길이를 구하시오.

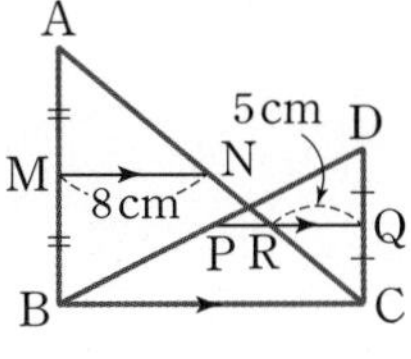

558

세 변의 길이가 11 cm, 12 cm, 13 cm인 삼각형의 각 변의 중점을 연결해서 만들어진 삼각형의 둘레의 길이는?

① 18 cm ② 20 cm ③ 24 cm
④ 30 cm ⑤ 36 cm

559

오른쪽 그림과 같이 $\overline{AD} /\!/ \overline{BC}$인 사다리꼴 ABCD에서 $\overline{AB}$, $\overline{CD}$의 중점을 각각 M, N이라 하자. $\overline{AD} = 10$ cm, $\overline{EN} = 9$ cm일 때, $\overline{MN}$의 길이를 구하시오.

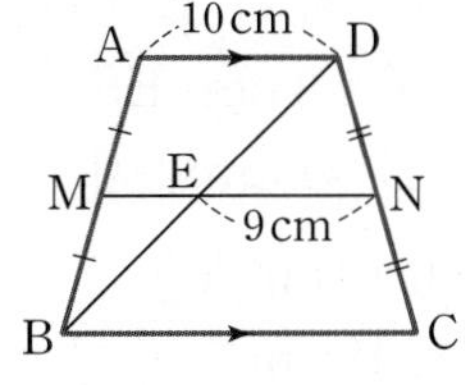

560

오른쪽 그림과 같은 △ABC에서 $\overline{AC}$의 연장선 위에 $\overline{AC} = \overline{AD}$인 점 D를 잡고, 점 D와 $\overline{AB}$의 중점 E를 연결한 직선이 $\overline{BC}$와 만나는 점을 F라 하자. $\overline{DF} = 28$ cm일 때, $\overline{DE}$의 길이를 구하시오.

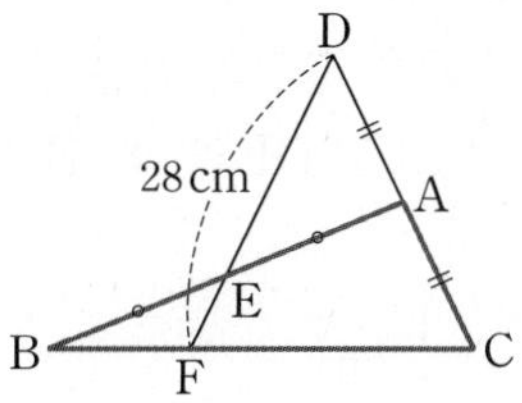

561

오른쪽 그림과 같은 마름모 ABCD에서 네 변의 중점을 각각 E, F, G, H라 하자. $\overline{AC} = 8$ cm, $\overline{BD} = 5$ cm일 때, □EFGH의 넓이는?

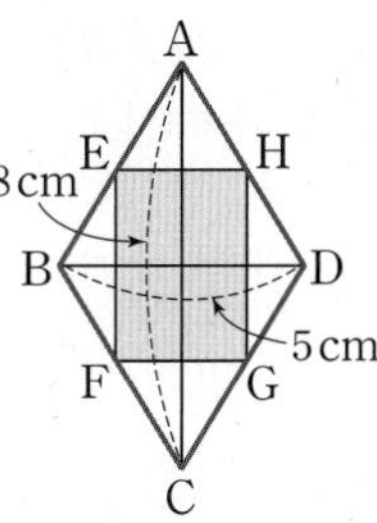

① 8 cm² ② 10 cm²
③ 12 cm² ④ 14 cm²
⑤ 16 cm²

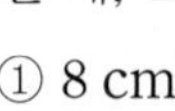

562

오른쪽 그림과 같은 △ABC에서 $\overline{BD} = \overline{DC}$, $\overline{AE} = \overline{ED}$, $\overline{BF} /\!/ \overline{DG}$, $\overline{EF} = 3$ cm일 때, $\overline{BE}$의 길이를 구하시오.

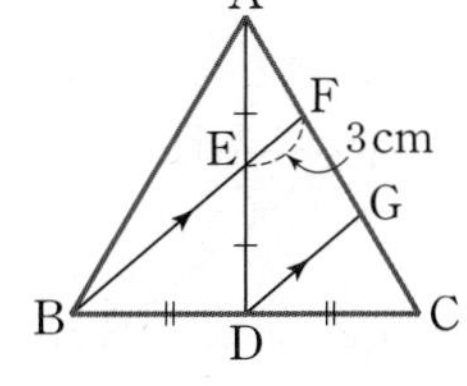

563

오른쪽 그림과 같은 △ABC에서 $\overline{BC} /\!/ \overline{DE}$일 때, $\overline{BD}$의 길이는?

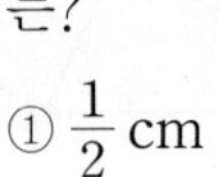

① $\frac{1}{2}$ cm ② 1 cm

③ $\frac{3}{2}$ cm ④ 2 cm

⑤ $\frac{5}{2}$ cm

564

오른쪽 그림에서 $k /\!/ l /\!/ m /\!/ n$일 때, $x+y$의 값을 구하시오.

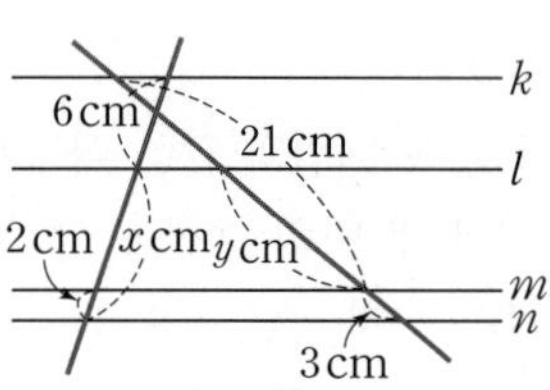

565

다음 중 $\overline{BC} /\!/ \overline{DE}$인 것은?

①

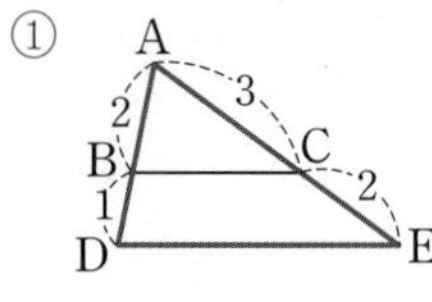

②

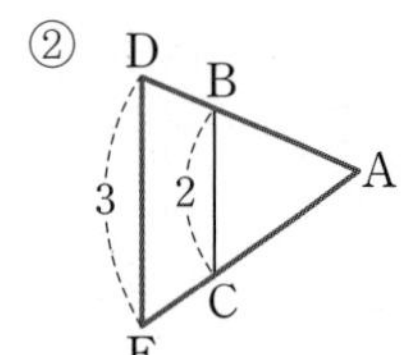

③

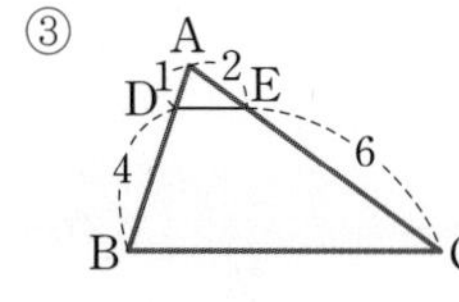

④

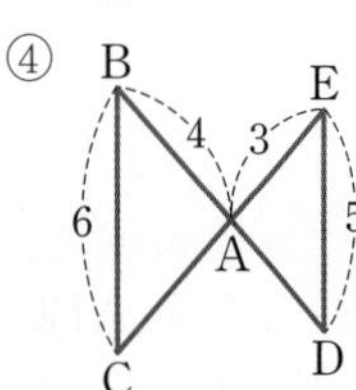

⑤

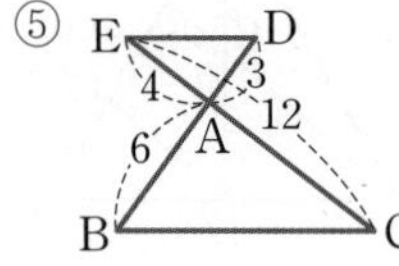

566

오른쪽 그림과 같은 △ABC에서 $\overline{BC} /\!/ \overline{DE}$, $\overline{BE} /\!/ \overline{DF}$일 때, $\overline{FE}$의 길이를 구하시오.

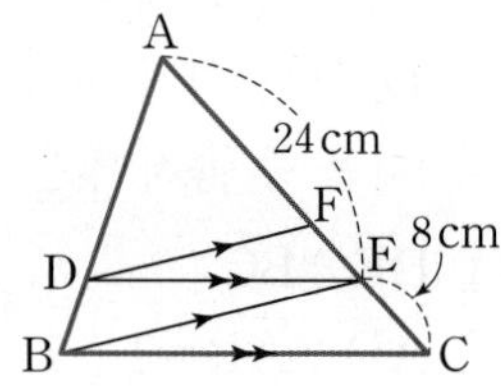

567

오른쪽 그림과 같은 △ABC에서 $\overline{AD}$는 ∠A의 외각의 이등분선일 때, △ABC의 둘레의 길이를 구하시오.

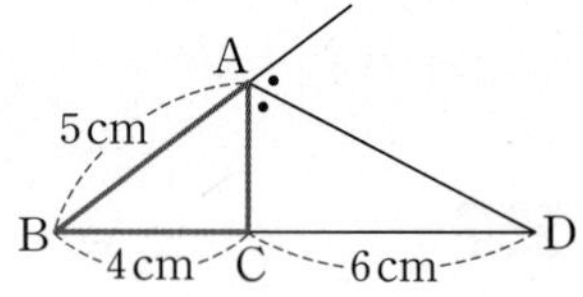

568

오른쪽 그림과 같은 사다리꼴 ABCD에서 $\overline{AD} /\!/ \overline{EF} /\!/ \overline{BC}$이고 $\overline{AE} : \overline{EB} = 2 : 3$일 때, $\overline{GF}$의 길이는?

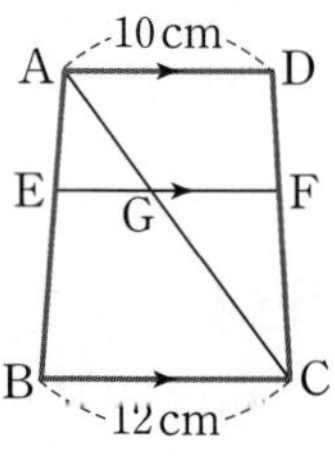

① 5 cm ② 6 cm

③ 7 cm ④ 8 cm

⑤ 9 cm

569

오른쪽 그림과 같은 △ABC에서 $\overline{AB}$, $\overline{BC}$, $\overline{CA}$의 중점을 각각 D, E, F라 하자. $\overline{DE} = 3$ cm, $\overline{EF} = 2$ cm, $\overline{FD} = 4$ cm일 때, △ABC의 둘레의 길이는?

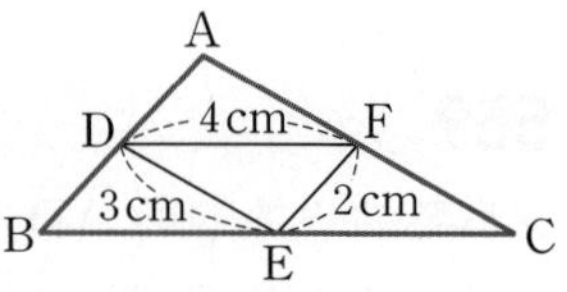

① 12 cm ② 14 cm ③ 16 cm

④ 18 cm ⑤ 20 cm

570

오른쪽 그림과 같은 $\triangle ABC$에서 $\overline{AE}$, $\overline{BD}$는 각각 $\angle A$, $\angle B$의 이등분선일 때, x의 값을 구하시오.

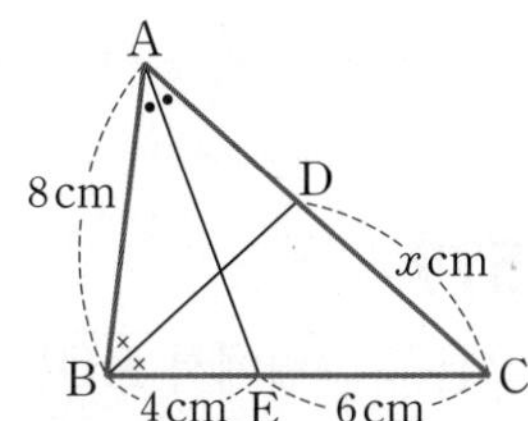

571

오른쪽 그림과 같은 직사각형 ABCD에서 네 점 P, Q, R, S는 각 변의 중점이고, $\overline{BD}=6$ cm일 때, □PQRS의 둘레의 길이를 구하시오.

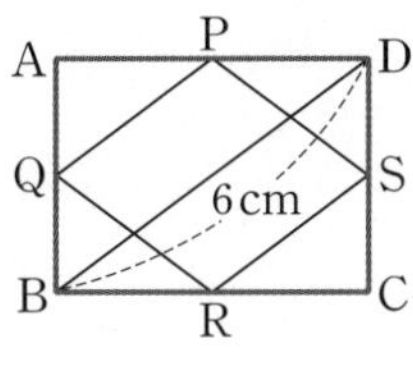

572

오른쪽 그림과 같이 $\overline{AD} /\!/ \overline{BC}$인 사다리꼴 ABCD에서 두 점 M, N이 각각 $\overline{AB}$, $\overline{CD}$의 중점이고 $\overline{AD}=6$ cm, $\overline{PQ}=2$ cm일 때, $\overline{BC}$의 길이는?

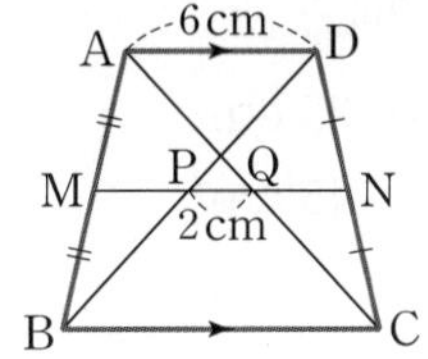

① 8 cm ② 10 cm ③ 12 cm
④ 14 cm ⑤ 16 cm

573

오른쪽 그림과 같은 사다리꼴 ABCD에서 $\overline{AD} /\!/ \overline{EF} /\!/ \overline{BC}$이고 $\overline{AE} : \overline{EB}=2 : 1$일 때, $\overline{MN}$의 길이를 구하시오.

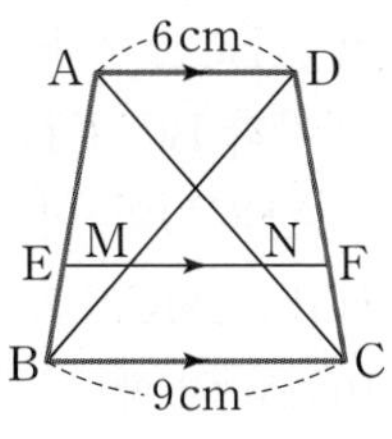

서술형 문제

574

오른쪽 그림과 같이 $\overline{AB}$, $\overline{EF}$, $\overline{DC}$가 모두 $\overline{BC}$에 수직일 때, $\triangle BFE$의 넓이를 구하시오.

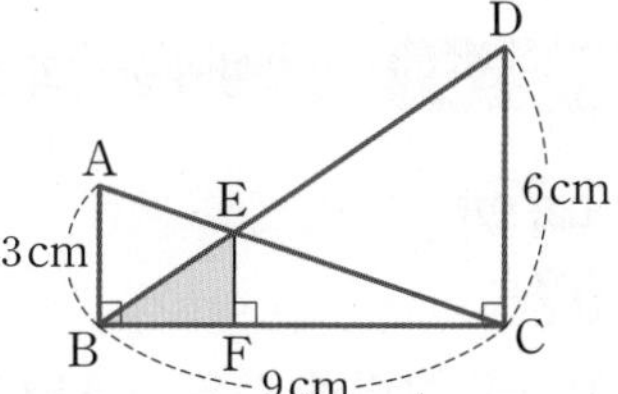

〈풀이〉

575

다음 그림은 크기가 같은 액자가 걸려 있는 복도를 원근법을 이용하여 그린 것이다. $\overline{AB} /\!/ \overline{DC} /\!/ \overline{EF} /\!/ \overline{HG}$이고, $\overline{AD}=10$, $\overline{BC}=15$, $\overline{FG}=9$일 때, $\overline{EH}$의 길이를 구하시오.

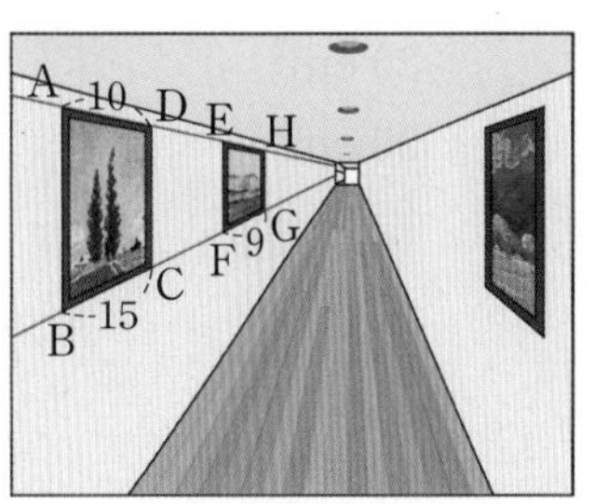

〈풀이〉

Theme 14 삼각형의 무게중심

유형북 106쪽

유형 01 삼각형의 중선의 성질

대표 문제

576

오른쪽 그림과 같은 $\triangle ABC$에서 $\overline{BM}=\overline{MC}$, $\overline{AP}=\overline{PM}$이고 $\triangle ABC$의 넓이가 24 cm^2일 때, $\triangle APC$의 넓이는?

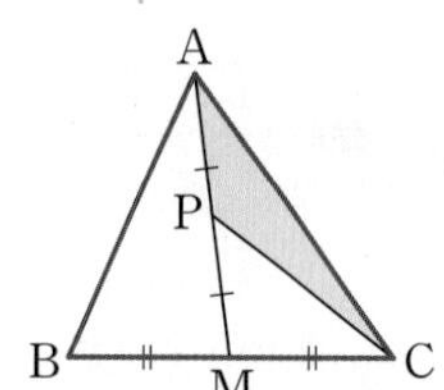

① 5 cm^2 ② 6 cm^2
③ 7 cm^2 ④ 8 cm^2
⑤ 9 cm^2

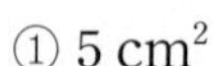

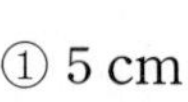

577

오른쪽 그림과 같은 $\square ABCD$에서 $\overline{BM}$, $\overline{DN}$은 각각 $\triangle ABD$, $\triangle BCD$의 중선이다. $\square ABCD$의 넓이가 60 cm^2일 때, $\square BNDM$의 넓이는?

① 15 cm^2 ② 20 cm^2
③ 25 cm^2 ④ 30 cm^2
⑤ 35 cm^2

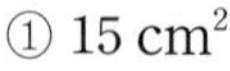

578

오른쪽 그림과 같은 $\triangle ABC$에서 점 D는 $\overline{BC}$의 중점이고 $\overline{AE}=\overline{EF}=\overline{FD}$이다. $\triangle CEF$의 넓이가 7 cm^2일 때, $\triangle ABC$의 넓이를 구하시오.

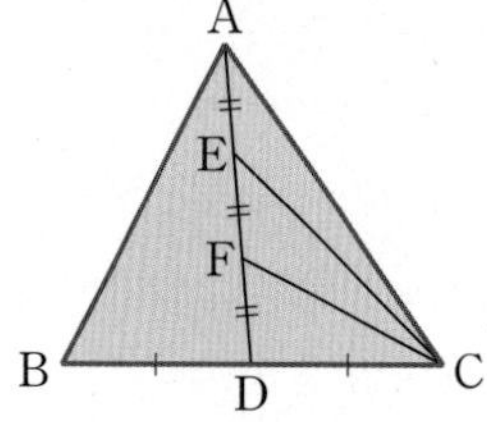

579

오른쪽 그림에서 $\overline{AD}$는 $\triangle ABC$의 중선이고 $\overline{AH}\perp\overline{BC}$이다. $\triangle ABC$의 넓이가 30 cm^2일 때, $\overline{DC}$의 길이는?

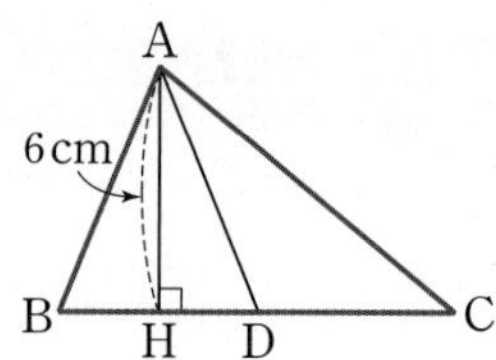

① 5 cm ② 6 cm
③ 7 cm ④ 8 cm
⑤ 9 cm

580

오른쪽 그림과 같은 $\triangle ABC$에서 $\overline{BD}=\overline{DC}$이고 $\triangle ABC$의 넓이가 100 cm^2일 때, 색칠한 부분의 넓이는?

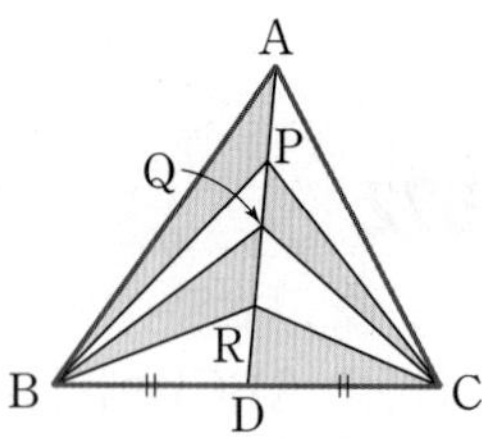

① 35 cm^2 ② 40 cm^2
③ 45 cm^2 ④ 50 cm^2
⑤ 55 cm^2

581

오른쪽 그림과 같은 평행사변형 ABCD에서 두 점 M, N은 각각 $\overline{BC}$, $\overline{CD}$의 중점이다. $\square ABCD$의 넓이가 80 cm^2이고 $\triangle MCN$의 넓이가 10 cm^2일 때, $\triangle AMN$의 넓이를 구하시오.

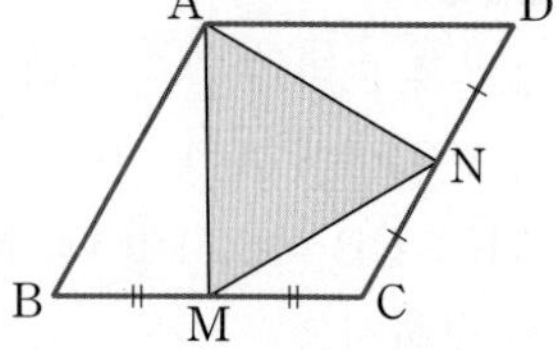

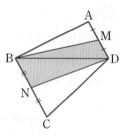

유형 02 삼각형의 무게중심의 성질

대표 문제

582

오른쪽 그림에서 점 G는 △ABC의 무게중심이다. $\overline{AD}=18$ cm, $\overline{DC}=9$ cm일 때, $x+y$의 값을 구하시오.

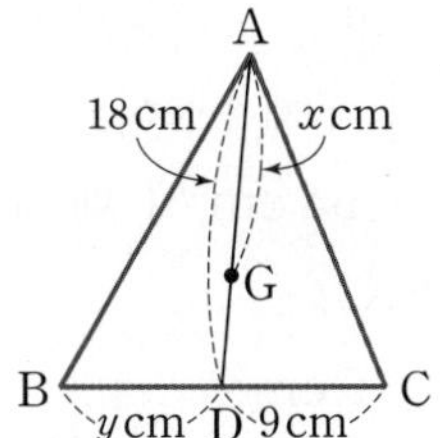

583

오른쪽 그림에서 점 G는 △ABC의 무게중심일 때, 다음 중 옳은 것을 모두 고르면? (정답 2개)

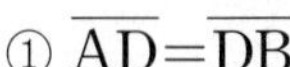

① $\overline{AD}=\overline{DB}$
② $\overline{BG}:\overline{GF}=3:1$
③ $\overline{GD}=\overline{GE}=\overline{GF}$

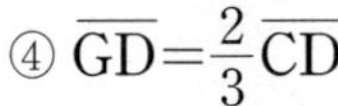

④ $\overline{GD}=\frac{2}{3}\overline{CD}$
⑤ $\overline{AE}=\frac{3}{2}\overline{AG}$

584

오른쪽 그림에서 두 점 G, G′은 각각 △ABC, △GBC의 무게중심이다. $\overline{AD}=36$ cm일 때, $\overline{GG'}$의 길이를 구하시오.

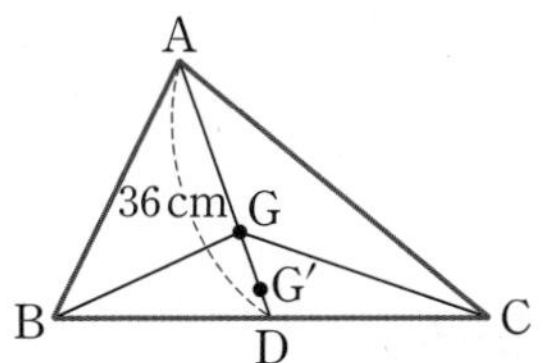

585

오른쪽 그림에서 점 G는 ∠C=90°인 직각삼각형 ABC의 무게중심이다. $\overline{AB}=18$ cm일 때, $\overline{GC}$의 길이를 구하시오.

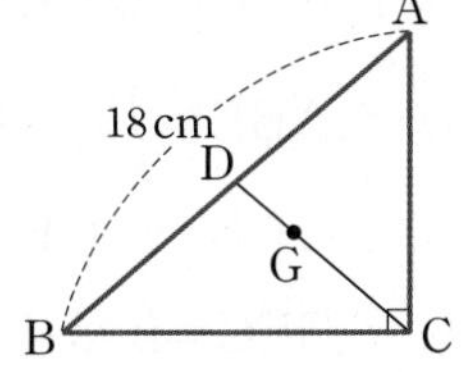

유형 03 삼각형의 무게중심의 응용 (1)

대표 문제

586

오른쪽 그림에서 점 G는 △ABC의 무게중심이다. $\overline{BF}/\!/\overline{DE}$이고 $\overline{DE}=12$ cm일 때, $\overline{BG}$의 길이는?

① 12 cm ② 13 cm
③ 14 cm ④ 15 cm
⑤ 16 cm

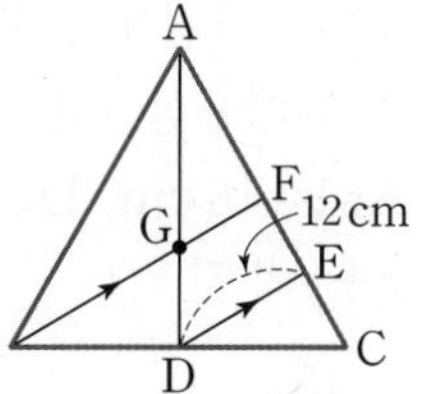

587

오른쪽 그림에서 점 G는 △ABC의 무게중심이고 $\overline{EF}/\!/\overline{AD}$이다. 이때 $\overline{BF}:\overline{BC}$를 가장 간단한 자연수의 비로 나타내시오.

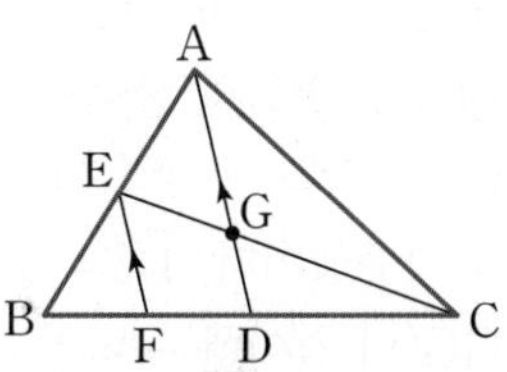

588

오른쪽 그림에서 점 G는 △ABC의 무게중심이고 $\overline{EF}/\!/\overline{AD}/\!/\overline{IH}$이다. 점 H는 $\overline{CD}$의 중점이고 $\overline{EF}=9$ cm일 때, $\overline{IH}$의 길이를 구하시오.

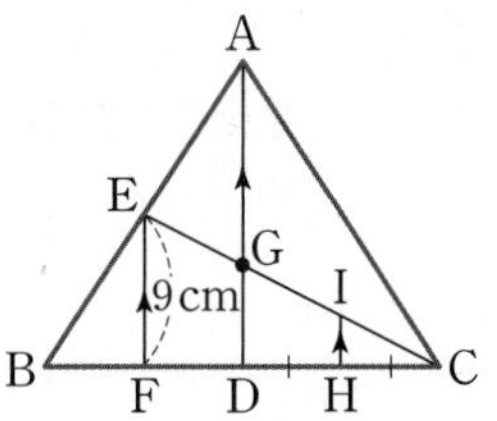

유형 04 삼각형의 무게중심의 응용 (2)

대표 문제

589

오른쪽 그림에서 점 G는 $\triangle ABC$의 무게중심이고 $\overline{BC} /\!/ \overline{DE}$이다. $\overline{AM}=18$ cm, $\overline{DG}=8$ cm일 때, $x+y$의 값은?

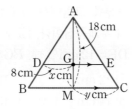

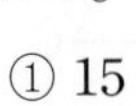

① 15 ② 16
③ 17 ④ 18
⑤ 19

590

오른쪽 그림과 같은 $\triangle ABC$에서 점 D는 $\overline{BC}$의 중점이고 두 점 G, G′은 각각 $\triangle ABD$, $\triangle ADC$의 무게중심이다. $\overline{BC}=30$ cm일 때, $\overline{GG'}$의 길이를 구하시오.

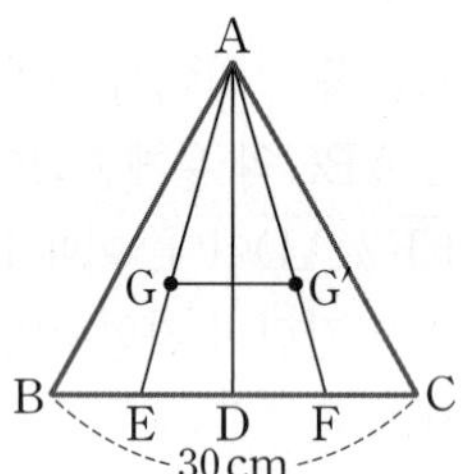

591

오른쪽 그림에서 점 G는 $\triangle ABC$의 무게중심이고 $\overline{EF} /\!/ \overline{BC}$이다. $\overline{AD}=18$ cm일 때, $\overline{GF}$의 길이는?

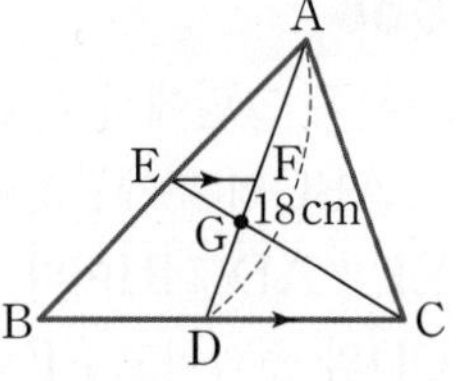

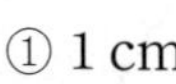
① 1 cm ② 2 cm
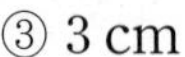
③ 3 cm ④ 4 cm
⑤ 5 cm

유형 05 삼각형의 무게중심과 넓이

대표 문제

592

오른쪽 그림에서 점 G는 $\triangle ABC$의 무게중심이고 $\triangle ABC$의 넓이가 54 cm^2일 때, □BDGE의 넓이는?

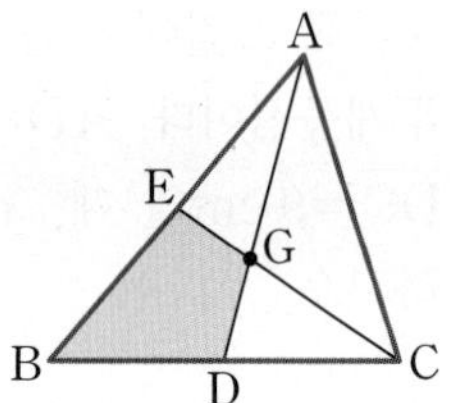

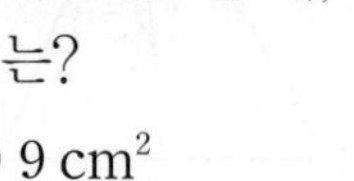
① 9 cm^2 ② 12 cm^2
③ 15 cm^2 ④ 18 cm^2
⑤ 21 cm^2

593

오른쪽 그림에서 점 G는 $\triangle ABC$의 무게중심이고 $\triangle ABC$의 넓이가 60 cm^2일 때, 색칠한 부분의 넓이를 구하시오.

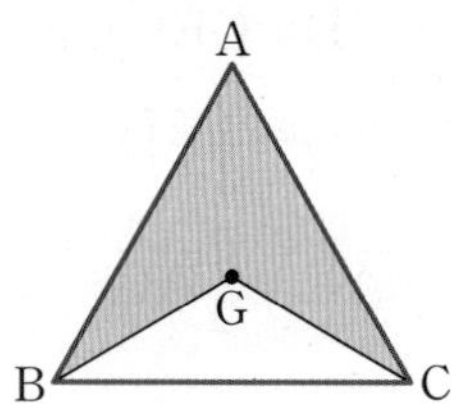

594

오른쪽 그림에서 점 G가 $\triangle ABC$의 무게중심일 때, 다음 중 옳은 것을 모두 고르면? (정답 2개)

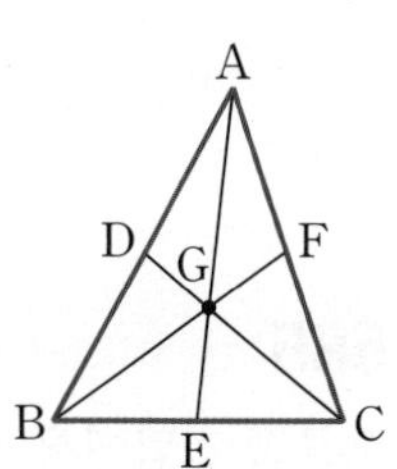

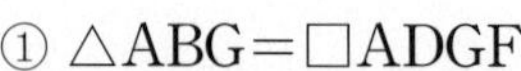
① $\triangle ABG=$□ADGF
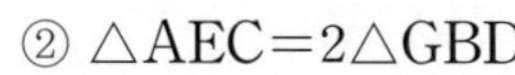
② $\triangle AEC=2\triangle GBD$
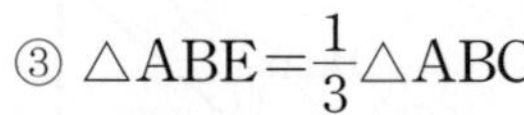
③ $\triangle ABE=\frac{1}{3}\triangle ABC$
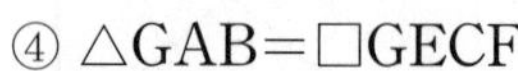
④ $\triangle GAB=$□GECF
⑤ $\triangle GEC=2\triangle GBC$

595

오른쪽 그림과 같은 $\triangle ABC$에서 두 점 D, E는 $\overline{BC}$의 삼등분점이고 점 F는 $\overline{AD}$의 중점, 점 G는 $\overline{AE}$와 $\overline{CF}$의 교점이다. $\triangle ABC$의 넓이가 36 cm^2일 때, $\triangle GEC$의 넓이는?

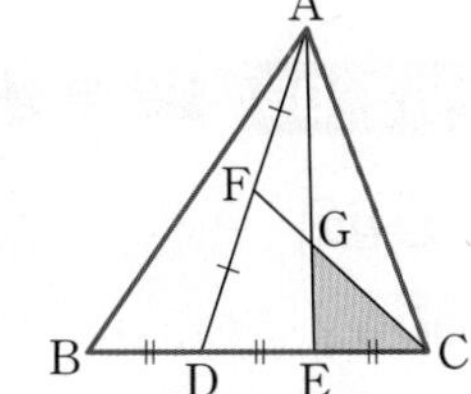

① 2 cm^2 ② 3 cm^2 ③ 4 cm^2 ④ 6 cm^2 ⑤ 8 cm^2

596

오른쪽 그림에서 두 점 G, G'은 각각 $\triangle ABC$, $\triangle GBC$의 무게중심이다. $\triangle GBG'$의 넓이가 4 cm^2일 때, $\triangle ABC$의 넓이는?

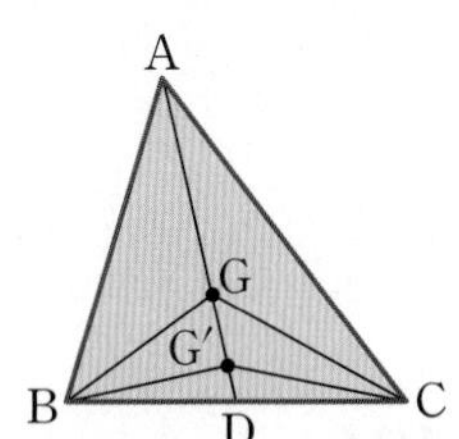

① 28 cm^2 ② 30 cm^2 ③ 34 cm^2 ④ 36 cm^2 ⑤ 42 cm^2

597

오른쪽 그림에서 점 G는 $\triangle ABC$의 무게중심이고 $\overline{BG}$, $\overline{CG}$의 중점을 각각 D, E라 하자. $\triangle ABC$의 넓이가 42 cm^2일 때, 색칠한 부분의 넓이를 구하시오.

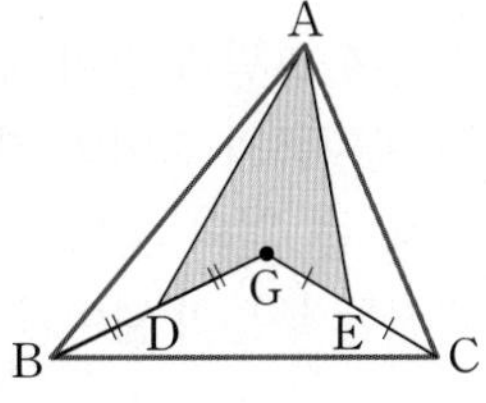

유형 06 평행사변형에서 삼각형의 무게중심의 응용

대표 문제

598

오른쪽 그림과 같은 평행사변형 ABCD에서 $\overline{BC}$, $\overline{CD}$의 중점을 각각 M, N이라 하자. $\overline{BD}=12\text{ cm}$일 때, $\overline{EF}$의 길이를 구하시오. (단, 점 O는 두 대각선의 교점)

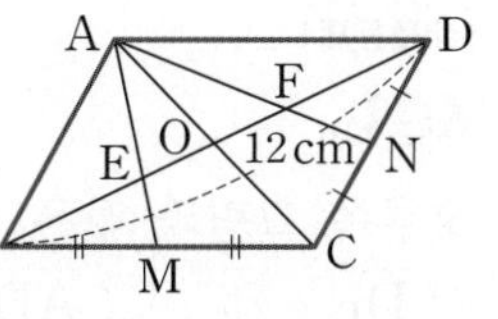

599

오른쪽 그림과 같은 평행사변형 ABCD에서 두 점 M, N은 각각 $\overline{BC}$, $\overline{CD}$의 중점이다. $\triangle APQ$의 넓이가 11 cm^2일 때, $\square ABCD$의 넓이를 구하시오.

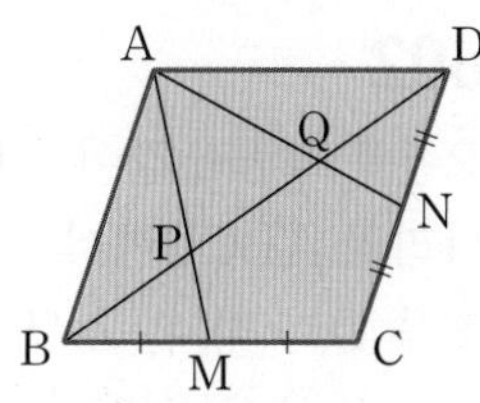

600

오른쪽 그림과 같은 평행사변형 ABCD에서 $\overline{BC}$, $\overline{CD}$의 중점을 각각 E, F라 하고 $\overline{PQ}=6\text{ cm}$일 때, $\overline{EF}$의 길이는?

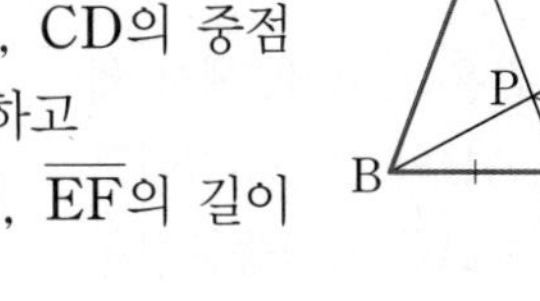

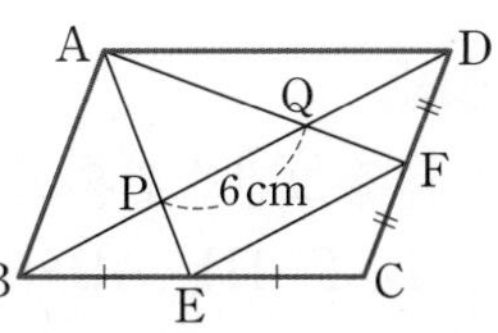

① 8 cm ② 9 cm ③ 10 cm ④ 11 cm ⑤ 12 cm

Theme 15 닮은 도형의 성질의 활용

유형북 110쪽

유형 07 닮은 두 삼각형의 넓이의 비

대표 문제

601

오른쪽 그림과 같은 △ABC에서 $\overline{DE} /\!/ \overline{BC}$이고 $\overline{AD}=8$ cm, $\overline{DB}=6$ cm이다. △ADE의 넓이가 32 cm²일 때, △ABC의 넓이는?

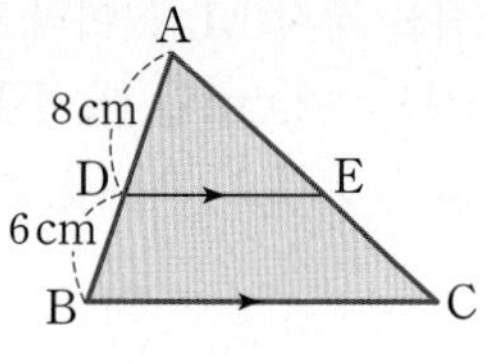

① 84 cm²　② 86 cm²　③ 90 cm²　④ 94 cm²　⑤ 98 cm²

602

오른쪽 그림과 같이 $\overline{AD} /\!/ \overline{BC}$인 사다리꼴 ABCD에서 두 대각선의 교점을 O라 하자. △ODA의 넓이가 4 cm², △OBC의 넓이가 9 cm²일 때, □ABCD의 넓이를 구하시오.

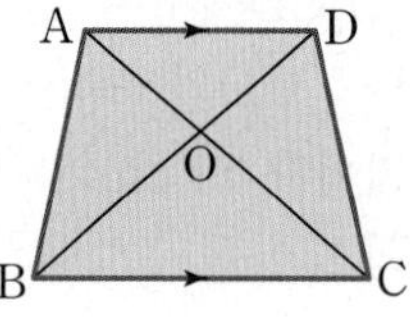

603

오른쪽 그림과 같은 △ABC에서 세 점 D, F, H는 $\overline{AB}$의 사등분점이고 세 점 E, G, I는 $\overline{AC}$의 사등분점이다. △ADE의 넓이가 3 cm²일 때, □HBCI의 넓이를 구하시오.

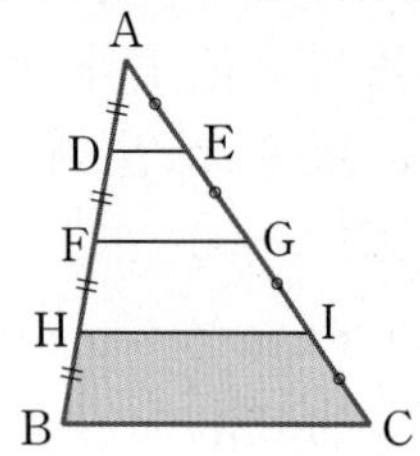

유형 08 닮은 두 평면도형의 넓이의 비

대표 문제

604

두 원 O, O′의 닮음비는 5 : 6이고 원 O′의 둘레의 길이가 24π cm일 때, 원 O의 넓이를 구하시오.

605

오른쪽 그림과 같은 두 정사각형 ABCD, EBFG의 넓이의 비가 49 : 16이고 $\overline{EB}=8$ cm일 때, $\overline{AE}$의 길이를 구하시오.

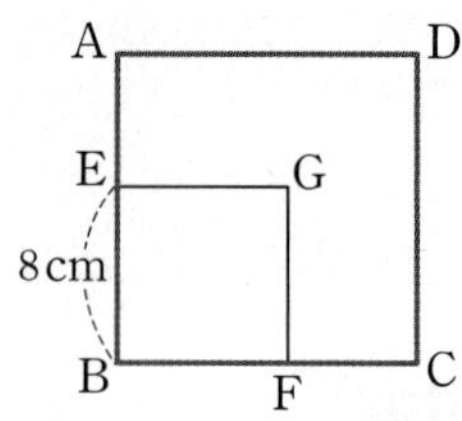

606

오른쪽 그림에서 $\overline{AD}$는 △ABC의 중선이고 점 G는 △ABC의 무게중심이다. $\overline{AD}$를 지름으로 하는 원 O와 $\overline{AG}$를 지름으로 하는 원 O′의 넓이의 비를 가장 간단한 자연수의 비로 나타내시오.

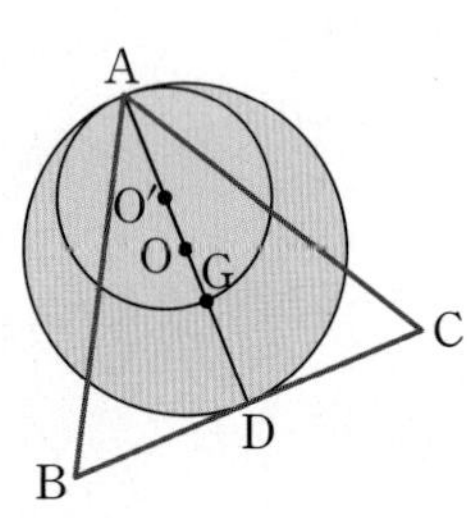

607

오른쪽 그림과 같이 중심이 같은 세 원의 반지름의 길이의 비가 1 : 2 : 3이고 가장 큰 원의 넓이가 81π cm²일 때, 색칠한 부분의 넓이를 구하시오.

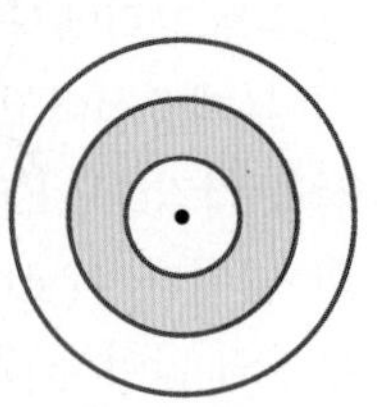

유형 09 닮은 두 평면도형의 넓이의 비의 활용

대표 문제

608

넓이가 200 cm^2인 그림을 복사기로 80 % 축소 복사할 때, 축소 복사된 그림의 넓이는?

① 128 cm^2 ② 136 cm^2 ③ 144 cm^2
④ 152 cm^2 ⑤ 160 cm^2

609

어느 피자 가게에서는 지름의 길이가 40 cm인 원 모양의 피자의 가격이 28000원이다. 피자의 가격이 피자의 넓이에 정비례할 때, 지름의 길이가 28 cm인 원 모양의 피자의 가격을 구하시오. (단, 피자의 두께는 생각하지 않는다.)

610

가로의 길이와 세로의 길이가 각각 3 m, 0.8 m인 직사각형 모양의 천의 가격은 7000원이다. 이 천의 가격은 천의 넓이에 정비례하고 같은 천으로 가로의 길이와 세로의 길이가 각각 15 m, 4 m인 직사각형 모양의 천을 살 때, 천의 가격을 구하시오.

611

현미경으로 꽃가루를 확대하여 관찰하였더니 한 변의 길이가 1 mm인 정사각형 모양의 표면에 붙어 있는 꽃가루의 수가 250이었다. 꽃가루는 어디서나 비슷한 정도로 분포되어 있다고 가정할 때, 한 변의 길이가 2 cm인 정사각형 안에 붙어 있는 꽃가루의 수를 구하시오.

유형 10 닮은 두 입체도형의 겉넓이의 비

대표 문제

612

오른쪽 그림의 두 원기둥 (가), (나)는 닮은 도형이고 겉넓이의 비가 16 : 25이다. rh의 값을 구하시오.

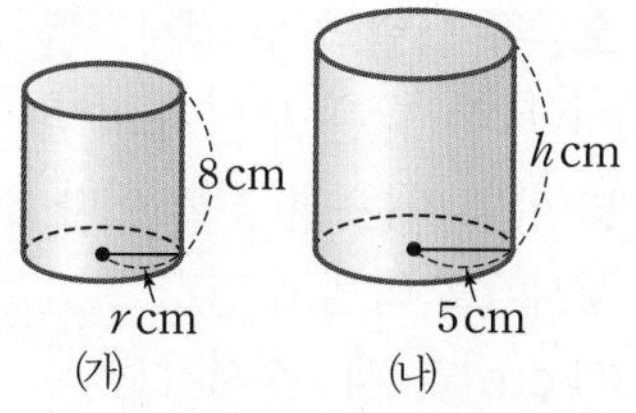

613

오른쪽 그림과 같이 작은 정사면체의 각 모서리의 길이를 같은 비율로 늘여서 큰 정사면체를 만들었다. 큰 정사면체의 겉넓이는 작은 정사면체의 겉넓이의 $\frac{100}{9}$배이고 큰 정사면체의 한 모서리의 길이가 20 cm일 때, 작은 정사면체의 한 모서리의 길이는?

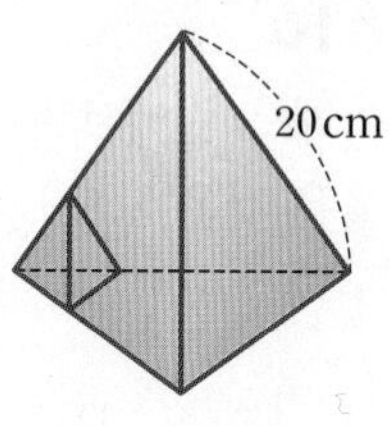

① 4 cm ② 5 cm ③ 6 cm
④ 7 cm ⑤ 8 cm

614

오른쪽 그림과 같이 구 모양의 두 과자 A, B를 각각 중심을 지나는 평면으로 자른 단면인 원의 둘레의 길이의 비는 2 : 3이다. 두 과자 A, B의 겉면에 똑같은 초콜릿 크림을 바를 때, 과자 A의 겉면을 바르는 초콜릿 크림의 비용이 400원이다. 과자 B의 겉면을 바르는 초콜릿 크림의 비용을 구하시오. (단, 초콜릿 크림의 비용은 과자의 겉넓이에 정비례한다.)

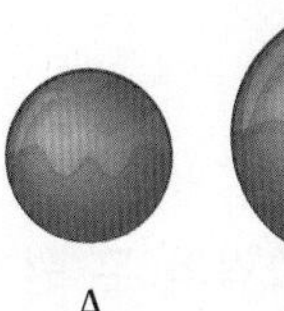

유형 11 닮은 두 입체도형의 부피의 비

대표 문제

615

오른쪽 그림의 두 정사각뿔 ㈎, ㈏는 닮은 도형이고 밑넓이의 비는 16 : 25이다. 정사각뿔 ㈎의 부피가 64 cm^3일 때, 정사각뿔 ㈏의 부피를 구하시오.

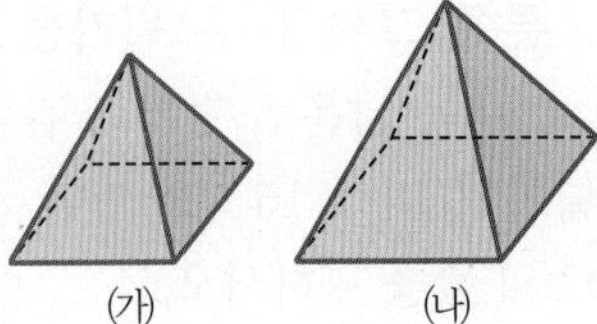

616

아래 그림에서 두 원뿔 ㈎, ㈏가 닮은 도형일 때, 다음 중 옳은 것은?

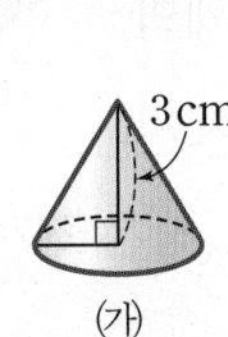

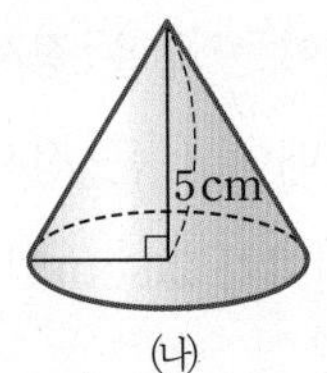

① ㈎, ㈏의 모선의 길이의 비는 알 수 없다.
② ㈎, ㈏의 밑면의 둘레의 길이의 비는 9 : 25이다.
③ ㈎, ㈏의 밑넓이의 비는 3 : 5이다.
④ ㈎, ㈏의 옆넓이의 비는 9 : 25이다.
⑤ ㈎, ㈏의 부피의 비는 9 : 27이다.

617

오른쪽 그림의 두 원기둥 ㈎, ㈏는 닮은 도형이고 부피의 비가 27 : 125이다. 원기둥 ㈎의 밑면의 반지름의 길이가 9 cm일 때, 원기둥 ㈏의 한 밑면의 넓이를 구하시오.

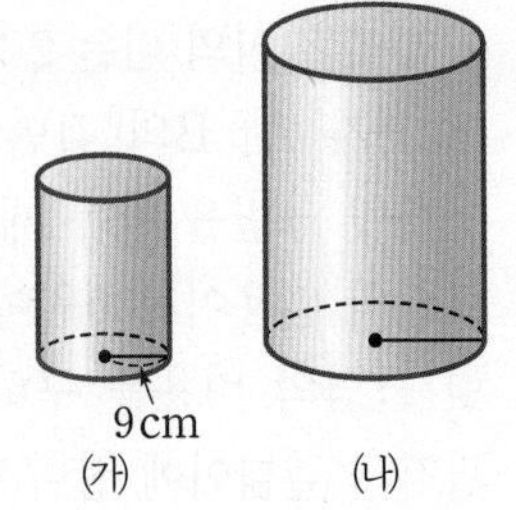

618

다음 그림과 같이 밑면의 반지름의 길이가 각각 6 cm, 8 cm인 닮은 두 원기둥 모양의 통조림 ㈎, ㈏가 있다. 통조림의 가격은 용기의 부피에 정비례하고 통조림 ㈏의 가격이 6400원일 때, 통조림 ㈎의 가격을 구하시오.

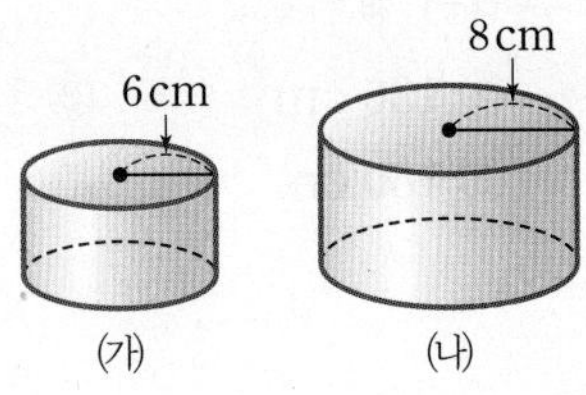

619

오른쪽 그림과 같이 사각뿔을 $\overline{OP} : \overline{PQ} = 5 : 3$이 되도록 밑면에 평행한 평면으로 잘랐다. 이때 사각뿔 A와 사각뿔대 B의 부피의 비는?

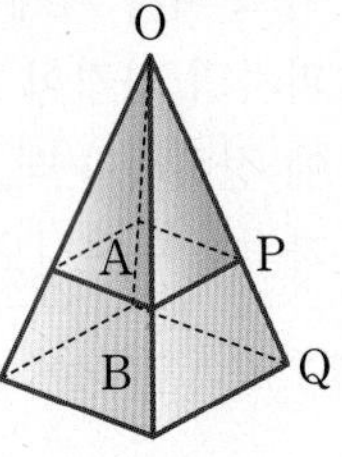

① 27 : 125 ② 64 : 125
③ 98 : 125 ④ 125 : 387
⑤ 125 : 512

620

오른쪽 그림과 같은 원뿔 모양의 그릇에 그릇 높이의 $\frac{3}{7}$만큼 물을 부었다. 그릇의 부피가 686 cm^3일 때, 그릇에 들어 있는 물의 부피를 구하시오.

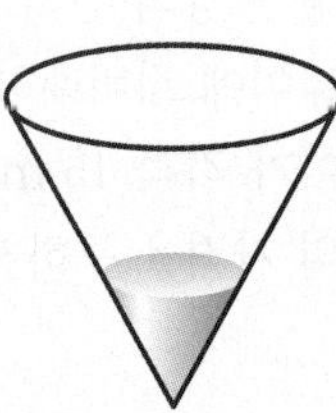

621

오른쪽 그림과 같이 원뿔의 높이를 삼등분하여 밑면에 평행한 평면으로 잘랐을 때 생기는 세 입체도형을 차례로 A, B, C라 하자. 입체도형 B의 부피가 42 cm^3일 때, 입체도형 C의 부피를 구하시오.

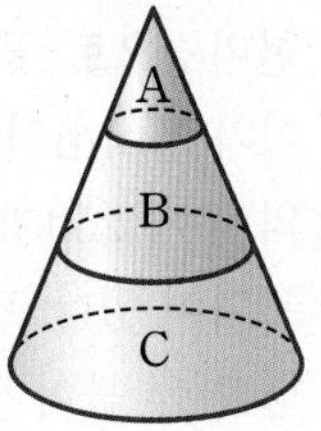

유형 12 높이의 측정

대표 문제

622

어떤 건물의 높이를 재기 위하여 건물의 그림자의 끝 A 지점에서 2 m 떨어진 B 지점에 길이가 1.5 m인 막대를 세웠더니 그 그림자의 끝이 건물의 그림자의 끝과 일치하였다. 막대와 건물 사이의 거리가 6 m일 때, 건물의 높이를 구하시오.

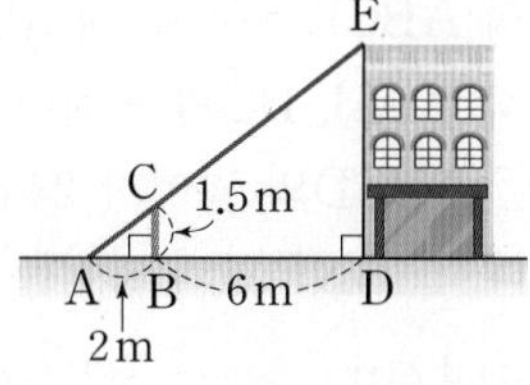

623

어느 날 같은 시각에 길이가 20 cm인 막대와 시계탑의 그림자의 길이를 재었더니 각각 30 cm, 3 m이었다. 이때 시계탑의 높이는?

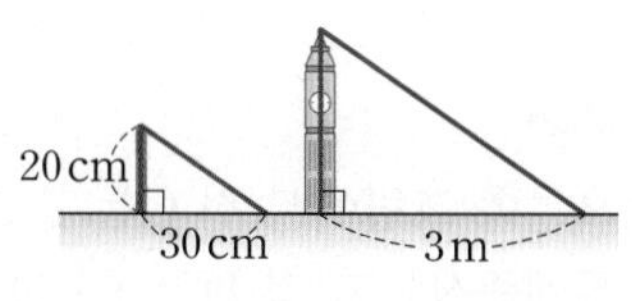

① 1 m ② 1.5 m ③ 2 m ④ 2.5 m ⑤ 3 m

624

다현이는 나무에서 3 m 떨어진 곳에 거울을 놓고, 거울에서 1.5 m 떨어진 곳에 섰더니 나무의 꼭대기가 거울에 비쳐 보였다. 거울에서 입사각과 반사각의 크기가 같고 다현이의 눈높이가 1.7 m일 때, 나무의 높이를 구하시오.

(단, 거울의 두께는 생각하지 않는다.)

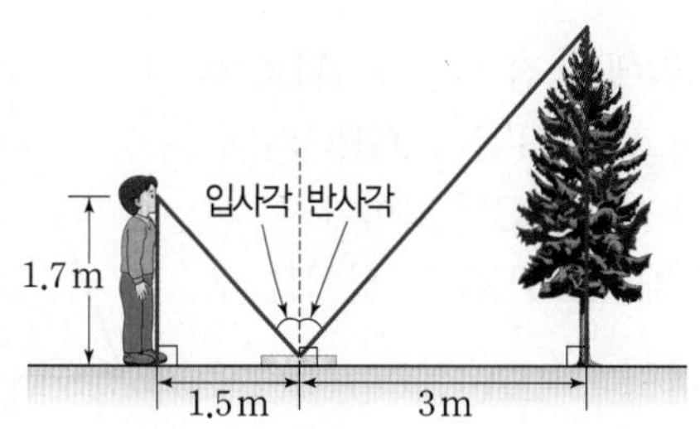

유형 13 축도와 축척

대표 문제

625

오른쪽 그림은 강의 폭을 구하기 위하여 축척이 $\frac{1}{10000}$인 축도를 그린 것이다. $\overline{BC} /\!/ \overline{DE}$일 때, 강의 실제 폭은?

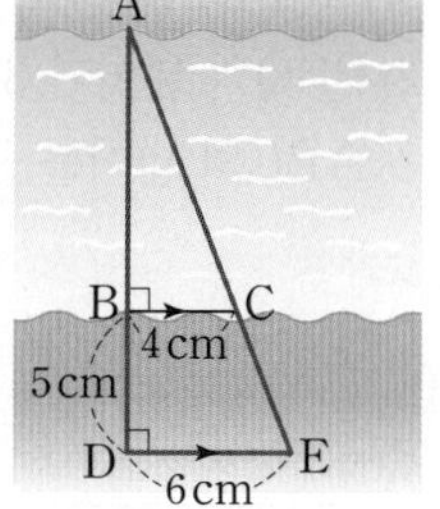

① 700 m ② 800 m ③ 900 m ④ 1000 m ⑤ 1100 m

626

실제 거리가 30 m인 두 빌딩 사이의 거리를 6 cm로 나타내는 지도가 있다. 이 지도에서 2.5 cm인 두 지점 사이의 실제 거리는?

① 11 m ② 11.5 m ③ 12 m ④ 12.5 m ⑤ 13 m

627

실제 넓이가 0.3 km^2인 땅의 넓이는 축척이 $\frac{1}{2000}$인 지도에서 몇 cm^2인지 구하시오.

628

축척이 $\frac{1}{300000}$인 지도에서 가로의 길이가 3 cm, 세로의 길이가 2 cm인 직사각형 모양의 밭이 있다. 이 밭의 실제 넓이는 몇 km^2인지 구하시오.

629

오른쪽 그림과 같은 △ABC에서 $\overline{AP}=\overline{PC}$, $\overline{BQ}:\overline{QC}=1:2$이고 △PBQ의 넓이가 3 cm^2일 때, △ABC의 넓이를 구하시오.

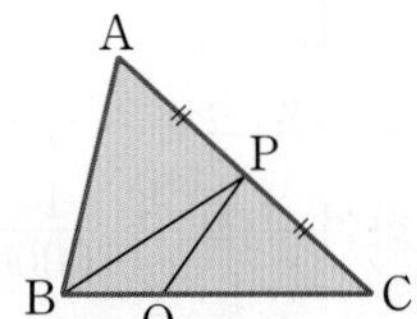

630

오른쪽 그림에서 점 G가 △ABC의 무게중심이다. $\overline{GD}=5\text{ cm}$, $\overline{DC}=6\text{ cm}$일 때, x, y의 값을 각각 구하시오.

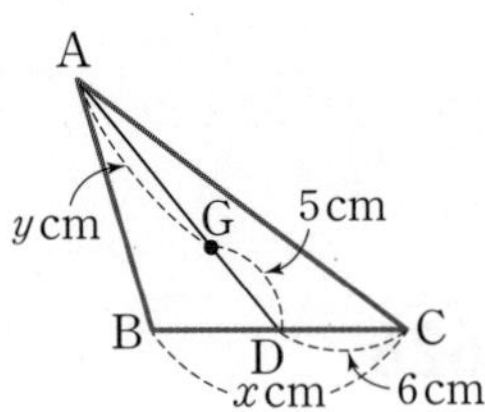

631

오른쪽 그림에서 점 G는 △ABC의 무게중심이다. $\overline{BF}\,/\!/\,\overline{DE}$이고 $\overline{DE}=6\text{ cm}$일 때, $\overline{BF}$의 길이를 구하시오.

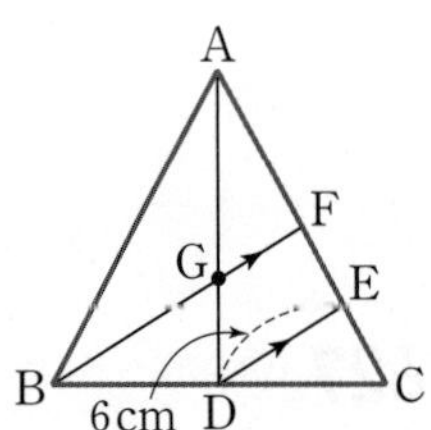

632

오른쪽 그림에서 점 G는 △ABC의 무게중심이고 $\overline{DE}\,/\!/\,\overline{BC}$이다. $\overline{DG}=4\text{ cm}$, $\overline{GF}=5\text{ cm}$일 때, $x+y$의 값을 구하시오.

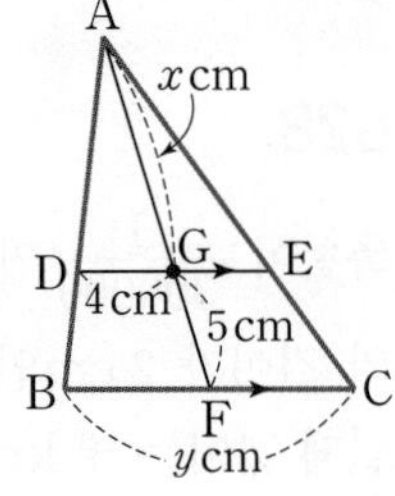

633

오른쪽 그림과 같은 평행사변형 ABCD에서 두 점 M, N은 각각 $\overline{AB}$, $\overline{BC}$의 중점이다. □ABCD의 넓이가 24 cm^2일 때, □BNPM의 넓이는?

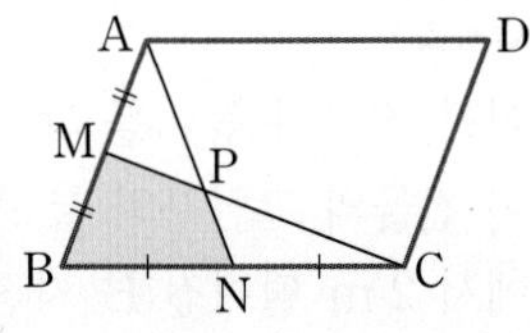

① 4 cm^2 ② 5 cm^2 ③ 6 cm^2
④ 7 cm^2 ⑤ 8 cm^2

634

오른쪽 그림에서 점 G는 △ABC의 무게중심이고 점 H는 $\overline{FE}$와 $\overline{AD}$의 교점일 때, $\overline{AH}:\overline{HG}$는?

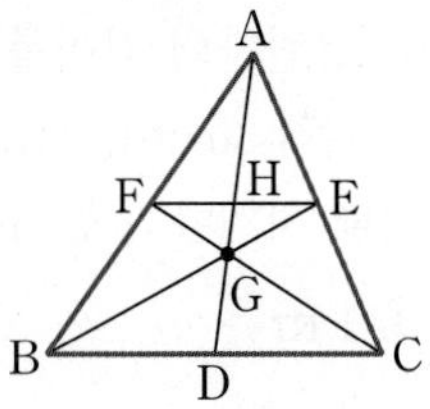

① 2 : 1 ② 3 : 1
③ 3 : 2 ④ 4 : 1
⑤ 4 : 3

실력 UP

635

오른쪽 그림에서 점 G는 △ABC의 무게중심이고 점 G′은 △GBC의 무게중심이다. △ABC의 넓이가 36 cm^2일 때, △GBG′의 넓이를 구하시오.

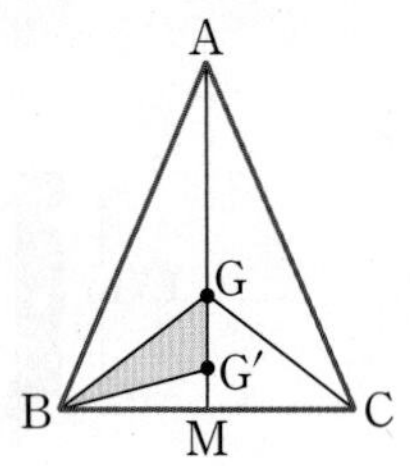

636

오른쪽 그림에서 $\overline{BD}$는 △ABC의 중선이고 $\overline{CE}$는 △BCD의 중선이다. △ABC의 넓이가 40 cm²일 때, △BCE의 넓이를 구하시오.

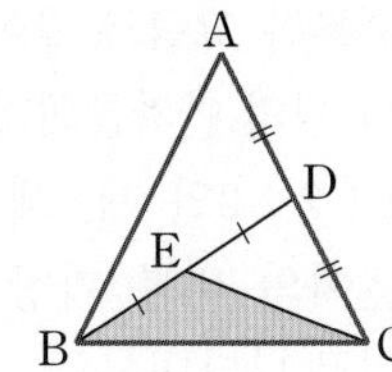

637

오른쪽 그림에서 두 점 G, G′은 각각 △ABC, △GBC의 무게중심이다. $\overline{GG'}$=2 cm일 때, $\overline{AG}$의 길이는?

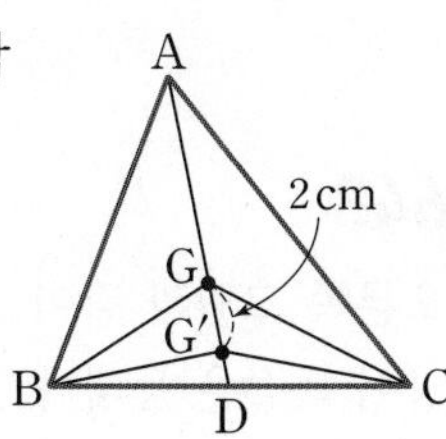

① 6 cm ② 8 cm ③ 9 cm ④ 12 cm ⑤ 15 cm

638

오른쪽 그림과 같은 □ABCD에서 $\overline{AE}$, $\overline{DE}$는 각각 △ABC, △DBC의 중선이고 두 점 G, G′은 각각 △ABC, △DBC의 무게중심이다. 다음 중 옳은 것을 모두 고르면? (정답 2개)

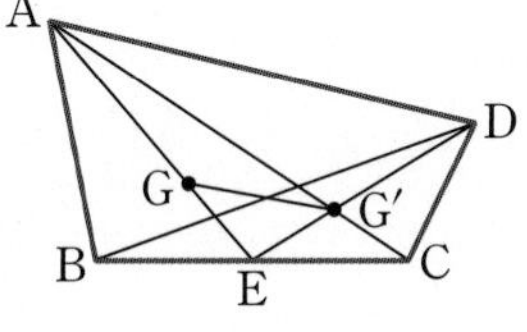

① $\overline{AG}$: $\overline{G'E}$=2 : 1 ② $\overline{GG'}$: $\overline{AD}$=1 : 2
③ $\overline{GG'}$ // $\overline{AD}$ ④ △ABE=△DEC
⑤ $\overline{BE}$=$\overline{CE}$

639

오른쪽 그림에서 점 G는 ∠C=90°인 직각삼각형 ABC의 무게중심이다. $\overline{AC}$=6 cm, $\overline{BC}$=8 cm일 때, △AEG의 넓이는?

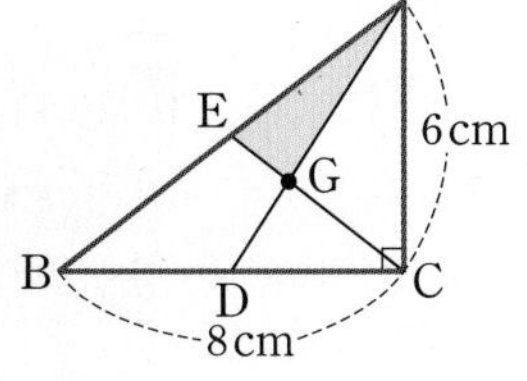

① 2 cm² ② 4 cm² ③ 6 cm² ④ 8 cm² ⑤ 12 cm²

640

오른쪽 그림과 같이 평행사변형 ABCD에서 $\overline{BC}$, $\overline{CD}$의 중점을 각각 M, N이라 하고 $\overline{AM}$, $\overline{AN}$과 $\overline{BD}$의 교점을 각각 P, Q라 하자. $\overline{MN}$=9 cm일 때, $\overline{BP}$의 길이는?

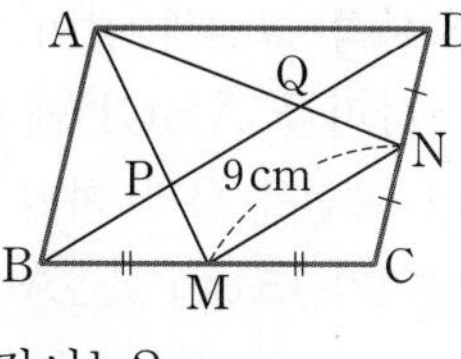

① 5 cm ② $\frac{11}{2}$ cm ③ 6 cm ④ $\frac{13}{2}$ cm ⑤ 7 cm

641

오른쪽 그림에서 점 G는 △ABC의 무게중심이고 $\overline{EF}$ // $\overline{BC}$, $\overline{AD}$=30 cm일 때, $\overline{GF}$의 길이는?

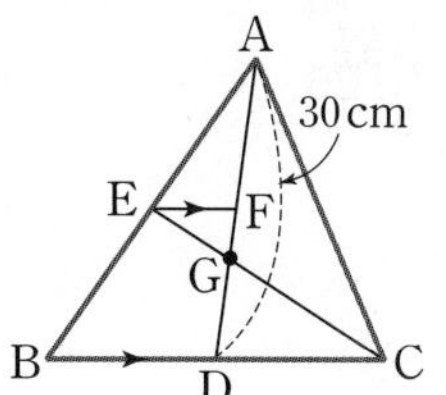

① 4 cm ② 5 cm ③ 6 cm ④ 8 cm ⑤ 10 cm

642

오른쪽 그림에서 점 G는 △ABC의 무게중심이고 $\overline{BD}$ // $\overline{EF}$일 때, $\frac{\overline{EF}}{\overline{BG}}$의 값은?

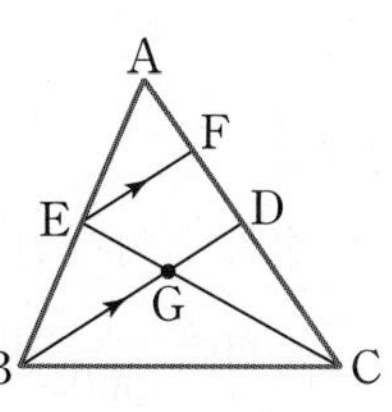

① $\frac{1}{2}$ ② $\frac{2}{3}$ ③ $\frac{3}{4}$ ④ $\frac{4}{5}$ ⑤ 1

643

오른쪽 그림과 같이 $\overline{AD} /\!/ \overline{BC}$인 사다리꼴 ABCD에서 두 대각선의 교점을 O라 하자. △AOD의 넓이가 15 cm², △AOB의 넓이가 30 cm²일 때, △OBC의 넓이를 구하시오.

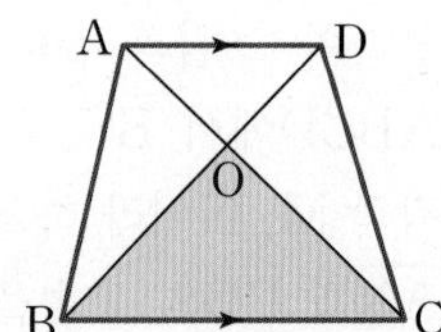

644

한 변의 길이가 1.8 m인 정사각형의 벽면에 한 변의 길이가 36 cm인 정사각형 모양의 타일을 겹치지 않게 빈틈없이 붙이려고 한다. 이때 필요한 타일의 장수는?

① 15 ② 18 ③ 20
④ 25 ⑤ 36

645

겉넓이가 각각 8π cm², 50π cm²인 두 구의 부피의 비는?

① 2 : 5 ② 4 : 25 ③ 4 : 27
④ 8 : 27 ⑤ 8 : 125

646

한 변의 길이가 100 m인 정사각형 모양의 땅이 있다. 이 땅을 축척이 $\frac{1}{500}$인 축도로 나타낼 때, 축도에서의 넓이는?

① 100 cm² ② 400 cm² ③ 500 cm²
④ 1000 cm² ⑤ 2500 cm²

647

오른쪽 그림과 같이 중심이 일치하는 세 원의 반지름의 길이의 비가 1 : 2 : 3일 때, 세 부분 A, B, C의 넓이의 비를 가장 간단한 자연수의 비로 나타내시오.

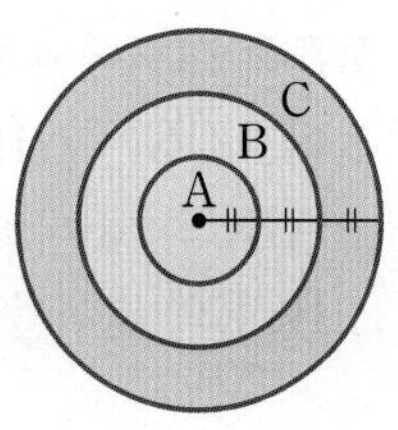

648

오른쪽 그림과 같이 크기가 다르고 모양이 똑같은 등대가 있다. 높이가 1 m인 등대 1개를 칠하는 데 페인트 1통이 필요하다고 할 때, 높이가 10 m인 등대 5개를 칠하려면 몇 통의 페인트가 필요한지 구하시오.

(단, 페인트의 양은 등대의 겉넓이에 정비례한다.)

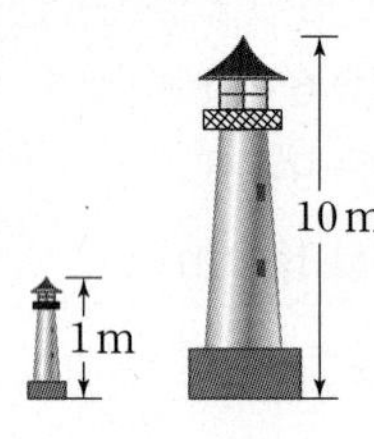

실력 UP

649

다음 그림과 같이 나무의 그림자 일부가 벽면에 생겼다. 나무에서 벽면까지의 거리는 10 m이고 벽면에 생긴 나무의 그림자의 길이는 2.4 m이다. 같은 시각에 키가 1.6 m인 인혜의 그림자의 길이가 4 m일 때, 나무의 높이를 구하시오. (단, 지면과 벽면은 수직이다.)

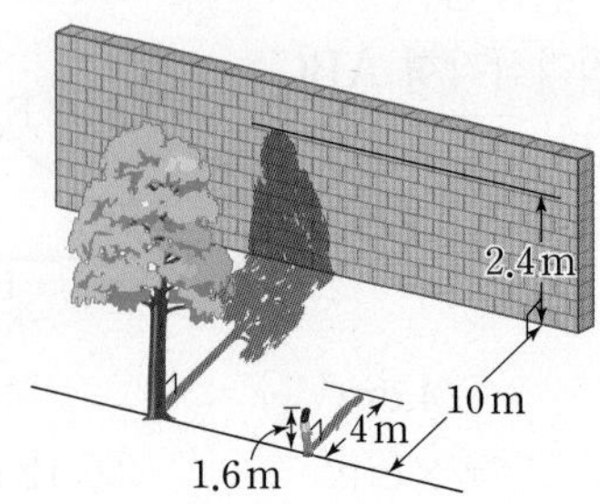

650

오른쪽 그림과 같은 $\triangle ABC$에서 $\overline{DE} /\!/ \overline{BC}$이고, $\overline{AD}=\overline{DB}$이다. $\triangle ABC$의 넓이가 28 cm^2일 때, $\square DBCE$의 넓이를 구하시오.

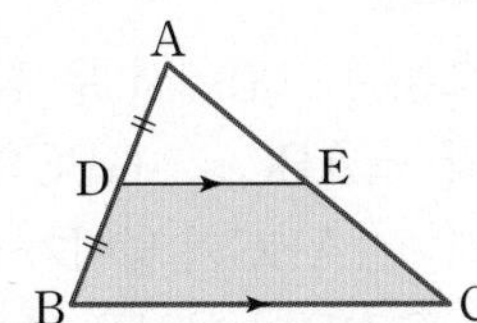

651

오른쪽 그림의 두 사각기둥 ㈎, ㈏는 닮은 도형이고 밑면은 한 변의 길이가 각각 2 cm, 3 cm인 정사각형이다. 사각기둥 ㈎의 겉넓이가 48 cm^2일 때, 사각기둥 ㈏의 겉넓이를 구하시오.

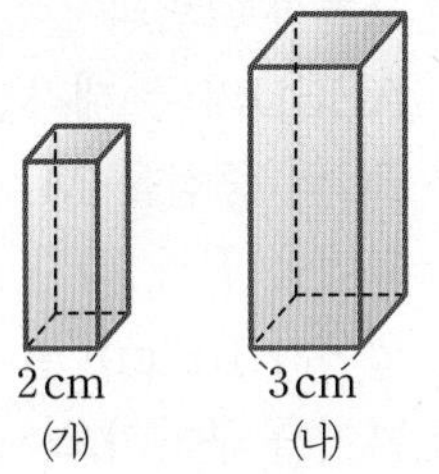

652

오른쪽 그림과 같이 작은 원은 큰 원의 중심 O를 지나고 한 점에서 큰 원에 접하고 있다. 큰 원의 넓이가 40 cm^2일 때, 색칠한 부분의 넓이를 구하시오.

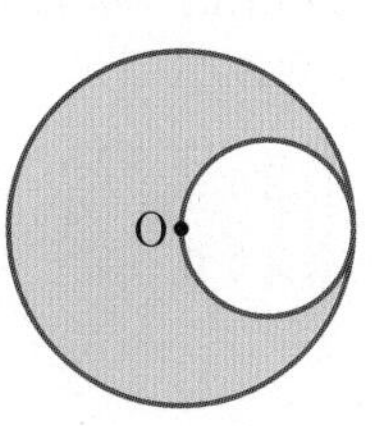

653

닮은 두 직육면체의 겉넓이의 비가 $9:16$이고 작은 직육면체의 부피가 108 cm^3일 때, 큰 직육면체의 부피는?

① 192 cm^3 ② 216 cm^3 ③ 245 cm^3
④ 256 cm^3 ⑤ 289 cm^3

654

지름의 길이가 10 cm인 구 모양의 쇠구슬 1개를 녹여 지름의 길이가 2 cm인 구 모양의 쇠구슬을 만들 때, 최대 몇 개까지 만들 수 있는지 구하시오.

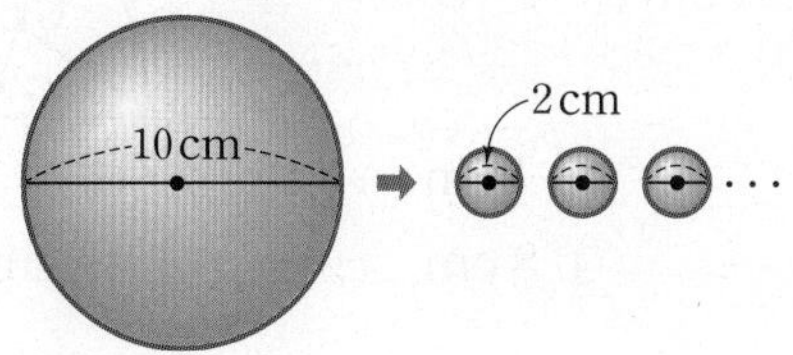

655

오른쪽 그림에서 $\overline{AD}=\overline{DF}=\overline{FB}$, $\overline{AE}=\overline{EG}=\overline{GC}$일 때, $\square DFGE$와 $\square FBCG$의 넓이의 비는?

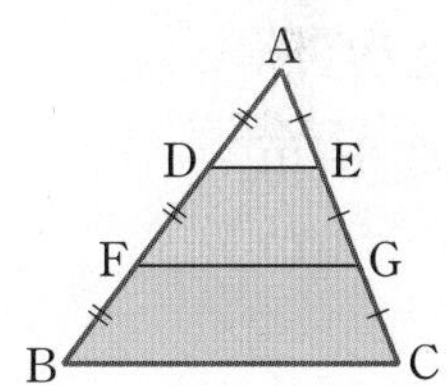

① $1:3$ ② $2:5$
③ $3:5$ ④ $4:5$
⑤ $4:7$

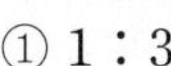

실력 UP

656

오른쪽 그림과 같이 눈높이가 1.5 m인 학생이 탑의 높이를 구하기 위해 측량한 것을 축척이 $\frac{1}{200}$인 축도로 나타내었더니 $\overline{AC}=5\text{ cm}$이었다. 이때 실제 탑의 높이는 몇 m인지 구하시오.

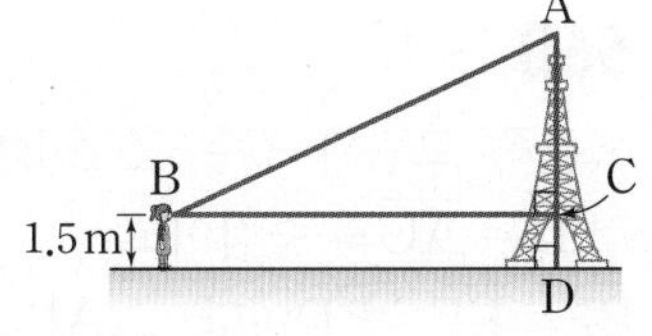

657

오른쪽 그림에서 두 점 G, G′은 각각 △ABC, △GBC의 무게중심이다. $\overline{AG}=24$ cm일 때, $\overline{G'D}$의 길이는?

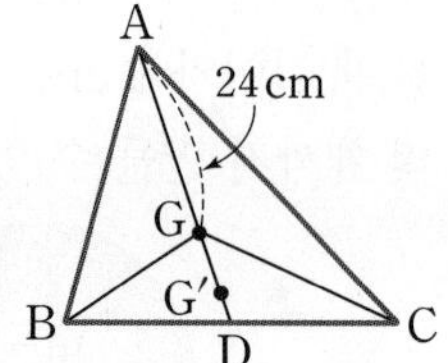

① 2 cm ② 4 cm ③ 6 cm ④ 8 cm ⑤ 10 cm

658

오른쪽 그림은 강의 양쪽에 있는 두 지점 A, B 사이의 거리를 구하기 위하여 측량한 것이다. 두 지점 A, B 사이의 거리는?

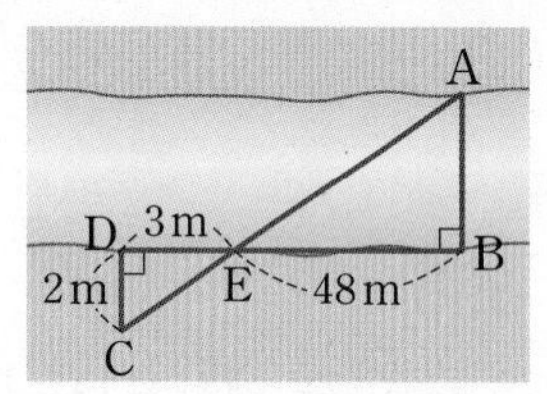

① 16 m ② 32 m ③ 40 m ④ 56 m ⑤ 62 m

659

오른쪽 그림에서 $\overline{BD}$는 △ABC의 중선이고 $\overline{BE}:\overline{EC}=2:1$이다. △DBE의 넓이가 4 cm^{2}일 때, △ABC의 넓이를 구하시오.

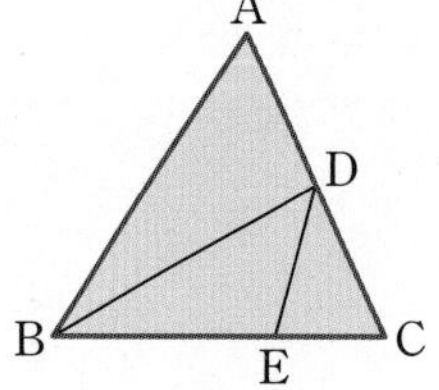

660

오른쪽 그림과 같은 △ABC에서 점 D는 $\overline{AC}$의 중점이고 $\overline{BE}=\overline{EF}=\overline{FD}$이다. △ABC의 넓이가 60 cm^{2}일 때, △AEF의 넓이를 구하시오.

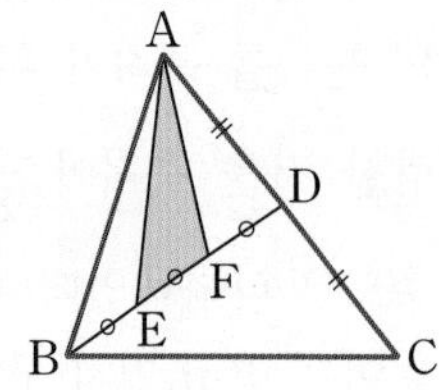

661

오른쪽 그림에서 두 점 G, G′은 각각 △ABC, △GBC의 무게중심이다. △ABC의 넓이가 90 cm^{2}일 때, △G′BD의 넓이를 구하시오.

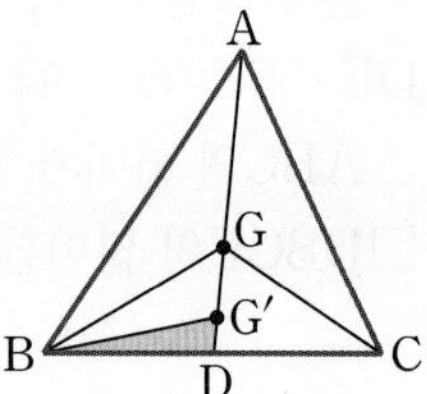

662

오른쪽 그림과 같은 평행사변형 ABCD의 두 대각선의 교점을 O, $\overline{BC}$의 중점을 M, $\overline{AM}$과 $\overline{BD}$의 교점을 P라 하자. □ABCD의 넓이가 108 cm^{2}일 때, △APO의 넓이를 구하시오.

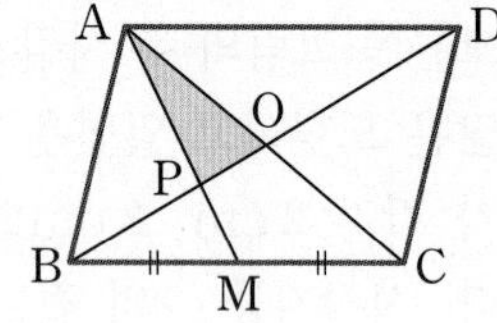

663

두 직육면체 ㈎와 ㈏는 닮은 도형이다. ㈎의 겉넓이가 24 cm^2, ㈏의 겉넓이가 54 cm^{2}일 때, ㈎와 ㈏의 부피의 비는?

① 2 : 3 ② 3 : 5 ③ 3 : 8 ④ 4 : 9 ⑤ 8 : 27

664

오른쪽 그림에서 점 G는 △ABC의 무게중심이다. $\overline{FE}$∥$\overline{BC}$이고 △GEF$=2$ cm^{2}일 때, △ABC의 넓이는?

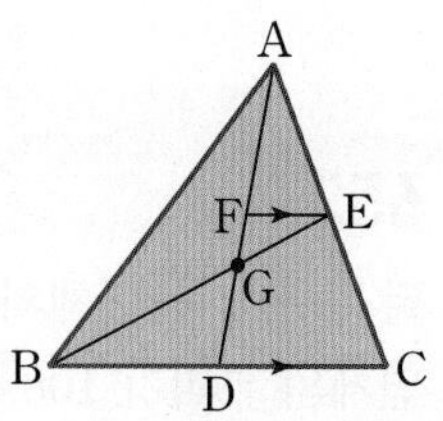

① 24 cm^2 ② 36 cm^2 ③ 40 cm^2 ④ 48 cm^2 ⑤ 52 cm^2

665

오른쪽 그림과 같은 평행사변형 ABCD에서 $\overline{BE}=3\text{ cm}$, $\overline{EC}=1\text{ cm}$이고 $\triangle ABE$의 넓이가 9 cm^2일 때, $\triangle AFD$의 넓이를 구하시오.

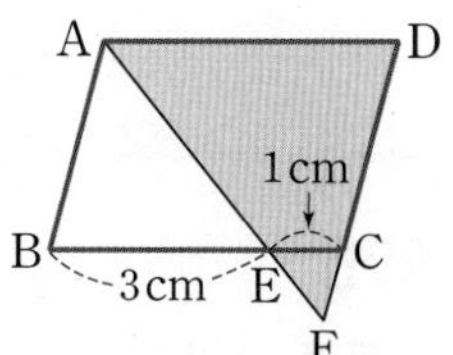

666

오른쪽 그림과 같이 중심이 같은 세 원의 반지름의 길이의 비가 1 : 2 : 5이고 가장 큰 원의 넓이가 $125\pi\text{ cm}^2$일 때, 색칠한 부분의 넓이를 구하시오.

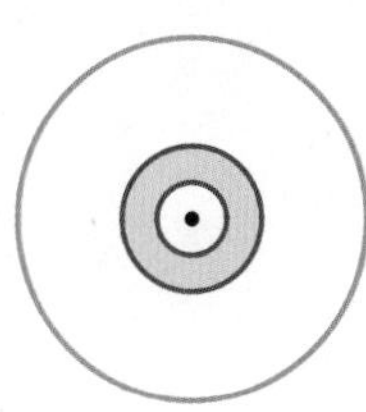

667

오른쪽 그림과 같은 $\triangle ABC$에서 $\overline{AC}\,/\!/\,\overline{DF}$, $\overline{AF}\,/\!/\,\overline{DE}$이고 $\overline{AD}=4\text{ cm}$, $\overline{BD}=6\text{ cm}$일 때, $\overline{BE}:\overline{EF}:\overline{FC}$를 가장 간단한 자연수의 비로 나타내시오.

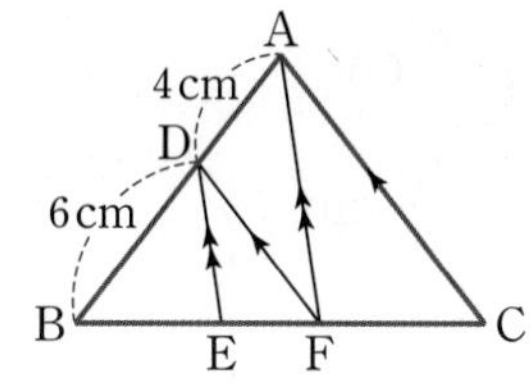

668

오른쪽 그림과 같은 원뿔 모양의 그릇에 일정한 속도로 물을 넣고 있다. 전체 그릇에 물을 가득 채우는 데 40분이 걸리고 현재 그릇의 깊이의 반까지 물을 채웠다고 할 때, 나머지를 채우는 데 걸리는 시간은?

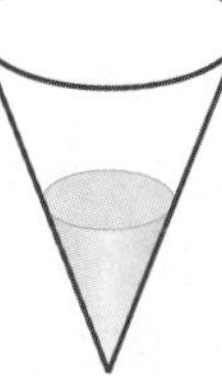

① 5분 ② 10분 ③ 15분
④ 25분 ⑤ 35분

서술형 문제

669

오른쪽 그림에서 점 G는 $\triangle ABC$의 무게중심이고 $\overline{BF}=\overline{FD}$, $\overline{EF}\,/\!/\,\overline{AD}$이다. $\overline{AD}=30\text{ cm}$일 때, 다음을 구하시오.

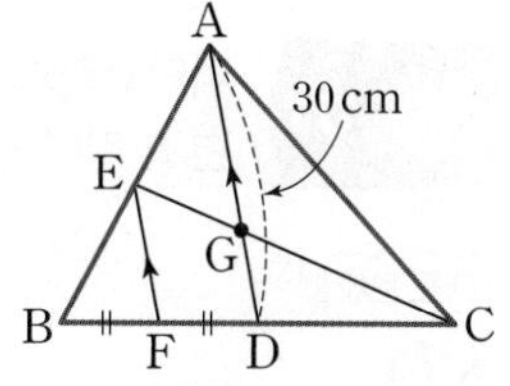

(1) $\overline{GD}$의 길이
(2) $\overline{EF}$의 길이

670

다음 그림과 같이 직사각형 모양의 슬라이드 필름 ABCD가 영사기 렌즈로부터 40 cm 떨어진 곳에 있고 스크린이 슬라이드 필름으로부터 1240 cm 떨어진 곳에 있다. 스크린에 비친 영상 A′B′C′D′의 넓이는 슬라이드 필름 ABCD의 넓이의 몇 배인지 구하시오.

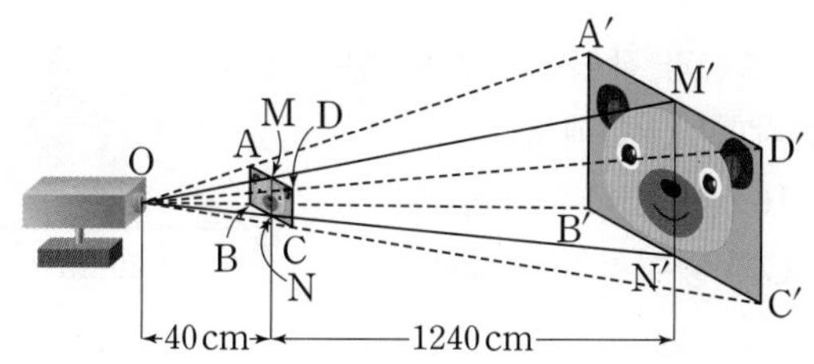

Theme 16 피타고라스 정리

유형북 122쪽

유형 01 피타고라스 정리를 이용하여 삼각형의 변의 길이 구하기

대표 문제

671

오른쪽 그림과 같이 $\angle C=90°$인 직각삼각형 ABC에서 $\overline{AB}=13$ cm, $\overline{BC}=12$ cm일 때, $\overline{AC}$의 길이는?

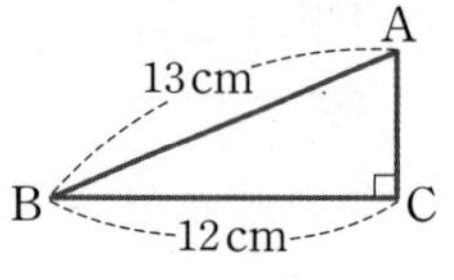

① 5 cm ② 6 cm ③ 7 cm ④ 8 cm ⑤ 9 cm

672

오른쪽 그림과 같이 $\angle B=90°$인 직각삼각형 ABC에서 $\overline{AB}=8$ cm, $\overline{BC}=15$ cm일 때, △ABC의 둘레의 길이를 구하시오.

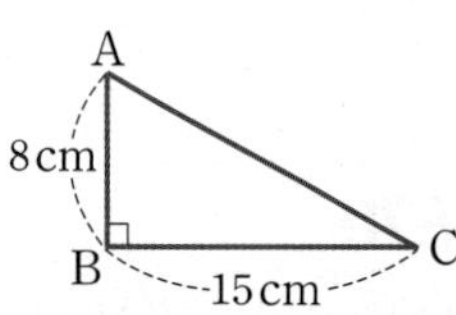

673

오른쪽 그림과 같이 $\angle A=90°$인 직각삼각형 ABC에서 $\overline{AB}=16$ cm, $\overline{BC}=20$ cm일 때, △ABC의 넓이를 구하시오.

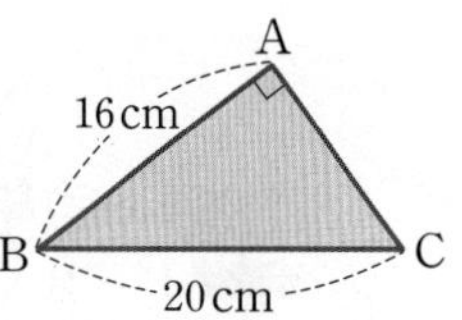

674

오른쪽 그림과 같이 좌표평면 위에 △ABC가 있다. A(2, 6), B(2, 1), C(14, 1)일 때, 두 점 A, C 사이의 거리를 구하시오.

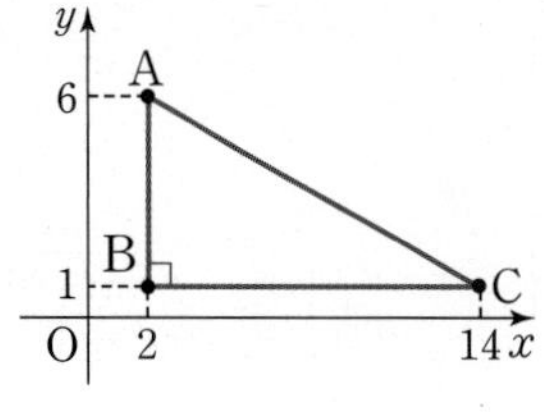

675

오른쪽 그림은 넓이가 각각 81 cm^2, 9 cm^{2}인 두 정사각형 ABCD와 GCEF를 겹치지 않게 이어 붙인 것이다. x의 값을 구하시오.

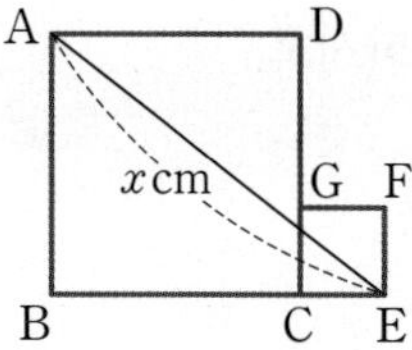

676

오른쪽 그림에서 점 G는 직각삼각형 ABC의 무게중심이다. $\overline{GM}$의 길이는?

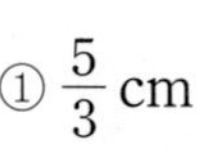

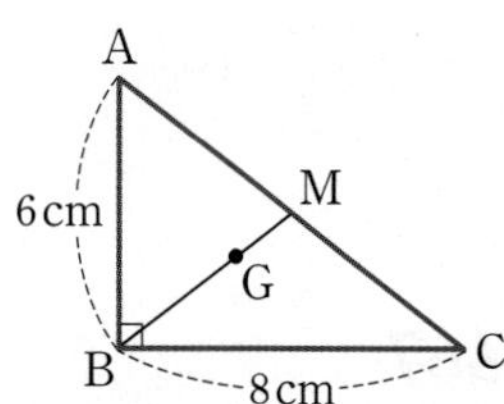

① $\frac{5}{3}$ cm ② 2 cm ③ $\frac{8}{3}$ cm ④ 3 cm ⑤ $\frac{10}{3}$ cm

677

오른쪽 그림과 같이 $\angle C=90°$인 직각삼각형 ABC에서 $\angle A$의 이등분선이 $\overline{BC}$와 만나는 점을 D라 할 때, △ABD의 넓이를 구하시오.

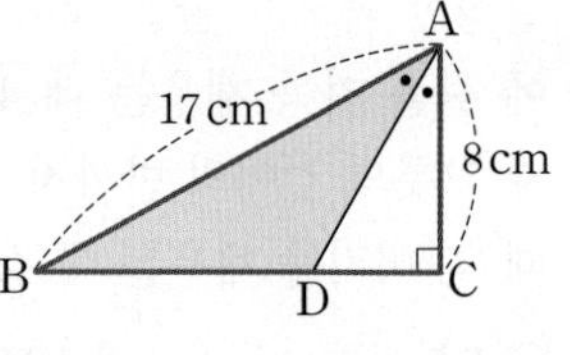

유형 02 피타고라스 정리의 설명 – 유클리드

대표 문제

678

오른쪽 그림은 $\angle A=90°$인 직각삼각형 ABC의 각 변을 한 변으로 하는 세 정사각형을 그린 것이다. $\overline{BC}=10$ cm, $\overline{AC}=6$ cm일 때, $\triangle BFM$의 넓이를 구하시오.

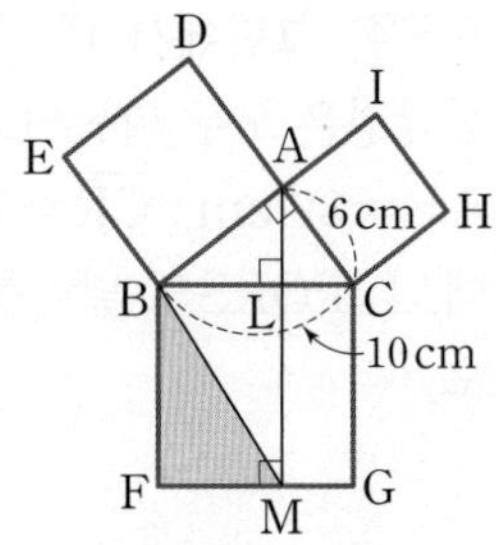

679

오른쪽 그림은 $\angle C=90°$인 직각삼각형 ABC의 각 변을 한 변으로 하는 세 정사각형을 그린 것이다. $\square ADEB=289\text{ cm}^2$, $\square BFGC=225\text{ cm}^2$일 때, $\square ACHI$의 넓이는?

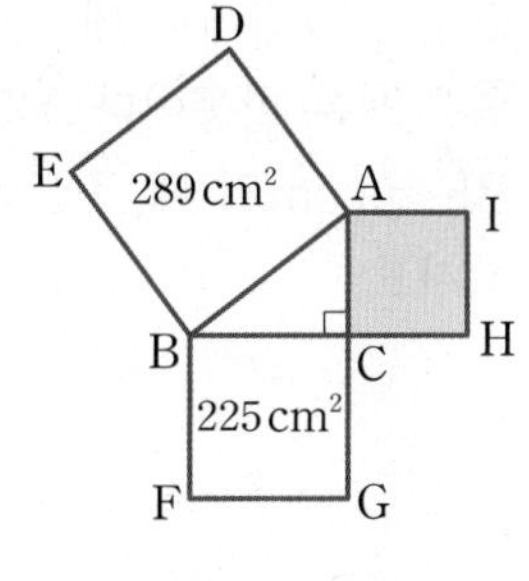

① 25 cm^2 ② 36 cm^2
③ 49 cm^2 ④ 64 cm^2
⑤ 81 cm^2

680

오른쪽 그림은 $\angle A=90°$인 직각삼각형 ABC의 각 변을 한 변으로 하는 세 정사각형을 그린 것이다. $\square BFGC=225\text{ cm}^2$, $\square ACHI=144\text{ cm}^2$일 때, $\triangle ABC$의 넓이를 구하시오.

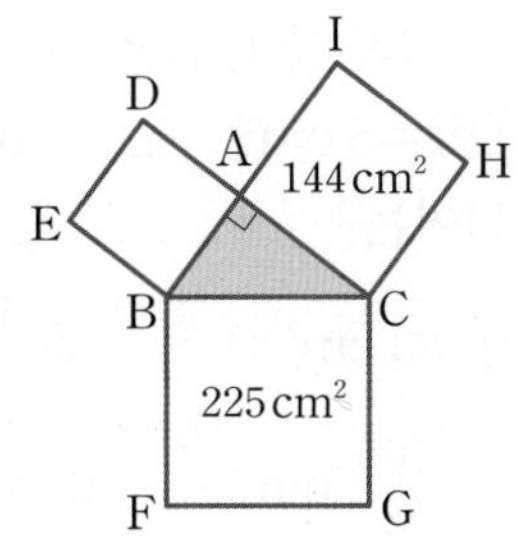

681

오른쪽 그림은 $\angle A=90°$인 직각삼각형 ABC의 각 변을 한 변으로 하는 세 정사각형을 그린 것이다. 다음 중 옳지 않은 것은?

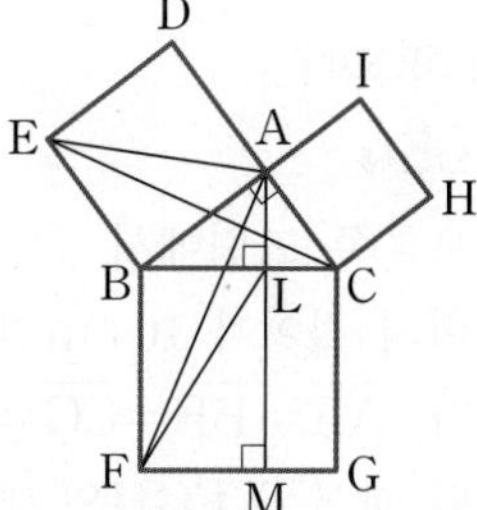

① $\triangle EBC=\triangle ABF$
② $\triangle LBF=\triangle EBA$
③ $\triangle EAD=\triangle LFM$
④ $\square ADEB+\square ACHI+\triangle ABC=\square BFGC$
⑤ $\triangle ABL=\triangle AFL$

682

오른쪽 그림에서 사각형은 모두 정사각형이다. $\square LMNE=20\text{ cm}^2$, $\square QHOP=15\text{ cm}^2$, $\overline{KJ}=4$ cm, $\overline{SR}=7$ cm일 때, $\square BFGC$의 넓이를 구하시오.

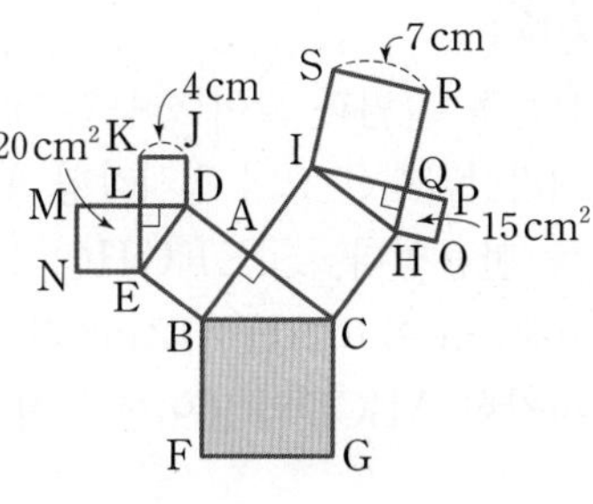

683

오른쪽 그림은 $\angle A=90°$인 직각삼각형 ABC의 변 BC를 한 변으로 하는 정사각형 BDEC를 그린 것이다. $\overline{BC}=26$ cm이고 $\triangle AEC$의 넓이가 50 cm^2일 때, $\overline{AB}$의 길이를 구하시오.

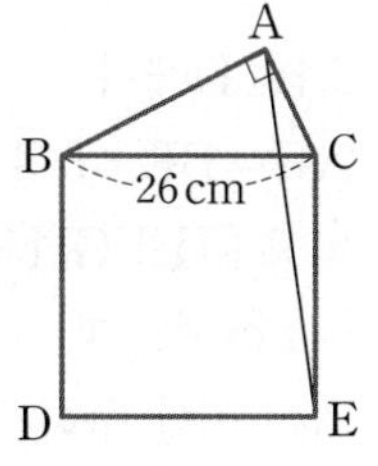

유형 03 피타고라스 정리의 설명 - 피타고라스

대표 문제

684

오른쪽 그림에서 □ABCD는 한 변의 길이가 10 cm인 정사각형이다. $\overline{AE}=\overline{BF}=\overline{CG}=\overline{DH}=6$ cm일 때, □EFGH의 넓이는?

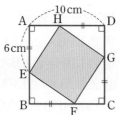

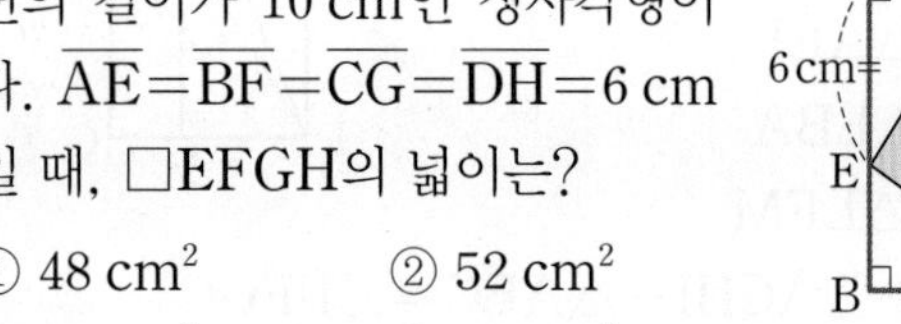

① 48 cm^2　② 52 cm^2　③ 56 cm^2　④ 60 cm^2　⑤ 64 cm^2

685

오른쪽 그림과 같이 합동인 네 개의 직각삼각형을 모아 정사각형 ABCD를 만들었다. □EFGH의 넓이가 169 cm^2이고 $\overline{AH}=12$ cm일 때, 정사각형 ABCD의 넓이를 구하시오.

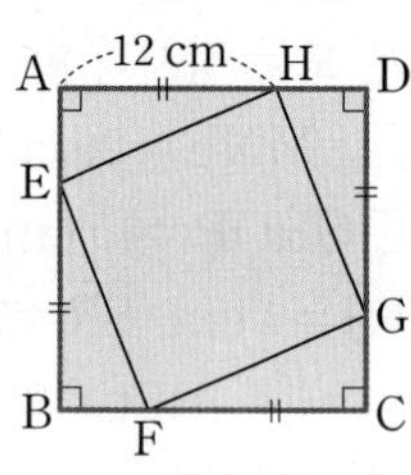

686

오른쪽 그림과 같은 정사각형 ABCD에서 $\overline{AE}=\overline{BF}=\overline{CG}=\overline{DH}=21$ cm이고 □EFGH의 넓이가 841 cm^2일 때, □ABCD의 둘레의 길이를 구하시오.

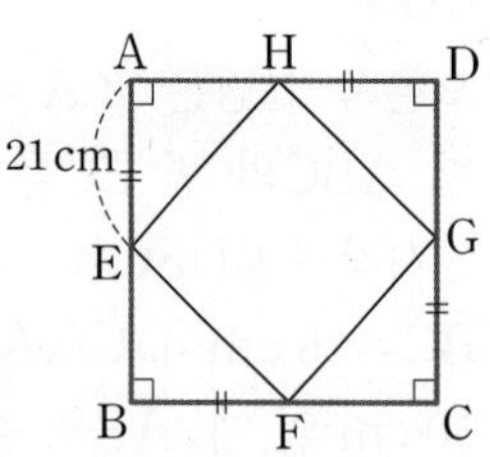

유형 04 합동인 직각삼각형을 이용한 피타고라스 정리

대표 문제

687

오른쪽 그림에서 네 개의 직각삼각형은 모두 합동이고 $\overline{AB}=37$ cm, $\overline{CR}=12$ cm일 때, □PQRS의 넓이를 구하시오.

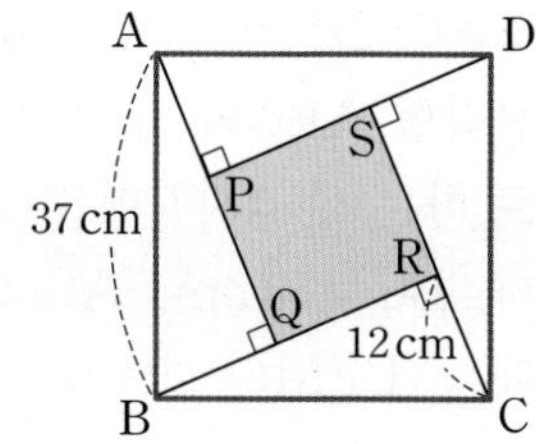

688

오른쪽 그림에서 네 개의 직각삼각형은 모두 합동이다. $\overline{BC}=15$ cm, $\overline{BF}=9$ cm일 때, $\overline{EF}$의 길이를 구하시오.

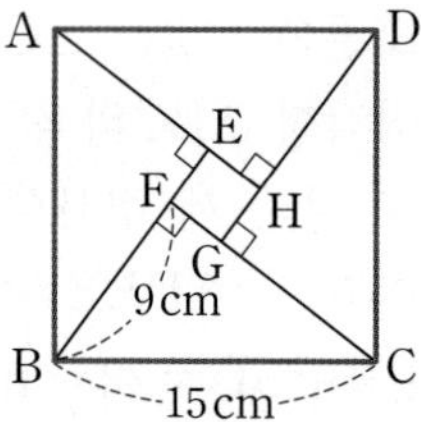

689

오른쪽 그림에서 두 직각삼각형 ABC와 CDE는 합동이고, 세 점 B, C, D는 한 직선 위에 있다. $\overline{AB}=12$ cm, $\overline{DE}=5$ cm일 때, △ACE의 넓이는?

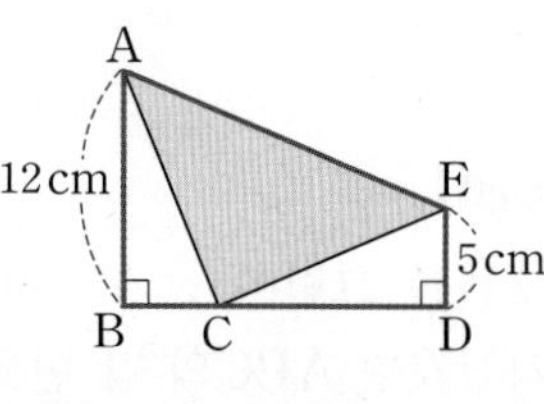

① 83 cm^2　② $\frac{167}{2}$ cm^2　③ 84 cm^2　④ $\frac{169}{2}$ cm^2　⑤ 85 cm^2

유형 05 직사각형의 대각선의 길이

대표 문제

690

가로의 길이와 세로의 길이의 비가 12 : 5이고, 대각선의 길이가 26 cm인 직사각형의 가로의 길이는?

① 16 cm ② 18 cm ③ 20 cm
④ 22 cm ⑤ 24 cm

691

오른쪽 그림과 같이 가로의 길이가 12 cm이고 대각선의 길이가 15 cm인 직사각형의 넓이를 구하시오.

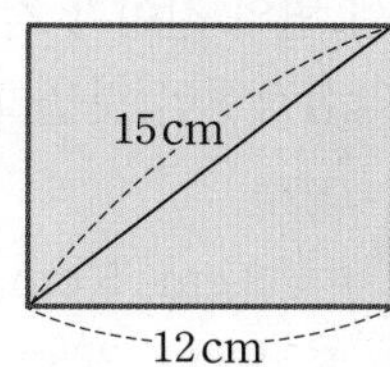

692

오른쪽 그림과 같이 가로, 세로의 길이가 각각 4 cm, 3 cm인 직사각형이 있다. 두 대각선의 교점을 O라 할 때, $\overline{OB}$의 길이를 구하시오.

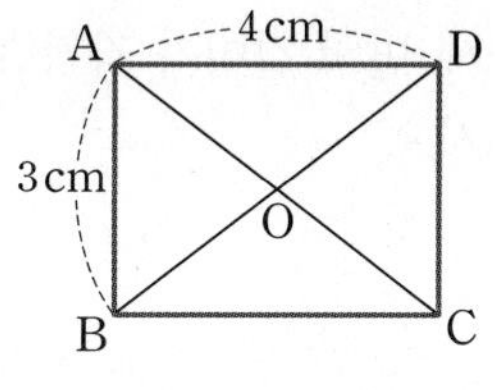

693

오른쪽 그림과 같이 반지름의 길이가 41 cm인 사분원 위의 점 C에서 $\overline{OA}$, $\overline{OB}$에 내린 수선의 발을 각각 D, E라 하자. $\overline{CD}=40$ cm일 때, □ODCE의 넓이를 구하시오.

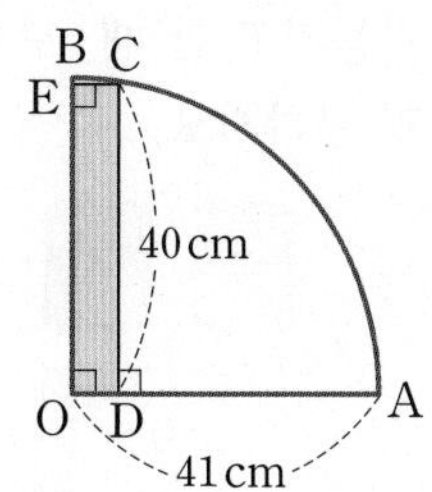

유형 06 삼각형에서 피타고라스 정리의 이용

대표 문제

694

오른쪽 그림과 같은 △ABC에서 $\overline{AD}\perp\overline{BC}$일 때, $y-x$의 값을 구하시오.

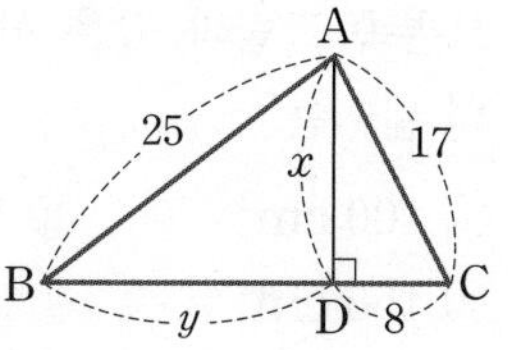

695

오른쪽 그림과 같은 △ABC에서 $\overline{AD}\perp\overline{BC}$일 때, $\overline{AC}$의 길이를 구하시오.

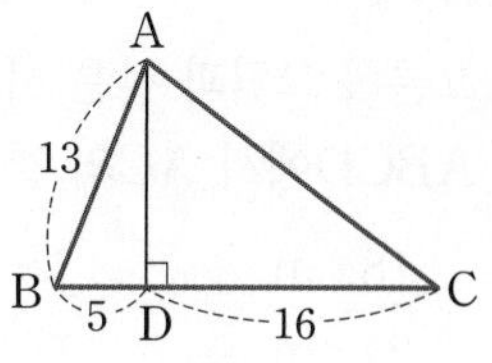

696

오른쪽 그림과 같이 ∠B=90°인 직각삼각형 ABC에서 xy의 값을 구하시오.

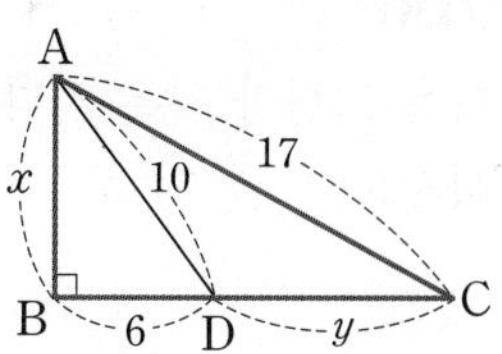

697

오른쪽 그림과 같이 ∠C=90°인 직각삼각형 ABC의 변 BC 위에 $\overline{AD}$: $\overline{BD}$=13 : 11이 되도록 점 D를 잡았다. △ADC의 넓이가 30 cm^{2}이고 $\overline{AC}=12$ cm일 때, $\overline{AB}$의 길이를 구하시오.

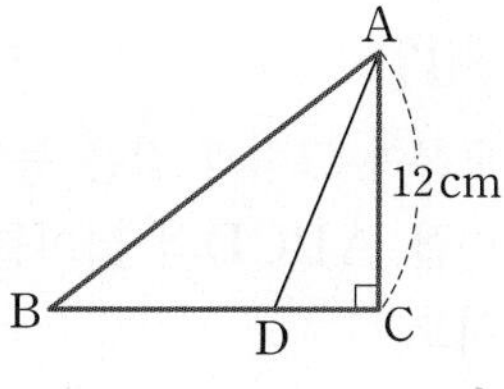

유형 07 사다리꼴에서 피타고라스 정리의 이용

대표 문제

698

오른쪽 그림과 같은 사다리꼴 ABCD의 넓이는?

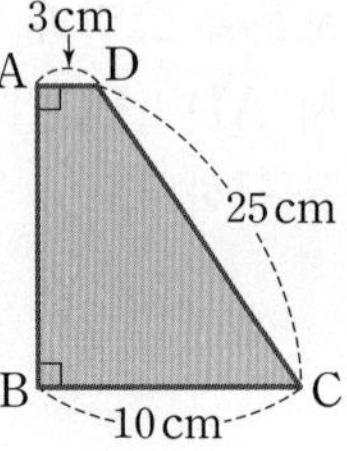

① 100 cm^2 ② 126 cm^2
③ 156 cm^2 ④ 256 cm^2
⑤ 312 cm^2

699

오른쪽 그림과 같은 사다리꼴 ABCD에서 $\overline{AC}$의 길이는?

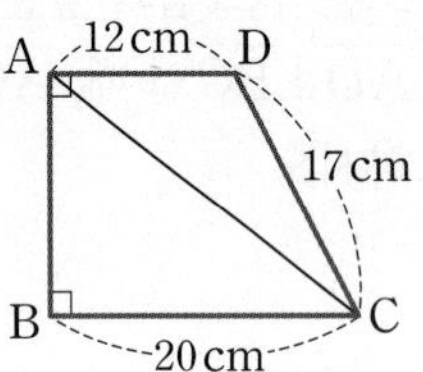

① 18 cm ② 21 cm
③ 24 cm ④ 25 cm
⑤ 28 cm

700

다음 그림과 같은 사다리꼴 ABCD에서 $\overline{AB}^2$의 값을 구하시오.

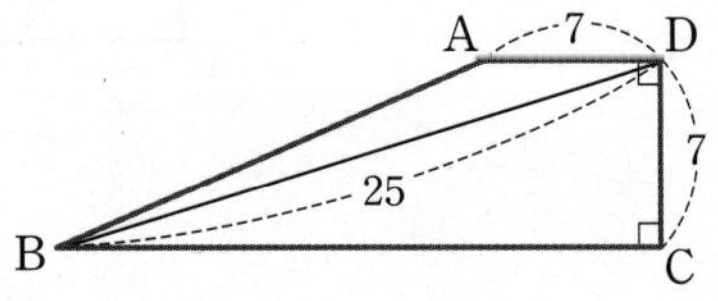

701

오른쪽 그림과 같은 등변사다리꼴 ABCD의 넓이를 구하시오.

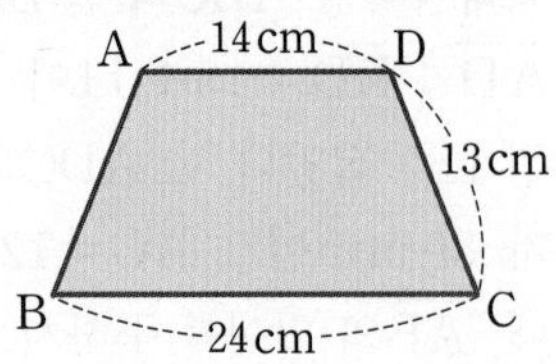

유형 08 직각삼각형이 되는 조건

대표 문제

702

세 변의 길이가 각각 다음과 같은 삼각형 중에서 직각삼각형이 아닌 것은?

① 6, 8, 10 ② 7, 8, 9 ③ 7, 24, 25
④ 8, 15, 17 ⑤ 9, 40, 41

703

세 변의 길이가 각각 다음 보기와 같은 삼각형 중에서 직각삼각형인 것을 고르시오.

보기

ㄱ. 3 cm, 5 cm, 7 cm ㄴ. 12 cm, 16 cm, 20 cm
ㄷ. 9 cm, 20 cm, 21 cm ㄹ. 8 cm, 13 cm, 15 cm

704

세 변의 길이가 각각 10, 24, 26인 삼각형의 넓이를 구하시오.

705

다음 그림과 같이 3부터 15까지의 자연수가 각각 하나씩 적혀 있는 13장의 카드가 있다. 이 카드 중 서로 다른 세 장을 뽑아서 세 자연수를 변의 길이로 하는 직각삼각형을 만들려고 할 때, 모두 몇 개의 직각삼각형을 만들 수 있는지 구하시오.

Theme 17 피타고라스 정리와 도형

유형북 127쪽

유형 09 삼각형의 변의 길이와 각의 크기 사이의 관계

대표 문제

706

세 변의 길이가 각각 다음과 같은 삼각형 중에서 예각삼각형인 것을 모두 고르면? (정답 2개)

① 2, 3, 4 ② 5, 7, 8 ③ 6, 7, 10
④ 9, 9, 10 ⑤ 9, 12, 15

707

△ABC의 세 변의 길이가 $\overline{AB}=3\text{ cm}$, $\overline{BC}=5\text{ cm}$, $\overline{CA}=7\text{ cm}$일 때, △ABC는 어떤 삼각형인가?

① $\angle A=90^\circ$인 직각삼각형
② $\angle A>90^\circ$인 둔각삼각형
③ $\angle B>90^\circ$인 둔각삼각형
④ $\angle C=90^\circ$인 직각삼각형
⑤ 예각삼각형

708

△ABC에서 $\overline{BC}^2>\overline{AB}^2+\overline{CA}^2$일 때, 다음 중 옳은 것은?

① $\angle A>90^\circ$
② $\angle B=90^\circ$
③ $\angle A<\angle C$
④ $\angle C=90^\circ$
⑤ $\angle A+\angle B=\angle C$

709

△ABC에서 $\overline{AB}=c$, $\overline{BC}=a$, $\overline{CA}=b$일 때, 다음 중 옳은 것을 모두 고르면? (정답 2개)

① $a^2=b^2+c^2$이면 △ABC는 $\angle A=90^\circ$인 직각삼각형이다.
② $a^2<b^2+c^2$이면 △ABC는 예각삼각형이다.
③ $b^2>a^2+c^2$이면 △ABC는 예각삼각형이다.
④ $a^2<b^2+c^2$이면 $\angle A<90^\circ$이다.
⑤ $c^2>a^2+b^2$이면 $\angle C<\angle A$이다.

710

오른쪽 그림과 같은 삼각형에 대하여 다음 중 옳은 것을 모두 고르면? (정답 2개)

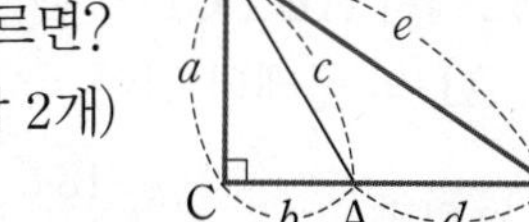

① $a^2+b^2<c^2$
② $a^2+d^2=e^2$
③ $c^2+d^2<e^2$
④ $a^2+b^2>e^2$
⑤ $a^2+(b+d)^2=e^2$

711

오른쪽 그림과 같은 △ABC에서 $90^\circ<\angle B<180^\circ$일 때, x의 값이 될 수 있는 모든 자연수의 합을 구하시오.

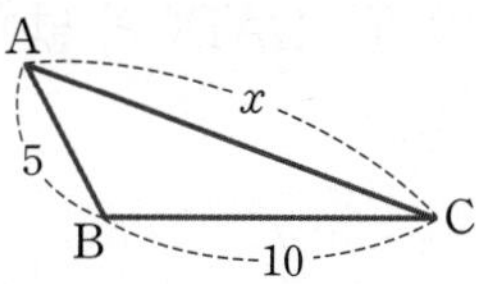

유형 10 직각삼각형의 닮음을 이용한 성질

대표 문제

712

오른쪽 그림과 같이 $\angle A=90°$인 직각삼각형 ABC에서 $\overline{AH}\perp\overline{BC}$일 때, $\overline{CH}$의 길이는?

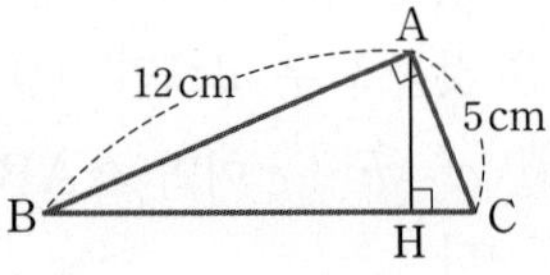

① $\frac{25}{13}$ cm ② 2 cm ③ $\frac{27}{13}$ cm
④ $\frac{28}{13}$ cm ⑤ $\frac{29}{13}$ cm

713

오른쪽 그림과 같이 $\angle C=90°$인 직각삼각형 ABC에서 $\overline{AB}\perp\overline{CD}$일 때, $\triangle CAD$의 둘레의 길이는?

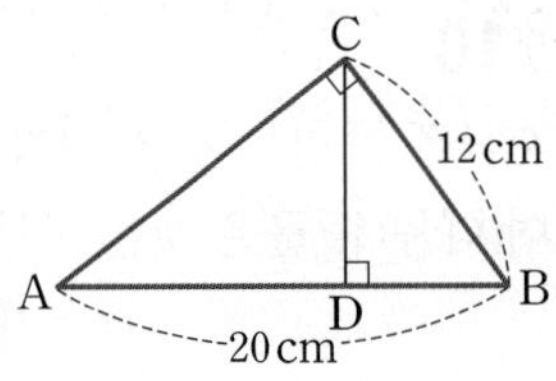

① 36 cm ② $\frac{184}{5}$ cm
③ $\frac{188}{5}$ cm ④ $\frac{192}{5}$ cm
⑤ $\frac{196}{5}$ cm

714

오른쪽 그림과 같이 $\angle C=90°$인 직각삼각형 ABC에서 $\overline{AB}\perp\overline{CD}$일 때, $\triangle ADC$의 넓이를 구하시오.

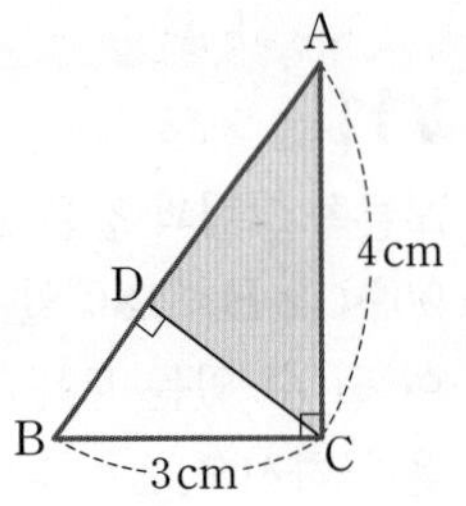

유형 11 피타고라스 정리를 이용한 직각삼각형의 성질

대표 문제

715

오른쪽 그림과 같이 $\angle A=90°$인 직각삼각형 ABC에서 $\overline{BC}=15$ cm, $\overline{BE}=9$ cm, $\overline{DE}=5$ cm일 때, $\overline{CD}$의 길이를 구하시오.

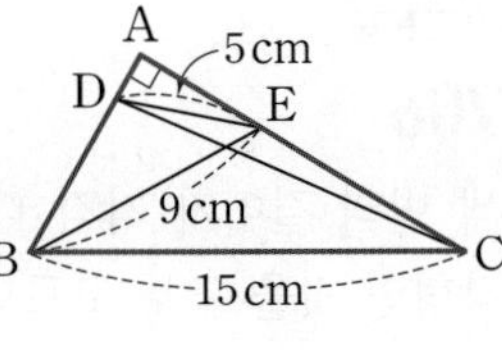

716

오른쪽 그림과 같이 $\angle B=90°$인 직각삼각형 ABC에서 $\overline{AE}=9$, $\overline{CD}=7$일 때, $\overline{AC}^2+\overline{DE}^2$의 값은?

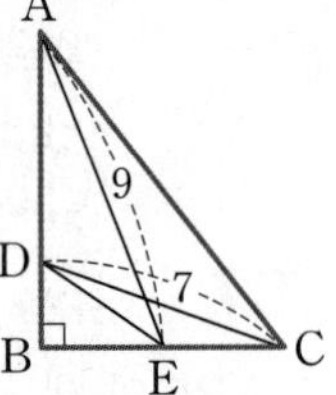

① 124 ② 126
③ 128 ④ 130
⑤ 132

717

오른쪽 그림과 같이 $\angle A=90°$인 직각삼각형 ABC에서 $\overline{AB}=5$, $\overline{AC}=7$, $\overline{DE}=4$일 때, $\overline{BE}^2+\overline{CD}^2$의 값을 구하시오.

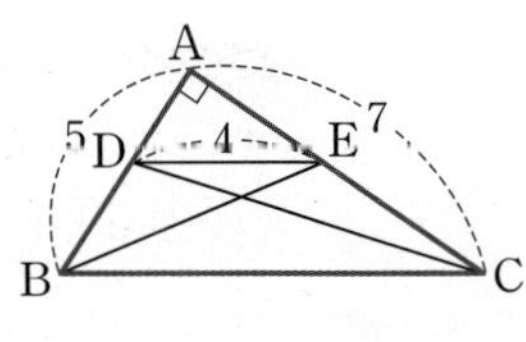

718

오른쪽 그림과 같이 $\angle B=90°$인 직각삼각형 ABC에서 두 점 D, E는 각각 $\overline{AB}$, $\overline{BC}$의 중점이다. $\overline{AC}=22$일 때, $\overline{AE}^2+\overline{CD}^2$의 값을 구하시오.

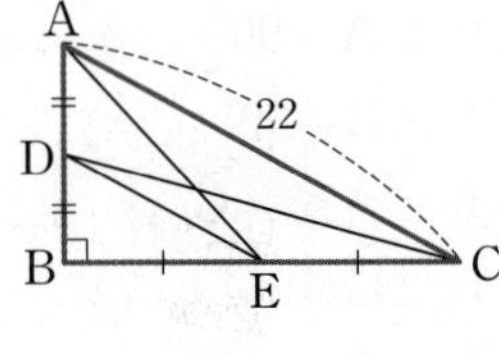

유형 12 피타고라스 정리를 이용한 사각형의 성질

대표 문제

719

오른쪽 그림과 같이 두 대각선이 직교하는 □ABCD에서 $\overline{AB}=5$, $\overline{CD}=8$일 때, $\overline{BC}^2+\overline{AD}^2$의 값은?

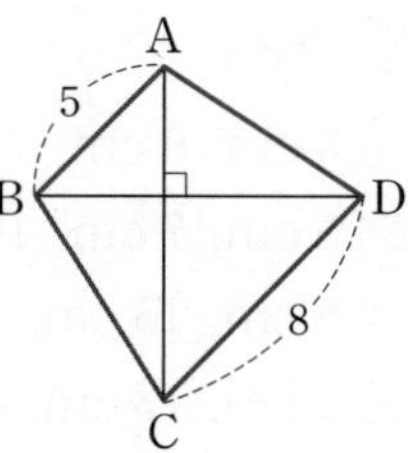

① 81 ② 85 ③ 89 ④ 93 ⑤ 97

720

오른쪽 그림과 같이 □ABCD의 두 대각선이 점 O에서 직교할 때, $\overline{AB}^2+\overline{CD}^2$의 값을 구하시오.

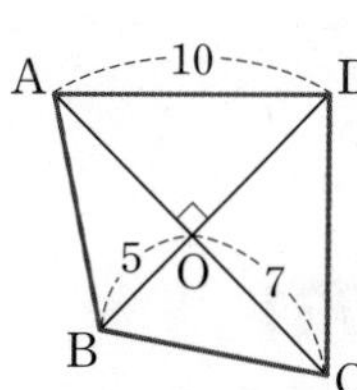

721

오른쪽 그림과 같이 직사각형 ABCD의 내부의 한 점 P에 대하여 $\overline{AP}=5$ cm, $\overline{BP}=9$ cm, $\overline{DP}=13$ cm일 때, $\overline{CP}$의 길이를 구하시오.

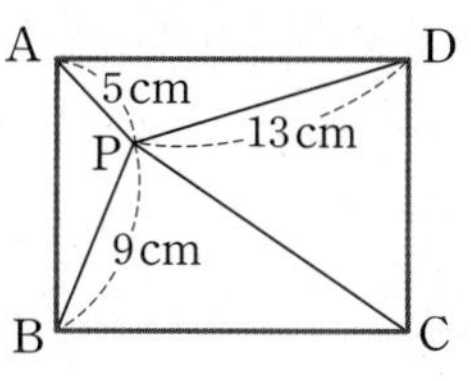

722

오른쪽 그림과 같이 □ABCD의 두 대각선이 직교할 때, x^2+y^2의 값을 구하시오.

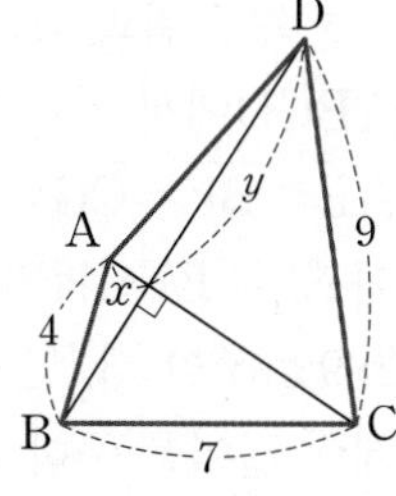

유형 13 직각삼각형의 세 반원 사이의 관계

대표 문제

723

오른쪽 그림과 같이 ∠C=90°인 직각삼각형 ABC의 각 변을 지름으로 하는 세 반원을 그렸다. $\overline{AB}$를 지름으로 하는 반원의 넓이가 $\frac{69}{2}\pi$ cm^{2}이고 $\overline{AC}=10$ cm일 때, $\overline{BC}$를 지름으로 하는 반원의 넓이는?

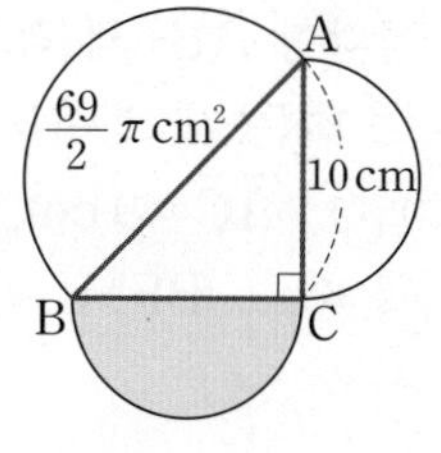

① 18π cm^2 ② 20π cm^2 ③ 22π cm^2 ④ 24π cm^2 ⑤ 26π cm^2

724

오른쪽 그림은 ∠A=90°인 직각삼각형 ABC의 각 변을 지름으로 하는 세 반원을 그린 것이다. $\overline{AB}=12$ cm, $\overline{AC}=9$ cm일 때, 색칠한 부분의 넓이를 구하시오.

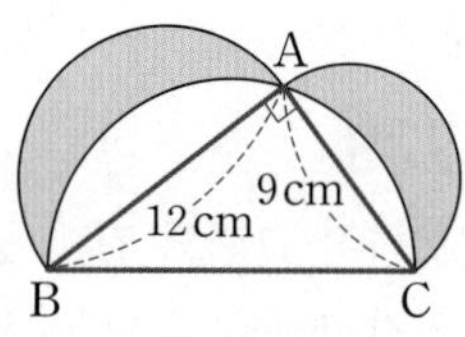

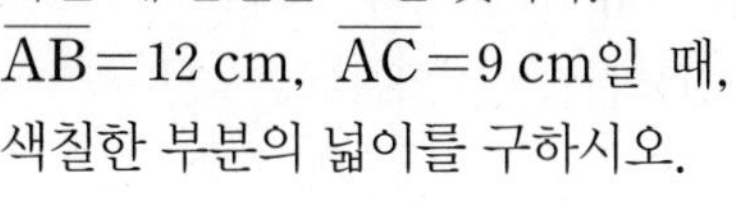

725

오른쪽 그림과 같이 ∠A=90°인 직각삼각형 ABC가 있다. $\overline{AB}$와 $\overline{AC}$를 지름으로 하는 두 반원의 넓이가 각각 6π cm^2, 2π cm^{2}일 때, $\overline{BC}$의 길이를 구하시오.

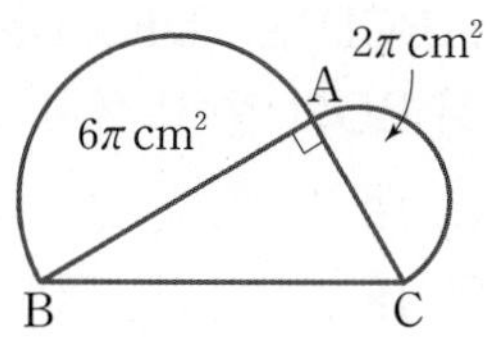

726

오른쪽 그림은 ∠A=90°인 직각삼각형 ABC의 각 변을 한 변으로 하는 세 정사각형을 그린 것이다. $\overline{AC}$=9 cm, $\overline{BC}$=15 cm일 때, □BFML의 넓이를 구하시오.

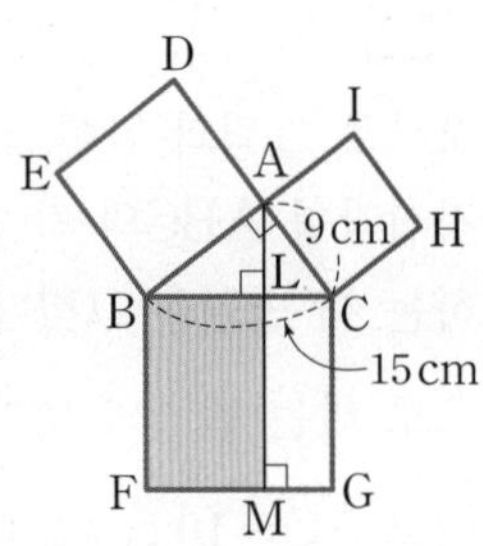

727

오른쪽 그림과 같은 □ABCD에서 ∠A=∠C=90°이고 $\overline{AB}$=24 cm, $\overline{AD}$=7 cm, $\overline{CD}$=15 cm일 때, $\overline{BC}$의 길이를 구하시오.

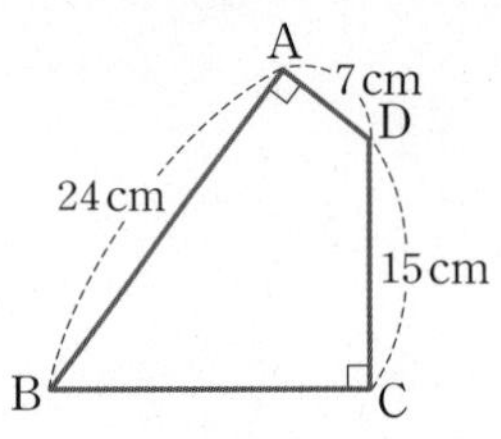

728

오른쪽 그림과 같이 ∠B=90°인 직각삼각형 ABC에서 $\overline{CD}$의 길이는?

① 7 ② 8
③ 9 ④ 10
⑤ 11

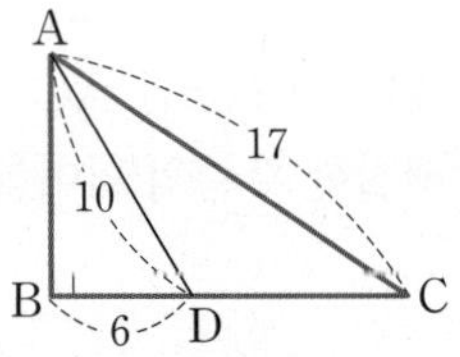

729

오른쪽 그림과 같은 평행사변형 ABCD에서 $\overline{DE}\perp\overline{BE}$일 때, 대각선 BD의 길이는?

① 16 ② 17
③ 18 ④ 19
⑤ 20

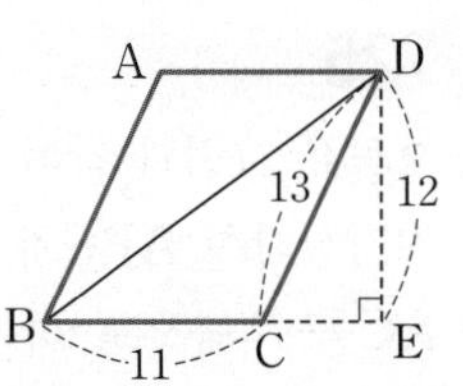

730

세 변의 길이가 각각 다음과 같은 삼각형 중 직각삼각형인 것은?

① 4 cm, 6 cm, 7 cm
② 5 cm, 7 cm, 10 cm
③ 8 cm, 15 cm, 17 cm
④ 5 cm, 13 cm, 17 cm
⑤ 8 cm, 16 cm, 17 cm

731

오른쪽 그림과 같이 한 변의 길이가 10 cm인 정사각형 모양의 종이의 한 귀퉁이를 일직선으로 잘라 내었다. 이때 x의 값을 구하시오.

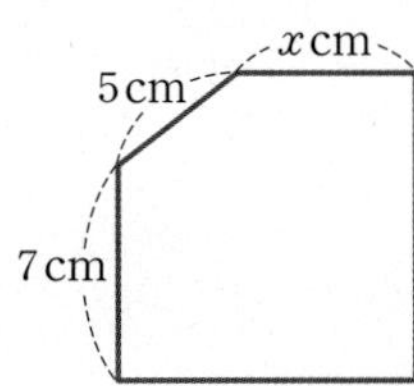

실력 UP

732

오른쪽 그림과 같은 정사각형 ABCD에서 $\overline{AE}=\overline{BF}=\overline{CG}=\overline{DH}$=15 cm이고, □EFGH의 넓이가 289 cm²일 때, □ABCD의 둘레의 길이를 구하시오.

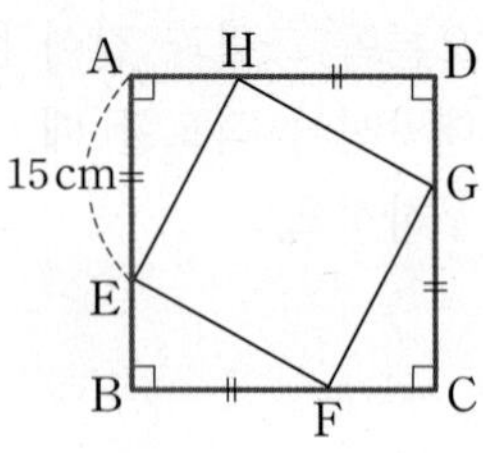

733
오른쪽 그림과 같은 이등변삼각형 ABC에서 $\overline{AH}\perp\overline{BC}$일 때, $\overline{AH}$의 길이를 구하시오.

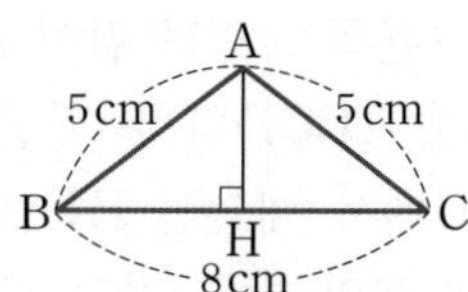

734
오른쪽 그림은 $\angle A=90°$인 직각삼각형 ABC의 각 변을 한 변으로 하는 세 정사각형을 그린 것이다. $\overline{AB}=8$ cm, $\overline{BC}=10$ cm일 때, 다음 중 옳지 않은 것은?

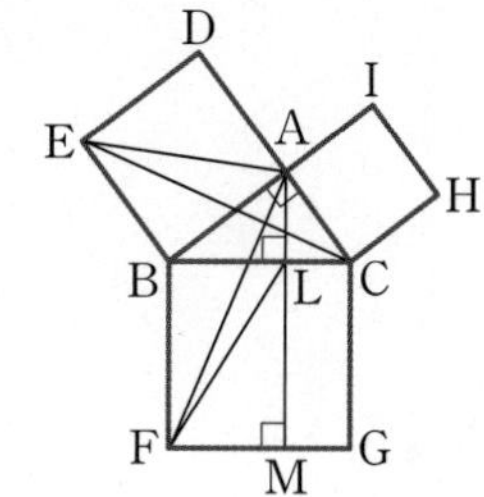

① $\triangle ABF=32\text{ cm}^2$
② $\square LMGC=36\text{ cm}^2$
③ $\triangle EBC=\triangle ABC$
④ $\triangle EBC=\frac{1}{2}\square BFML$
⑤ $\triangle EBA=\triangle LBF$

735
오른쪽 그림에서 네 개의 직각삼각형은 모두 합동이고 $\overline{AB}=15$ cm, $\overline{AP}=9$ cm일 때, $\square PQRS$의 넓이를 구하시오.

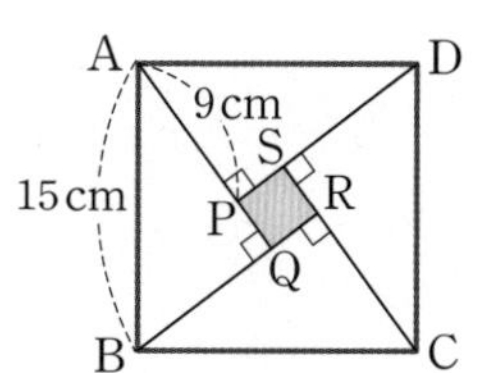

736
오른쪽 그림의 $\square ABCD$에서 $\angle B=\angle D=90°$이고 $\overline{AB}=15$, $\overline{BC}=20$, $\overline{AD}=7$일 때, x의 값을 구하시오.

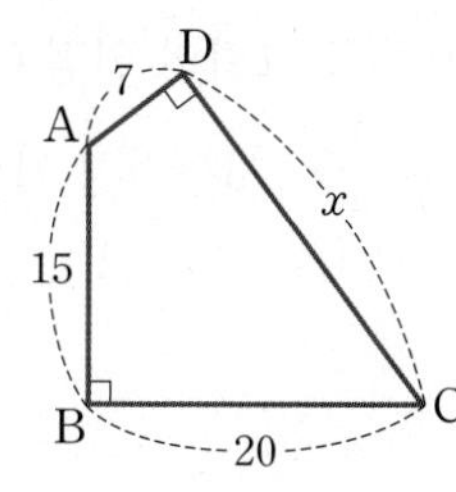

737
오른쪽 그림과 같이 가로, 세로의 길이가 각각 24 cm, 10 cm인 직사각형 ABCD의 각 변의 중점을 연결하여 만든 $\square EFGH$의 둘레의 길이는?

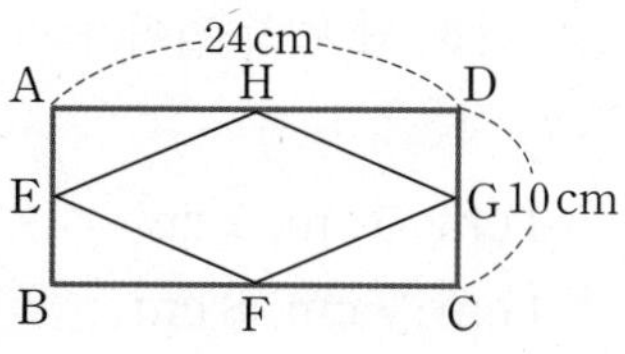

① 50 cm ② 52 cm ③ 54 cm
④ 56 cm ⑤ 58 cm

738
오른쪽 그림에서 $\triangle ABC\equiv\triangle CED$이고 세 점 B, C, E는 한 직선 위에 있다. $\overline{AB}=8$ cm, $\triangle ACD=50\text{ cm}^2$일 때, 사다리꼴 ABED의 넓이를 구하시오.

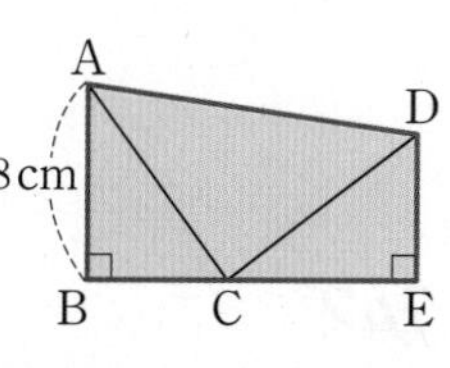

실력 UP

739
오른쪽 그림과 같이 밑면의 반지름의 길이가 5 cm이고 높이가 15π cm인 원기둥이 있다. 점 A에서 출발하여 옆면을 따라 두 바퀴 돌아 점 B에 이르는 최단 거리를 구하시오.

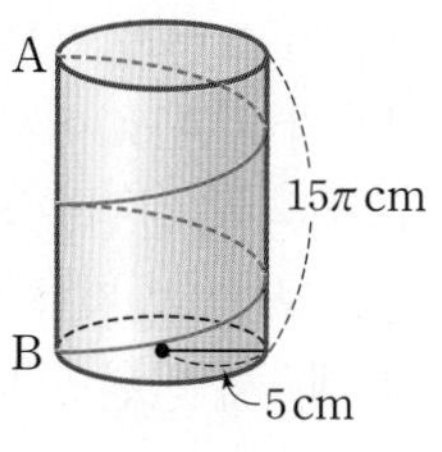

740

삼각형의 세 변의 길이가 각각 다음과 같을 때, 예각삼각형인 것은?

① 3 cm, 5 cm, 7 cm ② 3 cm, 4 cm, 5 cm
③ 4 cm, 7 cm, 8 cm ④ 6 cm, 6 cm, 10 cm
⑤ 6 cm, 8 cm, 11 cm

741

오른쪽 그림과 같이 $\angle A=90°$인 직각삼각형 ABC에서 $\overline{AD}\perp\overline{BC}$일 때, $\overline{CD}$의 길이를 구하시오.

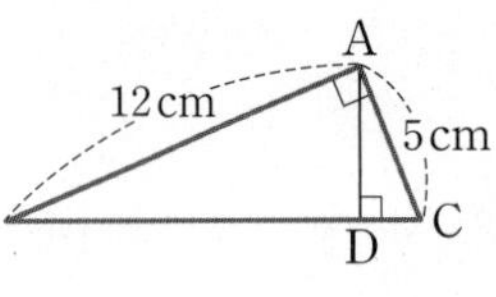

742

오른쪽 그림과 같이 두 대각선이 직교하는 □ABCD에서 $\overline{AD}=5$, $\overline{BC}=7$일 때, $\overline{AB}^2+\overline{CD}^2$의 값은?

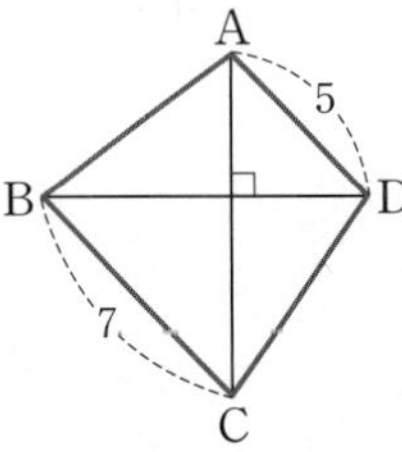

① 66 ② 68
③ 70 ④ 72
⑤ 74

743

오른쪽 그림과 같이 $\angle A=90°$인 직각삼각형 ABC에서 각 변을 지름으로 하는 세 반원을 P, Q, R라 하자. 반원 R의 반지름의 길이가 6 cm일 때, 세 반원의 넓이의 합을 구하시오.

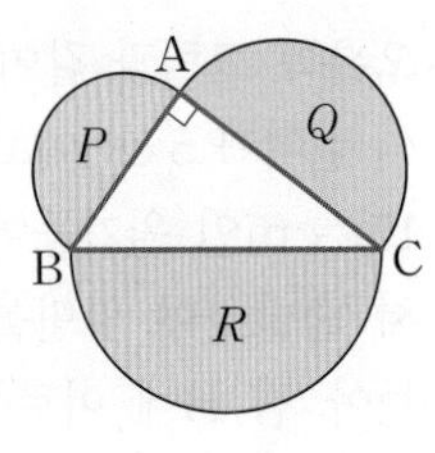

744

오른쪽 그림과 같이 직사각형 ABCD의 두 꼭짓점 A, C에서 대각선 BD에 내린 수선의 발을 각각 E, F라 할 때, $\overline{EF}$의 길이를 구하시오.

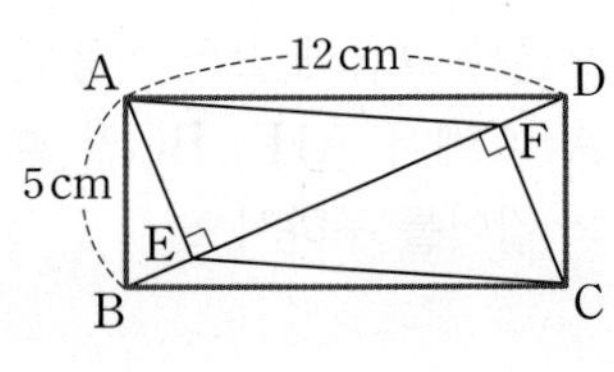

745

오른쪽 그림과 같이 $\angle B=90°$인 직각삼각형 ABC에서 두 점 D, E는 각각 $\overline{AB}$, $\overline{BC}$의 중점이다. $\overline{AC}=10$일 때, $\overline{AE}^2+\overline{CD}^2$의 값은?

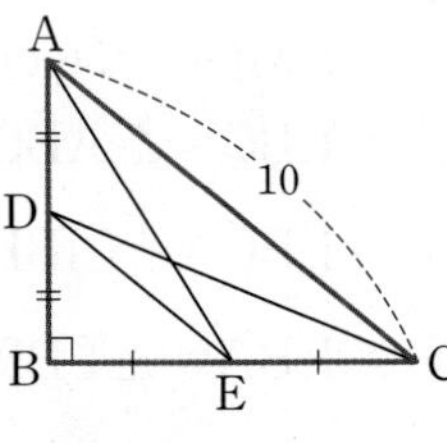

① 75 ② 100 ③ 121
④ 125 ⑤ 210

실력 UP

746

오른쪽 그림의 원점 O에서 직선 $y=\frac{3}{4}x-3$까지의 거리를 구하시오.

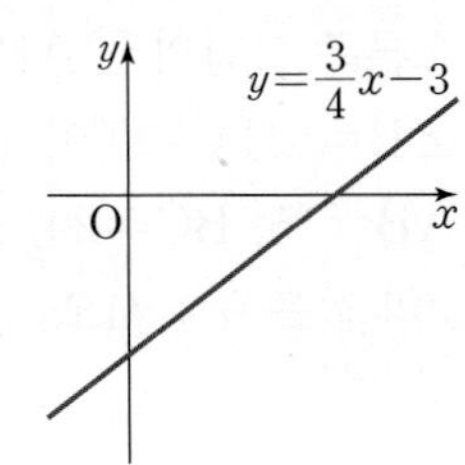

747

$\triangle ABC$에서 $\overline{AB}=c$, $\overline{BC}=a$, $\overline{CA}=b$일 때, 다음 중 옳지 않은 것은?

① $a^2>b^2+c^2$이면 $\angle A$는 둔각이다.
② $a^2<b^2+c^2$이면 $\angle A$는 예각이다.
③ $a^2=b^2+c^2$이면 $\angle A$는 직각이다.
④ $c^2>a^2+b^2$이면 $\angle C$는 예각이다.
⑤ $b^2>a^2+c^2$이면 $\angle B$는 둔각이다.

748

다음 보기에서 세 변의 길이가 각각 7 cm, 13 cm, x cm인 삼각형이 둔각삼각형이 되도록 하는 x의 값이 될 수 있는 것은 모두 몇 개인지 구하시오.

보기
ㄱ. 7　　ㄴ. 8　　ㄷ. 10
ㄹ. 12　　ㅁ. 14　　ㅂ. 15

749

오른쪽 그림과 같이 $\angle C=90°$인 직각삼각형 ABC에서 $\overline{DE}=3$, $\overline{AB}=10$일 때, $\overline{AE}^2+\overline{BD}^2$의 값을 구하시오.

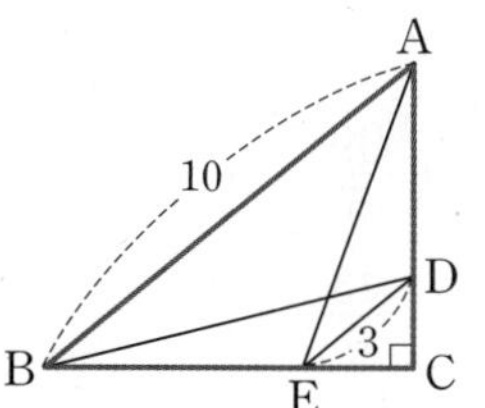

750

오른쪽 그림과 같이 $\overline{AC}\perp\overline{BD}$인 □ABCD에서 $\overline{BC}=6$ cm, $\overline{CD}=11$ cm일 때, y^2-x^2의 값을 구하시오.

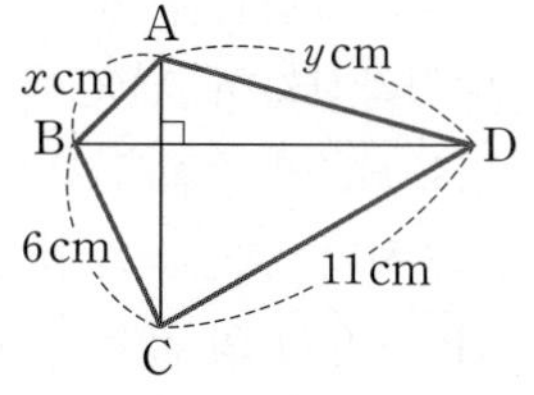

751

오른쪽 그림과 같이 $\angle C=90°$인 직각삼각형 ABC의 각 변을 지름으로 하는 세 반원을 그렸다. $\overline{AB}$를 지름으로 하는 반원의 넓이가 34π cm^{2}이고 $\overline{AC}=12$ cm일 때, $\overline{BC}$를 지름으로 하는 반원의 넓이를 구하시오.

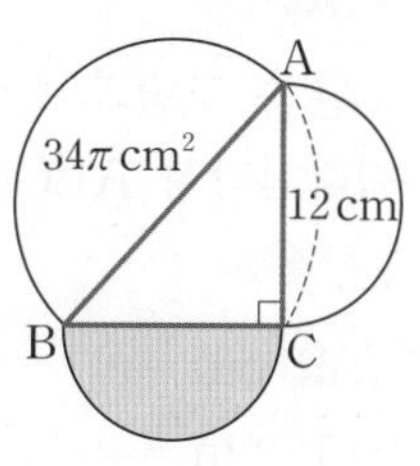

752

오른쪽 그림과 같이 $\angle A=90°$인 직각삼각형 ABC에서 $\overline{AH}\perp\overline{BC}$이고, $\overline{BC}$의 중점을 M이라 할 때, $\overline{HM}$의 길이는?

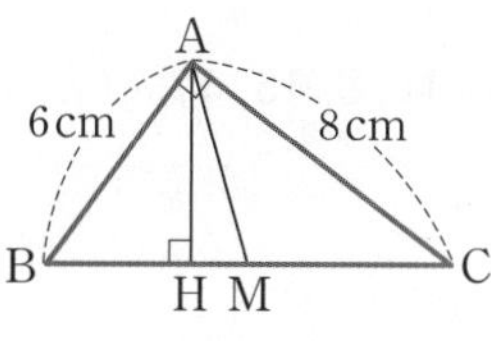

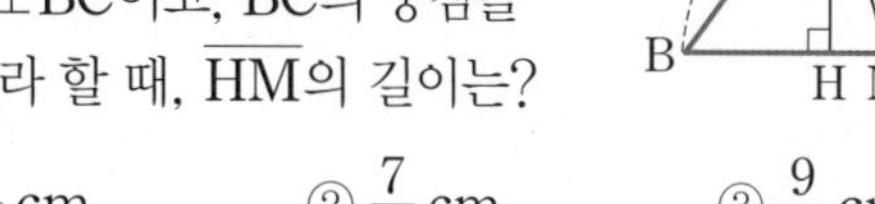

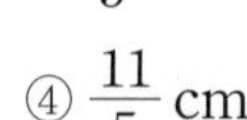

⑤ $\frac{13}{5}$ cm

실력 UP

753

오른쪽 그림과 같이 $\overline{AB}=6$, $\overline{BC}=8$인 직사각형 ABCD의 꼭짓점 C에서 대각선 BD에 내린 수선의 발을 P라 하자. $\overline{BP}:\overline{DP}=16:9$일 때, $\overline{AP}^2+\overline{CP}^2$의 값을 구하시오.

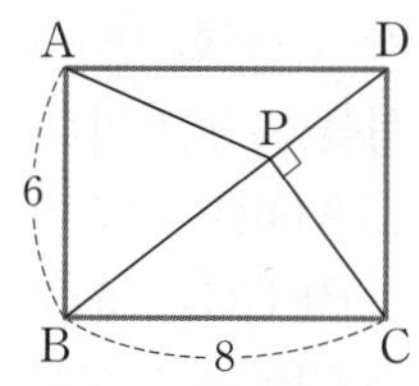

754

오른쪽 그림과 같이 ∠B=90°인 직각삼각형 ABC에서 $\overline{BC}$의 길이는?

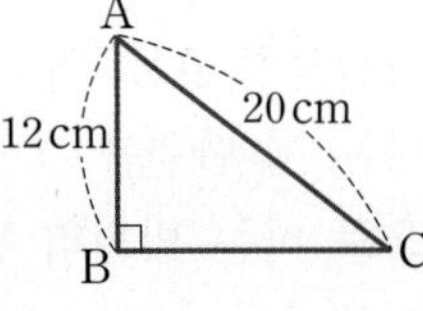

① 13 cm ② 14 cm ③ 15 cm ④ 16 cm ⑤ 17 cm

755

세 변의 길이가 각각 다음 보기와 같은 삼각형 중에서 직각삼각형인 것은 모두 몇 개인지 구하시오.

보기
ㄱ. 2, 3, 4　　ㄴ. 6, 8, 10
ㄷ. 5, 6, 7　　ㄹ. 3, 5, 7
ㅁ. 8, 15, 17　　ㅂ. 9, 10, 12

756

세 변의 길이가 각각 다음과 같은 삼각형 중에서 예각삼각형인 것은?

① 2, 3, 4 ② 5, 7, 8 ③ 5, 6, 10 ④ 9, 12, 17 ⑤ 5, 11, 13

757

오른쪽 그림은 직각삼각형 ABC의 각 변을 한 변으로 하는 세 정사각형을 그린 것이다.
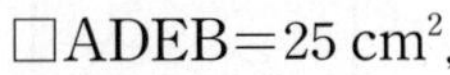
□ADEB=25 cm^2,
□BFGC=16 cm^2일 때,
△ABC의 넓이를 구하시오.

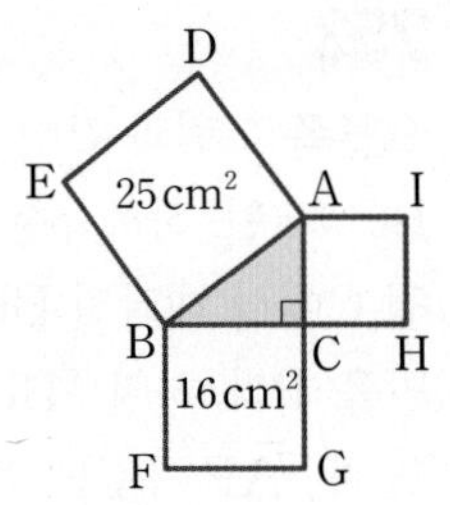

758

오른쪽 그림과 같은 평행사변형 ABCD에서 $\overline{DH}\perp\overline{BH}$이고 $\overline{BC}$=9 cm, $\overline{DC}$=10 cm, $\overline{DH}$=8 cm일 때, $\overline{BD}$의 길이를 구하시오.

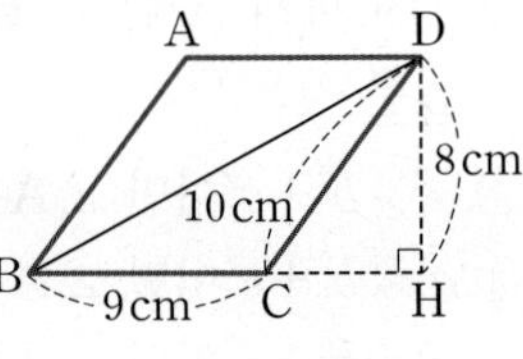

759

오른쪽 그림과 같은 사다리꼴 ABCD의 넓이는?

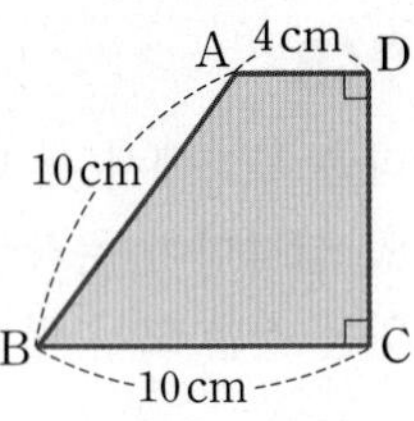

① 52 cm^2 ② 54 cm^2 ③ 56 cm^2 ④ 58 cm^2 ⑤ 60 cm^2

760

오른쪽 그림과 같은 직사각형 ABCD에서 $x-y$의 값은?

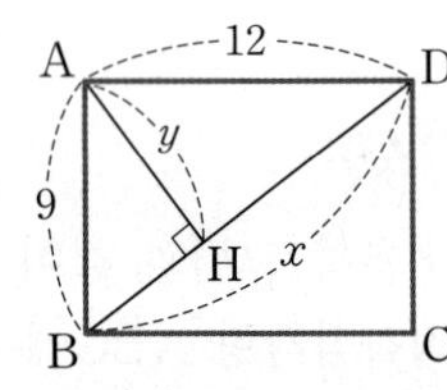

① 7 ② $\frac{37}{5}$ ③ $\frac{39}{5}$ ④ $\frac{41}{5}$ 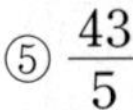 ⑤ $\frac{43}{5}$

761

오른쪽 그림과 같이 ∠B=90°인 직각삼각형 ABC에서 $\overline{AB}$, $\overline{BC}$의 중점을 각각 D, E라 하자. $\overline{AC}$=12일 때, $\overline{AE}^2+\overline{CD}^2$의 값을 구하시오.

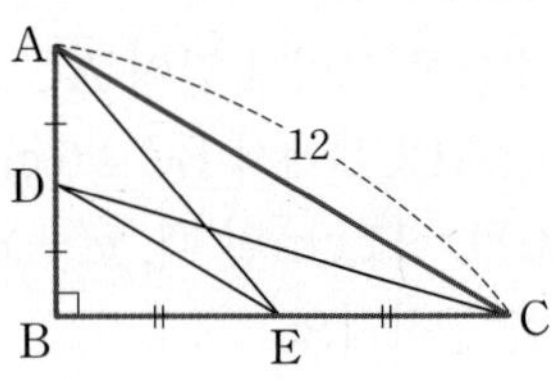

762

오른쪽 그림과 같이 □ABCD의 두 대각선이 직교할 때, $\overline{CD}^2-\overline{BC}^2$의 값은?

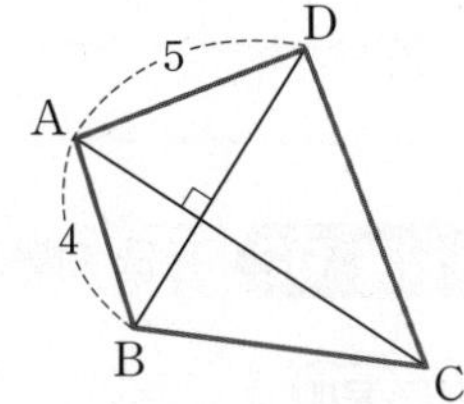

① 8　　② 9
③ 10　　④ 11
⑤ 12

763

오른쪽 그림은 ∠A=90°인 직각삼각형 ABC의 각 변을 한 변으로 하는 세 정사각형을 그린 것이다. 다음 중 옳지 않은 것은?

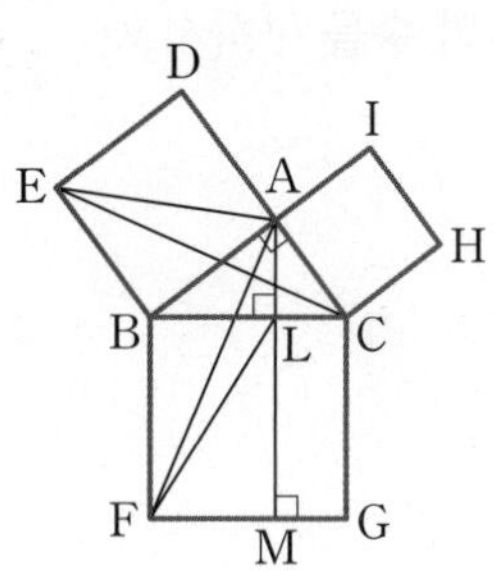

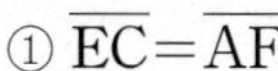
① $\overline{EC}=\overline{AF}$
② △BFL$=\overline{AB}^2$
③ △EBC=△LFM
④ △EBC$=\frac{1}{2}$□ADEB
⑤ □BFGC$=\overline{AB}^2+\overline{AC}^2$

764

오른쪽 그림에서 □ABCD는 한 변의 길이가 6 cm인 정사각형이고 $\overline{AH}=\overline{BE}=\overline{CF}=\overline{DG}=4$ cm일 때, □EFGH의 넓이를 구하시오.

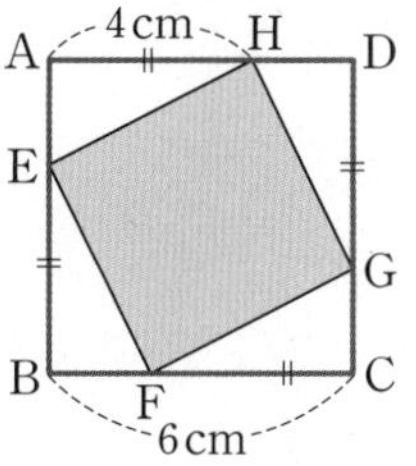

765

오른쪽 그림에서 □ABCD는 한 변의 길이가 13 cm인 정사각형이고 $\overline{AP}=\overline{BQ}=\overline{CR}=\overline{DS}=5$ cm일 때, □PQRS의 넓이를 구하시오.

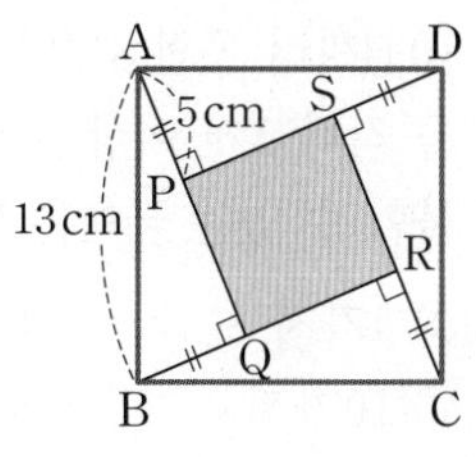

서술형 문제

766

오른쪽 그림과 같이 반지름의 길이가 10 cm인 구를 중심으로부터 8 cm 떨어진 평면으로 자를 때 생기는 단면의 넓이를 구하시오.

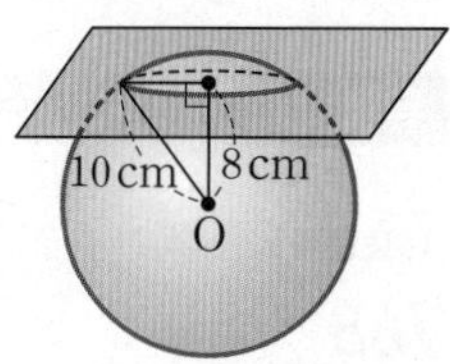

〈풀이〉

767

오른쪽 그림과 같이 ∠A=90°인 직각삼각형 ABC에서 $\overline{AB}$, $\overline{AC}$, $\overline{BC}$를 지름으로 하는 반원의 넓이를 각각 S_1, S_2, S_3이라 하고 △ABC의 넓이를 S_4라 하자. $\overline{AB}=12$, $S_3=50\pi$일 때, S_1+S_4의 값을 구하시오.

〈풀이〉

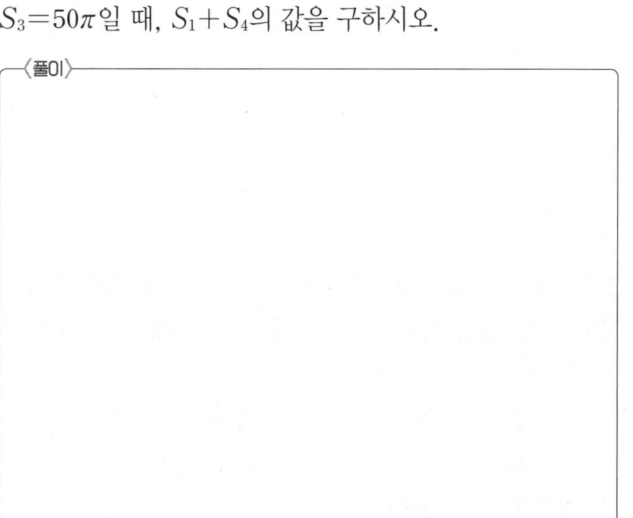

08 피타고라스 정리

Theme 18 경우의 수

유형북 140쪽

유형 01 경우의 수 – 동전 또는 주사위 던지기, 수 뽑기

대표 문제

768
서로 다른 두 개의 주사위를 동시에 던질 때, 나오는 눈의 수의 합이 7인 경우의 수를 구하시오.

769
1부터 20까지의 자연수가 각각 하나씩 적힌 공이 20개 들어 있는 주머니에서 공 한 개를 꺼낼 때, 공에 적힌 수가 소수인 경우의 수를 구하시오.

770
서로 다른 네 개의 동전을 동시에 던질 때, 앞면이 2개, 뒷면이 2개 나오는 경우의 수를 구하시오.

771
1부터 15까지의 자연수가 각각 하나씩 적힌 15장의 카드 중에서 한 장을 뽑을 때, 다음 중 그 경우의 수가 가장 큰 사건은?

① 7의 약수가 나온다.　② 3의 배수가 나온다.
③ 2의 배수가 나온다.　④ 홀수가 나온다.
⑤ 12의 약수가 나온다.

유형 02 돈을 지불하는 방법의 수

대표 문제

772
동우가 매점에서 1000원짜리 음료수 한 개를 사려고 한다. 50원짜리 동전 4개, 100원짜리 동전 6개, 500원짜리 동전 2개를 가지고 있을 때, 음료수 값을 지불하는 방법의 수를 구하시오.

773
50원짜리 동전 7개와 100원짜리 동전 5개가 있다. 이 동전을 각각 1개 이상 사용하여 550원을 지불하는 방법의 수를 구하시오.

774
10원짜리 동전 3개와 100원짜리 동전 4개가 있다. 이 동전을 각각 1개 이상 사용하여 거스름돈이 생기지 않도록 지불할 수 있는 금액은 모두 몇 가지인가?

① 4가지　② 6가지　③ 8가지
④ 10가지　⑤ 12가지

유형 03 여러 가지 경우의 수

대표 문제

775

길이가 각각 3, 4, 5, 6, 7인 5개의 선분 중에서 서로 다른 3개를 선택하여 삼각형을 만들 때, 만들 수 있는 삼각형의 개수를 구하시오.

776

'umbrella'에 있는 알파벳 중에서 하나를 선택할 때, 모음을 선택하는 경우의 수는?

① 2　② 3　③ 4
④ 5　⑤ 6

777

A, B, C 세 명의 학생이 가위바위보를 한 번 할 때, A 혼자 지는 경우의 수는?

① 3　② 6　③ 9
④ 12　⑤ 15

778

계단을 오르는데 한 걸음에 1개 또는 2개의 계단을 오를 수 있다고 한다. 이때 6개의 계단을 오르는 경우의 수를 구하시오.

유형 04 방정식, 부등식에서의 경우의 수

대표 문제

779

한 개의 주사위를 연속하여 두 번 던져서 처음에 나온 눈의 수를 a, 나중에 나온 눈의 수를 b라 할 때, x에 대한 방정식 $ax-b=0$의 해가 $x=3$이 되는 경우의 수를 구하시오.

780

x, y가 자연수일 때, $x+y=7$이 되는 경우의 수는?

① 6　② 7　③ 8
④ 9　⑤ 10

781

서로 다른 두 개의 주사위를 동시에 던져서 나온 눈의 수를 각각 x, y라 할 때, $3x-2y=1$이 되는 경우의 수를 구하시오.

782

서로 다른 두 개의 주사위를 동시에 던져서 나온 눈의 수를 각각 x, y라 할 때, $2x+y<8$이 되는 경우의 수는?

① 8　② 9　③ 10
④ 11　⑤ 12

유형 05 경우의 수의 합 – 주사위 던지기, 수 뽑기

대표 문제

783

한 개의 주사위를 연속하여 두 번 던질 때, 나오는 두 눈의 수의 합이 6 또는 9인 경우의 수는?

① 6 ② 7 ③ 8
④ 9 ⑤ 10

784

1부터 12까지의 자연수가 각각 하나씩 적힌 12장의 카드 중에서 한 장의 카드를 뽑을 때, 5의 배수 또는 12의 약수가 나오는 경우의 수를 구하시오.

785

서로 다른 두 개의 주사위를 동시에 던질 때, 나오는 두 눈의 수의 차가 2 또는 4인 경우의 수를 구하시오.

786

1부터 30까지의 자연수가 각각 하나씩 적힌 30장의 카드가 있다. 이 중에서 한 장의 카드를 뽑을 때, 3의 배수 또는 4의 배수가 나오는 경우의 수를 구하시오.

유형 06 경우의 수의 합 – 교통수단, 물건 선택하기

대표 문제

787

오른쪽 표는 A 도시에서 B 도시까지 가는 기차와 고속버스 시간표이다. 이때 A 도시에서 B 도시까지 기차 또는 고속버스를 타고 가는 경우의 수는?

기차	고속버스
오전 9시 오후 12시 오후 3시 오후 6시	오전 8시 오전 10시 오후 2시 오후 4시 오후 8시

① 8 ② 9
③ 10 ④ 11
⑤ 12

788

음식점에 후식으로 아이스크림 5종류, 음료 4종류, 케이크 6종류가 있다. 이 중에서 한 가지를 선택하여 먹는 경우의 수를 구하시오.

789

다음 표는 국희네 반 전체 학생들의 취미를 한 개씩 조사하여 나타낸 것이다. 국희네 반 학생 중에서 한 명을 뽑을 때, 취미가 독서 또는 음악 감상인 경우의 수를 구하시오.

취미	독서	스포츠 관람	영화 감상	음악 감상
학생 수(명)	9	11	5	7

유형 07 경우의 수의 곱 – 동전 또는 주사위 던지기

대표 문제

790

주사위 1개와 서로 다른 동전 3개를 동시에 던질 때, 일어날 수 있는 모든 경우의 수는?

① 12 ② 24 ③ 36
④ 48 ⑤ 60

791

한 개의 주사위를 연속하여 두 번 던질 때, 처음에는 소수의 눈이 나오고 두 번째에는 홀수의 눈이 나오는 경우의 수를 구하시오.

792

서로 다른 동전 2개와 주사위 1개를 동시에 던질 때, 동전은 서로 같은 면이 나오고 주사위는 6의 약수의 눈이 나오는 경우의 수를 구하시오.

793

각 면에 1부터 6까지의 자연수가 각각 하나씩 적힌 정육면체 모양의 주사위 A와 각 면에 1부터 8까지의 자연수가 각각 하나씩 적힌 정팔면체 모양의 주사위 B를 동시에 던질 때, 주사위 A는 홀수, 주사위 B는 8의 약수가 나오는 경우의 수를 구하시오.

유형 08 경우의 수의 곱 – 물건 선택하기

대표 문제

794

다음 그림과 같이 자음 ㄱ, ㄷ, ㅁ, ㅅ, ㅇ, ㅈ이 각각 하나씩 적힌 카드 6장과 모음 ㅏ, ㅓ, ㅗ, ㅜ, ㅣ가 각각 하나씩 적힌 카드 5장이 있다. 자음이 적힌 카드와 모음이 적힌 카드 중에서 각각 한 장씩 뽑아 만들 수 있는 글자의 개수를 구하시오.

795

어느 샌드위치 가게에서는 빵 2종류, 토핑 4종류, 드레싱 4종류 중에서 각각 하나씩 선택하여 샌드위치를 주문할 수 있다고 한다. 샌드위치를 주문하는 경우의 수는?

① 10 ② 16 ③ 20
④ 26 ⑤ 32

796

수빈이네 마을 문화센터 프로그램에는 스포츠 강좌 5가지, 음악 강좌 3가지, 어학 강좌 4가지가 있다. 수빈이가 스포츠 강좌에서 한 가지를 선택하고, 스포츠 강좌를 제외한 나머지 강좌에서 한 가지를 선택하여 수강하는 경우의 수를 구하시오.

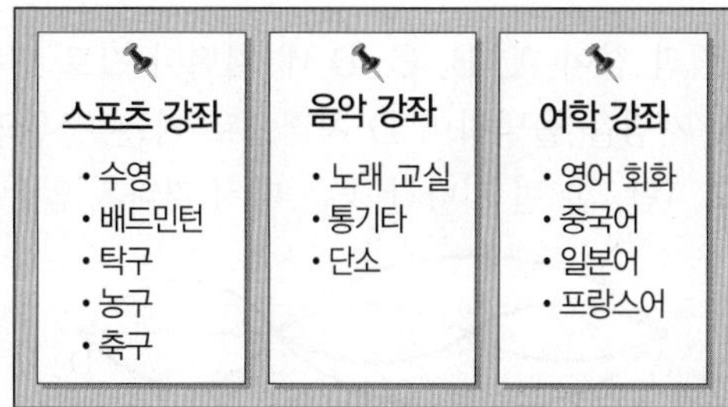

유형 09 경우의 수의 곱 - 길 선택하기

대표 문제

797

다음은 은규가 집에서 박물관까지 가는 길을 나타낸 것이다. 집에서 박물관까지 가는 경우의 수는?

(단, 한 번 지나간 곳은 다시 지나지 않는다.)

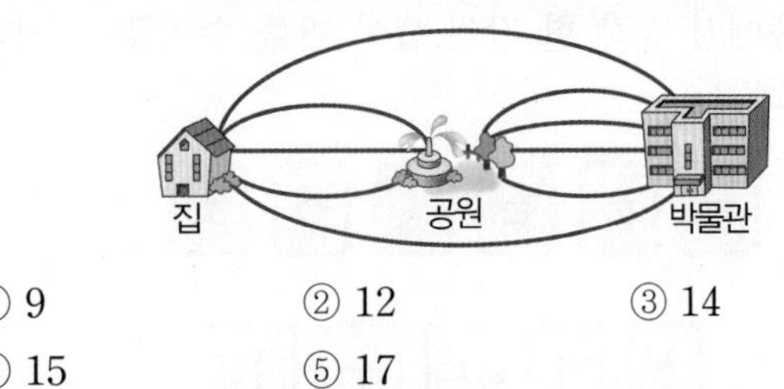

① 9 ② 12 ③ 14
④ 15 ⑤ 17

798

정연이는 A, B, C, D, E, F 6개의 등산로가 있는 산을 등산하려고 한다. 그중 한 등산로를 따라 올라갔다가 내려올 때는 다른 등산로를 따라 내려오는 경우의 수를 구하시오.

799

다음 그림과 같이 A, B, C, D 네 지점이 길로 연결되어 있다. A 지점을 출발하여 D 지점으로 가는 경우의 수를 구하시오. (단, 한 번 지나간 곳은 다시 지나지 않는다.)

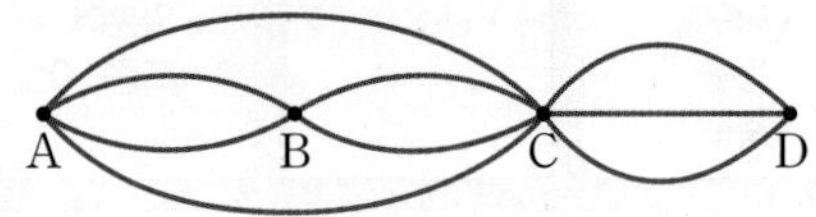

유형 10 경우의 수의 곱 - 최단 거리로 가기

대표 문제

800

오른쪽 그림과 같은 모양의 도로가 있을 때, A 지점에서 출발하여 P 지점을 거쳐 B 지점까지 최단 거리로 가는 경우의 수는?

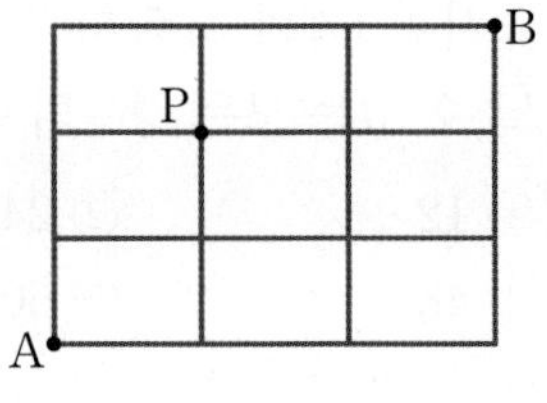

① 6 ② 9 ③ 10
④ 12 ⑤ 16

801

다음 그림과 같은 모양의 도로가 있을 때, A 지점에서 출발하여 P 지점을 거쳐 B 지점까지 최단 거리로 가는 경우의 수를 구하시오.

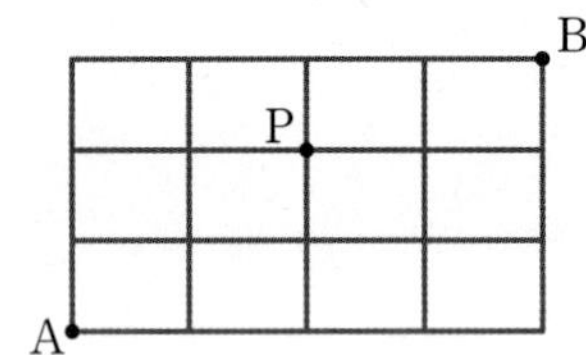

802

다음 그림과 같은 모양의 도로가 있을 때, 성현이가 집에서 출발하여 문구점을 거쳐 학교까지 최단 거리로 가는 경우의 수는?

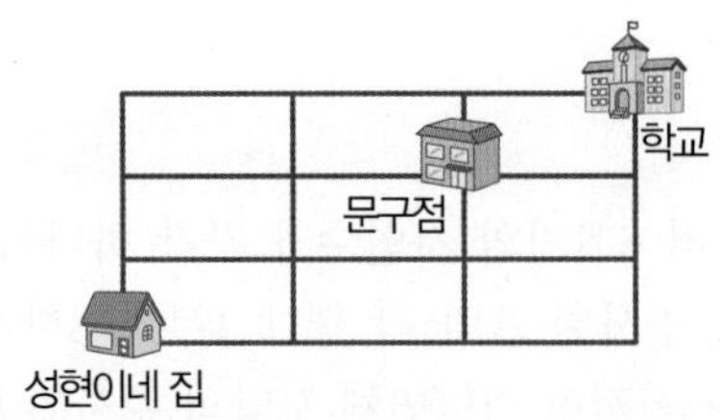

① 8 ② 12 ③ 18
④ 24 ⑤ 30

Theme 19 경우의 수의 응용

유형북 145쪽

유형 11 한 줄로 세우는 경우의 수

대표 문제

803

현우, 예준, 기민, 민재, 성주 5명은 이어달리기 후보 선수이다. 이 중에서 4명을 뽑아 이어달리기 순서를 정하는 경우의 수는?

① 80 ② 100 ③ 120
④ 150 ⑤ 180

804

놀이 기구를 타기 위해 A, B, C, D 4명의 학생이 한 줄로 서는 경우의 수는?

① 20 ② 24 ③ 28
④ 32 ⑤ 36

805

어느 과학 박물관에 1관부터 8관까지 8개의 전시실이 있다. 지민이가 이 중에서 두 개의 전시실을 골라 순서대로 관람하려고 할 때, 지민이가 관람할 수 있는 경우의 수를 구하시오.

유형 12 한 줄로 세우는 경우의 수 – 자리를 고정하는 조건이 있는 경우

대표 문제

806

국어책, 수학책, 영어책, 과학책, 도덕책, 음악책, 미술책, 체육책이 각각 1권씩 있다. 이 8권의 책을 책꽂이에 한 줄로 꽂으려고 할 때, 음악책을 가장 왼쪽, 미술책을 가장 오른쪽에 꽂는 경우의 수는?

① 320 ② 480 ③ 560
④ 640 ⑤ 720

807

긴 의자에 A, B, C, D, E, F 6명이 나란히 앉을 때, B가 오른쪽에서 두 번째, E가 왼쪽에서 두 번째 자리에 앉는 경우의 수를 구하시오.

808

서준, 부모님, 할아버지, 할머니, 남동생 6명의 가족이 함께 한 줄로 서서 사진을 찍으려고 할 때, 부모님이 양 끝에 서는 경우의 수를 구하시오.

809

5명의 학생 A, B, C, D, E를 한 줄로 세울 때, A가 B보다 앞에 서는 경우의 수를 구하시오.

유형 13 한 줄로 세우는 경우의 수 – 이웃하는 경우

대표 문제

810
6명의 학생 A, B, C, D, E, F를 한 줄로 세울 때, A와 B가 이웃하여 서는 경우의 수는?

① 120 ② 240 ③ 360
④ 480 ⑤ 600

811
5명의 학생 A, B, C, D, E를 한 줄로 세울 때, A와 B가 이웃하고 A가 B 앞에 서는 경우의 수를 구하시오.

812
수아네 학교 문화 유적 답사반 학생들이 유적지 답사를 하러 갔다. 답사를 위하여 남학생 4명과 여학생 3명을 한 줄로 세울 때, 여학생끼리 이웃하여 서는 경우의 수를 구하시오.

813
민수는 부모님, 할아버지, 할머니와 함께 가족사진을 촬영하기로 했다. 한 줄로 서서 사진을 찍을 때, 할아버지와 할머니가 이웃하고 부모님이 이웃하여 서는 경우의 수를 구하시오.

유형 14 자연수의 개수 – 0을 포함하지 않는 경우

대표 문제

814
1부터 8까지의 자연수가 각각 하나씩 적힌 8장의 카드 중에서 2장을 뽑아 만들 수 있는 두 자리 자연수 중 75보다 큰 수의 개수를 구하시오.

815
1부터 5까지의 자연수를 이용하여 네 자리 자연수를 만들려고 한다. 같은 숫자를 여러 번 사용해도 된다고 할 때, 만들 수 있는 네 자리 자연수의 개수를 구하시오.

816
1부터 5까지의 자연수가 각각 하나씩 적힌 5장의 카드 중에서 2장을 뽑아 만들 수 있는 두 자리 자연수 중 32보다 작은 수의 개수는?

① 6 ② 7 ③ 8
④ 9 ⑤ 10

817
1부터 7까지의 자연수가 각각 하나씩 적힌 7장의 카드 중에서 2장을 뽑아 만들 수 있는 두 자리 자연수 중 홀수의 개수를 구하시오.

유형 15 자연수의 개수 – 0을 포함하는 경우

대표 문제

818

0, 1, 2, 3, 4, 5의 숫자가 각각 하나씩 적힌 6장의 카드 중에서 3장을 뽑아 만들 수 있는 세 자리 자연수의 개수는?

① 80 ② 90 ③ 100
④ 110 ⑤ 120

819

0부터 6까지 7개의 숫자를 이용하여 두 자리 자연수를 만들려고 한다. 같은 숫자를 여러 번 사용해도 된다고 할 때, 만들 수 있는 두 자리 자연수의 개수는?

① 24 ② 30 ③ 36
④ 42 ⑤ 49

820

0, 1, 2, 3, 4, 5의 숫자가 각각 하나씩 적힌 6장의 카드 중에서 3장을 뽑아 만들 수 있는 세 자리 자연수 중 5의 배수의 개수를 구하시오.

유형 16 색칠하는 경우의 수

대표 문제

821

오른쪽 그림과 같은 A, B, C, D, E 다섯 부분에 노란색, 빨간색, 파란색, 보라색의 4가지 색으로 칠하려고 한다. 같은 색을 여러 번 칠해도 좋으나 이웃하는 곳은 서로 다른 색으로 칠하는 경우의 수는?

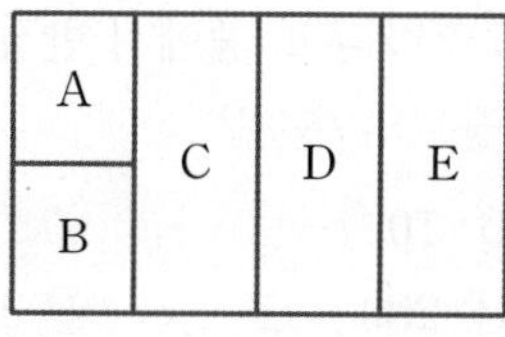

① 108 ② 144 ③ 162
④ 196 ⑤ 216

822

5가지 색 중에서 4가지 색을 골라 오른쪽 그림과 같이 네 부분으로 나누어진 원판을 칠하려고 한다. 이때 A, B, C, D 네 부분을 서로 다른 색으로 칠하는 경우의 수를 구하시오.

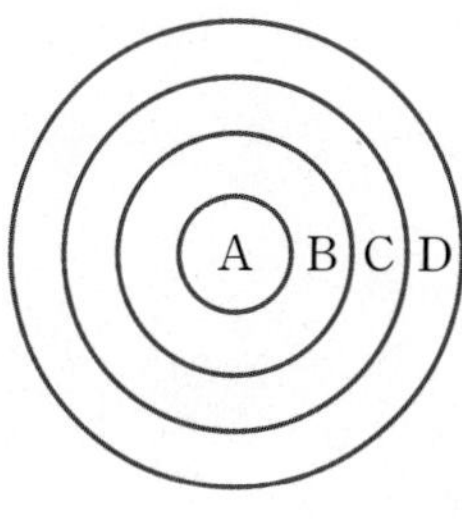

823

오른쪽 그림과 같이 A, B, C, D 네 부분으로 나누어진 도형을 빨간색, 파란색, 노란색, 초록색의 4가지 색으로 칠하려고 한다. 같은 색을 여러 번 칠해도 좋으나 이웃하는 곳은 서로 다른 색으로 칠하는 경우의 수를 구하시오.

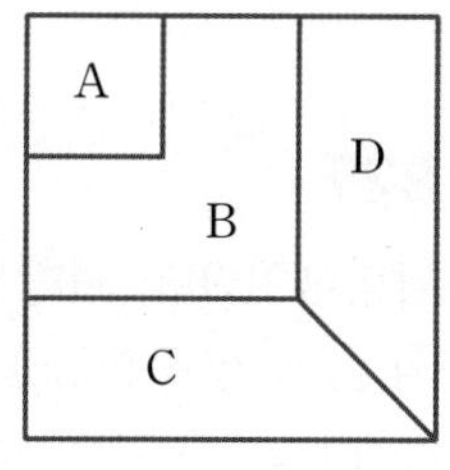

유형 17 대표를 뽑는 경우의 수 - 자격이 다른 경우

대표 문제

824

7명의 후보 중에서 반장, 부반장, 총무를 각각 1명씩 뽑는 경우의 수는?

① 70 ② 140 ③ 210
④ 280 ⑤ 350

825

영희네 반은 교내 학예회에서 연극을 공연하기로 하였다. 등장 인물은 주인공, 동생, 친구, 의사, 간호사 각각 1명씩이다. 영희네 반에서 8명이 지원했을 때, 배역이 각각 정해지는 경우의 수를 구하시오.

826

5명의 후보 A, B, C, D, E 중에서 의장, 부의장, 서기를 각각 1명씩 뽑을 때, B가 부의장이 되는 경우의 수를 구하시오.

827

남학생이 9명, 여학생이 11명인 학급에서 회장과 남자 부회장, 여자 부회장을 각각 1명씩 뽑는 경우의 수는?

① 1478 ② 1546 ③ 1680
④ 1782 ⑤ 1842

유형 18 대표를 뽑는 경우의 수 - 자격이 같은 경우

대표 문제

828

8명의 후보 A, B, C, D, E, F, G, H 중에서 대표 3명을 뽑는 경우의 수를 구하시오.

829

일요일을 제외한 월, 화, 수, 목, 금, 토 6개의 요일 중에서 운동을 하기 위해 세 개의 요일을 선택하는 경우의 수를 구하시오.

830

수호를 포함하여 12명으로 구성된 탁구 동아리에서 탁구 대회에 참가할 3명을 뽑으려고 한다. 이때 수호가 뽑히는 경우의 수는?

① 45 ② 50 ③ 55
④ 60 ⑤ 65

831

어느 지역 지방 자치 선거에서 시장 후보가 3명, 시의원 후보가 7명이다. 이 중에서 시장 1명, 시의원 2명을 뽑는 경우의 수를 구하시오.

유형 19 악수 또는 경기를 하는 경우의 수

대표 문제

832

동호회 모임에 참석한 12명의 회원이 한 사람도 빠짐없이 서로 한 번씩 악수를 했다면 악수를 한 총 횟수는?

① 66　② 72　③ 90
④ 98　⑤ 120

833

교내 씨름 대회를 개최하는데 8개의 학급에서 대표 선수를 1명씩 선발하였다. 각각 다른 학급 대표와 서로 한 번씩 빠짐없이 경기를 했다면 진행된 경기의 총 횟수를 구하시오.

834

토너먼트 방법은 두 명씩 경기를 하여 진 사람은 더 이상 경기를 하지 않고, 이긴 사람은 상위 라운드로 올라가는 경기 방법이다. 어느 배드민턴 대회에 참가한 16명이 토너먼트 방법으로 우승자를 가렸다면 진행된 경기의 총 횟수를 구하시오.

835

한 팀에 5명의 선수로 구성된 두 바둑팀에서 각각 한 사람씩 경기를 하는데, 이긴 사람은 계속하여 상대 팀의 다음 선수와 대결하고 진 사람은 탈락한다. 상대 팀의 선수 전원을 탈락시킨 팀이 이기는 것으로 할 때, 가능한 경기 수는 최대 a회, 최소 b회라 하자. 이때 $a-b$의 값을 구하시오. (단, 비기는 경우는 없다.)

유형 20 선분 또는 삼각형의 개수

대표 문제

836

오른쪽 그림과 같이 한 원 위에 7개의 점이 있다. 이 중에서 두 점을 연결하여 만들 수 있는 선분의 개수는?

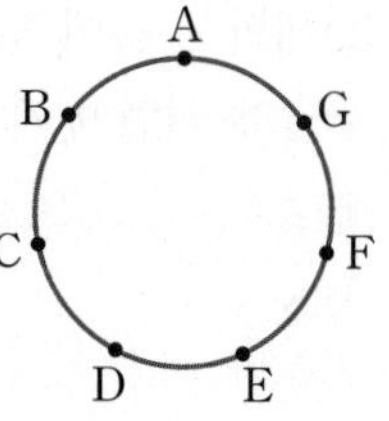

① 10　② 15
③ 18　④ 21
⑤ 28

837

오른쪽 그림과 같이 평행한 두 직선 l, m 위에 6개의 점이 있다. 직선 l 위의 한 점과 직선 m 위의 한 점을 연결하여 만들 수 있는 선분의 개수를 구하시오.

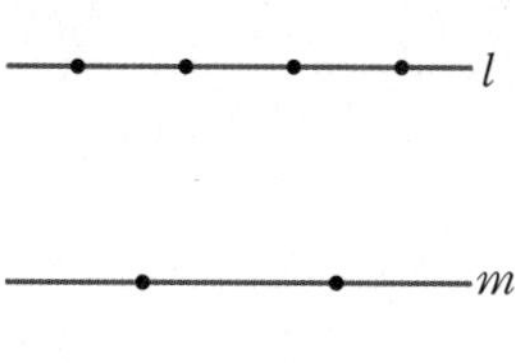

838

오른쪽 그림과 같이 한 원 위에 8개의 점이 있다. 이 중에서 세 점을 연결하여 만들 수 있는 삼각형의 개수는?

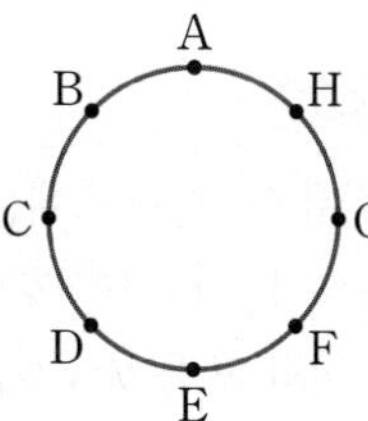

① 28　② 35
③ 42　④ 49
⑤ 56

839

주머니 속에 1부터 20까지의 자연수가 각각 하나씩 적힌 20개의 구슬이 있다. 이 중에서 한 개의 구슬을 꺼낼 때, 구슬에 적힌 수가 소수인 경우의 수는?

① 5 ② 6 ③ 7
④ 8 ⑤ 9

840

50원짜리 동전과 100원짜리 동전이 각각 10개씩 있다. 이 동전을 각각 1개 이상 사용하여 500원을 지불하는 방법의 수는?

① 3 ② 4 ③ 5
④ 6 ⑤ 7

841

A, B 두 개의 주사위를 동시에 던질 때, 나오는 두 눈의 수의 합이 5 또는 6이 되는 경우의 수를 구하시오.

842

컴퓨터 키보드에는 자음인 ㅁ, ㄴ, ㅇ, ㄹ, ㅎ과 모음인 ㅗ, ㅓ, ㅏ, ㅣ가 한 줄에 나란히 있다. 이 줄에 있는 자음키 1개와 모음키 1개를 눌러서 만들 수 있는 글자의 개수는?

① 12 ② 15 ③ 20
④ 24 ⑤ 25

843

오른쪽 그림과 같이 A, B, C 세 지점 사이에 길이 있을 때, A 지점에서 C 지점까지 가는 경우의 수는? (단, 한 번 지나간 지점은 다시 지나지 않는다.)

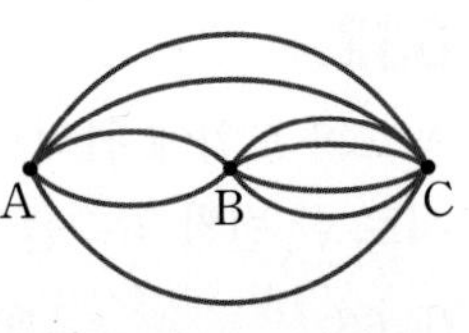

① 8 ② 9 ③ 10
④ 11 ⑤ 12

844

다음 그림과 같은 모양의 도로가 있을 때, A 지점에서 출발하여 P 지점을 거쳐 B 지점까지 최단 거리로 가는 경우의 수를 구하시오.

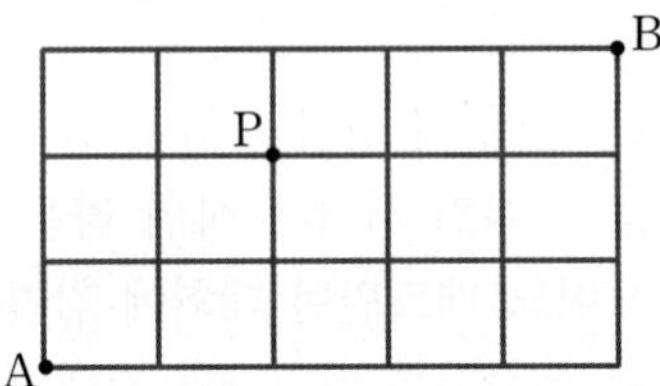

실력 UP

845

세 변의 길이가 모두 자연수이고 둘레의 길이가 20인 삼각형을 만들 때, 만들 수 있는 이등변삼각형의 개수를 구하시오.

846

한 개의 주사위를 던질 때, 다음 사건이 일어나는 경우의 수가 가장 큰 것은?

① 나오는 눈의 수가 3보다 작다.
② 나오는 눈의 수가 5의 배수이다.
③ 나오는 눈의 수가 소수이다.
④ 나오는 눈의 수가 4 이상이다.
⑤ 나오는 눈의 수가 6의 약수이다.

847

민준이는 문구점에서 연필을 사려고 한다. 4B 연필이 3종류, B 연필이 4종류, HB 연필이 5종류 있을 때, 이 중에서 연필을 한 가지 사는 경우의 수는?

① 6 ② 7 ③ 9
④ 12 ⑤ 15

848

각 면에 1부터 6까지의 자연수가 각각 하나씩 적힌 정육면체 모양의 주사위와 각 면에 1부터 12까지의 자연수가 각각 하나씩 적힌 정십이면체 모양의 주사위를 동시에 던져서 바닥에 닿는 면에 적힌 수를 읽을 때, 일어날 수 있는 모든 경우의 수를 구하시오.

849

어느 도서관의 구조가 오른쪽 그림과 같을 때, 열람실에서 복도를 지나 휴게실로 가는 경우의 수를 구하시오.

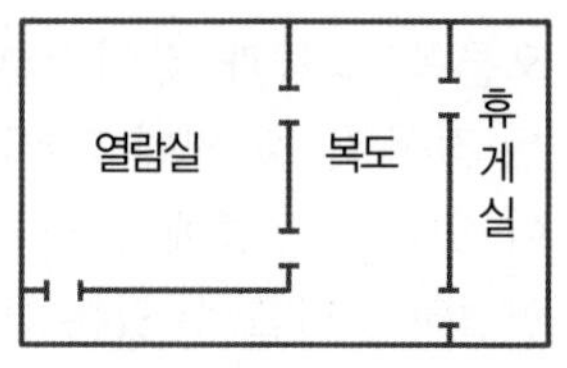

850

A, B 두 개의 주사위를 동시에 던져서 나온 눈의 수를 각각 a, b라 할 때, 두 직선 $y=2ax$와 $y=-x+b$의 교점의 x좌표가 1이 되는 경우의 수는?

① 2 ② 3 ③ 4
④ 5 ⑤ 6

851

1부터 15까지의 자연수가 각각 하나씩 적힌 15장의 카드 중에서 한 장을 뽑을 때, 3의 배수 또는 4의 배수가 나오는 경우의 수를 구하시오.

실력 UP

852

0부터 5까지의 정수가 각각 하나씩 적힌 6장의 카드가 있다. 이 중에서 처음 한 장을 뽑았을 때 나온 수를 x, 뽑은 카드를 다시 넣은 다음 또 한 장을 뽑았을 때 나온 수를 y라 할 때, $2x<y+1$이 되는 경우의 수를 구하시오.

853

서로 다른 종류의 볼펜 3자루와 샤프 2자루를 책상 위에 한 줄로 나열하는 경우의 수는?

① 5 ② 25 ③ 60
④ 120 ⑤ 150

854

채원, 효지, 나영, 민수 4명을 한 줄로 세울 때, 민수가 맨 앞에 서는 경우의 수는?

① 6 ② 8 ③ 12
④ 14 ⑤ 16

855

오른쪽 그림과 같은 A, B, C 세 영역에 빨간색, 파란색, 노란색, 초록색의 4가지 색을 사용하여 칠하려고 한다. 각 영역에 서로 다른 색을 칠하는 경우의 수를 구하시오.

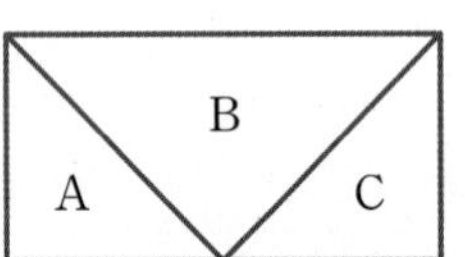

856

어떤 동아리의 회원은 태영, 민호, 준수, 정민, 소라, 호준의 6명이다. 이 중에서 회장, 부회장, 서기를 각각 1명씩 뽑는 경우의 수는?

① 30 ② 60 ③ 120
④ 240 ⑤ 360

857

0, 1, 2, 3, 4, 5의 숫자가 각각 하나씩 적힌 6장의 카드 중에서 3장을 뽑아 만들 수 있는 세 자리 자연수 중 일의 자리 숫자가 3인 수의 개수를 구하시오.

858

남자 A, B, C, D, E 5명, 여자 F, G, H, I 4명이 어느 회사의 최종 면접 심사를 보게 되었다. 이 중에서 남자 3명, 여자 2명을 뽑을 때, 최종 합격자에 남자 B, 여자 H가 포함되는 경우의 수는?

① 15 ② 18 ③ 21
④ 24 ⑤ 27

실력 UP

859

오른쪽 그림과 같이 평행한 두 직선 l, m 위에 7개의 점이 있다. 이 중에서 세 점을 연결하여 만들 수 있는 삼각형의 개수를 구하시오.

860
철민이가 호재, 성공, 은정, 윤정이네 집을 한 차례씩 방문하려고 할 때, 방문 순서를 정하는 경우의 수는?

① 24 ② 48 ③ 60
④ 98 ⑤ 120

861
초등학생 2명과 중학생 3명을 한 줄로 세울 때, 초등학생끼리 이웃하여 서는 경우의 수를 구하시오.

862
1부터 5까지의 자연수가 각각 하나씩 적힌 5장의 카드 중에서 2장을 뽑아 만들 수 있는 두 자리 자연수 중 34보다 작은 수의 개수는?

① 10 ② 11 ③ 12
④ 13 ⑤ 14

863
어떤 동아리에서 모든 회원이 서로 한 번씩 악수를 하였더니 모두 28회의 악수를 하였다. 이 동아리의 회원 수는?

① 6명 ② 7명 ③ 8명
④ 9명 ⑤ 10명

864
오른쪽 그림과 같이 한 원 위에 7개의 점이 있다. 이 중에서 세 점을 연결하여 만들 수 있는 삼각형의 개수를 구하시오.

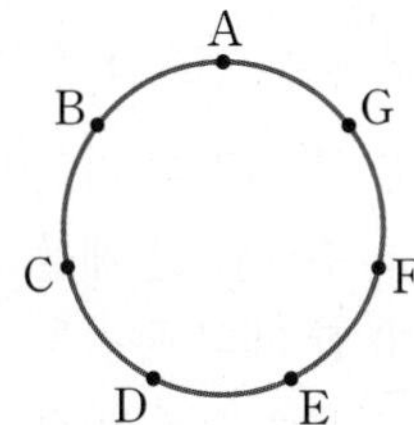

865
0, 1, 2, 3, 4, 5의 숫자가 각각 하나씩 적힌 6장의 카드 중에서 3장을 뽑아 세 자리 자연수를 만들려고 한다. 큰 수부터 차례대로 나열할 때, 50번째에 오는 수를 구하시오.

실력 UP

866
A, B, C, D, E, F 6명의 학생을 한 줄로 세울 때, C가 E보다 앞에 서는 경우의 수는?

① 180 ② 240 ③ 320
④ 360 ⑤ 720

867

다음 중 일어날 수 있는 모든 경우의 수가 가장 큰 것은?

① 두 사람이 가위바위보를 한 번 한 경우
② 주사위 한 개를 던진 경우
③ 한 개의 동전을 연속하여 세 번 던진 경우
④ 서로 다른 동전 두 개를 동시에 던진 경우
⑤ 동전 한 개와 주사위 한 개를 동시에 던진 경우

868

자판기에서 800원짜리 음료수를 한 개 뽑으려고 한다. 500원짜리 동전 1개, 100원짜리 동전 8개, 50원짜리 동전 12개가 있을 때, 음료수 값을 지불하는 방법의 수는?

① 9 ② 10 ③ 11
④ 12 ⑤ 13

869

범찬, 민제, 예린이가 가위바위보를 하여 진 사람이 술래잡기의 술래가 된다고 할 때, 가위바위보를 한 번 하여 범찬이만 술래가 되는 경우의 수를 구하시오.

870

한 개의 주사위를 연속하여 두 번 던져서 첫 번째에 나온 눈의 수를 x, 두 번째에 나온 눈의 수를 y라 할 때, $x-y>3$이 되는 경우의 수는?

① 3 ② 4 ③ 5
④ 6 ⑤ 7

871

각 면에 1부터 4까지의 자연수가 각각 하나씩 적힌 정사면체 모양의 주사위를 두 번 연속하여 던져서 바닥에 닿는 면에 적힌 수를 읽을 때, 두 수의 합이 5 이상인 경우의 수는?

① 10 ② 11 ③ 12
④ 13 ⑤ 14

872

A 주머니에는 1부터 8까지의 자연수가 각각 하나씩 적힌 8개의 공이 들어 있고, B 주머니에는 1부터 10까지의 자연수가 각각 하나씩 적힌 10개의 공이 들어 있다. A, B 주머니에서 각각 하나씩 공을 꺼낼 때, A 주머니에서는 8의 약수가 나오고 B 주머니에서는 5의 배수가 나오는 경우의 수를 구하시오.

873

A, B, C, D, E 5명을 한 줄로 세울 때, B 바로 앞에 E가 서는 경우의 수는?

① 12 ② 20 ③ 24
④ 32 ⑤ 36

874

부모님을 포함한 4명의 가족이 한 줄로 나란히 서서 사진을 찍으려고 한다. 부모님이 이웃하여 서는 경우의 수는?

① 6 ② 12 ③ 15
④ 18 ⑤ 20

875

0, 1, 2, 3, 4, 5의 숫자가 각각 하나씩 적힌 6장의 카드 중에서 3장을 뽑아 만들 수 있는 세 자리 자연수 중 짝수의 개수는?

① 47 ② 48 ③ 50
④ 52 ⑤ 53

876

서점에 5종류의 소설책과 4종류의 시집이 있다. 이 중에서 소설책과 시집을 각각 두 종류씩 사는 경우의 수는?

① 16 ② 18 ③ 30
④ 48 ⑤ 60

877

오른쪽 그림과 같은 모양의 도로가 있다. 경진이가 A 마을을 출발하여 B 마을을 거치지 않고 C 마을까지 가려고 할 때, 최단 거리로 가는 경우의 수를 구하시오.

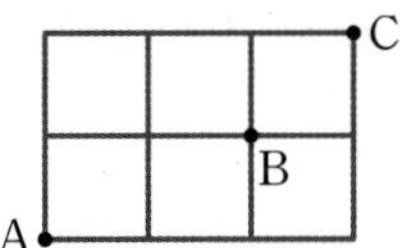

878

중섭, 민식, 진영, 경태, 정화 5명을 한 줄로 세울 때, 중섭이와 진영이 사이에 한 명을 끼워서 세우는 경우의 수는?

① 6 ② 12 ③ 15
④ 18 ⑤ 36

서술형 문제

879

A, B, C, D 네 지점을 연결하는 길이 오른쪽 그림과 같을 때, A 지점에서 B 지점으로 가는 경우의 수를 구하시오. (단, 한 번 지나간 지점은 다시 지나지 않는다.)

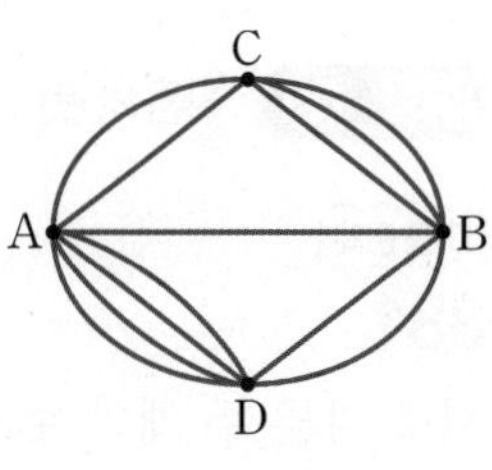

〈풀이〉

880

5가지 과일 사과, 복숭아, 파인애플, 포도, 자몽 중에서 두 가지를 선택하여 일정한 비율로 섞어서 두 가지 맛이 나는 과일주스를 만들려고 한다. 다음을 구하시오.

(1) 만들 수 있는 과일주스의 개수
(2) 만들 수 있는 과일주스 중 복숭아가 들어가지 않은 주스의 개수

〈풀이〉

Theme 20 확률의 계산

유형북 158쪽

유형 01 확률의 뜻

대표 문제

881

서로 다른 두 개의 주사위를 동시에 던질 때, 나온 두 눈의 수의 합이 9일 확률은?

① $\frac{1}{12}$ ② $\frac{1}{9}$ ③ $\frac{1}{6}$
④ $\frac{1}{4}$ ⑤ $\frac{1}{3}$

882

상자 속에 모양과 크기가 같은 빨간 공 7개, 파란 공 8개, 노란 공 5개가 들어 있다. 이 상자에서 한 개의 공을 꺼낼 때, 파란 공이 나올 확률을 구하시오.

883

1부터 12까지의 자연수가 각각 하나씩 적힌 12장의 카드 중에서 한 장을 뽑을 때, 카드에 적힌 수가 12의 약수일 확률은?

① $\frac{1}{12}$ ② $\frac{1}{9}$ ③ $\frac{1}{4}$
④ $\frac{1}{3}$ ⑤ $\frac{1}{2}$

884

5명의 학생 A, B, C, D, E가 한 줄로 설 때, A와 B가 이웃하여 설 확률은?

① $\frac{1}{5}$ ② $\frac{1}{4}$ ③ $\frac{1}{3}$
④ $\frac{2}{5}$ ⑤ $\frac{1}{2}$

유형 02 방정식, 부등식에서의 확률

대표 문제

885

두 개의 주사위 A, B를 동시에 던져서 A 주사위에서 나온 눈의 수를 x, B 주사위에서 나온 눈의 수를 y라 할 때, $x+2y=9$일 확률은?

① $\frac{1}{36}$ ② $\frac{1}{18}$ ③ $\frac{1}{12}$
④ $\frac{1}{9}$ ⑤ $\frac{1}{6}$

886

두 개의 주사위 A, B를 동시에 던져서 나온 두 눈의 수를 각각 a, b라 할 때, 일차방정식 $ax+b=0$의 해가 $x=-1$일 확률을 구하시오.

887

한 개의 주사위를 연속하여 두 번 던져서 처음에 나온 눈의 수를 x, 나중에 나온 눈의 수를 y라 할 때, $2x+y<9$일 확률은?

① $\frac{1}{6}$ ② $\frac{1}{4}$ ③ $\frac{1}{3}$
④ $\frac{2}{5}$ ⑤ $\frac{1}{2}$

유형 03 확률의 성질

대표 문제

888

한 개의 주사위를 던질 때, 다음 중 옳지 않은 것은?

① 5의 약수의 눈이 나올 확률은 $\frac{1}{3}$이다.

② 짝수의 눈이 나올 확률은 $\frac{1}{2}$이다.

③ 소수의 눈이 나올 확률은 $\frac{2}{3}$이다.

④ 6 이하의 눈이 나올 확률은 1이다.

⑤ 1보다 작은 눈이 나올 확률은 0이다.

889

사건 A가 일어날 확률을 p라 할 때, 다음 보기에서 옳은 것을 모두 고른 것은?

보기

ㄱ. p의 값의 범위는 $0 \leq p \leq 1$이다.

ㄴ. $p=0$이면 사건 A는 반드시 일어난다.

ㄷ. $p=\frac{(\text{사건 } A\text{가 일어나는 경우의 수})}{(\text{모든 경우의 수})}$이다.

ㄹ. $p=1$이면 사건 A는 절대로 일어나지 않는다.

① ㄱ, ㄴ ② ㄱ, ㄷ ③ ㄴ, ㄷ
④ ㄴ, ㄹ ⑤ ㄷ, ㄹ

890

다음 중 확률이 나머지 넷과 다른 하나는?

① 한 개의 주사위를 던질 때, 0의 눈이 나올 확률

② 한 개의 주사위를 던질 때, 두 자리 자연수의 눈이 나올 확률

③ 한 개의 주사위를 던질 때, 7 이상의 눈이 나올 확률

④ 서로 다른 두 개의 주사위를 동시에 던질 때, 나온 두 눈의 수의 합이 12보다 클 확률

⑤ 서로 다른 두 개의 주사위를 동시에 던질 때, 나온 두 수의 곱이 36 이하일 확률

유형 04 어떤 사건이 일어나지 않을 확률

대표 문제

891

A를 포함한 6명의 후보 중에서 대표 2명을 뽑을 때, A가 뽑히지 않을 확률은?

① $\frac{1}{3}$ ② $\frac{2}{5}$ ③ $\frac{1}{2}$
④ $\frac{3}{5}$ ⑤ $\frac{2}{3}$

892

일기예보에서 내일 비가 올 확률이 60 %라 할 때, 내일 비가 오지 않을 확률은?

① $\frac{3}{10}$ ② $\frac{2}{5}$ ③ $\frac{1}{2}$
④ $\frac{3}{5}$ ⑤ $\frac{7}{10}$

893

서로 다른 두 개의 주사위를 동시에 던질 때, 나온 두 눈의 수의 차가 3이 아닐 확률을 구하시오.

894

남학생 3명과 여학생 3명을 한 줄로 세울 때, 여학생 3명 모두 이웃하여 서지는 않을 확률을 구하시오.

유형 05 '적어도 ~'일 확률

대표 문제

895

10원짜리, 50원짜리, 100원짜리, 500원짜리 동전을 한 개씩 동시에 던질 때, 적어도 한 개는 앞면이 나올 확률은?

① $\frac{11}{16}$ ② $\frac{3}{4}$ ③ $\frac{13}{16}$
④ $\frac{7}{8}$ ⑤ $\frac{15}{16}$

896

시험에 출제된 6개의 ○, × 문제에 임의로 답할 때, 적어도 한 문제는 맞힐 확률은?

① $\frac{7}{8}$ ② $\frac{15}{16}$ ③ $\frac{31}{32}$
④ $\frac{63}{64}$ ⑤ $\frac{127}{128}$

897

남학생 3명, 여학생 4명 중에서 대표 2명을 뽑을 때, 적어도 한 명은 남학생이 뽑힐 확률을 구하시오.

898

모양과 크기가 같은 흰 공 9개, 검은 공 7개가 들어 있는 주머니에서 임의로 두 개의 공을 꺼낼 때, 적어도 한 개는 검은 공일 확률은?

① $\frac{7}{16}$ ② $\frac{9}{16}$ ③ $\frac{7}{10}$
④ $\frac{4}{5}$ ⑤ $\frac{9}{10}$

유형 06 사건 A 또는 사건 B가 일어날 확률

대표 문제

899

서로 다른 두 개의 주사위를 동시에 던질 때, 나온 두 눈의 수의 합이 4 또는 7일 확률은?

① $\frac{1}{4}$ ② $\frac{1}{3}$ ③ $\frac{1}{2}$
④ $\frac{2}{3}$ ⑤ $\frac{3}{4}$

900

모양과 크기가 같은 빨간 공 6개, 노란 공 5개, 파란 공 4개가 들어 있는 주머니에서 임의로 한 개의 공을 꺼낼 때, 노란 공 또는 파란 공이 나올 확률을 구하시오.

901

다음 표는 어느 학교 학생 160명의 혈액형을 조사하여 나타낸 것이다. 이 학교 학생 중 한 명을 임의로 선택할 때, 그 학생의 혈액형이 A형 또는 AB형일 확률을 구하시오.

혈액형	A	B	AB	O	합계
학생 수(명)	47	36	43	34	160

902

어느 놀이 공원에서 다음과 같은 방법으로 인형 경품 행사를 실시하였다.

- 각 면에 1부터 8까지의 숫자가 각각 하나씩 적힌 정팔면체 모양의 주사위 한 개와 각 면에 1부터 6까지의 숫자가 각각 하나씩 적힌 정육면체 모양의 주사위 한 개를 동시에 던지세요.
- 주사위 바닥 면에 있는 두 수의 합이 자신의 나이 이상이면 인형을 드립니다.

이 경품 행사에 참가한 12살 어린이가 인형을 받을 확률을 구하시오.

유형 07 두 사건 A와 B가 동시에 일어날 확률

대표 문제

903

동전 한 개와 주사위 한 개를 동시에 던질 때, 동전은 앞면이 나오고 주사위는 6의 약수의 눈이 나올 확률은?

① $\frac{1}{6}$ ② $\frac{1}{4}$ ③ $\frac{1}{3}$
④ $\frac{1}{2}$ ⑤ $\frac{2}{3}$

904

연수네 반에서 봉선화 씨앗과 채송화 씨앗을 화단에 심었다. 두 종류의 씨앗에서 싹이 날 확률이 각각 80 %, 70 %일 때, 두 씨앗이 모두 싹이 날 확률은?

① 49 % ② 56 % ③ 64 %
④ 72 % ⑤ 75 %

905

어느 탁구 동아리에서 혼합복식 탁구 경기에 참가할 남학생 선수 1명과 여학생 선수 1명을 뽑으려고 한다. 후보로 남학생은 주원, 태민, 우빈, 원재, 민수 5명과 여학생은 민지, 지혜, 수민, 지수 4명이 있을 때, 민수와 지수가 뽑힐 확률을 구하시오.

유형 08 확률의 덧셈과 곱셈

대표 문제

906

A 상자에는 흰 바둑돌이 6개, 검은 바둑돌이 4개 들어 있고, B 상자에는 흰 바둑돌이 3개, 검은 바둑돌이 5개 들어 있다. 두 상자에서 각각 바둑돌을 한 개씩 꺼낼 때, 서로 같은 색이 나올 확률을 구하시오.

907

A 주머니에는 모양과 크기가 같은 흰 공 2개, 빨간 공 3개가 들어 있고, B 주머니에는 모양과 크기가 같은 흰 공 3개, 빨간 공 2개가 들어 있다. 임의로 한 개의 주머니를 선택하여 공을 꺼낼 때, 그 공이 빨간 공일 확률은?

(단, A, B 주머니를 선택할 확률은 같다.)

① $\frac{1}{5}$ ② $\frac{3}{10}$ ③ $\frac{2}{5}$
④ $\frac{1}{2}$ ⑤ $\frac{2}{3}$

908

하은이가 A 문제를 맞힐 확률은 $\frac{4}{5}$, B 문제를 맞힐 확률은 $\frac{2}{3}$일 때, A, B 두 문제 중에서 한 문제만 맞힐 확률을 구하시오.

Theme 21 여러 가지 확률

유형북 162쪽

유형 09 연속하여 꺼낼 확률 – 꺼낸 것을 다시 넣는 경우

대표 문제

909

12개의 제비 중 3개의 당첨 제비가 들어 있는 상자가 있다. 이 상자에서 세희가 한 개를 뽑아 확인하고 다시 넣은 후 민정이가 한 개를 뽑을 때, 두 사람 모두 당첨될 확률을 구하시오.

910

1부터 15까지의 자연수가 각각 하나씩 적힌 15개의 공이 들어 있는 상자가 있다. 이 상자에서 수연이가 한 개의 공을 꺼내 숫자를 확인하고 다시 상자에 넣은 후 민혁이가 한 개의 공을 꺼낼 때, 수연이는 홀수가 적힌 공을 뽑고, 민혁이는 짝수가 적힌 공을 뽑을 확률은?

① $\frac{4}{25}$ ② $\frac{14}{75}$ ③ $\frac{49}{225}$
④ $\frac{56}{225}$ ⑤ $\frac{64}{225}$

911

1부터 20까지의 자연수가 각각 하나씩 적힌 20장의 카드가 들어 있는 상자에서 한 장의 카드를 뽑아 숫자를 확인하고 다시 넣은 후 한 장의 카드를 더 뽑았다. 이때 첫 번째에는 소수가 적힌 카드가 나오고 두 번째에는 4의 배수가 적힌 카드가 나올 확률은?

① $\frac{1}{10}$ ② $\frac{1}{4}$ ③ $\frac{2}{5}$
④ $\frac{1}{2}$ ⑤ $\frac{13}{20}$

유형 10 연속하여 꺼낼 확률 – 꺼낸 것을 다시 넣지 않는 경우

대표 문제

912

25개의 제품 중 4개의 불량품이 섞여 있다. 두 개의 제품을 연속하여 검사할 때, 두 개 모두 불량품일 확률을 구하시오.
(단, 검사한 제품은 다시 검사하지 않는다.)

913

12개의 제비 중 2개의 당첨 제비가 들어 있는 주머니가 있다. 이 주머니에서 첫 번째에 A가 한 개를 뽑고, 두 번째에 B가 한 개를 뽑고, 마지막으로 C가 한 개를 뽑을 때, C만 당첨될 확률을 구하시오.
(단, 뽑은 제비는 다시 넣지 않는다.)

914

모양과 크기가 같은 흰 공 6개와 검은 공 4개가 들어 있는 주머니에서 임의로 공을 한 개씩 두 번 꺼낼 때, 두 개 모두 같은 색의 공이 나올 확률은?
(단, 꺼낸 공은 다시 넣지 않는다.)

① $\frac{1}{3}$ ② $\frac{2}{5}$ ③ $\frac{7}{15}$
④ $\frac{8}{15}$ ⑤ $\frac{3}{5}$

915

10개의 제비 중 3개의 당첨 제비가 들어 있는 상자에서 민준이가 먼저 1개를 뽑고 수현이가 나중에 1개를 뽑을 때, 수현이가 당첨 제비를 뽑을 확률은?
(단, 뽑은 제비는 다시 넣지 않는다.)

① $\frac{1}{4}$ ② $\frac{3}{10}$ ③ $\frac{1}{3}$
④ $\frac{3}{8}$ ⑤ $\frac{2}{5}$

유형 11 어떤 사건이 일어나지 않을 확률 – 확률의 곱셈 이용

대표 문제

916

동우는 시험에서 객관식 네 문제를 풀지 못하여 임의로 답을 표시하여 답안지를 제출하였다. 임의로 답을 표시한 네 문제 중 적어도 한 문제는 맞힐 확률은? (단, 객관식 문제는 5개의 보기 중에서 한 개의 정답만 고르는 것이다.)

① $\frac{144}{625}$ ② $\frac{216}{625}$ ③ $\frac{256}{625}$
④ $\frac{288}{625}$ ⑤ $\frac{369}{625}$

917

다음 그림과 같은 전기 회로에서 스위치 A, B가 닫힐 확률이 각각 $\frac{3}{5}$, $\frac{2}{3}$일 때, 전구에 불이 들어올 확률을 구하시오.

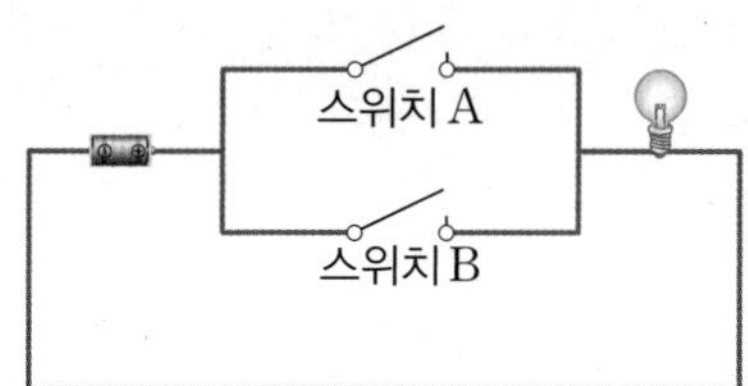

918

세 사람 A, B, C가 토요일에 학교에서 만나기로 하였다. 그날 세 사람 A, B, C가 약속 장소에 나갈 확률이 각각 $\frac{4}{5}$, $\frac{3}{4}$, $\frac{3}{4}$일 때, 세 사람 중 적어도 한 사람은 나올 확률을 구하시오.

유형 12 여러 가지 확률 – 합격할 확률

대표 문제

919

태균이와 건우가 시험에 합격할 확률이 각각 75 %, 60 %일 때, 두 사람 중 적어도 한 사람은 합격할 확률은?

① 75 % ② 80 % ③ 85 %
④ 90 % ⑤ 95 %

920

A가 시험에 합격할 확률은 $\frac{5}{6}$이고 B가 시험에 합격할 확률은 $\frac{3}{5}$일 때, A만 시험에 합격할 확률은?

① $\frac{1}{6}$ ② $\frac{1}{3}$ ③ $\frac{1}{2}$
④ $\frac{2}{3}$ ⑤ $\frac{5}{6}$

921

은우가 A, B 두 오디션에 응시하였는데 A 오디션에 합격할 확률은 $\frac{3}{5}$, B 오디션에 합격할 확률은 $\frac{1}{3}$이다. 은우가 A, B 두 오디션 중 적어도 한 오디션에 합격할 확률을 구하시오.

922

어느 입학 시험에 A, B, C 세 사람이 합격할 확률이 각각 $\frac{4}{5}$, $\frac{3}{4}$, $\frac{2}{3}$일 때, A, B, C 중 2명만 합격할 확률을 구하시오.

유형 13 여러 가지 확률 – 명중시킬 확률

대표 문제

923

공을 던져 인형을 맞힐 확률이 각각 $\frac{3}{5}$, $\frac{3}{8}$인 A, B 두 사람이 하나의 인형을 향해 동시에 공을 한 개씩 던질 때, 이 인형이 공에 맞을 확률은?

① $\frac{9}{40}$ ② $\frac{1}{4}$ ③ $\frac{1}{2}$
④ $\frac{21}{40}$ ⑤ $\frac{3}{4}$

924

찬혁이는 사격을 할 때 평균 10발 중에서 6발을 명중시킨다. 찬혁이가 4발을 쏘아 적어도 한 발은 명중시킬 확률을 구하시오.

925

어떤 야구 선수가 안타를 칠 확률이 0.25일 때, 이 야구 선수가 두 번의 타석에서 적어도 한 번은 안타를 칠 확률은?

① $\frac{3}{8}$ ② $\frac{7}{16}$ ③ $\frac{1}{2}$
④ $\frac{9}{16}$ ⑤ $\frac{5}{8}$

926

어떤 농구 선수의 자유투 성공률이 80 %이다. 이 농구 선수가 두 번 연속하여 자유투를 할 때, 한 번만 성공할 확률을 구하시오.

유형 14 여러 가지 확률 – 가위바위보에서의 확률

대표 문제

927

수영이와 민경이가 가위바위보를 두 번 할 때, 두 번 모두 같은 사람이 이길 확률은?

① $\frac{1}{18}$ ② $\frac{1}{9}$ ③ $\frac{1}{6}$
④ $\frac{2}{9}$ ⑤ $\frac{5}{18}$

928

남학생 1명과 여학생 2명이 가위바위보를 한 번 할 때, 여학생들이 함께 이길 확률은?

① $\frac{1}{9}$ ② $\frac{1}{6}$ ③ $\frac{2}{9}$
④ $\frac{1}{4}$ ⑤ $\frac{1}{3}$

929

승리와 현성이가 가위바위보를 세 번 할 때, 첫 번째에는 승부가 나지 않고 두 번째와 세 번째에는 승부가 날 확률을 구하시오.

930

A, B, C 세 명이 가위바위보를 한 번 할 때, 세 명이 비길 확률을 구하시오.

유형 15 여러 가지 확률 – 날씨에 대한 확률, 이길 확률

대표 문제

931

일기예보에 따르면 토요일에 비가 올 확률은 70 %, 황사가 올 확률은 50 %라 한다. 토요일에 비가 오지 않고 황사가 올 확률은?

① 10 % ② 15 % ③ 20 %
④ 25 % ⑤ 30 %

932

어느 해 일기예보에 의하면 8월에 태풍이 올 확률은 40 %, 9월에 태풍이 올 확률은 60 %라 한다. 그 해 8월과 9월에 모두 태풍이 올 확률은?

① 12 % ② 18 % ③ 24 %
④ 30 % ⑤ 36 %

933

기상청에서 월요일에 비가 올 확률은 $\frac{2}{5}$, 화요일에 비가 올 확률은 $\frac{1}{2}$로 예보했다. 이때 월요일과 화요일 중 적어도 하루는 비가 올 확률은?

① $\frac{1}{2}$ ② $\frac{11}{20}$ ③ $\frac{3}{5}$
④ $\frac{13}{20}$ ⑤ $\frac{7}{10}$

934

A, B 두 사람이 1회에는 A, 2회에는 B, 3회에는 A, 4회에는 B, …의 순서로 번갈아 가며 주사위를 한 번씩 던져서 4 또는 6의 눈이 먼저 나오는 사람이 이기는 놀이를 하려고 한다. 5회 이내에 A가 이길 확률을 구하시오.

유형 16 여러 가지 확률 – 도형에서의 확률

대표 문제

935

오른쪽 그림과 같은 모양의 과녁에 화살을 쏘아서 화살이 맞은 부분에 적힌 점수를 얻는 게임을 하려고 한다. 화살을 한 번 쏠 때, 3점을 얻을 확률은? (단, 화살이 과녁을 벗어나거나 경계선에 맞는 경우는 없다.)

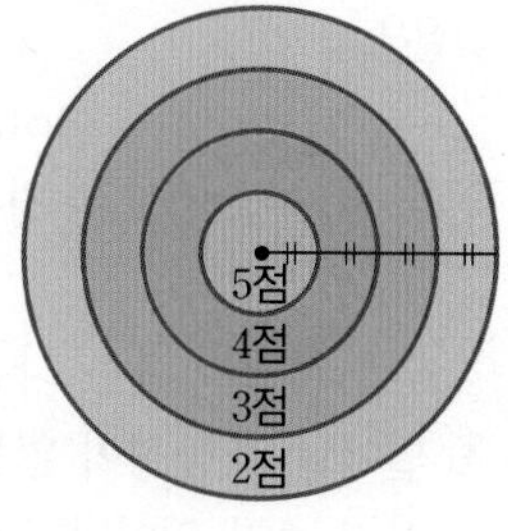

① $\frac{1}{4}$ ② $\frac{3}{10}$ ③ $\frac{5}{16}$
④ $\frac{3}{8}$ ⑤ $\frac{9}{16}$

936

다음 그림의 원판 A는 5등분, 원판 B는 7등분되어 있다. 두 원판에 화살을 각각 하나씩 쏠 때, 맞힌 부분에 적힌 숫자가 모두 1일 확률을 구하시오. (단, 화살이 원판을 벗어나거나 경계선에 맞는 경우는 없다.)

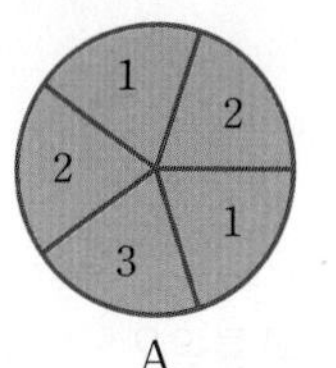

A

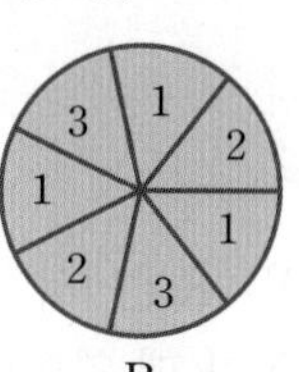

B

937

오른쪽 그림과 같이 8등분한 원판에 1부터 8까지의 자연수가 각각 하나씩 적혀 있다. 화살을 두 번 쏠 때, 첫 번째 화살이 맞힌 부분에 적힌 수와 두 번째 화살이 맞힌 부분에 적힌 수의 합이 12 이상일 확률을 구하시오. (단, 화살이 원판을 벗어나거나 경계선에 맞는 경우는 없다.)

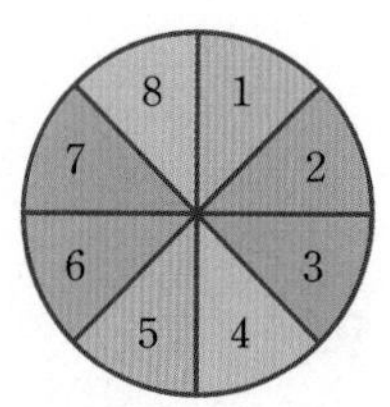

938

사건 A가 일어날 확률을 p라 할 때, 다음 중 옳지 않은 것은?

① $p=\frac{(\text{사건 } A\text{가 일어나는 경우의 수})}{(\text{모든 경우의 수})}$
② $0<p<1$
③ 반드시 일어나는 사건의 확률은 1이다.
④ 일어날 가능성이 없는 사건의 확률은 0이다.
⑤ 사건 A가 일어나지 않을 확률은 $1-p$이다.

939

남학생 4명과 여학생 2명 중에서 대표 2명을 뽑을 때, 적어도 한 명은 여학생이 뽑힐 확률을 구하시오.

940

영어 단어 DIARY에서 이 5개의 문자를 한 줄로 배열할 때, A 또는 Y가 맨 앞에 올 확률은?

① $\frac{1}{3}$ ② $\frac{2}{5}$ ③ $\frac{5}{12}$
④ $\frac{7}{12}$ ⑤ $\frac{2}{3}$

941

서준이가 A, B 두 문제를 맞힐 확률이 각각 $\frac{3}{4}$, $\frac{2}{7}$일 때, 서준이가 두 문제를 모두 맞힐 확률을 구하시오.

942

A 상자에는 흰 바둑돌이 3개, 검은 바둑돌이 5개 들어 있고, B 상자에는 흰 바둑돌이 2개, 검은 바둑돌이 4개 들어 있다. 두 상자에서 각각 바둑돌을 한 개씩 꺼낼 때, 서로 다른 색이 나올 확률을 구하시오.

943

세 쌍의 커플이 공연을 보러 가서 6개의 의자에 한 줄로 앉을 때, 커플끼리 이웃하여 앉을 확률은?

① $\frac{1}{2}$ ② $\frac{2}{15}$ ③ $\frac{1}{10}$
④ $\frac{5}{72}$ ⑤ $\frac{1}{15}$

실력 UP

944

두 개의 주사위 A, B를 동시에 던져서 나온 두 눈의 수를 각각 a, b라 할 때, 일차방정식 $ax=b$의 해가 정수가 될 확률을 구하시오.

945

4명의 학생 A, B, C, D가 한 줄로 설 때, A가 맨 앞에 설 확률은?

① $\frac{1}{8}$ ② $\frac{1}{6}$ ③ $\frac{1}{4}$
④ $\frac{1}{3}$ ⑤ $\frac{5}{12}$

946

한 개의 주사위를 연속하여 두 번 던져서 처음에 나온 눈의 수를 x, 나중에 나온 눈의 수를 y라 할 때, $2x+y<6$이 될 확률을 구하시오.

947

한 개의 주사위를 연속하여 두 번 던져서 나온 두 눈의 수가 서로 다를 확률을 구하시오.

948

오른쪽 그림과 같이 한 변의 길이가 1인 정오각형의 각 꼭짓점의 위치에 말을 놓을 수 있는 자리 A, B, C, D, E가 있다. 현정이는 A에, 선호는 C에 말을 두고 각각 주사위를 던져서 나온 눈의 수에 해당하는 칸만큼 시계 방향으로 말을 옮기는 게임을 하고 있다. 주사위를 각각 한 번씩 던질 때, 현정이와 선호의 말이 모두 처음에 있던 위치에 그대로 있지 않을 확률을 구하시오.

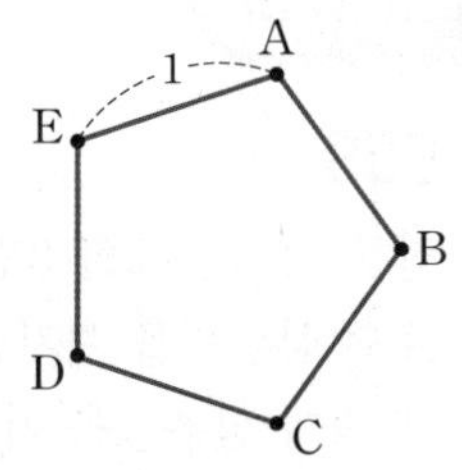

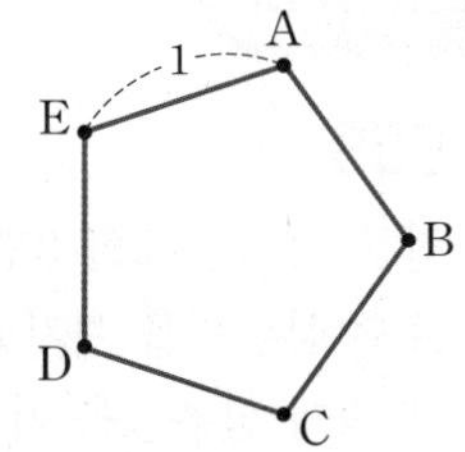

949

A 상자에는 흰 바둑돌이 2개, 검은 바둑돌이 4개 들어 있고, B 상자에는 흰 바둑돌이 3개, 검은 바둑돌이 1개 들어 있다. 두 상자에서 각각 바둑돌을 한 개씩 꺼낼 때, 서로 같은 색이 나올 확률을 구하시오.

950

0, 1, 2, 3, 4의 숫자가 각각 하나씩 적힌 5장의 카드가 있다. 이 중에서 3장을 뽑아 만들 수 있는 세 자리 자연수 중에서 하나를 택할 때, 320보다 클 확률을 구하시오.

실력 UP

951

두 개의 주사위 A, B를 동시에 던져서 나온 두 눈의 수를 각각 a, b라 할 때, 직선 $y=-\frac{b}{a}x+b$와 x축, y축으로 둘러싸인 부분의 넓이가 2가 될 확률은?

① $\frac{1}{18}$ ② $\frac{1}{12}$ ③ $\frac{1}{9}$
④ $\frac{5}{36}$ ⑤ $\frac{1}{6}$

952

주머니 속에 모양과 크기가 같은 흰 공 10개, 검은 공 3개가 들어 있다. 이 주머니에서 공을 한 개 꺼내 색을 확인하고 다시 넣은 후 또 한 개를 꺼낼 때, 두 공 모두 검은 공일 확률은?

① $\frac{5}{169}$ ② $\frac{6}{169}$ ③ $\frac{7}{169}$
④ $\frac{8}{169}$ ⑤ $\frac{9}{169}$

953

21개의 제비 중 4개의 당첨 제비가 들어 있는 상자에서 A가 먼저 1개를 뽑고 B가 나중에 1개를 뽑을 때, B가 당첨 제비를 뽑을 확률을 구하시오.

(단, 뽑은 제비는 다시 넣지 않는다.)

954

어느 시험에서 A, B 두 명의 합격률은 각각 $\frac{2}{5}$, $\frac{2}{3}$일 때, 두 사람 중 적어도 한 명은 합격할 확률은?

① $\frac{3}{10}$ ② $\frac{2}{5}$ ③ $\frac{1}{2}$
④ $\frac{3}{5}$ ⑤ $\frac{4}{5}$

955

정수와 미혜가 번갈아 가며 주사위를 1회씩 던져서 4보다 큰 수의 눈이 먼저 나오는 사람이 이기는 게임을 하고 있다. 정수가 맨 처음에 주사위를 던졌을 때, 4회에서 미혜가 이길 확률은?

① $\frac{8}{81}$ ② $\frac{1}{9}$ ③ $\frac{2}{9}$
④ $\frac{1}{3}$ ⑤ $\frac{28}{81}$

956

오른쪽 그림과 같이 12등분한 원판에 1부터 12까지의 자연수가 각각 하나씩 적혀 있다. 원판을 한 번 돌려서 멈춘 후 바늘이 가리키는 수를 읽을 때, 12의 약수가 나올 확률을 구하시오.

(단, 바늘이 경계선을 가리키는 경우는 없다.)

957

주머니 속에 모양과 크기가 같은 흰 구슬과 파란 구슬이 합하여 10개가 있다. 이 중에서 하나를 꺼냈다가 다시 넣은 후 또 하나를 꺼냈을 때, 두 번 중 적어도 한 번은 흰 구슬이 나올 확률은 $\frac{51}{100}$이다. 파란 구슬의 개수를 구하시오.

실력 UP

958

정준, 건호, 세환 3명이 가위바위보를 하여 진 사람이 음료수 심부름을 가기로 하였다. 가위바위보를 한 번 할 때, 한 명이 심부름을 가게 될 확률은?

① $\frac{1}{9}$ ② $\frac{2}{9}$ ③ $\frac{1}{3}$
④ $\frac{4}{9}$ ⑤ $\frac{2}{3}$

959

9개의 제비 중 2개의 당첨 제비가 들어 있는 주머니가 있다. 준식이가 주머니에서 제비 한 개를 뽑아 결과를 확인한 후 다시 넣고 잘 섞은 다음 민지가 한 개를 뽑았을 때, 2명 모두 당첨 제비를 뽑을 확률은?

① $\frac{1}{27}$ ② $\frac{4}{81}$ ③ $\frac{2}{9}$
④ $\frac{4}{9}$ ⑤ $\frac{5}{9}$

960

주머니 속에 모양과 크기가 같은 빨간 공 5개, 파란 공 3개가 들어 있다. 꺼낸 공을 다시 넣지 않고 연속하여 2개의 공을 꺼낼 때, 같은 색의 공이 나올 확률은?

① $\frac{3}{7}$ ② $\frac{13}{28}$ ③ $\frac{1}{2}$
④ $\frac{15}{28}$ ⑤ $\frac{4}{7}$

961

윤재와 도하는 일요일에 공원에서 만나기로 하였다. 그날 정해진 시간에 윤재가 약속 장소에 나갈 확률은 $\frac{5}{6}$이고 도하가 약속 장소에 나갈 확률은 $\frac{2}{3}$일 때, 두 사람이 만나지 못할 확률을 구하시오.

962

교내 방송부 아나운서 면접에 민수와 지희가 응시했다. 민수가 합격할 확률은 $\frac{1}{3}$이고 두 사람이 모두 불합격할 확률은 $\frac{2}{5}$일 때, 지희가 합격할 확률을 구하시오.

963

사격 선수인 A와 B가 목표물을 맞힐 확률이 각각 $\frac{5}{7}$, $\frac{5}{6}$라 한다. 두 선수가 동시에 한 목표물을 향해 총을 한 발씩 쏠 때, 목표물이 총에 맞을 확률은?

① $\frac{4}{7}$ ② $\frac{25}{42}$ ③ $\frac{6}{7}$
④ $\frac{19}{21}$ ⑤ $\frac{20}{21}$

964

오른쪽 그림과 같이 반지름의 길이가 각각 2 cm, 3 cm, 5 cm인 세 원이 그려져 있는 원판에 화살을 쏠 때, 색칠한 부분을 맞힐 확률을 구하시오. (단, 화살이 원판을 벗어나거나 경계선에 맞는 경우는 없다.)

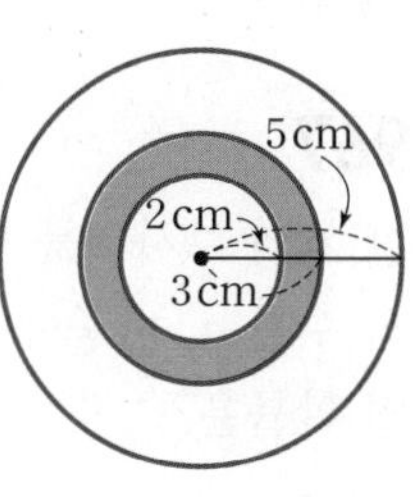

실력 UP

965

눈 온 다음 날 눈이 올 확률은 $\frac{3}{5}$이고, 눈이 오지 않은 다음 날 눈이 올 확률은 $\frac{1}{5}$이다. 목요일에 눈이 온 후, 같은 주 토요일에 눈이 올 확률은?

① $\frac{11}{25}$ ② $\frac{12}{25}$ ③ $\frac{13}{25}$
④ $\frac{14}{25}$ ⑤ $\frac{3}{5}$

966

다음 중 확률이 가장 큰 것은?

① 서로 다른 두 개의 동전을 동시에 던질 때, 모두 앞면이 나올 확률
② 서로 다른 두 개의 주사위를 동시에 던질 때, 나온 두 눈의 수의 합이 5 이하일 확률
③ 당첨 제비 4개를 포함한 10개의 제비 중 1개를 뽑을 때, 당첨될 확률
④ 회장 선거에서 A, B, C 세 명 중 한 명을 뽑을 때, B가 회장이 될 확률
⑤ 두 명이 가위바위보를 한 번 할 때, 비길 확률

967

한 개의 주사위를 연속하여 두 번 던져서 처음에 나온 눈의 수를 a, 나중에 나온 눈의 수를 b라 할 때, $a^2+b\geq 30$일 확률은?

① $\frac{5}{36}$ ② $\frac{1}{6}$ ③ $\frac{7}{36}$
④ $\frac{2}{9}$ ⑤ $\frac{1}{4}$

968

주머니 속에 1부터 15까지의 자연수가 각각 하나씩 적힌 15개의 공이 들어 있다. 이 중에서 한 개를 꺼낼 때, 다음 중 옳지 않은 것은?

① 1이 적힌 공이 나올 확률은 $\frac{1}{15}$이다.
② 0이 적힌 공이 나올 확률은 0이다.
③ 4가 적힌 공이 나올 확률은 $\frac{4}{15}$이다.
④ 1 미만의 수가 적힌 공이 나올 확률은 0이다.
⑤ 15 이하의 수가 적힌 공이 나올 확률은 1이다.

969

모양과 크기가 같은 4개의 검은 공과 5개의 흰 공이 들어 있는 상자에서 한 개의 공을 꺼내어 색을 확인한 후 다시 넣고 한 개의 공을 또 꺼낼 때, 처음에 꺼낸 공은 흰 공, 나중에 꺼낸 공은 검은 공일 확률은?

① $\frac{16}{81}$ ② $\frac{20}{81}$ ③ $\frac{8}{27}$
④ $\frac{25}{81}$ ⑤ $\frac{25}{72}$

970

꿀이 들어 있는 송편 4개와 콩이 들어 있는 송편 6개가 섞여 있는 떡 상자에서 연속해서 3개를 꺼내 먹을 때, 콩이 들어 있는 송편을 적어도 한 개는 먹게 될 확률은?

(단, 꺼낸 떡은 다시 넣지 않는다.)

① $\frac{5}{6}$ ② $\frac{13}{15}$ ③ $\frac{9}{10}$
④ $\frac{14}{15}$ ⑤ $\frac{29}{30}$

971

두 수영 선수 A, B가 전국체전에 참가하였다. A 선수가 예선을 통과할 확률은 $\frac{1}{3}$, B 선수만 예선을 통과할 확률은 $\frac{1}{2}$일 때, B 선수가 예선을 통과할 확률을 구하시오.

(단, 예선에서 A, B는 서로 다른 조이다.)

972

명중률이 각각 $\frac{3}{4}$, $\frac{3}{5}$인 두 양궁 선수가 하나의 과녁에 한 발씩 활을 쏠 때, 적어도 한 선수는 과녁을 맞힐 확률은?

① $\frac{1}{2}$ ② $\frac{3}{5}$ ③ $\frac{7}{10}$
④ $\frac{4}{5}$ ⑤ $\frac{9}{10}$

973

두 개의 주사위 A, B를 동시에 던져서 나온 눈의 수를 각각 a, b라 할 때, 방정식 $ax-b=0$의 해가 1 또는 2가 될 확률을 구하시오.

974

동전을 한 개 던져서 앞면이 나오면 말을 앞쪽으로 한 칸, 뒷면이 나오면 말을 뒤쪽으로 한 칸 움직이는 다음 그림과 같은 게임판이 있다. 말이 Ⅳ 지점에서 출발하여 동전을 세 번 던질 때, Ⅲ 또는 Ⅴ 지점에 도착할 확률은?

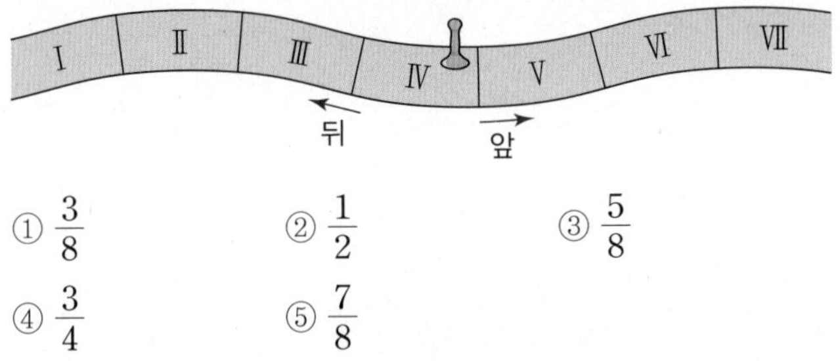

① $\frac{3}{8}$ ② $\frac{1}{2}$ ③ $\frac{5}{8}$
④ $\frac{3}{4}$ ⑤ $\frac{7}{8}$

975

3개의 당첨 제비를 포함한 7개의 제비가 들어 있는 상자에서 A, B, C 세 사람이 이 순서대로 한 개씩 제비를 뽑을 때, 2명만 당첨될 확률은?

(단, 뽑은 제비는 다시 넣지 않는다.)

① $\frac{4}{35}$ ② $\frac{8}{35}$ ③ $\frac{12}{35}$
④ $\frac{16}{35}$ ⑤ $\frac{18}{35}$

서술형 문제

976

0, 1, 2, 3의 숫자가 각각 하나씩 적힌 4장의 카드 중 2장을 뽑아 만들 수 있는 두 자리 자연수 중에서 하나를 택할 때, 소수가 아닐 확률을 구하시오.

977

명중률이 각각 $\frac{2}{5}$, $\frac{3}{4}$, $\frac{1}{3}$인 세 사람이 사냥을 나갔다. 세 사람이 동시에 한 마리의 새를 향해 총을 쏘았을 때, 사냥에 성공할 확률을 구하시오.

〈풀이〉

MEMO

MEMO

MEMO

중학 수학 2·2

내신과 등업을 위한 강력한 한 권!

수매씽 시리즈

중등 1~3학년 1·2학기

고등 수학(상), 수학(하), 수학Ⅰ, 수학Ⅱ, 확률과 통계, 미적분

동아출판

Telephone 1644-0600
Homepage www.bookdonga.com
Address 서울시 영등포구 은행로 30 (우 07242)

- 정답 및 풀이는 동아출판 홈페이지 내 학습자료실에서 내려받을 수 있습니다.
- 교재에서 발견된 오류는 동아출판 홈페이지 내 정오표에서 확인 가능하며, 잘못 만들어진 책은 구입처에서 교환해 드립니다.
- 학습 상담, 제안 사항, 오류 신고 등 어떠한 이야기라도 들려주세요.

내신을 위한 강력한 한 권!

144유형 1977문항

모바일 빠른 정답

수매씽

MATHING

정답 및 풀이

중학 수학 2·2

동아출판

수매씽 빠른 정답 안내

QR 코드를 찍으면 정답을 쉽고 빠르게 확인할 수 있습니다.

유형북

01. 삼각형의 성질

Step 1 핵심 개념 9쪽

0001 $\angle x=\frac{1}{2}\times(180^\circ-50^\circ)=65^\circ$ 답 65°

0002 $\angle x=180^\circ-2\times55^\circ=70^\circ$ 답 70°

0003 $\angle ACB=\frac{1}{2}\times(180^\circ-30^\circ)=75^\circ$이므로
$\angle x=180^\circ-75^\circ=105^\circ$ 답 105°

0004 $\angle C=\angle B=35^\circ$이므로 $\angle x=35^\circ+35^\circ=70^\circ$ 답 70°

0005 답 5 0006 답 8

0007 답 90

0008 $\overline{BD}=\overline{CD}$이므로 $\overline{AD}\perp\overline{BC}$
$\triangle ABD$에서
$x^\circ=180^\circ-(65^\circ+90^\circ)=25^\circ$
$\therefore x=25$ 답 25

0009 $\triangle ABC$와 $\triangle DFE$에서
$\angle C=\angle E=90^\circ$, $\overline{AB}=\overline{DF}$, $\angle B=\angle F=30^\circ$이므로
$\triangle ABC\equiv\triangle DFE$ (RHA 합동)
답 $\triangle ABC\equiv\triangle DFE$ (RHA 합동)

0010 답 2 cm

0011 $\triangle ABC$와 $\triangle EDF$에서
$\angle C=\angle F=90^\circ$, $\overline{AB}=\overline{ED}$, $\overline{BC}=\overline{DF}$이므로
$\triangle ABC\equiv\triangle EDF$ (RHS 합동)
답 $\triangle ABC\equiv\triangle EDF$ (RHS 합동)

0012 답 4 cm 0013 답 5

0014 $\overline{PA}=\overline{PB}$이므로 $\angle AOP=\angle BOP=x^\circ$
$\triangle AOP$에서
$x^\circ=180^\circ-(70^\circ+90^\circ)=20^\circ$
$\therefore x=20$ 답 20

Step 2 핵심 유형 10~17쪽

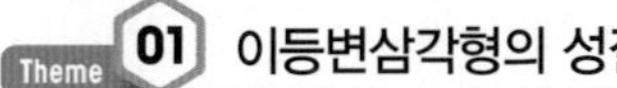

Theme 01 이등변삼각형의 성질 10~14쪽

0015 답 (가) $\overline{AC}$ (나) $\angle CAD$ (다) $\overline{AD}$ (라) $\angle C$

0016 $\triangle ABD$와 $\triangle ACD$에서
$\overline{AB}=\overline{AC}$ (①), $\angle BAD=\angle CAD$ (④),
$\overline{AD}$는 공통 (③)이므로
$\triangle ABD\equiv\triangle ACD$ (SAS 합동) (⑤) ······ ㉠
$\therefore \overline{AD}\perp\overline{BC}$, $\overline{BD}=\overline{CD}$
즉, ② $\overline{BD}=\overline{CD}$는 ㉠에 의한 결과이다. 답 ②

0017 $\triangle ABD\equiv\triangle ACD$ (SAS 합동)이므로
$\overline{BD}=\overline{CD}$, $\angle ADB=\angle ADC$ (④)
즉, $\triangle PBD\equiv\triangle PCD$ (SAS 합동)이므로
$\overline{PB}=\overline{PC}$ (②)
따라서 옳은 것은 ②, ④이다. 답 ②, ④
참고 $\triangle PBD$와 $\triangle PCD$에서
$\overline{BD}=\overline{CD}$, $\angle PDB=\angle PDC$, $\overline{PD}$는 공통이므로
$\triangle PBD\equiv\triangle PCD$ (SAS 합동)

0018 $\triangle ABC$에서 $\overline{BA}=\overline{BC}$이므로
$\angle BCA=\angle A=\frac{1}{2}\times(180^\circ-50^\circ)=65^\circ$
$\therefore \angle x=180^\circ-\angle BCA=180^\circ-65^\circ=115^\circ$ 답 115°

0019 $\triangle ABC$에서 $\overline{AB}=\overline{AC}$이므로
$\angle C=\angle B=3\angle x-10^\circ$
삼각형의 세 내각의 크기의 합은 180°이므로
$2\angle x+(3\angle x-10^\circ)+(3\angle x-10^\circ)=180^\circ$
$8\angle x=200^\circ$ $\therefore \angle x=25^\circ$ 답 ②

0020 $\triangle ABC$에서 $\overline{AB}=\overline{AC}$이므로
$\angle ABC=\angle ACB=\frac{1}{2}\times(180^\circ-80^\circ)=50^\circ$
$\therefore \angle DBC=\frac{1}{2}\angle ABC=\frac{1}{2}\times50^\circ=25^\circ$
$\angle DCB=\frac{1}{2}\angle ACB=\frac{1}{2}\times50^\circ=25^\circ$
따라서 $\triangle DBC$에서
$\angle BDC=180^\circ-(25^\circ+25^\circ)=130^\circ$ 답 130°

0021 $\triangle ABC$에서 $\overline{AB}=\overline{AC}$이므로
$\angle ABC=\angle C=\frac{1}{2}\times(180^\circ-28^\circ)=76^\circ$
$\therefore \angle ABD=\frac{1}{2}\angle ABC=\frac{1}{2}\times76^\circ=38^\circ$
따라서 $\triangle ABD$에서
$\angle BDC=\angle A+\angle ABD=28^\circ+38^\circ=66^\circ$ 답 66°
다른 풀이 $\triangle ABC$에서 $\overline{AB}=\overline{AC}$이므로
$\angle ABC=\angle C=\frac{1}{2}\times(180^\circ-28^\circ)=76^\circ$
$\therefore \angle DBC=\frac{1}{2}\angle ABC=\frac{1}{2}\times76^\circ=38^\circ$
따라서 $\triangle DBC$에서
$\angle BDC=180^\circ-(\angle DBC+\angle C)$
$=180^\circ-(38^\circ+76^\circ)=66^\circ$

0022 $\triangle ABC$에서 $\overline{AB}=\overline{AC}$이므로 $\angle C=\angle B=52^\circ$
$\therefore \angle BAC=180^\circ-2\times52^\circ=76^\circ$
$\triangle DAB$에서 $\overline{DA}=\overline{DB}$이므로 $\angle DAB=\angle B=52^\circ$
$\therefore \angle DAC=\angle BAC-\angle DAB$
$=76^\circ-52^\circ=24^\circ$ 답 ③

0023 $\triangle ADC$에서 $\overline{DA}=\overline{DC}$이므로
$\angle A=\angle DCA=\frac{1}{2}\times(180^\circ-100^\circ)=40^\circ$ ···❶

$\triangle ABC$에서 $\overline{AB}=\overline{AC}$이므로

$\angle ACB=\angle B=\frac{1}{2}\times(180°-40°)=70°$ …❷

$\therefore \angle x=\angle ACB-\angle DCA=70°-40°=30°$ …❸

답 30°

채점 기준	배점
❶ ∠A, ∠DCA의 크기 구하기	40 %
❷ ∠ACB의 크기 구하기	40 %
❸ ∠x의 크기 구하기	20 %

0024 $\angle ABD=\angle DBC=\angle a$라 하면

$\triangle ABC$에서 $\overline{AB}=\overline{AC}$이므로 $\angle C=\angle ABC=2\angle a$

$\triangle DBC$에서 $\angle ADB=\angle DBC+\angle DCB$이므로

$\angle a+2\angle a=72°$, $3\angle a=72°$ $\therefore \angle a=24°$

따라서 $\triangle ABD$에서

$\angle A=180°-(\angle ABD+\angle ADB)$

$=180°-(24°+72°)=84°$ 답 84°

다른 풀이 $\angle ABD=\angle DBC=\angle a$라 하면

$\triangle DBC$에서

$\angle a+2\angle a=72°$, $3\angle a=72°$ $\therefore \angle a=24°$

$\triangle ABC$에서

$\angle ABC=\angle C=2\times 24°=48°$이므로

$\angle A=180°-2\times 48°=84°$

0025 $\triangle ABC$에서 $\overline{AB}=\overline{AC}$이므로 $\angle C=\angle B=55°$ (②)

$\therefore \angle BAC=180°-2\times 55°=70°$ (⑤)

이때 꼭지각의 이등분선은 밑변을 수직이등분하므로

$\overline{BD}=\overline{CD}=\frac{1}{2}\overline{BC}=\frac{1}{2}\times 8=4(cm)$ (①)

$\overline{AD}\perp\overline{BC}$이므로 $\angle ADC=90°$ (③)

$\triangle ABD$에서

$\angle BAD=180°-(55°+90°)=35°$

따라서 옳지 않은 것은 ④이다. 답 ④

0026 $\overline{AD}\perp\overline{BC}$이므로 $\angle ADB=90°$

$\overline{BD}=\overline{CD}=\frac{1}{2}\times 12=6(cm)$

$\therefore \triangle ABD=\frac{1}{2}\times 6\times 10=30(cm^2)$ 답 $30\,cm^2$

0027 $\overline{AD}$는 $\overline{BC}$의 수직이등분선이므로

$\angle DAC=\angle DAB=\angle x$

$\angle ACD=180°-116°=64°$이므로

$\triangle ADC$에서

$\angle x=180°-(64°+90°)=26°$ 답 26°

다른 풀이 $\angle ACB=180°-116°=64°$

$\triangle ABC$에서 $\overline{AB}=\overline{AC}$이므로

$\angle BAC=180°-2\times 64°=52°$

이때 $\angle DAC=\angle DAB=\angle x$이므로

$2\angle x=52°$ $\therefore \angle x=26°$

0028 $\triangle ABC$에서 $\overline{AB}=\overline{AC}$이므로 $\angle ACB=\angle B=\angle x$

$\angle CAD=\angle B+\angle ACB=\angle x+\angle x=2\angle x$

$\triangle CDA$에서 $\overline{CA}=\overline{CD}$이므로

$\angle CDA=\angle CAD=2\angle x$

$\triangle BCD$에서 $\angle DCE=\angle B+\angle D$이므로

$\angle x+2\angle x=84°$, $3\angle x=84°$

$\therefore \angle x=28°$ 답 28°

0029 $\triangle ABD$에서 $\overline{DA}=\overline{DB}$이므로 $\angle BAD=\angle B=42°$

$\therefore \angle ADC=\angle B+\angle BAD=42°+42°=84°$

$\triangle ADC$에서 $\overline{DA}=\overline{DC}$이므로 $\angle DAC=\angle DCA$

$\therefore \angle x=\frac{1}{2}\times(180°-84°)=48°$ 답 ⑤

0030 (1) $\triangle ABC$에서 $\overline{AB}=\overline{AC}$이므로 $\angle ACB=\angle B=25°$

$\therefore \angle CAD=\angle B+\angle ACB=25°+25°=50°$

$\triangle CDA$에서 $\overline{CA}=\overline{CD}$이므로

$\angle CDA=\angle CAD=50°$ …❶

$\triangle DBC$에서

$\angle x=\angle B+\angle CDB=25°+50°=75°$ …❷

(2) $\triangle DCE$에서 $\overline{DC}=\overline{DE}$이므로

$\angle DEC=\angle DCE=75°$

$\therefore \angle y=180°-2\times 75°=30°$ …❸

답 (1) 75° (2) 30°

채점 기준	배점
❶ ∠CDA의 크기 구하기	40 %
❷ ∠x의 크기 구하기	30 %
❸ ∠y의 크기 구하기	30 %

0031 $\triangle ACD$에서 $\overline{CA}=\overline{CD}$이므로

$\angle CAD=\angle CDA=\angle a$라 하면

$\angle BCA=\angle a+\angle a=2\angle a$

$\triangle ABC$에서 $\overline{BA}=\overline{BC}$이므로

$\angle BAC=\angle BCA=2\angle a$

$2\angle a+\angle a+75°=180°$이므로

$3\angle a=105°$ $\therefore \angle a=35°$

$\triangle ABD$에서 $\angle B+\angle D=\angle EAD$이므로

$\angle B+35°=75°$ $\therefore \angle B=40°$ 답 40°

참고 $\triangle ABC$에서 $\angle BAC=\angle BCA=70°$이므로
$\angle B=180°-(70°+70°)=40°$

0032 $\triangle ABC$에서 $\overline{AB}=\overline{AC}$이므로

$\angle ABC=\angle ACB=\frac{1}{2}\times(180°-80°)=50°$

$\therefore \angle DBC=\frac{1}{2}\angle ABC=\frac{1}{2}\times 50°=25°$

$\angle ACE=180°-50°=130°$이므로

$\angle DCE=\frac{1}{2}\angle ACE=\frac{1}{2}\times 130°=65°$

$\triangle DBC$에서 $\angle DCE=\angle DBC+\angle BDC$이므로

$25°+\angle x=65°$ $\therefore \angle x=40°$ 답 40°

0033 $\triangle ABC$에서 $\overline{AB}=\overline{AC}$이므로

$\angle ABC=\angle ACB=\frac{1}{2}\times(180°-52°)=64°$

$\angle ACE=180°-64°=116°$이므로

$\angle DCE=\frac{1}{2}\angle ACE=\frac{1}{2}\times 116^\circ=58^\circ$

$\triangle BCD$에서 $\overline{CB}=\overline{CD}$이므로 $\angle CBD=\angle CDB=\angle x$

$\angle DCE=\angle CBD+\angle CDB$이므로

$\angle x+\angle x=58^\circ$, $2\angle x=58^\circ$

$\therefore \angle x=29^\circ$ 　　답 ④

0034 $\angle BAE=\angle EAC=\angle a$라 하면

$\triangle AEC$에서 $\overline{EA}=\overline{EC}$이므로 $\angle ECA=\angle EAC=\angle a$

$\triangle ABC$에서 $\angle B=90^\circ$이므로

$2\angle a+90^\circ+\angle a=180^\circ$, $3\angle a=90^\circ$ 　$\therefore \angle a=30^\circ$

$\triangle AEC$에서 $\angle AEB=\angle EAC+\angle ECA$이므로

$\angle x=\angle a+\angle a=30^\circ+30^\circ=60^\circ$ 　　답 60°

0035 $\triangle ABD$와 $\triangle ACE$에서

$\overline{AB}=\overline{AC}$, $\overline{BD}=\overline{CE}$, $\angle B=\angle C$이므로

$\triangle ABD\equiv\triangle ACE$ (SAS 합동)

$\therefore \overline{AD}=\overline{AE}$

$\triangle ADE$에서 $\angle ADE=\angle AED$이므로

$\angle x=\frac{1}{2}\times(180^\circ-28^\circ)=76^\circ$ 　　답 76°

0036 ① $\overline{AB}=\overline{AC}$이므로 $\angle ABC=\angle ACB$

③, ⑤ $\triangle ABE$와 $\triangle ACD$에서

$\overline{AB}=\overline{AC}$, $\overline{AE}=\overline{AC}-\overline{EC}=\overline{AB}-\overline{DB}=\overline{AD}$,

$\angle A$는 공통이므로

$\triangle ABE\equiv\triangle ACD$ (SAS 합동)

$\therefore \overline{BE}=\overline{CD}$

④ $\triangle DBC$와 $\triangle ECB$에서

$\overline{DB}=\overline{EC}$, $\angle DBC=\angle ECB$,

$\overline{BC}$는 공통이므로

$\triangle DBC\equiv\triangle ECB$ (SAS 합동)

$\therefore \angle BDC=\angle CEB$

따라서 옳지 않은 것은 ②이다. 　　답 ②

0037 $\triangle ABC$에서 $\overline{AB}=\overline{AC}$이므로

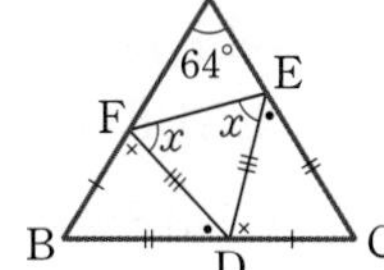

$\angle B=\angle C=\frac{1}{2}\times(180^\circ-64^\circ)$

$=58^\circ$

$\triangle BDF$와 $\triangle CED$에서

$\overline{BD}=\overline{CE}$, $\overline{BF}=\overline{CD}$, $\angle B=\angle C$

이므로 $\triangle BDF\equiv\triangle CED$ (SAS 합동)

$\therefore \angle BDF=\angle CED$, $\angle BFD=\angle CDE$, $\overline{DF}=\overline{ED}$

$\angle FDE=180^\circ-(\angle BDF+\angle CDE)$

$=180^\circ-(\angle BDF+\angle BFD)$

$=\angle B=58^\circ$

$\triangle DEF$에서 $\angle DEF=\angle DFE$이므로

$\angle x=\frac{1}{2}\times(180^\circ-58^\circ)=61^\circ$ 　　답 61°

0038 ② (나) $\overline{AD}$

④ (라) ASA 　　답 ②, ④

0039 답 (가) $\angle ACB$ 　(나) $\angle DCB$ 　(다) $\overline{DC}$ 　(라) 이등변

0040 $\triangle ABC$에서

$\angle A=180^\circ-(30^\circ+90^\circ)=60^\circ$

$\triangle DCA$에서 $\overline{DA}=\overline{DC}$이므로 $\angle DCA=\angle A=60^\circ$

즉, $\triangle DCA$는 정삼각형이므로

$\overline{DA}=\overline{DC}=\overline{AC}=8\,cm$

$\angle DCB=\angle ACB-\angle DCA=90^\circ-60^\circ=30^\circ=\angle DBC$

따라서 $\triangle DBC$는 이등변삼각형이므로

$\overline{DB}=\overline{DC}=8\,cm$

$\therefore \overline{AB}=\overline{AD}+\overline{DB}=8+8=16(cm)$ 　　답 16 cm

0041 $\angle B=\angle C$이므로

$\triangle ABC$는 $\overline{AB}=\overline{AC}$인 이등변삼각형이다.

$4x-8=2x+6$, $2x=14$ 　$\therefore x=7$ 　　답 ②

0042 $\angle B=\angle C$이므로 $\triangle ABC$는 $\overline{AB}=\overline{AC}$인 이등변삼각형이고, $\overline{AD}$는 $\angle A$의 이등분선이므로 밑변을 수직이등분한다.

$\overline{BC}=2\overline{CD}=2\times5=10(cm)$이므로 $x=10$

$\angle ADC=90^\circ$이므로 $y=90$

$\therefore y-x=90-10=80$ 　　답 80

0043 $\triangle ABC$에서 $\overline{AB}=\overline{AC}$이므로

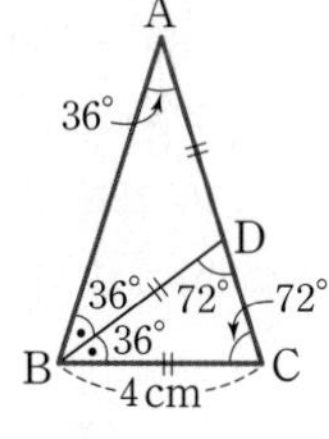

$\angle ABC=\angle C=\frac{1}{2}\times(180^\circ-36^\circ)$

$=72^\circ$

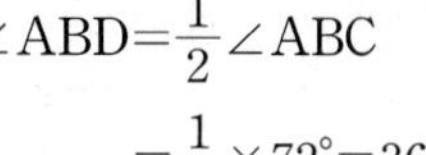

$\therefore \angle ABD=\frac{1}{2}\angle ABC$

$=\frac{1}{2}\times72^\circ=36^\circ$

즉, $\angle A=\angle ABD$이므로 $\triangle ABD$는 $\overline{DA}=\overline{DB}$인 이등변삼각형이다. …❶

$\triangle ABD$에서

$\angle BDC=\angle A+\angle DBA=36^\circ+36^\circ=72^\circ$

즉, $\angle BDC=\angle C$이므로 $\triangle BCD$는 $\overline{BC}=\overline{BD}$인 이등변삼각형이다. …❷

$\therefore \overline{AD}=\overline{BD}=\overline{BC}=4\,cm$ …❸

답 4 cm

채점 기준	배점
❶ $\triangle ABD$가 이등변삼각형임을 알기	40 %
❷ $\triangle BCD$가 이등변삼각형임을 알기	40 %
❸ $\overline{AD}$의 길이 구하기	20 %

0044 오른쪽 그림에서

$\angle BAC=\angle DAC$ (접은 각),

$\angle DAC=\angle BCA$ (엇각)

이므로 $\angle BAC=\angle BCA$

따라서 $\triangle ABC$는 $\overline{BC}=\overline{BA}=4\,cm$인 이등변삼각형이므로 $\triangle ABC$의 둘레의 길이는

$4+4+5=13(cm)$ 　　답 13 cm

0045 오른쪽 그림에서

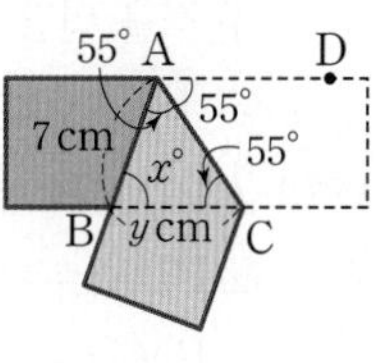

$\angle DAC=\angle ACB=55^\circ$ (엇각)

$\angle BAC=\angle DAC=55^\circ$ (접은 각)

$\triangle ABC$에서

$x^\circ=180^\circ-2\times55^\circ=70^\circ$이므로 $x=70$

$\triangle ABC$는 $\overline{BC}=\overline{BA}=7\,cm$인 이등변삼각형이므로 $y=7$

$\therefore\ x+y=70+7=77$ 답 ④

0046 오른쪽 그림에서

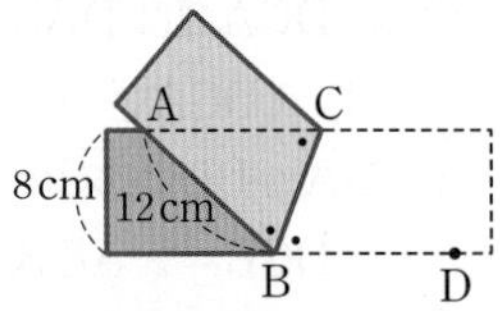

$\angle CBD=\angle ABC$ (접은 각),

$\angle ACB=\angle CBD$ (엇각)

이므로 $\angle ABC=\angle ACB$

따라서 $\triangle ABC$는

$\overline{AC}=\overline{AB}=12\,cm$인 이등변삼각형이므로

$\triangle ABC=\frac{1}{2}\times\overline{AC}\times 8=\frac{1}{2}\times 12\times 8=48(cm^2)$

답 $48\,cm^2$

Theme 02 직각삼각형의 합동 15~17쪽

0047 ㄱ과 ㅁ은 직각삼각형의 빗변의 길이와 다른 한 변의 길이가 각각 같으므로 합동이다. (RHS 합동)

ㄴ에서 나머지 한 각의 크기는

$180°-(90°+30°)=60°$

즉, ㄴ과 ㅂ은 직각삼각형의 빗변의 길이와 한 예각의 크기가 각각 같으므로 합동이다. (RHA 합동)

따라서 서로 합동인 것은 ㄱ와 ㅁ, ㄴ과 ㅂ이다.

답 ㄱ과 ㅁ, ㄴ과 ㅂ

0048 답 (가) $\overline{DE}$ (나) $\angle D$ (다) 90 (라) $\angle E$ (마) ASA

0049 ㄱ. RHS 합동 ㄴ. RHA 합동

ㄷ. SAS 합동 ㄹ. ASA 합동

따라서 합동이 되는 경우는 ㄱ, ㄴ, ㄷ, ㄹ이다. 답 ④

0050 ① SAS 합동 ② RHS 합동

③ RHA 합동 ④ RHA 합동

따라서 합동이 되는 조건이 아닌 것은 ⑤이다. 답 ⑤

0051 $\triangle ACD$와 $\triangle BAE$에서

$\angle ADC=\angle BEA=90°$, $\overline{AC}=\overline{BA}$,

$\angle DCA=90°-\angle CAD=\angle EAB$이므로

$\triangle ACD\equiv\triangle BAE$ (RHA 합동)

따라서 $\overline{DA}=\overline{EB}=3\,cm$, $\overline{AE}=\overline{CD}=4\,cm$이므로

$\overline{DE}=3+4=7(cm)$ 답 7 cm

0052 $\triangle ABC$와 $\triangle CDE$에서

$\angle ABC=\angle CDE=90°$, $\overline{AC}=\overline{CE}$,

$\angle BAC=90°-\angle ACB=\angle DCE$이므로

$\triangle ABC\equiv\triangle CDE$ (RHA 합동)

따라서 $\overline{AB}=\overline{CD}=a\,cm$, $\overline{BC}=\overline{DE}=b\,cm$라 하면

$a+b=16$, $a-b=4$

두 식을 연립하여 풀면 $a=10$, $b=6$

$\therefore\ \overline{BC}=6\,cm$ 답 ③

0053 $\triangle BDM$과 $\triangle CEM$에서

$\angle BDM=\angle CEM=90°$, $\overline{BM}=\overline{CM}$,

$\angle BMD=\angle CME$ (맞꼭지각)이므로

$\triangle BDM\equiv\triangle CEM$ (RHA 합동) …❶

따라서 $\overline{BD}=\overline{CE}=5\,cm$, $\overline{DM}=\overline{EM}=3\,cm$이므로 …❷

$\triangle ABD=\frac{1}{2}\times\overline{BD}\times\overline{AD}$

$=\frac{1}{2}\times 5\times(9+3)=30(cm^2)$ …❸

답 $30\,cm^2$

채점 기준	배점
❶ $\triangle BDM\equiv\triangle CEM$임을 알기	40 %
❷ $\overline{BD}$, $\overline{DM}$의 길이 각각 구하기	30 %
❸ $\triangle ABD$의 넓이 구하기	30 %

0054 $\triangle ADM$과 $\triangle CEM$에서

$\angle ADM=\angle CEM=90°$, $\overline{AM}=\overline{CM}$, $\overline{MD}=\overline{ME}$이므로

$\triangle ADM\equiv\triangle CEM$ (RHS 합동)

$\therefore\ \angle A=\angle C=35°$

따라서 $\triangle ABC$에서

$\angle B=180°-2\times 35°=110°$ 답 110°

0055 $\triangle ADE$와 $\triangle ACE$에서

$\angle ADE=\angle ACE=90°$, $\overline{AE}$는 공통, $\overline{AD}=\overline{AC}$이므로

$\triangle ADE\equiv\triangle ACE$ (RHS 합동)

따라서 $\overline{DE}=\overline{CE}=4\,cm$이므로 $x=4$

$\angle CAE=\angle DAE=y°$이므로

$\triangle ABC$에서

$2\times y°+26°+90°=180°$, $y°=32°$ $\therefore\ y=32$

$\therefore\ x+y=4+32=36$ 답 36

0056 $\triangle ABE$와 $\triangle ADE$에서

$\angle ABE=\angle ADE=90°$, $\overline{AE}$는 공통, $\overline{AB}=\overline{AD}$이므로

$\triangle ABE\equiv\triangle ADE$ (RHS 합동)

$\therefore\ \angle AEB=\angle AED$

$\triangle DEC$에서 $\angle DEC=180°-(90°+50°)=40°$이므로

$\angle BED=180°-40°=140°$

$\therefore\ \angle AEB=\frac{1}{2}\angle BED=\frac{1}{2}\times 140°=70°$ 답 70°

다른 풀이 $\triangle ABC$에서 $\angle BAC=180°-(90°+50°)=40°$

$\triangle ABE\equiv\triangle ADE$ (RHS 합동)이므로

$\angle BAE=\angle DAE=\frac{1}{2}\angle BAC=\frac{1}{2}\times 40°=20°$

따라서 $\triangle ABE$에서

$\angle AEB=180°-(20°+90°)=70°$

0057 $\triangle AED$와 $\triangle ACD$에서

$\angle AED=\angle ACD=90°$, $\overline{AD}$는 공통, $\overline{AE}=\overline{AC}$이므로

$\triangle AED\equiv\triangle ACD$ (RHS 합동)

$\therefore\ \overline{AE}=\overline{AC}=6\,cm$, $\overline{DE}=\overline{DC}$

따라서 $\triangle BDE$의 둘레의 길이는

$\overline{BD}+\overline{DE}+\overline{BE}=(\overline{BD}+\overline{DC})+\overline{BE}=\overline{BC}+\overline{BE}$

$=8+(10-6)=12(cm)$ 답 12 cm

0058 $\triangle AOP$와 $\triangle BOP$에서

$\angle OAP=\angle OBP=90°$, $\overline{OP}$는 공통, $\angle AOP=\angle BOP$

이므로 $\triangle AOP\equiv\triangle BOP$ (RHA 합동) (⑤)

$\therefore \overline{OA}=\overline{OB}$ (①), $\overline{PA}=\overline{PB}$ (②), $\angle APO=\angle BPO$ (④)
따라서 옳지 않은 것은 ③ $\overline{OX}=\overline{OY}$이다. 답 ③

0059 $\triangle PAO$와 $\triangle PBO$에서
$\angle PAO=\angle PBO=90°$, $\overline{OP}$는 공통, $\overline{PA}=\overline{PB}$이므로
$\triangle PAO \equiv \triangle PBO$ (RHS 합동)
즉, $\overline{AO}=\overline{BO}$ (ㄱ), $\angle APO=\angle BPO$ (ㄴ)이고
$\angle AOP=\angle BOP$이므로
$\angle AOP=\frac{1}{2}\angle AOB$ (ㅁ)
따라서 옳은 것은 ㄱ, ㄴ, ㅁ이다. 답 ④

0060 오른쪽 그림과 같이 점 D에서 $\overline{AC}$에 내린 수선의 발을 E라 하면
$\triangle ABD$와 $\triangle AED$에서
$\angle ABD=\angle AED=90°$,
$\overline{AD}$는 공통,
$\angle BAD=\angle EAD$이므로
$\triangle ABD \equiv \triangle AED$ (RHA 합동)
따라서 $\overline{DE}=\overline{DB}=4\,\text{cm}$이므로
$\triangle ADC=\frac{1}{2}\times\overline{AC}\times\overline{DE}$
$=\frac{1}{2}\times 15\times 4=30(\text{cm}^2)$ 답 $30\,\text{cm}^2$

0061 $\triangle AOP$와 $\triangle BOP$에서
$\angle OAP=\angle OBP=90°$, $\overline{OP}$는 공통, $\overline{AP}=\overline{BP}$이므로
$\triangle AOP \equiv \triangle BOP$ (RHS 합동)
따라서 $\angle AOP=\angle BOP$이므로
$\angle AOP=\frac{1}{2}\angle AOB$
$=\frac{1}{2}\times(360°-110°-90°-90°)$
$=\frac{1}{2}\times 70°=35°$ 답 $35°$

0062 $\triangle EBD$와 $\triangle CBD$에서
$\angle BED=\angle BCD=90°$, $\overline{BD}$는 공통,
$\angle EBD=\angle CBD$이므로
$\triangle EBD \equiv \triangle CBD$ (RHA 합동)
$\therefore \overline{ED}=\overline{CD}=10\,\text{cm}$
$\triangle ABC$는 직각이등변삼각형이므로
$\angle A=\angle ABC=45°$
$\triangle AED$에서 $\angle ADE=180°-(45°+90°)=45°$
따라서 $\triangle AED$는 $\overline{EA}=\overline{ED}=10\,\text{cm}$인 직각이등변삼각형이므로
$\triangle AED=\frac{1}{2}\times 10\times 10=50(\text{cm}^2)$ 답 $50\,\text{cm}^2$

0063 $\triangle ADE$와 $\triangle BDE$에서
$\overline{AE}=\overline{BE}$, $\angle AED=\angle BED=90°$, $\overline{DE}$는 공통이므로
$\triangle ADE \equiv \triangle BDE$ (SAS 합동)
$\therefore \angle DAE=\angle DBE=\angle x$
$\triangle ADE$와 $\triangle ADC$에서
$\angle AED=\angle ACD=90°$, $\overline{AD}$는 공통, $\overline{DE}=\overline{DC}$이므로
$\triangle ADE \equiv \triangle ADC$ (RHS 합동)
$\therefore \angle DAC=\angle DAE=\angle x$
따라서 $\triangle ABC$에서
$2\angle x+\angle x+90°=180°$, $3\angle x=90°$
$\therefore \angle x=30°$ 답 $30°$

Step 3 발전 문제 18~20쪽

0064 $\triangle ABC$에서 $\overline{AB}=\overline{AC}$이므로
$\angle ABC=\angle ACB=\frac{1}{2}\times(180°-24°)=78°$
$\angle ABD : \angle DBC=2:1$이므로
$\angle DBC=\frac{1}{3}\angle ABC=\frac{1}{3}\times 78°=26°$
$\angle DCE=\frac{1}{2}\angle ACE=\frac{1}{2}\times(180°-78°)=51°$
따라서 $\triangle BCD$에서 $\angle DCE=\angle DBC+\angle BDC$이므로
$26°+\angle x=51°$ $\therefore \angle x=25°$ 답 $25°$

0065 $\triangle ABC$에서
$\overline{AB}=\overline{AC}$이므로 $\angle B=\angle C$
$\triangle ECF$에서
$\angle EFC+\angle C=90°$이고,
$\triangle BED$에서 $\angle B+\angle D=90°$이므로
$\angle D=\angle EFC$
이때 $\angle AFD=\angle EFC$ (맞꼭지각)이므로 $\angle D=\angle AFD$
따라서 $\triangle AFD$는 $\overline{AF}=\overline{AD}$인 이등변삼각형이다.
이때 $\overline{AC}=\overline{AB}=10\,\text{cm}$이므로 $\overline{AF}=10-4=6(\text{cm})$
$\therefore \overline{AD}=\overline{AF}=6\,\text{cm}$ 답 $6\,\text{cm}$

0066 $\triangle ABC$에서 $\overline{AB}=\overline{AC}$이므로
$\angle ABC=\angle C=\frac{1}{2}\times(180°-36°)=72°$
$\therefore \angle ABD=\angle DBC=\frac{1}{2}\angle ABC=\frac{1}{2}\times 72°=36°$
즉, $\angle A=\angle ABD$이므로 $\triangle ABD$는 $\overline{AD}=\overline{BD}$인 이등변삼각형이다.
$\therefore \overline{BD}=\overline{AD}=7\,\text{cm}$
$\triangle ABD$에서
$\angle BDC=\angle A+\angle ABD=36°+36°=72°$
즉, $\angle C=\angle BDC$이므로 $\triangle BCD$는 $\overline{BC}=\overline{BD}$인 이등변삼각형이다.
$\therefore \overline{BC}=\overline{BD}=7\,\text{cm}$
따라서 옳지 않은 것은 ④이다. 답 ④

0067 $\triangle CAD$에서 $\overline{CA}=\overline{CD}$이므로
$\angle CDA=\angle CAD=180°-110°=70°$
$\angle ACD=180°-(70°+70°)=40°$이므로
$\angle DCE=\frac{1}{2}\angle ACD=\frac{1}{2}\times 40°=20°$

$\therefore \angle DCB=55^\circ-20^\circ=35^\circ$
$\triangle DBC$에서 $\angle CDA=\angle DBC+\angle DCB$이므로
$\angle DBC+35^\circ=70^\circ$, $\angle DBC=35^\circ$ $\quad\therefore x=35$
즉, $\angle DBC=\angle DCB$이므로 $\triangle DBC$는 $\overline{DB}=\overline{DC}$인 이등변삼각형이다.
$\overline{AC}=\overline{DC}=\overline{DB}=6\,cm$이므로 $y=6$
$\therefore x+y=35+6=41$ 답 41

0068 $\angle B=\angle C$이므로 $\triangle ABC$는
$\overline{AC}=\overline{AB}=14\,cm$인 이등변삼각형이다.
오른쪽 그림과 같이 $\overline{AP}$를 그으면
$\triangle ABC=\triangle ABP+\triangle ACP$이므로
$63=\frac{1}{2}\times14\times\overline{PD}+\frac{1}{2}\times14\times\overline{PE}$
$7(\overline{PD}+\overline{PE})=63$
$\therefore \overline{PD}+\overline{PE}=9(cm)$  답 ③

0069 $\angle DBE=\angle A$ (접은 각)이므로
$\angle ABC=\angle A+15^\circ$
$\triangle ABC$에서 $\overline{AB}=\overline{AC}$이므로
$\angle C=\angle ABC=\angle A+15^\circ$
따라서 $\triangle ABC$에서
$\angle A+(\angle A+15^\circ)+(\angle A+15^\circ)=180^\circ$
$3\angle A=150^\circ$ $\quad\therefore \angle A=50^\circ$ 답 50°

0070 $\triangle ABC$에서 $\overline{AB}=\overline{AC}$이므로 $\angle B=\angle C$
$\triangle BMD$와 $\triangle CME$에서
$\angle MDB=\angle MEC=90^\circ$, $\overline{BM}=\overline{CM}$,
$\angle B=\angle C$이므로
$\triangle BMD\equiv\triangle CME$ (RHA 합동)
$\therefore \overline{MD}=\overline{ME}$, $\overline{BD}=\overline{CE}$
$\therefore \overline{AD}=\overline{AB}-\overline{BD}=\overline{AC}-\overline{CE}=\overline{AE}$
따라서 옳지 않은 것은 ③이다. 답 ③

0071 $\triangle BDA$와 $\triangle AEC$에서
$\angle BDA=\angle AEC=90^\circ$, $\overline{BA}=\overline{AC}$,
$\angle DBA=90^\circ-\angle BAD=\angle EAC$이므로
$\triangle BDA\equiv\triangle AEC$ (RHA 합동)
즉, $\overline{AE}=\overline{BD}=8\,cm$이므로
$\overline{CE}=\overline{AD}=\overline{DE}-\overline{AE}=12-8=4(cm)$
$\therefore$ (사다리꼴 BDEC의 넓이)
$=\frac{1}{2}\times(\overline{CE}+\overline{BD})\times\overline{DE}$
$=\frac{1}{2}\times(4+8)\times12=72(cm^2)$ 답 $72\,cm^2$

0072 $\triangle ADE$와 $\triangle ACE$에서
$\angle ADE=\angle ACE=90^\circ$, $\overline{AE}$는 공통, $\overline{AD}=\overline{AC}$이므로
$\triangle ADE\equiv\triangle ACE$ (RHS 합동)
$\therefore \overline{ED}=\overline{EC}=6\,cm$
$\triangle ABC$는 직각이등변삼각형이므로 $\angle B=45^\circ$
$\triangle DBE$에서
$\angle DEB=180^\circ-(90^\circ+45^\circ)=45^\circ$
따라서 $\triangle DBE$는 $\overline{DB}=\overline{DE}=6\,cm$인 직각이등변삼각형이므로
$\triangle DBE=\frac{1}{2}\times6\times6=18(cm^2)$ 답 $18\,cm^2$

0073 $\triangle ABD$와 $\triangle AED$에서
$\angle ABD=\angle AED=90^\circ$, $\overline{AD}$는 공통,
$\angle BAD=\angle EAD$이므로
$\triangle ABD\equiv\triangle AED$ (RHA 합동)
$\therefore \overline{AE}=\overline{AB}=8\,cm$, $\overline{DB}=\overline{DE}$
$\overline{EC}=\overline{AC}-\overline{AE}=10-8=2(cm)$
$\therefore$ ($\triangle DCE$의 둘레의 길이)$=\overline{DE}+\overline{DC}+\overline{EC}$
$=\overline{DB}+\overline{DC}+2$
$=6+2=8(cm)$ 답 $8\,cm$

0074 $\overline{AC}=\overline{AB}=10\,cm$이고 $\triangle ABC$의 둘레의 길이가 $32\,cm$이므로
$\overline{BC}=32-(10+10)=12(cm)$
이등변삼각형의 꼭지각의 이등분선은 밑변을 수직이등분하므로
$\overline{AD}\perp\overline{BC}$, $\overline{BD}=\overline{CD}=\frac{1}{2}\times12=6(cm)$
$\triangle ACD$의 넓이에서
$\frac{1}{2}\times\overline{DC}\times\overline{AD}=\frac{1}{2}\times\overline{AC}\times\overline{DE}$이므로
$\frac{1}{2}\times6\times\overline{AD}=\frac{1}{2}\times10\times\frac{24}{5}$, $3\overline{AD}=24$
$\therefore \overline{AD}=8(cm)$ 답 $8\,cm$

0075 $\triangle ABE$와 $\triangle ACD$에서
$\overline{AB}=\overline{AC}$, $\angle A$는 공통,
$\overline{AE}=\overline{AC}-\overline{CE}=\overline{AB}-\overline{BD}=\overline{AD}$이므로
$\triangle ABE\equiv\triangle ACD$ (SAS 합동)
$\therefore \angle ABE=\angle ACD=35^\circ$
$\triangle ADC$에서
$\angle CDB=\angle DAC+\angle DCA=45^\circ+35^\circ=80^\circ$
따라서 $\triangle DBF$에서
$\angle x=180^\circ-(80^\circ+35^\circ)=65^\circ$ 답 ②

0076 $\triangle ABC$에서 $\overline{AB}=\overline{AC}$이므로 $\angle B=\angle C$
$\triangle BDF$와 $\triangle CED$에서
$\overline{BF}=\overline{CD}$, $\angle B=\angle C$, $\overline{BD}=\overline{CE}$이므로
$\triangle BDF\equiv\triangle CED$ (SAS 합동)
즉, $\angle BFD=\angle CDE$ (②), $\angle BDF=\angle CED$ (①),
$\overline{DF}=\overline{ED}$ (③)이므로
$\angle FDE=180^\circ-(\angle BDF+\angle CDE)$
$=180^\circ-(\angle BDF+\angle BFD)$
$=\angle B$ (⑤)
따라서 옳지 않은 것은 ④이다. 답 ④

0077 $\angle BAD=\angle EAG=90^\circ$이므로
$\angle GAF=\angle GAB-\angle FAB=110^\circ-90^\circ=20^\circ$
$\therefore \angle EAF=\angle GAE-\angle GAF=90^\circ-20^\circ=70^\circ$

$\angle AEF = \angle FEC = \angle x$ (접은 각)

$\angle AFE = \angle FEC = \angle x$ (엇각)

따라서 $\triangle AEF$에서

$70^\circ + \angle x + \angle x = 180^\circ$

$2\angle x = 110^\circ \quad \therefore \angle x = 55^\circ$ 답 55°

다른 풀이 $\triangle ABE$와 $\triangle AGF$에서

$\overline{AB} = \overline{AG}$, $\angle B = \angle G$,

$\angle BAE = 90^\circ - \angle EAF = \angle GAF$

$\therefore \triangle ABE \equiv \triangle AGF$ (ASA 합동)

$\angle BAD = \angle EAG = 90^\circ$이므로

$\angle GAF = \angle GAB - \angle FAB = 110^\circ - 90^\circ = 20^\circ$

$\therefore \angle EAF = \angle GAE - \angle GAF = 90^\circ - 20^\circ = 70^\circ$

$\triangle AEF$에서 $\overline{AE} = \overline{AF}$이므로

$\angle AEF = \angle AFE = \frac{1}{2} \times (180^\circ - 70^\circ) = 55^\circ$

$\therefore \angle x = \angle AFE = 55^\circ$ (엇각)

0078 $\triangle DAE$와 $\triangle DCF$에서

$\angle DAE = \angle DCF = 90^\circ$, $\overline{DE} = \overline{DF}$, $\overline{DA} = \overline{DC}$이므로

$\triangle DAE \equiv \triangle DCF$ (RHS 합동)

$\therefore \angle CDF = \angle ADE = 30^\circ$

$\triangle DCF$에서

$\angle DFC = 180^\circ - (30^\circ + 90^\circ) = 60^\circ$

$\triangle DEF$에서

$\angle EDF = \angle EDC + \angle CDF$

$= \angle EDC + \angle ADE = 90^\circ$

이고 $\overline{DE} = \overline{DF}$이므로

$\angle DEF = \angle DFE = \frac{1}{2} \times (180^\circ - 90^\circ) = 45^\circ$

$\therefore \angle x = \angle DFC - \angle DFE = 60^\circ - 45^\circ = 15^\circ$ 답 ①

교과서 속 창의력 UP! 21쪽

0079 $\triangle ABC$는 $\overline{AB} = \overline{AC}$인 이등변삼각형이므로

$\angle ABC = \angle ACB = \frac{1}{2} \times (180^\circ - 50^\circ) = 65^\circ$

또, $\triangle MBD$와 $\triangle MCE$는 각각 $\overline{MB} = \overline{MD}$, $\overline{MC} = \overline{ME}$인 이등변삼각형이므로

$\angle MDB = \angle MEC = 65^\circ$

$\angle BMD = \angle CME = 180^\circ - 2 \times 65^\circ = 50^\circ$

$\therefore \angle DME = 180^\circ - 2 \times 50^\circ = 80^\circ$

이때 $\overline{MD} = \overline{ME} = \frac{1}{2} \times 12 = 6$(cm)이므로

부채꼴 DME의 넓이는

$\pi \times 6^2 \times \frac{80^\circ}{360^\circ} = 8\pi$(cm^2) 답 8π cm^2

0080 오른쪽 그림의 $\triangle DBE$에서

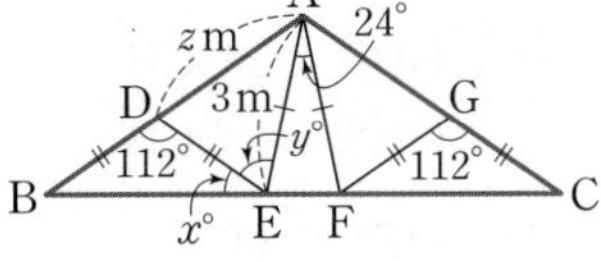

$x^\circ = \frac{1}{2} \times (180^\circ - 112^\circ)$

$= 34^\circ$

$\therefore x = 34$

$\triangle AEF$에서

$\angle AEF = \frac{1}{2} \times (180^\circ - 24^\circ) = 78^\circ$이므로

$y^\circ = 180^\circ - (\angle DEB + \angle AEF)$

$= 180^\circ - (34^\circ + 78^\circ) = 68^\circ$

$\therefore y = 68$

$\angle ADE = 180^\circ - 112^\circ = 68^\circ$이므로

$\angle ADE = \angle AED$

즉, $\triangle ADE$는 $\overline{AD} = \overline{AE} = 3$ m인 이등변삼각형이므로

$z = 3$

$\therefore y - x + z = 68 - 34 + 3 = 37$ 답 37

0081 $\triangle CAE$와 $\triangle ABD$에서

$\angle CEA = \angle ADB = 90^\circ$, $\overline{CA} = \overline{AB}$,

$\angle CAE = 90^\circ - \angle BAD = \angle ABD$이므로

$\triangle CAE \equiv \triangle ABD$ (RHA 합동)

따라서 $\overline{AD} = \overline{CE} = 3$cm, $\overline{AE} = \overline{BD} = 8$cm이므로

$\overline{DE} = \overline{AE} - \overline{AD} = 8 - 3 = 5$(cm) 답 5cm

0082 (1) $\triangle ABC$의 꼭짓점 A에서 $\overline{BC}$에 내린 수선의 발을 H라 하고, $\triangle MNO$의 꼭짓점 M에서 $\overline{NO}$에 내린 수선의 발을 H′이라 하면

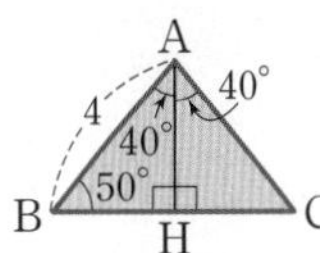

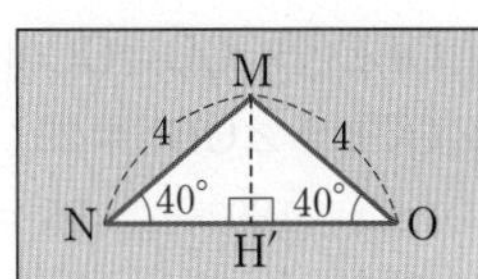

$\angle BAH = \angle CAH = \frac{1}{2} \times 80^\circ = 40^\circ$

$\triangle ABH$와 $\triangle NMH'$에서

$\angle AHB = \angle NH'M = 90^\circ$, $\overline{AB} = \overline{NM} = 4$,

$\angle BAH = \angle MNH' = 40^\circ$

이므로 $\triangle ABH \equiv \triangle NMH'$ (RHA 합동)

같은 방법으로 $\triangle ACH \equiv \triangle OMH'$ (RHA 합동)

따라서 $\triangle ABC$를 $\overline{AH}$를 따라 자르면 ㄷ. $\triangle MNO$에 꼭 맞게 붙일 수 있다.

(2) $\triangle DEF$의 꼭짓점 D에서 $\overline{EF}$에 내린 수선의 발을 H라 하고, $\triangle PQR$의 꼭짓점 P에서 $\overline{QR}$에 내린 수선의 발을 H′이라 하면

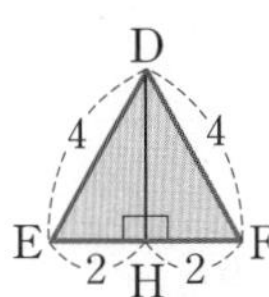

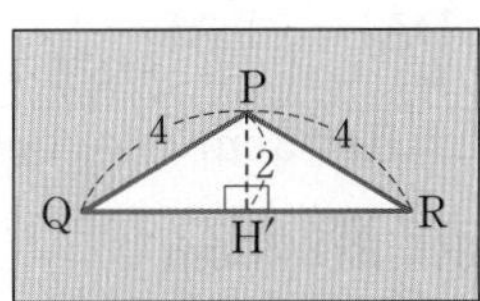

$\overline{EH} = \overline{FH} = \frac{1}{2} \times 4 = 2$

$\triangle DEH$와 $\triangle QPH'$에서

$\angle DHE = \angle QH'P = 90^\circ$, $\overline{DE} = \overline{QP} = 4$, $\overline{EH} = \overline{PH'} = 2$

이므로 $\triangle DEH \equiv \triangle QPH'$ (RHS 합동)

같은 방법으로 $\triangle DFH \equiv \triangle RPH'$ (RHS 합동)

따라서 $\triangle DEF$를 $\overline{DH}$를 따라 자르면 ㄹ. $\triangle PQR$에 꼭 맞게 붙일 수 있다.

답 (1) ㄷ (2) ㄹ

02. 삼각형의 외심과 내심

Step 1 핵심 개념 23쪽

0083 △AOD와 △BOD에서
$\angle ODA = \angle ODB = 90°$, $\overline{AD} = \overline{BD}$,
$\overline{OD}$는 공통이므로
△AOD≡△BOD (SAS 합동) 답 ○

0084 △AOD≡△BOD이므로 $\overline{OA} = \overline{OB}$ 답 ○

0085 답 ×

0086 답 ×

0087 답 ×

0088 $\overline{OB} = \overline{OA} = 5\,cm$ $\therefore x = 5$ 답 5

0089 $\overline{CD} = \overline{BD} = 4\,cm$ $\therefore x = 4$ 답 4

0090 △OAB에서 $\overline{OA} = \overline{OB}$이므로
$\angle x = \angle OAB = 20°$ 답 20°

0091 △OBC에서 $\overline{OB} = \overline{OC}$이므로
$\angle OCB = \angle OBC = 25°$
$\therefore \angle x = 180° - 2 \times 25° = 130°$ 답 130°

0092 $35° + 25° + \angle x = 90°$ $\therefore \angle x = 30°$ 답 30°

0093 $\angle x = 2 \times 55° = 110°$ 답 110°

0094 △BDI와 △BEI에서
$\angle BDI = \angle BEI = 90°$, $\overline{BI}$는 공통,
$\angle IBD = \angle IBE$이므로
△BDI≡△BEI (RHA 합동) 답 ○

0095 답 ×

0096 △BDI≡△BEI이므로 $\overline{BD} = \overline{BE}$ 답 ○

0097 답 ×

0098 삼각형의 내심은 세 내각의 이등분선의 교점이므로
$\angle DAI = \angle FAI$ 답 ○

0099 $\overline{IE} = \overline{ID} = 3\,cm$ $\therefore x = 3$ 답 3

0100 $\overline{BE} = \overline{BD} = 6\,cm$ $\therefore x = 6$ 답 6

0101 $\angle x = \angle IBA = 28°$ 답 28°

0102 △IBC에서
$\angle ICB = 180° - (130° + 20°) = 30°$이므로
$\angle x = \angle ICB = 30°$ 답 30°

0103 $40° + \angle x + 20° = 90°$ $\therefore \angle x = 30°$ 답 30°

0104 $\angle x = 90° + \frac{1}{2} \times 70° = 125°$ 답 125°

Step 2 핵심 유형 24~29쪽

Theme 03 삼각형의 외심 24~25쪽

0105 ① $\overline{OA} = \overline{OB} = \overline{OC} =$(외접원의 반지름의 길이)
② $\overline{OF}$는 $\overline{AC}$의 수직이등분선이므로 $\overline{AF} = \overline{CF}$
③ △OAB에서 $\overline{OA} = \overline{OB}$이므로 $\angle OAD = \angle OBD$
④ $\angle OCE = \angle OBE$, $\angle OCF = \angle OAF$
⑤ △BOD≡△AOD, △BOE≡△COE
따라서 옳지 않은 것은 ④, ⑤이다. 답 ④, ⑤

0106 ① 삼각형의 외심에서 세 꼭짓점에 이르는 거리는 같다.
④ 삼각형의 외심은 세 변의 수직이등분선의 교점이다.
답 ①, ④

0107 직각삼각형의 외심은 빗변의 중점이므로 △ABC의 외접원의 반지름의 길이는
$\frac{1}{2} \times 5 = \frac{5}{2}$(cm)
$\therefore$ (외접원의 둘레의 길이)$= 2\pi \times \frac{5}{2} = 5\pi$(cm) 답 5π cm

0108 점 O가 직각삼각형 ABC의 외심이므로
$\overline{OA} = \overline{OB} = \overline{OC} = 5\,cm$
$\therefore \triangle AOC = \frac{1}{2}\triangle ABC$
$= \frac{1}{2} \times \left(\frac{1}{2} \times 6 \times 8\right) = 12(cm^2)$ 답 12 cm^2

0109 점 M이 △ABC의 외심이므로 $\overline{MA} = \overline{MB} = \overline{MC}$
△ABC에서 $\angle B = 180° - (90° + 30°) = 60°$
즉, $\angle MAB = \angle B = 60°$이므로 △ABM은 정삼각형이다. …❶
△ABC의 외접원의 둘레의 길이가 16π cm이므로
$2\pi \times \overline{MA} = 16\pi$ $\therefore \overline{MA} = 8$(cm) …❷
따라서 △ABM의 둘레의 길이는
$3\overline{MA} = 3 \times 8 = 24$(cm) …❸
답 24 cm

채점 기준	배점
❶ △ABM이 정삼각형임을 알기	40 %
❷ $\overline{MA}$의 길이 구하기	40 %
❸ △ABM의 둘레의 길이 구하기	20 %

0110 △OAC에서 $\overline{OA} = \overline{OC}$이므로
$\angle OAC = \angle OCA = 27°$
$27° + 33° + \angle x = 90°$이므로 $\angle x = 30°$ 답 ③

0111 $25° + 20° + \angle OCB = 90°$이므로 $\angle OCB = 45°$
△OBC에서 $\overline{OB} = \overline{OC}$이므로 $\angle OBC = \angle OCB = 45°$
△OBD에서 $\angle BOD = 180° - (45° + 90°) = 45°$ 답 45°

0112 $\angle OBA : \angle OCB : \angle OAC = 2 : 3 : 4$이고
$\angle OBA + \angle OCB + \angle OAC = 90°$이므로
$\angle OAC = 90° \times \frac{4}{2+3+4} = 40°$

$\triangle$AOC에서 $\overline{OA}=\overline{OC}$이므로
$\angle OCA=\angle OAC=40°$
$\therefore\ \angle AOC=180°-2\times40°=100°$ 답 ④

0113 $\angle AOC=2\angle B=2\times64°=128°$
$\triangle$AOC에서 $\overline{OA}=\overline{OC}$이므로
$\angle x=\frac{1}{2}\times(180°-128°)=26°$ 답 ①

0114 $\triangle$OAB에서 $\overline{OA}=\overline{OB}$이므로 $\angle OAB=\angle OBA=\angle x$
$\triangle$OAC에서 $\overline{OA}=\overline{OC}$이므로 $\angle OAC=\angle OCA=\angle y$
$\therefore\ \angle x+\angle y=\angle BAC=\frac{1}{2}\angle BOC$
$=\frac{1}{2}\times100°=50°$ 답 50°
다른 풀이 $\triangle$OBC에서 $\overline{OB}=\overline{OC}$이므로
$\angle OBC=\angle OCB=\frac{1}{2}\times(180°-100°)=40°$
$\angle x+40°+\angle y=90°$이므로 $\angle x+\angle y=50°$

0115 $\overline{OB}$를 그으면
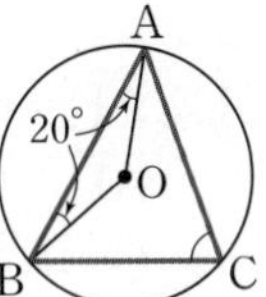

$\triangle$OAB에서 $\overline{OA}=\overline{OB}$이므로
$\angle OBA=\angle OAB=20°$
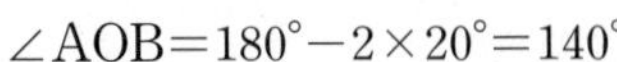
$\angle AOB=180°-2\times20°=140°$

$\therefore\ \angle C=\frac{1}{2}\angle AOB=\frac{1}{2}\times140°=70°$ 답 70°

Theme 04 삼각형의 내심 26~29쪽

0116 ② $\overline{ID}=\overline{IE}=\overline{IF}$=(내접원의 반지름의 길이)
③ $\angle IBE=\angle IBD$, $\angle ICE=\angle ICF$
④ $\overline{CI}$는 $\angle C$의 이등분선이므로 $\angle ECI=\angle FCI$
⑤ $\triangle$ADI와 $\triangle$AFI에서
$\angle ADI=\angle AFI=90°$, $\overline{AI}$는 공통,
$\angle IAD=\angle IAF$이므로 $\triangle ADI\equiv\triangle AFI$ (RHA 합동)
따라서 옳지 않은 것은 ①, ③이다. 답 ①, ③

0117 ① 삼각형의 내심은 세 내각의 이등분선의 교점이다.
② 삼각형의 내심에서 세 변에 이르는 거리는 같다.
답 ①, ②

0118 $\overline{IB}$를 그으면
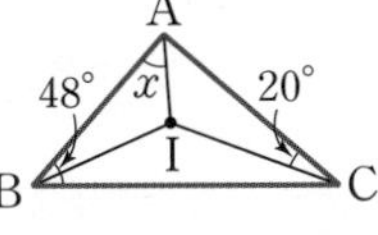

$\angle IBC=\frac{1}{2}\angle ABC=\frac{1}{2}\times48°=24°$
$\angle x+24°+20°=90°$이므로
$\angle x=46°$ 답 ③
다른 풀이 $\angle IAC=\angle IAB=\angle x$
$\angle ICB=\angle ICA=20°$이므로
$\triangle$ABC에서 $2\angle x+48°+2\times20°=180°$
$2\angle x=92°$ $\therefore\ \angle x=46°$

0119 $\angle x=\angle IBA=28°$
$25°+28°+\angle y=90°$이므로 $\angle y=37°$
$\therefore\ \angle x+\angle y=28°+37°=65°$ 답 65°
다른 풀이 $25°+\angle x+\angle y=90°$이므로 $\angle x+\angle y=65°$

0120 $\angle x+30°+20°=90°$이므로 $\angle x=40°$
$\angle ICB=\angle ICA=20°$이므로
$\triangle$IBC에서 $\angle y=180°-(30°+20°)=130°$
$\therefore\ \angle y-\angle x=130°-40°=90°$ 답 ③

0121 $112°=90°+\frac{1}{2}\angle ACB$이므로 $\angle ACB=44°$
$\therefore\ \angle x=\frac{1}{2}\times44°=22°$ 답 ①

0122 $\angle ICA=\angle ICB=35°$이므로 $\angle ACB=2\times35°=70°$
$\therefore\ \angle AIB=90°+\frac{1}{2}\times70°=125°$ 답 125°

0123 $\angle AIB=360°\times\frac{5}{5+7+6}=100°$
$100°=90°+\frac{1}{2}\angle ACB$이므로 $\angle ACB=20°$ 답 ①

0124 $\overline{IB}$와 $\overline{IC}$를 그으면 $\overline{DE}/\!/\overline{BC}$이므로
A
8 cm
12 cm
D
E
I
B
C
$\angle DIB=\angle IBC$ (엇각)
점 I가 $\triangle$ABC의 내심이므로
$\angle DBI=\angle IBC$
즉, $\angle DIB=\angle DBI$이므로
$\triangle$DBI에서 $\overline{DI}=\overline{DB}$
마찬가지 방법으로 $\angle EIC=\angle ECI$이므로
$\triangle$ECI에서 $\overline{EI}=\overline{EC}$
$\therefore$ ($\triangle$ADE의 둘레의 길이)
$=\overline{AD}+(\overline{DI}+\overline{EI})+\overline{AE}$
$=(\overline{AD}+\overline{DB})+(\overline{EC}+\overline{AE})$
$=\overline{AB}+\overline{AC}$
$=8+12=20$(cm) 답 20 cm

0125 $\overline{IB}$와 $\overline{IC}$를 그으면 $\overline{DE}/\!/\overline{BC}$이므로
A
D
E
4 cm
I
3 cm
B
C
$\angle DIB=\angle IBC$ (엇각)
점 I가 $\triangle$ABC의 내심이므로
$\angle DBI=\angle IBC$
즉, $\angle DIB=\angle DBI$이므로
$\triangle$DBI에서 $\overline{DI}=\overline{DB}=4$ cm
마찬가지 방법으로 $\angle EIC=\angle ECI$이므로
$\triangle$ECI에서 $\overline{EI}=\overline{EC}=3$ cm
$\therefore\ \overline{DE}=\overline{DI}+\overline{EI}=4+3=7$(cm) 답 7 cm

0126 $\overline{IB}$와 $\overline{IC}$를 그으면 $\overline{DE}/\!/\overline{BC}$이므로
A
D
E
I
B
C
$\angle DIB=\angle IBC$ (엇각)
점 I가 $\triangle$ABC의 내심이므로
$\angle DBI=\angle IBC$
즉, $\angle DIB=\angle DBI$이므로
$\triangle$DBI에서 $\overline{DI}=\overline{DB}$
마찬가지 방법으로 $\angle EIC=\angle ECI$이므로
$\triangle$ECI에서 $\overline{EI}=\overline{EC}$
($\triangle$ADE의 둘레의 길이)$=\overline{AB}+\overline{AC}$
또, $\overline{AB}=\overline{AC}$이므로 $26=2\overline{AB}$
$\therefore\ \overline{AB}=13$(cm) 답 13 cm

0127 $\overline{IB}$와 $\overline{IC}$를 그으면 $\overline{DE}/\!/\overline{BC}$이므로

$\angle DIB=\angle IBC$ (엇각)

점 I가 △ABC의 내심이므로

$\angle DBI=\angle IBC$

즉, $\angle DIB=\angle DBI$이므로

△DBI에서 $\overline{DI}=\overline{DB}$ …❶

마찬가지 방법으로 $\angle EIC=\angle ECI$이므로

△ECI에서 $\overline{EI}=\overline{EC}$ …❷

∴ (△ABC의 둘레의 길이)

$=\overline{AB}+\overline{BC}+\overline{CA}$

$=(\overline{AD}+\overline{DB})+\overline{BC}+(\overline{AE}+\overline{EC})$

$=\overline{AD}+\overline{DI}+\overline{BC}+\overline{AE}+\overline{EI}$

$=\overline{AD}+(\overline{DI}+\overline{EI})+\overline{AE}+\overline{BC}$

$=(\overline{AD}+\overline{DE}+\overline{AE})+\overline{BC}$

$=18+10=28$(cm) …❸

답 28 cm

채점 기준	배점
❶ $\overline{DI}=\overline{DB}$임을 알기	20 %
❷ $\overline{EI}=\overline{EC}$임을 알기	20 %
❸ △ABC의 둘레의 길이 구하기	60 %

0128 △ABC의 내접원의 반지름의 길이를 r cm라 하면

$\triangle ABC=\frac{1}{2}\times r\times(\overline{AB}+\overline{BC}+\overline{CA})$이므로

$54=\frac{1}{2}\times r\times(9+15+12)$, $54=18r$ ∴ $r=3$

따라서 △ABC의 내접원의 반지름의 길이는 3 cm이다.

답 3 cm

0129 △ABC의 내접원의 반지름의 길이를 r cm라 하면

$50=\frac{1}{2}\times r\times 40$, $50=20r$ ∴ $r=\frac{5}{2}$

따라서 △ABC의 내접원의 반지름의 길이는 $\frac{5}{2}$ cm이다.

답 $\frac{5}{2}$ cm

0130 △ABC의 넓이는

$\frac{1}{2}\times$(내접원의 반지름의 길이)$\times$(△ABC의 둘레의 길이)

이므로

$144=\frac{1}{2}\times 4\times$(△ABC의 둘레의 길이)

∴ (△ABC의 둘레의 길이)=72(cm) 답 72 cm

0131 $\triangle ABC=\frac{1}{2}\times 6\times 8=24(\text{cm}^2)$

△ABC의 내접원의 반지름의 길이를 r cm라 하면

$\triangle ABC=\frac{1}{2}\times r\times(\overline{AB}+\overline{BC}+\overline{CA})$이므로

$24=\frac{1}{2}\times r\times(10+6+8)$, $24=12r$ ∴ $r=2$

따라서 △ABC의 내접원의 반지름의 길이는 2 cm이므로

$\triangle IAB=\frac{1}{2}\times 10\times 2=10(\text{cm}^2)$ 답 10 cm²

0132 $\overline{CE}=x$ cm라 하면

$\overline{BE}=(10-x)$ cm이므로

$\overline{BD}=\overline{BE}=(10-x)$ cm

또, $\overline{CF}=\overline{CE}=x$ cm이므로

$\overline{AF}=(9-x)$ cm

$\overline{AD}=\overline{AF}=(9-x)$ cm

이때 $\overline{AB}=\overline{AD}+\overline{BD}$이므로

$5=(9-x)+(10-x)$

$2x=14$ ∴ $x=7$

∴ $\overline{CE}=7$ cm 답 ③

0133 $\overline{CE}=\overline{CF}=2$ cm이므로

$\overline{BE}=6-2=4$(cm)

$\overline{BD}=\overline{BE}=4$ cm이므로

$\overline{AD}=13-4=9$(cm)

∴ $\overline{AF}=\overline{AD}=9$ cm 답 9 cm

0134 $\overline{AF}=x$ cm라 하면

$\overline{AD}=\overline{AF}=x$ cm,

$\overline{CE}=\overline{CF}=(15-x)$ cm

$\overline{ID}$, $\overline{IE}$를 긋고 내접원 I의 반지름의 길이를 r cm라 하면 사각형 DBEI는 정사각형이므로

$\overline{DB}=\overline{BE}=\overline{IE}=r$ cm

이때 $\overline{AB}+\overline{BC}=21$ cm이므로

$x+r+r+(15-x)=21$

$2r=6$ ∴ $r=3$

따라서 원 I의 넓이는 $\pi\times 3^2=9\pi(\text{cm}^2)$ 답 9π cm²

0135 점 O는 △ABC의 외심이므로

$\angle A=\frac{1}{2}\angle BOC=\frac{1}{2}\times 140°=70°$

점 I는 △ABC의 내심이므로

$\angle BIC=90°+\frac{1}{2}\angle A=90°+\frac{1}{2}\times 70°=125°$ 답 ④

0136 외심과 내심이 일치하는 삼각형은 정삼각형이므로

$\angle A=60°$

∴ $\angle x=2\angle A=2\times 60°=120°$ 답 120°

0137 △ABC에서 $\overline{AB}=\overline{AC}$이므로

$\angle ACB=\angle ABC=72°$

∴ $\angle A=180°-2\times 72°=36°$

$\angle BOC=2\angle A=2\times 36°=72°$ …❶

△OBC에서 $\overline{OB}=\overline{OC}$이므로

$\angle OCB=\frac{1}{2}\times(180°-72°)=54°$

$\angle ICB=\frac{1}{2}\angle ACB=\frac{1}{2}\times 72°=36°$ …❷

∴ $\angle x=\angle OCB-\angle ICB=54°-36°=18°$ …❸

답 18°

채점 기준	배점
❶ ∠ACB, ∠BOC의 크기 구하기	40 %
❷ ∠OCB, ∠ICB의 크기 구하기	40 %
❸ ∠x의 크기 구하기	20 %

0138 △ABC의 외접원의 반지름의 길이는

$\frac{1}{2}\overline{BC}=\frac{1}{2}\times10=5(\text{cm})$

∴ (외접원의 넓이)$=\pi\times5^2=25\pi(\text{cm}^2)$

△ABC의 내접원의 반지름의 길이를 $r$cm라 하면

$\frac{1}{2}\times8\times6=\frac{1}{2}\times r\times(8+10+6)$

$24=12r$ ∴ $r=2$

∴ (내접원의 넓이)$=\pi\times2^2=4\pi(\text{cm}^2)$

따라서 △ABC의 외접원과 내접원의 넓이의 합은

$25\pi+4\pi=29\pi(\text{cm}^2)$ 답 $29\pi\,\text{cm}^2$

0139 외접원의 반지름의 길이가 10 cm이므로

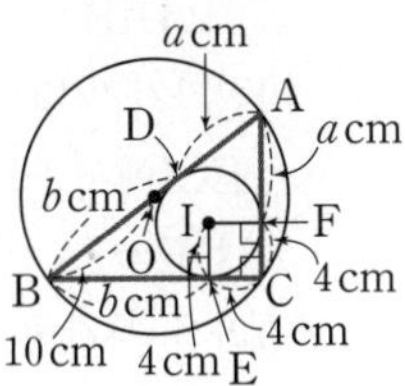

$\overline{AB}=2\overline{OB}=2\times10=20(\text{cm})$

내접원의 반지름의 길이가 4 cm이므로

$\overline{CE}=\overline{CF}=4\,\text{cm}$

$\overline{AD}=\overline{AF}=a\,\text{cm}$, $\overline{BD}=\overline{BE}=b\,\text{cm}$라 하면

$a+b=20$이므로 △ABC의 둘레의 길이는

$\overline{AB}+\overline{BC}+\overline{CA}=(a+b)+(b+4)+(a+4)$

$=(a+b)+(a+b)+8$

$=20+20+8=48(\text{cm})$ 답 48 cm

0140 $\triangle ABC=\frac{1}{2}\times12\times5=30(\text{cm}^2)$이므로

내접원의 반지름의 길이를 $r$cm라 하면

$30=\frac{1}{2}\times r\times(12+13+5)$

$30=15r$ ∴ $r=2$

즉, $\overline{AF}=2\,\text{cm}$이므로

$\overline{CF}=5-2=3(\text{cm})$, $\overline{CE}=\overline{CF}=3\,\text{cm}$

$\overline{OC}=\frac{1}{2}\overline{BC}=\frac{1}{2}\times13=\frac{13}{2}(\text{cm})$

∴ $\overline{OE}=\overline{OC}-\overline{CE}=\frac{13}{2}-3=\frac{7}{2}(\text{cm})$ 답 $\frac{7}{2}$ cm

다른 풀이 $\overline{CE}=x\,\text{cm}$라 하면

$\overline{CF}=\overline{CE}=x\,\text{cm}$이므로

$\overline{AF}=(5-x)\,\text{cm}$, $\overline{AD}=\overline{AF}=(5-x)\,\text{cm}$

또, $\overline{BE}=(13-x)\,\text{cm}$이므로

$\overline{BD}=\overline{BE}=(13-x)\,\text{cm}$

이때 $\overline{AB}=\overline{AD}+\overline{BD}$이므로

$12=(5-x)+(13-x)$

$2x=6$ ∴ $x=3$ ∴ $\overline{CE}=3\,\text{cm}$

$\overline{OC}=\frac{1}{2}\overline{BC}=\frac{1}{2}\times13=\frac{13}{2}(\text{cm})$

∴ $\overline{OE}=\overline{OC}-\overline{CE}=\frac{13}{2}-3=\frac{7}{2}(\text{cm})$

Step 3 발전 문제 30~32쪽

0141 △OCA에서 $\overline{OA}=\overline{OC}$이므로

∠OAC=∠OCA=15°

△AHC에서

$(\angle x+15°)+90°+(30°+15°)=180°$

∴ $\angle x=30°$ 답 ⑤

0142 점 O는 두 변 AB, BC의 수직이등분선의 교점이므로 △ABC의 외심이다.

$\overline{OC}$를 그으면 △OBC에서 $\overline{OB}=\overline{OC}$이므로

∠OCB=∠OBC=28°

32°+28°+∠OCA=90°이므로

∠OCA=30°

∴ ∠C=∠OCB+∠OCA

=28°+30°=58° 답 ④

다른 풀이 $\overline{OA}$를 그으면

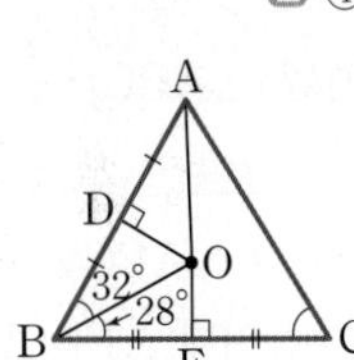

△ABO에서 $\overline{OA}=\overline{OB}$이므로

∠AOB=180°−2×32°=116°

∴ $\angle C=\frac{1}{2}\angle AOB$

$=\frac{1}{2}\times116°=58°$

0143 $\overline{OB}$를 그으면

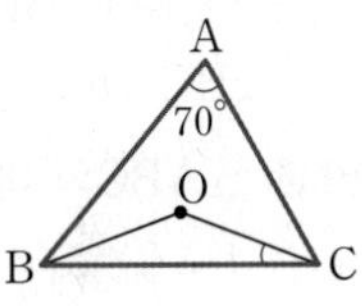

∠BOC=2∠A=2×70°=140°

△OBC에서 $\overline{OB}=\overline{OC}$이므로

$\angle OCB=\frac{1}{2}\times(180°-140°)=20°$

답 20°

0144 ∠IAB=∠IAC=∠a,

∠IBA=∠IBC=∠b라 하면

△ABC에서

2∠a+2∠b+80°=180°이므로

2∠a+2∠b=100°

∴ ∠a+∠b=50°

△BCE에서

∠x=∠b+80°

△ADC에서

∠y=∠a+80°

∴ ∠x+∠y=(∠b+80°)+(∠a+80°)

=(∠a+∠b)+160°

=50°+160°=210° 답 ①

다른 풀이 $\angle AIB=90°+\frac{1}{2}\angle C=90°+\frac{1}{2}\times80°=130°$

□IDCE에서

130°+(180°−∠y)+80°+(180°−∠x)=360°

∴ ∠x+∠y=210°

0145 △ABC의 내접원의 반지름의 길이를 r cm라 하면

$\triangle ABC=\frac{1}{2}\times r\times(9+10+8)=\frac{27}{2}r(\text{cm}^2)$

$\triangle IAB=\frac{1}{2}\times 9\times r=\frac{9}{2}r(\text{cm}^2)$

△ABC$=k$△IAB에서

$\frac{27}{2}r=k\times\frac{9}{2}r \qquad \therefore k=3$ 　답 3

0146 $\overline{AD}$는 이등변삼각형 ABC에서 ∠A의 이등분선이므로

$\overline{BD}=\overline{CD}=\frac{1}{2}\times 8=4(\text{cm})$

△ABC의 내접원의 반지름의 길이를 r cm라 하면

$\triangle ABC=\frac{1}{2}\times r\times(6+6+8)=10r(\text{cm}^2)$

$\triangle ACI=\frac{1}{2}\times r\times 6=3r(\text{cm}^2)$

$\triangle CDI=\frac{1}{2}\times r\times 4=2r(\text{cm}^2)$

$\therefore \triangle ABC:\triangle ACI:\triangle CDI$

$=10r:3r:2r=10:3:2$ 　답 10 : 3 : 2

0147 △ABC$=\frac{1}{2}\times 2\times$(△ABC의 둘레의 길이)$=30(\text{cm}^2)$이므로

(△ABC의 둘레의 길이)$=30$(cm)

이때 $\overline{AF}=\overline{AD}=10$ cm, $\overline{BD}=\overline{BE}$, $\overline{CE}=\overline{CF}=2$ cm이므로

$2\overline{AD}+2\overline{BE}+2\overline{CF}=30$에서

$2\times 10+2\overline{BE}+2\times 2=30$

$2\overline{BE}=6 \qquad \therefore \overline{BE}=3(\text{cm})$ 　답 3 cm

0148 △ABC의 내접원의 반지름의 길이를 r cm라 하면

$\frac{1}{2}\times r\times(15+12+9)=\frac{1}{2}\times 12\times 9$

$18r=54 \qquad \therefore r=3$

따라서 $\overline{CE}=3$ cm이므로

$\overline{BE}=12-3=9(\text{cm})$, $\overline{BD}=\overline{BE}=9$ cm

∴ (사각형 BEID의 넓이)$=2\triangle BEI$

$=2\times\left(\frac{1}{2}\times 9\times 3\right)$

$=27(\text{cm}^2)$ 　답 27 cm²

0149 $\overline{OC}$를 그으면

$\angle AOC=2\angle B=2\times 40^\circ=80^\circ$

△OAC에서 $\overline{OA}=\overline{OC}$이므로

$\angle OAC=\frac{1}{2}\times(180^\circ-80^\circ)=50^\circ$

△ABC에서 $\angle BAC=180^\circ-(40^\circ+60^\circ)=80^\circ$이므로

$\angle IAC=\frac{1}{2}\angle BAC=\frac{1}{2}\times 80^\circ=40^\circ$

$\therefore \angle OAI=\angle OAC-\angle IAC=50^\circ-40^\circ=10^\circ$ 　답 ②

0150 직각삼각형 ABC에서 $\angle ACB=90^\circ-60^\circ=30^\circ$

점 O가 △ABC의 외심이므로 $\angle OBC=\angle OCB=30^\circ$

점 I가 △ABC의 내심이므로

$\angle ICB=\angle ICA=\frac{1}{2}\angle ACB=\frac{1}{2}\times 30^\circ=15^\circ$

따라서 △PBC에서

$\angle BPC=180^\circ-(30^\circ+15^\circ)=135^\circ$ 　답 ①

0151 △O′OC에서 $\overline{O'O}=\overline{O'C}$이므로 $\angle O'OC=\angle O'CO=35^\circ$

$\therefore \angle OO'C=180^\circ-2\times 35^\circ=110^\circ$

점 O′이 △AOC의 외심이므로

$\angle OAC=\frac{1}{2}\angle OO'C=\frac{1}{2}\times 110^\circ=55^\circ$

점 O는 △ABC의 외심이고 $\overline{OA}=\overline{OB}=\overline{OC}$에서 $\overline{BC}$의 중점이므로 △ABC는 $\angle A=90^\circ$인 직각삼각형이다.

$\therefore \angle OAB=90^\circ-55^\circ=35^\circ$ 　답 ④

0152 $\overline{IB}$와 $\overline{IC}$를 그으면

$\overline{DE}\,/\!/\,\overline{BC}$이므로

$\angle DIB=\angle IBC$ (엇각)

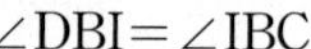

점 I가 △ABC의 내심이므로

$\angle DBI=\angle IBC$

즉, $\angle DIB=\angle DBI$이므로 △DBI에서 $\overline{DI}=\overline{DB}=5$ cm

마찬가지 방법으로 $\angle EIC=\angle ECI$이므로

△ECI에서 $\overline{EI}=\overline{EC}=5$ cm

$\therefore \overline{DE}=\overline{DI}+\overline{EI}=5+5=10(\text{cm})$

따라서 사각형 DBCE는 사다리꼴이고 높이는 내접원 I의 반지름의 길이인 4 cm이므로 구하는 넓이는

$\frac{1}{2}\times(10+16)\times 4=52(\text{cm}^2)$ 　답 52 cm²

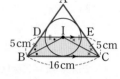

0153 $\overline{AE}=x$ cm라 하면

$\overline{AG}=\overline{AE}=x$ cm이므로

$\overline{BH}=\overline{BG}=(6-x)$ cm,

$\overline{CH}=\overline{CE}=(10-x)$ cm

$\overline{BC}=\overline{BH}+\overline{CH}$이므로

$(6-x)+(10-x)=8,\ 2x=8 \qquad \therefore x=4$

$\therefore \overline{AE}=4$ cm

마찬가지 방법으로 $\overline{CF}=4$ cm

$\overline{EF}=\overline{AC}-\overline{AE}-\overline{CF}=10-4-4=2(\text{cm})$이므로 $a=2$

$\overline{BH}=\overline{BC}-\overline{CH}=8-6=2(\text{cm})$이므로 $b=2$

$\therefore a+b=2+2=4$ 　답 4

0154 내심과 외심이 같은 선분 위에 있으므로

△ABC는 $\overline{AB}=\overline{AC}$인 이등변삼각형이다.

$\angle ACB=\frac{1}{2}\times(180^\circ-72^\circ)=54^\circ$

점 I는 △ABC의 내심이므로

$\angle ACI=\frac{1}{2}\angle ACB=\frac{1}{2}\times 54^\circ=27^\circ$

점 O는 △ABC의 외심이므로 $\overline{OD}\perp\overline{AC}$

따라서 △DEC에서

$\angle x=90^\circ-\angle ACI=90^\circ-27^\circ=63^\circ$ 　답 ②

0155 $\overline{BE}=a$, $\overline{AF}=b$라 하면

$\overline{BD}=\overline{BE}=a$, $\overline{AD}=\overline{AF}=b$

$\overline{AB}=2\times 13=26$이므로

$a+b=26$

또, $\overline{CE}=\overline{CF}=4$이므로

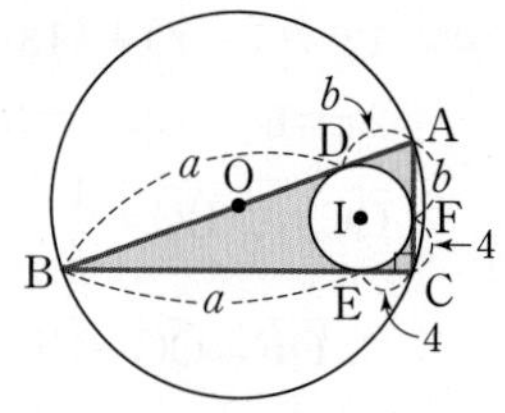

$\triangle ABC=\frac{1}{2}\times(\overline{AB}+\overline{BC}+\overline{CA})\times 4$

$=\frac{1}{2}\times(a+b+a+4+b+4)\times 4$

$=(a+b+4)\times 4$

$=30\times 4=120$

이때 내접원의 넓이는 $\pi\times 4^2=16\pi$이므로 색칠한 부분의 넓이는 $120-16\pi$ 답 $120-16\pi$

교과서 속 창의력 UP! 33쪽

0156 $\overline{OA}=\overline{OB}=\overline{OC}$이므로

△OAB에서 ∠OAB=∠OBA=40°+15°=55°

△OBC에서 ∠OCB=∠OBC=15°

∠BAC=∠x라 하면

△OAC에서 ∠OCA=∠OAC=∠x−55°

∠ACB=∠OCA−∠OCB

=(∠x−55°)−15°=∠x−70°

△ABC에서 ∠x+40°+(∠x−70°)=180°이므로

2∠x=210° ∴ ∠x=105°

∴ ∠BAC=105° 답 ②

0157 점 I가 △ABC의 내심이고

$\overline{DE}/\!/\overline{BC}$이므로

$\overline{DI}=\overline{DB}$, $\overline{EI}=\overline{EC}$

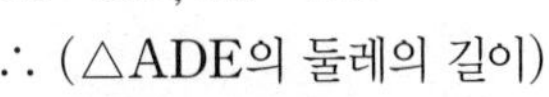
∴ (△ADE의 둘레의 길이)

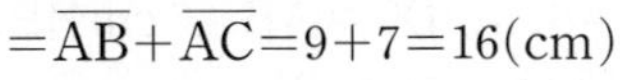
$=\overline{AB}+\overline{AC}=9+7=16$(cm)

또, △ADE의 내접원의 둘레의 길이가 3π cm이므로 내접원의 반지름의 길이를 r cm라 하면

$2\pi r=3\pi$ ∴ $r=\frac{3}{2}$

∴ $\triangle ADE=\frac{1}{2}\times\frac{3}{2}\times 16=12(\text{cm}^2)$ 답 12 cm²

0158 분침의 끝이 그리는 도형은 원이므로 시계의 중심이 △ABC의 내심이고, 분침의 최대 길이는 내접원의 반지름의 길이와 같다.

최대 길이를 r cm라 하면

$\triangle ABC=\frac{1}{2}\times 48\times 20=480(\text{cm}^2)$이므로

$480=\frac{1}{2}\times r\times(48+52+20)$

$480=60r$ ∴ $r=8$

따라서 분침의 최대 길이는 8 cm이다. 답 8 cm

0159 △ABC에서 ∠C=180°−(90°+50°)=40°

△CFE에서 $\overline{CE}=\overline{CF}$이므로

$\angle CFE=\frac{1}{2}\times(180°-40°)=70°$

△ADF에서 $\overline{AD}=\overline{AF}$이므로

$\angle AFD=\frac{1}{2}\times(180°-90°)=45°$

∴ ∠DFE=180°−(∠CFE+∠AFD)

=180°−(70°+45°)=65° 답 ④

03. 평행사변형의 성질

Step 1 핵심 개념 37쪽

0160 답 ∠x=75°, ∠y=25°

0161 답 ∠x=45°, ∠y=70°

0162 답 x=10, y=6

0163 ∠D=∠B=70°이므로 y=70

□ABCD에서

∠A+∠C=360°−(70°+70°)=220°이므로

$\angle A=\angle C=\frac{1}{2}\times 220°=110°$ ∴ x=110

답 x=110, y=70

0164 ∠B=∠D=80° ∴ x=80

△ABC에서

y°=180°−(65°+80°)=35°

∴ y=35 답 x=80, y=35

0165 답 x=7, y=6

0166 답 ○ 0167 답 ×

0168 답 ○

0169 △OBC와 △ODA에서

$\overline{OB}=\overline{OD}$, $\overline{OC}=\overline{OA}$,

∠BOC=∠DOA (맞꼭지각)이므로

△OBC≡△ODA (SAS 합동) 답 ○

0170 답 $\overline{AB}$, $\overline{AD}$ 0171 답 $\overline{DC}$, $\overline{BC}$

0172 답 ∠CDA, ∠DCB 0173 답 $\overline{AO}$, $\overline{BO}$

0174 답 $\overline{DC}$, $\overline{DC}$

0175 △ABO=△AOD=8 cm² 답 8 cm²

0176 △ABC=△ABO+△BCO

=2△AOD=2×8=16(cm²) 답 16 cm²

0177 □ABCD=4△AOD=4×8=32(cm²) 답 32 cm²

0178 □ABCD=2(△PAB+△PCD)

=2×20=40(cm²) 답 40 cm²

Step 2 핵심 유형 38~45쪽

Theme 05 평행사변형의 성질 38~41쪽

0179 $\overline{AD}/\!/\overline{BC}$이므로 ∠DAC=∠BCA=∠$y$ (엇각)

$\overline{AB}/\!/\overline{DC}$이므로 ∠BAC=∠DCA=70° (엇각)

△ABD에서 45°+(∠y+70°)+∠x=180°이므로

∠x+∠y=65° 답 ③

다른 풀이 $\overline{AB} /\!/ \overline{DC}$이므로 $\angle CDB=\angle ABD=45°$ (엇각)
$\angle ADC+\angle BCD=180°$이므로
$(\angle x+45°)+(\angle y+70°)=180°$
$\therefore \angle x+\angle y=65°$

0180 $\overline{AD} /\!/ \overline{BC}$이므로 $3\angle x+10°=5\angle x-40°$ (동위각)
$2\angle x=50°$ $\therefore \angle x=25°$ 답 25°

0181 $\overline{AD} /\!/ \overline{BC}$이므로 $\angle x=\angle ADB=27°$ (엇각)
$\triangle OBC$에서 $\angle y=\angle x+50°=27°+50°=77°$
$\therefore 2\angle x+\angle y=2\times 27°+77°=131°$ 답 131°

0182 ③ (다) ASA 답 ③

0183 ④ $\angle ABD=\angle CDB$, $\angle CBD=\angle ADB$
⑤ $\triangle ABO$와 $\triangle CDO$에서
$\overline{OA}=\overline{OC}$, $\overline{OB}=\overline{OD}$,
$\angle AOB=\angle COD$ (맞꼭지각)이므로
$\triangle ABO\equiv\triangle CDO$ (SAS 합동)
따라서 옳지 않은 것은 ④이다. 답 ④

0184 $\overline{AD}=\overline{BC}$이므로 $4x-2=3x+1$ $\therefore x=3$
$\overline{AB}=\overline{DC}$이므로 $3y=4x-3y$, $6y=4x$
$\therefore y=\frac{2}{3}x=\frac{2}{3}\times 3=2$
$\therefore x+y=3+2=5$ 답 5

0185 $\triangle ABD$에서 $\angle A=180°-(45°+35°)=100°$
$\therefore \angle x=\angle A=100°$ 답 ③

0186 □AEIH, □HIFD, □EBGI, □IGCF가 모두 평행사변형이므로
$x=\overline{BG}=10-4=6$
$y°=\angle FIG=102°$ (엇각) $\therefore y=102$
$z°=\angle HIF=180°-102°=78°$ $\therefore z=78$
$\therefore x+y-z=6+102-78=30$ 답 ④

0187 $\angle ADC+\angle BCD=180°$이므로
$x°+100°=180°$, $x°=80°$ $\therefore x=80$
$\overline{BO}=\frac{1}{2}\overline{BD}$이므로 $2y+3=\frac{1}{2}\times 14=7$
$2y=4$ $\therefore y=2$
$\overline{AD}=\overline{BC}$이므로 $z+5=8$ $\therefore z=3$
$\therefore x+y+z=80+2+3=85$ 답 85

0188 $\angle BEC=\angle DCE$ (엇각)이므로
$\triangle BCE$는 $\angle BEC=\angle BCE$인 이등변삼각형이다.
$\therefore \overline{BE}=\overline{BC}=13\,cm$
이때 $\overline{AB}=\overline{DC}=8\,cm$이므로
$\overline{AE}=\overline{BE}-\overline{AB}=13-8=5(cm)$ 답 ③

0189 $\angle AEB=\angle CBE$ (엇각)이므로
$\triangle ABE$는 $\angle ABE=\angle AEB$인 이등변삼각형이다.
$\therefore \overline{AE}=\overline{AB}=\overline{DC}=9\,cm$
$\overline{AD}=\overline{BC}=12\,cm$이므로
$\overline{ED}=\overline{AD}-\overline{AE}=12-9=3(cm)$ 답 ③

0190 $\angle BEA=\angle DAE$ (엇각)이므로 …❶
$\triangle ABE$는 $\angle BAE=\angle BEA$인 이등변삼각형이다.
$\therefore \overline{BE}=\overline{BA}=7\,cm$ …❷
$\therefore \overline{AD}=\overline{BC}=\overline{BE}+\overline{EC}=7+3=10(cm)$ …❸
답 10 cm

채점 기준	배점
❶ $\angle BEA=\angle DAE$임을 알기	30 %
❷ $\overline{BE}$의 길이 구하기	40 %
❸ $\overline{AD}$의 길이 구하기	30 %

0191 $\triangle ABC$에서 $\overline{AB}=\overline{AC}$이므로 $\angle B=\angle C$
$\overline{AC} /\!/ \overline{DE}$이므로 $\angle C=\angle DEB$ (동위각)
$\therefore \angle B=\angle DEB$
즉, $\triangle DBE$는 $\overline{DB}=\overline{DE}$인 이등변삼각형이므로
$\overline{DE}=\overline{DB}=8\,cm$
□ADEF는 평행사변형이므로
$\overline{AF}=\overline{DE}=8\,cm$, $\overline{EF}=\overline{DA}=3\,cm$
따라서 □ADEF의 둘레의 길이는
$2\times(3+8)=22(cm)$ 답 ①

0192 $\triangle ABE$와 $\triangle FCE$에서
$\angle AEB=\angle FEC$ (맞꼭지각),
$\angle ABE=\angle FCE$ (엇각),
$\overline{BE}=\overline{CE}$이므로
$\triangle ABE\equiv\triangle FCE$ (ASA 합동)
따라서 $\overline{CF}=\overline{BA}=6\,cm$, $\overline{DC}=\overline{AB}=6\,cm$이므로
$\overline{DF}=\overline{DC}+\overline{CF}=6+6=12(cm)$ 답 12 cm

0193 $\overline{BC}=4-(-3)=7$이므로 $\overline{AD}=\overline{BC}=7$
따라서 점 D의 x좌표는 7이다.
이때 $\overline{AD} /\!/ \overline{BC}$이므로 점 D의 y좌표는 3이다.
따라서 점 D의 좌표는 (7, 3)이다. 답 ④

0194 $\angle BEA=\angle DAE$ (엇각)이므로
$\triangle ABE$는 $\angle BAE=\angle BEA$인 이등변삼각형이다.
$\therefore \overline{BE}=\overline{BA}=6\,cm$
$\angle DFC=\angle ADF$ (엇각)이므로
$\triangle DFC$는 $\angle DFC=\angle FDC$인 이등변삼각형이다.
$\therefore \overline{CF}=\overline{CD}=\overline{BA}=6\,cm$
$\overline{BF}=\overline{BC}-\overline{CF}=\overline{AD}-\overline{CF}=10-6=4(cm)$
$\therefore \overline{EF}=\overline{BE}-\overline{BF}=6-4=2(cm)$ 답 2 cm

0195 $\angle A+\angle B=180°$이고 $\angle A : \angle B=5 : 4$이므로
$\angle B=180°\times\frac{4}{9}=80°$
$\therefore \angle D=\angle B=80°$ 답 ④

참고 $\angle A+\angle B+\angle C+\angle D=360°$이고 $\angle A=\angle C$, $\angle B=\angle D$이므로 $\angle A+\angle B=180°$, $\angle B+\angle C=180°$, $\angle C+\angle D=180°$, $\angle D+\angle A=180°$

0196 $\angle B+\angle BCD=180°$이므로
$\angle BCD=180°-50°=130°$

$\angle PCD=\frac{1}{2}\times 130^\circ=65^\circ$

△DPC에서

$\angle x=180^\circ-(90^\circ+65^\circ)=25^\circ$ 답 ②

0197 $\angle CBE=\angle AEB=55^\circ$ (엇각)이므로

$\angle ABC=2\angle CBE=2\times 55^\circ=110^\circ$

$\angle ABC+\angle C=180^\circ$이므로

$\angle C=180^\circ-110^\circ=70^\circ$ 답 ②

0198 $\angle AEB=180^\circ-120^\circ=60^\circ$이므로

$\angle FAE=\angle AEB=60^\circ$ (엇각)

$\therefore \angle BAF=2\angle FAE=2\times 60^\circ=120^\circ$

이때 $\angle BAF+\angle ABE=180^\circ$이므로

$\angle ABE=180^\circ-120^\circ=60^\circ$

$\therefore \angle ABF=\frac{1}{2}\times 60^\circ=30^\circ$

△ABF에서

$\angle x=\angle ABF+\angle BAF$

$=30^\circ+120^\circ=150^\circ$ 답 150°

0199 $\angle ADC=\angle B=62^\circ$이므로

$\angle ADF=\frac{1}{2}\times 62^\circ=31^\circ$ …❶

△AFD에서

$\angle FAD=180^\circ-(90^\circ+31^\circ)=59^\circ$ …❷

이때 $\angle BAD+\angle B=180^\circ$이므로

$(\angle x+59^\circ)+62^\circ=180^\circ$

$\therefore \angle x=180^\circ-121^\circ=59^\circ$ …❸

답 59°

채점 기준	배점
❶ $\angle ADF$의 크기 구하기	30 %
❷ $\angle FAD$의 크기 구하기	30 %
❸ $\angle x$의 크기 구하기	40 %

0200 $\angle ABC=\angle D=74^\circ$이므로

$\angle EBC=\frac{1}{2}\times 74^\circ=37^\circ$

△EBC에서

$\angle BCE=180^\circ-(65^\circ+37^\circ)=78^\circ$

$\angle BCD+\angle ADC=180^\circ$이므로

$\angle BCD=180^\circ-74^\circ=106^\circ$

$\therefore \angle ECD=\angle BCD-\angle BCE$

$=106^\circ-78^\circ=28^\circ$ 답 ①

0201 △ABC에서

$\angle B=180^\circ-(90^\circ+50^\circ)=40^\circ$

△BDE에서

$\angle DEF=\angle BDE+\angle DBE=35^\circ+40^\circ=75^\circ$

이때 □DEFG는 평행사변형이므로

$\angle DGF=\angle DEF=75^\circ$ 답 75°

0202 $\overline{OB}=\frac{1}{2}\overline{BD}=\frac{1}{2}\times 12=6(\text{cm})$

$\overline{OC}=\frac{1}{2}\overline{AC}=\frac{1}{2}\times 10=5(\text{cm})$

따라서 △OBC의 둘레의 길이는

$6+5+8=19(\text{cm})$ 답 ④

0203 △OAE와 △OCF에서

$\overline{OA}=\overline{OC}$ (①), $\angle AOE=\angle COF$ (맞꼭지각),

$\angle OAE=\angle OCF$ (엇각)이므로

$\triangle OAE\equiv\triangle OCF$ (ASA 합동) (⑤)

$\therefore \overline{OE}=\overline{OF}$ (②), $\overline{AE}=\overline{CF}$ (③)

따라서 옳지 않은 것은 ④이다. 답 ④

0204 $\overline{AP}=\overline{AD}-\overline{PD}=\overline{BC}-\overline{PD}=8-5=3(\text{cm})$

△OPA와 △OQC에서

$\angle OAP=\angle OCQ$ (엇각), $\overline{AO}=\overline{CO}$,

$\angle AOP=\angle COQ$ (맞꼭지각)이므로

$\triangle OPA\equiv\triangle OQC$ (ASA 합동)

$\therefore \triangle OQC=\triangle OPA$

$=\frac{1}{2}\times\overline{AP}\times\overline{PO}$

$=\frac{1}{2}\times 3\times 4=6(\text{cm}^2)$ 답 6 cm^2

Theme 06 평행사변형의 성질의 응용 42~45쪽

0205 ⑤ (마) $\angle OCB$ 답 ⑤

0206 답 (가) $\overline{CB}$ (나) SSS (다) $\angle CBD$ (라) $\overline{DC}$ (마) $\overline{BC}$

0207 답 (가) 360 (나) 180 (다) $\angle EBC$ (라) $\overline{BC}$ (마) 평행

0208 두 쌍의 대변의 길이가 각각 같아야 하므로

$\overline{AB}=\overline{DC}$에서 $2x+3y=11$ …… ㉠

$\overline{AD}=\overline{BC}$에서 $4x-2y=2x+6y$

$2x=8y$ $\therefore x=4y$ …… ㉡

㉡을 ㉠에 대입하면

$8y+3y=11,\ 11y=11$ $\therefore y=1$

$y=1$을 ㉡에 대입하면 $x=4$

$\therefore x+y=4+1=5$ 답 5

0209 두 쌍의 대각의 크기가 각각 같아야 하므로

$\angle B=\angle D$에서 $x+25=2x-15$ $\therefore x=40$

$\angle A=\angle C$에서 $3x-5=y$

$\therefore y=3\times 40-5=115$

$\therefore x+y=40+115=155$ 답 155

0210 두 대각선이 서로 다른 것을 이등분해야 하므로

$\overline{OA}=\overline{OC}$에서 $2x-4=6,\ 2x=10$ $\therefore x=5$

$\overline{OB}=\overline{OD}$에서 $2y+1=\frac{1}{2}\times 14=7,\ 2y=6$ $\therefore y=3$

$\therefore xy=5\times 3=15$ 답 15

0211 한 쌍의 대변이 평행하고 그 길이가 같아야 하므로

$\overline{AD}=\overline{BC}$에서 $x=8$ …❶

$\overline{AD}/\!/\overline{BC}$에서 $\angle EBC=\angle AEB=30°$(엇각)

$\therefore \angle ABC=2\angle EBC=2\times30°=60°$ …❷

이때 $\angle ABC+\angle C=180°$이므로

$y°=180°-60°=120°$ $\therefore y=120$ …❸

답 $x=8$, $y=120$

채점 기준	배점
❶ x의 값 구하기	40 %
❷ $\angle ABC$의 크기 구하기	30 %
❸ y의 값 구하기	30 %

0212 ① 두 쌍의 대변의 길이가 각각 같으므로 평행사변형이다.
② 두 쌍의 대각의 크기가 각각 같으므로 평행사변형이다.
③ 두 대각선이 서로 다른 것을 이등분하므로 평행사변형이다.
④ 한 쌍의 대변이 평행하고 그 길이가 같으므로 평행사변형이다.
⑤ $\overline{AB}=\overline{DC}$, $\angle ABD=\angle CDB$이어야 평행사변형이다.

답 ⑤

0213 ① 엇각의 크기가 같으므로 두 쌍의 대변이 각각 평행하다. 즉, 평행사변형이다.
② 두 대각선이 서로 다른 것을 이등분하므로 평행사변형이다.
④ 두 쌍의 대변의 길이가 각각 같으므로 평행사변형이다.
⑤ 두 쌍의 대각의 크기가 각각 같으므로 평행사변형이다.
따라서 평행사변형이 아닌 것은 ③이다. 답 ③

0214 ⑤ $\overline{AB}=\overline{DC}=6$ cm, $\angle CAB=\angle ACD=55°$(엇각)이므로 $\overline{AB}/\!/\overline{DC}$
따라서 한 쌍의 대변이 평행하고 그 길이가 같으므로 □ABCD는 평행사변형이다. 답 ⑤

0215 답 (가) $\overline{DF}$ (나) $\overline{DC}$ (다) $\overline{AE}$ (라) $\overline{EB}$ (마) 대변

0216 △AEH와 △CGF에서
$\overline{AE}=\overline{CG}$, $\angle A=\angle C$, $\overline{AH}=\overline{CF}$이므로
△AEH≡△CGF (SAS 합동)
$\therefore \overline{EH}=\overline{GF}$ …… ㉠
마찬가지 방법으로
△BEF≡△DGH (SAS 합동)
$\therefore \overline{EF}=\overline{GH}$ …… ㉡
㉠, ㉡에 의해 두 쌍의 대변의 길이가 각각 같으므로 □EFGH는 평행사변형이다. 답 ②

0217 △ABE와 △CDF에서 $\angle AEB=\angle CFD=90°$,
$\overline{AB}=\overline{CD}$, $\angle ABE=\angle CDF$(엇각)
따라서 △ABE≡△CDF (RHA 합동) (④)이므로
$\overline{AE}=\overline{CF}$ (①) …… ㉠
또, $\angle AEF=\angle CFE$이므로
$\overline{AE}/\!/\overline{CF}$ (③) …… ㉡
㉠, ㉡에 의해 □AECF는 한 쌍의 대변이 평행하고 그 길이가 같으므로 평행사변형이다.
$\therefore \angle EAF=\angle FCE$ (⑤) 답 ②

0218 △ABP와 △CDQ에서
$\overline{AB}=\overline{CD}$, $\angle BAP=\angle DCQ$(엇각),
$\angle APB=\angle CQD=90°$이므로
△ABP≡△CDQ (RHA 합동)
$\therefore \overline{BP}=\overline{DQ}$ …… ㉠
$\angle BPQ=\angle DQP$이므로 $\overline{BP}/\!/\overline{DQ}$ …… ㉡
㉠, ㉡에 의해 □PBQD는 한 쌍의 대변이 평행하고 그 길이가 같으므로 평행사변형이다.
△DPQ에서 $\angle PDQ=180°-(90°+55°)=35°$
$\therefore \angle x=\angle PDQ=35°$ 답 35°

0219 $\angle BEA=\angle DAE$(엇각)이므로
△BEA는 $\angle BAE=\angle BEA$인 이등변삼각형이다.
즉, $\overline{BE}=\overline{BA}=12$ cm이므로
$\overline{EC}=16-12=4$(cm)
마찬가지 방법으로 △DFC는 $\angle DFC=\angle DCF$인 이등변삼각형이다.
즉, $\overline{DF}=\overline{DC}=12$ cm이므로 $\overline{AF}=16-12=4$(cm)
$\therefore \overline{AF}=\overline{EC}=4$ cm …… ㉠
□ABCD가 평행사변형이므로 $\overline{AF}/\!/\overline{EC}$ …… ㉡
㉠, ㉡에 의해 □AECF는 한 쌍의 대변이 평행하고 그 길이가 같으므로 평행사변형이다.
$\therefore$ □AECF$=4\times10=40(\text{cm}^2)$ 답 40 cm²

0220 □ABCD는 평행사변형이므로 $\overline{AD}=\overline{BC}=20$ cm
$\overline{AE}=\overline{OD}=\overline{BO}$, $\overline{AE}/\!/\overline{BO}$
즉, □ABOE는 한 쌍의 대변이 평행하고 그 길이가 같으므로 평행사변형이다.
$\therefore \overline{EO}=\overline{AB}=16$ cm
$\therefore \overline{AD}+\overline{EO}=20+16=36$(cm) 답 36 cm

참고 □EOCD도 한 쌍의 대변이 평행하고 그 길이가 같으므로 평행사변형이다.

0221 □EPFQ=△EPF+△EQF
$=\frac{1}{4}$□ABFE$+\frac{1}{4}$□EFCD
$=\frac{1}{4}\times\frac{1}{2}$□ABCD$+\frac{1}{4}\times\frac{1}{2}$□ABCD
$=\frac{1}{4}$□ABCD$=\frac{1}{4}\times32=8(\text{cm}^2)$ 답 ③

참고 한 쌍의 대변이 평행하고 그 길이가 같으므로 □ABFE, □EFCD는 평행사변형이다.

0222 △AOE와 △COF에서
$\overline{AO}=\overline{CO}$, $\angle EAO=\angle FCO$ (엇각),
$\angle AOE=\angle COF$ (맞꼭지각)이므로
△AOE≡△COF (ASA 합동)
따라서 색칠한 부분의 넓이는
△AOE+△BOF=△COF+△BOF
=△OBC
$=\frac{1}{4}$□ABCD
$=\frac{1}{4}\times60=15(\text{cm}^2)$ 답 15 cm²

0223 $\triangle BCD=2\triangle ABO=2\times3=6(cm^2)$ …❶

$\overline{CB}=\overline{CE}$, $\overline{CD}=\overline{CF}$

즉, 두 대각선이 서로 다른 것을 이등분하므로 □BFED는 평행사변형이다. …❷

$\therefore$ □BFED$=4\triangle BCD$

$=4\times6=24(cm^2)$ …❸

답 $24\ cm^2$

채점 기준	배점
❶ △BCD의 넓이 구하기	40 %
❷ □BFED가 평행사변형임을 알기	30 %
❸ □BFED의 넓이 구하기	30 %

0224 $9:\triangle PCD=3:5$이므로 $\triangle PCD=15(cm^2)$

$\therefore$ □ABCD$=2(\triangle PAB+\triangle PCD)$

$=2\times(9+15)=48(cm^2)$ 답 ②

0225 $\triangle PDA+\triangle PBC=\frac{1}{2}$□ABCD이므로

$\triangle PDA+15=\frac{1}{2}\times80=40(cm^2)$

$\therefore \triangle PDA=25(cm^2)$ 답 $25\ cm^2$

0226 □ABCD$=8\times6=48(cm^2)$

$\triangle PBC+\triangle PDA=\frac{1}{2}$□ABCD이므로

$\triangle PBC+13=\frac{1}{2}\times48=24(cm^2)$

$\therefore \triangle PBC=11(cm^2)$ 답 $11\ cm^2$

Step 3 발전 문제 46~48쪽

0227 $\overline{AB}/\!/\overline{DC}$이므로

$\angle ABD=\angle CDB=41^\circ$(엇각)

$\angle EDB=\angle CDB=41^\circ$(접은 각)

△FBD에서 $\angle x=180^\circ-(41^\circ+41^\circ)=98^\circ$ 답 98°

0228 △ABC는 $\overline{AB}=\overline{AC}$인 이등변삼각형이므로 $\angle B=\angle C$이고

$\overline{AC}/\!/\overline{EF}$이므로

$\angle C=\angle EFB$(동위각)

즉, △EBF는 $\angle EBF=\angle EFB$인 이등변삼각형이다.

따라서 $\overline{EB}=\overline{EF}$이므로

$\overline{AE}+\overline{EF}=\overline{AE}+\overline{EB}=\overline{AB}=12(cm)$

이때 □AEFD는 평행사변형이므로 두 쌍의 대변의 길이가 각각 같다.

따라서 □AEFD의 둘레의 길이는

$2\times12=24(cm)$ 답 24 cm

0229 $\angle CED=\angle ADE$(엇각)이므로

△DEC는 $\angle CDE=\angle CED$인 이등변삼각형이다.

$\overline{BE}=x$ cm라 하면 $\overline{CE}=\overline{CD}=\overline{AB}=3x$ cm

이때 $\overline{BC}=\overline{AD}=16$ cm이므로

$x+3x=16$, $4x=16$ $\therefore x=4$

$\therefore \overline{CD}=3x=12(cm)$ 답 12 cm

0230 $\angle D=\angle B=60^\circ$

△DAF에서 $\overline{DA}=\overline{DF}$이므로

$\angle DAF=\angle DFA=\frac{1}{2}\times(180^\circ-60^\circ)=60^\circ$

$\angle BEA=\angle DAE=60^\circ$(엇각)이므로

△ABE에서 $\angle BAE=180^\circ-(60^\circ+60^\circ)=60^\circ$

따라서 △ABE는 정삼각형이므로

$\overline{AE}=\overline{BE}=\overline{AB}=10$ cm

$\therefore \overline{EC}=16-10=6(cm)$

$\therefore \overline{AE}+\overline{EC}=10+6=16(cm)$ 답 16 cm

0231 $\angle DAE=\angle BEA=50^\circ$(엇각)

$\angle EAC=\frac{1}{2}\angle DAE=\frac{1}{2}\times50^\circ=25^\circ$

또, $\angle D=\angle B=70^\circ$이므로

△ACD에서

$\angle x=180^\circ-(25^\circ+50^\circ+70^\circ)=35^\circ$ 답 ⑤

0232 $\overline{AO}=\frac{1}{2}\overline{AC}=\frac{1}{2}(x+3)(cm)$

$\overline{BO}=\frac{1}{2}\overline{BD}=\frac{1}{2}(3x-3)(cm)$

△ABO의 둘레의 길이가 16 cm이므로

$\frac{1}{2}(x+3)+\frac{1}{2}(3x-3)+(x+1)=16$

$3x+1=16$, $3x=15$ $\therefore x=5$

$\therefore \overline{CD}=\overline{AB}=x+1=5+1=6(cm)$ 답 6 cm

0233 $\triangle OBF:\triangle OFC=2:3$이므로

$\triangle OFC=\frac{3}{5}\triangle OBC=\frac{3}{5}\times15=9(cm^2)$

△AOE와 △COF에서

$\overline{OA}=\overline{OC}$, $\angle EAO=\angle FCO$(엇각),

$\angle AOE=\angle COF$(맞꼭지각)이므로

$\triangle AOE\equiv\triangle COF$(ASA 합동)

$\therefore \triangle AOE=\triangle COF=9\ cm^2$ 답 ②

0234 ㄱ. $\triangle AOD\equiv\triangle COB$이므로

$\overline{OA}=\overline{OC}$, $\overline{OD}=\overline{OB}$

즉, 두 대각선이 서로 다른 것을 이등분하므로 □ABCD는 평행사변형이다.

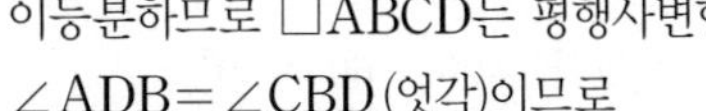

ㄴ. $\angle ADB=\angle CBD$(엇각)이므로

$\overline{AD}/\!/\overline{BC}$

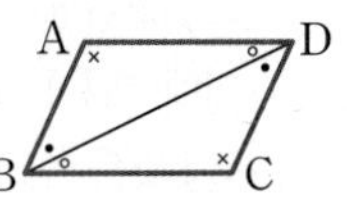

또, $\angle A=\angle C$이므로

△ABD와 △CDB에서 두 각의 크기가 각각 같으므로 나머지 한 각의 크기도 같다.

$\therefore \angle ABD=\angle CDB$

$\therefore \overline{AB}/\!/\overline{DC}$

즉, 두 쌍의 대변이 각각 평행하므로 □ABCD는 평행사변형이다.

ㄷ. 한 쌍의 대변이 평행하고 다른 한 쌍의 대변의 길이가 같으므로 평행사변형이 아니다.

ㄹ. 오른쪽 그림과 같은 □ABCD에서 $\overline{AD}/\!/\overline{BC}$이므로

$\angle DCE=\angle CDA$ (엇각)

$\therefore \angle B=\angle DCE$

$\therefore \overline{AB}/\!/\overline{DC}$

즉, 두 쌍의 대변이 각각 평행하므로 □ABCD는 평행사변형이다.

ㅁ. $\overline{OA}=\overline{OC}$, $\overline{OB}=\overline{OD}$인지 알 수 없다.

따라서 □ABCD가 평행사변형이 되는 것은 ㄱ, ㄴ, ㄹ이다.

답 ㄱ, ㄴ, ㄹ

0235 $\overline{AF}/\!/\overline{HC}$, $\overline{AF}=\overline{HC}$

즉, 한 쌍의 대변이 평행하고 그 길이가 같으므로 □AFCH는 평행사변형이다.

$\therefore \overline{JI}/\!/\overline{KL}$ ······ ㉠

마찬가지 방법으로 $\overline{ED}/\!/\overline{BG}$, $\overline{ED}=\overline{BG}$이므로 □EBGD는 평행사변형이다.

$\therefore \overline{JK}/\!/\overline{IL}$ ······ ㉡

㉠, ㉡에서 두 쌍의 대변이 각각 평행하므로 □JKLI는 평행사변형이다.

따라서 평행사변형은 □AFCH, □EBGD, □JKLI의 3개이다.

답 3개

0236 $\triangle PDA+\triangle PBC=\triangle PAB+\triangle PCD$이고

$\triangle PDA+\triangle PBC=6+10=16(\text{cm}^2)$이므로

$\square ABCD=2\times16=32(\text{cm}^2)$

즉, $\overline{BC}\times4=32$이므로

$\overline{BC}=8(\text{cm})$

답 ③

0237 $\overline{AD}$, $\overline{BE}$의 연장선의 교점을 G라 하면

△EGD와 △EBC에서

$\overline{ED}=\overline{EC}$,

$\angle DEG=\angle CEB$ (맞꼭지각),

$\angle EDG=\angle ECB$ (엇각)이므로

$\triangle EGD\equiv\triangle EBC$ (ASA 합동)

$\therefore \overline{DG}=\overline{BC}=\overline{AD}$

즉, 직각삼각형 AFG에서 점 D는 외심이므로

$\overline{AD}=\overline{DG}=\overline{DF}$

△AFG에서 $\angle AGF=90°-60°=30°$

이때 △DFG는 $\overline{DF}=\overline{DG}$인 이등변삼각형이므로

$\angle DFG=\angle DGF=30°$

답 30°

0238 △BEA와 △CDE는 각각 $\overline{BA}=\overline{BE}$, $\overline{CD}=\overline{CE}$인 이등변삼각형이므로

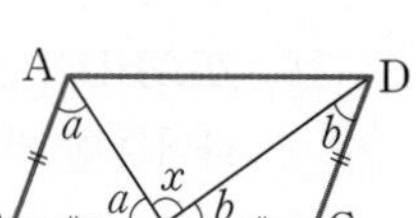

$\angle BAE=\angle BEA=\angle a$,

$\angle CDE=\angle CED=\angle b$라 하면

$(\angle B+2\angle a)+(\angle C+2\angle b)=360°$

이때 $\angle B+\angle C=180°$이므로

$180°+2(\angle a+\angle b)=360°$

$\therefore \angle a+\angle b=90°$

$\therefore \angle x=180°-(\angle a+\angle b)$

$=180°-90°=90°$

답 ③

0239 □EOCD가 평행사변형이므로

$\overline{ED}/\!/\overline{OC}$, $\overline{ED}=\overline{OC}$

따라서 $\overline{ED}/\!/\overline{AO}$, $\overline{ED}=\overline{OC}=\overline{AO}$이므로 □EAOD도 평행사변형이다.

$\square ABCD=12\times8=96(\text{cm}^2)$이므로

$\triangle AOD=\frac{1}{4}\square ABCD=\frac{1}{4}\times96=24(\text{cm}^2)$

$\therefore \triangle AEF=\frac{1}{2}\triangle AOD$

$=\frac{1}{2}\times24=12(\text{cm}^2)$

답 12 cm²

0240 $\overline{MD}/\!/\overline{BN}$, $\overline{MD}=\overline{BN}$이므로

□MBND는 평행사변형이다.

$\therefore \overline{MB}/\!/\overline{DN}$

오른쪽 그림과 같이 $\overline{BD}$를 긋고 $\overline{AC}$와의 교점을 O라 하면

△DOF와 △BOE에서

$\overline{DO}=\overline{BO}$, $\angle DOF=\angle BOE$ (맞꼭지각),

$\angle FDO=\angle EBO$ (엇각)이므로

$\triangle DOF\equiv\triangle BOE$ (ASA 합동)

$\square MEFD=\square MEOD+\triangle DOF$

$=\square MEOD+\triangle BOE=\triangle MBD$

$\therefore \triangle MBD=20\,\text{cm}^2$

$\triangle ABM=\triangle MBD$이므로

$\triangle ABD=2\triangle MBD=2\times20=40(\text{cm}^2)$

$\therefore \square ABCD=2\triangle ABD$

$=2\times40=80(\text{cm}^2)$

답 80 cm²

0241 $\triangle PDA=k\,\text{cm}^2\ (k>0)$라 하면

$\triangle PCD=2k\,\text{cm}^2$, $\triangle PAB=3k\,\text{cm}^2$

이때 $\triangle PDA+\triangle PBC=\triangle PAB+\triangle PCD$이므로

$k+\triangle PBC=3k+2k$

$\therefore \triangle PBC=4k(\text{cm}^2)$

$\therefore \triangle PBC=\frac{4}{10}\square ABCD$

$=\frac{4}{10}\times70=28(\text{cm}^2)$

답 28 cm²

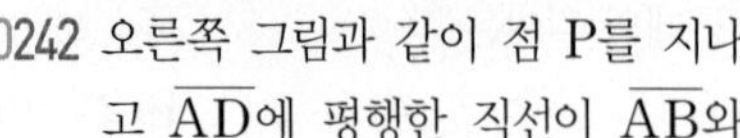

49쪽

0242 오른쪽 그림과 같이 점 P를 지나고 $\overline{AD}$에 평행한 직선이 $\overline{AB}$와 만나는 점을 E라 하면

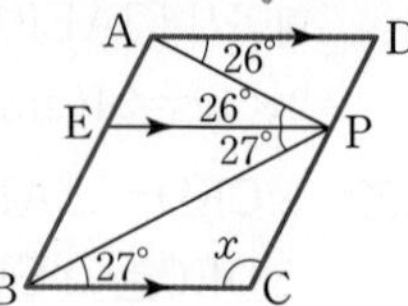

$\angle EPA=\angle DAP=26°$ (엇각)

$\therefore \angle EPB=53°-26°=27°$

$\angle CBP = \angle EPB = 27°$ (엇각)이고
$\angle ABP : \angle CBP = 4 : 3$이므로
$\angle ABP : 27° = 4 : 3$ $\quad \therefore \angle ABP = 36°$
$\therefore \angle ABC = 36° + 27° = 63°$
이때 $\angle ABC + \angle C = 180°$이므로
$63° + \angle x = 180°$ $\quad \therefore \angle x = 117°$ 답 ④

0243 $\overline{AD}$와 $\overline{EC}$의 연장선의 교점을 G라 하면
△EAG와 △EBC에서
$\overline{AE} = \overline{BE}$,
$\angle EAG = \angle EBC$ (엇각),
$\angle AEG = \angle BEC$ (맞꼭지각)이므로
$\triangle EAG \equiv \triangle EBC$ (ASA 합동)
따라서 $\overline{AG} = \overline{BC} = \overline{AD}$이므로 점 A는 직각삼각형 DGF의 외심이다.
$\therefore \overline{AG} = \overline{AD} = \overline{AF}$
$\angle ADC = \angle B = 80°$이므로
$\angle GDF = 80° - 10° = 70°$
△DGF에서
$\angle DGF = 180° - (90° + 70°) = 20°$
이때 △AGF는 $\overline{AG} = \overline{AF}$인 이등변삼각형이므로
$\angle AFE = \angle AGE = 20°$ 답 20°

0244 $\angle A + \angle B = 180°$이고 $\angle A : \angle B = 2 : 1$이므로
$\angle B = 180° \times \frac{1}{3} = 60°$
$\angle BEA = \angle DAE$ (엇각)이므로
$\angle BAE = \angle BEA = \frac{1}{2} \times (180° - 60°) = 60°$
즉, △ABE는 정삼각형이므로
$\overline{AE} = \overline{BE} = \overline{AB} = 12$ cm
$\therefore \overline{EC} = \overline{BC} - \overline{BE} = 15 - 12 = 3$(cm)
마찬가지 방법으로
$\overline{DF} = \overline{DC} = 12$ cm이므로
$\overline{AF} = \overline{AD} - \overline{DF} = 15 - 12 = 3$(cm)
이때 $\overline{AF} = \overline{EC}$, $\overline{AF} /\!/ \overline{EC}$이므로 □AECF는 평행사변형이다.
따라서 □AECF의 둘레의 길이는
$2(\overline{AE} + \overline{EC}) = 2 \times (12 + 3) = 30$(cm) 답 30 cm

0245 점 P가 점 A를 출발한 지 x초 후에 □APCQ가 평행사변형이 된다고 하면
$\overline{AP} = 2x$ cm,
$\overline{CQ} = 3(x-4)$ cm
이때 $\overline{AP} = \overline{CQ}$이어야 하므로
$2x = 3(x-4)$ $\quad \therefore x = 12$
따라서 점 P가 점 A를 출발한 지 12초 후에 □APCQ가 평행사변형이 된다. 답 ⑤

04. 여러 가지 사각형

Step 1 핵심 개념 51, 53쪽

0246 $\overline{BO} = \overline{AO}$이므로 $x = 6$ 답 6

0247 $\overline{BD} = \overline{AC} = 2\overline{OC}$이므로 $x = 2 \times 7 = 14$ 답 14

0248 △OBC는 $\overline{OB} = \overline{OC}$인 이등변삼각형이므로
$\angle x = \angle OBC = 40°$
△DBC에서 $\angle DCB = 90°$이므로
$\angle y = 180° - (90° + 40°) = 50°$ 답 $\angle x = 40°$, $\angle y = 50°$

0249 $\angle ADC = 90°$이므로 $\angle ODC = 90° - 38° = 52°$
$\therefore \angle y = \angle ODC = 52°$ (엇각)
△AOD에서 $\overline{OA} = \overline{OD}$이므로 $\angle OAD = \angle ODA = 38°$
$\therefore \angle x = 38° + 38° = 76°$ 답 $\angle x = 76°$, $\angle y = 52°$

0250 $\overline{BC} = \overline{BA}$이므로 $x = 10$ 답 10

0251 $\overline{BO} = \overline{DO}$이므로 $x = \frac{1}{2} \times 16 = 8$ 답 8

0252 $\overline{AC} \perp \overline{BD}$이므로 $\angle x = 90°$
△AOD에서
$\angle y = \angle x - 35° = 90° - 35° = 55°$
답 $\angle x = 90°$, $\angle y = 55°$

0253 $\angle x = \angle ACB = 50°$ (엇각)
△DAC는 $\overline{DA} = \overline{DC}$인 이등변삼각형이므로
$\angle DCA = \angle DAC = 50°$
△OCD에서 $\angle DOC = 90°$이므로
$\angle y = 180° - (90° + 50°) = 40°$ 답 $\angle x = 50°$, $\angle y = 40°$

0254 $\overline{BC} = \overline{AB}$이므로 $x = 5$ 답 5

0255 $\overline{BD} = \overline{AC} = 2\overline{OC}$이므로 $x = 2 \times 9 = 18$ 답 18

0256 △ABC에서 $\overline{BA} = \overline{BC}$이고
$\angle B = 90°$이므로
$\angle x = \frac{1}{2} \times (180° - 90°) = 45°$ 답 45°

0257 답 90°

0258 $\overline{DC} = \overline{AB}$이므로 $x = 8$ 답 8

0259 $\overline{AC} = \overline{DB}$이므로 $x = 3 + 6 = 9$ 답 9

0260 $\angle B = \angle C$이므로 $\angle x = 75°$
$\overline{AD} /\!/ \overline{BC}$이므로 $\angle A + \angle B = 180°$
$\therefore \angle y = 180° - 75° = 105°$ 답 $\angle x = 75°$, $\angle y = 105°$

0261 $\angle ABC = \angle C$이므로
$45° + \angle DBC = 80°$ $\quad \therefore \angle DBC = 35°$
$\therefore \angle x = \angle DBC = 35°$ (엇각)
△ABD에서
$\angle y = 180° - (45° + 35°) = 100°$
답 $\angle x = 35°$, $\angle y = 100°$

0262 답 직사각형　0263 답 직사각형

0264 답 마름모　0265 답 마름모

0266 답 정사각형　0267 답 정사각형

0268 답 ○　0269 답 ×

0270 답 ○　0271 답 ㄱ, ㄷ

0272 답 ㄴ, ㄷ　0273 답 ㄱ, ㄴ, ㄷ

0274 답 ㄱ　0275 답 평행사변형

0276 답 평행사변형　0277 답 마름모

0278 답 직사각형　0279 답 정사각형

0280 답 마름모　0281 답 △DBC

0282 답 △ABD

0283 △ABO=△ABC−△OBC
=△DBC−△OBC=△DCO　답 △DCO

0284 $\triangle ABD=\frac{1}{3}\triangle ABC=\frac{1}{3}\times 18=6(\mathrm{cm}^2)$　답 $6\,\mathrm{cm}^2$

0285 $\triangle ADC=\frac{2}{3}\triangle ABC=\frac{2}{3}\times 18=12(\mathrm{cm}^2)$　답 $12\,\mathrm{cm}^2$

0286 △ABD : △ADC=6 : 12=1 : 2　답 1 : 2

Step 2 핵심 유형 54~63쪽

Theme 07 여러 가지 사각형 54~59쪽

0287 $\overline{OA}=\overline{OC}$이므로 $2x-2=x+2$　$\therefore x=4$
$\overline{BD}=\overline{AC}$이므로
$y=(2x-2)+(x+2)=3x=3\times 4=12$
$\therefore x+y=4+12=16$　답 ④

0288 △OBC는 $\overline{OB}=\overline{OC}$인 이등변삼각형이므로
$\angle OCB=\angle OBC=30^\circ$
이때 $\angle BCD=90^\circ$이므로 $\angle x=90^\circ-30^\circ=60^\circ$
$\angle y=\angle CBD=30^\circ$ (엇각)
$\therefore \angle x-\angle y=60^\circ-30^\circ=30^\circ$　답 ②

0289 ② 직사각형은 두 대각선의 길이가 같고 서로 다른 것을 이등분하므로 $\overline{AO}=\overline{BO}$
④ 직사각형의 한 내각의 크기는 90°이므로 $\angle ABC=90^\circ$
따라서 옳은 것은 ②, ④이다.　답 ②, ④

0290 $\overline{AC}=\overline{BD}$이므로
$4x-2=2x+6$, $2x=8$　$\therefore x=4$
따라서 $\overline{AB}=5x-14=5\times 4-14=6$이므로
$\overline{CD}=\overline{AB}=6$　답 ④

0291 오른쪽 그림과 같이 $\overline{OB}$를 그으면 직사각형은 두 대각선의 길이가 같으므로
$\overline{AC}=\overline{OB}$=(원 O의 반지름의 길이)
=6 cm　답 6 cm

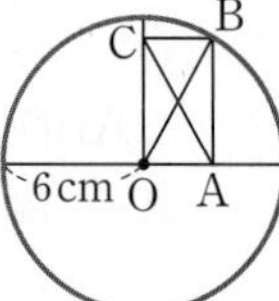

0292 □BOAP는 직사각형이므로
△COA와 △CBO는 이등변삼각형이다. 점 C에서 x축, y축에 내린 수선의 발을 각각 H_1, H_2라 하면 두 점 H_1, H_2는 각각 $\overline{OA}$, $\overline{OB}$의 중점이므로 점 C의 좌표는 (4, 3)이다.　답 (4, 3)

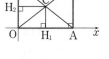

참고 이등변삼각형에서 다음은 일치한다.
(꼭지각의 꼭짓점에서 밑변에 내린 수선)=(밑변의 수직이등분선)

0293 $\angle DBE=\angle DBC=25^\circ$ (접은 각)　…❶
이때 $\angle ABC=90^\circ$이므로
$\angle ABE=90^\circ-2\times 25^\circ=40^\circ$　…❷
$\angle BED=\angle BCD=90^\circ$이므로 $\angle BEF=90^\circ$
△BEF에서
$\angle x=180^\circ-(90^\circ+40^\circ)=50^\circ$　…❸
답 50°

채점 기준	배점
❶ ∠DBE의 크기 구하기	30 %
❷ ∠ABE의 크기 구하기	30 %
❸ ∠x의 크기 구하기	40 %

0294 ① $\overline{OA}=\overline{OB}$이면 $\overline{AC}=2\overline{OA}=2\overline{OB}=\overline{BD}$
따라서 □ABCD는 직사각형이다.
⑤ △OCD에서 $\angle OCD=\angle ODC$이면 $\overline{OC}=\overline{OD}$
즉, $\overline{AC}=2\overline{OC}=2\overline{OD}=\overline{BD}$이므로
□ABCD는 직사각형이다.　답 ④

참고 ④는 평행사변형 ABCD가 마름모가 되는 조건이다.

0295 답 (가) $\overline{BC}$ (나) SSS (다) ∠DCB (라) ∠CDA (마) ∠DAB

0296 ㄱ. 이웃하는 두 변의 길이가 같으므로 마름모가 된다.
ㄴ. $\overline{AC}=2\overline{AO}=2\times 6=12(\mathrm{cm})$
즉, 두 대각선의 길이가 같으므로 직사각형이 된다.
ㄷ. 한 내각의 크기가 90°이면 모든 내각의 크기가 90°로 같아지므로 직사각형이 된다.
ㄹ. 두 대각선이 수직으로 만나므로 마름모가 된다.
따라서 직사각형이 되는 조건은 ㄴ, ㄷ이다.　답 ㄴ, ㄷ

0297 $\angle y=\angle ADB=35^\circ$ (엇각)
△BCO에서 $\angle BOC=90^\circ$이므로
$\angle x=180^\circ-(90^\circ+35^\circ)=55^\circ$
$\therefore \angle x-\angle y=55^\circ-35^\circ=20^\circ$　답 ②

0298 △ABC에서 $\overline{AB}=\overline{CB}$이므로
$\angle BCA=\angle BAC$　$\therefore x=75$
또, $\overline{AD}=\overline{CD}$이므로
$4y-2=10$, $4y=12$　$\therefore y=3$
$\therefore x+y=75+3=78$　답 ③

0299 ①, ③ 마름모는 두 대각선이 서로 다른 것을 수직이등분하므로 $\overline{AC}\perp\overline{BD}$, $\overline{BO}=\overline{DO}$
② $\overline{BA}=\overline{BC}$이므로 $\angle BAO=\angle BCO$
⑤ △BCO와 △DCO에서

$\overline{BC}=\overline{DC}$, $\overline{BO}=\overline{DO}$, $\overline{OC}$는 공통이므로
$\triangle BCO \equiv \triangle DCO$ (SSS 합동) 답 ④

참고 ④는 직사각형의 성질이다.

0300 마름모의 두 대각선은 서로 다른 것을 수직이등분하므로
$\overline{AC}=2\overline{AO}=2\times6=12(cm)$
$\overline{BD}=2\overline{DO}=2\times4=8(cm)$
$\therefore \square ABCD=\frac{1}{2}\times\overline{AC}\times\overline{BD}$
$=\frac{1}{2}\times12\times8=48(cm^2)$ 답 $48\ cm^2$

0301 마름모의 두 대각선은 서로 수직으로 만나므로
$\angle COB=90°$
$\triangle OBC$에서 $\angle BCO=180°-(30°+90°)=60°$
$\therefore x=60$
$\overline{AB}=\overline{BC}$이므로 $\angle BAC=\angle BCA=60°$
$\therefore \angle ABC=180°-(60°+60°)=60°$
따라서 $\triangle ABC$는 정삼각형이므로
$\overline{AC}=\overline{AB}=16\ cm$
$\overline{AO}=\frac{1}{2}\overline{AC}=\frac{1}{2}\times16=8(cm)$ $\therefore y=8$
$\therefore x-y=60-8=52$ 답 52

0302 $\triangle ABE$와 $\triangle ADF$에서
$\overline{AB}=\overline{AD}$,
$\angle AEB=\angle AFD=90°$,
$\angle B=\angle D$이므로
$\triangle ABE\equiv\triangle ADF$ (RHA 합동)
$\triangle ABE$에서
$\angle BAE=180°-(90°+62°)=28°$이므로
$\angle DAF=\angle BAE=28°$
$\angle BAD+\angle B=180°$이므로
$(28°+\angle EAF+28°)+62°=180°$ $\therefore \angle EAF=62°$
이때 $\triangle AEF$는 $\overline{AE}=\overline{AF}$인 이등변삼각형이므로
$\angle AFE=\frac{1}{2}\times(180°-62°)=59°$ 답 59°

0303 $\triangle ABE$와 $\triangle ADF$에서
$\overline{AB}=\overline{AD}$, $\overline{BE}=\overline{DF}$, $\angle ABE=\angle ADF$이므로
$\triangle ABE\equiv\triangle ADF$ (SAS 합동) $\therefore \overline{AE}=\overline{AF}$
따라서 $\triangle AEF$는 정삼각형이므로 $\angle AEF=60°$
$\triangle ABE$에서 $\angle ABE=\angle BAE$이고
$\angle ABE+\angle BAE=\angle AEF$이므로
$2\angle BAE=60°$ $\therefore \angle BAE=30°$
$\angle DAF=\angle BAE=30°$이므로
$\angle BAD=30°+60°+30°=120°$
$\therefore \angle BCD=\angle BAD=120°$ 답 ③

0304 ① 두 대각선의 길이가 같으므로 직사각형이 된다.
②, ④ 네 내각의 크기가 90°로 같아지므로 직사각형이 된다.
③ 이웃하는 두 변의 길이가 같으므로 마름모가 된다.
⑤ 두 대각선이 수직으로 만나므로 마름모가 된다.
답 ③, ⑤

0305 $\square ABCD$는 평행사변형이므로
$\overline{AD}=\overline{BC}$에서 $3x-4=2x+1$ $\therefore x=5$
평행사변형 ABCD가 마름모가 되려면
$\overline{AB}=\overline{AD}$이어야 하므로
$4x-y=3x-4$ ...... ㉠
㉠에 $x=5$를 대입하면
$20-y=15-4$ $\therefore y=9$
$\therefore 2x+y=2\times5+9=19$ 답 ④

0306 $\angle ABD=\angle CDB=35°$(엇각)이므로
$\triangle ABO$에서
$\angle AOB=180°-(55°+35°)=90°$
즉, 두 대각선이 수직으로 만나므로 평행사변형 ABCD는 마름모이다.
$\overline{CB}=\overline{CD}$이므로 $y=6$
$\angle CBD=\angle CDB$이므로 $x=35$
$\therefore x+y=35+6=41$ 답 41

0307 ① 정사각형은 네 변의 길이가 모두 같으므로 $\overline{AB}=\overline{AD}$
②, ④ 정사각형은 두 대각선의 길이가 같고, 서로 다른 것을 수직이등분하므로 $\overline{AO}=\overline{BO}$, $\angle DOC=90°$
③ $\triangle OAB$에서 $\angle AOB=90°$, $\overline{OA}=\overline{OB}$이므로
$\angle ABO=\frac{1}{2}\times(180°-90°)=45°$
따라서 옳지 않은 것은 ⑤이다. 답 ⑤

0308 정사각형은 두 대각선의 길이가 같고, 서로 다른 것을 수직이등분하므로
$\overline{AC}\perp\overline{BD}$,
$\overline{BO}=\frac{1}{2}\overline{BD}=\frac{1}{2}\overline{AC}=\frac{1}{2}\times8=4(cm)$
$\therefore \triangle ABC=\frac{1}{2}\times8\times4=16(cm^2)$
$\therefore \square ABCD=2\triangle ABC=32(cm^2)$ 답 ④

참고 정사각형은 마름모이므로 마름모의 넓이 공식을 이용할 수 있다.
(마름모의 넓이)$=\frac{1}{2}\times$(두 대각선의 길이의 곱)이므로
$\square ABCD=\frac{1}{2}\times8\times8=32(cm^2)$

0309 $\triangle EAB$와 $\triangle EAD$에서
$\overline{AB}=\overline{AD}$, $\angle BAE=\angle DAE=45°$, $\overline{AE}$는 공통이므로
$\triangle EAB\equiv\triangle EAD$ (SAS 합동)
$\therefore \angle EDA=\angle EBA=16°$
$\triangle EAD$에서
$\angle DEC=\angle EAD+\angle EDA$
$=45°+16°=61°$ 답 61°

0310 $\triangle BCE$가 정삼각형이므로 $\angle EBC=\angle ECB=60°$
$\square ABCD$가 정사각형이므로 $\angle y=90°-60°=30°$
또한, $\angle ABE=90°-60°=30°$이고 $\overline{AB}=\overline{BC}=\overline{BE}$
즉, $\triangle ABE$는 $\overline{AB}=\overline{EB}$인 이등변삼각형이므로
$\angle x=\frac{1}{2}\times(180°-30°)=75°$
$\therefore \angle x+\angle y=75°+30°=105°$ 답 ②

0311 $\angle AEB=180°-125°=55°$이므로
$\triangle ABE$에서 $\angle BAE=180°-(90°+55°)=35°$ …❶
$\triangle ABE$와 $\triangle BCF$에서
$\overline{AB}=\overline{BC}$, $\angle ABE=\angle BCF=90°$, $\overline{BE}=\overline{CF}$이므로
$\triangle ABE\equiv\triangle BCF$ (SAS 합동) …❷
$\therefore \angle x=\angle BAE=35°$ …❸

답 35°

채점 기준	배점
❶ $\angle BAE$의 크기 구하기	30 %
❷ $\triangle ABE\equiv\triangle BCF$임을 알기	50 %
❸ $\angle x$의 크기 구하기	20 %

0312 $\overline{DC}=\overline{DA}=\overline{DE}$
즉, $\triangle DEC$는 $\overline{DE}=\overline{DC}$인 이등변삼각형이므로
$\angle DEC=\angle DCE=32°$
$\therefore \angle EDC=180°-(32°+32°)=116°$
$\angle ADC=90°$이므로 $\angle EDA=116°-90°=26°$
이때 $\triangle DEA$는 $\overline{DE}=\overline{DA}$인 이등변삼각형이므로
$\angle EAD=\frac{1}{2}\times(180°-26°)=77°$ 답 ⑤

0313 $\triangle OCQ$와 $\triangle OBP$에서
$\overline{OC}=\overline{OB}$, $\angle OCQ=\angle OBP=45°$,
$\angle COQ=90°-\angle POC=\angle BOP$이므로
$\triangle OCQ\equiv\triangle OBP$ (ASA 합동)
$\therefore \triangle OCQ=\triangle OBP$
$\therefore \square OPCQ=\triangle OPC+\triangle OCQ$
$=\triangle OPC+\triangle OBP$
$=\triangle OBC$
$=\frac{1}{4}\square ABCD$
$=\frac{1}{4}\times8\times8=16(cm^2)$ 답 16 cm²

0314 ③ $\overline{AC}\perp\overline{BD}$이면 평행사변형 ABCD가 마름모가 되고, $\overline{AO}=\overline{BO}$이면 두 대각선의 길이가 같으므로 마름모 ABCD는 정사각형이 된다. 답 ③

참고 ①, ⑤는 직사각형이 되고, ②, ④는 마름모가 된다.

0315 ㄴ. $\overline{AB}=\overline{AD}$이면 이웃하는 두 변의 길이가 같으므로 직사각형 ABCD는 정사각형이 된다.
ㄷ. $\overline{AC}\perp\overline{BD}$이면 두 대각선이 수직으로 만나므로 직사각형 ABCD는 정사각형이 된다.
ㅁ. $\angle BAO=45°$이면 $\triangle OAB$에서 $\overline{OA}=\overline{OB}$이므로
$\angle OBA=\angle OAB=45°$
$\therefore \angle AOB=90°$
즉, 두 대각선이 수직으로 만나므로 직사각형 ABCD는 정사각형이 된다.
따라서 직사각형 ABCD가 정사각형이 되는 조건은 ㄴ, ㄷ, ㅁ이다. 답 ㄴ, ㄷ, ㅁ

0316 ③ $\overline{OA}=\overline{OD}$이면 두 대각선의 길이가 같으므로 마름모 ABCD는 정사각형이 된다.
④ $\angle ABC=\angle BCD$이면
$\angle ABC+\angle BCD=180°$이므로
$\angle ABC=\angle BCD=90°$
즉, 한 내각의 크기가 90°이므로 마름모 ABCD는 정사각형이 된다.
따라서 정사각형이 되는 조건은 ③, ④이다. 답 ③, ④

0317 ①, ⑤ $\triangle ABC$와 $\triangle DCB$에서
$\overline{AB}=\overline{DC}$, $\angle ABC=\angle DCB$, $\overline{BC}$는 공통이므로
$\triangle ABC\equiv\triangle DCB$ (SAS 합동)
$\therefore \angle ACB=\angle DBC$, $\overline{AC}=\overline{DB}$
②, ③ $\triangle BDA$와 $\triangle CAD$에서
$\overline{AB}=\overline{DC}$, $\overline{BD}=\overline{CA}$, $\overline{AD}$는 공통이므로
$\triangle BDA\equiv\triangle CAD$ (SSS 합동)
$\therefore \angle BAD=\angle CDA$
또한, $\angle BDA=\angle CAD$이므로 $\overline{AO}=\overline{DO}$
따라서 옳지 않은 것은 ④이다. 답 ④

0318 $\triangle ABC$와 $\triangle DCB$에서
$\overline{AB}=\overline{DC}$, $\angle ABC=\angle DCB$, $\overline{BC}$는 공통이므로
$\triangle ABC\equiv\triangle DCB$ (SAS 합동)
$\therefore \angle ACB=\angle DBC$
즉, $\triangle OBC$는 $\overline{OB}=\overline{OC}$인 이등변삼각형이므로
$\overline{OC}=\overline{OB}=6$ cm
$\therefore \overline{AC}=\overline{AO}+\overline{OC}=4+6=10(cm)$ 답 10 cm

0319 $\overline{AD}/\!/\overline{BC}$이므로
$\angle ACB=\angle DAC=40°$ (엇각)
또, $\angle B=\angle C$이므로 $70°=\angle x+40°$
$\therefore \angle x=30°$
$\triangle ABC$에서
$\angle y=180°-(70°+40°)=70°$
$\therefore \angle x+\angle y=30°+70°=100°$ 답 ④

0320 답 (가) $\overline{DC}$ (나) $\angle AEB$ (다) $\overline{AE}$ (라) $\overline{AB}$

0321 $\triangle ABC$와 $\triangle DCB$에서
$\overline{AB}=\overline{DC}$, $\angle ABC=\angle DCB$, $\overline{BC}$는 공통이므로
$\triangle ABC\equiv\triangle DCB$ (SAS 합동)
$\therefore \angle DBC=\angle ACB=50°$
$\overline{AE}/\!/\overline{DB}$이므로
$\angle x=\angle DBC=50°$ (동위각) 답 50°

0322 $\angle BOC=90°$이므로 $\triangle OBC$는 $\overline{OB}=\overline{OC}$인 직각이등변삼각형이다.
$\therefore \angle OBC=\angle OCB=45°$
$\angle DCB=\angle ABC=68°$이므로
$\angle OCH=\angle DCB-\angle OCB$
$=68°-45°=23°$
$\triangle HOC$에서
$\angle COH=180°-(90°+23°)=67°$ 답 ③

0323 점 D에서 $\overline{AB}$에 평행한 직선을 그어 $\overline{BC}$와 만나는 점을 E라 하면 □ABED는 평행사변형이므로

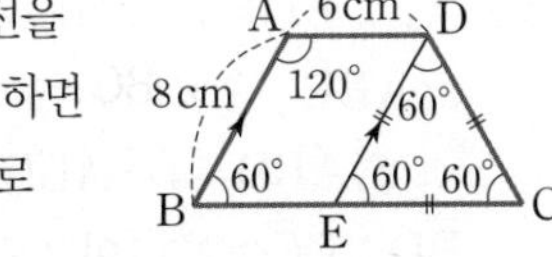

$\overline{BE}=\overline{AD}=6\,cm$

$\angle A+\angle B=180°$이므로 $\angle B=180°-120°=60°$

$\angle C=\angle B=60°$, $\angle DEC=\angle B=60°$(동위각)이므로

$\triangle DEC$에서 $\angle CDE=180°-(60°+60°)=60°$

즉, $\triangle DEC$는 정삼각형이므로

$\overline{EC}=\overline{DC}=\overline{AB}=8\,cm$

$\therefore \overline{BC}=\overline{BE}+\overline{EC}=6+8=14(cm)$ 답 ⑤

0324 점 A에서 $\overline{BC}$에 내린 수선의 발을 F라 하면 $\overline{FE}=\overline{AD}=9\,cm$

$\triangle ABF$와 $\triangle DCE$에서

$\angle AFB=\angle DEC=90°$,

$\overline{AB}=\overline{DC}$, $\angle B=\angle C$이므로

$\triangle ABF\equiv\triangle DCE$(RHA 합동)

$\therefore \overline{BF}=\overline{CE}=4\,cm$

$\therefore \overline{BC}=\overline{BF}+\overline{FE}+\overline{EC}$

$=4+9+4=17(cm)$ 답 17 cm

0325 점 D에서 $\overline{AB}$에 평행한 직선을 그어 $\overline{BC}$와 만나는 점을 E라 하면

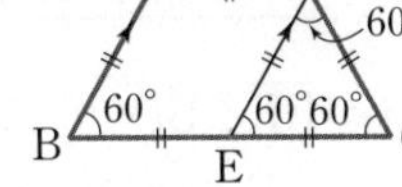

□ABED는 평행사변형이므로

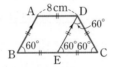

$\overline{BE}=\overline{AD}=8\,cm$ …❶

$\angle C=\angle B=60°$, $\angle DEC=\angle B=60°$(동위각)이므로

$\triangle DEC$에서 $\angle EDC=180°-(60°+60°)=60°$

즉, $\triangle DEC$는 정삼각형이다.

$\therefore \overline{EC}=\overline{DC}=\overline{AB}=8\,cm$ …❷

따라서 □ABCD의 둘레의 길이는

$8\times5=40(cm)$ …❸

답 40 cm

채점 기준	배점
❶ $\overline{BE}$의 길이 구하기	40 %
❷ $\overline{EC}$, $\overline{DC}$의 길이 구하기	40 %
❸ □ABCD의 둘레의 길이 구하기	20 %

Theme 08 여러 가지 사각형 사이의 관계 60~63쪽

0326 $\angle ABE=\angle a$라 하면

$\angle CBE=\angle ADG=\angle CDG=\angle a$

$\angle BAE=\angle b$라 하면

$\angle DAE=\angle BCG=\angle DCG=\angle b$

이때 $\angle DAB+\angle ABC=180°$이므로

$2(\angle a+\angle b)=180°$ $\therefore \angle a+\angle b=90°$

$\triangle ABE$에서

$\angle AEB=180°-(\angle a+\angle b)$

$=180°-90°=90°$

$\therefore \angle HEF=\angle AEB=90°$(맞꼭지각)

마찬가지 방법으로 네 내각의 크기가 모두 90°이므로 □EFGH는 직사각형이다.

따라서 직사각형에 대한 설명으로 옳지 않은 것은 ⑤이다.

답 ⑤

0327 $\triangle ABE$와 $\triangle CDF$에서

$\overline{BE}=\overline{DF}$, $\angle A=\angle C=90°$, $\overline{AB}=\overline{CD}$이므로

$\triangle ABE\equiv\triangle CDF$(RHS 합동) …❶

$\therefore \overline{AE}=\overline{CF}$

이때 $\overline{AD}=\overline{BC}$이므로

$\overline{ED}=\overline{AD}-\overline{AE}=\overline{BC}-\overline{CF}=\overline{BF}$ …❷

따라서 두 쌍의 대변의 길이가 각각 같으므로 □EBFD는 평행사변형이다. …❸

답 평행사변형

채점 기준	배점
❶ $\triangle ABE\equiv\triangle CDF$임을 알기	40 %
❷ $\overline{ED}=\overline{BF}$임을 알기	30 %
❸ □EBFD가 어떤 사각형인지 구하기	30 %

0328 $\angle AFB=\angle EBF$(엇각)이므로

$\angle ABF=\angle AFB$

$\therefore \overline{AB}=\overline{AF}$

$\angle BEA=\angle FAE$(엇각)이므로

$\angle BAE=\angle BEA$ $\therefore \overline{AB}=\overline{BE}$

따라서 $\overline{AF}=\overline{BE}$이고 $\overline{AF}/\!/\overline{BE}$이므로 □ABEF는 평행사변형이다.

이때 이웃하는 두 변의 길이가 같으므로 평행사변형 ABEF는 마름모이다.

따라서 마름모에 대한 설명으로 옳지 않은 것은 ③, ④이다.

답 ③, ④

0329 ㄴ. $\overline{AB}=\overline{AD}$인 평행사변형 ABCD는 마름모이다.

ㄷ. $\overline{AC}\perp\overline{BD}$인 평행사변형 ABCD는 마름모이다.

ㅁ. $\overline{AC}=\overline{BD}$인 사각형 ABCD 중에는 등변사다리꼴도 있다.

따라서 옳은 것은 ㄱ, ㄹ이다. 답 ②

0330 ③ 한 내각의 크기가 90°인 평행사변형이 직사각형이다.

답 ③

참고 오른쪽 그림에서 $\angle A=90°$이지만 □ABCD는 직사각형이 아니다.

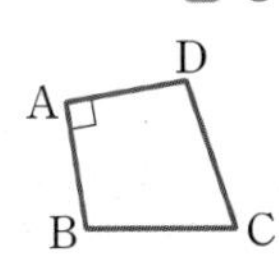

0331 두 대각선의 길이가 같은 사각형은 직사각형, 정사각형, 등변사다리꼴이다. 답 ⑤

0332 두 대각선이 서로 다른 것을 수직이등분하는 사각형은 마름모, 정사각형이다. 답 ③, ④

참고 등변사다리꼴의 대각선은 길이는 같지만 서로 다른 것을 이등분하지는 않는다.

0333 ⑤ 마름모의 두 대각선은 서로 다른 것을 수직이등분하지만 길이가 같은 것은 아니다. 답 ⑤

0334 □EFGH는 마름모의 각 변의 중점을 연결하여 만든 사각형이므로 직사각형이다.
따라서 직사각형에 대한 설명으로 옳은 것은 ②, ③이다.
답 ②, ③

0335 ④ 마름모의 각 변의 중점을 연결하여 만든 사각형은 직사각형이다. 답 ④

0336 □EFGH는 등변사다리꼴의 각 변의 중점을 연결하여 만든 사각형이므로 마름모이다.
따라서 □EFGH의 둘레의 길이는
$4\times7=28(\text{cm})$ 답 28 cm

0337 $\overline{AE}$를 그으면 $\overline{AC}/\!/\overline{DE}$이므로

$\triangle ACD=\triangle ACE$
$\therefore$ $\square ABCD=\triangle ABC+\triangle ACD$
$=\triangle ABC+\triangle ACE$
$=\triangle ABE$
$=\frac{1}{2}\times14\times7=49(\text{cm}^2)$ 답 49 cm²

0338 $\overline{AE}/\!/\overline{DB}$이므로 $\triangle ABD=\triangle DEB$
$\therefore$ $\square ABCD=\triangle ABD+\triangle DBC$
$=\triangle DEB+\triangle DBC$
$=\triangle DEC=\frac{1}{2}\times16\times6=48(\text{cm}^2)$
답 48 cm²

0339 ③ $\overline{AC}/\!/\overline{DE}$이므로
$\triangle AFD=\triangle ACD-\triangle ACF$
$=\triangle ACE-\triangle ACF$
$=\triangle FCE$
④ $\overline{AC}/\!/\overline{DE}$이므로
$\square ABCD=\triangle ABC+\triangle ACD$
$=\triangle ABC+\triangle ACE$
$=\triangle ABE$
따라서 옳지 않은 것은 ⑤이다. 답 ⑤

0340 $\overline{AE}/\!/\overline{DB}$이므로 $\triangle ABD=\triangle DEB$
$\therefore$ $\square ABCD=\triangle ABD+\triangle DBC$
$=\triangle DEB+\triangle DBC$
$=\triangle DEC=53\text{ cm}^2$
$\therefore$ $\triangle AFD=\square ABCD-\square DFBC$
$=53-38=15(\text{cm}^2)$ 답 15 cm²

0341 $\overline{BM}=\overline{MC}$이므로
$\triangle AMC=\frac{1}{2}\triangle ABC$
$=\frac{1}{2}\times36=18(\text{cm}^2)$
$\overline{AD}:\overline{DC}=1:2$이므로 $\triangle AMD:\triangle DMC=1:2$
$\therefore$ $\triangle DMC=\frac{2}{3}\triangle AMC$
$=\frac{2}{3}\times18=12(\text{cm}^2)$ 답 12 cm²

0342 $\overline{AE}:\overline{ED}=1:3$이므로
$\triangle ABE:\triangle EBD=1:3$
$\therefore$ $\triangle ABD=4\triangle ABE=4\times4=16(\text{cm}^2)$
$\overline{BD}:\overline{DC}=2:1$이므로
$\triangle ABD:\triangle ADC=2:1$
$\therefore$ $\triangle ADC=8(\text{cm}^2)$
$\therefore$ $\triangle ABC=\triangle ABD+\triangle ADC$
$=16+8=24(\text{cm}^2)$ 답 ⑤

0343 $\overline{BD}:\overline{DC}=4:5$이므로
$\triangle ABD:\triangle ADC=4:5$
$\therefore$ $\triangle ADC=\frac{5}{9}\triangle ABC=\frac{5}{9}\times27=15(\text{cm}^2)$ …❶
$\overline{AE}:\overline{EC}=3:2$이므로
$\triangle ADE:\triangle EDC=3:2$
$\therefore$ $\triangle ADE=\frac{3}{5}\triangle ADC$
$=\frac{3}{5}\times15=9(\text{cm}^2)$ …❷
답 9 cm²

채점 기준	배점
❶ △ADC의 넓이 구하기	50 %
❷ △ADE의 넓이 구하기	50 %

0344 $\overline{EF}/\!/\overline{BD}$이므로 $\triangle EBD=\triangle FBD$
$\overline{AB}/\!/\overline{DC}$이므로 $\triangle EBD=\triangle EBC$
$\overline{AD}/\!/\overline{BC}$이므로 $\triangle FBD=\triangle FCD$
따라서 $\triangle EBD=\triangle FBD=\triangle EBC=\triangle FCD$이므로 넓이가 나머지 넷과 다른 하나는 ③이다. 답 ③

0345 $\triangle ABD=\frac{1}{2}\square ABCD=\frac{1}{2}\times28=14(\text{cm}^2)$
$\overline{AE}:\overline{ED}=4:3$이므로
$\triangle ABE:\triangle EBD=4:3$
$\therefore$ $\triangle EBD=\frac{3}{7}\triangle ABD=\frac{3}{7}\times14=6(\text{cm}^2)$ 답 6 cm²

0346 $\overline{AD}/\!/\overline{BC}$이므로 $\triangle DFC=\triangle AFC$
$\overline{AC}/\!/\overline{EF}$이므로 $\triangle AFC=\triangle AEC$
$\therefore$ $\triangle DFC=\triangle AFC=\triangle AEC=\triangle ABC-\triangle EBC$
$=\frac{1}{2}\square ABCD-\triangle EBC$
$=\frac{1}{2}\times60-10=20(\text{cm}^2)$ 답 20 cm²

0347 $\overline{AB}/\!/\overline{DC}$이므로 $\triangle DAE=\triangle DBE$
$\therefore$ $\triangle DAF=\triangle DAE-\triangle DFE$
$=\triangle DBE-\triangle DFE$
$=\triangle BEF$ …… ㉠
$\triangle ABD=\triangle BCD$이므로
$\triangle ABF+\triangle DAF=\triangle BCE+\triangle BEF+\triangle DFE$
㉠에 의해
$16=13+\triangle DFE$
$\therefore$ $\triangle DFE=3(\text{cm}^2)$ 답 3 cm²

0348 $\triangle OAB=\triangle ODC=10\,cm^2$
$\overline{OC}=2\overline{OA}$이므로 $\overline{OA}:\overline{OC}=1:2$
$\therefore\ \triangle OAB:\triangle OBC=1:2$
$\therefore\ \triangle ABC=3\triangle OAB$
$=3\times10=30(cm^2)$ 답 ②

0349 $\triangle OAB:\triangle OBC=6:9=2:3$이므로
$\overline{OA}:\overline{OC}=2:3$
$\therefore\ \triangle AOD:\triangle DOC=\overline{OA}:\overline{OC}=2:3$
$\triangle DOC=\triangle OAB=6\,cm^2$이므로
$\triangle AOD:6=2:3$
$\therefore\ \triangle AOD=4(cm^2)$ 답 $4\,cm^2$

0350 $\overline{BO}:\overline{OD}=2:1$이므로
$\triangle OAB:\triangle ODA=2:1$
$\therefore\ \triangle OAB=2\triangle ODA$
$=2\times3=6(cm^2)$
$\therefore\ \triangle OCD=\triangle OAB=6\,cm^2$
$\triangle OBC:\triangle OCD=2:1$이므로
$\triangle OBC=2\triangle OCD$
$=2\times6=12(cm^2)$
$\therefore\ \square ABCD=\triangle ODA+\triangle OAB+\triangle OBC+\triangle OCD$
$=3+6+12+6$
$=27(cm^2)$ 답 $27\,cm^2$

Step 3 발전 문제 64~66쪽

0351 $\triangle APD$가 정삼각형이므로
$\overline{DA}=\overline{DP}$, $\angle ADP=60°$
$\square ABCD$가 마름모이므로
$\overline{DA}=\overline{DC}$
즉, $\overline{DP}=\overline{DC}$이므로
$\triangle DPC$는 이등변삼각형이다.
$\angle DPC=\angle DCP=82°$이므로
$\angle PDC=180°-(82°+82°)=16°$
$\therefore\ \angle ADC=\angle ADP+\angle PDC$
$=60°+16°=76°$
$\therefore\ \angle B=\angle ADC=76°$ 답 ②

0352 $\triangle BFE$에서 $\overline{BE}=\overline{BF}$이므로
$\angle BEF=\angle BFE$
$\overline{AB}\,/\!/\,\overline{DC}$이므로
$\angle BEF=\angle DCF$ (엇각)
$\angle BFE=\angle DFC$ (맞꼭지각)이므로
$\angle DFC=\angle DCF$
따라서 $\triangle DFC$는 $\overline{DF}=\overline{DC}$인 이등변삼각형이므로
$\overline{DF}=\overline{DC}=12\,cm$
$\therefore\ \overline{BD}=\overline{BF}+\overline{DF}=7+12=19(cm)$ 답 19 cm

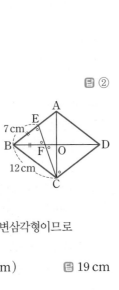

0353 $\overline{DA}=\overline{DC}=\overline{DE}$이므로
$\triangle DAE$는 $\overline{DA}=\overline{DE}$인 이등변삼각형이다.
$\therefore\ \angle DEA=\angle DAE=26°$
$\therefore\ \angle ADE=180°-(26°+26°)=128°$
$\angle ADC=90°$이므로
$\angle CDE=128°-90°=38°$
$\triangle DCE$는 $\overline{DC}=\overline{DE}$인 이등변삼각형이므로
$\angle DEC=\frac{1}{2}\times(180°-38°)=71°$
$\therefore\ \angle CEF=\angle DEC-\angle DEA$
$=71°-26°=45°$ 답 45°

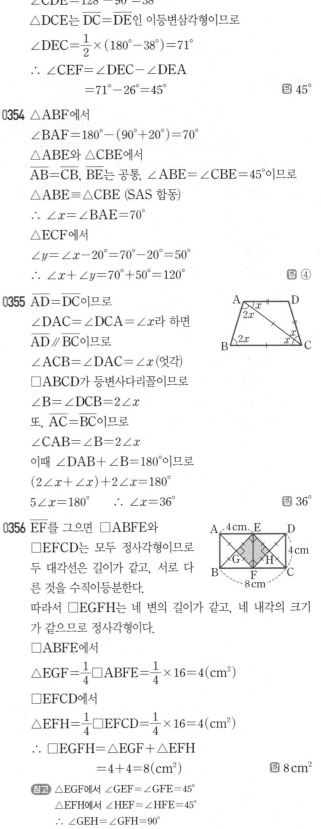

0354 $\triangle ABF$에서
$\angle BAF=180°-(90°+20°)=70°$
$\triangle ABE$와 $\triangle CBE$에서
$\overline{AB}=\overline{CB}$, $\overline{BE}$는 공통, $\angle ABE=\angle CBE=45°$이므로
$\triangle ABE\equiv\triangle CBE$ (SAS 합동)
$\therefore\ \angle x=\angle BAE=70°$
$\triangle ECF$에서
$\angle y=\angle x-20°=70°-20°=50°$
$\therefore\ \angle x+\angle y=70°+50°=120°$ 답 ④

0355 $\overline{AD}=\overline{DC}$이므로
$\angle DAC=\angle DCA=\angle x$라 하면
$\overline{AD}\,/\!/\,\overline{BC}$이므로
$\angle ACB=\angle DAC=\angle x$ (엇각)
$\square ABCD$가 등변사다리꼴이므로
$\angle B=\angle DCB=2\angle x$
또, $\overline{AC}=\overline{BC}$이므로
$\angle CAB=\angle B=2\angle x$
이때 $\angle DAB+\angle B=180°$이므로
$(2\angle x+\angle x)+2\angle x=180°$
$5\angle x=180°$ $\therefore\ \angle x=36°$ 답 36°

0356 $\overline{EF}$를 그으면 $\square ABFE$와 $\square EFCD$는 모두 정사각형이므로 두 대각선은 길이가 같고, 서로 다른 것을 수직이등분한다.

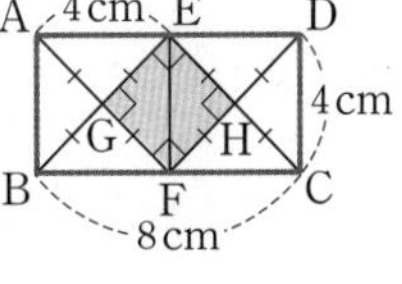

따라서 $\square EGFH$는 네 변의 길이가 같고, 네 내각의 크기가 같으므로 정사각형이다.
$\square ABFE$에서
$\triangle EGF=\frac{1}{4}\square ABFE=\frac{1}{4}\times16=4(cm^2)$
$\square EFCD$에서
$\triangle EFH=\frac{1}{4}\square EFCD=\frac{1}{4}\times16=4(cm^2)$
$\therefore\ \square EGFH=\triangle EGF+\triangle EFH$
$=4+4=8(cm^2)$ 답 $8\,cm^2$

참고 $\triangle EGF$에서 $\angle GEF=\angle GFE=45°$
$\triangle EFH$에서 $\angle HEF=\angle HFE=45°$
$\therefore\ \angle GEH=\angle GFH=90°$

0357 $\overline{OA}$, $\overline{OB}$를 그으면 $\overline{AB}/\!/\overline{CD}$이므로

$\triangle DAB=\triangle OAB$

즉, 색칠한 부분의 넓이는 부채꼴 OAB의 넓이와 같다.

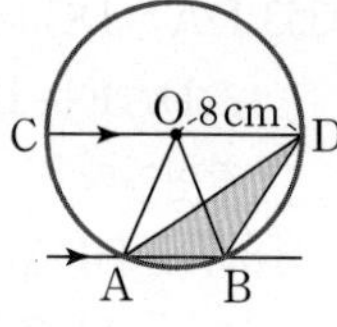

$\widehat{AB}$의 길이가 원 O의 둘레의 길이의 $\frac{1}{8}$이므로

$\angle AOB=360^\circ\times\frac{1}{8}=45^\circ$

따라서 구하는 넓이는

$\pi\times 8^2\times\frac{45^\circ}{360^\circ}=8\pi(\text{cm}^2)$ 답 ③

0358 $\overline{AC}$, $\overline{AF}$를 그으면

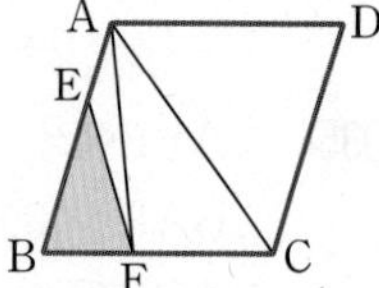

$\triangle ABC=\frac{1}{2}\square ABCD$

$=\frac{1}{2}\times 150=75(\text{cm}^2)$

$\triangle ABF:\triangle AFC=\overline{BF}:\overline{FC}=2:3$이므로

$\triangle ABF=\frac{2}{5}\triangle ABC$

$=\frac{2}{5}\times 75=30(\text{cm}^2)$

또, $\triangle AEF:\triangle EBF=\overline{AE}:\overline{EB}=1:2$이므로

$\triangle EBF=\frac{2}{3}\triangle ABF$

$=\frac{2}{3}\times 30=20(\text{cm}^2)$ 답 20 cm²

0359 $\overline{AB}/\!/\overline{DC}$이므로

$\triangle BCQ=\triangle ACQ$

$\overline{AC}/\!/\overline{PQ}$이므로

$\triangle ACQ=\triangle ACP$

$\overline{AP}:\overline{PD}=3:5$이므로

$\triangle ACP:\triangle PCD=3:5$

$\therefore\ \triangle ACP=\frac{3}{8}\triangle ACD$

$=\frac{3}{8}\times\frac{1}{2}\square ABCD$

$=\frac{3}{16}\times 80$

$=15(\text{cm}^2)$

$\therefore\ \triangle BCQ=\triangle ACP=15\text{ cm}^2$ 답 15 cm²

0360 $\triangle OAB:\triangle OBC=10:20=1:2$이므로

$\overline{OA}:\overline{OC}=1:2$

$\therefore\ \triangle ODA:\triangle OCD=\overline{OA}:\overline{OC}=1:2$

$\triangle OCD=\triangle OAB=10\text{ cm}^2$이므로

$\triangle ODA:10=1:2$

$\therefore\ \triangle ODA=5(\text{cm}^2)$

$\therefore\ \square ABCD=\triangle OAB+\triangle OBC+\triangle OCD+\triangle ODA$

$=10+20+10+5$

$=45(\text{cm}^2)$ 답 45 cm²

0361 $\triangle OBH$와 $\triangle OCI$에서

$\overline{BO}=\overline{CO}$, $\angle OBH=\angle OCI=45^\circ$,

$\angle BOH=90^\circ-\angle HOC=\angle COI$이므로

$\triangle OBH\equiv\triangle OCI$ (ASA 합동)

$\therefore\ \square OHCI=\triangle OHC+\triangle OCI$

$=\triangle OHC+\triangle OBH$

$=\triangle OBC=\frac{1}{4}\square ABCD$

$=\frac{1}{4}\times 6\times 6=9(\text{cm}^2)$

따라서 색칠한 부분의 넓이는

$\square OEFG-\square OHCI=6\times 6-9$

$=27(\text{cm}^2)$ 답 27 cm²

0362 $\overline{EB}$, $\overline{EC}$를 그으면

$\overline{FB}/\!/\overline{EG}$이므로

$\triangle EFG=\triangle EBG$

$\overline{EH}/\!/\overline{IC}$이므로

$\triangle EHI=\triangle EHC$

$\therefore$ (오각형 EFGHI의 넓이)

$=\triangle EBC=\triangle DBC$

$=\frac{1}{2}\square ABCD$

$=\frac{1}{2}\times 100=50(\text{cm}^2)$ 답 50 cm²

0363 $\overline{AE}:\overline{ED}=1:2$이므로

$\overline{AE}=\frac{1}{3}\overline{AD}=\frac{1}{3}\overline{BC}$

$=\frac{1}{3}\times 12=4(\text{cm})$

$\overline{EG}$, $\overline{CG}$를 그으면 $\overline{EF}=\overline{FC}$이므로

$\triangle EGF=\triangle FGC$

이때 $\square AGFE=\square GBCF$이므로

$\triangle AGE+\triangle EGF=\triangle FGC+\triangle GBC$

$\therefore\ \triangle AGE=\triangle GBC$

$\overline{GB}=x$ cm라 하면 $\overline{AG}=(8-x)$ cm이므로

$\frac{1}{2}\times(8-x)\times 4=\frac{1}{2}\times x\times 12$

$16-2x=6x$, $8x=16$

$\therefore\ x=2$

따라서 $\overline{GB}$의 길이는 2 cm이다. 답 ⑤

0364 $\triangle ABC=\frac{1}{2}\times 6\times 8=24(\text{cm}^2)$

이므로

$\square ABCD=2\triangle ABC$

$=2\times 24=48(\text{cm}^2)$

$\angle AEB=\angle EBC$ (엇각), $\angle ABE=\angle EBC$이므로

$\angle ABE=\angle AEB$

$\therefore\ \overline{AE}=\overline{AB}=6\text{ cm}$

$\overline{ED}=\overline{AD}-\overline{AE}=\overline{BC}-\overline{AE}$

$=10-6=4(\text{cm})$

즉, $\overline{AE}:\overline{ED}=6:4=3:2$

이므로

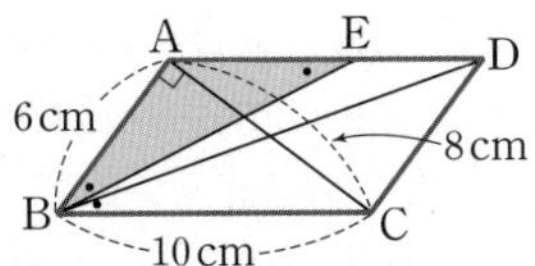

$\triangle ABE : \triangle EBD=3:2$

$\therefore \triangle ABE=\frac{3}{5}\triangle ABD$

$=\frac{3}{5}\times\frac{1}{2}\square ABCD$

$=\frac{3}{10}\times 48$

$=\frac{72}{5}(cm^2)$ 답 $\frac{72}{5}$ cm²

교과서 속 창의력 UP! 67쪽

0365 □ABCD′은 마름모이므로

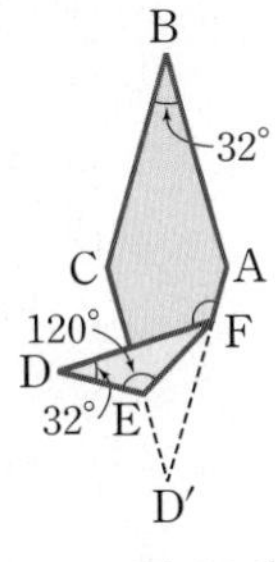

$\angle AD'C=\angle B=32°$

$\therefore \angle EDF=\angle ED'F=32°$ (접은 각)

△DEF에서

$\angle EFD=180°-(120°+32°)=28°$

$\angle EFD'=\angle EFD=28°$ (접은 각)이므로

$\angle AFD=180°-(28°+28°)=124°$

답 124°

0366 $\overline{AD}/\!/\overline{CE}$, $\overline{AD}=\overline{BC}=\overline{CE}$이므로

□ACED는 평행사변형이다.

$\overline{CE}=\overline{AD}=x$

$\overline{DE}=\overline{AC}=2\overline{AO}=2\times\frac{y}{2}=y$

$\overline{DB}=\overline{AC}=y$이므로

△DBE의 둘레의 길이는

$\overline{DB}+\overline{BE}+\overline{DE}=y+2x+y=2(x+y)$ 답 $2(x+y)$

0367 여러 가지 사각형의 대각선의 성질을 표로 나타내면 다음과 같다.

	서로 다른 것을 이등분한다.	길이가 같다.	수직으로 만난다.
정사각형	○	○	○
직사각형	○	○	×
마름모	○	×	○
평행사변형	○	×	×

답 (1) ㅁ (2) ㄷ (3) ㄹ (4) ㄴ (5) ㄱ

0368 오른쪽 그림과 같이 세 점 A, B, C를 정하자. 점 A를 지나고 $\overline{BC}$에 평행하도록 $\overline{DE}$를 그으면 △ABC=△EBC이므로 원래의 두 땅의 넓이가 변하지 않는다.

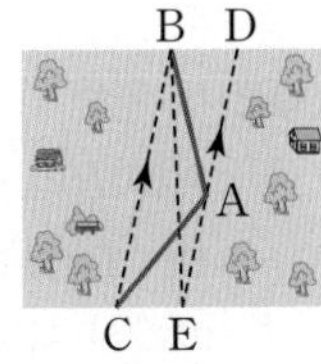

즉, $\overline{BE}$를 경계선으로 정할 수 있다. 답 풀이 참조

05. 도형의 닮음

Step 1 핵심 개념 71, 73쪽

0369 답 점 F

0370 답 $\overline{GH}$

0371 답 ∠E

0372 답 2 : 3

0373 답 70°

0374 답 15 cm

0375 답 3 : 2

0376 답 $\overline{HI}$

0377 답 면 GJKH

0378 답 2 : 3

0379 답 3 cm

0380 답 △EDF, AA

0381 답 △EFD, SSS

0382 답 △DFE, SAS

0383 답 $\overline{DE}$, $\overline{BE}$, 2, ∠DEC, SAS

0384 답 ∠ADE, AA

0385 △ABC와 △CBD에서

$\overline{AB}:\overline{CB}=16:20=4:5$,

$\overline{BC}:\overline{BD}=20:25=4:5$,

$\overline{AC}:\overline{CD}=12:15=4:5$이므로

△ABC∽△CBD (SSS 닮음)

답 △ABC∽△CBD, SSS 닮음

0386 △ABC와 △AED에서

∠ACB=∠ADE, ∠A는 공통이므로

△ABC∽△AED (AA 닮음)

답 △ABC∽△AED, AA 닮음

0387 △ABC와 △ACD에서

$\overline{AB}:\overline{AC}=12:6=2:1$,

$\overline{AC}:\overline{AD}=6:3=2:1$,

∠A는 공통이므로 △ABC∽△ACD (SAS 닮음)

답 △ABC∽△ACD, SAS 닮음

0388 $\angle B=90°-\angle C$

$=\angle CAD$

답 ∠CAD

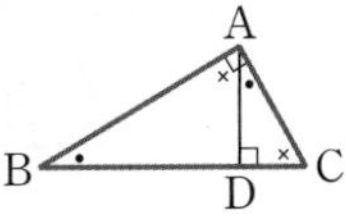

0389 $\angle C=90°-\angle B$

$=\angle BAD$ 답 ∠BAD

0390 △ABC와 △DBA에서

∠BAC=∠BDA=90°, ∠B는 공통이므로

△ABC∽△DBA (AA 닮음)

△ABC와 △DAC에서

∠BAC=∠ADC=90°, ∠C는 공통이므로

△ABC∽△DAC (AA 닮음) 답 △DBA, △DAC

0391 $6^2=3\times(3+x)$, $36=9+3x$, $3x=27$

$\therefore x=9$ 답 9

0392 $x^2=4\times(4+5)=36$ $\therefore x=6$ 답 6

0393 $x^2=2\times8=16$ $\therefore x=4$ 답 4

0394 $12\times x=15\times 20$, $12x=300$
$\therefore x=25$ 답 25

Step 2 핵심 유형 74~79쪽

Theme 09 닮은 도형 74~76쪽

0395 □ABCD∽□EFGH이므로
$\overline{CD}$의 대응변은 $\overline{GH}$, ∠B의 대응각은 ∠F이다. 답 ④

0396 △ABC∽△DEF이므로
점 C의 대응점은 점 F, $\overline{AB}$의 대응변은 $\overline{DE}$, ∠B의 대응각은 ∠E이다. 답 점 F, $\overline{DE}$, ∠E

0397 $\overline{AD}$에 대응하는 모서리는 $\overline{PS}$, 면 DEF에 대응하는 면은 면 STU이다. 답 $\overline{PS}$, 면 STU

0398 ① $\overline{AB}$의 대응변은 $\overline{DE}$이다.
② $\overline{AC}$의 대응변은 $\overline{DF}$이다.
④ ∠B의 대응각은 ∠E이다.
⑤ ∠C의 대응각은 ∠F이다. 답 ③

0399 다음 두 도형은 닮은 도형이 아니다.

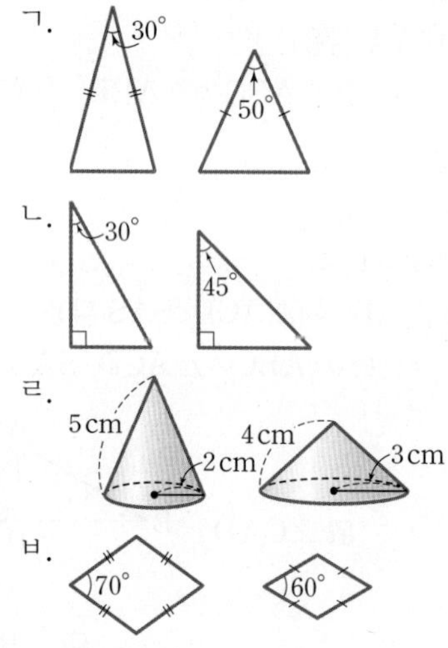

따라서 항상 닮은 도형인 것은 ㄷ, ㅁ이다. 답 ④

0400 두 직각이등변삼각형은 항상 닮은 도형이므로 닮은 도형은 ㉠, ㉡, ㉢, ㉤, ㉦이다. 답 ㉠, ㉡, ㉢, ㉤, ㉦

참고 ㉠과 ㉡, ㉢과 ㉤은 각각 합동이므로 닮음비가 1 : 1인 닮은 도형이다.

0401 ① $\overline{DE}$의 길이는 알 수 없다. 답 ①

0402 두 삼각형이 닮은 도형이므로 대응각을 찾으면
$\angle A=\angle E=30°$, $\angle B=\angle F=70°$, $\angle C=\angle D=80°$
두 삼각형의 닮음비는 대응변의 길이의 비와 같으므로
$\overline{AB}:\overline{EF}=\overline{BC}:\overline{FD}=\overline{CA}:\overline{DE}$
즉, $c:d=a:e=b:f$이다. 답 ④

0403 $\angle H=\angle D=70°$이므로
$\angle F=360°-(140°+90°+70°)=60°$
$\therefore x=60$ …❶
$\overline{BC}:\overline{FG}=10:15=2:3$이므로 닮음비는 $2:3$이다. …❷
$\overline{DC}:\overline{HG}=2:3$에서 $8:y=2:3$
$\therefore y=12$ …❸
$\therefore x+y=60+12=72$ …❹
답 72

채점 기준	배점
❶ x의 값 구하기	30 %
❷ 닮음비 구하기	30 %
❸ y의 값 구하기	30 %
❹ $x+y$의 값 구하기	10 %

0404 ⑤ 두 삼각기둥의 닮음비는
$\overline{AB}:\overline{A'B'}=4:6=2:3$이다.
① $\overline{AD}:\overline{A'D'}=2:3$에서 $8:\overline{A'D'}=2:3$
$\therefore \overline{A'D'}=12(\text{cm})$
② $\overline{BC}:\overline{B'C'}=2:3$에서 $\overline{BC}:9=2:3$
$\therefore \overline{BC}=6(\text{cm})$
③ 닮은 입체도형에서 대응하는 면은 닮은 도형이므로 △ABC∽△A′B′C′이다.
④ □ADEB에 대응하는 면은 □A′D′E′B′이므로 □ADEB∽□A′D′E′B′이다. 답 ②, ③

0405 두 직육면체의 닮음비는 밑면인 정사각형의 한 변의 길이의 비와 같으므로 $6:4=3:2$이다. 답 $3:2$
다른 풀이 두 직육면체의 닮음비는 높이의 비와 같으므로 $15:10=3:2$이다.

0406 닮음비가 $3:4$이므로
$\overline{AD}:\overline{EH}=3:4$에서
$6:\overline{EH}=3:4$
$\therefore \overline{EH}=8(\text{cm})$
따라서 정사면체 ㈏의 한 모서리의 길이는 8 cm이고, 모서리는 6개이므로 모든 모서리의 길이의 합은
$8\times 6=48(\text{cm})$ 답 48 cm

0407 두 원기둥의 닮음비는 $6:9=2:3$이다.
작은 원기둥의 밑면의 반지름의 길이를 r cm라 하면
$r:3=2:3$ $\therefore r=2$
따라서 작은 원기둥의 한 밑면의 둘레의 길이는
$2\pi\times 2=4\pi(\text{cm})$ 답 4π cm

0408 두 원뿔 A, B의 닮음비는 $6:5$이다.
원뿔 B의 모선의 길이를 l cm라 하면
$18:l=6:5$ $\therefore l=15$
따라서 원뿔 B의 옆면인 부채꼴의 넓이는
$\pi\times 5\times 15=75\pi(\text{cm}^2)$ 답 ③

참고 (옆면인 부채꼴의 넓이) ⇨ πrl

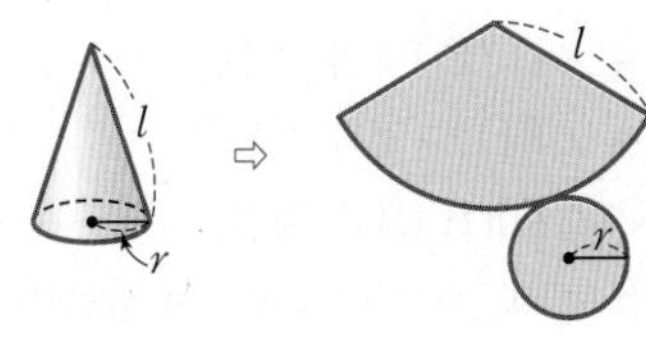

0409 물이 채워진 부분과 그릇은 닮은 도형이고, 물이 그릇의 높이의 $\frac{1}{4}$만큼 채워졌으므로 닮음비는 1 : 4이다.
수면의 반지름의 길이를 r cm라 하면
$r : 24 = 1 : 4 \quad \therefore r = 6$
따라서 수면의 넓이는 $\pi \times 6^2 = 36\pi(\text{cm}^2)$ 답 36π cm²

0410 ㄹ에서 삼각형의 나머지 한 각의 크기는
$180° - (40° + 100°) = 40°$
따라서 ㄴ과 ㄹ에서 4 : 6 = 6 : 9이고 그 끼인각의 크기가 40°로 같으므로 ㄴ과 ㄹ은 닮은 삼각형이다. (SAS 닮음)
답 ②

0411 ① 두 쌍의 대응각의 크기가 각각 같으므로
△ABC∽△DEF (AA 닮음)
② ∠A와 ∠D는 두 쌍의 대응변의 끼인각이 아니므로 두 삼각형은 닮음이 아니다.
③ ∠C와 ∠F는 두 쌍의 대응변의 끼인각이 아니므로 두 삼각형은 닮음이 아니다.
④ 세 쌍의 대응변의 길이의 비가 같으므로
△ABC∽△DEF (SSS 닮음)
⑤ 세 쌍의 대응변의 길이의 비가 같지 않으므로 두 삼각형은 닮음이 아니다. 답 ①, ④

Theme 10 삼각형의 닮음 조건의 응용 77~79쪽

0412 △ABC와 △EDC에서
∠C는 공통, $\overline{AC} : \overline{EC} = \overline{BC} : \overline{DC} = 3 : 2$이므로
△ABC∽△EDC (SAS 닮음)
$\overline{BA} : \overline{DE} = 3 : 2$에서 $15 : \overline{DE} = 3 : 2$
$\therefore \overline{DE} = 10(\text{cm})$ 답 ②

0413 △AEB와 △DEC에서
∠AEB=∠DEC (맞꼭지각),
$\overline{AE} : \overline{DE} = \overline{BE} : \overline{CE} = 2 : 1$이므로
△AEB∽△DEC (SAS 닮음)
$\overline{AB} : \overline{DC} = 2 : 1$에서 $\overline{AB} : 4 = 2 : 1$
$\therefore \overline{AB} = 8(\text{cm})$ 답 ②

0414 △ABC와 △ACD에서
$\overline{AB} : \overline{AC} = 24 : 12 = 2 : 1$,
$\overline{AC} : \overline{AD} = 12 : 6 = 2 : 1$,
∠A는 공통이므로
△ABC∽△ACD (SAS 닮음) …❶
$\overline{BC} : \overline{CD} = 2 : 1$이므로 $\overline{BC} : 10 = 2 : 1$
$\therefore \overline{BC} = 20(\text{cm})$ …❷
답 20 cm

채점 기준	배점
❶ △ABC∽△ACD임을 알기	60 %
❷ $\overline{BC}$의 길이 구하기	40 %

0415 △ABC와 △ADE에서
∠A는 공통, ∠B=∠ADE이므로
△ABC∽△ADE (AA 닮음)
$\overline{AB} : \overline{AD} = 6 : 3 = 2 : 1$이므로 닮음비는 2 : 1이다.
$\overline{AC} : \overline{AE} = 2 : 1$에서 $\overline{AC} : 2 = 2 : 1$
$\therefore \overline{AC} = 4(\text{cm})$
$\therefore \overline{CD} = \overline{AC} - \overline{AD} = 4 - 3 = 1(\text{cm})$ 답 1 cm

0416 △ABC와 △AED에서
∠A는 공통, ∠C=∠ADE이므로
△ABC∽△AED (AA 닮음)
$\overline{AC} : \overline{AD} = 18 : 12 = 3 : 2$이므로 닮음비는 3 : 2이다.
$\overline{CB} : \overline{DE} = 3 : 2$에서 $15 : \overline{DE} = 3 : 2$
$\therefore \overline{DE} = 10(\text{cm})$ 답 ②

0417 △ABC와 △DAC에서
∠C는 공통, ∠B=∠CAD이므로
△ABC∽△DAC (AA 닮음)
$\overline{BC} : \overline{AC} = 18 : 12 = 3 : 2$이므로 닮음비는 3 : 2이다.
$\overline{AC} : \overline{DC} = 3 : 2$에서 $12 : \overline{DC} = 3 : 2$
$\therefore \overline{DC} = 8(\text{cm})$ 답 8 cm

0418 △ABC와 △DEB에서
$\overline{AC} /\!/ \overline{BD}$이므로 ∠ACB=∠DBE (엇각),
$\overline{AB} /\!/ \overline{ED}$이므로 ∠ABC=∠DEB (엇각)
∴ △ABC∽△DEB (AA 닮음)
$\overline{AC} : \overline{DB} = 16 : 12 = 4 : 3$이므로 닮음비는 4 : 3이다.
$\overline{BC} : \overline{EB} = 4 : 3$에서 $\overline{BC} : 15 = 4 : 3$
$\therefore \overline{BC} = 20(\text{cm})$
$\therefore \overline{CE} = \overline{BC} - \overline{EB} = 20 - 15 = 5(\text{cm})$ 답 5 cm

0419 △ABC와 △DEC에서
∠C는 공통, ∠ABC=∠DEC=90°이므로
△ABC∽△DEC (AA 닮음)
$\overline{AC} : \overline{DC} = 15 : 6 = 5 : 2$이므로 닮음비는 5 : 2이다.
$\overline{BC} : \overline{EC} = 5 : 2$에서 $\overline{BC} : 4 = 5 : 2$
$\therefore \overline{BC} = 10(\text{cm})$
$\therefore \overline{BD} = \overline{BC} - \overline{DC} = 10 - 6 = 4(\text{cm})$ 답 4 cm

0420 $\triangle$ABE와 $\triangle$ACD에서
$\angle$A는 공통, $\angle AEB=\angle ADC=90°$이므로
$\triangle ABE \backsim \triangle ACD$ (AA 닮음) …… ㉠
$\triangle$ABE와 $\triangle$FBD에서
$\angle$FBD는 공통, $\angle AEB=\angle FDB=90°$이므로
$\triangle ABE \backsim \triangle FBD$ (AA 닮음) …… ㉡
$\triangle$FBD와 $\triangle$FCE에서
$\angle DFB=\angle EFC$ (맞꼭지각),
$\angle BDF=\angle CEF=90°$이므로
$\triangle FBD \backsim \triangle FCE$ (AA 닮음) …… ㉢
㉠, ㉡, ㉢에서
$\triangle ABE \backsim \triangle ACD \backsim \triangle FBD \backsim \triangle FCE$ 답 ③

0421 $\triangle$ADC와 $\triangle$BEC에서
$\angle$C는 공통, $\angle ADC=\angle BEC=90°$이므로
$\triangle ADC \backsim \triangle BEC$ (AA 닮음)
$\overline{DC} : \overline{EC}=4 : 5$이므로 닮음비는 $4 : 5$이다.
$\overline{AC} : \overline{BC}=4 : 5$에서 $\overline{AC} : 11=4 : 5$
$\therefore \overline{AC}=\frac{44}{5}$(cm)
$\therefore \overline{AE}=\overline{AC}-\overline{EC}=\frac{44}{5}-5=\frac{19}{5}$(cm) 답 $\frac{19}{5}$ cm

0422 $20^2=16\times(16+y)$에서 $400=256+16y$
$16y=144 \quad \therefore y=9$
$x^2=9\times(9+16)=225 \quad \therefore x=15$
$z^2=16\times 9=144 \quad \therefore z=12$
$\therefore x+y-z=15+9-12=12$ 답 12
다른 풀이 $\overline{AD}\times\overline{BC}=\overline{AB}\times\overline{AC}$이므로
$z\times 25=20\times 15 \quad \therefore z=12$

0423 $\overline{BC}^2=\overline{CD}\times\overline{CA}$이므로
$10^2=8\times\overline{CA} \quad \therefore \overline{CA}=\frac{25}{2}$(cm)
$\therefore \overline{AD}=\overline{AC}-\overline{CD}$
$=\frac{25}{2}-8=\frac{9}{2}$(cm) 답 $\frac{9}{2}$ cm

0424 ① $\triangle$ABC와 $\triangle$DAC에서
$\angle$C는 공통, $\angle BAC=\angle ADC=90°$이므로
$\triangle ABC \backsim \triangle DAC$ (AA 닮음)
② $\triangle$ABD와 $\triangle$CAD에서
$\angle ADB=\angle CDA=90°$
$\angle B=90°-\angle BAD=\angle CAD$이므로
$\triangle ABD \backsim \triangle CAD$ (AA 닮음)
④ $\overline{AC}^2=\overline{CD}\times\overline{CB}$ 답 ④

0425 $\overline{CD}^2=\overline{DA}\times\overline{DB}$이므로
$\overline{CD}^2=9\times 4=36 \quad \therefore \overline{CD}=6$(cm)
$\therefore \triangle ABC=\frac{1}{2}\times 13\times 6=39(\text{cm}^2)$ 답 39 cm²

0426 $\triangle$BFC와 $\triangle$DFE에서
$\angle BFC=\angle DFE$ (맞꼭지각),
$\angle FBC=\angle FDE$ (엇각)이므로
$\triangle BFC \backsim \triangle DFE$ (AA 닮음)
$\overline{BC} : \overline{DE}=10 : 6=5 : 3$이므로 닮음비는 $5 : 3$이다.
$\overline{FC} : \overline{FE}=5 : 3$에서 $\overline{FC} : 3=5 : 3$
$\therefore \overline{FC}=5$(cm) 답 ③

0427 $\triangle$ABE와 $\triangle$ADF에서
$\angle B=\angle D$, $\angle AEB=\angle AFD=90°$이므로
$\triangle ABE \backsim \triangle ADF$ (AA 닮음) …❶
$\overline{AB} : \overline{AD}=6 : 9=2 : 3$이므로 닮음비는 $2 : 3$이다. …❷
$\overline{BE} : \overline{DF}=2 : 3$에서 $\overline{BE} : 3=2 : 3$
$\therefore \overline{BE}=2$(cm) …❸
답 2 cm

채점 기준	배점
❶ $\triangle ABE \backsim \triangle ADF$임을 알기	40 %
❷ 닮음비 구하기	30 %
❸ $\overline{BE}$의 길이 구하기	30 %

참고 평행사변형의 성질
① 두 쌍의 대변의 길이는 각각 같다.
② 두 쌍의 대각의 크기는 각각 같다.
③ 두 대각선은 서로 다른 것을 이등분한다.

0428 $\triangle$AOE와 $\triangle$ADC에서
$\angle$A는 공통, $\angle AOE=\angle ADC=90°$이므로
$\triangle AOE \backsim \triangle ADC$ (AA 닮음)
$\overline{AO} : \overline{AD}=20 : 32=5 : 8$이므로 닮음비는 $5 : 8$이다.
$\overline{OE} : \overline{DC}=5 : 8$에서 $\overline{OE} : 24=5 : 8$
$\therefore \overline{OE}=15$(cm)
$\therefore \triangle AOE=\frac{1}{2}\times 20\times 15=150(\text{cm}^2)$
한편 $\triangle$AOE와 $\triangle$COF에서
$\angle AOE=\angle COF=90°$, $\overline{AO}=\overline{CO}$,
$\angle EAO=\angle FCO$ (엇각)이므로
$\triangle AOE \equiv \triangle COF$ (ASA 합동)
$\therefore$ (색칠한 부분의 넓이)$=2\times\triangle AOE=300(\text{cm}^2)$
답 300 cm²

0429 $\triangle$DBE와 $\triangle$ECF에서
$\angle B=60°$이므로
$\angle BDE+\angle DEB=180°-60°=120°$ …… ㉠
$\angle DEF=\angle A=60°$이므로
$\angle DEB+\angle CEF=180°-60°=120°$ …… ㉡
㉠, ㉡에서 $\angle BDE=\angle CEF$,
$\angle DBE=\angle ECF=60°$이므로
$\triangle DBE \backsim \triangle ECF$ (AA 닮음)
$\overline{DB} : \overline{EC}=16 : 24=2 : 3$이므로 닮음비는 $2 : 3$이다.
$\overline{BE} : \overline{CF}=2 : 3$에서 $6 : \overline{CF}=2 : 3$
$2\overline{CF}=18 \quad \therefore \overline{CF}=9$(cm) 답 9 cm

0430 △ABF와 △DFE에서
∠BAF=∠FDE=90°,
∠ABF=90°−∠AFB=∠DFE이므로
△ABF∽△DFE (AA 닮음)
$\overline{AB}:\overline{DF}=8:4=2:1$이므로 닮음비는 2 : 1이다.
$\overline{FE}=\overline{CE}=8-3=5$(cm)이므로
$\overline{BF}:\overline{FE}=2:1$에서 $\overline{BF}:5=2:1$
∴ $\overline{BF}=10$(cm) 답 ③

0431 △EBG와 △GCH에서
∠EBG=90°이므로
∠BEG+∠EGB=90° ······ ㉠
∠EGH=∠A=90°, ∠BGC=180°이므로
∠EGB+∠CGH=180°−90°=90° ······ ㉡
㉠, ㉡에서 ∠BEG=∠CGH,
∠EBG=∠GCH=90°이므로
△EBG∽△GCH (AA 닮음)
$\overline{BE}:\overline{CG}=6:8=3:4$이므로 닮음비는 3 : 4이다.
$\overline{EG}=\overline{EA}=10$ cm이므로
$\overline{EG}:\overline{GH}=3:4$에서 $10:\overline{GH}=3:4$
$3\overline{GH}=40$ ∴ $\overline{GH}=\frac{40}{3}$(cm) 답 $\frac{40}{3}$ cm

발전 문제 80~82쪽

0432 □ABCD∽□DEFC이므로
$\overline{AD}:\overline{DC}=\overline{AB}:\overline{DE}$에서
$18:12=12:x$ ∴ $x=8$
$\overline{AE}=18-8=10$(cm)
□ABCD∽□AGHE이므로
$\overline{AD}:\overline{AE}=\overline{AB}:\overline{AG}$에서
$18:10=12:\overline{AG}$ ∴ $\overline{AG}=\frac{20}{3}$(cm)
$\overline{GB}=12-\frac{20}{3}=\frac{16}{3}$(cm) ∴ $y=\frac{16}{3}$
∴ $x-y=8-\frac{16}{3}=\frac{8}{3}$ 답 $\frac{8}{3}$

0433 ⑤ $\overline{CF}:\overline{IL}=4:2=2:1$이므로 두 삼각기둥의 닮음비는 2 : 1이다.
① 닮음비가 2 : 1이므로
$\overline{AB}:\overline{GH}=2:1$에서 $\overline{AB}:2=2:1$
∴ $\overline{AB}=4$(cm)
∴ $\triangle ABC=\frac{1}{2}\times4\times3=6$(cm^2)
② 닮음비가 2 : 1이므로
$\overline{AC}:\overline{GI}=2:1$에서 $3:\overline{GI}=2:1$
∴ $\overline{GI}=\frac{3}{2}$(cm)
∴ □GJLI$=2\times\frac{3}{2}=3$(cm^2)
③ 큰 삼각기둥의 부피는
$\frac{1}{2}\times4\times3\times4=24$(cm^3)
④ 작은 삼각기둥의 부피는
$\frac{1}{2}\times2\times\frac{3}{2}\times2=3$(cm^3) 답 ④, ⑤

0434 △ABC와 △BDC에서
∠C는 공통, $\overline{AC}:\overline{BC}=\overline{BC}:\overline{DC}=3:2$이므로
△ABC∽△BDC (SAS 닮음)
이때 $\overline{AB}:\overline{BD}=3:2$이므로 $26:\overline{BD}=3:2$
$3\overline{BD}=52$ ∴ $\overline{BD}=\frac{52}{3}$(cm) 답 $\frac{52}{3}$ cm

0435 ① △ABC∽△ADE (AA 닮음)
② $\overline{AE}:\overline{DE}=3:5$, $\overline{BE}:\overline{CE}=1:2$
즉, 두 쌍의 대응변의 길이의 비가 다르므로 닮음이 아니다.
③ △ABC∽△AED (SAS 닮음)
④ △ABC∽△DEC (AA 닮음)
⑤ △ABC∽△DCA (SSS 닮음) 답 ②

0436 △ABC와 △CBD에서
∠BAC=∠BCD, ∠B는 공통이므로
△ABC∽△CBD (AA 닮음)
$\overline{AC}:\overline{CD}=6:3=2:1$이므로 닮음비는 2 : 1이다.
$\overline{AB}:\overline{CB}=2:1$에서
$\overline{AB}:a=2:1$ ∴ $\overline{AB}=2a$(cm)
$\overline{BC}:\overline{BD}=2:1$에서
$a:\overline{BD}=2:1$ ∴ $\overline{BD}=\frac{a}{2}$(cm)
∴ $\overline{AD}=\overline{AB}-\overline{BD}=2a-\frac{a}{2}=\frac{3}{2}a$(cm) 답 $\frac{3}{2}a$ cm

0437 △ABC와 △DEC에서
∠C는 공통, ∠ABC=∠DEC=90°이므로
△ABC∽△DEC (AA 닮음)
$\overline{BC}:\overline{EC}=10:8=5:4$이므로 닮음비는 5 : 4이다.
$\overline{AC}:\overline{DC}=5:4$에서 $\overline{AC}:20=5:4$
∴ $\overline{AC}=25$(cm)
∴ $\overline{AE}=\overline{AC}-\overline{EC}=25-8=17$(cm) 답 17 cm

0438 △ABC와 △AFD에서
∠A는 공통, ∠ACB=∠ADF=90°이므로
△ABC∽△AFD (AA 닮음)
$\overline{DF}=\overline{DC}=x$ cm라 하면
$\overline{AC}:\overline{AD}=\overline{BC}:\overline{FD}$에서
$10:(10-x)=15:x$
$10x=150-15x$, $25x=150$ ∴ $x=6$
∴ □FECD$=6\times6=36$(cm^2) 답 36 cm^2

0439 △ABC에서 $\overline{AB}\times\overline{BC}=\overline{AC}\times\overline{BD}$이므로
$20\times15=25\times\overline{BD}$ ∴ $\overline{BD}=12$(cm)

$\triangle$DBC에서 $\overline{BD}^2=\overline{BE}\times\overline{BC}$이므로

$12^2=\overline{BE}\times 15$

$\therefore \overline{BE}=\frac{48}{5}$(cm) 답 $\frac{48}{5}$ cm

0440 $\overline{CM}=\overline{BM}=5$ cm이고

점 M은 $\triangle$ABC의 외심이므로 $\overline{AM}=5$ cm

$\triangle$ABC에서

$\overline{AD}^2=\overline{DB}\times\overline{DC}$이므로

$\overline{AD}^2=2\times 8=16 \qquad \therefore \overline{AD}=4$(cm)

$\triangle$ADM에서

$\overline{AD}\times\overline{DM}=\overline{AM}\times\overline{DH}$이므로

$4\times 3=5\times\overline{DH} \qquad \therefore \overline{DH}=\frac{12}{5}$(cm) 답 $\frac{12}{5}$ cm

참고 직각삼각형에서 빗변의 중점은 외심이므로 $\overline{MA}=\overline{MB}=\overline{MC}$이다.

0441 $\triangle$BCE에서 $\angle$BCE$=\angle$BEC이므로

$\overline{BC}=\overline{BE}=9+3=12$(cm)

$\triangle$BCE$\infty\triangle$CED (AA 닮음)이므로

$\overline{BC}:\overline{CE}=\overline{CE}:\overline{ED}$에서 $12:\overline{CE}=\overline{CE}:3$

$\overline{CE}^2=36 \qquad \therefore \overline{CE}=6$(cm)

$\triangle$ABC$\infty\triangle$BCE (AA 닮음)이므로

$\overline{BC}:\overline{CE}=\overline{AC}:\overline{BE}$에서 $12:6=\overline{AC}:12$

$\therefore \overline{AC}=24$(cm)

$\therefore \overline{AE}=\overline{AC}-\overline{CE}=24-6=18$(cm) 답 18 cm

0442 $\triangle$ABC와 $\triangle$DEF에서

$\angle$EDF$=\angle$DAC$+\angle$ACD

$=\angle$DAC$+\angle$BAE$=\angle$BAC ...... ㉠

$\angle$DEF$=\angle$BAE$+\angle$ABE

$=\angle$CBF$+\angle$ABE$=\angle$ABC ...... ㉡

㉠, ㉡에서 $\triangle$ABC$\infty\triangle$DEF (AA 닮음)

닮음비는 $\overline{AC}:\overline{DF}=18:12=3:2$이므로

$\overline{AB}:\overline{DE}=3:2$에서 $12:\overline{DE}=3:2$

$\therefore \overline{DE}=8$(cm)

$\overline{BC}:\overline{EF}=3:2$에서 $21:\overline{EF}=3:2$

$\therefore \overline{EF}=14$(cm)

$\therefore$ ($\triangle$DEF의 둘레의 길이)

$=\overline{DE}+\overline{EF}+\overline{DF}$

$=8+14+12=34$(cm) 답 34 cm

0443 $\triangle$ABC와 $\triangle$ADF에서

$\angle$A는 공통,

$\angle$ACB$=\angle$AFD (동위각)이므로

$\triangle$ABC$\infty\triangle$ADF (AA 닮음)

닮음비는

$\overline{BC}:\overline{DF}=\overline{AC}:\overline{AF}=3:2$ ...... ㉠

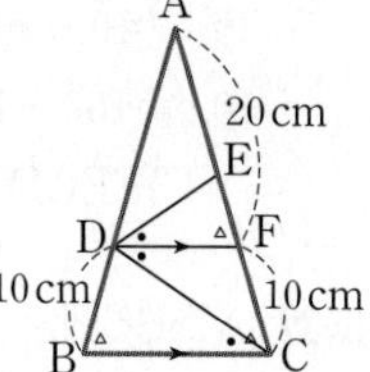

또, $\triangle$DBC와 $\triangle$EFD에서

$\angle$DBC$=\angle$FCB (이등변삼각형의 두 밑각)

$\angle$FCB$=\angle$EFD (동위각)

즉, $\angle$DBC$=\angle$EFD ...... ㉡

주어진 조건에 의해

$\angle$EDF$=\angle$FDC, $\angle$FDC$=\angle$DCB (엇각)

즉, $\angle$DCB$=\angle$EDF ...... ㉢

㉡, ㉢에 의해 $\triangle$DBC$\infty\triangle$EFD (AA 닮음)

$\overline{BC}:\overline{FD}=\overline{DB}:\overline{EF}$이므로

$3:2=10:\overline{EF}$ ($\because$ ㉠)

$3\overline{EF}=20 \qquad \therefore \overline{EF}=\frac{20}{3}$(cm)

$\therefore \overline{AE}=\overline{AF}-\overline{EF}$

$=20-\frac{20}{3}=\frac{40}{3}$(cm) 답 $\frac{40}{3}$ cm

0444 $\triangle$ABF와 $\triangle$EDF에서

$\angle$AFB$=\angle$EFD (맞꼭지각),

$\angle$ABF$=\angle$EDF (엇각)이므로

$\triangle$ABF$\infty\triangle$EDF (AA 닮음)

마름모의 두 대각선은 서로 다른 것을 수직이등분하므로

$\overline{DO}=\overline{BO}=9$ cm

즉, $\overline{OF}=\overline{OD}-\overline{FD}=9-6=3$(cm)

$\therefore \overline{BF}=\overline{BO}+\overline{OF}=9+3=12$(cm)

$\overline{BF}:\overline{DF}=12:6=2:1$이므로 닮음비는 $2:1$이다.

$\overline{AB}:\overline{ED}=2:1$에서 $\overline{AB}:6=2:1$

$\therefore \overline{AB}=12$(cm)

따라서 마름모 ABCD의 둘레의 길이는

$12\times 4=48$(cm) 답 48 cm

0445 $\triangle$ADF와 $\triangle$EBF에서

$\angle$ADF$=\angle$EBF (엇각),

$\angle$AFD$=\angle$EFB (맞꼭지각)이므로

$\triangle$ADF$\infty\triangle$EBF (AA 닮음)

$\overline{AD}:\overline{EB}=7:4$이므로 닮음비는 $7:4$이다.

즉, $\overline{AF}:\overline{EF}=7:4$ ...... ㉠

또, $\triangle$ABE와 $\triangle$GCE에서

$\angle$ABE$=\angle$GCE (엇각),

$\angle$AEB$=\angle$GEC (맞꼭지각)이므로

$\triangle$ABE$\infty\triangle$GCE (AA 닮음)

이때 $\overline{AE}:\overline{GE}=\overline{BE}:\overline{CE}=4:3$ ...... ㉡

㉠에서 $\overline{AF}:\overline{EF}=7:4$이므로

$\overline{AF}=7k$, $\overline{EF}=4k$ $(k>0)$라 하면 $\overline{AE}=11k$

㉡에서 $\overline{AE}:\overline{GE}=11k:\overline{GE}=4:3$이므로

$4\overline{GE}=33k \qquad \therefore \overline{GE}=\frac{33}{4}k$

$\therefore \overline{AF}:\overline{FE}:\overline{EG}=7k:4k:\frac{33}{4}k$

$=28k:16k:33k$

$=28:16:33$ 답 $28:16:33$

0446 △PBQ와 △DBC에서
$\angle PBQ = \angle DBC$ (접은 각),
$\angle PQB = \angle DCB = 90^\circ$이므로
△PBQ∽△DBC (AA 닮음)
$\overline{AD} /\!/ \overline{BC}$이므로 $\angle PDB = \angle DBC$ (엇각),
$\angle PBD = \angle DBC$ (접은 각)
$\therefore \angle PDB = \angle PBD$
따라서 △PBD는 이등변삼각형이므로 $\overline{PQ}$는 $\overline{BD}$의 수직이등분선이다.
$\therefore \overline{BQ} = \frac{1}{2}\overline{BD} = \frac{1}{2} \times 20 = 10(\text{cm})$
△PBQ와 △DBC에서
$\overline{BQ} : \overline{BC} = 10 : 16 = 5 : 8$이므로 닮음비는 5 : 8이다.
$\overline{PQ} : \overline{DC} = 5 : 8$에서 $\overline{PQ} : 12 = 5 : 8$
$8\overline{PQ} = 60 \quad \therefore \overline{PQ} = \frac{15}{2}(\text{cm})$ 답 ④

교과서 속 창의력 UP!
83쪽

0447 A0 용지의 짧은 변의 길이를 a, 긴 변의 길이를 b라 하면 A1, A2, A3, A4 용지의 짧은 변의 길이와 긴 변의 길이는 다음과 같다.

	A1 용지	A2 용지	A3 용지	A4 용지
짧은 변의 길이	$\frac{1}{2}b$	$\frac{1}{2}a$	$\frac{1}{2} \times \frac{1}{2}b = \frac{1}{4}b$	$\frac{1}{2} \times \frac{1}{2}a = \frac{1}{4}a$
긴 변의 길이	a	$\frac{1}{2}b$	$\frac{1}{2}a$	$\frac{1}{4}b$

따라서 A0 용지와 A4 용지의 닮음비는
$a : \frac{1}{4}a = 4 : 1$ 또는 $b : \frac{1}{4}b = 4 : 1$ 답 ②

0448 다음 그림과 같이 직선 $y = \frac{1}{4}x + 2$와 세 정사각형 A, B, C가 만나는 점을 차례대로 P, Q, R라 하자.

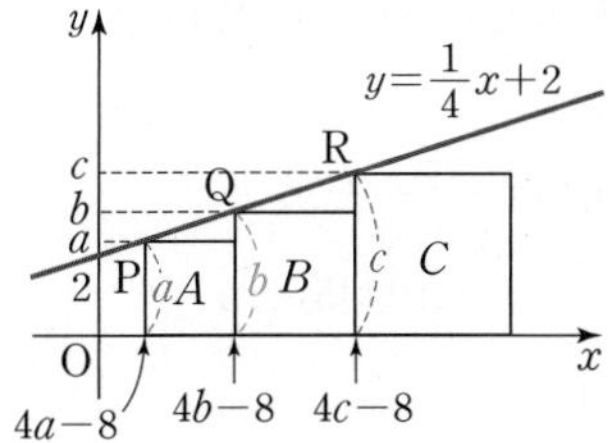

세 점 P, Q, R의 y좌표를 각각 a, b, c라 하면
세 점 P, Q, R의 x좌표는 각각 $4a-8$, $4b-8$, $4c-8$
정사각형 A의 한 변의 길이는
$(4b-8)-(4a-8)=a$이므로 $5a=4b$
$\therefore a = \frac{4}{5}b$
정사각형 B의 한 변의 길이는
$(4c-8)-(4b-8)=b$이므로 $5b=4c$
$\therefore c = \frac{5}{4}b$
따라서 세 정사각형 A, B, C의 닮음비는 한 변의 길이의 비이므로
$a : b : c = \frac{4}{5}b : b : \frac{5}{4}b$
$= 16 : 20 : 25$ 답 16 : 20 : 25

0449 △OAB와 △OA′B′에서
∠O는 공통, $\angle ABO = \angle A'B'O = 90^\circ$이므로
△OAB∽△OA′B′ (AA 닮음)
$\overline{AB} : \overline{A'B'} = \overline{BO} : \overline{B'O}$이므로
$4 : x = 6 : y$, $6x = 4y$
$\therefore 3x - 2y = 0$ …… ㉠
△FHO와 △FA′B′에서
∠F는 공통, $\angle HOF = \angle A'B'F = 90^\circ$이므로
△FHO∽△FA′B′ (AA 닮음)
$\overline{HO} : \overline{A'B'} = \overline{OF} : \overline{B'F}$이고
$\overline{HO} = \overline{AB} = 4$ cm이므로
$4 : x = 12 : (y+12)$
$12x = 4y + 48$
$\therefore 3x - y = 12$ …… ㉡
㉠, ㉡을 연립하여 풀면
$x=8$, $y=12$
$\therefore x+y=8+12=20$ 답 20

0450 주어진 조건을 그림으로 나타내면 다음과 같다.

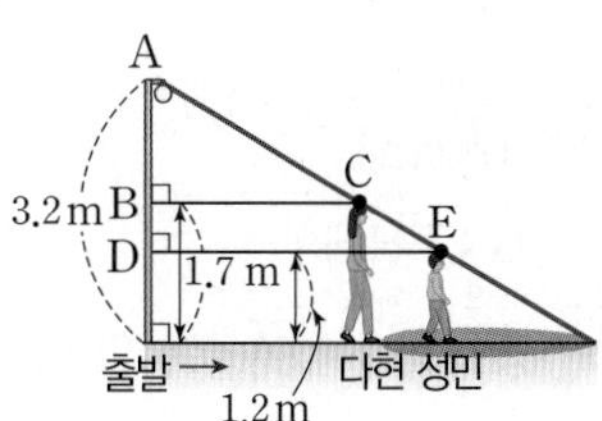

$\overline{AB} = 3.2 - 1.7 = 1.5(\text{m})$
$\overline{AD} = 3.2 - 1.2 = 2(\text{m})$
다현이가 움직인 시간은 60초이므로
움직인 거리는 $60x$ m
성민이가 움직인 시간은 72초이므로
움직인 거리는 $72y$ m
즉, $\overline{BC} = 60x$ m, $\overline{DE} = 72y$ m
이때 △ABC∽△ADE (AA 닮음)이므로
$\overline{AB} : \overline{AD} = \overline{BC} : \overline{DE}$
$1.5 : 2 = 60x : 72y$, $10x = 9y$
$\therefore x = \frac{9}{10}y$
$\therefore x : y = \frac{9}{10}y : y = 9 : 10$ 답 9 : 10

06. 평행선 사이의 선분의 길이의 비

Step 1 핵심 7개념 85, 87쪽

0451 $20:8=25:x$ $\therefore x=10$ 답 10

0452 $3:2=5:x$ $\therefore x=\frac{10}{3}$ 답 $\frac{10}{3}$

0453 $(2+3):2=x:4$ $\therefore x=10$ 답 10

0454 $(14-8):8=9:x$ $\therefore x=12$ 답 12

0455 ㄱ. $2:3\neq3:4$이므로 $\overline{BC}$와 $\overline{DE}$는 평행하지 않다.
ㄴ. $3:3=5:(10-5)$이므로 $\overline{BC}/\!/\overline{DE}$이다.
ㄷ. $3:6=4:(12-4)$이므로 $\overline{BC}/\!/\overline{DE}$이다.
ㄹ. $3:8\neq2:6$이므로 $\overline{BC}$와 $\overline{DE}$는 평행하지 않다.
답 ㄴ, ㄷ

0456 $6:8=x:4$ $\therefore x=3$ 답 3

0457 $10:5=(12-x):x$ $\therefore x=4$ 답 4

0458 $12:8=15:x$ $\therefore x=10$ 답 10

0459 $18:16=(4+x):x$ $\therefore x=32$ 답 32

0460 $3:5=4:x$ $\therefore x=\frac{20}{3}$ 답 $\frac{20}{3}$

0461 $4:3=6:x$ $\therefore x=\frac{9}{2}$ 답 $\frac{9}{2}$

0462 $\overline{GF}=\overline{AD}=6$ cm 답 6 cm

0463 $\overline{HC}=\overline{AD}=6$ cm이므로
$\overline{BH}=18-6=12(\text{cm})$
$\overline{AE}:\overline{AB}=\overline{EG}:\overline{BH}$에서
$4:12=\overline{EG}:12$ $\therefore \overline{EG}=4(\text{cm})$ 답 4 cm

0464 $\overline{EF}=\overline{EG}+\overline{GF}=4+6=10(\text{cm})$ 답 10 cm

0465 $\overline{MN}/\!/\overline{BC}$이므로
$\angle AMN=\angle B=70^\circ$ (동위각) 답 70°

0466 $\overline{MN}/\!/\overline{BC}$이므로
$\angle ANM=\angle C=80^\circ$ (동위각) 답 80°

0467 $\overline{MN}=\frac{1}{2}\overline{BC}$
$=\frac{1}{2}\times12=6(\text{cm})$ 답 6 cm

0468 $\overline{MN}=\frac{1}{2}\overline{BC}$이므로
$5=\frac{1}{2}x$ $\therefore x=10$ 답 10

0469 $\overline{MN}=\frac{1}{2}\overline{BC}$이므로
$x=\frac{1}{2}\times14=7$ 답 7

0470 $\overline{BN}=\overline{NC}$이고 $\overline{MN}/\!/\overline{AB}$이므로
$\overline{AM}=\overline{MC}$ $\therefore x=4$ 답 4

0471 $\overline{AN}=\overline{NC}$이고 $\overline{MN}/\!/\overline{BC}$이므로
$\overline{AM}=\overline{MB}$
$\therefore x=\frac{1}{2}\times10=5$ 답 5

0472 $\overline{BE}=\overline{EC}$, $\overline{CF}=\overline{FA}$이므로 $\overline{AB}/\!/\overline{FE}$
$\overline{AD}=\overline{DB}$, $\overline{AF}=\overline{FC}$이므로 $\overline{BC}/\!/\overline{DF}$
$\overline{AD}=\overline{DB}$, $\overline{BE}=\overline{EC}$이므로 $\overline{AC}/\!/\overline{DE}$
답 $\overline{FE}$, $\overline{DF}$, $\overline{DE}$

0473 $\overline{DF}=\frac{1}{2}\overline{BC}=\frac{1}{2}\times12=6(\text{cm})$
$\overline{DE}=\frac{1}{2}\overline{AC}=\frac{1}{2}\times8=4(\text{cm})$
$\overline{EF}=\frac{1}{2}\overline{AB}=\frac{1}{2}\times10=5(\text{cm})$ 답 6, 4, 5

0474 $\triangle DEF$의 둘레의 길이는
$\overline{DF}+\overline{DE}+\overline{EF}=6+4+5=15(\text{cm})$ 답 15
다른 풀이 ($\triangle DEF$의 둘레의 길이)
$=\frac{1}{2}\times$($\triangle ABC$의 둘레의 길이)
$=\frac{1}{2}\times(10+12+8)=15(\text{cm})$

0475 $\triangle ABC$에서 $\overline{BE}:\overline{EA}=\overline{BF}:\overline{FC}$이므로 $\overline{AC}/\!/\overline{EF}$
$\triangle DAC$에서 $\overline{DH}:\overline{HA}=\overline{DG}:\overline{GC}$이므로 $\overline{AC}/\!/\overline{HG}$
$\therefore \overline{AC}/\!/\overline{EF}/\!/\overline{HG}$
$\triangle ABD$에서 $\overline{AE}:\overline{EB}=\overline{AH}:\overline{HD}$이므로 $\overline{BD}/\!/\overline{EH}$
$\triangle BCD$에서 $\overline{CF}:\overline{FB}=\overline{CG}:\overline{GD}$이므로 $\overline{BD}/\!/\overline{FG}$
$\therefore \overline{BD}/\!/\overline{EH}/\!/\overline{FG}$ 답 $\overline{EF}$, $\overline{HG}$, $\overline{EH}$, $\overline{FG}$

0476 $\triangle ABD$에서
$\overline{AE}=\overline{EB}$, $\overline{AH}=\overline{HD}$이므로
$\overline{EH}=\frac{1}{2}\overline{BD}=\frac{1}{2}\times10=5(\text{cm})$
$\triangle BCD$에서
$\overline{BF}=\overline{FC}$, $\overline{CG}=\overline{GD}$이므로
$\overline{FG}=\frac{1}{2}\overline{BD}=\frac{1}{2}\times10=5(\text{cm})$
$\triangle ABC$에서
$\overline{AE}=\overline{EB}$, $\overline{BF}=\overline{FC}$이므로
$\overline{EF}=\frac{1}{2}\overline{AC}=\frac{1}{2}\times12=6(\text{cm})$
$\triangle DAC$에서
$\overline{DH}=\overline{HA}$, $\overline{DG}=\overline{GC}$이므로
$\overline{HG}=\frac{1}{2}\overline{AC}=\frac{1}{2}\times12=6(\text{cm})$ 답 5, 5, 6, 6

0477 □EFGH의 둘레의 길이는
$\overline{EH}+\overline{FG}+\overline{EF}+\overline{HG}=5+5+6+6$
$=22(cm)$ 답 22

0478 $\overline{EF}=\overline{HG}$, $\overline{EH}=\overline{FG}$
즉, 두 쌍의 대변의 길이가 각각 같으므로 □EFGH는 평행사변형이다. 답 평행사변형

0479 답 (가) △ECN (나) $\overline{EN}$ (다) $\overline{BE}$ (라) $\overline{DA}$

0480 □ABCD에서
$\overline{AD}/\!/\overline{BC}$, $\overline{AM}=\overline{MB}$, $\overline{DN}=\overline{NC}$이므로
$\overline{AD}/\!/\overline{MN}/\!/\overline{BC}$
△ABC에서
$\overline{AM}=\overline{MB}$, $\overline{ME}/\!/\overline{BC}$이므로
$\overline{ME}=\frac{1}{2}\overline{BC}=\frac{1}{2}\times 28=14(cm)$
△CDA에서
$\overline{DN}=\overline{NC}$, $\overline{AD}/\!/\overline{EN}$이므로
$\overline{EN}=\frac{1}{2}\overline{AD}=\frac{1}{2}\times 14=7(cm)$ 답 14, 7

0481 $\overline{MN}=\overline{ME}+\overline{EN}$
$=14+7=21(cm)$ 답 21

Step 2 핵심 유형 88~99쪽

Theme 11 삼각형에서 평행선과 선분의 길이의 비 88~91쪽

0482 $4:x=5:15$ $\therefore x=12$
$5:15=y:18$ $\therefore y=6$
$\therefore x+y=12+6=18$ 답 ②

0483 ④ $\overline{AD}:\overline{DB}\neq\overline{DE}:\overline{BC}$ 답 ④

0484 $6:9=5:x$ $\therefore x=\frac{15}{2}$ 답 ③

0485 △AFD에서 $\overline{AD}/\!/\overline{EC}$이므로
$5:(5+10)=\overline{EC}:12$
$\therefore \overline{EC}=4(cm)$
$\therefore \overline{BE}=\overline{BC}-\overline{EC}=12-4=8(cm)$ 답 8 cm
다른 풀이 △ABE∽△FCE (AA 닮음)이므로
$\overline{BE}:\overline{CE}=\overline{AB}:\overline{FC}=10:5=2:1$
$\therefore \overline{BE}=12\times\frac{2}{3}=8(cm)$

0486 $\overline{AE}:\overline{AC}=\overline{DE}:\overline{BC}$이므로
$12:30=8:\overline{BC}$ $\therefore \overline{BC}=20(cm)$
이때 □DFCE는 평행사변형이므로
$\overline{FC}=\overline{DE}=8$ cm
$\therefore \overline{BF}=\overline{BC}-\overline{FC}=20-8=12(cm)$ 답 ⑤

0487 $\overline{BC}/\!/\overline{DE}$이므로 ∠BCD=∠EDC (엇각)
따라서 △EDC는 이등변삼각형이므로 $\overline{EC}=\overline{DE}=6$ cm
또, $\overline{AE}:\overline{AC}=\overline{DE}:\overline{BC}$이므로 $\overline{AE}=x$ cm라 하면
$x:(x+6)=6:11$
$5x=36$ $\therefore x=\frac{36}{5}$
$\therefore \overline{AE}=\frac{36}{5}$ cm 답 $\frac{36}{5}$ cm

0488 $x:15=4:12$ $\therefore x=5$
$4:8=5:y$ $\therefore y=10$
$\therefore x+y=5+10=15$ 답 ⑤

0489 $\overline{AB}:\overline{AD}=\overline{BC}:\overline{DE}$이므로
$4:2=6:x$ $\therefore x=3$
$\overline{AB}:\overline{AF}=\overline{BC}:\overline{FG}$이므로
$4:8=6:y$ $\therefore y=12$ 답 $x=3$, $y=12$

0490 $\overline{AD}:\overline{DB}=1:5$이므로 $\overline{AD}:\overline{AB}=1:4$
△ABC∽△ADE (AA 닮음)이고 닮음비가 4 : 1이므로
$\overline{AD}=\frac{1}{4}\overline{AB}$, $\overline{DE}=\frac{1}{4}\overline{BC}$, $\overline{AE}=\frac{1}{4}\overline{AC}$
따라서
(△ADE의 둘레의 길이)$=\overline{AD}+\overline{DE}+\overline{AE}$
$=\frac{1}{4}(\overline{AB}+\overline{BC}+\overline{AC})$
$=\frac{1}{4}\times 48=12(cm)$ 답 12 cm

0491 $\overline{AD}/\!/\overline{FB}$이므로
$\overline{AD}:\overline{FB}=\overline{AE}:\overline{EB}$, 즉 $4:\overline{FB}=1:2$
$\therefore \overline{FB}=8(cm)$ …❶
□ABCD는 평행사변형이므로 $\overline{BC}=\overline{AD}=4$ cm
$\therefore \overline{FC}=\overline{FB}+\overline{BC}=8+4=12(cm)$ …❷
답 12 cm

채점 기준	배점
❶ $\overline{FB}$의 길이 구하기	50 %
❷ $\overline{FC}$의 길이 구하기	50 %

0492 $12:(12+x)=8:10$ $\therefore x=3$
$y:5=8:10$ $\therefore y=4$
$\therefore x+y=3+4=7$ 답 ②

0493 $4:12=1:\overline{BF}$
$\therefore \overline{BF}=3(cm)$ 답 3 cm

0494 $5:8=\overline{GE}:6$ $\therefore \overline{GE}=\frac{15}{4}(cm)$ 답 ②

0495 $\overline{DG}=x$ cm라 하면
$x:4=(9-x):8$ $\therefore x=3$
$\therefore \overline{DG}=3$ cm 답 3 cm

0496 $\triangle ABC$에서 $\overline{BC} /\!/ \overline{DE}$이므로
$\overline{AB} : \overline{AD} = \overline{AC} : \overline{AE} = 10 : 7$
$\triangle ABE$에서 $\overline{BE} /\!/ \overline{DF}$이므로
$\overline{AB} : \overline{AD} = \overline{BE} : \overline{DF}$에서
$10 : 7 = 5 : \overline{DF}$ $\therefore \overline{DF} = \frac{7}{2}$(cm) 답 ③

0497 $\triangle ABE$에서 $\overline{BE} /\!/ \overline{DF}$이므로
$\overline{AD} : \overline{DB} = \overline{AF} : \overline{FE} = 7 : 2$
$\triangle ABC$에서 $\overline{BC} /\!/ \overline{DE}$이므로
$\overline{AD} : \overline{DB} = \overline{AE} : \overline{EC}$에서
$7 : 2 = 9 : \overline{EC}$ $\therefore \overline{EC} = \frac{18}{7}$(cm) 답 $\frac{18}{7}$ cm

0498 $\triangle ABC$에서 $\overline{AC} /\!/ \overline{DE}$이므로
$\overline{BD} : \overline{DA} = 10 : 8 = 5 : 4$
$\triangle ABE$에서 $\overline{AE} /\!/ \overline{DF}$이므로
$\overline{BF} : \overline{FE} = \overline{BD} : \overline{DA} = 5 : 4$
$\overline{EF} = x$ cm라 하면
$(10-x) : x = 5 : 4$ $\therefore x = \frac{40}{9}$
$\therefore \overline{EF} = \frac{40}{9}$ cm 답 ⑤

0499 ① $4 : 3 \neq 3 : 2$이므로 $\overline{BC}$와 $\overline{DE}$는 평행하지 않다.
② $2 : 6 \neq 3 : 8$이므로 $\overline{BC}$와 $\overline{DE}$는 평행하지 않다.
③ $8 : 12 \neq 6 : 10$이므로 $\overline{BC}$와 $\overline{DE}$는 평행하지 않다.
④ $6 : 6 = 4 : 4$이므로 $\overline{BC} /\!/ \overline{DE}$
⑤ $2 : 4 = 4 : 8$이므로 $\overline{BC} /\!/ \overline{DE}$ 답 ④, ⑤

0500 $\overline{AB} = \overline{BD} - \overline{AD} = 4 - 1 = 3$
$\overline{AD} : \overline{AB} = \overline{AE} : \overline{AC} = 1 : 3$이므로 $\overline{BC} /\!/ \overline{DE}$
$\therefore \angle ACB = \angle AED = 30°$ (엇각) 답 30°

0501 ㄱ. $\overline{AD} : \overline{DB} = 6 : 9 = 2 : 3$
$\overline{AF} : \overline{FC} = 8 : 12 = 2 : 3$
즉, $\overline{AD} : \overline{DB} = \overline{AF} : \overline{FC}$이므로 $\overline{BC} /\!/ \overline{DF}$
ㄷ, ㅁ. $\angle A$는 공통, $\angle B = \angle ADF$ (동위각)이므로
$\triangle ABC \backsim \triangle ADF$ (AA 닮음)
따라서 옳은 것은 ㄱ, ㄷ, ㅁ이다. 답 ㄱ, ㄷ, ㅁ

0502 $\overline{BD} = x$ cm라 하면
$6 : 8 = x : (7-x)$ $\therefore x = 3$
$\therefore \overline{BD} = 3$ cm 답 3 cm

0503 $\overline{AB} : \overline{AC} = \overline{BE} : \overline{CE}$이므로
$\overline{BE} : \overline{CE} = 20 : 16 = 5 : 4$
즉, $\overline{BC} : \overline{BE} = 9 : 5$
$\triangle ABC$에서 $\overline{AC} /\!/ \overline{DE}$이므로
$\overline{AC} : \overline{DE} = \overline{BC} : \overline{BE}$에서
$16 : \overline{DE} = 9 : 5$ $\therefore \overline{DE} = \frac{80}{9}$(cm) 답 $\frac{80}{9}$ cm

0504 $\overline{AD}$는 $\angle A$의 이등분선이므로
$15 : 12 = x : 8$ $\therefore x = 10$ …❶
$\triangle BCE$에서 $\overline{AD} /\!/ \overline{EC}$이므로
$15 : y = 10 : 8$ $\therefore y = 12$ …❷
$\therefore x + y = 10 + 12 = 22$ …❸
답 22

채점 기준	배점
❶ x의 값 구하기	40 %
❷ y의 값 구하기	40 %
❸ $x+y$의 값 구하기	20 %

0505 $\overline{BD} : \overline{DC} = \overline{AB} : \overline{AC} = 14 : 12 = 7 : 6$이므로
$\triangle ABD : \triangle ADC = \overline{BD} : \overline{DC} = 7 : 6$에서
$42 : \triangle ADC = 7 : 6$
$\therefore \triangle ADC = 36(\text{cm}^2)$ 답 36 cm^2

0506 $\overline{CD} = x$ cm라 하면
$8 : 6 = (3+x) : x$ $\therefore x = 9$
$\therefore \overline{CD} = 9$ cm 답 ④

0507 $6 : \overline{AC} = 10 : 6$ $\therefore \overline{AC} = \frac{18}{5}$(cm) 답 $\frac{18}{5}$ cm

0508 $\overline{AB} : 6 = (5+14) : 14$
$\therefore \overline{AB} = \frac{57}{7}$(cm) 답 $\frac{57}{7}$ cm

0509 $\overline{CD} : \overline{BD} = \overline{AC} : \overline{AB} = 15 : 12 = 5 : 4$이므로
$\overline{DB} : \overline{BC} = 4 : 1$
$\triangle ADB : \triangle ABC = \overline{DB} : \overline{BC} = 4 : 1$에서
$48 : \triangle ABC = 4 : 1$
$\therefore \triangle ABC = 12(\text{cm}^2)$ 답 ②

Theme 12 평행선 사이의 선분의 길이의 비 92~95쪽

0510 $2 : 3 = x : 4$ $\therefore x = \frac{8}{3}$
$2 : 3 = y : 5$ $\therefore y = \frac{10}{3}$
$\therefore x + y = \frac{8}{3} + \frac{10}{3} = 6$ 답 6

0511 $2 : x = 4 : 10$ $\therefore x = 5$ 답 ③

0512 $8 : x = y : 5$, $xy = 40$
$\therefore y = \frac{40}{x}$ 답 ④

0513 $x : 12 = 10 : 15$ $\therefore x = 8$
$15 : 5 = 12 : y$ $\therefore y = 4$
$\therefore x - y = 4$ 답 ③

0514 $2:6=3:3x \qquad \therefore x=3$

$2:y=3:(6-y) \qquad \therefore y=\frac{12}{5}$ 답 $x=3,\ y=\frac{12}{5}$

0515 $l /\!/ m$이므로

$4:6=x:9 \qquad \therefore x=6$ …❶

$m /\!/ n$이므로

$9:3=6:y \qquad \therefore y=2$ …❷

답 $x=6,\ y=2$

채점 기준	배점
❶ x의 값 구하기	50 %
❷ y의 값 구하기	50 %

0516 오른쪽 그림에서 $l /\!/ m /\!/ n$이므로

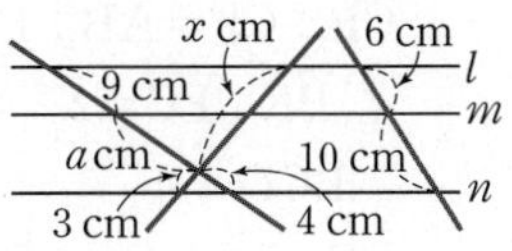

$9:(a+4)=6:10$

$\therefore a=11$

$l /\!/ n$이므로

$(9+11):4=x:3 \qquad \therefore x=15$ 답 ⑤

0517 점 A를 지나고 $\overline{DC}$에 평행한 직선이 $\overline{EF}$, $\overline{BC}$와 만나는 점을 각각 G, H라 하면

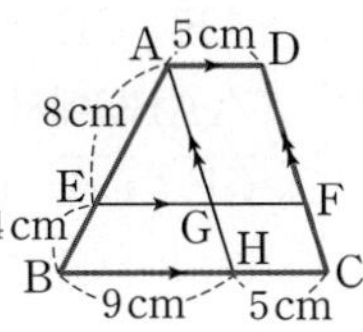

$\overline{GF}=\overline{HC}=\overline{AD}=5$ cm이므로

$\overline{BH}=14-5=9$(cm)

△ABH에서

$8:12=\overline{EG}:9 \qquad \therefore \overline{EG}=6$(cm)

$\therefore \overline{EF}=\overline{EG}+\overline{GF}$

$=6+5=11$(cm) 답 11 cm

다른 풀이 $\overline{EF}=\frac{5\times4+14\times8}{8+4}=\frac{132}{12}=11$(cm)

0518 △ACD에서

$3:7=6:x \qquad \therefore x=14$

△ABC에서

$4:7=y:28 \qquad \therefore y=16$

$\therefore x+y=14+16=30$ 답 30

다른 풀이 △ACD에서

$3:7=6:x \qquad \therefore x=14$

$6+y=\frac{14\times3+28\times4}{4+3}=22$

$\therefore y=16$

$\therefore x+y=14+16=30$

0519 점 A를 지나고 $\overline{DC}$에 평행한 직선이 $\overline{EF}$, $\overline{BC}$와 만나는 점을 각각 G, H라 하면

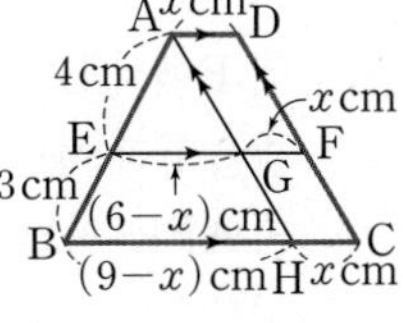

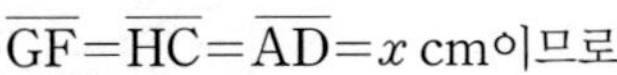

$\overline{GF}=\overline{HC}=\overline{AD}=x$ cm이므로

$\overline{EG}=(6-x)$ cm,

$\overline{BH}=(9-x)$ cm

△ABH에서

$4:7=(6-x):(9-x)$

$4(9-x)=7(6-x) \qquad \therefore x=2$ 답 2

다른 풀이 $6=\frac{x\times3+9\times4}{4+3}$

$42=3x+36 \qquad \therefore x=2$

0520 오른쪽 그림과 같이 각 점을 정한 후 점 A를 지나고 $\overline{DC}$에 평행한 직선이 직선 m, n과 만나는 점을 각각 G, H라 하면

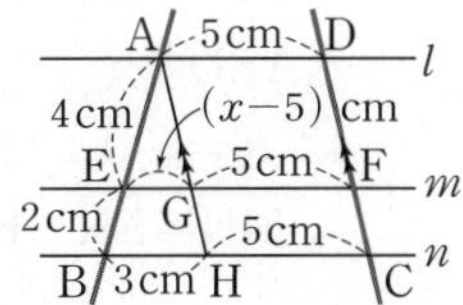

$\overline{GF}=\overline{HC}=\overline{AD}=5$ cm이므로

$\overline{EG}=(x-5)$ cm, $\overline{BH}=8-5=3$(cm)

△ABH에서

$4:6=(x-5):3 \qquad \therefore x=7$ 답 ④

다른 풀이 $x=\frac{5\times2+8\times4}{4+2}=\frac{42}{6}=7$

0521 점 A를 지나고 $\overline{DC}$에 평행한 직선이 $\overline{EF}$, $\overline{BC}$와 만나는 점을 각각 G, H라 하면

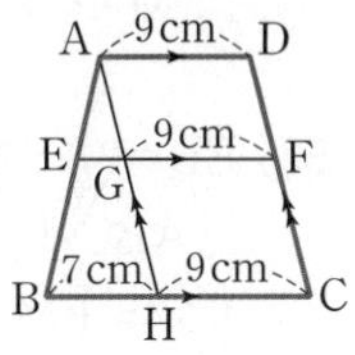

$\overline{GF}=\overline{HC}=\overline{AD}=9$ cm이므로

$\overline{BH}=16-9=7$(cm)

$\overline{AE}:\overline{EB}=3:4$이므로 $\overline{AE}:\overline{AB}=3:7$

△ABH에서

$\overline{AE}:\overline{AB}=\overline{EG}:\overline{BH}$

$3:7=\overline{EG}:7 \qquad \therefore \overline{EG}=3$(cm)

$\therefore \overline{EF}=\overline{EG}+\overline{GF}$

$=3+9=12$(cm) 답 ③

다른 풀이 $\overline{EF}=\frac{9\times4+16\times3}{3+4}=\frac{84}{7}=12$(cm)

0522 점 A를 지나고 $\overline{DC}$에 평행한 직선이 $\overline{EF}$, $\overline{BC}$와 만나는 점을 각각 G, H라 하면

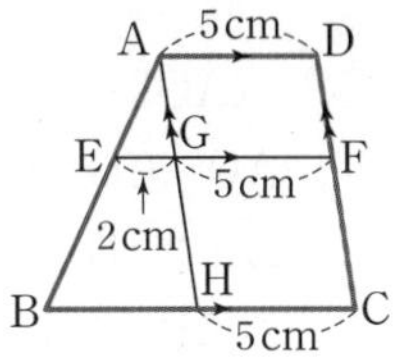

$\overline{GF}=\overline{HC}=\overline{AD}=5$ cm이므로

$\overline{EG}=7-5=2$(cm)

$\overline{AE}:\overline{EB}=2:3$이므로 $\overline{AE}:\overline{AB}=2:5$

△ABH에서

$\overline{AE}:\overline{AB}=\overline{EG}:\overline{BH}$

$2:5=2:\overline{BH} \qquad \therefore \overline{BH}=5$(cm)

$\therefore \overline{BC}=\overline{BH}+\overline{HC}$

$=5+5=10$(cm) 답 10 cm

0523 점 A를 지나고 $\overline{DC}$에 평행한 직선이 $\overline{GH}$, $\overline{BC}$와 만나는 점을 각각 I, J라 하면

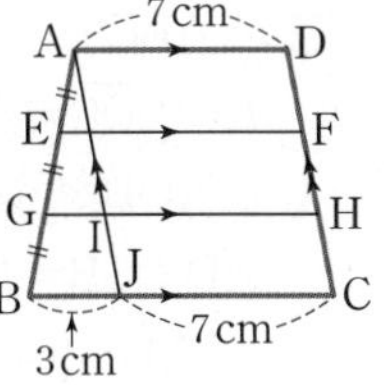

$\overline{IH}=\overline{JC}=\overline{AD}=7$ cm이므로

$\overline{BJ}=10-7=3$(cm)

$\triangle$ABJ에서
$\overline{AG}:\overline{AB}=\overline{GI}:\overline{BJ}$이므로
$2:3=\overline{GI}:3 \quad \therefore \overline{GI}=2$(cm)
$\therefore \overline{GH}=\overline{GI}+\overline{IH}=2+7=9$(cm) 답 9 cm

0524 $\triangle$ABC에서
$12:16=\overline{EN}:16 \quad \therefore \overline{EN}=12$(cm)
$\triangle$ABD에서
$4:16=\overline{EM}:12 \quad \therefore \overline{EM}=3$(cm)
$\therefore \overline{MN}=\overline{EN}-\overline{EM}=12-3=9$(cm) 답 ③

0525 $\overline{AE}:\overline{EB}=7:2$이므로 $\overline{AE}:\overline{AB}=7:9$
$\triangle$ABC에서
$7:9=\overline{EN}:18 \quad \therefore \overline{EN}=14$(cm)
또, $\overline{AE}:\overline{EB}=7:2$이므로 $\overline{EB}:\overline{AB}=2:9$
$\triangle$ABD에서
$2:9=\overline{EM}:9 \quad \therefore \overline{EM}=2$(cm)
$\therefore \overline{MN}=\overline{EN}-\overline{EM}=14-2=12$(cm) 답 12 cm

0526 $\overline{EB}=3\overline{AE}$이므로 $\overline{AE}:\overline{EB}=1:3$
$\triangle$ABC에서
$1:4=\overline{EM}:16 \quad \therefore \overline{EM}=4$(cm)
$\triangle$ABD에서
$3:4=\overline{EN}:12 \quad \therefore \overline{EN}=9$(cm)
$\therefore \overline{MN}=\overline{EN}-\overline{EM}=9-4=5$(cm) 답 5 cm

0527 $\triangle$ABD에서
$1:3=\overline{EM}:12 \quad \therefore \overline{EM}=4$(cm)
$\overline{EN}=\overline{EM}+\overline{MN}=4+8=12$(cm)이므로
$\triangle$ABC에서
$2:3=12:\overline{BC} \quad \therefore \overline{BC}=18$(cm) 답 18 cm

0528 $\triangle$AOD$\backsim\triangle$COB (AA 닮음)이므로
$\overline{AO}:\overline{CO}=6:10=3:5$
$\overline{AE}:\overline{EB}=3:5$이므로
$\triangle$ABC에서
$3:8=\overline{EO}:10 \quad \therefore \overline{EO}=\frac{15}{4}$(cm)
$\triangle$ACD에서
$5:8=\overline{OF}:6 \quad \therefore \overline{OF}=\frac{15}{4}$(cm)
$\therefore \overline{EF}=\overline{EO}+\overline{OF}$
$=\frac{15}{4}+\frac{15}{4}=\frac{15}{2}$(cm) 답 $\frac{15}{2}$ cm

0529 $\triangle$ABC에서
$\overline{AO}:\overline{OC}=\overline{AE}:\overline{EB}=6:10=3:5$
$\triangle$AOD$\backsim\triangle$COB (AA 닮음)이므로
$\overline{AD}:\overline{CB}=\overline{AO}:\overline{CO}$에서 $\overline{AD}:15=3:5$
$\therefore \overline{AD}=9$(cm) 답 ②

0530 $\triangle$AOD$\backsim\triangle$COB (AA 닮음)이므로
$\overline{AO}:\overline{CO}=12:15=4:5$
$\triangle$ABC$=135$ cm^{2}이므로
$\triangle$OAB$=135\times\frac{4}{9}=60$(cm^2) 답 60 cm^2

0531 $\triangle$ABE$\backsim\triangle$CDE (AA 닮음)이므로
$\overline{AE}:\overline{CE}=\overline{AB}:\overline{CD}=4:12=1:3$
$\triangle$ABC에서
$\overline{CE}:\overline{CA}=\overline{EF}:\overline{AB}$이므로
$3:4=\overline{EF}:4 \quad \therefore \overline{EF}=3$(cm) 답 3 cm

0532 $\triangle$ABC$\backsim\triangle$EFC (AA 닮음)이므로
$\overline{CB}:\overline{CF}=\overline{AB}:\overline{EF}=10:6=5:3$
$\therefore \overline{BF}:\overline{FC}=2:3$
$\triangle$BCD에서
$\overline{BF}:\overline{BC}=\overline{FE}:\overline{CD}$이므로
$2:5=6:\overline{CD} \quad \therefore \overline{CD}=15$(cm) 답 ⑤

0533 $\triangle$ABE$\backsim\triangle$CDE (AA 닮음)이므로
$\overline{AE}:\overline{CE}=\overline{AB}:\overline{CD}=3:5$
$\triangle$ABC에서
$\overline{CE}:\overline{CA}=\overline{CF}:\overline{CB}$이므로
$5:8=\overline{CF}:8 \quad \therefore \overline{CF}=5$(cm) 답 5 cm

0534 $\overline{AB}$, $\overline{EF}$, $\overline{DC}$가 모두 $\overline{BC}$에 수직이므로
$\overline{AB}/\!/\overline{EF}/\!/\overline{DC}$
$\triangle$ABE$\backsim\triangle$CDE (AA 닮음)이므로
$\overline{BE}:\overline{DE}=\overline{AB}:\overline{CD}=4:3$
$\triangle$BCD에서
$\overline{BE}:\overline{BD}=\overline{EF}:\overline{DC}$이므로
$4:7=\overline{EF}:3 \quad \therefore$ EF$=\frac{12}{7}$(cm) 답 $\frac{12}{7}$ cm

0535 $\triangle$ABE$\backsim\triangle$CDE (AA 닮음)이므로
$\overline{AE}:\overline{CE}=\overline{AB}:\overline{CD}=10:15=2:3$
$\triangle$ABC에서
$\overline{CA}:\overline{AE}=\overline{CB}:\overline{BF}$이므로
$5:2=20:x \quad \therefore x=8$
또, $\overline{CA}:\overline{CE}=\overline{AB}:\overline{EF}$이므로
$5:3=10:y \quad \therefore y=6$
$\therefore x+y=8+6=14$ 답 ③

0536 ④ $\overline{EF}:\overline{CD}=1:3$ 답 ④

0537 점 E에서 $\overline{BC}$에 내린 수선의
발을 F라 하면
$\triangle$ABE$\backsim\triangle$CDE (AA 닮음)
이므로

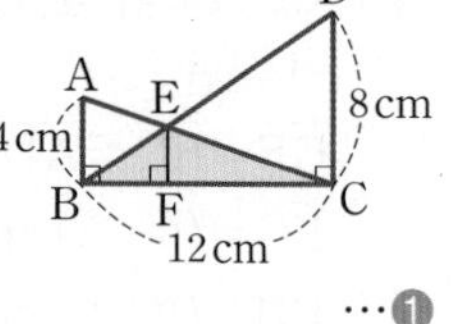

$\overline{AE}:\overline{CE}=4:8=1:2$ …❶

$\triangle ABC$에서 $\overline{AB} /\!/ \overline{EF}$이므로

$\overline{CE} : \overline{CA} = \overline{EF} : \overline{AB}$

$2 : 3 = \overline{EF} : 4 \qquad \therefore \overline{EF} = \frac{8}{3}(\text{cm})$ …❷

따라서 $\triangle EBC$의 넓이는

$\frac{1}{2} \times 12 \times \frac{8}{3} = 16(\text{cm}^2)$ …❸

답 $16\ \text{cm}^2$

채점 기준	배점
❶ $\overline{AE}$와 $\overline{CE}$의 길이의 비 구하기	40 %
❷ $\triangle EBC$의 높이 구하기	40 %
❸ $\triangle EBC$의 넓이 구하기	20 %

Theme 13 두 변의 중점을 연결한 선분 96~99쪽

0538 $\overline{AD} = \overline{DB}$, $\overline{AE} = \overline{EC}$이므로

$\overline{AD} = \frac{1}{2}\overline{AB} = \frac{1}{2} \times 8 = 4(\text{cm})$

$\overline{DE} = \frac{1}{2}\overline{BC} = \frac{1}{2} \times 10 = 5(\text{cm})$

$\overline{AE} = \overline{EC} = 6\ \text{cm}$

따라서 $\triangle ADE$의 둘레의 길이는

$\overline{AD} + \overline{DE} + \overline{AE} = 4 + 5 + 6$

$= 15(\text{cm})$

답 15 cm

0539 $\overline{BM} = \overline{MA}$, $\overline{BN} = \overline{NC}$이므로 $\overline{AC} = 2\overline{MN}$

$\therefore x = \frac{1}{2} \times 20 = 10$

$\overline{MN} /\!/ \overline{AC}$이므로 $\angle MNB = \angle C$ (동위각)

$\therefore y = 180 - (80 + 55) = 45$

$\therefore x + y = 10 + 45 = 55$

답 55

0540 ④ $\overline{DE} : \overline{BC} = \overline{AD} : \overline{AB} = \overline{AE} : \overline{AC} = 1 : 2$

답 ④

0541 □ABCD가 등변사다리꼴이므로 $\overline{DC} = \overline{AB} = 10\ \text{cm}$

$\triangle DAB$에서 $\overline{DP} = \overline{PA}$, $\overline{DQ} = \overline{QB}$이므로

$\overline{PQ} = \frac{1}{2}\overline{AB} = \frac{1}{2} \times 10 = 5(\text{cm})$

$\triangle BCD$에서 $\overline{BQ} = \overline{QD}$, $\overline{BR} = \overline{RC}$이므로

$\overline{QR} = \frac{1}{2}\overline{DC} = \frac{1}{2} \times 10 = 5(\text{cm})$

$\therefore \overline{PQ} + \overline{QR} = 5 + 5 = 10(\text{cm})$

답 ④

0542 $\triangle DBC$에서

$\overline{DE} = \overline{EB}$, $\overline{DF} = \overline{FC}$이므로

$\overline{BC} = 2\overline{EF} = 2 \times 10 = 20(\text{cm})$ …❶

$\triangle ABC$에서

$\overline{AM} = \overline{MB}$, $\overline{AN} = \overline{NC}$이므로

$\overline{MN} = \frac{1}{2}\overline{BC} = \frac{1}{2} \times 20 = 10(\text{cm})$ …❷

답 10 cm

채점 기준	배점
❶ $\overline{BC}$의 길이 구하기	50 %
❷ $\overline{MN}$의 길이 구하기	50 %

0543 $\triangle ABC$에서 두 점 D, E는 각각 $\overline{AB}$, $\overline{AC}$의 중점이므로

$\overline{DE} = \frac{1}{2}\overline{BC} = \frac{1}{2} \times 24 = 12(\text{cm})$

$\triangle FDE$에서 두 점 G, H는 각각 $\overline{FD}$, $\overline{FE}$의 중점이므로

$\overline{GH} = \frac{1}{2}\overline{DE} = \frac{1}{2} \times 12 = 6(\text{cm})$

답 ③

0544 $\overline{AD} = \overline{DB}$, $\overline{DE} /\!/ \overline{BC}$이므로

$\overline{AE} = \overline{EC}$

$\therefore x = \frac{1}{2} \times 14 = 7$

또, $\overline{BC} = 2\overline{DE}$이므로

$y = 2 \times 9 = 18$

$\therefore x + y = 7 + 18 = 25$

답 ④

0545 $\overline{AD} = \overline{DB}$, $\overline{DE} /\!/ \overline{BC}$이므로

$\overline{AE} = \frac{1}{2}\overline{AC}$, $\overline{DE} = \frac{1}{2}\overline{BC}$

따라서 $\triangle ADE$의 둘레의 길이는

$\overline{AD} + \overline{DE} + \overline{AE} = \frac{1}{2}\overline{AB} + \frac{1}{2}\overline{BC} + \frac{1}{2}\overline{AC}$

$= \frac{1}{2}(\overline{AB} + \overline{BC} + \overline{AC})$

$= \frac{1}{2} \times 22 = 11(\text{cm})$

답 11 cm

0546 $\overline{AD} = \overline{DB}$, $\overline{DE} /\!/ \overline{BC}$이므로 $\overline{AE} = \overline{EC}$

또, $\overline{AE} = \overline{EC}$, $\overline{AB} /\!/ \overline{EF}$이므로

$\overline{FC} = \overline{BF} = 5\ \text{cm}$

답 5 cm

다른 풀이 $\overline{AD} = \overline{DB}$, $\overline{DE} /\!/ \overline{BC}$이므로 $\overline{AE} = \overline{EC}$

삼각형의 두 변의 중점을 연결한 선분의 성질 (1)에 의하여

$\overline{BC} = 2\overline{DE}$

이때 □DBFE는 평행사변형이므로

$\overline{DE} = \overline{BF} = 5\ \text{cm}$

$\therefore \overline{BC} = 2 \times 5 = 10(\text{cm})$

$\therefore \overline{FC} = \overline{BC} - \overline{BF} = 10 - 5 = 5(\text{cm})$

0547 $\triangle AEC$에서 $\overline{AD} = \overline{DE}$, $\overline{AF} = \overline{FC}$이므로

$\overline{DF} /\!/ \overline{EC}$이고 $\overline{EC} = 2\overline{DF} = 2 \times 4 = 8(\text{cm})$

$\triangle BFD$에서 $\overline{BE} = \overline{ED}$, $\overline{EG} /\!/ \overline{DF}$이므로

$\overline{EG} = \frac{1}{2}\overline{DF} = \frac{1}{2} \times 4 = 2(\text{cm})$

$\therefore \overline{CG} = \overline{EC} - \overline{EG} = 8 - 2 = 6(\text{cm})$

답 ③

0548 $\triangle AFD$에서 $\overline{AE} = \overline{EF}$, $\overline{AG} = \overline{GD}$이므로

$\overline{EG} /\!/ \overline{FD}$이고 $\overline{FD} = 2\overline{EG} = 2 \times 3 = 6(\text{cm})$

$\triangle EBC$에서 $\overline{EF} = \overline{FB}$, $\overline{EC} /\!/ \overline{FD}$이므로

$\overline{EC} = 2\overline{FD} = 2 \times 6 = 12(\text{cm})$

$\therefore \overline{CG} = \overline{EC} - \overline{EG} = 12 - 3 = 9(\text{cm})$

답 9 cm

0549 $\overline{GE}=x$ cm라 하자.
$\triangle$EBC에서
$\overline{CD}=\overline{DB}$, $\overline{CF}=\overline{FE}$이므로
$\overline{DF}/\!/\overline{BE}$, $\overline{BE}=2\overline{DF}$ …… ㉠
$\triangle$ADF에서
$\overline{AE}=\overline{EF}$, $\overline{GE}/\!/\overline{DF}$이므로
$\overline{DF}=2\overline{GE}=2x$(cm) …… ㉡
㉠, ㉡에서
$\overline{BE}=2\overline{DF}=2\times 2x=4x$(cm)
$\overline{BE}=\overline{BG}+\overline{GE}$이므로
$4x=24+x$, $3x=24$ $\therefore x=8$
$\therefore \overline{GE}=8$ cm
답 8 cm

0550 점 A에서 $\overline{BC}$에 평행한 직선을 그어 $\overline{DE}$와 만나는 점을 P라 하면
$\triangle$DBE에서
$\overline{DA}=\overline{AB}$, $\overline{AP}/\!/\overline{BE}$이므로
$\overline{AP}=\frac{1}{2}\overline{BE}=\frac{1}{2}\times 8=4$(cm)
$\triangle AMP\equiv\triangle CME$ (ASA 합동)이므로
$\overline{CE}=\overline{AP}=4$ cm
답 4 cm

0551 점 D에서 $\overline{BC}$에 평행한 직선을 그어 $\overline{AC}$와 만나는 점을 P라 하면
$\triangle$ABC에서
$\overline{AD}=\overline{DB}$, $\overline{DP}/\!/\overline{BC}$이므로
$\overline{AP}=\overline{PC}$
또, $\triangle DEP\equiv\triangle FEC$ (ASA 합동)이므로
$\overline{PE}=\overline{CE}=11$ cm
즉, $\overline{PC}=\overline{PE}+\overline{EC}$
$=11+11=22$(cm)
$\therefore \overline{AC}=2\overline{PC}=2\times 22=44$(cm)
답 44 cm

0552 점 A에서 $\overline{BC}$에 평행한 직선을 그어 $\overline{DE}$와 만나는 점을 P라 하면
$\triangle AMP\equiv\triangle CME$ (ASA 합동)
이므로
$\overline{AP}=\overline{CE}=x$ cm
$\triangle$DBE에서
$\overline{DA}=\overline{AB}$, $\overline{AP}/\!/\overline{BE}$이므로
$\overline{BE}=2\overline{AP}=2x$(cm)
따라서 $\overline{BC}=2x+x=15$(cm)이므로
$x=5$
답 ④

0553 $\triangle$DEF의 둘레의 길이는
$\overline{EF}+\overline{FD}+\overline{DE}=\frac{1}{2}(\overline{AB}+\overline{BC}+\overline{CA})$
$=\frac{1}{2}\times(6+4+8)$
$=9$(cm)
답 9 cm

0554 $\overline{FE}=\frac{1}{2}\overline{AB}$에서 $\overline{AB}=2\overline{FE}$
$\overline{ED}=\frac{1}{2}\overline{CA}$에서 $\overline{CA}=2\overline{ED}$
$\overline{DF}=\frac{1}{2}\overline{BC}$에서 $\overline{BC}=2\overline{DF}$
따라서 $\triangle$ABC의 둘레의 길이는
$\overline{AB}+\overline{BC}+\overline{CA}=2(\overline{FE}+\overline{DF}+\overline{ED})$
$=2\times 13=26$(cm)
답 26 cm

0555 ③ $\overline{DE}=\overline{AF}=\overline{FC}$, $\overline{EF}=\overline{BD}=\overline{DA}$
⑤ $\overline{DF}:\overline{BC}=1:2$
답 ③, ⑤

0556 $\overline{PQ}=\overline{SR}=\frac{1}{2}\overline{AC}=\frac{1}{2}\times 14=7$(cm)
$\overline{PS}=\overline{QR}=\frac{1}{2}\overline{BD}=\frac{1}{2}\times 10=5$(cm)
따라서 □PQRS의 둘레의 길이는
$2\times(7+5)=24$(cm)
답 24 cm

0557 등변사다리꼴의 두 대각선의 길이는 같으므로
$\overline{AC}=\overline{BD}=12$ cm …❶
$\overline{PS}=\overline{QR}=\frac{1}{2}\overline{BD}=\frac{1}{2}\times 12=6$(cm)
$\overline{PQ}=\overline{SR}=\frac{1}{2}\overline{AC}=\frac{1}{2}\times 12=6$(cm) …❷
따라서 □PQRS의 둘레의 길이는
$4\times 6=24$(cm) …❸
답 24 cm

채점 기준	배점
❶ $\overline{AC}$의 길이 구하기	30 %
❷ $\overline{PQ}$, $\overline{QR}$, $\overline{RS}$, $\overline{SP}$의 길이 각각 구하기	40 %
❸ □PQRS의 둘레의 길이 구하기	30 %

0558 ㄱ, ㄴ. $\triangle$BCA에서
$\overline{BE}=\overline{EA}$, $\overline{BF}=\overline{FC}$이므로
$\overline{EF}/\!/\overline{AC}$, $\overline{EF}=\frac{1}{2}\overline{AC}$
$\triangle$DAC에서
$\overline{DH}=\overline{HA}$, $\overline{DG}=\overline{GC}$이므로
$\overline{HG}/\!/\overline{AC}$, $\overline{HG}=\frac{1}{2}\overline{AC}$
따라서 □EFGH에서 $\overline{EF}/\!/\overline{HG}$, $\overline{EF}=\overline{HG}$이므로
□EFGH는 평행사변형이다.
$\therefore \angle EHG=\angle EFG$
ㄹ. $\triangle$CDB에서
$\overline{CF}=\overline{FB}$, $\overline{CG}=\overline{GD}$이므로
$\overline{BD}=2\overline{FG}$
따라서 옳은 것은 ㄱ, ㄴ, ㄹ이다.
답 ④

0559 $\overline{AB}$, $\overline{CD}$의 중점이 각각 M, N이므로
$\overline{AD}/\!/\overline{MN}/\!/\overline{BC}$

$\triangle$ABC에서

$\overline{AM}=\overline{MB}$, $\overline{MQ}/\!/\overline{BC}$이므로

$\overline{MQ}=\frac{1}{2}\overline{BC}=\frac{1}{2}\times14=7(\text{cm})$

$\triangle$ABD에서

$\overline{AM}=\overline{MB}$, $\overline{AD}/\!/\overline{MP}$이므로

$\overline{MP}=\frac{1}{2}\overline{AD}=\frac{1}{2}\times8=4(\text{cm})$

$\therefore \overline{PQ}=\overline{MQ}-\overline{MP}=7-4=3(\text{cm})$ 답 3 cm

0560 $\overline{AB}$, $\overline{CD}$의 중점이 각각 M, N이므로

$\overline{AD}/\!/\overline{MN}/\!/\overline{BC}$

$\triangle$ABC에서

$\overline{AM}=\overline{MB}$, $\overline{MQ}/\!/\overline{BC}$이므로

$\overline{MQ}=\frac{1}{2}\overline{BC}=\frac{1}{2}\times24=12(\text{cm})$

이때 $\overline{MP}=\frac{1}{2}\overline{MQ}=\frac{1}{2}\times12=6(\text{cm})$

$\triangle$ABD에서

$\overline{AM}=\overline{MB}$, $\overline{AD}/\!/\overline{MP}$이므로

$\overline{AD}=2\overline{MP}=2\times6=12(\text{cm})$ 답 12 cm

0561 $\overline{BD}$를 그어 $\overline{MN}$과 만나는 점을 P라 하자.

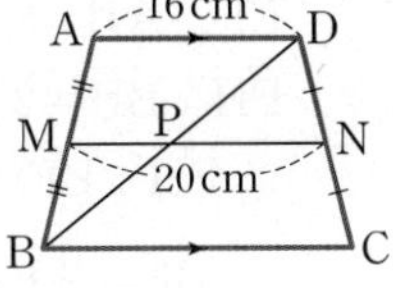

$\overline{AB}$, $\overline{CD}$의 중점이 각각 M, N이므로 $\overline{AD}/\!/\overline{MN}/\!/\overline{BC}$

$\triangle$ABD에서 $\overline{AM}=\overline{MB}$, $\overline{AD}/\!/\overline{MP}$이므로

$\overline{MP}=\frac{1}{2}\overline{AD}=\frac{1}{2}\times16=8(\text{cm})$

$\therefore \overline{PN}=\overline{MN}-\overline{MP}=20-8=12(\text{cm})$

$\triangle$DBC에서 $\overline{DN}=\overline{NC}$, $\overline{PN}/\!/\overline{BC}$이므로

$\overline{BC}=2\overline{PN}=2\times12=24(\text{cm})$ 답 24 cm

발전 문제

100~102쪽

0562 $\triangle$ADC에서

$\overline{AF}:\overline{AC}=\overline{EF}:\overline{DC}$이므로

$6:10=6:\overline{DC}$ $\therefore \overline{DC}=10(\text{cm})$

$\triangle$BGE에서

$\overline{BD}:\overline{BE}=\overline{DC}:\overline{EG}$이므로

$1:2=10:(6+x)$ $\therefore x=14$ 답 ③

0563 $\overline{AD}:\overline{AB}=12:18=2:3$이므로

$\triangle$AHI에서

$2:3=4:x$ $\therefore x=6$

$\triangle$AIC에서

$2:3=y:5$ $\therefore y=\frac{10}{3}$

$\therefore xy=6\times\frac{10}{3}=20$ 답 ①

0564 $\overline{BD}:\overline{CD}=\overline{AB}:\overline{AC}=20:10=2:1$

이때 $\triangle$BED$\backsim\triangle$CFD (AA 닮음)이므로

$\overline{DE}:\overline{DF}=\overline{BD}:\overline{CD}$에서

$4:\overline{DF}=2:1$ $\therefore \overline{DF}=2(\text{cm})$ 답 2 cm

0565 $\overline{AB}:\overline{AC}=\overline{BE}:\overline{CE}$이므로

$3:2=\overline{BE}:4$ $\therefore \overline{BE}=6(\text{cm})$

$\overline{CD}=x$ cm라 하면

$\overline{AB}:\overline{AC}=\overline{BD}:\overline{CD}$이므로

$3:2=(10+x):x$ $\therefore x=20$

$\therefore \overline{CD}=20$ cm 답 ④

0566 오른쪽 그림에서 $l/\!/m/\!/n$이므로

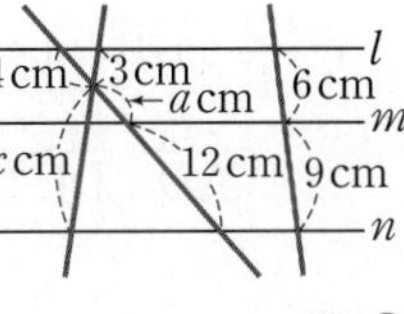

$(4+a):12=6:9$ $\therefore a=4$

$l/\!/n$이므로

$3:x=4:(4+12)$

$\therefore x=12$ 답 ⑤

0567 $\triangle$AOD$\backsim\triangle$COB (AA 닮음)이므로

$\overline{OA}:\overline{OC}=\overline{AD}:\overline{CB}=a:b$

$\triangle$ACD에서 $\overline{CO}:\overline{CA}=\overline{OF}:\overline{AD}$이므로

$b:(a+b)=\overline{OF}:a$

$\therefore \overline{OF}=\frac{ab}{a+b}$ 답 ④

0568 $\overline{BE}$의 중점을 F라 하면

$\overline{AE}:\overline{EB}=1:2$이므로

$\overline{AE}=\overline{EF}=\overline{FB}$

$\triangle$BCE에서

$\overline{BD}=\overline{DC}$, $\overline{BF}=\overline{FE}$이므로

$\overline{CE}/\!/\overline{DF}$, $\overline{DF}=\frac{1}{2}\overline{CE}=\frac{1}{2}\times12=6(\text{cm})$

$\triangle$AFD에서

$\overline{AE}=\overline{EF}$, $\overline{PE}/\!/\overline{DF}$이므로

$\overline{PE}=\frac{1}{2}\overline{DF}=\frac{1}{2}\times6=3(\text{cm})$

$\therefore \overline{PC}=\overline{CE}-\overline{PE}=12-3=9(\text{cm})$ 답 9 cm

0569 점 E에서 $\overline{BC}$에 평행한 직선을 그어 $\overline{AD}$와 만나는 점을 G라 하면

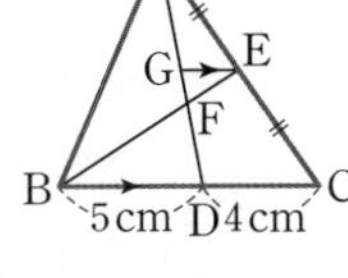

$\triangle$ADC에서

$\overline{AE}=\overline{EC}$, $\overline{GE}/\!/\overline{DC}$이므로

$\overline{GE}=\frac{1}{2}\overline{DC}=\frac{1}{2}\times4=2(\text{cm})$

$\triangle$BDF$\backsim\triangle$EGF (AA 닮음)이므로

$\overline{BF}:\overline{EF}=\overline{BD}:\overline{EG}=5:2$ 답 5 : 2

0570 $\triangle$DBC에서

$\overline{DF}=\overline{FC}$, $\overline{PF}/\!/\overline{BC}$이므로

$\overline{PF}=\frac{1}{2}\overline{BC}=\frac{1}{2}\times10=5(\text{cm})$

$\overline{EP}=8-5=3(\text{cm})$

$\overline{FC}=\frac{1}{2}\overline{DC}=\frac{1}{2}\times8=4(\text{cm})$

$\therefore \triangle BPE=\frac{1}{2}\times3\times4=6(\text{cm}^2)$ 답 6 cm^2

0571 $\triangle AFG$에서 $\overline{AE}:\overline{EG}=\overline{AD}:\overline{DF}=4:3$
$\triangle AHG$에서 $\overline{AF}:\overline{FH}=\overline{AE}:\overline{EG}=4:3$이므로
$7:\overline{FH}=4:3 \quad \therefore \overline{FH}=\frac{21}{4}(\text{cm})$
$\therefore \overline{AH}=\overline{AF}+\overline{FH}=7+\frac{21}{4}=\frac{49}{4}(\text{cm})$
$\triangle AHC$에서 $\overline{AG}:\overline{GC}=\overline{AF}:\overline{FH}=7:\frac{21}{4}=4:3$
$\triangle ABC$에서 $\overline{AH}:\overline{HB}=\overline{AG}:\overline{GC}=4:3$이므로
$\frac{49}{4}:\overline{HB}=4:3 \quad \therefore \overline{HB}=\frac{147}{16}(\text{cm})$
$\therefore \overline{AD}:\overline{DF}:\overline{FH}:\overline{HB}=4:3:\frac{21}{4}:\frac{147}{16}$
$=64:48:84:147$ 답 ⑤

0572 점 M은 $\overline{AC}$의 중점이므로 $\overline{CM}=\frac{1}{2}\overline{AC}=\frac{13}{2}(\text{cm})$
$\overline{BD}$가 $\angle B$의 이등분선이므로
$\overline{BC}:\overline{BA}=\overline{CD}:\overline{DA}$
즉, $\overline{CD}:\overline{DA}=5:12$이므로
$\overline{CD}=\frac{5}{17}\overline{AC}=\frac{5}{17}\times13=\frac{65}{17}(\text{cm})$
$\therefore \overline{DM}=\overline{CM}-\overline{CD}=\frac{13}{2}-\frac{65}{17}=\frac{91}{34}(\text{cm})$
따라서 $p=34$, $q=91$이므로
$q-p=91-34=57$ 답 57

0573 오른쪽 그림에서
$\overline{AD}=3$,
$\overline{DE}=4-c$이고
$\overline{BD}\,/\!/\,\overline{CE}$이므로
$\overline{AB}:\overline{BC}$
$=\overline{AD}:\overline{DE}$에서
$5:8=3:(4-c)$
$\therefore c=-\frac{4}{5}$
또한, 직선 $y=ax+b$가 두 점 A$(-1, 7)$, B$(-5, 4)$를 지나므로
$7=-a+b$ ⋯⋯ ㉠
$4=-5a+b$ ⋯⋯ ㉡
㉠, ㉡을 연립하여 풀면 $a=\frac{3}{4}$, $b=\frac{31}{4}$
$\therefore a+b+c=\frac{3}{4}+\frac{31}{4}+\left(-\frac{4}{5}\right)=\frac{77}{10}$ 답 $\frac{77}{10}$

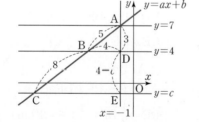

0574 점 E에서 $\overline{BC}$에 수직인 직선을 그어 $\overline{AC}$와 만나는 점을 H라 하면
$\triangle ABC \backsim \triangle HEC$
(AA 닮음)

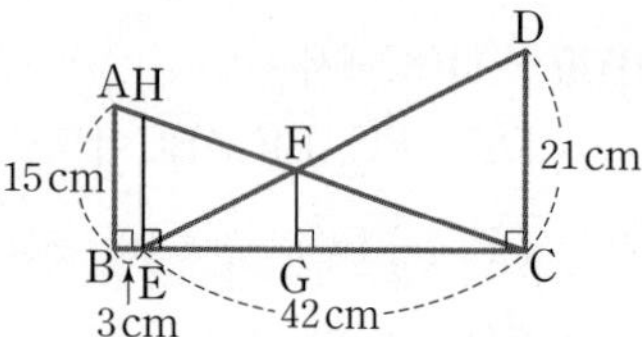

이므로 $\overline{AB}:\overline{HE}=\overline{BC}:\overline{EC}$에서
$15:\overline{HE}=45:42 \quad \therefore \overline{HE}=14(\text{cm})$
또, $\triangle HEF \backsim \triangle CDF$ (AA 닮음)이므로
$\overline{EF}:\overline{DF}=14:21=2:3$
$\therefore \overline{EF}:\overline{ED}=2:5$
이때 $\triangle EFG \backsim \triangle EDC$ (AA 닮음)이므로
$\overline{EF}:\overline{ED}=\overline{FG}:\overline{DC}$에서 $2:5=\overline{FG}:21$
$\therefore \overline{FG}=\frac{42}{5}(\text{cm})$ 답 $\frac{42}{5}$ cm

다른 풀이 $\triangle EFG \backsim \triangle EDC$ (AA 닮음)이므로
$\overline{EG}:\overline{FG}=\overline{EC}:\overline{DC}=42:21=2:1$
이때 $\overline{FG}=x$ cm라 하면 $\overline{EG}=2x$ cm이므로
$\overline{GC}=42-2x(\text{cm})$
$\triangle ABC \backsim \triangle FGC$ (AA 닮음)이므로
$\overline{AB}:\overline{FG}=\overline{BC}:\overline{GC}$에서
$15:x=45:(42-2x) \quad \therefore x=\frac{42}{5}$
$\therefore \overline{FG}=\frac{42}{5}$ cm

0575 $\overline{AB}\,/\!/\,\overline{EF}$이므로 $\triangle EFH \backsim \triangle ABH$ (AA 닮음)
$\overline{EF}:\overline{AB}=6:21=2:7$이므로
$\overline{FH}:\overline{BH}=2:7$
$\therefore \overline{FH}:\overline{BF}=2:5$
즉, $\overline{BF}=\frac{5}{2}\overline{FH}$
$\overline{EF}\,/\!/\,\overline{DC}$이므로 $\triangle EGF \backsim \triangle DGC$ (AA 닮음)
$\overline{EF}:\overline{DC}=6:21=2:7$이므로
$\overline{GF}:\overline{GC}=2:7$
$\therefore \overline{GF}:\overline{FC}=2:5$
즉, $\overline{FC}=\frac{5}{2}\overline{GF}$
$\overline{BC}=\overline{BF}+\overline{FC}$
$=\frac{5}{2}\overline{FH}+\frac{5}{2}\overline{GF}$
$=\frac{5}{2}(\overline{FH}+\overline{GF})=50(\text{cm})$
$\therefore \overline{FH}+\overline{GF}=20(\text{cm})$
$\therefore \overline{GH}=\overline{GF}+\overline{FH}=20(\text{cm})$ 답 20 cm

0576 (1) $\triangle ABF$에서 $\overline{AD}=\overline{DB}$, $\overline{BE}=\overline{EF}$이므로
$\overline{DE}\,/\!/\,\overline{AF}$이고 $\overline{AF}=2\overline{DE}$
$\overline{DE}=x\ (x>0)$라 하면 $\overline{AF}=2x$
$\triangle DEC$에서 $\overline{EF}=\overline{FC}$, $\overline{DE}\,/\!/\,\overline{QF}$이므로
$\overline{QF}=\frac{1}{2}\overline{DE}=\frac{1}{2}x$
이때 $\overline{AQ}=\overline{AF}-\overline{QF}=2x-\frac{1}{2}x=\frac{3}{2}x$이므로
$\overline{AQ}:\overline{QF}=\frac{3}{2}x:\frac{1}{2}x=3:1$
(2) $\overline{DE}\,/\!/\,\overline{AF}$이므로 $\triangle DEP \backsim \triangle QAP$ (AA 닮음)
$\therefore \overline{DP}:\overline{QP}=\overline{DE}:\overline{QA}=x:\frac{3}{2}x=2:3$
답 (1) 3 : 1 (2) 2 : 3

교과서 속 창의력 UP! 103쪽

0577 $\triangle$ABD에서 $\overline{AE}=\overline{EB}$, $\overline{AH}=\overline{HD}$이므로

$\overline{EH}/\!/\overline{BD}$, $\overline{EH}=\frac{1}{2}\overline{BD}$

$\triangle$CBD에서 $\overline{CF}=\overline{FB}$, $\overline{CG}=\overline{GD}$이므로

$\overline{FG}/\!/\overline{BD}$, $\overline{FG}=\frac{1}{2}\overline{BD}$

따라서 $\overline{EH}/\!/\overline{FG}$, $\overline{EH}=\overline{FG}$이므로 □EFGH는 평행사변형이다. 답 ④

0578 $\overline{AB}/\!/\overline{DC}$이므로

$\overline{PC}:\overline{PA}=\overline{DC}:\overline{AB}=15:30=1:2$

이때 $\overline{AM}=\overline{MP}$이므로

$\overline{AM}:\overline{MP}:\overline{PC}=1:1:1$ …… ㉠

$\overline{PQ}/\!/\overline{AB}$이므로

$\overline{CQ}:\overline{QB}=\overline{CP}:\overline{PA}=1:2$

이때 $\overline{BN}=\overline{NQ}$이므로

$\overline{BN}:\overline{NQ}:\overline{QC}=1:1:1$ …… ㉡

㉠, ㉡에 의하여

$\overline{CM}:\overline{CA}=\overline{CN}:\overline{CB}=2:3$

$\therefore \overline{MN}/\!/\overline{AB}$

$\overline{CM}:\overline{CA}=\overline{MN}:\overline{AB}$에서

$2:3=\overline{MN}:30$

$\therefore \overline{MN}=20(\text{cm})$ 답 20 cm

0579 뜀틀을 앞에서 본 모양을 오른쪽 그림과 같이 사다리꼴 ABCD라 하자. 점 A를 지나고 $\overline{CD}$에 평행한 직선이 $\overline{EF}$, $\overline{BC}$와 만나는 점을 각각 G, H라 하면

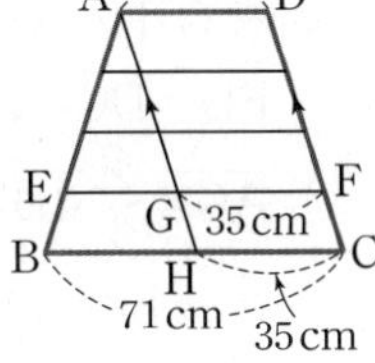

$\overline{GF}=\overline{HC}=\overline{AD}=35$ cm이므로

$\overline{BH}=71-35=36(\text{cm})$

$\triangle$ABH에서

$\overline{AE}:\overline{AB}=\overline{EG}:\overline{BH}$이므로

$3:4=\overline{EG}:36$ $\quad\therefore \overline{EG}=27(\text{cm})$

$\therefore \overline{EF}=\overline{EG}+\overline{GF}=27+35=62(\text{cm})$

따라서 3번 틀의 아랫변의 길이는 62 cm이다. 답 62 cm

0580 점 D를 지나고 $\overline{BE}$에 평행한 직선이 $\overline{AC}$와 만나는 점을 F라 하면

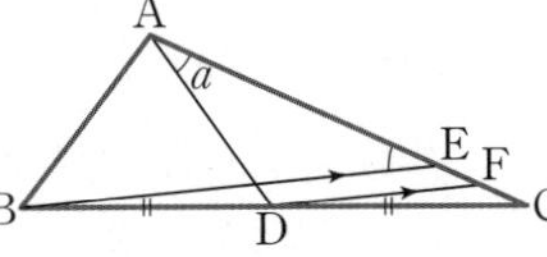

$\triangle$BCE에서

$\overline{CD}=\overline{DB}$, $\overline{DF}/\!/\overline{BE}$이므로

$\overline{CF}=\overline{FE}$, $\overline{DF}=\frac{1}{2}\overline{BE}$

이때 $\overline{BE}=2\overline{AD}$이므로

$\overline{DF}=\frac{1}{2}\overline{BE}=\frac{1}{2}\times 2\overline{AD}=\overline{AD}$

즉, $\triangle$DFA는 $\overline{DF}=\overline{AD}$인 이등변삼각형이므로

$\angle DFA=\angle DAE=a$

$\therefore \angle BEA=\angle DFA=a$ (동위각) 답 a

07. 닮음의 활용

핵심 개념 105쪽

0581 $\overline{BD}=\frac{1}{2}\overline{BC}=\frac{1}{2}\times 10=5(\text{cm})$ 답 5 cm

0582 $\triangle ABD=\frac{1}{2}\triangle ABC$

$=\frac{1}{2}\times 30=15(\text{cm}^2)$ 답 15 cm²

0583 $\overline{AG}:\overline{GD}=2:1$이므로

$6:x=2:1$ $\quad\therefore x=3$

$\overline{BD}=\overline{DC}$이므로 $y=7$ 답 $x=3$, $y=7$

0584 $\overline{CG}:\overline{GD}=2:1$이므로

$x:1=2:1$ $\quad\therefore x=2$

$\overline{AD}=\overline{DB}$이므로

$\overline{DB}=\frac{1}{2}\overline{AB}=\frac{1}{2}\times 4=2(\text{cm})$

$\therefore y=2$ 답 $x=2$, $y=2$

0585 $\overline{AD}:\overline{GD}=3:1$이므로

$18:x=3:1$ $\quad\therefore x=6$

$\overline{BD}=\overline{DC}$이므로

$\overline{BC}=2\overline{DC}=2\times 10=20(\text{cm})$

$\therefore y=20$ 답 $x=6$, $y=20$

0586 $\overline{BD}:\overline{BG}=3:2$이므로

$x:6=3:2$ $\quad\therefore x=9$

$\overline{BG}:\overline{GD}=2:1$이므로

$6:y=2:1$ $\quad\therefore y=3$ 답 $x=9$, $y=3$

다른 풀이 $x:6=3:2$이므로 $x=9$

$y=9-6=3$

0587 $\triangle ABE=\frac{1}{2}\triangle ABC$

$=\frac{1}{2}\times 36=18(\text{cm}^2)$ 답 18 cm²

0588 $\triangle GBC=\frac{1}{3}\triangle ABC$

$=\frac{1}{3}\times 36=12(\text{cm}^2)$ 답 12 cm²

0589 $\triangle AGF=\frac{1}{6}\triangle ABC$

$=\frac{1}{6}\times 36=6(\text{cm}^2)$ 답 6 cm²

0590 두 정사각형은 닮은 도형이고 닮음비는 한 변의 길이의 비와 같으므로 $3:5$ 답 $3:5$

0591 닮은 두 평면도형의 둘레의 길이의 비는 닮음비와 같으므로 $3:5$ 답 $3:5$

0592 두 정사각형의 닮음비가 3 : 5이므로 넓이의 비는
$3^2 : 5^2 = 9 : 25$ 답 9 : 25

0593 두 정육면체는 닮은 도형이고 닮음비는 한 모서리의 길이의 비와 같으므로 3 : 4 답 3 : 4

0594 두 정육면체의 닮음비가 3 : 4이므로 겉넓이의 비는
$3^2 : 4^2 = 9 : 16$ 답 9 : 16

0595 두 정육면체의 닮음비가 3 : 4이므로 부피의 비는
$3^3 : 4^3 = 27 : 64$ 답 27 : 64

0596 답 1 : 50000

0597 $8 \times 50000 = 400000$(cm)이므로 두 지점 A, C 사이의 실제 거리는 400000 cm=4 km 답 4 km

핵심 유형 106~113쪽

Theme 14 삼각형의 무게중심 106~109쪽

0598 $\overline{BM} = \overline{MC}$이므로
$\triangle AMC = \frac{1}{2}\triangle ABC = \frac{1}{2} \times 40 = 20(\text{cm}^2)$
$\overline{AP} = \overline{PM}$이므로
$\triangle APC = \frac{1}{2}\triangle AMC = \frac{1}{2} \times 20 = 10(\text{cm}^2)$ 답 ②

0599 $\triangle ABD$에서 $\overline{AM} = \overline{MD}$이므로
$\triangle MBD = \frac{1}{2}\triangle ABD$
$\triangle BCD$에서 $\overline{BN} = \overline{NC}$이므로
$\triangle BND = \frac{1}{2}\triangle BCD$
$\therefore \square BNDM = \triangle MBD + \triangle BND$
$= \frac{1}{2}\triangle ABD + \frac{1}{2}\triangle BCD$
$= \frac{1}{2}\square ABCD$
$= \frac{1}{2} \times 48$
$= 24(\text{cm}^2)$ 답 ③

0600 $\overline{AD} = 3\overline{EF}$이므로
$\triangle ADC = 3\triangle CEF$
$= 3 \times 6 = 18(\text{cm}^2)$
$\therefore \triangle ABC = 2\triangle ADC$
$= 2 \times 18 = 36(\text{cm}^2)$ 답 36 cm²

0601 $\triangle ABC = \frac{1}{2} \times \overline{BC} \times 5 = 20(\text{cm}^2)$이므로
$\overline{BC} = 8(\text{cm})$
$\overline{BD} = \overline{DC}$이므로
$\overline{DC} = \frac{1}{2}\overline{BC} = \frac{1}{2} \times 8 = 4(\text{cm})$ 답 ②

0602 $\overline{BD} = \overline{DC}$이므로
$\triangle ABD = \triangle ACD$, $\triangle PBD = \triangle PCD$,
$\triangle QBD = \triangle QCD$, $\triangle RBD = \triangle RCD$에서
$\triangle ABP = \triangle ABD - \triangle PBD$
$= \triangle ACD - \triangle PCD = \triangle ACP$
$\triangle PBQ = \triangle PBD - \triangle QBD$
$= \triangle PCD - \triangle QCD = \triangle PCQ$
$\triangle QBR = \triangle QBD - \triangle RBD$
$= \triangle QCD - \triangle RCD = \triangle QCR$
따라서 색칠한 부분의 넓이는 $\triangle ABD$의 넓이와 같다.
$\therefore \triangle ABD = \frac{1}{2}\triangle ABC$
$= \frac{1}{2} \times 96 = 48(\text{cm}^2)$ 답 ③

0603 $\overline{AC}$를 그으면 $\overline{AM}$은 $\triangle ABC$의 중선이고 $\overline{AN}$은 $\triangle ACD$의 중선이므로
$\square AMCN = \triangle AMC + \triangle ACN$
$= \frac{1}{2}\triangle ABC + \frac{1}{2}\triangle ACD$
$= \frac{1}{2}\square ABCD$
$= \frac{1}{2} \times 64 = 32(\text{cm}^2)$
$\therefore \triangle AMN = \square AMCN - \triangle MCN$
$= 32 - 8 = 24(\text{cm}^2)$ 답 24 cm²

0604 점 G가 $\triangle ABC$의 무게중심이므로 $\overline{AD}$는 중선이다.
$\overline{BD} = \overline{DC} = 8$ cm $\quad \therefore y = 8$
$\overline{AG} = \frac{2}{3}\overline{AD} = \frac{2}{3} \times 15 = 10(\text{cm}) \quad \therefore x = 10$
$\therefore x + y = 10 + 8 = 18$ 답 18

0605 ③ 점 G가 $\triangle ABC$의 무게중심이므로 $\overline{BF}$는 중선이다.
따라서 $\overline{BG} = \frac{2}{3}\overline{BF}$이다.
④ $\overline{AE}$, $\overline{BF}$, $\overline{CD}$의 길이는 알 수 없으므로 $\overline{GD}$, $\overline{GE}$, $\overline{GF}$의 길이가 서로 같은지 알 수 없다. 답 ④
참고 $\triangle ABC$가 정삼각형일 때에만 $\overline{GD} = \overline{GE} = \overline{GF}$이다.

0606 점 G가 $\triangle ABC$의 무게중심이므로
$\overline{GD} = \frac{1}{3}\overline{AD} = \frac{1}{3} \times 27 = 9(\text{cm})$
점 G′이 $\triangle GBC$의 무게중심이므로
$\overline{GG'} = \frac{2}{3}\overline{GD} = \frac{2}{3} \times 9 = 6(\text{cm})$ 답 6 cm

0607 $\overline{CD}$는 $\triangle ABC$의 중선이고, 직각삼각형의 외심은 빗변의 중점이므로 점 D는 직각삼각형 ABC의 외심이다. …❶
$\therefore \overline{CD} = \overline{AD} = \overline{BD} = \frac{1}{2}\overline{AB} = \frac{1}{2} \times 12 = 6(\text{cm})$ …❷
점 G는 $\triangle ABC$의 무게중심이므로
$\overline{GD} = \frac{1}{3}\overline{CD} = \frac{1}{3} \times 6 = 2(\text{cm})$ …❸
답 2 cm

채점 기준	배점
❶ 점 D가 △ABC의 외심임을 알기	20 %
❷ $\overline{CD}$의 길이 구하기	40 %
❸ $\overline{GD}$의 길이 구하기	40 %

참고 직각삼각형의 외심은 빗변의 중점이다.

0608 △ADE에서
$\overline{GF} : \overline{DE} = \overline{AG} : \overline{AD} = 2 : 3$이므로
$\overline{GF} = \frac{2}{3}\overline{DE} = \frac{2}{3} \times 9 = 6(\text{cm})$
$\therefore \overline{BG} = 2\overline{GF} = 2 \times 6 = 12(\text{cm})$ 답 ④
다른 풀이 점 G가 △ABC의 무게중심이므로 $\overline{AD}$가 중선이다.
$\overline{BD} = \overline{DC}$, $\overline{BF} /\!/ \overline{DE}$이므로
$\overline{BF} = 2\overline{DE} = 2 \times 9 = 18(\text{cm})$
$\therefore \overline{BG} = \frac{2}{3}\overline{BF} = \frac{2}{3} \times 18 = 12(\text{cm})$

0609 점 G가 △ABC의 무게중심이므로
$\overline{GE} : \overline{CE} = 1 : 3$
이때 $\overline{EF} /\!/ \overline{GD}$이므로
$\overline{DF} : \overline{CF} = \overline{GE} : \overline{CE} = 1 : 3$
△ABD에서
$\overline{AE} = \overline{EB}$, $\overline{EF} /\!/ \overline{AD}$이므로 $\overline{BF} = \overline{FD}$
$\therefore \overline{BF} : \overline{FC} = \overline{DF} : \overline{FC} = 1 : 3$ 답 1 : 3

0610 △ABD에서
$\overline{BE} = \overline{EA}$, $\overline{EF} /\!/ \overline{AD}$이므로
$\overline{BF} = \overline{FD}$
또한, 점 D는 $\overline{BC}$의 중점이고 점 H는 $\overline{DC}$의 중점이므로
$\overline{BF} = \overline{FD} = \overline{DH} = \overline{HC}$
△CEF에서 $\overline{CH} : \overline{CF} = \overline{IH} : \overline{EF}$이므로
$1 : 3 = \overline{IH} : 6$ $\quad \therefore \overline{IH} = 2(\text{cm})$ 답 2 cm

0611 점 G가 △ABC의 무게중심이므로
$\overline{GM} = \frac{1}{3}\overline{AM} = \frac{1}{3} \times 15 = 5(\text{cm})$ $\quad \therefore x = 5$
△ADG와 △ABM에서
∠BAM은 공통, ∠ADG = ∠ABM (동위각)이므로
△ADG∽△ABM (AA 닮음)
$\overline{DG} : \overline{BM} = \overline{AG} : \overline{AM}$
$6 : \overline{BM} = 2 : 3$ $\quad \therefore \overline{BM} = 9(\text{cm})$
즉, $\overline{CM} = \overline{BM} = 9$ cm $\quad \therefore y = 9$
$\therefore xy = 5 \times 9 = 45$ 답 45

0612 △AGG′과 △AEF에서
$\overline{AG} : \overline{AE} = 2 : 3$, $\overline{AG'} : \overline{AF} = 2 : 3$
즉, $\overline{AG} : \overline{AE} = \overline{AG'} : \overline{AF}$, ∠EAF는 공통이므로
△AGG′∽△AEF (SAS 닮음) …❶
$\overline{AE}$, $\overline{AF}$는 각각 △ABD, △ADC의 중선이므로
$\overline{BE} = \overline{ED}$, $\overline{DF} = \overline{FC}$
$\therefore \overline{EF} = \frac{1}{2}\overline{BC} = \frac{1}{2} \times 24 = 12(\text{cm})$ …❷
$\overline{GG'} : \overline{EF} = \overline{AG} : \overline{AE}$이므로
$\overline{GG'} : 12 = 2 : 3$ $\quad \therefore \overline{GG'} = 8(\text{cm})$ …❸
답 8 cm

채점 기준	배점
❶ △AGG′∽△AEF임을 알기	30 %
❷ $\overline{EF}$의 길이 구하기	40 %
❸ $\overline{GG'}$의 길이 구하기	30 %

0613 △AEF와 △ABD에서
∠BAD는 공통, ∠AEF = ∠ABD (동위각)이므로
△AEF∽△ABD (AA 닮음)
$\overline{AF} : \overline{AD} = \overline{AE} : \overline{AB}$, $\overline{AF} : 24 = 1 : 2$
$\therefore \overline{AF} = 12(\text{cm})$
점 G가 △ABC의 무게중심이므로
$\overline{AG} = \frac{2}{3}\overline{AD} = \frac{2}{3} \times 24 = 16(\text{cm})$
$\therefore \overline{GF} = \overline{AG} - \overline{AF}$
$= 16 - 12 = 4(\text{cm})$ 답 ③
다른 풀이 $\overline{GD} = \frac{1}{3}\overline{AD} = \frac{1}{3} \times 24 = 8(\text{cm})$
△GEF와 △GCD에서 ∠EGF = ∠CGD (맞꼭지각),
∠GEF = ∠GCD (엇각)이므로
△GEF∽△GCD (AA 닮음)
$\overline{GF} : \overline{GD} = \overline{GE} : \overline{GC} = 1 : 2$
$\therefore \overline{GF} = \frac{1}{2}\overline{GD} = \frac{1}{2} \times 8 = 4(\text{cm})$

0614 $\overline{BG}$를 그으면
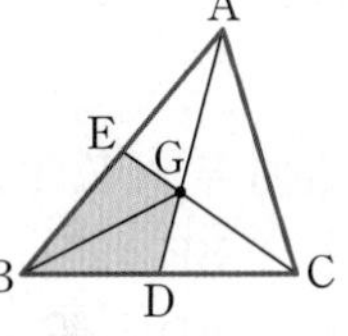

△BGE = △BGD = $\frac{1}{6}$△ABC
$= \frac{1}{6} \times 42 = 7(\text{cm}^2)$
∴ □BDGE = △BGE + △BGD
$= 7 + 7 = 14(\text{cm}^2)$ 답 ④

0615 $\overline{AG}$를 그으면
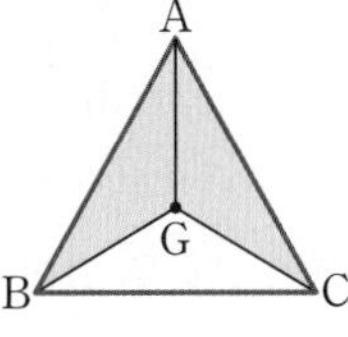

△GAB = △GAC = △GBC
$= \frac{1}{3}$△ABC $= \frac{1}{3} \times 63$
$= 21(\text{cm}^2)$
따라서 색칠한 부분의 넓이는
△GAB + △GAC = $21 + 21 = 42(\text{cm}^2)$ 답 42 cm²

0616 ① △GAD = △GBE = $\frac{1}{6}$△ABC
② △GAB = □GECF = $\frac{1}{3}$△ABC
③ △AEC = $\frac{1}{2}$△ABC,
2△GBD = $2 \times \frac{1}{6}$△ABC = $\frac{1}{3}$△ABC이므로
△AEC ≠ 2△GBD
④ □ADGF = $\frac{1}{3}$△ABC이므로
△ABC = 3□ADGF
⑤ △GAD = △GCF = $\frac{1}{6}$△ABC 답 ③

0617 $\triangle ADC=\frac{2}{3}\triangle ABC=\frac{2}{3}\times 27=18(\text{cm}^2)$

점 G가 △ADC의 무게중심이므로

$\triangle GEC=\frac{1}{6}\triangle ADC$

$=\frac{1}{6}\times 18=3(\text{cm}^2)$ 답 ⑤

0618 점 G가 △ABC의 무게중심이므로

$\triangle GBC=\triangle ABG=24\ \text{cm}^2$

또한, 점 G′이 △GBC의 무게중심이므로

$\triangle G'DC=\frac{1}{6}\triangle GBC=\frac{1}{6}\times 24=4(\text{cm}^2)$ 답 ③

다른 풀이 점 G가 △ABC의 무게중심이므로

$\triangle GBD=\frac{1}{2}\triangle ABG=\frac{1}{2}\times 24=12(\text{cm}^2)$

△GCD=△GBD이고 점 G′이 △GBC의 무게중심이므로

$\triangle G'DC=\frac{1}{3}\triangle GDC=\frac{1}{3}\times 12=4(\text{cm}^2)$

0619 $\overline{AG}$를 그으면 색칠한 부분의 넓이는

$\triangle ADG+\triangle AGE$

$=\frac{1}{2}\triangle ABG+\frac{1}{2}\triangle AGC$

$=\frac{1}{2}\times\frac{1}{3}\triangle ABC+\frac{1}{2}\times\frac{1}{3}\triangle ABC$

$=\frac{1}{6}\triangle ABC+\frac{1}{6}\triangle ABC$

$=\frac{1}{3}\triangle ABC$

$=\frac{1}{3}\times 36=12(\text{cm}^2)$ 답 12 cm²

0620 두 점 E, F는 각각 △ABC, △ACD의 무게중심이므로

$\overline{BE}=2\overline{EO},\ \overline{FD}=2\overline{OF}$

$\overline{BD}=\overline{BE}+\overline{EO}+\overline{OF}+\overline{FD}$

$=2\overline{EO}+\overline{EO}+\overline{OF}+2\overline{OF}$

$=3(\overline{EO}+\overline{OF})$

$=3\overline{EF}=9(\text{cm})$

$\therefore\ \overline{EF}=3(\text{cm})$ 답 3 cm

0621 $\overline{AC}$를 그어 $\overline{BD}$와의 교점을 O라 하면 두 점 P, Q는 각각 △ABC, △ACD의 무게중심이므로

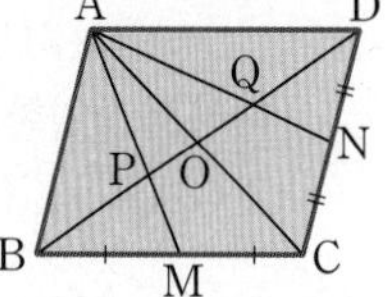

$\triangle APO=\frac{1}{6}\triangle ABC,$

$\triangle AOQ=\frac{1}{6}\triangle ACD$

$\therefore\ \triangle APQ=\triangle APO+\triangle AOQ$

$=\frac{1}{6}\triangle ABC+\frac{1}{6}\triangle ACD$

$=\frac{1}{6}\square ABCD$

$\therefore\ \square ABCD=6\triangle APQ=6\times 7=42(\text{cm}^2)$ 답 ②

다른 풀이 $\overline{BP}=\overline{PQ}=\overline{QD}=\frac{1}{3}\overline{BD}$이므로

$\triangle ABD=3\triangle APQ=3\times 7=21(\text{cm}^2)$

$\therefore\ \square ABCD=2\triangle ABD=2\times 21=42(\text{cm}^2)$

0622 $\overline{AC}$를 그어 $\overline{BD}$와의 교점을 O라 하면 두 점 P, Q는 각각 △ABC, △ACD의 무게중심이므로

$\overline{BP}=2\overline{PO},\ \overline{QD}=2\overline{OQ}$

$\overline{BD}=\overline{BP}+\overline{PQ}+\overline{QD}$

$=2\overline{PO}+(\overline{PO}+\overline{OQ})+2\overline{OQ}$

$=3(\overline{PO}+\overline{OQ})=3\overline{PQ}$

$=3\times 4=12(\text{cm})$

△BCD에서

$\overline{EF}=\frac{1}{2}\overline{BD}=\frac{1}{2}\times 12=6(\text{cm})$ 답 6 cm

다른 풀이 두 점 P, Q는 각각 △ABC, △ACD의 무게중심이다.

△APQ와 △AEF에서

$\overline{AP}:\overline{AE}=\overline{AQ}:\overline{AF}=2:3$,

∠EAF는 공통이므로

△APQ∽△AEF (SAS 닮음)

따라서 $\overline{PQ}:\overline{EF}=2:3$이므로

$4:\overline{EF}=2:3,\ 2\overline{EF}=12$

$\therefore\ \overline{EF}=6(\text{cm})$

Theme 15 닮은 도형의 성질의 활용 110~113쪽

0623 △ADE∽△ABC (AA 닮음)이고

닮음비가 $\overline{AD}:\overline{AB}=6:10=3:5$이므로 넓이의 비는

$3^2:5^2=9:25$

△ADE : △ABC=9 : 25에서 18 : △ABC=9 : 25

$\therefore\ \triangle ABC=50(\text{cm}^2)$ 답 ③

0624 $\overline{AD}\,/\!/\,\overline{BC}$이므로 △ODA∽△OBC (AA 닮음)이고

넓이의 비가 $\triangle ODA:\triangle OBC=18:32=9:16=3^2:4^2$

이므로 닮음비는 3 : 4

$\overline{DO}:\overline{BO}=3:4$이므로 △ODA : △OAB=3 : 4

즉, 18 : △OAB=3 : 4이므로 $\triangle OAB=24(\text{cm}^2)$

$\therefore\ \triangle OCD=\triangle OAB=24\ \text{cm}^2$

$\therefore\ \square ABCD=\triangle ODA+\triangle OAB+\triangle OBC+\triangle OCD$

$=18+24+32+24$

$=98(\text{cm}^2)$ 답 98 cm²

0625 △ADE∽△AFG∽△ABC (SAS 닮음)이고

닮음비가 $\overline{AD}:\overline{AF}:\overline{AB}=1:2:3$이므로

넓이의 비는 $1^2:2^2:3^2=1:4:9$ …❶

△ADE : △AFG=1 : 4에서 2 : △AFG=1 : 4

$\therefore\ \triangle AFG=8(\text{cm}^2)$

△ADE : △ABC=1 : 9에서 2 : △ABC=1 : 9

$\therefore\ \triangle ABC=18(\text{cm}^2)$ …❷

$\therefore\ \square FBCG=\triangle ABC-\triangle AFG$

$=18-8=10(\text{cm}^2)$ …❸

답 10 cm²

채점 기준	배점
❶ △ADE, △AFG, △ABC의 넓이의 비 구하기	40 %
❷ △AFG와 △ABC의 넓이 구하기	40 %
❸ □FBCG의 넓이 구하기	20 %

0626 원 O′의 반지름의 길이를 r cm라 하면
$2\pi r=12\pi$ $\quad\therefore r=6$
원 O′의 넓이는 $\pi\times6^2=36\pi(\text{cm}^2)$
두 원의 닮음비가 2 : 3이므로 넓이의 비는 $2^2:3^2=4:9$
원 O의 넓이를 S cm²라 하면
$S:36\pi=4:9$ $\quad\therefore S=16\pi$
따라서 원 O의 넓이는 16π cm²이다. 답 ①

0627 두 정사각형 ABCD와 EBFG의 넓이의 비가
$25:9=5^2:3^2$이므로 닮음비는 5 : 3이다.
$(\overline{AE}+6):6=5:3$ $\quad\therefore \overline{AE}=4(\text{cm})$ 답 4 cm

0628 점 G가 △ABC의 무게중심이므로
$\overline{AG}:\overline{GD}=2:1$, 즉 두 원 O, O′의 지름의 길이의 비가 2 : 1이므로 닮음비는 2 : 1이다.
따라서 두 원 O, O′의 넓이의 비는
$2^2:1^2=4:1$ 답 4 : 1

0629 세 원의 닮음비가 1 : 2 : 3이므로 넓이의 비는
$1^2:2^2:3^2=1:4:9$
가장 작은 원의 넓이를 x cm², 두 번째로 큰 원의 넓이를 y cm²라 하면
$x:45\pi=1:9$ $\quad\therefore x=5\pi$
$y:45\pi=4:9$ $\quad\therefore y=20\pi$
색칠한 부분의 넓이는 두 번째로 큰 원의 넓이에서 가장 작은 원의 넓이를 빼면 된다.
∴ (색칠한 부분의 넓이)$=20\pi-5\pi=15\pi(\text{cm}^2)$
답 15π cm²

0630 원래 그림과 확대 복사된 그림의 닮음비가
$100:250=2:5$이므로 넓이의 비는 $2^2:5^2=4:25$
확대 복사된 그림의 넓이를 x cm²라 하면
$16:x=4:25$ $\quad\therefore x=100$
따라서 확대 복사된 그림의 넓이는 100 cm²이다.
답 100 cm²

0631 지름의 길이가 각각 25 cm, 30 cm인 두 피자의 닮음비가
$25:30=5:6$이므로
넓이의 비는 $5^2:6^2=25:36$
지름의 길이가 30 cm인 피자의 가격을 x원이라 하면
$15000:x=25:36$ $\quad\therefore x=21600$
따라서 지름의 길이가 30 cm인 피자의 가격은 21600원이다.
답 ④

0632 두 직사각형 모양의 벽지의 가로의 길이의 비는
$2:6=1:3$, 세로의 길이의 비도 $0.5:1.5=1:3$
따라서 두 직사각형 모양의 벽지의 닮음비는 1 : 3이므로
넓이의 비는
$1^2:3^2=1:9$
구하는 벽지의 가격을 x원이라 하면
$8000:x=1:9$ $\quad\therefore x=72000$
따라서 구하는 벽지의 가격은 72000원이다. 답 72000원

0633 1 cm=10 mm이므로 한 변의 길이가 1 mm인 정사각형과 한 변의 길이가 1 cm인 정사각형의 닮음비는 1 : 10이고
넓이의 비는 $1^2:10^2=1:100$
한 변의 길이가 1 cm인 정사각형 안에 붙어 있는 꽃가루의 수를 x라 하면
$300:x=1:100$ $\quad\therefore x=30000$
따라서 한 변의 길이가 1 cm인 정사각형 안에 붙어 있는 꽃가루의 수는 30000이다. 답 30000

0634 두 원기둥 ㈎와 ㈏의 겉넓이의 비가 $9:16=3^2:4^2$이므로
닮음비는 3 : 4
$r:8=3:4$에서 $r=6$, $18:h=3:4$에서 $h=24$
$\therefore r+h=6+24=30$ 답 30

0635 두 정사면체의 닮음비가 1 : 3이므로 겉넓이의 비는
$1^2:3^2=1:9$
따라서 큰 정사면체의 겉넓이는 작은 정사면체의 겉넓이의 9배이다. 답 ③

0636 두 구슬 O, O′을 각각 중심을 지나는 평면으로 자른 단면인 원의 둘레의 길이의 비가 3 : 5이므로 두 구슬의 닮음비는 3 : 5이고 겉넓이의 비는 $3^2:5^2=9:25$이다.
구슬 O′의 겉면을 칠하는 데 드는 페인트의 비용을 x원이라 하면 구슬의 겉면에 칠하는 페인트의 비용은 구슬의 겉넓이에 정비례하므로
$1800:x=9:25$ $\quad\therefore x=5000$
따라서 구슬 O′의 겉면을 칠하는 데 드는 페인트의 비용은 5000원이다. 답 5000원

0637 두 정사각뿔 ㈎와 ㈏의 밑넓이의 비가 $9:25=3^2:5^2$이므로 닮음비는 3 : 5이다.
부피의 비는 $3^3:5^3=27:125$이므로 정사각뿔 ㈎의 부피를 x cm³라 하면
$x:250=27:125$ $\quad\therefore x=54$
따라서 정사각뿔 ㈎의 부피는 54 cm³이다. 답 54 cm³

0638 ④ ㈎, ㈏의 밑면의 둘레의 길이의 비는 4 : 7이다. 답 ④

0639 두 원기둥의 부피의 비가 $8:27=2^3:3^3$이므로 닮음비는 2 : 3이다.
원기둥 ㈏의 밑면의 반지름의 길이를 r cm라 하면
$10:r=2:3$ $\quad\therefore r=15$
따라서 원기둥 ㈏의 한 밑면의 둘레의 길이는
$2\pi\times15=30\pi(\text{cm})$ 답 30π cm

0640 두 통조림 ㈎와 ㈏의 닮음비는 $4:6=2:3$이므로 부피의 비는 $2^3:3^3=8:27$

통조림 ㈎의 가격을 x원이라 하면 통조림의 가격은 용기의 부피에 정비례하므로

$x : 5400 = 8 : 27 \quad \therefore x = 1600$

따라서 통조림 ㈎의 가격은 1600원이다. 답 1600원

0641 $\overline{OP} : \overline{PQ} = 3 : 2$이므로 $\overline{OP} : \overline{OQ} = 3 : 5$

두 사각뿔 A, A+B의 닮음비는 3 : 5이므로 부피의 비는

$3^3 : 5^3 = 27 : 125$

따라서 사각뿔 A와 사각뿔대 B의 부피의 비는

$27 : (125-27) = 27 : 98$ 답 27 : 98

0642 그릇에 부은 물과 그릇은 닮은 도형이고

물의 높이와 그릇의 높이의 비가 $\frac{2}{5} : 1 = 2 : 5$이므로

물의 부피와 그릇의 부피의 비는

$2^3 : 5^3 = 8 : 125$

물의 부피를 $x\text{ cm}^3$라 하면

$x : 250 = 8 : 125 \quad \therefore x = 16$

따라서 그릇에 들어 있는 물의 부피는 16 cm^3이다. 답 ②

0643 세 원뿔 A, A+B, A+B+C의 높이의 비가 1 : 2 : 3이므로 닮음비는 1 : 2 : 3이고 …❶

세 원뿔의 부피의 비는 $1^3 : 2^3 : 3^3 = 1 : 8 : 27$

세 입체도형 A, B, C의 부피의 비는

$1 : (8-1) : (27-8) = 1 : 7 : 19$ …❷

입체도형 C의 부피를 $x\text{ cm}^3$라 하면 입체도형 A의 부피가 5 cm^3이므로

$5 : x = 1 : 19 \quad \therefore x = 95$

따라서 입체도형 C의 부피는 95 cm^3이다. …❸

답 95 cm^3

채점 기준	배점
❶ 세 원뿔의 닮음비 구하기	20 %
❷ 세 입체도형 A, B, C의 부피의 비 구하기	40 %
❸ 입체도형 C의 부피 구하기	40 %

0644 △ABC∽△ADE (AA 닮음)이고

닮음비는 $\overline{AB} : \overline{AD} = 4.8 : 24 = 1 : 5$이므로

건물의 높이를 x m라 하면

$2 : x = 1 : 5 \quad \therefore x = 10$

따라서 건물의 높이는 10 m이다. 답 10 m

0645 시계탑의 높이를 x cm라 하면

$30 : x = 40 : 500 \quad \therefore x = 375$

따라서 시계탑의 높이는 375 cm이다. 답 ⑤

0646

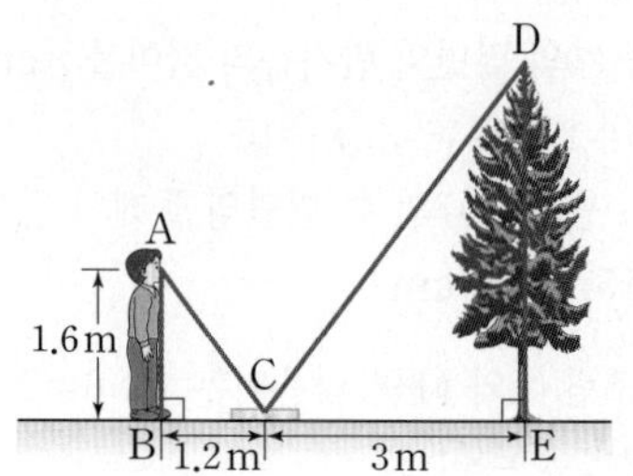

앞의 그림의 △ABC와 △DEC에서

∠B=∠E=90° …… ㉠

거울의 입사각과 반사각의 크기가 같으므로

∠ACB=∠DCE …… ㉡

㉠, ㉡에서 △ABC∽△DEC (AA 닮음)

$\overline{AB} : \overline{DE} = \overline{BC} : \overline{EC}$에서 $1.6 : \overline{DE} = 1.2 : 3$

$\therefore \overline{DE} = 4(\text{m})$

따라서 나무의 높이는 4 m이다. 답 4 m

0647 △ABC∽△ADE (AA 닮음)이므로

$\overline{AB} = x$ cm라 하면

$x : (x+4) = 3 : 5 \quad \therefore x = 6$

$\overline{AB}$의 실제 거리를 y cm라 하면

$1 : 10000 = 6 : y \quad \therefore y = 60000$

따라서 강의 실제 폭은 60000 cm, 즉 600 m이다. 답 ④

0648 10 m=1000 cm이므로 축척은 $\frac{20}{1000} = \frac{1}{50}$

즉, 지도에서의 길이와 실제 거리의 비는 1 : 50이므로 실제 거리를 x cm라 하면

$1 : 50 = 16 : x \quad \therefore x = 800$

따라서 두 지점 사이의 실제 거리는 800 cm, 즉 8 m이다.

답 8 m

0649 지도에서의 땅의 넓이와 실제 땅의 넓이의 비는

$1^2 : 20000^2 = 1 : 400000000$

실제 땅의 넓이는

$2\text{ km}^2 = 2000000\text{ m}^2 = 20000000000\text{ cm}^2$이므로

지도에서의 넓이를 $x\text{ cm}^2$라 하면

$1 : 400000000 = x : 20000000000$

$\therefore x = 50$

따라서 지도에서의 넓이는 50 cm^2이다. 답 50 cm^2

0650 공원의 실제 가로의 길이를 a cm, 세로의 길이를 b cm라 하면

$4 : a = 1 : 100000$에서 $a = 400000$

실제 가로의 길이는 400000 cm, 즉 4 km

$3 : b = 1 : 100000$에서 $b = 300000$

실제 세로의 길이는 300000 cm, 즉 3 km

따라서 공원의 실제 넓이는

$4 \times 3 = 12(\text{km}^2)$ 답 12 km^2

Step 3 발전 문제 114~116쪽

0651 점 G가 △ABC의 무게중심이므로

$\overline{AG} = 2\overline{GD} = 2 \times 6 = 12(\text{cm})$

△GBD와 △GFH에서

∠BGD=∠FGH (맞꼭지각)

∠GBD=∠GFH (엇각)

$\therefore$ $\triangle GBD \backsim \triangle GFH$ (AA 닮음)
따라서 $\overline{BG} : \overline{FG} = \overline{GD} : \overline{GH}$이므로
$2 : 1 = 6 : \overline{GH}$ $\quad\therefore \overline{GH} = 3(cm)$
$\therefore \overline{AH} = \overline{AG} - \overline{GH}$
$= 12 - 3 = 9(cm)$ 답 9 cm

다른 풀이 $\overline{AD} = 3\overline{GD} = 3 \times 6 = 18(cm)$
$\triangle ABC$에서 $\overline{AE} = \overline{EB}$, $\overline{AF} = \overline{FC}$이므로
$\overline{EF} /\!/ \overline{BC}$
$\triangle ABD$에서 $\overline{AE} = \overline{EB}$, $\overline{EH} /\!/ \overline{BD}$이므로
$\overline{AH} = \overline{HD}$
$\therefore \overline{AH} = \frac{1}{2}\overline{AD} = \frac{1}{2} \times 18 = 9(cm)$

0652 점 G는 $\triangle ABC$의 무게중심이므로 $\overline{AG} : \overline{GD} = 2 : 1$
$5 : \overline{GD} = 2 : 1$에서 $\overline{GD} = \frac{5}{2}(cm)$
이때 점 D는 직각삼각형 ABC의 빗변의 중점이므로 $\triangle ABC$의 외심이다. 즉,
$\overline{BD} = \overline{CD} = \overline{AD} = \overline{AG} + \overline{GD} = 5 + \frac{5}{2} = \frac{15}{2}(cm)$
$\therefore \overline{BC} = 2\overline{BD} = 2 \times \frac{15}{2} = 15(cm)$
따라서 $\triangle ABC$에서 $\overline{AB} \times \overline{AC} = \overline{BC} \times \overline{AH}$이므로
$12 \times 9 = 15 \times \overline{AH}$ $\quad\therefore \overline{AH} = \frac{36}{5}(cm)$ 답 $\frac{36}{5}$ cm

0653 $\overline{AD}$가 $\triangle ABC$의 중선이므로 $\overline{BD} = \overline{DC}$
$\triangle ABD$와 $\triangle ACD$에서
$\overline{BD} = \overline{CD}$, $\angle ADB = \angle ADC$, $\overline{AD}$는 공통이므로
$\triangle ABD \equiv \triangle ACD$ (SAS 합동)
$\triangle ABC$는 $\overline{AB} = \overline{AC}$인 이등변삼각형이다.
$\triangle BCE$에서 $\overline{BD} = \overline{DC}$, $\overline{BE} /\!/ \overline{DF}$이므로 $\overline{EF} = \overline{FC}$
$\therefore \overline{EC} = 2\overline{EF} = 2 \times 4 = 8(cm)$
점 G가 $\triangle ABC$의 무게중심이므로 $\overline{AE} = \overline{EC}$
$\therefore \overline{AC} = 2\overline{EC} = 2 \times 8 = 16(cm)$
$\therefore \overline{AB} = \overline{AC} = 16$ cm 답 16 cm

0654 $\overline{BG'}$의 연장선과 $\overline{AC}$의 교점을 E라 하면 $\triangle BG'G$와 $\triangle BED$에서
$\overline{BG} : \overline{BD} = 2 : 3$,
$\overline{BG'} : \overline{BE} = 2 : 3$,
$\angle GBG'$은 공통이므로
$\triangle BG'G \backsim \triangle BED$ (SAS 닮음)
$\overline{GG'} : \overline{DE} = 2 : 3$
이때 $\overline{CD} = \frac{1}{2}\overline{AC} = \frac{1}{2} \times 24 = 12(cm)$,
$\overline{DE} = \frac{1}{2}\overline{CD} = \frac{1}{2} \times 12 = 6(cm)$이므로
$\overline{GG'} : 6 = 2 : 3$ $\quad\therefore \overline{GG'} = 4(cm)$ 답 ②

0655 $\overline{AC}$, $\overline{PC}$, $\overline{QC}$를 그어 $\overline{AC}$와 $\overline{BD}$의 교점을 O라 하면 두 점 P, Q는 각각 $\triangle ABC$, $\triangle ACD$의 무게중심이므로

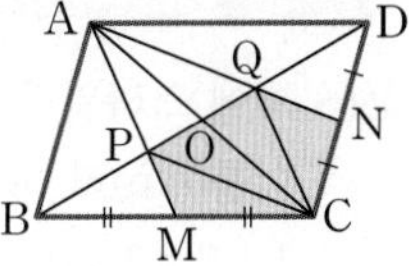

$\square PMCO = \triangle PMC + \triangle PCO$
$= \frac{1}{6}\triangle ABC + \frac{1}{6}\triangle ABC$
$= \frac{1}{3}\triangle ABC$
$= \frac{1}{3} \times \frac{1}{2}\square ABCD$
$= \frac{1}{6}\square ABCD$
$= \frac{1}{6} \times 48 = 8(cm^2)$
$\square QOCN = \triangle QOC + \triangle QCN$
$= \frac{1}{6}\triangle ACD + \frac{1}{6}\triangle ACD$
$= \frac{1}{3}\triangle ACD$
$= \frac{1}{3} \times \frac{1}{2}\square ABCD$
$= \frac{1}{6}\square ABCD$
$= \frac{1}{6} \times 48 = 8(cm^2)$
$\therefore$ (색칠한 부분의 넓이) $= \square PMCO + \square QOCN$
$= 8 + 8 = 16(cm^2)$ 답 16 cm²

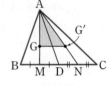

0656 $\overline{AG}$의 연장선과 $\overline{AG'}$의 연장선이 $\overline{BC}$와 만나는 점을 각각 M, N이라 하면
$\triangle AGG'$과 $\triangle AMN$에서
$\overline{AG} : \overline{AM} = 2 : 3$,
$\overline{AG'} : \overline{AN} = 2 : 3$, $\angle GAG'$은 공통이므로
$\triangle AGG' \backsim \triangle AMN$ (SAS 닮음)
이때 닮음비가 $\overline{AG} : \overline{AM} = 2 : 3$이므로 넓이의 비는
$2^2 : 3^2 = 4 : 9$
$\overline{MN} = \overline{MD} + \overline{DN}$
$= \frac{1}{2}\overline{BD} + \frac{1}{2}\overline{DC}$
$= \frac{1}{2}(\overline{BD} + \overline{DC})$
$= \frac{1}{2}\overline{BC}$
이므로
$\triangle AMN = \frac{1}{2}\triangle ABC = \frac{1}{2} \times 18 = 9(cm^2)$
$\therefore \triangle AGG' = \frac{4}{9}\triangle AMN = \frac{4}{9} \times 9 = 4(cm^2)$ 답 ②

0657 $\overline{AD} /\!/ \overline{BC}$이므로
$\triangle AOD \backsim \triangle COB$ (AA 닮음)이고 닮음비가
$\overline{AD} : \overline{CB} = 4 : 6 = 2 : 3$이므로
넓이의 비는 $2^2 : 3^2 = 4 : 9$
$\triangle AOD : \triangle COB = 4 : 9$에서
$8 : \triangle COB = 4 : 9$ $\quad\therefore \triangle COB = 18(cm^2)$
$\triangle AOD : \triangle ABO = \overline{OD} : \overline{OB} = 2 : 3$이므로
$8 : \triangle ABO = 2 : 3$ $\quad\therefore \triangle ABO = 12(cm^2)$

한편 △DOC=△ABO=12 cm^2이므로

□ABCD=△AOD+△COB+△ABO+△DOC

=8+18+12+12

=50(cm^2) 답 ⑤

0658 두 초콜릿 ㈎, ㈏의 닮음비는 8 : 2=4 : 1이므로 부피의 비는 $4^3 : 1^3=64 : 1$

따라서 초콜릿 ㈎를 1개 녹이면 모양과 크기가 같은 초콜릿 ㈏를 64개 만들 수 있다. 답 64개

0659 축척이 $\frac{1}{500000}$인 지도에서 거리가 3 cm인 두 지점 사이의 실제 거리는

3×500000=1500000(cm)=15(km)

따라서 거리가 15 km인 두 지점 사이를 자전거를 타고 시속 10 km로 왕복하는 데 걸리는 시간은

$\frac{15+15}{10}=3$(시간) 답 3시간

0660 $\overline{AD}$가 △ABC의 중선이므로

$\overline{BD}=\overline{CD}$, △ADC=$\frac{1}{2}$△ABC

△ADC에서 $\overline{EF}$ // $\overline{BC}$이므로

$\overline{AF} : \overline{FC}=\overline{AG} : \overline{GD}=2 : 1$

∴ △ADF=$\frac{2}{3}$△ADC=$\frac{2}{3}\times\frac{1}{2}$△ABC

=$\frac{1}{3}$△ABC

△ADF에서 $\overline{AG} : \overline{GD}=2 : 1$이므로

△GDF=$\frac{1}{3}$△ADF=$\frac{1}{3}\times\frac{1}{3}$△ABC

=$\frac{1}{9}$△ABC=$\frac{1}{9}\times 45=5$(cm^2)

마찬가지 방법으로 △EDG=5(cm^2)

∴ △EDF=△EDG+△GDF

=5+5=10(cm^2) 답 10 cm^2

0661 $\overline{BC}$의 삼등분점을 H, I라 하고 $\overline{EH}$, $\overline{EI}$, $\overline{FI}$를 그으면

G, A, E, F, D, B, H, I, C

△GEF∽△GBC (AA 닮음)이고

닮음비는 $\overline{EF} : \overline{BC}=1 : 3$이므로

넓이의 비는 $1^2 : 3^2=1 : 9$

□EBCF : △GEF=(9−1) : 1=8 : 1

이므로 □EBCF : 11=8 : 1

∴ □EBCF=88(cm^2)

□EBCF=4△EBH이므로

88=4△EBH

∴ △EBH=22(cm^2)

∴ △ABE=△CDF=△EBH=22 cm^2

∴ □ABCD=△ABE+□EBCF+△CDF

=22+88+22=132(cm^2) 답 ⑤

0662 반원 O의 반지름의 길이를 r cm라 하면 두 반원 O′, O″의 반지름의 길이는 각각 $2r$ cm, $4r$ cm이므로 세 반원 O, O′, O″의 닮음비는 $r : 2r : 4r=1 : 2 : 4$

따라서 넓이의 비는 $1^2 : 2^2 : 4^2=1 : 4 : 16$

세 부분 A, B, C의 넓이를 각각 S_1 cm^2, S_2 cm^2, S_3 cm^2라 하면

$S_1 : S_2 : S_3=1 : (4-1) : (16-4)=1 : 3 : 12$

이때 $S_2=6\pi$이므로

$6\pi : S_3=3 : 12$

∴ $S_3=24\pi$

따라서 C 부분의 넓이는 24π cm^2이다. 답 24π cm^2

다른 풀이 세 반원 O, O′, O″의 넓이를 각각 k, $4k$, $16k$ ($k>0$)라 하면 B 부분의 넓이가 6π cm^2이므로

$4k-k=6\pi$(cm^2)

∴ $k=2\pi$(cm^2)

따라서 C 부분의 넓이는

$16k-4k=12k=12\times 2\pi$

$=24\pi$(cm^2)

0663 상자 ㈎에 들어 있는 구슬과 상자 ㈏에 들어 있는 구슬 1개의 반지름의 길이의 비는 2 : 1이므로 부피의 비는

$2^3 : 1^3=8 : 1$

상자 ㈎, ㈏에 들어 있는 구슬의 개수는 각각 1, 8이므로 두 상자에 들어 있는 구슬 전체의 부피의 비는

(8×1) : (1×8)=1 : 1 답 ①

0664 $\overline{OP} : \overline{PQ} : \overline{QR}=1 : 2 : 3$이므로

세 원뿔 A, A+B, A+B+C의 닮음비는

1 : (1+2) : (1+2+3)=1 : 3 : 6

부피의 비는

$1^3 : 3^3 : 6^3=1 : 27 : 216$

따라서 원뿔 A, 원뿔대 B, 원뿔대 C의 부피의 비는

1 : (27−1) : (216−27)=1 : 26 : 189

답 1 : 26 : 189

0665 5초 동안 채운 물과 그릇의 닮음비가 3 : 15=1 : 5이므로 부피의 비는 $1^3 : 5^3=1 : 125$

물의 높이가 3 cm일 때의 그릇에 담긴 물의 양을 a cm^3라 하면 그릇 전체에 가득 채울 수 있는 물의 양은 $125a$ cm^3

따라서 더 채울 수 있는 물의 양은 $124a$ cm^3

물을 가득 채우는 데 걸리는 시간을 x초라 하면

$a : 124a=5 : x$, 즉 $1 : 124=5 : x$

∴ $x=620$

따라서 물을 가득 채울 때까지 620초, 즉 10분 20초 동안 물을 더 부어야 한다. 답 10분 20초

교과서 속 창의력 UP!

117쪽

0666 벽에 드리워진 그림자가 지면에 드리워졌다고 할 때, 그 길이를 a m라 하면

$1 : 2=3 : a$ ∴ $a=6$

벽이 없을 경우 지면에 드리워진 나무의 그림자의 길이는
$4+6=10(\mathrm{m})$
나무의 높이를 x m라 하면
$x : 10=1 : 2 \qquad \therefore x=5$
따라서 나무의 높이는 5 m이다. 답 5 m

참고 먼저 벽에 드리워진 그림자가 지면에 드리워졌을 때의 길이를 구한다.

0667 처음 정사각형의 한 변의 길이를 a라 하면
[1단계]에서 지워지는 정사각형의 한 변의 길이는
$\frac{1}{3}a$
[2단계]에서 지워지는 한 정사각형의 한 변의 길이는
$\frac{1}{3}\times\frac{1}{3}a=\frac{1}{9}a$
[3단계]에서 지워지는 한 정사각형의 한 변의 길이는
$\frac{1}{3}\times\frac{1}{9}a=\frac{1}{27}a$
따라서 처음 정사각형과 [3단계]에서 지워지는 한 정사각형의 닮음비는
$a : \frac{1}{27}a=27 : 1$ 답 27 : 1

0668 지면에 생긴 고리 모양의 그림자의 넓이가 원기둥의 밑넓이의 3배이므로 작은 원뿔과 큰 원뿔의 밑넓이의 비는 1 : 4이다.
이때 작은 원뿔과 큰 원뿔은 닮은 도형이고 밑넓이의 비가 $1 : 4=1^2 : 2^2$이므로 닮음비는 1 : 2이다.
$\overline{\mathrm{PO}}=h$ cm라 하면 큰 원뿔의 높이는 $(h+50)$ cm이므로
$h : (h+50)=1 : 2$
$2h=h+50$
$\therefore h=50$
따라서 작은 원뿔의 높이 $\overline{\mathrm{PO}}$는 50 cm이다. 답 50 cm

0669 모래시계의 높이가 24 cm이므로
원뿔 한 개의 높이는
$\frac{1}{2}\times24=12(\mathrm{cm})$
위쪽 전체 원뿔과 원뿔 A의 닮음비는 12 : 8=3 : 2이므로
부피의 비는
$3^3 : 2^3=27 : 8$

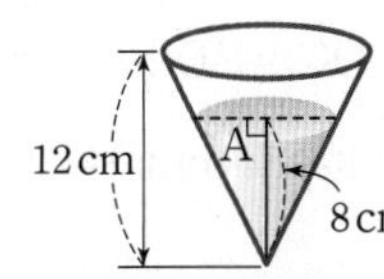

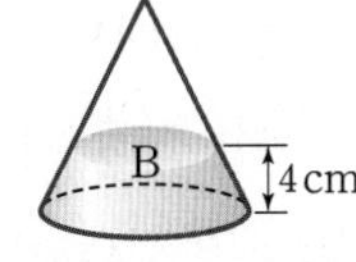

원뿔 A와 원뿔대 B의 부피의 비는
$8 : (27-8)=8 : 19$
남아 있는 모래가 모두 아래쪽으로 떨어지는 데 더 걸리는 시간을 x분이라 하면
$x : 19=8 : 19$
$\therefore x=8$
따라서 남아 있는 모래가 모두 아래로 떨어지는 데 8분이 더 걸린다. 답 8분

08. 피타고라스 정리

Step 1 핵심 7개념 119, 121쪽

0670 $x^2+3^2=5^2$, $x^2=16 \qquad \therefore x=4$ 답 4

0671 $12^2+5^2=x^2$, $x^2=169$
$\therefore x=13$ 답 13

0672 $8^2+x^2=10^2$, $x^2=36$
$\therefore x=6$ 답 6

0673 $9^2+12^2=x^2$, $x^2=225$
$\therefore x=15$ 답 15

0674 $7^2+x^2=25^2$, $x^2=576$
$\therefore x=24$ 답 24

0675 $x^2+21^2=29^2$, $x^2=400$
$\therefore x=20$ 답 20

0676 $8^2+x^2=10^2$, $x^2=36$
$\therefore x=6$
$15^2+8^2=y^2$, $y^2=289$
$\therefore y=17$ 답 $x=6$, $y=17$

0677 $5^2+x^2=13^2$, $x^2=144$
$\therefore x=12$
$12^2+9^2=y^2$, $y^2=225$
$\therefore y=15$ 답 $x=12$, $y=15$

0678 □BFGC=□BADE+□ACHI
$=36+64=100(\mathrm{cm}^2)$ 답 100 cm^2

0679 $\overline{\mathrm{AB}}^2=36$이므로 $\overline{\mathrm{AB}}=6(\mathrm{cm})$
$\overline{\mathrm{BC}}^2=100$이므로 $\overline{\mathrm{BC}}=10(\mathrm{cm})$
$\overline{\mathrm{CA}}^2=64$이므로 $\overline{\mathrm{CA}}=8(\mathrm{cm})$
답 $\overline{\mathrm{AB}}=6$ cm, $\overline{\mathrm{BC}}=10$ cm, $\overline{\mathrm{CA}}=8$ cm

0680 □BFGC=□BADE+□ACHI이므로
$40=x+15 \qquad \therefore x=25$ 답 25

0681 □ACHI=□ADEB+□BFGC이므로
$x=6+18=24$ 답 24

0682 □BFML=□BADE=$6^2=36(\mathrm{cm}^2)$ 답 36 cm^2

0683 □BFML=□BADE=$4^2=16(\mathrm{cm}^2)$
이므로
△BFL=$\frac{1}{2}$□BFML
$=\frac{1}{2}\times16$
$=8(\mathrm{cm}^2)$ 답 8 cm^2

0684 $6^2+8^2=10^2$이므로 직각삼각형이다. 답 ○

0685 $8^2+15^2=17^2$이므로 직각삼각형이다. 답 ○

0686 $10^2+12^2\neq15^2$이므로 직각삼각형이 아니다. 답 ×

0687 $7^2+9^2\neq11^2$이므로 직각삼각형이 아니다. 답 ×

0688 ㄷ. $9^2<6^2+7^2$이므로 예각삼각형이다.
ㅂ. $10^2<7^2+8^2$이므로 예각삼각형이다. 답 ㄷ, ㅂ

0689 ㄴ. $5^2=3^2+4^2$이므로 직각삼각형이다.
ㅁ. $15^2=9^2+12^2$이므로 직각삼각형이다. 답 ㄴ, ㅁ

0690 ㄱ. $10^2>4^2+8^2$이므로 둔각삼각형이다.
ㄹ. $7^2>3^2+5^2$이므로 둔각삼각형이다. 답 ㄱ, ㄹ

0691 $x^2=5^2+12^2=169$
$\therefore x=13$
$5^2=y\times13$
$\therefore y=\frac{25}{13}$ 답 $x=13$, $y=\frac{25}{13}$

0692 $x^2=8^2+6^2=100$
$\therefore x=10$
$8\times6=10\times y$
$\therefore y=\frac{24}{5}$ 답 $x=10$, $y=\frac{24}{5}$

0693 답 (가) $\overline{CP}^2$ (나) a^2+c^2 (다) b^2+c^2 (라) $\overline{DP}^2$

0694 $x^2+y^2=4^2+6^2=52$ 답 52

0695 $x^2+y^2=5^2+4^2=41$ 답 41

0696 답 (가) $\overline{DE}^2$ (나) $\overline{BC}^2$ (다) $\overline{BE}^2$ (라) $\overline{CD}^2$

0697 $\overline{AB}$를 지름으로 하는 반원의 넓이는
$\frac{1}{2}\times\pi\times4^2=8\pi(\text{cm}^2)$
따라서 색칠한 부분의 넓이는
$10\pi-8\pi=2\pi(\text{cm}^2)$ 답 2π cm²

0698 $\triangle ABC=20+17=37(\text{cm}^2)$ 답 37 cm²

Step 2 핵심 유형 122~129쪽

Theme 16 피타고라스 정리 122~126쪽

0699 $24^2+\overline{AC}^2=25^2$, $\overline{AC}^2=49$
$\therefore \overline{AC}=7(\text{cm})$ 답 ③

0700 $\overline{AC}^2=6^2+8^2=100$ $\therefore \overline{AC}=10(\text{cm})$
$\therefore$ ($\triangle ABC$의 둘레의 길이)$=6+8+10$
$=24(\text{cm})$ 답 24 cm

0701 $12^2+\overline{AC}^2=15^2$, $\overline{AC}^2=81$
$\therefore \overline{AC}=9(\text{cm})$
$\therefore \triangle ABC=\frac{1}{2}\times12\times9=54(\text{cm}^2)$ 답 54 cm²

0702 $\overline{AB}=4-1=3$, $\overline{BC}=5-1=4$이므로
$\overline{AC}^2=\overline{AB}^2+\overline{BC}^2=3^2+4^2=25$
$\therefore \overline{AC}=5$ 답 5

0703 넓이가 36 cm²인 정사각형 ABCD의 한 변의 길이는 6 cm이므로
$\overline{AB}=\overline{BC}=6$ cm
넓이가 4 cm²인 정사각형 GCEF의 한 변의 길이는 2 cm이므로
$\overline{CE}=2$ cm …❶
$\triangle ABE$에서
$x^2=6^2+(6+2)^2=100$ …❷
$\therefore x=10$ …❸
답 10

채점 기준	배점
❶ 두 정사각형의 한 변의 길이 각각 구하기	40 %
❷ 식 세우기	40 %
❸ x의 값 구하기	20 %

0704 $\triangle ABC$에서 $\overline{AC}^2=16^2+12^2=400$
$\therefore \overline{AC}=20(\text{cm})$
직각삼각형 ABC에서 빗변 AC의 중점인 점 M은 직각삼각형 ABC의 외심이므로
$\overline{BM}=\overline{AM}=\overline{CM}=\frac{1}{2}\overline{AC}=\frac{1}{2}\times20=10(\text{cm})$
$\therefore \overline{BG}=\frac{2}{3}\overline{BM}=\frac{2}{3}\times10=\frac{20}{3}(\text{cm})$ 답 ③

0705 $\triangle ABC$에서 $\overline{BC}^2+9^2=15^2$, $\overline{BC}^2=144$
$\therefore \overline{BC}=12(\text{cm})$
$\overline{AD}$는 $\angle A$의 이등분선이므로
$\overline{BD}:\overline{CD}=\overline{AB}:\overline{AC}=15:9=5:3$
$\therefore \overline{BD}=\frac{5}{8}\overline{BC}=\frac{5}{8}\times12=\frac{15}{2}(\text{cm})$
$\therefore \triangle ABD=\frac{1}{2}\times\frac{15}{2}\times9=\frac{135}{4}(\text{cm}^2)$ 답 $\frac{135}{4}$ cm²

다른 풀이 $\triangle ABD:\triangle ADC=\overline{BD}:\overline{CD}=5:3$
이때 $\triangle ABC=\frac{1}{2}\times12\times9=54(\text{cm}^2)$이므로
$\triangle ABD=\frac{5}{8}\triangle ABC$
$=\frac{5}{8}\times54=\frac{135}{4}(\text{cm}^2)$

0706 $\triangle ABC$에서 $\overline{AB}^2+9^2=15^2$, $\overline{AB}^2=144$
$\therefore \overline{AB}=12(\text{cm})$
$\therefore \triangle LBF=\frac{1}{2}\square BFML=\frac{1}{2}\square ADEB$
$=\frac{1}{2}\times12\times12=72(\text{cm}^2)$ 답 72 cm²

0707 $\square ADEB=\square BFGC+\square ACHI$
$=9+16=25(cm^2)$ 답 $25\ cm^2$

0708 $\square ADEB=\square BFGC-\square ACHI$
$=169-144=25(cm^2)$
이므로 $\overline{AB}^2=25$ $\therefore \overline{AB}=5(cm)$
이때 $\square ACHI=144\ cm^2$에서
$\overline{AC}^2=144$이므로 $\overline{AC}=12(cm)$
$\therefore \triangle ABC=\frac{1}{2}\times5\times12=30(cm^2)$ 답 ③

0709 $\triangle EBC\equiv\triangle ABF$ (SAS 합동)이므로
$\triangle EBC=\triangle ABF$
$\overline{EB}/\!/\overline{DC}$이므로 $\triangle EBC=\triangle EBA$
$\overline{BF}/\!/\overline{AM}$이므로 $\triangle ABF=\triangle LBF$
이때 $\triangle LBF=\triangle FML$이므로
$\triangle EBC=\triangle ABF=\triangle EBA=\triangle LBF=\triangle FML$
따라서 넓이가 나머지 넷과 다른 하나는 ④ $\triangle AFL$이다.
답 ④

0710 (1) $\square ACHI=\square BFGC-\square ADEB$
$=25-9=16(cm^2)$
(2) $\square SIQR=\square ACHI-\square QHOP$
$=16-5=11(cm^2)$
(3) $\square KLDJ=\square ADEB-\square LMNE$
$=9-6=3(cm^2)$
답 (1) $16\ cm^2$ (2) $11\ cm^2$ (3) $3\ cm^2$

0711 점 A에서 $\overline{BC}$, $\overline{DE}$에 내린 수선의 발을 각각 F, G라 하고, $\overline{AB}$를 한 변으로 하는 정사각형 AHIB를 그리면
$\triangle FEC=\triangle AEC=128\ cm^2$
$\therefore \square FGEC=2\triangle FEC$
$=2\times128=256(cm^2)$
$\therefore \square BDGF=\square BDEC-\square FGEC$
$=34^2-256=900(cm^2)$
이때 $\square AHIB=\square BDGF=900\ cm^2$이므로
$\overline{AB}^2=900$ $\therefore \overline{AB}=30(cm)$ 답 30 cm

0712 $\triangle AEH\equiv\triangle BFE\equiv\triangle CGF\equiv\triangle DHG$ (SAS 합동)이므로 $\square EFGH$는 정사각형이다.
$\overline{DH}=4\ cm$이므로 $\overline{AH}=7-4=3(cm)$
$\triangle AEH$에서
$\overline{EH}^2=4^2+3^2=25$ $\therefore \overline{EH}=5(cm)$
$\therefore \square EFGH=5\times5=25(cm^2)$ 답 $25\ cm^2$
다른 풀이 $\square EFGH=\square ABCD-4\triangle AEH$
$=7\times7-4\times\left(\frac{1}{2}\times4\times3\right)$
$=49-24=25(cm^2)$

0713 $\triangle AEH\equiv\triangle BFE\equiv\triangle CGF\equiv\triangle DHG$ (SAS 합동)이므로 $\square EFGH$는 정사각형이다.
$\square EFGH$의 넓이가 $289\ cm^2$이므로
$\overline{EH}^2=289$ $\therefore \overline{EH}=17(cm)$
$\triangle AEH$에서 $15^2+\overline{AE}^2=17^2$, $\overline{AE}^2=64$
$\therefore \overline{AE}=8(cm)$
따라서 $\square ABCD$의 한 변의 길이는 $15+8=23(cm)$이므로
$\square ABCD=23\times23=529(cm^2)$ 답 $529\ cm^2$

0714 (1) $\triangle AEH\equiv\triangle BFE\equiv\triangle CGF\equiv\triangle DHG$ (SAS 합동)이므로 $\square EFGH$는 정사각형이다.
$\square EFGH$의 넓이가 $100\ cm^2$이므로
$\overline{EH}^2=100$ $\therefore \overline{EH}=10(cm)$ …❶
$\triangle AEH$에서 $8^2+\overline{AH}^2=10^2$, $\overline{AH}^2=36$
$\therefore \overline{AH}=6(cm)$ …❷
(2) $\overline{AD}=\overline{AH}+\overline{DH}=6+8=14(cm)$이므로
$\square ABCD$의 둘레의 길이는
$4\times14=56(cm)$ …❸
답 (1) 6 cm (2) 56 cm

채점 기준	배점
❶ $\overline{EH}$의 길이 구하기	40 %
❷ $\overline{AH}$의 길이 구하기	30 %
❸ $\square ABCD$의 둘레의 길이 구하기	30 %

0715 $\triangle ABQ\equiv\triangle BCR\equiv\triangle CDS\equiv\triangle DAP$이므로 $\square PQRS$는 정사각형이다.
$\overline{BQ}=\overline{CR}=8\ cm$이므로
$\triangle ABQ$에서 $\overline{AQ}^2+8^2=17^2$, $\overline{AQ}^2=225$
$\therefore \overline{AQ}=15(cm)$
이때 $\overline{AP}=\overline{CR}=8\ cm$이므로
$\overline{PQ}=\overline{AQ}-\overline{AP}=15-8=7(cm)$
$\therefore \square PQRS=7\times7=49(cm^2)$ 답 $49\ cm^2$

0716 $\triangle ABE\equiv\triangle BCF\equiv\triangle CDG\equiv\triangle DAH$이므로 $\square EFGH$는 정사각형이다.
$\triangle FBC$에서 $6^2+\overline{FC}^2=10^2$, $\overline{FC}^2=64$
$\therefore \overline{FC}=8(cm)$ …❶
$\overline{FG}=\overline{FC}-\overline{GC}=\overline{FC}-\overline{FB}$
$=8-6=2(cm)$ …❷
$\therefore \overline{EH}=\overline{FG}=2\ cm$ …❸
답 2 cm

채점 기준	배점
❶ $\overline{FC}$의 길이 구하기	40 %
❷ $\overline{FG}$의 길이 구하기	30 %
❸ $\overline{EH}$의 길이 구하기	30 %

0717 $\triangle ABE\equiv\triangle ECD$이므로 $\overline{AE}=\overline{ED}$, $\overline{BE}=\overline{CD}=8\ cm$
$\angle AED=180°-(\angle AEB+\angle DEC)$
$=180°-(\angle AEB+\angle EAB)=90°$

즉, $\triangle AED$는 직각이등변삼각형이다.
$\triangle ABE$에서 $\overline{AE}^2=6^2+8^2=100$
$\therefore \overline{AE}=10(cm)$
$\overline{ED}=\overline{AE}=10$ cm이므로
$\triangle AED=\frac{1}{2}\times10\times10=50(cm^2)$ 답 50 cm²

0718 가로의 길이를 $4a$ cm, 세로의 길이를 $3a$ cm라 하면
$(4a)^2+(3a)^2=40^2$, $25a^2=1600$
$a^2=64$ $\therefore a=8$
따라서 직사각형의 가로의 길이는
$4\times8=32(cm)$ 답 ⑤

0719 직사각형의 세로의 길이를 a cm라 하면
$a^2+15^2=17^2$, $a^2=64$
$\therefore a=8$
따라서 직사각형의 넓이는
$15\times8=120(cm^2)$ 답 120 cm²

0720 $\triangle ABC$에서 $\overline{AC}^2=8^2+6^2=100$ $\therefore \overline{AC}=10(cm)$
$\therefore \overline{OC}=\frac{1}{2}\overline{AC}=\frac{1}{2}\times10=5(cm)$ 답 ③

0721 $\overline{OC}$를 그으면
$\overline{OC}=\overline{OA}=17$ cm
$\triangle COD$에서
$\overline{OD}^2+15^2=17^2$, $\overline{OD}^2=64$
$\therefore \overline{OD}=8(cm)$
$\therefore \square ODCE=8\times15=120(cm^2)$ 답 120 cm²

0722 $\triangle ABD$에서
$x^2+16^2=20^2$, $x^2=144$
$\therefore x=12$
$\triangle ADC$에서
$y^2+12^2=13^2$, $y^2=25$
$\therefore y=5$
$\therefore x+y=12+5=17$ 답 ⑤

0723 $\triangle ADC$에서
$\overline{AD}^2+15^2=17^2$, $\overline{AD}^2=64$
$\therefore \overline{AD}=8$
$\triangle ABD$에서
$\overline{AB}^2=6^2+8^2=100$
$\therefore \overline{AB}=10$ 답 10

0724 $\triangle ABD$에서
$x^2+15^2=17^2$, $x^2=64$
$\therefore x=8$
$\triangle ABC$에서
$y^2=15^2+(8+12)^2=625$
$\therefore y=25$
$\therefore xy=8\times25=200$ 답 ⑤

0725 $\triangle ADC$의 넓이가 84 cm²이므로
$\frac{1}{2}\times24\times\overline{CD}=84$ $\therefore \overline{CD}=7(cm)$
$\overline{AD}^2=24^2+7^2=625$ $\therefore \overline{AD}=25(cm)$
$\overline{BD}=\overline{AD}=25$ cm이므로
$\overline{BC}=25+7=32(cm)$
$\triangle ABC$에서 $\overline{AB}^2=32^2+24^2=1600$
$\therefore \overline{AB}=40(cm)$ 답 40 cm

0726 점 D에서 $\overline{BC}$에 내린 수선의 발을 H라 하면
$\overline{BH}=\overline{AD}=5$ cm
$\overline{HC}=\overline{BC}-\overline{BH}$
$=10-5=5(cm)$
$\triangle DHC$에서
$\overline{DH}^2+5^2=13^2$, $\overline{DH}^2=144$
$\therefore \overline{DH}=12(cm)$
$\therefore \square ABCD=\frac{1}{2}\times(5+10)\times12$
$=90(cm^2)$ 답 ①

0727 점 D에서 $\overline{BC}$에 내린 수선의 발을 H라 하면
$\overline{BH}=\overline{AD}=9$ cm
$\overline{HC}=\overline{BC}-\overline{BH}$
$=15-9=6(cm)$
$\triangle DHC$에서
$\overline{DH}^2+6^2=10^2$, $\overline{DH}^2=64$
$\therefore \overline{DH}=8(cm)$
$\overline{AB}=\overline{DH}=8$ cm이므로 $\triangle ABC$에서
$\overline{AC}^2=8^2+15^2=289$
$\therefore \overline{AC}=17(cm)$ 답 ②

0728 $\triangle DBC$에서 $\overline{BC}^2+5^2=13^2$, $\overline{BC}^2=144$
$\therefore \overline{BC}=12$
점 A에서 $\overline{BC}$에 내린 수선의 발을 H라 하면
$\overline{HC}=\overline{AD}=5$이므로
$\overline{BH}=\overline{BC}-\overline{HC}$
$=12-5=7$
$\overline{AH}=\overline{DC}=5$이므로 $\triangle ABH$에서
$\overline{AB}^2=7^2+5^2=74$ 답 74

0729 두 점 A, D에서 $\overline{BC}$에 내린 수선의 발을 각각 H, H′이라 하면
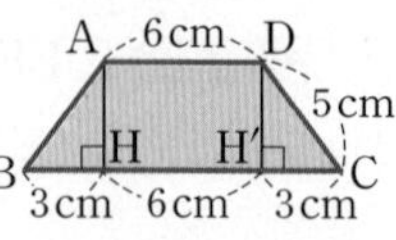

$\overline{HH'}=\overline{AD}=6$ cm
$\triangle ABH\equiv\triangle DCH'$ (RHA 합동)

이므로

$\overline{BH}=\overline{CH'}=\frac{1}{2}\times(12-6)=3(cm)$ …❶

△ABH에서 $\overline{AB}=\overline{DC}=5$ cm이므로

$\overline{AH}^2+3^2=5^2$, $\overline{AH}^2=16$

∴ $\overline{AH}=4(cm)$ …❷

∴ □ABCD$=\frac{1}{2}\times(6+12)\times4$

$=36(cm^2)$ …❸

답 $36\ cm^2$

채점 기준	배점
❶ $\overline{BH}$의 길이 구하기	30 %
❷ $\overline{AH}$의 길이 구하기	30 %
❸ □ABCD의 넓이 구하기	40 %

0730 ① $4^2+4^2\neq6^2$ ② $6^2+7^2\neq9^2$
③ $7^2+8^2\neq14^2$ ④ $12^2+15^2\neq18^2$
⑤ $7^2+24^2=25^2$
따라서 직각삼각형인 것은 ⑤이다. 답 ⑤

0731 ㄱ. $3^2+6^2\neq7^2$이므로 직각삼각형이 아니다.
ㄴ. $12^2+15^2\neq17^2$이므로 직각삼각형이 아니다.
ㄷ. $9^2+40^2=41^2$이므로 직각삼각형이다.
ㄹ. $8^2+15^2=17^2$이므로 직각삼각형이다.
따라서 직각삼각형인 것은 ㄷ, ㄹ이다. 답 ㄷ, ㄹ

0732 $9^2+12^2=15^2$이므로 주어진 삼각형은 빗변의 길이가 15인 직각삼각형이다.
따라서 구하는 삼각형의 넓이는
$\frac{1}{2}\times9\times12=54$ 답 ③

0733 $3^2+4^2=5^2$, $6^2+8^2=10^2$이므로 10 이하의 자연수 중에서 직각삼각형의 세 변의 길이가 될 수 있는 수는 3, 4, 5와 6, 8, 10이다.
따라서 모두 2개의 직각삼각형을 만들 수 있다. 답 2개

Theme 17 피타고라스 정리와 도형 127~129쪽

0734 ㄱ. $4^2>2^2+3^2$이므로 둔각삼각형이다.
ㄴ. $6^2<4^2+5^2$이므로 예각삼각형이다.
ㄷ. $8^2<5^2+7^2$이므로 예각삼각형이다.
ㄹ. $10^2<8^2+8^2$이므로 예각삼각형이다.
ㅁ. $10^2>5^2+8^2$이므로 둔각삼각형이다.
ㅂ. $15^2=9^2+12^2$이므로 직각삼각형이다.
따라서 예각삼각형인 것은 ㄴ, ㄷ, ㄹ이다. 답 ③

0735 $14^2>7^2+11^2$, 즉 $\overline{BC}^2>\overline{AB}^2+\overline{CA}^2$이므로
△ABC는 ∠A>90°인 둔각삼각형이다. 답 ③

0736 △ABC에서 $\overline{AB}^2>\overline{BC}^2+\overline{CA}^2$이면 ∠C>90°인 둔각삼각형이다.
따라서 옳은 것은 ⑤이다. 답 ⑤

0737 ③ $b^2<a^2+c^2$이면 ∠B<90°이므로 ∠B는 예각이다.
그러나 ∠B가 예각이라고 해서 △ABC가 예각삼각형인지는 알 수 없다. 답 ③

참고 ③이 옳지 않은 예를 찾아보면 다음과 같다.
$a=3$, $b=2$, $c=4$이면
$2^2<3^2+4^2$, 즉 $b^2<a^2+c^2$이므로 ∠B<90°이다.
그런데 $4^2>3^2+2^2$, 즉 $c^2>a^2+b^2$이므로 ∠C>90°이다.
따라서 △ABC는 둔각삼각형이다.

0738 ① △ABC에서 ∠A<90°이므로 $a^2<b^2+c^2$
② △ABC에서 ∠B<90°이므로 $b^2<a^2+c^2$
③ △ABC에서 ∠C=90°이므로 $c^2=a^2+b^2$
④ △ADB에서 ∠A>90°이므로 $e^2>c^2+d^2$
⑤ △BCD에서 ∠C=90°이므로 $e^2=a^2+(b+d)^2$
따라서 옳지 않은 것은 ④이다. 답 ④

0739 90°<∠B<180°이므로 가장 긴 변은 $\overline{AC}$이고,
삼각형이 되기 위한 조건에 의하여
$7<x<12$ …… ㉠
둔각삼각형이 되려면
$x^2>5^2+7^2$ ∴ $x^2>74$ …… ㉡
㉠, ㉡을 모두 만족시키는 자연수 x는 9, 10, 11이므로
구하는 합은 $9+10+11=30$ 답 30

0740 △ABC에서
$\overline{BC}^2=12^2+9^2=225$ ∴ $\overline{BC}=15(cm)$
$\overline{AC}^2=\overline{CH}\times\overline{CB}$이므로
$9^2=\overline{CH}\times15$ ∴ $\overline{CH}=\frac{27}{5}(cm)$ 답 $\frac{27}{5}$ cm

0741 △ABC에서
$\overline{AC}^2+15^2=25^2$, $\overline{AC}^2=400$
∴ $\overline{AC}=20(cm)$
$\overline{AC}\times\overline{BC}=\overline{AB}\times\overline{CD}$이므로
$20\times15=25\times\overline{CD}$ ∴ $\overline{CD}=12(cm)$
$\overline{AC}^2=\overline{AD}\times\overline{AB}$이므로
$20^2=\overline{AD}\times25$ ∴ $\overline{AD}=16(cm)$
∴ (△CAD의 둘레의 길이)$=\overline{AC}+\overline{CD}+\overline{AD}$
$=20+12+16$
$=48(cm)$ 답 ③

0742 △ABC에서
$\overline{AB}^2=6^2+8^2=100$ ∴ $\overline{AB}=10(cm)$
$\overline{CB}^2=\overline{BH}\times\overline{BA}$이므로
$6^2=\overline{BH}\times10$ ∴ $\overline{BH}=\frac{18}{5}(cm)$
$\overline{AC}\times\overline{BC}=\overline{AB}\times\overline{CH}$이므로
$8\times6=10\times\overline{CH}$ ∴ $\overline{CH}=\frac{24}{5}(cm)$

$\therefore \triangle HBC=\frac{1}{2}\times\overline{BH}\times\overline{CH}$

$=\frac{1}{2}\times\frac{18}{5}\times\frac{24}{5}$

$=\frac{216}{25}(cm^2)$ 답 $\frac{216}{25}$ cm^2

0743 $\overline{DE}^2+\overline{BC}^2=\overline{BE}^2+\overline{CD}^2$이므로

$2^2+9^2=6^2+\overline{CD}^2$, $\overline{CD}^2=49$

$\therefore \overline{CD}=7(cm)$ 답 ②

0744 $\overline{AC}^2+\overline{DE}^2=\overline{AE}^2+\overline{CD}^2$

$=11^2+9^2=202$ 답 202

0745 $\triangle ABC$에서

$\overline{BC}^2=6^2+8^2=100$ $\therefore \overline{BC}=10$

$\therefore \overline{BE}^2+\overline{CD}^2=\overline{DE}^2+\overline{BC}^2$

$=3^2+10^2=109$ 답 109

0746 $\triangle ABC$에서 삼각형의 두 변의 중점을 연결한 선분의 성질에 의하여

$\overline{AC}=2\overline{DE}=2\times7=14$

$\therefore \overline{AE}^2+\overline{CD}^2=\overline{DE}^2+\overline{AC}^2$

$=7^2+14^2=245$ 답 245

0747 $\overline{BC}^2+\overline{AD}^2=\overline{AB}^2+\overline{CD}^2$

$=4^2+6^2=52$ 답 52

0748 $\triangle OBC$에서 $\overline{BC}^2=4^2+6^2=52$이므로

$\overline{AB}^2+\overline{CD}^2=\overline{AD}^2+\overline{BC}^2$

$=8^2+52=116$ 답 116

0749 $\overline{AP}^2+\overline{CP}^2=\overline{BP}^2+\overline{DP}^2$이므로

$2^2+\overline{CP}^2=6^2+7^2$, $\overline{CP}^2=81$

$\therefore \overline{CP}=9(cm)$ 답 9 cm

0750 $\overline{AB}^2+\overline{CD}^2=\overline{BC}^2+\overline{DA}^2$이고

$\overline{DA}^2=x^2+y^2$이므로

$3^2+6^2=5^2+x^2+y^2$

$\therefore x^2+y^2=20$ 답 ②

0751 $\overline{AC}$를 지름으로 하는 반원의 넓이는

$\frac{1}{2}\times\pi\times6^2=18\pi(cm^2)$

따라서 $\overline{BC}$를 지름으로 하는 반원의 넓이는

$36\pi-18\pi=18\pi(cm^2)$ 답 ⑤

0752 색칠한 부분의 넓이는 $\triangle ABC$의 넓이와 같으므로

$\frac{1}{2}\times8\times15=60(cm^2)$ 답 60 cm^2

0753 $\overline{BC}$를 지름으로 하는 반원의 넓이는

$10\pi+8\pi=18\pi(cm^2)$이므로 …❶

$\frac{1}{2}\times\pi\times\left(\frac{\overline{BC}}{2}\right)^2=18\pi$ …❷

$\overline{BC}^2=144$ $\therefore \overline{BC}=12(cm)$ …❸

답 12 cm

채점 기준	배점
❶ $\overline{BC}$를 지름으로 하는 반원의 넓이 구하기	40 %
❷ $\overline{BC}$에 대한 식 세우기	40 %
❸ $\overline{BC}$의 길이 구하기	20 %

Step 3 발전 문제 130~132쪽

0754 (1) $\overline{BE}=\overline{BC}=5$ cm이므로 $\triangle ABE$에서

$5^2=3^2+\overline{AE}^2$, $\overline{AE}^2=16$

$\therefore \overline{AE}=4(cm)$

$\therefore \overline{DE}=\overline{AD}-\overline{AE}=5-4=1(cm)$

(2) $\triangle ABE\backsim\triangle DEF$ (AA 닮음)이므로

$\overline{AB}:\overline{DE}=\overline{BE}:\overline{EF}$

$3:1=5:\overline{EF}$ $\therefore \overline{EF}=\frac{5}{3}(cm)$

답 (1) 1 cm (2) $\frac{5}{3}$ cm

0755 $\overline{BC}=\overline{AB}=8$ cm

$\triangle BCP$에서 $10^2=8^2+\overline{PC}^2$, $\overline{PC}^2=36$

$\therefore \overline{PC}=6(cm)$

$\therefore \overline{DP}=\overline{DC}-\overline{PC}=8-6=2(cm)$

이때 $\triangle QDP\backsim\triangle BCP$ (AA 닮음)이므로

$\overline{DQ}:\overline{CB}=\overline{DP}:\overline{CP}$

$\overline{DQ}:8=2:6$ $\therefore \overline{DQ}=\frac{8}{3}(cm)$ 답 $\frac{8}{3}$ cm

0756 $\triangle ABC$에서 $\overline{AC}^2=12^2+5^2=169$

$\therefore \overline{AC}=13(cm)$

이때 $\overline{AM}=\overline{AB}=12$ cm, $\overline{CN}=\overline{CB}=5$ cm이므로

$\overline{CM}=\overline{AC}-\overline{AM}=13-12=1(cm)$

$\therefore \overline{MN}=\overline{CN}-\overline{CM}=5-1=4(cm)$ 답 ②

0757 $\triangle ABC$에서

$\overline{BC}^2=12^2+9^2=225$

$\therefore \overline{BC}=15(cm)$

$\overline{FD}$, $\overline{FE}$를 그으면

$\overline{BD}\,/\!/\,\overline{AG}$이므로 $\triangle ABD=\triangle FBD$

$\overline{AG}\,/\!/\,\overline{CE}$이므로 $\triangle AEC=\triangle FEC$

$\therefore \triangle ABD+\triangle AEC=\triangle FBD+\triangle FEC$

$=\frac{1}{2}\square BDGF+\frac{1}{2}\square FGEC$

$=\frac{1}{2}(\square BDGF+\square FGEC)$

$=\frac{1}{2}\square BDEC$

$=\frac{1}{2}\times15\times15=\frac{225}{2}(cm^2)$

답 $\frac{225}{2}$ cm^2

0758 $\triangle ABC \equiv \triangle BDE$이므로 $\overline{AB}=\overline{BD}$
$\angle ABD=180^\circ-(\angle ABC+\angle DBE)$
$=180^\circ-(\angle ABC+\angle BAC)=90^\circ$
즉, $\triangle ADB$는 직각이등변삼각형이다.
$\triangle ADB=\frac{25}{2}\text{ cm}^2$이므로
$\frac{1}{2}\times\overline{AB}\times\overline{BD}=\frac{25}{2}$, $\overline{AB}^2=25$
$\therefore \overline{AB}=5(\text{cm})$
$\triangle DEB$에서 $\overline{DE}^2+4^2=5^2$, $\overline{DE}^2=9$
$\therefore \overline{DE}=3(\text{cm})$
$\overline{BC}=\overline{DE}=3\text{ cm}$, $\overline{AC}=\overline{BE}=4\text{ cm}$
$\overline{EC}=\overline{EB}+\overline{BC}=4+3=7(\text{cm})$이므로
$\square ADEC=\frac{1}{2}\times(3+4)\times7=\frac{49}{2}(\text{cm}^2)$ 답 ⑤

0759 $\overline{AE}=\overline{AD}-\overline{ED}=15-9=6(\text{cm})$
$\triangle ABE$에서 $\overline{AB}^2+6^2=10^2$, $\overline{AB}^2=64$
$\therefore \overline{AB}=8(\text{cm})$
$\overline{AC}$를 그으면 $\triangle ABC$에서
$\overline{AC}^2=8^2+15^2=289$ $\quad\therefore \overline{AC}=17(\text{cm})$
따라서 직사각형 ABCD의 대각선의 길이는 17 cm이다.
답 17 cm

0760 $\overline{AB}:\overline{AC}=\overline{BD}:\overline{DC}=5:4$이므로
$\overline{AB}=5a\text{ cm}$, $\overline{AC}=4a\text{ cm}$라 하면
$\triangle ABC$에서 $(5a)^2=(4a)^2+9^2$
$9a^2=81$, $a^2=9$ $\quad\therefore a=3$
$\overline{AB}=5\times3=15(\text{cm})$, $\overline{AC}=4\times3=12(\text{cm})$
$\therefore \overline{AB}+\overline{AC}=15+12=27(\text{cm})$ 답 27 cm

0761 5개의 막대 중에서 3개를 골라 삼각형을 만들 수 있는 경우는 (4, 7, 8), (4, 7, 10), (4, 8, 10), (4, 10, 12), (7, 8, 10), (7, 8, 12), (7, 10, 12), (8, 10, 12)의 8가지이다.
$4^2+7^2>8^2$: 예각삼각형
$4^2+7^2<10^2$: 둔각삼각형
$4^2+8^2<10^2$: 둔각삼각형
$4^2+10^2<12^2$: 둔각삼각형
$7^2+8^2>10^2$: 예각삼각형
$7^2+8^2<12^2$: 둔각삼각형
$7^2+10^2>12^2$: 예각삼각형
$8^2+10^2>12^2$: 예각삼각형
따라서 만들 수 있는 둔각삼각형은 (4, 7, 10), (4, 8, 10), (4, 10, 12), (7, 8, 12)의 4개이다. 답 4

0762 $\triangle ABD$에서 $\overline{BD}^2=6^2+8^2=100$
$\therefore \overline{BD}=10(\text{cm})$
$\overline{AB}^2=\overline{BE}\times\overline{BD}$이므로
$6^2=\overline{BE}\times10$ $\quad\therefore \overline{BE}=\frac{18}{5}(\text{cm})$
이때 $\triangle ABE\equiv\triangle CDF$ (RHA 합동)이므로
$\overline{DF}=\overline{BE}=\frac{18}{5}\text{ cm}$
$\therefore \overline{EF}=\overline{BD}-2\overline{BE}$
$=10-2\times\frac{18}{5}$
$=\frac{14}{5}(\text{cm})$ 답 $\frac{14}{5}$ cm

0763 $\triangle ADC$에서 $\overline{FE}/\!/\overline{DC}$이므로
$\overline{AE}:\overline{EC}=\overline{AF}:\overline{FD}=4:3$
$\triangle ABC$에서 $\overline{DE}/\!/\overline{BC}$이므로
$\overline{AD}:\overline{DB}=\overline{AE}:\overline{EC}=4:3$
즉, $\overline{DE}:\overline{BC}=4:(4+3)=4:7$
이때 $\overline{BC}=14$이므로 $\overline{DE}:14=4:7$
$\therefore \overline{DE}=8$
$\therefore \overline{BE}^2+\overline{CD}^2=\overline{DE}^2+\overline{BC}^2$
$=8^2+14^2$
$=260$ 답 260

0764 다음 그림과 같이 두 점 P, Q를 각각 지나고 $\overline{AB}$에 평행한 직선이 $\overline{AD}$, $\overline{BC}$와 만나는 점을 각각 E, H, F, G라 하자.
$\square EFGH$를 오려 내고 나머지 두 부분을 붙이면 두 점 P, Q가 만나고 새로운 직사각형 ABCD가 된다.

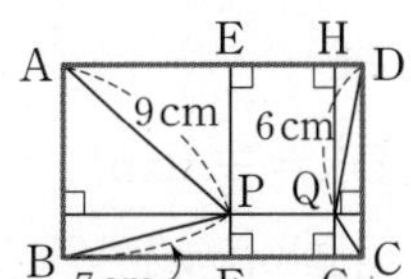

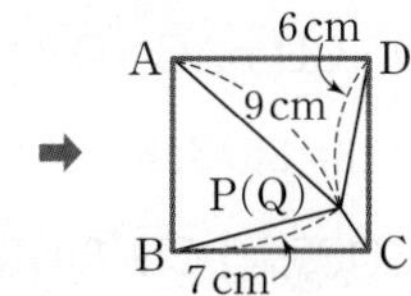

$\square ABCD$에서 $\overline{AP}^2+\overline{CQ}^2=\overline{BP}^2+\overline{DQ}^2$이므로
$9^2+\overline{CQ}^2=7^2+6^2$, $\overline{CQ}^2=4$
$\therefore \overline{CQ}=2(\text{cm})$ 답 2 cm

0765 (1) 다음 그림과 같이 점 A와 x축에 대하여 대칭인 점을 A′이라 하면 A′(0, −2)

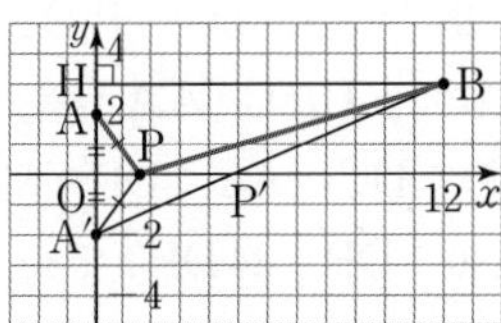

이때 $\overline{AP}+\overline{BP}=\overline{A'P}+\overline{BP}\geq\overline{A'B}$ …… ㉠
점 B에서 y축에 내린 수선의 발을 H라 하면
$\overline{BH}=12$, $\overline{A'H}=3+2=5$
$\triangle A'BH$에서 $\overline{A'B}^2=12^2+5^2=169$
$\therefore \overline{A'B}=13$
따라서 ㉠에 의해 $\overline{AP}+\overline{BP}$의 최솟값은 13이다.
(2) $\overline{AP}+\overline{BP}$의 길이가 최소일 때의 점 P의 위치를 P′이라 하면
$\triangle A'BH$에서 $\overline{OP'}/\!/\overline{HB}$이므로
$\overline{A'B}:\overline{BP'}=\overline{A'H}:\overline{HO}=5:3$

$\therefore \overline{BP'}=\frac{3}{5}\overline{A'B}=\frac{3}{5}\times 13=\frac{39}{5}$

따라서 구하는 $\overline{BP}$의 길이는 $\frac{39}{5}$이다.

답 (1) 13 (2) $\frac{39}{5}$

0766 $\overline{AD}$가 이등변삼각형 ABC의 높이이므로
$\overline{AD}\perp\overline{BC}$
점 A에서 $\overline{BC}$에 그은 수선은 $\overline{BC}$를 수직이등분하므로
$\overline{BD}=\frac{1}{2}\overline{BC}=\frac{1}{2}\times 6=3(\text{cm})$
$\triangle ABD$에서 $\overline{AD}^2+3^2=5^2$, $\overline{AD}^2=16$
$\therefore \overline{AD}=4(\text{cm})$
$\therefore \triangle ABD=\frac{1}{2}\times 3\times 4=6(\text{cm}^2)$
$\triangle ABD$에서 $\overline{BE}:\overline{AE}=\overline{BD}:\overline{AD}=3:4$이므로
$\triangle EBD=\frac{3}{7}\triangle ABD=\frac{3}{7}\times 6=\frac{18}{7}(\text{cm}^2)$ 답 $\frac{18}{7}$ cm²

0767 오른쪽 그림과 같이 점 D를 지나고 $\overline{PQ}$와 평행한 직선을 그어 $\overline{BC}$, $\overline{AC}$와 만나는 점을 각각 P′, R라 하면

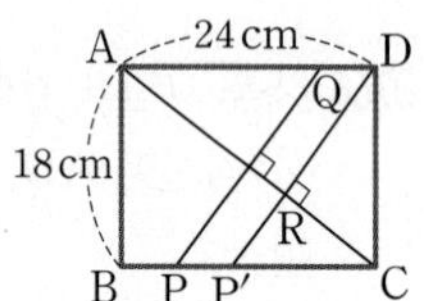

$\triangle ACD$에서 $\overline{AC}^2=24^2+18^2=900$
$\therefore \overline{AC}=30(\text{cm})$
$\overline{AD}\times\overline{CD}=\overline{AC}\times\overline{DR}$이므로
$24\times 18=30\times\overline{DR}$ $\therefore \overline{DR}=\frac{72}{5}(\text{cm})$
$\triangle CDP'$에서 $\overline{CD}^2=\overline{DR}\times\overline{DP'}$이므로
$18^2=\frac{72}{5}\times\overline{DP'}$ $\therefore \overline{DP'}=\frac{45}{2}(\text{cm})$
따라서 □QPP′D는 평행사변형이므로
$\overline{PQ}=\overline{DP'}=\frac{45}{2}$ cm 답 $\frac{45}{2}$ cm

다른 풀이 $\triangle ACD$와 $\triangle DP'C$에서
$\angle ADC=\angle DCP'=90^\circ$
$\angle CAD=90^\circ-\angle ACD=\angle P'DC$
$\therefore \triangle ACD\backsim\triangle DP'C$ (AA 닮음)
따라서 $\overline{AD}:\overline{DC}=\overline{AC}:\overline{DP'}$이므로
$24:18=30:\overline{DP'}$, $24\overline{DP'}=540$
$\therefore \overline{DP'}=\frac{45}{2}(\text{cm})$

0768 오른쪽 그림과 같이 색칠한 부분의 넓이를 S_1, S_2, S_3, S_4라 하고, $\overline{BD}$를 그으면

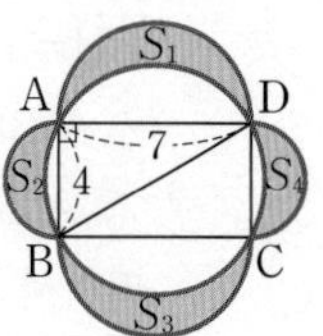

$S_1+S_2=\triangle ABD$, $S_3+S_4=\triangle BCD$
따라서 색칠한 부분의 넓이는
$S_1+S_2+S_3+S_4=\triangle ABD+\triangle BCD$
$=\square ABCD$
$=7\times 4=28$ 답 28

교과서 속 참의력 UP! 133쪽

0769 $\triangle ABC$에서 $\overline{AC}^2+3^2=5^2$
$\overline{AC}^2=16$
$\therefore \overline{AC}=4(\text{cm})$
직각삼각형 ABC를 직선 l을 축으로 하여 1회전 시킬 때 생기는 입체도형은 밑면의 반지름의 길이가 3 cm, 높이가 4 cm인 원뿔이다.
따라서 구하는 입체도형의 부피는
$\frac{1}{3}\times(\pi\times 3^2)\times 4=12\pi(\text{cm}^3)$ 답 12π cm³

0770 구하는 최단 거리는 다음 그림에서 $\overline{BE}$의 길이와 같다.

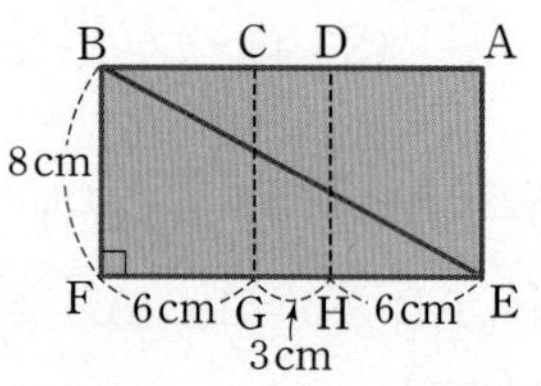

직각삼각형 BFE에서
$\overline{BE}^2=8^2+(6+3+6)^2=289$
$\therefore \overline{BE}=17(\text{cm})$
따라서 구하는 최단 거리는 17 cm이다. 답 17 cm

0771 오른쪽 그림과 같이 매의 위치를 B, 나무 꼭대기를 C, 나무와 지면이 만나는 부분을 D라 하자. 점 C에서 $\overline{AB}$에 내린 수선의 발을 E라 하면

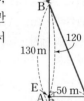

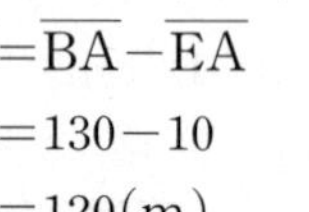

$\overline{BE}=\overline{BA}-\overline{EA}$
$=130-10$
$=120(\text{m})$
$\overline{EC}=\overline{AD}=50$ m이므로
$\triangle BEC$에서
$\overline{BC}^2=50^2+120^2=16900$
$\therefore \overline{BC}=130(\text{m})$
따라서 매가 나무 꼭대기에 도착할 때까지 걸리는 시간은
$\frac{130}{26}=5$(초) 답 5초

0772 $3^2+4^2=5^2$이므로 $\triangle AOB$는 $\angle A=90^\circ$인 직각삼각형이다.
점 A에서 $\overline{OB}$에 내린 수선의 발을 H라 하면

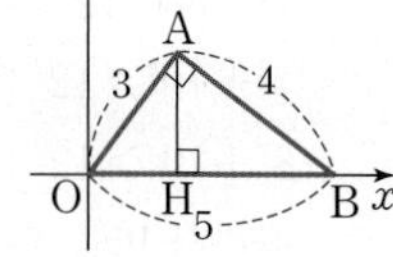

$\overline{AO}\times\overline{AB}=\overline{OB}\times\overline{AH}$이므로
$3\times 4=5\times\overline{AH}$ $\therefore \overline{AH}=\frac{12}{5}$
$\overline{AO}^2=\overline{OH}\times\overline{OB}$이므로
$3^2=\overline{OH}\times 5$ $\therefore \overline{OH}=\frac{9}{5}$
따라서 점 A의 좌표는 $\left(\frac{9}{5}, \frac{12}{5}\right)$이다. 답 $\left(\frac{9}{5}, \frac{12}{5}\right)$

09. 경우의 수

Step 1 핵심 개념 137, 139쪽

0773 2의 배수의 눈은 2, 4, 6의 3가지이므로 구하는 경우의 수는 3이다. 답 3

0774 소수의 눈은 2, 3, 5의 3가지이므로 구하는 경우의 수는 3이다. 답 3

참고 1보다 큰 자연수 중 1과 그 수 자신만을 약수로 가지는 수를 소수라 한다.

0775 6의 약수의 눈은 1, 2, 3, 6의 4가지이므로 구하는 경우의 수는 4이다. 답 4

0776 5의 배수는 5, 10, 15, 20의 4가지이므로 구하는 경우의 수는 4이다. 답 4

0777 6의 배수는 6, 12, 18의 3가지이므로 구하는 경우의 수는 3이다. 답 3

0778 $4+3=7$ 답 7

0779 $5+4=9$ 답 9

0780 2 이하의 눈은 1, 2의 2가지, 4 이상의 눈은 4, 5, 6의 3가지이므로 구하는 경우의 수는
$2+3=5$ 답 5

0781 A 지점에서 B 지점으로 가는 길은 3가지이므로 구하는 경우의 수는 3이다. 답 3

0782 B 지점에서 C 지점으로 가는 길은 2가지이므로 구하는 경우의 수는 2이다. 답 2

0783 $3\times2=6$ 답 6

0784 $6\times4=24$ 답 24

0785 $3\times3=9$ 답 9

0786 $3\times5=15$ 답 15

0787 $2\times2\times2=2^3=8$ 답 8

참고 동전의 앞면을 H, 뒷면을 T라 하면 서로 다른 3개의 동전을 동시에 던질 때 일어날 수 있는 모든 경우는
(H, H, H), (H, H, T), (H, T, H), (T, H, H),
(H, T, T), (T, H, T), (T, T, H), (T, T, T)
의 8가지이다.

0788 $6\times6=6^2=36$ 답 36

참고 서로 다른 2개의 주사위를 동시에 던질 때 일어날 수 있는 모든 경우는
(1, 1), (1, 2), (1, 3), (1, 4), (1, 5), (1, 6),
(2, 1), (2, 2), (2, 3), (2, 4), (2, 5), (2, 6),
(3, 1), (3, 2), (3, 3), (3, 4), (3, 5), (3, 6),
(4, 1), (4, 2), (4, 3), (4, 4), (4, 5), (4, 6),
(5, 1), (5, 2), (5, 3), (5, 4), (5, 5), (5, 6),
(6, 1), (6, 2), (6, 3), (6, 4), (6, 5), (6, 6)
의 36가지이다.

0789 $2\times6=12$ 답 12

참고 동전의 앞면을 H, 뒷면을 T라 하면 동전 1개와 주사위 1개를 동시에 던질 때 일어날 수 있는 모든 경우는
(H, 1), (H, 2), (H, 3), (H, 4), (H, 5), (H, 6),
(T, 1), (T, 2), (T, 3), (T, 4), (T, 5), (T, 6)
의 12가지이다.

0790 $4\times3\times2\times1=24$ 답 24

0791 $4\times3=12$ 답 12

0792 $4\times3\times2=24$ 답 24

0793 $5\times4\times3\times2\times1=120$ 답 120

0794 답 2, 2, 2, 2, 4

0795 $4\times3=12$ 답 12

0796 $4\times3\times2=24$ 답 24

0797 십의 자리에 올 수 있는 숫자는 0을 제외한 3가지, 일의 자리에 올 수 있는 숫자는 십의 자리에 온 숫자를 제외한 3가지이므로 구하는 자연수의 개수는
$3\times3=9$ 답 9

0798 백의 자리에 올 수 있는 숫자는 0을 제외한 3가지, 십의 자리에 올 수 있는 숫자는 백의 자리에 온 숫자를 제외한 3가지, 일의 자리에 올 수 있는 숫자는 백의 자리와 십의 자리에 온 숫자를 제외한 2가지이므로 구하는 자연수의 개수는
$3\times3\times2=18$ 답 18

0799 $4\times3=12$ 답 12

0800 $\frac{4\times3}{2}=6$ 답 6

0801 $5\times4\times3=60$ 답 60

0802 $\frac{5\times4\times3}{3\times2\times1}=10$ 답 10

0803 5개의 점 중에서 순서를 생각하지 않고 2개를 선택하는 경우의 수와 같으므로
$\frac{5\times4}{2}=10$ 답 10

0804 5개의 점 중에서 순서를 생각하지 않고 3개를 선택하는 경우의 수와 같으므로
$\frac{5\times4\times3}{3\times2\times1}=10$ 답 10

Step 2 핵심 유형 140~149쪽

Theme 18 경우의 수 140~144쪽

0805 나오는 눈의 수의 합이 6인 경우는 (1, 5), (2, 4), (3, 3), (4, 2), (5, 1)이므로 경우의 수는 5이다. 답 5

0806 공에 적힌 수가 12의 약수인 경우는 1, 2, 3, 4, 6, 12이므로 경우의 수는 6이다. 답 6

0807 앞면을 H, 뒷면을 T라 하면 앞면이 1개, 뒷면이 2개 나오는 경우는 (H, T, T), (T, H, T), (T, T, H)이므로 경우의 수는 3이다. 답 3

0808 ① 짝수는 2, 4, 6, ⋯, 20의 10개이므로 경우의 수는 10이다.
② 소수는 2, 3, 5, 7, 11, 13, 17, 19의 8개이므로 경우의 수는 8이다.
③ 3의 배수는 3, 6, 9, 12, 15, 18의 6개이므로 경우의 수는 6이다.
④ 10의 약수는 1, 2, 5, 10의 4개이므로 경우의 수는 4이다.
⑤ 10 미만의 수는 1, 2, 3, ⋯, 9의 9개이므로 경우의 수는 9이다.
따라서 경우의 수가 가장 큰 것은 ①이다. 답 ①

0809 음료수 값 500원을 지불하는 방법을 표로 나타내면 다음과 같다.

100원(개)	5	4	4	3	3
50원(개)	0	2	1	4	3
10원(개)	0	0	5	0	5

따라서 음료수 값을 지불하는 방법의 수는 5이다. 답 5

0810 350원을 지불하는 방법을 표로 나타내면 다음과 같다.

100원(개)	3	2	1
50원(개)	1	3	5

따라서 350원을 지불하는 방법의 수는 3이다. 답 3

0811 지불할 수 있는 금액을 표로 나타내면 다음과 같다.

50원(개) / 500원(개)	1	2	3	4
1	550원	600원	650원	700원
2	1050원	1100원	1150원	1200원

따라서 지불할 수 있는 금액은 모두 8가지이다. 답 ④

0812 세 변의 길이를 a, b, c $(a<b<c)$라 하고 삼각형이 만들어지는 경우를 순서쌍 (a, b, c)로 나타내면
(2, 3, 4), (3, 4, 6)이므로 구하는 삼각형의 개수는 2이다.
답 2

참고 세 선분의 길이가 주어졌을 때, 삼각형이 될 수 있는 조건
⇨ (가장 긴 변의 길이)<(나머지 두 변의 길이의 합)

0813 알파벳 중 자음은 s, n, r, m, t, h이므로 자음을 선택하는 경우의 수는 6이다. 답 ③

0814 세 명 모두 다른 것을 내는 경우는
(가위, 바위, 보), (가위, 보, 바위), (바위, 가위, 보),
(보, 가위, 바위), (바위, 보, 가위), (보, 바위, 가위)
이므로 경우의 수는 6이다. 답 ③

0815 (i) 계단을 1개씩만 오르는 경우 :
(1, 1, 1, 1, 1) …❶
(ii) 한 걸음에 2개의 계단을 한 번 오르는 경우 :
(2, 1, 1, 1), (1, 2, 1, 1), (1, 1, 2, 1), (1, 1, 1, 2) …❷
(iii) 한 걸음에 2개의 계단을 두 번 오르는 경우 :
(2, 2, 1), (2, 1, 2), (1, 2, 2) …❸
(i)~(iii)에서 구하는 경우의 수는 8 …❹
답 8

채점 기준	배점
❶ 계단을 1개씩만 오르는 경우 구하기	30 %
❷ 한 걸음에 2개의 계단을 한 번 오르는 경우 구하기	30 %
❸ 한 걸음에 2개의 계단을 두 번 오르는 경우 구하기	30 %
❹ 5개의 계단을 오르는 경우의 수 구하기	10 %

0816 $ax-b=0$에 $x=2$를 대입하면 $2a-b=0$
즉, $2a=b$가 되는 경우를 순서쌍 (a, b)로 나타내면
(1, 2), (2, 4), (3, 6)
이므로 경우의 수는 3이다. 답 3

0817 $x+y=8$이 되는 경우를 순서쌍 (x, y)로 나타내면
(1, 7), (2, 6), (3, 5), (4, 4), (5, 3), (6, 2), (7, 1)
이므로 경우의 수는 7이다. 답 ③

0818 $x+2y=11$이 되는 경우를 순서쌍 (x, y)로 나타내면
(1, 5), (3, 4), (5, 3)
이므로 경우의 수는 3이다. 답 3

0819 $3x+y<9$가 되는 경우를 순서쌍 (x, y)로 나타내면
(i) $x=1$일 때, $y=1$, 2, 3, 4, 5이므로
(1, 1), (1, 2), (1, 3), (1, 4), (1, 5)
(ii) $x=2$일 때, $y=1$, 2이므로 (2, 1), (2, 2)
(i), (ii)에서 구하는 경우의 수는 7 답 7

0820 (i) 두 눈의 수의 합이 4인 경우 :
(1, 3), (2, 2), (3, 1)의 3가지
(ii) 두 눈의 수의 합이 7인 경우 :
(1, 6), (2, 5), (3, 4), (4, 3), (5, 2), (6, 1)의 6가지
(i), (ii)에서 구하는 경우의 수는
$3+6=9$ 답 9

0821 1부터 12까지의 자연수 중에서
4의 배수는 4, 8, 12의 3개이고
10의 약수는 1, 2, 5, 10의 4개이므로
구하는 경우의 수는 $3+4=7$ 답 7

0822 (i) 두 눈의 수의 차가 3인 경우 :
(1, 4), (2, 5), (3, 6), (4, 1), (5, 2), (6, 3)의 6가지
(ii) 두 눈의 수의 차가 5인 경우 :
(1, 6), (6, 1)의 2가지
(i), (ii)에서 구하는 경우의 수는
$6+2=8$ 답 8

0823 1부터 20까지의 자연수 중에서

(i) 3의 배수는 3, 6, 9, 12, 15, 18이므로 경우의 수는 6 …❶

(ii) 5의 배수는 5, 10, 15, 20이므로 경우의 수는 4 …❷

(iii) 3과 5의 공배수는 15이므로 경우의 수는 1 …❸

(i)~(iii)에서 구하는 경우의 수는

$6+4-1=9$ …❹

답 9

채점 기준	배점
❶ 3의 배수가 나오는 경우의 수 구하기	30 %
❷ 5의 배수가 나오는 경우의 수 구하기	30 %
❸ 3과 5의 공배수가 나오는 경우의 수 구하기	30 %
❹ 3의 배수 또는 5의 배수가 나오는 경우의 수 구하기	10 %

0824 기차를 타고 가는 경우의 수는 3이고, 고속버스를 타고 가는 경우의 수는 2이므로 구하는 경우의 수는

$3+2=5$

답 ④

0825 아이스크림을 선택하는 경우의 수는 4, 음료를 선택하는 경우의 수는 5, 케이크를 선택하는 경우의 수는 3이므로 구하는 경우의 수는

$4+5+3=12$

답 12

0826 혈액형이 A형인 학생은 8명, B형인 학생은 7명이므로 구하는 경우의 수는

$8+7=15$

답 15

0827 주사위 1개를 던질 때 일어나는 경우의 수는 6이고, 동전 1개를 던질 때 일어나는 경우의 수는 2이다.

따라서 구하는 경우의 수는

$6\times6\times2\times2=144$

답 144

0828 2의 배수의 눈이 나오는 경우는 2, 4, 6의 3가지이고, 6의 약수의 눈이 나오는 경우는 1, 2, 3, 6의 4가지이다.

따라서 구하는 경우의 수는

$3\times4=12$

답 12

0829 동전 2개를 던질 때 서로 다른 면이 나오는 경우는 (앞, 뒤), (뒤, 앞)의 2가지이고, 주사위 1개를 던질 때 소수의 눈이 나오는 경우는 2, 3, 5의 3가지이다.

따라서 구하는 경우의 수는

$2\times3=6$

답 6

0830 주사위 A를 던질 때 4의 약수가 나오는 경우는 1, 2, 4의 3가지이고, 주사위 B를 던질 때 홀수가 나오는 경우는 1, 3, 5, 7의 4가지이다.

따라서 구하는 경우의 수는

$3\times4=12$

답 12

0831 자음이 4가지, 모음이 4가지이고 자음 1개와 모음 1개를 짝 지으면 글자 1개가 만들어지므로 만들 수 있는 글자의 개수는

$4\times4=16$

답 16

0832 빵을 선택하는 경우의 수는 3, 토핑을 선택하는 경우의 수는 5, 드레싱을 선택하는 경우의 수는 4이므로 샌드위치를 주문하는 경우의 수는

$3\times5\times4=60$

답 ⑤

0833 스포츠 강좌를 선택하는 경우의 수는 3이고, 스포츠 강좌를 제외한 나머지 강좌는 6가지므로 이 중 한 가지를 선택하는 경우의 수는 6이다.

따라서 구하는 경우의 수는

$3\times6=18$

답 18

0834 (i) 집에서 박물관으로 바로 가는 경우의 수는 2

(ii) 집에서 공원을 거쳐 박물관으로 가는 경우의 수는

$2\times3=6$

(i), (ii)에서 구하는 경우의 수는

$2+6=8$

답 8

주의 (i)과 (ii)는 동시에 일어날 수 없으므로 경우의 수의 합을 이용한다.

0835 한 등산로를 따라 올라가는 경우의 수는 7이고, 그 각각에 대하여 다른 등산로를 따라 내려오는 경우의 수는 6이므로 구하는 경우의 수는

$7\times6=42$

답 ③

0836 (i) A → B → C → D로 가는 경우의 수는

$2\times2\times3=12$ …❶

(ii) A → B → D로 가는 경우의 수는

$2\times1=2$ …❷

(i), (ii)에서 구하는 경우의 수는

$12+2=14$ …❸

답 14

채점 기준	배점
❶ A → B → C → D로 가는 경우의 수 구하기	40 %
❷ A → B → D로 가는 경우의 수 구하기	40 %
❸ A 지점에서 D 지점으로 가는 경우의 수 구하기	20 %

0837 (i) A 지점에서 P 지점까지 최단 거리로 가는 경우의 수는 3

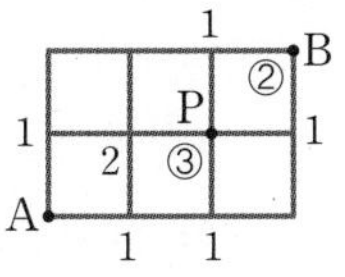

(ii) P 지점에서 B 지점까지 최단 거리로 가는 경우의 수는 2

(i), (ii)에서 구하는 경우의 수는

$3\times2=6$

답 ②

0838 (i) A 지점에서 P 지점까지 최단 거리로 가는 경우의 수는 4

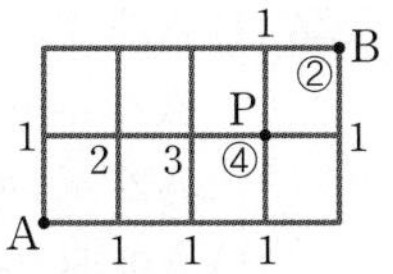

(ii) P 지점에서 B 지점까지 최단 거리로 가는 경우의 수는 2

(i), (ii)에서 구하는 경우의 수는

$4\times2=8$

답 8

0839 (i) 지우네 집에서 서점까지 최단 거리로 가는 경우의 수는 2

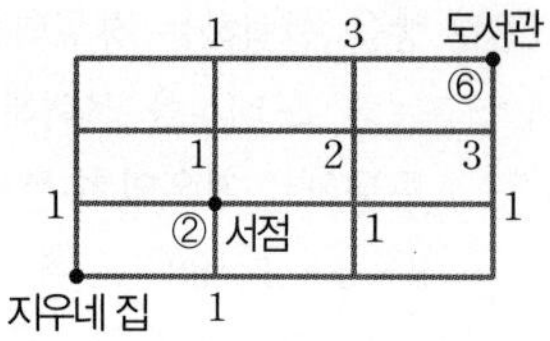

(ii) 서점에서 도서관까지 최단 거리로 가는 경우의 수는 6

(i), (ii)에서 구하는 경우의 수는

$2\times6=12$ 답 12

Theme 19 경우의 수의 응용 145~149쪽

0840 첫 번째로 달릴 수 있는 사람은 6명, 두 번째로 달릴 수 있는 사람은 첫 번째 달린 사람을 제외한 5명, 세 번째로 달릴 수 있는 사람은 첫 번째와 두 번째 달린 사람을 제외한 4명, 네 번째로 달릴 수 있는 사람은 첫 번째, 두 번째, 세 번째 달린 사람을 제외한 3명이므로 구하는 경우의 수는

$6\times5\times4\times3=360$ 답 ④

0841 $5\times4\times3\times2\times1=120$ 답 ③

0842 첫 번째에 관람할 수 있는 전시실은 6개, 두 번째에 관람할 수 있는 전시실은 첫 번째에 관람한 전시실을 제외한 5개이므로 구하는 경우의 수는

$6\times5=30$ 답 30

0843 국어책을 가장 왼쪽, 사회책을 가장 오른쪽 자리에 고정하고 국어책과 사회책을 제외한 나머지 3권을 한 줄로 꽂는 경우의 수와 같으므로 구하는 경우의 수는

$3\times2\times1=6$ 답 ③

0844 왼쪽에서 두 번째 자리에 세윤이를 고정하고, 세윤이를 제외한 나머지 4명을 한 줄로 세우는 경우의 수와 같으므로 구하는 경우의 수는

$4\times3\times2\times1=24$ 답 24

0845 부모님 사이에 주호, 남동생, 여동생 3명이 한 줄로 서는 경우의 수는

$3\times2\times1=6$

이때 부모님이 자리를 바꾸는 경우의 수는 2

따라서 구하는 경우의 수는

$6\times2=12$ 답 12

주의 부모님이 자리를 바꾸는 경우에 주의한다.

0846 (i) A가 첫 번째 자리에 설 때 가능한 B의 위치는 3가지

A가 두 번째 자리에 설 때 가능한 B의 위치는 2가지

A가 세 번째 자리에 설 때 가능한 B의 위치는 1가지

(ii) A와 B 자리를 제외한 나머지 위치에 C, D를 한 줄로 세우는 경우의 수는

$2\times1=2$

(i), (ii)에서 A가 B보다 앞에 서는 경우의 수는

$(3+2+1)\times2=12$ 답 12

0847 A와 B를 한 명으로 생각하여 4명을 한 줄로 세우는 경우의 수는

$4\times3\times2\times1=24$

이때 A와 B가 자리를 바꾸는 경우의 수는 2

따라서 구하는 경우의 수는

$24\times2=48$ 답 ②

0848 B와 C를 한 명으로 생각하여 5명을 한 줄로 세우는 경우의 수는

$5\times4\times3\times2\times1=120$

이때 B가 C 앞에 서는 경우의 수는 1

따라서 구하는 경우의 수는

$120\times1=120$ 답 120

0849 여학생 3명을 한 명으로 생각하여 4명을 한 줄로 세우는 경우의 수는

$4\times3\times2\times1=24$ …❶

이때 여학생 3명이 자리를 바꾸는 경우의 수는

$3\times2\times1=6$ …❷

따라서 구하는 경우의 수는

$24\times6=144$ …❸

답 144

채점 기준	배점
❶ 여학생 3명을 한 명으로 생각하여 4명을 한 줄로 세우는 경우의 수 구하기	40 %
❷ 여학생끼리 자리를 바꾸는 경우의 수 구하기	30 %
❸ 여학생끼리 이웃하여 서는 경우의 수 구하기	30 %

0850 할아버지와 할머니를 한 명으로, 부모님을 한 명으로 생각하여 4명을 한 줄로 세우는 경우의 수는

$4\times3\times2\times1=24$

할아버지와 할머니가 자리를 바꾸는 경우의 수는 2

부모님이 자리를 바꾸는 경우의 수는 2

따라서 구하는 경우의 수는

$24\times2\times2=96$ 답 96

0851 만든 수가 34보다 크려면 십의 자리에 올 수 있는 숫자는 3 또는 4 또는 5이다.

(i) 3□인 경우 : 35의 1개

(ii) 4□인 경우 : 41, 42, 43, 45의 4개

(iii) 5□인 경우 : 51, 52, 53, 54의 4개

(i)~(iii)에서 34보다 큰 수의 개수는

$1+4+4=9$ 답 9

0852 백의 자리, 십의 자리, 일의 자리에 올 수 있는 숫자는 각각 6개이므로 구하는 세 자리 자연수의 개수는

$6\times6\times6=216$ 답 216

0853 만든 수가 35보다 작으려면 십의 자리에 올 수 있는 숫자는 1 또는 2 또는 3이다.
(i) 1□인 경우 : 12, 13, 14, 15, 16의 5개
(ii) 2□인 경우 : 21, 23, 24, 25, 26의 5개
(iii) 3□인 경우 : 31, 32, 34의 3개
(i)~(iii)에서 35보다 작은 수의 개수는
$5+5+3=13$ 답 13

0854 만든 수가 짝수이려면 일의 자리에 올 수 있는 숫자는 2 또는 4 또는 6 또는 8이다.
이때 십의 자리에 올 수 있는 숫자는 일의 자리에 온 숫자를 제외한 8개이다.
따라서 짝수의 개수는
$4\times8=32$ 답 ①

0855 백의 자리에 올 수 있는 숫자는 0을 제외한 3개, 십의 자리에 올 수 있는 숫자는 백의 자리에 온 숫자를 제외한 3개, 일의 자리에 올 수 있는 숫자는 백의 자리와 십의 자리에 온 숫자를 제외한 2개이므로 만들 수 있는 세 자리 자연수의 개수는
$3\times3\times2=18$ 답 ④

0856 십의 자리에 올 수 있는 숫자는 0을 제외한 5개, 일의 자리에 올 수 있는 숫자는 0을 포함한 6개이므로 만들 수 있는 두 자리 자연수의 개수는
$5\times6=30$ 답 30

0857 만든 수가 짝수이려면 일의 자리에 올 수 있는 숫자는 0 또는 2 또는 4이다.
(i) □0인 경우 : 십의 자리에 올 수 있는 숫자는 0을 제외한 4개
(ii) □2인 경우 : 십의 자리에 올 수 있는 숫자는 0과 일의 자리에 온 숫자 2를 제외한 3개
(iii) □4인 경우 : 십의 자리에 올 수 있는 숫자는 0과 일의 자리에 온 숫자 4를 제외한 3개
(i)~(iii)에서 짝수의 개수는
$4+3+3=10$ 답 10

0858 A에 칠할 수 있는 색은 4가지, B에 칠할 수 있는 색은 A에 칠한 색을 제외한 3가지, C에 칠할 수 있는 색은 B에 칠한 색을 제외한 3가지, D에 칠할 수 있는 색은 B와 C에 칠한 색을 제외한 2가지이다.
따라서 구하는 경우의 수는
$4\times3\times3\times2=72$ 답 72

0859 A에 칠할 수 있는 색은 4가지, B에 칠할 수 있는 색은 A에 칠한 색을 제외한 3가지, C에 칠할 수 있는 색은 A와 B에 칠한 색을 제외한 2가지, D에 칠할 수 있는 색은 A, B, C에 칠한 색을 제외한 1가지이다.
따라서 구하는 경우의 수는
$4\times3\times2\times1=24$ 답 ④

0860 이웃하는 곳은 서로 다른 색으로 칠하므로 A와 D는 같은 색으로 칠해야 한다.
A에 칠할 수 있는 색은 3가지, B에 칠할 수 있는 색은 A에 칠한 색을 제외한 2가지, C에 칠할 수 있는 색은 A와 B에 칠한 색을 제외한 1가지이다.
따라서 구하는 경우의 수는
$3\times2\times1=6$ 답 6

0861 5명 중에서 3명을 뽑아 한 줄로 세우는 경우의 수와 같으므로 구하는 경우의 수는
$5\times4\times3=60$ 답 ④

0862 10명 중에서 4명을 뽑아 한 줄로 세우는 경우의 수와 같으므로 구하는 경우의 수는
$10\times9\times8\times7=5040$ 답 5040

0863 C를 의장으로 뽑고, C를 제외한 A, B, D, E, F 5명의 후보 중에서 부의장과 서기를 각각 1명씩 뽑으면 된다.
따라서 5명 중에서 2명을 뽑아 한 줄로 세우는 경우의 수와 같으므로 구하는 경우의 수는
$5\times4=20$ 답 20

0864 (i) 회장이 남학생인 경우
남학생 10명 중에서 회장 1명을 뽑는 경우의 수는 10이고, 회장으로 뽑힌 남학생 1명을 제외한 남학생 9명, 여학생 12명 중에서 남자 부회장, 여자 부회장을 각각 1명씩 뽑는 경우의 수는 $9\times12=108$이다.
따라서 그 경우의 수는
$10\times108=1080$
(ii) 회장이 여학생인 경우
여학생 12명 중에서 회장 1명을 뽑는 경우의 수는 12이고, 회장으로 뽑힌 여학생 1명을 제외한 남학생 10명, 여학생 11명 중에서 남자 부회장, 여자 부회장을 각각 1명씩 뽑는 경우의 수는 $10\times11=110$이다.
따라서 그 경우의 수는
$12\times110=1320$
(i), (ii)에서 구하는 경우의 수는
$1080+1320=2400$ 답 ④

0865 6명 중에서 자격이 같은 대표 3명을 뽑는 경우의 수는
$\frac{6\times5\times4}{3\times2\times1}=20$ 답 20

0866 7명 중에서 자격이 같은 대표 2명을 뽑는 경우의 수와 같으므로 구하는 경우의 수는
$\frac{7\times6}{2}=21$ 답 21

0867 준수를 뽑고, 준수를 제외한 8명 중에서 대회에 참가할 2명을 뽑으면 된다.
따라서 구하는 경우의 수는
$\frac{8\times7}{2}=28$ 답 ②

0868 (i) 시장 1명을 뽑는 경우의 수는 2 …❶

(ii) 시의원 2명을 뽑는 경우의 수는

$\frac{5\times4}{2}=10$ …❷

(i), (ii)에서 구하는 경우의 수는

$2\times10=20$ …❸

답 20

채점 기준	배점
❶ 시장 1명을 뽑는 경우의 수 구하기	30 %
❷ 시의원 2명을 뽑는 경우의 수 구하기	50 %
❸ 시장 1명, 시의원 2명을 뽑는 경우의 수 구하기	20 %

0869 10명 중에서 순서를 생각하지 않고 2명을 뽑는 경우의 수와 같으므로 구하는 악수의 총 횟수는

$\frac{10\times9}{2}=45$ 답 ②

0870 6개의 학급 대표 6명 중에서 순서를 생각하지 않고 2명을 뽑는 경우의 수와 같으므로 구하는 경기의 총 횟수는

$\frac{6\times5}{2}=15$ 답 15

0871 32명이 두 명씩 경기를 하면 16경기

이긴 16명이 두 명씩 경기를 하면 8경기

이긴 8명이 두 명씩 경기를 하면 4경기

이긴 4명이 두 명씩 경기를 하면 2경기

이긴 2명이 경기를 하면 1경기

따라서 경기의 총 횟수는

$16+8+4+2+1=31$ 답 31

0872 경기를 한 번 할 때마다 한 선수가 탈락하므로 최후 승자를 제외한 7명이 탈락하는 경우가 가장 많이 경기를 하는 경우이고, 한 선수가 상대편 선수 4명을 모두 이기는 경우가 가장 적게 경기를 하는 경우이다.

따라서 가능한 경기 수는 최대 7회, 최소 4회이므로

$a=7$, $b=4$

$\therefore a-b=3$ 답 3

0873 8개의 점 중에서 순서를 생각하지 않고 2개의 점을 선택하는 경우의 수와 같으므로 구하는 선분의 개수는

$\frac{8\times7}{2}=28$ 답 28

0874 직선 l 위의 한 점을 선택하는 경우의 수는 5

직선 m 위의 한 점을 선택하는 경우의 수는 3

따라서 구하는 선분의 개수는

$5\times3=15$ 답 ③

0875 6개의 점 중에서 순서를 생각하지 않고 3개의 점을 선택하는 경우의 수와 같으므로 구하는 삼각형의 개수는

$\frac{6\times5\times4}{3\times2\times1}=20$ 답 ④

발전 문제

150~152쪽

0876 지불할 수 있는 금액을 표로 나타내면 다음과 같다.

50원(개) \ 100원(개)	0	1	2	3
0		100원	200원	300원
1	50원	150원	250원	350원
2	100원	200원	300원	400원

따라서 지불할 수 있는 금액은 50원, 100원, 150원, 200원, 250원, 300원, 350원, 400원의 8가지이다. 답 8가지

주의 금액이 같은 경우를 중복하여 세어 11가지라고 답하지 않도록 한다.

0877 (i) 세 명이 모두 같은 것을 내는 경우 :

(가위, 가위, 가위), (바위, 바위, 바위), (보, 보, 보)의 3가지

(ii) 세 명이 모두 다른 것을 내는 경우 :

(가위, 바위, 보), (가위, 보, 바위), (바위, 가위, 보), (보, 가위, 바위), (바위, 보, 가위), (보, 바위, 가위)의 6가지

(i), (ii)에서 구하는 경우의 수는

$3+6=9$ 답 ③

0878 $ax=b$에서 $x=\frac{b}{a}$이므로 $\frac{b}{a}$가 정수가 되는 경우를 a, b의 순서쌍 (a, b)로 나타내면

(1, 1), (1, 2), (1, 3), (1, 4), (1, 5), (1, 6),

(2, 2), (2, 4), (2, 6),

(3, 3), (3, 6),

(4, 4), (5, 5), (6, 6)

따라서 해가 정수가 되는 경우의 수는 14이다. 답 ④

0879 각각의 전구에서 켜지는 경우와 꺼지는 경우 2가지가 있으므로 만들 수 있는 신호의 개수는

$2\times2\times2\times2\times2=32$ 답 32

0880 (i) A 지점에서 P 지점까지 최단 거리로 가는 경우의 수는 10

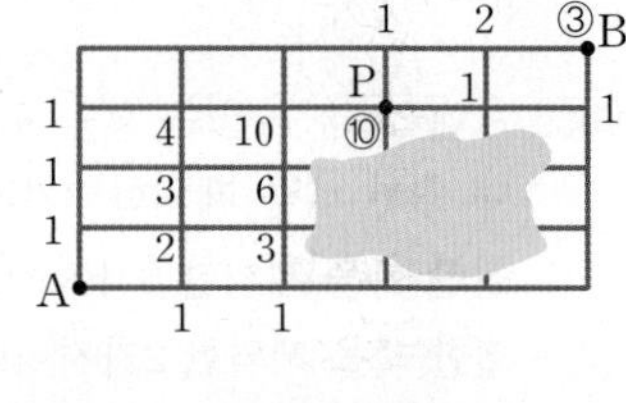

(ii) P 지점에서 B 지점까지 최단 거리로 가는 경우의 수는 3

(i), (ii)에서 구하는 경우의 수는

$10\times3=30$ 답 30

0881 (i) 부모 2명과 자녀 3명을 각각 한 명으로 생각하여 2명이 한 줄로 앉는 경우의 수는

$2\times1=2$

(ii) 부모끼리 자리를 바꾸는 경우의 수는

$2\times1=2$

(iii) 자녀끼리 자리를 바꾸는 경우의 수는

$3\times2\times1=6$

(i)~(iii)에서 구하는 경우의 수는

$2\times2\times6=24$ 답 24

0882 5□인 경우 : 51, 52, 53, 54의 4개

4□인 경우 : 41, 42, 43, 45의 4개

3□인 경우 : 31, 32, 34, 35의 4개

이때 $4+4+4=12$(개)이므로 두 자리 자연수 중 12번째로 큰 수는 31이다. 답 31

0883 1□□인 경우 : $3\times2=6$(개)

2□□인 경우 : $3\times2=6$(개)

이때 $6+6=12$(개)이고, 백의 자리 숫자가 3인 경우 작은 수부터 차례대로 나열하면 301, 302, 310, 312, …이므로 15번째에 오는 수는 310이다. 답 310

0884 남학생 6명과 여학생 4명 중에서 3명의 위원을 뽑는 경우의 수는

$\frac{10\times9\times8}{3\times2\times1}=120$ $\therefore a=120$

남학생 6명 중에서 2명의 위원을, 여학생 4명 중에서 1명의 위원을 뽑는 경우의 수는

$\frac{6\times5}{2}\times4=60$ $\therefore b=60$

$\therefore a+b=120+60=180$ 답 ⑤

0885 8개의 점 중에서 순서를 생각하지 않고 3개의 점을 선택하는 경우의 수는

$\frac{8\times7\times6}{3\times2\times1}=56$

이때 일직선 위에 있는 네 점 A, B, C, D 중에서 3개의 점을 선택하는 경우에는 삼각형이 만들어지지 않으므로 삼각형이 만들어지지 않는 경우의 수는

$\frac{4\times3\times2}{3\times2\times1}=4$

따라서 만들 수 있는 삼각형의 개수는

$56-4=52$ 답 52

0886 A 도시에서 출발하여 B, C, D, E 네 도시를 방문하는 순서는 네 도시를 한 줄로 나열하는 경우의 수와 같으므로

$4\times3\times2\times1=24$

이때 C 도시와 E 도시 사이에는 직접 통하는 길이 없으므로 C 도시와 E 도시를 이웃하여 방문할 수 없다.

C 도시와 E 도시를 이웃하여 한 줄로 나열하는 경우의 수는

$(3\times2\times1)\times2=12$

따라서 구하는 경우의 수는

$24-12=12$ 답 12

0887 세 자리 자연수 중 3의 배수는 각 자리의 숫자의 합이 3의 배수인 수이고, 1부터 5까지의 자연수 중 세 수의 합이 3의 배수인 경우는

(1, 2, 3), (1, 3, 5), (2, 3, 4), (3, 4, 5)의 4가지이다.

이때 1, 2, 3으로 만들 수 있는 세 자리 자연수는

$3\times2\times1=6$(개)이므로 구하는 3의 배수의 개수는

$4\times6=24$ 답 ③

0888 1세트에서 5세트까지 이기는 팀을 나뭇가지 모양의 그림으로 나타내면 다음과 같다.

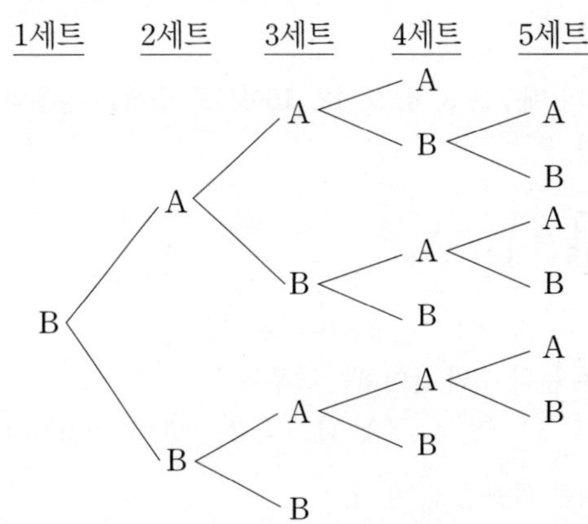

따라서 승부가 나는 모든 경우의 수는 10이다. 답 ③

0889 (i) 한 조 내에서 진행된 예선전 경기 수는 $\frac{4\times3}{2}=6$이므로

8개 조의 예선전 경기 수는 $6\times8=48$

(ii) 16강전의 경기 수는 8, 8강전의 경기 수는 4, 4강전의 경기 수는 2, 결승전의 경기 수는 1이므로 16강전부터 결승전까지 토너먼트 방법으로 진행된 경기 수는

$8+4+2+1=15$

(i), (ii)에서 총 경기 수는

$48+15=63$ 답 63

교과서 속 창의력 UP! 153쪽

0890 전개도에 있는 육각형 모양의 면은 8개이므로 구하는 경우의 수는 8이다. 답 8

0891 점자를 나타내는 6개의 점 중에서 1개의 점으로 나타낼 수 있는 경우는 튀어나오거나 튀어나오지 않은 2가지이므로 6개의 점으로 표현할 수 있는 모든 경우의 수는

$2\times2\times2\times2\times2\times2=2^6=64$

이때 6개의 점이 모두 튀어나오지 않은 것은 문자로 생각하지 않으므로 구하는 문자의 개수는

$64-1=63$ 답 63

0892 (1) 비어 있는 두 칸을 채울 수 있는 도형은

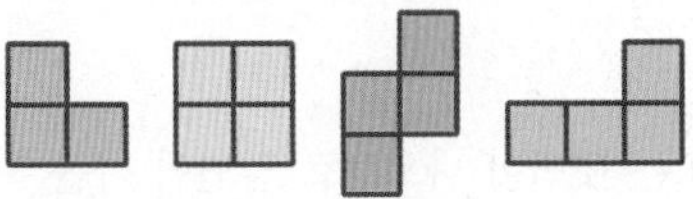

이므로 경우의 수는 4이다.

(2) 비어 있는 두 칸을 채울 수 있는 도형은

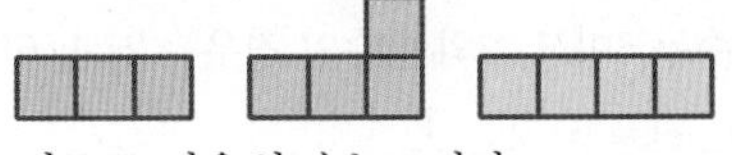

이므로 경우의 수는 3이다. 답 (1) 4 (2) 3

10. 확률

Step 1 핵심 개념 155, 157쪽

0893 답 15

0894 3의 배수는 3, 6, 9, 12, 15이므로 구하는 경우의 수는 5이다. 답 5

0895 $\frac{5}{15}=\frac{1}{3}$ 답 $\frac{1}{3}$

0896 모든 경우의 수는 $6\times6=36$
두 눈의 수의 합이 6인 경우는
(1, 5), (2, 4), (3, 3), (4, 2), (5, 1)의 5가지이므로 구하는 확률은 $\frac{5}{36}$이다. 답 $\frac{5}{36}$

0897 두 눈의 수의 차가 3인 경우는
(1, 4), (2, 5), (3, 6), (4, 1), (5, 2), (6, 3)의 6가지이므로 구하는 확률은 $\frac{6}{36}=\frac{1}{6}$ 답 $\frac{1}{6}$

0898 모든 경우의 수는 5이고, 짝수인 경우는 2, 4의 2가지이므로 구하는 확률은 $\frac{2}{5}$이다. 답 $\frac{2}{5}$

0899 공에 적힌 수는 항상 5 이하이므로 구하는 확률은 1이다. 답 1

0900 공에 적힌 수가 9인 경우는 없으므로 구하는 확률은 0이다. 답 0

0901 모든 경우의 수는 10이고, 구슬에 적힌 수가 소수인 경우는 2, 3, 5, 7의 4가지이므로 구하는 확률은 $\frac{4}{10}=\frac{2}{5}$ 답 $\frac{2}{5}$

0902 $1-\frac{2}{5}=\frac{3}{5}$ 답 $\frac{3}{5}$

0903 모든 경우의 수는 6이고, 3의 배수인 경우는 3, 6의 2가지이므로 구하는 확률은 $\frac{2}{6}=\frac{1}{3}$ 답 $\frac{1}{3}$

0904 모든 경우의 수는 6이고, 4의 약수인 경우는 1, 2, 4의 3가지이므로 구하는 확률은 $\frac{3}{6}=\frac{1}{2}$ 답 $\frac{1}{2}$

0905 $\frac{1}{3}+\frac{1}{2}=\frac{5}{6}$ 답 $\frac{5}{6}$

0906 동전은 앞면 또는 뒷면이 나오므로 앞면이 나올 확률은 $\frac{1}{2}$이다. 답 $\frac{1}{2}$

0907 모든 경우의 수는 6이고, 2의 배수인 경우는 2, 4, 6의 3가지이므로 구하는 확률은 $\frac{3}{6}=\frac{1}{2}$ 답 $\frac{1}{2}$

0908 $\frac{1}{2}\times\frac{1}{2}=\frac{1}{4}$ 답 $\frac{1}{4}$

0909 답 $\frac{5}{9}$

0910 답 $\frac{5}{9}$

0911 $\frac{5}{9}\times\frac{5}{9}=\frac{25}{81}$ 답 $\frac{25}{81}$

0912 답 $\frac{5}{9}$

0913 $\frac{4}{8}=\frac{1}{2}$ 답 $\frac{1}{2}$

0914 $\frac{5}{9}\times\frac{1}{2}=\frac{5}{18}$ 답 $\frac{5}{18}$

0915 A가 당첨 제비를 뽑을 확률은 $\frac{4}{10}=\frac{2}{5}$
B가 당첨 제비를 뽑지 못할 확률은 $\frac{6}{10}=\frac{3}{5}$
따라서 구하는 확률은 $\frac{2}{5}\times\frac{3}{5}=\frac{6}{25}$ 답 $\frac{6}{25}$

0916 A가 당첨 제비를 뽑을 확률은 $\frac{4}{10}=\frac{2}{5}$
B가 당첨 제비를 뽑지 못할 확률은 $\frac{6}{9}=\frac{2}{3}$
따라서 구하는 확률은 $\frac{2}{5}\times\frac{2}{3}=\frac{4}{15}$ 답 $\frac{4}{15}$

0917 $\frac{1}{2}\times\frac{2}{3}=\frac{1}{3}$ 답 $\frac{1}{3}$

0918 $\left(1-\frac{1}{2}\right)\times\left(1-\frac{2}{3}\right)=\frac{1}{2}\times\frac{1}{3}=\frac{1}{6}$ 답 $\frac{1}{6}$

0919 한 발을 쏠 때 명중시킬 확률이 $\frac{7}{10}$이므로 명중시키지 못할 확률은 $1-\frac{7}{10}=\frac{3}{10}$
따라서 구하는 확률은 $\frac{7}{10}\times\frac{3}{10}=\frac{21}{100}$ 답 $\frac{21}{100}$

0920 $\frac{3}{10}\times\frac{7}{10}=\frac{21}{100}$ 답 $\frac{21}{100}$

0921 $\frac{21}{100}+\frac{21}{100}=\frac{21}{50}$ 답 $\frac{21}{50}$

0922 8등분된 원판에서 홀수인 경우는 1, 3, 5, 7의 4가지이므로 구하는 확률은 $\frac{4}{8}=\frac{1}{2}$ 답 $\frac{1}{2}$

0923 8등분된 원판에서 4의 배수인 경우는 4, 8의 2가지이므로 구하는 확률은 $\frac{2}{8}=\frac{1}{4}$ 답 $\frac{1}{4}$

0924 $\frac{1}{2}+\frac{1}{4}=\frac{3}{4}$ 답 $\frac{3}{4}$

Step 2 핵심 유형 158~165쪽

Theme 20 확률의 계산 158~161쪽

0925 두 개의 주사위를 던질 때 나오는 모든 경우의 수는
$6\times6=36$
두 눈의 수의 합이 7인 경우는
(1, 6), (2, 5), (3, 4), (4, 3), (5, 2), (6, 1)의 6가지이므로 구하는 확률은
$\frac{6}{36}=\frac{1}{6}$ 답 ②

0926 상자에 들어 있는 공의 개수는
$5+4+3=12$
파란 공이 4개이므로 구하는 확률은
$\frac{4}{12}=\frac{1}{3}$ 답 $\frac{1}{3}$

0927 모든 경우의 수는 20이고,
20의 약수인 경우는 1, 2, 4, 5, 10, 20의 6가지이므로 구하는 확률은
$\frac{6}{20}=\frac{3}{10}$ 답 $\frac{3}{10}$

0928 A, B, C, D가 한 줄로 서는 경우의 수는
$4\times3\times2\times1=24$
A, C가 이웃하여 서는 경우의 수는
$(3\times2\times1)\times2=12$
따라서 구하는 확률은 $\frac{12}{24}=\frac{1}{2}$ 답 $\frac{1}{2}$

0929 두 개의 주사위를 던질 때 나오는 모든 경우의 수는
$6\times6=36$
$y=-2x+7$을 만족시키는 x, y의 순서쌍 (x, y)는
(1, 5), (2, 3), (3, 1)의 3가지이므로 구하는 확률은
$\frac{3}{36}=\frac{1}{12}$ 답 ③

0930 두 개의 주사위를 던질 때 나오는 모든 경우의 수는
$6\times6=36$
해가 $x=2$이면 $2a-b=0$
즉, $2a=b$를 만족시키는 a, b의 순서쌍 (a, b)는
(1, 2), (2, 4), (3, 6)의 3가지이므로 구하는 확률은
$\frac{3}{36}=\frac{1}{12}$ 답 $\frac{1}{12}$

0931 한 개의 주사위를 두 번 던질 때 나오는 모든 경우의 수는
$6\times6=36$
$3x+y<8$을 만족시키는 x, y의 순서쌍 (x, y)는
(1, 1), (1, 2), (1, 3), (1, 4), (2, 1)의 5가지이므로
구하는 확률은 $\frac{5}{36}$이다. 답 $\frac{5}{36}$

0932 ⑤ 3의 배수인 경우는 3, 6의 2가지이므로
3의 배수의 눈이 나올 확률은 $\frac{2}{6}=\frac{1}{3}$ 답 ⑤

0933 ㄱ. $0\le p\le1$
ㄷ. $p=\frac{(\text{사건 }A\text{가 일어나는 경우의 수})}{(\text{모든 경우의 수})}$
따라서 옳은 것은 ㄴ, ㄹ이다. 답 ④

0934 ①, ②, ④, ⑤의 확률은 1이다.
③ 두 개의 주사위를 던질 때 나오는 모든 경우의 수는
$6\times6=36$
두 눈의 수의 곱이 36보다 작은 경우는 35가지이므로
그 확률은 $\frac{35}{36}$이다. 답 ③

0935 대표 2명을 뽑는 모든 경우의 수는 $\frac{5\times4}{2}=10$
A가 뽑히는 경우의 수는 A를 제외한 4명 중에서 1명을 뽑는 경우의 수와 같으므로 4이다.
따라서 A가 뽑힐 확률은 $\frac{4}{10}=\frac{2}{5}$이므로 A가 뽑히지 않을 확률은
$1-\frac{2}{5}=\frac{3}{5}$ 답 ③

다른 풀이 모든 경우의 수는 $\frac{5\times4}{2}=10$
A가 뽑히지 않는 경우의 수는 A를 제외한 4명 중에서 2명을 뽑는 경우의 수와 같으므로
$\frac{4\times3}{2}=6$
따라서 구하는 확률은 $\frac{6}{10}=\frac{3}{5}$

0936 내일 비가 올 확률은 30 %, 즉 $\frac{30}{100}=\frac{3}{10}$이므로 내일 비가 오지 않을 확률은
$1-\frac{3}{10}=\frac{7}{10}$ 답 ⑤

0937 두 개의 주사위를 던질 때 나오는 모든 경우의 수는
$6\times6=36$
두 눈의 수의 차가 2인 경우는
(1, 3), (2, 4), (3, 5), (4, 6), (3, 1), (4, 2), (5, 3), (6, 4)의 8가지이므로 그 확률은 $\frac{8}{36}=\frac{2}{9}$
따라서 두 눈의 수의 차가 2가 아닐 확률은
$1-\frac{2}{9}=\frac{7}{9}$ 답 $\frac{7}{9}$

0938 5명을 한 줄로 세우는 경우의 수는
$5\times4\times3\times2\times1=120$
여학생 2명이 이웃하여 서는 경우의 수는
$(4\times3\times2\times1)\times2=48$
따라서 여학생 2명이 이웃하여 설 확률은 $\frac{48}{120}=\frac{2}{5}$이므로
…❶

여학생 2명이 이웃하여 서지 않을 확률은

$1-\frac{2}{5}=\frac{3}{5}$ …❷

답 $\frac{3}{5}$

채점 기준	배점
❶ 여학생 2명이 이웃하여 설 확률 구하기	60 %
❷ 여학생 2명이 이웃하여 서지 않을 확률 구하기	40 %

다른 풀이 5명을 한 줄로 세우는 경우의 수는

$5\times4\times3\times2\times1=120$

여학생 2명이 이웃하여 서지 않는 경우의 수는 남학생 3명이 한 줄로 서고 남학생 사이와 양 끝에 여학생 2명이 서는 경우의 수와 같으므로

□남□남□남□ ➡ $(3\times2\times1)\times(4\times3)=72$

따라서 구하는 확률은 $\frac{72}{120}=\frac{3}{5}$

0939 동전 3개를 던질 때 나오는 모든 경우의 수는

$2\times2\times2=8$

3개 모두 뒷면이 나오는 경우는 1가지이므로 그 확률은 $\frac{1}{8}$이다.

따라서 적어도 한 개는 앞면이 나올 확률은

$1-\frac{1}{8}=\frac{7}{8}$ 답 ①

0940 5개의 문제에 답하는 모든 경우의 수는

$2\times2\times2\times2\times2=32$

모두 틀리는 경우는 1가지이므로 그 확률은 $\frac{1}{32}$이다.

따라서 적어도 한 문제는 맞힐 확률은

$1-\frac{1}{32}=\frac{31}{32}$ 답 ⑤

0941 5명 중에서 대표 2명을 뽑는 경우의 수는

$\frac{5\times4}{2}=10$

2명 모두 여학생이 뽑히는 경우의 수는 $\frac{3\times2}{2}=3$이므로

그 확률은 $\frac{3}{10}$이다.

따라서 적어도 한 명은 남학생이 뽑힐 확률은

$1-\frac{3}{10}=\frac{7}{10}$ 답 $\frac{7}{10}$

0942 두 개의 공을 꺼내는 모든 경우의 수는

$\frac{12\times11}{2}=66$

두 공이 모두 흰 공인 경우의 수는 $\frac{5\times4}{2}=10$이므로

그 확률은 $\frac{10}{66}=\frac{5}{33}$

따라서 적어도 한 개는 검은 공일 확률은

$1-\frac{5}{33}=\frac{28}{33}$ 답 $\frac{28}{33}$

0943 두 개의 주사위를 던질 때 나오는 모든 경우의 수는

$6\times6=36$

두 눈의 수의 합이 3인 경우는 (1, 2), (2, 1)의 2가지이므로 그 확률은

$\frac{2}{36}=\frac{1}{18}$

두 눈의 수의 합이 5인 경우는 (1, 4), (2, 3), (3, 2), (4, 1)의 4가지이므로 그 확률은

$\frac{4}{36}=\frac{1}{9}$

따라서 구하는 확률은

$\frac{1}{18}+\frac{1}{9}=\frac{1}{6}$ 답 $\frac{1}{6}$

0944 주머니에 들어 있는 공의 개수는

$5+6+7=18$

빨간 공이 나올 확률은 $\frac{5}{18}$

파란 공이 나올 확률은 $\frac{7}{18}$

따라서 빨간 공 또는 파란 공이 나올 확률은

$\frac{5}{18}+\frac{7}{18}=\frac{2}{3}$ 답 $\frac{2}{3}$

0945 전체 학생이 200명이고, A형인 학생이 68명이므로 한 학생을 선택했을 때, A형일 확률은

$\frac{68}{200}=\frac{17}{50}$

O형인 학생이 52명이므로 한 학생을 선택했을 때, O형일 확률은

$\frac{52}{200}=\frac{13}{50}$

따라서 구하는 확률은

$\frac{17}{50}+\frac{13}{50}=\frac{3}{5}$ 답 $\frac{3}{5}$

0946 정사면체 모양의 주사위와 정육면체 모양의 주사위를 던질 때 나오는 모든 경우의 수는

$4\times6=24$

두 수의 합이 8인 경우는 (2, 6), (3, 5), (4, 4)의 3가지이므로 그 확률은

$\frac{3}{24}=\frac{1}{8}$

두 수의 합이 9인 경우는 (3, 6), (4, 5)의 2가지이므로 그 확률은

$\frac{2}{24}=\frac{1}{12}$

두 수의 합이 10인 경우는 (4, 6)의 1가지이므로 그 확률은 $\frac{1}{24}$이다.

따라서 8살 어린이가 인형을 받을 확률은

$\frac{1}{8}+\frac{1}{12}+\frac{1}{24}=\frac{1}{4}$ 답 $\frac{1}{4}$

0947 동전의 뒷면이 나올 확률은 $\frac{1}{2}$이다.

주사위의 눈이 소수인 경우는 2, 3, 5의 3가지이므로 주사

위의 소수의 눈이 나올 확률은 $\frac{3}{6}=\frac{1}{2}$

따라서 구하는 확률은

$\frac{1}{2}\times\frac{1}{2}=\frac{1}{4}$ 답 ②

0948 두 씨앗 모두 싹이 날 확률은

$\frac{80}{100}\times\frac{90}{100}=\frac{18}{25}$

즉, $\frac{18}{25}\times100=72(\%)$ 답 ③

0949 남학생 중에서 동연이가 뽑힐 확률은 $\frac{1}{4}$이다.

여학생 중에서 주은이가 뽑힐 확률은 $\frac{1}{3}$이다.

따라서 구하는 확률은

$\frac{1}{4}\times\frac{1}{3}=\frac{1}{12}$ 답 ①

0950 (i) A 상자에서 흰 바둑돌, B 상자에서 검은 바둑돌을 꺼낼 확률은

$\frac{4}{6}\times\frac{5}{8}=\frac{5}{12}$

(ii) A 상자에서 검은 바둑돌, B 상자에서 흰 바둑돌을 꺼낼 확률은

$\frac{2}{6}\times\frac{3}{8}=\frac{1}{8}$

(i), (ii)에서 구하는 확률은

$\frac{5}{12}+\frac{1}{8}=\frac{13}{24}$ 답 $\frac{13}{24}$

0951 A, B 주머니를 선택할 확률은 $\frac{1}{2}$로 같다.

(i) A 주머니를 선택하여 파란 공을 꺼낼 확률은

$\frac{1}{2}\times\frac{3}{8}=\frac{3}{16}$

(ii) B 주머니를 선택하여 파란 공을 꺼낼 확률은

$\frac{1}{2}\times\frac{6}{8}=\frac{3}{8}$

(i), (ii)에서 구하는 확률은

$\frac{3}{16}+\frac{3}{8}=\frac{9}{16}$ 답 ⑤

0952 (i) A 문제만 맞힐 확률은

$\frac{3}{4}\times\left(1-\frac{2}{5}\right)=\frac{3}{4}\times\frac{3}{5}=\frac{9}{20}$ …❶

(ii) B 문제만 맞힐 확률은

$\left(1-\frac{3}{4}\right)\times\frac{2}{5}=\frac{1}{4}\times\frac{2}{5}=\frac{1}{10}$ …❷

(i), (ii)에서 구하는 확률은

$\frac{9}{20}+\frac{1}{10}=\frac{11}{20}$ …❸

답 $\frac{11}{20}$

채점 기준	배점
❶ A 문제만 맞힐 확률 구하기	40 %
❷ B 문제만 맞힐 확률 구하기	40 %
❸ A, B 두 문제 중에서 한 문제만 맞힐 확률 구하기	20 %

Theme 21 여러 가지 확률 162~165쪽

0953 세정이가 당첨될 확률은 $\frac{3}{10}$이다.

민경이가 당첨될 확률은 $\frac{3}{10}$이다.

따라서 구하는 확률은

$\frac{3}{10}\times\frac{3}{10}=\frac{9}{100}$ 답 ②

0954 승연이가 짝수가 적힌 공을 뽑을 확률은 $\frac{4}{9}$

민찬이가 홀수가 적힌 공을 뽑을 확률은 $\frac{5}{9}$

따라서 구하는 확률은

$\frac{4}{9}\times\frac{5}{9}=\frac{20}{81}$ 답 $\frac{20}{81}$

0955 소수가 나오는 경우는 2, 3, 5, 7, 11의 5가지이므로

그 확률은 $\frac{5}{12}$이다.

3의 배수가 나오는 경우는 3, 6, 9, 12의 4가지이므로

그 확률은 $\frac{4}{12}=\frac{1}{3}$

따라서 구하는 확률은

$\frac{5}{12}\times\frac{1}{3}=\frac{5}{36}$ 답 ⑤

0956 첫 번째 검사한 제품이 불량품일 확률은 $\frac{3}{15}=\frac{1}{5}$

두 번째 검사한 제품이 불량품일 확률은 $\frac{2}{14}=\frac{1}{7}$

따라서 구하는 확률은

$\frac{1}{5}\times\frac{1}{7}=\frac{1}{35}$ 답 $\frac{1}{35}$

0957 A가 당첨되지 않을 확률은 $\frac{13}{15}$이다.

B가 당첨되지 않을 확률은 $\frac{12}{14}=\frac{6}{7}$

C가 당첨될 확률은 $\frac{2}{13}$이다.

따라서 구하는 확률은

$\frac{13}{15}\times\frac{6}{7}\times\frac{2}{13}=\frac{4}{35}$ 답 $\frac{4}{35}$

0958 (i) 두 공 모두 흰 공이 나올 확률은

$\frac{5}{9}\times\frac{4}{8}=\frac{5}{18}$

(ii) 두 공 모두 검은 공이 나올 확률은

$\frac{4}{9}\times\frac{3}{8}=\frac{1}{6}$

(i), (ii)에서 구하는 확률은

$\frac{5}{18}+\frac{1}{6}=\frac{4}{9}$ 답 ③

0959 (i) 민주가 당첨 제비를 뽑고 수안이가 당첨 제비를 뽑을 확률은 $\frac{3}{8}\times\frac{2}{7}=\frac{3}{28}$

(ii) 민주가 당첨 제비를 뽑지 않고 수안이가 당첨 제비를 뽑을 확률은 $\frac{5}{8}\times\frac{3}{7}=\frac{15}{56}$

(i), (ii)에서 구하는 확률은

$\frac{3}{28}+\frac{15}{56}=\frac{3}{8}$ 답 ②

0960 한 문제의 답을 임의로 표시할 때, 그 문제를 맞힐 확률은 $\frac{1}{5}$, 틀릴 확률은 $\frac{4}{5}$이다.

(적어도 한 문제는 맞힐 확률)

$=1-$(세 문제 모두 틀릴 확률)

$=1-\frac{4}{5}\times\frac{4}{5}\times\frac{4}{5}$

$=1-\frac{64}{125}=\frac{61}{125}$ 답 $\frac{61}{125}$

다른 풀이 모든 경우의 수는 $5\times5\times5=125$

세 문제 모두 틀리는 경우의 수는 $4\times4\times4=64$이므로 그 확률은 $\frac{64}{125}$이다.

따라서 구하는 확률은

$1-\frac{64}{125}=\frac{61}{125}$

0961 스위치 A가 열릴 확률은 $1-\frac{2}{5}=\frac{3}{5}$

스위치 B가 열릴 확률은 $1-\frac{3}{5}=\frac{2}{5}$

스위치 A, B 중에서 적어도 하나가 닫힐 때 전구에 불이 들어오므로

(전구에 불이 들어올 확률)

$=1-$(스위치 A, B가 모두 열릴 확률)

$=1-\frac{3}{5}\times\frac{2}{5}=\frac{19}{25}$ 답 $\frac{19}{25}$

다른 풀이 전구에 불이 들어오는 확률은 다음과 같다.

(i) A가 닫히고 B가 열릴 확률은 $\frac{2}{5}\times\frac{2}{5}=\frac{4}{25}$

(ii) A가 닫히고 B도 닫힐 확률은 $\frac{2}{5}\times\frac{3}{5}=\frac{6}{25}$

(iii) A가 열리고 B가 닫힐 확률은 $\frac{3}{5}\times\frac{3}{5}=\frac{9}{25}$

(i)~(iii)에서 구하는 확률은

$\frac{4}{25}+\frac{6}{25}+\frac{9}{25}=\frac{19}{25}$

0962 세 사람 A, B, C가 모두 약속 장소에 나오지 않을 확률은

$\left(1-\frac{3}{5}\right)\times\left(1-\frac{2}{3}\right)\times\left(1-\frac{3}{4}\right)=\frac{2}{5}\times\frac{1}{3}\times\frac{1}{4}=\frac{1}{30}$

따라서 적어도 한 사람은 나올 확률은

$1-\frac{1}{30}=\frac{29}{30}$ 답 $\frac{29}{30}$

0963 태우와 건우가 모두 불합격할 확률은

$\left(1-\frac{80}{100}\right)\times\left(1-\frac{70}{100}\right)=\frac{20}{100}\times\frac{30}{100}=\frac{3}{50}$

따라서 적어도 한 사람은 합격할 확률은

$1-\frac{3}{50}=\frac{47}{50}$

즉, $\frac{47}{50}\times100=94(\%)$ 답 ⑤

0964 A가 시험에 합격할 확률은 $\frac{3}{4}$이다.

B가 시험에 불합격할 확률은 $1-\frac{2}{3}=\frac{1}{3}$

따라서 A만 합격할 확률은

$\frac{3}{4}\times\frac{1}{3}=\frac{1}{4}$ 답 $\frac{1}{4}$

0965 A 오디션에 불합격할 확률은 $1-\frac{1}{5}=\frac{4}{5}$

B 오디션에 불합격할 확률은 $1-\frac{1}{4}=\frac{3}{4}$

A, B 두 오디션에 모두 불합격할 확률은 $\frac{4}{5}\times\frac{3}{4}=\frac{3}{5}$

따라서 적어도 한 오디션에 합격할 확률은

$1-\frac{3}{5}=\frac{2}{5}$ 답 $\frac{2}{5}$

0966 (i) A, B만 합격할 확률은

$\frac{1}{2}\times\frac{2}{3}\times\left(1-\frac{3}{5}\right)=\frac{1}{2}\times\frac{2}{3}\times\frac{2}{5}=\frac{2}{15}$ …❶

(ii) A, C만 합격할 확률은

$\frac{1}{2}\times\left(1-\frac{2}{3}\right)\times\frac{3}{5}=\frac{1}{2}\times\frac{1}{3}\times\frac{3}{5}=\frac{1}{10}$ …❷

(iii) B, C만 합격할 확률은

$\left(1-\frac{1}{2}\right)\times\frac{2}{3}\times\frac{3}{5}=\frac{1}{2}\times\frac{2}{3}\times\frac{3}{5}=\frac{1}{5}$ …❸

(i)~(iii)에서 2명만 합격할 확률은

$\frac{2}{15}+\frac{1}{10}+\frac{1}{5}=\frac{13}{30}$ …❹

답 $\frac{13}{30}$

채점 기준	배점
❶ A, B만 합격할 확률 구하기	30 %
❷ A, C만 합격할 확률 구하기	30 %
❸ B, C만 합격할 확률 구하기	30 %
❹ 2명만 합격할 확률 구하기	10 %

0967 인형이 공에 맞지 않을 확률은

$\left(1-\frac{4}{5}\right)\times\left(1-\frac{2}{3}\right)=\frac{1}{5}\times\frac{1}{3}=\frac{1}{15}$

따라서 인형이 공에 맞을 확률은

$1-\frac{1}{15}=\frac{14}{15}$ 답 ⑤

0968 한 발을 쏠 때 명중시킬 확률이 $\frac{4}{5}$이므로 명중시키지 못할 확률은

$1-\frac{4}{5}=\frac{1}{5}$

3발 모두 명중시키지 못할 확률은

$\frac{1}{5}\times\frac{1}{5}\times\frac{1}{5}=\frac{1}{125}$

따라서 적어도 한 발은 명중시킬 확률은

$1-\frac{1}{125}=\frac{124}{125}$ 답 $\frac{124}{125}$

0969 타석에서 안타를 치지 못할 확률은

$1-\frac{3}{10}=\frac{7}{10}$

두 번의 타석에서 모두 안타를 치지 못할 확률은

$\frac{7}{10}\times\frac{7}{10}=\frac{49}{100}$

따라서 적어도 한 번은 안타를 칠 확률은

$1-\frac{49}{100}=\frac{51}{100}$ 답 ③

0970 자유투 성공률이 $\frac{3}{4}$이므로 실패할 확률은

$1-\frac{3}{4}=\frac{1}{4}$

첫 번째만 성공할 확률은 $\frac{3}{4}\times\frac{1}{4}=\frac{3}{16}$

두 번째만 성공할 확률은 $\frac{1}{4}\times\frac{3}{4}=\frac{3}{16}$

따라서 한 번만 성공할 확률은

$\frac{3}{16}+\frac{3}{16}=\frac{3}{8}$ 답 $\frac{3}{8}$

0971 모든 경우의 수는 $3\times3=9$

신영이와 단주가 내는 것을 순서쌍 (신영, 단주)로 나타내면

(i) 신영이가 이기는 경우는

(가위, 보), (바위, 가위), (보, 바위)의 3가지이므로 그 확률은

$\frac{3}{9}=\frac{1}{3}$

(ii) 단주가 이기는 경우는

(가위, 바위), (바위, 보), (보, 가위)의 3가지이므로 그 확률은

$\frac{3}{9}=\frac{1}{3}$

(i), (ii)에서 구하는 확률은

$\frac{1}{3}+\frac{1}{3}=\frac{2}{3}$ 답 ④

다른 풀이 모든 경우의 수는 $3\times3=9$

신영이와 단주가 내는 것을 순서쌍 (신영, 단주)로 나타내면 승부가 결정되지 않는 경우는 (가위, 가위), (바위, 바위), (보, 보)의 3가지이므로 그 확률은 $\frac{3}{9}=\frac{1}{3}$

따라서 승부가 결정될 확률은 $1-\frac{1}{3}=\frac{2}{3}$

참고 (승부가 결정될 확률)$=1-$(비길 확률)

0972 모든 경우의 수는 $3\times3\times3=27$

남학생 2명과 여학생 1명이 내는 것을 순서쌍 (여, 남, 남)으로 나타내면 여학생만 이기는 경우는 (가위, 보, 보), (바위, 가위, 가위), (보, 바위, 바위)의 3가지이므로 구하는 확률은

$\frac{3}{27}=\frac{1}{9}$ 답 ②

0973 가위바위보를 한 번 할 때 나오는 모든 경우의 수는

$3\times3=9$

승미와 대성이가 내는 것을 순서쌍 (승미, 대성)으로 나타내면 승부가 결정되지 않는 경우는 (가위, 가위), (바위, 바위), (보, 보)의 3가지이므로 그 확률은 $\frac{3}{9}=\frac{1}{3}$

따라서 첫 번째와 두 번째에는 승부가 나지 않고 세 번째에는 승부가 날 확률은

$\frac{1}{3}\times\frac{1}{3}\times\left(1-\frac{1}{3}\right)=\frac{1}{3}\times\frac{1}{3}\times\frac{2}{3}=\frac{2}{27}$ 답 $\frac{2}{27}$

0974 모든 경우의 수는 $3\times3\times3=27$

대한, 민국, 만세가 내는 것을 순서쌍 (대한, 민국, 만세)로 나타내면

(i) 대한이만 이기는 경우는

(가위, 보, 보), (바위, 가위, 가위), (보, 바위, 바위)

의 3가지이므로 그 확률은 $\frac{3}{27}=\frac{1}{9}$

(ii) 대한이와 민국이가 이기는 경우는

(가위, 가위, 보), (바위, 바위, 가위), (보, 보, 바위)

의 3가지이므로 그 확률은 $\frac{3}{27}=\frac{1}{9}$

(iii) 대한이와 만세가 이기는 경우는

(가위, 보, 가위), (바위, 가위, 바위), (보, 바위, 보)

의 3가지이므로 그 확률은 $\frac{3}{27}=\frac{1}{9}$

(i)~(iii)에서 구하는 확률은

$\frac{1}{9}+\frac{1}{9}+\frac{1}{9}=\frac{1}{3}$ 답 $\frac{1}{3}$

0975 내일 비가 올 확률은 $\frac{80}{100}=\frac{4}{5}$이므로 비가 오지 않을 확률은

$1-\frac{4}{5}=\frac{1}{5}$

내일 황사가 올 확률은 $\frac{40}{100}=\frac{2}{5}$

따라서 내일 비가 오지 않고 황사가 올 확률은

$\frac{1}{5}\times\frac{2}{5}=\frac{2}{25}$, 즉 $\frac{2}{25}\times100=8(\%)$ 답 ②

0976 9월에 태풍이 올 확률은 $\frac{70}{100}=\frac{7}{10}$

10월에 태풍이 올 확률은 $\frac{30}{100}=\frac{3}{10}$

따라서 9월과 10월에 모두 태풍이 올 확률은

$\frac{7}{10}\times\frac{3}{10}=\frac{21}{100}$, 즉 $\frac{21}{100}\times100=21(\%)$ 답 ②

0977 수요일에 비가 오지 않을 확률은 $1-\frac{3}{5}=\frac{2}{5}$

목요일에 비가 오지 않을 확률은 $1-\frac{3}{10}=\frac{7}{10}$

수요일과 목요일 모두 비가 오지 않을 확률은

$\frac{2}{5}\times\frac{7}{10}=\frac{7}{25}$

따라서 수요일과 목요일 중 적어도 하루는 비가 올 확률은

$1-\frac{7}{25}=\frac{18}{25}$ 답 $\frac{18}{25}$

0978 4회 이내에 B가 이기는 경우는 2회 또는 4회에 3의 배수의 눈이 처음 나오는 경우이다.

주사위를 한 번 던질 때 3의 배수는 3, 6의 2가지이므로 3의 배수의 눈이 나올 확률은 $\frac{2}{6}=\frac{1}{3}$

3의 배수의 눈이 나오지 않을 확률은 $1-\frac{1}{3}=\frac{2}{3}$

(i) 2회에서 B가 이길 확률은

$\frac{2}{3}\times\frac{1}{3}=\frac{2}{9}$ …❶

(ii) 4회에서 B가 이길 확률은

$\frac{2}{3}\times\frac{2}{3}\times\frac{2}{3}\times\frac{1}{3}=\frac{8}{81}$ …❷

(i), (ii)에서 구하는 확률은

$\frac{2}{9}+\frac{8}{81}=\frac{26}{81}$ …❸

답 $\frac{26}{81}$

채점 기준	배점
❶ 2회에서 B가 이길 확률 구하기	40 %
❷ 4회에서 B가 이길 확률 구하기	40 %
❸ 4회 이내에 B가 이길 확률 구하기	20 %

0979 과녁에서 가장 작은 원의 반지름의 길이를 r라 하면 중간 크기의 원과 가장 큰 원의 반지름의 길이는 각각 $2r$, $3r$이므로 2점을 얻을 확률은

$\frac{(\text{2점 부분의 넓이})}{(\text{전체 과녁의 넓이})}=\frac{\pi\times(2r)^2-\pi r^2}{\pi\times(3r)^2}=\frac{3\pi r^2}{9\pi r^2}=\frac{1}{3}$ 답 ③

0980 원판 A에서 화살이 맞힌 부분에 적힌 숫자가 1일 확률은

$\frac{2}{4}=\frac{1}{2}$

원판 B에서 화살이 맞힌 부분에 적힌 숫자가 1일 확률은

$\frac{2}{6}=\frac{1}{3}$

따라시 구하는 확률은

$\frac{1}{2}\times\frac{1}{3}=\frac{1}{6}$ 답 $\frac{1}{6}$

0981 모든 경우의 수는 $5\times5=25$

(i) 두 수의 합이 7인 경우를 순서쌍으로 나타내면 (2, 5), (3, 4), (4, 3), (5, 2)의 4가지이므로 그 확률은 $\frac{4}{25}$이다.

(ii) 두 수의 합이 8인 경우를 순서쌍으로 나타내면 (3, 5), (4, 4), (5, 3)의 3가지이므로 그 확률은 $\frac{3}{25}$이다.

(iii) 두 수의 합이 9인 경우를 순서쌍으로 나타내면 (4, 5), (5, 4)의 2가지이므로 그 확률은 $\frac{2}{25}$이다.

(iv) 두 수의 합이 10인 경우를 순서쌍으로 나타내면 (5, 5)의 1가지이므로 그 확률은 $\frac{1}{25}$이다.

(i)~(iv)에서 구하는 확률은

$\frac{4}{25}+\frac{3}{25}+\frac{2}{25}+\frac{1}{25}=\frac{2}{5}$ 답 $\frac{2}{5}$

Step 3 발전 문제

166~168쪽

0982 빨간 구슬이 나올 확률이 $\frac{1}{3}$이므로

$\frac{1}{3}=\frac{4}{4+5+x}$, $4+5+x=12$ $\quad\therefore x=3$

따라서 12개의 구슬 중 노란 구슬은 3개이므로 노란 구슬이 나올 확률은 $\frac{3}{12}=\frac{1}{4}$ 답 ②

0983 카드 네 장을 한 줄로 배열하는 경우의 수는

$4\times3\times2\times1=24$

네 장의 카드 모두 원래의 위치에 있지 않는 경우는 오른쪽과 같이 9가지이므로 그 확률은

$\frac{9}{24}=\frac{3}{8}$

따라서 적어도 한 문자는 원래의 위치에 있을 확률은

$1-\frac{3}{8}=\frac{5}{8}$ 답 $\frac{5}{8}$

M A T H

A < M−H−T, T−H−M, H−M−T
T < M−H−A, H < (M−A, A−M)
H < M−A−T, T < (M−A, A−M)

0984 점 P가 꼭짓점 D까지 이동하려면 주사위를 두 번 던져서 나온 눈의 수의 합이 2 또는 7 또는 12이어야 한다.

모든 경우의 수는 $6\times6=36$

(i) 나온 눈의 수의 합이 2인 경우는 (1, 1)의 1가지이므로 그 확률은 $\frac{1}{36}$이다.

(ii) 나온 눈의 수의 합이 7인 경우는 (1, 6), (2, 5), (3, 4), (4, 3), (5, 2), (6, 1)의 6가지이므로 그 확률은 $\frac{6}{36}=\frac{1}{6}$

(iii) 나온 눈의 수의 합이 12인 경우는 (6, 6)의 1가지이므로 그 확률은 $\frac{1}{36}$이다.

(i)~(iii)에서 구하는 확률은

$\frac{1}{36}+\frac{1}{6}+\frac{1}{36}=\frac{2}{9}$ 답 ④

0985 주사위를 한 번 던질 때 0, 1, −1이 나올 확률은 각각 $\frac{1}{6}$, $\frac{1}{3}$, $\frac{1}{2}$이다.

(i) 처음에 1이 나오고 나중에 −1이 나올 확률은

$\frac{1}{3}\times\frac{1}{2}=\frac{1}{6}$

(ii) 처음에 −1이 나오고 나중에 1이 나올 확률은

$\frac{1}{2}\times\frac{1}{3}=\frac{1}{6}$

(iii) 두 번 모두 0이 나올 확률은

$\frac{1}{6}\times\frac{1}{6}=\frac{1}{36}$

(i)~(iii)에서 구하는 확률은

$\frac{1}{6}+\frac{1}{6}+\frac{1}{36}=\frac{13}{36}$ 답 ⑤

0986 A가 꺼내는 수는 항상 홀수이므로 B, C가 꺼내는 수의 합이 홀수이어야 한다.

(i) B가 꺼내는 수가 짝수, C가 꺼내는 수가 홀수일 확률은

$\frac{2}{3}\times\frac{3}{5}=\frac{2}{5}$

(ii) B가 꺼내는 수가 홀수, C가 꺼내는 수가 짝수일 확률은

$\frac{1}{3}\times\frac{2}{5}=\frac{2}{15}$

(i), (ii)에서 구하는 확률은

$\frac{2}{5}+\frac{2}{15}=\frac{8}{15}$ 답 $\frac{8}{15}$

참고 ① (홀수)+(홀수)=(짝수)
② (홀수)+(짝수)=(홀수)
③ (짝수)+(홀수)=(홀수)
④ (짝수)+(짝수)=(짝수)

0987 (i) 동전은 앞면이 나오고 주머니 A에서 흰 공을 꺼낼 확률은

$\frac{1}{2}\times\frac{4}{9}=\frac{2}{9}$

(ii) 동전은 뒷면이 나오고 주머니 B에서 흰 공을 꺼낼 확률은

$\frac{1}{2}\times\frac{4}{6}=\frac{1}{3}$

(i), (ii)에서 구하는 확률은

$\frac{2}{9}+\frac{1}{3}=\frac{5}{9}$ 답 $\frac{5}{9}$

0988 (i) A 주머니에서 흰 구슬을 1개 꺼내 B 주머니에 넣은 후 B 주머니에서 빨간 구슬 1개를 꺼낼 확률은

$\frac{4}{6}\times\frac{1}{5}=\frac{2}{15}$

(ii) A 주머니에서 빨간 구슬을 1개 꺼내 B 주머니에 넣은 후 B 주머니에서 빨간 구슬 1개를 꺼낼 확률은

$\frac{2}{6}\times\frac{2}{5}=\frac{2}{15}$

(i), (ii)에서 구하는 확률은

$\frac{2}{15}+\frac{2}{15}=\frac{4}{15}$ 답 ③

0989 (i) A, B만 성공할 확률은

$\frac{80}{100}\times\frac{70}{100}\times\left(1-\frac{60}{100}\right)=0.224$

(ii) A, C만 성공할 확률은

$\frac{80}{100}\times\left(1-\frac{70}{100}\right)\times\frac{60}{100}=0.144$

(iii) B, C만 성공할 확률은

$\left(1-\frac{80}{100}\right)\times\frac{70}{100}\times\frac{60}{100}=0.084$

(i)~(iii)에서 두 선수만 성공할 확률은

$0.224+0.144+0.084=0.452$ 답 ④

0990 가위바위보를 한 번 할 때 나오는 모든 경우의 수는

$3\times3\times3=27$

승부가 나지 않으려면 세 사람 모두 같은 것을 내거나 모두 다른 것을 내야 한다.

세 사람 모두 같은 것을 내는 경우는 (가위, 가위, 가위), (바위, 바위, 바위), (보, 보, 보)의 3가지

세 사람 모두 다른 것을 내는 경우는 (가위, 바위, 보), (가위, 보, 바위), (바위, 가위, 보), (바위, 보, 가위), (보, 가위, 바위), (보, 바위, 가위)의 6가지

즉, 세 사람이 가위바위보를 한 번 할 때, 승부가 나지 않는 경우의 수는 $3+6=9$이므로 그 확률은

$\frac{9}{27}=\frac{1}{3}$

승부가 날 확률은 $1-\frac{1}{3}=\frac{2}{3}$

따라서 구하는 확률은

$\frac{1}{3}\times\frac{2}{3}=\frac{2}{9}$ 답 $\frac{2}{9}$

0991 비가 온 다음 날 비가 오지 않을 확률은 $1-\frac{1}{3}=\frac{2}{3}$

(i) 화요일과 수요일에 모두 비가 올 확률은

$\frac{1}{3}\times\frac{1}{3}=\frac{1}{9}$

(ii) 화요일에 비가 오지 않고 수요일에 비가 올 확률은

$\frac{2}{3}\times\frac{1}{4}=\frac{1}{6}$

(i), (ii)에서 구하는 확률은

$\frac{1}{9}+\frac{1}{6}=\frac{5}{18}$ 답 $\frac{5}{18}$

0992 5명이 의자 5개에 앉는 경우의 수는

$5\times4\times3\times2\times1=120$

5명 중에서 자신의 번호가 적힌 의자에 앉는 2명을 뽑는 경우의 수는

$\frac{5\times4}{2}=10$

나머지 3명을 A, B, C라 하고 3명 모두 다른 선수의 번호가 적힌 의자에 앉는 경우를 표로 나타내면 다음과 같이 2가지이다.

의자에 적힌 번호	A	B	C
앉는 선수	B	C	A
	C	A	B

따라서 구하는 확률은 $\frac{10\times2}{120}=\frac{1}{6}$ 답 ①

0993 모든 경우의 수는 $6\times6=36$

원점과 점 P(1, 1)을 지나는 직선의 기울기는 1, 원점과 점 Q(4, 3)을 지나는 직선의 기울기는 $\frac{3}{4}$이므로 직선 $y=\frac{b}{a}x$가 $\overline{PQ}$와 만나려면 $\frac{3}{4}\le\frac{b}{a}\le1$이어야 한다.

$\frac{3}{4}\le\frac{b}{a}\le1$을 만족시키는 a, b의 순서쌍 (a, b)는 (1, 1), (2, 2), (3, 3), (4, 3), (4, 4), (5, 4), (5, 5), (6, 5), (6, 6)의 9가지이다.

따라서 구하는 확률은 $\frac{9}{36}=\frac{1}{4}$ 답 $\frac{1}{4}$

0994 민준이와 서연이가 주사위를 던져서 나온 두 눈의 수를 순서쌍 (민준, 서연)으로 나타내면 두 눈의 수가 같은 경우는 (1, 1), (2, 2), (3, 3), (4, 4), (5, 5), (6, 6)의 6가지이므로 그 확률은 $\frac{6}{36}=\frac{1}{6}$

서연이가 이기는 경우는 (1, 2), (1, 3), (1, 4), (1, 5), (1, 6), (2, 3), (2, 4), (2, 5), (2, 6), (3, 4), (3, 5), (3, 6), (4, 5), (4, 6), (5, 6)의 15가지이므로 그 확률은 $\frac{15}{36}=\frac{5}{12}$

따라서 구하는 확률은

$\frac{1}{6}\times\frac{1}{6}\times\frac{5}{12}=\frac{5}{432}$ 답 $\frac{5}{432}$

0995 원빈이가 합격할 확률을 x라 하면 상희와 원빈이가 모두 합격할 확률이 $\frac{2}{5}$이므로

$\frac{3}{5}\times x=\frac{2}{5}$ $\therefore x=\frac{2}{3}$

이때 상희가 불합격할 확률은

$1-\frac{3}{5}=\frac{2}{5}$

따라서 상희는 불합격하고 원빈이는 합격할 확률은

$\frac{2}{5}\times\frac{2}{3}=\frac{4}{15}$ 답 $\frac{4}{15}$

0996 한 경기에서 동희가 질 확률은 $1-\frac{1}{3}=\frac{2}{3}$

(i) 동희가 첫 번째와 두 번째 경기에서 이길 확률은

$\frac{1}{3}\times\frac{1}{3}=\frac{1}{9}$

(ii) 동희가 첫 번째 경기에서 이기고 두 번째 경기에서 지고 세 번째 경기에서 이길 확률은

$\frac{1}{3}\times\frac{2}{3}\times\frac{1}{3}=\frac{2}{27}$

(iii) 동희가 첫 번째 경기에서 지고 두 번째와 세 번째 경기에서 이길 확률은

$\frac{2}{3}\times\frac{1}{3}\times\frac{1}{3}=\frac{2}{27}$

(i)~(iii)에서 구하는 확률은

$\frac{1}{9}+\frac{2}{27}+\frac{2}{27}=\frac{7}{27}$ 답 $\frac{7}{27}$

교과서 속 창의력 UP! 169쪽

0997 오른쪽 그림에서 각 모서리의 가운데에 있는 빗금 친 12개의 쌓기나무는 2개의 면에 색칠되어 있고, 각 꼭짓점에 있는 8개의 쌓기나무는 3개의 면에 색칠되어 있으므로 2개 이상의 면에 색칠된 쌓기나무의 개수는 12+8=20

모든 쌓기나무의 개수는 27이므로 2개 이상의 면에 색칠된 쌓기나무를 고를 확률은 $\frac{20}{27}$이다. 답 $\frac{20}{27}$

0998 공이 Q로 나오는 경우는 다음 그림과 같다.

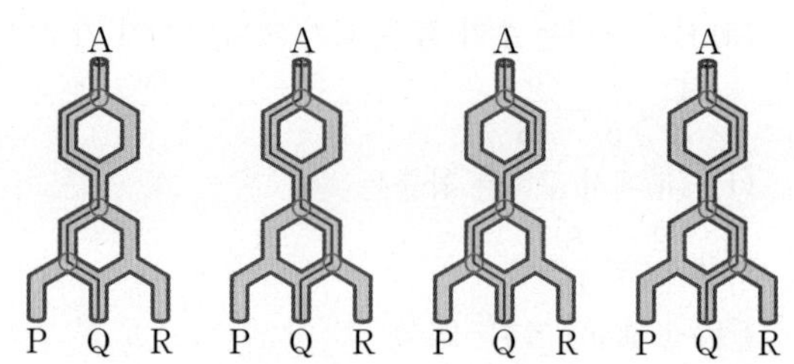

이때 각 갈림길에서 공이 어느 한 곳으로 들어갈 확률은 $\frac{1}{2}$이므로 각 경우의 확률은 모두

$\frac{1}{2}\times\frac{1}{2}\times\frac{1}{2}=\frac{1}{8}$

따라서 구하는 확률은

$\frac{1}{8}+\frac{1}{8}+\frac{1}{8}+\frac{1}{8}=\frac{1}{2}$ 답 $\frac{1}{2}$

0999 한 번의 시합에서 A와 B가 이길 확률은 $\frac{1}{2}$로 같으므로 시합을 계속 진행한다고 하면

(i) 4번째 시합에서 A가 이길 확률은 $\frac{1}{2}$이다.

(ii) 4번째 시합에서 B가 이기고 5번째 시합에서 A가 이길 확률은 $\frac{1}{2}\times\frac{1}{2}=\frac{1}{4}$

(i), (ii)에서 A가 우승할 확률은

$\frac{1}{2}+\frac{1}{4}=\frac{3}{4}$

따라서 B가 우승할 확률은 $1-\frac{3}{4}=\frac{1}{4}$

답 A : $\frac{3}{4}$, B : $\frac{1}{4}$

1000 각각의 기록에서 1, 2, 3의 횟수를 표로 정리하면 다음과 같다.

기록	1의 횟수	2의 횟수	3의 횟수	합계
기록 1	8	7	15	30
기록 2	11	9	10	30
기록 3	5	10	15	30

원판 A에서 바늘이 가리키는 숫자가 1, 2, 3일 확률은 $\frac{1}{3}$로 같으므로 이것은 기록 2의 결과라고 추측할 수 있다.

원판 B에서 바늘이 가리키는 숫자가 1, 2, 3일 확률은 각각 $\frac{1}{4}$, $\frac{1}{4}$, $\frac{1}{2}$이므로 이것은 기록 1의 결과라고 추측할 수 있다.

원판 C에서 바늘이 가리키는 숫자가 1, 2, 3일 확률은 각각 $\frac{1}{6}$, $\frac{1}{3}$, $\frac{1}{2}$이므로 이것은 기록 3의 결과라고 추측할 수 있다. 답 기록 1 : B, 기록 2 : A, 기록 3 : C

01. 삼각형의 성질

핵심 유형 4~11쪽

이등변삼각형의 성질 4~8쪽

001 답 (가) $\angle C$ (나) $\angle A$ (다) $\angle B$

002 $\triangle ABD \equiv \triangle ACD$ (SAS 합동)이므로
$\overline{BD}=\overline{CD}$ (①), $\angle B=\angle C$ (④)
또, $\angle ADB=\angle ADC$이고 $\angle ADB+\angle ADC=180°$이므로
$\angle ADB=\angle ADC=90°$, 즉 $\overline{AD}\perp\overline{BC}$ (②)
따라서 옳지 않은 것은 ③, ⑤이다. 답 ③, ⑤

003 $\triangle ABD \equiv \triangle ACD$ (SAS 합동)이므로
$\overline{BD}=\overline{CD}$, $\angle ABD=\angle ACD$, $\angle ADB=\angle ADC$
$\triangle PBD \equiv \triangle PCD$ (SAS 합동)이므로
$\angle PBD=\angle PCD$ (④)
$\therefore \angle ABP=\angle ABD-\angle PBD$
$=\angle ACD-\angle PCD=\angle ACP$ (③)
따라서 옳은 것은 ③, ④이다. 답 ③, ④
참고 $\triangle PBD$와 $\triangle PCD$에서
$\overline{BD}=\overline{CD}$, $\angle PDB=\angle PDC$, $\overline{PD}$는 공통이므로
$\triangle PBD \equiv \triangle PCD$ (SAS 합동)

004 $\triangle ABC$에서 $\overline{BA}=\overline{BC}$이므로
$\angle BCA=\angle BAC=\frac{1}{2}\times(180°-40°)=70°$
$\therefore \angle x=180°-\angle BCA=180°-70°=110°$ 답 $110°$

005 $\triangle ABC$에서 $\overline{AB}=\overline{AC}$이므로
$\angle C=\angle B=4\angle x-20°$
삼각형의 세 내각의 크기의 합은 $180°$이므로
$2\angle x+(4\angle x-20°)+(4\angle x-20°)=180°$
$10\angle x=220°$ $\therefore \angle x=22°$ 답 ③

006 $\triangle ABC$에서 $\overline{AB}=\overline{AC}$이므로
$\angle ABC=\angle ACB=\frac{1}{2}\times(180°-72°)=54°$
$\therefore \angle DBC=\frac{1}{2}\angle ABC=\frac{1}{2}\times 54°=27°$
$\angle DCB=\frac{1}{2}\angle ACB=\frac{1}{2}\times 54°=27°$
따라서 $\triangle DBC$에서
$\angle BDC=180°-(27°+27°)=126°$ 답 $126°$

007 $\triangle ABC$에서 $\overline{AB}=\overline{AC}$이므로
$\angle ABC=\angle C=\frac{1}{2}\times(180°-32°)=74°$
$\therefore \angle ABD=\frac{1}{2}\angle ABC=\frac{1}{2}\times 74°=37°$
따라서 $\triangle ABD$에서
$\angle BDC=\angle A+\angle ABD=32°+37°=69°$ 답 $69°$
다른 풀이 $\triangle ABC$에서 $\overline{AB}=\overline{AC}$이므로
$\angle ABC=\angle C=\frac{1}{2}\times(180°-32°)=74°$
$\therefore \angle DBC=\frac{1}{2}\angle ABC=\frac{1}{2}\times 74°=37°$
따라서 $\triangle DBC$에서
$\angle BDC=180°-(\angle DBC+\angle C)$
$=180°-(37°+74°)=69°$

008 $\triangle ABC$에서 $\overline{AB}=\overline{AC}$이므로 $\angle C=\angle B=46°$
$\therefore \angle BAC=180°-2\times 46°=88°$
$\triangle DAB$에서 $\overline{DA}=\overline{DB}$이므로 $\angle DAB=\angle B=46°$
$\therefore \angle DAC=\angle BAC-\angle DAB$
$=88°-46°=42°$ 답 ②

009 $\triangle ADC$에서 $\overline{DA}=\overline{DC}$이므로
$\angle A=\angle DCA=\frac{1}{2}\times(180°-108°)=36°$
$\triangle ABC$에서 $\overline{AB}=\overline{AC}$이므로
$\angle B=\angle ACB=\frac{1}{2}\times(180°-36°)=72°$
$\therefore \angle x=\angle ACB-\angle DCA=72°-36°=36°$ 답 $36°$

010 $\angle ABD=\angle DBC=\angle a$라 하면
$\triangle ABC$에서 $\overline{AB}=\overline{AC}$이므로 $\angle C=\angle ABC=2\angle a$
이때 $\triangle DBC$에서 $\angle ADB=\angle DBC+\angle DCB$이므로
$\angle a+2\angle a=78°$, $3\angle a=78°$ $\therefore \angle a=26°$
따라서 $\triangle ABD$에서
$\angle A=180°-(26°+78°)=76°$ 답 $76°$
다른 풀이 $\angle ABD=\angle DBC=\angle a$라 하면
$\triangle DBC$에서 $\angle a+2\angle a=78°$
$3\angle a=78°$ $\therefore \angle a=26°$
$\triangle ABC$에서 $\angle ABC=\angle C=2\times 26°=52°$이므로
$\angle A=180°-2\times 52°=76°$

011 $\triangle ABC$에서 $\overline{AB}=\overline{AC}$이므로
$\angle C=\angle B=64°$ (①)
$\angle BAC=180°-2\times 64°=52°$이므로
$\angle CAD=\frac{1}{2}\angle BAC=\frac{1}{2}\times 52°=26°$ (⑤)
이때 꼭지각의 이등분선은 밑변을 수직이등분하므로
$\overline{BD}=\overline{CD}=\frac{1}{2}\overline{BC}=\frac{1}{2}\times 6=3$(cm) (②),
$\overline{AD}\perp\overline{BC}$ (③)
따라서 옳지 않은 것은 ④이다. 답 ④

012 $\triangle ABC$에서 $\overline{AB}=\overline{AC}$이므로
$\overline{AD}\perp\overline{BC}$, $\overline{BD}=\overline{CD}=\frac{1}{2}\times 14=7$(cm)
$\therefore \triangle ABD=\frac{1}{2}\times 7\times 12=42(cm^2)$ 답 $42\ cm^2$

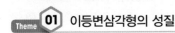

013 $\overline{AD}$는 $\overline{BC}$의 수직이등분선이므로
$\angle DAC=\angle DAB=\angle x$

$\angle ACD=180^\circ-122^\circ=58^\circ$이므로

$\triangle ADC$에서

$\angle x=180^\circ-(58^\circ+90^\circ)=32^\circ$ 답 32°

다른 풀이 $\angle ACB=180^\circ-122^\circ=58^\circ$

$\triangle ABC$에서 $\overline{AB}=\overline{AC}$이므로

$\angle BAC=180^\circ-2\times 58^\circ=64^\circ$

이때 $\angle DAC=\angle DAB=\angle x$이므로

$2\angle x=64^\circ$ $\quad\therefore \angle x=32^\circ$

014 $\triangle ABC$에서 $\overline{AB}=\overline{AC}$이므로

$\angle ACB=\angle B=\angle x$

$\therefore \angle CAD=\angle B+\angle ACB=\angle x+\angle x=2\angle x$

$\triangle CDA$에서 $\overline{CA}=\overline{CD}$이므로

$\angle CDA=\angle CAD=2\angle x$

$\triangle BCD$에서 $\angle DCE=\angle B+\angle D$이므로

$\angle x+2\angle x=81^\circ$, $3\angle x=81^\circ$

$\therefore \angle x=27^\circ$ 답 27°

015 $\triangle ABD$에서 $\overline{DA}=\overline{DB}$이므로 $\angle DAB=\angle B=43^\circ$

$\therefore \angle ADC=\angle B+\angle DAB=43^\circ+43^\circ=86^\circ$

$\triangle ADC$에서 $\overline{DA}=\overline{DC}$이므로 $\angle DAC=\angle DCA$

$\therefore \angle x=\frac{1}{2}\times(180^\circ-86^\circ)=47^\circ$ 답 ③

016 $\triangle ABC$에서 $\overline{AB}=\overline{AC}$이므로 $\angle ACB=\angle B=26^\circ$

$\therefore \angle CAD=\angle B+\angle ACB=26^\circ+26^\circ=52^\circ$

$\triangle CDA$에서 $\overline{CA}=\overline{CD}$이므로

$\angle CDA=\angle CAD=52^\circ$

$\triangle DBC$에서

$\angle DCE=\angle B+\angle CDB=26^\circ+52^\circ=78^\circ$

$\triangle DCE$에서 $\overline{DC}=\overline{DE}$이므로

$\angle DEC=\angle DCE=78^\circ$

$\therefore \angle x=180^\circ-2\times 78^\circ=24^\circ$ 답 ④

017 $\triangle ACD$에서 $\overline{CA}=\overline{CD}$이므로

$\angle CAD=\angle CDA=\angle a$라 하면

$\angle BCA=\angle a+\angle a=2\angle a$

$\triangle ABC$에서 $\overline{BA}=\overline{BC}$이므로

$\angle BAC=\angle BCA=2\angle a$

이때 $\angle BAC+\angle CAD+\angle DAE=180^\circ$이므로

$2\angle a+\angle a+78^\circ=180^\circ$, $3\angle a=102^\circ$ $\quad\therefore \angle a=34^\circ$

따라서 $\triangle ABD$에서 $\angle DAE=\angle B+\angle D$이므로

$\angle B+34^\circ=78^\circ$ $\quad\therefore \angle B=44^\circ$ 답 44°

018 $\triangle ABC$에서 $\overline{AB}=\overline{AC}$이므로

$\angle ABC=\angle ACB=\frac{1}{2}\times(180^\circ-84^\circ)=48^\circ$

$\therefore \angle DBC=\frac{1}{2}\angle ABC=\frac{1}{2}\times 48^\circ=24^\circ$

이때 $\angle ACE=180^\circ-48^\circ=132^\circ$이므로

$\angle DCE=\frac{1}{2}\angle ACE=\frac{1}{2}\times 132^\circ=66^\circ$

따라서 $\triangle DBC$에서 $\angle DCE=\angle DBC+\angle BDC$이므로

$24^\circ+\angle x=66^\circ$ $\quad\therefore \angle x=42^\circ$ 답 42°

019 $\triangle ABC$에서 $\overline{AB}=\overline{AC}$이므로

$\angle ABC=\angle ACB=\frac{1}{2}\times(180^\circ-44^\circ)=68^\circ$

$\angle ACE=180^\circ-68^\circ=112^\circ$이므로

$\angle DCE=\frac{1}{2}\angle ACE=\frac{1}{2}\times 112^\circ=56^\circ$

$\triangle BCD$에서 $\overline{CB}=\overline{CD}$이므로

$\angle CBD=\angle CDB=\angle x$

따라서 $\angle DCE=\angle CBD+\angle CDB$이므로

$\angle x+\angle x=56^\circ$, $2\angle x=56^\circ$ $\quad\therefore \angle x=28^\circ$ 답 ②

020 $\angle BAE=\angle EAC=\angle a$라 하면

$\triangle AEC$에서 $\overline{EA}=\overline{EC}$이므로

$\angle ECA=\angle EAC=\angle a$

$\triangle ABC$에서 $\angle B=90^\circ$이므로

$2\angle a+90^\circ+\angle a=180^\circ$, $3\angle a=90^\circ$ $\quad\therefore \angle a=30^\circ$

$\angle BCD=90^\circ$이므로 $\angle x=90^\circ-30^\circ=60^\circ$ 답 60°

021 $\triangle ABD$와 $\triangle ACE$에서

$\overline{AB}=\overline{AC}$, $\overline{BD}=\overline{CE}$, $\angle B=\angle C$이므로

$\triangle ABD\equiv\triangle ACE$ (SAS 합동)

$\therefore \overline{AD}=\overline{AE}$

$\triangle ADE$에서 $\angle ADE=\angle AED$이므로

$\angle x=\frac{1}{2}\times(180^\circ-30^\circ)=75^\circ$ 답 75°

022 $\triangle ABC$에서 $\overline{AB}=\overline{AC}$이므로

$\angle ABC=\angle ACB$

$\triangle ABE$와 $\triangle ACD$에서

$\overline{AB}=\overline{AC}$, $\overline{AE}=\overline{AC}-\overline{EC}=\overline{AB}-\overline{DB}=\overline{AD}$,

$\angle A$는 공통이므로

$\triangle ABE\equiv\triangle ACD$ (SAS 합동)

$\therefore \angle ABE=\angle ACD$ (②)

또, $\triangle DBC$와 $\triangle ECB$에서

$\angle DBC=\angle ECB$, $\overline{DB}=\overline{EC}$, $\overline{BC}$는 공통이므로

$\triangle DBC\equiv\triangle ECB$ (SAS 합동) (①)

$\therefore \angle EBC=\angle DCB$ (③)

따라서 옳지 않은 것은 ④, ⑤이다. 답 ④, ⑤

023 $\triangle ABC$에서 $\overline{AB}=\overline{AC}$이므로

$\angle B=\angle C=\frac{1}{2}\times(180^\circ-56^\circ)=62^\circ$

$\triangle BDF$와 $\triangle CED$에서

$\overline{BD}=\overline{CE}$, $\angle B=\angle C$,

$\overline{BF}=\overline{CD}$이므로

$\triangle BDF\equiv\triangle CED$ (SAS 합동)

$\therefore \angle BDF=\angle CED$, $\angle BFD=\angle CDE$, $\overline{DF}=\overline{ED}$

$\therefore \angle FDE=180^\circ-(\angle BDF+\angle CDE)$

$=180^\circ-(\angle BDF+\angle BFD)$

$=\angle B=62^\circ$

$\triangle DEF$에서 $\angle DEF=\angle DFE$이므로

$\angle x=\frac{1}{2}\times(180^\circ-62^\circ)=59^\circ$ 답 ②

024 ② (나) $\angle C$ ⑤ (마) $\overline{AB}$ 답 ②, ⑤

025 답 (가) $\angle DCB$ (나) $\overline{DC}$ (다) SAS (라) ECB (마) $\overline{PC}$

026 $\triangle ABC$에서 $\angle A=180^\circ-(25^\circ+90^\circ)=65^\circ$
$\triangle DCA$에서 $\overline{DA}=\overline{DC}$이므로
$\angle DCA=\angle A=65^\circ$
$\therefore \angle DCB=90^\circ-65^\circ=25^\circ$
따라서 $\triangle DBC$는 $\overline{DB}=\overline{DC}$인 이등변삼각형이므로
$\overline{DB}=\overline{DC}=\overline{DA}=6\text{ cm}$
$\therefore \overline{AB}=\overline{AD}+\overline{DB}=6+6=12(\text{cm})$ 답 12 cm

027 $\angle B=\angle C$이므로
$\triangle ABC$는 $\overline{AB}=\overline{AC}$인 이등변삼각형이다.
$3x-2=x+6,\ 2x=8 \qquad \therefore x=4$ 답 ②

028 $\angle B=\angle C$이므로 $\triangle ABC$는 $\overline{AB}=\overline{AC}$인 이등변삼각형이고, $\overline{AD}$는 $\angle A$의 이등분선이므로 $\overline{BC}$를 수직이등분한다.
$\overline{BC}=2\overline{CD}=2\times4=8(\text{cm})$이므로 $x=8$
$\triangle ABD$에서 $\angle ADB=90^\circ$이므로
$\angle BAD=180^\circ-(55^\circ+90^\circ)=35^\circ \qquad \therefore y=35$
$\therefore y-x=35-8=27$ 답 27

029 $\triangle ABC$에서 $\overline{AB}=\overline{AC}$이므로
$\angle ABC=\angle C=\frac{1}{2}\times(180^\circ-36^\circ)=72^\circ$
$\therefore \angle ABD=\frac{1}{2}\angle ABC=\frac{1}{2}\times72^\circ=36^\circ$
즉, $\angle A=\angle ABD$이므로 $\triangle ABD$는 $\overline{DA}=\overline{DB}$인 이등변삼각형이다.
$\triangle ABD$에서
$\angle BDC=\angle A+\angle ABD=36^\circ+36^\circ=72^\circ$
즉, $\angle BDC=\angle C$이므로 $\triangle BCD$는 $\overline{BC}=\overline{BD}$인 이등변삼각형이다.
따라서 $\overline{BC}=\overline{BD}=\overline{AD}=7\text{ cm}$이므로
$\overline{BC}+\overline{BD}=7+7=14(\text{cm})$ 답 14 cm

030 오른쪽 그림에서
$\angle BAC=\angle DAC$ (접은 각),
$\angle DAC=\angle BCA$ (엇각)

이므로 $\angle BAC=\angle BCA$
따라서 $\triangle ABC$는 $\overline{BC}=\overline{BA}=5\text{ cm}$인 이등변삼각형이므로
$\triangle ABC$의 둘레의 길이는
$5+5+6=16(\text{cm})$ 답 16 cm

031 오른쪽 그림에서
$\angle DAC=\angle ACB=x^\circ$ (엇각),
$\angle BAC=\angle DAC=x^\circ$ (접은 각)
이므로 $\angle BAC=\angle BCA$
$\triangle ABC$에서
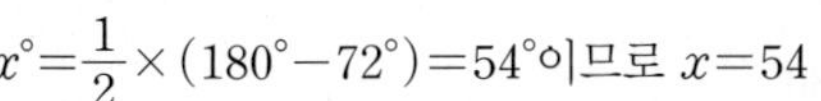
$x^\circ=\frac{1}{2}\times(180^\circ-72^\circ)=54^\circ$이므로 $x=54$
$\triangle ABC$는 $\overline{BA}=\overline{BC}=4\text{ cm}$인 이등변삼각형이므로 $y=4$
$\therefore x+y=54+4=58$ 답 ③

032 오른쪽 그림에서
$\angle CBD=\angle ABC$ (접은 각),
$\angle ACB=\angle CBD$ (엇각)
이므로 $\angle ABC=\angle ACB$
따라서 $\triangle ABC$는 $\overline{AC}=\overline{AB}=10\text{ cm}$인 이등변삼각형이므로
$\triangle ABC=\frac{1}{2}\times\overline{AC}\times6=\frac{1}{2}\times10\times6=30(\text{cm}^2)$
답 30 cm²

Theme 02 직각삼각형의 합동 9~11쪽

033 ㄴ에서 나머지 한 각의 크기는
$180^\circ-(90^\circ+50^\circ)=40^\circ$
즉, ㄴ과 ㅁ은 직각삼각형의 빗변의 길이와 한 예각의 크기가 각각 같으므로 합동이다. (RHA 합동)
ㄷ과 ㅂ은 직각삼각형의 빗변의 길이와 다른 한 변의 길이가 각각 같으므로 합동이다. (RHS 합동)
따라서 서로 합동인 것은 ㄴ과 ㅁ, ㄷ과 ㅂ이다.
답 ㄴ과 ㅁ, ㄷ과 ㅂ

034 답 (가) $\overline{DE}$ (나) $\angle DFE$ (다) $\angle E$ (라) $\angle EDF$ (마) ASA

035 답 ㄱ. SAS 합동 ㄴ. RHS 합동 ㄹ. RHA 합동

036 ① SAS 합동
② RHS 합동
③ ASA 합동
④ RHA 합동
따라서 두 직각삼각형이 합동이 되는 조건이 아닌 것은 ⑤이다. 답 ⑤

037 $\triangle ACD$와 $\triangle BAE$에서
$\angle ADC=\angle BEA=90^\circ,\ \overline{AC}=\overline{BA},$
$\angle DCA=90^\circ-\angle CAD=\angle EAB$이므로
$\triangle ACD\equiv\triangle BAE$ (RHA 합동)
따라서 $\overline{DA}=\overline{EB}=4\text{ cm}$이므로 $\overline{AE}=9-4=5(\text{cm})$
$\therefore \overline{CD}=\overline{AE}=5\text{ cm}$ 답 5 cm

038 $\triangle ABC$와 $\triangle CDE$에서
$\angle ABC=\angle CDE=90^\circ,\ \overline{AC}=\overline{CE},$
$\angle BAC=90^\circ-\angle ACB=\angle DCE$이므로
$\triangle ABC\equiv\triangle CDE$ (RHA 합동)
따라서 $\overline{AB}=\overline{CD}=a\text{ cm},\ \overline{BC}=\overline{DE}=b\text{ cm}$라 하면
$a+b=20,\ a-b=6$
두 식을 연립하여 풀면 $a=13,\ b=7$
$\therefore \overline{CD}=13\text{ cm}$ 답 ③

039 $\triangle BDM$과 $\triangle CEM$에서
$\angle BDM=\angle CEM=90^\circ,\ \overline{BM}=\overline{CM},$
$\angle BMD=\angle CME$ (맞꼭지각)이므로
$\triangle BDM\equiv\triangle CEM$ (RHA 합동)

따라서 $\overline{BD}=\overline{CE}=6\,cm$, $\overline{DM}=\overline{EM}=4\,cm$이므로

$\triangle ABD=\frac{1}{2}\times\overline{BD}\times\overline{AD}$

$=\frac{1}{2}\times6\times(12+4)=48(cm^2)$ 답 $48\,cm^2$

040 $\triangle ADM$과 $\triangle CEM$에서

$\angle ADM=\angle CEM=90°$, $\overline{AM}=\overline{CM}$, $\overline{MD}=\overline{ME}$이므로

$\triangle ADM\equiv\triangle CEM$ (RHS 합동)

$\therefore\ \angle C=\angle A=36°$

따라서 $\triangle ABC$에서

$\angle B=180°-2\times36°=108°$ 답 $108°$

041 $\triangle ADE$와 $\triangle ACE$에서

$\angle ADE=\angle ACE=90°$, $\overline{AE}$는 공통, $\overline{AD}=\overline{AC}$이므로

$\triangle ADE\equiv\triangle ACE$ (RHS 합동)

따라서 $\overline{CE}=\overline{DE}=6\,cm$이므로 $x=6$

$\angle DAE=\angle CAE=y°$이므로

$\triangle ABC$에서

$2\times y°+24°+90°=180°$, $y°=33°$ $\therefore\ y=33$

$\therefore\ x+y=6+33=39$ 답 39

042 $\triangle ABE$와 $\triangle ADE$에서

$\angle ABE=\angle ADE=90°$, $\overline{AE}$는 공통, $\overline{AB}=\overline{AD}$이므로

$\triangle ABE\equiv\triangle ADE$ (RHS 합동)

$\therefore\ \angle AEB=\angle AED$

$\triangle DEC$에서 $\angle DEC=180°-(90°+56°)=34°$이므로

$\angle BED=180°-34°=146°$

$\therefore\ \angle AED=\frac{1}{2}\angle BED=\frac{1}{2}\times146°=73°$ 답 $73°$

다른 풀이 $\triangle ABC$에서 $\angle BAC=180°-(90°+56°)=34°$

$\triangle ABE\equiv\triangle ADE$ (RHS 합동)이므로

$\angle BAE=\angle DAE=\frac{1}{2}\angle BAC=\frac{1}{2}\times34°=17°$

따라서 $\triangle ADE$에서

$\angle AED=180°-(17°+90°)=73°$

043 $\triangle AED$와 $\triangle ACD$에서

$\angle AED=\angle ACD=90°$, $\overline{AD}$는 공통, $\overline{AE}=\overline{AC}$이므로

$\triangle AED\equiv\triangle ACD$ (RHS 합동)

$\therefore\ \overline{AE}=\overline{AC}=9\,cm$, $\overline{DE}=\overline{DC}$

따라서 $\triangle BDE$의 둘레의 길이는

$\overline{BD}+\overline{DE}+\overline{BE}=(\overline{BD}+\overline{DC})+\overline{BE}=\overline{BC}+\overline{BE}$

$=12+(15-9)=18(cm)$ 답 18 cm

044 ④ ㈑ $\angle POB$ 답 ④

045 $\triangle PAO$와 $\triangle PBO$에서

$\angle PAO=\angle PBO=90°$, $\overline{OP}$는 공통, $\overline{PA}=\overline{PB}$이므로

$\triangle PAO\equiv\triangle PBO$ (RHS 합동)

즉, $\overline{AO}=\overline{BO}$ (ㄱ), $\angle AOP=\angle BOP$ (ㄴ)이고

$\angle APO=\angle BPO$이므로 $\angle BPO=\frac{1}{2}\angle APB$ (ㄹ)

따라서 옳지 않은 것은 ㄷ, ㅁ이다. 답 ④

046 오른쪽 그림과 같이 점 D에서 $\overline{AC}$에 내린 수선의 발을 E라 하면 $\triangle ABD$와 $\triangle AED$에서

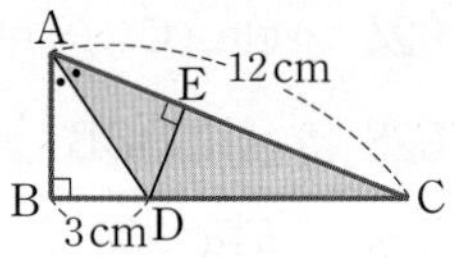

A, E, 12 cm, B, 3 cm, D, C

$\angle ABD=\angle AED=90°$,

$\overline{AD}$는 공통,

$\angle BAD=\angle EAD$이므로

$\triangle ABD\equiv\triangle AED$ (RHA 합동)

따라서 $\overline{DE}=\overline{DB}=3\,cm$이므로

$\triangle ADC=\frac{1}{2}\times\overline{AC}\times\overline{DE}$

$=\frac{1}{2}\times12\times3$

$=18(cm^2)$ 답 $18\,cm^2$

047 $\triangle AOP$와 $\triangle BOP$에서

$\angle PAO=\angle PBO=90°$, $\overline{OP}$는 공통, $\overline{PA}=\overline{PB}$이므로

$\triangle AOP\equiv\triangle BOP$ (RHS 합동)

$\therefore\ \angle APO=\angle BPO$

따라서 사각형 AOBP에서

$\angle APB=360°-(90°+90°+80°)=100°$이므로

$\angle BPO=\frac{1}{2}\angle APB=\frac{1}{2}\times100°=50°$ 답 $50°$

048 $\triangle EBD$와 $\triangle CBD$에서

$\angle DEB=\angle DCB=90°$, $\overline{BD}$는 공통,

$\angle EBD=\angle CBD$이므로

$\triangle EBD\equiv\triangle CBD$ (RHA 합동)

$\therefore\ \overline{ED}=\overline{CD}=8\,cm$

$\triangle ABC$는 직각이등변삼각형이므로

$\angle A=45°$

$\triangle AED$에서 $\angle ADE=180°-(45°+90°)=45°$

따라서 $\triangle AED$는 $\overline{EA}=\overline{ED}=8\,cm$인 직각이등변삼각형이므로

$\triangle AED=\frac{1}{2}\times8\times8=32(cm^2)$ 답 $32\,cm^2$

049 $\triangle ADE$와 $\triangle BDE$에서

$\overline{AE}=\overline{BE}$, $\angle AED=\angle BED=90°$, $\overline{DE}$는 공통이므로

$\triangle ADE\equiv\triangle BDE$ (SAS 합동)

이때 $\angle DAE=\angle DBE=\angle a$라 하면

$\triangle ADE$와 $\triangle ADC$에서

$\angle AED=\angle ACD=90°$, $\overline{AD}$는 공통, $\overline{DE}=\overline{DC}$이므로

$\triangle ADE\equiv\triangle ADC$ (RHS 합동)

$\therefore\ \angle DAC=\angle DAE=\angle a$

$\triangle ABC$에서

$(\angle a+\angle a)+\angle a+90°=180°$이므로

$3\angle a=90°$

$\therefore\ \angle a=30°$

따라서 $\triangle BDE$에서

$\angle x=180°-(30°+90°)=60°$ 답 $60°$

유형모아 Theme 01 이등변삼각형의 성질 1회 12쪽

050 △ABC에서 $\overline{AB}=\overline{AC}$이므로
$\angle ABC=\angle ACB=\frac{1}{2}\times(180^\circ-52^\circ)=64^\circ$
$\therefore \angle DBC=\angle DCB=\frac{1}{2}\times 64^\circ=32^\circ$
따라서 △DBC에서
$\angle x=180^\circ-2\times 32^\circ=116^\circ$ 답 116°

051 △ABC에서 $\overline{AB}=\overline{AC}$이므로
$\angle C=\angle B=32^\circ$
$\overline{AD}$는 꼭짓점 A와 밑변 BC의 중점 D를 잇는 선분이므로
$\angle ADC=90^\circ$
따라서 △ADC에서
$\angle CAD=180^\circ-(90^\circ+32^\circ)=58^\circ$ 답 58°

052 답 (가) $\overline{AC}$ (나) $\overline{BC}$ (다) 정

053 △ABC에서 $\overline{AB}=\overline{AC}$이므로
$\angle B=\angle ACB=\frac{1}{2}\times(180^\circ-40^\circ)=70^\circ$
△DAE에서 $\overline{DA}=\overline{DE}$이므로 $\angle DEA=\angle A=40^\circ$
$\therefore \angle EDC=40^\circ+40^\circ=80^\circ$
△DEC에서 $\overline{DC}=\overline{DE}$이므로
$\angle DCE=\angle DEC=\frac{1}{2}\times(180^\circ-80^\circ)=50^\circ$
$\therefore \angle x=\angle ACB-\angle DCE=70^\circ-50^\circ=20^\circ$ 답 20°

054 △AED에서 $\overline{DA}=\overline{DE}$이므로
$\angle DEA=\angle DAE=\angle x$
$\therefore \angle EDC=\angle DAE+\angle DEA$
$=\angle x+\angle x=2\angle x$
△ECD에서 $\overline{DE}=\overline{CE}$이므로
$\angle ECD=\angle EDC=2\angle x$
△AEC에서
$\angle CEB=\angle CAE+\angle ACE=\angle x+2\angle x=3\angle x$
△CEB에서 $\overline{CE}=\overline{CB}$이므로
$\angle CBE=\angle CEB=3\angle x$
따라서 △CEB에서 $24^\circ+3\angle x+3\angle x=180^\circ$이므로
$6\angle x=156^\circ$ $\therefore \angle x=26^\circ$ 답 26°

055 $\angle A=\angle DBE=\angle a$ (접은 각)라 하면
△ABC에서 $\overline{AB}=\overline{AC}$이므로
$\angle ACB=\angle ABC=\angle a+24^\circ$
△ABC에서
$\angle a+2(\angle a+24^\circ)=180^\circ$
$3\angle a=132^\circ$ $\therefore \angle a=44^\circ$
$\angle DEA=\angle DEB=\angle x$ (접은 각)이므로
△BCE에서 $\angle AEB=\angle EBC+\angle ECB$
$2\angle x=24^\circ+(\angle a+24^\circ)$
$2\angle x=24^\circ+(44^\circ+24^\circ)$, $2\angle x=92^\circ$
$\therefore \angle x=46^\circ$ 답 ③

056 $\angle BAD=\angle DAE=\angle EAC$
$=\angle a$
라 하면
$\angle C=\frac{1}{3}\angle BAC$이므로
$\angle C=\angle a$
△AEC에서
$\angle BEA=\angle EAC+\angle ECA=\angle a+\angle a=2\angle a$
즉, $\angle BAE=\angle BEA$이므로
△BAE는 $\overline{BA}=\overline{BE}$인 이등변삼각형이다.
$\therefore \overline{BE}=8\text{ cm}$
또, $\angle EAC=\angle ECA$이므로
△EAC는 $\overline{EA}=\overline{EC}$인 이등변삼각형이다.
$\therefore \overline{AE}=\overline{CE}=\overline{BC}-\overline{BE}=13-8=5(\text{cm})$ 답 ③

유형모아 Theme 01 이등변삼각형의 성질  13쪽

057 △BCD에서 $\overline{BC}=\overline{BD}$이므로
$\angle BDC=\angle BCD=65^\circ$
$\therefore \angle DBC=180^\circ-2\times 65^\circ=50^\circ$
△ABC에서 $\overline{AB}=\overline{AC}$이므로
$\angle ABC=\angle ACB=65^\circ$
따라서 $\angle x+50^\circ=65^\circ$이므로
$\angle x=15^\circ$ 답 ②

058 $\angle ABC=\angle EAD=62^\circ$ (동위각)
△ABC에서 $\overline{AB}=\overline{AC}$이므로
$\angle ACB=\angle ABC=62^\circ$
$\therefore \angle DAC=\angle ACB=62^\circ$ (엇각) 답 62°

059 $\angle CDA=180^\circ-108^\circ=72^\circ$이므로
$\angle CAD=\angle CDA$
즉, △CDA는 $\overline{AC}=\overline{DC}$인 이등변삼각형이므로
$\overline{AC}=6\text{ cm}$
△ABC에서
$\angle DAC=\angle ABC+\angle ACB$이므로
$36^\circ+\angle ACB=72^\circ$ $\therefore \angle ACB=36^\circ$
따라서 $\angle ABC=\angle ACB$이므로
△ABC는 $\overline{AB}=\overline{AC}$인 이등변삼각형이다.
$\therefore \overline{AB}=6\text{ cm}$ 답 6 cm

060 $\angle ABC=\angle CBD$ (접은 각),
$\angle ACB=\angle CBD$ (엇각)이므로
$\angle ABC=\angle ACB$
따라서 △ABC는 $\overline{AB}=\overline{AC}$인 이등변삼각형이므로
$\overline{AB}=3\text{ cm}$ 답 3 cm

061 △ADC에서 $\overline{AD}=\overline{AC}$이고 $\angle DAE=\angle CAE$이므로
$\overline{AE}\perp\overline{DC}$이다.
$\therefore \angle y=90^\circ$

워크북

△AEC에서
$\angle EAC=180^\circ-(90^\circ+64^\circ)=26^\circ$이므로
$\angle BAD=\angle DAE=\angle EAC=26^\circ$
△ABC에서
$\angle x+3\times26^\circ+64^\circ=180^\circ$
$\therefore \angle x=38^\circ$
$\therefore \angle y-\angle x=90^\circ-38^\circ=52^\circ$ 답 ⑤

062 △ABC에서 $\overline{AB}=\overline{AC}$이므로
$\angle B=\angle C=\frac{1}{2}\times(180^\circ-30^\circ)=75^\circ$
△BED와 △CFE에서
$\overline{BD}=\overline{CE}$, $\overline{BE}=\overline{CF}$, $\angle B=\angle C$이므로
△BED≡△CFE (SAS 합동)
$\therefore \angle BDE=\angle CEF$
$\therefore \angle DEF=180^\circ-(\angle DEB+\angle CEF)$
$=180^\circ-(\angle DEB+\angle BDE)$
$=\angle B$
$=75^\circ$ 답 75°

063 이등변삼각형에서 꼭지각의 이등분선은 밑변을 수직이등분하므로
$\overline{AD}\perp\overline{BC}$, $\overline{BD}=\overline{CD}$
△ADC의 넓이에서
$\frac{1}{2}\times\overline{DC}\times\overline{AD}=\frac{1}{2}\times\overline{AC}\times\overline{DE}$이므로
$\frac{1}{2}\times\overline{DC}\times4=\frac{1}{2}\times5\times\frac{12}{5}$
$2\overline{DC}=6$ $\therefore \overline{DC}=3(\text{cm})$
$\therefore \overline{BC}=2\overline{DC}=2\times3=6(\text{cm})$ 답 ③

유형 모아 Theme 02 직각삼각형의 합동  14쪽

064 주어진 삼각형의 나머지 한 각의 크기는
$180^\circ-(90^\circ+30^\circ)=60^\circ$
③ 두 직각삼각형의 빗변의 길이와 한 예각의 크기가 각각 같으므로 합동이다. (RHA 합동)
④ 두 직각삼각형의 빗변의 길이와 다른 한 변의 길이가 각각 같으므로 합동이다. (RHS 합동) 답 ③, ④

065 △DEC에서
$\angle DEC=180^\circ-(90^\circ+36^\circ)=54^\circ$이므로
$\angle BED=180^\circ-54^\circ=126^\circ$
△ABE와 △ADE에서
$\angle ABE=\angle ADE=90^\circ$, $\overline{AE}$는 공통, $\overline{AB}=\overline{AD}$이므로
△ABE≡△ADE (RHS 합동)
따라서 $\angle AEB=\angle AED$이므로
$\angle AEB=\frac{1}{2}\angle BED=\frac{1}{2}\times126^\circ=63^\circ$ 답 63°

066 △ADF에서
$\angle FAD=180^\circ-(90^\circ+65^\circ)=25^\circ$
△AED와 △AFD에서
$\angle AED=\angle AFD=90^\circ$, $\overline{AD}$는 공통, $\overline{DE}=\overline{DF}$이므로
△AED≡△AFD (RHS 합동)
$\therefore \angle EAD=\angle FAD=25^\circ$
$\therefore \angle BAC=2\times25^\circ=50^\circ$
이때 △ABC에서 $\overline{AB}=\overline{AC}$이므로
$\angle B=\angle C=\frac{1}{2}\times(180^\circ-50^\circ)=65^\circ$ 답 65°

067 오른쪽 그림과 같이 점 D에서 $\overline{AB}$에 내린 수선의 발을 E라 하면
△BCD와 △BED에서
$\angle BCD=\angle BED=90^\circ$,
$\overline{BD}$는 공통,
$\angle CBD=\angle EBD$이므로
△BCD≡△BED (RHA 합동)
$\therefore \overline{DC}=\overline{DE}$
이때 △ABD의 넓이가 28 cm^2이므로
$\frac{1}{2}\times14\times\overline{DE}=28$
$\therefore \overline{DE}=4(\text{cm})$
$\therefore \overline{DC}=\overline{DE}=4\text{ cm}$ 답 4 cm

068 △ADB와 △CEA에서
$\angle ADB=\angle CEA=90^\circ$, $\overline{AB}=\overline{CA}$,
$\angle ABD=90^\circ-\angle BAD=\angle CAE$이므로
△ADB≡△CEA (RHA 합동)
$\therefore \overline{DA}=\overline{EC}=5\text{ cm}$, $\overline{AE}=\overline{BD}=3\text{ cm}$
∴ △ABC=(사각형 DBCE의 넓이)$-(\triangle ADB+\triangle CEA)$
$=\frac{1}{2}\times(3+5)\times(5+3)-2\times\left(\frac{1}{2}\times5\times3\right)$
$=32-15$
$=17(\text{cm}^2)$ 답 ④

069 오른쪽 그림과 같이 점 D에서 $\overline{AB}$에 내린 수선의 발을 E라 하자.
△AED와 △ACD에서
$\angle AED=\angle ACD=90^\circ$,
$\overline{AD}$는 공통,
$\angle EAD=\angle CAD$이므로
△AED≡△ACD (RHA 합동)
$\therefore \overline{ED}=\overline{CD}=6\text{ cm}$
이때 △ABC=△ABD+△ADC이므로
$\frac{1}{2}\times\overline{BC}\times12=\frac{1}{2}\times20\times6+\frac{1}{2}\times6\times12$
$6\overline{BC}=96$
$\therefore \overline{BC}=16(\text{cm})$
$\therefore \overline{BD}=\overline{BC}-\overline{CD}=16-6=10(\text{cm})$ 답 10 cm

유형 모아 Theme 02 직각삼각형의 합동 15쪽

070 $\angle B=180^\circ-(90^\circ+35^\circ)=55^\circ$
④ △ABC와 △DEF에서
$\angle C=\angle F=90^\circ$, $\overline{AB}=\overline{DE}$, $\angle B=\angle E$이므로
△ABC≡△DEF (RHA 합동)
답 ④

071 △DEB와 △DFC에서
$\angle DEB=\angle DFC=90^\circ$, $\overline{BD}=\overline{CD}$, $\overline{DE}=\overline{DF}$이므로
△DEB≡△DFC (RHS 합동)
따라서 $\angle B=\angle C$이므로 △ABC에서
$\angle B=\frac{1}{2}\times(180^\circ-50^\circ)=65^\circ$
답 65°

072 △BCD와 △BED에서
$\angle BCD=\angle BED=90^\circ$, $\overline{BD}$는 공통, $\overline{DC}=\overline{DE}$이므로
△BCD≡△BED (RHS 합동)
$\therefore \angle DBC=\angle DBE$
△ABC에서 $\angle ABC=180^\circ-(90^\circ+60^\circ)=30^\circ$이므로
$\angle DBC=\frac{1}{2}\angle ABC=\frac{1}{2}\times 30^\circ=15^\circ$
따라서 △DBC에서
$\angle x=180^\circ-(90^\circ+15^\circ)=75^\circ$
답 75°

073 △AED와 △ACD에서
$\angle AED=\angle ACD=90^\circ$, $\overline{AD}$는 공통,
$\angle EAD=\angle CAD$이므로
△AED≡△ACD (RHA 합동)
따라서 $\overline{DE}=\overline{DC}=6$ cm이므로
$\triangle ABD=\frac{1}{2}\times 20\times 6=60(\text{cm}^2)$
답 60 cm^2

074 △DBE와 △DCF에서
$\angle DEB=\angle DFC=90^\circ$,
$\overline{BD}=\overline{CD}$, $\angle B=\angle C$이므로
△DBE≡△DCF (RHA 합동)
$\therefore \overline{DE}=\overline{DF}$ ······㉠

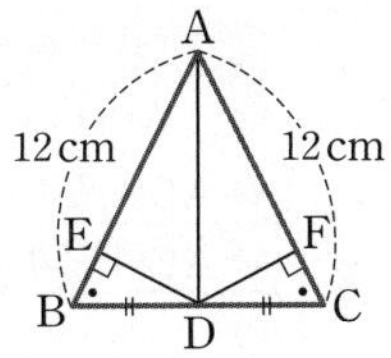

△ABD+△ACD=△ABC이므로
$\frac{1}{2}\times 12\times\overline{DE}+\frac{1}{2}\times 12\times\overline{DF}=60$
㉠에 의해
$\left(\frac{1}{2}\times 12\times\overline{DF}\right)\times 2=60$, $12\overline{DF}=60$
$\therefore \overline{DF}=5(\text{cm})$
답 5 cm

075 $\overline{AE}=\overline{AC}=3$ cm이므로
$\overline{BE}=\overline{AB}-\overline{AE}=5-3=2(\text{cm})$
△AED와 △ACD에서
$\angle AED=\angle ACD=90^\circ$, $\overline{AD}$는 공통, $\overline{AE}=\overline{AC}$이므로
△AED≡△ACD (RHS 합동)
따라서 $\overline{DE}=\overline{DC}$이므로
(△BDE의 둘레의 길이)$=\overline{BD}+\overline{DE}+\overline{EB}$
$=(\overline{BD}+\overline{DC})+\overline{EB}$
$=4+2=6(\text{cm})$
답 ③

076 △BDM과 △CEM에서
$\angle BDM=\angle CEM=90^\circ$,
$\overline{BM}=\overline{CM}$, $\angle BMD=\angle CME$ (맞꼭지각)이므로
△BDM≡△CEM (RHA 합동)
따라서 $\overline{BD}=\overline{CE}=4$ cm, $\overline{DM}=\overline{EM}=2$ cm이므로
$\overline{AM}=10-2=8(\text{cm})$
$\therefore \triangle ABM=\frac{1}{2}\times\overline{AM}\times\overline{BD}=\frac{1}{2}\times 8\times 4=16(\text{cm}^2)$
답 16 cm^2

Theme 모아 중단원 마무리 16~17쪽

077 △ABD와 △ACD에서
$\overline{AB}=\overline{AC}$ (①), $\overline{BD}=\overline{CD}$ (②), $\overline{AD}$는 공통 (③)이므로
△ABD≡△ACD (SSS 합동) (⑤)
$\therefore \angle B=\angle C$
따라서 이용되지 않는 것은 ④이다.
답 ④

078 $\overline{AD}\perp\overline{BC}$, $\overline{BD}=\overline{CD}$에서 이등변삼각형의 꼭지각의 이등분선은 밑변을 수직이등분하므로 $\overline{AD}$는 $\angle BAC$의 이등분선이다.
즉, $\angle BAD=\angle CAD=20^\circ$이므로
△ABD에서 $\angle x=180^\circ-(90^\circ+20^\circ)=70^\circ$
답 70°

079 △AED에서 $\overline{AD}=\overline{AE}$이므로
$\angle AED=\angle ADE=\frac{1}{2}\times(180^\circ-20^\circ)=80^\circ$
△BCE에서 $\overline{BC}=\overline{BE}$이므로
$\angle BEC=\angle BCE=\frac{1}{2}\times(180^\circ-50^\circ)=65^\circ$
$\therefore \angle x=180^\circ-(\angle AED+\angle BEC)$
$=180^\circ-(80^\circ+65^\circ)=35^\circ$
답 35°

080 △ABC에서 $\overline{AB}=\overline{AC}$이므로 $\angle B=\angle C$ (①)
△BDE와 △CFD에서
$\overline{BE}=\overline{CD}$, $\overline{BD}=\overline{CF}$, $\angle B=\angle C$이므로
△BDE≡△CFD (SAS 합동) (④)
즉, $\overline{DE}=\overline{FD}$ (②)이므로 $\angle DEF=\angle DFE$ (⑤)
따라서 옳지 않은 것은 ③이다.
답 ③

081 $\angle DBE=\angle DAE=\angle x$ (접은 각)
△ABC에서 $\overline{AB}=\overline{AC}$이므로
$\angle C=\angle ABC=\angle x+27^\circ$
따라서 △ABC에서 $\angle x+2(\angle x+27^\circ)=180^\circ$
$3\angle x=126^\circ$ $\therefore \angle x=42^\circ$
답 42°

082 △PMO와 △PNO에서
$\angle PMO=\angle PNO=90^\circ$ (②), $\overline{OP}$는 공통 (③),
$\angle POM=\angle PON$ (④)이므로
△PMO≡△PNO (RHA 합동) (⑤)

워크북

$\therefore \overline{PM}=\overline{PN}$

따라서 이용되지 않는 것은 ①이다. 답 ①

083 $\triangle ABD$와 $\triangle EBD$에서

$\angle BAD=\angle BED=90^\circ$, $\overline{BD}$는 공통, $\overline{AD}=\overline{ED}$이므로

$\triangle ABD\equiv\triangle EBD$ (RHS 합동)

따라서 $\angle EBD=\angle ABD=\angle x$이므로

$\triangle ABC$에서

$2\angle x+90^\circ+50^\circ=180^\circ$

$2\angle x=40^\circ$

$\therefore \angle x=20^\circ$ 답 20°

084 오른쪽 그림과 같이 점 D에서 $\overline{AB}$에 내린 수선의 발을 E라 하면

$\triangle ADC$와 $\triangle ADE$에서

$\angle ACD=\angle AED=90^\circ$,

$\overline{AD}$는 공통,

$\angle CAD=\angle EAD$이므로

$\triangle ADC\equiv\triangle ADE$ (RHA 합동)

$\therefore \overline{DE}=\overline{DC}=3$ cm

이때 $\triangle ABD$의 넓이가 21 cm^2이므로

$\frac{1}{2}\times\overline{AB}\times3=21$, $3\overline{AB}=42$

$\therefore \overline{AB}=14(cm)$ 답 14 cm

085 $\triangle ABC$에서 $\overline{CA}=\overline{CB}$

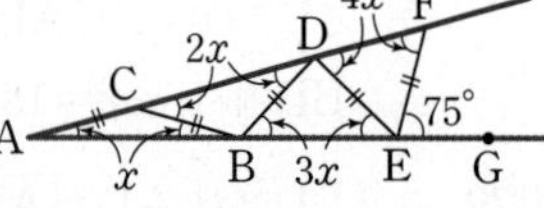

이므로

$\angle CBA=\angle A=\angle x$

$\therefore \angle BCD=\angle x+\angle x=2\angle x$

$\triangle BDC$에서 $\overline{BC}=\overline{BD}$이므로

$\angle BDC=\angle BCD=2\angle x$

$\triangle ABD$에서

$\angle DBE=\angle x+2\angle x=3\angle x$

$\triangle DBE$에서 $\overline{DB}=\overline{DE}$이므로

$\angle DEB=\angle DBE=3\angle x$

$\triangle DAE$에서

$\angle EDF=\angle x+3\angle x=4\angle x$

$\triangle EFD$에서 $\overline{ED}=\overline{EF}$이므로

$\angle EFD=\angle EDF=4\angle x$

$\triangle AEF$에서

$\angle FEG=\angle x+4\angle x=5\angle x$이므로

$5\angle x=75^\circ$

$\therefore \angle x=15^\circ$ 답 15°

086 $\triangle ABD$와 $\triangle CAE$에서

$\angle ADB=\angle CEA=90^\circ$, $\overline{AB}=\overline{CA}$,

$\angle ABD=90^\circ-\angle BAD=\angle CAE$이므로

$\triangle ABD\equiv\triangle CAE$ (RHA 합동)

따라서 $\overline{AD}=\overline{CE}=6$ cm, $\overline{AE}=\overline{BD}=10$ cm이므로

사각형 DBCE의 넓이는

$\frac{1}{2}\times(6+10)\times(6+10)=128(cm^2)$ 답 128 cm^2

087 $\triangle BDE$와 $\triangle CDF$에서

$\angle BED=\angle CFD=90^\circ$, $\overline{BD}=\overline{CD}$,

$\angle BDE=\angle CDF$ (맞꼭지각)이므로

$\triangle BDE\equiv\triangle CDF$ (RHA 합동)

$\therefore \overline{BE}=\overline{CF}=5$ cm

$\therefore \triangle ABC=\triangle ABD+\triangle ADC$

$=\frac{1}{2}\times\overline{AD}\times\overline{BE}+\frac{1}{2}\times\overline{AD}\times\overline{CF}$

$=\frac{1}{2}\times12\times5+\frac{1}{2}\times12\times5$

$=60(cm^2)$ 답 60 cm^2

088 $\triangle ABC$에서 $\overline{AB}=\overline{AC}$이므로 $\angle ABC=\angle ACB=65^\circ$

$\therefore \angle A=180^\circ-2\times65^\circ=50^\circ$

$\triangle EAB$에서 $\overline{AE}=\overline{BE}$이므로 $\angle EBA=\angle A=50^\circ$

$\therefore \angle DBC=\angle ABC-\angle EBA=65^\circ-50^\circ=15^\circ$

$\triangle BCD$에서 $\overline{BC}=\overline{CD}$이므로

$\angle CDB=\angle CBD=15^\circ$

$(65^\circ+\angle x)+2\times15^\circ=180^\circ$

$\angle x+95^\circ=180^\circ$

$\therefore \angle x=85^\circ$ 답 85°

089 $\triangle ABD$와 $\triangle CED$에서

$\angle ADB=\angle CDE=90^\circ$,

$\overline{AB}=\overline{CE}$, $\overline{BD}=\overline{ED}$이므로

$\triangle ABD\equiv\triangle CED$ (RHS 합동) …❶

$\therefore \overline{AD}=\overline{CD}=8$ cm …❷

$\therefore \overline{AE}=\overline{AD}-\overline{ED}$

$=8-5=3(cm)$ …❸

답 3 cm

채점 기준	배점
❶ $\triangle ABD\equiv\triangle CED$임을 알기	40 %
❷ $\overline{AD}$의 길이 구하기	30 %
❸ $\overline{AE}$의 길이 구하기	30 %

090 오른쪽 그림의

$\triangle ABC$와 $\triangle CDE$에서

$\angle ABC=\angle CDE=90^\circ$,

$\overline{AC}=\overline{CE}$,

$\angle BAC=90^\circ-\angle ACB=\angle DCE$이므로

$\triangle ABC\equiv\triangle CDE$ (RHA 합동) …❶

$\therefore \overline{BC}=\overline{DE}=300$ m, $\overline{CD}=\overline{AB}=400$ m …❷

이때 학교에서 도서관까지의 거리는 $\overline{BD}$의 길이와 같으므로

$\overline{BD}=300+400=700(m)$

따라서 학교에서 도서관까지의 거리는 700 m이다. …❸

답 700 m

채점 기준	배점
❶ $\triangle ABC\equiv\triangle CDE$임을 알기	40 %
❷ $\overline{BC}$, $\overline{CD}$의 길이 각각 구하기	40 %
❸ 학교에서 도서관까지의 거리 구하기	20 %

02. 삼각형의 외심과 내심

18~23쪽

삼각형의 외심 18~19쪽

091 ② $\overline{OE}$는 $\overline{BC}$의 수직이등분선이므로 $\overline{BE}=\overline{CE}$
③ $\angle BOE=\angle COE$, $\angle BOD=\angle AOD$
④ $\triangle OCA$에서 $\overline{OA}=\overline{OC}$이므로 $\angle OCF=\angle OAF$
⑤ $\triangle AOD$와 $\triangle BOD$에서
$\overline{AD}=\overline{BD}$, $\angle ADO=\angle BDO$, $\overline{OD}$는 공통이므로
$\triangle AOD\equiv\triangle BOD$ (SAS 합동)
따라서 옳지 않은 것은 ①, ③이다. 답 ①, ③

092 ② 삼각형의 세 내각의 이등분선의 교점은 내심이다.
④ 삼각형의 내심에서 세 변에 이르는 거리는 같다.
답 ②, ④

093 직각삼각형의 외심은 빗변의 중점이므로 $\triangle ABC$의 외접원의 반지름의 길이는
$\frac{1}{2}\times 10=5(\text{cm})$
$\therefore$ (외접원의 둘레의 길이)$=2\pi\times 5=10\pi(\text{cm})$
답 10π cm

094 점 O가 직각삼각형 ABC의 외심이므로
$\overline{OA}=\overline{OB}=\overline{OC}=13\,\text{cm}$
$\therefore \triangle AOC=\frac{1}{2}\triangle ABC$
$=\frac{1}{2}\times\left(\frac{1}{2}\times 10\times 24\right)=60(\text{cm}^2)$ 답 $60\,\text{cm}^2$

095 점 M이 $\triangle ABC$의 외심이므로 $\overline{MA}=\overline{MB}=\overline{MC}$
$\triangle ABC$에서 $\angle B=180^\circ-(90^\circ+30^\circ)=60^\circ$
즉, $\angle MAB=\angle B=60^\circ$이므로 $\triangle ABM$은 정삼각형이다.
$\triangle ABC$의 외접원의 둘레의 길이가 8π cm이므로
$2\pi\times\overline{MA}=8\pi$ $\therefore \overline{MA}=4(\text{cm})$
따라서 $\triangle ABM$의 둘레의 길이는
$3\overline{MA}=3\times 4=12(\text{cm})$ 답 12 cm

096 $\triangle OAC$에서 $\overline{OA}=\overline{OC}$이므로
$\angle OAC=\angle OCA=28^\circ$
$28^\circ+32^\circ+\angle x=90^\circ$이므로 $\angle x=30^\circ$ 답 ③

097 $30^\circ+20^\circ+\angle OCB=90^\circ$이므로 $\angle OCB=40^\circ$
$\triangle OBC$에서 $\overline{OB}=\overline{OC}$이므로 $\angle OBC=\angle OCB=40^\circ$
$\triangle OBD$에서 $\angle BOD=180^\circ-(40^\circ+90^\circ)=50^\circ$ 답 50°

098 $\angle OBA : \angle OCB : \angle OAC=3:4:5$이고
$\angle OBA+\angle OCB+\angle OAC=90^\circ$이므로
$\angle OCB=90^\circ\times\frac{4}{3+4+5}=30^\circ$
$\triangle OBC$에서 $\overline{OB}=\overline{OC}$이므로 $\angle OBC=\angle OCB=30^\circ$
$\therefore \angle BOC=180^\circ-2\times 30^\circ=120^\circ$ 답 ③

099 $\angle AOC=2\angle B=2\times 62^\circ=124^\circ$
$\triangle AOC$에서 $\overline{OA}=\overline{OC}$이므로
$\angle x=\frac{1}{2}\times(180^\circ-124^\circ)=28^\circ$ 답 ②

100 $\triangle OAB$에서 $\overline{OA}=\overline{OB}$이므로
$\angle OAB=\angle OBA=\angle x$
$\triangle OAC$에서 $\overline{OA}=\overline{OC}$이므로
$\angle OAC=\angle OCA=\angle y$
$\therefore \angle x+\angle y=\angle BAC=\frac{1}{2}\angle BOC$
$=\frac{1}{2}\times 110^\circ=55^\circ$ 답 55°

$\triangle OBC$에서 $\overline{OB}=\overline{OC}$이므로
$\angle OBC=\angle OCB=\frac{1}{2}\times(180^\circ-110^\circ)=35^\circ$
$\angle x+35^\circ+\angle y=90^\circ$이므로 $\angle x+\angle y=55^\circ$

101 $\overline{OB}$를 그으면
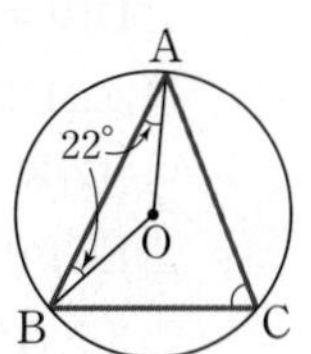

$\triangle OAB$에서 $\overline{OA}=\overline{OB}$이므로
$\angle OBA=\angle OAB=22^\circ$
$\angle AOB=180^\circ-2\times 22^\circ=136^\circ$
$\therefore \angle C=\frac{1}{2}\angle AOB=\frac{1}{2}\times 136^\circ=68^\circ$
답 68°

Theme 04 삼각형의 내심 20~23쪽

102 ① $\overline{AI}$는 $\angle A$의 이등분선이므로 $\angle IAD=\angle IAF$
② $\overline{ID}=\overline{IE}=\overline{IF}=$(내접원의 반지름의 길이)
③ $\triangle IBE\equiv\triangle IBD$, $\triangle ICE\equiv\triangle ICF$
④ $\triangle ICE\equiv\triangle ICF$ (RHA 합동)이므로 $\overline{CE}=\overline{CF}$
따라서 옳지 않은 것은 ③, ⑤이다. 답 ③, ⑤

103 ③ 삼각형의 세 변의 수직이등분선의 교점은 외심이다.
⑤ 삼각형의 외심에서 세 꼭짓점에 이르는 거리는 같다.
답 ③, ⑤

104 $\overline{IB}$를 그으면
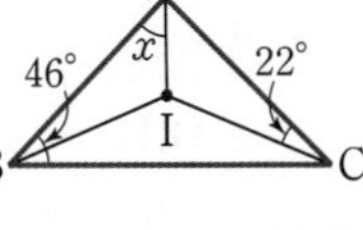

$\angle IBC=\frac{1}{2}\angle ABC=\frac{1}{2}\times 46^\circ=23^\circ$
$\angle x+23^\circ+22^\circ=90^\circ$이므로
$\angle x=45^\circ$ 답 ③

$\angle IAC=\angle IAB=\angle x$

$\angle ICB=\angle ICA=22^\circ$이므로
$\triangle ABC$에서 $2\angle x+46^\circ+2\times 22^\circ=180^\circ$
$2\angle x=90^\circ$ $\therefore \angle x=45^\circ$

105 $\angle x=\angle IBA=27^\circ$
$26^\circ+27^\circ+\angle y=90^\circ$이므로 $\angle y=37^\circ$
$\therefore \angle x+\angle y=27^\circ+37^\circ=64^\circ$ 답 64°
다른 풀이 $26^\circ+\angle x+\angle y=90^\circ$이므로 $\angle x+\angle y=64^\circ$

106 $\angle x+35^\circ+25^\circ=90^\circ$이므로 $\angle x=30^\circ$
$\angle ICB=\angle ICA=25^\circ$이므로
$\triangle IBC$에서 $\angle y=180^\circ-(35^\circ+25^\circ)=120^\circ$
$\therefore \angle y-\angle x=120^\circ-30^\circ=90^\circ$ 답 ③

107 $110°=90°+\frac{1}{2}\angle ACB$이므로 $\angle ACB=40°$

$\therefore \angle x=\frac{1}{2}\times 40°=20°$ 답 ①

108 $\angle ICA=\angle ICB=34°$이므로 $\angle ACB=2\times 34°=68°$

$\therefore \angle AIB=90°+\frac{1}{2}\times 68°=124°$ 답 124°

109 $\angle AIB=360°\times\frac{4}{4+6+5}=96°$

$96°=90°+\frac{1}{2}\angle ACB$이므로 $\angle ACB=12°$ 답 ②

110 $\overline{IB}$와 $\overline{IC}$를 그으면 $\overline{DE}/\!/\overline{BC}$이므로

$\angle DIB=\angle IBC$ (엇각)

점 I가 △ABC의 내심이므로

$\angle DBI=\angle IBC$

즉, $\angle DIB=\angle DBI$이므로 △DBI에서 $\overline{DI}=\overline{DB}$

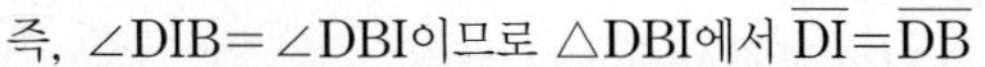

마찬가지 방법으로 $\angle EIC=\angle ECI$이므로

△ECI에서 $\overline{EI}=\overline{EC}$

$\therefore$ (△ADE의 둘레의 길이)

$=\overline{AD}+(\overline{DI}+\overline{EI})+\overline{AE}$

$=(\overline{AD}+\overline{DB})+(\overline{EC}+\overline{AE})$

$=\overline{AB}+\overline{AC}$

$=10+13=23$(cm) 답 23 cm

111 $\overline{IB}$와 $\overline{IC}$를 그으면 $\overline{DE}/\!/\overline{BC}$이므로

$\angle DIB=\angle IBC$ (엇각)

점 I가 △ABC의 내심이므로

$\angle DBI=\angle IBC$

즉, $\angle DIB=\angle DBI$이므로

△DBI에서 $\overline{DI}=\overline{DB}=6$ cm

마찬가지 방법으로 $\angle EIC=\angle ECI$이므로

△ECI에서 $\overline{EI}=\overline{EC}=5$ cm

$\therefore \overline{DE}=\overline{DI}+\overline{EI}=6+5=11$(cm) 답 11 cm

112 $\overline{IB}$와 $\overline{IC}$를 그으면 $\overline{DE}/\!/\overline{BC}$이므로

$\angle DIB=\angle IBC$ (엇각)

점 I가 △ABC의 내심이므로

$\angle DBI=\angle IBC$

즉, $\angle DIB=\angle DBI$이므로

△DBI에서 $\overline{DI}=\overline{DB}$

마찬가지 방법으로 $\angle EIC=\angle ECI$이므로

△ECI에서 $\overline{EI}=\overline{EC}$

(△ADE의 둘레의 길이)$=\overline{AB}+\overline{AC}$

또, $\overline{AB}=\overline{AC}$이므로 $30=2\overline{AB}$

$\therefore \overline{AB}=15$(cm) 답 15 cm

113 $\overline{IB}$와 $\overline{IC}$를 그으면 $\overline{DE}/\!/\overline{BC}$이므로

$\angle DIB=\angle IBC$ (엇각)

점 I가 △ABC의 내심이므로

$\angle DBI=\angle IBC$

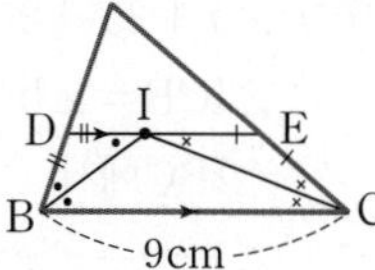

즉, $\angle DIB=\angle DBI$이므로

△DBI에서 $\overline{DI}=\overline{DB}$

마찬가지 방법으로 $\angle EIC=\angle ECI$이므로

△ECI에서 $\overline{EI}=\overline{EC}$

$\therefore$ (△ABC의 둘레의 길이)

$=\overline{AB}+\overline{BC}+\overline{CA}$

$=(\overline{AD}+\overline{DB})+\overline{BC}+(\overline{AE}+\overline{EC})$

$=\overline{AD}+\overline{DI}+\overline{BC}+\overline{AE}+\overline{EI}$

$=\overline{AD}+(\overline{DI}+\overline{EI})+\overline{AE}+\overline{BC}$

$=(\overline{AD}+\overline{DE}+\overline{AE})+\overline{BC}$

$=15+9=24$(cm) 답 24 cm

114 △ABC의 내접원의 반지름의 길이를 r cm라 하면

$\triangle ABC=\frac{1}{2}\times r\times(\overline{AB}+\overline{BC}+\overline{CA})$이므로

$60=\frac{1}{2}\times r\times(8+17+15)$

$60=20r \quad \therefore r=3$

따라서 △ABC의 내접원의 반지름의 길이는 3 cm이다. 답 3 cm

115 △ABC의 내접원의 반지름의 길이를 r cm라 하면

$40=\frac{1}{2}\times r\times 30,\ 40=15r \quad \therefore r=\frac{8}{3}$

따라서 △ABC의 내접원의 반지름의 길이는 $\frac{8}{3}$ cm이다. 답 $\frac{8}{3}$ cm

116 △ABC의 넓이는

$\frac{1}{2}\times$(내접원의 반지름의 길이)$\times$(△ABC의 둘레의 길이)

이므로

$84=\frac{1}{2}\times 4\times$(△ABC의 둘레의 길이)

$\therefore$ (△ABC의 둘레의 길이)$=42$(cm) 답 42 cm

117 $\triangle ABC=\frac{1}{2}\times 9\times 12=54(\text{cm}^2)$

△ABC의 내접원의 반지름의 길이를 r cm라 하면

$\triangle ABC=\frac{1}{2}\times r\times(\overline{AB}+\overline{BC}+\overline{CA})$이므로

$54=\frac{1}{2}\times r\times(15+9+12)$

$54=18r \quad \therefore r=3$

따라서 △ABC의 내접원의 반지름의 길이는 3 cm이므로

$\triangle ICA=\frac{1}{2}\times 12\times 3=18(\text{cm}^2)$ 답 18 cm²

118 $\overline{AD}=x$ cm라 하면

$\overline{AF}=\overline{AD}=x$ cm

$\overline{BE}=\overline{BD}=(5-x)$ cm

$\overline{CE}=\overline{CF}=(10-x)$ cm

이때 $\overline{BC}=\overline{BE}+\overline{CE}$이므로

$7=(5-x)+(10-x)$

$2x=8 \quad \therefore x=4$

$\therefore \overline{AD}=4$ cm 답 4 cm

119 $\overline{AD}=\overline{AF}=9$ cm이므로 $\overline{BD}=13-9=4$(cm)

$\overline{BE}=\overline{BD}=4$ cm이므로 $\overline{CE}=6-4=2$(cm)

$\therefore \overline{CF}=\overline{CE}=2$ cm 답 ③

120 $\overline{AF}=x$ cm라 하면

$\overline{AD}=\overline{AF}=x$ cm, $\overline{CE}=\overline{CF}=(10-x)$ cm

$\overline{ID}$, $\overline{IE}$를 긋고 내접원 I의 반지름의 길이를 r cm라 하면 사각형 DBEI는 정사각형이므로

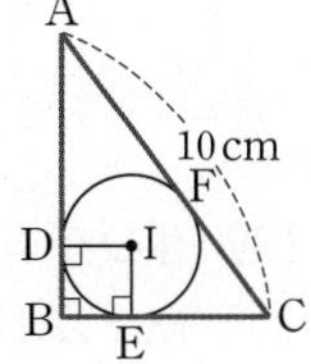

$\overline{DB}=\overline{BE}=\overline{IE}=r$ cm

이때 $\overline{AB}+\overline{BC}=14$ cm이므로

$x+r+r+(10-x)=14$

$2r=4 \qquad \therefore r=2$

따라서 원 I의 둘레의 길이는

$2\pi\times2=4\pi$(cm) 답 4π cm

121 점 O는 △ABC의 외심이므로

$\angle A=\frac{1}{2}\angle BOC=\frac{1}{2}\times144°=72°$

점 I는 △ABC의 내심이므로

$\angle BIC=90°+\frac{1}{2}\angle A=90°+\frac{1}{2}\times72°=126°$ 답 ④

122 외심과 내심이 일치하는 삼각형은 정삼각형이므로

$\angle ABC=60°$

$\therefore \angle OBC=\frac{1}{2}\angle ABC=\frac{1}{2}\times60°=30°$ 답 30°

123 △ABC에서 $\overline{AB}=\overline{AC}$이므로

$\angle ACB=\angle ABC=78°$

$\therefore \angle A=180°-2\times78°=24°$

$\angle BOC=2\angle A=2\times24°=48°$

△OBC에서 $\overline{OB}=\overline{OC}$이므로

$\angle OCB=\frac{1}{2}\times(180°-48°)=66°$

$\angle ICB=\frac{1}{2}\angle ACB=\frac{1}{2}\times78°=39°$

$\therefore \angle x=\angle OCB-\angle ICB$

$=66°-39°=27°$ 답 27°

124 △ABC의 외접원의 반지름의 길이는

$\frac{1}{2}\overline{BC}=\frac{1}{2}\times13=\frac{13}{2}$(cm)

$\therefore$ (외접원의 넓이)$=\pi\times\left(\frac{13}{2}\right)^2=\frac{169}{4}\pi$(cm^2)

△ABC의 내접원의 반지름의 길이를 r cm라 하면

$\frac{1}{2}\times12\times5=\frac{1}{2}\times r\times(12+13+5)$

$30=15r \qquad \therefore r=2$

$\therefore$ (내접원의 넓이)$=\pi\times2^2=4\pi$(cm^2)

따라서 △ABC의 외접원과 내접원의 넓이의 합은

$\frac{169}{4}\pi+4\pi=\frac{185}{4}\pi$(cm^2) 답 $\frac{185}{4}\pi$ cm^2

125 외접원의 반지름의 길이가 15 cm이므로

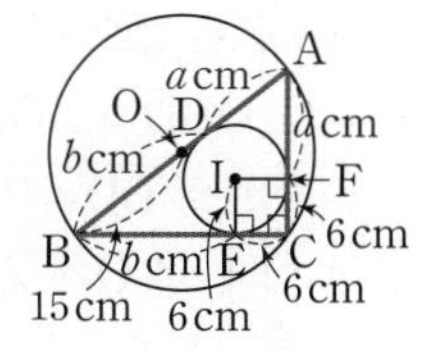

$\overline{AB}=2\overline{OB}=2\times15=30$(cm)

내접원의 반지름의 길이가 6 cm이므로

$\overline{CE}=\overline{CF}=6$ cm

$\overline{AD}=\overline{AF}=a$ cm, $\overline{BD}=\overline{BE}=b$ cm라 하면

$a+b=30$이므로 △ABC의 둘레의 길이는

$\overline{AB}+\overline{BC}+\overline{CA}=(a+b)+(b+6)+(a+6)$

$=30+30+12=72$(cm) 답 72 cm

126 $\triangle ABC=\frac{1}{2}\times15\times8=60$(cm^2)

내접원의 반지름의 길이를 r cm라 하면

$60=\frac{1}{2}\times r\times(15+17+8)$

$60=20r \qquad \therefore r=3$

즉, $\overline{AF}=3$ cm이므로

$\overline{CF}=8-3=5$(cm), $\overline{CE}=\overline{CF}=5$ cm

$\overline{OC}=\frac{1}{2}\overline{BC}=\frac{1}{2}\times17=\frac{17}{2}$(cm)

$\therefore \overline{OE}=\overline{OC}-\overline{CE}=\frac{17}{2}-5=\frac{7}{2}$(cm) 답 $\frac{7}{2}$ cm

유형 모아 Theme 03 삼각형의 외심

 24쪽

127 점 O가 △ABC의 외심이므로 $\overline{OB}=\overline{OC}$

△OBC의 둘레의 길이가 18 cm이므로

$\overline{OB}=\frac{1}{2}\times(18-8)=5$(cm)

따라서 △ABC의 외접원의 반지름의 길이가 5 cm이므로 외접원의 둘레의 길이는

$2\pi\times5=10\pi$(cm) 답 ①

128 점 O가 직각삼각형 ABC의 외심이므로

$\overline{OA}=\overline{OB}=\overline{OC}=\frac{1}{2}\times12=6$(cm)

△ABC에서 $\angle C=90°-30°=60°$

△AOC에서 $\overline{OA}=\overline{OC}$이므로

$\angle OAC=\angle C=60°$

따라서 △AOC는 정삼각형이므로

(△AOC의 둘레의 길이)$=3\times6=18$(cm) 답 18 cm

129 △AOC에서 $\overline{OA}=\overline{OC}$이므로

$\angle OCA=\angle OAC=27°$

$27°+35°+\angle OCB=90°$이므로

$\angle OCB=28°$

$\therefore \angle ACB=\angle OCA+\angle OCB$

$=27°+28°=55°$ 답 55°

130 $\angle ACB=180°\times\frac{4}{3+2+4}=80°$이므로

$\angle x=2\angle ACB=2\times80°=160°$ 답 160°

131 $\overline{OB}$를 그으면

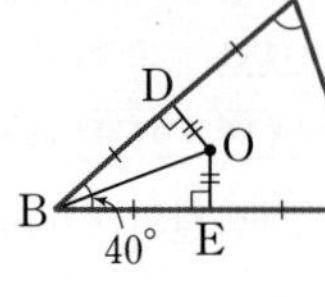

$\triangle OBD \equiv \triangle OBE$ (RHS 합동)
이므로 $\overline{BD}=\overline{BE}$
이때 점 O가 $\triangle ABC$의 외심이므로
$\overline{BD}=\frac{1}{2}\overline{BA}$, $\overline{BE}=\frac{1}{2}\overline{BC}$
따라서 $\overline{BA}=\overline{BC}$이므로 $\triangle ABC$에서
$\angle A=\frac{1}{2}\times(180°-40°)=70°$ 답 ②

132 점 O가 직각삼각형 ABC의 외심이므로
$\overline{OA}=\overline{OB}=\overline{OC}=\frac{1}{2}\times 13=\frac{13}{2}$(cm)
$\therefore$ ($\triangle OBC$의 둘레의 길이)$=\overline{OB}+\overline{OC}+\overline{BC}$
$=\frac{13}{2}+\frac{13}{2}+12$
$=25$(cm) 답 25 cm

133 $\angle A=180°\times\frac{2}{2+3+4}=40°$이므로
$\angle BOC=2\angle A=2\times 40°=80°$
$\triangle OBC$에서 $\overline{OB}=\overline{OC}$이므로
$\angle x=\frac{1}{2}\times(180°-80°)=50°$ 답 50°

유형 모아 Theme 03 삼각형의 외심

2회 25쪽

134 삼각형의 외심은 세 변의 수직이등분선의 교점이므로
$\overline{BD}=\overline{AD}=5$ cm
$\overline{CE}=\overline{BE}=6$ cm
$\overline{CF}=\overline{AF}=4$ cm
$\therefore$ ($\triangle ABC$의 둘레의 길이)$=2\times(5+6+4)$
$=30$(cm) 답 ④

135 $\triangle ODC$에서 $\angle OCD=180°-(90°+70°)=20°$
$\triangle OBC$에서 $\overline{OB}=\overline{OC}$이므로
$\angle x=\angle OCB=20°$ 답 20°

136 $\triangle OBC$에서 $\overline{OB}=\overline{OC}$이므로
$\angle OCB=\frac{1}{2}\times(180°-116°)=32°$
따라서 $30°+\angle x+32°=90°$이므로 $\angle x=28°$ 답 ②
다른 풀이 $\triangle OAB$에서 $\overline{OA}=\overline{OB}$이므로
$\angle OAB=\angle OBA=\angle x$
$\angle BAC=\frac{1}{2}\times 116°=58°$이므로
$\angle x=58°-30°=28°$

137 $\overline{OC}$를 그으면 $\triangle ABC$에서

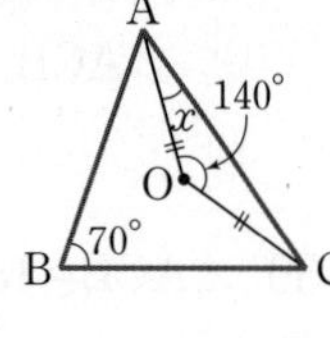

$\angle AOC=2\angle B=2\times 70°=140°$
$\triangle OAC$에서 $\overline{OA}=\overline{OC}$이므로
$\angle x=\frac{1}{2}\times(180°-140°)$
$=20°$ 답 20°

138 점 O가 $\triangle ABC$의 외심이므로
$\triangle OBC$에서 $\overline{CE}=\overline{BE}=4$ cm
$\therefore \triangle OBC=\frac{1}{2}\times 8\times 3=12$(cm^2)
$\triangle OAD\equiv\triangle OBD$, $\triangle OAF\equiv\triangle OCF$이므로
(사각형 ADOF의 넓이)$=\frac{1}{2}\times(\triangle ABC-\triangle OBC)$
$=\frac{1}{2}\times(34-12)$
$=11$(cm^2) 답 ①

139 점 D가 직각삼각형 ABC의 외심이므로 $\overline{DA}=\overline{DB}$
즉, $\triangle ABD$에서 $\angle DAB=\angle DBA=60°$이므로
$\angle ADB=180°-2\times 60°=60°$
따라서 직각삼각형 AED에서
$\angle x=180°-(90°+60°)=30°$ 답 ②

140 $\overline{OA}$를 그으면
$\triangle OAB$에서 $\overline{OA}=\overline{OB}$이므로
$\angle OAB=\angle OBA=40°$
$\therefore \angle AOB=180°-2\times 40°=100°$
점 O가 $\triangle ABC$의 외심이므로

$\angle ACB=\frac{1}{2}\angle AOB=\frac{1}{2}\times 100°=50°$
$\triangle ABC$에서 $\overline{AC}=\overline{BC}$이므로
$\angle CAB=\frac{1}{2}\times(180°-50°)=65°$
따라서 $\triangle ABD$에서
$\angle BDC=\angle ABD+\angle BAD=40°+65°=105°$ 답 105°

유형 모아 Theme 04 삼각형의 내심

1회 26쪽

141 ②, ④, ⑤는 외심의 성질이다. 답 ①, ③

142 $\angle IAB=\angle IAC=30°$, $\angle IBA=\angle IBC=\angle x$이므로
$\triangle IAB$에서 $130°+30°+\angle x=180°$
$\therefore \angle x=20°$ 답 20°

143 $\angle B=\angle ACB=\frac{1}{2}\times(180°-36°)=72°$이므로
$\angle x=90°+\frac{1}{2}\angle B=90°+\frac{1}{2}\times 72°=126°$
$\angle y=\frac{1}{2}\angle ACB=\frac{1}{2}\times 72°=36°$
$\therefore \angle x-\angle y=126°-36°=90°$ 답 ①

144 $\triangle ABC$의 내접원 I의 반지름의 길이를 r cm라 하면
$\triangle ABC=\frac{1}{2}\times r\times(13+15+14)$이므로
$84=21r$ $\quad\therefore r=4$
따라서 내접원 I의 넓이는
$\pi\times 4^2=16\pi$(cm^2) 답 ⑤

145 점 I가 △ABC의 내심이므로
$\angle IBC=\angle IBA=23°$, $\angle ICB=\angle ICA=32°$
$\therefore\ \angle A=180°-2\times(23°+32°)=70°$
이때 점 O가 △ABC의 외심이므로
$\angle x=2\angle A=2\times70°=140°$ 답 ②

146 △ABC의 외접원 O의 반지름의 길이는
$\frac{1}{2}\overline{AC}=\frac{1}{2}\times5=\frac{5}{2}$(cm)
∴ (외접원 O의 둘레의 길이)$=2\pi\times\frac{5}{2}=5\pi$(cm)
△ABC의 내접원 I의 반지름의 길이를 r cm라 하면
$\frac{1}{2}\times4\times3=\frac{1}{2}\times r\times(3+4+5)$
$6=6r$ $\quad\therefore\ r=1$
∴ (내접원 I의 둘레의 길이)$=2\pi\times1=2\pi$(cm)
따라서 △ABC의 외접원 O의 둘레의 길이와 내접원 I의 둘레의 길이의 합은
$5\pi+2\pi=7\pi$(cm) 답 ②

147 점 I가 △ABC의 내심이므로
$90°+\frac{1}{2}\angle BAC=107°$ $\quad\therefore\ \angle BAC=34°$
△ABC에서 $\overline{AC}=\overline{BC}$이므로 $\angle ABC=\angle BAC=34°$
$\therefore\ \angle ACD=34°+34°=68°$
△ACD에서 $\overline{AC}=\overline{AD}$이므로
$\angle ADC=\angle ACD=68°$이고
점 I′은 △ACD의 내심이므로
$\angle ACI'=\angle DCI'=\angle CDI'=\angle ADI'=34°$
따라서 △I′CD에서
$\angle CI'D=180°-(34°+34°)=112°$ 답 112°

유형모아 Theme 04 삼각형의 내심

27쪽

148 $\angle IBC=\angle IBA=26°$
$\overline{IA}$를 그으면
$\angle IAB+26°+32°=90°$이므로
$\angle IAB=32°$

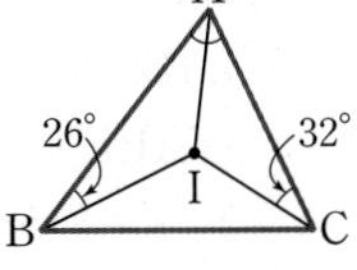

$\therefore\ \angle A=2\angle IAB=2\times32°=64°$ 답 64°
다른 풀이 $\overline{IB}$는 ∠B의 이등분선이므로
$\angle IBC=\angle IBA=26°$
$\therefore\ \angle ABC=26°+26°=52°$
$\overline{IC}$는 ∠C의 이등분선이므로 $\angle ICB=\angle ICA=32°$
$\therefore\ \angle ACB=32°+32°=64°$
따라서 △ABC에서 $\angle A=180°-(52°+64°)=64°$

149 $\angle BIC=90°+\frac{1}{2}\angle A=90°+\frac{1}{2}\times64°=122°$
△IBC에서 $\angle x+\angle y=180°-122°=58°$ 답 ⑤

다른 풀이 △ABC에서
$\angle ABC+\angle ACB=180°-64°=116°$
$\angle IBA=\angle IBC=\angle x$, $\angle ICA=\angle ICB=\angle y$이므로
$\angle x+\angle y=\frac{1}{2}(\angle ABC+\angle ACB)$
$=\frac{1}{2}\times116°=58°$

150 $\overline{IB}$와 $\overline{IC}$를 그으면
$\angle DIB=\angle DBI$, $\angle EIC=\angle ECI$
이므로
$\overline{DI}=\overline{DB}$, $\overline{EI}=\overline{EC}$
∴ (△ABC의 둘레의 길이)
$=\overline{AB}+\overline{BC}+\overline{CA}$
$=(\overline{AD}+\overline{DB})+\overline{BC}+(\overline{AE}+\overline{EC})$
$=\overline{AD}+\overline{DI}+\overline{BC}+\overline{AE}+\overline{EI}$
$=\overline{AD}+(\overline{DI}+\overline{EI})+\overline{BC}+\overline{AE}$
$=12+10+15+8=45$(cm) 답 ④

151 사각형 ADIF는 정사각형이므로
$\overline{AD}=\overline{AF}=2$ cm
$\overline{CF}=\overline{AC}-\overline{AF}$
$=5-2=3$(cm)

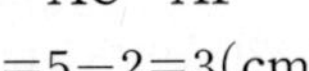

$\overline{CE}=\overline{CF}=3$ cm이므로
$\overline{BE}=\overline{BC}-\overline{CE}=13-3=10$(cm)
$\overline{BD}=\overline{BE}=10$ cm
$\therefore\ \overline{AB}=\overline{AD}+\overline{BD}=2+10=12$(cm) 답 12 cm
다른 풀이 $\frac{1}{2}\times2\times(\overline{AB}+13+5)=\frac{1}{2}\times5\times\overline{AB}$이므로
$\overline{AB}+18=\frac{5}{2}\overline{AB}$, $\frac{3}{2}\overline{AB}=18$
$\therefore\ \overline{AB}=12$(cm)

152 외심이 $\overline{AC}$ 위에 있으므로 △ABC는 ∠B=90°인 직각삼각형이다.
$\angle IBA=\frac{1}{2}\angle ABC=\frac{1}{2}\times90°=45°$
△OAB에서 $\overline{OA}=\overline{OB}$이므로
$\angle OBA=\angle A=68°$
$\therefore\ \angle x=\angle OBA-\angle IBA$
$=68°-45°=23°$ 답 23°

153 △ABC의 내접원의 반지름의 길이를 r cm라 하면
$\frac{1}{2}\times12\times5=\frac{1}{2}\times r\times(5+12+13)$
$30=15r$ $\quad\therefore\ r=2$
∴ (색칠한 부분의 넓이)
=(사각형 DBEI의 넓이)−(부채꼴 IDE의 넓이)
$=2\times2-\pi\times2^2\times\frac{1}{4}=4-\pi$(cm²) 답 ②
참고 사각형 DBEI는 내접원의 반지름의 길이를 한 변의 길이로 하는 정사각형이다.

154 이등변삼각형의 꼭지각의 이등분선은 밑변을 수직이등분한다.

즉, $\overline{AH}\perp\overline{BC}$, $\overline{BH}=\overline{CH}$이므로

$\triangle ABC=\frac{1}{2}\times16\times15=120(\text{cm}^2)$

$\triangle ABC$의 내접원의 반지름의 길이를 r cm라 하면

$120=\frac{1}{2}\times r\times(17+16+17)$

$120=25r \quad \therefore r=\frac{24}{5}$

$\therefore \overline{AE}=\overline{AH}-\overline{EH}=15-2\times\frac{24}{5}=\frac{27}{5}(\text{cm})$

답 $\frac{27}{5}$ cm

중단원 마무리 28~29쪽

155 점 O가 $\triangle ABC$의 외심이므로

$\overline{AD}=\overline{BD}=4$ cm

$\therefore \overline{AB}=2\times4=8(\text{cm})$

$\overline{OA}=\overline{OB}$이고 $\triangle OAB$의 둘레의 길이가 18 cm이므로

$2\overline{OA}+8=18 \quad \therefore \overline{OA}=5(\text{cm})$

따라서 $\triangle ABC$의 외접원의 반지름의 길이는 5 cm이다.

답 5 cm

156 $\overline{OA}=\overline{OB}=\overline{OC}$이므로

$\triangle OAB$에서 $\angle OBA=\frac{1}{2}\times(180^\circ-40^\circ)=70^\circ$

$\triangle OBC$에서 $\angle OBC=\frac{1}{2}\times(180^\circ-70^\circ)=55^\circ$

$\therefore \angle ABC=\angle OBA+\angle OBC$

$=70^\circ+55^\circ=125^\circ$

답 ②

157 ④ $\angle OAD=\angle OBD$, $\angle OAF=\angle OCF$ 답 ④

158 $\angle BMC=180^\circ\times\frac{2}{3+2}=72^\circ$

점 M이 $\triangle ABC$의 외심이므로 $\overline{MB}=\overline{MC}$

$\triangle MBC$에서

$\angle C=\frac{1}{2}\times(180^\circ-72^\circ)=54^\circ$ 답 54°

159 $\triangle OBC$에서 $\overline{OB}=\overline{OC}$이므로

$\angle x=\frac{1}{2}\times(180^\circ-130^\circ)=25^\circ$

$\triangle OCA$에서 $\overline{OA}=\overline{OC}$이므로

$\angle OCA=\angle OAC=30^\circ$

$\therefore \angle ACB=\angle OCA+\angle OCB$

$=30^\circ+25^\circ=55^\circ$

따라서 $\angle y=2\angle ACB=2\times55^\circ=110^\circ$이므로

$\angle y-\angle x=110^\circ-25^\circ=85^\circ$ 답 85°

160 $\angle BIC=90^\circ+\frac{1}{2}\angle A=90^\circ+\frac{1}{2}\times84^\circ=132^\circ$

$\angle ICB=\angle ICA=20^\circ$

$\triangle IBC$에서

$132^\circ+\angle x+20^\circ=180^\circ \quad \therefore \angle x=28^\circ$ 답 28°

161 $\overline{IB}$와 $\overline{IC}$를 그으면 $\overline{DE}/\!/\overline{BC}$이므로

$\angle DIB=\angle IBC$ (엇각)

점 I가 $\triangle ABC$의 내심이므로

$\angle DBI=\angle IBC$

즉, $\angle DIB=\angle DBI$이므로

$\triangle DBI$에서 $\overline{DI}=\overline{DB}$

마찬가지 방법으로 $\angle EIC=\angle ECI$이므로

$\triangle ECI$에서 $\overline{EI}=\overline{EC}$

$\therefore \overline{AB}+\overline{AC}=\overline{AD}+\overline{DB}+\overline{AE}+\overline{EC}$

$=\overline{AD}+(\overline{DI}+\overline{EI})+\overline{AE}$

$=10+9+8$

$=27(\text{cm})$

답 ②

162 $\overline{AD}=\overline{AF}$, $\overline{BD}=\overline{BE}=6$ cm, $\overline{CF}=\overline{CE}=8$ cm

$\triangle ABC$의 둘레의 길이가 38 cm이므로

$2(\overline{AD}+6+8)=38$

$\overline{AD}+14=19$

$\therefore \overline{AD}=5(\text{cm})$ 답 5 cm

163 $\triangle ABC$는 $\overline{AB}=\overline{AC}$인 이등변삼각형이므로

$\angle ACB=\frac{1}{2}\times(180^\circ-40^\circ)=70^\circ$

$\angle BOC=2\angle A=2\times40^\circ=80^\circ$

$\triangle OBC$에서 $\overline{OB}=\overline{OC}$이므로

$\angle OCB=\frac{1}{2}\times(180^\circ-80^\circ)=50^\circ$

$\therefore \angle x=\angle ACB-\angle OCB$

$=70^\circ-50^\circ=20^\circ$

답 20°

다른 풀이 $\overline{OA}$를 그으면 이등변삼각형의 외심은 꼭지각의 이등분선 위에 있으므로

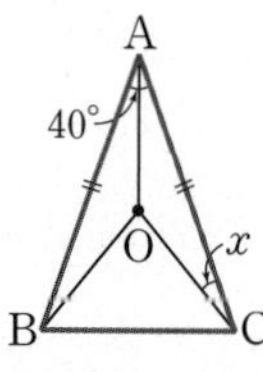

$\angle OAC=\frac{1}{2}\times40^\circ=20^\circ$

$\triangle AOC$에서 $\overline{OA}=\overline{OC}$이므로

$\angle x=\angle OAC=20^\circ$

164 점 I는 $\triangle ABC$의 내심이므로

$\angle IAB=\angle IAC=\angle a$,

$\angle IBA=\angle IBC=\angle b$라 하면

$\triangle ABE$에서

$2\angle a+\angle b=180^\circ-80^\circ$

$=100^\circ$ …… ㉠

$\triangle ABD$에서

$\angle a+2\angle b=180^\circ-85^\circ$

$=95^\circ$ …… ㉡

㉠+㉡을 하면

$3(\angle a+\angle b)=195^\circ$

$\therefore \angle a+\angle b=65^\circ$

$\triangle ABC$에서

$\angle C=180^\circ-2(\angle a+\angle b)$

$=180^\circ-2\times65^\circ=50^\circ$

답 50°

165 $\triangle ABC=\frac{1}{2}\times16\times12=96(cm^2)$이므로

$\triangle ABC$의 내접원의 반지름의 길이를 r cm라 하면

$96=\frac{1}{2}\times r\times(20+16+12)$

$96=24r$　　$\therefore r=4$

따라서 $\triangle ABC$의 내접원의 반지름의 길이가 4 cm이므로

$\triangle IBC=\frac{1}{2}\times16\times4=32(cm^2)$　　답 32 cm²

다른 풀이 $\overline{IA}$를 그으면 $\triangle IAB$, $\triangle IBC$, $\triangle ICA$의 높이는 내접원의 반지름의 길이로 모두 같으므로

$\triangle IAB:\triangle IBC:\triangle ICA=\overline{AB}:\overline{BC}:\overline{CA}$

$=20:16:12=5:4:3$

$\therefore \triangle IBC=\triangle ABC\times\frac{4}{5+4+3}$

$=\left(\frac{1}{2}\times16\times12\right)\times\frac{4}{12}=32(cm^2)$

166 $\angle BAC=180°-(50°+70°)=60°$이므로

$\angle IAB=\frac{1}{2}\angle BAC=\frac{1}{2}\times60°=30°$

점 O는 $\triangle ABC$의 외심이므로

$\angle AOB=2\angle C=2\times70°=140°$

$\triangle OAB$에서 $\overline{OA}=\overline{OB}$이므로

$\angle OAB=\frac{1}{2}\times(180°-140°)=20°$

$\therefore \angle x=\angle IAB-\angle OAB=30°-20°=10°$　　답 10°

167 $\angle BOC=2\angle A=2\times60°=120°$　　…❶

$\triangle OBC$에서 $\overline{OB}=\overline{OC}$이므로

$\angle OCB=\frac{1}{2}\times(180°-120°)=30°$　　…❷

$\triangle ABC$에서 $60°+70°+(30°+\angle x)=180°$

$\therefore \angle x=20°$　　…❸

답 20°

채점 기준	배점
❶ $\angle BOC$의 크기 구하기	40 %
❷ $\angle OCB$의 크기 구하기	40 %
❸ $\angle x$의 크기 구하기	20 %

168 점 I가 $\triangle ABC$의 내심이므로

$\angle ABD=\angle DBC$　　…❶

$\angle ABD=\angle DBC=\angle a$,

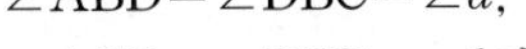

$\angle ACD=\angle DCE=\angle b$라 하면

$\triangle ABC$에서 $68°+2\angle a=2\angle b$이므로

$34°+\angle a=\angle b$

$\therefore \angle b-\angle a=34°$　　…❷

$\triangle BCD$에서 $\angle a+\angle x=\angle b$이므로

$\angle x=\angle b-\angle a=34°$　　…❸

답 34°

채점 기준	배점
❶ $\angle ABD=\angle DBC$임을 알기	20 %
❷ $\angle b-\angle a$의 크기 구하기	50 %
❸ $\angle x$의 크기 구하기	30 %

03. 평행사변형의 성질

한번 더 핵심 유형　30~37쪽

Theme 05 평행사변형의 성질　30~33쪽

169 $\overline{AD}/\!/\overline{BC}$이므로 $\angle DAC=\angle BCA=\angle y$ (엇각)

$\overline{AB}/\!/\overline{DC}$이므로 $\angle BAC=\angle DCA=65°$ (엇각)

$\triangle ABD$에서 $40°+(\angle y+65°)+\angle x=180°$이므로

$\angle x+\angle y=75°$　　답 ④

다른 풀이 $\overline{AB}/\!/\overline{DC}$이므로 $\angle CDB=\angle ABD=40°$ (엇각)

$\angle ADC+\angle BCD=180°$이므로

$(\angle x+40°)+(\angle y+65°)=180°$

$\therefore \angle x+\angle y=75°$

170 $\overline{AD}/\!/\overline{BC}$이므로 $4\angle x-15°=2\angle x+35°$ (동위각)

$2\angle x=50°$　　$\therefore \angle x=25°$　　답 25°

171 $\overline{AB}/\!/\overline{DC}$이므로 $\angle ABO=\angle CDO=35°$ (엇각)

$\triangle ABO$에서 $\angle BOC=35°+70°=105°$　　답 ③

172 답 (가) $\angle DCA$　(나) $\angle BCA$　(다) $\angle DCE$　(라) $\angle ADC$

173 ⑤ $\triangle AOD$와 $\triangle COB$에서

$\overline{OA}=\overline{OC}$, $\overline{OD}=\overline{OB}$, $\angle AOD=\angle COB$ (맞꼭지각)

이므로

$\triangle AOD\equiv\triangle COB$ (SAS 합동)

따라서 옳지 않은 것은 ①, ④이다.　　답 ①, ④

174 $\overline{AD}=\overline{BC}$이므로 $2x+3=5x-3$에서

$3x=6$　　$\therefore x=2$

$\overline{AB}=\overline{DC}$이므로 $4y=3x-2y$에서

$6y=3x$　　$\therefore y=\frac{1}{2}x=\frac{1}{2}\times2=1$

$\therefore x+y=2+1=3$　　답 3

175 $\triangle ABD$에서

$\angle A=180°-(46°+36°)=98°$

$\therefore \angle x=\angle A=98°$　　답 ③

176 □AEIH, □HIFD, □EBGI, □IGCF가 모두 평행사변형이므로

$x=\overline{GC}=9-5=4$

$y°=\angle EIG=80°$ (엇각)　　$\therefore y=80$

$z°=\angle EIH=180°-80°=100°$　　$\therefore z=100$

$\therefore x+y+z=4+80+100=184$　　답 ④

177 $\angle ADC+\angle BCD=180°$이므로

$x°+98°=180°$, $x°=82°$　　$\therefore x=82$

$\overline{BO}=\frac{1}{2}\overline{BD}$이므로

$3y+2=\frac{1}{2}\times16=8$, $3y=6$　　$\therefore y=2$

$\overline{AD}=\overline{BC}$이므로 $z+4=9$　　$\therefore z=5$

$\therefore x-y+z=82-2+5=85$　　답 85

178 $\angle BEC=\angle DCE$ (엇각)이므로
$\triangle BCE$는 $\angle BEC=\angle BCE$인 이등변삼각형이다.
$\therefore \overline{BE}=\overline{BC}=13\,cm$
이때 $\overline{AB}=\overline{DC}=7\,cm$이므로
$\overline{AE}=\overline{BE}-\overline{AB}=13-7=6(cm)$ 답 ③

179 $\angle AEB=\angle CBE$ (엇각)이므로
$\triangle ABE$는 $\angle ABE=\angle AEB$인 이등변삼각형이다.
$\therefore \overline{AE}=\overline{AB}=\overline{DC}=8\,cm$
$\overline{AD}=\overline{BC}=10\,cm$이므로
$\overline{ED}=\overline{AD}-\overline{AE}=10-8=2(cm)$ 답 ②

180 $\angle BEA=\angle DAE$ (엇각)이므로
$\triangle ABE$는 $\angle BAE=\angle BEA$인 이등변삼각형이다.
$\therefore \overline{BE}=\overline{BA}=9\,cm$
$\therefore \overline{AD}=\overline{BC}=\overline{BE}+\overline{EC}=9+4=13(cm)$ 답 13 cm

181 $\triangle ABC$에서 $\overline{AB}=\overline{AC}$이므로 $\angle B=\angle C$
$\overline{AC}\,/\!/\,\overline{DE}$이므로 $\angle C=\angle DEB$ (동위각)
$\therefore \angle B=\angle DEB$
즉, $\triangle DBE$는 $\overline{DB}=\overline{DE}$인 이등변삼각형이므로
$\overline{DE}=\overline{DB}=10\,cm$
□ADEF는 평행사변형이므로
$\overline{AF}=\overline{DE}=10\,cm$, $\overline{EF}=\overline{DA}=4\,cm$
따라서 □ADEF의 둘레의 길이는
$2\times(4+10)=28(cm)$ 답 ⑤

182 $\triangle ABE$와 $\triangle FCE$에서
$\angle AEB=\angle FEC$ (맞꼭지각),
$\angle ABE=\angle FCE$ (엇각),
$\overline{BE}=\overline{CE}$이므로
$\triangle ABE\equiv\triangle FCE$ (ASA 합동)
따라서 $\overline{CF}=\overline{BA}=5\,cm$, $\overline{DC}=\overline{AB}=5\,cm$이므로
$\overline{DF}=\overline{DC}+\overline{CF}=5+5=10(cm)$ 답 10 cm

183 $\overline{BC}=4-(-2)=6$이므로 $\overline{AD}=\overline{BC}=6$
따라서 점 A의 x좌표는
$2-6=-4$
이때 점 A의 y좌표는 4이므로
점 A의 좌표는 $(-4, 4)$이다. 답 ④

184 $\angle BEA=\angle DAE$ (엇각)이므로
$\triangle ABE$는 $\angle BAE=\angle BEA$인 이등변삼각형이다.
$\therefore \overline{BE}=\overline{BA}=6\,cm$
$\angle DFC=\angle ADF$ (엇각)이므로
$\triangle CDF$는 $\angle CDF=\angle CFD$인 이등변삼각형이다.
$\therefore \overline{CF}=\overline{CD}=\overline{BA}=6\,cm$
$\overline{BF}=\overline{BC}-\overline{CF}$
$=\overline{AD}-\overline{CF}$
$=9-6=3(cm)$
$\therefore \overline{EF}=\overline{BE}-\overline{BF}=6-3=3(cm)$ 답 3 cm

185 $\angle A+\angle B=180°$이고 $\angle A:\angle B=3:1$이므로
$\angle B=180°\times\frac{1}{4}=45°$
$\therefore \angle D=\angle B=45°$ 답 ②

186 $\angle B+\angle BCD=180°$이므로
$\angle BCD=180°-60°=120°$
$\therefore \angle PCD=\frac{1}{2}\times120°=60°$
$\triangle DPC$에서
$\angle x=180°-(90°+60°)=30°$ 답 ②

187 $\angle CBE=\angle AEB=50°$ (엇각)이므로
$\angle ABC=2\angle CBE=2\times50°=100°$
$\angle ABC+\angle C=180°$이므로
$\angle C=180°-100°=80°$ 답 80°

188 $\angle AFB=180°-150°=30°$이므로
$\angle FBE=\angle AFB=30°$ (엇각)
$\therefore \angle ABE=2\angle FBE=2\times30°=60°$
이때 $\angle BAF+\angle ABE=180°$이므로
$\angle BAF=180°-60°=120°$
$\therefore \angle BAE=\frac{1}{2}\times120°=60°$
$\triangle ABE$에서
$\angle x=\angle BAE+\angle ABE=60°+60°=120°$ 답 120°

189 $\angle ADC=\angle B=58°$이므로
$\angle ADF=\frac{1}{2}\times58°=29°$
$\triangle AFD$에서
$\angle DAF=180°-(90°+29°)=61°$
이때 $\angle BAD+\angle B=180°$이므로
$(\angle x+61°)+58°=180°$
$\therefore \angle x=180°-119°=61°$ 답 61°

190 $\angle ABC=\angle D=78°$이므로
$\angle EBC=\frac{1}{2}\times78°=39°$
$\triangle EBC$에서
$\angle BCE=180°-(61°+39°)=80°$
$\angle ADC+\angle BCD=180°$이므로
$78°+(80°+\angle ECD)=180°$
$\therefore \angle ECD=180°-158°=22°$ 답 ②

191 $\triangle ABC$에서
$\angle B=180°-(90°+52°)=38°$
$\triangle DBE$에서
$\angle DEF=\angle BDE+\angle DBE=34°+38°=72°$
이때 □DEFG는 평행사변형이므로
$\angle DGF=\angle DEF=72°$ 답 72°

192 $\overline{OB}=\frac{1}{2}\overline{BD}=\frac{1}{2}\times14=7(cm)$
$\overline{OC}=\frac{1}{2}\overline{AC}=\frac{1}{2}\times12=6(cm)$

따라서 △OBC의 둘레의 길이는
$7+6+10=23(\text{cm})$ 답 ④

193 △ODE와 △OBF에서
$\overline{OD}=\overline{OB}$(③), $\angle EOD=\angle FOB$(맞꼭지각),
$\angle EDO=\angle FBO$(엇각)이므로
△ODE≡△OBF (ASA 합동)
$\therefore \overline{OE}=\overline{OF}$(①), $\overline{DE}=\overline{BF}$(②), $\angle OED=\angle OFB$(⑤)
따라서 옳지 않은 것은 ④이다. 답 ④

194 $\overline{AP}=\overline{AD}-\overline{PD}=\overline{BC}-\overline{PD}=10-6=4(\text{cm})$
△OPA와 △OQC에서
$\angle OAP=\angle OCQ$(엇각), $\overline{AO}=\overline{CO}$,
$\angle AOP=\angle COQ$(맞꼭지각)이므로
△OPA≡△OQC (ASA 합동)
$\therefore \triangle OQC=\triangle OPA$
$=\frac{1}{2}\times\overline{AP}\times\overline{PO}$
$=\frac{1}{2}\times4\times5=10(\text{cm}^2)$ 답 10 cm^2

Theme 06 평행사변형의 성질의 응용 34~37쪽

195 ③ (다) $\angle BAC$ 답 ③

196 답 (가) $\overline{BD}$ (나) △CDB (다) $\angle ABD$ (라) 엇각 (마) 대변

197 답 (가) $\angle B$ (나) 180 (다) 180 (라) 동위각 (마) $\overline{DC}$

198 두 쌍의 대변의 길이가 각각 같아야 하므로
$\overline{AB}=\overline{DC}$에서 $3x-4y=20$ …… ㉠
$\overline{AD}=\overline{BC}$에서 $4x-3y=2x+3y$
$2x=6y$ $\therefore x=3y$ …… ㉡
㉡을 ㉠에 대입하면
$9y-4y=20$, $5y=20$ $\therefore y=4$
$y=4$를 ㉡에 대입하면 $x=12$
$\therefore x+y=12+4=16$ 답 16

199 두 쌍의 대각의 크기가 각각 같아야 하므로
$\angle B=\angle D$에서 $2x+10=x+35$ $\therefore x=25$
$\angle A=\angle C$에서 $4x+20=2y$
$2y=4\times25+20=120$ $\therefore y=60$
$\therefore y-x=60-25=35$ 답 35

200 두 대각선이 서로 다른 것을 이등분해야 하므로
$\overline{OA}=\overline{OC}$에서 $2x-3=5$ $\therefore x=4$
$\overline{OB}=\overline{OD}$에서 $2y-2=\frac{1}{2}\times12=6$ $\therefore y=4$
$\therefore xy=4\times4=16$ 답 16

201 한 쌍의 대변이 평행하고 그 길이가 같아야 하므로
$\overline{AD}=\overline{BC}$에서 $x=6$
$\overline{AD}\,/\!/\,\overline{BC}$에서 $\angle EBC=\angle AEB=28°$(엇각)
$\therefore \angle ABC=2\angle EBC=2\times28°=56°$
$\angle ABC+\angle C=180°$이므로 $y°=180°-56°=124°$
$\therefore y=124$ 답 $x=6$, $y=124$

202 ①, ④ 두 쌍의 대각의 크기가 각각 같으므로 평행사변형이다.
② 두 대각선이 서로 다른 것을 이등분하므로 평행사변형이다.
③ 한 쌍의 대변이 평행하고 그 길이가 같으므로 평행사변형이다.
⑤ $\overline{AB}=\overline{DC}$, $\overline{AD}=\overline{BC}$이어야 평행사변형이다.
따라서 □ABCD가 평행사변형이 아닌 것은 ⑤이다. 답 ⑤

203 ① 두 쌍의 대변의 길이가 각각 같으므로 평행사변형이다.
② 엇각의 크기가 같으므로 한 쌍의 대변이 평행하고 그 길이가 같다. 즉, 평행사변형이다.
③ 두 대각선이 서로 다른 것을 이등분하므로 평행사변형이다.
⑤ 두 쌍의 대각의 크기가 각각 같으므로 평행사변형이다.
따라서 평행사변형이 아닌 것은 ④이다. 답 ④

204 ④ $\overline{AD}=\overline{BC}=12\text{ cm}$,
$\angle DAC=\angle ACB=40°$(엇각)이므로 $\overline{AD}\,/\!/\,\overline{BC}$
따라서 한 쌍의 대변이 평행하고 그 길이가 같으므로
□ABCD는 평행사변형이다. 답 ④

205 ② (나) $\overline{DC}$ 답 ②

206 □ABCD가 평행사변형이므로 $\overline{AO}=\overline{CO}$, $\overline{BO}=\overline{DO}$
$\overline{EO}=\frac{1}{2}\overline{AO}=\frac{1}{2}\overline{CO}=\overline{GO}$
$\overline{FO}=\frac{1}{2}\overline{BO}=\frac{1}{2}\overline{DO}=\overline{HO}$
따라서 □EFGH는 두 대각선이 서로 다른 것을 이등분하므로 평행사변형이다. 답 ④

207 $\overline{AO}=\overline{CO}$, $\overline{EO}=\frac{1}{2}\overline{BO}=\frac{1}{2}\overline{DO}=\overline{FO}$(①)
즉, □AECF는 두 대각선이 서로 다른 것을 이등분하므로 평행사변형이다.
$\therefore \overline{AF}=\overline{EC}$(②), $\angle AEC=\angle CFA$(④),
$\angle EAO=\angle FCO$(엇각)(⑤) 답 ③

208 △ABP와 △CDQ에서
$\overline{AB}=\overline{CD}$, $\angle BAP=\angle DCQ$ (엇각)
$\angle APB=\angle CQD=90°$이므로
△ABP≡△CDQ (RHA 합동)
$\therefore \overline{BP}=\overline{DQ}$ …… ㉠
$\angle BPQ=\angle DQP$이므로 $\overline{BP}\,/\!/\,\overline{DQ}$ …… ㉡
㉠, ㉡에 의해 □PBQD는 한 쌍의 대변이 평행하고, 그 길이가 같으므로 평행사변형이다.
△DPQ에서 $\angle PDQ=180°-(90°+58°)=32°$
$\therefore \angle x=\angle PDQ=32°$ 답 32°

209 $\angle BEA=\angle DAE$(엇각)이므로
△BEA는 $\angle BAE=\angle BEA$인 이등변삼각형이다.
즉, $\overline{BE}=\overline{BA}=10\text{ cm}$이므로
$\overline{EC}=14-10=4(\text{cm})$

워크북

마찬가지 방법으로 $\triangle$DFC는 $\angle$DFC$=\angle$DCF인 이등변삼각형이다.
즉, $\overline{DF}=\overline{DC}=10$ cm이므로
$\overline{AF}=14-10=4$(cm)
$\therefore$ $\overline{AF}=\overline{EC}=4$ cm ······㉠
□ABCD가 평행사변형이므로 $\overline{AF}\,/\!/\,\overline{EC}$ ······㉡
㉠, ㉡에 의해 □AECF는 한 쌍의 대변이 평행하고 그 길이가 같으므로 평행사변형이다.
$\therefore$ □AECF$=4\times8=32$(cm^2) 답 32 cm^2

210 □ABCD는 평행사변형이므로 $\overline{AD}=\overline{BC}=10$ cm
$\overline{AE}=\overline{OD}=\overline{BO}$, $\overline{AE}\,/\!/\,\overline{BO}$
즉, □ABOE는 한 쌍의 대변이 평행하고 그 길이가 같으므로 평행사변형이다.
$\therefore$ $\overline{EO}=\overline{AB}=8$ cm
$\therefore$ $\overline{EF}+\overline{FD}=\frac{1}{2}\overline{EO}+\frac{1}{2}\overline{AD}$
$=4+5=9$(cm) 답 ③

211 □EPFQ$=\triangle$EPF$+\triangle$EQF
$=\frac{1}{4}$□ABFE$+\frac{1}{4}$□EFCD
$=\frac{1}{4}\times\frac{1}{2}$□ABCD$+\frac{1}{4}\times\frac{1}{2}$□ABCD
$=\frac{1}{4}$□ABCD
$\therefore$ □ABCD$=4$□EPFQ$=4\times6=24$(cm^2) 답 24 cm^2

212 $\triangle$AOE와 $\triangle$COF에서
$\overline{AO}=\overline{CO}$, $\angle$EAO$=\angle$FCO (엇각),
$\angle$AOE$=\angle$COF (맞꼭지각)이므로
$\triangle$AOE$\equiv\triangle$COF (ASA 합동)
$\therefore$ $\triangle$AOE$+\triangle$BOF$=\triangle$COF$+\triangle$BOF
$=\triangle$OBC
$=\frac{1}{4}$□ABCD
$=\frac{1}{4}\times40=10$(cm^2) 답 10 cm^2

213 $\triangle$BCD$=2\triangle$ABO$=2\times4=8$(cm^2)
$\overline{CB}=\overline{CE}$, $\overline{CD}=\overline{CF}$, 즉 □BFED는 두 대각선이 서로 다른 것을 이등분하므로 평행사변형이다.
$\therefore$ □BFED$=4\triangle$BCD
$=4\times8=32$(cm^2) 답 ⑤

214 $8:\triangle$PCD$=4:3$이므로
$\triangle$PCD$=6$(cm^2)
$\therefore$ □ABCD$=2(\triangle$PAB$+\triangle$PCD$)$
$=2\times(8+6)=28$(cm^2) 답 ②

215 $\triangle$PDA$+\triangle$PBC$=\frac{1}{2}$□ABCD이므로
$\triangle$PDA$+18=\frac{1}{2}\times96=48$(cm^2)
$\therefore$ $\triangle$PDA$=30$(cm^2) 답 30 cm^2

216 □ABCD$=10\times8=80$(cm^2)
$\triangle$PBC$+\triangle$PDA$=\frac{1}{2}$□ABCD이므로
$\triangle$PBC$+16=\frac{1}{2}\times80=40$(cm^2)
$\therefore$ $\triangle$PBC$=24$(cm^2) 답 24 cm^2

유형모아 Theme 05 평행사변형의 성질 1권 38쪽

217 $\overline{AD}\,/\!/\,\overline{BC}$이므로
$\angle y=\angle$ADB$=30^\circ$ (엇각)
$\triangle$OBC에서
$\angle$COD$=\angle$OBC$+\angle$OCB이므로
$75^\circ=\angle x+\angle y$
$\therefore$ $\angle x=75^\circ-30^\circ=45^\circ$ 답 $\angle x=45^\circ$, $\angle y=30^\circ$

218 ⑤ $\triangle$AOD와 $\triangle$COB에서
$\overline{OA}=\overline{OC}$, $\overline{OD}=\overline{OB}$, $\angle$AOD$=\angle$COB이므로
$\triangle$AOD$\equiv\triangle$COB(SAS 합동)
④ $\overline{AC}=\overline{BC}$인지는 알 수 없다. 답 ④

219 $\angle$BEA$=\angle$DAE (엇각)이므로
$\triangle$ABE는 $\angle$BAE$=\angle$BEA인 이등변삼각형이다.
$\therefore$ $\overline{BE}=\overline{BA}=11$ cm
$\overline{BC}=\overline{AD}=14$ cm이므로
$\overline{EC}=\overline{BC}-\overline{BE}=14-11=3$(cm) 답 3 cm

220 $\angle$A$+\angle$B$=180^\circ$이고 $\angle$A$:\angle$B$=3:2$이므로
$\angle$B$=180^\circ\times\frac{2}{5}=72^\circ$
$\therefore$ $\angle$D$=\angle$B$=72^\circ$ 답 72°

221 $\overline{OD}=\frac{1}{2}\overline{BD}=\frac{1}{2}\times14=7$(cm),
$\overline{DC}=\overline{AB}=10$ cm
따라서 $\triangle$OCD의 둘레의 길이는
$\overline{OC}+\overline{OD}+\overline{CD}=4+7+10=21$(cm) 답 21 cm

222 $\angle$D$=\angle$B$=65^\circ$이므로
$\triangle$ACD에서
$\angle$DAC$=180^\circ-(45^\circ+65^\circ)=70^\circ$
$\therefore$ $\angle$DAE$=\frac{1}{2}\times70^\circ=35^\circ$
$\therefore$ $\angle x=\angle$DAE$=35^\circ$ (엇각) 답 ③

223 오른쪽 그림과 같이 점 F를 지나고 $\overline{AD}$에 평행한 직선이 $\overline{DC}$와 만나는 점을 I라 하면
$\angle$EFI$=\angle$AEF$=15^\circ$ (엇각)
$\angle$IFG$=\angle$FGB$=\angle x$ (엇각)
□EFGH는 평행사변형이므로
$\angle$EFG$+\angle$FGH$=180^\circ$
$(15^\circ+\angle x)+120^\circ=180^\circ$
$\therefore$ $\angle x=180^\circ-135^\circ=45^\circ$ 답 45°

Theme 05 평행사변형의 성질 ② 39쪽

224 $\overline{AD}/\!/\overline{BC}$이므로 $\angle DBC=\angle ADB=27°$ (엇각)
이때 $\angle ABC+\angle BCD=180°$이므로
$(\angle x+27°)+(50°+\angle y)=180°$
$\therefore \angle x+\angle y=180°-77°=103°$ 답 ④

225 $\overline{AD}=\overline{BC}$이므로 $3x=9$ $\therefore x=3$
$\overline{AB}=\overline{DC}$이므로 $y=3x-3=9-3=6$
$\therefore 2x+y=6+6=12$ 답 12

226 $\angle A+\angle B=180°$이므로
$105°+x°=180°$, $x°=75°$ $\therefore x=75$
$\overline{DC}=\overline{AB}=20$ cm
이때 □IHCF가 평행사변형이므로
$\overline{IH}=\overline{FC}=20-6=14$(cm) $\therefore y=14$
$\therefore x+y=75+14=89$ 답 89

227 $\angle DPO=\angle BQO$ (엇각) (④)
$\triangle OPA$와 $\triangle OQC$에서
$\overline{AO}=\overline{CO}$, $\angle AOP=\angle COQ$(맞꼭지각), $\angle OAP=\angle OCQ$ (엇각)이므로
$\triangle OPA\equiv\triangle OQC$ (ASA 합동) (⑤)
$\therefore \overline{AP}=\overline{CQ}$ (①), $\overline{OP}=\overline{OQ}$ (②)
따라서 옳지 않은 것은 ③이다. 답 ③

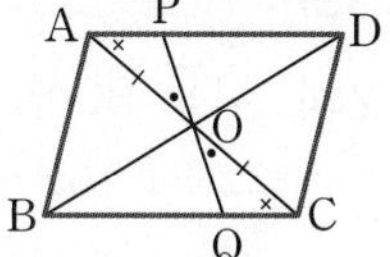

228 $\overline{DC}=\overline{AB}=10$ cm, $\overline{BC}=\overline{AD}=13$ cm
$\angle B+\angle C=180°$이므로 $\angle B=180°-120°=60°$
$\angle BEA=\angle DAE$ (엇각)이므로
$\triangle ABE$에서
$\angle BAE=\angle BEA=\frac{1}{2}\times(180°-60°)=60°$
즉, $\triangle ABE$는 정삼각형이다.
$\overline{AE}=\overline{BE}=\overline{AB}=10$ cm이므로
$\overline{EC}=\overline{BC}-\overline{BE}=13-10=3$(cm)
따라서 □AECD의 둘레의 길이는
$10+3+10+13=36$(cm) 답 ①

229 $\angle AFB=180°-152°=28°$이므로
$\angle FBE=\angle AFB=28°$ (엇각)
$\therefore \angle ABC=2\times28°=56°$
이때 $\angle BAD+\angle ABC=180°$이므로
$\angle BAD=180°-56°=124°$
$\therefore \angle BAE=\frac{1}{2}\times124°=62°$
$\triangle ABE$에서
$\angle x=\angle BAE+\angle ABE=62°+56°=118°$ 답 118°

230 $\angle CFB=\angle ABF$ (엇각)이므로
$\triangle BCF$는 $\angle CFB=\angle CBF$인 이등변삼각형이다.
$\therefore \overline{CF}=\overline{CB}=\overline{AD}=11$ cm
$\therefore \overline{DF}=\overline{CF}-\overline{CD}=\overline{CF}-\overline{BA}$
$=11-9=2$(cm)

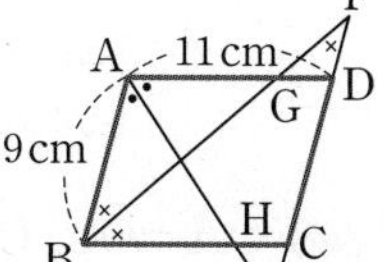

마찬가지 방법으로 $\overline{DE}=\overline{DA}=11$ cm이므로
$\overline{CE}=\overline{DE}-\overline{DC}=\overline{DE}-\overline{AB}=11-9=2$(cm)
$\therefore \overline{EF}=\overline{DF}+\overline{DC}+\overline{CE}$
$=2+9+2=13$(cm) 답 13 cm

Theme 06 평행사변형의 성질의 응용 ① 40쪽

231 두 대각선이 서로 다른 것을 이등분해야 하므로
$\overline{DO}=\overline{BO}=9$ cm $\therefore x=9$
$\overline{AC}=2\overline{AO}=2\times8=16$(cm) $\therefore y=16$
$\therefore y-x=16-9=7$ 답 ②

232 ① 두 쌍의 대각의 크기가 각각 같으므로 평행사변형이다.
② 두 쌍의 대변의 길이가 각각 같으므로 평행사변형이다.
③ 한 쌍의 대변이 평행하고 그 길이가 같으므로 평행사변형이다.
④ $\angle BAC=\angle DCA$, $\angle ABD=\angle CDB$이므로
$\overline{AB}/\!/\overline{DC}$
즉, 한 쌍의 대변이 평행하므로 평행사변형인지 알 수 없다.
⑤ 두 대각선이 서로 다른 것을 이등분하므로 평행사변형이다. 답 ④

233 $\overline{ED}=\overline{BG}$, $\overline{ED}/\!/\overline{BG}$
즉, 한 쌍의 대변이 평행하고 그 길이가 같으므로 □EBGD는 평행사변형이다.
$\therefore \overline{EB}/\!/\overline{DG}$ …… ㉠
$\overline{AF}=\overline{HC}$, $\overline{AF}/\!/\overline{HC}$
즉, 한 쌍의 대변이 평행하고 그 길이가 같으므로
□AFCH는 평행사변형이다.
$\therefore \overline{AH}/\!/\overline{FC}$ …… ㉡
㉠, ㉡에서 두 쌍의 대변이 각각 평행하므로 □IJKL은 평행사변형이다. 답 ①

234 $\triangle BCD=2\triangle ABO=2\times5=10(\text{cm}^2)$
$\overline{CB}=\overline{CE}$, $\overline{CD}=\overline{CF}$이므로 □BFED는 평행사변형이다.
$\therefore$ □BFED$=4\triangle BCD$
$=4\times10=40(\text{cm}^2)$ 답 40 cm²

235 $\triangle PDA+\triangle PBC=\triangle PAB+\triangle PCD$이므로
$15+\triangle PBC=30+10$ $\therefore \triangle PBC=25(\text{cm}^2)$ 답 ③

236 $\overline{AE}/\!/\overline{FC}$, $\overline{AE}=\overline{FC}$이므로 □AFCE는 평행사변형이다. 또한, $\overline{ED}/\!/\overline{BF}$, $\overline{ED}=\overline{BF}$이므로 □EBFD도 평행사변형이다. $\therefore \overline{GF}/\!/\overline{EH}$, $\overline{EG}/\!/\overline{HF}$
즉, □GFHE는 두 쌍의 대변이 각각 평행하므로 평행사변형이다.
$\angle EDF=\angle CFD=43°$ (엇각),
$\angle DEC=\angle EAF=62°$ (동위각)이므로
$\triangle EHD$에서
$\angle EHF=\angle EDH+\angle DEH=43°+62°=105°$
$\therefore \angle x=\angle EHF=105°$ 답 ④

다른 풀이 □EBFD가 평행사변형이므로 $\angle EBF=43^\circ$
$\angle AFB=\angle EAF=62^\circ$
$\therefore \angle x=43^\circ+62^\circ=105^\circ$

유형모아 Theme 06 평행사변형의 성질의 응용 2회 41쪽

237 ④ 한 쌍의 대변이 평행하고 그 길이가 같으므로 □ABCD는 평행사변형이다. 답 ④

238 △ABE와 △CDF에서
$\angle AEB=\angle CFD=90^\circ$, $\overline{AB}=\overline{CD}$,
$\angle ABE=\angle CDF$ (엇각)이므로
$\triangle ABE\equiv\triangle CDF$ (RHA 합동)(⑤)
$\therefore \overline{AE}=\overline{CF}$ (①) ……㉠
또, $\angle AEF=\angle CFE$에서 엇각의 크기가 같으므로
$\overline{AE}\,/\!/\,\overline{CF}$ ……㉡
㉠, ㉡에 의해 □AECF는 한 쌍의 대변이 평행하고 그 길이가 같으므로 평행사변형이다.
$\therefore \overline{AF}\,/\!/\,\overline{EC}$ (③), $\angle EAF=\angle FCE$ (④)
따라서 옳지 않은 것은 ②이다. 답 ②

239 $\triangle AOE\equiv\triangle COF$ (ASA 합동)이므로
$\triangle AOD=\triangle AOE+\triangle EOD$
$=\triangle COF+\triangle EOD=9(\text{cm}^2)$
$\therefore \square ABCD=4\triangle AOD$
$=4\times 9=36(\text{cm}^2)$ 답 36 cm²

240 □ABFE, □EFCD는 평행사변형이므로
$\triangle EPF=\frac{1}{4}\square ABFE$, $\triangle EFQ=\frac{1}{4}\square EFCD$
$\therefore \square EPFQ=\triangle EPF+\triangle EFQ$
$=\frac{1}{4}\square ABFE+\frac{1}{4}\square EFCD$
$=\frac{1}{4}(\square ABFE+\square EFCD)$
$=\frac{1}{4}\square ABCD$
$=\frac{1}{4}\times 84=21(\text{cm}^2)$ 답 21 cm²

241 $\angle BEA=\angle FAE$ (엇각)이므로
△ABE에서
$\angle BAE=\angle BEA=\frac{1}{2}\times(180^\circ-60^\circ)=60^\circ$
즉, △ABE는 정삼각형이므로 $\overline{AE}=\overline{BE}=\overline{AB}=8$ cm
$\overline{EC}=\overline{BC}-\overline{BE}=12-8=4(\text{cm})$
마찬가지 방법으로
$\overline{AF}=\overline{AD}-\overline{DF}=12-8=4(\text{cm})$
즉, $\overline{AF}=\overline{EC}$, $\overline{AF}\,/\!/\,\overline{EC}$이므로 □AECF는 평행사변형이다.
따라서 □AECF의 둘레의 길이는
$2(\overline{AE}+\overline{EC})=2\times(8+4)=24(\text{cm})$ 답 ④

242 $\triangle ABP+\triangle PCD=\frac{1}{2}\square ABCD$이므로
$30+\triangle PCD=\frac{1}{2}\times 100=50(\text{cm}^2)$
$\therefore \triangle PCD=50-30=20(\text{cm}^2)$ 답 20 cm²

243 $\triangle ABE=2k$, $\triangle AED=3k$ $(k>0)$라 하면
$\square ABCD=2\triangle ABD$
$=2(\triangle ABE+\triangle AED)$
$=2(2k+3k)=10k$
따라서 □ABCD의 넓이는 △ABE의 넓이의
$\frac{10k}{2k}=5$(배) 답 5배

Theme 모아 중단원 마무리 42~43쪽

244 $\overline{AD}=\overline{BC}$에서
$2x+1=3x-1$ $\therefore x=2$
$\overline{BD}=5x-2=5\times 2-2=8$
$\therefore \overline{OD}=\frac{1}{2}\overline{BD}=4$ 답 4

245 △AED와 △FEC에서
$\angle ADE=\angle FCE$ (엇각),
$\angle AED=\angle FEC$ (맞꼭지각),
$\overline{DE}=\overline{CE}$이므로
$\triangle AED\equiv\triangle FEC$ (ASA 합동)
$\therefore \overline{AD}=\overline{FC}$
또, $\overline{AD}=\overline{BC}$이므로 $\overline{AD}=\overline{BC}=\overline{CF}$
$\therefore \overline{AD}=\frac{1}{2}\overline{BF}=\frac{1}{2}\times 16=8(\text{cm})$ 답 ③

246 $\angle ADC=\angle B=72^\circ$이므로
$\angle ADE=72^\circ\times\frac{2}{3}=48^\circ$
$\angle DAE=\angle BEA=76^\circ$ (엇각)
△AED에서
$\angle x=180^\circ-(76^\circ+48^\circ)=56^\circ$ 답 56°

247 $\angle BAD+\angle ABC=180^\circ$이므로
$\angle BAE+\angle ABE=\frac{1}{2}\angle BAD+\frac{1}{2}\angle ABC$
$=\frac{1}{2}(\angle BAD+\angle ABC)$
$=\frac{1}{2}\times 180^\circ=90^\circ$
△ABE에서
$\angle x=180^\circ-(\angle BAE+\angle ABE)$
$=180^\circ-90^\circ=90^\circ$ 답 ⑤

248 $\overline{OA}=\overline{OC}$, $\overline{OE}=\overline{OB}-\overline{BE}=\overline{OD}-\overline{DF}=\overline{OF}$ (②)
즉, □AECF는 두 대각선이 서로 다른 것을 이등분하므로 평행사변형이다.

$\therefore$ $\overline{AF}=\overline{EC}$ (①), $\angle AEC=\angle CFA$ (⑤)

또, △OAE≡△OCF (SAS 합동) (③)

따라서 옳지 않은 것은 ④이다. 답 ④

249 □AODE가 평행사변형이므로 $\overline{AE}/\!/\overline{OD}$

$\therefore$ $\overline{AE}/\!/\overline{BO}$

또, $\overline{AE}=\overline{OD}=\overline{BO}$

즉, □ABOE는 한 쌍의 대변이 평행하고 그 길이가 같으므로 평행사변형이다.

$\therefore$ $\overline{EO}=\overline{AB}=18$ cm

$\therefore$ $\overline{EF}=\frac{1}{2}\overline{EO}=\frac{1}{2}\times 18=9$(cm) 답 9 cm

250 △AEO와 △CFO에서

$\angle EAO=\angle FCO$ (엇각), $\angle AOE=\angle COF$ (맞꼭지각), $\overline{AO}=\overline{CO}$이므로

△AEO≡△CFO (ASA 합동)

$\therefore$ △EBO+△CFO=△EBO+△AEO

=△ABO

$=\frac{1}{4}$□ABCD

$=\frac{1}{4}\times 72=18$(cm^2) 답 18 cm^2

251 △PDA+△PBC=△PAB+△PCD이므로

$13+25=18+$△PCD

$\therefore$ △PCD=20(cm^2) 답 20 cm^2

252 $\angle BAD=\angle C=120°$이므로

$\angle BAE=\angle DAE$

$=\frac{1}{2}\times 120°=60°$

$\angle AEB=\angle DAE=60°$ (엇각)이므로

△ABE에서 $\angle B=180°-(60°+60°)=60°$

즉, △ABE는 정삼각형이므로

$\overline{BE}=\overline{AE}=\overline{AB}=9$ cm이고

$\overline{AD}=\overline{BC}=\overline{BE}+\overline{EC}$

$=9+3=12$(cm)

$\overline{DC}=\overline{AB}=9$ cm

따라서 □AECD의 둘레의 길이는

$9+3+9+12=33$(cm) 답 33 cm

253 △ABE와 △CDF에서

$\angle AEB=\angle CFD=90°$, $\overline{AB}=\overline{CD}$,

$\angle BAE=\angle DCF$ (엇각)이므로

△ABE≡△CDF (RHA 합동)

$\therefore$ $\overline{BE}=\overline{DF}$

또, $\angle BEF=\angle DFE$ (엇각)이므로

$\overline{BE}/\!/\overline{DF}$

즉, □EBFD는 한 쌍의 대변이 평행하고 그 길이가 같으므로 평행사변형이다.

△DEF에서

$\angle EDF=180°-(90°+65°)=25°$

$\therefore$ $\angle x=\angle EDF=25°$ 답 ③

254 $\overline{AE}/\!/\overline{FC}$, $\overline{AE}=\overline{FC}$이므로 □AFCE는 평행사변형이다.

$\therefore$ $\overline{AF}/\!/\overline{EC}$

또한, $\overline{ED}/\!/\overline{BF}$, $\overline{ED}=\overline{BF}$이므로 □EBFD도 평행사변형이다.

$\therefore$ $\overline{EB}/\!/\overline{DF}$

즉, □GFHE는 두 쌍의 대변이 각각 평행하므로 평행사변형이다.

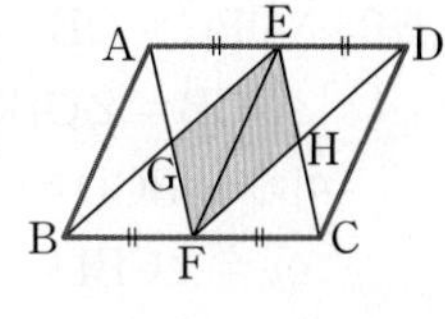

$\overline{EF}$를 그으면

△GFE$=\frac{1}{2}$△AFE

$=\frac{1}{2}\times\frac{1}{2}$△AFD

$=\frac{1}{4}\times 44=11$(cm^2)

$\therefore$ □GFHE=2△GFE

$=2\times 11=22$(cm^2) 답 ④

255 △ABC와 △DEC에서

$\angle ACB=60°-\angle ECA=\angle DCE$

$\overline{AC}=\overline{DC}$, $\overline{BC}=\overline{EC}$이므로

△ABC≡△DEC (SAS 합동)

$\therefore$ $\overline{ED}=\overline{BA}=\overline{FA}$ ······ ㉠ ···❶

△ABC와 △FBE에서

$\angle ABC=60°-\angle EBA=\angle FBE$

$\overline{AB}=\overline{FB}$, $\overline{BC}=\overline{BE}$이므로

△ABC≡△FBE (SAS 합동)

$\therefore$ $\overline{FE}=\overline{AC}=\overline{AD}$ ······ ㉡ ···❷

㉠, ㉡에서 □EFAD는 두 쌍의 대변의 길이가 각각 같으므로 평행사변형이다. ···❸

답 평행사변형

채점 기준	배점
❶ $\overline{ED}=\overline{FA}$임을 알기	40 %
❷ $\overline{FE}=\overline{AD}$임을 알기	40 %
❸ □EFAD가 평행사변형임을 알기	20 %

256 평행사변형 ABCD에서

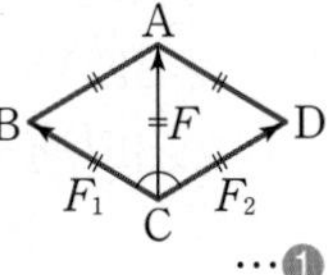

$\overline{BC}=\overline{AD}$, $\overline{AB}=\overline{DC}$이고,

$\overline{BC}=\overline{AC}=\overline{DC}$이므로

△ABC와 △ACD는 정삼각형이다. ···❶

$\therefore$ $\angle BCD=60°+60°=120°$ ···❷

답 120°

채점 기준	배점
❶ △ABC와 △ACD가 정삼각형임을 알기	60 %
❷ ∠BCD의 크기 구하기	40 %

04. 여러 가지 사각형

한번 더 **핵심 유형** 44~53쪽

Theme 07 여러 가지 사각형 44~49쪽

257 $\overline{OA}=\overline{OC}$이므로 $3x-8=x+4$, $2x=12$ $\quad\therefore x=6$
$\overline{BD}=\overline{AC}$이므로
$y=(3x-8)+(x+4)=4x-4=4\times6-4=20$
$\therefore x+y=6+20=26$ 답 ③

258 $\triangle OBC$는 $\overline{OB}=\overline{OC}$인 이등변삼각형이므로
$\angle OCB=\angle OBC=35°$
이때 $\angle BCD=90°$이므로 $\angle x=90°-35°=55°$
$\angle y=\angle CBD=35°$ (엇각)
$\therefore \angle x-\angle y=55°-35°=20°$ 답 ⑤

259 ① 직사각형은 두 대각선의 길이가 같고 서로 다른 것을 이등분하므로 $\overline{BO}=\overline{CO}$
②, ⑤ 직사각형의 네 내각의 크기는 90°로 모두 같으므로
$\angle DAB=\angle ABC=\angle BCD=\angle CDA=90°$
따라서 옳지 않은 것은 ③, ④이다. 답 ③, ④

260 $\overline{AC}=\overline{BD}$이므로
$5x-6=2x+9$, $3x=15$ $\quad\therefore x=5$
즉, $\overline{AB}=4x-8=4\times5-8=12$이므로
$\overline{CD}=\overline{AB}=12$ 답 ④

261 $\overline{BO}$를 그으면 직사각형의 두 대각선의 길이는 같으므로
$\overline{AC}=\overline{BO}$
$=$(원 O의 반지름의 길이)
$=8\text{ cm}$ 답 8 cm

262 □BOAP는 직사각형이므로 △COA와 △CBO는 이등변삼각형이다. 점 C에서 x축, y축에 내린 수선의 발을 각각 H_1, H_2라 하면 두 점 H_1, H_2는 각각 $\overline{OA}$, $\overline{OB}$의 중점이므로 점 C의 좌표는 (5, 4)이다. 답 (5, 4)

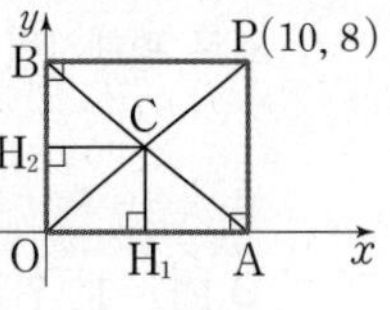

263 $\angle DBE=\angle DBC=28°$ (접은 각)이므로
$\angle ABE=90°-2\times28°=34°$
$\angle BED=\angle BCD=90°$이므로
$\triangle BEF$에서
$\angle x=\angle BED-\angle FBE=90°-34°=56°$ 답 56°

264 ② 한 내각의 크기가 90°인 평행사변형은 직사각형이다.
③ $\overline{OB}=\overline{OC}$이면 $\overline{BD}=2\overline{OB}=2\overline{OC}=\overline{AC}$이므로
□ABCD는 직사각형이다. 답 ②, ③
참고 ①, ④, ⑤는 마름모가 되는 조건이다.

265 답 (가) $\overline{DC}$ (나) $\overline{DB}$ (다) $\triangle DCB$ (라) $\angle CDA$ (마) $\angle CDA$

266 ㄱ. 한 내각의 크기가 90°이면 모든 내각의 크기가 90°로 같아지므로 직사각형이 된다.
ㄴ. 이웃하는 두 변의 길이가 같으므로 마름모가 된다.
ㄷ. 두 대각선이 수직으로 만나므로 마름모가 된다.
ㄹ. $\overline{AC}=2\overline{AO}=2\times7=14(\text{cm})$
즉, 두 대각선의 길이가 같으므로 직사각형이 된다.
따라서 직사각형이 되는 조건은 ㄱ, ㄹ이다. 답 ③

267 $\angle x=\angle DAC=54°$ (엇각)
$\triangle BCO$에서 $\angle BOC=90°$이므로
$\angle y=180°-(90°+54°)=36°$
$\therefore \angle x-\angle y=54°-36°=18°$ 답 ③

268 $\triangle ABC$에서 $\overline{AB}=\overline{CB}$이므로
$\angle BCA=\angle BAC$ $\quad\therefore x=70$
또, $\overline{AD}=\overline{CD}$이므로
$3y-6=12$, $3y=18$ $\quad\therefore y=6$
$\therefore x+y=70+6=76$ 답 ⑤

269 ㄱ. 마름모는 두 대각선이 서로 다른 것을 수직이등분하므로 $\angle AOD=90°$
ㄹ. 마름모는 이웃하는 두 변의 길이가 같으므로
$\overline{BC}=\overline{DC}$ $\quad\therefore \angle CBO=\angle CDO$
따라서 옳지 않은 것은 ㄴ, ㄷ이다. 답 ④
참고 ㄴ, ㄷ은 직사각형의 성질이다.

270 마름모의 두 대각선은 서로 다른 것을 수직이등분하므로
$\overline{AC}=2\overline{AO}=2\times3=6(\text{cm})$
$\overline{BD}=2\overline{BO}=2\times5=10(\text{cm})$
$\therefore \square ABCD=\frac{1}{2}\times6\times10=30(\text{cm}^2)$ 답 ④

271 마름모의 두 대각선은 수직으로 만나므로 $\angle COB=90°$
$\triangle BCO$에서
$\angle BCO=180°-(90°+30°)=60°$
$\overline{AB}=\overline{BC}$이므로 $\angle BAC=\angle BCA=60°$ $\quad\therefore x=60$
$\triangle ABC$에서
$\angle ABC=180°-(60°+60°)=60°$
즉, $\triangle ABC$는 정삼각형이므로
$\overline{AB}=\overline{AC}=2\overline{OC}=2\times6=12(\text{cm})$ $\quad\therefore y=12$
$\therefore x-y=60-12=48$ 답 48

272 $\triangle ADF$와 $\triangle ABE$에서
$\overline{AD}=\overline{AB}$,
$\angle AFD=\angle AEB=90°$,
$\angle D=\angle B$이므로
$\triangle ADF\equiv\triangle ABE$ (RHA 합동)
$\triangle ADF$에서
$\angle DAF=180°-(90°+64°)=26°$이므로
$\angle BAE=\angle DAF=26°$
$\angle BAD+\angle D=180°$이므로
$(26°+\angle EAF+26°)+64°=180°$ $\quad\therefore \angle EAF=64°$

이때 $\triangle AEF$는 $\overline{AE}=\overline{AF}$인 이등변삼각형이므로

$\angle AEF=\frac{1}{2}\times(180°-64°)=58°$ 답 58°

273 $\triangle ABE$와 $\triangle ADF$에서
$\overline{AB}=\overline{AD}$, $\overline{BE}=\overline{DF}$, $\angle ABE=\angle ADF$이므로
$\triangle ABE\equiv\triangle ADF$ (SAS 합동)
$\therefore \overline{AE}=\overline{AF}$
따라서 $\triangle AEF$는 정삼각형이므로 $\angle AEF=60°$
$\triangle ABE$에서 $\angle ABE=\angle BAE$이고
$\angle ABE+\angle BAE=\angle AEF$이므로
$2\angle BAE=60°$ $\therefore \angle BAE=30°$ 답 30°

274 ① 이웃하는 두 변의 길이가 같으므로 마름모가 된다.
② 두 대각선의 길이가 같으므로 직사각형이 된다.
③ 두 대각선이 수직으로 만나므로 마름모가 된다.
④ 네 내각의 크기가 90°로 같아지므로 직사각형이 된다.
⑤ $\angle BCA=\angle DAC$ (엇각)이므로
$\angle BAO=\angle DAO=\angle BCO$ $\therefore \overline{BA}=\overline{BC}$
즉, 이웃하는 두 변의 길이가 같으므로 마름모가 된다.
답 ②, ④

275 □ABCD는 평행사변형이므로
$\overline{AB}=\overline{DC}$에서 $x+2=3x-2$
$2x=4$ $\therefore x=2$
평행사변형 ABCD가 마름모가 되려면
$\overline{AB}=\overline{AD}$이어야 하므로
$x+2=y-2x$ …… ㉠
㉠에 $x=2$를 대입하면
$4=y-4$ $\therefore y=8$
$\therefore x+y=2+8=10$ 답 10

276 $\angle ABD=\angle CDB=33°$ (엇각)이므로
$\triangle ABO$에서 $\angle AOB=180°-(57°+33°)=90°$
즉, 두 대각선이 수직으로 만나므로 평행사변형 ABCD는 마름모이다.
$\overline{CB}=\overline{CD}$이므로 $y=7$
$\angle CBD=\angle CDB$이므로 $x=33$
$\therefore x+y=33+7=40$ 답 ④

277 ① 정사각형은 네 변의 길이가 모두 같으므로 $\overline{BC}=\overline{CD}$
②, ③ 정사각형은 두 대각선의 길이가 같고, 서로 다른 것을 수직이등분하므로 $\overline{AC}\perp\overline{BD}$, $\overline{CO}=\overline{DO}$
⑤ $\triangle OAB$에서 $\overline{OA}=\overline{OB}$이므로 $\angle ABO=\angle BAO$
따라서 옳지 않은 것은 ④이다. 답 ④

278 정사각형은 두 대각선의 길이가 같고, 서로 다른 것을 수직이등분하므로
$\overline{AC}\perp\overline{BD}$,
$\overline{BD}=\overline{AC}=2\overline{AO}=2\times3=6$(cm)
$\therefore \triangle ABD=\frac{1}{2}\times6\times3=9$(cm^2)
$\therefore$ □ABCD$=2\triangle ABD=18$(cm^2) 답 ①

다른 풀이 $\overline{BD}=\overline{AC}=2\overline{AO}=2\times3=6$(cm)
$\therefore$ □ABCD$=\frac{1}{2}\times6\times6=18$(cm^2)

279 $\triangle EAD$와 $\triangle EAB$에서
$\overline{AD}=\overline{AB}$, $\angle DAE=\angle BAE=45°$, $\overline{AE}$는 공통이므로
$\triangle EAD\equiv\triangle EAB$ (SAS 합동)
$\therefore \angle EBA=\angle EDA=18°$
따라서 $\triangle EAB$에서
$\angle BEC=\angle EAB+\angle EBA$
$=45°+18°=63°$ 답 63°

280 $\triangle BCE$가 정삼각형이므로 $\angle EBC=\angle ECB=60°$
□ABCD가 정사각형이므로
$\angle ABE=90°-60°=30°$
이때 $\triangle ABE$는 $\overline{AB}=\overline{EB}$인 이등변삼각형이므로
$\angle x=\frac{1}{2}\times(180°-30°)=75°$
마찬가지 방법으로 $\angle CDE=75°$
$\therefore \angle y=90°-75°=15°$
$\therefore \angle x-\angle y=75°-15°=60°$ 답 ④

281 $\angle AEB=180°-130°=50°$이므로
$\triangle ABE$에서
$\angle BAE=180°-(90°+50°)=40°$
$\triangle ABE$와 $\triangle BCF$에서
$\overline{AB}=\overline{BC}$, $\angle ABE=\angle BCF=90°$, $\overline{BE}=\overline{CF}$이므로
$\triangle ABE\equiv\triangle BCF$ (SAS 합동)
$\therefore \angle x=\angle BAE=40°$ 답 40°

282 $\overline{DC}=\overline{DA}=\overline{DE}$
즉, $\triangle DEC$는 $\overline{DE}=\overline{DC}$인 이등변삼각형이므로
$\angle DEC=\angle DCE=28°$
$\therefore \angle EDA=180°-(90°+28°+28°)=34°$
$\triangle DEA$는 $\overline{DE}=\overline{DA}$인 이등변삼각형이므로
$\angle EAD=\frac{1}{2}\times(180°-34°)=73°$ 답 ④

283 $\triangle OCQ$와 $\triangle OBP$에서
$\overline{OC}=\overline{OB}$, $\angle OCQ=\angle OBP=45°$,
$\angle COQ=90°-\angle POC=\angle BOP$이므로
$\triangle OCQ\equiv\triangle OBP$ (ASA 합동)
$\therefore \triangle OCQ=\triangle OBP$
$\therefore$ □OPCQ$=\triangle OPC+\triangle OCQ$
$=\triangle OPC+\triangle OBP=\triangle OBC$
$=\frac{1}{4}$□ABCD
$=\frac{1}{4}\times6\times6=9$(cm^2) 답 9 cm^2

284 ④ 이웃하는 두 변의 길이가 같으므로 마름모가 된다.
답 ④

285 ㄱ. 이웃하는 두 변의 길이가 같으므로 직사각형 ABCD는 정사각형이 된다.

ㄷ. 두 대각선이 수직으로 만나므로 직사각형 ABCD는 정사각형이 된다.

ㅁ. $\overline{OA}=\overline{OD}$이므로 $\angle ADO=\angle DAO=45°$

$\therefore \angle AOD=180°-(45°+45°)=90°$

즉, 두 대각선이 수직으로 만나므로 직사각형 ABCD는 정사각형이 된다.

따라서 정사각형이 되는 조건이 아닌 것은 ㄴ, ㄹ이다.

답 ㄴ, ㄹ

참고 직사각형에 마름모가 되는 조건을 추가하면 정사각형이 된다.

286 ② $\overline{OB}=\overline{OC}$이면 두 대각선의 길이가 같으므로 마름모 ABCD는 정사각형이 된다.

⑤ 한 내각의 크기가 90°이면 네 내각의 크기가 모두 같아지므로 마름모 ABCD는 정사각형이 된다. 답 ②, ⑤

참고 마름모에 직사각형이 되는 조건을 추가하면 정사각형이 된다.

287 ①, ④ △ABC와 △DCB에서

$\overline{AB}=\overline{DC}$, $\angle ABC=\angle DCB$, $\overline{BC}$는 공통이므로

△ABC≡△DCB (SAS 합동)

$\therefore \angle BAC=\angle CDB$, $\overline{AC}=\overline{DB}$

② △ABC≡△DCB이므로 $\angle ACB=\angle DBC$

$\therefore \overline{BO}=\overline{CO}$

③ △BDA와 △CAD에서

$\overline{AB}=\overline{DC}$, $\overline{BD}=\overline{CA}$, $\overline{AD}$는 공통이므로

△BDA≡△CAD (SSS 합동)

$\therefore \angle ABD=\angle DCA$

따라서 옳지 않은 것은 ⑤이다. 답 ⑤

288 △ABC와 △DCB에서

$\overline{AB}=\overline{DC}$, $\angle ABC=\angle DCB$, $\overline{BC}$는 공통이므로

△ABC≡△DCB (SAS 합동)

$\therefore \angle ACB=\angle DBC$

즉, △OBC는 $\overline{OB}=\overline{OC}$인 이등변삼각형이므로

$\overline{OB}=\overline{OC}=5$ cm

$\therefore \overline{BD}=\overline{BO}+\overline{OD}=5+3=8$(cm) 답 8 cm

289 $\overline{AD}$ // $\overline{BC}$이므로

$\angle ACB=\angle DAC=42°$ (엇각)

또, $\angle B=\angle DCB$이므로 $68°=\angle x+42°$

$\therefore \angle x=26°$

△ABC에서 $\angle y=180°-(68°+42°)=70°$

$\therefore \angle x+\angle y=26°+70°=96°$ 답 ③

290 답 (가) 평행사변형 (나) $\overline{AE}$ (다) $\angle AEB$ (라) $\overline{AB}$ (마) $\overline{DC}$

291 $\overline{AE}$ // $\overline{DB}$이므로

$\angle DBC=\angle E=46°$ (동위각)

△ABC와 △DCB에서

$\overline{AB}=\overline{DC}$, $\angle ABC=\angle DCB$, $\overline{BC}$는 공통이므로

△ABC≡△DCB (SAS 합동)

$\therefore \angle ACB=\angle DBC=46°$

$\therefore \angle x=\angle ACB=46°$ (엇각) 답 46°

292 $\angle BOC=90°$이므로

△OBC는 $\overline{OB}=\overline{OC}$인 직각이등변삼각형이다.

$\therefore \angle OBC=\angle OCB=45°$

△OCH에서 $\angle OCH=180°-(90°+64°)=26°$

$\therefore \angle DCB=\angle OCB+\angle OCH=45°+26°=71°$

$\therefore \angle ABC=\angle DCB=71°$ 답 ④

293 점 D에서 $\overline{AB}$에 평행한 직선을 그어 $\overline{BC}$와 만나는 점을 E라 하면

□ABED는 평행사변형이므로

$\overline{BE}=\overline{AD}=5$ cm

$\angle A+\angle B=180°$이므로 $\angle B=180°-120°=60°$

$\angle C=\angle B=60°$, $\angle DEC=\angle B=60°$ (동위각)이므로

$\angle EDC=180°-(60°+60°)=60°$

즉, △DEC는 정삼각형이므로

$\overline{EC}=\overline{DC}=\overline{AB}=7$ cm

$\therefore \overline{BC}=\overline{BE}+\overline{EC}=5+7=12$(cm) 답 ③

294 점 A에서 $\overline{BC}$에 내린 수선의 발을 F라 하면 $\overline{FE}=\overline{AD}=8$ cm

△ABF와 △DCE에서

$\angle AFB=\angle DEC=90°$,

$\overline{AB}=\overline{DC}$, $\angle B=\angle C$이므로

△ABF≡△DCE (RHA 합동)

$\therefore \overline{BF}=\overline{CE}=3$ cm

$\therefore \overline{BC}=\overline{BF}+\overline{FE}+\overline{EC}$

$=3+8+3=14$(cm) 답 ④

295 점 D에서 $\overline{AB}$에 평행한 직선을 그어 $\overline{BC}$와 만나는 점을 E라 하면

□ABED는 평행사변형이므로

$\overline{BE}=\overline{AD}=6$ cm

$\angle C=\angle B=60°$, $\angle DEC=\angle B=60°$ (동위각)이므로

$\angle EDC=180°-(60°+60°)=60°$

즉, △DEC는 정삼각형이므로

$\overline{EC}=\overline{DC}=\overline{AB}=6$ cm

따라서 □ABCD의 둘레의 길이는

$6\times5=30$(cm) 답 30 cm

Theme 08 여러 가지 사각형 사이의 관계 50~53쪽

296 $\angle ABE=\angle a$라 하면

$\angle CBE=\angle ADG=\angle CDG=\angle a$

$\angle BAE=\angle b$라 하면

$\angle DAE=\angle BCG=\angle DCG=\angle b$

이때 $\angle DAB+\angle ABC=180°$이므로

$2(\angle a+\angle b)=180°$ $\therefore \angle a+\angle b=90°$

△ABE에서 $\angle AEB=180°-(\angle a+\angle b)=90°$

$\therefore \angle HEF=\angle AEB=90°$ (맞꼭지각)

마찬가지 방법으로 네 내각의 크기가 모두 $90°$이므로
□EFGH는 직사각형이다.
따라서 직사각형에 대한 설명이 아닌 것은 ①, ④이다.

답 ①, ④

297 $\triangle ABF$와 $\triangle CDE$에서
$\overline{AB}=\overline{CD}$, $\angle B=\angle D$, $\overline{AF}=\overline{CE}$이므로
$\triangle ABF \equiv \triangle CDE$ (RHS 합동)
$\therefore \overline{BF}=\overline{DE}$
$\overline{AD}=\overline{BC}$이므로
$\overline{AE}=\overline{AD}-\overline{ED}=\overline{BC}-\overline{BF}=\overline{FC}$
따라서 두 쌍의 대변의 길이가 각각 같으므로
□AFCE는 평행사변형이다.

답 ②

298 $\angle AFB=\angle EBF$ (엇각)이므로
$\angle ABF=\angle AFB$
$\therefore \overline{AB}=\overline{AF}$
$\angle BEA=\angle FAE$ (엇각)이므로
$\angle BEA=\angle BAE$
$\therefore \overline{AB}=\overline{BE}$
따라서 $\overline{AF}=\overline{BE}$이고 $\overline{AF} /\!/ \overline{BE}$이므로 □ABEF는 평행사변형이다.
이때 이웃하는 두 변의 길이가 같으므로 평행사변형 ABEF는 마름모이다.
따라서 마름모에 대한 설명으로 옳지 않은 것은 ②, ④이다.

답 ②, ④

299 ㄷ. $\overline{AC}=\overline{BD}$는 직사각형 ABCD의 성질이다.
ㅁ. $\overline{AB}\perp\overline{BC}$인 평행사변형 ABCD는 직사각형이다.
따라서 옳지 않은 것은 ㄷ, ㅁ이다.

답 ③

300 ① 두 대각선이 수직으로 만나는 평행사변형은 마름모이다.
③ 정사각형은 직사각형이다.
④ 두 대각선의 길이가 같은 평행사변형은 직사각형이다.
⑤ 등변사다리꼴 중에는 평행사변형이 아닌 것도 있다.
따라서 옳은 것은 ②이다.

답 ②

301 두 대각선이 서로 다른 것을 이등분하는 사각형은 평행사변형, 직사각형, 마름모, 정사각형이다.

답 ⑤

302 두 대각선의 길이가 같은 사각형은 직사각형, 정사각형, 등변사다리꼴이다.

답 ①, ③

303 ① 마름모의 두 대각선은 서로 다른 것을 수직이등분한다.
② 평행사변형의 두 대각선은 서로 다른 것을 이등분한다.
③ 직사각형의 두 대각선은 길이가 같고, 서로 다른 것을 이등분한다.
⑤ 등변사다리꼴의 두 대각선은 길이가 같다.
따라서 옳은 것은 ④이다.

답 ④

304 □EFGH는 직사각형의 각 변의 중점을 연결하여 만든 사각형이므로 마름모이다.
따라서 마름모에 대한 설명으로 옳지 않은 것은 ①, ③이다.

답 ①, ③

305 ① 사각형 – 평행사변형
② 평행사변형 – 평행사변형
③ 마름모 – 직사각형
⑤ 등변사다리꼴 – 마름모

답 ④

306 □EFGH는 등변사다리꼴의 각 변의 중점을 연결하여 만든 사각형이므로 마름모이다.
따라서 □EFGH의 둘레의 길이는
$4\times 9=36$(cm)

답 ⑤

307 $\overline{AE}$를 그으면 $\overline{AC} /\!/ \overline{DE}$이므로

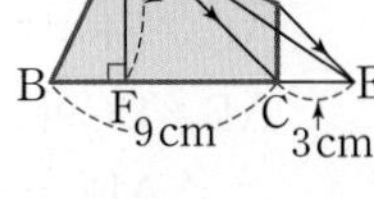

$\triangle ACD=\triangle ACE$
$\therefore$ □ABCD$=\triangle ABC+\triangle ACD$
$=\triangle ABC+\triangle ACE$
$=\triangle ABE$
$=\frac{1}{2}\times 12\times 6=36(\text{cm}^2)$

답 36 cm^2

308 $\overline{AE} /\!/ \overline{DB}$이므로 $\triangle ABD=\triangle EBD$
$\therefore$ □ABCD$=\triangle ABD+\triangle DBC$
$=\triangle EBD+\triangle DBC$
$=\triangle DEC$
$=\frac{1}{2}\times 14\times 5=35(\text{cm}^2)$

답 35 cm^2

309 ④ $\triangle AFD=\triangle ABD-\triangle FBD$
$=\triangle EBD-\triangle FBD$
$=\triangle EFB$
⑤ $\triangle DEC=\triangle EBD+\triangle BCD$
$=\triangle ABD+\triangle BCD$
$=$□ABCD
따라서 옳지 않은 것은 ③이다.

답 ③

310 $\overline{AC} /\!/ \overline{DE}$이므로 $\triangle ACD=\triangle ACE$
$\therefore$ □ABCD$=\triangle ABC+\triangle ACD$
$=\triangle ABC+\triangle ACE$
$=\triangle ABE=54\text{ cm}^2$
$\therefore \triangle AFD=$□ABCD$-$□ABCF
$=54-38=16(\text{cm}^2)$

답 16 cm^2

311 $\overline{BM}=\overline{MC}$이므로
$\triangle ABM=\frac{1}{2}\triangle ABC=\frac{1}{2}\times 84=42(\text{cm}^2)$
$\overline{AD}:\overline{DM}=2:5$이므로
$\triangle ABD:\triangle DBM=2:5$
$\therefore \triangle DBM=\frac{5}{7}\triangle ABM=\frac{5}{7}\times 42=30(\text{cm}^2)$

답 ①

312 $\overline{AE}:\overline{ED}=1:4$이므로
$\triangle ABE:\triangle EBD=1:4$
$\therefore \triangle ABD=5\triangle ABE=5\times 3=15(\text{cm}^2)$
$\overline{BD}:\overline{DC}=5:2$이므로
$\triangle ABD:\triangle ADC=5:2$
$\therefore \triangle ADC=\frac{2}{5}\triangle ABD=\frac{2}{5}\times 15=6(\text{cm}^2)$

$\therefore \triangle ABC=\triangle ABD+\triangle ADC$

$=15+6=21(cm^2)$ 답 ③

313 $\overline{BD}:\overline{DC}=3:4$이므로

$\triangle ABD:\triangle ADC=3:4$

$\therefore \triangle ADC=\frac{4}{7}\triangle ABC=\frac{4}{7}\times 42=24(cm^2)$

$\overline{AE}:\overline{EC}=5:3$이므로

$\triangle ADE:\triangle EDC=5:3$

$\therefore \triangle EDC=\frac{3}{8}\triangle ADC=\frac{3}{8}\times 24=9(cm^2)$ 답 9 cm²

314 $\overline{AD}/\!/\overline{BC}$이므로 $\triangle AFC=\triangle CDF$

$\overline{AC}/\!/\overline{EF}$이므로 $\triangle AFC=\triangle AEC$

$\overline{AB}/\!/\overline{DC}$이므로 $\triangle AEC=\triangle AED$

$\therefore \triangle AFC=\triangle CDF=\triangle AEC=\triangle AED$ 답 ④

315 $\triangle ABC=\frac{1}{2}\square ABCD=\frac{1}{2}\times 50=25(cm^2)$

$\overline{BE}:\overline{EC}=3:2$이므로

$\triangle ABE:\triangle AEC=3:2$

$\therefore \triangle AEC=\frac{2}{5}\triangle ABC$

$=\frac{2}{5}\times 25=10(cm^2)$ 답 10 cm²

316 $\overline{AD}/\!/\overline{BC}$이므로 $\triangle DFC=\triangle AFC$

$\overline{AC}/\!/\overline{EF}$이므로 $\triangle AFC=\triangle AEC$

$\therefore \triangle DFC=\triangle AFC=\triangle AEC$

$=\triangle ABC-\triangle EBC$

$=\frac{1}{2}\square ABCD-\triangle EBC$

$=\frac{1}{2}\times 80-15=25(cm^2)$ 답 25 cm²

317 $\overline{AB}/\!/\overline{DC}$이므로 $\triangle AED=\triangle BED$

$\triangle AFD=\triangle AED-\triangle DFE$

$=\triangle BED-\triangle DFE$

$=\triangle BEF$ …… ㉠

$\triangle ABD=\triangle BCD$이므로

$\triangle ABF+\triangle AFD=\triangle BCE+\triangle BEF+\triangle DFE$

㉠에 의해

$18=\triangle BCE+4$

$\therefore \triangle BCE=14(cm^2)$ 답 14 cm²

318 $\triangle ODC=\triangle OAB=15\,cm^2$

$\overline{OB}=2\overline{OD}$이므로 $\overline{OD}:\overline{OB}=1:2$

$\therefore \triangle ODC:\triangle OBC=1:2$

즉, $\triangle OBC=2\triangle ODC=2\times 15=30(cm^2)$

$\therefore \triangle DBC=\triangle ODC+\triangle OBC$

$=15+30=45(cm^2)$ 답 ④

319 $\triangle AOD:\triangle ABO=9:12=3:4$이므로

$\overline{OD}:\overline{OB}=3:4$

$\therefore \triangle DOC:\triangle OBC=\overline{OD}:\overline{OB}=3:4$

$\triangle DOC=\triangle ABO=12\,cm^2$이므로

$12:\triangle OBC=3:4 \quad \therefore \triangle OBC=16(cm^2)$ 답 ③

320 $\overline{BO}:\overline{OD}=5:2$이므로

$\triangle OAB:\triangle OAD=5:2$

$\therefore \triangle OAB=\frac{5}{2}\triangle OAD=\frac{5}{2}\times 4=10(cm^2)$

$\therefore \triangle ODC=\triangle OAB=10\,cm^2$

$\triangle OBC:\triangle ODC=5:2$이므로

$\triangle OBC=\frac{5}{2}\triangle ODC=\frac{5}{2}\times 10=25(cm^2)$

$\therefore \square ABCD=4+10+25+10=49(cm^2)$ 답 49 cm²

유형모아 Theme 07 여러 가지 사각형 ❶ 54쪽

321 $\angle BCD=90°$이므로 $\triangle DBC$에서

$\angle BDC=180°-(42°+90°)=48° \quad \therefore y=48$

$\overline{AC}=\overline{BD}=20$ cm이므로

$\overline{OC}=\frac{1}{2}\overline{AC}=\frac{1}{2}\times 20=10(cm) \quad \therefore x=10$

$\therefore x+y=10+48=58$ 답 58

322 ①, ⑤ 평행사변형이 직사각형이 되는 조건이다.

②, ③ 평행사변형이 마름모가 되는 조건이다.

④ 평행사변형의 성질이다. 답 ①, ⑤

323 $\triangle BCD$에서 $\overline{BC}=\overline{CD}$이므로

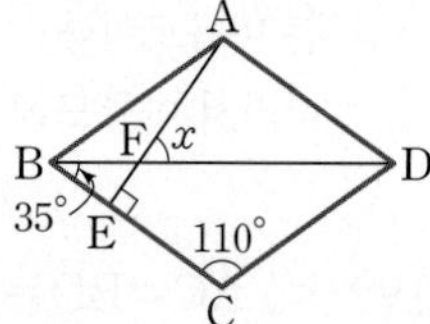

$\angle CBD=\angle CDB$

$=\frac{1}{2}\times(180°-110°)$

$=35°$

$\triangle BEF$에서

$\angle BFE=180°-(90°+35°)=55°$

$\therefore \angle x=\angle BFE=55°$ (맞꼭지각) 답 ⑤

324 $\square ABCD$는 평행사변형이므로 $\overline{AB}=\overline{DC}$에서

$3x+1=4x-3 \quad \therefore x=4$

평행사변형 ABCD가 마름모가 되려면 $\overline{AB}=\overline{AD}$이어야 하므로

$3x+1=2x+y$ …… ㉠

$x=4$를 ㉠에 대입하면

$13=8+y \quad \therefore y=5$

$\therefore y-x=5-4=1$ 답 1

325 $\triangle DAC$에서

$\angle DCA=\angle DAC=34°$이므로

$\angle ADC=180°-(34°+34°)=112°$

$\angle DAB=\angle ADC=112°$이므로

$\angle x=\angle DAB-\angle DAC$

$=112°-34°=78°$ 답 ②

326 $\angle PBC=\frac{1}{2}\angle ABC=\frac{1}{2}\times 90°=45°$

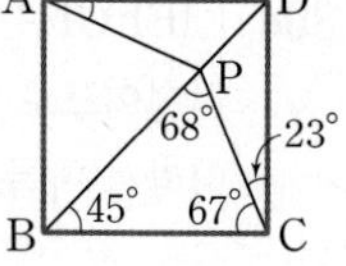

$\triangle PBC$에서

$\angle BCP=180°-(68°+45°)=67°$

$\therefore \angle PCD=90°-67°=23°$

$\triangle APD$와 $\triangle CPD$에서
$\overline{AD}=\overline{CD}$, $\angle ADP=\angle CDP=45°$,
$\overline{DP}$는 공통이므로
$\triangle APD \equiv \triangle CPD$ (SAS 합동)
$\therefore \angle PAD=\angle PCD=23°$ 답 23°

327 $\triangle ABE$와 $\triangle CDF$에서
$\overline{AB}=\overline{CD}$, $\overline{AE}=\overline{CF}$, $\angle BAE=\angle DCF=90°$이므로
$\triangle ABE \equiv \triangle CDF$ (SAS 합동)
$\therefore \angle CDF=\angle ABE=25°$
또, $\angle HCD=45°$이므로
$\triangle HCD$에서
$\angle x=25°+45°=70°$ 답 ⑤

유형 모아 Theme 07 여러 가지 사각형  55쪽

328 $\triangle ABM$과 $\triangle DCM$에서
$\overline{AB}=\overline{DC}$, $\overline{AM}=\overline{DM}$, $\overline{MB}=\overline{MC}$이므로
$\triangle ABM \equiv \triangle DCM$ (SSS 합동)
$\therefore \angle A=\angle D$
또, $\angle A+\angle D=180°$이므로
$\angle A=\angle D=90°$
따라서 □ABCD는 직사각형이고, $\angle BCD=90°$
답 직사각형, 90°

329 ㄱ. 한 내각이 직각인 평행사변형은 직사각형이다.
ㄴ. 이웃하는 두 변의 길이가 같은 평행사변형은 마름모이다.
ㄷ. 두 대각선이 수직으로 만나는 평행사변형은 마름모이다.
ㄹ. 두 대각선의 길이가 같은 평행사변형은 직사각형이다.
따라서 마름모가 되는 조건은 ㄴ, ㄷ이다. 답 ㄴ, ㄷ

330 $\triangle ABO$와 $\triangle CBO$에서
$\overline{AO}=\overline{CO}$, $\overline{BO}$는 공통, $\overline{BA}=\overline{BC}$이므로
$\triangle ABO \equiv \triangle CBO$ (SSS 합동)
$\therefore \angle OBA=\angle OBC=30°$
즉, $\angle ABC=60°$이고 $\overline{BA}=\overline{BC}$이므로 $\triangle ABC$는 정삼각형이다.
$\therefore \overline{AC}=\overline{AB}=6\,cm$
따라서 $\triangle ACD$의 둘레의 길이는
$3\times 6=18(cm)$ 답 18 cm

331 ㄱ. 이웃하는 두 변의 길이가 서로 같은 직사각형은 정사각형이다.
ㄴ. 두 대각선이 서로 수직인 직사각형은 정사각형이다.
따라서 정사각형이 되는 조건은 ㄱ, ㄴ이다. 답 ㄱ, ㄴ

332 $\triangle ADE$에서
$\angle AED=\angle ADE=75°$이므로
$\angle EAD=180°-2\times 75°=30°$
$\therefore \angle BAE=90°+30°=120°$
이때 $\overline{AB}=\overline{AD}=\overline{AE}$이므로 $\triangle ABE$는 이등변삼각형이다.
$\therefore \angle ABE=\frac{1}{2}\times(180°-120°)=30°$ 답 ③

333 점 A에서 $\overline{DC}$에 평행한 직선을 그어 $\overline{BC}$와 만나는 점을 E라 하자.
□AECD는 평행사변형이므로
$\overline{AD}=\overline{EC}$, $\overline{AE}=\overline{DC}$
이때 $\overline{AD}=\overline{AB}=\overline{DC}$이고,
$\overline{AD}=\frac{1}{2}\overline{BC}$이므로 $\overline{BE}=\overline{EC}$
따라서 $\overline{AB}=\overline{BE}=\overline{AE}$이므로 $\triangle ABE$는 정삼각형이다.
$\therefore \angle B=60°$ 답 60°

334 $\triangle APD$는 정삼각형이므로
$\angle PAD=\angle PDA=60°$
$\therefore \angle x=90°-\angle PAD=90°-60°=30°$
$\angle y=\angle PDA-\angle BDA=60°-45°=15°$
$\triangle ABP$는 $\overline{AB}=\overline{AP}$인 이등변삼각형이므로
$\angle ABP=\frac{1}{2}\times(180°-30°)=75°$
$\therefore \angle z=\angle ABP-\angle ABD=75°-45°=30°$
$\therefore \angle x+\angle y+\angle z=30°+15°+30°=75°$ 답 75°

유형 모아 Theme 08 여러 가지 사각형 사이의 관계  56쪽

335 두 대각선의 길이가 같은 사각형은 등변사다리꼴, 직사각형, 정사각형의 3개이다. 답 3개

336 ④ 등변사다리꼴의 각 변의 중점을 연결하여 만든 사각형은 마름모이다. 답 ④

337 $\overline{AE}/\!/\overline{DC}$이므로 $\triangle AED=\triangle AEC$
$\therefore$ □ABED $=\triangle ABE+\triangle AED$
$=\triangle ABE+\triangle AEC$
$=13+14=27(cm^2)$ 답 ③

338 $\overline{AP}:\overline{PC}=3:2$이므로 $\triangle APD:\triangle PCD=3:2$
$\therefore \triangle PCD=\frac{2}{5}\triangle ACD$
$=\frac{2}{5}\times\frac{1}{2}$□ABCD
$=\frac{1}{5}\times 40=8(cm^2)$ 답 $8\,cm^2$

339 정사각형의 각 변의 중점을 연결하여 만든 사각형은 정사각형이므로 □EFGH는 정사각형이다.
□EFGH $=8\times 8=64(cm^2)$
$\therefore$ □ABCD $=2$□EFGH
$=2\times 64=128(cm^2)$ 답 ⑤

340 $\triangle OCD=\triangle OAB=12\,cm^2$이므로
$\triangle OBC=\triangle DBC-\triangle OCD$
$=30-12=18(cm^2)$

$\triangle OBC : \triangle OCD = 18 : 12 = 3 : 2$이므로
$\overline{BO} : \overline{OD} = 3 : 2$
$\triangle OAB : \triangle ODA = \overline{BO} : \overline{OD} = 3 : 2$
$\therefore \triangle ODA = \frac{2}{3}\triangle OAB = \frac{2}{3} \times 12 = 8(\text{cm}^2)$ 답 8 cm^2

341 $\overline{AM} = \overline{NC}$, $\overline{AM} /\!/ \overline{NC}$이므로
□AMCN은 평행사변형이다.
$\therefore \overline{AN} /\!/ \overline{MC}$
$\overline{AC}$를 긋고, $\overline{AC}$와 $\overline{BD}$의 교점을 O라 하면 $\triangle AOF$와 $\triangle COE$에서
$\overline{OA} = \overline{OC}$,
$\angle AOF = \angle COE$ (맞꼭지각),
$\angle FAO = \angle ECO$ (엇각)이므로
$\triangle AOF \equiv \triangle COE$ (ASA 합동)
$\therefore \square AMEF = \square AMEO + \triangle AOF$
$= \square AMEO + \triangle COE = \triangle AMC$
$\overline{AM} = \overline{MB}$이므로
$\triangle AMC = \frac{1}{2}\triangle ABC$
$= \frac{1}{2} \times \frac{1}{2}\square ABCD$
$= \frac{1}{4} \times (10 \times 12) = 30(\text{cm}^2)$ 답 30 cm^2

여러 가지 사각형 사이의 관계

57쪽

342 $\triangle AOE$와 $\triangle COF$에서
$\overline{AO} = \overline{CO}$, $\angle AOE = \angle COF = 90°$,
$\angle EAO = \angle FCO$ (엇각)이므로
$\triangle AOE \equiv \triangle COF$ (ASA 합동)
$\therefore \overline{AE} = \overline{CF}$
따라서 $\overline{AE} /\!/ \overline{FC}$, $\overline{AE} = \text{FC}$이므로 □AFCE는 평행사변형이다.
이때 두 대각선이 수직으로 만나므로 평행사변형 AFCE는 마름모이다.
따라서 마름모에 대한 설명이 아닌 것은 ②이다. 답 ②

343 ① 두 대각선의 길이가 같은 평행사변형은 직사각형이다.
② 평행한 두 변의 길이가 같은 사다리꼴은 평행사변형이다.
③ 두 대각선이 수직으로 만나는 평행사변형은 마름모이다.
⑤ 두 대각선의 길이가 같은 평행사변형은 직사각형이다.
따라서 옳은 것은 ④이다. 답 ④

344 ⑤ 정사각형의 두 대각선은 길이가 같고, 서로 다른 것을 수직이등분한다. 답 ⑤

345 $\overline{AE}$를 그으면 $\overline{AC} /\!/ \overline{DE}$이므로

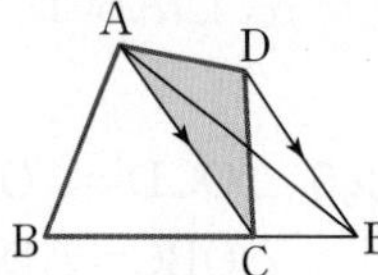

$\triangle ACD = \triangle ACE$
$\triangle ABE = \triangle ABC + \triangle ACE$
$= \triangle ABC + \triangle ACD$
$= \square ABCD = 27\text{ cm}^2$
$\overline{BC} : \overline{CE} = 2 : 1$이므로
$\triangle ABC : \triangle ACE = 2 : 1$
$\therefore \triangle ACE = \frac{1}{3}\triangle ABE = \frac{1}{3} \times 27 = 9(\text{cm}^2)$
$\therefore \triangle ACD = \triangle ACE = 9\text{ cm}^2$ 답 9 cm^2

346 $\overline{DF} = 9 - 7 = 2(\text{cm})$
$\overline{DB}$를 그으면 $\overline{AE} /\!/ \overline{BC}$이므로
$\triangle EBC = \triangle DBC$
$\therefore \triangle EFC = \triangle EBC - \triangle FBC$
$= \triangle DBC - \triangle FBC$
$= \triangle DBF$
$= \frac{1}{2} \times \overline{DF} \times \overline{AD}$
$= \frac{1}{2} \times 2 \times 9 = 9(\text{cm}^2)$ 답 9 cm^2

347 $\overline{BO} : \overline{OD} = 3 : 2$이므로
$\triangle OAB : \triangle ODA = 3 : 2$
$\therefore \triangle OAB = \frac{3}{2}\triangle ODA = \frac{3}{2} \times 4 = 6(\text{cm}^2)$
$\triangle OCD = \triangle OAB = 6\text{ cm}^2$이고
$\triangle OBC : \triangle OCD = \overline{BO} : \overline{OD} = 3 : 2$이므로
$\triangle OBC = \frac{3}{2}\triangle OCD = \frac{3}{2} \times 6 = 9(\text{cm}^2)$
$\therefore \square ABCD = \triangle ODA + \triangle OAB + \triangle OBC + \triangle OCD$
$= 4 + 6 + 9 + 6$
$= 25(\text{cm}^2)$ 답 ③

348 $\overline{NC}$를 그으면
$\triangle ACM = \frac{1}{2}\triangle ACD$
$= \frac{1}{2} \times \frac{1}{2}\square ABCD$
$= \frac{1}{4} \times 36 = 9(\text{cm}^2)$
$\overline{AN} : \text{NM} = 2 : 1$이므로
$\triangle ACN : \triangle NCM = 2 : 1$
$\therefore \triangle ACN = \frac{2}{3}\triangle ACM = \frac{2}{3} \times 9 = 6(\text{cm}^2)$
$\overline{AO} = \overline{CO}$이므로
$\triangle AON = \triangle NOC$
$\therefore \triangle AON = \frac{1}{2}\triangle ACN$
$= \frac{1}{2} \times 6 = 3(\text{cm}^2)$ 답 ②

중단원 마무리

58~59쪽

349 ㄷ. $\angle AOB = \angle COD$
ㄹ. $\triangle OAB \equiv \triangle OCD$, $\triangle ODA \equiv \triangle OBC$
따라서 옳은 것은 ㄱ, ㄴ이다. 답 ㄱ, ㄴ

350 ① $\overline{AC}=\overline{BD}$이면 평행사변형 ABCD는 두 대각선의 길이가 같아지므로 직사각형이 된다.

② $\overline{AC}=2\overline{AO}=2\overline{DO}=\overline{BD}$, 즉 평행사변형 ABCD는 두 대각선의 길이가 같아지므로 직사각형이 된다.

③ $\angle A=90°$이면 평행사변형 ABCD는 네 내각의 크기가 모두 같아지므로 직사각형이 된다.

④ $\angle A+\angle C=180°$이면 $\angle A=\angle C$이므로
$\angle A=\angle C=90°$
즉, 평행사변형 ABCD는 네 내각의 크기가 모두 같아지므로 직사각형이 된다.

⑤ $\overline{AC}\perp\overline{BD}$이면 평행사변형 ABCD는 두 대각선이 서로 다른 것을 수직이등분하므로 마름모가 된다.

따라서 평행사변형 ABCD가 직사각형이 되는 조건이 아닌 것은 ⑤이다. 답 ⑤

351 △ABE와 △ADF에서
$\angle AEB=\angle AFD=90°$ …… ㉠
$\angle B=\angle D$이므로 $\angle BAE=\angle DAF$ …… ㉡
$\overline{AE}=\overline{AF}$ …… ㉢
㉠, ㉡, ㉢에서
△ABE≡△ADF (ASA 합동)
$\therefore \overline{AB}=\overline{AD}$
즉, 평행사변형 ABCD는 이웃하는 두 변의 길이가 같으므로 마름모이다.
따라서 □ABCD의 둘레의 길이는
$4\times10=40$(cm) 답 40 cm

352 △ABC와 △DCB에서
$\overline{AB}=\overline{DC}$,
$\angle ABC=\angle DCB$,
$\overline{BC}$는 공통이므로
△ABC≡△DCB (SAS 합동)
$\therefore \angle DBC=\angle ACB=42°$
이때 $\overline{AE}/\!/\overline{DB}$이므로
$\angle x=\angle DBC=42°$ (동위각) 답 42°

353 □EFGH는 직사각형의 각 변의 중점을 연결하여 만든 사각형이므로 마름모이다.
따라서 마름모에 대한 설명으로 옳지 않은 것은 ④, ⑤이다.
답 ④, ⑤

354 △ABP와 △CBP에서

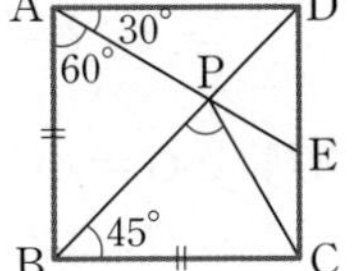

$\overline{AB}=\overline{CB}$,
$\angle ABP=\angle CBP=45°$,
$\overline{BP}$는 공통이므로
△ABP≡△CBP (SAS 합동)
$\therefore \angle BCP=\angle BAP=90°-30°=60°$
△PBC에서
$\angle BPC=180°-(45°+60°)=75°$ 답 75°

355 평행사변형의 두 대각선의 길이가 같으면 직사각형이다.
따라서 직사각형의 각 변의 중점을 연결하여 만든 사각형은 마름모이므로 마름모의 성질이 아닌 것은 ①, ③이다.
답 ①, ③

356 $\overline{AD}/\!/\overline{BC}$이므로
△DEC=△AEC
∴ △ABE+△DEC=△ABE+△AEC
=△ABC 답 ④

357 △ABP와 △ADQ에서
$\angle APB=\angle AQD=90°$,
$\overline{AB}=\overline{AD}$,
$\angle B=\angle D=72°$이므로
△ABP≡△ADQ (RHA 합동)
$\angle BAP=180°-(72°+90°)=18°$이므로
$\angle DAQ=\angle BAP=18°$
마름모 ABCD에서
$\angle BAD=180°-\angle B$
$=180°-72°=108°$
$\therefore \angle PAQ=108°-2\times18°=72°$
이때 △APQ는 $\overline{AP}=\overline{AQ}$인 이등변삼각형이므로
$\angle x=\frac{1}{2}\times(180°-72°)=54°$ 답 54°

358 $\overline{BP}:\overline{PC}=2:3$이므로
△ABP : △APC=2 : 3
∴ △APC$=\frac{3}{5}$△ABC
$=\frac{3}{5}\times30$
$=18(\text{cm}^2)$
$\overline{CQ}:\overline{QA}=1:2$이므로
△PCQ : △PQA=1 : 2
∴ △PCQ$=\frac{1}{3}$△APC
$=\frac{1}{3}\times18$
$=6(\text{cm}^2)$ 답 6 cm²

359 $\overline{AB}/\!/\overline{DC}$이므로
△BCQ=△ACQ
$\overline{AC}/\!/\overline{PQ}$이므로
△ACQ=△ACP
$\overline{AP}:\overline{PD}=1:2$이므로
△ACP : △PCD=1 : 2
이때 △ACD$=\frac{1}{2}$□ABCD$=\frac{1}{2}\times60=30(\text{cm}^2)$이므로
△ACP$=\frac{1}{3}$△ACD
$=\frac{1}{3}\times30=10(\text{cm}^2)$
∴ △BCQ=△ACP=10 cm² 답 ②

360 $\overline{OA}:\overline{OC}=1:2$이므로

$\triangle OAD:\triangle OCD=1:2$

$\triangle ODA=a\text{ cm}^2$라 하면

$\triangle OCD=2a\text{ cm}^2$

$\therefore \triangle OBA=\triangle OCD=2a\text{ cm}^2$

$\triangle OBA:\triangle OBC=\overline{OA}:\overline{OC}$

$=1:2$

이므로

$\triangle OBC=4a\text{ cm}^2$

이때 □ABCD의 넓이가 36 cm^2이므로

$a+2a+4a+2a=36$

$9a=36$

$\therefore a=4$

$\therefore \triangle OCD=2\times4=8(\text{cm}^2)$ 답 8 cm^2

361 직사각형은 두 대각선의 길이가 같으므로 사분원 모양의 땅의 반지름의 길이는 10 m이다. …❶

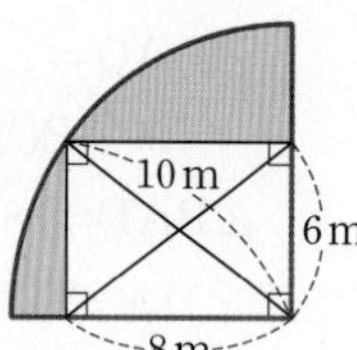

따라서 구하는 넓이는 반지름의 길이가 10 m인 사분원의 넓이에서 직사각형의 넓이를 뺀 것과 같으므로

$\frac{1}{4}\times\pi\times10^2-8\times6=25\pi-48(\text{m}^2)$ …❷

답 $(25\pi-48)\text{ m}^2$

채점 기준	배점
❶ 사분원의 반지름의 길이 구하기	50 %
❷ 꽃밭을 제외한 땅의 넓이 구하기	50 %

362 $\overline{OA}:\overline{OC}=1:3$이므로

$\triangle ODA:\triangle OCD=1:3$

$\therefore \triangle OCD=3\triangle ODA$

$=3\times2$

$=6(\text{cm}^2)$ …❶

$\triangle OBA=\triangle OCD=6\text{ cm}^2$ …❷

$\triangle OBA:\triangle OBC=\overline{OA}:\overline{OC}$

$=1:3$

이므로

$\triangle OBC=3\triangle OBA$

$=3\times6$

$=18(\text{cm}^2)$ …❸

$\therefore \square ABCD=\triangle ODA+\triangle OBA+\triangle OBC+\triangle OCD$

$=2+6+18+6$

$=32(\text{cm}^2)$ …❹

답 32 cm^2

채점 기준	배점
❶ △OCD의 넓이 구하기	30 %
❷ △OBA의 넓이 구하기	20 %
❸ △OBC의 넓이 구하기	30 %
❹ □ABCD의 넓이 구하기	20 %

05. 도형의 닮음

60~65쪽

Theme 09 닮은 도형 60~62쪽

363 □ABCD∽□EFGH이므로

$\overline{EH}$의 대응변은 $\overline{AD}$, ∠G의 대응각은 ∠C이다. 답 ③

364 △ABC∽△DEF이므로

점 A의 대응점은 점 D, $\overline{AC}$의 대응변은 $\overline{DF}$, ∠C의 대응각은 ∠F이다. 답 점 D, $\overline{DF}$, ∠F

365 $\overline{CF}$에 대응하는 모서리는 $\overline{RU}$, 면 BEFC에 대응하는 면은 면 QTUR이다. 답 $\overline{RU}$, 면 QTUR

366 ⑤ ∠B의 대응각은 ∠E이다. 답 ⑤

367 다음 두 도형은 닮은 도형이 아니다.

ㄷ.

ㄹ.

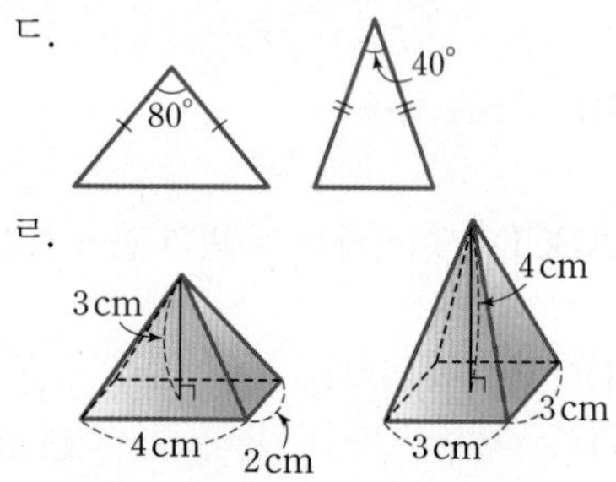

ㅂ.

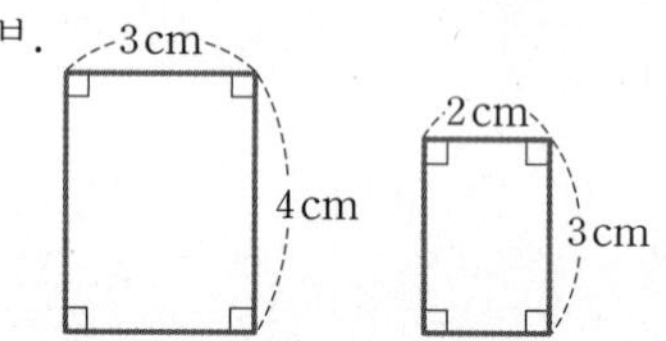

따라서 항상 닮은 도형인 것은 ㄱ, ㄴ, ㅁ이다. 답 ⑤

368 두 직각이등변삼각형은 항상 닮은 도형이므로 ㉠과 닮은 도형은 ㉡, ㉢, ㉤, ㉦의 4개이다. 답 4개

369 ④ $\overline{DF}$의 길이는 알 수 없다. 답 ④

370 두 삼각형이 닮은 도형이므로 대응각을 찾으면

$\angle A=\angle F=70°$, $\angle B=\angle D=60°$, $\angle C=\angle E=50°$

두 삼각형의 닮음비는 대응변의 길이의 비와 같으므로

$\overline{AB}:\overline{FD}=\overline{CA}:\overline{EF}=\overline{BC}:\overline{DE}$

즉, $c:e=b:d=a:f$이다. 답 ②

371 $\angle G=\angle C=90°$이므로

$\angle H=360°-(130°+60°+90°)=80°$ $\therefore x=80$

$\overline{BC}:\overline{FG}=12:18=2:3$이므로 닮음비는 $2:3$이다.

$\overline{DC}:\overline{HG}=2:3$에서 $10:y=2:3$

$\therefore y=15$

$\therefore x+y=80+15=95$ 답 95

372 ④ □ADEB∽□A′D′E′B′ 답 ④

373 두 삼각기둥의 닮음비는 밑면인 정삼각형의 한 변의 길이의 비와 같으므로 7 : 6이다. 답 7 : 6

다른 풀이 두 삼각기둥의 닮음비는 높이의 비와 같으므로 21 : 18=7 : 6이다.

374 닮음비가 2 : 3이므로 $\overline{AD}:\overline{EH}=2:3$에서
$8:\overline{EH}=2:3$ $\therefore \overline{EH}=12(\text{cm})$
따라서 정사면체 (나)의 한 모서리의 길이는 12 cm이고, 모서리는 6개이므로 모든 모서리의 길이의 합은
$12\times6=72(\text{cm})$ 답 72 cm

375 두 원기둥의 닮음비는 9 : 12=3 : 4이다.
작은 원기둥의 밑면의 반지름의 길이를 r cm라 하면
$r:4=3:4$ $\therefore r=3$
따라서 작은 원기둥의 한 밑면의 둘레의 길이는
$2\pi\times3=6\pi(\text{cm})$ 답 ②

376 두 원뿔 A, B의 닮음비는 3 : 5이다.
원뿔 B의 모선의 길이를 l cm라 하면
$9:l=3:5$ $\therefore l=15$
따라서 원뿔 B의 옆면인 부채꼴의 넓이는
$\pi\times5\times15=75\pi(\text{cm}^2)$ 답 75π cm²

377 물이 채워진 부분과 그릇은 닮은 도형이고, 물이 그릇의 높이의 $\frac{1}{5}$만큼 채워졌으므로 닮음비는 1 : 5이다.
수면의 반지름의 길이를 r cm라 하면
$r:25=1:5$ $\therefore r=5$
따라서 수면의 넓이는 $\pi\times5^2=25\pi(\text{cm}^2)$ 답 ②

378 두 쌍의 대응각의 크기가 각각 같으므로 ㄷ과 ㅁ은 닮은 삼각형이다. (AA 닮음) 답 ⑤

379 ①, ③ 두 쌍의 대응각의 크기가 각각 같으므로
△ABC∽△DEF (AA 닮음)
② 두 쌍의 대응변의 길이의 비가 같고, 그 끼인각의 크기가 같으므로 △ABC∽△DEF (SAS 닮음)
④ 세 쌍의 대응변의 길이의 비가 같지 않으므로 두 삼각형은 닮음이 아니다.
⑤ 세 쌍의 대응변의 길이의 비가 같으므로
△ABC∽△DEF (SSS 닮음) 답 ④

Theme 10 삼각형의 닮음 조건의 응용 63~65쪽

380 △ABC와 △EDC에서
∠C는 공통, $\overline{AC}:\overline{EC}=\overline{BC}:\overline{DC}=3:2$이므로
△ABC∽△EDC (SAS 닮음)
$\overline{BA}:\overline{DE}=3:2$에서 $18:\overline{DE}=3:2$
$\therefore \overline{DE}=12(\text{cm})$ 답 ②

381 △AEB와 △CED에서
∠AEB=∠CED (맞꼭지각),
$\overline{AE}:\overline{CE}=\overline{BE}:\overline{DE}=3:1$이므로
△AEB∽△CED (SAS 닮음)
$\overline{AB}:\overline{CD}=3:1$에서 $\overline{AB}:4=3:1$
$\therefore \overline{AB}=12(\text{cm})$ 답 ③

382 △ABC와 △ACD에서
$\overline{AB}:\overline{AC}=18:12=3:2$,
$\overline{AC}:\overline{AD}=12:8=3:2$,
∠A는 공통이므로
△ABC∽△ACD (SAS 닮음)
$\overline{BC}:\overline{CD}=3:2$이므로 $\overline{BC}:6=3:2$
$\therefore \overline{BC}=9(\text{cm})$ 답 9 cm

383 △ABC와 △ADE에서
∠A는 공통, ∠B=∠ADE이므로
△ABC∽△ADE (AA 닮음)
$\overline{AB}:\overline{AD}=8:4=2:1$이므로 닮음비는 2 : 1이다.
$\overline{AC}:\overline{AE}=2:1$에서 $\overline{AC}:3=2:1$
$\therefore \overline{AC}=6(\text{cm})$
$\therefore \overline{CD}=\overline{AC}-\overline{AD}=6-4=2(\text{cm})$ 답 2 cm

384 △ABC와 △AED에서
∠A는 공통, ∠C=∠ADE이므로
△ABC∽△AED (AA 닮음)
$\overline{AC}:\overline{AD}=20:12=5:3$이므로 닮음비는 5 : 3이다.
$\overline{CB}:\overline{DE}=5:3$에서 $15:\overline{DE}=5:3$
$\therefore \overline{DE}=9(\text{cm})$ 답 9 cm

385 △ABC와 △DAC에서
∠C는 공통, ∠B=∠CAD이므로
△ABC∽△DAC (AA 닮음)
$\overline{BC}:\overline{AC}=24:18=4:3$이므로 닮음비는 4 : 3이다.
$\overline{AC}:\overline{DC}=4:3$에서 $18:\overline{DC}=4:3$
$\therefore \overline{DC}=\frac{27}{2}(\text{cm})$ 답 $\frac{27}{2}$ cm

386 △ABC와 △DEB에서
$\overline{AC}/\!/\overline{BD}$이므로 ∠ACB=∠DBE (엇각),
$\overline{AB}/\!/\overline{ED}$이므로 ∠ABC=∠DEB (엇각)
∴ △ABC∽△DEB (AA 닮음)
$\overline{AC}:\overline{DB}=24:15=8:5$이므로 닮음비는 8 : 5이다.
$\overline{BC}:\overline{EB}=8:5$에서 $\overline{BC}:20=8:5$
$\therefore \overline{BC}=32(\text{cm})$
$\therefore \overline{CE}=\overline{BC}-\overline{EB}=32-20=12(\text{cm})$ 답 ③

387 $\triangle ABC$와 $\triangle DEC$에서
$\angle C$는 공통, $\angle ABC=\angle DEC=90°$이므로
$\triangle ABC \backsim \triangle DEC$ (AA 닮음)
$\overline{AC}:\overline{DC}=20:8=5:2$이므로 닮음비는 $5:2$이다.
$\overline{BC}:\overline{EC}=5:2$에서
$\overline{BC}:6=5:2$, $2\overline{BC}=30$ $\therefore \overline{BC}=15(cm)$
$\therefore \overline{BD}=\overline{BC}-\overline{DC}=15-8=7(cm)$ 답 ③

388 ② $\triangle FCE$와 $\triangle ACD$에서
$\angle C$는 공통, $\angle FEC=\angle ADC=90°$이므로
$\triangle FCE \backsim \triangle ACD$ (AA 닮음)
⑤ $\triangle FCE$와 $\triangle FBD$에서
$\angle EFC=\angle DFB$ (맞꼭지각), $\angle CEF=\angle BDF=90°$
이므로 $\triangle FCE \backsim \triangle FBD$ (AA 닮음) 답 ②, ⑤

389 $\triangle ADC$와 $\triangle BEC$에서
$\angle C$는 공통, $\angle ADC=\angle BEC=90°$이므로
$\triangle ADC \backsim \triangle BEC$ (AA 닮음)
$\overline{DC}:\overline{EC}=6:4=3:2$이므로 닮음비는 $3:2$이다.
$\overline{AC}:\overline{BC}=3:2$에서
$\overline{AC}:16=3:2$, $2\overline{AC}=48$ $\therefore \overline{AC}=24(cm)$
$\therefore \overline{AE}=\overline{AC}-\overline{EC}=24-4=20(cm)$ 답 20 cm

390 $10^2=8\times(8+y)$에서 $100=64+8y$
$8y=36$ $\therefore y=\frac{9}{2}$
$x^2=y\times(y+8)=\frac{9}{2}\times\left(\frac{9}{2}+8\right)=\frac{9}{2}\times\frac{25}{2}=\left(\frac{15}{2}\right)^2$
$\therefore x=\frac{15}{2}$
$z^2=8y=8\times\frac{9}{2}=36$ $\therefore z=6$
$\therefore x-y+z=\frac{15}{2}-\frac{9}{2}+6=9$ 답 9
다른 풀이 $\overline{AD}\times\overline{BC}=\overline{AB}\times\overline{AC}$이므로
$z\times\frac{25}{2}=10\times\frac{15}{2}$ $\therefore z=6$

391 $\overline{BC}^2=\overline{CD}\times\overline{CA}$이므로
$15^2=9\times\overline{CA}$ $\therefore \overline{CA}=25(cm)$
$\therefore \overline{AD}=\overline{AC}-\overline{CD}=25-9=16(cm)$ 답 ②

392 ㄹ. $\overline{AC}^2=\overline{CD}\times\overline{CB}$
ㅁ. $\overline{AD}^2=\overline{BD}\times\overline{DC}$ 답 ㄱ, ㄴ, ㄷ

393 $\overline{CD}^2=\overline{DA}\times\overline{DB}$이므로
$\overline{CD}^2=16\times4=64$ $\therefore \overline{CD}=8(cm)$
$\therefore \triangle ABC=\frac{1}{2}\times20\times8=80(cm^2)$ 답 80 cm²

394 $\triangle BFC$와 $\triangle DFE$에서
$\angle BFC=\angle DFE$ (맞꼭지각),
$\angle FBC=\angle FDE$ (엇각)이므로
$\triangle BFC \backsim \triangle DFE$ (AA 닮음)
$\overline{BC}:\overline{DE}=9:6=3:2$이므로 닮음비는 $3:2$이다.
$\overline{FC}:\overline{FE}=3:2$에서 $\overline{FC}:4=3:2$
$\therefore \overline{FC}=6(cm)$ 답 ③

395 $\triangle ABE$와 $\triangle ADF$에서
$\angle B=\angle D$, $\angle AEB=\angle AFD=90°$이므로
$\triangle ABE \backsim \triangle ADF$ (AA 닮음)
$\overline{AB}:\overline{AD}=6:8=3:4$이므로 닮음비는 $3:4$이다.
$\overline{BE}:\overline{DF}=3:4$에서 $\overline{BE}:4=3:4$
$\therefore \overline{BE}=3(cm)$ 답 3 cm

396 $\triangle AOE$와 $\triangle ADC$에서
$\angle A$는 공통, $\angle AOE=\angle ADC=90°$이므로
$\triangle AOE \backsim \triangle ADC$ (AA 닮음)
$\overline{AO}:\overline{AD}=10:16=5:8$이므로 닮음비는 $5:8$이다.
$\overline{OE}:\overline{DC}=5:8$에서 $\overline{OE}:12=5:8$
$\therefore \overline{OE}=\frac{15}{2}(cm)$
$\therefore \triangle AOE=\frac{1}{2}\times10\times\frac{15}{2}=\frac{75}{2}(cm^2)$
한편 $\triangle AOE$와 $\triangle COF$에서
$\angle AOE=\angle COF=90°$, $\overline{AO}=\overline{CO}$,
$\angle EAO=\angle FCO$ (엇각)이므로
$\triangle AOE \equiv \triangle COF$ (ASA 합동)
$\therefore$ (색칠한 부분의 넓이)$=2\times\triangle AOE=75(cm^2)$
답 75 cm²

397 $\triangle DBE$와 $\triangle ECF$에서
$\angle B=60°$이므로
$\angle BDE+\angle DEB=180°-60°=120°$ …… ㉠
$\angle DEF=\angle A=60°$이므로
$\angle DEB+\angle CEF=180°-60°=120°$ …… ㉡
㉠, ㉡에서 $\angle BDE=\angle CEF$, $\angle DBE=\angle ECF=60°$이
므로 $\triangle DBE \backsim \triangle ECF$ (AA 닮음)
$\overline{DB}:\overline{EC}=8:10=4:5$이므로 닮음비는 $4:5$이다.
$\overline{BE}:\overline{CF}=4:5$에서 $5:\overline{CF}=4:5$
$4\overline{CF}=25$ $\therefore \overline{CF}=\frac{25}{4}(cm)$ 답 $\frac{25}{4}$ cm

398 $\triangle ABF$와 $\triangle DFE$에서
$\angle BAF=\angle FDE=90°$,
$\angle ABF=90°-\angle AFB=\angle DFE$이므로
$\triangle ABF \backsim \triangle DFE$ (AA 닮음)
$\overline{AB}:\overline{DF}=16:8=2:1$이므로 닮음비는 $2:1$이다.
$\overline{FE}=\overline{CE}=16-6=10(cm)$이므로
$\overline{BF}:\overline{FE}=2:1$에서 $\overline{BF}:10=2:1$
$\therefore \overline{BF}=20(cm)$ 답 ③

399 $\triangle EBG$와 $\triangle GCH$에서 $\angle EBG=90°$이므로
$\angle BEG+\angle EGB=90°$ …… ㉠

$\angle EGH=\angle A=90°$, $\angle BGC=180°$이므로
$\angle EGB+\angle CGH=180°-90°=90°$ …… ㉡
㉠, ㉡에서 $\angle BEG=\angle CGH$,
$\angle EBG=\angle GCH=90°$이므로
$\triangle EBG \backsim \triangle GCH$ (AA 닮음)이고
$\overline{BE} : \overline{CG}=3 : 4$이므로 닮음비는 $3 : 4$이다.
$\overline{EG}=\overline{EA}=5$ cm이므로
$\overline{EG} : \overline{GH}=3 : 4$에서 $5 : \overline{GH}=3 : 4$
$3\overline{GH}=20$ $\quad \therefore \overline{GH}=\frac{20}{3}$(cm)
종이를 접었으므로
$\overline{GI}=\overline{AD}=\overline{AB}=5+3=8$(cm)
$\therefore \overline{HI}=\overline{GI}-\overline{GH}=8-\frac{20}{3}=\frac{4}{3}$(cm) 답 $\frac{4}{3}$ cm

유형 모아 Theme 09 닮은 도형 1회 66쪽

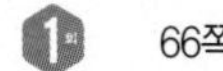

400 ③ $\angle B$의 대응각은 $\angle F$이다. 답 ③

401 두 원, 두 구, 두 정사면체, 두 정육각형은 항상 닮은 도형이다. 답 ⑤

402 두 삼각기둥의 닮음비는 $\overline{BC} : \overline{B'C'}=6 : 4=3 : 2$이다.
$4 : x=3 : 2$에서 $x=\frac{8}{3}$
$5 : y=3 : 2$에서 $y=\frac{10}{3}$
$\therefore x+y=\frac{8}{3}+\frac{10}{3}=6$ 답 6

403 두 원기둥의 닮음비가 $6 : 8=3 : 4$이므로 큰 원기둥의 밑면의 반지름의 길이를 r cm라 하면
$3 : r=3 : 4$ $\quad \therefore r=4$
따라서 큰 원기둥의 한 밑면의 둘레의 길이는
$2\pi \times 4=8\pi$(cm) 답 8π cm

404 ③ 두 쌍의 대응변의 길이의 비가 $3 : 2$로 같고 그 끼인각의 크기가 같으므로
$\triangle ABC \backsim \triangle JLK$ (SAS 닮음)
④ 두 쌍의 대응각의 크기가 각각 같으므로
$\triangle ABC \backsim \triangle NMO$ (AA 닮음) 답 ③, ④

405 물이 채워진 부분과 그릇은 닮은 도형이고, 물이 그릇의 높이의 $\frac{3}{5}$만큼 채워졌으므로 닮음비는 $\frac{3}{5} : 1=3 : 5$이다.
수면의 반지름의 길이를 r cm라 하면
$r : 15=3 : 5$ $\quad \therefore r=9$
따라서 수면의 반지름의 길이는 9 cm이다. 답 9 cm

406 [1단계]의 정삼각형의 한 변의 길이를 a라 하면
[2단계]의 정삼각형의 한 변의 길이는
$\frac{1}{2}\times a=\frac{a}{2}$,
[3단계]의 정삼각형의 한 변의 길이는
$\frac{1}{2}\times\frac{1}{2}\times a=\frac{a}{4}$,
… 이므로 [5단계]의 정삼각형의 한 변의 길이는
$\frac{1}{2}\times\frac{1}{2}\times\frac{1}{2}\times\frac{1}{2}\times a=\frac{a}{16}$
따라서 [1단계]의 정삼각형과 [5단계]의 정삼각형의 닮음비는 $a : \frac{a}{16}=16 : 1$ 답 ⑤

유형 모아 Theme 09 닮은 도형 2회 67쪽

407 ㄱ. 닮음인 두 도형이 항상 합동인 것은 아니다.
ㄷ. 합동인 두 도형의 넓이는 같지만 닮음인 두 도형의 넓이가 항상 같은 것은 아니다. 답 ㄴ, ㄹ

408 ③ $\angle F$의 크기는 알 수 없다. 답 ③

409 $\overline{BC} : \overline{EF}=2 : 3$이므로 $\overline{BC} : 12=2 : 3$
$\therefore \overline{BC}=8$(cm)
$\overline{AC} : \overline{DF}=2 : 3$이므로 $\overline{AC} : 9=2 : 3$
$\therefore \overline{AC}=6$(cm)
따라서 $\triangle ABC$의 둘레의 길이는
$12+8+6=26$(cm) 답 26 cm

410 처음 원뿔과 원뿔을 밑면에 평행한 평면으로 자를 때 생기는 원뿔은 닮은 도형이고 닮음비는
$(8+4) : 8=3 : 2$
처음 원뿔의 밑면의 반지름의 길이를 r cm라 하면
$r : 4=3 : 2$ $\quad \therefore r=6$
따라서 구하는 반지름의 길이는 6 cm이다. 답 6 cm

411 $\overline{AD} : \overline{A'D'}=5 : 10=1 : 2$이므로 두 사면체의 닮음비는 $1 : 2$이다.
① $\overline{CD} : \overline{C'D'}=1 : 2$에서 $\overline{C'D'}=2\overline{CD}$
② $\overline{BC} : \overline{B'C'}=1 : 2$에서 $3 : \overline{B'C'}=1 : 2$
$\therefore \overline{B'C'}=6$(cm)
④ $\overline{BD} : \overline{B'D'}=1 : 2$ 답 ④

412 ① SSS 닮음
② $\angle A$와 $\angle D$는 두 쌍의 대응변의 끼인각이 아니므로 닮은 삼각형이라 할 수 없다.
③ SAS 닮음
④ AA 닮음
⑤ AA 닮음 답 ②

413 높이의 비가 $12 : 15=4 : 5$이므로 두 원뿔의 닮음비는 $4 : 5$이다.
원뿔 (나)의 밑면의 반지름의 길이를 r cm라 하면
$8 : r=4 : 5$ $\quad \therefore r=10$

따라서 원뿔 (나)의 부피는

$\frac{1}{3}\pi\times10^2\times15=500\pi(\text{cm}^3)$ 답 ⑤

참고 밑면의 반지름의 길이가 r, 높이가 h인 원뿔의 부피 V는

$V=\frac{1}{3}\pi r^2h$

유형 모아 Theme 10 삼각형의 닮음 조건의 응용 1회 68쪽

414 △ABC와 △DAC에서
$\overline{BC}:\overline{AC}=8:4=2:1$,
$\overline{AC}:\overline{DC}=4:2=2:1$
즉, $\overline{BC}:\overline{AC}=\overline{AC}:\overline{DC}$, ∠C는 공통이므로
△ABC∽△DAC (SAS 닮음)
$\overline{BA}:\overline{AD}=2:1$에서 $6:\overline{AD}=2:1$
$\therefore \overline{AD}=3(\text{cm})$ 답 3 cm

415 △ABC와 △EDC에서
∠C는 공통, ∠A=∠CED이므로
△ABC∽△EDC (AA 닮음)
$\overline{AC}:\overline{EC}=8:4=2:1$이므로 닮음비는 2 : 1이다.
$\overline{BC}:\overline{DC}=2:1$에서 $\overline{BC}:6=2:1$
$\therefore \overline{BC}=12(\text{cm})$
$\therefore \overline{BE}=\overline{BC}-\overline{CE}=12-4=8(\text{cm})$ 답 ④

416 △ACD와 △BCF에서
$\angle ACD=\angle BCF=90^\circ$,
$\angle A=90^\circ-\angle D=\angle B$이므로
△ACD∽△BCF (AA 닮음)
$\overline{CD}:\overline{CF}=6:4=3:2$이므로 닮음비는 3 : 2이다.
$\overline{AC}:\overline{BC}=3:2$에서 $\overline{AC}:6=3:2$
$\therefore \overline{AC}=9(\text{cm})$
$\therefore \overline{AF}=\overline{AC}-\overline{FC}=9-4=5(\text{cm})$ 답 ③

417 $\overline{AD}^2=\overline{DB}\times\overline{DC}$이므로
$12^2=\overline{DB}\times18$ $\therefore \overline{DB}=8(\text{cm})$
$\therefore \triangle ABD=\frac{1}{2}\times8\times12=48(\text{cm}^2)$ 답 48 cm²

418 △ABE와 △FDA에서
∠BAE=∠DFA (엇각),
∠BEA=∠DAF (엇각)이므로
△ABE∽△FDA (AA 닮음)
$\overline{AB}:\overline{FD}=6:9=2:3$이므로 닮음비는 2 : 3이다.
$\overline{BE}:\overline{DA}=2:3$에서 $\overline{BE}:15=2:3$
$\therefore \overline{BE}=10(\text{cm})$ 답 10 cm

419 △ABC와 △MDC에서
$\angle A=\angle CMD=90^\circ$, ∠C는 공통이므로
△ABC∽△MDC (AA 닮음)
$\overline{BC}:\overline{DC}=20:12=5:3$이므로 닮음비는 5 : 3이다.
$\overline{MC}=\frac{1}{2}\overline{BC}=\frac{1}{2}\times20=10(\text{cm})$이므로
$\overline{AC}:\overline{MC}=5:3$에서 $\overline{AC}:10=5:3$
$\therefore \overline{AC}=\frac{50}{3}(\text{cm})$
$\therefore \overline{AD}=\overline{AC}-\overline{CD}=\frac{50}{3}-12=\frac{14}{3}(\text{cm})$ 답 $\frac{14}{3}$ cm

420 △ABF와 △DFE에서
$\angle A=\angle D=90^\circ$,
$\angle ABF=90^\circ-\angle AFB=\angle DFE$이므로
△ABF∽△DFE (AA 닮음)
$\overline{AB}:\overline{DF}=8:4=2:1$이므로 닮음비는 2 : 1이다.
$\overline{AF}:\overline{DE}=2:1$에서 $\overline{AF}:3=2:1$
$\therefore \overline{AF}=6(\text{cm})$
따라서 사다리꼴 ABED의 넓이는
$\frac{1}{2}\times(3+8)\times10=55(\text{cm}^2)$ 답 55 cm²

참고 (사다리꼴의 넓이)$=\frac{1}{2}\times$\{(윗변의 길이)+(아랫변의 길이)\}$\times$(높이)

유형 모아 Theme 10 삼각형의 닮음 조건의 응용 2회 69쪽

421 △ABC와 △EDC에서
$\overline{AC}:\overline{EC}=9:6=3:2$,
$\overline{BC}:\overline{DC}=12:8=3:2$
즉, $\overline{AC}:\overline{EC}=\overline{BC}:\overline{DC}$, ∠C는 공통이므로
△ABC∽△EDC (SAS 닮음)
$\overline{BA}:\overline{DE}=3:2$에서 $6:\overline{DE}=3:2$
$\therefore \overline{DE}=4(\text{cm})$ 답 ③

422 △ABC와 △DBA에서
∠B는 공통, ∠C=∠BAD이므로
△ABC∽△DBA (AA 닮음)
$\overline{BC}:\overline{BA}=16:12=4:3$이므로 닮음비는 4 : 3이다.
$\overline{BA}:\overline{BD}=4:3$에서 $12:\overline{BD}=4:3$
$\therefore \overline{BD}=9(\text{cm})$ 답 9 cm

423 ③ △ADF∽△CEF이므로
$\overline{AF}:\overline{CF}=\overline{DF}:\overline{EF}$ 답 ③

424 $\overline{AD}^2=\overline{DB}\times\overline{DC}$이므로
$12^2=\overline{DB}\times9$ $\therefore \overline{DB}=16(\text{cm})$
$\overline{AB}^2=\overline{BD}\times\overline{BC}$이므로
$\overline{AB}^2=16\times25=400$
$\therefore \overline{AB}=20(\text{cm})$ 답 ④

425 △ABE와 △CFB에서
$\angle A=\angle C=90^\circ$, ∠E=∠FBC (엇각)이므로
△ABE∽△CFB (AA 닮음)
$\overline{AB}:\overline{CF}=12:8=3:2$이므로 닮음비는 3 : 2이다.

$\overline{AE}:\overline{CB}=3:2$에서 $\overline{AE}:12=3:2$

$\therefore \overline{AE}=18(\text{cm})$

$\therefore \triangle ABE=\frac{1}{2}\times 12\times 18=108(\text{cm}^2)$ 답 108 cm^2

다른 풀이 $\triangle FBC$와 $\triangle FED$에서

$\angle FCB=\angle FDE=90^\circ$,

$\angle BFC=\angle EFD$ (맞꼭지각)이므로

$\triangle FBC\backsim\triangle FED$ (AA 닮음)

이때 $\overline{FD}=12-8=4(\text{cm})$이고

$\overline{FC}:\overline{FD}=8:4=2:1$이므로 닮음비는 $2:1$이다.

$\overline{BC}:\overline{ED}=2:1$에서 $12:\overline{ED}=2:1$

$\therefore \overline{ED}=6(\text{cm})$

$\overline{AE}=12+6=18(\text{cm})$

$\therefore \triangle ABE=\frac{1}{2}\times 12\times 18=108(\text{cm}^2)$

426 $\triangle APQ$와 $\triangle CPB$에서

$\angle QAP=\angle BCP$ (엇각),

$\angle AQP=\angle CBP$ (엇각)이므로

$\triangle APQ\backsim\triangle CPB$ (AA 닮음)

$\overline{AP}:\overline{CP}=3:4$이므로 닮음비는 $3:4$이다.

$\overline{AQ}:\overline{CB}=3:4$에서

$\overline{AQ}=3a$, $\overline{CB}=4a$ $(a>0)$라 하면

$\overline{QD}=\overline{AD}-\overline{AQ}=\overline{BC}-\overline{AQ}$

$=4a-3a=a$

$\therefore \overline{AQ}:\overline{QD}=3a:a=3:1$

따라서 $\overline{AQ}=3\overline{QD}$이므로 $k=3$ 답 3

427 $\triangle EBD$와 $\triangle DCF$에서

$\angle B=\angle C=60^\circ$,

$\angle EDB+\angle FDC=\angle FDC+\angle DFC=120^\circ$이므로

$\angle EDB=\angle DFC$

$\therefore \triangle EBD\backsim\triangle DCF$ (AA 닮음)

$\overline{AE}=\overline{ED}=7\text{ cm}$이므로

$\overline{AB}=7+8=15(\text{cm})$

$\therefore \overline{DC}=15-3=12(\text{cm})$

$\overline{BE}:\overline{CD}=8:12=2:3$이므로 닮음비는 $2:3$이다.

$\overline{ED}:\overline{DF}=2:3$에서 $7:\overline{DF}=2:3$

$\therefore \overline{DF}=\frac{21}{2}(\text{cm})$ 답 ③

중단원 마무리 70~71쪽

428 항상 닮은 도형인 것은

ㄱ. 두 반원, ㄷ. 두 직각이등변삼각형, ㄹ. 두 정사면체,

ㅅ. 중심각의 크기가 같은 두 부채꼴의 4개이다. 답 ④

429 $\overline{AB}:\overline{A'B'}=6:4=3:2$이므로 닮음비는 $3:2$이다.

$x:6=3:2$이므로 $x=9$

$6:y=3:2$이므로 $y=4$

$9:z=3:2$이므로 $z=6$

$\therefore x+y+z=9+4+6=19$ 답 19

430 ⑤ $\angle C=50^\circ$, $\angle D=90^\circ$이면 두 쌍의 대응각의 크기가 각각 같게 되므로 $\triangle ABC\backsim\triangle DEF$ (AA 닮음)

답 ⑤

431 $\triangle ABC$와 $\triangle ADB$에서

$\overline{AB}:\overline{AD}=10:5=2:1$

$\overline{AC}:\overline{AB}=20:10=2:1$

즉, $\overline{AB}:\overline{AD}=\overline{AC}:\overline{AB}=2:1$,

$\angle A$는 공통이므로

$\triangle ABC\backsim\triangle ADB$ (SAS 닮음)

$\overline{CB}:\overline{BD}=2:1$에서 $14:\overline{BD}=2:1$

$\therefore \overline{BD}=7(\text{cm})$ 답 7 cm

432 $\triangle ABC$와 $\triangle EDA$에서

$\overline{AB}\,/\!/\,\overline{DE}$이므로 $\angle BAC=\angle DEA$ (엇각)

$\overline{AD}\,/\!/\,\overline{BC}$이므로 $\angle BCA=\angle DAE$ (엇각)

$\therefore \triangle ABC\backsim\triangle EDA$ (AA 닮음)

$\overline{BC}:\overline{DA}=9:6=3:2$이므로 닮음비는 $3:2$이다.

$\overline{AC}:\overline{EA}=3:2$에서 $\overline{AC}:6=3:2$

$\therefore \overline{AC}=9(\text{cm})$

$\therefore \overline{EC}=\overline{AC}-\overline{AE}$

$=9-6=3(\text{cm})$ 답 ③

433 ① $\triangle ABC\backsim\triangle AED$ (AA 닮음)

② $\triangle ABE\backsim\triangle DCE$ (AA 닮음)

④ $\triangle ABC\backsim\triangle DBA\backsim\triangle DAC$ (AA 닮음)

⑤ $\triangle ABC\backsim\triangle ACD$ (SAS 닮음) 답 ③

434 $\triangle ADB$와 $\triangle BEC$에서

$\angle DAB=90^\circ-\angle ABD=\angle EBC$,

$\angle D=\angle E=90^\circ$이므로

$\triangle ADB\backsim\triangle BEC$ (AA 닮음)

$\overline{BD}:\overline{CE}=4:8=1:2$이므로 닮음비는 $1:2$이다.

$\overline{AD}:\overline{BE}=1:2$에서 $3:\overline{BE}=1:2$

$\therefore \overline{BE}=6(\text{cm})$ 답 6 cm

435 원 A의 반지름의 길이를 r라 하면

원 B의 반지름의 길이는 $3r$, 원 C의 반지름의 길이는 $5r$이므로 세 원 A, B, C의 닮음비는

$r:3r:5r=1:3:5$ 답 $1:3:5$

436 $\triangle EBD$와 $\triangle DCA$에서

$\angle B=\angle C=60^\circ$,

$\angle BED+\angle BDE=\angle BDE+\angle CDA=120^\circ$이므로

$\angle BED=\angle CDA$

$\therefore \triangle EBD\backsim\triangle DCA$ (AA 닮음)

$\overline{BE}:\overline{CD}=\overline{BD}:\overline{CA}$에서

$\overline{BE}:4=12:16 \quad \therefore \overline{BE}=3(\text{cm})$ 답 3 cm

437 점 E는 △ABC의 외심이므로

$\overline{BE}=\overline{AE}=\overline{EC}=10$ cm

$\therefore \overline{DE}=10-4=6(\text{cm}),\ \overline{DC}=6+10=16(\text{cm})$

△ABC에서 $\overline{AD}^2=\overline{DB}\times\overline{DC}$이므로

$\overline{AD}^2=4\times16=64 \quad \therefore \overline{AD}=8(\text{cm})$

△ADE에서 $\overline{AD}\times\overline{DE}=\overline{AE}\times\overline{DF}$이므로

$8\times6=10\times\overline{DF} \quad \therefore \overline{DF}=\frac{24}{5}(\text{cm})$ 답 $\frac{24}{5}$ cm

438 △EBF와 △DBC에서

$\angle EFB=\angle C=90°$, $\angle EBF=\angle DBC$ (접은 각)이므로

△EBF∽△DBC (AA 닮음)

$\overline{BF}:\overline{BC}=\overline{EF}:\overline{DC}$에서

$5:8=\overline{EF}:6 \quad \therefore \overline{EF}=\frac{15}{4}(\text{cm})$

$\therefore \triangle EBD=\frac{1}{2}\times10\times\frac{15}{4}=\frac{75}{4}(\text{cm}^2)$ 답 $\frac{75}{4}$ cm²

439 (1) $17:43\neq12:30$이므로 [그림 1]의 사진과 [그림 2]의 용지는 닮은 도형이 아니다. …❶

(2) $\frac{43}{17}>\frac{30}{12}$이므로 [그림 1]의 사진을 같은 모양으로 최대한 확대하여 [그림 2]의 용지에 들어가도록 복사하면 세로는 30 cm에 꼭 맞게 들어가고 가로는 43 cm보다 작게 된다. …❷

따라서 원래 사진과 복사한 사진의 닮음비는

$12:30=2:5$이다. …❸

답 (1) 풀이 참조 (2) 2 : 5

채점 기준	배점
❶ [그림 1]의 사진과 [그림 2]의 용지가 닮은 도형인지 설명하기	40 %
❷ [그림 1]의 사진을 같은 모양으로 최대한 확대하여 [그림 2]에 들어갈 조건 구하기	30 %
❸ 원래 사진과 복사한 사진의 닮음비 구하기	30 %

440 △BCD와 △HED에서

$\angle BCD=\angle E=90°$,

$\angle BDC=\angle HDE$ (맞꼭지각)이므로

△BCD∽△HED (AA 닮음) …❶

$\overline{DC}:\overline{DE}=8:12=2:3$이므로 닮음비는 2 : 3이다.

$\overline{BC}:\overline{HE}=2:3$에서 $10:\overline{HE}=2:3$

$\therefore \overline{HE}=15(\text{cm})$ …❷

$\therefore \triangle EDH=\frac{1}{2}\times12\times15=90(\text{cm}^2)$ …❸

답 90 cm²

채점 기준	배점
❶ △BCD∽△HED임을 알기	40 %
❷ $\overline{HE}$의 길이 구하기	30 %
❸ △EDH의 넓이 구하기	30 %

06. 평행선 사이의 선분의 길이의 비

한번 더 핵심 유형 72~83쪽

Theme 11 삼각형에서 평행선과 선분의 길이의 비 72~75쪽

441 $x:9=4:12 \quad \therefore x=3$

$4:12=y:12 \quad \therefore y=4$

$\therefore x+y=3+4=7$ 답 ①

442 답 ①, ③

443 $5:8=4:x \quad \therefore x=\frac{32}{5}$ 답 $\frac{32}{5}$

444 △AFD에서 $\overline{AD}/\!/\overline{EC}$이므로

$4:16=\overline{EC}:16 \quad \therefore \overline{EC}=4(\text{cm})$

$\therefore \overline{BE}=\overline{BC}-\overline{EC}=16-4=12(\text{cm})$ 답 12 cm

445 $\overline{AE}:\overline{AC}=\overline{DE}:\overline{BC}$이므로

$10:25=\overline{DE}:18 \quad \therefore \overline{DE}=\frac{36}{5}(\text{cm})$

이때 □DFCE는 평행사변형이므로

$\overline{FC}=\overline{DE}=\frac{36}{5}$ cm

$\therefore \overline{BF}=\overline{BC}-\overline{FC}=18-\frac{36}{5}=\frac{54}{5}(\text{cm})$ 답 ⑤

446 $\overline{BC}/\!/\overline{DE}$이므로 $\angle DEB=\angle EBC$ (엇각)

따라서 △DBE는 이등변삼각형이므로 $\overline{DB}=\overline{DE}=7$ cm

또, $\overline{AD}:\overline{AB}=\overline{DE}:\overline{BC}$이므로 $\overline{AD}=x$ cm라 하면

$x:(x+7)=7:13$

$6x=49 \quad \therefore x=\frac{49}{6}$

$\therefore \overline{AD}=\frac{49}{6}$ cm 답 $\frac{49}{6}$ cm

447 $x:18=5:15 \quad \therefore x=6$

$5:10=6:y \quad \therefore y=12$

$\therefore x+y=6+12=18$ 답 ④

448 $\overline{AB}:\overline{AD}=\overline{BC}:\overline{DE}$이므로

$3:2=5:x \quad \therefore x=\frac{10}{3}$

$\overline{AB}:\overline{AF}=\overline{BC}:\overline{FG}$이므로

$3:9=5:y \quad \therefore y=15$

$\therefore xy=\frac{10}{3}\times15=50$ 답 50

449 $\overline{AD}:\overline{DB}=1:4$이므로 $\overline{AD}:\overline{AB}=1:3$

△ABC∽△ADE (AA 닮음)이고 닮음비가 3 : 1이므로

$\overline{AD}=\frac{1}{3}\overline{AB},\ \overline{DE}=\frac{1}{3}\overline{BC},\ \overline{AE}=\frac{1}{3}\overline{AC}$

$\therefore$ (△ADE의 둘레의 길이)$=\overline{AD}+\overline{DE}+\overline{AE}$

$=\frac{1}{3}(\overline{AB}+\overline{BC}+\overline{AC})$

$=\frac{1}{3}\times 39=13(cm)$

답 13 cm

450 $\overline{AD}/\!/\overline{FB}$이므로 $\overline{AD}:\overline{FB}=\overline{AE}:\overline{EB}$ ······ ㉠
$4\overline{EB}=7\overline{AE}$이므로 $\overline{AE}:\overline{EB}=4:7$ ······ ㉡
㉠, ㉡에서 $4:\overline{FB}=4:7$ $\therefore \overline{FB}=7(cm)$
□ABCD는 평행사변형이므로 $\overline{BC}=\overline{AD}=4$ cm
$\therefore \overline{FC}=\overline{FB}+\overline{BC}=7+4=11(cm)$ 답 11 cm

451 $10:(10+x)=6:8$ $\therefore x=\frac{10}{3}$
$y:4=6:8$ $\therefore y=3$
$\therefore xy=\frac{10}{3}\times 3=10$ 답 ③

452 $12:21=2:\overline{BF}$
$\therefore \overline{BF}=\frac{7}{2}(cm)$ 답 $\frac{7}{2}$ cm

453 $9:12=\overline{GE}:6$ $\therefore \overline{GE}=\frac{9}{2}(cm)$ 답 ④

454 $\overline{DG}=x$ cm라 하면
$x:6=(12-x):12$ $\therefore x=4$
$\therefore \overline{DG}=4$ cm 답 4 cm

455 △ABC에서 $\overline{BC}/\!/\overline{DE}$이므로
$\overline{AB}:\overline{AD}=\overline{AC}:\overline{AE}=10:6=5:3$
△ABE에서 $\overline{BE}/\!/\overline{DF}$이므로
$\overline{AB}:\overline{AD}=\overline{BE}:\overline{DF}$
$5:3=5:\overline{DF}$ $\therefore \overline{DF}=3(cm)$ 답 ②

456 △ABE에서 $\overline{BE}/\!/\overline{DF}$이므로
$\overline{AD}:\overline{DB}=\overline{AF}:\overline{FE}=8:3$
△ABC에서 $\overline{BC}/\!/\overline{DE}$이므로
$\overline{AD}:\overline{DB}=\overline{AE}:\overline{EC}$
$8:3=11:\overline{EC}$
$\therefore \overline{EC}=\frac{33}{8}(cm)$ 답 ②

457 △ABC에서 $\overline{AC}/\!/\overline{DE}$이므로
$\overline{BD}:\overline{DA}=15:9=5:3$
△ABE에서 $\overline{AE}/\!/\overline{DF}$이므로
$\overline{BF}:\overline{FE}=\overline{BD}:\overline{DA}=5:3$
$\overline{EF}=x$ cm라 하면
$(15-x):x=5:3$ $\therefore x=\frac{45}{8}$
$\therefore \overline{EF}=\frac{45}{8}$ cm 답 ②

458 ① $5:5=3:3$이므로 $\overline{BC}/\!/\overline{DE}$
② $16:40=10:25$이므로 $\overline{BC}/\!/\overline{DE}$
③ $4:3\neq 3:2$이므로 $\overline{BC}$와 $\overline{DE}$는 평행하지 않다.
④ $15:9=10:6$이므로 $\overline{BC}/\!/\overline{DE}$
⑤ $2:4=4:8$이므로 $\overline{BC}/\!/\overline{DE}$ 답 ③

459 $\overline{AB}=\overline{BD}-\overline{AD}=6-2=4$
$\overline{AD}:\overline{AB}=\overline{AE}:\overline{AC}=1:2$이므로 $\overline{BC}/\!/\overline{DE}$
$\therefore \angle B=\angle D=40°$ (엇각) 답 40°

460 ① $\overline{AD}:\overline{DB}=6:8=3:4$
$\overline{AF}:\overline{FC}=9:12=3:4$
즉, $\overline{AD}:\overline{DB}=\overline{AF}:\overline{FC}$이므로 $\overline{BC}/\!/\overline{DF}$
③ $\overline{BC}/\!/\overline{DF}$이므로 $\angle B=\angle ADF$ (동위각) 답 ①, ③

461 $\overline{BD}=x$ cm라 하면
$8:12=x:(14-x)$ $\therefore x=\frac{28}{5}$
$\therefore \overline{BD}=\frac{28}{5}$ cm 답 $\frac{28}{5}$ cm

462 $\overline{AB}:\overline{AC}=\overline{BE}:\overline{CE}$이므로
$\overline{BE}:\overline{CE}=16:12=4:3$
즉, $\overline{BC}:\overline{BE}=7:4$
△ABC에서 $\overline{AC}/\!/\overline{DE}$이므로
$\overline{AC}:\overline{DE}=\overline{BC}:\overline{BE}$
$12:\overline{DE}=7:4$ $\therefore \overline{DE}=\frac{48}{7}(cm)$ 답 $\frac{48}{7}$ cm

463 $\overline{AD}$는 ∠A의 이등분선이므로
$12:10=x:9$ $\therefore x=\frac{54}{5}$
△BCE에서 $\overline{AD}/\!/\overline{EC}$이므로
$12:y=\frac{54}{5}:9$ $\therefore y=10$
$\therefore xy=\frac{54}{5}\times 10=108$ 답 108

464 $\overline{BD}:\overline{DC}=\overline{AB}:\overline{AC}=15:10=3:2$이므로
△ABD : △ADC$=\overline{BD}:\overline{DC}=3:2$에서
39 : △ADC$=3:2$
$\therefore$ △ADC$=26(cm^2)$ 답 26 cm^2

465 $\overline{CD}=x$ cm라 하면
$9:7=(4+x):x$ $\therefore x=14$
$\therefore \overline{CD}=14$ cm 답 ⑤

466 $9:\overline{AC}=(7+11):11$
$\therefore \overline{AC}=\frac{11}{2}(cm)$ 답 $\frac{11}{2}$ cm

467 $\overline{AB}:7=(3+14):14$
$\therefore \overline{AB}=\frac{17}{2}(cm)$ 답 $\frac{17}{2}$ cm

468 $\overline{CD}:\overline{BD}=18:15=6:5$이므로
$\overline{DB}:\overline{BC}=5:1$
△ADB : △ABC$=\overline{DB}:\overline{BC}=5:1$에서
90 : △ABC$=5:1$
$\therefore$ △ABC$=18(cm^2)$ 답 ②

Theme 12 평행선 사이의 선분의 길이의 비 76~79쪽

469 $3:4=x:6$ $\quad\therefore x=\frac{9}{2}$

$3:4=y:8$ $\quad\therefore y=6$

$\therefore xy=\frac{9}{2}\times 6=27$ 답 27

470 $2:x=4:8$ $\quad\therefore x=4$ 답 ②

471 $10:2x=3y:4$이므로 $6xy=40$

$\therefore xy=\frac{20}{3}$ 답 $\frac{20}{3}$

472 $x:12=8:16$ $\quad\therefore x=6$

$16:4=12:y$ $\quad\therefore y=3$

$\therefore x-y=3$ 답 3

473 $10:9=12:\frac{6}{5}x$ $\quad\therefore x=9$

$10:9=12:\frac{9}{10}y$ $\quad\therefore y=12$ 답 $x=9$, $y=12$

474 $l /\!/ m$이므로

$3:6=x:10$ $\quad\therefore x=5$

$m /\!/ n$이므로

$10:2=6:y$ $\quad\therefore y=\frac{6}{5}$

$\therefore xy=5\times\frac{6}{5}=6$ 답 ③

475 오른쪽 그림에서 $l /\!/ m /\!/ n$이므로

$12:(a+6)=10:15$

$\therefore a=12$

$l /\!/ n$이므로

$(12+12):6=x:4$ $\quad\therefore x=16$ 답 ④

476 점 A를 지나고 $\overline{DC}$에 평행한 직선이 $\overline{EF}$, $\overline{BC}$와 만나는 점을 각각 G, H라 하면

$\overline{GF}=\overline{HC}=\overline{AD}=4$ cm이므로

$\overline{BH}=16-4=12$(cm)

△ABH에서 $9:12=\overline{EG}:12$

$\therefore \overline{EG}=9$(cm)

$\therefore \overline{EF}=\overline{EG}+\overline{GF}$

$=9+4=13$(cm) 답 13 cm

477 △ACD에서

$4:9=8:x$ $\quad\therefore x=18$

△ABC에서

$5:9=y:27$ $\quad\therefore y=15$

$\therefore x+y=33$ 답 33

478 점 A를 지나고 $\overline{DC}$에 평행한 직선이 $\overline{EF}$, $\overline{BC}$와 만나는 점을 각각 G, H라 하면

$\overline{GF}=\overline{HC}=\overline{AD}=x$ cm이므로

$\overline{EG}=(7-x)$ cm,

$\overline{BH}=(11-x)$ cm

△ABH에서

$5:9=(7-x):(11-x)$

$9(7-x)=5(11-x)$ $\quad\therefore x=2$ 답 2

479 오른쪽 그림과 같이 각 점을 정한 후 점 A를 지나고 $\overline{DC}$에 평행한 직선이 직선 m, n과 만나는 점을 각각 G, H라 하면

$\overline{GF}=\overline{HC}=\overline{AD}=7$ cm이므로

$\overline{EG}=(x-7)$ cm,

$\overline{BH}=11-7=4$(cm)

△ABH에서

$6:9=(x-7):4$ $\quad\therefore x=\frac{29}{3}$ 답 ②

480 점 A를 지나고 $\overline{DC}$에 평행한 직선이 $\overline{EF}$, $\overline{BC}$와 만나는 점을 각각 G, H라 하면

$\overline{GF}=\overline{HC}=\overline{AD}=15$ cm이므로

$\overline{BH}=21-15=6$(cm)

$\overline{AE}:\overline{EB}=5:7$이므로

$\overline{AE}:\overline{AB}=5:12$

△ABH에서

$\overline{AE}:\overline{AB}=\overline{EG}:\overline{BH}$

$5:12=\overline{EG}:6$ $\quad\therefore \overline{EG}=\frac{5}{2}$(cm)

$\therefore \overline{EF}=\overline{EG}+\overline{GF}=\frac{5}{2}+15=\frac{35}{2}$(cm) 답 ④

481 점 A를 지나고 $\overline{DC}$에 평행한 직선이 $\overline{EF}$, $\overline{BC}$와 만나는 점을 각각 G, H라 하면

$\overline{GF}=\overline{HC}=\overline{AD}=7$ cm이므로

$\overline{EG}=10-7=3$(cm)

이때 $\overline{AE}:\overline{EB}=3:5$이므로

$\overline{AE}:\overline{AB}=3:8$

△ABH에서

$\overline{AE}:\overline{AB}=\overline{EG}:\overline{BH}$

$3:8=3:\overline{BH}$ $\quad\therefore \overline{BH}=8$(cm)

$\therefore \overline{BC}=\overline{BH}+\overline{HC}=8+7=15$(cm) 답 15 cm

482 점 A를 지나고 $\overline{DC}$에 평행한 직선이 $\overline{GH}$, $\overline{BC}$와 만나는 점을 각각 I, J라 하면

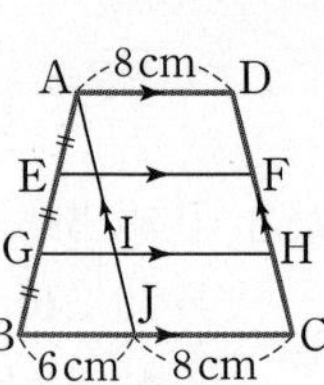

$\overline{IH}=\overline{JC}=\overline{AD}=8$ cm이므로

$\overline{BJ}=14-8=6$(cm)

$\triangle ABJ$에서 $\overline{AG}:\overline{AB}=2:3$이므로
$2:3=\overline{GI}:\overline{BJ}$
$2:3=\overline{GI}:6$ $\therefore \overline{GI}=4(cm)$
$\therefore \overline{GH}=\overline{GI}+\overline{IH}$
$=4+8=12(cm)$ 답 ④

483 $\triangle ABC$에서
$10:12=\overline{EN}:12$ $\therefore \overline{EN}=10(cm)$
$\triangle ABD$에서
$2:12=\overline{EM}:10$ $\therefore \overline{EM}=\frac{5}{3}(cm)$
$\therefore \overline{MN}=\overline{EN}-\overline{EM}$
$=10-\frac{5}{3}=\frac{25}{3}(cm)$ 답 ⑤

484 $\overline{AE}:\overline{EB}=3:7$이므로 $\overline{AE}:\overline{AB}=3:10$
$\triangle ABC$에서
$3:10=\overline{EM}:20$ $\therefore \overline{EM}=6(cm)$
또, $\overline{AE}:\overline{EB}=3:7$이므로 $\overline{EB}:\overline{AB}=7:10$
$\triangle ABD$에서
$7:10=\overline{EN}:16$ $\therefore \overline{EN}=\frac{56}{5}(cm)$
$\therefore \overline{MN}=\overline{EN}-\overline{EM}$
$=\frac{56}{5}-6=\frac{26}{5}(cm)$ 답 ②

485 $\overline{AE}=4\overline{EB}$이므로 $\overline{AE}:\overline{EB}=4:1$
$\triangle ABC$에서
$4:5=\overline{EN}:20$ $\therefore \overline{EN}=16(cm)$
$\triangle ABD$에서
$1:5=\overline{EM}:10$ $\therefore \overline{EM}=2(cm)$
$\therefore \overline{MN}=\overline{EN}-\overline{EM}$
$=16-2=14(cm)$ 답 ③

486 $\triangle ABD$에서
$5:14=\overline{EM}:14$ $\therefore \overline{EM}=5(cm)$
$\overline{EN}=\overline{EM}+\overline{MN}=5+10=15(cm)$이므로
$\triangle ABC$에서
$9:14=15:\overline{BC}$ $\therefore \overline{BC}=\frac{70}{3}(cm)$ 답 $\frac{70}{3}$ cm

487 $\triangle AOD \backsim \triangle COB$ (AA 닮음)이므로
$\overline{AO}:\overline{CO}=4:6=2:3$
$\overline{AE}:\overline{EB}=2:3$이므로
$\triangle ABC$에서
$2:5=\overline{EO}:6$ $\therefore \overline{EO}=\frac{12}{5}(cm)$
$\triangle ACD$에서
$3:5=\overline{OF}:4$ $\therefore \overline{OF}=\frac{12}{5}(cm)$
$\therefore \overline{EF}=\overline{EO}+\overline{OF}$
$=\frac{12}{5}+\frac{12}{5}=\frac{24}{5}(cm)$ 답 $\frac{24}{5}$ cm

488 $\triangle ABC$에서
$\overline{AO}:\overline{OC}=\overline{AE}:\overline{EB}=5:10=1:2$
$\triangle AOD \backsim \triangle COB$ (AA 닮음)이므로
$\overline{AD}:\overline{CB}=\overline{AO}:\overline{CO}$에서 $\overline{AD}:16=1:2$
$\therefore \overline{AD}=8(cm)$ 답 ③

489 $\triangle AOD \backsim \triangle COB$ (AA 닮음)이므로
$\overline{AO}:\overline{CO}=9:12=3:4$
$\therefore \triangle OAB:\triangle OBC=3:4$
$\triangle ABC=112\ cm^2$이므로
$\triangle OAB=112\times\frac{3}{7}=48(cm^2)$ 답 $48\ cm^2$

490 $\triangle ABE \backsim \triangle CDE$ (AA 닮음)이므로
$\overline{AE}:\overline{CE}=\overline{AB}:\overline{CD}=6:15=2:5$
$\triangle ABC$에서
$\overline{CE}:\overline{CA}=\overline{EF}:\overline{AB}$이므로
$5:7=\overline{EF}:6$ $\therefore \overline{EF}=\frac{30}{7}(cm)$ 답 $\frac{30}{7}$ cm

491 $\triangle ABC \backsim \triangle EFC$ (AA 닮음)이므로
$\overline{CB}:\overline{CF}=\overline{AB}:\overline{EF}=3:2$
$\therefore \overline{BF}:\overline{FC}=1:2$
$\triangle BCD$에서
$\overline{BF}:\overline{BC}=\overline{FE}:\overline{CD}$이므로
$1:3=2:\overline{CD}$ $\therefore \overline{CD}=6(cm)$ 답 ③

492 $\triangle ABE \backsim \triangle CDE$ (AA 닮음)이므로
$\overline{AE}:\overline{CE}=\overline{AB}:\overline{CD}=4:9$
$\triangle ABC$에서
$\overline{CE}:\overline{CA}=\overline{CF}:\overline{CB}$이므로
$9:13=\overline{CF}:13$ $\therefore \overline{CF}=9(cm)$ 답 9 cm

493 $\overline{AB}$, $\overline{EF}$, $\overline{DC}$가 모두 $\overline{BC}$에 수직이므로 $\overline{AB}/\!/\overline{EF}/\!/\overline{DC}$
이다.
$\triangle ABE \backsim \triangle CDE$ (AA 닮음)이므로
$\overline{BE}:\overline{DE}=\overline{AB}:\overline{CD}=7:5$
$\triangle BDC$에서
$\overline{BE}:\overline{BD}=\overline{EF}:\overline{DC}$이므로
$7:12=\overline{EF}:5$ $\therefore \overline{EF}=\frac{35}{12}(cm)$ 답 $\frac{35}{12}$ cm

494 $\triangle ABE \backsim \triangle CDE$ (AA 닮음)이므로
$\overline{AE}:\overline{CE}=\overline{AB}:\overline{CD}=12:16=3:4$
$\triangle ABC$에서
$\overline{CA}:\overline{AE}=\overline{CB}:\overline{BF}$이므로
$7:3=21:x$ $\therefore x=9$
또, $\overline{CA}:\overline{CE}=\overline{AB}:\overline{EF}$이므로
$7:4=12:y$ $\therefore y=\frac{48}{7}$ 답 $x=9$, $y=\frac{48}{7}$

495 ① $\triangle ABE \backsim \triangle CDE$ (AA 닮음)
③ $\overline{BF}:\overline{BC}=3:10$
⑤ $\overline{EF}:\overline{DC}=3:10$ 답 ②, ④

496 점 E에서 $\overline{BC}$에 내린 수선의 발을 F라 하면

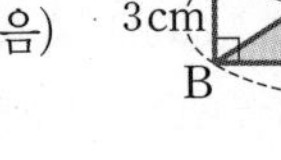

$\triangle ABE \backsim \triangle CDE$ (AA 닮음)
이므로
$\overline{AE} : \overline{CE} = 3 : 6 = 1 : 2$
$\triangle ABC$에서
$\overline{CE} : \overline{CA} = \overline{EF} : \overline{AB}$이므로
$2 : 3 = \overline{EF} : 3 \quad \therefore \overline{EF} = 2(\text{cm})$
$\therefore \triangle EBC = \frac{1}{2} \times 10 \times 2 = 10(\text{cm}^2)$ 답 ①

Theme 13 두 변의 중점을 연결한 선분 80~83쪽

497 $\overline{AD} = \overline{DB}$, $\overline{AE} = \overline{EC}$이므로
$\overline{AD} = \frac{1}{2}\overline{AB} = \frac{1}{2} \times 12 = 6(\text{cm})$
$\overline{DE} = \frac{1}{2}\overline{BC} = \frac{1}{2} \times 16 = 8(\text{cm})$
$\overline{AE} = \overline{EC} = 7$ cm
$\therefore$ ($\triangle ADE$의 둘레의 길이)$= \overline{AD} + \overline{DE} + \overline{AE}$
$= 6 + 8 + 7$
$= 21(\text{cm})$ 답 21 cm

498 $\overline{BM} = \overline{MA}$, $\overline{BN} = \overline{NC}$이므로 $\overline{AC} = 2\overline{MN}$
$\therefore x = 2 \times 9 = 18$
$\overline{MN} /\!/ \overline{AC}$이므로 $\angle MNB = \angle C$ (동위각)
$\therefore y = 180 - (75 + 60) = 45$ 답 $x=18$, $y=45$

499 ㄴ. $\overline{DE} : \overline{BC} = \overline{AD} : \overline{AB} = \overline{AE} : \overline{AC}$
ㄷ. $\overline{BC} = 2\overline{DE}$ 답 ㄱ, ㄹ, ㅁ

500 □ABCD가 등변사다리꼴이므로 $\overline{DC} = \overline{AB} = 20$ cm
$\triangle DAB$에서
$\overline{DP} = \overline{PA}$, $\overline{DQ} = \overline{QB}$이므로
$\overline{PQ} = \frac{1}{2}\overline{AB} = \frac{1}{2} \times 20 = 10(\text{cm})$
$\triangle BCD$에서
$\overline{BQ} = \overline{QD}$, $\overline{BR} = \overline{RC}$이므로
$\overline{QR} = \frac{1}{2}\overline{DC} = \frac{1}{2} \times 20 = 10(\text{cm})$
$\therefore \overline{PQ} + \overline{QR} = 10 + 10 = 20(\text{cm})$ 답 ④

501 $\triangle DBC$에서
$\overline{DE} = \overline{EB}$, $\overline{DF} = \overline{FC}$이므로
$\overline{BC} = 2\overline{EF} = 2 \times 11 = 22(\text{cm})$
$\triangle ABC$에서
$\overline{AM} = \overline{MB}$, $\overline{AN} = \overline{NC}$이므로
$\overline{MN} = \frac{1}{2}\overline{BC} = \frac{1}{2} \times 22 = 11(\text{cm})$ 답 11 cm

502 두 점 D, E는 각각 $\overline{AB}$, $\overline{AC}$의 중점이므로
$\overline{DE} = \frac{1}{2}\overline{BC} = \frac{1}{2} \times 28 = 14(\text{cm})$
또, 두 점 G, H는 각각 $\overline{FD}$, $\overline{FE}$의 중점이므로
$\overline{GH} = \frac{1}{2}\overline{DE} = \frac{1}{2} \times 14 = 7(\text{cm})$ 답 ①

503 $\overline{AD} = \overline{DB}$, $\overline{DE} /\!/ \overline{BC}$이므로 $\overline{AE} = \overline{EC}$
$\therefore x = \frac{1}{2} \times 16 = 8$
또, $\overline{BC} = 2\overline{DE}$이므로 $y = 2 \times 10 = 20$
$\therefore x + y = 8 + 20 = 28$ 답 ④

504 $\overline{AD} = \overline{DB}$, $\overline{DE} /\!/ \overline{BC}$이므로
$\overline{AE} = \frac{1}{2}\overline{AC}$, $\overline{DE} = \frac{1}{2}\overline{BC}$
따라서 $\triangle ADE$의 둘레의 길이는
$\overline{AD} + \overline{DE} + \overline{AE} = \frac{1}{2}\overline{AB} + \frac{1}{2}\overline{BC} + \frac{1}{2}\overline{AC}$
$= \frac{1}{2}(\overline{AB} + \overline{BC} + \overline{AC})$
$= \frac{1}{2} \times 30 = 15(\text{cm})$ 답 ④

505 $\overline{AD} = \overline{DB}$, $\overline{DE} /\!/ \overline{BC}$이므로 $\overline{AE} = \overline{EC}$
또, $\overline{AE} = \overline{EC}$, $\overline{AB} /\!/ \overline{EF}$이므로
$\overline{FC} = \overline{BF} = 7$ cm 답 7 cm

506 $\triangle AEC$에서
$\overline{AD} = \overline{DE}$, $\overline{AF} = \overline{FC}$이므로
$\overline{DF} /\!/ \overline{EC}$이고 $\overline{EC} = 2\overline{DF} = 2 \times 6 = 12(\text{cm})$
$\triangle DBF$에서
$\overline{BE} = \overline{ED}$, $\overline{EG} /\!/ \overline{DF}$이므로
$\overline{EG} = \frac{1}{2}\overline{DF} = \frac{1}{2} \times 6 = 3(\text{cm})$
$\therefore \overline{CG} = \overline{EC} - \overline{EG} = 12 - 3 = 9(\text{cm})$ 답 ③

507 $\triangle AFD$에서
$\overline{AE} = \overline{EF}$, $\overline{AG} = \overline{GD}$이므로
$\overline{EG} /\!/ \overline{FD}$, $\overline{FD} = 2\overline{EG} = 2 \times 2 = 4(\text{cm})$
$\triangle EBC$에서
$\overline{EF} = \overline{FB}$, $\overline{EC} /\!/ \overline{FD}$이므로
$\overline{EC} = 2\overline{FD} = 2 \times 4 = 8(\text{cm})$
$\therefore \overline{CG} = \overline{EC} - \overline{EG} = 8 - 2 = 6(\text{cm})$ 답 6 cm

508 $\overline{GE} = x$ cm라 하자.
$\triangle EBC$에서
$\overline{CD} = \overline{DB}$, $\overline{CF} = \overline{FE}$이므로
$\overline{DF} /\!/ \overline{BE}$, $\overline{BE} = 2\overline{DF}$ …… ㉠
$\triangle ADF$에서
$\overline{AE} = \overline{EF}$, $\overline{GE} /\!/ \overline{DF}$이므로
$\overline{DF} = 2\overline{GE} = 2x(\text{cm})$ …… ㉡
㉠, ㉡에서 $\overline{BE} = 2\overline{DF} = 2 \times 2x = 4x(\text{cm})$

$\overline{BE}=\overline{BG}+\overline{GE}$이므로

$4x=33+x$, $3x=33$ $\therefore x=11$

$\therefore \overline{GE}=11$ cm 답 ③

509 점 A에서 $\overline{BC}$에 평행한 직선을 그어 $\overline{DE}$와 만나는 점을 P라 하면

△DBE에서

$\overline{DA}=\overline{AB}$, $\overline{AP}/\!/\overline{BE}$이므로

$\overline{AP}=\frac{1}{2}\overline{BE}=\frac{1}{2}\times10=5$(cm)

△AMP≡△CME (ASA 합동)

이므로

$\overline{CE}=\overline{AP}=5$ cm 답 5 cm

510 점 D에서 $\overline{BC}$에 평행한 직선을 그어 $\overline{AC}$와 만나는 점을 P라 하면

△ABC에서

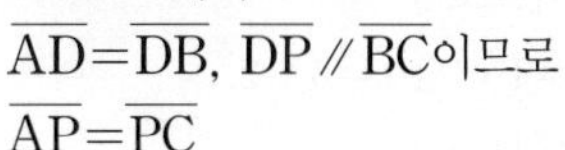

$\overline{AD}=\overline{DB}$, $\overline{DP}/\!/\overline{BC}$이므로

$\overline{AP}=\overline{PC}$

또, △DEP≡△FEC (ASA 합동)

이므로 $\overline{PE}=\overline{CE}=7$ cm

즉, $\overline{PC}=\overline{PE}+\overline{EC}=7+7=14$(cm)

$\therefore \overline{AC}=2\overline{PC}=2\times14=28$(cm) 답 28 cm

511 점 A에서 $\overline{BC}$에 평행한 직선을 그어 $\overline{DE}$와 만나는 점을 P라 하면

△AMP≡△CME (ASA 합동)

이므로

$\overline{AP}=\overline{CE}=x$ cm

△DBE에서

$\overline{DA}=\overline{AB}$, $\overline{AP}/\!/\overline{BE}$이므로

$\overline{BE}=2\overline{AP}=2x$(cm)

따라서 $\overline{BC}=2x+x=21$(cm)이므로

$x=7$ 답 ③

512 △DEF의 둘레의 길이는

$\overline{EF}+\overline{FD}+\overline{DE}=\frac{1}{2}(\overline{AB}+\overline{BC}+\overline{CA})$

$=\frac{1}{2}\times(9+7+12)$

$=14$(cm) 답 14 cm

513 $\overline{FE}=\frac{1}{2}\overline{AB}$에서 $\overline{AB}=2\overline{FE}$

$\overline{ED}=\frac{1}{2}\overline{CA}$에서 $\overline{CA}=2\overline{ED}$

$\overline{DF}=\frac{1}{2}\overline{BC}$에서 $\overline{BC}=2\overline{DF}$

따라서 △ABC의 둘레의 길이는

$\overline{AB}+\overline{BC}+\overline{CA}=2(\overline{FE}+\overline{DF}+\overline{ED})$

$=2\times10=20$(cm) 답 20 cm

514 ① △ABC∽△ADF

② $\overline{BE}=\overline{EC}=\overline{DF}$, $\overline{EF}=\overline{AD}=\overline{DB}$

⑤ $2\overline{DF}=\overline{BC}$ 답 ③, ④

515 $\overline{PQ}=\overline{SR}=\frac{1}{2}\overline{AC}=\frac{1}{2}\times10=5$(cm)

$\overline{PS}=\overline{QR}=\frac{1}{2}\overline{BD}=\frac{1}{2}\times8=4$(cm)

따라서 □PQRS의 둘레의 길이는

$2\times(5+4)=18$(cm) 답 18 cm

516 등변사다리꼴의 두 대각선의 길이는 같으므로

$\overline{AC}=\overline{BD}=16$ cm

$\overline{PS}=\overline{QR}=\frac{1}{2}\overline{BD}=\frac{1}{2}\times16=8$(cm)

$\overline{PQ}=\overline{SR}=\frac{1}{2}\overline{AC}=\frac{1}{2}\times16=8$(cm)

따라서 □PQRS의 둘레의 길이는

$4\times8=32$(cm) 답 32 cm

517 ①, ②, ③ △BCA에서 $\overline{BE}=\overline{EA}$, $\overline{BF}=\overline{FC}$이므로

$\overline{EF}/\!/\overline{AC}$, $\overline{EF}=\frac{1}{2}\overline{AC}$

△DAC에서 $\overline{DH}=\overline{HA}$, $\overline{DG}=\overline{GC}$이므로

$\overline{HG}/\!/\overline{AC}$, $\overline{HG}=\frac{1}{2}\overline{AC}$

따라서 □EFGH에서 $\overline{EF}/\!/\overline{HG}$, $\overline{EF}=\overline{HG}$이므로

□EFGH는 평행사변형이다.

$\therefore$ ∠EHG=∠EFG

④ △BCD에서 $\overline{CF}=\overline{FB}$, $\overline{CG}=\overline{GD}$이므로

$\overline{BD}=2\overline{FG}$ 답 ⑤

518 $\overline{AB}$, $\overline{CD}$의 중점이 각각 M, N이므로

$\overline{AD}/\!/\overline{MN}/\!/\overline{BC}$

△ABC에서

$\overline{AM}=\overline{MB}$, $\overline{MQ}/\!/\overline{BC}$이므로

$\overline{MQ}=\frac{1}{2}\overline{BC}=\frac{1}{2}\times16=8$(cm)

△ABD에서

$\overline{AM}=\overline{MB}$, $\overline{AD}/\!/\overline{MP}$이므로

$\overline{MP}=\frac{1}{2}\overline{AD}=\frac{1}{2}\times10=5$(cm)

$\therefore \overline{PQ}=\overline{MQ}-\overline{MP}=8-5=3$(cm) 답 3 cm

519 $\overline{AB}$, $\overline{CD}$의 중점이 각각 M, N이므로

$\overline{AD}/\!/\overline{MN}/\!/\overline{BC}$

△ABC에서

$\overline{AM}=\overline{MB}$, $\overline{MQ}/\!/\overline{BC}$이므로

$\overline{MQ}=\frac{1}{2}\overline{BC}=\frac{1}{2}\times30=15$(cm)

이때 $\overline{MP}=\frac{1}{2}\overline{MQ}=\frac{1}{2}\times15=\frac{15}{2}$(cm)

△ABD에서

$\overline{AM}=\overline{MB}$, $\overline{AD}/\!/\overline{MP}$이므로

$\overline{AD}=2\overline{MP}=2\times\frac{15}{2}=15$(cm) 답 15 cm

520 $\overline{BD}$를 그어 $\overline{MN}$과 만나는 점을 P라 하자.

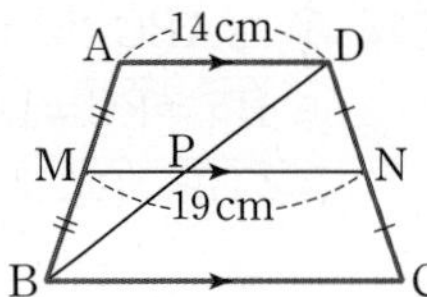

$\overline{AB}$, $\overline{CD}$의 중점이 각각 M, N이므로
$\overline{AD} /\!/ \overline{MN} /\!/ \overline{BC}$
△ABD에서 $\overline{AM}=\overline{MB}$, $\overline{AD} /\!/ \overline{MP}$이므로
$\overline{MP}=\frac{1}{2}\overline{AD}=\frac{1}{2}\times 14=7(\text{cm})$
$\therefore \overline{PN}=\overline{MN}-\overline{MP}=19-7=12(\text{cm})$
△DBC에서 $\overline{DN}=\overline{NC}$, $\overline{PN} /\!/ \overline{BC}$이므로
$\overline{BC}=2\overline{PN}=2\times 12=24(\text{cm})$ 답 24 cm

Theme 11 삼각형에서 평행선과 선분의 길이의 비 1회 84쪽

521 $\overline{AD}:\overline{AB}=\overline{DE}:\overline{BC}$이므로
$2:4=4:\overline{BC}$ $\therefore \overline{BC}=8(\text{cm})$ 답 8 cm

522 $\overline{AB}:\overline{AE}=\overline{BC}:\overline{ED}$이므로
$\overline{AB}:8=18:12$ $\therefore \overline{AB}=12(\text{cm})$ 답 12 cm

523 $8:12=10:\overline{GC}$ $\therefore \overline{GC}=15(\text{cm})$ 답 ①

524 ④ $\overline{BC}:\overline{DE}=\overline{AB}:\overline{AD}=3:1$ 답 ④

525 $x:8=15:12$ $\therefore x=10$ 답 ②

526 △ADC에서 $\overline{DC} /\!/ \overline{FE}$이므로
$\overline{AE}:\overline{EC}=\overline{AF}:\overline{FD}=3:1$
△ABC에서 $\overline{BC} /\!/ \overline{DE}$이므로
$\overline{AD}:\overline{DB}=\overline{AE}:\overline{EC}$
$12:\overline{DB}=3:1$ $\therefore \overline{DB}=4(\text{cm})$ 답 4 cm

527 $\overline{AB}:\overline{AC}=\overline{BD}:\overline{CD}$이므로
$\overline{BD}:\overline{CD}=8:10=4:5$
$\therefore \triangle ABD=\frac{4}{9}\triangle ABC$
$=\frac{4}{9}\times 36=16(\text{cm}^2)$ 답 ④

Theme 11 삼각형에서 평행선과 선분의 길이의 비 2회 85쪽

528 $4:12=x:10$ $\therefore x=\frac{10}{3}$
$4:8=3:y$ $\therefore y=6$
$\therefore xy=\frac{10}{3}\times 6=20$ 답 20

529 $\overline{AB}:\overline{BD}=\overline{AC}:\overline{CE}$이므로
$6:3=8:x$ $\therefore x=4$
$\overline{AG}:\overline{AC}=\overline{AF}:\overline{AB}$이므로
$4:8=y:6$ $\therefore y=3$
$\therefore xy=4\times 3=12$ 답 12

530 $\overline{BC} /\!/ \overline{DE}$이므로
$10:5=8:x$ $\therefore x=4$
$10:15=4:y$ $\therefore y=6$
$\therefore x+y=4+6=10$ 답 10

531 ① $6:2\neq 5:2$이므로 $\overline{BC}$와 $\overline{DE}$는 평행하지 않다.
② $3:4\neq 2:3$이므로 $\overline{BC}$와 $\overline{DE}$는 평행하지 않다.
③ $1:4\neq 2:6$이므로 $\overline{BC}$와 $\overline{DE}$는 평행하지 않다.
④ $6:9=6:9$이므로 $\overline{BC} /\!/ \overline{DE}$
⑤ $3:5\neq 4:8$이므로 $\overline{BC}$와 $\overline{DE}$는 평행하지 않다. 답 ④

532 $9:12=6:\overline{DC}$ $\therefore \overline{DC}=8(\text{cm})$
$\therefore \overline{BC}=\overline{BD}+\overline{DC}=6+8=14(\text{cm})$ 답 ②

533 △ABC에서 $\overline{BC} /\!/ \overline{DE}$이므로
$\overline{AE}:\overline{EC}=\overline{AD}:\overline{DB}=15:10=3:2$
△ADC에서 $\overline{DC} /\!/ \overline{FE}$이므로
$\overline{AF}:\overline{FD}=\overline{AE}:\overline{EC}$
$\overline{AF}=x$ cm라 하면 $\overline{FD}=(15-x)$ cm이므로
$x:(15-x)=3:2$ $\therefore x=9$
$\therefore \overline{AF}=9$ cm 답 9 cm

534 $\angle EAC=180°-(50°+65°)=65°$이므로
$\overline{AC}$는 △ABD에서 ∠A의 외각의 이등분선이다.
$\overline{AB}:\overline{AD}=\overline{BC}:\overline{DC}$이므로
$14:\overline{AD}=7:3$ $\therefore \overline{AD}=6(\text{cm})$ 답 ①

Theme 12 평행선 사이의 선분의 길이의 비 1회 86쪽

535 $5:10=x:14$ $\therefore x=7$
$5:10=6:y$ $\therefore y=12$
$\therefore x+y=7+12=19$ 답 ④

536 △ABC에서 $6:9=8:x$ $\therefore x=12$
△ACD에서 $3:9=y:6$ $\therefore y=2$
$\therefore \frac{x}{y}=\frac{12}{2}=6$ 답 ③

537 점 D를 지나고 $\overline{AB}$에 평행한 직선이 $\overline{EF}$, $\overline{GH}$, $\overline{BC}$와 만나는 점을 각각 P, Q, R라 하면
$\overline{PF}=7-6=1(\text{cm})$,
$\overline{QH}=9-6=3(\text{cm})$,
$\overline{RC}=10-6=4(\text{cm})$
△DQH에서 $\overline{PF} /\!/ \overline{QH}$이므로
$\overline{PF}:\overline{QH}=\overline{DF}:\overline{DH}$
$1:3=2:(2+x)$ $\therefore x=4$

△DRC에서 $\overline{PF} /\!/ \overline{RC}$이므로
$\overline{PF} : \overline{RC} = \overline{DF} : \overline{DC}$
$1 : 4 = 2 : (6+y)$ $\quad \therefore y=2$
$\therefore 3x-5y=3\times4-5\times2=2$ 답 2

538 △AOD∽△COB (AA 닮음)이므로
$\overline{AO} : \overline{CO} = 10 : 15 = 2 : 3$
△ABC에서
$2 : 5 = \overline{EO} : 15$ $\quad \therefore \overline{EO}=6(\text{cm})$ 답 6 cm

539 △ABE∽△CDE (AA 닮음)이므로
$\overline{BE} : \overline{DE} = \overline{AB} : \overline{CD} = 6 : 4 = 3 : 2$
△BCD에서 $\overline{BF} : \overline{BC} = \overline{BE} : \overline{BD}$이므로
$\overline{BF} : 12 = 3 : 5$
$\therefore \overline{BF}=\frac{36}{5}(\text{cm})$ 답 $\frac{36}{5}$ cm

540 $\overline{AE} : \overline{EB} = 4 : 5$이므로
△ABD에서
$\overline{BE} : \overline{BA} = \overline{EG} : \overline{AD}$
즉, $5 : 9 = \overline{EG} : 12$ $\quad \therefore \overline{EG}=\frac{20}{3}(\text{cm})$
△DBC에서
$\overline{DG} : \overline{DB} = \overline{GF} : \overline{BC}$
즉, $4 : 9 = \overline{GF} : 18$ $\quad \therefore \overline{GF}=8(\text{cm})$
$\therefore \overline{EG} : \overline{GF} = \frac{20}{3} : 8 = 5 : 6$ 답 ④

541 점 E에서 $\overline{BC}$에 내린 수선의 발을 H라 하면
$\overline{AB} /\!/ \overline{EH} /\!/ \overline{DC}$이므로
△ABE∽△CDE (AA 닮음)
$\overline{BE} : \overline{DE} = \overline{AB} : \overline{CD}$
$= 9 : 6 = 3 : 2$

△BCD에서
$\overline{EH} : \overline{DC} = \overline{BE} : \overline{BD} = 3 : 5$
$\overline{EH} : 6 = 3 : 5$ $\quad \therefore \overline{EH}=\frac{18}{5}(\text{cm})$
△EBC의 넓이가 18 cm²이므로
$\frac{1}{2}\times\overline{BC}\times\frac{18}{5}=18$
$\therefore \overline{BC}=10(\text{cm})$ 답 10 cm

유형모아 Theme 12 평행선 사이의 선분의 길이의 비 2 87쪽

542 $6 : 2 = x : 3$ $\quad \therefore x=9$ 답 ④

543 오른쪽 직선을 왼쪽으로 2 cm만큼 평행이동하면
$4 : 10 = (x-2) : 10$
$\therefore x=6$ 답 ②

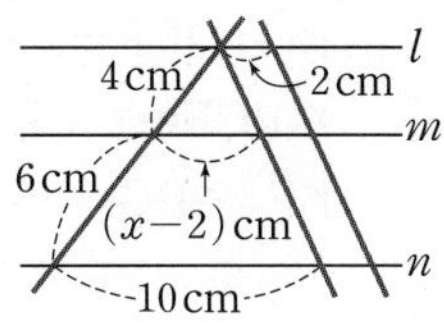

544 $\overline{AE} : \overline{EB} = 3 : 2$이므로
△ABC에서
$\overline{AE} : \overline{AB} = \overline{EH} : \overline{BC}$
즉, $3 : 5 = \overline{EH} : 12$ $\quad \therefore \overline{EH}=\frac{36}{5}(\text{cm})$
△ABD에서
$\overline{BE} : \overline{BA} = \overline{EG} : \overline{AD}$
즉, $2 : 5 = \overline{EG} : 8$ $\quad \therefore \overline{EG}=\frac{16}{5}(\text{cm})$
$\therefore \overline{GH}=\overline{EH}-\overline{EG}$
$=\frac{36}{5}-\frac{16}{5}=4(\text{cm})$ 답 ②

545 △ABC∽△EFC (AA 닮음)이므로
$\overline{CB} : \overline{CF} = 6 : 4 = 3 : 2$
$\therefore \overline{BF} : \overline{FC} = 1 : 2$
△BCD에서 $\overline{BF} : \overline{BC} = \overline{FE} : \overline{CD}$이므로
$1 : 3 = 4 : \overline{CD}$ $\quad \therefore \overline{CD}=12(\text{cm})$ 답 ③

546 ③ $\overline{AB} : \overline{DC} \neq \overline{BC} : \overline{CB}$, 즉 두 쌍의 대응변의 길이의 비가 같지 않으므로 △ABC와 △DCB는 닮음이 아니다. 답 ③

547 점 A를 지나고 $\overline{DC}$에 평행한 직선이 $\overline{GH}$, $\overline{BC}$와 만나는 점을 각각 I, J라 하면
$\overline{IH}=\overline{JC}=\overline{AD}=7$ cm이므로
$\overline{BJ}=13-7=6(\text{cm})$
△ABJ에서
$\overline{AG} : \overline{AB} = \overline{GI} : \overline{BJ}$이므로
$2 : 3 = \overline{GI} : 6$ $\quad \therefore \overline{GI}=4(\text{cm})$
$\therefore \overline{GH}=\overline{GI}+\overline{IH}=4+7=11(\text{cm})$ 답 11 cm

548 ① △ABE∽△CDE (AA 닮음)이므로
$\overline{AE} : \overline{CE} = \overline{AB} : \overline{CD} = a : b$
②, ④ △BEF∽△BDC (AA 닮음)이므로
$\overline{BE} : \overline{BD} = \overline{EF} : \overline{DC} = a : (a+b)$
③ $\overline{AE} : \overline{EC} = a : b$이고, $\overline{AB} /\!/ \overline{EF}$이므로
$\overline{BF} : \overline{FC} = a : b$
⑤ △ABC∽△EFC (AA 닮음)이므로
$\overline{BC} : \overline{FC} = (a+b) : b$ 답 ④

유형모아 Theme 13 두 변의 중점을 연결한 선분  88쪽

549 $\overline{AM}=\overline{MB}$, $\overline{AN}=\overline{NC}$이므로
$\overline{MN}=\frac{1}{2}\overline{BC}=\frac{1}{2}\times16=8(\text{cm})$
$\therefore \overline{MP}=\overline{MN}-\overline{PN}$
$=8-5=3(\text{cm})$ 답 3 cm

550 $\triangle AFD$에서
$\overline{AE}=\overline{EF}$, $\overline{AP}=\overline{PD}$이므로
$\overline{EP}/\!/\overline{FD}$, $\overline{FD}=2\overline{EP}=2\times2=4(\text{cm})$
$\triangle EBC$에서
$\overline{BF}=\overline{FE}$, $\overline{FD}/\!/\overline{EC}$이므로
$\overline{EC}=2\overline{FD}=2\times4=8(\text{cm})$
$\therefore \overline{PC}=\overline{EC}-\overline{EP}$
$=8-2=6(\text{cm})$ 답 6 cm

551 $\overline{AB}=2\overline{DE}$, $\overline{BC}=2\overline{EF}$, $\overline{CA}=2\overline{FD}$
따라서 $\triangle ABC$의 둘레의 길이는
$\overline{AB}+\overline{BC}+\overline{CA}=2(\overline{DE}+\overline{EF}+\overline{FD})$
$=2\times42$
$=84(\text{cm})$ 답 84 cm

552 □PQRS는 마름모이다.
④ $\overline{PR}=\overline{SQ}$인지 알 수 없다. 답 ④

553 $\overline{AM}=\overline{MB}$, $\overline{DN}=\overline{NC}$이므로
$\overline{AD}/\!/\overline{MN}/\!/\overline{BC}$
$\triangle ABD$에서
$\overline{AM}=\overline{MB}$, $\overline{ME}/\!/\overline{AD}$이므로
$\overline{ME}=\frac{1}{2}\overline{AD}=\frac{1}{2}\times4=2(\text{cm})$
$\triangle ABC$에서
$\overline{AM}=\overline{MB}$, $\overline{MF}/\!/\overline{BC}$이므로
$\overline{MF}=\frac{1}{2}\overline{BC}=\frac{1}{2}\times8=4(\text{cm})$
$\therefore \overline{EF}=\overline{MF}-\overline{ME}$
$=4-2=2(\text{cm})$ 답 ③

554 $\triangle ACD$에서
$\overline{CM}=\overline{MA}$, $\overline{CN}=\overline{ND}$이므로 $\overline{MN}/\!/\overline{AD}$
$\overline{MN}=\frac{1}{2}\overline{AD}=\frac{1}{2}\times11=\frac{11}{2}(\text{cm})$
$\overline{MN}/\!/\overline{AD}$, $\overline{AD}/\!/\overline{BC}$이므로 $\overline{MN}/\!/\overline{BC}$
따라서 $\triangle DBC$에서
$\overline{PN}=\frac{1}{2}\overline{BC}=\frac{1}{2}\times5=\frac{5}{2}(\text{cm})$
$\therefore \overline{MP}=\overline{MN}-\overline{PN}$
$=\frac{11}{2}-\frac{5}{2}=3(\text{cm})$ 답 3 cm

555 점 A에서 $\overline{BC}$에 평행한 직선을 그어 $\overline{DE}$와 만나는 점을 P라 하면
$\triangle AFP\equiv\triangle CFE$ (ASA 합동)
이므로 $\overline{AP}=\overline{CE}=4$ cm
$\triangle DBE$에서
$\overline{DA}=\overline{AB}$, $\overline{AP}/\!/\overline{BE}$이므로
$\overline{BE}=2\overline{AP}=2\times4=8(\text{cm})$
$\therefore \overline{BC}=\overline{BE}+\overline{EC}$
$=8+4=12(\text{cm})$ 답 12 cm

13 두 변의 중점을 연결한 선분

89쪽

556 ⑤ $\overline{AD}:\overline{DB}=1:1$이고 $\overline{DE}:\overline{BC}=1:2$이므로
$\overline{AD}:\overline{DB}\neq\overline{DE}:\overline{BC}$ 답 ⑤

557 $\triangle ABC$에서
$\overline{AM}=\overline{MB}$, $\overline{MN}/\!/\overline{BC}$이므로
$\overline{BC}=2\overline{MN}=2\times8=16(\text{cm})$
$\triangle DBC$에서
$\overline{DQ}=\overline{QC}$, $\overline{PQ}/\!/\overline{BC}$이므로
$\overline{PQ}=\frac{1}{2}\overline{BC}=\frac{1}{2}\times16=8(\text{cm})$
$\therefore \overline{PR}=\overline{PQ}-\overline{RQ}=8-5=3(\text{cm})$ 답 3 cm

558 원래의 삼각형의 둘레의 길이는
$11+12+13=36(\text{cm})$
이므로 중점을 연결해서 만들어진 삼각형의 둘레의 길이는
$\frac{1}{2}\times36=18(\text{cm})$ 답 ①

559 $\overline{AM}=\overline{MB}$, $\overline{DN}=\overline{NC}$이므로
$\overline{AD}/\!/\overline{MN}/\!/\overline{BC}$
$\triangle ABD$에서
$\overline{AM}=\overline{MB}$, $\overline{AD}/\!/\overline{ME}$이므로
$\overline{ME}=\frac{1}{2}\overline{AD}=\frac{1}{2}\times10=5(\text{cm})$
$\therefore \overline{MN}=\overline{ME}+\overline{EN}=5+9=14(\text{cm})$ 답 14 cm

560 점 A에서 $\overline{BC}$에 평행한 직선을 그어 $\overline{DF}$와 만나는 점을 P라 하면
$\overline{DA}=\overline{AC}$, $\overline{PA}/\!/\overline{FC}$이므로
$\overline{DP}=\overline{PF}=\frac{1}{2}\overline{DF}$
$=\frac{1}{2}\times28=14(\text{cm})$
$\triangle PEA\equiv\triangle FEB$ (ASA 합동)
이므로
$\overline{PE}=\overline{FE}=\frac{1}{2}\overline{PF}=\frac{1}{2}\times14=7(\text{cm})$
$\therefore \overline{DE}=\overline{DP}+\overline{PE}$
$=14+7=21(\text{cm})$ 답 21 cm

561 $\overline{EF}=\overline{HG}=\frac{1}{2}\overline{AC}=\frac{1}{2}\times8=4(\text{cm})$
$\overline{EH}=\overline{FG}=\frac{1}{2}\overline{BD}=\frac{1}{2}\times5=\frac{5}{2}(\text{cm})$
이때 □EFGH는 직사각형이므로 그 넓이는
$4\times\frac{5}{2}=10(\text{cm}^2)$ 답 ②

562 $\triangle ADG$에서 $\overline{AE}=\overline{ED}$, $\overline{EF}/\!/\overline{DG}$이므로
$\overline{DG}=2\overline{EF}=2\times3=6(\text{cm})$
$\triangle BCF$에서 $\overline{CD}=\overline{DB}$, $\overline{DG}/\!/\overline{BF}$이므로
$\overline{BF}=2\overline{DG}=2\times6=12(\text{cm})$
$\therefore \overline{BE}=\overline{BF}-\overline{EF}=12-3=9(\text{cm})$ 답 9 cm

중단원 마무리 90~91쪽

563 $\overline{BD}=x$ cm라 하면
$4:(4+x)=8:10 \quad \therefore x=1$
$\therefore \overline{BD}=1$ cm 답 ②

564 $(6+x-2):2=21:3$이므로
$(4+x):2=7:1 \quad \therefore x=10$
$10:2=(y+3):3 \quad \therefore y=12$
$\therefore x+y=10+12=22$ 답 22

565 ⑤ $\overline{AB}:\overline{AD}=\overline{AC}:\overline{AE}=2:1$이므로
$\overline{BC} /\!/ \overline{DE}$ 답 ⑤

566 △ABC에서 $\overline{BC} /\!/ \overline{DE}$이므로
$\overline{AD}:\overline{DB}=\overline{AE}:\overline{EC}=24:8=3:1$
즉, $\overline{AB}:\overline{DB}=4:1$
△ABE에서 $\overline{BE} /\!/ \overline{DF}$이므로
$\overline{AB}:\overline{DB}=\overline{AE}:\overline{FE}$
즉, $4:1=24:\overline{FE} \quad \therefore \overline{FE}=6$(cm) 답 6 cm

567 $\overline{AB}:\overline{AC}=\overline{BD}:\overline{CD}$이므로
$5:\overline{AC}=10:6 \quad \therefore \overline{AC}=3$(cm)
따라서 △ABC의 둘레의 길이는
$5+4+3=12$(cm) 답 12 cm

568 $\overline{DF}:\overline{FC}=\overline{AE}:\overline{EB}=2:3$이므로
$\overline{CF}:\overline{CD}=3:5$
△ACD에서
$\overline{CF}:\overline{CD}=\overline{GF}:\overline{AD}$이므로
$3:5=\overline{GF}:10 \quad \therefore \overline{GF}=6$(cm) 답 ②

569 △ABC의 둘레의 길이는
$\overline{AB}+\overline{BC}+\overline{CA}=2(\overline{FE}+\overline{DF}+\overline{ED})$
$=2\times(2+4+3)$
$=18$(cm) 답 ④

570 $\overline{AB}:\overline{AC}=\overline{BE}:\overline{CE}$이므로
$8:\overline{AC}=4:6 \quad \therefore \overline{AC}=12$(cm)
또, $\overline{BA}:\overline{BC}=\overline{AD}:\overline{CD}$이므로
$8:10=(12-x):x$
$\therefore x=\frac{20}{3}$ 답 $\frac{20}{3}$

571 □PQRS는 마름모이므로
$\overline{PQ}=\overline{QR}=\overline{RS}=\overline{SP}$
△ABD에서
$\overline{PQ}=\frac{1}{2}\overline{BD}=\frac{1}{2}\times 6=3$(cm)
$\therefore \overline{PQ}+\overline{QR}+\overline{RS}+\overline{SP}=4\times 3=12$(cm) 답 12 cm

572 $\overline{AM}=\overline{MB}$, $\overline{DN}=\overline{NC}$이므로
$\overline{AD} /\!/ \overline{MN} /\!/ \overline{BC}$
△ABD에서
$\overline{AM}=\overline{MB}$, $\overline{AD} /\!/ \overline{MP}$이므로
$\overline{MP}=\frac{1}{2}\overline{AD}=\frac{1}{2}\times 6=3$(cm)
$\overline{MQ}=\overline{MP}+\overline{PQ}=3+2=5$(cm)
따라서 △ABC에서
$\overline{AM}=\overline{MB}$, $\overline{MQ} /\!/ \overline{BC}$이므로
$\overline{BC}=2\overline{MQ}=2\times 5=10$(cm) 답 ②

573 △ABC에서
$\overline{AE}:\overline{AB}=\overline{EN}:\overline{BC}$이므로
$2:3=\overline{EN}:9 \quad \therefore \overline{EN}=6$(cm)
△ABD에서
$\overline{BE}:\overline{BA}=\overline{EM}:\overline{AD}$이므로
$1:3=\overline{EM}:6 \quad \therefore \overline{EM}=2$(cm)
$\therefore \overline{MN}=\overline{EN}-\overline{EM}$
$=6-2=4$(cm) 답 4 cm

574 $\overline{AB}$, $\overline{EF}$, $\overline{DC}$가 모두 $\overline{BC}$에 수직이므로
$\overline{AB} /\!/ \overline{EF} /\!/ \overline{DC}$
△ABE∽△CDE (AA 닮음)이므로
$\overline{AE}:\overline{CE}=3:6=1:2$
△ABC에서
$\overline{CA}:\overline{CE}=\overline{AB}:\overline{EF}$이므로
$3:2=3:\overline{EF} \quad \therefore \overline{EF}=2$(cm) …❶
$\overline{BF}=x$ cm라 하면
$\overline{CE}:\overline{EA}=\overline{CF}:\overline{FB}$이므로
$2:1=(9-x):x \quad \therefore x=3$
$\therefore \overline{BF}=3$ cm …❷
$\therefore \triangle BFE=\frac{1}{2}\times 3\times 2=3(\text{cm}^2)$ …❸
답 3 cm^2

채점 기준	배점
❶ $\overline{EF}$의 길이 구하기	40 %
❷ $\overline{BF}$의 길이 구하기	40 %
❸ △BFE의 넓이 구하기	20 %

575 평행선 사이의 선분의 길이의 비에 의하여
$\overline{AD}:\overline{EH}=\overline{BC}:\overline{FG}$
이므로 $10:\overline{EH}=15:9$ …❶
$\therefore \overline{EH}=6$ …❷
답 6

채점 기준	배점
❶ 평행선 사이의 선분의 길이의 비 이용하여 식 세우기	60 %
❷ $\overline{EH}$의 길이 구하기	40 %

07. 닮음의 활용

한번 더 핵심 유형 92~99쪽

Theme 14 삼각형의 무게중심 92~95쪽

576 $\overline{BM}=\overline{MC}$이므로

$\triangle AMC=\frac{1}{2}\triangle ABC=\frac{1}{2}\times 24=12(cm^2)$

$\overline{AP}=\overline{PM}$이므로

$\triangle APC=\frac{1}{2}\triangle AMC=\frac{1}{2}\times 12=6(cm^2)$ 답 ②

577 $\triangle ABD$에서 $\overline{AM}=\overline{MD}$이므로

$\triangle MBD=\frac{1}{2}\triangle ABD$

$\triangle BCD$에서 $\overline{BN}=\overline{NC}$이므로

$\triangle BND=\frac{1}{2}\triangle BCD$

$\therefore \square BNDM=\triangle MBD+\triangle BND$

$=\frac{1}{2}\triangle ABD+\frac{1}{2}\triangle BCD$

$=\frac{1}{2}\square ABCD$

$=\frac{1}{2}\times 60=30(cm^2)$ 답 ④

578 $\overline{AD}=3\overline{EF}$이므로

$\triangle ADC=3\triangle CEF=3\times 7=21(cm^2)$

$\therefore \triangle ABC=2\triangle ADC=2\times 21=42(cm^2)$ 답 42 cm²

579 $\triangle ABC=\frac{1}{2}\times\overline{BC}\times 6=30(cm^2)$이므로

$\overline{BC}=10(cm)$

$\overline{BD}=\overline{DC}$이므로

$\overline{DC}=\frac{1}{2}\overline{BC}=\frac{1}{2}\times 10=5(cm)$ 답 ①

580 $\overline{BD}=\overline{DC}$이므로

$\triangle ABD=\triangle ACD$, $\triangle PBD=\triangle PCD$,

$\triangle QBD=\triangle QCD$, $\triangle RBD=\triangle RCD$에서

$\triangle ABP=\triangle ABD-\triangle PBD$

$=\triangle ACD-\triangle PCD=\triangle ACP$

$\triangle PBQ=\triangle PBD-\triangle QBD$

$=\triangle PCD-\triangle QCD=\triangle PCQ$

$\triangle QBR=\triangle QBD-\triangle RBD$

$=\triangle QCD-\triangle RCD=\triangle QCR$

따라서 색칠한 부분의 넓이는 $\triangle ABD$의 넓이와 같다.

$\therefore \triangle ABD=\frac{1}{2}\triangle ABC$

$=\frac{1}{2}\times 100=50(cm^2)$ 답 ④

581 $\overline{AC}$를 그으면 $\overline{AM}$은 $\triangle ABC$의 중선이고 $\overline{AN}$은 $\triangle ACD$의 중선이므로

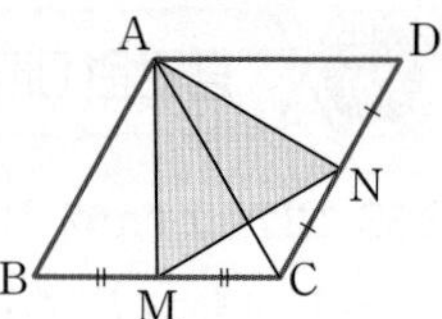

$\square AMCN=\triangle AMC+\triangle ACN$

$=\frac{1}{2}\triangle ABC+\frac{1}{2}\triangle ACD$

$=\frac{1}{2}\square ABCD$

$=\frac{1}{2}\times 80=40(cm^2)$

$\therefore \triangle AMN=\square AMCN-\triangle MCN$

$=40-10=30(cm^2)$ 답 30 cm²

582 점 G가 $\triangle ABC$의 무게중심이므로 $\overline{AD}$는 중선이다.

$\overline{BD}=\overline{DC}=9$ cm $\quad\therefore y=9$

$\overline{AG}=\frac{2}{3}\overline{AD}=\frac{2}{3}\times 18=12(cm)$ $\quad\therefore x=12$

$\therefore x+y=12+9=21$ 답 21

583 ② $\overline{BG}:\overline{GF}=2:1$

③ $\overline{AE}$, $\overline{BF}$, $\overline{CD}$의 길이는 알 수 없으므로 $\overline{GD}$, $\overline{GE}$, $\overline{GF}$의 길이가 서로 같은지 알 수 없다.

④ $\overline{GD}=\frac{1}{3}\overline{CD}$ 답 ①, ⑤

584 점 G가 $\triangle ABC$의 무게중심이므로

$\overline{GD}=\frac{1}{3}\overline{AD}=\frac{1}{3}\times 36=12(cm)$

점 G′이 $\triangle GBC$의 무게중심이므로

$\overline{GG'}=\frac{2}{3}\overline{GD}=\frac{2}{3}\times 12=8(cm)$ 답 8 cm

585 $\overline{CD}$는 $\triangle ABC$의 중선이고, 직각삼각형의 외심은 빗변의 중점이므로 점 D는 직각삼각형 ABC의 외심이다.

$\therefore \overline{CD}=\overline{AD}=\overline{BD}=\frac{1}{2}\overline{AB}=\frac{1}{2}\times 18=9(cm)$

점 G는 $\triangle ABC$의 무게중심이므로

$\overline{GC}=\frac{2}{3}\overline{CD}=\frac{2}{3}\times 9=6(cm)$ 답 6 cm

586 $\triangle ADE$에서

$\overline{GF}:\overline{DE}=\overline{AG}:\overline{AD}=2:3$이므로

$\overline{GF}=\frac{2}{3}\overline{DE}=\frac{2}{3}\times 12=8(cm)$

$\therefore \overline{BG}=2\overline{GF}=2\times 8=16(cm)$ 답 ⑤

다른 풀이 점 G가 $\triangle ABC$의 무게중심이므로 $\overline{AD}$가 중선이다.

$\overline{BD}=\overline{DC}$, $\overline{BF}\,/\!/\,\overline{DE}$이므로

$\overline{BF}=2\overline{DE}=2\times 12=24(cm)$

$\therefore \overline{BG}=\frac{2}{3}\overline{BF}=\frac{2}{3}\times 24=16(cm)$

587 점 G가 $\triangle ABC$의 무게중심이므로

$\overline{GE}:\overline{CE}=1:3$

이때 $\overline{EF}\,/\!/\,\overline{GD}$이므로

$\overline{DF}:\overline{CF}=\overline{GE}:\overline{CE}=1:3$

$\triangle ABD$에서 $\overline{AE}=\overline{EB}$, $\overline{EF} /\!/ \overline{AD}$이므로
$\overline{BF}=\overline{FD}$
$\therefore \overline{BF} : \overline{BC}=\overline{DF} : \overline{BC}=1 : 4$ 답 1 : 4

588 $\triangle ABD$에서 $\overline{BE}=\overline{EA}$, $\overline{EF} /\!/ \overline{AD}$이므로
$\overline{BF}=\overline{FD}$
또한, 점 D는 $\overline{BC}$의 중점이고 점 H는 $\overline{DC}$의 중점이므로
$\overline{BF}=\overline{FD}=\overline{DH}=\overline{HC}$
$\triangle CEF$에서 $\overline{CH} : \overline{CF}=\overline{IH} : \overline{EF}$이므로
$1 : 3=\overline{IH} : 9$
$\therefore \overline{IH}=3(\text{cm})$ 답 3 cm

589 점 G가 $\triangle ABC$의 무게중심이므로
$\overline{GM}=\frac{1}{3}\overline{AM}=\frac{1}{3}\times 18=6(\text{cm})$ $\therefore x=6$
$\triangle ADG$와 $\triangle ABM$에서
$\angle BAM$은 공통, $\angle ADG=\angle ABM$ (동위각)이므로
$\triangle ADG \backsim \triangle ABM$ (AA 닮음)
$\overline{DG} : \overline{BM}=\overline{AG} : \overline{AM}$
$8 : \overline{BM}=2 : 3$
$\therefore \overline{BM}=12(\text{cm})$
즉, $\overline{CM}=\overline{BM}=12\text{ cm}$ $\therefore y=12$
$\therefore x+y=6+12=18$ 답 ④

590 $\triangle AGG'$과 $\triangle AEF$에서
$\overline{AG} : \overline{AE}=2 : 3$, $\overline{AG'} : \overline{AF}=2 : 3$
즉, $\overline{AG} : \overline{AE}=\overline{AG'} : \overline{AF}$, $\angle EAF$는 공통이므로
$\triangle AGG' \backsim \triangle AEF$ (SAS 닮음)
$\overline{AE}$, $\overline{AF}$는 각각 $\triangle ABD$, $\triangle ADC$의 중선이므로
$\overline{BE}=\overline{ED}$, $\overline{DF}=\overline{FC}$
$\therefore \overline{EF}=\frac{1}{2}\overline{BC}=\frac{1}{2}\times 30=15(\text{cm})$
$\overline{GG'} : \overline{EF}=\overline{AG} : \overline{AE}$이므로
$\overline{GG'} : 15=2 : 3$
$\therefore \overline{GG'}=10(\text{cm})$ 답 10 cm

591 $\triangle AEF$와 $\triangle ABD$에서
$\angle BAD$는 공통, $\angle AEF=\angle ABD$ (동위각)이므로
$\triangle AEF \backsim \triangle ABD$ (AA 닮음)
$\overline{AF} : \overline{AD}=\overline{AE} : \overline{AB}$, $\overline{AF} : 18=1 : 2$
$\therefore \overline{AF}=9(\text{cm})$
점 G가 $\triangle ABC$의 무게중심이므로
$\overline{AG}=\frac{2}{3}\overline{AD}=\frac{2}{3}\times 18=12(\text{cm})$
$\therefore \overline{GF}=\overline{AG}-\overline{AF}=12-9=3(\text{cm})$ 답 ③

592 $\overline{BG}$를 그으면

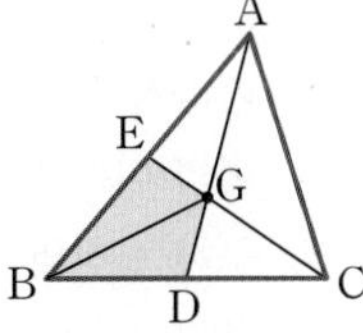

$\triangle BGE=\triangle BGD=\frac{1}{6}\triangle ABC$
$=\frac{1}{6}\times 54=9(\text{cm}^2)$

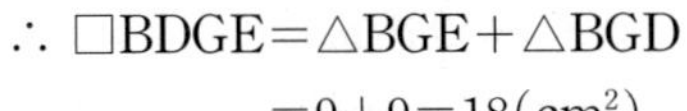

$\therefore \square BDGE=\triangle BGE+\triangle BGD$
$=9+9=18(\text{cm}^2)$ 답 ④

593 $\overline{AG}$를 그으면

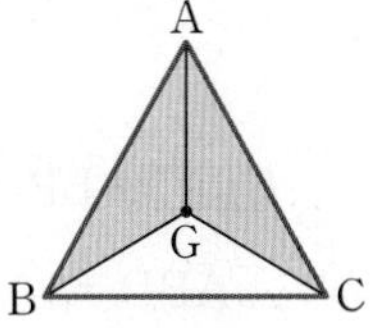

$\triangle GAB=\triangle GAC=\triangle GBC$
$=\frac{1}{3}\triangle ABC=\frac{1}{3}\times 60$
$=20(\text{cm}^2)$
따라서 색칠한 부분의 넓이는
$\triangle GAB+\triangle GAC=20+20=40(\text{cm}^2)$ 답 40 cm²

594 ② $\triangle AEC=\frac{1}{2}\triangle ABC$, $2\triangle GBD=\frac{1}{3}\triangle ABC$이므로
$\triangle AEC \neq 2\triangle GBD$
③ $\triangle ABE=\frac{1}{2}\triangle ABC$
⑤ $\triangle GEC=\frac{1}{2}\triangle GBC$ 답 ①, ④

595 $\triangle ADC=\frac{2}{3}\triangle ABC=\frac{2}{3}\times 36=24(\text{cm}^2)$
점 G가 $\triangle ADC$의 무게중심이므로
$\triangle GEC=\frac{1}{6}\triangle ADC=\frac{1}{6}\times 24=4(\text{cm}^2)$ 답 ③

596 점 G′이 $\triangle GBC$의 무게중심이므로
$\triangle GBC=3\triangle GBG'=3\times 4=12(\text{cm}^2)$
또한, 점 G가 $\triangle ABC$의 무게중심이므로
$\triangle ABC=3\triangle GBC=3\times 12=36(\text{cm}^2)$ 답 ④

597 $\overline{AG}$를 그으면 색칠한 부분의 넓이는
$\triangle ADG+\triangle AGE$
$=\frac{1}{2}\triangle ABG+\frac{1}{2}\triangle AGC$
$=\frac{1}{2}\times\frac{1}{3}\triangle ABC+\frac{1}{2}\times\frac{1}{3}\triangle ABC$
$=\frac{1}{6}\triangle ABC+\frac{1}{6}\triangle ABC$
$=\frac{1}{3}\triangle ABC=\frac{1}{3}\times 42=14(\text{cm}^2)$ 답 14 cm²

598 두 점 E, F는 각각 $\triangle ABC$, $\triangle ACD$의 무게중심이므로
$\overline{BE}=2\overline{EO}$, $\overline{FD}=2\overline{OF}$
$\overline{BD}=\overline{BE}+\overline{EO}+\overline{OF}+\overline{FD}$
$=2\overline{EO}+\overline{EO}+\overline{OF}+2\overline{OF}$
$=3(\overline{EO}+\overline{OF})$
$=3\overline{EF}=12(\text{cm})$
$\therefore \overline{EF}=4(\text{cm})$ 답 4 cm

599 $\overline{AC}$를 그어 $\overline{BD}$와의 교점을 O라 하면 두 점 P, Q는 각각 $\triangle ABC$, $\triangle ACD$의 무게중심이므로

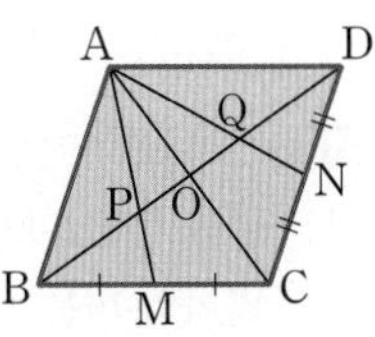

$\triangle APO=\frac{1}{6}\triangle ABC$,
$\triangle AOQ=\frac{1}{6}\triangle ACD$
$\therefore \triangle APQ=\triangle APO+\triangle AOQ$
$=\frac{1}{6}\triangle ABC+\frac{1}{6}\triangle ACD$
$=\frac{1}{6}\square ABCD$

$\therefore \square ABCD=6\triangle APQ$

$=6\times 11=66(cm^2)$ 답 $66\ cm^2$

다른 풀이 $\overline{BP}=\overline{PQ}=\overline{QD}=\frac{1}{3}\overline{BD}$이므로

$\triangle ABD=3\triangle APQ=3\times 11=33(cm^2)$

$\therefore \square ABCD=2\triangle ABD=2\times 33=66(cm^2)$

600 $\overline{AC}$를 그어 $\overline{BD}$와의 교점을 O라 하면 두 점 P, Q는 각각 $\triangle ABC$, $\triangle ACD$의 무게중심이므로

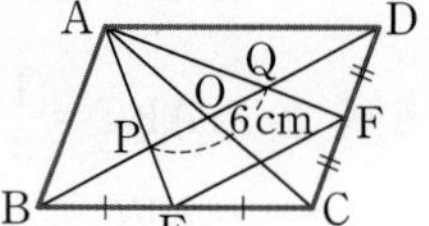

$\overline{BP}=2\overline{PO}$, $\overline{QD}=2\overline{OQ}$

$\overline{BD}=\overline{BP}+\overline{PQ}+\overline{QD}$

$=2\overline{PO}+(\overline{PO}+\overline{OQ})+2\overline{OQ}$

$=3(\overline{PO}+\overline{OQ})=3\overline{PQ}$

$=3\times 6=18(cm)$

$\triangle BCD$에서

$\overline{EF}=\frac{1}{2}\overline{BD}=\frac{1}{2}\times 18=9(cm)$ 답 ②

Theme 15 닮은 도형의 성질의 활용 96~99쪽

601 $\triangle ADE \backsim \triangle ABC$ (AA 닮음)이고

닮음비가 $\overline{AD}:\overline{AB}=8:14=4:7$이므로 넓이의 비는

$4^2:7^2=16:49$

$\triangle ADE:\triangle ABC=16:49$에서

$32:\triangle ABC=16:49$

$\therefore \triangle ABC=98(cm^2)$ 답 ⑤

602 $\overline{AD}/\!/\overline{BC}$이므로 $\triangle ODA \backsim \triangle OBC$ (AA 닮음)이고

넓이의 비가 $\triangle ODA:\triangle OBC=4:9=2^2:3^2$이므로 닮음비는 $2:3$

$\overline{DO}:\overline{BO}=2:3$이므로

$\triangle ODA:\triangle OAB=2:3$

즉, $4:\triangle OAB=2:3$이므로 $\triangle OAB=6(cm^2)$

$\therefore \triangle OCD=\triangle OAB=6\ cm^2$

$\therefore \square ABCD=\triangle ODA+\triangle OAB+\triangle OBC+\triangle OCD$

$=4+6+9+6$

$=25(cm^2)$ 답 $25\ cm^2$

603 $\triangle ADE \backsim \triangle AFG \backsim \triangle AHI \backsim \triangle ABC$ (SAS 닮음)이고

닮음비가 $\overline{AD}:\overline{AF}:\overline{AH}:\overline{AB}=1:2:3:4$이므로

넓이의 비는 $1^2:2^2:3^2:4^2=1:4:9:16$

$\triangle ADE:\triangle AHI=1:9$에서 $3:\triangle AHI=1:9$

$\therefore \triangle AHI=27(cm^2)$

$\triangle ADE:\triangle ABC=1:16$에서 $3:\triangle ABC=1:16$

$\therefore \triangle ABC=48(cm^2)$

$\therefore \square HBCI=\triangle ABC-\triangle AHI$

$=48-27=21(cm^2)$ 답 $21\ cm^2$

604 원 O′의 반지름의 길이를 r cm라 하면

$2\pi r=24\pi \quad \therefore r=12$

원 O′의 넓이는 $\pi\times 12^2=144\pi(cm^2)$

두 원의 닮음비가 $5:6$이므로 넓이의 비는

$5^2:6^2=25:36$

원 O의 넓이를 $S\ cm^2$라 하면

$S:144\pi=25:36 \quad \therefore S=100\pi$

따라서 원 O의 넓이는 $100\pi\ cm^2$이다. 답 $100\pi\ cm^2$

605 두 정사각형 ABCD와 EBFG의 넓이의 비가

$49:16=7^2:4^2$이므로 닮음비는 $7:4$이다.

$(\overline{AE}+8):8=7:4 \quad \therefore \overline{AE}=6(cm)$ 답 6 cm

606 점 G가 $\triangle ABC$의 무게중심이므로

$\overline{AD}:\overline{AG}=3:2$, 즉 두 원 O, O′의 지름의 길이의 비가 $3:2$이므로 닮음비는 $3:2$이다.

따라서 두 원 O, O′의 넓이의 비는

$3^2:2^2=9:4$ 답 $9:4$

607 세 원의 닮음비가 $1:2:3$이므로 넓이의 비는

$1^2:2^2:3^2=1:4:9$

가장 작은 원의 넓이를 $x\ cm^2$, 두 번째로 큰 원의 넓이를 $y\ cm^2$라 하면

$x:81\pi=1:9 \quad \therefore x=9\pi$

$y:81\pi=4:9 \quad \therefore y=36\pi$

색칠한 부분의 넓이는 두 번째로 큰 원의 넓이에서 가장 작은 원의 넓이를 빼면 된다.

$\therefore$ (색칠한 부분의 넓이)$=36\pi-9\pi$

$=27\pi(cm^2)$ 답 $27\pi\ cm^2$

608 원래 그림과 축소 복사된 그림의 닮음비가

$100:80=5:4$이므로 넓이의 비는 $5^2:4^2=25:16$

축소 복사된 그림의 넓이를 $x\ cm^2$라 하면

$200:x=25:16 \quad \therefore x=128$

따라서 축소 복사된 그림의 넓이는 $128\ cm^2$이다. 답 ①

609 지름의 길이가 각각 40 cm, 28 cm인 두 피자의 닮음비가

$40:28=10:7$이므로

넓이의 비는 $10^2:7^2=100:49$

지름의 길이가 28 cm인 피자의 가격을 x원이라 하면

$28000:x=100:49 \quad \therefore x=13720$

따라서 지름의 길이가 28 cm인 피자의 가격은 13720원이다.

답 13720원

610 두 직사각형 모양의 천의 가로의 길이의 비는

$3:15=1:5$, 세로의 길이의 비도 $0.8:4=1:5$

따라서 두 직사각형 모양의 천의 닮음비는 $1:5$이므로 넓이의 비는 $1^2:5^2=1:25$

구하는 천의 가격을 x원이라 하면

$7000:x=1:25 \quad \therefore x=175000$

따라서 구하는 천의 가격은 175000원이다. 답 175000원

611 2 cm=20 mm이므로 한 변의 길이가 1 mm인 정사각형과 한 변의 길이가 2 cm인 정사각형의 닮음비는 1 : 20이고 넓이의 비는 $1^2 : 20^2 = 1 : 400$
한 변의 길이가 2 cm인 정사각형 안에 붙어 있는 꽃가루의 수를 x라 하면
$250 : x = 1 : 400$ $\therefore x = 100000$
따라서 한 변의 길이가 2 cm인 정사각형 안에 붙어 있는 꽃가루의 수는 100000이다. 답 100000

612 두 원기둥 ㈎와 ㈏의 겉넓이의 비가 $16 : 25 = 4^2 : 5^2$이므로 닮음비는 4 : 5이다.
$r : 5 = 4 : 5$에서 $r = 4$
$8 : h = 4 : 5$에서 $h = 10$
$\therefore rh = 4 \times 10 = 40$ 답 40

613 두 정사면체의 겉넓이의 비가
$1 : \frac{100}{9} = 9 : 100 = 3^2 : 10^2$이므로
두 정사면체의 닮음비는 3 : 10
작은 정사면체의 한 모서리의 길이를 x cm라 하면
$x : 20 = 3 : 10$ $\therefore x = 6$
따라서 작은 정사면체의 한 모서리의 길이는 6 cm이다.
답 ③

614 두 과자 A, B를 각각 중심을 지나는 평면으로 자른 단면인 원의 둘레의 길이의 비가 2 : 3이므로 두 과자의 닮음비는 2 : 3이고 겉넓이의 비는 $2^2 : 3^2 = 4 : 9$
과자 B의 겉면을 초콜릿 크림으로 바르는 데 드는 비용을 x원이라 하면 과자의 겉면을 초콜릿 크림으로 바르는 비용이 과자의 겉넓이에 정비례하므로
$400 : x = 4 : 9$ $\therefore x = 900$
따라서 과자 B의 겉면을 바르는 초콜릿 크림의 비용은 900원이다. 답 900원

615 두 정사각뿔 ㈎와 ㈏의 밑넓이의 비가 $16 : 25 = 4^2 : 5^2$이므로 닮음비는 4 : 5이다.
부피의 비는 $4^3 : 5^3 = 64 : 125$이므로 정사각뿔 ㈏의 부피를 x cm^{3}라 하면
$64 : x = 64 : 125$ $\therefore x = 125$
따라서 정사각뿔 ㈏의 부피는 125 cm^{3}이다. 답 125 cm^3

616 ① ㈎, ㈏의 모선의 길이의 비는 3 : 5이다.
② ㈎, ㈏의 밑면의 둘레의 길이의 비는 3 : 5이다.
③ ㈎, ㈏의 밑넓이의 비는 $3^2 : 5^2 = 9 : 25$이다.
⑤ ㈎, ㈏의 부피의 비는 $3^3 : 5^3 = 27 : 125$이다. 답 ④

617 두 원기둥의 부피의 비가 $27 : 125 = 3^3 : 5^3$이므로 닮음비는 3 : 5이다.
원기둥 ㈏의 밑면의 반지름의 길이를 r cm라 하면
$9 : r = 3 : 5$ $\therefore r = 15$
따라서 원기둥 ㈏의 한 밑면의 넓이는
$\pi \times 15^2 = 225\pi(\text{cm}^2)$ 답 225π cm^2

618 두 통조림 ㈎와 ㈏의 닮음비는 6 : 8=3 : 4이므로
부피의 비는 $3^3 : 4^3 = 27 : 64$
통조림 ㈎의 가격을 x원이라 하면 통조림의 가격은 용기의 부피에 정비례하므로
$x : 6400 = 27 : 64$ $\therefore x = 2700$
따라서 통조림 ㈎의 가격은 2700원이다. 답 2700원

619 $\overline{OP} : \overline{PQ} = 5 : 3$이므로 $\overline{OP} : \overline{OQ} = 5 : 8$
두 사각뿔 A, A+B의 닮음비는 5 : 8이므로
부피의 비는 $5^3 : 8^3 = 125 : 512$
따라서 사각뿔 A와 사각뿔대 B의 부피의 비는
$125 : (512-125) = 125 : 387$ 답 ④

620 그릇에 부은 물과 그릇은 닮은 도형이고
물의 높이와 그릇의 높이의 비가 $\frac{3}{7} : 1 = 3 : 7$이므로
물의 부피와 그릇의 부피의 비는
$3^3 : 7^3 = 27 : 343$
물의 부피를 x cm^{3}라 하면
$x : 686 = 27 : 343$ $\therefore x = 54$
따라서 그릇에 들어 있는 물의 부피는 54 cm^{3}이다.
답 54 cm^3

621 세 원뿔 A, A+B, A+B+C의 높이의 비가 1 : 2 : 3이므로 닮음비는 1 : 2 : 3
세 원뿔의 부피의 비는 $1^3 : 2^3 : 3^3 = 1 : 8 : 27$
세 입체도형 A, B, C의 부피의 비는
$1 : (8-1) : (27-8) = 1 : 7 : 19$
입체도형 C의 부피를 x cm^{3}라 하면
$42 : x = 7 : 19$ $\therefore x = 114$
따라서 입체도형 C의 부피는 114 cm^{3}이다. 답 114 cm^3

622 $\triangle ABC \backsim \triangle ADE$ (AA 닮음)이고
닮음비는 $\overline{AB} : \overline{AD} = 2 : 8 = 1 : 4$이므로
건물의 높이를 x m라 하면
$1.5 : x = 1 : 4$ $\therefore x = 6$
따라서 건물의 높이는 6 m이다. 답 6 m

623 시계탑의 높이를 x cm라 하면
$20 : x = 30 : 300$ $\therefore x = 200$
따라서 시계탑의 높이는 200 cm, 즉 2 m이다. 답 ③

624
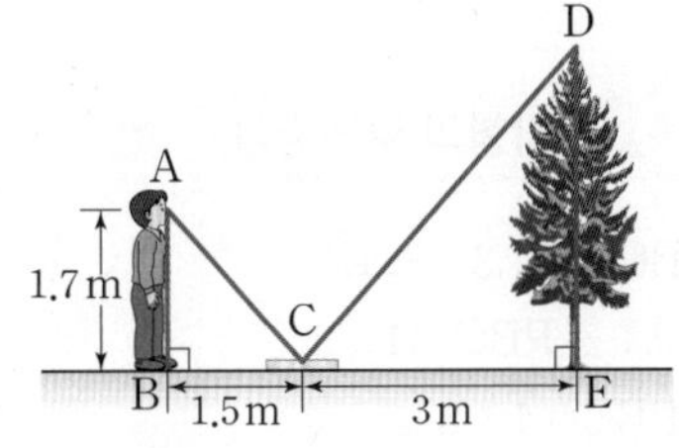

위의 그림의 $\triangle ABC$와 $\triangle DEC$에서
$\angle B = \angle E = 90°$ …… ㉠
거울의 입사각과 반사각의 크기가 같으므로
$\angle ACB = \angle DCE$ …… ㉡

㉠, ㉡에서 $\triangle ABC \backsim \triangle DEC$ (AA 닮음)
$\overline{AB} : \overline{DE} = \overline{BC} : \overline{EC}$에서
$1.7 : \overline{DE} = 1.5 : 3$
$\therefore \overline{DE} = 3.4(\text{m})$
따라서 나무의 높이는 3.4 m이다. 답 3.4 m

625 $\triangle ABC \backsim \triangle ADE$ (AA 닮음)이므로
$\overline{AB} = x$ cm라 하면
$x : (x+5) = 4 : 6 \quad \therefore x = 10$
$\overline{AB}$의 실제 거리를 y cm라 하면
$1 : 10000 = 10 : y \quad \therefore y = 100000$
따라서 강의 실제 폭은 100000 cm, 즉 1000 m이다.
답 ④

626 30 m=3000 cm이므로 축척은 $\frac{6}{3000} = \frac{1}{500}$
즉, 지도에서의 길이와 실제 거리의 비는 1 : 500이므로 실제 거리를 x cm라 하면
$1 : 500 = 2.5 : x \quad \therefore x = 1250$
따라서 두 지점 사이의 실제 거리는 1250 cm, 즉 12.5 m이다. 답 ④

627 지도에서의 땅의 넓이와 실제 땅의 넓이의 비는
$1^2 : 2000^2 = 1 : 4000000$
실제 땅의 넓이는
$0.3\ \text{km}^2 = 300000\ \text{m}^2 = 3000000000\ \text{cm}^2$이므로
지도에서의 넓이를 $x\ \text{cm}^2$라 하면
$1 : 4000000 = x : 3000000000$
$\therefore x = 750$
따라서 지도에서의 넓이는 $750\ \text{cm}^2$이다. 답 $750\ \text{cm}^2$

628 밭의 실제 가로의 길이를 a cm, 세로의 길이를 b cm라 하면
$3 : a = 1 : 300000$에서 $a = 900000$
이므로 실제 가로의 길이는 900000 cm, 즉 9 km
$2 : b = 1 : 300000$에서 $b = 600000$
이므로 실제 세로의 길이는 600000 cm, 즉 6 km
따라서 밭의 실제 넓이는
$9 \times 6 = 54(\text{km}^2)$ 답 $54\ \text{km}^2$

유형 모아 Theme 14 삼각형의 무게중심  100쪽

629 $\overline{BQ} : \overline{BC} = 1 : 3$이므로
$\triangle PBQ : \triangle PBC = 1 : 3$
$3 : \triangle PBC = 1 : 3$
$\therefore \triangle PBC = 3 \times 3 = 9(\text{cm}^2)$
또, $\overline{AP} = \overline{PC}$이므로
$\triangle ABC = 2\triangle PBC$
$= 2 \times 9 = 18(\text{cm}^2)$ 답 $18\ \text{cm}^2$

630 점 G가 $\triangle ABC$의 무게중심이므로 $\overline{AD}$는 중선이다.
$\overline{BD} = \overline{DC}$이므로
$\overline{BC} = 2\overline{DC} = 2 \times 6 = 12(\text{cm})$
$\therefore x = 12$
또, $\overline{AG} : \overline{GD} = 2 : 1$에서
$y : 5 = 2 : 1 \quad \therefore y = 10$ 답 $x=12,\ y=10$

631 $\triangle ADE$에서
$\overline{GF} : \overline{DE} = \overline{AG} : \overline{AD} = 2 : 3$이므로
$\overline{GF} = \frac{2}{3}\overline{DE} = \frac{2}{3} \times 6 = 4(\text{cm})$
$\overline{BG} : \overline{GF} = 2 : 1$이므로
$\overline{BG} : 4 = 2 : 1$
$\therefore \overline{BG} = 8(\text{cm})$
$\therefore \overline{BF} = \overline{BG} + \overline{GF}$
$= 8 + 4 = 12(\text{cm})$ 답 12 cm

다른 풀이 $\triangle BCF$에서
$\overline{BD} = \overline{DC}$, $\overline{BF} /\!/ \overline{DE}$이므로
$\overline{BF} = 2\overline{DE} = 2 \times 6 = 12(\text{cm})$

632 $\overline{AG} : \overline{GF} = 2 : 1$이므로
$\overline{AG} = 2\overline{GF}$에서
$x = 2 \times 5 = 10$
$\overline{DG} : \overline{BF} = 2 : 3$이므로
$\overline{BF} = \frac{3}{2}\overline{DG} = \frac{3}{2} \times 4 = 6(\text{cm})$
$\overline{BC} = 2\overline{BF}$이므로
$y = 2 \times 6 = 12$
$\therefore x + y = 10 + 12 = 22$ 답 22

633 오른쪽 그림과 같이 $\overline{AC}$, $\overline{BP}$를 그으면 점 P는 $\triangle ABC$의 무게중심이므로

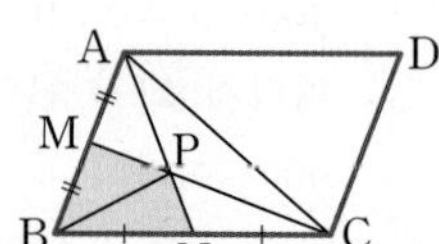

$\square BNPM = \triangle BPM + \triangle BNP$
$= \frac{1}{6}\triangle ABC + \frac{1}{6}\triangle ABC$
$= \frac{1}{3}\triangle ABC$
$= \frac{1}{3} \times \frac{1}{2}\square ABCD$
$= \frac{1}{6}\square ABCD$
$= \frac{1}{6} \times 24 = 4(\text{cm}^2)$ 답 ①

634 $\triangle EGH \backsim \triangle BGD$ (AA 닮음)이고 닮음비는
$\overline{EG} : \overline{BG} = 1 : 2$이므로
$\overline{HG} = a$라 하면 $\overline{GD} = 2a$
$\overline{AG} = 2\overline{GD} = 2 \times 2a = 4a$
$\overline{AH} = \overline{AG} - \overline{HG}$
$= 4a - a = 3a$
$\therefore \overline{AH} : \overline{HG} = 3a : a = 3 : 1$ 답 ②

635 $\triangle GBM=\frac{1}{6}\triangle ABC=\frac{1}{6}\times 36=6(cm^2)$
$\overline{GG'}:\overline{G'M}=2:1$이므로
$\triangle GBG':\triangle G'BM=2:1$
$\therefore\ \triangle GBG'=\frac{2}{3}\triangle GBM$
$=\frac{2}{3}\times 6=4(cm^2)$ 답 $4\ cm^2$

 삼각형의 무게중심  101쪽

636 $\overline{AD}=\overline{DC}$이므로
$\triangle BCD=\frac{1}{2}\triangle ABC=\frac{1}{2}\times 40=20(cm^2)$
$\overline{BE}=\overline{ED}$이므로
$\triangle BCE=\frac{1}{2}\triangle BCD=\frac{1}{2}\times 20=10(cm^2)$ 답 $10\ cm^2$

637 $\overline{GD}=\frac{3}{2}\overline{GG'}=\frac{3}{2}\times 2=3(cm)$
$\therefore\ \overline{AG}=2\overline{GD}=2\times 3=6(cm)$ 답 ①

638 ① $\overline{AG}:\overline{GE}=2:1$
② $\overline{GG'}:\overline{AD}=1:3$
④ $\triangle ABE=\triangle AEC$
$\triangle DEC=\triangle DBE$ 답 ③, ⑤

639 $\triangle ABC=\frac{1}{2}\times 8\times 6=24(cm^2)$
$\therefore\ \triangle AEG=\frac{1}{6}\triangle ABC$
$=\frac{1}{6}\times 24=4(cm^2)$ 답 ②

640 $\overline{AC}$를 그어 $\overline{BD}$와 만나는 점을 O라 하면 점 P는 $\triangle ABC$의 무게중심이므로

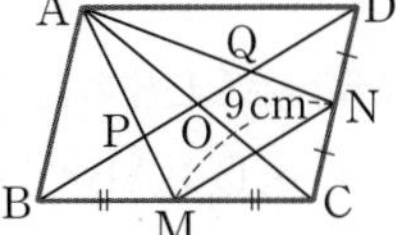

$\overline{BP}:\overline{PO}=2:1$
점 Q는 $\triangle ACD$의 무게중심이므로
$\overline{DQ}:\overline{QO}=2:1$
이때 $\overline{BO}=\overline{OD}$이므로
$\overline{BP}=\overline{PQ}=\overline{QD}$
$\triangle BCD$에서
$\overline{CM}=\overline{MB},\ \overline{CN}=\overline{ND}$이므로
$\overline{BD}=2\overline{MN}=2\times 9=18(cm)$
$\therefore\ \overline{BP}=\frac{1}{3}\overline{BD}$
$=\frac{1}{3}\times 18=6(cm)$ 답 ③

641 $\triangle ABD$에서
$\overline{AE}=\overline{EB},\ \overline{EF}\,/\!/\,\overline{BD}$이므로
$\overline{AF}=\overline{FD}$
$\therefore\ \overline{AF}=\frac{1}{2}\overline{AD}=\frac{1}{2}\times 30=15(cm)$
$\overline{AG}:\overline{GD}=2:1$이므로
$\overline{AG}=\frac{2}{3}\overline{AD}=\frac{2}{3}\times 30=20(cm)$
$\therefore\ \overline{GF}=\overline{AG}-\overline{AF}=20-15=5(cm)$ 답 ②

642 $\overline{GD}=a$라 하면
$\overline{BG}:\overline{GD}=2:1$이므로
$\overline{BG}=2\overline{GD}=2a$
$\therefore\ \overline{BD}=\overline{BG}+\overline{GD}=2a+a=3a$
$\triangle ABD$에서 $\overline{AE}=\overline{EB},\ \overline{BD}\,/\!/\,\overline{EF}$이므로
$\overline{EF}=\frac{1}{2}\overline{BD}=\frac{1}{2}\times 3a=\frac{3}{2}a$
$\therefore\ \frac{\overline{EF}}{\overline{BG}}=\frac{3}{2}a\div 2a=\frac{3}{4}$ 답 ③

유형 모아 Theme 15 닮은 도형의 성질의 활용  102쪽

643 $\triangle AOD$와 $\triangle AOB$의 넓이의 비가 $15:30=1:2$이므로
$\overline{OD}:\overline{OB}=1:2$
이때 $\triangle AOD\backsim\triangle COB$ (AA 닮음)이므로
닮음비는 $1:2$이다.
따라서 넓이의 비는 $1^2:2^2=1:4$이므로
$15:\triangle OBC=1:4$
$\therefore\ \triangle OBC=60(cm^2)$ 답 $60\ cm^2$

644 $1.8\ m=180\ cm$이고 벽면과 타일의 닮음비는
$180:36=5:1$이므로 넓이의 비는 $5^2:1^2=25:1$
따라서 타일이 25장 필요하다. 답 ④

645 두 구의 겉넓이의 비가 $8\pi:50\pi=4:25=2^2:5^2$
이므로 닮음비는 $2:5$이다.
따라서 두 구의 부피의 비는
$2^3:5^3=8:125$ 답 ⑤

646 축척이 $\frac{1}{500}$이므로 축도에서의 정사각형 모양의 땅의 한 변의 길이를 x m라 하면 $1:500=x:100$ $\therefore\ x=0.2$
이때 $0.2\ m=20\ cm$이므로 축도에서의 넓이는
$20\times 20=400(cm^2)$ 답 ②

647 세 원 A, A+B, A+B+C의 반지름의 길이의 비는
$1:2:3$이므로
넓이의 비는 $1^2:2^2:3^2=1:4:9$
따라서 세 부분 A, B, C의 넓이의 비는
$1:(4-1):(9-4)=1:3:5$ 답 $1:3:5$

주의 원의 넓이의 비가 아니라 가운데 있는 원을 빼고 남은 부분의 넓이의 비를 구해야 한다는 것에 주의한다.

648 두 등대의 닮음비가 $1:10$이므로
겉넓이의 비는 $1^2:10^2=1:100$
따라서 높이가 10 m인 등대 5개를 칠하려면
$100\times 5=500$(통)의 페인트가 필요하다. 답 500통

649 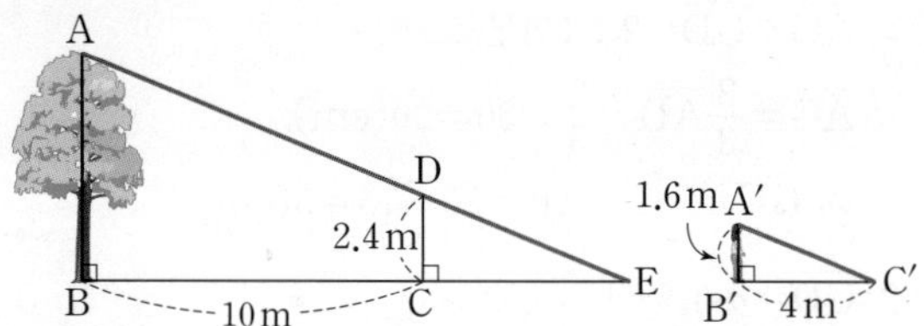

그림과 같이 벽면에 생긴 나무의 그림자가 지면에 생겼다고 할 때, $\overline{AD}$의 연장선과 $\overline{BC}$의 연장선의 교점을 E라 하면

△DCE∽△A′B′C′ (AA 닮음)이므로

$\overline{CE} : \overline{B'C'} = \overline{DC} : \overline{A'B'}$

$\overline{CE} : 4 = 2.4 : 1.6 \quad \therefore \overline{CE} = 6(\text{m})$

△ABE∽△A′B′C′ (AA 닮음)이므로

$\overline{AB} : \overline{A'B'} = \overline{BE} : \overline{B'C'}$

$\overline{AB} : 1.6 = (10+6) : 4$

$\therefore \overline{AB} = 6.4(\text{m})$

따라서 나무의 높이는 6.4 m이다. 답 6.4 m

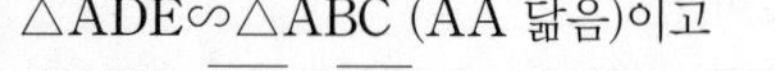

유형 모아 Theme 15 닮은 도형의 성질의 활용 2회 103쪽

650 △ADE∽△ABC (AA 닮음)이고

닮음비는 $\overline{AD} : \overline{AB} = 1 : 2$이므로 넓이의 비는

$1^2 : 2^2 = 1 : 4$

△ADE : △ABC = 1 : 4에서

△ADE : 28 = 1 : 4 $\quad \therefore$ △ADE = 7(cm²)

$\therefore$ □DBCE = △ABC − △ADE

= 28 − 7 = 21(cm²) 답 21 cm²

651 두 사각기둥 ㈎와 ㈏의 닮음비가 2 : 3이므로 겉넓이의 비는

$2^2 : 3^2 = 4 : 9$

사각기둥 ㈏의 겉넓이를 x cm²라 하면

$48 : x = 4 : 9 \quad \therefore x = 108$

따라서 사각기둥 ㈏의 겉넓이는 108 cm²이다.

답 108 cm²

652 작은 원의 반지름의 길이를 r cm라 하면 큰 원의 반지름의 길이는 $2r$ cm이다.

작은 원과 큰 원의 닮음비가 $r : 2r = 1 : 2$이므로 넓이의 비는 $1^2 : 2^2 = 1 : 4$

작은 원의 넓이를 S cm²라 하면

$S : 40 = 1 : 4 \quad \therefore S = 10$

따라서 색칠한 부분의 넓이는

$40 - 10 = 30(\text{cm}^2)$ 답 30 cm²

653 두 직육면체의 겉넓이의 비가 $9 : 16 = 3^2 : 4^2$이므로 닮음비는 3 : 4이다.

부피의 비는 $3^3 : 4^3 = 27 : 64$이므로

큰 직육면체의 부피를 x cm³라 하면

$27 : 64 = 108 : x \quad \therefore x = 256$

따라서 큰 직육면체의 부피는 256 cm³이다. 답 ④

654 두 쇠구슬의 닮음비가 $10 : 2 = 5 : 1$이므로

부피의 비는 $5^3 : 1^3 = 125 : 1$

따라서 지름의 길이가 10 cm인 쇠구슬 1개를 녹이면 지름의 길이가 2 cm인 쇠구슬을 최대 125개까지 만들 수 있다.

답 125개

655 △ADE∽△AFG∽△ABC (SAS 닮음)이고 닮음비는

$\overline{AD} : \overline{AF} : \overline{AB} = 1 : 2 : 3$이므로

넓이의 비는 $1^2 : 2^2 : 3^2 = 1 : 4 : 9$

$\therefore$ □DFGE : □FBCG = (4−1) : (9−4)

= 3 : 5 답 ③

656 축척이 $\frac{1}{200}$이므로 $\overline{AC}$의 실제 길이를 x cm라 하면

$5 : x = 1 : 200$

$\therefore x = 1000$

이때 1000 cm = 10 m이므로 실제 탑의 높이는

$10 + 1.5 = 11.5(\text{m})$ 답 11.5 m

Theme 모아 중단원 마무리 104~105쪽

657 점 G가 △ABC의 무게중심이므로

$\overline{GD} = \frac{1}{2}\overline{AG}$

$= \frac{1}{2} \times 24 = 12(\text{cm})$

점 G′이 △GBC의 무게중심이므로

$\overline{G'D} = \frac{1}{3}\overline{GD}$

$= \frac{1}{3} \times 12 = 4(\text{cm})$ 답 ②

658 △CDE∽△ABE (AA 닮음)이므로

$\overline{CD} : \overline{AB} = \overline{DE} : \overline{BE}$

$2 : \overline{AB} = 3 : 48$

$\therefore \overline{AB} = 32(\text{m})$ 답 ②

659 $\overline{BE} : \overline{EC} = 2 : 1$이므로

△DEC = $\frac{1}{2}$△DBE

$= \frac{1}{2} \times 4 = 2(\text{cm}^2)$

△BCD = △DBE + △DEC

= 4 + 2 = 6(cm²)

$\overline{AD} = \overline{DC}$이므로

△ABC = 2△BCD

= 2 × 6 = 12(cm²) 답 12 cm²

660 $\overline{AD} = \overline{DC}$이므로

△ABD = $\frac{1}{2}$△ABC

$= \frac{1}{2} \times 60 = 30(\text{cm}^2)$

$\overline{BE}=\overline{EF}=\overline{FD}$이므로

$\triangle AEF=\frac{1}{3}\triangle ABD$

$=\frac{1}{3}\times 30=10(cm^2)$ 답 10 cm²

661 점 G가 △ABC의 무게중심이므로

$\triangle GBC=\frac{1}{3}\triangle ABC$

$=\frac{1}{3}\times 90=30(cm^2)$

점 G′이 △GBC의 무게중심이므로

$\triangle G'BD=\frac{1}{6}\triangle GBC$

$=\frac{1}{6}\times 30=5(cm^2)$ 답 5 cm²

662 점 P는 △ABC의 무게중심이므로

$\triangle APO=\frac{1}{6}\triangle ABC$

$=\frac{1}{6}\times\frac{1}{2}\square ABCD$

$=\frac{1}{12}\square ABCD$

$=\frac{1}{12}\times 108=9(cm^2)$ 답 9 cm²

663 (가)와 (나)의 겉넓이의 비가 $24:54=4:9=2^2:3^2$이므로

닮음비는 2 : 3이다.

따라서 부피의 비는

$2^3:3^3=8:27$ 답 ⑤

664 △GBD∽△GEF (AA 닮음)이고 닮음비는

$\overline{GB}:\overline{GE}=2:1$이므로 넓이의 비는

$2^2:1^2=4:1$

$\triangle GBD:2=4:1$

$\therefore \triangle GBD=8(cm^2)$

$\therefore \triangle ABC=6\triangle GBD$

$=6\times 8=48(cm^2)$ 답 ④

665 △ABE∽△FCE (AA 닮음)이고 닮음비는

$\overline{BE}:\overline{CE}=3:1$이므로 넓이의 비는

$3^2:1^2=9:1$

$9:\triangle FCE=9:1$

$\therefore \triangle FCE=1(cm^2)$

또, △FDA∽△FCE (AA 닮음)이고 닮음비는

$\overline{AD}:\overline{EC}=4:1$이므로 넓이의 비는

$4^2:1^2=16:1$

$\triangle AFD:1=16:1$

$\therefore \triangle AFD=16(cm^2)$ 답 16 cm²

다른 풀이 △ABE∽△FDA (AA 닮음)이고 닮음비는

$\overline{BE}:\overline{DA}=3:4$이므로 넓이의 비는

$3^2:4^2=9:16$

$9:\triangle AFD=9:16$

$\therefore \triangle AFD=16(cm^2)$

666 세 원의 닮음비가 1 : 2 : 5이므로 넓이의 비는

$1^2:2^2:5^2=1:4:25$

가장 작은 원의 넓이를 x cm²,

두 번째로 큰 원의 넓이를 y cm²라 하면

$x:125\pi=1:25$에서 $x=5\pi$

$y:125\pi=4:25$에서 $y=20\pi$

∴ (색칠한 부분의 넓이)$=20\pi-5\pi$

$=15\pi(cm^2)$ 답 15π cm²

667 △ABF에서 $\overline{AF}/\!/\overline{DE}$이므로

$\overline{BE}:\overline{EF}=\overline{BD}:\overline{DA}$

$=6:4=3:2$

이때 $\overline{BE}=3k$, $\overline{EF}=2k$ $(k>0)$라 하면

△ABC에서 $\overline{AC}/\!/\overline{DF}$이므로

$\overline{BF}:\overline{FC}=\overline{BD}:\overline{DA}$에서

$(3k+2k):\overline{FC}=3:2$ $\therefore \overline{FC}=\frac{10}{3}k$

$\therefore \overline{BE}:\overline{EF}:\overline{FC}=3k:2k:\frac{10}{3}k=9:6:10$

답 9 : 6 : 10

668 물과 그릇의 깊이의 비가 1 : 2이므로 부피의 비는

$1^3:2^3=1:8$

전체를 채우는 데 걸리는 시간이 40분이므로 전체 부피의

$\frac{1}{8}$을 채우는 데 걸린 시간은

$40\times\frac{1}{8}=5$(분)

따라서 나머지를 채우는 데 걸리는 시간은

$40-5=35$(분) 답 ⑤

669 (1) 점 G는 △ABC의 무게중심이므로

$\overline{GD}=\frac{1}{3}\overline{AD}=\frac{1}{3}\times 30=10(cm)$ …❶

(2) △ABD에서

$\overline{BE}=\overline{EA}$, $\overline{BF}=\overline{FD}$이므로

$\overline{EF}=\frac{1}{2}\overline{AD}=\frac{1}{2}\times 30=15(cm)$ …❷

답 (1) 10 cm (2) 15 cm

채점 기준	배점
❶ $\overline{GD}$의 길이 구하기	50 %
❷ $\overline{EF}$의 길이 구하기	50 %

670 $\overline{MN}:\overline{M'N'}=40:(40+1240)=1:32$ …❶

슬라이드 필름과 영상의 닮음비는 1 : 32이므로 넓이의 비는

$1^2:32^2=1:1024$ …❷

따라서 스크린에 비친 영상 A′B′C′D′의 넓이는 슬라이드 필름 ABCD의 넓이의 1024배이다. …❸

답 1024배

채점 기준	배점
❶ 슬라이드 필름과 영상의 닮음비 구하기	50 %
❷ 슬라이드 필름과 영상의 넓이의 비 구하기	30 %
❸ 영상의 넓이는 슬라이드 필름의 넓이의 몇 배인지 구하기	20 %

08. 피타고라스 정리

한번 더 핵심 유형 106~113쪽

Theme 16 피타고라스 정리 106~110쪽

671 $12^2+\overline{AC}^2=13^2$, $\overline{AC}^2=25$
$\therefore \overline{AC}=5(\text{cm})$ 답 ①

672 $\overline{AC}^2=8^2+15^2=289$
$\therefore \overline{AC}=17(\text{cm})$
$\therefore$ (△ABC의 둘레의 길이)$=8+15+17=40(\text{cm})$
답 40 cm

673 $16^2+\overline{AC}^2=20^2$, $\overline{AC}^2=144$
$\therefore \overline{AC}=12(\text{cm})$
$\therefore \triangle ABC=\frac{1}{2}\times16\times12=96(\text{cm}^2)$ 답 96 cm²

674 $\overline{AB}=6-1=5$, $\overline{BC}=14-2=12$이므로
$\overline{AC}^2=\overline{AB}^2+\overline{BC}^2=5^2+12^2=169$
$\therefore \overline{AC}=13$ 답 13

675 넓이가 81 cm²인 정사각형 ABCD의 한 변의 길이는 9 cm이므로
$\overline{AB}=\overline{BC}=9\text{ cm}$
넓이가 9 cm²인 정사각형 GCEF의 한 변의 길이는 3 cm이므로
$\overline{CE}=3\text{ cm}$
△ABE에서 $x^2=9^2+(9+3)^2=225$
$\therefore x=15$ 답 15

676 $\overline{AC}^2=6^2+8^2=100$ $\quad\therefore \overline{AC}=10(\text{cm})$
직각삼각형 ABC에서 빗변 AC의 중점인 점 M은 직각삼각형 ABC의 외심이므로
$\overline{BM}=\overline{AM}=\overline{CM}=\frac{1}{2}\overline{AC}=\frac{1}{2}\times10=5(\text{cm})$
$\therefore \overline{GM}=\frac{1}{3}\overline{BM}=\frac{1}{3}\times5=\frac{5}{3}(\text{cm})$ 답 ①

677 △ABC에서
$\overline{BC}^2+8^2=17^2$, $\overline{BC}^2=225$
$\therefore \overline{BC}=15(\text{cm})$
$\overline{AD}$는 ∠A의 이등분선이므로
$\overline{BD}:\overline{CD}=\overline{AB}:\overline{AC}=17:8$
$\therefore \overline{BD}=\frac{17}{25}\overline{BC}=\frac{17}{25}\times15=\frac{51}{5}(\text{cm})$
$\therefore \triangle ABD=\frac{1}{2}\times\frac{51}{5}\times8=\frac{204}{5}(\text{cm}^2)$ 답 $\frac{204}{5}$ cm²

678 △ABC에서
$\overline{AB}^2+6^2=10^2$, $\overline{AB}^2=64$
$\therefore \overline{AB}=8(\text{cm})$
$\therefore \triangle BFM=\frac{1}{2}\square BFML$
$=\frac{1}{2}\square ADEB$
$=\frac{1}{2}\times8\times8$
$=32(\text{cm}^2)$ 답 32 cm²

679 $\square ACHI=\square ADEB-\square BFGC$
$=289-225=64(\text{cm}^2)$ 답 ④

680 $\square ADEB=\square BFGC-\square ACHI$
$=225-144=81(\text{cm}^2)$
이므로 $\overline{AB}^2=81$ $\quad\therefore \overline{AB}=9(\text{cm})$
이때 □ACHI의 넓이가 144 cm²이므로
$\overline{AC}^2=144$ $\quad\therefore \overline{AC}=12(\text{cm})$
$\therefore \triangle ABC=\frac{1}{2}\times9\times12=54(\text{cm}^2)$ 답 54 cm²

681 ④ □ADEB+□ACHI=□BFGC 답 ④

682 $\overline{KJ}=4$ cm이고 □KLDJ는 정사각형이므로
$\square KLDJ=4^2=16(\text{cm}^2)$
$\overline{SR}=7$ cm이고 □SIQR는 정사각형이므로
$\square SIQR=7^2=49(\text{cm}^2)$
이때 $\square ADEB=\square LMNE+\square KLDJ$
$=20+16=36(\text{cm}^2)$
$\square ACHI=\square SIQR+\square QHOP$
$=49+15=64(\text{cm}^2)$
$\therefore \square BFGC=\square ADEB+\square ACHI$
$=36+64=100(\text{cm}^2)$ 답 100 cm²

683 점 A에서 $\overline{BC}$, $\overline{DE}$에 내린 수선의 발을 각각 F, G라 하고, $\overline{AB}$를 한 변으로 하는 정사각형 AHIB를 그리면
$\triangle FEC=\triangle AEC=50\text{ cm}^2$
$\therefore \square FGEC=2\triangle FEC$
$=2\times50=100(\text{cm}^2)$
$\therefore \square BDGF=\square BDEC-\square FGEC$
$=26^2-100$
$=576(\text{cm}^2)$
이때 □AHIB=□BDGF=576 cm²이므로
$\overline{AB}^2=576$ $\quad\therefore \overline{AB}=24(\text{cm})$ 답 24 cm

684 △AEH≡△BFE≡△CGF≡△DHG (SAS 합동)이므로 □EFGH는 정사각형이다.
$\overline{DH}=6$ cm이므로 $\overline{AH}=10-6=4(\text{cm})$

$\triangle$AEH에서 $\overline{EH}^2=6^2+4^2=52$
□EFGH는 정사각형이므로
□EFGH$=\overline{EH}^2=52(cm^2)$ 답 ②

685 $\triangle AEH\equiv\triangle BFE\equiv\triangle CGF\equiv\triangle DHG$ (SAS 합동)이므로
□EFGH는 정사각형이다.
□EFGH의 넓이가 169 cm^2이므로
$\overline{EH}^2=169 \quad \therefore \overline{EH}=13(cm)$
$\triangle$AEH에서 $12^2+\overline{AE}^2=13^2$, $\overline{AE}^2=25$
$\therefore \overline{AE}=5(cm)$
따라서 □ABCD의 한 변의 길이는 $5+12=17(cm)$이므로
□ABCD$=17\times17=289(cm^2)$ 답 289 cm^2

686 $\triangle AEH\equiv\triangle BFE\equiv\triangle CGF\equiv\triangle DHG$ (SAS 합동)이므로
□EFGH는 정사각형이다.
□EFGH의 넓이가 841 cm^2이므로
$\overline{EH}^2=841=29^2 \quad \therefore \overline{EH}=29(cm)$
$\triangle$AEH에서
$21^2+\overline{AH}^2=29^2$, $\overline{AH}^2=400$
$\therefore \overline{AH}=20(cm)$
$\overline{AD}=\overline{AH}+\overline{HD}=20+21=41(cm)$이므로
(□ABCD의 둘레의 길이)$=4\times41=164(cm)$
답 164 cm

687 $\triangle ABQ\equiv\triangle BCR\equiv\triangle CDS\equiv\triangle DAP$이므로 □PQRS는 정사각형이다.
$\overline{BQ}=\overline{CR}=12$ cm이므로
$\triangle$ABQ에서 $\overline{AQ}^2+12^2=37^2$
$\overline{AQ}^2=1225=35^2 \quad \therefore \overline{AQ}=35(cm)$
$\overline{AP}=\overline{CR}=12$ cm이므로
$\overline{PQ}=\overline{AQ}-\overline{AP}=35-12=23(cm)$
$\therefore$ □PQRS$=23\times23=529(cm^2)$ 답 529 cm^2

688 $\triangle ABE\equiv\triangle BCF\equiv\triangle CDG\equiv\triangle DAH$이므로 □EFGH는 정사각형이다.
$\triangle$FBC에서 $9^2+\overline{FC}^2=15^2$
$\overline{FC}^2=144 \quad \therefore \overline{FC}=12(cm)$
$\overline{FG}=\overline{FC}-\overline{GC}=\overline{FC}-\overline{FB}=12-9=3(cm)$
$\therefore \overline{EF}=\overline{FG}=3$ cm 답 3 cm

689 $\triangle ABC\equiv\triangle CDE$이므로 $\overline{AC}=\overline{CE}$
$\angle ACE=180^\circ-(\angle ACB+\angle ECD)$
$=180^\circ-(\angle ACB+\angle CAB)=90^\circ$
즉, $\triangle$ACE는 직각이등변삼각형이다.
$\overline{BC}=\overline{DE}=5$ cm이므로 $\triangle$ABC에서
$\overline{AC}^2=12^2+5^2=169 \quad \therefore \overline{AC}=13(cm)$
$\overline{CE}=\overline{AC}=13$ cm이므로
$\triangle ACE=\frac{1}{2}\times13\times13=\frac{169}{2}(cm^2)$ 답 ④

다른 풀이 □ABDE$=\frac{1}{2}\times(12+5)\times(12+5)$
$=\frac{289}{2}(cm^2)$
$\triangle ABC=\triangle CDE=\frac{1}{2}\times5\times12=30(cm^2)$이므로
$\triangle ACE=$□ABDE$-(\triangle ABC+\triangle CDE)$
$=\frac{289}{2}-(30+30)=\frac{169}{2}(cm^2)$

690 가로의 길이를 $12a$ cm, 세로의 길이를 $5a$ cm라 하면
$(12a)^2+(5a)^2=26^2$, $169a^2=676$
$a^2=4 \quad \therefore a=2$
따라서 직사각형의 가로의 길이는
$12\times2=24(cm)$ 답 ⑤

691 직사각형의 세로의 길이를 a cm라 하면
$a^2+12^2=15^2$, $a^2=81$
$\therefore a=9$
따라서 직사각형의 넓이는
$12\times9=108(cm^2)$ 답 108 cm^2

692 $\triangle$ABD에서 $\overline{BD}^2=3^2+4^2=25 \quad \therefore \overline{BD}=5(cm)$
직사각형의 대각선은 서로 다른 것을 이등분하므로
$\overline{OB}=\frac{1}{2}\overline{BD}=\frac{1}{2}\times5=\frac{5}{2}(cm)$ 답 $\frac{5}{2}$ cm

693 $\overline{OC}$를 그으면
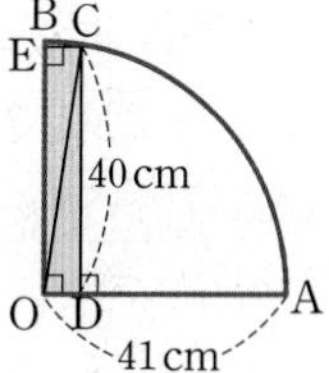

$\overline{OC}=\overline{OA}=41$ cm
$\triangle$COD에서
$\overline{OD}^2+40^2=41^2$, $\overline{OD}^2=81$
$\therefore \overline{OD}=9(cm)$
$\therefore$ □ODCE$=9\times40=360(cm^2)$
답 360 cm^2

694 $\triangle$ADC에서
$x^2+8^2=17^2$, $x^2=225$
$\therefore x=15$
$\triangle$ABD에서
$y^2+15^2=25^2$, $y^2=400$
$\therefore y=20$
$\therefore y-x=20-15=5$ 답 5

695 $\triangle$ABD에서
$\overline{AD}^2+5^2=13^2$, $\overline{AD}^2=144$
$\therefore \overline{AD}=12$
$\triangle$ADC에서
$\overline{AC}^2=12^2+16^2=400$
$\therefore \overline{AC}=20$ 답 20

696 $\triangle$ABD에서
$x^2+6^2=10^2$, $x^2=64$
$\therefore x=8$

$\triangle$ABC에서

$8^2+\overline{BC}^2=17^2$, $\overline{BC}^2=225$

$\therefore \overline{BC}=15$

즉, $6+y=15$이므로 $y=9$

$\therefore xy=8\times 9=72$

답 72

697 $\triangle$ADC의 넓이가 30 cm^{2}이므로

$\frac{1}{2}\times 12\times \overline{CD}=30$

$\therefore \overline{CD}=5$(cm)

$\triangle$ADC에서 $\overline{AD}^2=5^2+12^2=169$

$\therefore \overline{AD}=13$(cm)

$\overline{AD}:\overline{BD}=13:11$이므로

$13:\overline{BD}=13:11$ $\therefore \overline{BD}=11$(cm)

$\triangle$ABC에서 $\overline{BC}=11+5=16$(cm)이므로

$\overline{AB}^2=16^2+12^2=400$

$\therefore \overline{AB}=20$(cm)

답 20 cm

698 점 D에서 $\overline{BC}$에 내린 수선의 발을 H라 하면

$\overline{BH}=\overline{AD}=3$ cm

$\overline{HC}=\overline{BC}-\overline{BH}$

$=10-3=7$(cm)

$\triangle$DHC에서

$\overline{DH}^2+7^2=25^2$, $\overline{DH}^2=576$

$\therefore \overline{DH}=24$(cm)

$\therefore \square ABCD=\frac{1}{2}\times(3+10)\times 24=156$(cm^2)

답 ③

699 점 D에서 $\overline{BC}$에 내린 수선의 발을 H라 하면

$\overline{BH}=\overline{AD}=12$ cm

$\overline{HC}=\overline{BC}-\overline{BH}$

$=20-12=8$(cm)

$\triangle$DHC에서

$\overline{DH}^2+8^2=17^2$, $\overline{DH}^2=225$

$\therefore \overline{DH}=15$(cm)

$\overline{AB}=\overline{DH}=15$ cm이므로 $\triangle$ABC에서

$\overline{AC}^2=15^2+20^2=625$

$\therefore \overline{AC}=25$(cm)

답 ④

700 $\triangle$DBC에서

$\overline{BC}^2+7^2=25^2$, $\overline{BC}^2=576$

$\therefore \overline{BC}=24$

점 A에서 $\overline{BC}$에 내린 수선의 발을 H라 하면

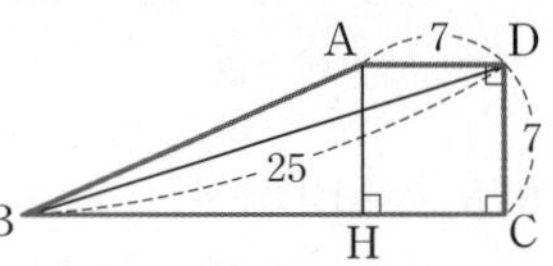

$\overline{HC}=\overline{AD}=7$이므로

$\overline{BH}=\overline{BC}-\overline{HC}$

$=24-7=17$

$\overline{AH}=\overline{DC}=7$이므로 $\triangle$ABH에서

$\overline{AB}^2=17^2+7^2=338$

답 338

701 두 점 A, D에서 $\overline{BC}$에 내린 수선의 발을 각각 H, H′이라 하면

$\overline{HH'}=\overline{AD}=14$ cm

$\triangle ABH\equiv\triangle DCH'$ (RHA 합동)

이므로

$\overline{BH}=\overline{CH'}=\frac{1}{2}\times(24-14)=5$(cm)

$\triangle$ABH에서 $\overline{AB}=\overline{DC}=13$ cm이므로

$\overline{AH}^2+5^2=13^2$, $\overline{AH}^2=144$

$\therefore \overline{AH}=12$(cm)

$\therefore \square ABCD=\frac{1}{2}\times(14+24)\times 12=228$(cm^2)

답 228 cm^2

702 ① $6^2+8^2=10^2$이므로 직각삼각형이다.

② $7^2+8^2\neq 9^2$이므로 직각삼각형이 아니다.

③ $7^2+24^2=25^2$이므로 직각삼각형이다.

④ $8^2+15^2=17^2$이므로 직각삼각형이다.

⑤ $9^2+40^2=41^2$이므로 직각삼각형이다.

답 ②

703 ㄱ. $3^2+5^2\neq 7^2$이므로 직각삼각형이 아니다.

ㄴ. $12^2+16^2=20^2$이므로 직각삼각형이다.

ㄷ. $9^2+20^2\neq 21^2$이므로 직각삼각형이 아니다.

ㄹ. $8^2+13^2\neq 15^2$이므로 직각삼각형이 아니다.

따라서 직각삼각형인 것은 ㄴ이다.

답 ㄴ

704 $10^2+24^2=26^2$이므로 주어진 삼각형은 빗변의 길이가 26인 직각삼각형이다.

따라서 구하는 삼각형의 넓이는

$\frac{1}{2}\times 10\times 24=120$

답 120

705 $3^2+4^2=5^2$, $5^2+12^2=13^2$, $6^2+8^2=10^2$, $9^2+12^2=15^2$이므로 3부터 15까지의 자연수 중에서 직각삼각형의 세 변의 길이가 될 수 있는 수는 3, 4, 5와 5, 12, 13과 6, 8, 10과 9, 12, 15이다. 따라서 모두 4개의 직각삼각형을 만들 수 있다.

답 4개

Theme 17 피타고라스 정리와 도형

111~113쪽

706 ① $4^2>2^2+3^2$이므로 둔각삼각형이다.

② $8^2<5^2+7^2$이므로 예각삼각형이다.

③ $10^2>6^2+7^2$이므로 둔각삼각형이다.

④ $10^2<9^2+9^2$이므로 예각삼각형이다.

⑤ $9^2+12^2=15^2$이므로 직각삼각형이다.

따라서 예각삼각형인 것은 ②, ④이다.

답 ②, ④

707 $7^2>3^2+5^2$, 즉 $\overline{CA}^2>\overline{AB}^2+\overline{BC}^2$이므로

$\triangle$ABC는 $\angle B>90°$인 둔각삼각형이다.

답 ③

708 △ABC에서 $\overline{BC}^2>\overline{AB}^2+\overline{CA}^2$이면 $\angle A>90°$인 둔각삼각형이다.
따라서 옳은 것은 ①이다. 답 ①

709 ② $a^2<b^2+c^2$이면 $\angle A<90°$이므로 $\angle A$는 예각이다.
그러나 $\angle A$가 예각이라고 해서 △ABC가 예각삼각형인지는 알 수 없다.
③ $b^2>a^2+c^2$이면 $\angle B>90°$이므로 △ABC는 둔각삼각형이다.
⑤ $c^2>a^2+b^2$이면 $\angle C>90°$이다.
즉, $\angle C>\angle A+\angle B$이므로 $\angle C>\angle A$ 답 ①, ④

710 ① △ABC에서 $\angle C=90°$이므로 $a^2+b^2=c^2$
②, ④ △BCD에서 $\angle C=90°$이므로 $a^2+(b+d)^2=e^2$
$\therefore a^2+d^2<e^2,\ a^2+b^2<e^2$ 답 ③, ⑤

711 $90°<\angle B<180°$이므로 가장 긴 변은 $\overline{AC}$이고, 삼각형이 되기 위한 조건에 의하여
$10<x<15$ …… ㉠
둔각삼각형이 되려면
$x^2>5^2+10^2$ $\therefore x^2>125$ …… ㉡
㉠, ㉡을 모두 만족시키는 자연수 x는 12, 13, 14이므로
구하는 합은 $12+13+14=39$ 답 39

712 △ABC에서
$\overline{BC}^2=12^2+5^2=169$
$\therefore \overline{BC}=13(\text{cm})$
$\overline{AC}^2=\overline{CH}\times\overline{CB}$이므로
$5^2=\overline{CH}\times 13$
$\therefore \overline{CH}=\frac{25}{13}(\text{cm})$ 답 ①

713 △ABC에서
$\overline{AC}^2+12^2=20^2,\ \overline{AC}^2=256$
$\therefore \overline{AC}=16(\text{cm})$
$\overline{AC}\times\overline{BC}=\overline{AB}\times\overline{CD}$이므로
$16\times 12=20\times\overline{CD}$
$\therefore \overline{CD}=\frac{48}{5}(\text{cm})$
$\overline{AC}^2=\overline{AD}\times\overline{AB}$이므로
$16^2=\overline{AD}\times 20$
$\therefore \overline{AD}=\frac{64}{5}(\text{cm})$
$\therefore$ (△CAD의 둘레의 길이)$=\overline{AC}+\overline{CD}+\overline{AD}$
$=16+\frac{48}{5}+\frac{64}{5}$
$=\frac{192}{5}(\text{cm})$ 답 ④

714 △ABC에서
$\overline{AB}^2=3^2+4^2=25$ $\therefore \overline{AB}=5(\text{cm})$
$\overline{AC}^2=\overline{AD}\times\overline{AB}$이므로
$4^2=\overline{AD}\times 5$ $\therefore \overline{AD}=\frac{16}{5}(\text{cm})$
$\overline{AC}\times\overline{BC}=\overline{AB}\times\overline{CD}$이므로
$4\times 3=5\times\overline{CD}$ $\therefore \overline{CD}=\frac{12}{5}(\text{cm})$
$\therefore \triangle ADC=\frac{1}{2}\times\overline{AD}\times\overline{CD}$
$=\frac{1}{2}\times\frac{16}{5}\times\frac{12}{5}=\frac{96}{25}(\text{cm}^2)$ 답 $\frac{96}{25}$ cm²

715 $\overline{DE}^2+\overline{BC}^2=\overline{BE}^2+\overline{CD}^2$이므로
$5^2+15^2=9^2+\overline{CD}^2,\ \overline{CD}^2=169$
$\therefore \overline{CD}=13(\text{cm})$ 답 13 cm

716 $\overline{AC}^2+\overline{DE}^2=\overline{AE}^2+\overline{CD}^2$
$=9^2+7^2=130$ 답 ④

717 △ABC에서 $\overline{BC}^2=5^2+7^2=74$
$\therefore \overline{BE}^2+\overline{CD}^2=\overline{DE}^2+\overline{BC}^2$
$=4^2+74=90$ 답 90

718 △ABC에서 삼각형의 두 변의 중점을 연결한 선분의 성질에 의하여
$\overline{DE}=\frac{1}{2}\overline{AC}=\frac{1}{2}\times 22=11$
$\therefore \overline{AE}^2+\overline{CD}^2=\overline{DE}^2+\overline{AC}^2$
$=11^2+22^2=605$ 답 605

719 $\overline{BC}^2+\overline{AD}^2=\overline{AB}^2+\overline{CD}^2$
$=5^2+8^2=89$ 답 ③

720 △OBC에서 $\overline{BC}^2=5^2+7^2=74$이므로
$\overline{AB}^2+\overline{CD}^2=\overline{AD}^2+\overline{BC}^2$
$=10^2+74=174$ 답 174

721 $\overline{AP}^2+\overline{CP}^2=\overline{BP}^2+\overline{DP}^2$이므로
$5^2+\overline{CP}^2=9^2+13^2,\ \overline{CP}^2=225$
$\therefore \overline{CP}=15(\text{cm})$ 답 15 cm

722 $\overline{AB}^2+\overline{CD}^2=\overline{AD}^2+\overline{BC}^2$이고
$\overline{AD}^2=x^2+y^2$이므로
$4^2+9^2=x^2+y^2+7^2$
$\therefore x^2+y^2=48$ 답 48

723 $\overline{AC}$를 지름으로 하는 반원의 넓이는
$\frac{1}{2}\times\pi\times 5^2=\frac{25}{2}\pi(\text{cm}^2)$
따라서 $\overline{BC}$를 지름으로 하는 반원의 넓이는
$\frac{69}{2}\pi-\frac{25}{2}\pi=22\pi(\text{cm}^2)$ 답 ③

724 색칠한 부분의 넓이는 △ABC의 넓이와 같으므로
$\frac{1}{2}\times 12\times 9=54(\text{cm}^2)$ 답 54 cm²

725 $\overline{BC}$를 지름으로 하는 반원의 넓이는
$6\pi+2\pi=8\pi(\text{cm}^2)$이므로

$\frac{1}{2} \times \pi \times \left(\frac{\overline{BC}}{2}\right)^2 = 8\pi$

$\overline{BC}^2 = 64$ $\quad \therefore \overline{BC} = 8(\text{cm})$ 답 8 cm

유형 모아 Theme 16 피타고라스 정리  114쪽

726 $\triangle ABC$에서

$\overline{AB}^2 + 9^2 = 15^2$, $\overline{AB}^2 = 144$

$\therefore \overline{AB} = 12(\text{cm})$

$\therefore \square BFML = \square ADEB$

$= 12 \times 12 = 144(\text{cm}^2)$ 답 144 cm²

727 $\overline{BD}$를 그으면

$\triangle ABD$에서

$\overline{BD}^2 = 24^2 + 7^2 = 625$

$\therefore \overline{BD} = 25(\text{cm})$

$\triangle BCD$에서

$\overline{BC}^2 + 15^2 = 25^2$, $\overline{BC}^2 = 400$

$\therefore \overline{BC} = 20(\text{cm})$ 답 20 cm

728 $\triangle ABD$에서

$\overline{AB}^2 + 6^2 = 10^2$, $\overline{AB}^2 = 64$

$\therefore \overline{AB} = 8$

$\triangle ABC$에서

$8^2 + \overline{BC}^2 = 17^2$, $\overline{BC}^2 = 225$

$\therefore \overline{BC} = 15$

$\therefore \overline{CD} = \overline{BC} - \overline{BD} = 15 - 6 = 9$ 답 ③

729 $\triangle DCE$에서

$\overline{CE}^2 + 12^2 = 13^2$, $\overline{CE}^2 = 25$

$\therefore \overline{CE} = 5$

$\triangle DBE$에서

$\overline{BD}^2 = (11+5)^2 + 12^2 = 400$

$\therefore \overline{BD} = 20$ 답 ⑤

730 ① $4^2 + 6^2 \neq 7^2$이므로 직각삼각형이 아니다.

② $5^2 + 7^2 \neq 10^2$이므로 직각삼각형이 아니다.

③ $8^2 + 15^2 = 17^2$이므로 직각삼각형이다.

④ $5^2 + 13^2 \neq 17^2$이므로 직각삼각형이 아니다.

⑤ $8^2 + 16^2 \neq 17^2$이므로 직각삼각형이 아니다.

따라서 직각삼각형인 것은 ③이다. 답 ③

731 오른쪽 그림과 같이 잘라 낸 부분을 직각삼각형 ABC라 하면

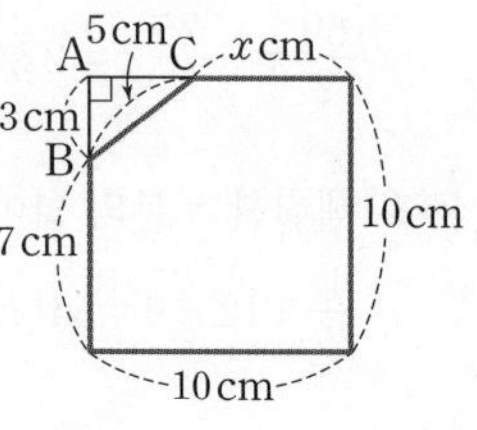

$\overline{AB} = 10 - 7 = 3(\text{cm})$이므로

$\overline{AC}^2 + 3^2 = 5^2$

$\overline{AC}^2 = 16$

$\therefore \overline{AC} = 4(\text{cm})$

$\therefore x = 10 - 4 = 6$ 답 6

732 $\triangle AEH \equiv \triangle BFE \equiv \triangle CGF \equiv \triangle DHG$ (SAS 합동)이므로 $\square EFGH$는 정사각형이다.

$\square EFGH$의 넓이가 289 cm²이므로

$\overline{EH}^2 = 289$ $\quad \therefore \overline{EH} = 17(\text{cm})$

$\triangle AEH$에서

$\overline{AH}^2 + 15^2 = 17^2$, $\overline{AH}^2 = 64$

$\therefore \overline{AH} = 8(\text{cm})$

따라서 $\square ABCD$의 한 변의 길이는 $8 + 15 = 23(\text{cm})$이므로

($\square ABCD$의 둘레의 길이)$= 23 \times 4 = 92(\text{cm})$ 답 92 cm

유형 모아 Theme 16 피타고라스 정리  115쪽

733 $\triangle ABC$가 이등변삼각형이므로

$\overline{BH} = \overline{CH} = \frac{1}{2}\overline{BC} = \frac{1}{2} \times 8 = 4(\text{cm})$

$\triangle ABH$에서

$\overline{AH}^2 + 4^2 = 5^2$, $\overline{AH}^2 = 9$

$\therefore \overline{AH} = 3(\text{cm})$ 답 3 cm

734 $\triangle ABC$에서

$8^2 + \overline{AC}^2 = 10^2$, $\overline{AC}^2 = 36$

$\therefore \overline{AC} = 6(\text{cm})$

① $\triangle ABF = \triangle EBC = \triangle EBA$

$= \frac{1}{2}\square ADEB$

$= \frac{1}{2} \times 8 \times 8 = 32(\text{cm}^2)$

② $\square LMGC = \square ACHI$

$= 6 \times 6 = 36(\text{cm}^2)$

③ $\triangle EBC = \frac{1}{2}\square ADEB = 32(\text{cm}^2)$,

$\triangle ABC = \frac{1}{2} \times 8 \times 6 = 24(\text{cm}^2)$

이므로 $\triangle EBC \neq \triangle ABC$

④ $\triangle EBC = \triangle ABF = \triangle LBF$

$= \frac{1}{2}\square BFML$

⑤ $\triangle EBA = \triangle EBC = \triangle ABF$

$= \triangle LBF$

따라서 옳지 않은 것은 ③이다. 답 ③

735 $\triangle ABQ \equiv \triangle BCR \equiv \triangle CDS \equiv \triangle DAP$이므로 $\square PQRS$는 정사각형이다.

$\triangle ABQ$에서 $\overline{BQ} = \overline{AP} = 9$ cm이므로

$\overline{AQ}^2 + 9^2 = 15^2$, $\overline{AQ}^2 = 144$

$\therefore \overline{AQ} = 12(\text{cm})$

$\therefore \overline{PQ} = \overline{AQ} - \overline{AP}$

$= 12 - 9 = 3(\text{cm})$

$\therefore \square PQRS=3\times 3$

$\qquad =9(\text{cm}^2)$ 　　답 9 cm^2

736 $\overline{AC}$를 그으면

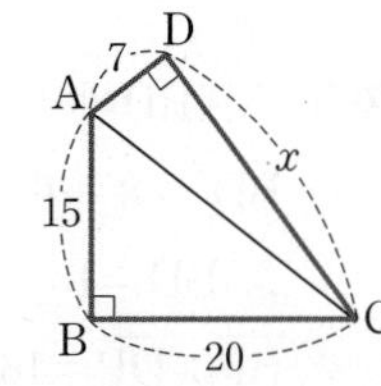

$\triangle ABC$에서

$\overline{AC}^2=15^2+20^2=625$

$\triangle ACD$에서

$\overline{AC}^2=7^2+x^2=625$

$x^2=576$

$\therefore x=24$ 　　답 24

737 직사각형의 각 변의 중점을 연결하여 만든 □EFGH는 마름모이다.

$\overline{AE}=\frac{1}{2}\overline{AB}=\frac{1}{2}\times 10=5(\text{cm})$

$\overline{AH}=\frac{1}{2}\overline{AD}=\frac{1}{2}\times 24=12(\text{cm})$

$\triangle AEH$에서

$\overline{EH}^2=5^2+12^2=169$

$\therefore \overline{EH}=13(\text{cm})$

따라서 □EFGH의 둘레의 길이는

$13\times 4=52(\text{cm})$ 　　답 ②

738 $\overline{AC}=\overline{CD}$,

$\angle ACD=180^\circ-(\angle ACB+\angle DCE)$

$\qquad =180^\circ-(\angle ACB+\angle CAB)=90^\circ$

이므로 $\triangle ACD$는 직각이등변삼각형이다.

$\triangle ACD=\frac{1}{2}\times\overline{AC}\times\overline{CD}=50$, $\overline{AC}^2=100$

$\therefore \overline{AC}=10(\text{cm})$

$\triangle ABC$에서

$8^2+\overline{BC}^2=10^2$, $\overline{BC}^2=36$

$\therefore \overline{BC}=6(\text{cm})$

$\overline{DE}=\overline{CB}=6\text{ cm}$, $\overline{CE}=\overline{AB}=8\text{ cm}$

$\overline{BE}=\overline{BC}+\overline{CE}=6+8=14(\text{cm})$이므로

$\square ABED=\frac{1}{2}\times(8+6)\times 14$

$\qquad =98(\text{cm}^2)$ 　　답 98 cm^2

739 원기둥의 밑면의 둘레의 길이는

$2\pi\times 5=10\pi(\text{cm})$

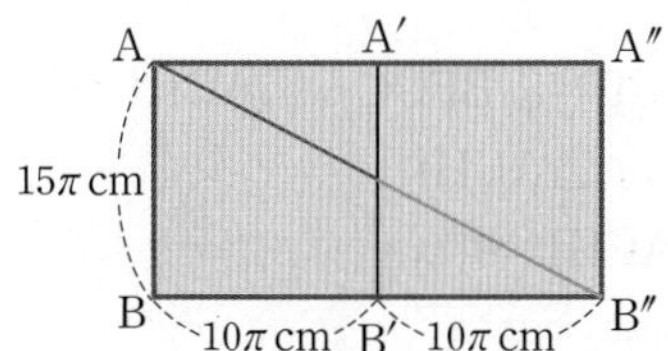

위 그림의 전개도에서 구하는 최단 거리는 $\overline{AB''}$의 길이이므로 $\triangle ABB''$에서

$\overline{AB''}^2=(20\pi)^2+(15\pi)^2=625\pi^2$

$\therefore \overline{AB''}=25\pi(\text{cm})$

따라서 구하는 최단 거리는 25π cm이다. 　　답 25π cm

740 ① $3^2+5^2<7^2$이므로 둔각삼각형이다.

② $3^2+4^2=5^2$이므로 직각삼각형이다.

③ $4^2+7^2>8^2$이므로 예각삼각형이다.

④ $6^2+6^2<10^2$이므로 둔각삼각형이다.

⑤ $6^2+8^2<11^2$이므로 둔각삼각형이다.

따라서 예각삼각형인 것은 ③이다. 　　답 ③

741 $\triangle ABC$에서 $\overline{BC}^2=12^2+5^2=169$

$\therefore \overline{BC}=13(\text{cm})$

$\overline{AC}^2=\overline{CD}\times\overline{CB}$이므로

$5^2=\overline{CD}\times 13$

$\therefore \overline{CD}=\frac{25}{13}(\text{cm})$ 　　답 $\frac{25}{13}$ cm

742 $\overline{AB}^2+\overline{CD}^2=\overline{AD}^2+\overline{BC}^2$

$\qquad =5^2+7^2$

$\qquad =74$ 　　답 ⑤

743 $P+Q=R$이므로

$P+Q+R=2R$

$\qquad =2\times\left(\frac{1}{2}\times\pi\times 6^2\right)$

$\qquad =36\pi(\text{cm}^2)$ 　　답 $36\pi\text{ cm}^2$

744 $\triangle ABD$에서

$\overline{BD}^2=5^2+12^2=169$

$\therefore \overline{BD}=13(\text{cm})$

$\overline{AB}^2=\overline{BE}\times\overline{BD}$이므로

$5^2=\overline{BE}\times 13$ 　$\therefore \overline{BE}=\frac{25}{13}(\text{cm})$

$\triangle ABE\equiv\triangle CDF$ (RHA 합동)이므로

$\overline{DF}=\overline{BE}=\frac{25}{13}$ cm

$\therefore \overline{EF}=\overline{BD}-2\overline{BE}$

$\qquad =13-2\times\frac{25}{13}=\frac{119}{13}(\text{cm})$

답 $\frac{119}{13}$ cm

745 $\triangle ABC$에서 삼각형의 두 변의 중점을 연결한 선분의 성질에 의하여

$\overline{DE}=\frac{1}{2}\overline{AC}=\frac{1}{2}\times 10=5$

$\therefore \overline{AE}^2+\overline{CD}^2=\overline{AC}^2+\overline{DE}^2$

$\qquad =10^2+5^2$

$\qquad =125$ 　　답 ④

746 오른쪽 그림과 같이 직선 $y=\frac{3}{4}x-3$이 x축, y축과 만나는 점을 각각 A, B라 하고, 원점 O에서 직선 $y=\frac{3}{4}x-3$에 내린 수선의 발을 H라 하면

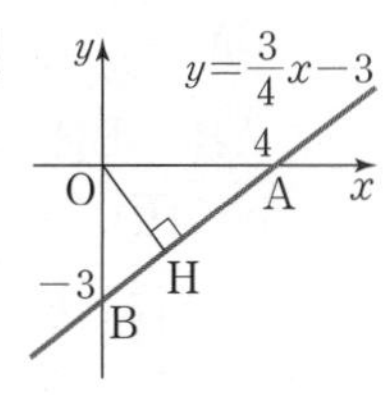

x절편은 4, y절편은 -3이므로
A(4, 0), B(0, -3)
$\therefore \overline{OA}=4$, $\overline{OB}=3$
△AOB에서
$\overline{AB}^2=4^2+3^2=25$
$\therefore \overline{AB}=5$
$\overline{OA}\times\overline{OB}=\overline{AB}\times\overline{OH}$이므로
$4\times3=5\times\overline{OH}$ $\quad\therefore \overline{OH}=\frac{12}{5}$
따라서 원점 O에서 직선 $y=\frac{3}{4}x-3$까지의 거리는 $\frac{12}{5}$이다. 답 $\frac{12}{5}$

유형 모아 Theme 17 피타고라스 정리와 도형  117쪽

747 ④ $c^2>a^2+b^2$이면 $\angle C>90°$이므로 $\angle C$는 둔각이다. 답 ④

748 ㄱ. $13^2>7^2+7^2$이므로 둔각삼각형이다.
ㄴ. $13^2>7^2+8^2$이므로 둔각삼각형이다.
ㄷ. $13^2>7^2+10^2$이므로 둔각삼각형이다.
ㄹ. $13^2<7^2+12^2$이므로 예각삼각형이다.
ㅁ. $14^2<7^2+13^2$이므로 예각삼각형이다.
ㅂ. $15^2>7^2+13^2$이므로 둔각삼각형이다.
따라서 둔각삼각형이 되도록 하는 x의 값이 될 수 있는 것은 ㄱ, ㄴ, ㄷ, ㅂ의 4개이다. 답 4개

749 $\overline{AE}^2+\overline{BD}^2=\overline{DE}^2+\overline{AB}^2$
$=3^2+10^2$
$=109$ 답 109

750 $\overline{AB}^2+\overline{CD}^2=\overline{BC}^2+\overline{DA}^2$이므로
$x^2+11^2=6^2+y^2$
$\therefore y^2-x^2=121-36=85$ 답 85

751 $\overline{AC}$를 지름으로 하는 반원의 넓이는
$\frac{1}{2}\times\pi\times6^2=18\pi(\text{cm}^2)$
따라서 $\overline{BC}$를 지름으로 하는 반원의 넓이는
$34\pi-18\pi=16\pi(\text{cm}^2)$ 답 16π cm²

752 △ABC에서
$\overline{BC}^2=6^2+8^2=100$
$\therefore \overline{BC}=10(\text{cm})$
$\overline{BM}=\frac{1}{2}\overline{BC}=\frac{1}{2}\times10=5(\text{cm})$
$\overline{AB}^2=\overline{BH}\times\overline{BC}$이므로
$6^2=\overline{BH}\times10$
$\therefore \overline{BH}=\frac{18}{5}(\text{cm})$
$\therefore \overline{HM}=\overline{BM}-\overline{BH}$
$=5-\frac{18}{5}=\frac{7}{5}(\text{cm})$ 답 ②

753 △ABD에서
$\overline{BD}^2=8^2+6^2=100$
$\therefore \overline{BD}=10$
$\overline{BP}:\overline{DP}=16:9$이므로
$\overline{BP}=10\times\frac{16}{25}=\frac{32}{5}$
$\overline{DP}=10\times\frac{9}{25}=\frac{18}{5}$
$\therefore \overline{AP}^2+\overline{CP}^2=\overline{BP}^2+\overline{DP}^2$
$=\left(\frac{32}{5}\right)^2+\left(\frac{18}{5}\right)^2=\frac{1348}{25}$ 답 $\frac{1348}{25}$

Theme 모아 중단원 마무리 118~119쪽

754 $12^2+\overline{BC}^2=20^2$, $\overline{BC}^2=256$
$\therefore \overline{BC}=16(\text{cm})$ 답 ④

755 ㄱ. $2^2+3^2\neq4^2$이므로 직각삼각형이 아니다.
ㄴ. $6^2+8^2=10^2$이므로 직각삼각형이다.
ㄷ. $5^2+6^2\neq7^2$이므로 직각삼각형이 아니다.
ㄹ. $3^2+5^2\neq7^2$이므로 직각삼각형이 아니다.
ㅁ. $8^2+15^2=17^2$이므로 직각삼각형이다.
ㅂ. $9^2+10^2\neq12^2$이므로 직각삼각형이 아니다.
따라서 직각삼각형인 것은 ㄴ, ㅁ의 2개이다. 답 2개

756 ① $4^2>2^2+3^2$이므로 둔각삼각형이다.
② $8^2<5^2+7^2$이므로 예각삼각형이다.
③ $10^2>5^2+6^2$이므로 둔각삼각형이다.
④ $17^2>9^2+12^2$이므로 둔각삼각형이다.
⑤ $13^2>5^2+11^2$이므로 둔각삼각형이다.
따라서 예각삼각형인 것은 ②이다. 답 ②

757 □ADEB=□BFGC+□ACHI이므로
25=16+□ACHI
∴ □ACHI$=9(\text{cm}^2)$
$\overline{AC}^2=9$이므로 $\overline{AC}=3(\text{cm})$
$\overline{BC}^2=16$이므로 $\overline{BC}=4(\text{cm})$
$\therefore \triangle ABC=\frac{1}{2}\times\overline{BC}\times\overline{AC}$
$=\frac{1}{2}\times4\times3$
$=6(\text{cm}^2)$ 답 6 cm²

758 $\triangle$DCH에서

$\overline{CH}^2+8^2=10^2$, $\overline{CH}^2=36$

$\therefore \overline{CH}=6(cm)$

$\triangle$DBH에서

$\overline{BD}^2=(9+6)^2+8^2=289$

$\therefore \overline{BD}=17(cm)$ 답 17 cm

759 점 A에서 $\overline{BC}$에 내린 수선의 발을 H라 하면

A 4cm D
10cm
B 6cm H 4cm C

$\overline{HC}=\overline{AD}=4$ cm

$\overline{BH}=\overline{BC}-\overline{HC}$

$=10-4$

$=6(cm)$

$\triangle$ABH에서

$10^2=6^2+\overline{AH}^2$, $\overline{AH}^2=64$

$\therefore \overline{AH}=8(cm)$

$\therefore \square ABCD=\frac{1}{2}\times(4+10)\times 8$

$=56(cm^2)$ 답 ③

760 $\triangle$ABD에서

$x^2=9^2+12^2=225$

$\therefore x=15$

$\overline{AB}\times\overline{AD}=\overline{BD}\times\overline{AH}$이므로

$9\times 12=15\times y$

$\therefore y=\frac{36}{5}$

$\therefore x-y=15-\frac{36}{5}=\frac{39}{5}$ 답 ③

761 삼각형의 두 변의 중점을 연결한 선분의 성질에 의하여

$\overline{DE}=\frac{1}{2}\overline{AC}=\frac{1}{2}\times 12=6$

$\therefore \overline{AE}^2+\overline{CD}^2=\overline{AC}^2+\overline{DE}^2$

$=12^2+6^2=180$ 답 180

762 $\square$ABCD의 두 대각선이 직교하므로

$\overline{AB}^2+\overline{CD}^2=\overline{AD}^2+\overline{BC}^2$

$\therefore \overline{CD}^2-\overline{BC}^2=\overline{AD}^2-\overline{AB}^2$

$=5^2-4^2$

$=9$ 답 ②

763 ② $\triangle BFL=\frac{1}{2}\square BFML$

$=\frac{1}{2}\square ADEB$

$=\frac{1}{2}\overline{AB}^2$ 답 ②

764 $\triangle AEH\equiv\triangle BFE\equiv\triangle CGF\equiv\triangle DHG$ (SAS 합동)이므로 $\square$EFGH는 정사각형이다.

$\overline{AE}=\overline{AB}-\overline{BE}=6-4=2(cm)$이므로

$\triangle$AEH에서

$\overline{EH}^2=2^2+4^2=20$

$\therefore \square EFGH=\overline{EH}^2=20(cm^2)$ 답 20 cm^2

다른 풀이 $\square EFGH=\square ABCD-4\triangle AEH$

$=6\times 6-4\times\left(\frac{1}{2}\times 4\times 2\right)$

$=20(cm^2)$

765 $\triangle ABQ\equiv\triangle BCR\equiv\triangle CDS\equiv\triangle DAP$ (RHS 합동)이므로 $\square$PQRS는 정사각형이다.

$\overline{BQ}=\overline{AP}=5$ cm이므로

$\triangle$ABQ에서

$\overline{AQ}^2+5^2=13^2$, $\overline{AQ}^2=144$

$\therefore \overline{AQ}=12(cm)$

$\overline{PQ}=\overline{AQ}-\overline{AP}$

$=12-5=7(cm)$

$\therefore \square PQRS=7\times 7=49(cm^2)$ 답 49 cm^2

766 단면인 원의 반지름의 길이를 r cm라 하면

$r^2+8^2=10^2$ …❶

$r^2=36$ $\therefore r=6$ …❷

따라서 단면인 원의 넓이는

$\pi\times 6^2=36\pi(cm^2)$ …❸

답 36π cm^2

채점 기준	배점
❶ 단면인 원의 반지름의 길이를 구하는 식 세우기	40 %
❷ 단면인 원의 반지름의 길이 구하기	40 %
❸ 단면인 원의 넓이 구하기	20 %

767 $S_1=\frac{1}{2}\times\pi\times 6^2=18\pi$ …❶

$\overline{BC}$를 지름으로 하는 반원의 반지름의 길이를 r라 하면

$S_3=\frac{1}{2}\pi r^2=50\pi$, $r^2=100$

$\therefore r=10$

$\therefore \overline{BC}=2\times 10=20$ …❷

$\triangle$ABC에서

$20^2=12^2+\overline{AC}^2$, $\overline{AC}^2=256$

$\therefore \overline{AC}=16$ …❸

$\therefore S_4=\frac{1}{2}\times 12\times 16=96$ …❹

$\therefore S_1+S_4=18\pi+96$ …❺

답 $18\pi+96$

채점 기준	배점
❶ S_1의 값 구하기	25 %
❷ $\overline{BC}$의 길이 구하기	25 %
❸ $\overline{AC}$의 길이 구하기	25 %
❹ S_4의 값 구하기	15 %
❺ S_1+S_4의 값 구하기	10 %

09. 경우의 수

한번 더 핵심 유형 120~129쪽

Theme 18 경우의 수 120~124쪽

768 나오는 눈의 수의 합이 7인 경우는 (1, 6), (2, 5), (3, 4), (4, 3), (5, 2), (6, 1)이므로 경우의 수는 6이다. 답 6

769 소수인 경우는 2, 3, 5, 7, 11, 13, 17, 19이므로 경우의 수는 8이다. 답 8

770 앞면을 H, 뒷면을 T라 하면 앞면이 2개, 뒷면이 2개 나오는 경우는 (H, H, T, T), (H, T, H, T), (H, T, T, H), (T, H, H, T), (T, H, T, H), (T, T, H, H)이므로 경우의 수는 6이다. 답 6

771 ① 7의 약수는 1, 7의 2개이므로 경우의 수는 2이다.
② 3의 배수는 3, 6, 9, 12, 15의 5개이므로 경우의 수는 5이다.
③ 2의 배수는 2, 4, 6, 8, 10, 12, 14의 7개이므로 경우의 수는 7이다.
④ 홀수는 1, 3, 5, 7, 9, 11, 13, 15의 8개이므로 경우의 수는 8이다.
⑤ 12의 약수는 1, 2, 3, 4, 6, 12의 6개이므로 경우의 수는 6이다.
따라서 경우의 수가 가장 큰 것은 ④이다. 답 ④

772 음료수 값 1000원을 지불하는 방법을 표로 나타내면 다음과 같다.

500원(개)	2	1	1	1
100원(개)	0	5	4	3
50원(개)	0	0	2	4

따라서 음료수 값을 지불하는 방법의 수는 4이다. 답 4

773 550원을 지불하는 방법을 표로 나타내면 다음과 같다.

100원(개)	5	4	3	2
50원(개)	1	3	5	7

따라서 지불하는 방법의 수는 4이다. 답 4

774 지불할 수 있는 금액을 표로 나타내면 다음과 같다.

10원(개) \ 100원(개)	1	2	3	4
1	110원	210원	310원	410원
2	120원	220원	320원	420원
3	130원	230원	330원	430원

따라서 지불할 수 있는 금액은 모두 12가지이다. 답 ⑤

775 세 변의 길이를 a, b, c $(a<b<c)$라 하고 삼각형이 만들어지는 경우를 순서쌍 (a, b, c)로 나타내면
(3, 4, 5), (3, 4, 6), (3, 5, 6), (3, 5, 7), (3, 6, 7), (4, 5, 6), (4, 5, 7), (4, 6, 7), (5, 6, 7)
이므로 구하는 삼각형의 개수는 9이다. 답 9

776 알파벳 중 모음은 u, e, a이므로 모음을 선택하는 경우의 수는 3이다. 답 ②

777 가위바위보를 해서 A가 혼자 지는 경우를 순서쌍 (A, B, C)로 나타내면
(가위, 바위, 바위), (바위, 보, 보), (보, 가위, 가위)
이므로 경우의 수는 3이다. 답 ①

778 (i) 계단을 1개씩만 오르는 경우 :
(1, 1, 1, 1, 1, 1)
(ii) 한 걸음에 2개의 계단을 한 번 오르는 경우 :
(2, 1, 1, 1, 1), (1, 2, 1, 1, 1), (1, 1, 2, 1, 1), (1, 1, 1, 2, 1), (1, 1, 1, 1, 2)
(iii) 한 걸음에 2개의 계단을 두 번 오르는 경우 :
(2, 2, 1, 1), (2, 1, 2, 1), (2, 1, 1, 2), (1, 2, 2, 1), (1, 2, 1, 2), (1, 1, 2, 2)
(iv) 한 걸음에 2개의 계단을 세 번 오르는 경우 :
(2, 2, 2)
(i)~(iv)에서 구하는 경우의 수는 13 답 13

779 $ax-b=0$에 $x=3$을 대입하면 $3a-b=0$
즉, $3a=b$가 되는 경우를 순서쌍 (a, b)로 나타내면
(1, 3), (2, 6)이므로 경우의 수는 2이다. 답 2

780 $x+y=7$이 되는 경우를 순서쌍 (x, y)로 나타내면
(1, 6), (2, 5), (3, 4), (4, 3), (5, 2), (6, 1)
이므로 경우의 수는 6이다. 답 ①

781 $3x-2y=1$이 되는 경우를 순서쌍 (x, y)로 나타내면
(1, 1), (3, 4)이므로 경우의 수는 2이다. 답 2

782 $2x+y<8$이 되는 경우를 순서쌍 (x, y)로 나타내면
(i) $x=1$일 때, $y=1, 2, 3, 4, 5$이므로
(1, 1), (1, 2), (1, 3), (1, 4), (1, 5)
(ii) $x=2$일 때, $y=1, 2, 3$이므로
(2, 1), (2, 2), (2, 3)
(iii) $x=3$일 때, $y=1$이므로 (3, 1)
(i)~(iii)에서 구하는 경우의 수는 9 답 ②

783 (i) 두 눈의 수의 합이 6인 경우 :
(1, 5), (2, 4), (3, 3), (4, 2), (5, 1)의 5가지
(ii) 두 눈의 수의 합이 9인 경우 :
(3, 6), (4, 5), (5, 4), (6, 3)의 4가지
(i), (ii)에서 구하는 경우의 수는
$5+4=9$ 답 ④

784 1부터 12까지의 자연수 중에서
5의 배수는 5, 10의 2개
12의 약수는 1, 2, 3, 4, 6, 12의 6개
따라서 구하는 경우의 수는
$2+6=8$ 답 8

785 (i) 두 눈의 수의 차가 2인 경우 :
(1, 3), (3, 1), (2, 4), (4, 2), (3, 5), (5, 3), (4, 6), (6, 4)의 8가지
(ii) 두 눈의 수의 차가 4인 경우 :
(1, 5), (5, 1), (2, 6), (6, 2)의 4가지
(i), (ii)에서 구하는 경우의 수는
$8+4=12$ 답 12

786 1부터 30까지의 자연수 중에서
(i) 3의 배수는 3, 6, 9, 12, 15, 18, 21, 24, 27, 30의 10개
(ii) 4의 배수는 4, 8, 12, 16, 20, 24, 28의 7개
(iii) 3과 4의 공배수는 12, 24의 2개
(i)~(iii)에서 구하는 경우의 수는
$10+7-2=15$ 답 15

787 기차를 타고 가는 경우의 수는 4이고, 고속버스를 타고 가는 경우의 수는 5이므로 구하는 경우의 수는
$4+5=9$ 답 ②

788 아이스크림을 선택하는 경우의 수는 5, 음료를 선택하는 경우의 수는 4, 케이크를 선택하는 경우의 수는 6이므로 구하는 경우의 수는
$5+4+6=15$ 답 15

789 취미가 독서인 학생은 9명, 음악 감상인 학생은 7명이므로 구하는 경우의 수는
$9+7=16$ 답 16

790 주사위 1개를 던질 때 일어나는 경우의 수는 6이고, 동전 1개를 던질 때 일어나는 경우의 수는 2이다.
따라서 구하는 경우의 수는
$6\times2\times2\times2=48$ 답 ④

791 소수의 눈이 나오는 경우는 2, 3, 5의 3가지이고, 홀수의 눈이 나오는 경우는 1, 3, 5의 3가지이다.
따라서 구하는 경우의 수는
$3\times3=9$ 답 9

792 동전 2개를 던질 때 서로 같은 면이 나오는 경우는 (앞, 앞), (뒤, 뒤)의 2가지이고, 주사위 1개를 던질 때 6의 약수의 눈이 나오는 경우는 1, 2, 3, 6의 4가지이다.
따라서 구하는 경우의 수는
$2\times4=8$ 답 8

793 주사위 A를 던질 때 홀수가 나오는 경우는 1, 3, 5의 3가지이고, 주사위 B를 던질 때 8의 약수가 나오는 경우는 1, 2, 4, 8의 4가지이다.
따라서 구하는 경우의 수는
$3\times4=12$ 답 12

794 자음이 6개, 모음이 5개이고 자음 1개와 모음 1개를 짝 지으면 글자 1개가 만들어지므로 만들 수 있는 글자의 개수는
$6\times5=30$ 답 30

795 빵을 선택하는 경우의 수는 2, 토핑을 선택하는 경우의 수는 4, 드레싱을 선택하는 경우의 수는 4이므로 샌드위치를 주문하는 경우의 수는
$2\times4\times4=32$ 답 ⑤

796 스포츠 강좌를 선택하는 경우의 수는 5이고, 스포츠 강좌를 제외한 나머지 강좌는 7가지이므로 이 중 한 가지를 선택하는 경우의 수는 7이다.
따라서 구하는 경우의 수는
$5\times7=35$ 답 35

797 (i) 집에서 박물관으로 바로 가는 경우의 수는 2
(ii) 집에서 공원을 거쳐 박물관으로 가는 경우의 수는
$3\times4=12$
(i), (ii)에서 구하는 경우의 수는
$2+12=14$ 답 ③

798 한 등산로를 따라 올라가는 경우의 수는 6이고, 그 각각에 대하여 다른 등산로를 따라 내려오는 경우의 수는 5이므로 구하는 경우의 수는
$6\times5=30$ 답 30

799 (i) A → B → C → D로 가는 경우의 수는
$2\times2\times3=12$
(ii) A → C → D로 가는 경우의 수는
$2\times3=6$
(i), (ii)에서 구하는 경우의 수는
$12+6=18$ 답 18

800 (i) A 지점에서 P 지점까지 최단 거리로 가는 경우의 수는 3
(ii) P 지점에서 B 지점까지 최단 거리로 가는 경우의 수는 3
(i), (ii)에서 구하는 경우의 수는
$3\times3=9$ 답 ②

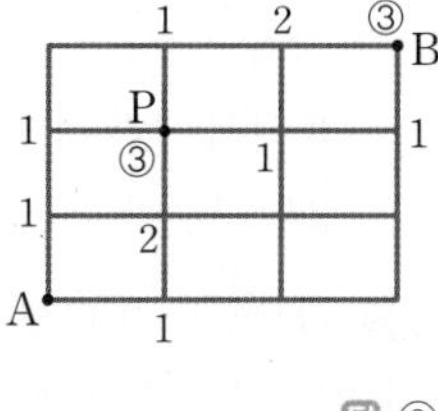

801 (i) A 지점에서 P 지점까지 최단 거리로 가는 경우의 수는 6
(ii) P 지점에서 B 지점까지 최단 거리로 가는 경우의 수는 3
(i), (ii)에서 구하는 경우의 수는
$6\times3=18$ 답 18

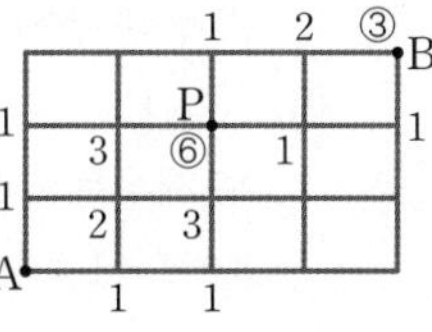

802 (i) 성현이네 집에서 문구점까지 최단 거리로 가는 경우의 수는 6

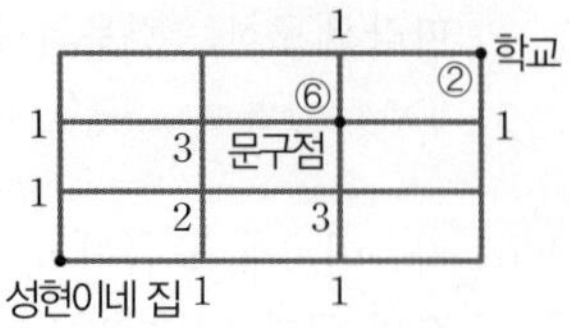

(ii) 문구점에서 학교까지 최단 거리로 가는 경우의 수는 2

(i), (ii)에서 구하는 경우의 수는

$6\times2=12$ 답 ②

Theme 19 경우의 수의 응용 125~129쪽

803 첫 번째로 달릴 수 있는 사람은 5명, 두 번째로 달릴 수 있는 사람은 첫 번째 달린 사람을 제외한 4명, 세 번째로 달릴 수 있는 사람은 첫 번째와 두 번째 달린 사람을 제외한 3명, 네 번째로 달릴 수 있는 사람은 첫 번째, 두 번째, 세 번째 달린 사람을 제외한 2명이므로 구하는 경우의 수는

$5\times4\times3\times2=120$ 답 ③

804 $4\times3\times2\times1=24$ 답 ②

805 첫 번째에 관람할 수 있는 전시실은 8개, 두 번째에 관람할 수 있는 전시실은 첫 번째 관람한 전시실을 제외한 7개이므로 구하는 경우의 수는

$8\times7=56$ 답 56

806 음악책을 가장 왼쪽, 미술책을 가장 오른쪽에 고정하고 음악책과 미술책을 제외한 나머지 6권을 한 줄로 꽂는 경우의 수와 같으므로 구하는 경우의 수는

$6\times5\times4\times3\times2\times1=720$ 답 ⑤

807 B와 E를 정해진 자리에 고정하고, 나머지 A, C, D, F 4명을 한 줄로 세우는 경우의 수와 같으므로 구하는 경우의 수는

$4\times3\times2\times1=24$ 답 24

808 부모님 사이에 서준, 할아버지, 할머니, 남동생 4명이 한 줄로 서는 경우의 수는

$4\times3\times2\times1=24$

이때 부모님이 자리를 바꾸는 경우의 수는 2

따라서 구하는 경우의 수는

$24\times2=48$ 답 48

809 (i) A가 첫 번째 자리에 설 때 가능한 B의 위치는 4가지

A가 두 번째 자리에 설 때 가능한 B의 위치는 3가지

A가 세 번째 자리에 설 때 가능한 B의 위치는 2가지

A가 네 번째 자리에 설 때 가능한 B의 위치는 1가지

(ii) A와 B 자리를 제외한 나머지 위치에 C, D, E를 한 줄로 세우는 경우의 수는

$3\times2\times1=6$

(i), (ii)에서 A가 B보다 앞에 서는 경우의 수는

$(4+3+2+1)\times6=60$ 답 60

810 A와 B를 한 명으로 생각하여 5명을 한 줄로 세우는 경우의 수는

$5\times4\times3\times2\times1=120$

이때 A와 B가 자리를 바꾸는 경우의 수는 2

따라서 구하는 경우의 수는

$120\times2=240$ 답 ②

811 A와 B를 한 명으로 생각하여 4명을 한 줄로 세우는 경우의 수는

$4\times3\times2\times1=24$

이때 A가 B 앞에 서는 경우의 수는 1

따라서 구하는 경우의 수는

$24\times1=24$ 답 24

812 여학생 3명을 한 명으로 생각하여 5명을 한 줄로 세우는 경우의 수는

$5\times4\times3\times2\times1=120$

이때 여학생 3명이 자리를 바꾸는 경우의 수는

$3\times2\times1=6$

따라서 구하는 경우의 수는

$120\times6=720$ 답 720

813 할아버지와 할머니를 한 명으로, 부모님을 한 명으로 생각하여 3명을 한 줄로 세우는 경우의 수는

$3\times2\times1=6$

할아버지와 할머니가 자리를 바꾸는 경우의 수는 2

부모님이 자리를 바꾸는 경우의 수는 2

따라서 구하는 경우의 수는

$6\times2\times2=24$ 답 24

814 만든 수가 75보다 크려면 십의 자리에 올 수 있는 숫자는 7 또는 8이다.

(i) 7□인 경우 : 76, 78의 2개

(ii) 8□인 경우 : 81, 82, 83, 84, 85, 86, 87의 7개

(i), (ii)에서 75보다 큰 수의 개수는

$2+7=9$ 답 9

815 천의 자리, 백의 자리, 십의 자리, 일의 자리에 올 수 있는 숫자는 각각 5개이므로 구하는 네 자리 자연수의 개수는

$5\times5\times5\times5=625$ 답 625

816 만든 수가 32보다 작으려면 십의 자리에 올 수 있는 숫자는 1 또는 2 또는 3이다.

(i) 1□인 경우 : 12, 13, 14, 15의 4개

(ii) 2□인 경우 : 21, 23, 24, 25의 4개

(iii) 3□인 경우 : 31의 1개

(i)~(iii)에서 32보다 작은 수의 개수는

$4+4+1=9$ 답 ④

817 만든 수가 홀수이려면 일의 자리에 올 수 있는 숫자는 1 또는 3 또는 5 또는 7이다.

이때 십의 자리에 올 수 있는 숫자는 일의 자리에 온 숫자를 제외한 6개이다.

따라서 홀수의 개수는

$4\times6=24$ 답 24

818 백의 자리에 올 수 있는 숫자는 0을 제외한 5개, 십의 자리에 올 수 있는 숫자는 백의 자리에 온 숫자를 제외한 5개, 일의 자리에 올 수 있는 숫자는 백의 자리와 십의 자리에 온 숫자를 제외한 4개이므로 만들 수 있는 세 자리 자연수의 개수는

$5\times5\times4=100$ 답 ③

819 십의 자리에 올 수 있는 숫자는 0을 제외한 6개, 일의 자리에 올 수 있는 숫자는 0을 포함한 7개이므로 만들 수 있는 두 자리 자연수의 개수는

$6\times7=42$ 답 ④

820 5의 배수는 일의 자리 숫자가 0 또는 5인 수이다.

(i) □□0인 경우 : $5\times4=20$(개)

(ii) □□5인 경우 : $4\times4=16$(개)

(i), (ii)에서 5의 배수의 개수는

$20+16=36$ 답 36

821 A에 칠할 수 있는 색은 4가지, B에 칠할 수 있는 색은 A에 칠한 색을 제외한 3가지, C에 칠할 수 있는 색은 A와 B에 칠한 색을 제외한 2가지, D에 칠할 수 있는 색은 C에 칠한 색을 제외한 3가지, E에 칠할 수 있는 색은 D에 칠한 색을 제외한 3가지이다.

따라서 구하는 경우의 수는

$4\times3\times2\times3\times3=216$ 답 ⑤

822 A에 칠할 수 있는 색은 5가지, B에 칠할 수 있는 색은 A에 칠한 색을 제외한 4가지, C에 칠할 수 있는 색은 A와 B에 칠한 색을 제외한 3가지, D에 칠할 수 있는 색은 A, B, C에 칠한 색을 제외한 2가지이다.

따라서 구하는 경우의 수는

$5\times4\times3\times2=120$ 답 120

823 A에 칠할 수 있는 색은 4가지, B에 칠할 수 있는 색은 A에 칠한 색을 제외한 3가지, C에 칠할 수 있는 색은 B에 칠한 색을 제외한 3가지, D에 칠할 수 있는 색은 B와 C에 칠한 색을 제외한 2가지이므로 구하는 경우의 수는

$4\times3\times3\times2=72$ 답 72

824 7명 중에서 3명을 뽑아 한 줄로 세우는 경우의 수와 같으므로 구하는 경우의 수는

$7\times6\times5=210$ 답 ③

825 8명 중에서 5명을 뽑아 한 줄로 세우는 경우의 수와 같으므로 구하는 경우의 수는

$8\times7\times6\times5\times4=6720$ 답 6720

826 B를 부의장으로 뽑고, B를 제외한 A, C, D, E 4명의 후보 중에서 의장과 서기를 각각 1명씩 뽑으면 된다.

따라서 4명 중에서 2명을 뽑아 한 줄로 세우는 경우의 수와 같으므로 구하는 경우의 수는

$4\times3=12$ 답 12

827 (i) 회장이 남학생인 경우

남학생 9명 중에서 회장 1명을 뽑는 경우의 수는 9이고, 회장으로 뽑힌 남학생 1명을 제외한 남학생 8명, 여학생 11명 중에서 남자 부회장, 여자 부회장을 각각 1명씩 뽑는 경우의 수는 $8\times11=88$이다.

따라서 그 경우의 수는 $9\times88=792$

(ii) 회장이 여학생인 경우

여학생 11명 중에서 회장 1명을 뽑는 경우의 수는 11이고, 회장으로 뽑힌 여학생 1명을 제외한 남학생 9명, 여학생 10명 중에서 남자 부회장, 여자 부회장을 각각 1명씩 뽑는 경우의 수는 $9\times10=90$이다.

따라서 그 경우의 수는 $11\times90=990$

(i), (ii)에서 구하는 경우의 수는

$792+990=1782$ 답 ④

828 8명 중에서 자격이 같은 대표 3명을 뽑는 경우의 수는

$\dfrac{8\times7\times6}{3\times2\times1}=56$ 답 56

829 6명 중에서 자격이 같은 대표 3명을 뽑는 경우의 수와 같으므로 구하는 경우의 수는

$\dfrac{6\times5\times4}{3\times2\times1}=20$ 답 20

830 수호를 뽑고, 수호를 제외한 11명 중에서 대회에 참가할 2명을 뽑으면 된다.

따라서 구하는 경우의 수는

$\dfrac{11\times10}{2}=55$ 답 ③

831 (i) 시장 1명을 뽑는 경우의 수는 3

(ii) 시의원 2명을 뽑는 경우의 수는

$\dfrac{7\times6}{2}=21$

(i), (ii)에서 구하는 경우의 수는

$3\times21=63$ 답 63

832 12명 중에서 순서를 생각하지 않고 2명을 뽑는 경우의 수와 같으므로 구하는 악수의 총 횟수는

$\dfrac{12\times11}{2}=66$ 답 ①

833 8개의 학급 대표 8명 중에서 순서를 생각하지 않고 2명을 뽑는 경우의 수와 같으므로 구하는 경기의 총 횟수는

$\dfrac{8\times7}{2}=28$ 답 28

834 16명이 두 명씩 경기를 하면 8경기

이긴 8명이 두 명씩 경기를 하면 4경기

이긴 4명이 두 명씩 경기를 하면 2경기

이긴 2명이 경기를 하면 1경기
따라서 경기의 총 횟수는
$8+4+2+1=15$ 답 15

835 경기를 한 번 할 때마다 한 선수가 탈락하므로 최후 승자를 제외한 9명이 탈락하는 경우가 가장 많이 경기를 하는 경우이고, 한 선수가 상대편 선수 5명을 모두 이기는 경우가 가장 적게 경기를 하는 경우이다.
따라서 가능한 경기 수는 최대 9회, 최소 5회이므로
$a=9$, $b=5$
$\therefore a-b=4$ 답 4

836 7개의 점 중에서 순서를 생각하지 않고 2개의 점을 선택하는 경우의 수와 같으므로 구하는 선분의 개수는
$\frac{7\times6}{2}=21$ 답 ④

837 직선 l 위의 한 점을 선택하는 경우의 수는 4
직선 m 위의 한 점을 선택하는 경우의 수는 2
따라서 구하는 선분의 개수는
$4\times2=8$ 답 8

838 8개의 점 중에서 순서를 생각하지 않고 3개의 점을 선택하는 경우의 수와 같으므로 구하는 삼각형의 개수는
$\frac{8\times7\times6}{3\times2\times1}=56$ 답 ⑤

유형모아 Theme 18 경우의 수 1회 130쪽

839 1부터 20까지의 자연수 중 소수는 2, 3, 5, 7, 11, 13, 17, 19의 8개이므로 구하는 경우의 수는 8이다. 답 ④

840 500원을 지불하는 방법을 표로 나타내면 다음과 같다.

100원(개)	4	3	2	1
50원(개)	2	4	6	8

따라서 500원을 지불하는 방법의 수는 4이다. 답 ②

841 (ⅰ) 두 눈의 수의 합이 5인 경우 :
(1, 4), (2, 3), (3, 2), (4, 1)의 4가지
(ⅱ) 두 눈의 수의 합이 6인 경우 :
(1, 5), (2, 4), (3, 3), (4, 2), (5, 1)의 5가지
(ⅰ), (ⅱ)에서 구하는 경우의 수는
$4+5=9$ 답 9

842 자음키 중 1개를 고르는 방법은 5가지
모음키 중 1개를 고르는 방법은 4가지
따라서 만들 수 있는 글자의 개수는
$5\times4=20$ 답 ③

843 (ⅰ) A 지점에서 C 지점으로 바로 가는 경우의 수는 3
(ⅱ) A 지점에서 B 지점을 거쳐 C 지점으로 가는 경우의 수는 $2\times4=8$
(ⅰ), (ⅱ)에서 구하는 경우의 수는
$3+8=11$ 답 ④

844 (ⅰ) A 지점에서 P 지점까지 최단 거리로 가는 경우의 수는 6
(ⅱ) P 지점에서 B 지점까지 최단 거리로 가는 경우의 수는 4

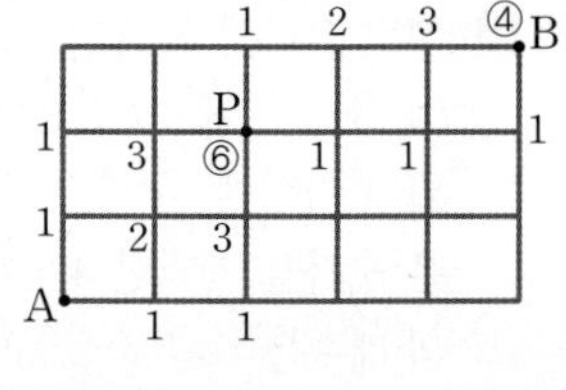

(ⅰ), (ⅱ)에서 구하는 경우의 수는
$6\times4=24$ 답 24

845 이등변삼각형의 세 변의 길이를 각각 a, a, b(a, b는 자연수)라 하면 삼각형의 둘레의 길이가 20이므로
$2a+b=20$
이 식을 만족시키면서 삼각형이 만들어지는 경우를 순서쌍 (a, a, b)로 나타내면
(6, 6, 8), (7, 7, 6), (8, 8, 4), (9, 9, 2)
이므로 구하는 이등변삼각형의 개수는 4이다. 답 4

유형모아 Theme 18 경우의 수 2회 131쪽

846 ① 1, 2의 2가지이므로 경우의 수는 2
② 5의 1가지이므로 경우의 수는 1
③ 2, 3, 5의 3가지이므로 경우의 수는 3
④ 4, 5, 6의 3가지이므로 경우의 수는 3
⑤ 1, 2, 3, 6의 4가지이므로 경우의 수는 4
따라서 경우의 수가 가장 큰 것은 ⑤이다. 답 ⑤

847 4B 연필 중 한 가지를 고르는 방법은 3가지
B 연필 중 한 가지를 고르는 방법은 4가지
HB 연필 중 한 가지를 고르는 방법은 5가지
따라서 구하는 경우의 수는
$3+4+5=12$ 답 ④

848 정육면체 모양의 주사위에서 읽을 수 있는 수는 6가지
정십이면체 모양의 주사위에서 읽을 수 있는 수는 12가지
따라서 구하는 경우의 수는
$6\times12=72$ 답 72

849 열람실에서 복도로 가는 경우의 수는 3
복도에서 휴게실로 가는 경우의 수는 2
따라서 구하는 경우의 수는
$3\times2=6$ 답 6

850 두 직선 $y=2ax$와 $y=-x+b$의 교점의 x좌표가 1일 때, y좌표는 각각 $2a$, $-1+b$이므로
$2a=-1+b$
$\therefore 2a+1=b$
이것을 만족시키는 a, b의 순서쌍 (a, b)는 (1, 3), (2, 5)이므로 구하는 경우의 수는 2이다. 답 ①

851 (i) 3의 배수는 3, 6, 9, 12, 15의 5개
(ii) 4의 배수는 4, 8, 12의 3개
(iii) 3과 4의 공배수는 12의 1개
(i)~(iii)에서 구하는 경우의 수는
$5+3-1=7$ 답 7

852 $x=0$일 때, $y=0$, 1, 2, 3, 4, 5이므로 6가지
$x=1$일 때, $y=2$, 3, 4, 5이므로 4가지
$x=2$일 때, $y=4$, 5이므로 2가지
따라서 구하는 경우의 수는
$6+4+2=12$ 답 12

유형모아 Theme 19 경우의 수의 응용  132쪽

853 볼펜 3자루와 샤프 2자루를 합하여 5자루를 한 줄로 나열하는 경우의 수는
$5\times4\times3\times2\times1=120$ 답 ④

854 민수의 위치를 맨 앞에 고정시키고, 나머지 세 명을 한 줄로 세우는 경우의 수와 같으므로 구하는 경우의 수는
$3\times2\times1=6$ 답 ①

855 A에 칠할 수 있는 색은 4가지, B에 칠할 수 있는 색은 A에 칠한 색을 제외한 3가지, C에 칠할 수 있는 색은 A와 B에 칠한 색을 제외한 2가지이므로 구하는 경우의 수는
$4\times3\times2=24$ 답 24

856 6명 중에서 자격이 다른 대표 3명을 뽑는 경우의 수는
$6\times5\times4=120$ 답 ③

857 일의 자리의 숫자가 3이므로 □□3의 꼴이다.
이때 백의 자리에 올 수 있는 숫자는 3과 0을 제외한 4개, 십의 자리에 올 수 있는 숫자는 3과 백의 자리에 온 숫자를 제외한 4개이므로 구하는 수의 개수는
$4\times4=16$ 답 16

858 남자 B, 여자 H는 반드시 최종 합격자에 포함되어야 한다.
(i) 남자 B를 제외한 A, C, D, E 4명 중에서 합격자 2명을 뽑는 경우의 수는
$\frac{4\times3}{2}=6$
(ii) 여자 H를 제외한 F, G, I 3명 중에서 합격자 1명을 뽑는 경우의 수는 3
(i), (ii)에서 구하는 경우의 수는
$6\times3=18$ 답 ②

859 7개의 점 중에서 순서를 생각하지 않고 3개의 점을 선택하는 경우의 수는
$\frac{7\times6\times5}{3\times2\times1}=35$
이때 일직선 위에 있는 점 중에서 3개의 점을 선택하는 경우에는 삼각형이 만들어지지 않는다.
직선 l 위에 있는 4개의 점 중에서 순서를 생각하지 않고 3개의 점을 선택하는 경우의 수는
$\frac{4\times3\times2}{3\times2\times1}=4$
직선 m 위에 있는 3개의 점 중에서 3개의 점을 선택하는 경우의 수는 1
따라서 구하는 삼각형의 개수는
$35-4-1=30$ 답 30

다른 풀이
(i) 직선 l 위의 한 점을 선택하는 경우의 수는 4이고, 직선 m 위의 두 점을 선택하는 경우의 수는 $\frac{3\times2}{2}=3$
따라서 삼각형의 세 꼭짓점 중에서 직선 l 위에 한 점이 있는 경우의 수는
$4\times3=12$
(ii) 직선 l 위의 두 점을 선택하는 경우의 수는 $\frac{4\times3}{2}=6$이고, 직선 m 위의 한 점을 선택하는 경우의 수는 3
따라서 삼각형의 세 꼭짓점 중에서 직선 m 위에 한 점이 있는 경우의 수는
$6\times3=18$
(i), (ii)에서 구하는 경우의 수는
$12+18=30$

유형모아 Theme 19 경우의 수의 응용  133쪽

860 4명을 한 줄로 세우는 경우의 수와 같으므로 구하는 경우의 수는
$4\times3\times2\times1=24$ 답 ①

861 초등학생 2명을 한 명으로 생각하여 4명을 한 줄로 세우는 경우의 수는
$4\times3\times2\times1=24$
초등학생 2명이 자리를 바꾸는 경우의 수는 2
따라서 구하는 경우의 수는
$24\times2=48$ 답 48

862 십의 자리에 올 수 있는 숫자는 1 또는 2 또는 3이다.
(i) 1□인 경우 : 12, 13, 14, 15의 4개
(ii) 2□인 경우 : 21, 23, 24, 25의 4개
(iii) 3□인 경우 : 31, 32의 2개
(i)~(iii)에서 34보다 작은 수의 개수는
$4+4+2=10$ 답 ①

863 회원 수를 n명이라 하면 악수한 총 횟수는 n명 중에서 순서를 생각하지 않고 2명을 뽑는 경우의 수와 같으므로
$\frac{n\times(n-1)}{2}=28$
$n(n-1)=56$
$n(n-1)=8\times7$ $\quad\therefore n=8$
따라서 동아리의 회원 수는 8명이다. 답 ③

864 7개의 점 중에서 순서를 생각하지 않고 3개의 점을 선택하는 경우의 수와 같으므로 구하는 삼각형의 개수는

$\frac{7\times6\times5}{3\times2\times1}=35$ 답 35

865 만든 세 자리 자연수를 큰 수부터 차례대로 나열하면

5□□인 경우 : $5\times4=20$(개)

4□□인 경우 : $5\times4=20$(개)

이때 $20+20=40$(개)이고, 3□□인 경우 큰 수부터 차례대로 나열하면

35□인 경우 : 4개

34□인 경우 : 4개

325, 324, 321, ⋯

따라서 50번째에 오는 수는 324이다. 답 324

866 6개의 자리 중에서 C, E가 서는 자리를 선택하는 경우의 수는

$\frac{6\times5}{2}=15$

이때 선택된 자리 중 앞쪽에는 C를, 뒤쪽에는 E를 세우면 된다. 또, 나머지 네 자리에 A, B, D, F를 한 줄로 세우는 경우의 수는

$4\times3\times2\times1=24$

따라서 구하는 경우의 수는

$15\times24=360$ 답 ④

다른 풀이 6명을 한 줄로 세우는 경우의 수는

$6\times5\times4\times3\times2\times1=720$

이때 720가지의 경우는 C가 E보다 앞에 서는 경우 또는 E가 C보다 앞에 서는 경우이고 각 경우의 수는 같다.

따라서 구하는 경우의 수는

$720\div2=360$

중단원 마무리

134~135쪽

867 각각의 경우의 수는 다음과 같다.

① $3\times3=9$

② 6

③ $2\times2\times2=8$

④ $2\times2=4$

⑤ $2\times6=12$

따라서 경우의 수가 가장 큰 것은 ⑤이다. 답 ⑤

868 음료수 값을 지불하는 방법을 표로 나타내면 다음과 같다.

500원(개)	1	1	1	1	0	0	0	0	0	0	0
100원(개)	3	2	1	0	8	7	6	5	4	3	2
50원(개)	0	2	4	6	0	2	4	6	8	10	12

따라서 지불하는 방법의 수는 11이다. 답 ③

869 세 명이 내는 것을 순서쌍 (범찬, 민재, 예린)으로 나타내면 가위바위보를 한 번 하여 범찬이만 지는 경우는

(가위, 바위, 바위), (바위, 보, 보), (보, 가위, 가위)이므로 구하는 경우의 수는 3이다. 답 3

870 $x-y>3$을 만족시키는 x, y를 순서쌍 (x, y)로 나타내면 (5, 1), (6, 1), (6, 2)의 3가지이므로 구하는 경우의 수는 3이다. 답 ①

871 (i) 두 수의 합이 5인 경우 :

(1, 4), (2, 3), (3, 2), (4, 1)의 4가지

(ii) 두 수의 합이 6인 경우 :

(2, 4), (3, 3), (4, 2)의 3가지

(iii) 두 수의 합이 7인 경우 : (3, 4), (4, 3)의 2가지

(iv) 두 수의 합이 8인 경우 : (4, 4)의 1가지

(i)~(iv)에서 구하는 경우의 수는

$4+3+2+1=10$ 답 ①

872 A 주머니에서 8의 약수가 나오는 경우는

1, 2, 4, 8의 4가지

B 주머니에서 5의 배수가 나오는 경우는

5, 10의 2가지

따라서 구하는 경우의 수는

$4\times2=8$ 답 8

873 B와 E의 순서는 정해졌으므로 B와 E를 묶어서 한 명으로 생각하여 4명을 한 줄로 세우는 경우의 수는

$4\times3\times2\times1=24$ 답 ③

874 부모님을 한 명으로 생각하여 3명을 한 줄로 세우는 경우의 수는

$3\times2\times1=6$

이때 부모님이 자리를 바꾸는 경우의 수는 2이므로 구하는 경우의 수는

$6\times2=12$ 답 ②

875 일의 자리에 올 수 있는 숫자는 0 또는 2 또는 4이다.

(i) □□0인 경우 : $5\times4=20$(개)

(ii) □□2인 경우 : $4\times4=16$(개)

(iii) □□4인 경우 : $4\times4=16$(개)

(i)~(iii)에서 짝수의 개수는

$20+16+16=52$ 답 ④

876 5종류의 소설책 중에서 두 종류를 사는 경우의 수는

$\frac{5\times4}{2}=10$

4종류의 시집 중에서 두 종류를 사는 경우의 수는

$\frac{4\times3}{2}=6$

따라서 구하는 경우의 수는

$10\times6=60$ 답 ⑤

877 (i) A 마을에서 C 마을까지 최단 거리로 가는 경우의 수는 10

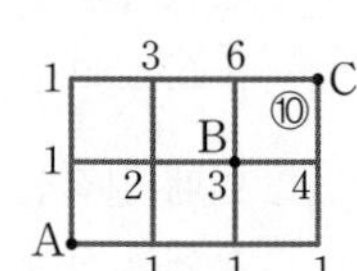

(ⅱ) A 마을에서 B 마을을 거쳐 C 마을까지 최단 거리로 가는 경우의 수는

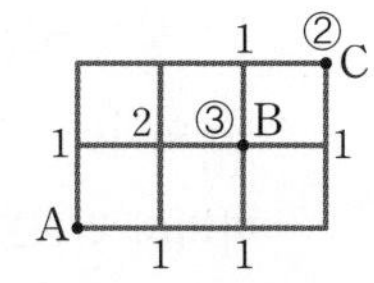

$3\times2=6$

(ⅰ), (ⅱ)에서 A 마을에서 B 마을을 거치지 않고 C 마을까지 최단 거리로 가는 경우의 수는

$10-6=4$ 답 4

878 중섭이와 진영이 사이에 세울 수 있는 한 명을 고르는 경우의 수는 3이고,
(중섭, □, 진영)을 한 명으로 생각하여 3명을 한 줄로 세우는 경우의 수는
$3\times2\times1=6$
이때 중섭이와 진영이가 자리를 바꾸는 경우의 수가 2이므로 구하는 경우의 수는
$3\times6\times2=36$ 답 ⑤

879 (ⅰ) A 지점에서 C 지점을 거쳐 B 지점으로 가는 경우 :
A 지점에서 C 지점으로 가는 경우는 2가지, C 지점에서 B 지점으로 가는 경우는 3가지이므로 경우의 수는
$2\times3=6$ …❶
(ⅱ) A 지점에서 D 지점을 거쳐 B 지점으로 가는 경우 :
A 지점에서 D 지점으로 가는 경우는 4가지, D 지점에서 B 지점으로 가는 경우는 2가지이므로 경우의 수는
$4\times2=8$ …❷
(ⅲ) A 지점에서 B 지점으로 바로 가는 경우의 수는 1 …❸
(ⅰ)~(ⅲ)에서 구하는 경우의 수는
$6+8+1=15$ …❹
답 15

채점 기준	배점
❶ A 지점에서 C 지점을 거쳐 B 지점으로 가는 경우의 수 구하기	30 %
❷ A 지점에서 D 지점을 거쳐 B 지점으로 가는 경우의 수 구하기	30 %
❸ A 지점에서 B 지점으로 바로 가는 경우의 수 구하기	20 %
❹ A 지점에서 B 지점으로 가는 경우의 수 구하기	20 %

880 (1) 5명 중에서 자격이 같은 대표 2명을 뽑는 경우의 수와 같으므로 구하는 경우의 수는
$\frac{5\times4}{2}=10$ …❶
(2) 복숭아를 제외한 나머지 4가지 과일 중에서 순서를 생각하지 않고 2가지를 뽑는 경우의 수와 같으므로
$\frac{4\times3}{2}=6$ …❷
답 (1) 10 (2) 6

채점 기준	배점
❶ 만들 수 있는 과일주스의 개수 구하기	50 %
❷ 복숭아가 들어가지 않은 과일주스의 개수 구하기	50 %

10. 확률

한번 더 핵심 유형 136~143쪽

Theme 20 확률의 계산 136~139쪽

881 두 개의 주사위를 던질 때 나오는 모든 경우의 수는
$6\times6=36$
두 눈의 수의 합이 9인 경우는
(3, 6), (4, 5), (5, 4), (6, 3)의 4가지이므로 구하는 확률은
$\frac{4}{36}=\frac{1}{9}$ 답 ②

882 상자에 들어 있는 공의 개수는 $7+8+5=20$
파란 공이 8개이므로 구하는 확률은
$\frac{8}{20}=\frac{2}{5}$ 답 $\frac{2}{5}$

883 12장의 카드 중에서 한 장을 뽑는 경우의 수는 12이고, 12의 약수인 경우는 1, 2, 3, 4, 6, 12의 6가지이다.
따라서 구하는 확률은
$\frac{6}{12}=\frac{1}{2}$ 답 ⑤

884 A, B, C, D, E가 한 줄로 서는 경우의 수는
$5\times4\times3\times2\times1=120$
A, B가 이웃하여 서는 경우의 수는
$(4\times3\times2\times1)\times2=48$
따라서 구하는 확률은
$\frac{48}{120}=\frac{2}{5}$ 답 ④

885 두 개의 주사위를 던질 때 나오는 모든 경우의 수는
$6\times6=36$
$x+2y=9$를 만족시키는 x, y의 순서쌍 (x, y)는
(5, 2), (3, 3), (1, 4)의 3가지이므로 구하는 확률은
$\frac{3}{36}=\frac{1}{12}$ 답 ③

886 두 개의 주사위를 던질 때 나오는 모든 경우의 수는
$6\times6=36$
해가 $x=-1$이면 $-a+b=0$
즉, $a=b$를 만족시키는 a, b의 순서쌍 (a, b)는
(1, 1), (2, 2), (3, 3), (4, 4), (5, 5), (6, 6)의 6가지이므로 구하는 확률은
$\frac{6}{36}=\frac{1}{6}$ 답 $\frac{1}{6}$

887 한 개의 주사위를 두 번 던질 때 나오는 모든 경우의 수는
$6\times6=36$
$2x+y<9$를 만족시키는 x, y의 순서쌍 (x, y)는

워크북

(1, 1), (1, 2), (1, 3), (1, 4), (1, 5), (1, 6), (2, 1), (2, 2), (2, 3), (2, 4), (3, 1), (3, 2)의 12가지이므로 구하는 확률은
$\frac{12}{36}=\frac{1}{3}$ 답 ③

888 ③ 소수인 경우는 2, 3, 5의 3가지이므로 소수의 눈이 나올 확률은
$\frac{3}{6}=\frac{1}{2}$ 답 ③

889 ㄴ. $p=0$이면 사건 A는 절대로 일어나지 않는다.
ㄹ. $p=1$이면 사건 A는 반드시 일어난다.
따라서 옳은 것은 ㄱ, ㄷ이다. 답 ②

890 ①, ②, ③, ④ 0 ⑤ 1 답 ⑤

891 대표 2명을 뽑는 모든 경우의 수는
$\frac{6\times5}{2}=15$
A가 뽑히는 경우의 수는 A를 제외한 5명 중에서 1명을 뽑는 경우의 수와 같으므로 5이다.
따라서 A가 뽑힐 확률은 $\frac{5}{15}=\frac{1}{3}$이므로 A가 뽑히지 않을 확률은
$1-\frac{1}{3}=\frac{2}{3}$ 답 ⑤

892 내일 비가 올 확률은 60 %, 즉 $\frac{60}{100}=\frac{3}{5}$이므로 내일 비가 오지 않을 확률은
$1-\frac{3}{5}=\frac{2}{5}$ 답 ②

893 두 개의 주사위를 던질 때 나오는 모든 경우의 수는
$6\times6=36$
두 눈의 수의 차가 3인 경우는 (1, 4), (2, 5), (3, 6), (4, 1), (5, 2), (6, 3)의 6가지이므로 그 확률은
$\frac{6}{36}=\frac{1}{6}$
따라서 두 눈의 수의 차가 3이 아닐 확률은
$1-\frac{1}{6}=\frac{5}{6}$ 답 $\frac{5}{6}$

894 6명을 한 줄로 세우는 경우의 수는
$6\times5\times4\times3\times2\times1=720$
여학생 3명이 이웃하여 서는 경우의 수는
$(4\times3\times2\times1)\times(3\times2\times1)=144$
따라서 여학생 3명이 이웃하여 설 확률은 $\frac{144}{720}=\frac{1}{5}$이므로 여학생 3명이 이웃하여 서지 않을 확률은
$1-\frac{1}{5}=\frac{4}{5}$ 답 $\frac{4}{5}$

895 동전 4개를 던질 때 나오는 모든 경우의 수는
$2\times2\times2\times2=16$
4개 모두 뒷면이 나오는 경우는 1가지이므로 그 확률은 $\frac{1}{16}$이다.
따라서 적어도 한 개는 앞면이 나올 확률은
$1-\frac{1}{16}=\frac{15}{16}$ 답 ⑤

896 6개의 문제에 답하는 모든 경우의 수는
$2\times2\times2\times2\times2\times2=64$
모두 틀리는 경우는 1가지이므로 그 확률은 $\frac{1}{64}$이다.
따라서 적어도 한 문제는 맞힐 확률은
$1-\frac{1}{64}=\frac{63}{64}$ 답 ④

897 7명 중에서 대표 2명을 뽑는 경우의 수는
$\frac{7\times6}{2}=21$
2명 모두 여학생이 뽑히는 경우의 수는 $\frac{4\times3}{2}=6$이므로
그 확률은 $\frac{6}{21}=\frac{2}{7}$
따라서 적어도 한 명은 남학생이 뽑힐 확률은
$1-\frac{2}{7}=\frac{5}{7}$ 답 $\frac{5}{7}$

898 두 개의 공을 꺼내는 모든 경우의 수는
$\frac{16\times15}{2}=120$
두 공이 모두 흰 공인 경우의 수는 $\frac{9\times8}{2}=36$이므로
그 확률은 $\frac{36}{120}=\frac{3}{10}$
따라서 적어도 한 개는 검은 공일 확률은
$1-\frac{3}{10}=\frac{7}{10}$ 답 ③

899 두 개의 주사위를 던질 때 나오는 모든 경우의 수는
$6\times6=36$
두 눈의 수의 합이 4인 경우는
(1, 3), (2, 2), (3, 1)의 3가지이므로 그 확률은
$\frac{3}{36}=\frac{1}{12}$
두 눈의 수의 합이 7인 경우는
(1, 6), (2, 5), (3, 4), (4, 3), (5, 2), (6, 1)의 6가지이므로 그 확률은 $\frac{6}{36}=\frac{1}{6}$
따라서 구하는 확률은
$\frac{1}{12}+\frac{1}{6}=\frac{1}{4}$ 답 ①

900 주머니에 들어 있는 공의 개수는
$6+5+4=15$
노란 공이 나올 확률은 $\frac{5}{15}=\frac{1}{3}$
파란 공이 나올 확률은 $\frac{4}{15}$이다.

따라서 노란 공 또는 파란 공이 나올 확률은

$\frac{1}{3}+\frac{4}{15}=\frac{3}{5}$ 답 $\frac{3}{5}$

901 전체 학생이 160명이고,

A형인 학생이 47명이므로 한 학생을 선택했을 때, A형일 확률은 $\frac{47}{160}$이다.

AB형인 학생이 43명이므로 한 학생을 선택했을 때, AB형일 확률은 $\frac{43}{160}$이다.

따라서 구하는 확률은

$\frac{47}{160}+\frac{43}{160}=\frac{9}{16}$ 답 $\frac{9}{16}$

902 정팔면체 모양의 주사위와 정육면체 모양의 주사위를 동시에 던져서 나오는 모든 경우의 수는

$8\times6=48$

두 수의 합이 12인 경우는 (6, 6), (7, 5), (8, 4)의 3가지이므로 그 확률은

$\frac{3}{48}=\frac{1}{16}$

두 수의 합이 13인 경우는 (7, 6), (8, 5)의 2가지이므로 그 확률은

$\frac{2}{48}=\frac{1}{24}$

두 수의 합이 14인 경우는 (8, 6)의 1가지이므로 그 확률은 $\frac{1}{48}$이다.

따라서 12살 어린이가 인형을 받을 확률은

$\frac{1}{16}+\frac{1}{24}+\frac{1}{48}=\frac{1}{8}$ 답 $\frac{1}{8}$

903 동전에서 앞면이 나올 확률은 $\frac{1}{2}$이다.

주사위의 눈이 6의 약수인 경우는 1, 2, 3, 6이므로 주사위에서 6의 약수의 눈이 나올 확률은 $\frac{4}{6}=\frac{2}{3}$

따라서 구하는 확률은

$\frac{1}{2}\times\frac{2}{3}=\frac{1}{3}$ 답 ③

904 두 씨앗이 모두 싹이 날 확률은

$\frac{80}{100}\times\frac{70}{100}=\frac{14}{25}$

즉, $\frac{14}{25}\times100=56(\%)$ 답 ②

905 남학생 중에서 민수가 뽑힐 확률은 $\frac{1}{5}$이다.

여학생 중에서 지수가 뽑힐 확률은 $\frac{1}{4}$이다.

따라서 구하는 확률은

$\frac{1}{5}\times\frac{1}{4}=\frac{1}{20}$ 답 $\frac{1}{20}$

906 (i) A, B 상자에서 모두 흰 바둑돌을 꺼낼 확률은

$\frac{6}{10}\times\frac{3}{8}=\frac{9}{40}$

(ii) A, B 상자에서 모두 검은 바둑돌을 꺼낼 확률은

$\frac{4}{10}\times\frac{5}{8}=\frac{1}{4}$

(i), (ii)에서 구하는 확률은

$\frac{9}{40}+\frac{1}{4}=\frac{19}{40}$ 답 $\frac{19}{40}$

907 A, B 주머니를 선택할 확률은 $\frac{1}{2}$로 같다.

(i) A 주머니를 선택하여 빨간 공을 꺼낼 확률은

$\frac{1}{2}\times\frac{3}{5}=\frac{3}{10}$

(ii) B 주머니를 선택하여 빨간 공을 꺼낼 확률은

$\frac{1}{2}\times\frac{2}{5}=\frac{1}{5}$

(i), (ii)에서 구하는 확률은

$\frac{3}{10}+\frac{1}{5}=\frac{1}{2}$ 답 ④

908 (i) A 문제만 맞힐 확률은

$\frac{4}{5}\times\left(1-\frac{2}{3}\right)=\frac{4}{5}\times\frac{1}{3}=\frac{4}{15}$

(ii) B 문제만 맞힐 확률은

$\left(1-\frac{4}{5}\right)\times\frac{2}{3}=\frac{1}{5}\times\frac{2}{3}=\frac{2}{15}$

(i), (ii)에서 구하는 확률은

$\frac{4}{15}+\frac{2}{15}=\frac{2}{5}$ 답 $\frac{2}{5}$

Theme 21 여러 가지 확률

140~143쪽

909 세희가 당첨될 확률은 $\frac{3}{12}=\frac{1}{4}$

민정이가 당첨될 확률은 $\frac{3}{12}=\frac{1}{4}$

따라서 구하는 확률은

$\frac{1}{4}\times\frac{1}{4}=\frac{1}{16}$ 답 $\frac{1}{16}$

910 수연이가 홀수가 적힌 공을 뽑을 확률은 $\frac{8}{15}$

민혁이가 짝수가 적힌 공을 뽑을 확률은 $\frac{7}{15}$

따라서 구하는 확률은 $\frac{8}{15}\times\frac{7}{15}=\frac{56}{225}$ 답 ④

911 소수가 나오는 경우는 2, 3, 5, 7, 11, 13, 17, 19의 8가지이므로 그 확률은

$\frac{8}{20}=\frac{2}{5}$

4의 배수가 나오는 경우는 4, 8, 12, 16, 20의 5가지이므로 그 확률은

$\frac{5}{20}=\frac{1}{4}$

따라서 구하는 확률은

$\frac{2}{5}\times\frac{1}{4}=\frac{1}{10}$ 답 ①

912 첫 번째 검사한 제품이 불량품일 확률은 $\frac{4}{25}$이다.

두 번째 검사한 제품이 불량품일 확률은 $\frac{3}{24}=\frac{1}{8}$

따라서 구하는 확률은

$\frac{4}{25}\times\frac{1}{8}=\frac{1}{50}$ 답 $\frac{1}{50}$

913 A가 당첨되지 않을 확률은 $\frac{10}{12}=\frac{5}{6}$

B가 당첨되지 않을 확률은 $\frac{9}{11}$이다.

C가 당첨될 확률은 $\frac{2}{10}=\frac{1}{5}$

따라서 구하는 확률은

$\frac{5}{6}\times\frac{9}{11}\times\frac{1}{5}=\frac{3}{22}$ 답 $\frac{3}{22}$

914 (i) 두 공 모두 흰 공이 나올 확률은

$\frac{6}{10}\times\frac{5}{9}=\frac{1}{3}$

(ii) 두 공 모두 검은 공이 나올 확률은

$\frac{4}{10}\times\frac{3}{9}=\frac{2}{15}$

(i), (ii)에서 구하는 확률은

$\frac{1}{3}+\frac{2}{15}=\frac{7}{15}$ 답 ③

915 (i) 민준이와 수현이가 모두 당첨 제비를 뽑을 확률은

$\frac{3}{10}\times\frac{2}{9}=\frac{1}{15}$

(ii) 민준이는 당첨 제비를 뽑지 않고 수현이는 당첨 제비를 뽑을 확률은

$\frac{7}{10}\times\frac{3}{9}=\frac{7}{30}$

(i), (ii)에서 구하는 확률은

$\frac{1}{15}+\frac{7}{30}=\frac{3}{10}$ 답 ②

916 한 문제의 답을 임의로 표시할 때, 그 문제를 맞힐 확률은 $\frac{1}{5}$, 틀릴 확률은 $\frac{4}{5}$이다.

(적어도 한 문제는 맞힐 확률)

$=1-$(네 문제 모두 틀릴 확률)

$=1-\frac{4}{5}\times\frac{4}{5}\times\frac{4}{5}\times\frac{4}{5}$

$=1-\frac{256}{625}=\frac{369}{625}$ 답 ⑤

917 스위치 A가 열릴 확률은 $1-\frac{3}{5}=\frac{2}{5}$

스위치 B가 열릴 확률은 $1-\frac{2}{3}=\frac{1}{3}$

스위치 A, B 중에서 적어도 하나가 닫힐 때 전구에 불이 들어오므로

(전구에 불이 들어올 확률)

$=1-$(스위치 A, B가 모두 열릴 확률)

$=1-\frac{2}{5}\times\frac{1}{3}=\frac{13}{15}$ 답 $\frac{13}{15}$

918 세 사람 A, B, C가 모두 약속 장소에 나오지 않을 확률은

$\left(1-\frac{4}{5}\right)\times\left(1-\frac{3}{4}\right)\times\left(1-\frac{3}{4}\right)$

$=\frac{1}{5}\times\frac{1}{4}\times\frac{1}{4}=\frac{1}{80}$

따라서 적어도 한 사람은 나올 확률은

$1-\frac{1}{80}=\frac{79}{80}$ 답 $\frac{79}{80}$

919 태균이와 건우가 모두 불합격할 확률은

$\left(1-\frac{75}{100}\right)\times\left(1-\frac{60}{100}\right)=\frac{25}{100}\times\frac{40}{100}=\frac{1}{10}$

따라서 적어도 한 사람은 합격할 확률은

$1-\frac{1}{10}=\frac{9}{10}$

즉, $\frac{9}{10}\times100=90(\%)$ 답 ④

920 A가 합격할 확률은 $\frac{5}{6}$이다.

B가 불합격할 확률은 $1-\frac{3}{5}=\frac{2}{5}$

따라서 A만 합격할 확률은

$\frac{5}{6}\times\frac{2}{5}=\frac{1}{3}$ 답 ②

921 A 오디션에 불합격할 확률은 $1-\frac{3}{5}=\frac{2}{5}$

B 오디션에 불합격할 확률은 $1-\frac{1}{3}=\frac{2}{3}$

A, B 두 오디션에 모두 불합격할 확률은

$\frac{2}{5}\times\frac{2}{3}=\frac{4}{15}$

따라서 적어도 한 오디션에 합격할 확률은

$1-\frac{4}{15}=\frac{11}{15}$ 답 $\frac{11}{15}$

922 (i) A, B만 합격할 확률은

$\frac{4}{5}\times\frac{3}{4}\times\left(1-\frac{2}{3}\right)=\frac{4}{5}\times\frac{3}{4}\times\frac{1}{3}=\frac{1}{5}$

(ii) A, C만 합격할 확률은

$\frac{4}{5}\times\left(1-\frac{3}{4}\right)\times\frac{2}{3}=\frac{4}{5}\times\frac{1}{4}\times\frac{2}{3}=\frac{2}{15}$

(iii) B, C만 합격할 확률은

$\left(1-\frac{4}{5}\right)\times\frac{3}{4}\times\frac{2}{3}=\frac{1}{5}\times\frac{3}{4}\times\frac{2}{3}=\frac{1}{10}$

(i)~(iii)에서 2명만 합격할 확률은

$\frac{1}{5}+\frac{2}{15}+\frac{1}{10}=\frac{13}{30}$ 답 $\frac{13}{30}$

923 인형이 공에 맞지 않을 확률은

$\left(1-\frac{3}{5}\right)\times\left(1-\frac{3}{8}\right)=\frac{2}{5}\times\frac{5}{8}=\frac{1}{4}$

따라서 인형이 공에 맞을 확률은

$1-\frac{1}{4}=\frac{3}{4}$ 답 ⑤

924 한 발을 쏠 때 명중시킬 확률이 $\frac{6}{10}=\frac{3}{5}$이므로 명중시키지 못할 확률은

$1-\frac{3}{5}=\frac{2}{5}$
4발 모두 명중시키지 못할 확률은
$\frac{2}{5}\times\frac{2}{5}\times\frac{2}{5}\times\frac{2}{5}=\frac{16}{625}$
따라서 적어도 한 발은 명중시킬 확률은
$1-\frac{16}{625}=\frac{609}{625}$ 답 $\frac{609}{625}$

925 타석에서 안타를 치지 못할 확률은
$1-\frac{25}{100}=\frac{75}{100}=\frac{3}{4}$
두 번의 타석에서 모두 안타를 치지 못할 확률은
$\frac{3}{4}\times\frac{3}{4}=\frac{9}{16}$
따라서 적어도 한 번은 안타를 칠 확률은
$1-\frac{9}{16}=\frac{7}{16}$ 답 ②

926 자유투 성공률이 80%, 즉 $\frac{80}{100}=\frac{4}{5}$이므로 실패할 확률은
$1-\frac{4}{5}=\frac{1}{5}$
첫 번째만 성공할 확률은
$\frac{4}{5}\times\frac{1}{5}=\frac{4}{25}$
두 번째만 성공할 확률은
$\frac{1}{5}\times\frac{4}{5}=\frac{4}{25}$
따라서 한 번만 성공할 확률은
$\frac{4}{25}+\frac{4}{25}=\frac{8}{25}$ 답 $\frac{8}{25}$

927 모든 경우의 수는
$3\times3=9$
수영이와 민경이가 내는 것을 순서쌍 (수영, 민경)으로 나타내면
(i) 수영이가 이기는 경우는
(가위, 보), (바위, 가위), (보, 바위)의 3가지이므로 두 번 모두 수영이가 이길 확률은
$\frac{3}{9}\times\frac{3}{9}=\frac{1}{9}$
(ii) 민경이가 이기는 경우는
(가위, 바위), (바위, 보), (보, 가위)의 3가지이므로 두 번 모두 민경이가 이길 확률은
$\frac{3}{9}\times\frac{3}{9}=\frac{1}{9}$
(i), (ii)에서 구하는 확률은
$\frac{1}{9}+\frac{1}{9}=\frac{2}{9}$ 답 ④

928 모든 경우의 수는 $3\times3\times3=27$
남학생 1명과 여학생 2명이 내는 것을 순서쌍 (남, 여, 여)로 나타내면 여학생들이 이기는 경우는
(가위, 바위, 바위), (바위, 보, 보), (보, 가위, 가위)의 3가지이므로 구하는 확률은
$\frac{3}{27}=\frac{1}{9}$ 답 ①

929 가위바위보를 한 번 할 때 나오는 모든 경우의 수는
$3\times3=9$
승리와 현성이가 내는 것을 순서쌍 (승리, 현성)으로 나타내면 승부가 나지 않는 경우는 (가위, 가위), (바위, 바위), (보, 보)의 3가지이므로 그 확률은
$\frac{3}{9}=\frac{1}{3}$
따라서 첫 번째에는 승부가 나지 않고 두 번째와 세 번째에는 승부가 날 확률은
$\frac{1}{3}\times\left(1-\frac{1}{3}\right)\times\left(1-\frac{1}{3}\right)=\frac{1}{3}\times\frac{2}{3}\times\frac{2}{3}=\frac{4}{27}$ 답 $\frac{4}{27}$

930 모든 경우의 수는
$3\times3\times3=27$
A, B, C가 내는 것을 순서쌍 (A, B, C)로 나타내면
(i) 3명이 모두 똑같이 내는 경우는 (가위, 가위, 가위), (바위, 바위, 바위), (보, 보, 보)의 3가지이므로 그 확률은 $\frac{3}{27}=\frac{1}{9}$
(ii) 3명이 모두 다르게 내는 경우는 (가위, 바위, 보), (가위, 보, 바위), (바위, 가위, 보), (바위, 보, 가위), (보, 가위, 바위), (보, 바위, 가위)의 6가지이므로 그 확률은 $\frac{6}{27}=\frac{2}{9}$
(i), (ii)에서 세 명이 비길 확률은
$\frac{1}{9}+\frac{2}{9}=\frac{1}{3}$ 답 $\frac{1}{3}$

931 토요일에 비가 오지 않을 확률은 $1-\frac{70}{100}=\frac{30}{100}=\frac{3}{10}$
토요일에 황사가 올 확률은 $\frac{50}{100}=\frac{1}{2}$
따라서 토요일에 비가 오지 않고 황사가 올 확률은
$\frac{3}{10}\times\frac{1}{2}=\frac{3}{20}$
즉, $\frac{3}{20}\times100=15(\%)$ 답 ②

932 8월에 태풍이 올 확률은 $\frac{40}{100}=\frac{2}{5}$
9월에 태풍이 올 확률은 $\frac{60}{100}=\frac{3}{5}$
따라서 8월과 9월에 모두 태풍이 올 확률은
$\frac{2}{5}\times\frac{3}{5}=\frac{6}{25}$
즉, $\frac{6}{25}\times100=24(\%)$ 답 ③

933 월요일에 비가 오지 않을 확률은 $1-\frac{2}{5}=\frac{3}{5}$
화요일에 비가 오지 않을 확률은 $1-\frac{1}{2}=\frac{1}{2}$
월요일과 화요일 모두 비가 오지 않을 확률은
$\frac{3}{5}\times\frac{1}{2}=\frac{3}{10}$
따라서 월요일과 화요일 중 적어도 하루는 비가 올 확률은
$1-\frac{3}{10}=\frac{7}{10}$ 답 ⑤

934 5회 이내에 A가 이기는 경우는 1회 또는 3회 또는 5회에 4 또는 6의 눈이 처음 나오는 경우이다.

주사위를 한 번 던질 때 4 또는 6의 눈이 나올 확률은

$\frac{2}{6}=\frac{1}{3}$

4 또는 6의 눈이 나오지 않을 확률은

$1-\frac{1}{3}=\frac{2}{3}$

(i) 1회에서 A가 이길 확률은 $\frac{1}{3}$이다.

(ii) 3회에서 A가 이길 확률은

$\frac{2}{3}\times\frac{2}{3}\times\frac{1}{3}=\frac{4}{27}$

(iii) 5회에서 A가 이길 확률은

$\frac{2}{3}\times\frac{2}{3}\times\frac{2}{3}\times\frac{2}{3}\times\frac{1}{3}=\frac{16}{243}$

(i)~(iii)에서 구하는 확률은

$\frac{1}{3}+\frac{4}{27}+\frac{16}{243}=\frac{133}{243}$ 답 $\frac{133}{243}$

935 과녁에서 가장 작은 원의 반지름의 길이를 r라 하면 네 원의 반지름의 길이는 각각 r, $2r$, $3r$, $4r$이므로 3점을 얻을 확률은

$$\frac{(\text{3점 부분의 넓이})}{(\text{전체 과녁의 넓이})}=\frac{\pi\times(3r)^2-\pi\times(2r)^2}{\pi\times(4r)^2}=\frac{5\pi r^2}{16\pi r^2}=\frac{5}{16}$$

답 ③

936 원판 A에서 화살이 맞힌 부분에 적힌 숫자가 1일 확률은 $\frac{2}{5}$이다.

원판 B에서 화살이 맞힌 부분에 적힌 숫자가 1일 확률은 $\frac{3}{7}$이다.

따라서 구하는 확률은

$\frac{2}{5}\times\frac{3}{7}=\frac{6}{35}$ 답 $\frac{6}{35}$

937 모든 경우의 수는 $8\times8=64$

(i) 두 수의 합이 12인 경우를 순서쌍으로 나타내면 (4, 8), (5, 7), (6, 6), (7, 5), (8, 4)의 5가지이므로 그 확률은 $\frac{5}{64}$이다.

(ii) 두 수의 합이 13인 경우를 순서쌍으로 나타내면 (5, 8), (6, 7), (7, 6), (8, 5)의 4가지이므로 그 확률은

$\frac{4}{64}=\frac{1}{16}$

(iii) 두 수의 합이 14인 경우를 순서쌍으로 나타내면 (6, 8), (7, 7), (8, 6)의 3가지이므로 그 확률은 $\frac{3}{64}$이다.

(iv) 두 수의 합이 15인 경우를 순서쌍으로 나타내면 (7, 8), (8, 7)의 2가지이므로 그 확률은

$\frac{2}{64}=\frac{1}{32}$

(v) 두 수의 합이 16인 경우를 순서쌍으로 나타내면 (8, 8)의 1가지이므로 그 확률은 $\frac{1}{64}$이다.

(i)~(v)에서 구하는 확률은

$\frac{5}{64}+\frac{1}{16}+\frac{3}{64}+\frac{1}{32}+\frac{1}{64}=\frac{15}{64}$ 답 $\frac{15}{64}$

유형모아 Theme 20 확률의 계산

1권 144쪽

938 ② $0\le p\le1$ 답 ②

939 6명 중에서 대표 2명을 뽑는 경우의 수는 $\frac{6\times5}{2}=15$

2명 모두 남학생이 뽑히는 경우의 수는 $\frac{4\times3}{2}=6$이므로

그 확률은 $\frac{6}{15}=\frac{2}{5}$

따라서 적어도 한 명은 여학생이 뽑힐 확률은

$1-\frac{2}{5}=\frac{3}{5}$ 답 $\frac{3}{5}$

940 5개의 문자를 한 줄로 배열하는 경우의 수는

$5\times4\times3\times2\times1=120$

A가 맨 앞에 오는 경우의 수는 $4\times3\times2\times1=24$이므로

그 확률은 $\frac{24}{120}=\frac{1}{5}$

Y가 맨 앞에 오는 경우의 수는 $4\times3\times2\times1=24$이므로

그 확률은 $\frac{24}{120}=\frac{1}{5}$

따라서 A 또는 Y가 맨 앞에 올 확률은

$\frac{1}{5}+\frac{1}{5}=\frac{2}{5}$ 답 ②

941 $\frac{3}{4}\times\frac{2}{7}=\frac{3}{14}$ 답 $\frac{3}{14}$

942 (i) A 상자에서 흰 바둑돌, B 상자에서 검은 바둑돌을 꺼낼 확률은

$\frac{3}{8}\times\frac{4}{6}=\frac{1}{4}$

(ii) A 상자에서 검은 바둑돌, B 상자에서 흰 바둑돌을 꺼낼 확률은

$\frac{5}{8}\times\frac{2}{6}=\frac{5}{24}$

(i), (ii)에서 구하는 확률은

$\frac{1}{4}+\frac{5}{24}=\frac{11}{24}$ 답 $\frac{11}{24}$

943 6명이 한 줄로 앉는 경우의 수는

$6\times5\times4\times3\times2\times1=720$

커플끼리 이웃하여 앉는 경우의 수는

$(3\times2\times1)\times2\times2\times2=48$

따라서 구하는 확률은

$\frac{48}{720}=\frac{1}{15}$ 답 ⑤

944 두 개의 주사위를 던질 때 나오는 모든 경우의 수는
$6\times6=36$
$x=\frac{b}{a}$에서 $\frac{b}{a}$가 정수가 되는 순서쌍 (a, b)는
$(1, 1)$, $(1, 2)$, $(1, 3)$, $(1, 4)$, $(1, 5)$, $(1, 6)$, $(2, 2)$, $(2, 4)$, $(2, 6)$, $(3, 3)$, $(3, 6)$, $(4, 4)$, $(5, 5)$, $(6, 6)$의 14가지이므로 구하는 확률은
$\frac{14}{36}=\frac{7}{18}$ 답 $\frac{7}{18}$

유형모아 Theme 20 확률의 계산 2회 145쪽

945 4명이 한 줄로 서는 경우의 수는
$4\times3\times2\times1=24$
A가 맨 앞에 서는 경우의 수는
$3\times2\times1=6$
따라서 구하는 확률은
$\frac{6}{24}=\frac{1}{4}$ 답 ③

946 한 개의 주사위를 두 번 던질 때 나오는 모든 경우의 수는
$6\times6=36$
$2x+y<6$을 만족시키는 x, y의 순서쌍 (x, y)는 $(1, 1)$, $(1, 2)$, $(1, 3)$, $(2, 1)$의 4가지이므로
구하는 확률은
$\frac{4}{36}=\frac{1}{9}$ 답 $\frac{1}{9}$

947 모든 경우의 수는 $6\times6=36$
두 눈의 수가 같은 경우는
$(1, 1)$, $(2, 2)$, $(3, 3)$, $(4, 4)$, $(5, 5)$, $(6, 6)$의 6가지이므로 그 확률은
$\frac{6}{36}=\frac{1}{6}$
따라서 두 눈의 수가 서로 다를 확률은
$1-\frac{1}{6}=\frac{5}{6}$ 답 $\frac{5}{6}$

948 말이 처음에 있던 위치에 그대로 있으려면 주사위가 5의 눈이 나와야 하므로 그 확률은 $\frac{1}{6}$이다.
(i) 현정이의 말이 처음에 있던 위치에 그대로 있지 않을 확률은
$1-\frac{1}{6}=\frac{5}{6}$
(ii) 선호의 말이 처음에 있던 위치에 그대로 있지 않을 확률은
$1-\frac{1}{6}=\frac{5}{6}$
(i), (ii)에서 구하는 확률은
$\frac{5}{6}\times\frac{5}{6}=\frac{25}{36}$ 답 $\frac{25}{36}$

949 (i) A, B 상자에서 모두 흰 바둑돌을 꺼낼 확률은
$\frac{2}{6}\times\frac{3}{4}=\frac{1}{4}$
(ii) A, B 상자에서 모두 검은 바둑돌을 꺼낼 확률은
$\frac{4}{6}\times\frac{1}{4}=\frac{1}{6}$
(i), (ii)에서 구하는 확률은
$\frac{1}{4}+\frac{1}{6}=\frac{5}{12}$ 답 $\frac{5}{12}$

950 만들 수 있는 세 자리 자연수의 개수는
$4\times4\times3=48$
(i) 백의 자리의 숫자가 3일 때
32□이면 일의 자리에 올 수 있는 숫자는 1, 4의 2개
34□이면 일의 자리에 올 수 있는 숫자는 0, 1, 2의 3개
이므로 $2+3=5$(개)
(ii) 백의 자리의 숫자가 4일 때
십의 자리에 올 수 있는 숫자는 0, 1, 2, 3의 4개, 일의 자리에 올 수 있는 숫자는 4와 십의 자리에 온 숫자를 제외한 3개이므로 $4\times3=12$(개)
(i), (ii)에서 320보다 큰 수의 개수는 $5+12=17$이므로
구하는 확률은 $\frac{17}{48}$이다. 답 $\frac{17}{48}$

951 두 개의 주사위를 던질 때 나오는 모든 경우의 수는
$6\times6=36$
오른쪽 그림에서 직선 $y=-\frac{b}{a}x+b$와 x축, y축으로 둘러싸인 부분의 넓이가 2이므로
$\frac{1}{2}\times a\times b=2$ $\therefore ab=4$
이를 만족시키는 순서쌍 (a, b)는 $(1, 4)$, $(2, 2)$, $(4, 1)$의 3가지이므로 구하는 확률은
$\frac{3}{36}=\frac{1}{12}$ 답 ②

유형모아 Theme 21 여러 가지 확률 1회 146쪽

952 $\frac{3}{13}\times\frac{3}{13}=\frac{9}{169}$ 답 ⑤

953 (i) A와 B가 모두 당첨 제비를 뽑을 확률은
$\frac{4}{21}\times\frac{3}{20}=\frac{1}{35}$
(ii) A는 당첨 제비를 뽑지 않고 B는 당첨 제비를 뽑을 확률은
$\frac{17}{21}\times\frac{4}{20}=\frac{17}{105}$
(i), (ii)에서 구하는 확률은
$\frac{1}{35}+\frac{17}{105}=\frac{4}{21}$ 답 $\frac{4}{21}$

954 A가 불합격할 확률은 $1-\frac{2}{5}=\frac{3}{5}$

B가 불합격할 확률은 $1-\frac{2}{3}=\frac{1}{3}$

∴ (적어도 한 명은 합격할 확률)

$=1-$(2명 모두 불합격할 확률)

$=1-\frac{3}{5}\times\frac{1}{3}=\frac{4}{5}$ 답 ⑤

955 주사위를 1회 던질 때 4보다 큰 수의 눈은 5, 6의 2가지이므로 그 확률은

$\frac{2}{6}=\frac{1}{3}$

따라서 4회에서 미혜가 이길 확률은

$\frac{2}{3}\times\frac{2}{3}\times\frac{2}{3}\times\frac{1}{3}=\frac{8}{81}$ 답 ①

956 12의 약수는 1, 2, 3, 4, 6, 12의 6가지이므로 구하는 확률은

$\frac{6}{12}=\frac{1}{2}$ 답 $\frac{1}{2}$

957 파란 구슬의 개수를 x라 하면

(두 번 중 적어도 한 번은 흰 구슬이 나올 확률)

$=1-$(두 번 모두 파란 구슬이 나올 확률)

$=1-\frac{x}{10}\times\frac{x}{10}=\frac{51}{100}$

$\frac{x^2}{100}=\frac{49}{100}$, $x^2=49$ ∴ $x=7$

따라서 파란 구슬은 7개가 있다. 답 7

958 세 사람이 가위바위보를 할 때 나올 수 있는 모든 경우의 수는

$3\times3\times3=27$

한 명이 심부름을 가려면 진 사람이 한 명이어야 하므로 (가위, 바위, 바위), (바위, 보, 보), (보, 가위, 가위)의 3가지 경우가 있고, 각 경우에 진 사람은 정준, 건호, 세환의 3가지 경우가 있으므로 한 사람이 가위바위보에서 지는 경우의 수는

$3\times3=9$

따라서 구하는 확률은

$\frac{9}{27}=\frac{1}{3}$ 답 ③

유형 모아 Theme 21 여러 가지 확률  147쪽

959 $\frac{2}{9}\times\frac{2}{9}=\frac{4}{81}$ 답 ②

960 (i) 모두 빨간 공을 꺼낼 확률은 $\frac{5}{8}\times\frac{4}{7}=\frac{5}{14}$

(ii) 모두 파란 공을 꺼낼 확률은 $\frac{3}{8}\times\frac{2}{7}=\frac{3}{28}$

(i), (ii)에서 구하는 확률은

$\frac{5}{14}+\frac{3}{28}=\frac{13}{28}$ 답 ②

961 (두 사람이 만나지 못할 확률)

$=1-$(두 사람 모두 약속 장소에 나갈 확률)

$=1-\frac{5}{6}\times\frac{2}{3}=\frac{4}{9}$ 답 $\frac{4}{9}$

962 민수가 불합격할 확률은 $1-\frac{1}{3}=\frac{2}{3}$

지희가 합격할 확률을 x라 하면 불합격할 확률은 $1-x$이고, 두 사람 모두 불합격할 확률이 $\frac{2}{5}$이므로

$\frac{2}{3}\times(1-x)=\frac{2}{5}$, $1-x=\frac{3}{5}$

∴ $x=\frac{2}{5}$

따라서 지희가 합격할 확률은 $\frac{2}{5}$이다. 답 $\frac{2}{5}$

963 A가 목표물을 맞히지 못할 확률은 $1-\frac{5}{7}=\frac{2}{7}$

B가 목표물을 맞히지 못할 확률은 $1-\frac{5}{6}=\frac{1}{6}$

∴ (목표물이 총에 맞을 확률)

$=1-$(2명 모두 목표물을 맞히지 못할 확률)

$=1-\frac{2}{7}\times\frac{1}{6}=\frac{20}{21}$ 답 ⑤

964 가장 큰 원의 넓이는 $\pi\times5^2=25\pi(\text{cm}^2)$

색칠한 부분의 넓이는 $\pi\times3^2-\pi\times2^2=5\pi(\text{cm}^2)$

따라서 구하는 확률은

$\frac{5\pi}{25\pi}=\frac{1}{5}$ 답 $\frac{1}{5}$

965 토요일에 눈이 오는 경우는 다음의 두 가지이다.

목	금	토	확률
○	○	○	$\frac{3}{5}\times\frac{3}{5}=\frac{9}{25}$
○	×	○	$\left(1-\frac{3}{5}\right)\times\frac{1}{5}=\frac{2}{25}$

따라서 구하는 확률은

$\frac{9}{25}+\frac{2}{25}=\frac{11}{25}$ 답 ①

중단원 마무리 148~149쪽

966 ① 모두 앞면이 나올 확률은 $\frac{1}{4}$이다.

② 두 눈의 수의 합이 5 이하인 경우는

(1, 1), (1, 2), (1, 3), (1, 4), (2, 1), (2, 2), (2, 3), (3, 1), (3, 2), (4, 1)의 10가지이므로 그 확률은

$\frac{10}{36}=\frac{5}{18}$

③ 10개의 제비 중 당첨 제비가 4개이므로 당첨될 확률은

$\frac{4}{10}=\frac{2}{5}$

④ 세 명 중 한 명을 뽑으므로 그 확률은 $\frac{1}{3}$이다.

⑤ 모든 경우의 수는 $3\times3=9$이고 비기는 경우는 (가위, 가위), (바위, 바위), (보, 보)의 3가지이므로 그 확률은 $\frac{3}{9}=\frac{1}{3}$

따라서 확률이 가장 큰 것은 ③이다. 답 ③

967 한 개의 주사위를 연속하여 두 번 던질 때 나오는 모든 경우의 수는

$6\times6=36$

$a^2+b\geq30$을 만족시키는 경우는

$a=5$일 때, $b=5$, 6의 2가지

$a=6$일 때, $b=1$, 2, 3, 4, 5, 6의 6가지

따라서 구하는 확률은

$\frac{8}{36}=\frac{2}{9}$ 답 ④

968 ③ 4가 적힌 공이 나올 확률은 $\frac{1}{15}$이다. 답 ③

969 $\frac{5}{9}\times\frac{4}{9}=\frac{20}{81}$ 답 ②

970 (적어도 한 개는 콩이 들어 있는 송편을 먹을 확률)

$=1-$(3개 모두 꿀이 들어 있는 송편을 먹을 확률)

$=1-\frac{4}{10}\times\frac{3}{9}\times\frac{2}{8}=\frac{29}{30}$ 답 ⑤

971 B 선수가 예선을 통과할 확률을 x라 하면 B 선수만 예선을 통과할 확률이 $\frac{1}{2}$이므로

$\left(1-\frac{1}{3}\right)\times x=\frac{1}{2}$, $\frac{2}{3}x=\frac{1}{2}$

$\therefore x=\frac{3}{4}$

따라서 B 선수가 예선을 통과할 확률은 $\frac{3}{4}$이다. 답 $\frac{3}{4}$

972 (적어도 한 선수는 과녁을 맞힐 확률)

$=1-$(두 선수 모두 과녁을 맞히지 못할 확률)

$=1-\left(1-\frac{3}{4}\right)\times\left(1-\frac{3}{5}\right)$

$=1-\frac{1}{4}\times\frac{2}{5}=\frac{9}{10}$ 답 ⑤

973 두 개의 주사위를 던질 때 나오는 모든 경우의 수는

$6\times6=36$

(i) $x=1$일 때, $a-b=0$, 즉 $a=b$이므로 이를 만족시키는 순서쌍 (a, b)는 (1, 1), (2, 2), (3, 3), (4, 4), (5, 5), (6, 6)의 6가지이므로 그 확률은 $\frac{6}{36}=\frac{1}{6}$

(ii) $x=2$일 때, $2a-b=0$, 즉 $2a=b$이므로 이를 만족시키는 순서쌍 (a, b)는 (1, 2), (2, 4), (3, 6)의 3가지이므로 그 확률은 $\frac{3}{36}=\frac{1}{12}$

(i), (ii)에서 구하는 확률은

$\frac{1}{6}+\frac{1}{12}=\frac{1}{4}$ 답 $\frac{1}{4}$

974 동전을 세 번 던질 때 나오는 모든 경우의 수는

$2\times2\times2=8$

(i) Ⅲ 지점에 도착하는 경우

앞면이 한 번, 뒷면이 두 번 나와야 하므로 (앞, 뒤, 뒤), (뒤, 앞, 뒤), (뒤, 뒤, 앞)의 3가지이고 그 확률은 $\frac{3}{8}$이다.

(ii) Ⅴ 지점에 도착하는 경우

앞면이 두 번, 뒷면이 한 번 나와야 하므로 (앞, 앞, 뒤), (앞, 뒤, 앞), (뒤, 앞, 앞)의 3가지이고 그 확률은 $\frac{3}{8}$이다.

(i), (ii)에서 구하는 확률은

$\frac{3}{8}+\frac{3}{8}=\frac{3}{4}$ 답 ④

975 (i) A가 당첨되지 않고 B, C만 당첨될 확률은

$\frac{4}{7}\times\frac{3}{6}\times\frac{2}{5}=\frac{4}{35}$

(ii) B가 당첨되지 않고 A, C만 당첨될 확률은

$\frac{3}{7}\times\frac{4}{6}\times\frac{2}{5}=\frac{4}{35}$

(iii) C가 당첨되지 않고 A, B만 당첨될 확률은

$\frac{3}{7}\times\frac{2}{6}\times\frac{4}{5}=\frac{4}{35}$

(i)~(iii)에서 구하는 확률은

$\frac{4}{35}+\frac{4}{35}+\frac{4}{35}=\frac{12}{35}$ 답 ③

976 만들 수 있는 두 자리 자연수의 개수는

$3\times3=9$ …❶

두 자리 자연수 중 소수는 13, 23, 31의 3개이므로 두 자리 자연수가 소수일 확률은 $\frac{3}{9}=\frac{1}{3}$ …❷

따라서 두 자리 자연수가 소수가 아닐 확률은

$1-\frac{1}{3}=\frac{2}{3}$ …❸

답 $\frac{2}{3}$

채점 기준	배점
❶ 두 자리 자연수의 개수 구하기	30 %
❷ 두 자리 자연수가 소수일 확률 구하기	40 %
❸ 두 자리 자연수가 소수가 아닐 확률 구하기	30 %

977 명중률이 각각 $\frac{2}{5}$, $\frac{3}{4}$, $\frac{1}{3}$인 세 사람이 새를 명중시키지 못할 확률은 각각

$1-\frac{2}{5}=\frac{3}{5}$, $1-\frac{3}{4}=\frac{1}{4}$, $1-\frac{1}{3}=\frac{2}{3}$ …❶

∴ (사냥에 성공할 확률)

$=1-$(3명 모두 명중시키지 못할 확률)

$=1-\frac{3}{5}\times\frac{1}{4}\times\frac{2}{3}=\frac{9}{10}$ …❷

답 $\frac{9}{10}$

채점 기준	배점
❶ 세 사람이 명중시키지 못할 확률 각각 구하기	50 %
❷ 사냥에 성공할 확률 구하기	50 %